Zhuce Huanbao Gongchengshi Zhiye Zige Kaoshi
Jichu Kaoshi Linian Zhenti Xiangjie

注册环保工程师执业资格考试基础考试历年真题详解

公共基础

注册工程师考试复习用书编委会 / 编
徐洪斌　曹纬浚 / 主编

人民交通出版社股份有限公司
北　京

内 容 提 要

本书编写人员全部是多年从事注册环保工程师基础考试培训工作的专家、教授。

本书分公共基础、专业基础两个分册，公共基础分册收录2009～2020年考试真题，专业基础分册收录2007～2020年考试真题，共24套，每套真题后均附有参考答案和解析。

本书配有在线电子题库，可微信扫描封面二维码，免费获取，部分真题有视频解析。

本书可供参加2021年注册环保工程师执业资格考试基础考试的考生考前模拟练习，也可供相关考试培训机构作为培训材料使用。

图书在版编目(CIP)数据

2021注册环保工程师执业资格考试基础考试历年真题详解/徐洪斌，曹纬浚主编. —北京：人民交通出版社股份有限公司，2021.2

ISBN 978-7-114-17107-9

Ⅰ.①2… Ⅱ.①徐… ②曹… Ⅲ.①环境保护—资格考试—题解 Ⅳ.①X-44

中国版本图书馆CIP数据核字(2021)第029578号

书　　名：**2021注册环保工程师执业资格考试基础考试历年真题详解**
著 作 者：徐洪斌　曹纬浚
责任编辑：刘彩云
责任印制：张　凯
出版发行：人民交通出版社股份有限公司
地　　址：(100011)北京市朝阳区安定门外外馆斜街3号
网　　址：http://www.ccpcl.com.cn
销售电话：(010)59757973
总 经 销：人民交通出版社股份有限公司发行部
经　　销：各地新华书店
印　　刷：北京市密东印刷有限公司
开　　本：787×1092　1/16
印　　张：51.25
字　　数：984千
版　　次：2021年2月　第1版
印　　次：2021年2月　第1次印刷
书　　号：ISBN 978-7-114-17107-9
定　　价：148.00元(含两册)

目录(公共基础)

2009年度全国勘察设计注册工程师

执业资格考试试卷

基础考试

（上）

二〇〇九年九月

应考人员注意事项

1. 本试卷科目代码为“1”，考生务必将此代码填涂在答题卡“科目代码”相应的栏目内，否则，无法评分。

2. 书写用笔：**黑色或蓝色钢笔、签字笔或圆珠笔**；
   填涂答题卡用笔：**黑色 2B 铅笔**。

3. 必须用书写用笔将工作单位、姓名、准考证号填写在答题卡和试卷相应的栏目内。

4. 本试卷由 120 题组成，每题 1 分，满分 120 分，本试卷全部为单项选择题，每小题的四个备选项中只有一个正确答案，错选、多选、不选均不得分。

5. 考生作答时，必须按**题号在答题卡上**将相应试题所选选项对应的**字母用 2B 铅笔涂黑**。

6. 在答题卡上书写与题意无关的语言，或在答题卡上作标记的，均按违纪试卷处理。

7. 考试结束时，由监考人员当面将试卷、答题卡一并收回。

8. 草稿纸由各地统一配发，考后收回。

单项选择题(共 120 分,每题 1 分。每题的备选项中只有一个最符合题意。)

1. 设$\vec{\alpha}=-\vec{i}+3\vec{j}+\vec{k}$,$\vec{\beta}=\vec{i}+\vec{j}+t\vec{k}$,已知$\vec{\alpha}\times\vec{\beta}=-4\vec{i}-4\vec{k}$,则 $t=$

A. -2　　B. 0

C. -1　　D. 1

2. 设平面方程为 $x+y+z+1=0$,直线方程为 $1-x=y+1=z$,则直线与平面:

A. 平行　　B. 垂直

C. 重合　　D. 相交但不垂直

3. 设函数 $f(x)=\begin{cases}1+x & x\geqslant 0\\ 1-x^2 & x<0\end{cases}$,在$(-\infty,+\infty)$内:

A. 单调减少　　B. 单调增加

C. 有界　　D. 偶函数

4. 若函数 $f(x)$在点 x_0 间断,$g(x)$在点 x_0 连续,则 $f(x)g(x)$在点 x_0:

A. 间断　　B. 连续

C. 第一类间断　　D. 可能间断可能连续

5. 函数 $y=\cos^2\dfrac{1}{x}$在 x 处的导数是:

A. $\dfrac{1}{x^2}\sin\dfrac{2}{x}$　　B. $-\sin\dfrac{2}{x}$

C. $-\dfrac{2}{x^2}\cos\dfrac{1}{x}$　　D. $-\dfrac{1}{x^2}\sin\dfrac{2}{x}$

6. 设 $y=f(x)$是(a,b)内的可导函数,$x,x+\Delta x$ 是(a,b)内的任意两点,则:

A. $\Delta y=f'(x)\Delta x$

B. 在 $x,x+\Delta x$ 之间恰好有一点 ξ,使 $\Delta y=f'(\xi)\Delta x$

C. 在 $x,x+\Delta x$ 之间至少存在一点 ξ,使 $\Delta y=f'(\xi)\Delta x$

D. 在 $x,x+\Delta x$ 之间的任意一点 ξ,使 $\Delta y=f'(\xi)\Delta x$

7. 设 $z=f(x^2-y^2)$,则 $\mathrm{d}z=$

A. $2x-2y$　　B. $2x\mathrm{d}x-2y\mathrm{d}y$

C. $f'(x^2-y^2)\mathrm{d}x$　　D. $2f'(x^2-y^2)(x\mathrm{d}x-y\mathrm{d}y)$

8. 若 $\int f(x)\mathrm{d}x=F(x)+C$，则 $\int \frac{1}{\sqrt{x}}f(\sqrt{x})\mathrm{d}x=$

A. $\frac{1}{2}F(\sqrt{x})+C$

B. $2F(\sqrt{x})+C$

C. $F(x)+C$

D. $\frac{F(\sqrt{x})}{\sqrt{x}}$

9. $\int \frac{\cos 2x}{\sin^2 x\cos^2 x}\mathrm{d}x=$

A. $\cot x-\tan x+C$

B. $\cot x+\tan x+C$

C. $-\cot x-\tan x+C$

D. $-\cot x+\tan x+C$

10. $\frac{\mathrm{d}}{\mathrm{d}x}\int_0^{\cos x}\sqrt{1-t^2}\,\mathrm{d}t$ 等于：

A. $\sin x$

B. $|\sin x|$

C. $-\sin^2 x$

D. $-\sin x|\sin x|$

11. 下列结论中正确的是：

A. $\int_{-1}^{1}\frac{1}{x^2}\mathrm{d}x$ 收敛

B. $\frac{\mathrm{d}}{\mathrm{d}x}\int_0^{x^2}f(t)\mathrm{d}t=f(x^2)$

C. $\int_1^{+\infty}\frac{1}{\sqrt{x}}\mathrm{d}x$ 发散

D. $\int_{-\infty}^{0}e^{-\frac{x^2}{2}}\mathrm{d}x$ 发散

12. 曲面 $x^2+y^2+z^2=2z$ 之内及曲面 $z=x^2+y^2$ 之外所围成的立体的体积 $V=$

A. $\int_0^{2\pi}\mathrm{d}\theta\int_0^1 r\mathrm{d}r\int_r^{\sqrt{1-r^2}}\mathrm{d}z$

B. $\int_0^{2\pi}\mathrm{d}\theta\int_0^r r\mathrm{d}r\int_{r^2}^{1-\sqrt{1-r^2}}\mathrm{d}z$

C. $\int_0^{2\pi}\mathrm{d}\theta\int_0^r r\mathrm{d}r\int_r^{1-r}\mathrm{d}z$

D. $\int_0^{2\pi}\mathrm{d}\theta\int_0^1 r\mathrm{d}r\int_{1-\sqrt{1-r^2}}^{r^2}\mathrm{d}z$

13. 已知级数 $\sum_{n=1}^{\infty}(u_{2n}-u_{2n+1})$ 是收敛的，则下列结论成立的是：

A. $\sum_{n=1}^{\infty}u_n$ 必收敛

B. $\sum_{n=1}^{\infty}u_n$ 未必收敛

C. $\lim_{n\to\infty}u_n=0$

D. $\sum_{n=1}^{\infty}u_n$ 发散

14. 函数 $\frac{1}{3-x}$ 展开成 $(x-1)$ 的幂级数是：

A. $\sum_{n=0}^{\infty}\frac{x^n}{2^n}$

B. $\sum_{n=0}^{\infty}\left(\frac{1-x}{2}\right)^n$

C. $\sum_{n=0}^{\infty}\frac{(x-1)^n}{2^{n+1}}$

D. $\sum_{n=0}^{\infty}(-1)^n\frac{x^n}{4^{n+1}}$

15. 微分方程$(3+2y)x\mathrm{d}x+(1+x^2)\mathrm{d}y=0$的通解为：

A. $1+x^2=Cy$
B. $(1+x^2)(3+2y)=C$
C. $(3+2y)^2=\frac{C}{1+x^2}$
D. $(1+x^2)^2(3+2y)=C$

16. 微分方程$y''+ay'^2=0$满足条件$y|_{x=0}=0, y'|_{x=0}=-1$的特解是：

A. $\frac{1}{a}\ln|1-ax|$
B. $\frac{1}{a}\ln|ax|+1$
C. $ax-1$
D. $\frac{1}{a}x+1$

17. 设$\boldsymbol{\alpha}_1,\boldsymbol{\alpha}_2,\boldsymbol{\alpha}_3$是3维列向量，$|\boldsymbol{A}|=|\boldsymbol{\alpha}_1,\boldsymbol{\alpha}_2,\boldsymbol{\alpha}_3|$，则与$|\boldsymbol{A}|$相等的是：

A. $|\boldsymbol{\alpha}_2,\boldsymbol{\alpha}_1,\boldsymbol{\alpha}_3|$
B. $|-\boldsymbol{\alpha}_2,-\boldsymbol{\alpha}_3,-\boldsymbol{\alpha}_1|$
C. $|\boldsymbol{\alpha}_1+\boldsymbol{\alpha}_2,\boldsymbol{\alpha}_2+\boldsymbol{\alpha}_3,\boldsymbol{\alpha}_3+\boldsymbol{\alpha}_1|$
D. $|\boldsymbol{\alpha}_1,\boldsymbol{\alpha}_1+\boldsymbol{\alpha}_2,\boldsymbol{\alpha}_1+\boldsymbol{\alpha}_2+\boldsymbol{\alpha}_3|$

18. 设$\boldsymbol{A}$是$m\times n$非零矩阵，$\boldsymbol{B}$是$n\times l$非零矩阵，满足$\boldsymbol{AB}=\boldsymbol{0}$，以下选项中不一定成立的是：

A. $\boldsymbol{A}$的行向量组线性相关
B. $\boldsymbol{A}$的列向量组线性相关
C. $\boldsymbol{B}$的行向量组线性相关
D. $r(\boldsymbol{A})+r(\boldsymbol{B})\leqslant n$

19. 设$\boldsymbol{A}$是3阶实对称矩阵，$\boldsymbol{P}$是3阶可逆矩阵，$\boldsymbol{B}=\boldsymbol{P}^{-1}\boldsymbol{AP}$，已知$\boldsymbol{\alpha}$是$\boldsymbol{A}$的属于特征值$\lambda$的特征向量，则$\boldsymbol{B}$的属于特征值$\lambda$的特征向量是：

A. $\boldsymbol{P\alpha}$
B. $\boldsymbol{P}^{-1}\boldsymbol{\alpha}$
C. $\boldsymbol{P}^{\mathrm{T}}\boldsymbol{\alpha}$
D. $(\boldsymbol{P}^{-1})^{\mathrm{T}}\boldsymbol{\alpha}$

20. 设$\boldsymbol{A}=\begin{bmatrix}1 & 1\\ 1 & 2\end{bmatrix}$，与$\boldsymbol{A}$合同的矩阵是：

A. $\begin{bmatrix}1 & -1\\ -1 & 2\end{bmatrix}$
B. $\begin{bmatrix}-1 & 1\\ 1 & -2\end{bmatrix}$
C. $\begin{bmatrix}1 & 1\\ -1 & 2\end{bmatrix}$
D. $\begin{bmatrix}1 & -1\\ 1 & 2\end{bmatrix}$

21. 若$P(A)=0.5, P(B)=0.4, P(\overline{A}-B)=0.3$，则$P(A\cup B)=$

A. 0.6　　B. 0.7　　C. 0.8　　D. 0.9

22. 设随机变量$X\sim N(0,\sigma^2)$，则对任何实数λ，都有：

A. $P(X\leqslant\lambda)=P(X\geqslant\lambda)$
B. $P(X\geqslant\lambda)=P(X\leqslant-\lambda)$
C. $X-\lambda\sim N(\lambda,\sigma^2-\lambda^2)$
D. $\lambda X\sim N(0,\lambda\sigma^2)$

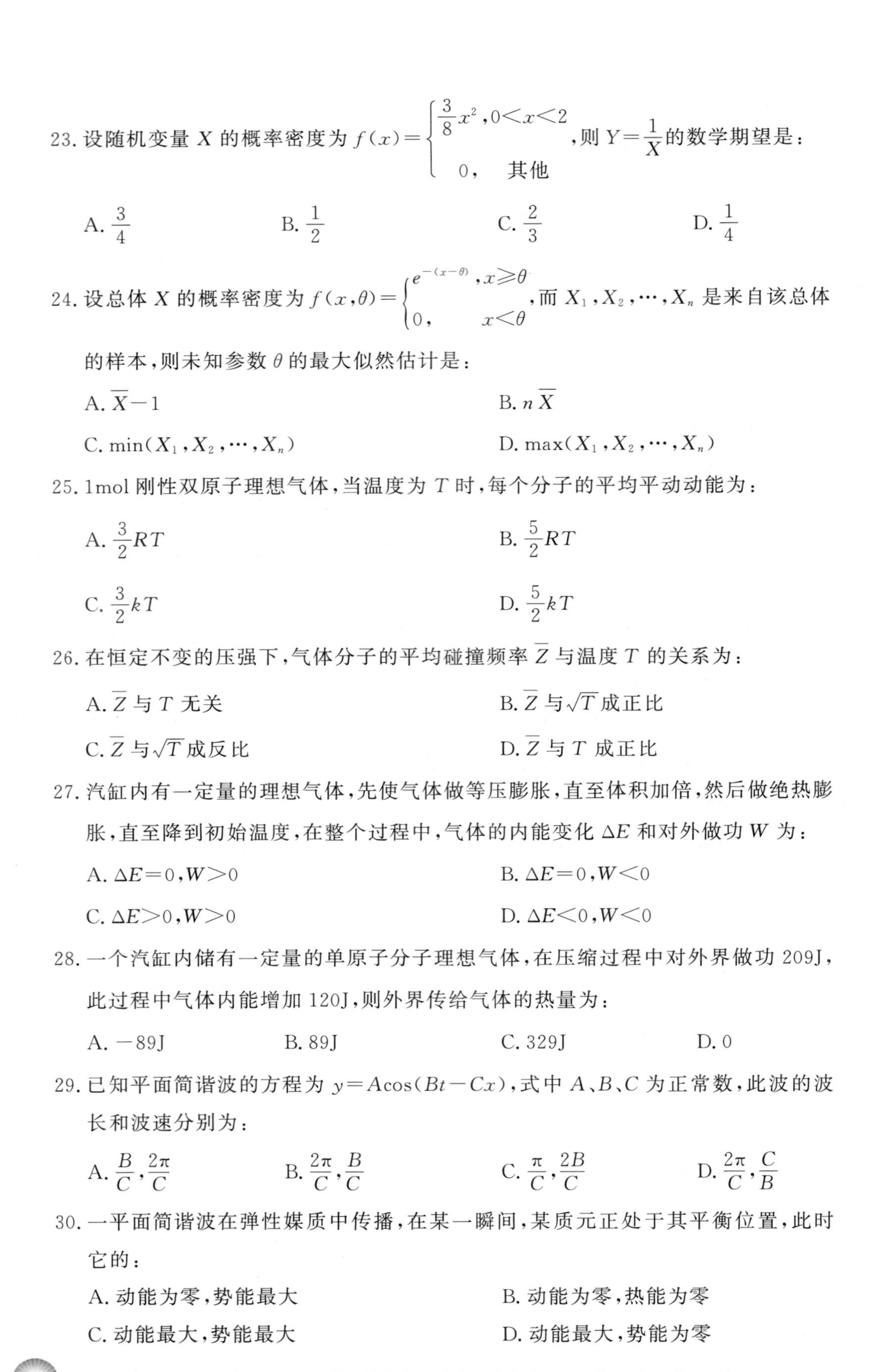

23. 设随机变量 X 的概率密度为 $f(x)=\begin{cases}\frac{3}{8}x^2, 0<x<2\\ 0, \quad 其他\end{cases}$，则 $Y=\frac{1}{X}$ 的数学期望是：

A. $\frac{3}{4}$　　B. $\frac{1}{2}$　　C. $\frac{2}{3}$　　D. $\frac{1}{4}$

24. 设总体 X 的概率密度为 $f(x,\theta)=\begin{cases}e^{-(x-\theta)}, x\geqslant\theta\\ 0, \quad x<\theta\end{cases}$，而 $X_1, X_2, \cdots, X_n$ 是来自该总体的样本，则未知参数 θ 的最大似然估计是：

A. $\overline{X}-1$　　B. $n\overline{X}$

C. $\min(X_1, X_2, \cdots, X_n)$　　D. $\max(X_1, X_2, \cdots, X_n)$

25. 1mol 刚性双原子理想气体，当温度为 T 时，每个分子的平均平动动能为：

A. $\frac{3}{2}RT$　　B. $\frac{5}{2}RT$

C. $\frac{3}{2}kT$　　D. $\frac{5}{2}kT$

26. 在恒定不变的压强下，气体分子的平均碰撞频率 $\overline{Z}$ 与温度 T 的关系为：

A. $\overline{Z}$ 与 T 无关　　B. $\overline{Z}$ 与 $\sqrt{T}$ 成正比

C. $\overline{Z}$ 与 $\sqrt{T}$ 成反比　　D. $\overline{Z}$ 与 T 成正比

27. 汽缸内有一定量的理想气体，先使气体做等压膨胀，直至体积加倍，然后做绝热膨胀，直至降到初始温度，在整个过程中，气体的内能变化 ΔE 和对外做功 W 为：

A. $\Delta E=0, W>0$　　B. $\Delta E=0, W<0$

C. $\Delta E>0, W>0$　　D. $\Delta E<0, W<0$

28. 一个汽缸内储有一定量的单原子分子理想气体，在压缩过程中对外界做功 209J，此过程中气体内能增加 120J，则外界传给气体的热量为：

A. -89J　　B. 89J　　C. 329J　　D. 0

29. 已知平面简谐波的方程为 $y=A\cos(Bt-Cx)$，式中 A、B、C 为正常数，此波的波长和波速分别为：

A. $\frac{B}{C}, \frac{2\pi}{C}$　　B. $\frac{2\pi}{C}, \frac{B}{C}$　　C. $\frac{\pi}{C}, \frac{2B}{C}$　　D. $\frac{2\pi}{C}, \frac{C}{B}$

30. 一平面简谐波在弹性媒质中传播，在某一瞬间，某质元正处于其平衡位置，此时它的：

A. 动能为零，势能最大　　B. 动能为零，热能为零

C. 动能最大，势能最大　　D. 动能最大，势能为零

31. 通常声波的频率范围是：

A. 20～200Hz
B. 20～2000Hz
C. 20～20000Hz
D. 20～200000Hz

32. 在空气中用波长为 λ 的单色光进行双缝干涉实验，观测到相邻明条纹的间距为 1.33mm，当把实验装置放入水中（水的折射率 $n=1.33$）时，则相邻明条纹的间距变为：

A. 1.33mm
B. 2.66mm
C. 1mm
D. 2mm

33. 波长为 λ 的单色光垂直照射到置于空气中的玻璃劈尖上，玻璃的折射率为 n，则第三级暗条纹处的玻璃厚度为：

A. $\frac{3\lambda}{2n}$
B. $\frac{\lambda}{2n}$
C. $\frac{3\lambda}{2}$
D. $\frac{2n}{3\lambda}$

34. 若在迈克尔逊干涉仪的可动反射镜 M 移动 0.620mm 过程中，观察到干涉条纹移动了 2300 条，则所用光波的波长为：

A. 269nm
B. 539nm
C. 2690nm
D. 5390nm

35. 波长分别为 $\lambda_1=450\text{nm}$ 和 $\lambda_2=750\text{nm}$ 的单色平行光，垂直入射到光栅上，在光栅光谱中，这两种波长的谱线有重叠现象，重叠处波长为 λ_2 谱线的级数为：

A. 2，3，4，5，…
B. 5，10，15，20，…
C. 2，4，6，8，…
D. 3，6，9，12，…

36. 一束自然光从空气投射到玻璃板表面上，当折射角为 30°时，反射光为完全偏振光，则此玻璃的折射率为：

A. $\frac{\sqrt{3}}{2}$
B. $\frac{1}{2}$
C. $\frac{\sqrt{3}}{3}$
D. $\sqrt{3}$

37. 化学反应低温自发，高温非自发，该反应的：

A. $\Delta H<0,\Delta S<0$
B. $\Delta H>0,\Delta S<0$
C. $\Delta H<0,\Delta S>0$
D. $\Delta H>0,\Delta S>0$

38. 已知氯电极的标准电势为 1.358V，当氯离子浓度为 $0.1\text{mol}\cdot\text{L}^{-1}$，氯气分压为 $0.1\times100\text{kPa}$时，该电极的电极电势为：

A. 1.358V
B. 1.328V
C. 1.388V
D. 1.417V

39. 已知下列电对电极电势的大小顺序为：$E(F_2/F) > E(Fe^{3+}/Fe^{2+}) > E(Mg^{2+}/Mg) > E(Na^+/Na)$，则下列离子中最强的还原剂是：

A. F　　B. Fe^{2+}　　C. Na^+　　D. Mg^{2+}

40. 升高温度，反应速率常数最大的主要原因是：

A. 活化分子百分数增加　　B. 混乱度增加

C. 活化能增加　　D. 压力增大

41. 下列各波函数不合理的是：

A. $\psi(1,1,0)$　　B. $\psi(2,1,0)$

C. $\psi(3,2,0)$　　D. $\psi(5,3,0)$

42. 将反应 $MnO_2 + HCl \rightarrow MnCl_2 + Cl_2 + H_2O$ 配平后，方程式中 $MnCl_2$ 的系数是：

A. 1　　B. 2　　C. 3　　D. 4

43. 某一弱酸 HA 的标准解离常数为 1.0×10^{-5}，则相应弱酸强碱盐 MA 的标准水解常数为：

A. 1.0×10^{-9}　　B. 1.0×10^{-2}

C. 1.0×10^{-19}　　D. 1.0×10^{-5}

44. 某化合物的结构式为（苯环邻位取代 —CHO、—CH_2OH），该有机化合物不能发生的化学反应类型是：

A. 加成反应　　B. 还原反应

C. 消除反应　　D. 氧化反应

45. 聚丙烯酸酯的结构式为 $\left[CH_2 - \underset{\displaystyle CO_2R}{\underset{|}{CH}} \right]_n$，它属于：

①无机化合物；②有机化合物；③高分子化合物；④离子化合物；⑤共价化合物。

A. ①③④　　B. ①③⑤

C. ②③⑤　　D. ②③④

46. 下列物质中不能使酸性高锰酸钾溶液褪色的是：

A. 苯甲醛　　B. 乙苯

C. 苯　　D. 苯乙烯

47. 设力 $\boldsymbol{F}$ 在 x 轴上的投影为 F，则该力在与 x 轴共面的任一轴上的投影：

A. 一定不等于零　　B. 不一定不等于零

C. 一定等于零　　D. 等于 F

48. 等边三角形 ABC，边长为 a，沿其边缘作用大小均为 F 的力 F_1、F_2、F_3，方向如图所示，力系向 A 点简化的主矢及主矩的大小分别为：

A. $F_R = 2F$，$M_A = \frac{\sqrt{3}}{2}Fa$

B. $F_R = 0$，$M_A = \frac{\sqrt{3}}{2}Fa$

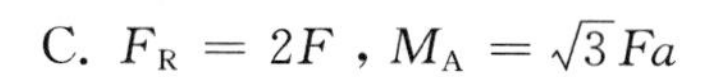

C. $F_R = 2F$，$M_A = \sqrt{3}Fa$

D. $F_R = 2F$，$M_A = Fa$

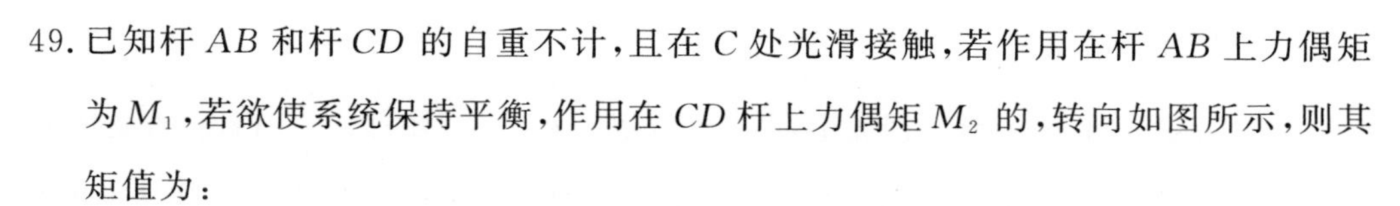

49. 已知杆 AB 和杆 CD 的自重不计，且在 C 处光滑接触，若作用在杆 AB 上力偶矩为 M_1，若欲使系统保持平衡，作用在 CD 杆上力偶矩 M_2 的，转向如图所示，则其矩值为：

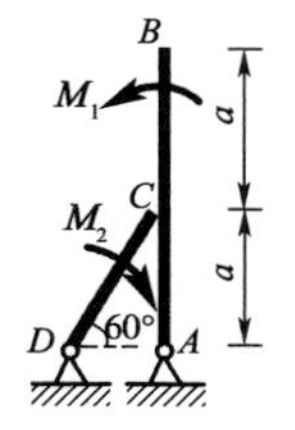

A. $M_2 = M_1$

B. $M_2 = \frac{4M_1}{3}$

C. $M_2 = 2M_1$

D. $M_2 = 3M_1$

50. 物块重力的大小 $W = 100$kN，置于 $\alpha = 60°$的斜面上，与斜面平行力的大小 $F_P = 80$kN(如图所示)，若物块与斜面间的静摩擦系数 $f = 0.2$，则物块所受的摩擦力 **F** 为：

A. $F = 10$kN，方向为沿斜面向上

B. $F = 10$kN，方向为沿斜面向下

C. $F = 6.6$kN，方向为沿斜面向上

D. $F = 6.6$kN，方向为沿斜面向下

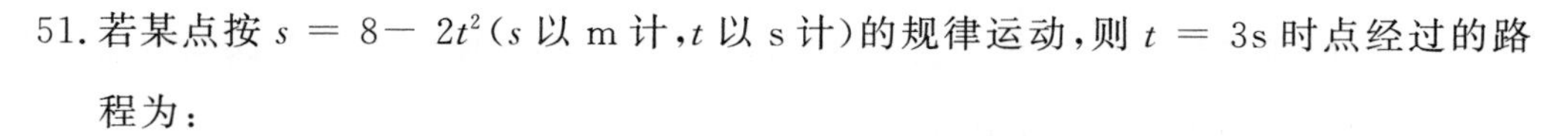

51. 若某点按 $s = 8 - 2t^2$(s 以 m 计，t 以 s 计)的规律运动，则 $t = 3$s 时点经过的路程为：

A. 10m

B. 8m

C. 18m

D. 8m 至 18m 以外的一个数值

52. 杆 $OA = l$，绕固定轴 O 转动，某瞬时杆端 A 点的加速度 a 如图所示，则该瞬时杆 OA 的角速度及角加速度分别为：

A. $0, \dfrac{a}{l}$

B. $\sqrt{\dfrac{a\cos\alpha}{l}}, \dfrac{a\sin\alpha}{l}$

C. $\sqrt{\dfrac{a}{l}}, 0$

D. $0, \sqrt{\dfrac{a}{l}}$

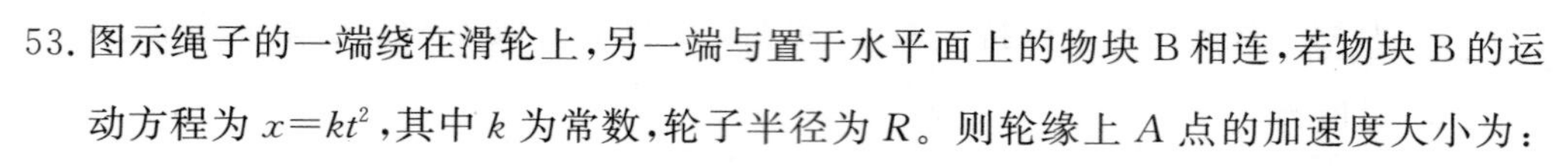

53. 图示绳子的一端绕在滑轮上，另一端与置于水平面上的物块 B 相连，若物块 B 的运动方程为 $x=kt^2$，其中 k 为常数，轮子半径为 R。则轮缘上 A 点的加速度大小为：

A. $2k$

B. $\sqrt{\dfrac{4k^2t^2}{R}}$

C. $\dfrac{2k+4k^2t^2}{R}$

D. $\sqrt{4k^2+\dfrac{16k^4t^4}{R^2}}$

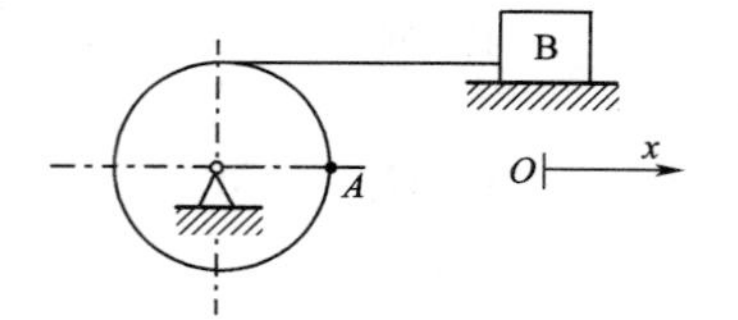

54. 质量为 m 的质点 M，受有两个力 F 和 R 的作用，产生水平向左的加速度 a，如图所示，它在 x 轴方向的动力学方程为：

A. $ma = R - F$

B. $-ma = F - R$

C. $ma = R + F$

D. $-ma = R - F$

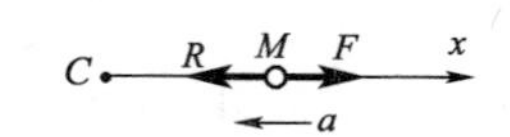

55. 均质圆盘质量为 m，半径为 R，在铅垂平面内绕 O 轴转动，图示瞬时角速度为 ω，则其对 O 轴的动量矩和动能大小分别为：

A. $mR\omega, \dfrac{1}{4}mR\omega$

B. $\dfrac{1}{2}mR\omega, \dfrac{1}{2}mR\omega$

C. $\dfrac{1}{2}mR^2\omega, \dfrac{1}{2}mR^2\omega^2$

D. $\dfrac{3}{2}mR^2\omega, \dfrac{3}{4}mR^2\omega^2$

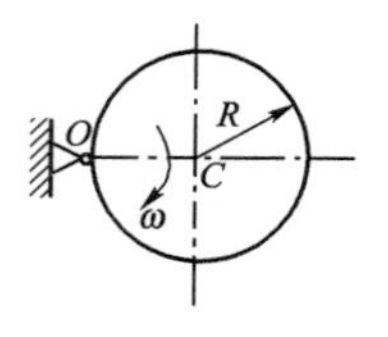

56. 质量为 m，长为 $2l$ 的均质细杆初始位于水平位置，如图所示。A 端脱落后，杆绕轴 B 转动，当杆转到铅垂位置时，AB 杆角加速度的大小为：

A. 0

B. 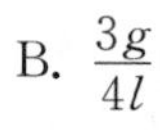 $\frac{3g}{4l}$

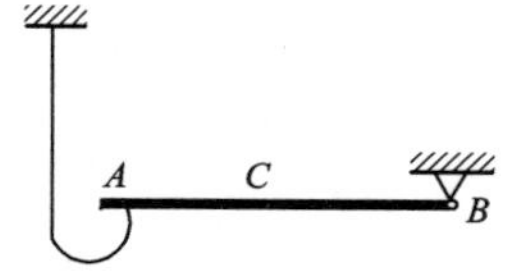

C. $\frac{3g}{2l}$

D. $\frac{6g}{l}$

57. 均质细杆 AB 重力为 $\boldsymbol{P}$，长为 $2l$，A 端铰支，B 端用绳系住，处于水平位置，如图所示。当 B 端绳突然剪断瞬时，AB 杆的角加速度大小为 $\frac{3g}{4l}$，则 A 处约束力大小为：

A. $F_{Ax}=0, F_{Ay}=0$

B. $F_{Ax}=0,\ F_{Ay}=\frac{P}{4}$

C. $F_{Ax}=P,\ F_{Ay}=\frac{P}{2}$

D. $F_{Ax}=0, F_{Ay}=P$

58. 图示弹簧质量系统，置于光滑的斜面上，斜面的倾角 α 可以在 0°～90°间改变，则随 α 的增大，系统振动的固有频率：

A. 增大

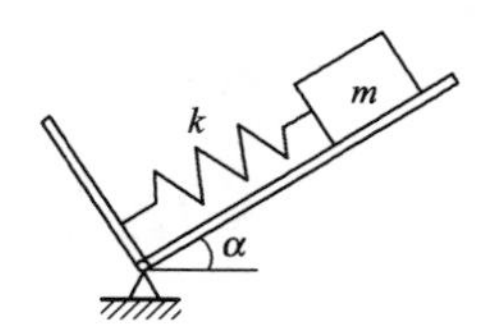

B. 减小

C. 不变

D. 不能确定

59. 在低碳钢拉伸实验中，冷作硬化现象发生在：

A. 弹性阶段

B. 屈服阶段

C. 强化阶段

D. 局部变形阶段

60. 螺钉受力如图所示，已知螺钉和钢板的材料相同，拉伸许用应力[σ]是剪切许用应力[τ]的 2 倍，即[σ]=2[τ]，钢板厚度 t 是螺钉头高度 h 的 1.5 倍，则螺钉直径 d 的合理值为：

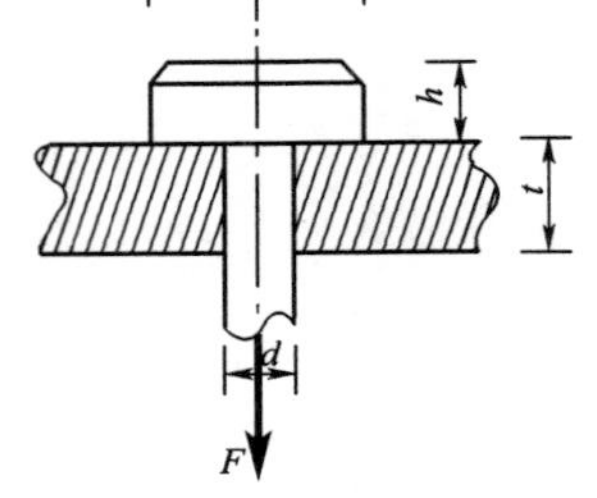

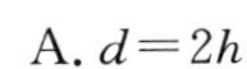

A. $d=2h$

B. $d=0.5h$

C. $d^2=2Dt$

D. $d^2=Dt$

61. 直径为 d 的实心圆轴受扭，若使扭转角减小一半，圆轴的直径需变为：

A. $\sqrt[4]{2}d$　　B. $\sqrt[3]{\sqrt{2}}d$

C. $0.5d$　　D. $2d$

62. 图示圆轴抗扭截面模量为 W_t，剪切模量为 G，扭转变形后，圆轴表面 A 点处截取的单元体互相垂直的相邻边线改变了 γ 角，如图所示。圆轴承受的扭矩 T 为：

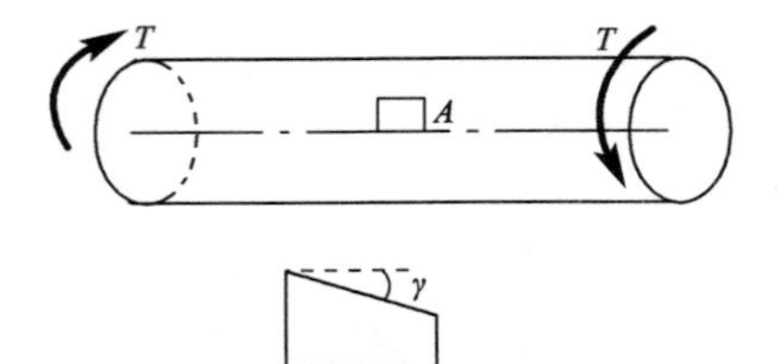

A. $T=G\gamma W_t$

B. $T=\dfrac{G\gamma}{W_t}$

C. $T=\dfrac{\gamma}{G}W_t$

D. $T=\dfrac{W_t}{G\gamma}$

63. 矩形截面挖去一个边长为 a 的正方形，如图所示，该截面对 z 轴的惯性矩 I_z 为：

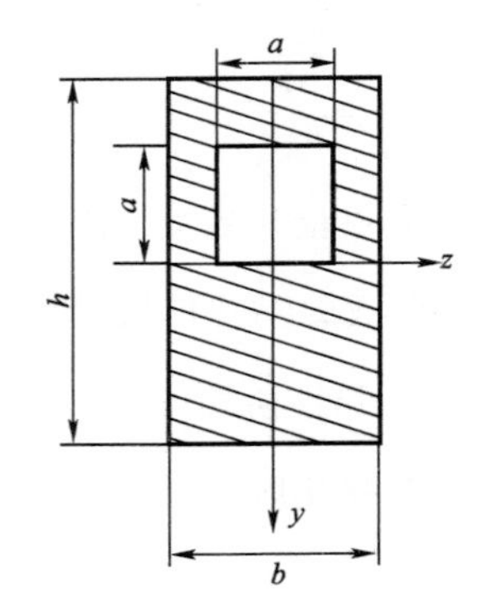

A. $I_z=\dfrac{bh^3}{12}-\dfrac{a^4}{12}$

B. $I_z=\dfrac{bh^3}{12}-\dfrac{13a^4}{12}$

C. $I_z=\dfrac{bh^3}{12}-\dfrac{a^4}{3}$

D. $I_z=\dfrac{bh^3}{12}-\dfrac{7a^4}{12}$

64. 图示外伸梁，A 截面的剪力为：

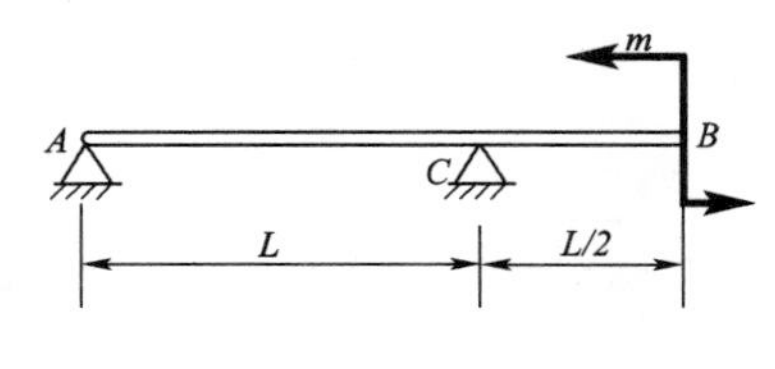

A. 0　　B. $\frac{3m}{2L}$　　C. $\frac{m}{L}$　　D. $-\frac{m}{L}$

65. 两根梁长度、截面形状和约束条件完全相同，一根材料为钢，另一根材料为铝。在相同的外力作用下发生弯曲变形，两者不同之处为：

A. 弯曲内力　　B. 弯曲正应力

C. 弯曲切应力　　D. 挠曲线

66. 图示四个悬臂梁中挠曲线是圆弧的为：

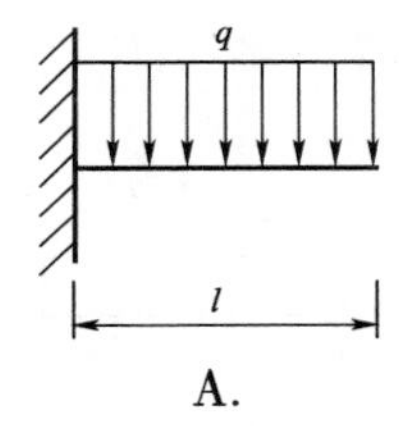

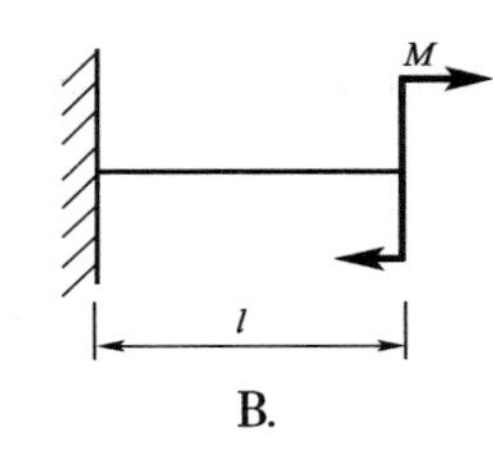

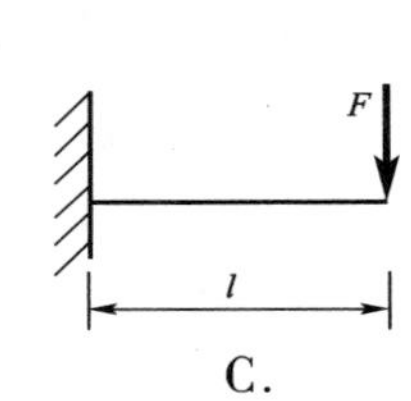

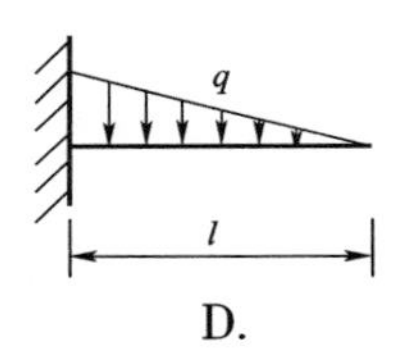

67. 受力体一点处的应力状态如图所示，该点的最大主应力 σ_1 为：

A. 70MPa

B. 10MPa

C. 40MPa

D. 50MPa

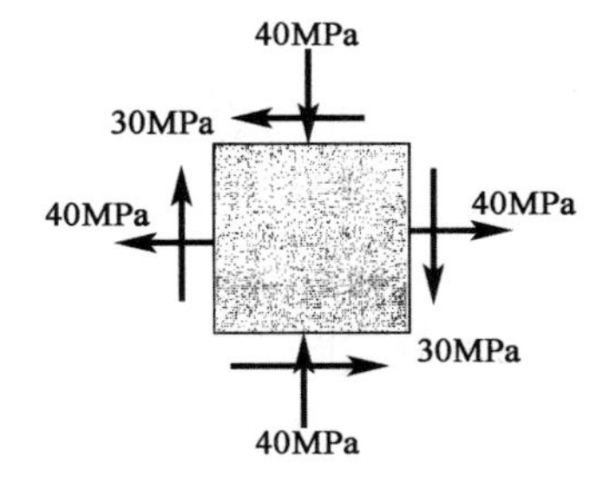

68. 图示 T 形截面杆，一端固定一端自由，自由端的集中力 F 作用在截面的左下角点，并与杆件的轴线平行。该杆发生的变形为：

A. 绕 y 和 z 轴的双向弯曲

B. 轴向拉伸和绕 y、z 轴的双向弯曲

C. 轴向拉伸和绕 z 轴弯曲

D. 轴向拉伸和绕 y 轴弯曲

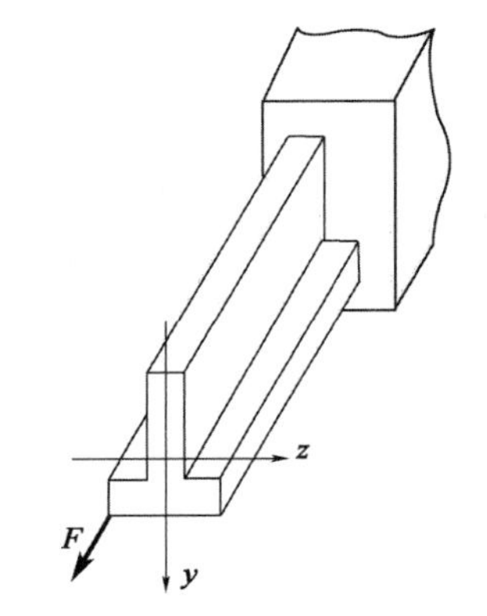

69. 图示圆轴，在自由端圆周边界承受竖直向下的集中力 F，按第三强度理论，危险截面的相当应力 σ_{eq3} 为：

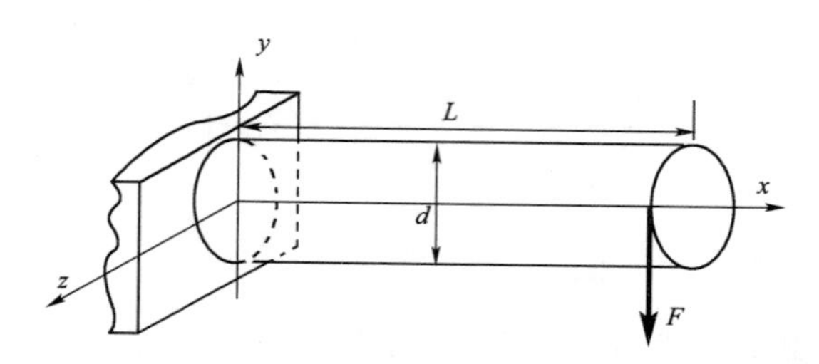

A. $\sigma_{eq3}=\frac{16}{\pi d^3}\sqrt{(FL)^2+4\left(\frac{Fd}{2}\right)^2}$

B. $\sigma_{eq3}=\frac{16}{\pi d^3}\sqrt{(FL)^2+\left(\frac{Fd}{2}\right)^2}$

C. $\sigma_{eq3}=\frac{32}{\pi d^3}\sqrt{(FL)^2+4\left(\frac{Fd}{2}\right)^2}$

D. $\sigma_{eq3}=\frac{32}{\pi d^3}\sqrt{(FL)^2+\left(\frac{Fd}{2}\right)^2}$

70. 两根完全相同的细长（大柔度）压杆 AB 和 CD 如图所示，杆的下端为固定铰链约束，上端与刚性水平杆固结。两杆的弯曲刚度均为 EI，其临界荷载 F_a 为：

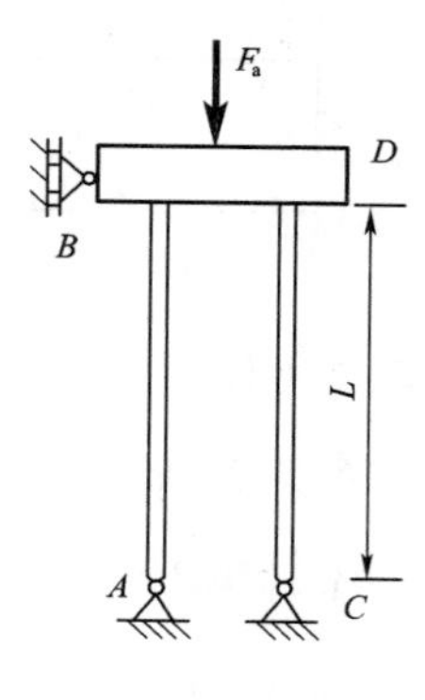

A. $2.04\times\frac{\pi^2 EI}{L^2}$

B. $4.08\times\frac{\pi^2 EI}{L^2}$

C. $8\times\frac{\pi^2 EI}{L^2}$

D. $2\times\frac{\pi^2 EI}{L^2}$

71. 静止的流体中，任一点的压强的大小与下列哪一项无关？

A. 当地重力加速度　　　　B. 受压面的方向

C. 该点的位置　　　　　　D. 流体的种类

72. 静止油面(油面上为大气)下 3m 深度处的绝对压强为下列哪一项?(油的密度为 800kg/m^3,当地大气压为 100kPa)

A. 3kPa　　B. 23.5kPa

C. 102.4kPa　　D. 123.5kPa

73. 根据恒定流的定义,下列说法中正确的是:

A. 各断面流速分布相同

B. 各空间点上所有运动要素均不随时间变化

C. 流线是相互平行的直线

D. 流动随时间按一定规律变化

74. 正常工作条件下的薄壁小孔口与圆柱形外管嘴,直径 d 相等,作用水头 H 相等,则孔口流量 Q_1 和孔口收缩断面流速 v_1 与管嘴流量 Q_2 和管嘴出口流速 v_2 的关系是:

A. $v_1<v_2$,$Q_1<Q_2$　　B. $v_1<v_2$,$Q_1>Q_2$

C. $v_1>v_2$,$Q_1<Q_2$　　D. $v_1>v_2$,$Q_1>Q_2$

75. 明渠均匀流只能发生在:

A. 顺坡棱柱形渠道　　B. 平坡棱柱形渠道

C. 逆坡棱柱形渠道　　D. 变坡棱柱形渠道

76. 在流量、渠道断面形状和尺寸、壁面粗糙系数一定时,随底坡的增大,正常水深将会:

A. 减小　　B. 不变

C. 增大　　D. 随机变化

77. 有一个普通完全井,其直径为 1m,含水层厚度 $H=11\text{m}$,土壤渗透系数 $k=2\text{m/h}$。抽水稳定后的井中水深 $h_0=8\text{m}$,试估算井的出水量:

A. $0.084\text{m}^3/\text{s}$　　B. $0.017\text{m}^3/\text{s}$

C. $0.17\text{m}^3/\text{s}$　　D. $0.84\text{m}^3/\text{s}$

78. 研究船体在水中航行的受力试验,其模型设计应采用:

A. 雷诺准则　　B. 弗劳德准则

C. 韦伯准则　　D. 马赫准则

79. 在静电场中，有一个带电体在电场力的作用下移动，由此所做的功的能量来源是：

A. 电场能

B. 带电体自身的能量

C. 电场能和带电体自身的能量

D. 电场外部的能量

80. 图示电路中，$u_C=10\text{V}$，$i_1=1\text{mA}$，则：

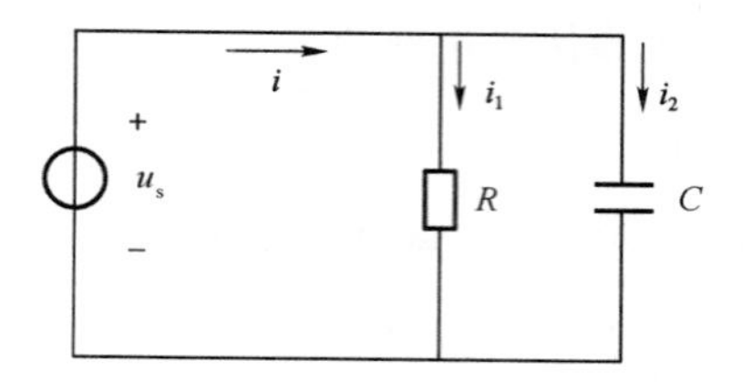

A. 因为 $i_2=0$，使电流 $i_1=1\text{mA}$

B. 因为参数 C 未知，无法求出电流 i

C. 虽然电流 i_2 未知，但是 $i>i_1$ 成立

D. 电容储存的能量为 0

81. 图示电路中，电流 I_1 和电流 I_2 分别为：

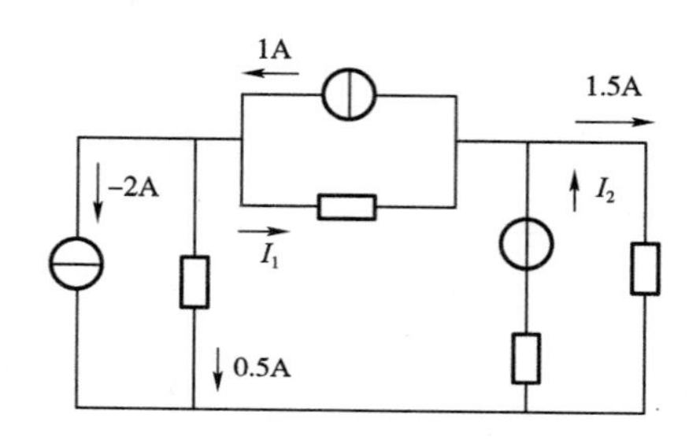

A. 2.5A 和 1.5A

B. 1A 和 0A

C. 2.5A 和 0A

D. 1A 和 1.5A

82. 正弦交流电压的波形图如图所示，该电压的时域解析表达式为：

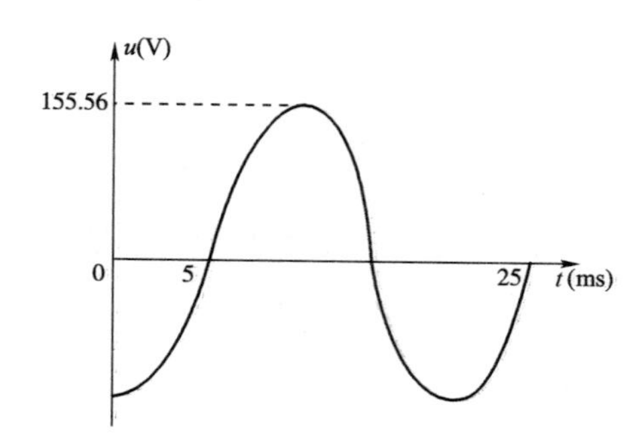

A. $u(t)=155.56\sin(\omega t-5^\circ)\text{V}$

B. $u(t)=110\sqrt{2}\sin(314t-90^\circ)\text{V}$

C. $u(t)=110\sqrt{2}\sin(50t+60^\circ)\text{V}$

D. $u(t)=155.56\sin(314t-60^\circ)\text{V}$

83. 图示电路中，若 $u=U_{M}\sin(\omega t+\psi_{u})$，则下列表达式中一定成立的是：

式 1：$u=u_{R}+u_{L}+u_{C}$

式 2：$u_{X}=u_{L}-u_{C}$

式 3：$U_{X}<U_{L}$ 及 $U_{X}<U_{C}$

式 4：$U^{2}=U_{R}^{2}+(U_{L}+U_{C})^{2}$

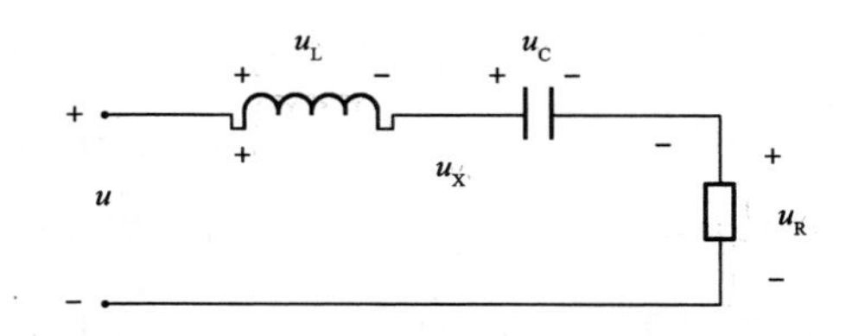

A. 式 1 和式 3　　　　B. 式 2 和式 4

C. 式 1，式 3 和式 4　　　　D. 式 2 和式 3

84. 图 a）所示电路的激励电压如图 b）所示，那么，从 $t=0$ 时刻开始，电路出现暂态过程的次数和在换路时刻发生突变的量分别是：

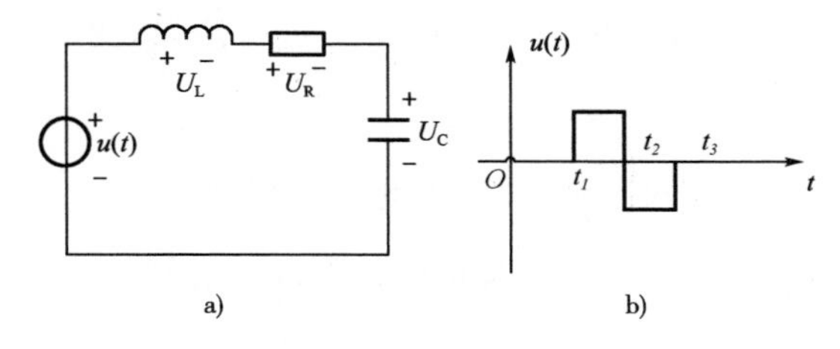

a)　　　　b)

A. 3 次，电感电压　　　　B. 4 次，电感电压和电容电流

C. 3 次，电容电流　　　　D. 4 次，电阻电压和电感电压

85. 在信号源（u_{s}，R_{s}）和电阻 R_{L} 之间插入一个理想变压器，如图所示，若电压表和电流表的读数分别为 100V 和 2A，则信号源供出电流的有效值为：

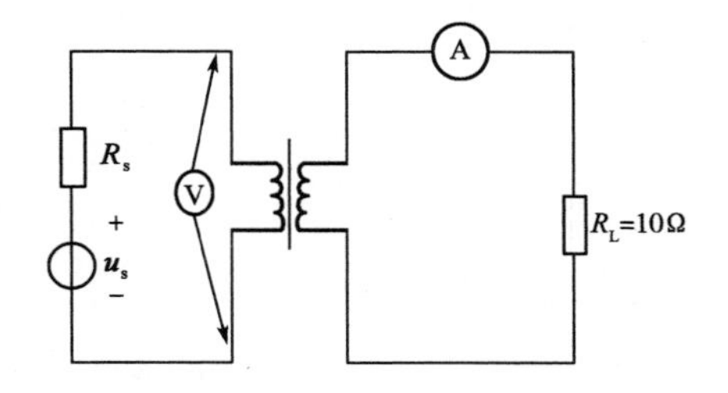

A. 0.4A　　　　B. 10A　　　　C. 0.28A　　　　D. 7.07A

86. 三相异步电动机的工作效率与功率因数随负载的变化规律是：

A. 空载时，工作效率为 0，负载越大功率越高

B. 空载时，功率因数较小，接近满负荷时达到最大值

C. 功率因数与电动机的结构和参数有关，与负载无关

D. 负载越大，功率因数越大

87. 在如下关于信号与信息的说法中，正确的是：

A. 信息含于信号之中 B. 信号含于信息之中

C. 信息是一种特殊的信号 D. 同一信息只能承载于一种信号之中

88. 数字信号如图所示，如果用其表示数值，那么，该数字信号表示的数量是：

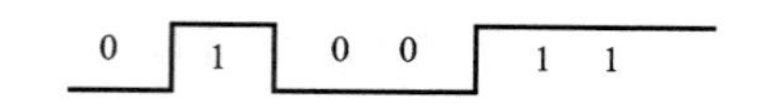

A. 3 个 0 和 3 个 1

B. 一万零一十一

C. 3

D. 19

89. 用传感器对某管道中流动的液体流量 $x(t)$ 进行测量，测量结果为 $u(t)$，用采样器对 $u(t)$ 采样后得到信号 $u^*(t)$，那么：

A. $x(t)$ 和 $u(t)$ 均随时间连续变化，因此均是模拟信号

B. $u^*(t)$ 仅在采样点上有定义，因此是离散时间信号

C. $u^*(t)$ 仅在采样点上有定义，因此是数字信号

D. $u^*(t)$ 是 $x(t)$ 的模拟信号

90. 模拟信号 $u(t)$ 的波形图如图所示，它的时间域描述形式是：

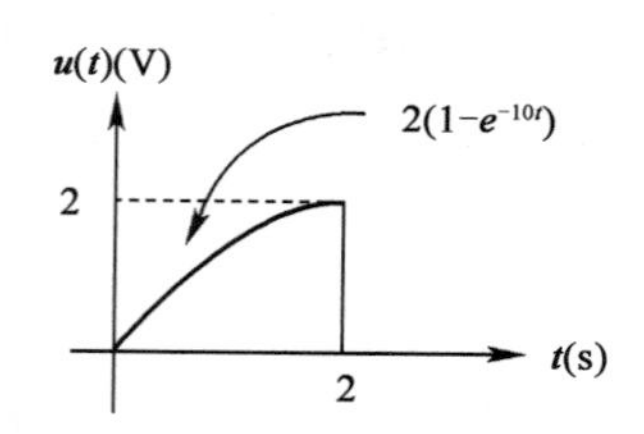

A. $u(t)=2(1-e^{-10t})\cdot 1(t)$

B. $u(t)=2(1-e^{-0.1t})\cdot 1(t)$

C. $u(t)=[2(1-e^{-10t})-2]\cdot 1(t)$

D. $u(t)=2(1-e^{-10t})\cdot 1(t)-2\cdot 1(t-2)$

91. 模拟信号放大器是完成对输入模拟量：

A. 幅度的放大 B. 频率的放大

C. 幅度和频率的放大 D. 低频成分的放大

92. 某逻辑问题的真值表如表所示，由此可以得到，该逻辑问题的输入输出之间的关系为：

C A B	F
1 0 0	1
1 0 1	0
1 1 0	0
1 1 1	1

A. $F=0+1=1$　　　　B. $F=\overline{A}\overline{B}C+ABC$

C. $F=A\overline{B}C+A\overline{B}C$　　　　D. $F=\overline{A}\overline{B}+AB$

93. 电路如图所示，D 为理想二极管，$u_i=6\sin\omega t$(V)，则输出电压的最大值 U_{oM} 为：

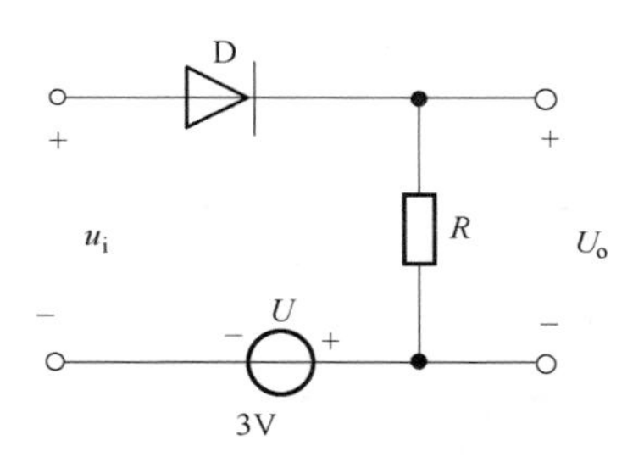

A. 6V　　B. 3V　　C. −3V　　D. −6V

94. 将放大倍数为 1、输入电阻为 100Ω、输出电阻为 50Ω 的射极输出器插接在信号源(u_s,R_s)与负载(R_L)之间，形成图 b)电路，与图 a)电路相比，负载电压的有效值：

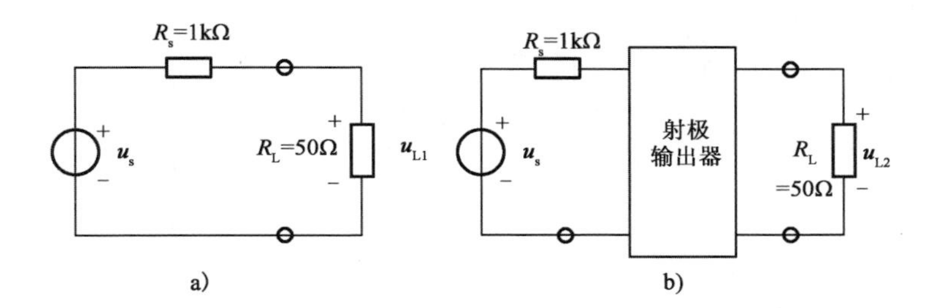

A. $U_{L2}>U_{L1}$　　　　B. $U_{L2}=U_{L1}$

C. $U_{L2}<U_{L1}$　　　　D. 因为 u_s 未知，不能确定 U_{L1} 和 U_{L2} 之间的关系

95. 数字信号 B=1 时，图示两种基本门的输出分别为：

A. $F_1=A$，$F_2=1$

B. $F_1=1$，$F_2=A$

C. $F_1=1$，$F_2=0$

D. $F_1=0$，$F_2=A$

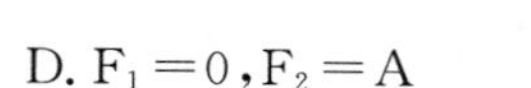

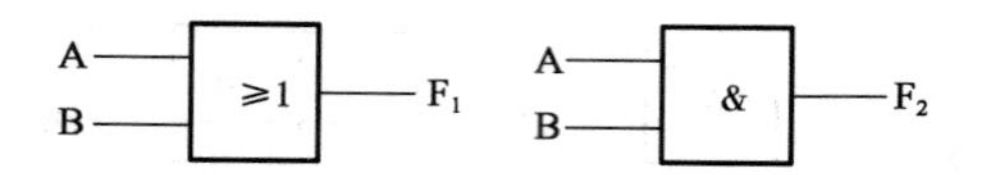

96. JK 触发器及其输入信号波形如图所示，该触发器的初值为 0，则它的输出 Q 为：

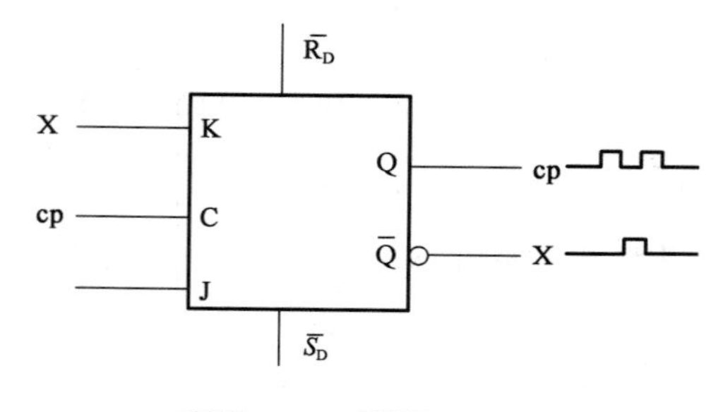

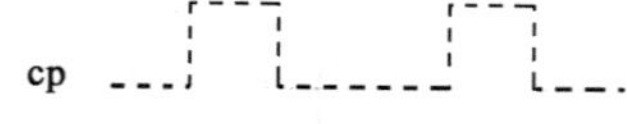

A.

B.

C.

D.

97. 存储器的主要功能是：

A. 自动计算　　B. 进行输入/输出

C. 存放程序和数据　　D. 进行数值计算

98. 按照应用和虚拟机的观点，软件可分为：

A. 系统软件，多媒体软件，管理软件

B. 操作系统，硬件管理系统和网络系统

C. 网络系统，应用软件和程序设计语言

D. 系统软件，支撑软件和应用软件

99. 信息具有多个特征，下列四条关于信息特征的叙述中，有错误的一条是：

A. 信息的可识别性，信息的可变性，信息的可流动性

B. 信息的可处理性，信息的可存储性，信息的属性

C. 信息的可再生性，信息的有效性和无效性，信息的使用性

D. 信息的可再生性，信息的独立存在性，信息的不可失性

100. 将八进制数 763 转换成相应的二进制数，其正确的结果是：

A. 110101110　　B. 110111100

C. 100110101　　D. 111110011

101. 计算机的内存储器以及外存储器的容量通常：

A. 以字节即 8 位二进制数为单位来表示

B. 以字即 16 位二进制数为单位来表示

C. 以二进制数为单位来表示

D. 以双字即 32 位二进制数为单位来表示

102. 操作系统是一个庞大的管理控制程序，它由五大管理功能组成，在下面四个选项中，不属于这五大管理功能的是：

A. 作业管理，存储管理　　B. 设备管理，文件管理

C. 进程与处理器调度管理，存储管理　　D. 中断管理，电源管理

103. 在 Windows 中，对存储器采用分页存储管理技术时，规定一个页的大小为：

A. 4G 字节　　B. 4K 字节

C. 128M 字节　　D. 16K 字节

104. 为解决主机与外围设备操作速度不匹配的问题，Windows 采用了下列哪项技术来解决这个矛盾：

A. 缓冲技术　　B. 流水线技术

C. 中断技术　　D. 分段、分页技术

105. 计算机网络技术涉及：

A. 通信技术和半导体工艺技术

B. 网络技术和计算机技术

C. 通信技术和计算机技术

D. 航天技术和计算机技术

106. 计算机网络是一个复合系统，共同遵守的规则称为网络协议，网络协议主要由：

A. 语句、语义和同步三个要素构成

B. 语法、语句和同步三个要素构成

C. 语法、语义和同步三个要素构成

D. 语句、语义和异步三个要素构成

107. 关于现金流量的下列说法中，正确的是：

A. 同一时间点上现金流入和现金流出之和，称为净现金流量

B. 现金流量图表示现金流入、现金流出及其与时间的对应关系

C. 现金流量图的零点表示时间序列的起点，同时也是第一个现金流量的时间点

D. 垂直线的箭头表示现金流动的方向，箭头向上表示现金流出，即表示费用

108. 项目前期研究阶段的划分，下列正确的是：

A. 规划，研究机会和项目建议书

B. 机会研究，项目建议书和可行性研究

C. 规划，机会研究，项目建议书和可行性研究

D. 规划，机会研究，项目建议书，可行性研究，后评价

109. 某项目建设期 3 年，共贷款 1000 万元，第一年贷款 200 万元，第二年贷款 500 万元，第三年贷款 300 万元，贷款在各年内均衡发生，贷款年利率为 7%，建设期内不支付利息，建设期利息为：

A. 98.00 万元　　B. 101.22 万元

C. 138.46 万元　　D. 62.33 万元

110. 下列不属于股票融资特点的是：

A. 股票融资所筹备的资金是项目的股本资金，可作为其他方式筹资的基础

B. 股票融资所筹资金没有到期偿还问题

C. 普通股票的股利支付，可视融资主体的经营好坏和经营需要而定

D. 股票融资的资金成本较低

111. 融资前分析和融资后分析的关系，下列说法中正确的是：

A. 融资前分析是考虑债务融资条件下进行的财务分析

B. 融资后分析应广泛应用于各阶段的财务分析

C. 在规划和机会研究阶段，可以只进行融资前分析

D. 一个项目财务分析中融资前分析和融资后分析两者必不可少

112. 经济效益计算的原则是：

A. 增量分析的原则

B. 考虑关联效果的原则

C. 以全国居民作为分析对象的原则

D. 支付意愿原则

113. 某建设项目年设计生产能力为 8 万台，年固定成本为 1200 万元，产品单台售价为1000元，单台产品可变成本为 600 元，单台产品销售税金及附加为 150 元，则该项目的盈亏平衡点的产销量为：

A. 48000 台　　B. 12000 台　　C. 30000 台　　D. 21819 台

114. 下列可以提高产品价值的是：

A. 功能不变，提高成本

B. 成本不变，降低功能

C. 成本增加一些，功能有很大提高

D. 功能很大降低，成本降低一些

115. 按照《中华人民共和国建筑法》规定，建设单位申领施工许可证，应该具备的条件之一是：

A. 拆迁工作已经完成

B. 已经确定监理企业

C. 有保证工程质量和安全的具体措施

D. 建设资金全部到位

116. 根据《中华人民共和国招标投标法》的规定，下列包括在招标公告中的是：

A. 招标项目的性质、数量　　　　B. 招标项目的技术要求

C. 对投标人员资格的审查标准　　　　D. 拟签订合同的主要条款

117. 按照《中华人民共和国合同法》的规定，招标人在招标时，招标公告属于合同订立过程中的：

A. 邀约　　　　B. 承诺

C. 要约邀请　　　　D. 以上都不是

118. 根据《中华人民共和国节约能源法》的规定，为了引导用能单位和个人使用先进的节能技术、节能产品，国务院管理节能工作的部门会同国务院有关部门：

A. 发布节能技术政策大纲

B. 公布节能技术、节能产品的推广目录

C. 支持科研单位和企业开展节能技术的应用研究

D. 开展节能共性和关键技术，促进节能技术创新和成果转化

119. 根据《中华人民共和国环境保护法》的规定，有关环境质量标准的下列说法中，正确的是：

A. 对国家污染物排放标准中已经作出规定的项目，不得再制定地方污染物排放标准

B. 地方人民政府对国家环境质量标准中未作出规定的项目，不得制定地方标准

C. 地方污染物排放标准必须经过国务院环境主管部门的审批

D. 向已有地方污染物排放标准的区域排放污染物的，应当执行地方排放标准

120. 根据《建设工程勘察设计管理条例》的规定，编制初步设计文件应当：

A. 满足编制方案设计文件和控制概算的需要

B. 满足编制施工招标文件、主要设备材料订货和编制施工图设计文件的需要

C. 满足非标准设备制作，并注明建筑工程合理使用年限

D. 满足设备材料采购和施工的需要

2009年度全国勘察设计注册工程师执业资格考试基础考试(上)试题解析及参考答案

1. 解

$$\vec{\alpha}\times\vec{\beta}=\begin{vmatrix}\vec{i} & \vec{j} & \vec{k}\\ -1 & 3 & 1\\ 1 & 1 & t\end{vmatrix}=\vec{i}(-1)^{1+1}\begin{vmatrix}3 & 1\\ 1 & t\end{vmatrix}+\vec{j}(-1)^{1+2}\begin{vmatrix}-1 & 1\\ 1 & t\end{vmatrix}+$$

$$\vec{k}(-1)^{1+3}\begin{vmatrix}-1 & 3\\ 1 & 1\end{vmatrix}=(3t-1)\,\vec{i}+(t+1)\,\vec{j}-4\,\vec{k}$$

已知$\vec{\alpha}\times\vec{\beta}=-4\,\vec{i}-4\,\vec{k}$

则$-4=3t-1, t=-1$

或$t+1=0, t=-1$

答案:C

2. 解 直线的点向式方程为$\frac{x-1}{-1}=\frac{y+1}{1}=\frac{z-0}{1}$,$\vec{s}=\{-1,1,1\}$。平面$x+y+z+1=0$,平面法向量$\vec{n}=\{1,1,1\}$。而$\vec{n}\cdot\vec{s}=\{1,1,1\}\cdot\{-1,1,1\}=1\neq0$,故$\vec{n}$不垂直于$\vec{s}$。且$\vec{s}$,$\vec{n}$坐标不成比例,即$\frac{-1}{1}\neq\frac{1}{1}$,因此$\vec{n}$不平行于$\vec{s}$。从而可知直线与平面不平行、不重合且直线也不垂直于平面。

答案:D

3. 解 方法1:可通过画出函数图形判定(见图)。

方法2:求导数 $f'(x)=\begin{cases}1 & x>0\\ -2x & x<0\end{cases}$

在$(-\infty,+\infty)$内,$f'(x)>0$。

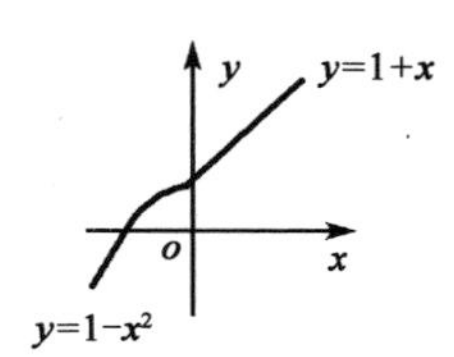

题3解图

答案:B

4. 解 通过举例来说明。

设点$x_0=0$,$f(x)=\begin{cases}1, x\geqslant0\\ 0, x<0\end{cases}$,在$x_0=0$间断,$g(x)=0$,在$x_0=0$连续,而$f(x)\cdot g(x)=0$,在$x_0=0$连续。

设点 $x_0=0$，$f(x)=\begin{cases}1, x\geqslant 0\\0, x<0\end{cases}$，在 $x_0=0$ 处间断，$g(x)=1$，在 $x_0=0$ 处连续，而 $f(x)\cdot g(x)=\begin{cases}1, x\geqslant 0\\0, x<0\end{cases}$，在 $x_0=0$ 处间断。

答案：D

5. **解**　利用复合函数求导公式计算，本题由 $y=u^2$，$u=\cos v$，$v=\dfrac{1}{x}$ 复合而成。所以 $y'=\left(\cos^2\dfrac{1}{x}\right)'=2\cos\dfrac{1}{x}\cdot\left(-\sin\dfrac{1}{x}\right)\cdot\left(-\dfrac{1}{x^2}\right)=\dfrac{1}{x^2}\sin\dfrac{2}{x}$。

答案：A

6. **解**　利用拉格朗日中值定理计算，$f(x)$ 在 $[x, x+\Delta x]$ 连续，在 $(x, x+\Delta x)$ 可导，则有 $f(x+\Delta x)-f(x)=f'(\xi)\Delta x$。

即 $\Delta y=f'(\xi)\Delta x$（至少存在一点 ξ，$x<\xi<x+\Delta x$）。

答案：C

7. **解**　本题为二元复合函数求全微分，计算公式为 $\mathrm{d}z=\dfrac{\partial z}{\partial x}\mathrm{d}x+\dfrac{\partial z}{\partial y}\mathrm{d}y$，$\dfrac{\partial z}{\partial x}=f'(x^2-y^2)\cdot 2x$，$\dfrac{\partial z}{\partial y}=f'(x^2-y^2)\cdot(-2y)$，代入得：

$$\mathrm{d}z=f'(x^2-y^2)\cdot 2x\mathrm{d}x+f'(x^2-y^2)(-2y)\mathrm{d}y=2f'(x^2-y^2)(x\mathrm{d}x-y\mathrm{d}y)$$

答案：D

8. **解**　将积分变形：$\displaystyle\int\frac{1}{\sqrt{x}}f(\sqrt{x})\mathrm{d}x=\int f(\sqrt{x})\mathrm{d}(2\sqrt{x})=2\int f(\sqrt{x})\mathrm{d}\sqrt{x}$，利用已知条件 $\displaystyle\int f(x)\mathrm{d}x=F(x)+C$，得出 $\displaystyle\int\frac{1}{\sqrt{x}}f(\sqrt{x})\mathrm{d}x=2F(\sqrt{x})+C$。

答案：B

9. **解**　利用公式 $\cos 2x=\cos^2 x-\sin^2 x$，将被积函数变形：

$$\begin{aligned}原式&=\int\frac{\cos^2 x-\sin^2 x}{\sin^2 x\cos^2 x}\mathrm{d}x=\int\left(\frac{1}{\sin^2 x}-\frac{1}{\cos^2 x}\right)\mathrm{d}x\\&=\int\frac{1}{\sin^2 x}\mathrm{d}x-\int\frac{1}{\cos^2 x}\mathrm{d}x\\&=-\cot x-\tan x+C\end{aligned}$$

答案：C

10. 解　本题为求复合的积分上限函数的导数，利用公式$\frac{\mathrm{d}}{\mathrm{d}x}\int_0^{g(x)}\sqrt{1-t^2}\,\mathrm{d}t=\sqrt{1-g^2(x)}\cdot g'(x)$计算。

所以$\frac{\mathrm{d}}{\mathrm{d}x}\int_0^{\cos x}\sqrt{1-t^2}\,\mathrm{d}t=\sqrt{1-\cos^2 x}\cdot(-\sin x)$

$$=-\sin x\sqrt{\sin^2 x}=-\sin x|\sin x|$$

答案：D

11. 解　逐项排除法。

选项 A：$x=0$ 为被积函数 $f(x)=\frac{1}{x^2}$的无穷不连续点，计算方法：

$$\int_{-1}^{1}\frac{1}{x^2}\mathrm{d}x=\int_{-1}^{0}\frac{1}{x^2}\mathrm{d}x+\int_0^1\frac{1}{x^2}\mathrm{d}x$$

只要判断其中一个发散，即广义积分发散，计算$\int_0^1\frac{1}{x^2}\mathrm{d}x=-\frac{1}{x}\Big|_0^1=-1+\lim\limits_{x\to0^+}\frac{1}{x}=+\infty$，所以选项 A 错误。

选项 B：$\frac{\mathrm{d}}{\mathrm{d}x}\int_0^{x^2}f(t)\mathrm{d}t=f(x^2)\cdot 2x$，显然错误。

选项 C：$\int_1^{+\infty}\frac{1}{\sqrt{x}}\mathrm{d}x=2\sqrt{x}\Big|_1^{+\infty}2(\lim\limits_{x\to\infty}\sqrt{x}-1)=+\infty$发散，正确。

选项 D：由 $\frac{1}{\sqrt{2\pi}}e^{-\frac{x^2}{2}}$ 为标准正态分布的概率密度函数，可知$\int_{-\infty}^{0}e^{-\frac{x^2}{2}}\mathrm{d}x$ 收敛。

也可用该方法判定：因$\int_{-\infty}^{0}e^{-\frac{x^2}{2}}\mathrm{d}x=\int_{-\infty}^{0}e^{-\frac{y^2}{2}}\mathrm{d}y$，$\int_{-\infty}^{0}e^{-\frac{x^2}{2}}\mathrm{d}x\int_{-\infty}^{0}e^{-\frac{y^2}{2}}\mathrm{d}y=\int_{-\infty}^{0}\int_{-\infty}^{0}e^{-\frac{x^2+y^2}{2}}\mathrm{d}x\mathrm{d}y=\int_{\pi}^{\frac{3}{2}\pi}\mathrm{d}\theta\int_0^{+\infty}re^{-\frac{r^2}{2}}\mathrm{d}r=\frac{\pi}{2}\left[-\int_0^{+\infty}e^{-\frac{r^2}{2}}\mathrm{d}\left(-\frac{r^2}{2}\right)\right]=-\frac{\pi}{2}e^{-\frac{r^2}{2}}\Big|_0^{+\infty}=\frac{\pi}{2}$；因此，$\left(\int_{-\infty}^{0}e^{-\frac{x^2}{2}}\mathrm{d}x\right)^2=\frac{\pi}{2}$，$\int_{-\infty}^{0}e^{-\frac{x^2}{2}}\mathrm{d}x=\sqrt{\frac{\pi}{2}}$ 收敛，选项 D 错误。

答案：C

12. 解　利用柱面坐标计算三重积分。

立体体积$V=\iiint 1\mathrm{d}V$，联立$\begin{cases}x^2+y^2+z^2=2z\\ z=x^2+y^2\end{cases}$，消 z 得 $D_{xy}:x^2+y^2\leqslant 1$。

题 12 解图

由 $x^2+y^2+z^2=2z$，得到 $x^2+y^2+(z-1)^2=1$，$(z-1)^2=1-x^2-y^2$，$z-1=\pm\sqrt{1-x^2-y^2}$，$z=1\pm\sqrt{1-x^2-y^2}$，取 $z=1-\sqrt{1-x^2-y^2}$。

$1-\sqrt{1-x^2-y^2}\leqslant z\leqslant x^2+y^2$，即 $1-\sqrt{1-r^2}\leqslant z\leqslant r^2$，积分区域 Ω 在柱面坐标

下的形式为$\begin{cases}1-\sqrt{1-r^2}\leqslant z\leqslant r^2\\ 0\leqslant r\leqslant 1\\ 0\leqslant\theta\leqslant 2\pi\end{cases}$，$\mathrm{d}V=r\mathrm{d}r\mathrm{d}\theta\mathrm{d}z$，写成三次积分。

先对 z 积分，再对 r 积分，最后对 θ 积分，即得选项 D。

答案：D

13. **解** 通过举例说明。

①取 $u_n=1$，级数 $\sum\limits_{n=1}^{\infty}u_n=\sum\limits_{n=1}^{\infty}1$，级数发散，而 $\sum\limits_{n=1}^{\infty}(u_{2n}-u_{2n+1})=\sum\limits_{n=1}^{\infty}(1-1)=\sum\limits_{n=1}^{\infty}0$，级数收敛。

②取 $u_n=0$，$\sum\limits_{n=1}^{\infty}u_n=\sum\limits_{n=1}^{\infty}0$，级数收敛，而 $\sum\limits_{n=1}^{\infty}(u_{2n}-u_{2n+1})=\sum\limits_{n=1}^{\infty}0$，级数收敛。

答案：B

14. **解** 将函数 $\frac{1}{3-x}$ 变形，利用公式 $\frac{1}{1-x}=1+x+x^2+\cdots+x^n+\cdots\quad(-1,1)$，将函数展开成 $x-1$ 幂级数，即变形 $\frac{1}{3-x}=\frac{1}{2-(x-1)}=\frac{1}{2\left(1-\frac{x-1}{2}\right)}=\frac{1}{2}\cdot\frac{1}{1-\frac{x-1}{2}}$，利用公式写出最后结果。

所以 $\frac{1}{3-x}=\frac{1}{2}\left[1+\frac{x-1}{2}+\left(\frac{x-1}{2}\right)^2+\cdots+\left(\frac{x-1}{2}\right)^n\right]=\frac{1}{2}\sum\limits_{n=0}^{\infty}\left(\frac{x-1}{2}\right)^n=\sum\limits_{n=0}^{\infty}\frac{(x-1)^n}{2^{n+1}}$。

答案：C

15. **解** 方程的类型为可分离变量方程，将方程分离变量得 $-\frac{1}{3+2y}\mathrm{d}y=\frac{x}{1+x^2}\mathrm{d}x$，两边积分：

$$-\int\frac{1}{3+2y}\mathrm{d}y=\int\frac{x}{1+x^2}\mathrm{d}x$$

$$-\frac{1}{2}\int\frac{1}{3+2y}\mathrm{d}(3+2y)=\frac{1}{2}\int\frac{1}{1+x^2}\mathrm{d}(x^2+1)$$

$$-\frac{1}{2}\ln(3+2y)=\frac{1}{2}\ln(1+x^2)+C$$

$$\frac{1}{2}\ln(1+x^2)+\frac{1}{2}\ln(3+2y)=-C$$

$\ln(1+x^2)+\ln(3+2y)=-2C$，令 $-2C=\ln C_1$，$\ln(1+x^2)+\ln(3+2y)=\ln C_1$，故 $(1+x^2)(3+2y)=C_1$。

答案：B

16. **解** 本题为可降阶的高阶微分方程，按不显含变量 x 计算。设 $y'=P$，$y''=P'$，方

程化为 $P'+aP^2=0$，$\frac{dP}{dx}=-aP^2$，分离变量，$\frac{1}{P^2}dP=-adx$，积分得 $-\frac{1}{P}=-ax+C_1$，代入初始条件 $x=0$，$P=y'=-1$，得 $C_1=1$，即 $-\frac{1}{P}=-ax+1$，$P=\frac{1}{ax-1}$，$\frac{dy}{dx}=\frac{1}{ax-1}$，求出通解，代入初始条件，求出特解。

即 $y=\int\frac{1}{ax-1}dx=\frac{1}{a}\ln|ax-1|+C$，代入初始条件 $x=0$，$y=0$，得 $C=0$。

故特解为 $y=\frac{1}{a}\ln|1-ax|$。

答案：A

17. **解**　利用行列式的运算性质变形、化简。

A 项：$|\alpha_2,\alpha_1,\alpha_3|\xlongequal{c_1\leftrightarrow c_2}-|\alpha_1,\alpha_2,\alpha_3|$，错误。

B 项：$|-\alpha_2,-\alpha_3,-\alpha_1|=(-1)^3|\alpha_2,\alpha_3,\alpha_1|\xlongequal{c_1\leftrightarrow c_3}(-1)^3(-1)|\alpha_1,\alpha_3,\alpha_2|\xlongequal{c_2\leftrightarrow c_3}(-1)^3(-1)(-1)|\alpha_1,\alpha_2,\alpha_3|=-|\alpha_1,\alpha_2,\alpha_3|$，错误。

C 项：$|\alpha_1+\alpha_2,\alpha_2+\alpha_3,\alpha_3+\alpha_1|=|\alpha_1,\alpha_2+\alpha_3,\alpha_3+\alpha_1|+|\alpha_2,\alpha_2+\alpha_3,\alpha_3+\alpha_1|=|\alpha_1,\alpha_2+\alpha_3,\alpha_3|+|\alpha_1,\alpha_2+\alpha_3,\alpha_1|+|\alpha_2,\alpha_2,\alpha_3+\alpha_1|+|\alpha_2,\alpha_3,\alpha_3+\alpha_1|=|\alpha_1,\alpha_2+\alpha_3,\alpha_3|+|\alpha_2,\alpha_3,\alpha_3+\alpha_1|=|\alpha_1,\alpha_2,\alpha_3|+|\alpha_2,\alpha_3,\alpha_1|=|\alpha_1,\alpha_2,\alpha_3|+|\alpha_1,\alpha_2,\alpha_3|=2|\alpha_1,\alpha_2,\alpha_3|$，错误。

D 项：$|\alpha_1,\alpha_2,\alpha_3+\alpha_2+\alpha_1|\xlongequal{(-1)c_1+c_3}|\alpha_1,\alpha_2,\alpha_3+\alpha_2|\xlongequal{(-1)c_2+c_3}|\alpha_1,\alpha_2,\alpha_3|$，正确。

答案：D

18. **解**　$\boldsymbol{A}$、$\boldsymbol{B}$ 为非零矩阵且 $\boldsymbol{AB}=\boldsymbol{0}$，由矩阵秩的性质可知 $r(\boldsymbol{A})+r(\boldsymbol{B})\leqslant n$，而 $\boldsymbol{A}$、$\boldsymbol{B}$ 为非零矩阵，则 $r(\boldsymbol{A})\geqslant 1$，$r(\boldsymbol{B})\geqslant 1$，又因 $r(\boldsymbol{A})<n$，$r(\boldsymbol{B})<n$，则由 $1\leqslant r(\boldsymbol{A})<n$，知 $\boldsymbol{A}_{m\times n}$ 的列向量相关，$1\leqslant r(\boldsymbol{B})<n$，$\boldsymbol{B}_{n\times l}$ 的行向量相关，从而选项 B、C、D 均成立。

答案：A

19. **解**　利用矩阵的特征值、特征向量的定义判定，即问满足式子 $\boldsymbol{Bx}=\lambda\boldsymbol{x}$ 中的 $\boldsymbol{x}$ 是什么向量？已知 $\boldsymbol{\alpha}$ 是 $\boldsymbol{A}$ 属于特征值 λ 的特征向量，故

$$\boldsymbol{A\alpha}=\lambda\boldsymbol{\alpha} \quad ①$$

将已知式子 $\boldsymbol{B}=\boldsymbol{P}^{-1}\boldsymbol{AP}$ 两边，左乘矩阵 $\boldsymbol{P}$，右乘矩阵 $\boldsymbol{P}^{-1}$，得 $\boldsymbol{PBP}^{-1}=\boldsymbol{PP}^{-1}\boldsymbol{APP}^{-1}$，化简为 $\boldsymbol{PBP}^{-1}=\boldsymbol{A}$，即

$$\boldsymbol{A}=\boldsymbol{PBP}^{-1} \quad ②$$

将②式代入①式，得

$$\boldsymbol{PBP}^{-1}\boldsymbol{\alpha}=\lambda\boldsymbol{\alpha} \quad ③$$

将③式两边左乘 $\boldsymbol{P}^{-1}$，得 $\boldsymbol{BP}^{-1}\boldsymbol{\alpha}=\lambda\boldsymbol{P}^{-1}\boldsymbol{\alpha}$，即 $\boldsymbol{B}(\boldsymbol{P}^{-1}\boldsymbol{\alpha})=\lambda(\boldsymbol{P}^{-1}\boldsymbol{\alpha})$，成立。

答案:B

20. **解**　由合同矩阵定义，若存在一个可逆矩阵 $\boldsymbol{C}$，使 $\boldsymbol{C}^{\mathrm{T}}\boldsymbol{AC}=\boldsymbol{B}$，则称 $\boldsymbol{A}$ 合同于 $\boldsymbol{B}$。

取 $\boldsymbol{C}=\begin{bmatrix}-1 & 0\\ 0 & 1\end{bmatrix}$，$|\boldsymbol{C}|=-1\neq 0$，$\boldsymbol{C}$ 可逆，可验证 $\boldsymbol{C}^{\mathrm{T}}\boldsymbol{AC}=\begin{bmatrix}1 & -1\\ -1 & 2\end{bmatrix}$。

答案:A

21. **解**　$P(\overline{A}-B)=P(\overline{A}\,\overline{B})=P(\overline{A\cup B})=0.3$，$P(A\cup B)=1-P(\overline{A\cup B})=0.7$

答案:B

22. **解**　(1)判断选项 A、B 对错。

方法 1：利用定积分、广义积分的几何意义

$$P(a<X<b)=\int_a^b f(x)\mathrm{d}x=S$$

S 为$[a,b]$上曲边梯形的面积。

$N(0,\sigma^2)$的概率密度为偶函数，图形关于直线 $x=0$ 对称。

因此选项 B 对，选项 A 错。

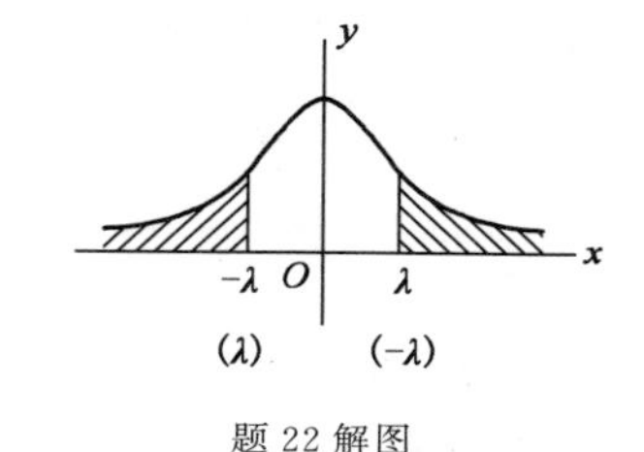

题 22 解图

方法 2：利用正态分布概率计算公式

$$P(X\leqslant\lambda)=\Phi\left(\frac{\lambda-0}{\sigma}\right)=\Phi\left(\frac{\lambda}{\sigma}\right)$$

$$P(X\geqslant\lambda)=1-P(X<\lambda)=1-\Phi\left(\frac{\lambda}{\sigma}\right)$$

$$P(X\leqslant-\lambda)=\Phi\left(\frac{-\lambda}{\sigma}\right)=1-\Phi\left(\frac{\lambda}{\sigma}\right)$$

选项 B 对，选项 A 错。

(2)判断选项 C、D 对错。

方法 1：验算数学期望与方差

$E(X-\lambda)=\mu-\lambda=0-\lambda=-\lambda\neq\lambda(\lambda\neq 0$ 时)，选项 C 错；

$D(\lambda X)=\lambda^2\sigma^2\neq\lambda\sigma^2(\lambda\neq 0,\lambda\neq 1$ 时)，选项 D 错。

方法 2：利用结论

若 $X\sim N(\mu,\sigma^2)$，a、b 为常数且 $a\neq 0$，则 $aX+b\sim N(a\mu+b,a^2\sigma^2)$；

$X-\lambda\sim N(-\lambda,\sigma^2)$，选项 C 错；

$\lambda X\sim N(0,\lambda^2\sigma^2)$，选项 D 错。

答案:B

23. **解**　$E(Y)=E\left(\frac{1}{X}\right)=\int_0^2\frac{1}{x}\frac{3}{8}x^2\mathrm{d}x=\frac{3}{4}$。

答案:A

24.**解** 似然函数[将 $f(x)$ 中的 x 改为 x_i 并写在 $\prod\limits_{i=1}^{n}$ 后面]:

$$L(\theta)=\prod_{i=1}^{n}e^{-(x_i-\theta)},x_1,x_2,\cdots,x_n\geqslant\theta$$

$$\ln L(\theta)=\sum_{i=1}^{n}\ln e^{-(x_i-\theta)}=\sum_{i=1}^{n}(\theta-x_i)=n\theta-\sum_{i=1}^{n}x_i$$

$$\frac{\mathrm{d}\ln L(\theta)}{\mathrm{d}\theta}=n>0$$

$\ln L(\theta)$ 及 $L(\theta)$ 均为 θ 的单调增函数,θ 取最大值时,$L(\theta)$ 取最大值。

由于 $x_1,x_2\cdots,x_n\geqslant\theta$,因此 θ 的最大似然估计值为 $\min(x_1,x_2,\cdots,x_n)$。

答案:C

25.**解** 分子平均平动动能 $\overline{w}=\dfrac{3}{2}kT$。

答案:C

26.**解** 气体分子的平均碰撞频率 $\overline{Z}=\sqrt{2}\pi d^2 n\overline{v}$,其中 $\overline{v}$ 为分子的平均速率,n 为分子数密度(单位体积内分子数),$\overline{v}=1.6\sqrt{\dfrac{RT}{M}}$,$p=nkT$,于是 $\overline{Z}=\sqrt{2}\pi d^2\dfrac{p}{kT}1.6\sqrt{\dfrac{RT}{M}}=\sqrt{2}\pi d^2\dfrac{p}{k}1.6\sqrt{\dfrac{R}{MT}}$,所以 p 不变时,$\overline{Z}$ 与 $\sqrt{T}$ 成反比。

答案:C

27.**解** 因为气体内能与温度有关,今降到初始温度,$\Delta T=0$,则 $\Delta E_{内}=0$;又等压膨胀和绝热膨胀都对外做功,$W>0$。

答案:A

28.**解** 根据热力学第一定律 $Q=\Delta E+W$,注意到“在压缩过程中外界做功 209J”,即系统对外做功 $W=-209\text{J}$。又 $\Delta E=120\text{J}$,故 $Q=120+(-209)=-89\text{J}$,即系统对外放热 89J,也就是说外界传给气体的热量为-89J。

答案:A

29.**解** 比较平面谐波的波动方程 $y=A\cos 2\pi(\dfrac{t}{T}-\dfrac{x}{\lambda})$。

$y=A\cos(Bt-Cx)=A\cos 2\pi(\dfrac{Bt}{2\pi}-\dfrac{Cx}{2\pi})=A\cos 2\pi\left(\dfrac{t}{\frac{2\pi}{B}}+\dfrac{x}{\frac{2\pi}{C}}\right)$,故周期 $T=\dfrac{2\pi}{B}$,频率 $\nu=\dfrac{B}{2\pi}$,波长 $\lambda=\dfrac{2\pi}{C}$,由此波速 $u=\lambda\nu=\dfrac{B}{C}$。

答案:B

30. **解** 质元经过平衡位置时,速度最大,故动能最大,根据机械波动特征,质元动能最大势能也最大。

答案:C

31. **解** 声学基础知识。

答案:C

32. **解** 双缝干涉时,条纹间距 $\Delta x=\lambda_n \dfrac{D}{d}$,在空气中干涉,有 $1.33\approx\lambda\dfrac{D}{d}$,此光在水中的波长为 $\lambda_n=\dfrac{\lambda}{n}$,此时条纹间距 $\Delta x(\text{水})=\dfrac{\lambda D}{nd}=\dfrac{1.33}{n}=1\text{mm}$。

答案:C

33. **解** 劈尖暗纹出现的条件为 $\delta=2ne+\dfrac{\lambda}{2}=(2k+1)\dfrac{\lambda}{2}, k=0,1,2,\cdots$。令 $k=3$,有 $2ne+\dfrac{\lambda}{2}=\dfrac{7\lambda}{2}$,得出 $e=\dfrac{3\lambda}{2n}$。

答案:A

34. **解** 对迈克尔逊干涉仪,条纹移动 $\Delta x=\Delta n\dfrac{\lambda}{2}$,令 $\Delta x=0.62$,$\Delta n=2300$,则

$$\lambda=\frac{2\times\Delta x}{\Delta n}=\frac{2\times 0.62}{2300}=5.39\times10^{-4}\text{mm}=539\text{nm}$$

注:$1\text{nm}=10^{-9}\text{m}=10^{-6}\text{mm}$。

答案:B

35. **解** $(a+b)\sin\phi=k\lambda, k=1,2,3,\cdots$,即 $k_1\lambda_1=k_2\lambda_2$,$\dfrac{k_1}{k_2}=\dfrac{\lambda_2}{\lambda_1}=\dfrac{750}{450}=\dfrac{5}{3}$。

故重叠处波长 λ_2 的级数 k_2 必须是 3 的整数倍,即 3,6,9,12,…。

答案:D

36. **解** 注意到"当折射角为30°时,反射光为完全偏振光",说明此时入射角即起偏角 i_0。

根据 $i_0+\gamma_0=\dfrac{\pi}{2}$,$i_0=60°$,再由 $\tan i_0=\dfrac{n_2}{n_1}$,$n_1\approx1$,可得 $n_2=\tan60°=\sqrt{3}$。

答案:D

37. **解** 反应自发性判据(最小自由能原理):$\Delta G<0$,自发过程,过程能向正方向进行;$\Delta G=0$,平衡状态;$\Delta G>0$,非自发过程,过程能向逆方向进行。

由公式 $\Delta G=\Delta H-T\Delta S$ 及自发判据可知,当 ΔH 和 ΔS 均小于零时,ΔG 在低温时小于零,所以低温自发,高温非自发。转换温度 $T=\dfrac{\Delta H}{\Delta S}$。

答案:A

38.**解** 根据电极电势的能斯特方程式

$$\varphi(Cl_2/Cl^-)=\varphi^\Theta(Cl_2/Cl^-)+\frac{0.0592}{n}\lg\frac{\left[\frac{p(Cl_2)}{p^\Theta}\right]}{\left[\frac{c(Cl)}{c^\Theta}\right]^2}=1.358+\frac{0.0592}{2}\times\lg10=1.388V$$

答案:C

39.**解** 电对中,斜线右边为氧化态,斜线左边为还原态。电对的电极电势越大,表示电对中氧化态的氧化能力越强,是强氧化剂;电对的电极电势越小,表示电对中还原态的还原能力越强,是强还原剂。所以依据电对电极电势大小顺序,知氧化剂强弱顺序:$F_2>Fe^{3+}>Mg^{2+}>Na^+$;还原剂强弱顺序:$Na>Mg>Fe^{2+}>F$。

答案:B

40.**解** 反应速率常数:表示反应物均为单位浓度时的反应速率。升高温度能使更多分子获得能量而成为活化分子,活化分子百分数可显著增加,发生化学反应的有效碰撞增加,从而增大反应速率常数。

答案:A

41.**解** 波函数 $\psi(n, l, m)$ 可表示一个原子轨道的运动状态。n, l, m 的取值范围:主量子数 n 可取的数值为 1, 2, 3, 4,…;角量子数 l 可取的数值为 0, 1, 2, …, $(n-1)$;磁量子数 m 可取的数值为 0, ±1,±2,±3,…, $\pm l$。选项 A 中 n 取 1 时,l 最大取 $n-1=0$。

答案:A

42.**解** 可以用氧化还原配平法。配平后的方程式为 $MnO_2+4HCl=MnCl_2+Cl_2+2H_2O$。

答案:A

43.**解** 弱酸强碱盐的标准水解常数为:$K_h=\frac{K_w}{K_a}=\frac{1.0\times10^{-14}}{1.0\times10^{-5}}=1.0\times10^{-9}$。

答案:A

44.**解** 苯环含有双键,可以发生加成反应;醛基既可以发生氧化反应,也可以发生还原反应。

答案:C

45.**解** 聚丙烯酸酯不是无机化合物,是有机化合物,是高分子化合物,不是离子化合物;是共价化合物。

答案:C

46. **解**　苯甲醛和乙苯可以被高锰酸钾氧化为苯甲酸而使高锰酸钾溶液褪色，苯乙烯的乙烯基可以使高锰酸钾溶液褪色。苯不能使高锰酸钾褪色。

答案:C

47. **解**　根据力的投影公式，$F_x = F\cos\alpha$，当 $\alpha = 0$ 时 $F_x = F$，即力 $\boldsymbol{F}$ 与 x 轴平行，故只有当力 $\boldsymbol{F}$ 在与 x 轴垂直的 y 轴($\alpha = 90°$)上投影为 0 外，在其余与 x 轴共面轴上的投影均不为 0。

答案:B

48. **解**　将力系向 A 点简化，F_3 沿作用线移到 A 点，F_3 平移到 A 点附加力偶即主矩 $M_A = M_A(F_2) = \dfrac{\sqrt{3}}{2}aF$，三个力的主矢 $F_{Ry} = 0$，$F_{Rx} = F_1 + F_2\sin30° + F_3\sin30° = 2F$(向左)。

答案:A

49. **解**　根据受力分析，A、C、D 处的约束力均为水平方向(如解图)，考虑杆 AB 的平衡 $\sum M = 0$，$m_1 - F_{NC} \cdot a = 0$，可得 $F_{NC} = \dfrac{m_1}{a}$；分析杆 DC，采用力偶的平衡方程 $F'_{NC} \cdot a - m_2 = 0$，$F'_{NC} = F_{NC}$，即得 $m_2 = m_1$。

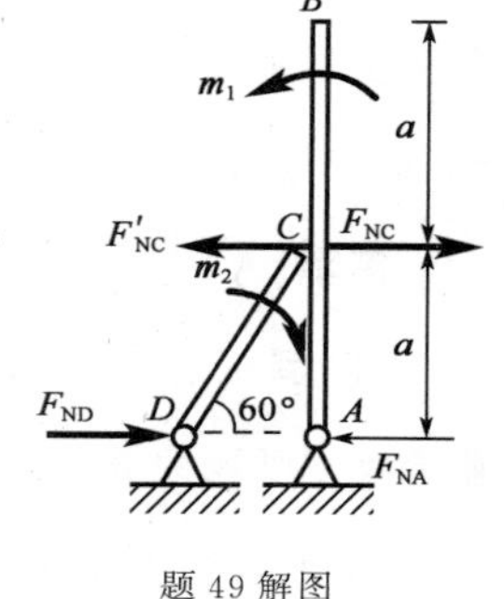

题 49 解图

答案:A

50. **解**　根据摩擦定律 $F_{max} = W\cos60° \times f = 10\text{kN}$，沿斜面的主动力为 $W\sin60° - F_P = 6.6\text{kN}$，方向向下。由平衡方程得摩擦力的大小应为 6.6kN。

答案:C

51. **解**　当 $t = 0\text{s}$ 时，$s = 8\text{m}$，当 $t = 3\text{s}$ 时，$s = -10\text{m}$，点的速度 $v = \dfrac{\mathrm{d}s}{\mathrm{d}t} = -4t$，即沿与 s 正方向相反的方向从 8m 处经过坐标原点运动到了 -10m 处，故所经路程为 18m。

答案:C

52. **解**　根据定轴转动刚体上一点加速度与转动角速度、角加速度的关系：$a_n = \omega^2 l$，$a_\tau = \alpha l$，而题中 $a_n = a\cos\alpha = \omega^2 l$，$\omega = \sqrt{\dfrac{a\cos\alpha}{l}}$，$a_\tau = a\sin\alpha = \alpha l$，$\alpha = \dfrac{a\sin\alpha}{l}$。

答案:B

53. **解**　物块 B 的速度为：$v_B = \dfrac{\mathrm{d}x}{\mathrm{d}t} = 2kt$；加速度为：$a_B = \dfrac{\mathrm{d}^2x}{\mathrm{d}t^2} = 2k$；而轮缘点 A 的速度与物块 B 的速度相同，即 $v_A = v_B = 2kt$；轮缘点 A 的切向加速度与物块 B 的加速度相同，

则 $a_A = \sqrt{a_{An}^2 + a_{A\tau}^2} = \sqrt{\left(\frac{v_B^2}{R}\right)^2 + a_B^2} = \sqrt{\frac{16k^4t^4}{R^2} + 4k^2}$ 。

答案:D

54.**解** 将动力学矢量方程 $ma = F + R$,在 x 方向投影,有 $-ma = F - R$。

答案:B

55.**解** 根据定轴转动刚体动量矩和动能的公式:$L_O = J_O\omega$,$T = \frac{1}{2}J_O\omega^2$,其中:$J_O = \frac{1}{2}mR^2 + mR^2 = \frac{3}{2}mR^2$,$L_O = \frac{3}{2}mR^2\omega$,$T = \frac{3}{4}mR^2\omega$。

答案:D

56.**解** 根据定轴转动微分方程 $J_B\alpha = M_B(\boldsymbol{F})$,当杆转动到铅垂位置时,受力如解图所示,杆上所有外力对 B 点的力矩为零,即 $M_B(\boldsymbol{F}) = 0$。

答案:A

57.**解** 绳剪断瞬时(见解图),杆的 $\omega = 0$,$\alpha = \frac{3g}{4l}$;则质心的加速度 $a_{Cx} = 0$,$a_{Cy} = \alpha l = \frac{3g}{4}$。根据质心运动定理:$\frac{P}{g}a_{Cy} = P - F_{Ay}$,$F_{Ax} = 0$,$F_{Ay} = P - \frac{P}{g} \times \frac{3}{4}g = \frac{P}{4}$。

答案:B

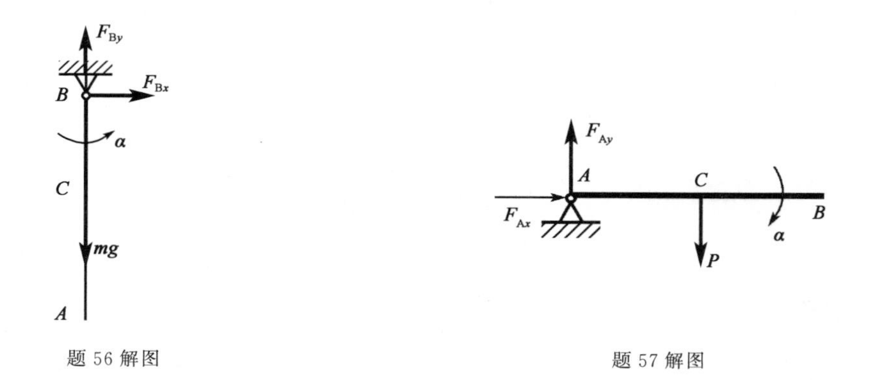

题 56 解图　　　　题 57 解图

58.**解** 质点振动的固有频率与倾角无关。

答案:C

59.**解** 由低碳钢拉伸实验的应力-应变曲线图可知,卸载时的直线规律和再加载时的冷作硬化现象都发生在强化阶段。

答案:C

60.**解** 把螺钉杆拉伸强度条件 $\sigma = \frac{F}{\frac{\pi}{4}d^2} = [\sigma]$ 和螺母的剪切强度条件 $\tau = \frac{F}{\pi dh} = [\tau]$,

代入$[\sigma]=2[\tau]$，即得 $d=2h$。

答案：A

61. **解**　使 $\varphi_1=\frac{\varphi}{2}$，即$\frac{T}{GI_{P1}}=\frac{1}{2}\frac{T}{GI_P}$，所以 $I_{P1}=2I_P$，$\frac{\pi}{32}d_1^4=2\frac{\pi}{32}d^4$，得 $d_1=\sqrt[4]{2}d$。

答案：A

62. **解**　圆轴表面 $\tau=\frac{T}{W_t}$，又 $\tau=G\gamma$，所以 $T=\tau W_t=G\gamma W_t$。

答案：A

63. **解**　图中正方形截面 $I_z^{方}=\frac{a^4}{12}+\left(\frac{a}{2}\right)^2\cdot a^2=\frac{a^4}{3}$

整个截面 $I_z=I_z^{矩}-I_z^{方}=\frac{bh^3}{12}-\frac{a^4}{3}$

答案：C

64. **解**　设 F_A 向上，$\sum M_C=0$，$m-F_AL=0$，则 $F_A=\frac{m}{L}$，再用直接法求 A 截面的剪力 $F_s=F_A=\frac{m}{L}$。

答案：C

65. **解**　因为钢和铝的弹性模量不同，而4个选项之中只有挠曲线与弹性模量有关，所以选挠曲线。

答案：D

66. **解**　由集中力偶 M 产生的挠曲线方程 $f=\frac{Mx^2}{2EI}$ 是 x 的二次曲线可知，挠曲线是圆弧的为选项B。

答案：B

67. **解**　$\sigma_1=\frac{\sigma_x+\sigma_y}{2}+\sqrt{\left(\frac{\sigma_x-\sigma_y}{2}\right)^2+\tau_x^2}=\frac{40+(-40)}{2}+\sqrt{\left[\frac{40-(-40)}{2}\right]^2+30^2}=50\text{MPa}$

答案：D

68. **解**　这显然是偏心拉伸，而且对 y、z 轴都有偏心。把力 F 平移到截面形心，要加两个附加力偶矩，该杆将发生轴向拉伸和绕 y、z 轴的双向弯曲。

答案：B

69. **解**　把力 F 沿轴线 z 平移至圆轴截面中心，并加一个附加力偶，则使圆轴产生弯曲和扭转组合变形。最大弯矩 $M=FL$，最大扭矩 $T=F\frac{d}{2}$，$\sigma_{eq3}=\frac{\sqrt{M^2+T^2}}{W_z}=$

$\frac{32}{\pi d^3}\sqrt{(FL)^2+\left(\frac{Fd}{2}\right)^2}$。

答案：D

70. **解** 当压杆 AB 和 CD 同时达到临界荷载时，结构的临界荷载：

$$F_a=2F_{cr}=2\times\frac{\pi^2EI}{(0.7L)^2}=4.08\frac{\pi^2EI}{L^2}$$

答案：B

71. **解** 静压强特性为流体静压强的大小与受压面的方向无关。

答案：B

72. **解** 绝对压强要计及液面大气压强，$p=p_0+\rho gh$，$p_0=100\text{kPa}$，代入题设数据后有：$p'=1000\text{kPa}+0.8\times9.8\times3\text{kPa}=123.52\text{kPa}$。

答案：D

73. **解** 根据恒定流定义可得，各空间点上所有运动要素均不随时间变化的流动为恒定流。

答案：B

74. **解** 相同直径、相同水头的孔口流速大于圆柱形外管嘴流速，但流量小于后者。

答案：C

75. **解** 根据明渠均匀流发生的条件可得(明渠均匀流只能发生在顺坡渠道中)。

答案：A

76. **解** 根据谢才公式 $v=C\sqrt{Ri}$，当底坡 i 增大时，流速增大，在题设条件下，水深应减小。

答案：A

77. **解** 先用经验公式 $R=3000S\sqrt{k}$，求影响半径 R；

再应用普通完全井公式 $Q=1.366\frac{k(H^2-h^2)}{\lg\frac{R}{r_0}}$。

代入题设数据后有：$R=3000\times(11-8)\times\sqrt{2/3600}=212.1\text{m}$，

流量 $Q=1.366\frac{2}{3600}\times\frac{11^2-8^2}{\lg\frac{212.1}{0.5}}=0.0164\text{m}^3/\text{s}$。

答案：B

78. **解** 船在明渠中航行试验，是属于明渠重力流性质，应选用弗劳德准则。

答案:B

79.解 带电体是在电场力的作用下做功,其能量来自电场和自身的能量。

答案:C

80.解 在直流电源的作用下电容相当于断路 $i_2=0$,电容元件存储的能量与电压的平方成正比。此题中电容电压为 $Ri_1\neq0$,$i=i_1+i_2=i_1$。

答案:A

81.解 根据节电的电流关系 KCL:

$I_1=1-(-2)-0.5=2.5\text{A}$,$I_2=1.5+1-I_1=0$

答案:C

82.解 对正弦交流电路的三要素在函数式和波形图表达式的关系分析可知:

$U_m=155.56\text{V}$;$\varphi_u=-90°$;$\omega=2\pi/T=314\text{rad/s}$

答案:B

83.解 在正弦交流电路中,分电压与总电压的大小符合相量关系,电感电压超前电流 90°,电容电流落后电流 90°。

式 2 应该为:$u_x=u_L+u_C$

式 4 应该为:$U^2=U_R^2+(U_L-U_C)^2$

答案:A

84.解 在有储能原件存在的电路中,电感电流和电容电压不能跃变。本电路的输入电压发生了三次跃变。在图示的 RLC 串联电路中因为电感电流不跃变,电阻的电流、电压和电容的电流不会发生跃变。

答案:A

85.解 理想变压器的内部损耗为零,$U_1I_1=U_2I_2$,$U_2=I_2R_L$。

答案:A

86.解 三相交流电动机的功率因素和效率均与负载的大小有关,电动机接近空载时,功率因素和效率都较低,只有当电动机接近满载工作时,电动机的功率因素和效率才达到较大的数值。

答案:B

87.解 “信息”指的是人们通过感官接收到的关于客观事物的变化情况;“信号”是信息的表示形式,是传递信息的工具,如声、光、电等。信息是存在于信号之中的。

答案:A

88. **解** 图示信号是用电位高低表示的二进制数 010011，将其转换为十进制的数值是 19。

答案：D

89. **解** $x(t)$是原始信号，$u(t)$是模拟信号，它们都是时间的连续信号；而 $u^*(t)$是经过采样器以后的采样信号，是离散信号。

答案：B

90. **解** 此题可以用叠加原理分析，将信号分解为一个指数信号和一个阶跃信号的叠加。

答案：D

91. **解** 模拟信号放大器的基本要求是不能失真，即要求放大信号的幅度，不可以改变信号的频率。

答案：A

92. **解** 此题要求掌握的是如何将逻辑真值表标示为逻辑表达式。输出变量 F 为在输入变量 ABC 不同组合情况下，为 1 的或逻辑。

答案：B

93. **解** 分析二极管电路的方法，是先将二极管视为断路，判断二极管的端部电压。如果二极管处于正向偏置状态，可将二极管视为短路；如果二极管处于反向偏置状态，可将二极管视为断路。简化后含有二极管的电路已经成为线性电路，用线性电路理论分析可得结果。

答案：B

94. **解** 理解放大电路输入电阻和输出电阻的概念，利用其等效电路计算可得结果。

图 a)：$U_{L1}=\dfrac{R_L}{R_s+R_L}U_s=\dfrac{50}{1000+50}U_s=\dfrac{U_s}{21}$

图 b)：等效电路图

$$u_i=u_s\frac{r_i\cdot u_s}{r_i+R_s}=\frac{U_s}{11}$$

$$u_{os2}=A_u u_i=\frac{U_s}{11}$$

$$U_{L2}=\frac{R_L}{R_L+r_o}U_{os2}=\frac{U_s}{22}$$

所以 $U_{L2}<U_{L1}$。

答案：C

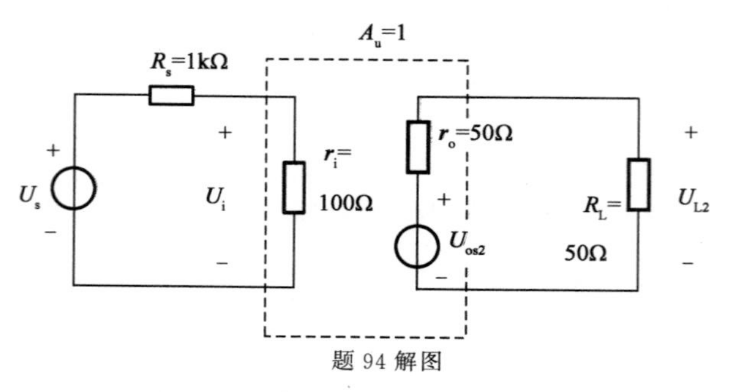

题 94 解图

95. **解** 左边电路是或门，$F_1=A+B$，右边电路是与门，$F_2=A\cdot B$。根据逻辑电路的基本关系即可得到答案。

答案：B

96. **解** 图示电路是电位触发的 JK 触发器。当 cp 在上升沿时，触发器取输入信号 JK。触发器的状态由 JK 触发器的功能表(略)确定。

答案：B

97. **解** 存放正在执行的程序和当前使用的数据，它具有一定的运算能力。

答案：C

98. **解** 按照应用和虚拟机的观点，计算机软件可分为系统软件、支撑软件、应用软件三类。

答案：D

99. **解** 信息有以下主要特征：可识别性、可变性、可流动性、可存储性、可处理性、可再生性、有效性和无效性、属性和可使用性。

答案：D

100. **解** 一位八进制对应三位二进制，7 对应 111，6 对应 110，3 对应 011。

答案：D

101. **解** 内存储器容量是指内存存储容量，即内容储存器能够存储信息的字节数。外储器是可将程序和数据永久保存的存储介质，可以说其容量是无限的。字节是信息存储中常用的基本单位。

答案：A

102. **解** 操作系统通常包括几大功能模块：处理器管理、作业管理、存储器管理、设备管理、文件管理、进程管理。

答案：D

103. **解** Windows 中，对存储器的管理采取分段存储、分页存储管理技术。一个存储段可以小至1个字节，大至4G字节，而一个页的大小规定为4K字节。

答案:B

104.**解** Windows采用了缓冲技术来解决主机与外设的速度不匹配问题，如使用磁盘高速缓冲存储器，以提高磁盘存储速率，改善系统整体功能。

答案:A

105.**解** 计算机网络是计算机技术和通信技术的结合产物。

答案:C

106.**解** 计算机网络协议的三要素：语法、语义、同步。

答案:C

107.**解** 现金流量图表示的是现金流入、现金流出与时间的对应关系。同一时间点上的现金流入和现金流出之差，称为净现金流量。箭头向上表示现金流入，向下表示现金流出。现金流量图的零点表示时间序列的起点，但第一个现金流量不一定发生在零点。

答案:B

108.**解** 投资项目前期研究可分为机会研究(规划)阶段、项目建议书(初步可行性研究)阶段、可行性研究阶段。

答案:B

109.**解** 根据题意，贷款在各年内均衡发生，建设期内不支付利息，则

第一年利息：$(200/2)\times 7\%=7$ 万元

第二年利息：$(200+500/2+7)\times 7\%=31.99$ 万元

第三年利息：$(200+500+300/2+7+31.99)\times 7\%=62.23$ 万元

建设期贷款利息：$7+31.99+62.23=101.22$ 万元

答案:B

110.**解** 股票融资(权益融资)的资金成本一般要高于债权融资的资金成本。

答案:D

111.**解** 融资前分析不考虑融资方案，在规划和机会研究阶段，一般只进行融资前分析。

答案:C

112.**解** 经济效益的计算应遵循支付意愿原则和接受补偿原则(受偿意愿原则)。

答案:D

113.**解** 按盈亏平衡产量公式计算：

$$盈亏平衡点产销量=\frac{1200\times10^{4}}{1000-600-150}=48000\text{ 台}$$

答案:A

114.**解** 根据价值公式进行判断:价值(V)=功能(F)/成本(C)。

答案:C

115.**解** 《中华人民共和国建筑法》第八条规定,申请领取施工许可证,应当具备下列条件。

(一)已经办理该建筑工程用地批准手续;

(二)在城市规划区的建筑工程,已经取得规划许可证;

(三)需要拆迁的,其拆迁进度符合施工要求;

(四)已经确定建筑施工企业;

(五)有满足施工需要的施工图纸及技术资料;

(六)有保证工程质量和安全的具体措施;

(七)建设资金已经落实;

(八)法律、行政法规规定的其他条件。

拆迁进度符合施工要求即可,不是拆迁全部完成,所以A错;并非所有工程都需要监理,所以B错;建设资金落实不是资金全部到位,所以D错。

答案:C

116.**解** 《中华人民共和国招标投标法》第十六条规定,招标人采用公开招标方式的,应当发布招标公告。依法必须进行招标的项目的招标公告,应当通过国家指定的报刊、信息网络或者其他媒介发布。招标公告应当载明招标人的名称和地址,招标项目的性质、数量、实施地点和时间以及获取招标文件的办法等事项,所以A对。其他几项内容应在招标文件中载明,而不是招标公告中。

答案:A

117.**解** 参见《中华人民共和国合同法》的下列条款。

第十三条 当事人订立合同,采取要约、承诺方式。

第十四条 要约是希望和他人订立合同的意思表示,该意思表示应当符合下列规定:

(一)内容具体确定;

(二)表明经受要约人承诺,要约人即受该意思表示约束。

第十五条 要约邀请是希望他人向自己发出要约的意思表示。寄送的价目表、拍卖公告、招标公告、招股说明书、商业广告等为要约邀请。

答案:C

118.**解** 根据《中华人民共和国节约能源法》第五十八条规定,国务院管理节能工作的部门会同国务院有关部门制定并公布节能技术、节能产品的推广目录,引导用能单位和个人使用先进的节能技术、节能产品。

答案:B

119.**解** 《中华人民共和国环境保护法》第十五条规定,国务院环境保护行政主管部门,制定国家环境质量标准。省、自治区、直辖市人民政府对国家环境质量标准中未作规定的项目,可以制定地方环境质量标准;对国家环境质量标准中已作规定的项目,可以制定严于国家环境质量标准。地方环境质量标准必须报国务院环境保护主管部门备案。凡是向已有地方环境质量标准的区域排放污染物的,应当执行地方环境质量标准。选项C错在"审批"两字,是备案不是审批。

答案:D

120.**解** 《建设工程勘察设计管理条例》第二十六条规定,编制建设工程勘察文件,应当真实、准确,满足建设工程规划、选址、设计、岩土治理和施工的需要。编制方案设计文件,应当满足编制初步设计文件和控制概算的需要。编制初步设计文件,应当满足编制施工招标文件、主要设备材料订货和编制施工图设计文件的需要。编制施工图设计文件,应当满足设备材料采购、非标准设备制作和施工的需要,并注明建设工程合理使用年限。

答案:B

2010年度全国勘察设计注册工程师

执业资格考试试卷

基础考试
（上）

二〇一〇年九月

应考人员注意事项

1. 本试卷科目代码为“1”，考生务必将此代码填涂在答题卡“科目代码”相应的栏目内，否则，无法评分。
2. 书写用笔：**黑色或蓝色钢笔、签字笔或圆珠笔**；
   填涂答题卡用笔：**黑色 2B 铅笔**。
3. 必须用书写用笔将工作单位、姓名、准考证号填写在答题卡和试卷相应的栏目内。
4. 本试卷由 120 题组成，每题 1 分，满分 120 分，本试卷全部为单项选择题，每小题的四个备选项中只有一个正确答案，错选、多选、不选均不得分。
5. 考生作答时，必须按**题号在答题卡上**将相应试题所选选项对应的**字母用 2B 铅笔涂黑**。
6. 在答题卡上书写与题意无关的语言，或在答题卡上作标记的，均按违纪试卷处理。
7. 考试结束时，由监考人员当面将试卷、答题卡一并收回。
8. 草稿纸由各地统一配发，考后收回。

单项选择题(共 120 题,每题 1 分。每题的备选项中只有一个最符合题意。)

1. 设直线方程为 $\begin{cases}x=t+1\\y=2t-2\\z=-3t+3\end{cases}$,则直线:

A. 过点(−1,2,−3),方向向量为 $\vec{i}+2\vec{j}-3\vec{k}$

B. 过点(−1,2,−3),方向向量为 $-\vec{i}-2\vec{j}+3\vec{k}$

C. 过点(1,2,−3),方向向量为 $\vec{i}-2\vec{j}+3\vec{k}$

D. 过点(1,−2,3),方向向量为 $-\vec{i}-2\vec{j}+3\vec{k}$

2. 设 $\vec{\alpha},\vec{\beta},\vec{\gamma}$ 都是非零向量,若 $\vec{\alpha}\times\vec{\beta}=\vec{\alpha}\times\vec{\gamma}$,则:

A. $\vec{\beta}=\vec{\gamma}$

B. $\vec{\alpha}/\!/\vec{\beta}$ 且 $\vec{\alpha}/\!/\vec{\gamma}$

C. $\vec{\alpha}/\!/(\vec{\beta}-\vec{\gamma})$

D. $\vec{\alpha}\perp(\vec{\beta}-\vec{\gamma})$

3. 设 $f(x)=\dfrac{e^{3x}-1}{e^{3x}+1}$,则:

A. $f(x)$ 为偶函数,值域为 $(-1,1)$

B. $f(x)$ 为奇函数,值域为 $(-\infty,0)$

C. $f(x)$ 为奇函数,值域为 $(-1,1)$

D. $f(x)$ 为奇函数,值域为 $(0,+\infty)$

4. 下列命题正确的是:

A. 分段函数必存在间断点

B. 单调有界函数无第二类间断点

C. 在开区间内连续,则在该区间必取得最大值和最小值

D. 在闭区间上有间断点的函数一定有界

5. 设函数 $f(x)=\begin{cases}\dfrac{2}{x^2+1}, & x\leqslant 1\\ ax+b, & x>1\end{cases}$ 可导,则必有:

A. $a=1,b=2$

B. $a=-1,b=2$

C. $a=1,b=0$

D. $a=-1,b=0$

6. 求极限 $\lim\limits_{x\to 0}\dfrac{x^2\sin\dfrac{1}{x}}{\sin x}$时，下列各种解法中正确的是：

A. 用洛必达法则后，求得极限为 0

B. 因为 $\lim\limits_{x\to 0}\sin\dfrac{1}{x}$不存在，所以上述极限不存在

C. 原式$=\lim\limits_{x\to 0}\dfrac{x}{\sin x}x\sin\dfrac{1}{x}=0$

D. 因为不能用洛必达法则，故极限不存

7. 下列各点中为二元函数 $z=x^3-y^3-3x^2+3y-9x$ 的极值点的是：

A. $(3,-1)$

B. $(3,1)$

C. $(1,1)$

D. $(-1,-1)$

8. 若函数 $f(x)$ 的一个原函数是 e^{-2x}，则 $\int f''(x)\mathrm{d}x$ 等于：

A. $e^{-2x}+C$

B. $-2e^{-2x}$

C. $-2e^{-2x}+C$

D. $4e^{-2x}+C$

9. $\int xe^{-2x}\mathrm{d}x$ 等于：

A. $-\dfrac{1}{4}e^{-2x}(2x+1)+C$

B. $\dfrac{1}{4}e^{-2x}(2x-1)+C$

C. $-\dfrac{1}{4}e^{-2x}(2x-1)+C$

D. $-\dfrac{1}{2}e^{-2x}(x+1)+C$

10. 下列广义积分中收敛的是：

A. $\int_0^1\dfrac{1}{x^2}\mathrm{d}x$

B. $\int_0^2\dfrac{1}{\sqrt{2-x}}\mathrm{d}x$

C. $\int_{-\infty}^0 e^{-x}\mathrm{d}x$

D. $\int_1^{+\infty}\ln x\mathrm{d}x$

11. 圆周 $\rho=\cos\theta$，$\rho=2\cos\theta$ 及射线 $\theta=0$，$\theta=\dfrac{\pi}{4}$所围的图形的面积 $S=$

A. $\dfrac{3}{8}(\pi+2)$

B. $\dfrac{1}{16}(\pi+2)$

C. $\dfrac{3}{16}(\pi+2)$

D. $\dfrac{7}{8}\pi$

12. 计算 $I=\iiint_{\Omega} z\mathrm{d}v$，其中 Ω 为 $z^2=x^2+y^2$，$z=1$ 围成的立体，则正确的解法是：

A. $I=\int_0^{2\pi}\mathrm{d}\theta\int_0^1 r\mathrm{d}r\int_0^1 z\mathrm{d}z$

B. $I=\int_0^{2\pi}\mathrm{d}\theta\int_0^1 r\mathrm{d}r\int_r^1 z\mathrm{d}z$

C. $I=\int_0^{2\pi}\mathrm{d}\theta\int_0^1 \mathrm{d}z\int_r^1 r\mathrm{d}r$

D. $I=\int_0^1\mathrm{d}z\int_0^{\pi}\mathrm{d}\theta\int_0^z zr\mathrm{d}r$

13. 下列各级数中发散的是：

A. $\sum\limits_{n=1}^{\infty}\frac{1}{\sqrt{n+1}}$

B. $\sum\limits_{n=1}^{\infty}(-1)^{n-1}\frac{1}{\ln(n+1)}$

C. $\sum\limits_{n=1}^{\infty}\frac{n+1}{3^n}$

D. $\sum\limits_{n=1}^{\infty}(-1)^{n-1}\left(\frac{2}{3}\right)^n$

14. 幂级数 $\sum\limits_{n=1}^{\infty}\frac{(x-1)^n}{3^n n}$ 的收敛域是：

A. $[-2,4)$　　B. $(-2,4)$　　C. $(-1,1)$　　D. $\left[-\frac{1}{3},\frac{4}{3}\right)$

15. 微分方程 $y''+2y=0$ 的通解是：

A. $y=A\sin 2x$

B. $y=A\cos x$

C. $y=\sin\sqrt{2}x+B\cos\sqrt{2}x$

D. $y=A\sin\sqrt{2}x+B\cos\sqrt{2}x$

16. 微分方程 $y\mathrm{d}x+(x-y)\mathrm{d}y=0$ 的通解是：

A. $\left(x-\frac{y}{2}\right)y=C$

B. $xy=C\left(x-\frac{y}{2}\right)$

C. $xy=C$

D. $y=\frac{C}{\ln\left(x-\frac{y}{2}\right)}$

17. 设 $\boldsymbol{A}$ 是 m 阶矩阵，$\boldsymbol{B}$ 是 n 阶矩阵，行列式 $\begin{vmatrix} 0 & \boldsymbol{A} \\ \boldsymbol{B} & 0 \end{vmatrix}=$

A. $-|\boldsymbol{A}||\boldsymbol{B}|$

B. $|\boldsymbol{A}||\boldsymbol{B}|$

C. $(-1)^{m+n}|\boldsymbol{A}||\boldsymbol{B}|$

D. $(-1)^{mn}|\boldsymbol{A}||\boldsymbol{B}|$

18. 设 $\boldsymbol{A}$ 是 3 阶矩阵，矩阵 $\boldsymbol{A}$ 的第 1 行的 2 倍加到第 2 行，得矩阵 $\boldsymbol{B}$，则下列选项中成立的是：

A. $\boldsymbol{B}$ 的第 1 行的 -2 倍加到第 2 行得 $\boldsymbol{A}$

B. $\boldsymbol{B}$ 的第 1 列的 -2 倍加到第 2 列得 $\boldsymbol{A}$

C. $\boldsymbol{B}$ 的第 2 行的 -2 倍加到第 1 行得 $\boldsymbol{A}$

D. $\boldsymbol{B}$ 的第 2 列的 -2 倍加到第 1 列得 $\boldsymbol{A}$

19. 已知三维列向量 $\boldsymbol{\alpha},\boldsymbol{\beta}$ 满足 $\boldsymbol{\alpha}^{\mathrm{T}}\boldsymbol{\beta}=3$，设 3 阶矩阵 $\mathbf{A}=\boldsymbol{\beta}\boldsymbol{\alpha}^{\mathrm{T}}$，则：

A. $\boldsymbol{\beta}$ 是 $\boldsymbol{A}$ 的属于特征值 0 的特征向量

B. $\boldsymbol{\alpha}$ 是 $\boldsymbol{A}$ 的属于特征值 0 的特征向量

C. $\boldsymbol{\beta}$ 是 $\boldsymbol{A}$ 的属于特征值 3 的特征向量

D. $\boldsymbol{\alpha}$ 是 $\boldsymbol{A}$ 的属于特征值 3 的特征向量

20. 设齐次线性方程组 $\begin{cases} x_1-kx_2=0 \\ kx_1-5x_2+x_3=0 \\ x_1+x_2+x_3=0 \end{cases}$，当方程组有非零解时，$k$ 值为：

A. -2 或 3　　　　B. 2 或 3

C. 2 或 -3　　　　D. -2 或 -3

21. 设事件 A,B 相互独立，且 $P(A)=\frac{1}{2}$，$P(B)=\frac{1}{3}$，则 $P(B|A\cup\overline{B})$ 等于：

A. $\frac{5}{6}$　　B. $\frac{1}{6}$　　C. $\frac{1}{3}$　　D. $\frac{1}{5}$

22. 将 3 个球随机地放入 4 个杯子中，则杯中球的最大个数为 2 的概率为：

A. $\frac{1}{16}$　　B. $\frac{3}{16}$　　C. $\frac{9}{16}$　　D. $\frac{4}{27}$

23. 设随机变量 X 的概率密度为 $f(x)=\begin{cases} \frac{1}{x^2} & x\geqslant 1 \\ 0 & \text{其他} \end{cases}$，则 $P(0\leqslant X\leqslant 3)=$

A. $\frac{1}{3}$　　B. $\frac{2}{3}$　　C. $\frac{1}{2}$　　D. $\frac{1}{4}$

24. 设随机变量 (X,Y) 服从二维正态分布，其概率密度为 $f(x,y)=\frac{1}{2\pi}e^{-\frac{1}{2}(x^2+y^2)}$，则 $E(X^2+Y^2)=$

A. 2　　B. 1　　C. $\frac{1}{2}$　　D. $\frac{1}{4}$

25. 一定量的刚性双原子分子理想气体储于一容器中，容器的容积为 V，气体压强为 p，则气体的内能为：

A. $\frac{3}{2}pV$　　　　B. $\frac{5}{2}pV$

C. $\frac{1}{2}pV$　　　　D. pV

26. 理想气体的压强公式是：

A. $p=\frac{1}{3}nmv^2$　　B. $p=\frac{1}{3}nm\overline{v}$

C. $p=\frac{1}{3}nm\overline{v^2}$　　D. $p=\frac{1}{3}n\overline{v^2}$

27. “理想气体和单一热源接触做等温膨胀时，吸收的热量全部用来对外做功。”对此说法，有如下几种讨论，哪种是正确的：

A. 不违反热力学第一定律，但违反热力学第二定律

B. 不违反热力学第二定律，但违反热力学第一定律

C. 不违反热力学第一定律，也不违反热力学第二定律

D. 违反热力学第一定律，也违反热力学第二定律

28. 一定量的理想气体，由一平衡态 p_1, V_1, T_1 变化到另一平衡态 p_2, V_2, T_2，若 $V_2 > V_1$，但 $T_2 = T_1$，无论气体经历什么样的过程：

A. 气体对外做的功一定为正值

B. 气体对外做的功一定为负值

C. 气体的内能一定增加

D. 气体的内能保持不变

29. 在波长为 λ 的驻波中，两个相邻的波腹之间的距离为：

A. $\frac{\lambda}{2}$　　B. $\frac{\lambda}{4}$　　C. $\frac{3\lambda}{4}$　　D. λ

30. 一平面简谐波在弹性媒质中传播时，某一时刻在传播方向上一质元恰好处在负的最大位移处，则它的：

A. 动能为零，势能最大　　B. 动能为零，势能为零

C. 动能最大，势能最大　　D. 动能最大，势能为零

31. 一声波波源相对媒质不动，发出的声波频率是 ν_0。设一观察者的运动速度为波速的 $\frac{1}{2}$，当观察者迎着波源运动时，他接收到的声波频率是：

A. $2\nu_0$　　B. $\frac{1}{2}\nu_0$　　C. ν_0　　D. $\frac{3}{2}\nu_0$

32. 在双缝干涉实验中，光的波长 600nm，双缝间距 2mm，双缝与屏的间距为 300cm，则屏上形成的干涉图样的相邻明条纹间距为：

A. 0.45mm　　B. 0.9mm　　C. 9mm　　D. 4.5mm

33. 在双缝干涉实验中，若在两缝后（靠近屏一侧）各覆盖一块厚度均为 d，但折射率分别为 n_1 和 n_2（$n_2>n_1$）的透明薄片，从两缝发出的光在原来中央明纹处相遇时，光程差为：

A. $d(n_2-n_1)$　　B. $2d(n_2-n_1)$　　C. $d(n_2-1)$　　D. $d(n_1-1)$

34. 在空气中做牛顿环实验，如图所示，当平凸透镜垂直向上缓慢平移而远离平面玻璃时，可以观察到这些环状干涉条纹：

A. 向右平移

B. 静止不动

C. 向外扩张

D. 向中心收缩

单色光

35. 一束自然光通过两块叠放在一起的偏振片，若两偏振片的偏振化方向间夹角由 α_1 转到 α_2，则转动前后透射光强度之比为：

A. $\frac{\cos^2\alpha_2}{\cos^2\alpha_1}$　　B. $\frac{\cos\alpha_2}{\cos\alpha_1}$　　C. $\frac{\cos^2\alpha_1}{\cos^2\alpha_2}$　　D. $\frac{\cos\alpha_1}{\cos\alpha_2}$

36. 若用衍射光栅准确测定一单色可见光的波长，在下列各种光栅常数的光栅中，选用哪一种最好：

A. 1.0×10^{-1}mm　　B. 5.0×10^{-1}mm

C. 1.0×10^{-2}mm　　D. 1.0×10^{-3}mm

37. $K_{sp}^{\ominus}(Mg(OH)_2)=5.6\times10^{-12}$，则 $Mg(OH)_2$ 在 $0.01mol\cdot L^{-1}$ NaOH 溶液中的溶解度为：

A. $5.6\times10^{-9}mol\cdot L^{-1}$　　B. $5.6\times10^{-10}mol\cdot L^{-1}$

C. $5.6\times10^{-8}mol\cdot L^{-1}$　　D. $5.6\times10^{-5}mol\cdot L^{-1}$

38. $BeCl_2$ 中 Be 的原子轨道杂化类型为：

A. sp　　B. sp^2　　C. sp^3　　D. 不等性 sp^3

39. 常温下，在 CH_3COOH 与 CH_3COONa 的混合溶液中，若它们的浓度均为 $0.10mol\cdot L^{-1}$，测得 pH 是 4.75，现将此溶液与等体积的水混合后，溶液的 pH 值是：

A. 2.38　　B. 5.06　　C. 4.75　　D. 5.25

40. 对一个化学反应来说，下列叙述正确的是：

A. $\Delta_r G_m^\ominus$ 越小，反应速率越快

B. $\Delta_r H_m^\ominus$ 越小，反应速率越快

C. 活化能越小，反应速率越快

D. 活化能越大，反应速率越快

41. 26 号元素原子的价层电子构型为：

A. $3d^5 4s^2$

B. $3d^6 4s^2$

C. $3d^6$

D. $4s^2$

42. 确定原子轨道函数 ψ 形状的量子数是：

A. 主量子数

B. 角量子数

C. 磁量子数

D. 自旋量子数

43. 下列反应中 $\Delta_r S_m^\ominus > 0$ 的是：

A. $2H_2(g) + O_2(g) \rightarrow 2H_2O(g)$

B. $N_2(g) + 3H_2(g) \rightarrow 2NH_3(g)$

C. $NH_4Cl(s) \rightarrow NH_3(g) + HCl(g)$

D. $CO_2(g) + 2NaOH(aq) \rightarrow Na_2CO_3(aq) + H_2O(l)$

44. 下称各化合物的结构式，不正确的是：

A. 聚乙烯：$\left[CH_2-CH_2 \right]_n$

B. 聚氯乙烯：$\left[CH_2-\underset{\underset{Cl}{|}}{CH} \right]_n$

C. 聚丙烯：$\left[CH_2CH_2CH_2 \right]_n$

D. 聚 1-丁烯：$\left[CH_2CH(C_2H_5) \right]_n$

45. 下列化合物中，没有顺、反异构体的是：

A. $CHCl=CHCl$

B. $CH_3CH=CHCH_2Cl$

C. $CH_2=CHCH_2CH_3$

D. $CHF=CClBr$

46. 六氯苯的结构式正确的是：

A.

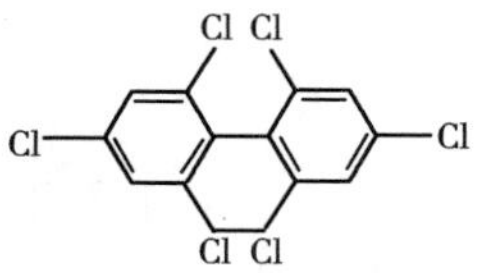

B.

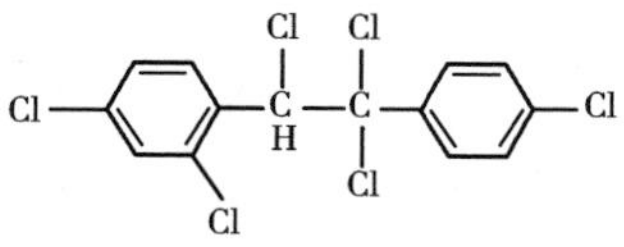

C.

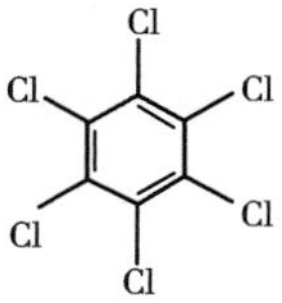

D.

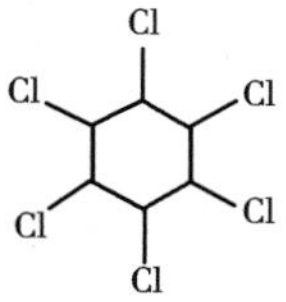

47. 将大小为 100N 的力 $\boldsymbol{F}$ 沿 x、y 方向分解，如图所示，若 $\boldsymbol{F}$ 在 x 轴上的投影为 50N，而沿 x 方向的分力的大小为 200N，则 $\boldsymbol{F}$ 在 y 轴上的投影为：

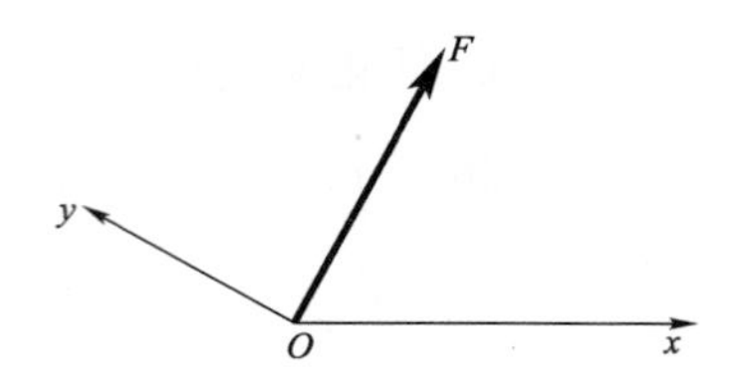

A. 0

B. 50N

C. 200N

D. 100N

48. 图示等边三角形 ABC，边长 a，沿其边缘作用大小均为 F 的力，方向如图所示。则此力系简化为：

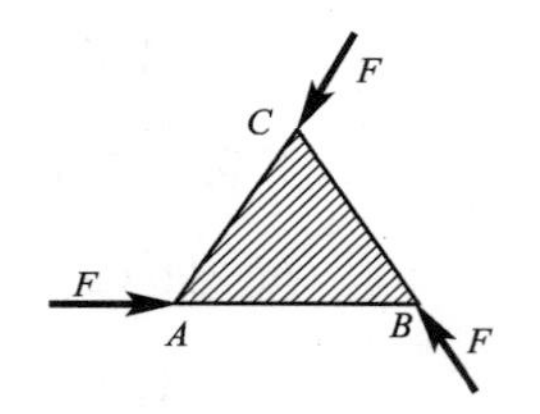

A. $F_{\mathrm{R}}=0$；$M_{\mathrm{A}}=\dfrac{\sqrt{3}}{2}Fa$

B. $F_{\mathrm{R}}=0$；$M_{\mathrm{A}}=Fa$

C. $F_{\mathrm{R}}=2F$；$M_{\mathrm{A}}=\dfrac{\sqrt{3}}{2}Fa$

D. $F_{\mathrm{R}}=2F$；$M_{\mathrm{A}}=\sqrt{3}Fa$

49. 三铰拱上作用有大小相等，转向相反的二力偶，其力偶矩大小为 M，如图所示。略去自重，则支座 A 的约束力大小为：

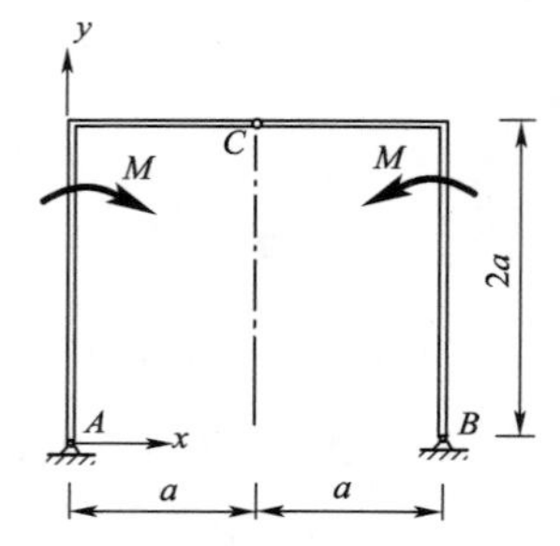

A. $F_{\mathrm{A}x}=0$；$F_{\mathrm{A}y}=\dfrac{M}{2a}$

B. $F_{\mathrm{A}x}=\dfrac{M}{2a}$；$F_{\mathrm{A}y}=0$

C. $F_{\mathrm{A}x}=\dfrac{M}{a}$；$F_{\mathrm{A}y}=0$

D. $F_{\mathrm{A}x}=\dfrac{M}{2a}$；$F_{\mathrm{A}y}=M$

50. 简支梁受分布荷载作用如图所示。支座 A、B 的约束力为：

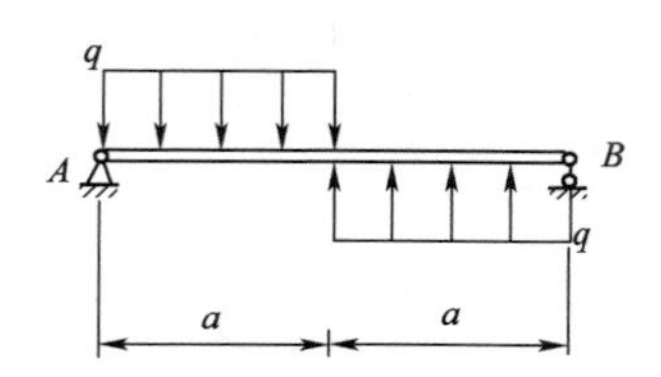

A. $F_{\mathrm{A}}=0$，$F_{\mathrm{B}}=0$

B. $F_{\mathrm{A}}=\dfrac{1}{2}qa\uparrow$，$F_{\mathrm{B}}=\dfrac{1}{2}qa\uparrow$

C. $F_{\mathrm{A}}=\dfrac{1}{2}qa\uparrow$，$F_{\mathrm{B}}=\dfrac{1}{2}qa\downarrow$

D. $F_{\mathrm{A}}=\dfrac{1}{2}qa\downarrow$，$F_{\mathrm{B}}=\dfrac{1}{2}qa\uparrow$

51. 已知质点沿半径为 40cm 的圆周运动，其运动规律为 $s=20t$（s 以 cm 计，t 以 s 计）。若 $t=1\text{s}$，则点的速度与加速度的大小为：

A. $20\text{cm/s}; 10\sqrt{2}\text{cm/s}^2$　　B. $20\text{cm/s}; 10\text{cm/s}^2$

C. $40\text{cm/s}; 20\text{cm/s}^2$　　D. $40\text{cm/s}; 10\text{cm/s}^2$

52. 已知点的运动方程为 $x=2t, y=t^2-t$，则其轨迹方程为：

A. $y=t^2-t$　　B. $x=2t$

C. $x^2-2x-4y=0$　　D. $x^2+2x+4y=0$

53. 直角刚杆 OAB 在图示瞬间角速度 $\omega=2\text{rad/s}$，角加速度 $\varepsilon=5\text{rad/s}^2$，若 $OA=40\text{cm}, AB=30\text{cm}$，则 B 点的速度大小、法向加速度的大小和切向加速度的大小为：

A. $100\text{cm/s}; 200\text{cm/s}^2; 250\text{cm/s}^2$

B. $80\text{cm/s}^2; 160\text{cm/s}^2; 200\text{cm/s}^2$

C. $60\text{cm/s}^2; 120\text{cm/s}^2; 150\text{cm/s}^2$

D. $100\text{cm/s}^2; 200\text{cm/s}^2; 200\text{cm/s}^2$

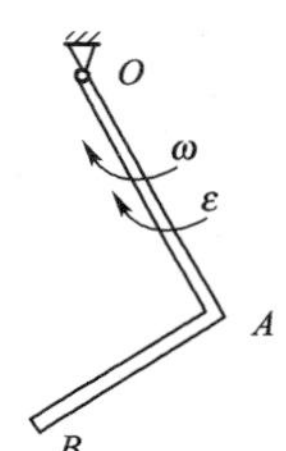

54. 重为 W 的货物由电梯载运下降，当电梯加速下降、匀速下降及减速下降时，货物对地板的压力分别为 R_1、R_2、R_3，它们之间的关系为：

A. $R_1=R_2=R_3$　　B. $R_1>R_2>R_3$

C. $R_1<R_2<R_3$　　D. $R_1<R_2>R_3$

55. 如图所示，两重物 M_1 和 M_2 的质量分别为 m_1 和 m_2，两重物系在不计质量的软绳上，绳绕过匀质定滑轮，滑轮半径为 r，质量为 m，则此滑轮系统对转轴 O 之动量矩为：

A. $L_O=\left(m_1+m_2-\frac{1}{2}m\right)rv \downarrow$

B. $L_O=\left(m_1-m_2-\frac{1}{2}m\right)rv \downarrow$

C. $L_O=\left(m_1+m_2+\frac{1}{2}m\right)rv \downarrow$

D. $L_O=\left(m_1+m_2+\frac{1}{2}m\right)rv \uparrow$

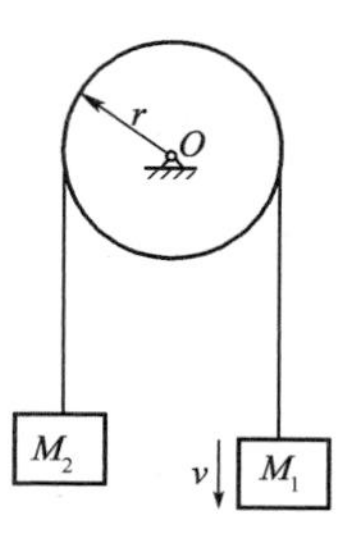

56. 质量为 m，长为 $2l$ 的均质杆初始位于水平位置，如图所示。A 端脱落后，杆绕轴 B 转动，当杆转到铅垂位置时，AB 杆 B 处的约束力大小为：

A. $F_{Bx}=0, F_{By}=0$

B. $F_{Bx}=0, F_{By}=\frac{mg}{4}$

C. $F_{Bx}=l, F_{By}=mg$

D. $F_{Bx}=0, F_{By}=\frac{5mg}{2}$

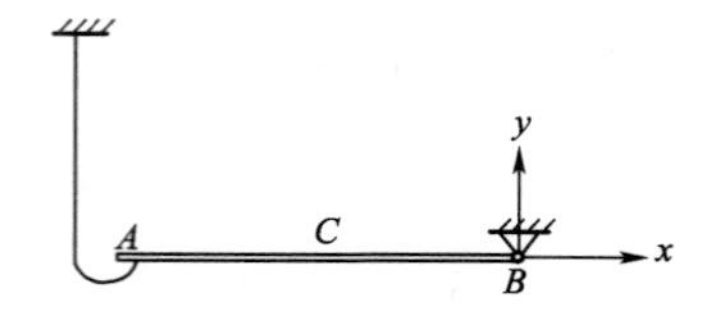

57. 图示均质圆轮，质量为 m，半径为 r，在铅垂图面内绕通过圆盘中心 O 的水平轴转动，角速度为 ω，角加速度为 ε，此时将圆轮的惯性力系向 O 点简化，其惯性力主矢和惯性力主矩的大小分别为：

A. 0；0

B. $mr\varepsilon$；$\frac{1}{2}mr^2\varepsilon$

C. 0；$\frac{1}{2}mr^2\varepsilon$

D. 0；$\frac{1}{4}mr^2\omega^2$

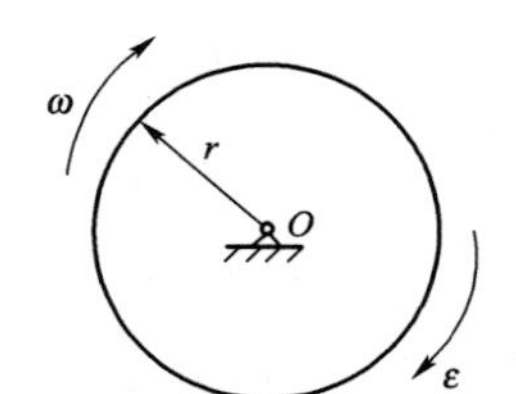

58. 5 根弹簧系数均为 k 的弹簧，串联与并联时的等效弹簧刚度系数分别为：

A. $5k$；$\frac{k}{5}$

B. $\frac{5}{k}$；$5k$

C. $\frac{k}{5}$；$5k$

D. $\frac{1}{5k}$；$5k$

59. 等截面杆，轴向受力如图所示。杆的最大轴力是：

A. 8kN

B. 5kN

C. 3kN

D. 13kN

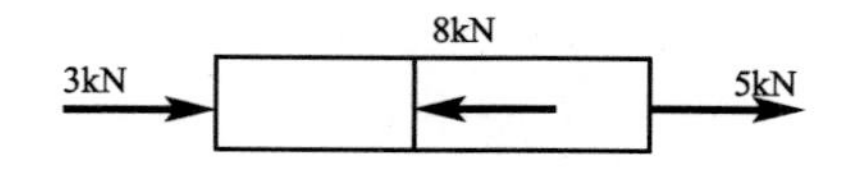

60. 钢板用两个铆钉固定在支座上，铆钉直径为 d，在图示荷载下，铆钉的最大切应力是：

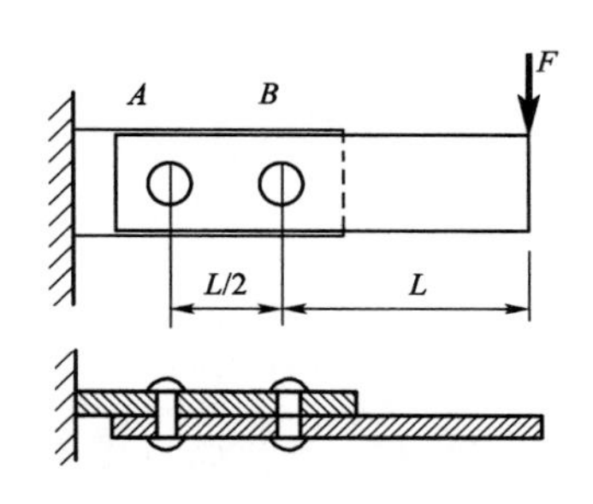

A. $\tau_{max}=\dfrac{4F}{\pi d^2}$

B. $\tau_{max}=\dfrac{8F}{\pi d^2}$

C. $\tau_{max}=\dfrac{12F}{\pi d^2}$

D. $\tau_{max}=\dfrac{2F}{\pi d^2}$

61. 圆轴直径为 d，剪切弹性模量为 G，在外力作用下发生扭转变形，现测得单位长度扭转角为 θ，圆轴的最大切应力是：

A. $\tau=\dfrac{16\theta G}{\pi d^3}$　　B. $\tau=\theta G\dfrac{\pi d^3}{16}$

C. $\tau=\theta Gd$　　D. $\tau=\dfrac{\theta Gd}{2}$

62. 直径为 d 的实心圆轴受扭，为使扭转最大切应力减小一半，圆轴的直径应改为：

A. $2d$　　B. $0.5d$　　C. $\sqrt{2}d$　　D. $\sqrt[3]{2}d$

63. 图示矩形截面对 z_1 轴的惯性矩 I_{z1} 为：

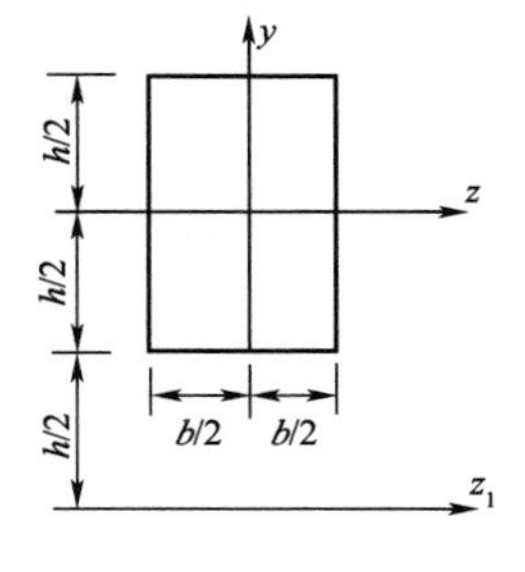

A. $I_{z1}=\dfrac{bh^3}{12}$

B. $I_{z1}=\dfrac{bh^3}{3}$

C. $I_{z1}=\dfrac{7bh^3}{6}$

D. $I_{z1}=\dfrac{13bh^3}{12}$

64. 图示外伸梁，在 C、D 处作用相同的集中力 F，截面 A 的剪力和截面 C 的弯矩分别是：

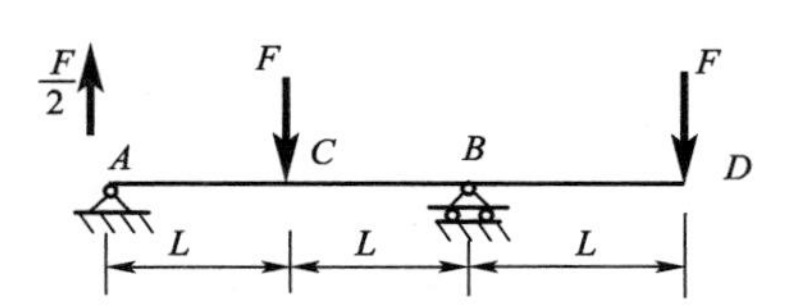

A. $F_{SA}=0, M_C=0$

B. $F_{SA}=F, M_C=FL$

C. $F_{SA}=F/2, M_C=FL/2$

D. $F_{SA}=0, M_C=2FL$

65. 悬臂梁 AB 由两根相同的矩形截面梁胶合而成。若胶合面全部开裂，假设开裂后两杆的弯曲变形相同，接触面之间无摩擦力，则开裂后梁的最大挠度是原来的：

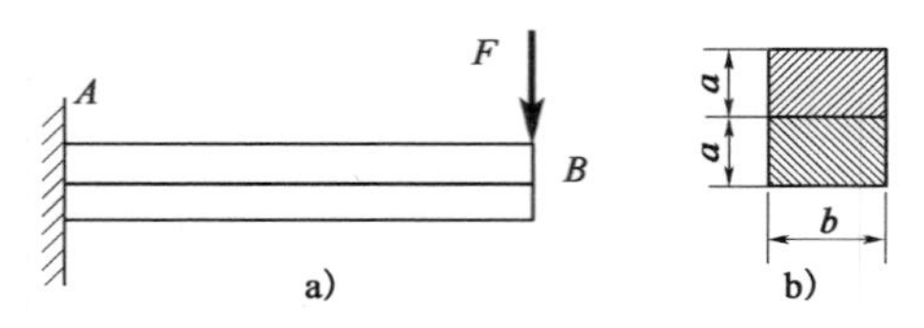

A. 两者相同　　B. 2 倍　　C. 4 倍　　D. 8 倍

66. 图示悬臂梁自由端承受集中力偶 M。若梁的长度减小一半，梁的最大挠度是原来的：

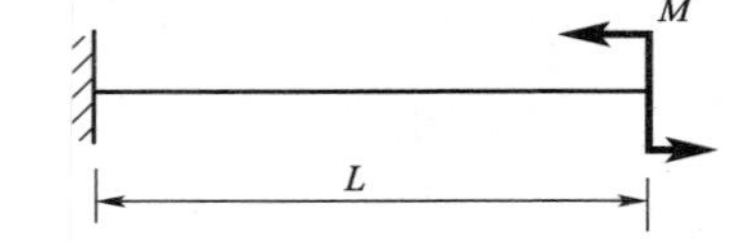

A. 1/2　　B. 1/4

C. 1/8　　D. 1/16

67. 在图示 4 种应力状态中，切应力值最大的应力状态是：

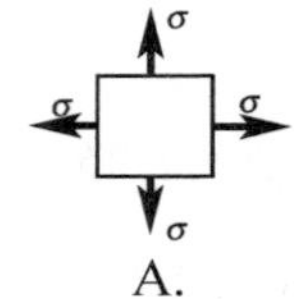

A.

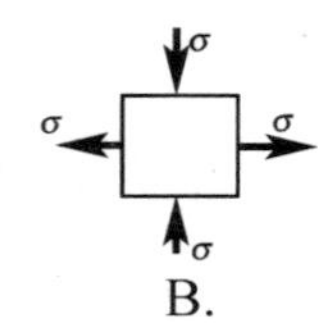

B.

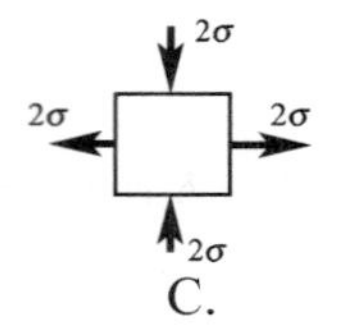

C.

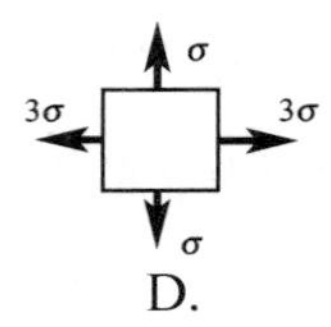

D.

68. 图示矩形截面杆 AB，A 端固定，B 端自由。B 端右下角处承受与轴线平行的集中力 F，杆的最大正应力是：

A. $\sigma=\dfrac{3F}{bh}$

B. $\sigma=\dfrac{4F}{bh}$

C. $\sigma=\dfrac{7F}{bh}$

D. $\sigma=\dfrac{13F}{bh}$

69. 图示圆轴固定端最上缘 A 点的单元体的应力状态是：

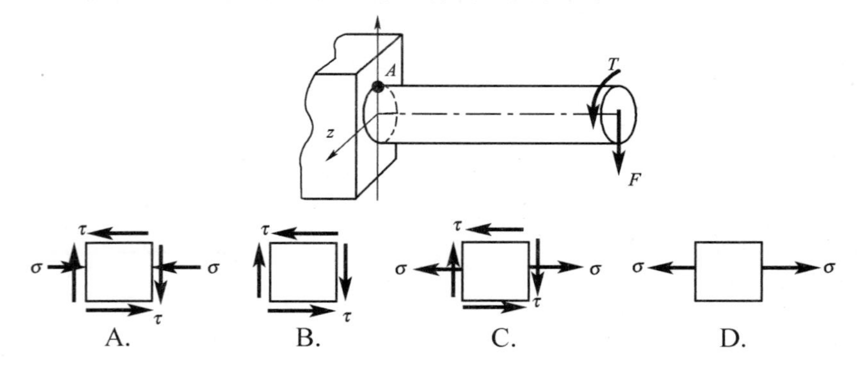

70. 图示三根压杆均为细长(大柔度)压杆，且弯曲刚度均为 EI。三根压杆的临界荷载 F_{cr}的关系为：

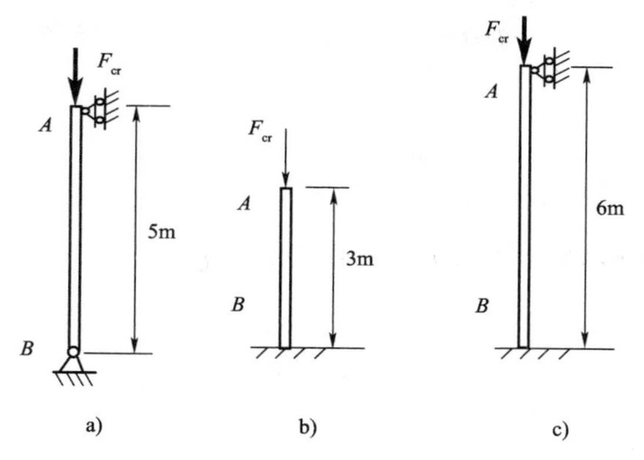

A. $F_{cra}>F_{crb}>F_{crc}$

B. $F_{crb}>F_{cra}>F_{crc}$

C. $F_{crc}>F_{cra}>F_{crb}$

D. $F_{crb}>F_{crc}>F_{cra}$

71. 如图，上部为气体下部为水的封闭容器装有 U 形水银测压计，其中 1、2、3 点位于同一平面上，其压强的关系为：

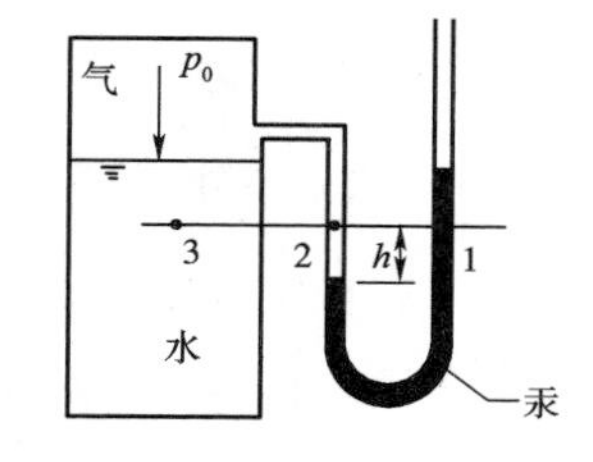

A. $p_1<p_2<p_3$

B. $p_1>p_2>p_3$

C. $p_2<p_1<p_3$

D. $p_2=p_1=p_3$

72. 如图，下列说法中，哪一个是错误的：

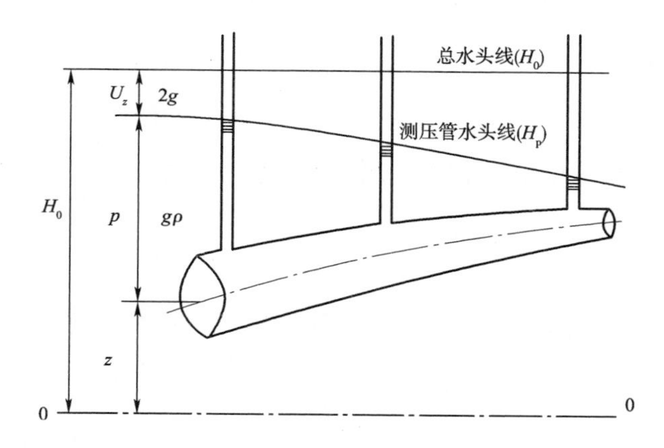

A. 对理想流体，该测压管水头线(H_p 线)应该沿程无变化

B. 该图是理想流体流动的水头线

C. 对理想流体，该总水头线(H_0 线)沿程无变化

D. 该图不适用于描述实际流体的水头线

73. 一管径 $d=50\text{mm}$ 的水管，在水温 $t=10℃$ 时，管内要保持层流的最大流速是：（10℃时水的运动黏滞系数 $\nu=1.31\times10^{-6}\text{m}^2/\text{s}$）

A. 0.21m/s　　B. 0.115m/s

C. 0.105m/s　　D. 0.0524m/s

74. 管道长度不变，管中流动为层流，允许的水头损失不变，当直径变为原来2倍时，若不计局部损失，流量将变为原来的多少倍？

A. 2　　B. 4　　C. 8　　D. 16

75. 圆柱形管嘴的长度为 l，直径为 d，管嘴作用水头为 H_0，则其正常工作条件为：

A. $l=(3\sim4)d, H_0>9\text{m}$　　B. $l=(3\sim4)d, H_0<9\text{m}$

C. $l>(7\sim8)d, H_0>9\text{m}$　　D. $l>(7\sim8)d, H_0<9\text{m}$

76. 如图所示，当阀门的开度变小时，流量将：

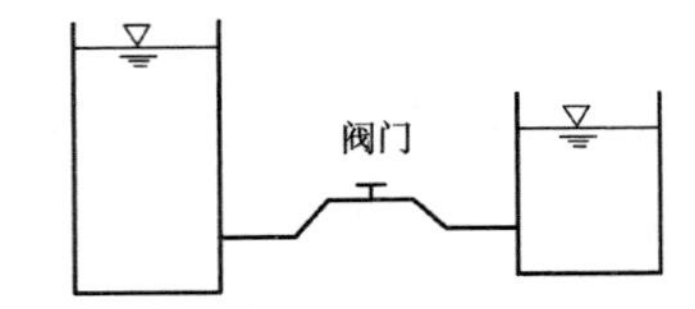

A. 增大

B. 减小

C. 不变

D. 条件不足，无法确定

77. 在实验室中，根据达西定律测定某种土壤的渗透系数，将土样装在直径 $d=30\text{cm}$ 的圆筒中，在90cm水头差作用下，8h的渗透水量为100L，两测压管的距离为40cm，该土壤的渗透系数为：

A. 0.9m/d　　B. 1.9m/d

C. 2.9m/d　　D. 3.9m/d

78. 流体的压强 p、速度 v、密度 ρ，正确的无量纲数组合是：

A. $\frac{p}{\rho v^2}$　　B. $\frac{\rho p}{v^2}$　　C. $\frac{\rho}{p v^2}$　　D. $\frac{p}{\rho v}$

79. 在图中，线圈a的电阻为 R_a，线圈b的电阻为 R_b，两者彼此靠近如图所示，若外加激励 $u=U_M\sin\omega t$，则：

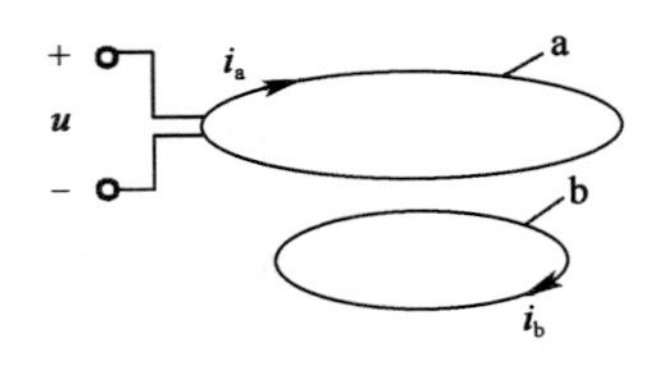

A. $i_a=\frac{u}{R_a}, i_b=0$

B. $i_a\neq\frac{u}{R_a}, i_b\neq0$

C. $i_a=\frac{u}{R_a}, i_b\neq0$

D. $i_a\neq\frac{u}{R_a}, i_b=0$

80. 图示电路中，电流源的端电压 U 等于：

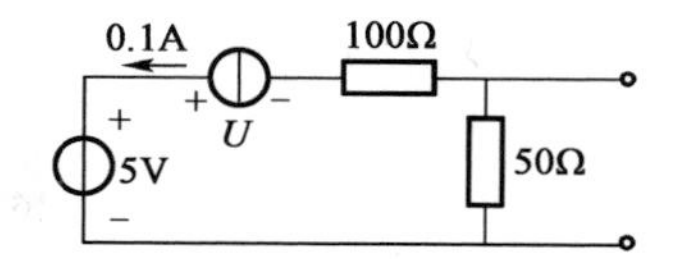

A. 20V

B. 10V

C. 5V

D. 0V

81. 已知电路如图所示，若使用叠加原理求解图中电流源的端电压 U，正确的方法是：

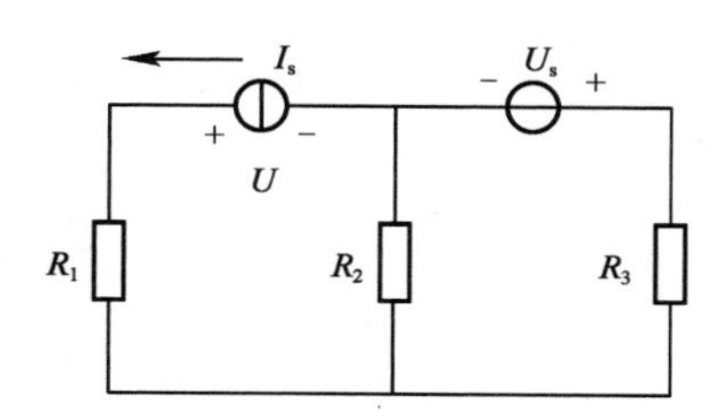

A. $U'=(R_2/\!/R_3+R_1)I_s, U''=0, U=U'$

B. $U'=(R_1+R_2)I_s, U''=0, U=U'$

C. $U'=(R_2/\!/R_3+R_1)I_s, U''=\frac{R_2}{R_2+R_3}U_s, U=U'-U''$

D. $U'=(R_2/\!/R_3+R_1)I_s, U''=\frac{R_2}{R_2+R_3}U_s, U=U'+U''$

82. 图示电路中，A_1、A_2、V_1、V_2 均为交流表，用于测量电压或电流的有效值 I_1、I_2、U_1、U_2，若 $I_1=4A$，$I_2=2A$，$U_1=10V$，则电压表 V_2 的读数应为：

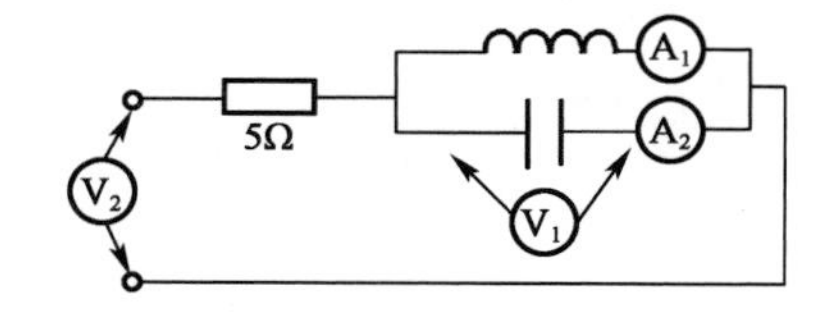

A. 40V

B. 14.14V

C. 31.62V

D. 20V

83. 三相五线供电机制下，单相负载 A 的外壳引出线应：

A. 保护接地

B. 保护接种

C. 悬空

D. 保护接 PE 线

84. 某滤波器的幅频特性波特图如图所示，该电路的传递函数为：

A. 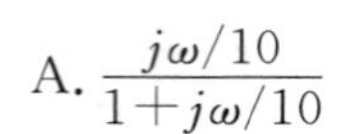 $\frac{j\omega/10}{1+j\omega/10}$

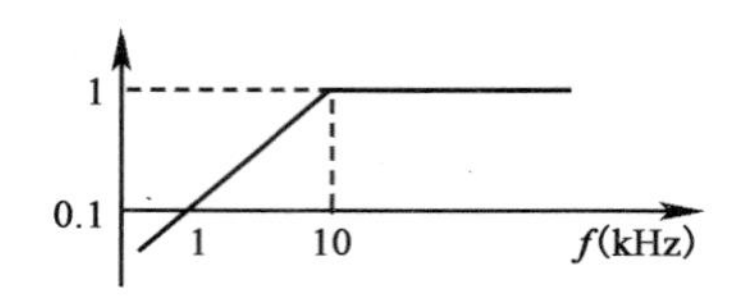

B. $\frac{j\omega/20\pi}{1+j\omega/20\pi}$

C. $\frac{j\omega/2\pi}{1+j\omega/2\pi}$

D. $\frac{1}{1+j\omega/20\pi}$

85. 若希望实现三相异步电动机的向上向下平滑调速，则应采用：

A. 串转子电阻调速方案　　B. 串定子电阻调速方案

C. 调频调速方案　　D. 变磁极对数调速方案

86. 在电动机的继电接触控制电路中，具有短路保护、过载保护、欠压保护和行程保护，其中，需要同时接在主电路和控制电路中的保护电器是：

A. 热继电器和行程开关　　B. 熔断器和行程开关

C. 接触器和行程开关　　D. 接触器和热继电器

87. 信息可以以编码的方式载入：

A. 数字信号之中　　B. 模拟信号之中

C. 离散信号之中　　D. 采样保持信号之中

88. 七段显示器的各段符号如图所示，那么，字母“E”的共阴极七段显示器的显示码 abcdefg 应该是：

A. 1001111

B. 0110000

C. 10110111

D. 10001001

a
f g b
e c
d

89. 某电压信号随时间变化的波形图如图所示，该信号应归类于：

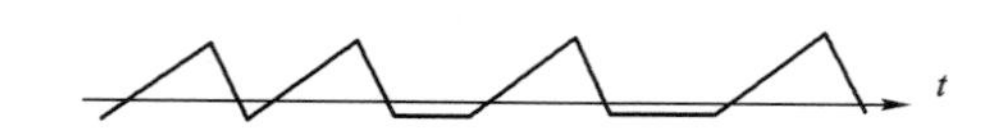

A. 周期信号　　B. 数字信号　　C. 离散信号　　D. 连续时间信号

90. 非周期信号的幅度频谱是：

A. 连续的　　B. 离散的，谱线正负对称排列

C. 跳变的　　D. 离散的，谱线均匀排列

91. 图 a)所示电压信号波形经电路 A 变换成图 b)波形，再经电路 B 变换成图 c)波形，那么，电路 A 和电路 B 应依次选用：

A. 低通滤波器和高通滤波器

B. 高通滤波器和低通滤波器

C. 低通滤波器和带通滤波器

D. 高通滤波器和带通滤波器

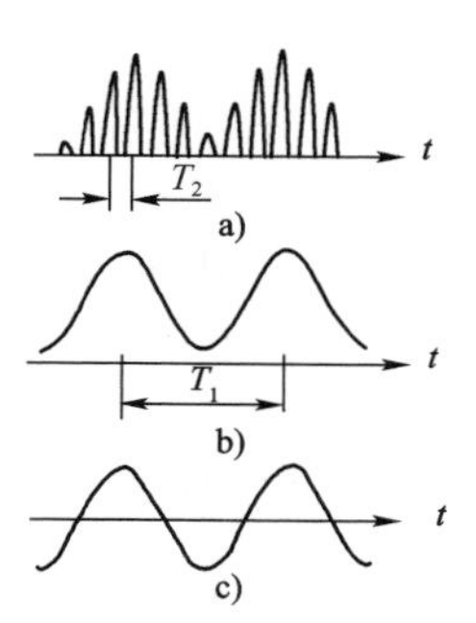

92. 由图示数字逻辑信号的波形可知，三者的函数关系是：

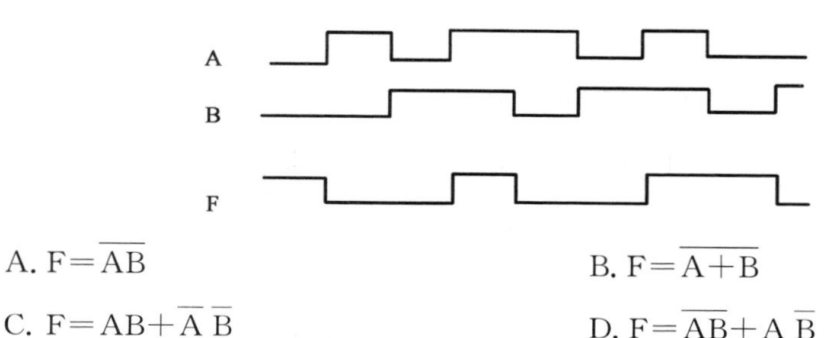

A. $F=\overline{AB}$

B. $F=\overline{A+B}$

C. $F=AB+\overline{A}\,\overline{B}$

D. $F=\overline{AB}+A\overline{B}$

93. 某晶体管放大电路的空载放大倍数 $A_k=-80$、输入电阻 $r_i=1k\Omega$ 和输出电阻 $r_o=3k\Omega$，将信号源($u_s=10\sin\omega t$mV，$R_s=1k\Omega$) 和负载($R_L=5k\Omega$)接于该放大电路之后(见图)，负载电压 u_o 将为：

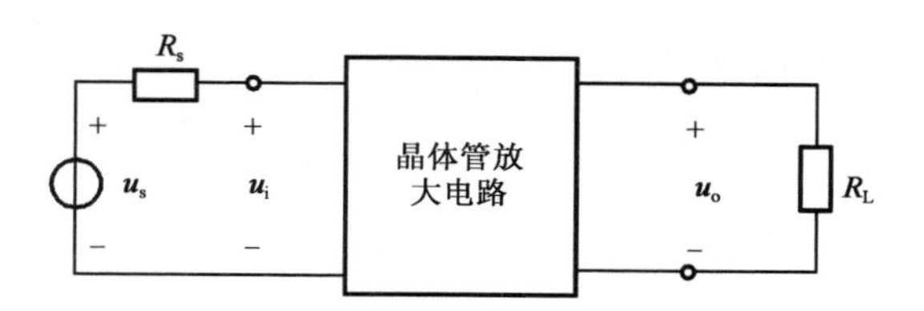

A. $-0.8\sin\omega t$V

B. $-0.5\sin\omega t$V

C. $-0.4\sin\omega t$V

D. $-0.25\sin\omega t$V

94. 将运算放大器直接用于两信号的比较，如图 a)所示，其中，$u_a=-1$V，u_a 的波形由图 b)给出，则输出电压 u_o 等于：

A. u_a

B. $-u_a$

C. 正的饱和值

D. 负的饱和值

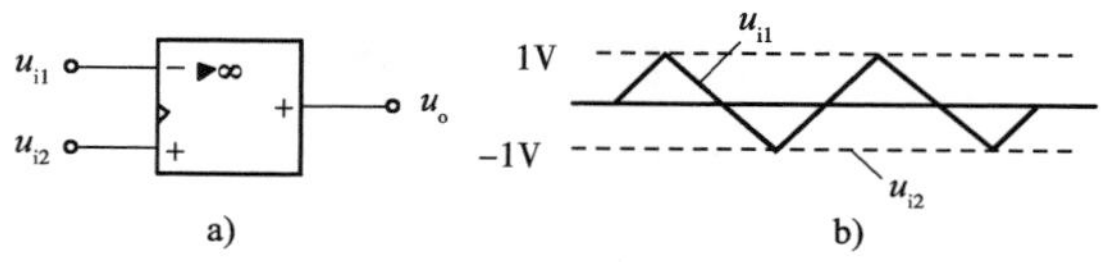

95. D 触发器的应用电路如图所示，设输出 Q 的初值为 0，那么，在时钟脉冲 cp 的作用下，输出 Q 为：

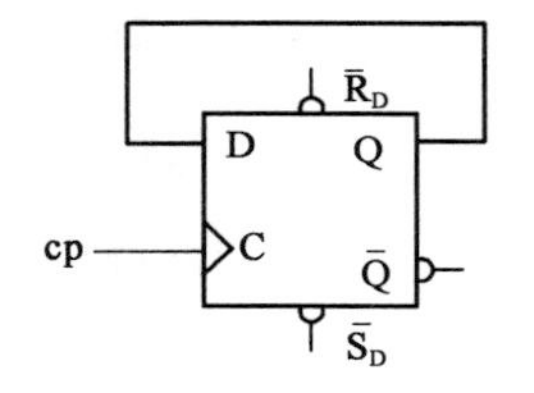

A. 1

B. cp

C. 脉冲信号，频率为时钟脉冲频率的 1/2

D. 0

96. 由 JK 触发器组成的应用电器如图所示，设触发器的初值都为 0，经分析可知是一个：

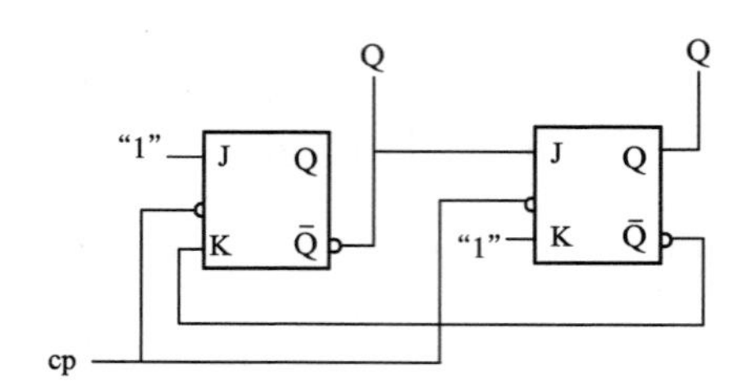

A. 同步二进制加法计算器　　B. 同步四进制加法计算器

C. 同步三进制加法计算器　　D. 同步三进制减法计算器

97. 总线能为多个部件服务，它可分时地发送与接收各部件的信息。所以，可以把总线看成是：

A. 一组公共信息传输线路

B. 微机系统的控制信息传输线路

C. 操作系统和计算机硬件之间的控制线

D. 输入/输出的控制线

98. 计算机内的数字信息、文字信息、图像信息、视频信息、音频信息等所有信息，都是用：

A. 不同位数的八进制数来表示的

B. 不同位数的十进制数来表示的

C. 不同位数的二进制数来表示的

D. 不同位数的十六进制数来表示的

99. 将二进制小数 0.1010101111 转换成相应的八进制数，其正确结果是：

A. 0.2536　　B. 0.5274　　C. 0.5236　　D. 0.5281

100. 影响计算机图像质量的主要参数有：

A. 颜色深度、显示器质量、存储器大小

B. 分辨率、颜色深度、存储空间大小

C. 分辨率、存储器大小、图像加工处理工艺

D. 分辨率、颜色深度、图像文件的尺寸

101. 数字签名是最普遍、技术最成熟、可操作性最强的一种电子签名技术，当前已得到实际应用的是在：

A. 电子商务、电子政务中　　B. 票务管理、股票交易中

C. 股票交易、电子政务中　　D. 电子商务、票务管理中

102. 在 Windows 中，对存储器采用分段存储管理时，每一个存储器段可以小至 1 个字节，大至：

A. 4K 字节　　B. 16K 字节　　C. 4G 字节　　D. 128M 字节

103. Windows 的设备管理功能部分支持即插即用功能，下面四条后续说明中有错误的一条是：

A. 这意味着当将某个设备连接到计算机上后即可立刻使用

B. Windows 自动安装有即插即用设备及其设备驱动程序

C. 无需在系统中重新配置该设备或安装相应软件

D. 无需在系统中重新配置该设备但需安装相应软件才可立刻使用

104. 信息化社会是信息革命的产物，它包含多种信息技术的综合应用。构成信息化社会的三个主要技术支柱是：

A. 计算机技术、信息技术、网络技术

B. 计算机技术、通信技术、网络技术

C. 存储器技术、航空航天技术、网络技术

D. 半导体工艺技术、网络技术、信息加工处理技术

105. 网络软件是实现网络功能不可缺少的软件环境。网络软件主要包括：

A. 网络协议和网络操作系统　　B. 网络互联设备和网络协议

C. 网络协议和计算机系统　　D. 网络操作系统和传输介质

106. 因特网是一个联结了无数个小网而形成的大网，也就是说：

A. 因特网是一个城域网　　B. 因特网是一个网际网

C. 因特网是一个局域网　　D. 因特网是一个广域网

107. 某公司拟向银行贷款 100 万元，贷款期为 3 年，甲银行的贷款利率为 6%（按季计息），乙银行的贷款利率为 7%，该公司向哪家银行贷款付出的利息较少：

A. 甲银行　　B. 乙银行

C. 两家银行的利息相等　　D. 不能确定

108. 关于总成本费用的计算公式，下列正确的是：

A. 总成本费用＝生产成本＋期间费用

B. 总成本费用＝外购原材料、燃料和动力费＋工资及福利费＋折旧费

C. 总成本费用＝外购原材料、燃料和动力费＋工资及福利费＋折旧费＋摊销费

D. 总成本费用＝外购原材料、燃料和动力费＋工资及福利费＋折旧费＋摊销费＋修理费

109. 关于准股本资金的下列说法中，正确的是：

A. 准股本资金具有资本金性质，不具有债务资金性质

B. 准股本资金主要包括优先股股票和可转换债券

C. 优先股股票在项目评价中应视为项目债务资金

D. 可转换债券在项目评价中应视为项目资本金

110. 某项目建设工期为两年，第一年投资 200 万元，第二年投资 300 万元，投产后每年净现金流量为 150 万元，项目计算期为 10 年，基准收益率 10%，则此项目的财务净现值为：

A. 331.97 万元　　B. 188.63 万元　　C. 171.18 万元　　D. 231.60 万元

111. 可外贸货物的投入或产出的影子价格应根据口岸价格计算，下列公式正确的是：

A. 出口产出的影子价格（出厂价）＝离岸价（FOB）×影子汇率＋出口费用

B. 出口产出的影子价格（出厂价）＝到岸价（CIF）×影子汇率－出口费用

C. 进口投入的影子价格（到厂价）＝到岸价（CIF）×影子汇率＋进口费用

D. 进口投入的影子价格（到厂价）＝离岸价（FOB）×影子汇率－进口费用

112. 关于盈亏平衡点的下列说法中，错误的是：

A. 盈亏平衡点是项目的盈利与亏损的转折点

B. 盈亏平衡点上，销售（营业、服务）收入等于总成本费用

C. 盈亏平衡点越低，表明项目抗风险能力越弱

D. 盈亏平衡分析只用于财务分析

113. 属于改扩建项目经济评价中使用的五种数据之一的是：

A. 资产　　B. 资源　　C. 效益　　D. 增量

114. ABC 分类法中，部件数量占 60%～80%、成本占 5%～10%的为：

A. A 类　　　　B. B 类

C. C 类　　　　D. 以上都不对

115. 根据《中华人民共和国安全生产法》的规定，生产经营单位使用的涉及生命安全、危险性较大的特种设备，以及危险物品的容器、运输工具，必须按照国家有关规定，由专业生产单位生产，并经取得专业资质的检测，检验机构检测、检验合格，取得：

A. 安全使用证和安全标志，方可投入使用

B. 安全使用证或安全标志，方可投入使用

C. 生产许可证和安全使用证，方可投入使用

D. 生产许可证或安全使用证，方可投入使用

116. 根据《中华人民共和国招标投标法》的规定，招标人和中标人按照招标文件和中标人的投标文件，订立书面合同的时间要求是：

A. 自中标通知书发出之日起 15 日内

B. 自中标通知书发出之日起 30 日内

C. 自中标单位收到中标通知书之日起 15 日内

D. 自中标单位收到中标通知书之日起 30 日内

117. 根据《中华人民共和国行政许可法》的规定，下列可以不设行政许可事项的是：

A. 有限自然资源开发利用等需要赋予特定权利的事项

B. 提供公众服务等需要确定资质的事项

C. 企业或者其他组织的设立等，需要确定主体资格的事项

D. 行政机关采用事后监督等其他行政管理方式能够解决的事项

118. 根据《中华人民共和国节约能源法》的规定，对固定资产投资项目国家实行：

A. 节能目标责任制和节能考核评价制度

B. 节能审查和监管制度

C. 节能评估和审查制度

D. 能源统计制度

119. 按照《建设工程质量管理条例》规定，施工人员对涉及结构安全的试块、试件以及有关材料进行现场取样时应当：

A. 在设计单位监督现场取样

B. 在监督单位或监理单位监督下现场取样

C. 在施工单位质量管理人员监督下现场取样

D. 在建设单位或监理单位监督下现场取样

120. 按照《建设工程安全生产管理条例》规定，工程监理单位在实施监理过程中，发现存在安全事故隐患的，应当要求施工单位整改；情况严重的，应当要求施工单位暂时停止施工，并及时报告：

A. 施工单位　　B. 监理单位

C. 有关主管部门　　D. 建设单位

2010年度全国勘察设计注册工程师执业资格考试基础考试(上)试题解析及参考答案

1.**解** 把直线的参数方程化成点向式方程，得到$\frac{x-1}{1}=\frac{y+2}{2}=\frac{z-3}{-3}$；

则直线L的方向向量取$\vec{s}=\{1,2,-3\}$或$\vec{s}=\{-1,-2,3\}$均可。另外由直线的点向式方程，可知直线过M点，$M(1,-2,3)$。

答案:D

2.**解** 已知$\vec{\alpha}\times\vec{\beta}=\vec{\alpha}\times\vec{\gamma}$，$\vec{\alpha}\times\vec{\beta}-\vec{\alpha}\times\vec{\gamma}=\vec{0}$，得$\vec{\alpha}\times(\vec{\beta}-\vec{\gamma})=\vec{0}$。由向量积的运算性质可知，$\vec{a}$，$\vec{b}$为非零向量，若$\vec{a}//\vec{b}$，则$\vec{a}\times\vec{b}=\vec{0}$；若$\vec{a}\times\vec{b}=\vec{0}$，则$\vec{a}//\vec{b}$，可知$\vec{\alpha}//(\vec{\beta}-\vec{\gamma})$。

答案:C

3.**解** 用奇偶函数定义判定。有$f(-x)=-f(x)$成立，$f(-x)=\frac{e^{-3x}-1}{e^{-3x}+1}=\frac{1-e^{3x}}{1+e^{3x}}=-\frac{e^{3x}-1}{e^{3x}+1}=-f(x)$确定为奇函数。另外，由函数式可知定义域$(-\infty,+\infty)$，确定值域为$(-1,1)$。

答案:C

4.**解** 通过题中给出的命题，较容易判断选项A、C、D是错误的。

对于选项B，给出条件"有界"，函数不含有无穷间断点，给出条件单调函数不会出现振荡间断点，从而可判定函数无第二类间断点。

答案:B

5.**解** 根据给出的条件可知，函数在$x=1$可导，则在$x=1$必连续。就有$\lim\limits_{x\to1^+}f(x)=\lim\limits_{x\to1^-}f(x)=f(1)$成立，得到$a+b=1$。

再通过给出条件在$x=1$可导，即有$f'_+(1)=f'_-(1)$成立，利用定义计算$f(x)$在$x=1$处左右导数：

$$f'_-(1)=\lim_{x\to1-}\frac{f(x)-f(1)}{x-1}$$

$$=\lim_{x\to1-}\frac{\frac{2}{x^2+1}-1}{x-1}=\lim_{x\to1-}\frac{1-x^2}{(x^2+1)(x-1)}=-1$$

$$f'_+(1)=\lim_{x\to1+}\frac{f(x)-f(1)}{x-1}=\lim_{x\to1+}\frac{ax+b-1}{x-1}=\lim_{x\to1+}\frac{ax-a}{x-1}=a$$

则 $a=-1,b=2$。

答案:B

6.**解** 分析题目给出的解法,选项 A、B、D 均不正确。

正确的解法为选项 C,原式$=\lim\limits_{x\to 0}\dfrac{x}{\sin x}x\sin\dfrac{1}{x}=1\times 0=0$。

因$\lim\limits_{x\to 0}\dfrac{x}{\sin x}=1$,第一重要极限;而$\lim\limits_{x\to 0}x\sin\dfrac{1}{x}=0$为无穷小量乘有界函数极限。

答案:C

7.**解** 利用多元函数极值存在的充分条件确定。

①由$\begin{cases}\dfrac{\partial z}{\partial x}=0\\ \dfrac{\partial z}{\partial y}=0\end{cases}$,即$\begin{cases}3x^2-6x-9=0\\ -3y^2+3=0\end{cases}$求出驻点$(3,1),(3,-1),(-1,1),(-1,-1)$。

②求出$\dfrac{\partial^2 z}{\partial x^2},\dfrac{\partial^2 z}{\partial x\partial y},\dfrac{\partial^2 z}{\partial y^2}$分别代入每一驻点,得到 A,B,C 的值。

当 $AC-B^2>0$ 取得极点,再由 $A>0$ 取得极小值,$A<0$ 取得极大值。

$\dfrac{\partial^2 z}{\partial x^2}=6x-6,\dfrac{\partial^2 z}{\partial x\partial y}=0,\dfrac{\partial^2 z}{\partial y^2}=-6y$

将 $x=3,y=-1$ 代入得 $A=12,B=0,C=6$

$AC-B^2=72>0,A>0$

所以在$(3,-1)$点取得极小值,其他点均不取得极值。

答案:A

8.**解** 利用原函数的定义求出 $f(x)=-2e^{-2x},f'(x)=4e^{-2x},f''(x)=-8e^{-2x}$,将 $f''(x)$代入积分即可。计算如下:

$$\int f''(x)\mathrm{d}x=\int -8e^{-2x}\mathrm{d}x=4\int e^{-2x}\mathrm{d}(-2x)=4e^{-2x}+C$$

答案:D

9.**解** 利用分部积分方法计算$\int u\mathrm{d}v=uv-\int v\mathrm{d}u$,

即$\int xe^{-2x}\mathrm{d}x=-\dfrac{1}{2}\int xe^{-2x}\mathrm{d}(-2x)=-\dfrac{1}{2}\int x\mathrm{d}e^{-2x}$

$$=-\frac{1}{2}\left(xe^{-2x}-\int e^{-2x}\mathrm{d}x\right)$$

$$=-\frac{1}{2}\left[xe^{-2x}+\frac{1}{2}\int e^{-2x}d(-2x)\right]$$

$$=-\frac{1}{2}\left(xe^{-2x}+\frac{1}{2}e^{-2x}\right)+C$$

$$=-\frac{1}{4}(2x+1)e^{-2x}+C$$

答案:A

10.**解** 利用广义积分的方法计算。

对于选项 B:因 $\lim\limits_{x\to 2^-}\frac{1}{\sqrt{2-x}}=+\infty$,知 $x=2$ 为无穷不连续点,则有:

$$\int_0^2\frac{1}{\sqrt{2-x}}\mathrm{d}x=-\int_0^2(2-x)^{-\frac{1}{2}}\mathrm{d}(2-x)=-2(2-x)^{\frac{1}{2}}\Big|_0^2$$

$$=-2\left[\lim_{x\to 2^-}(2-x)^{\frac{1}{2}}-\sqrt{2}\right]=2\sqrt{2}。$$

答案:B

11.**解** 由题目给出的条件知,围成的图形(如解图所示)化为极坐标计算,$S=\iint\limits_D 1\mathrm{d}x\mathrm{d}y$,面积元素 $\mathrm{d}x\mathrm{d}y=r\mathrm{d}r\mathrm{d}\theta$。具体计算如下:

$$D:\begin{cases}0\leqslant\theta\leqslant\frac{\pi}{4}\\ \cos\theta\leqslant r\leqslant 2\cos\theta\end{cases}$$

题 11 解图

$$S=\int_0^{\frac{\pi}{4}}\mathrm{d}\theta\int_{\cos\theta}^{2\cos\theta}r\,\mathrm{d}r=\int_0^{\frac{\pi}{4}}\left(\frac{1}{2}r^2\right)\Bigg|_{\cos\theta}^{2\cos\theta}\mathrm{d}\theta=\frac{1}{2}\int_0^{\frac{\pi}{4}}(4\cos^2\theta-\cos^2\theta)\mathrm{d}\theta=\frac{3}{2}\int_0^{\frac{\pi}{4}}\cos^2\theta\mathrm{d}\theta=\frac{3}{2}\int_0^{\frac{\pi}{4}}\frac{1+\cos2\theta}{2}\mathrm{d}\theta=\frac{3}{16}(\pi+2)$$

答案:C

12.**解** 通过题目给出的条件画出图形见图,利用柱面坐标计算,联立消 z:$\begin{cases}z^2=x^2+y^2\\ z=1\end{cases}$,得 $x^2+y^2=1$。代入 $x=r\cos\theta,y=r\sin\theta,z^2=x^2+y^2,z^2=r^2,z=r,-z=-r$,取 $z=r$(上半锥)。

$$D_{xy}:x^2+y^2\leqslant 1,\Omega:\begin{cases}r\leqslant z\leqslant 1\\ 0\leqslant r\leqslant 1\\ 0\leqslant\theta\leqslant 2\pi\end{cases},\mathrm{d}V=r\mathrm{d}r\mathrm{d}\theta\mathrm{d}z$$

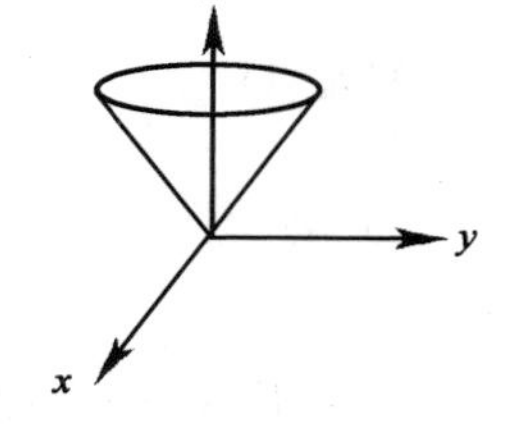

题 12 解图

则 $V=\iiint\limits_\Omega z\,\mathrm{d}V=\iiint\limits_\Omega zr\,\mathrm{d}r\mathrm{d}\theta\mathrm{d}z$,再化为柱面坐标系下的三次积分。先对 z 积,再对 r 积,最后对 θ 积分,即 $V=\int_0^{2\pi}\mathrm{d}\theta\int_0^1 r\mathrm{d}r\int_r^1 z\mathrm{d}z$。

答案:B

13. **解**　利用交错级数收敛法可判定选项 B 的级数收敛，利用正项级数比值法可判定选项 C 的级数收敛，利用等比级数收敛性的结论知选项级数 D 的级数收敛，故发散的是选项 A 的级数。或直接通过正项级数比较法的极限形式判定，$\lim\limits_{n\to\infty}\dfrac{U_n}{V_n}=\lim\limits_{n\to\infty}\dfrac{\frac{1}{\sqrt{n+1}}}{\frac{1}{n}}=\lim\limits_{n\to\infty}\dfrac{n}{\sqrt{n+1}}=\infty$，因级数 $\sum\limits_{n=\infty}^{\infty}\dfrac{1}{n}$ 发散，故 $\sum\limits_{n=1}^{\infty}\dfrac{1}{\sqrt{n+1}}$ 发散。

答案：A

14. **解**　设 $x-1=t$，级数化为 $\sum\limits_{n=1}^{\infty}\dfrac{t^n}{3^n n}$，求级数的收敛半径。

因 $\lim\limits_{n\to\infty}\left|\dfrac{a_{n+1}}{a_n}\right|=\lim\limits_{n\to\infty}\dfrac{\frac{1}{3^{n+1}(n+1)}}{\frac{1}{3^n\cdot n}}=\lim\limits_{n\to\infty}\dfrac{n\cdot 3^n}{(n+1)3^{n+1}}=\dfrac{1}{3}$，

则 $R=\dfrac{1}{\rho}=3$，即 $|t|<3$ 收敛。

再判定 $t=3$，$t=-3$ 时的敛散性，当 $t=3$ 时发散，$t=-3$ 时收敛。

计算如下：$t=3$ 代入级数，$\sum\limits_{n=1}^{\infty}\dfrac{1}{n}$ 为调和级数发散；

$t=-3$ 代入级数，$\sum\limits_{n=1}^{\infty}(-1)^n\dfrac{1}{n}$ 为交错级数，满足莱布尼兹条件收敛。因此 $-3\leqslant x-1<3$，即 $-2\leqslant x<4$。

答案：A

15. **解**　写出微分方程对应的特征方程 $r^2+2=0$，得 $r=\pm\sqrt{2}i$，即 $\alpha=0$，$\beta=\sqrt{2}$，写出通解 $y=A\sin\sqrt{2}x+B\cos\sqrt{2}x$。

答案：D

16. **解**　将微分方程化成 $\dfrac{dx}{dy}+\dfrac{1}{y}x=1$，方程为一阶线性方程。

其中 $P(y)=\dfrac{1}{y}$，$Q(y)=1$

代入求通解公式 $x=e^{-\int P(y)dy}\left[\int\theta(y)e^{\int P(y)dy}dy+C\right]$

计算如下：

$$x=e^{-\int\frac{1}{y}dy}\left[\int e^{\int\frac{1}{y}dy}dy+C\right]=e^{-\ln y}\left[\int e^{\ln y}dy+C\right]=\frac{1}{y}\left[\int y dy+C\right]=\frac{1}{y}\left[\frac{1}{2}y^2+C\right]$$

变形得 $xy=\frac{1}{2}y^2+C,\left(x-\frac{y}{2}\right)y=C$

或将方程化为齐次方程 $\frac{\mathrm{d}y}{\mathrm{d}x}=-\frac{\frac{y}{x}}{1-\frac{y}{x}}$ 计算

答案:A

17. **解** ①将分块矩阵变形为 $\begin{vmatrix}\boldsymbol{A} & 0\\ 0 & \boldsymbol{B}\end{vmatrix}$ 的形式。

②利用分块矩阵计算公式 $\begin{vmatrix}\boldsymbol{A} & 0\\ 0 & \boldsymbol{B}\end{vmatrix}=|\boldsymbol{A}|\cdot|\boldsymbol{B}|$。

将矩阵 $\boldsymbol{B}$ 的第一行与矩阵 $\boldsymbol{A}$ 的行互换,换的方法是从矩阵 $\boldsymbol{A}$ 最下面一行开始换,逐行往上换,换到第一行一共换了 m 次,行列式更换符号 $(-1)^m$。再将矩阵 $\boldsymbol{B}$ 的第二行与矩阵 $\boldsymbol{A}$ 的各行互换,换到第二行,又更换符号为 $(-1)^m$,……,最后再将矩阵 $\boldsymbol{B}$ 的最后一行与矩阵 $\boldsymbol{A}$ 的各行互换到矩阵的第 n 行位置,这样原矩阵:

$$\begin{vmatrix}0 & \boldsymbol{A}\\ \boldsymbol{B} & 0\end{vmatrix}=\underbrace{(-1)^m\cdot(-1)^m\cdots(-1)^m}_{n\text{个}}\begin{vmatrix}\boldsymbol{B} & 0\\ 0 & \boldsymbol{A}\end{vmatrix}=(-1)^{m\cdot n}\begin{vmatrix}\boldsymbol{B} & 0\\ 0 & \boldsymbol{A}\end{vmatrix}$$

$$=(-1)^{mn}|\boldsymbol{B}||\boldsymbol{A}|=(-1)^{mn}|\boldsymbol{A}||\boldsymbol{B}|$$

答案:D

18. **解** 由题目给出的运算写出相应矩阵,再验证还原到原矩阵时应用哪一种运算方法。

答案:A

19. **解** 通过矩阵的特征值、特征向量的定义判定。只要满足式子 $\boldsymbol{A}\boldsymbol{x}=\lambda\boldsymbol{x}$,非零向量 $\boldsymbol{x}$ 即为矩阵 $\boldsymbol{A}$ 对应特征值 λ 的特征向量。

再利用题目给出的条件:

$$\boldsymbol{\alpha}^{\mathrm{T}}\boldsymbol{\beta}=3 \quad ①$$

$$\boldsymbol{A}=\boldsymbol{\beta}\boldsymbol{\alpha}^{\mathrm{T}} \quad ②$$

将等式②两边右乘 $\boldsymbol{\beta}$,得 $\boldsymbol{A}\cdot\boldsymbol{\beta}=\boldsymbol{\beta}\boldsymbol{\alpha}^{\mathrm{T}}\cdot\boldsymbol{\beta}$

即 $\boldsymbol{A}\boldsymbol{\beta}=\boldsymbol{\beta}(\boldsymbol{\alpha}^{\mathrm{T}}\boldsymbol{\beta})$,代入①式得 $\boldsymbol{A}\boldsymbol{\beta}=\boldsymbol{\beta}\cdot 3$

故 $\boldsymbol{A}\boldsymbol{\beta}=3\cdot\boldsymbol{\beta}$ 成立

答案:C

20.**解**　齐次线性方程组，当变量的个数与方程的个数相同时，方程组有非零解的充要条件是系数行列式为零。即 $\begin{vmatrix} 1 & -k & 0 \\ k & -5 & 1 \\ 1 & 1 & 1 \end{vmatrix}=0$

则 $\begin{vmatrix} 1 & -k & 0 \\ k & -5 & 1 \\ 1 & 1 & 1 \end{vmatrix} \xlongequal{(-1)r_2+r_3} \begin{vmatrix} 1 & -k & 0 \\ k & -5 & 1 \\ 1-k & 6 & 0 \end{vmatrix} = 1\cdot(-1)^{2+3}\begin{vmatrix} 1 & -k \\ 1-k & 6 \end{vmatrix}$

$=-[6-(-k)(1-k)]=-(6+k-k^2)$

即 $k^2-k-6=0$，解得 $k_1=3,k_2=-2$。

答案：A

21.**解**　$P(B|A\cup\bar{B})=\dfrac{P(B(A\cup\bar{B}))}{P(A\cup\bar{B})}=\dfrac{P(AB\cup B\bar{B})}{P(A\cup\bar{B})}=\dfrac{P(AB)}{P(A)+P(\bar{B})-P(A\bar{B})}$

因为 A、B 相互独立，所以 A、$\bar{B}$ 也相互独立。

有 $P(AB)=P(A)P(B)$，$P(A\bar{B})=P(A)P(\bar{B})$

$$P(B|A\cup\bar{B})=\frac{P(A)P(B)}{P(A)+P(\bar{B})-P(A)P(\bar{B})}$$

$$=\frac{\frac{1}{2}\times\frac{1}{3}}{\frac{1}{2}+\left(1-\frac{1}{3}\right)-\frac{1}{2}\left(1-\frac{1}{3}\right)}=\frac{1}{5}$$

答案：D

22.**解**　显然为古典概型，$P(A)=\dfrac{m}{n}$。

一个球一个球地放入杯中，每个球都有 4 种放法，所以所有可能结果数 $n=4\times4\times4=64$，事件 A“杯中球的最大个数为 2”即 4 个杯中有一个杯子里有 2 个球，有 1 个杯子有 1 个球，还有两个空杯。第一个球有 4 种放法，从第二个球起有两种情况：①第 2 个球放到已有一个球的杯中（一种放法），第 3 个球可放到 3 个空杯中任一个（3 种放法）；②第 2 个球放到 3 个空杯中任一个（3 种放法），第 3 个球可放到两个有球杯中（2 种放法）。则 $m=4\times(1\times3+3\times2)=36$，因此 $P(A)=\dfrac{36}{64}=\dfrac{9}{16}$。或设 $A_i(i=1,2,3)$ 表示“杯中球的最大个数为 i”，则 $P(A_2)=1-P(A_1)-P(A_3)=1-\dfrac{4\times3\times2}{4\times4\times4}-\dfrac{4\times1\times1}{4\times4\times4}=\dfrac{9}{16}$。

答案：C

23.**解** $P(0 \leqslant X \leqslant 3) = \int_0^3 f(x)\mathrm{d}x = \int_1^3 \frac{1}{x^2}\mathrm{d}x = \frac{2}{3}$。

答案:B

24.**解** 因 $f(x,y) = \frac{1}{2\pi}e^{-\frac{x^2+y^2}{2}} = \frac{1}{\sqrt{2\pi}}e^{-\frac{x^2}{2}} \cdot \frac{1}{\sqrt{2\pi}}e^{-\frac{y^2}{2}}$,

所以 $X \sim N(0,1), Y \sim N(0,1)$,$X,Y$ 相互独立。

$$E(X^2+Y^2) = E(X^2)+E(Y^2) = D(X)+[E(X)]^2+D(Y)+[E(Y)]^2$$
$$= 1+1 = 2$$

或 $E(X^2+Y^2) = \int_{-\infty}^{+\infty}\int_{-\infty}^{+\infty}(x^2+y^2)\frac{1}{2\pi}e^{-\frac{x^2+y^2}{2}}\mathrm{d}x\mathrm{d}y$

$$= \int_0^{2\pi}\int_0^{+\infty} r^2 \frac{1}{2\pi}e^{-\frac{r^2}{2}} r\mathrm{d}r\mathrm{d}\theta$$

$$= \int_0^{2\pi}\mathrm{d}\theta\int_0^{+\infty} r^2 \frac{1}{4\pi}e^{-\frac{r^2}{2}}\mathrm{d}r^2 \quad (\text{令 } t = r^2)$$

$$= 2\pi \cdot \frac{1}{4\pi}\int_0^{+\infty} te^{-\frac{t}{2}}\mathrm{d}t$$

$$= \frac{1}{2}\left(-2te^{-\frac{t}{2}}\Big|_0^{+\infty} + \int_0^{+\infty} 2e^{-\frac{t}{2}}\mathrm{d}t\right) = 2$$

答案:A

25.**解** 由 $E_{内} = \frac{m}{M}\frac{i}{2}RT$,又 $pV = \frac{m}{M}RT$,$E_{内} = \frac{i}{2}pV$,对双原子分子 $i=5$。

答案:B

26.**解** $p = \frac{2}{3}n\overline{w} = \frac{2}{3}n\left(\frac{1}{2}m\overline{v}^2\right) = \frac{1}{3}nm\overline{v}^2$。

答案:C

27.**解** 单一等温膨胀过程并非循环过程,可以做到从外界吸收的热量全部用来对外做功,既不违反热力学第一定律也不违反热力学第二定律。

答案:C

28.**解** 对于给定的理想气体,内能的增量只与系统的起始和终了状态有关,与系统所经历的过程无关。

内能增量 $\Delta E = \frac{M}{\mu}\frac{i}{2}R(T_2 - T_1) = \frac{M}{\mu}\frac{i}{2}R\Delta T$,若 $T_2 = T_1$,则 $\Delta E = 0$,气体内能保持不变。

答案:D

29. **解**　波腹的位置由公式 $x_{腹}=k\dfrac{\lambda}{2}$（$k$ 为整数）决定。相邻两波腹之间距离即 $\Delta x=x_{k+1}-x_k=(k+1)\dfrac{\lambda}{2}-k\dfrac{\lambda}{2}=\dfrac{\lambda}{2}$。

答案：A

30. **解**　质元在最大位移处，速度为零，"形变"为零，故质元的动能为零，势能也为零。

答案：B

31. **解**　按多普勒效应公式 $\nu=\dfrac{u+v_0}{u}\nu_0$，今 $v_0=\dfrac{u}{2}$，故 $\nu=\dfrac{u+\dfrac{u}{2}}{u}\nu_0=\dfrac{3}{2}\nu_0$。

答案：D

32. **解**　注意，所谓双缝间距指缝宽 d。由 $\Delta x=\dfrac{D}{d}\lambda$（$\Delta x$ 为相邻两明纹之间距离），所以 $\Delta x=\dfrac{3000}{2}\times 600\times 10^{-6}\text{mm}=0.9\text{mm}$。

注：$1\text{nm}=10^{-9}\text{m}=10^{-6}\text{mm}$。

答案：B

33. **解**　如图所示光程差 $\delta=n_2d+r_2-d-(n_1d+r_1-d)$，

注意到 $r_1=r_2$，$\delta=(n_2-n_1)d$。

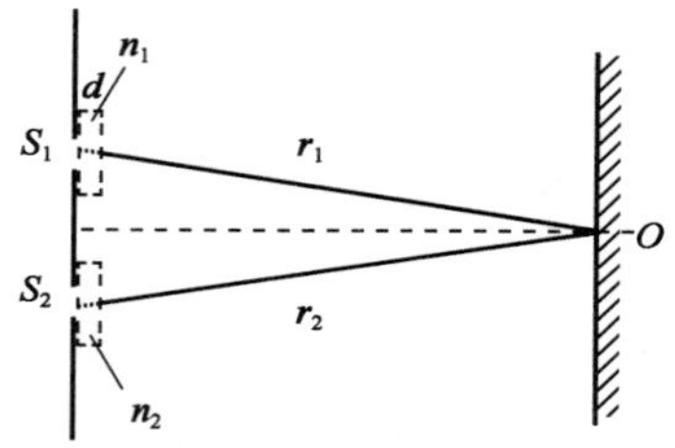

题 33 解图

答案：A

34. **解**　牛顿环属超纲题（超出大纲范围），等原干涉，同一级条纹对应同一个厚度。

答案：D

35. **解**　转动前 $I_1=I_0\cos^2\alpha_1$，转动后 $I_2=I_0\cos^2\alpha_2$，$\dfrac{I_1}{I_2}=\dfrac{\cos^2\alpha_1}{\cos^2\alpha_2}$。

答案：C

36. **解**　光栅常数越小，分辨率越高。

答案：D

37. **解**　$Mg(OH)_2$ 的溶解度为 s，则 $K_{SP}=s(0.01+2s^2)$，因 s 很小，$0.01+2s\approx 0.01$，则 $5.6\times 10^{-12}=s\times 0.01^2$，$s=5.6\times 10^{-8}$。

答案：C

38. **解**　利用价电子对互斥理论确定杂化类型及分子空间构型的方法。

对于 AB_n 型分子、离子（A 为中心原子）：

(1)确定 A 的价电子对数(x)

$x=\frac{1}{2}$[A 的价电子数+B 提供的价电子数±离子电荷数(负/正)]

原则:A 的价电子数=主族序数;B 原子为 H 和卤素每个原子各提供一个价电子,为氧与硫不提供价电子;正离子应减去电荷数,负离子应加上电荷数。

(2)确定杂化类型

价电子对数	2	3	4
杂化类型	sp 杂化	sp^2 杂化	sp^3 杂化

(3)确定分子空间构型

原则:根据中心原子杂化类型及成键情况分子空间构型。如果中心原子的价电子对数等于 σ 键电子对数,杂化轨道构型为分子空间构型;如果中心原子的价电子对数大于 σ 键电子对数,分子空间构型发生变化。

价电子对数(x)=σ 键电子对数+孤对电子数

根据价电子对互斥理论:$BeCl_2$ 的价电子对数 $x=\frac{1}{2}$(Be 的价电子数+2 个 Cl 提供的价电子数)$=\frac{1}{2}\times(2+2)=2$,$BeCl_2$ 分子中,Be 原子形成了两 Be-Clσ 键,价电子对数等于 σ 键数,所以两个 Be-Cl 夹角为 180°,$BeCl_2$ 为直线型分子,Be 为 sp 杂化。

答案:A

39.**解** 醋酸和醋酸钠组成缓冲溶液,醋酸和醋酸钠的浓度相等,与等体积水稀释后,醋酸和醋酸钠的浓度仍然相等。缓冲溶液的 $pH=pK_a-\lg\frac{C_{酸}}{C_{盐}}$,溶液稀释 pH 不变。

答案:C

40.**解** 由阿仑尼乌斯公式 $k=Ze^{\frac{-\varepsilon}{RT}}$ 可知:温度一定时,活化能越小,速率常数就越大,反应速率也越大。活化能越小,反应越易正向进行。活化能越小,反应放热越大。

答案:C

41.**解** 根据原子核外电子排布规律,26 号元素的原子核外电子排布为:$1s^2 2s^2 2p^6 3s^2 3p^6 3d^6 4s^2$,为 d 区副族元素。其价电子构型为 $3d^6 4s^2$。

答案:B

42.**解** 一组合理的量子数 n、l、m 取值对应一个合理的波函数 $\psi=\psi_{n,l,m}$,即可以确定一个原子轨道。

(1)主量子数

①$n=1,2,3,4\cdots$对应于第一、第二、第三、第四，…电子层，用 K,L,M,N 表示。

②表示电子到核的平均距离。

③决定原子轨道能量。

(2)角量子数

①$l=0,1,2,3$ 的原子轨道分别为 s、p、d、f 轨道。

②确定原子轨道的形状。s 轨道为球形，p 轨道为双球形，d 轨道为四瓣梅花形。

③对于多电子原子，与 n 共同确定原子轨道的能量。

(3)磁量子数

①确定原子轨道的取向。

②确定亚层中轨道数目。

答案：B

43. **解**　物质的标准熵值大小一般规律：

(1)对于同一种物质，$S_g>S_l>S_s$。

(2)同一物质在相同的聚集状态时，其熵值随温度的升高而增大，$S_{高温}>S_{低温}$。

(3)对于不同种物质，$S_{复杂分子}>S_{简单分子}$。

(4)对于混合物和纯净物，$S_{混合物}>S_{纯物质}$。

(5)对于一个化学反应的熵变，反应前后气体分子数增加的反应熵变大于零，反应前后气体分子数减小的反应熵变小于零。

4 个选项化学反应前后气体分子数的变化：

$A=2-2-1=-1$

$B=2-1-3=-2$

$C=1+1-1=1$

$D=0-1=-1$

答案：C

44. **解**　聚丙烯的结构式为 $\left[CH_2-\underset{\displaystyle CH_3}{\underset{|}{CH}} \right]$ 。

答案：C

45. **解**　烯烃双键两边 C 原子均通过 δ 键与不同基团时，才有顺反异构体。

答案：C

46. **解** 苯环上六个氢被氯取代为六氯苯。

答案:C

47. **解** 如解图所示,根据力的投影公式,$F_x = F\cos\alpha$,故 $\alpha = 60°$。而分力 $\boldsymbol{F}_x$ 的大小是力 $\boldsymbol{F}$ 大小的2倍,故力 $\boldsymbol{F}$ 与 y 轴垂直。

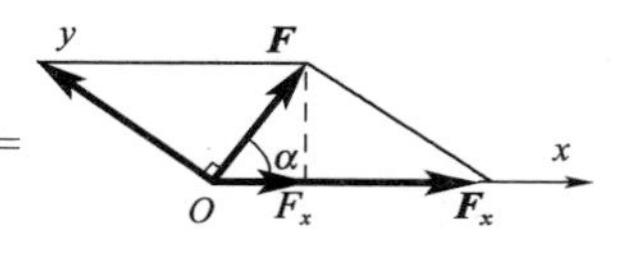

题47解图

答案:A

48. **解** 将力系向 A 点简化,作用于 C 点的力 F 沿作用线移到 A 点,作用于 B 点的力 F 平移到 A 点附加的力偶即主矩:$M_A = M_A(F) = \frac{\sqrt{3}}{2}aF$;三个力的主矢:$F_{Ry} = 0$,$F_{Rx} = F - F\sin30° - F\sin30° = 0$。

答案:A

49. **解** 根据受力分析,A、B、C 处的约束力均为水平方向,分别考虑 AC、BC 的平衡,采用力偶的平衡方程即可。

答案:B

50. **解** 均布力组成了力偶矩为 qa^2 的逆时针转向力偶。A、B 处的约束力沿铅垂方向组成顺时针转向力偶。

答案:C

51. **解** 点的速度、切向加速度和法向加速度分别为:$v = \frac{\mathrm{d}s}{\mathrm{d}t} = 20\text{cm/s}$,$a_\tau = \frac{\mathrm{d}v}{\mathrm{d}t} = 0$,$a_n = \frac{v^2}{R} = \frac{400}{40} = 10\text{cm/s}^2$。

答案:B

52. **解** 将运动方程中的参数 t 消去,即 $t = \frac{x}{2}$,$y = \left(\frac{x}{2}\right)^2 - \frac{x}{2}$,整理易得 $x^2 - 2x - 4y = 0$。

答案:C

53. **解** 根据定轴转动刚体上一点速度、加速度与转动角速度、角加速度的关系,$v_B = OB \cdot \omega = 50 \times 2 = 100\text{cm/s}$,$a_B^t = OB \cdot \varepsilon = 50 \times 5 = 250\text{cm/s}$,$a_B^n = OB \cdot \omega^2 = 50 \times 2^2 = 200\text{cm/s}$。

答案:A

54. **解** 根据质点运动微分方程 $m\boldsymbol{a} = \sum \boldsymbol{F}$,当货物加速下降、匀速下降和减速下降时,加速度分别向下、为零、向上,代入公式有 $ma = W - R_1$,$0 = W - R_2$,$-ma = W - R_3$。

答案:C

55. **解**　根据动量矩定义和公式：$L_O = M_O(m_1 v) + M_O(m_2 v) + J_{O轮}\omega = m_1 vr + m_2 r + \frac{1}{2}mr^2\omega, \omega = \frac{v}{r}, L_O = (m_1 + m_2 + \frac{1}{2}m)rv$。

答案：C

56. **解**　根据动能定理，当杆从水平转动到铅垂位置时，$T_1 = 0; T_2 = \frac{1}{2}J_B\omega^2 = \frac{1}{2}\cdot\frac{1}{3}m(2l)^2\omega^2 = \frac{2}{3}ml^2\omega^2; W_{12} = mgl$ 代入 $T_2 - T_1 = W_{12}$，得 $\omega^2 = \frac{3g}{2l}$

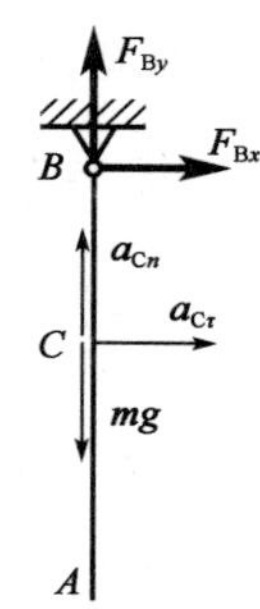

题 56 解图

再根据定轴转动微分方程：$J_B\alpha = M_B(F) = 0, \alpha = 0$

质心运动定理：$a_{C\tau} = l\alpha = 0, a_{Cn} = 1\omega^2 = \frac{3g}{2}$

受力如图：$ml\omega^2 = F_{By} - mg, F_{By} = \frac{5}{2}mg, F_{Bx} = 0$

答案：D

57. **解**　根据定轴转动刚体惯性力系的简化结果，惯性力主矢和主矩的大小分别为 $F_I = ma_C = 0, M_{IO} = J_O\varepsilon = \frac{1}{2}mr^2\varepsilon$。

答案：C

58. **解**　根据串、并联弹簧等效弹簧刚度的计算公式。

答案：C

59. **解**　轴向受力杆左段轴力是 −3kN，右段轴力是 5kN。

答案：B

60. **解**　把 F 力平移到铆钉群中心 O，并附加一个力偶 $m = F\cdot\frac{5}{4}L$，在铆钉上将产生剪力 Q_1 和 Q_2，其中 $Q_1 = \frac{F}{2}$，而 Q_2 计算方法如下。

$$\sum M_O = 0, Q_2\cdot\frac{L}{2} = F\cdot\frac{5}{4}L$$

得

$$Q_2 = \frac{5}{2}F$$

所以 $Q = Q_1 + Q_2 = 3F, \tau_{max} = \frac{Q}{\frac{\pi}{4}d^2} = \frac{12F}{\pi d^2}$

答案：C

61. **解**　由 $\theta = \frac{T}{GI_P}$，得 $\frac{T}{I_P} = \theta G$，故 $\tau_{max} = \frac{T}{I_P}\cdot\frac{d}{2} = \frac{\theta G d}{2}$。

答案:D

62. **解**　为使 $\tau_1=\frac{1}{2}\tau$,应使 $\frac{T}{\frac{\pi}{16}d_1^3}=\frac{1}{2}\frac{T}{\frac{\pi}{16}d^3}$,即 $d_1^3=2d^3$,故 $d_1=\sqrt[3]{2}d$。

答案:D

63. **解**　$I_{z1}=I_z+a^2A=\frac{bh^3}{12}+h^2\cdot bh=\frac{13}{12}bh^3$

答案:D

64. **解**　考虑梁的整体平衡:$\sum M_B=0,F_A=0$

应用直接法求剪力和弯矩,得 $F_{SA}=0,M_C=0$

答案:A

65. **解**　开裂前,$f=\frac{Fl^3}{3EI}$,其中 $I=\frac{b(2a)^3}{12}=8\frac{ba^3}{12}=8I_1$;

开裂后,$f_1=\frac{\frac{F}{2}l^3}{3EI_1}=\frac{\frac{1}{2}Fl^3}{3E\frac{I}{8}}=4\cdot\frac{Fl^3}{3EI}=4f$。

答案:C

66. **解**　原来,$f=\frac{Ml^2}{2EI}$;梁长减半后,$f_1=\frac{M\left(\frac{l}{2}\right)^2}{2EI}=\frac{1}{4}f$。

答案:B

67. **解**　图 c)中 σ_1 和 σ_3 的差值最大。

$$\tau_{max}=\frac{\sigma_1-\sigma_3}{2}=\frac{2\sigma-(-2\sigma)}{2}=2\sigma$$

答案:C

68. **解**　图示杆是偏心拉伸,等价于轴向拉伸和两个方向弯曲的组合变形。

$$\sigma_{max}^{+}=\frac{F_N}{bh}+\frac{M_g}{W_g}+\frac{M_y}{W_y}=\frac{F}{bh}+\frac{F\frac{h}{2}}{\frac{bh^2}{6}}+\frac{F\frac{b}{2}}{\frac{hb^2}{6}}=7\frac{F}{bh}$$

答案:C

69. **解**　力 F 产生的弯矩引起 A 点的拉应力,力偶 T 产生的扭矩引起 A 点的切应力 τ,故 A 点应为既有拉应力 σ 又有 τ 的复杂应力状态。

答案:C

70. **解**　图 a)$\mu l=1\times5=5\text{m}$,图 b)$\mu l=2\times3=6\text{m}$,图 c)$\mu l=0.7\times6=4.2\text{m}$。由公式

$F_{cr}=\frac{\pi^2 EI}{(\mu l)^2}$，可知图 b)$F_{cr}$最小，图 c)$F_{cr}$最大。

答案：C

71. **解**　静止流体等压面应是一水平面，且应绘出于连通、连续同一种流体中，据此可绘出两个等压面以判断压强 p_1、p_2、p_3 的大小。

答案：A

72. **解**　测压管水头线的变化是由于过流断面面积的变化引起流速水头的变化，进而引起压强水头的变化，而与是否理想流体无关，故选项 A 说法是错误的。

答案：A

73. **解**　由判别流态的下临界雷诺数 $\mathrm{Re_k}=\frac{v_k d}{\nu}$解出下临界流速 v_k 即可，$v_k=\frac{\mathrm{Re_k}\nu}{d}$，而 $\mathrm{Re_k}=2000$。代入题设数据后有：$v_k=\frac{2000\times 1.31\times 10^{-6}}{0.05}=0.0524\mathrm{m/s}$。

答案：D

74. **解**　根据沿程损失计算公式 $h_f=\lambda\frac{L}{d}\frac{v^2}{2g}$及层流阻力系数计算公式$\lambda=\frac{64}{\mathrm{Re}}$联立求解可得。

代入题设条件后有：$\frac{v_1}{d_1^2}=\frac{v_2}{d_2^2}$，而 $v_2=v_1\left(\frac{d_2}{d_1}\right)^2=v_1 2^2=4v_1$

$\frac{Q_2}{Q_1}=\frac{v_2}{v_1}\left(\frac{d_2}{d_1}\right)^2=4\times 2^2=16$

答案：D

75. **解**　圆柱形外管嘴正常工作的条件：$L=(3-4)d$，$H_0<9\mathrm{m}$。

答案：B

76. **解**　根据有压管基本公式 $H=SQ^2$，可解出流量 $Q=\sqrt{\frac{H}{S}}$。阀门关小，阻抗 S 增加，流量应减小。

答案：B

77. **解**　按达西公式 $Q=kAJ$，可解出渗流系数 $k=\frac{Q}{AJ}=\frac{0.1}{\frac{\pi}{4}(0.3)^2\times\frac{90}{40}\times 8\times 3600}=2.183\times 10^{-5}\mathrm{m/s}=1.886\mathrm{m/d}$。

答案：B

78. **解**　无量纲量即量纲为 1 的量，$\dim \frac{p}{\rho v^2}=\frac{ML^{-1}T^{-2}}{ML^{-3}(LT^{-1})^2}=1$。

答案：A

79. **解**　根据电磁感应定律，线圈 a 中是变化的电源，将产生变化的电流，考虑电磁作用 $i_a\neq\frac{u}{R_a}$；变化磁通将与线圈 b 交链，由此产生感应电流 $i_b\neq0$。

答案：B

80. **解**　电流源的端电压由外电路决定：$U=5+0.1\times(100+50)=20V$。

答案：A

81. **解**　用叠加原理分析，将电路分解为各个电源单独作用的电路。不作用的电压源短路，不作用的电流源断路。$U=U'+U''$，U' 为电流源作用，$U'=I_s(R_1+R_2/\!/R_3)$；U'' 为电压源作用，$U'=\frac{R_2}{R_2+R_3}U_s$。

答案：D

82. **解**　交流电路中电压电流符合相量关系，$\dot{I}_R=\dot{I}_L+\dot{I}_C$，此题用画相量图的方法会简捷一些。

答案：B

83. **解**　三相五线制供电系统中单相负载的外壳引出线应该与“PE 线”（保护零线）连接。

答案：D

84. **解**　从图形判断这是一个高通滤波器的频率特性图。它反映了电路的输出电压和输入电压对于不同频率信号的响应关系，利用高通滤波器的传递函数分析。

答案：B

85. **解**　三相交流异步电动机的转速关系公式为 $n\approx n_0=\frac{60f}{p}$，可以看到电动机的转速 n 取决于电源的频率 f 和电机的极对数 p，要想实现平滑调速应该使用改变频率 f 的方法。

另外，电动机挂子串电阻的方法调整只能用于向下平滑调速。

答案：C

86. **解**　在电动机的继电接触控制电路中，熔断器对电路实现短路保护，热继电器对电路实现过载保护，交流接触器起欠压保护的作用，需同时接在主电路和控制电路中；行程开关一般只连接在电机的控制回路中。

答案:D

87.**解** 信息通常是以编码的方式载入数字信号中的。

答案:A

88.**解** 七段显示器的各段符号是用发光二极管制作的,各段符号如图所示。在共阴极七段显示器电路中,高电平“1”字段发光,“0”熄灭。显示字母“E”的共阴极七段显示器显示时 b、c 段熄灭,显示码 abcdefg 应该是 1001111。

答案:A

89.**解** 图示电压信号是连续的时间信号,在多个时间点的数值确定;对其他的周期信号、数字信号、离散信号的定义均不符合。

答案:D

90.**解** 根据对模拟信号的频谱分析可知:周期信号的频谱是离散的,非周期信号的频谱是连续的。

答案:A

91.**解** 该电路是利用滤波技术进行信号处理,从图 a)到图 b)经过了低通滤波,从图 b) 到图 c)利用了高通滤波技术(消去了直流分量)。

答案:A

92.**解** 此题的分析方法是先根据给定的波形图写输出和输入之间的真值表,然后观察输出与输入的逻辑关系,写出逻辑表达式即可。观察 $F=A\cdot B+\overline{A}\cdot\overline{B}$,属同或门关系。

答案:C

93.**解** 首先应清楚放大电路中输入电阻和输出电阻的概念,然后将放大电路的输入端等效成一个输入电阻,输出端等效成一个等效电压源(如解图所示),最后用电路理论计算可得结果。

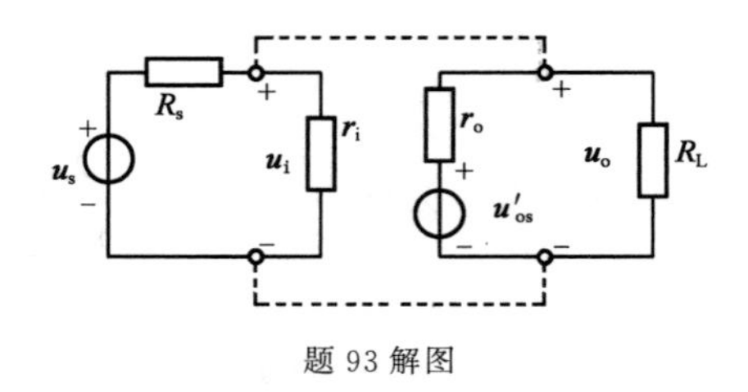

题 93 解图

其中：$u_i=\dfrac{r_i}{R_s+r_i}u_s$；$u_{os}=A_k u_i$；$u_o=\dfrac{R_L}{r_o+R_L}u_{os}$。

答案：D

94. **解** 该电路是电压比较电路。当反向输入信号 u_{i1} 大于基准信号 u_{i2} 时，输出为负的饱和值，当 u_{i1} 小于基准信号 u_{i2} 时，输出为正的饱和值。

答案：D

95. **解** 该电路是D触发器，这种连接方法构成保持状态：$Q_{n+1}=D=Q_n$。

答案：D

96. **解** 该题为两个JK触发器构成的计数器，考生可以列表分析，输出在三个时钟脉冲完成一次循环，但无增1，或减1规律。可见该电路是同步三进制计数器。

答案：C

97. **解** 微型计算机是以总线结构来连接各个功能部件的。

答案：C

98. **解** 信息可采用某种度量单位进行度量，并进行信息编码。现代计算机使用的是二进制。

答案：C

99. **解** 三位二进制对应一位八进制，将小数点后每三位二进制分成一组，101对应5，010对应2，111对应7，100对应4。

答案：B

100. **解** 图像的主要参数有分辨率（包括屏幕分辨率、图像分辨率、像素分辨率）、颜色深度、图像文件的大小。

答案：B

101. **解** 电子签名应用领域包括电子商务，企业信息系统，网上政府采购中，金融、财会、保险行业，食品、医药，教育，科学研究以及文件管理等方面。但最主要的还是表现在电子商务方面，在网上将买方、卖方以及服务于他们的中间商（如金融机构）之间的信息交换和交易行为集成到一起的电子运作方式，如签订合同、订购、付费等。数字签名是目前保证数据的完整无性、真实性和不可抵赖的最可靠的方法。什么地方需要，那就可以应用在什么地方。现在典型的应用如：网上银行、电子商务、电子政务、网络通信等。

答案：A

102. **解** 一个存储器段可以小至一个字节，可大至4G字节。而一个页的大小则规定为 4K 字节。

答案:C

103. **解** 即插即用就是在加上新的硬件以后不用为此硬件再安装驱动程序了。而 D 项说需安装相应软件才可立刻使用是错误的。

答案:D

104. **解** 构成信息化社会的三个主要技术支柱是计算机技术、通信技术和网络技术。

答案:B

105. **解** 网络软件是实现网络功能不可缺少的软件环境,主要包括网络传输协议和网络操作系统。

答案:A

106. **解** 网际网络是由相互连接的网络组成的网络。这些相互连接的网络中有一部分由大型公有组织和私有组织(如政府机构或工业企业)拥有并保留供其专用。在向公众开放的网际网络中,最著名并被广为使用的便是 Internet。Internet 是将属于 Internet 服务商提供商(ISP)的网络相互连接后建立的。这些 ISP 网络相互连接,为世界各地的用户提供接入服务。要确保通过这种多元化基础架构有效通信,需要采用统一的公认技术和协议,也需要众多网络管理机构相互协作。

答案:B

107. **解** 比较两家银行的年实际利率,其中较低者利息较少。

甲银行的年实际利率:$i_{甲}=\left(1+\frac{r}{m}\right)^m-1=\left(1+\frac{6\%}{4}\right)^4-1=6.14\%$;乙银行的年实际利率为 7%,故向甲银行贷款付出的利息较少。

答案:A

108. **解** 总成本费用有生产成本加期间费用和按生产要素两种估算方法。生产成本加期间费用计算公式为:总成本费用=生产成本+期间费用。

答案:A

109. **解** 准股本资金是一种既具有资本金性质又具有债务资金性质的资金,主要包括优先股股票和可转换债券。

答案:B

110. **解** 按计算财务净现值的公式计算。

$FNPV=-200-300(P/F,10\%,1)+150(P/A,10\%,8)(P/F,10\%,2)$

$=-200-300\times0.90909+150\times5.33493\times0.82645=188.63$ 万元

答案:B

111. **解** 可外贸货物影子价格:直接进口投入物的影子价格(到厂价)=到岸价(CIF)×影子汇率+进口费用。

答案:C

112. **解** 盈亏平衡点越低,说明项目盈利的可能性越大,项目抵抗风险的能力越强。

答案:C

113. **解** 改扩建项目盈利能力分析可能涉及的五种数据:①"现状"数据;②"无项目"数据;③"有项目"数据;④新增数据;⑤增量数据。

答案:D

114. **解** 在ABC分类法中,A类部件占部件总数的比重较少,但占总成本的比重较大;C类部件占部件总数的比重较大,占总数的60%~80%,但占总成本的比重较小,占5%~10%。

答案:C

115. **解** 《中华人民共和国安全生产法》第三十四条规定,生产经营单位使用的危险物品的容器、运输工具,以及涉及人身安全、危险性较大的海洋石油开采特种设备及矿山井下特种设备,必须按照国家有关规定,由专业生产单位生产,并经具有专业资质的检测、检验机构检测、检验合格,取得安全使用证或者安全标志,方可投入使用。检测、检验机构对检测、检验结果负责。

答案:B

116. **解** 《中华人民共和国招标投标法》第四十六条规定,招标人和中标人应当自中标通知书发出之日起三十日内,按照招标文件和中标人的投标文件订立书面合同。招标人和中标人不得再行订立背离合同实质性内容的其他协议。

答案:B

117. **解** 《中华人民共和国行政许可法》第十三条规定,本法第十二条所列事项,通过下列方式能够予以规范的,可以不设行政许可:

(一)公民、法人或者其他组织能够自主决定的;

(二)市场竞争机制能够有效调节的;

(三)行业组织或者中介机构能够自律管理的;

（四）行政机关采用事后监督等其他行政管理方式能够解决的。

答案：D

118. **解** 《中华人民共和国节约能源法》第十五条规定，国家实行固定资产投资项目节能评估和审查制度。不符合强制性节能标准的项目，依法负责项目审批或者核准的机关不得批准或者核准建设；建设单位不得开工建设；已经建成的，不得投入生产、使用。具体办法由国务院管理节能工作的部门会同国务院有关部门制定。

答案：C

119. **解** 《建设工程质量管理条例》第三十一条规定，施工人员对涉及结构安全的试块、试件以及有关材料，应当在建设单位或者工程监理单位监督下现场取样，并送具有相应资质等级的质量检测单位进行检测。

答案：D

120. **解** 《建设工程安全生产管理条例》第十四条规定，工程监理单位在实施监理过程中，发现存在安全事故隐患的，应当要求施工单位整改；情况严重的，应当要求施工单位暂时停止施工，并及时报告建设单位。施工单位拒不整改或者不停止施工的，工程监理单位应当及时向有关主管部门报告。

答案：D

2011 年度全国勘察设计注册工程师

执业资格考试试卷

基础考试

(上)

二〇一一年九月

应考人员注意事项

1. 本试卷科目代码为“1”，考生务必将此代码填涂在答题卡“科目代码”相应的栏目内，否则，无法评分。
2. 书写用笔：**黑色或蓝色钢笔、签字笔或圆珠笔；**

   填涂答题卡用笔：**黑色 2B 铅笔**。
3. 必须用书写用笔将工作单位、姓名、准考证号填写在答题卡和试卷相应的栏目内。
4. 本试卷由 120 题组成，每题 1 分，满分 120 分，本试卷全部为单项选择题，每小题的四个备选项中只有一个正确答案，错选、多选、不选均不得分。
5. 考生作答时，必须**按题号在答题卡上**将相应试题所选选项对应的**字母用 2B 铅笔涂黑**。
6. 在答题卡上书写与题意无关的语言，或在答题卡上作标记的，均按违纪试卷处理。
7. 考试结束时，由监考人员当面将试卷、答题卡一并收回。
8. 草稿纸由各地统一配发，考后收回。

单项选择题(共 120 题,每题 1 分。每题的备选项中只有一个最符合题意。)

1. 设直线方程为 $x=y-1=z$,平面方程为 $x-2y+z=0$,则直线与平面:

A. 重合　　B. 平行不重合

C. 垂直相交　　D. 相交不垂直

2. 在三维空间中,方程 $y^2-z^2=1$ 所代表的图形是:

A. 母线平行 x 轴的双曲柱面　　B. 母线平行 y 轴的双曲柱面

C. 母线平行 z 轴的双曲柱面　　D. 双曲线

3. 当 $x\to 0$ 时,3^x-1 是 x 的:

A. 高阶无穷小　　B. 低阶无穷小

C. 等价无穷小　　D. 同阶但非等价无穷小

4. 函数 $f(x)=\dfrac{x-x^2}{\sin\pi x}$ 的可去间断点的个数为:

A. 1 个　　B. 2 个

C. 3 个　　D. 无穷多个

5. 如果 $f(x)$ 在 x_0 点可导,$g(x)$ 在 x_0 点不可导,则 $f(x)g(x)$ 在 x_0 点:

A. 可能可导也可能不可导　　B. 不可导

C. 可导　　D. 连续

6. 当 $x>0$ 时,下列不等式中正确的是:

A. $e^x<1+x$　　B. $\ln(1+x)>x$

C. $e^x<ex$　　D. $x>\sin x$

7. 若函数 $f(x,y)$ 在闭区域 D 上连续，下列关于极值点的陈述中正确的是：

A. $f(x,y)$ 的极值点一定是 $f(x,y)$ 的驻点

B. 如果 P_0 是 $f(x,y)$ 的极值点，则 P_0 点处 $B^2-AC<0\left(\text{其中}, A=\frac{\partial^2 f}{\partial x^2}, B=\frac{\partial^2 f}{\partial x \partial y}, C=\frac{\partial^2 f}{\partial y^2}\right)$

C. 如果 P_0 是可微函数 $f(x,y)$ 的极值点，则在 P_0 点处 $\mathrm{d}f=0$

D. $f(x,y)$ 的最大值点一定是 $f(x,y)$ 的极大值点

8. $\int \frac{\mathrm{d}x}{\sqrt{x}(1+x)}=$

A. $\arctan\sqrt{x}+C$

B. $2\arctan\sqrt{x}+C$

C. $\tan(1+x)$

D. $\frac{1}{2}\arctan x+C$

9. 设 $f(x)$ 是连续函数，且 $f(x)=x^2+2\int_0^2 f(t)\mathrm{d}t$，则 $f(x)=$

A. x^2

B. x^2-2

C. $2x$

D. $x^2-\frac{16}{9}$

10. $\int_{-2}^{2}\sqrt{4-x^2}\,\mathrm{d}x=$

A. π

B. 2π

C. 3π

D. $\frac{\pi}{2}$

11. 设 L 为连接 $(0,2)$ 和 $(1,0)$ 的直线段，则对弧长的曲线积分 $\int_L (x^2+y^2)\mathrm{d}S=$

A. $\frac{\sqrt{5}}{2}$

B. 2

C. $\frac{3\sqrt{5}}{2}$

D. $\frac{5\sqrt{5}}{3}$

12. 曲线 $y=e^{-x}(x\geqslant 0)$ 与直线 $x=0, y=0$ 所围图形，绕 ox 轴旋转所得旋转体的体积为：

A. $\frac{\pi}{2}$

B. π

C. $\frac{\pi}{3}$

D. $\frac{\pi}{4}$

13. 若级数$\sum_{n=1}^{\infty} u_n$收敛，则下列级数中不收敛的是：

A. $\sum_{n=1}^{\infty} ku_n (k \neq 0)$

B. $\sum_{n=1}^{\infty} u_{n+100}$

C. $\sum_{n=1}^{\infty}\left(u_{2n}+\frac{1}{2^n}\right)$

D. $\sum_{n=1}^{\infty}\frac{50}{u_n}$

14. 设幂级数$\sum_{n=0}^{\infty} a_n x^n$的收敛半径为 2，则幂级数$\sum_{n=1}^{\infty} na_n (x-2)^{n+1}$的收敛区间是：

A. $(-2,2)$

B. $(-2,4)$

C. $(0,4)$

D. $(-4,0)$

15. 微分方程$xy\mathrm{d}x=\sqrt{2-x^2}\,\mathrm{d}y$的通解是：

A. $y=e^{-C\sqrt{2-x^2}}$

B. $y=e^{-\sqrt{2-x^2}}+C$

C. $y=Ce^{-\sqrt{2-x^2}}$

D. $y=C-\sqrt{2-x^2}$

16. 微分方程$\frac{\mathrm{d}y}{\mathrm{d}x}-\frac{y}{x}=\tan\frac{y}{x}$的通解是：

A. $\sin\frac{y}{x}=Cx$

B. $\cos\frac{y}{x}=Cx$

C. $\sin\frac{y}{x}=x+C$

D. $Cx\sin\frac{y}{x}=1$

17. 设$\boldsymbol{A}=\begin{bmatrix}1 & 0 & 1\\ 0 & 1 & 2\\ -2 & 0 & -3\end{bmatrix}$，则$\boldsymbol{A}^{-1}=$

A. $\begin{bmatrix}3 & 0 & 1\\ 4 & 1 & 2\\ 2 & 0 & 1\end{bmatrix}$

B. $\begin{bmatrix}3 & 0 & 1\\ 4 & 1 & 2\\ -2 & 0 & -1\end{bmatrix}$

C. $\begin{bmatrix}-3 & 0 & -1\\ 4 & 1 & 2\\ -2 & 0 & -1\end{bmatrix}$

D. $\begin{bmatrix}3 & 0 & 1\\ -4 & -1 & -2\\ 2 & 0 & 1\end{bmatrix}$

18. 设 3 阶矩阵$\boldsymbol{A}=\begin{bmatrix}1 & 1 & a\\ 1 & a & 1\\ a & 1 & 1\end{bmatrix}$，已知$\boldsymbol{A}$的伴随矩阵的秩为 1，则$a=$

A. -2

B. -1

C. 1

D. 2

19. 设 $\boldsymbol{A}$ 是 3 阶矩阵，$\boldsymbol{P}=(\alpha_1,\alpha_2,\alpha_3)$ 是 3 阶可逆矩阵，且 $\boldsymbol{P}^{-1}\boldsymbol{A}\boldsymbol{P}=\begin{bmatrix}1&0&0\\0&2&0\\0&0&0\end{bmatrix}$。

若矩阵 $\boldsymbol{Q}=(\alpha_2,\alpha_1,\alpha_3)$，则 $\boldsymbol{Q}^{-1}\boldsymbol{A}\boldsymbol{Q}=$

A. $\begin{bmatrix}1&0&0\\0&2&0\\0&0&0\end{bmatrix}$　　B. $\begin{bmatrix}2&0&0\\0&1&0\\0&0&0\end{bmatrix}$

C. $\begin{bmatrix}0&1&0\\2&0&0\\0&0&0\end{bmatrix}$　　D. $\begin{bmatrix}0&2&0\\1&0&0\\0&0&0\end{bmatrix}$

20. 齐次线性方程组 $\begin{cases}x_1-x_2+x_4=0\\x_1-x_3+x_4=0\end{cases}$ 的基础解系为：

A. $\alpha_1=(1,1,1,0)^{\mathrm{T}},\alpha_2=(-1,-1,1,0)^{\mathrm{T}}$

B. $\alpha_1=(2,1,0,1)^{\mathrm{T}},\alpha_2=(-1,-1,1,0)^{\mathrm{T}}$

C. $\alpha_1=(1,1,1,0)^{\mathrm{T}},\alpha_2=(-1,0,0,1)^{\mathrm{T}}$

D. $\alpha_1=(2,1,0,1)^{\mathrm{T}},\alpha_2=(-2,-1,0,1)^{\mathrm{T}}$

21. 设 A,B 是两个事件，$P(A)=0.3$，$P(B)=0.8$，则当 $P(A\cup B)$ 为最小值时，$P(AB)=$

A. 0.1　　B. 0.2

C. 0.3　　D. 0.4

22. 三个人独立地破译一份密码，每人能独立译出这份密码的概率分别为 $\frac{1}{5}$、$\frac{1}{3}$、$\frac{1}{4}$，则这份密码被译出的概率为：

A. $\frac{1}{3}$　　B. $\frac{1}{2}$

C. $\frac{2}{5}$　　D. $\frac{3}{5}$

23. 设随机变量 X 的概率密度为 $f(x)=\begin{cases}2x, 0<x<1\\0, 其他\end{cases}$，$Y$ 表示对 X 的 3 次独立重复观察中事件 $\{X\leqslant\frac{1}{2}\}$ 出现的次数，则 $P\{Y=2\}$ 等于：

A. $\frac{3}{64}$　　B. $\frac{9}{64}$

C. $\frac{3}{16}$　　D. $\frac{9}{16}$

24. 设随机变量 X 和 Y 都服从 $N(0,1)$ 分布，则下列叙述中正确的是：

A. $X+Y\sim$ 正态分布　　B. $X^2+Y^2\sim\chi^2$ 分布

C. X^2 和 Y^2 都 $\sim\chi^2$ 分布　　D. $\frac{X^2}{Y^2}\sim F$ 分布

25. 一瓶氦气和一瓶氮气，它们每个分子的平均平动动能相同，而且都处于平衡态，则它们：

A. 温度相同，氦分子和氮分子的平均动能相同

B. 温度相同，氦分子和氮分子的平均动能不同

C. 温度不同，氦分子和氮分子的平均动能相同

D. 温度不同，氦分子和氮分子的平均动能不同

26. 最概然速率 v_p 的物理意义是：

A. v_p 是速率分布中的最大速率

B. v_p 是大多数分子的速率

C. 在一定的温度下，速率与 v_p 相近的气体分子所占的百分率最大

D. v_p 是所有分子速率的平均值

27. 1mol 理想气体从平衡态 $2p_1$、V_1 沿直线变化到另一平衡态 p_1、$2V_1$，则此过程中系统的功和内能的变化是：

A. $W>0, \Delta E>0$　　B. $W<0, \Delta E<0$

C. $W>0, \Delta E=0$　　D. $W<0, \Delta E>0$

28. 在保持高温热源温度 T_1 和低温热源温度 T_2 不变的情况下，使卡诺热机的循环曲线所包围的面积增大，则会：

A. 净功增大，效率提高　　B. 净功增大，效率降低

C. 净功和功率都不变　　D. 净功增大，效率不变

29. 一平面简谐波的波动方程为 $y=0.01\cos 10\pi(25t-x)$(SI)，则在 $t=0.1$s 时刻，$x=2$m 处质元的振动位移是：

A. 0.01cm　　B. 0.01m

C. −0.01m　　D. 0.01mm

30. 对于机械横波而言，下面说法正确的是：

A. 质元处于平衡位置时，其动能最大，势能为零

B. 质元处于平衡位置时，其动能为零，势能最大

C. 质元处于波谷处时，动能为零，势能最大

D. 质元处于波峰处时，动能与势能均为零

31. 在波的传播方向上，有相距为 3m 的两质元，两者的相位差为 $\frac{\pi}{6}$，若波的周期为 4s，则此波的波长和波速分别为：

A. 36m 和 6m/s　　B. 36m 和 9m/s

C. 12m 和 6m/s　　D. 12m 和 9m/s

32. 在双缝干涉实验中，入射光的波长为 λ，用透明玻璃纸遮住双缝中的一条缝（靠近屏一侧），若玻璃纸中光程比相同厚度的空气的光程大 2.5λ，则屏上原来的明纹处：

A. 仍为明条纹　　B. 变为暗条纹

C. 既非明纹也非暗纹　　D. 无法确定是明纹还是暗纹

33. 在真空中，可见光的波长范围为：

A. 400～760nm　　B. 400～760mm

C. 400～760cm　　D. 400～760m

34. 有一玻璃劈尖，置于空气中，劈尖角为 θ，用波长为 λ 的单色光垂直照射时，测得相邻明纹间距为 l，若玻璃的折射率为 n，则 θ、λ、l 与 n 之间的关系为：

A. $\theta=\frac{\lambda n}{2l}$　　B. $\theta=\frac{l}{2n\lambda}$

C. $\theta=\frac{l\lambda}{2n}$　　D. $\theta=\frac{\lambda}{2nl}$

35. 一束自然光垂直穿过两个偏振片，两个偏振片的偏振化方向成 45°角。已知通过此两偏振片后的光强为 I，则入射至第二个偏振片的线偏振光强度为：

A. I　　B. $2I$

C. $3I$　　D. $\frac{I}{2}$

36. 一单缝宽度 $a=1\times10^{-4}$ m，透镜焦距 $f=0.5$m，若用 $\lambda=400$nm 的单色平行光垂直入射，中央明纹的宽度为：

A. 2×10^{-3} m　　B. 2×10^{-4} m

C. 4×10^{-4} m　　D. 4×10^{-3} m

37. 29 号元素的核外电子分布式为：

A. $1s^2 2s^2 2p^6 3s^2 3p^6 3d^9 4s^2$　　B. $1s^2 2s^2 2p^6 3s^2 3p^6 3d^{10} 4s^1$

C. $1s^2 2s^2 2p^6 3s^2 3p^6 4s^1 3d^{10}$　　D. $1s^2 2s^2 2p^6 3s^2 3p^6 4s^2 3d^9$

38. 下列各组元素的原子半径从小到大排序错误的是：

A. Li$<$Na$<$K　　B. Al$<$Mg$<$Na

C. C$<$Si$<$Al　　D. P$<$As$<$Se

39. 下列溶液混合，属于缓冲溶液的是：

A. 50mL0. 2mol · L^{-1} CH_3COOH 与 50mL0. 1mol · L^{-1} NaOH

B. 50mL0. 1mol · L^{-1} CH_3COOH 与 50mL0. 1mol · L^{-1} NaOH

C. 50mL0. 1mol · L^{-1} CH_3COOH 与 50mL0. 2mol · L^{-1} NaOH

D. 50mL0. 2mol · L^{-1} HCl 与 50mL0. 1mol · L^{-1} NH_3H_2O

40. 在一容器中，反应 $2NO_2(g) \rightleftharpoons 2NO(g)+O_2(g)$，恒温条件下达到平衡后，加一定量 Ar 气体保持总压力不变，平衡将会：

A. 向正方向移动　　B. 向逆方向移动

C. 没有变化　　D. 不能判断

41. 某第 4 周期的元素，当该元素原子失去一个电子成为正 1 价离子时，该离子的价层电子排布式为 $3d^{10}$，则该元素的原子序数是：

A. 19　　B. 24

C. 29　　D. 36

42. 对于一个化学反应，下列各组中关系正确的是：

A. $\Delta_r G_m^\ominus>0, K^\ominus<1$　　B. $\Delta_r G_m^\ominus>0, K^\ominus>1$

C. $\Delta_r G_m^\ominus<0, K^\ominus=1$　　D. $\Delta_r G_m^\ominus<0, K^\ominus<1$

43. 价层电子构型为 $4d^{10}5s^1$ 的元素在周期表中属于：

A. 第四周期 VIIB 族　　B. 第五周期 IB 族

C. 第六周期 VIIB 族　　D. 镧系元素

44. 下列物质中，属于酚类的是：

A. C_3H_7OH

B. $C_6H_5CH_2OH$

C. C_6H_5OH

D. $\underset{|\atop OH}{CH_2}—\underset{|\atop OH}{CH}—\underset{|\atop OH}{CH_2}$

45. 有机化合物 $H_3C—\underset{|\atop CH_3}{CH}—\underset{|\atop CH_3}{CH}—CH_2—CH_3$ 的名称是：

A. 2-甲基-3-乙基丁烷

B. 3,4-二甲基戊烷

C. 2-乙基-3-甲基丁烷

D. 2,3-二甲基戊烷

46. 下列物质中，两个氢原子的化学性质不同的是：

A. 乙炔

B. 甲酸

C. 甲醛

D. 乙二酸

47. 两直角刚杆 AC、CB 支承如图所示，在铰 C 处受力 F 作用，则 A、B 两处约束力的作用线与 x 轴正向所成的夹角分别为：

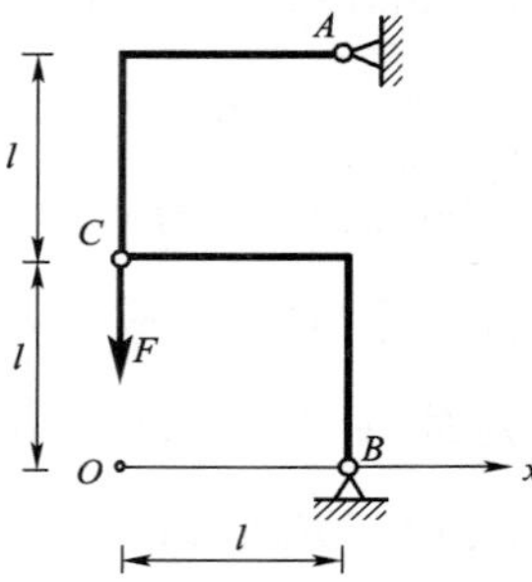

A. 0°；90°

B. 90°；0°

C. 45°；60°

D. 45°；135°

48. 在图示四个力三角形中，表示 $\boldsymbol{F}_R = \boldsymbol{F}_1 + \boldsymbol{F}_2$ 的图是：

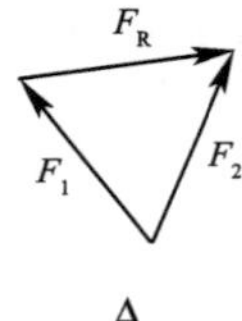

A.

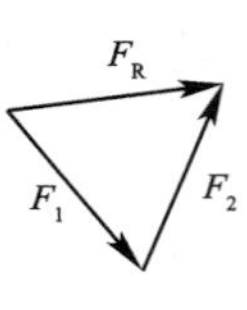

B.

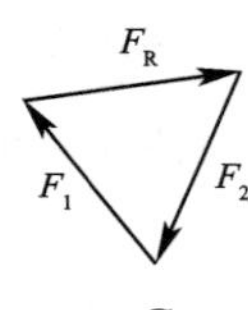

C.

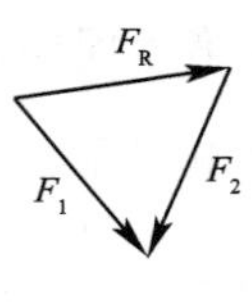

D.

49. 均质杆 AB 长为 l，重为 $\boldsymbol{W}$，受到如图所示的约束，绳索 ED 处于铅垂位置，A、B 两处为光滑接触，杆的倾角为 α，又 $CD = l/4$，则 A、B 两处对杆作用的约束力大小关系为：

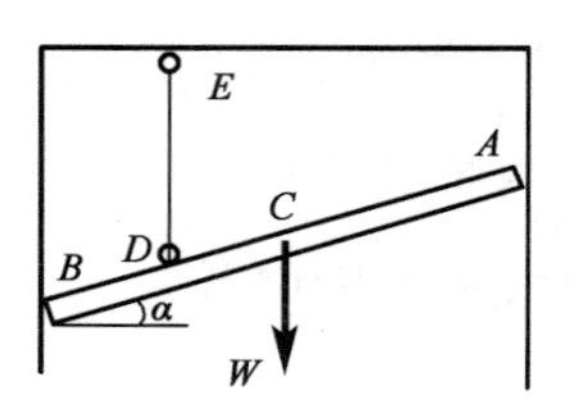

A. $F_{NA} = F_{NB} = 0$

B. $F_{NA} = F_{NB} \neq 0$

C. $F_{NA} \leqslant F_{NB}$

D. $F_{NA} \geqslant F_{NB}$

50. 一重力大小为 $W=60\text{kN}$ 的物块，自由放置在倾角为 $\alpha=30°$ 的斜面上，如图所示，若物块与斜面间的静摩擦系数为 $f=0.4$，则该物块的状态为：

A. 静止状态

B. 临界平衡状态

C. 滑动状态

D. 条件不足，不能确定

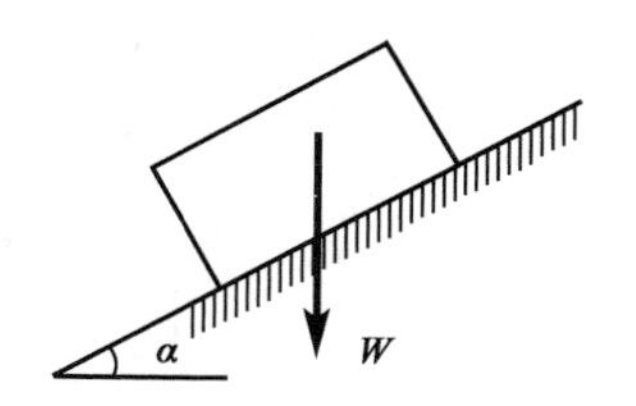

51. 当点运动时，若位置矢大小保持不变，方向可变，则其运动轨迹为：

A. 直线　　B. 圆周

C. 任意曲线　　D. 不能确定

52. 刚体做平动时，某瞬时体内各点的速度和加速度为：

A. 体内各点速度不相同，加速度相同

B. 体内各点速度相同，加速度不相同

C. 体内各点速度相同，加速度也相同

D. 体内各点速度不相同，加速度也不相同

53. 在图示机构中，杆 $O_1A=O_2B$，$O_1A \parallel O_2B$，杆 $O_2C=$ 杆 O_3D，$O_2C \parallel O_3D$，且 $O_1A=20\text{cm}$，$O_2C=40\text{cm}$，若杆 O_1A 以角速度 $\omega=3\text{rad/s}$ 匀速转动，则杆 CD 上任意点 M 速度及加速度的大小分别为：

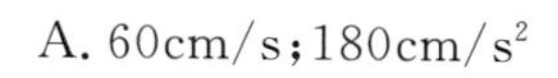

A. 60cm/s；180cm/s^2

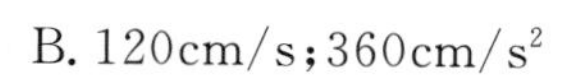

B. 120cm/s；360cm/s^2

C. 90cm/s；270cm/s^2

D. 120cm/s；150cm/s^2

54. 图示均质圆轮，质量为 m，半径为 r，在铅垂图面内绕通过圆轮中心 O 的水平轴以匀角速度 ω 转动。则系统动量、对中心 O 的动量矩、动能的大小分别为：

A. 0；$\frac{1}{2}mr^2\omega$；$\frac{1}{4}mr^2\omega^2$

B. $mr\omega$；$\frac{1}{2}mr^2\omega$；$\frac{1}{4}mr^2\omega^2$

C. 0；$\frac{1}{2}mr^2\omega$；$\frac{1}{2}mr^2\omega^2$

D. 0；$\frac{1}{4}mr^2\omega$；$\frac{1}{4}mr^2\omega^2$

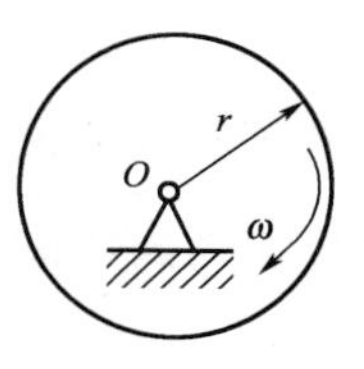

55. 如图所示，两重物 M_1 和 M_2 的质量分别为 m_1 和 m_2，两重物系在不计质量的软绳上，绳绕过均质定滑轮，滑轮半径 r，质量为 m，则此滑轮系统的动量为：

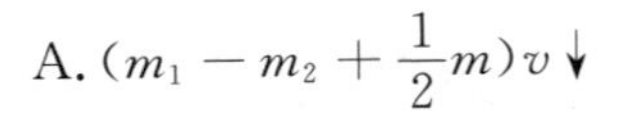

A. $(m_1 - m_2 + \frac{1}{2}m)v\downarrow$

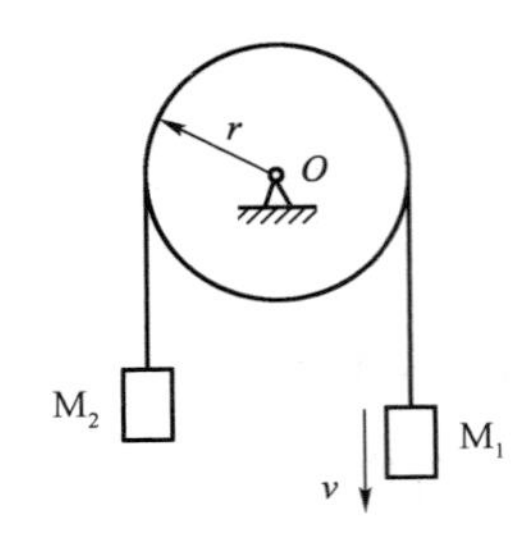

B. $(m_1 - m_2)v\downarrow$

C. $(m_1 + m_2 + \frac{1}{2}m)v\uparrow$

D. $(m_1 - m_2)v\uparrow$

56. 均质细杆 AB 重力为 $\boldsymbol{P}$、长 $2L$，A 端铰支，B 端用绳系住，处于水平位置，如图所示，当 B 端绳突然剪断瞬时，AB 杆的角加速度大小为：

A. 0

B. $\frac{3g}{4L}$

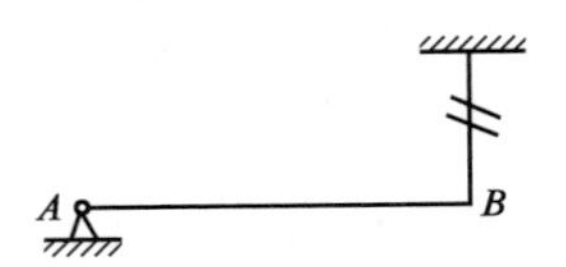

C. $\frac{3g}{2L}$

D. $\frac{6g}{L}$

57. 质量为 m，半径为 R 的均质圆盘，绕垂直于图面的水平轴 O 转动，其角速度为 ω。在图示瞬间，角加速度为 0，盘心 C 在其最低位置，此时将圆盘的惯性力系向 O 点简化，其惯性力主矢和惯性力主矩的大小分别为：

A. $m\frac{R}{2}\omega^2$；0

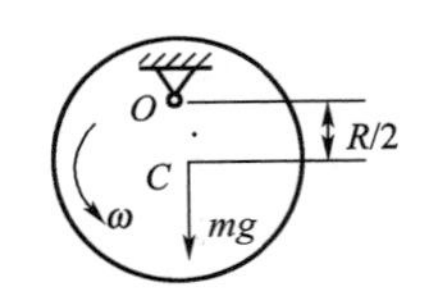

B. $mR\omega^2$；0

C. 0；0

D. 0；$\frac{1}{2}m\frac{R}{2}\omega^2$

58. 图示装置中，已知质量 $m=200$kg，弹簧刚度 $k=100$N/cm，则图中各装置的振动周期为：

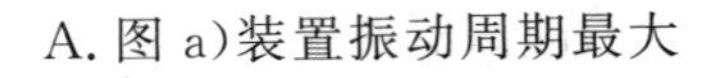

A. 图 a)装置振动周期最大

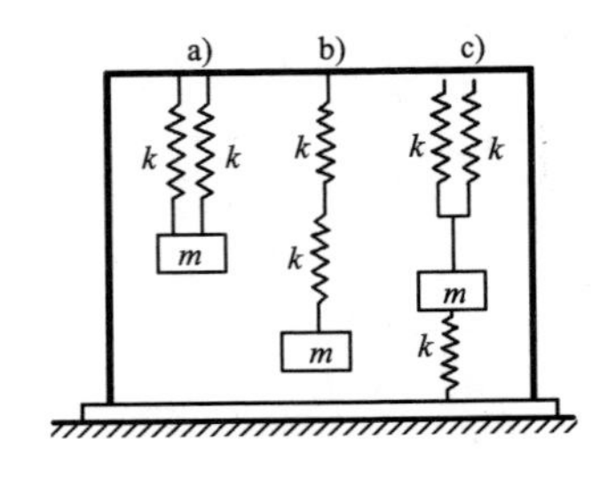

B. 图 b)装置振动周期最大

C. 图 c)装置振动周期最大

D. 三种装置振动周期相等

59. 圆截面杆 ABC 轴向受力如图，已知 BC 杆的直径 $d=100\text{mm}$，AB 杆的直径为 $2d$。杆的最大的拉应力为：

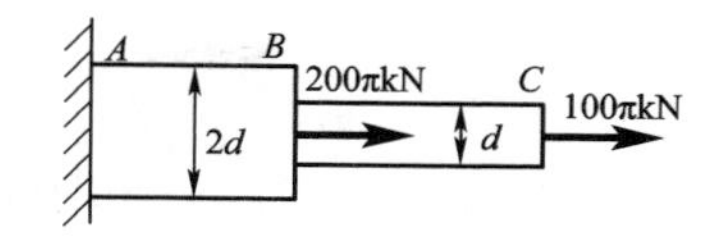

A. 40MPa

B. 30MPa

C. 80MPa

D. 120MPa

60. 已知铆钉的许可切应力为$[\tau]$，许可挤压应力为$[\sigma_{bs}]$，钢板的厚度为 t，则图示铆钉直径 d 与钢板厚度 t 的关系是：

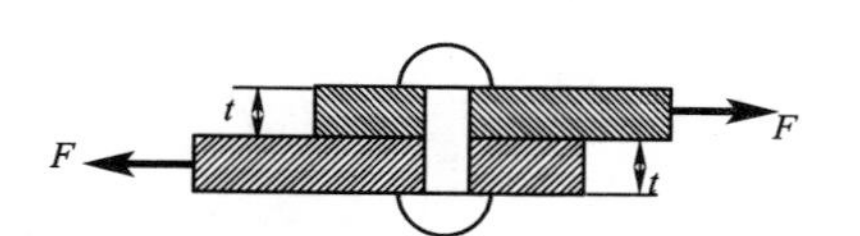

A. $d=\dfrac{8t[\sigma_{bs}]}{\pi[\tau]}$

B. $d=\dfrac{4t[\sigma_{bs}]}{\pi[\tau]}$

C. $d=\dfrac{\pi[\tau]}{8t[\sigma_{bs}]}$

D. $d=\dfrac{\pi[\tau]}{4t[\sigma_{bs}]}$

61. 图示受扭空心圆轴横截面上的切应力分布图中，正确的是：

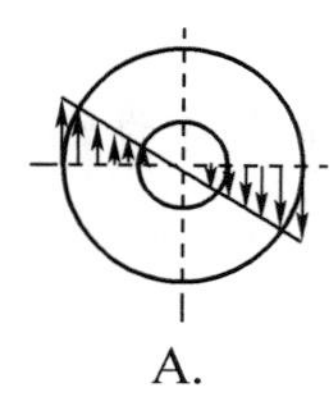

A.

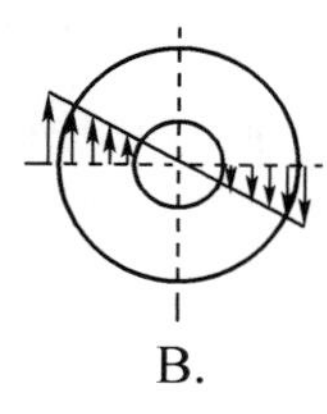

B.

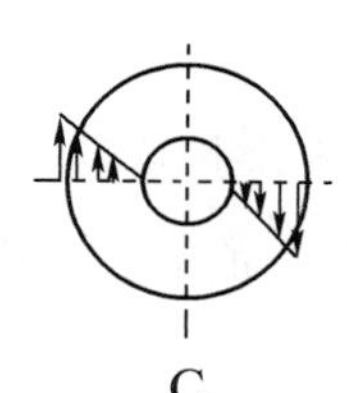

C.

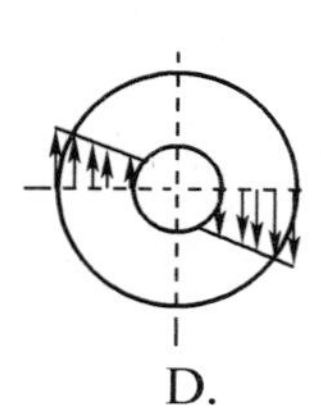

D.

62. 图示截面的抗弯截面模量 W_z 为：

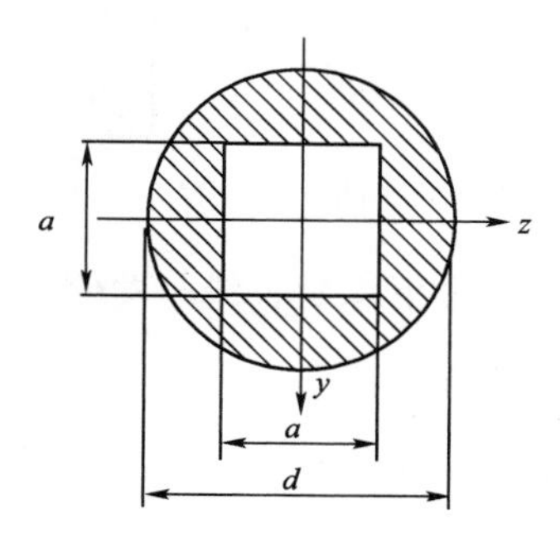

A. $W_z=\dfrac{\pi d^3}{32}-\dfrac{a^3}{6}$

B. $W_z=\dfrac{\pi d^3}{32}-\dfrac{a^4}{6d}$

C. $W_z=\dfrac{\pi d^3}{32}-\dfrac{a^3}{6d}$

D. $W_z=\dfrac{\pi d^4}{64}-\dfrac{a^4}{12}$

63. 梁的弯矩图如图所示，最大值在 B 截面。在梁的 A、B、C、D 四个截面中，剪力为 0 的截面是：

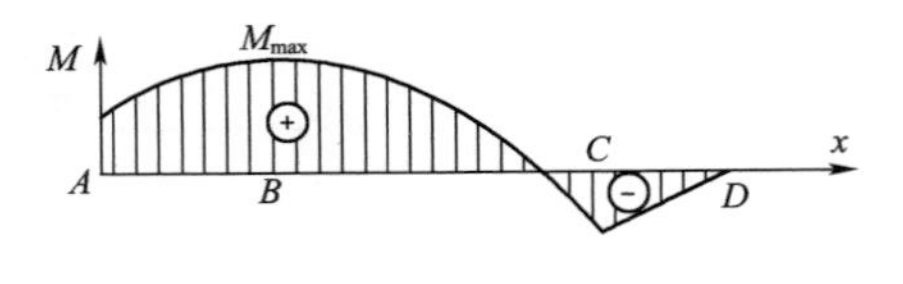

A. A 截面　　B. B 截面

C. C 截面　　D. D 截面

64. 图示悬臂梁 AB，由三根相同的矩形截面直杆胶合而成，材料的许可应力为$[\sigma]$。若胶合面开裂，假设开裂后三根杆的挠曲线相同，接触面之间无摩擦力，则开裂后的梁承载能力是原来的：

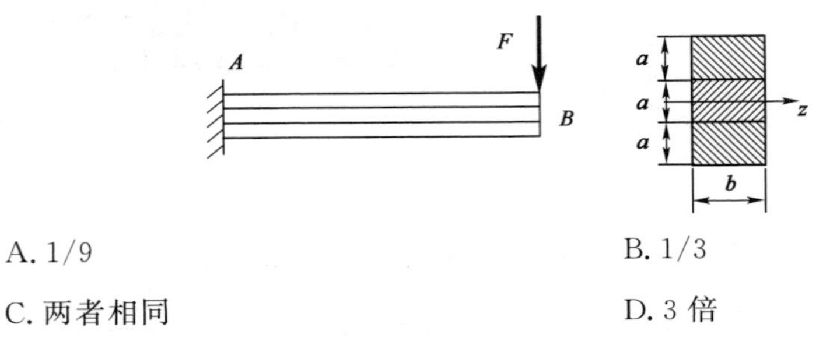

A. 1/9　　B. 1/3

C. 两者相同　　D. 3 倍

65. 梁的横截面是由狭长矩形构成的工字形截面，如图所示，z 轴为中性轴，截面上的剪力竖直向下，该截面上的最大切应力在：

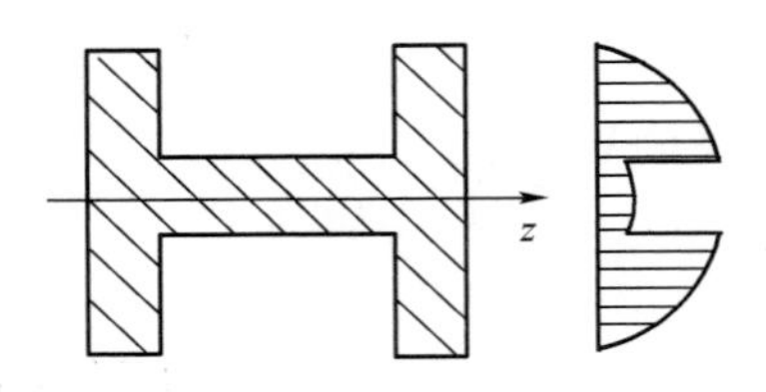

A. 腹板中性轴处

B. 腹板上下缘延长线与两侧翼缘相交处

C. 截面上下缘

D. 腹板上下缘

66. 矩形截面简支梁中点承受集中力 F。若 $h=2b$，分别采用图 a)、图 b)两种方式放置，图 a)梁的最大挠度是图 b)梁的：

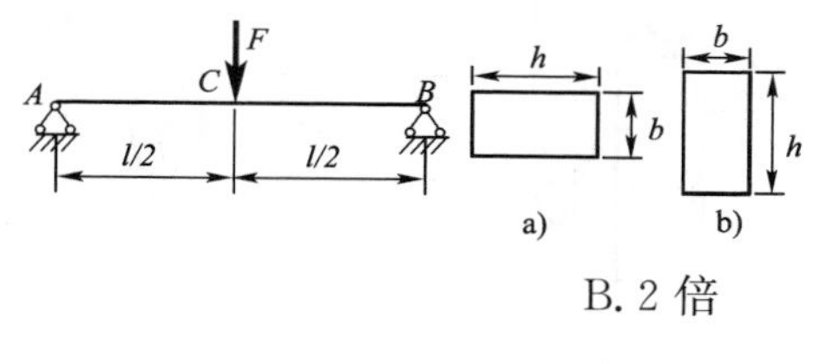

A. 1/2　　　　B. 2 倍

C. 4 倍　　　　D. 8 倍

67. 在图示 xy 坐标系下，单元体的最大主应力 σ_1 大致指向：

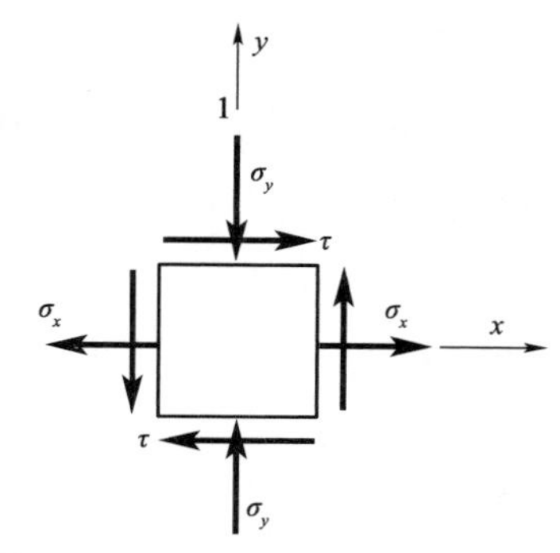

A. 第一象限，靠近 x 轴

B. 第一象限，靠近 y 轴

C. 第二象限，靠近 x 轴

D. 第二象限，靠近 y 轴

68. 图示变截面短杆，AB 段压应力 σ_{AB} 与 BC 段压应力 σ_{BC} 的关系是：

A. σ_{AB} 比 σ_{BC} 大 1/4

B. σ_{AB} 比 σ_{BC} 小 1/4

C. σ_{AB} 是 σ_{BC} 的 2 倍

D. σ_{AB} 是 σ_{BC} 的 1/2

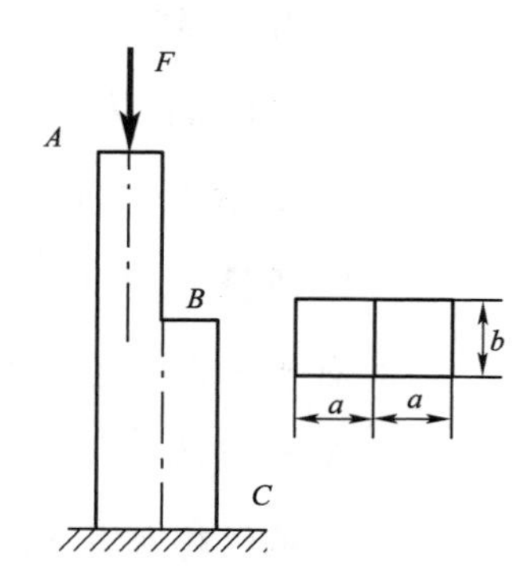

69. 图示圆轴，固定端外圆上 $y=0$ 点（图中 A 点）的单元体的应力状态是：

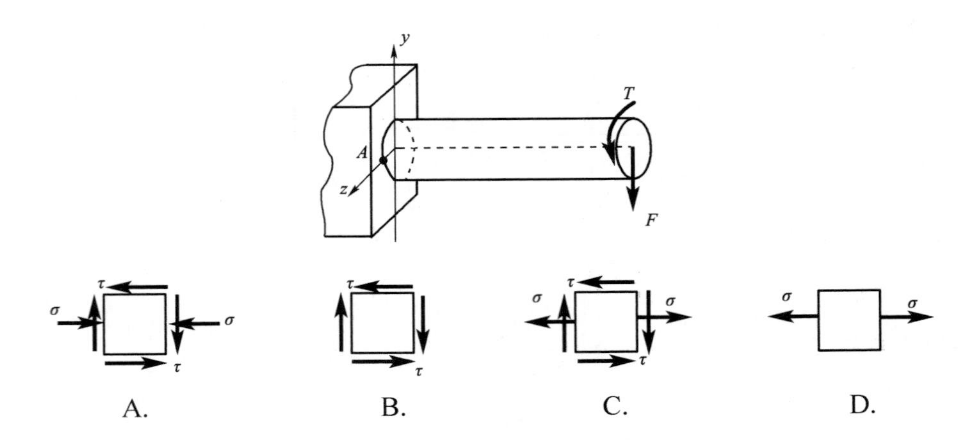

70. 一端固定一端自由的细长（大柔度）压杆，长为 L（图 a），当杆的长度减小一半时（图 b），其临界荷载 F_{cr} 比原来增加：

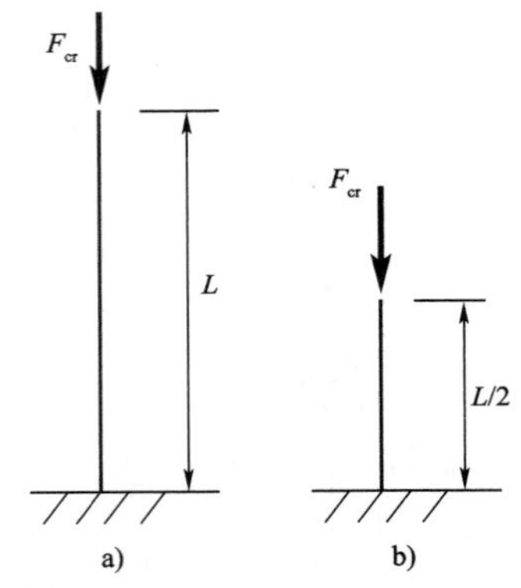

A. 4 倍

B. 3 倍

C. 2 倍

D. 1 倍

71. 空气的黏滞系数与水的黏滞系数 μ 分别随温度的降低而：

A. 降低，升高　　　　B. 降低，降低

C. 升高，降低　　　　D. 升高，升高

72. 重力和黏滞力分别属于：

A. 表面力、质量力　　　　B. 表面力、表面力

C. 质量力、表面力　　　　D. 质量力、质量力

73. 对某一非恒定流，以下对于流线和迹线的正确说法是：

A. 流线和迹线重合

B. 流线越密集，流速越小

C. 流线曲线上任意一点的速度矢量都与曲线相切

D. 流线可能存在折弯

74. 对某一流段，设其上、下游两断面 1-1、2-2 的断面面积分别为 A_1、A_2，断面流速分别为 v_1、v_2，两断面上任一点相对于选定基准面的高程分别为 Z_1、Z_2，相应断面同一选定点的压强分别为 p_1、p_2，两断面处的流体密度分别为 ρ_1、ρ_2，流体为不可压缩流体，两断面间的水头损失为 h_{l1-2}。下列方程表述一定错误的是：

A. 连续性方程：$v_1A_1=v_2A_2$

B. 连续性方程：$\rho_1v_1A_1=\rho_2v_2A_2$

C. 恒定总流能量方程：$\dfrac{p_1}{\rho_1g}+Z_1+\dfrac{v_1^2}{2g}=\dfrac{p_2}{\rho_2g}+Z_2+\dfrac{v_2^2}{2g}$

D. 恒定总流能量方程：$\dfrac{p_1}{\rho_1g}+Z_1+\dfrac{v_1^2}{2g}=\dfrac{p_2}{\rho_2g}+Z_2+\dfrac{v_2^2}{2g}+h_{l1-2}$

75. 水流经过变直径圆管，管中流量不变，已知前段直径 $d_1=30$mm，雷诺数为 5000，后段直径变为 $d_2=60$mm，则后段圆管中的雷诺数为：

A. 5000　　B. 4000　　C. 2500　　D. 1250

76. 两孔口形状、尺寸相同，一个是自由出流，出流流量为 Q_1；另一个是淹没出流，出流流量为 Q_2。若自由出流和淹没出流的作用水头相等，则 Q_1 与 Q_2 的关系是：

A. $Q_1>Q_2$　　B. $Q_1=Q_2$

C. $Q_1<Q_2$　　D. 不确定

77. 水力最优断面是指当渠道的过流断面面积 A、粗糙系数 n 和渠道底坡 i 一定时，其：

A. 水力半径最小的断面形状　　B. 过流能力最大的断面形状

C. 湿周最大的断面形状　　D. 造价最低的断面形状

78. 图示溢水堰模型试验，实际流量为 $Q_n=537\text{m}^3/\text{s}$，若在模型上测得流量 $Q_n=300\text{L/s}$，则该模型长度比尺为：

A. 4.5　　B. 6

C. 10　　D. 20

79. 点电荷 $+q$ 和点电荷 $-q$ 相距 30cm，那么，在由它们构成的静电场中：

A. 电场强度处处相等

B. 在两个点电荷连线的中点位置，电场力为 0

C. 电场方向总是从 $+q$ 指向 $-q$

D. 位于两个点电荷连线的中点位置上，带负电的可移动体将向 $-q$ 处移动

80. 设流经图示电感元件的电流 $i=2\sin 1000t$ A，若 $L=1\text{mH}$，则电感电压：

A. $u_L=2\sin 1000t\text{V}$

B. $u_L=-2\cos 1000t\text{V}$

C. u_L 的有效值 $U_L=2\text{V}$

D. u_L 的有效值 $U_L=1.414\text{V}$

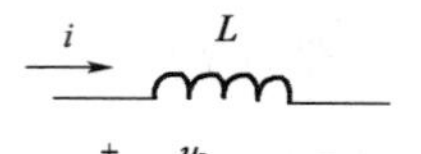

81. 图示两电路相互等效，由图 b)可知，流经 10Ω 电阻的电流 $I_R=1\text{A}$，由此可求得流经图 a)电路中 10Ω 电阻的电流 I 等于：

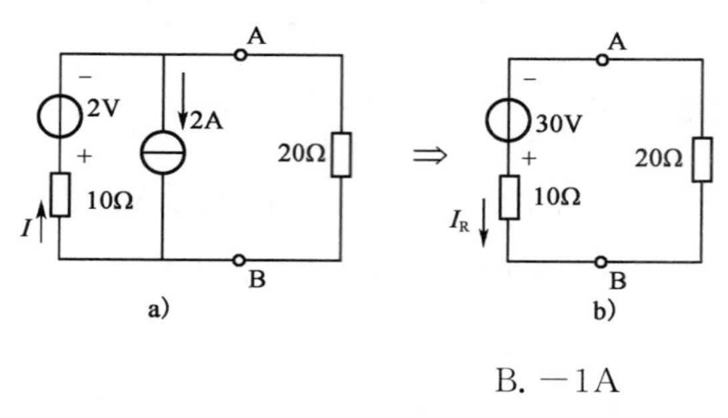

A. 1A

B. −1A

C. −3A

D. 3A

82. RLC 串联电路如图所示，在工频电压 $u(t)$ 的激励下，电路的阻抗等于：

A. $R+314L+314C$

B. $R+314L+1/314C$

C. $\sqrt{R^2+(314L-1/314C)^2}$

D. $\sqrt{R^2+(314L+1/314C)^2}$

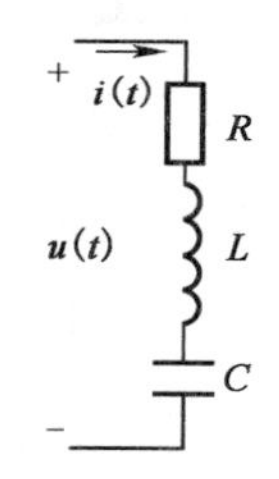

83. 图示电路中，$u=10\sin(1000t+30^\circ)\text{V}$，如果使用相量法求解图示电路中的电流 i，那么，如下步骤中存在错误的是：

步骤 1：$\dot{I}_1=\dfrac{10}{R+j1000L}$；步骤 2：$\dot{I}_2=10\cdot j1000C$；

步骤 3：$\dot{I}=\dot{I}_1+\dot{I}_2=I\angle\Psi_i$；步骤 4：$\dot{I}=I\sqrt{2}\sin\Psi_i$。

A. 仅步骤 1 和步骤 2 错

B. 仅步骤 2 错

C. 步骤 1、步骤 2 和步骤 4 错

D. 仅步骤 4 错

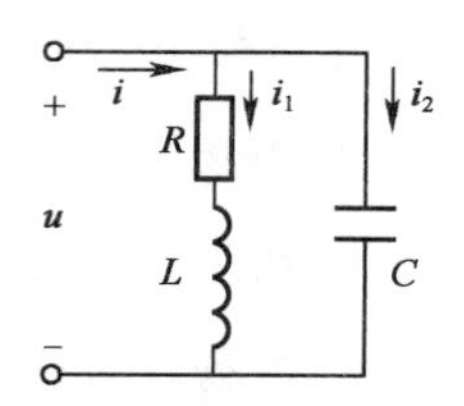

84. 图示电路中，开关 k 在 $t=0$ 时刻打开，此后，电流 i 的初始值和稳态值分别为：

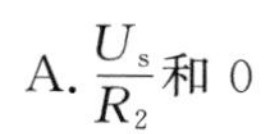

A. $\frac{U_s}{R_2}$和 0

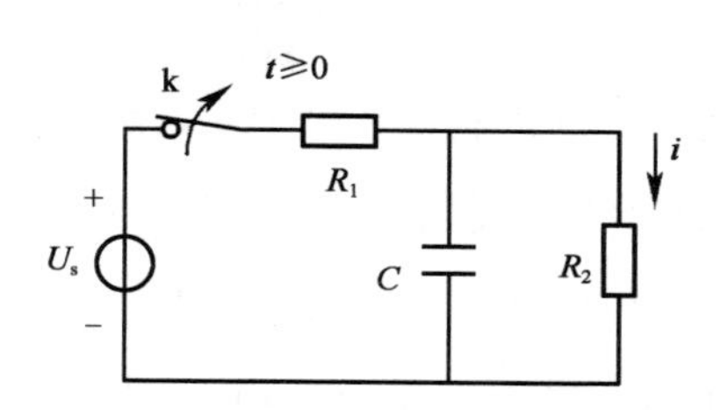

B. $\frac{U_s}{R_1+R_2}$和 0

C. $\frac{U_s}{R_1}$和$\frac{U_s}{R_1+R_2}$

D. $\frac{U_s}{R_1+R_2}$和$\frac{U_s}{R_1+R_2}$

85. 在信号源(u_s，R_s)和电阻 R_L 之间接入一个理想变压器，如图所示。若 $u_s=80\sin\omega t$V，$R_L=10\Omega$，且此时信号源输出功率最大，那么，变压器的输出电压 u_2 等于：

A. $40\sin\omega t$V

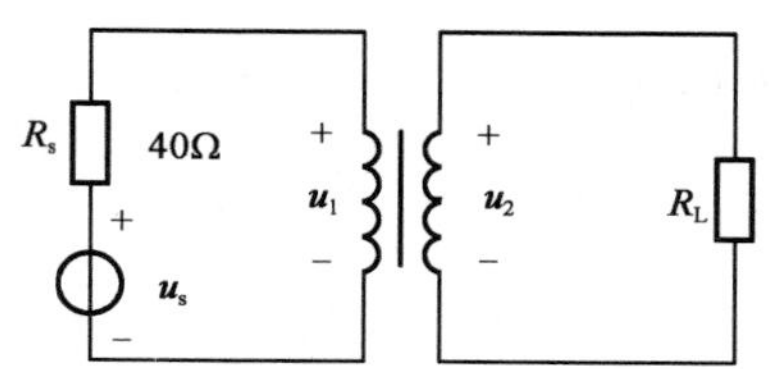

B. $20\sin\omega t$V

C. $80\sin\omega t$V

D. 20V

86. 接触器的控制线圈如图 a)所示，动合触点如图 b)所示，动断触点如图 c)所示，当有额定电压接入线圈后：

A. 触点 KM 1 和 KM 2 因未接入电路均处于断开状态

B. KM1 闭合，KM2 不变

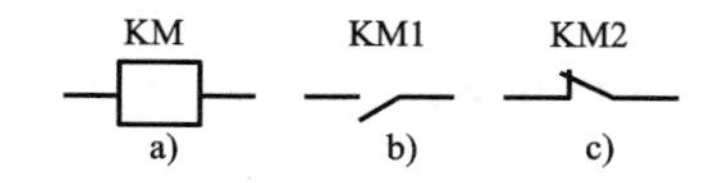

C. KM1 闭合，KM2 断开

D. KM1 不变，KM2 断开

87. 某空调器的温度设置为 25℃，当室温超过 25℃后，它便开始制冷，此时红色指示灯亮，并在显示屏上显示“正在制冷”字样，那么：

A. “红色指示灯亮”和“正在制冷”均是信息

B. “红色指示灯亮”和“正在制冷”均是信号

C. “红色指示灯亮”是信号，“正在制冷”是信息

D. “红色指示灯亮”是信息，“正在制冷”是信号

88. 如果一个 16 进制数和一个 8 进制数的数字信号相同，那么：

A. 这个 16 进制数和 8 进制数实际反映的数量相等

B. 这个 16 进制数 2 倍于 8 进制数

C. 这个 16 进制数比 8 进制数少 8

D. 这个 16 进制数与 8 进制数的大小关系不定

89. 在以下关于信号的说法中，正确的是：

A. 代码信号是一串电压信号，故代码信号是一种模拟信号

B. 采样信号是时间上离散、数值上连续的信号

C. 采样保持信号是时间上连续、数值上离散的信号

D. 数字信号是直接反映数值大小的信号

90. 设周期信号 $u(t)=\sqrt{2}U_1\sin(\omega t+\psi_1)+\sqrt{2}U_3\sin(3\omega t+\psi_3)+\cdots$

$$u_1(t)=\sqrt{2}U_1\sin(\omega t+\psi_1)+\sqrt{2}U_3\sin(3\omega t+\psi_3)$$

$$u_2(t)=\sqrt{2}U_1\sin(\omega t+\psi_1)+\sqrt{2}U_5\sin(5\omega t+\psi_5)$$

则：

A. $u_1(t)$较 $u_2(t)$更接近 $u(t)$

B. $u_2(t)$较 $u_1(t)$更接近 $u(t)$

C. $u_1(t)$与 $u_2(t)$接近 $u(t)$的程度相同

D. 无法做出三个电压之间的比较

91. 某模拟信号放大器输入与输出之间的关系如图所示，那么，能够经该放大器得到 5 倍放大的输入信号 $u_i(t)$最大值一定：

A. 小于 2V

B. 小于 10V 或大于−10V

C. 等于 2V 或等于−2V

D. 小于等于 2V 且大于等于−2V

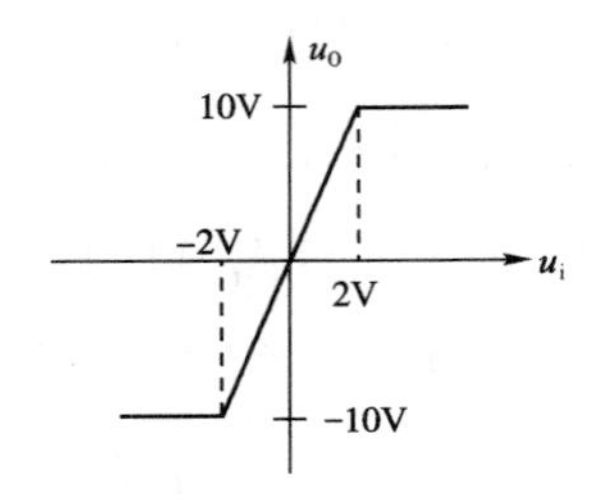

92. 逻辑函数 $F=\overline{\overline{AB}+\overline{BC}}$的化简结果是：

A. $F=AB+BC$

B. $F=\overline{A}+\overline{B}+\overline{C}$

C. $F=A+B+C$

D. $F=ABC$

93. 图示电路中，$u_i=10\sin\omega t$，二极管 D_2 因损坏而断开，这时输出电压的波形和输出电压的平均值为：

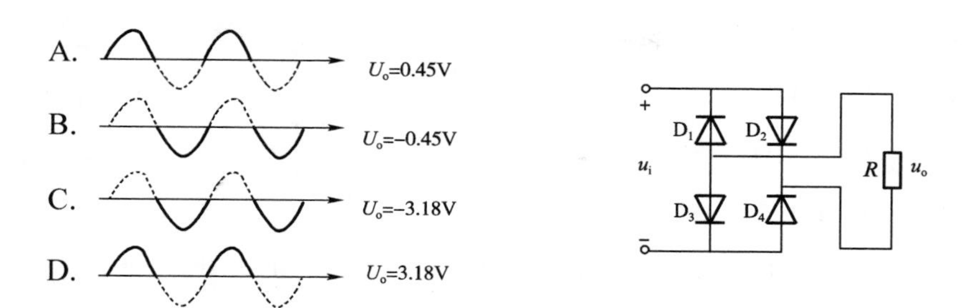

94. 图 a)所示运算放大器的输出与输入之间的关系如图 b)所示，若 $u_i=2\sin\omega t$ mV，则 u_o 为：

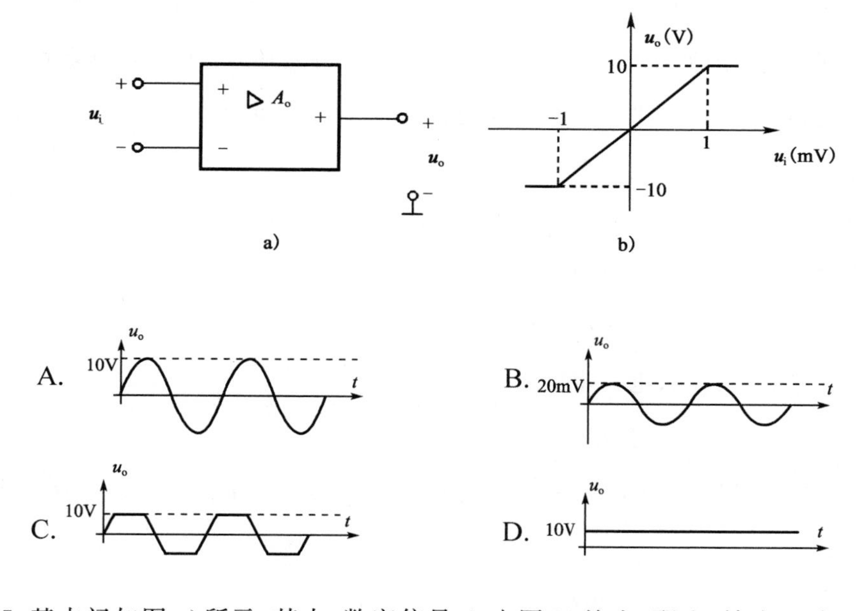

95. 基本门如图 a)所示，其中，数字信号 A 由图 b)给出，那么，输出 F 为：

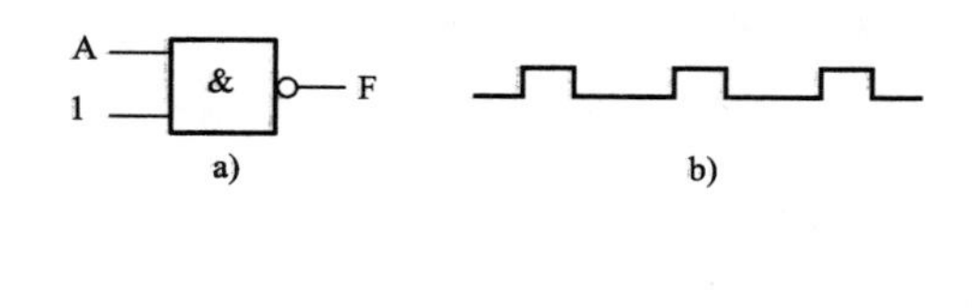

A. 1

B. 0

C. ¯¯|_|¯¯¯|_|¯¯¯|_|¯¯

D. __|¯|___|¯|___|¯|__

96. JK 触发器及其输入信号波形如图所示,那么,在 $t=t_0$ 和 $t=t_1$ 时刻,输出 Q 分别为:

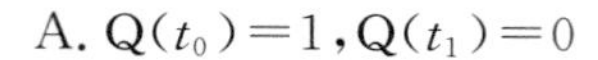

A. $Q(t_0)=1, Q(t_1)=0$

B. $Q(t_0)=0, Q(t_1)=1$

C. $Q(t_0)=0, Q(t_1)=0$

D. $Q(t_0)=1, Q(t_1)=1$

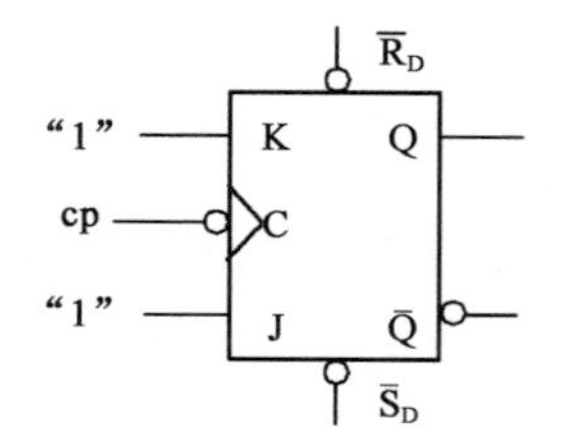

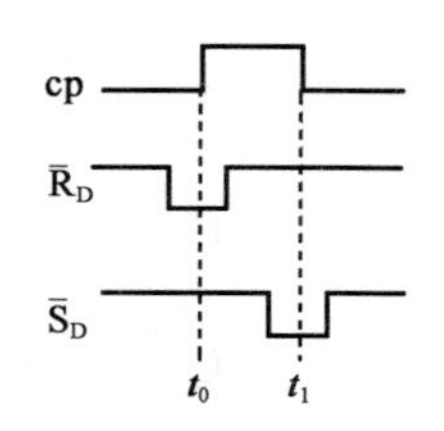

97. 计算机存储器中的每一个存储单元都配置一个唯一的编号,这个编号就是:

A. 一种寄存标志　　B. 寄存器地址

C. 存储器的地址　　D. 输入/输出地址

98. 操作系统作为一种系统软件,存在着与其他软件明显不同的三个特征是:

A. 可操作性、可视性、公用性　　B. 并发性、共享性、随机性

C. 随机性、公用性、不可预测性　　D. 并发性、可操作性、脆弱性

99. 将二进制数 11001 转换成相应的十进制数,其正确结果是:

A. 25　　B. 32　　C. 24　　D. 22

100. 图像中的像素实际上就是图像中的一个个光点,这光点:

A. 只能是彩色的,不能是黑白的

B. 只能是黑白的,不能是彩色的

C. 既不能是彩色的,也不能是黑白的

D. 可以是黑白的,也可以是彩色的

101. 计算机病毒以多种手段入侵和攻击计算机信息系统,下面有一种不被使用的手段是:

A. 分布式攻击、恶意代码攻击

B. 恶意代码攻击、消息收集攻击

C. 删除操作系统文件、关闭计算机系统

D. 代码漏洞攻击、欺骗和会话劫持攻击

102. 计算机系统中,存储器系统包括:

A. 寄存器组、外存储器和主存储器

B. 寄存器组、高速缓冲存储器(Cache)和外存储器

C. 主存储器、高速缓冲存储器(Cache)和外存储器

D. 主存储器、寄存器组和光盘存储器

103. 在计算机系统中，设备管理是指对：

A. 除 CPU 和内存储器以外的所有输入/输出设备的管理

B. 包括 CPU 和内存储器及所有输入/输出设备的管理

C. 除 CPU 外，包括内存储器及所有输入/输出设备的管理

D. 除内存储器外，包括 CPU 及所有输入/输出设备的管理

104. Windows 提供了两种十分有效的文件管理工具，它们是：

A. 集合和记录

B. 批处理文件和目标文件

C. 我的电脑和资源管理器

D. 我的文档、文件夹

105. 一个典型的计算机网络主要由两大部分组成，即：

A. 网络硬件系统和网络软件系统

B. 资源子网和网络硬件系统

C. 网络协议和网络软件系统

D. 网络硬件系统和通信子网

106. 局域网是指将各种计算机网络设备互联在一起的通信网络，但其覆盖的地理范围有限，通常在：

A. 几十米之内　　B. 几百公里之内

C. 几公里之内　　D. 几十公里之内

107. 某企业年初投资 5000 万元，拟 10 年内等额回收本利，若基准收益率为 8%，则每年年末应回收的资金是：

A. 540.00 万元　　B. 1079.46 万元

C. 745.15 万元　　D. 345.15 万元

108. 建设项目评价中的总投资包括：

A. 建设投资和流动资金

B. 建设投资和建设期利息

C. 建设投资、建设期利息和流动资金

D. 固定资产投资和流动资产投资

109. 新设法人融资方式，建设项目所需资金来源于：

A. 资本金和权益资金　　B. 资本金和注册资本

C. 资本金和债务资金　　D. 建设资金和债务资金

110. 财务生存能力分析中，财务生存的必要条件是：

A. 拥有足够的经营净现金流量

B. 各年累计盈余资金不出现负值

C. 适度的资产负债率

D. 项目资本金净利润率高于同行业的净利润率参考值

111. 交通运输部门拟修建一条公路，预计建设期为一年，建设期初投资为 100 万元，建成后即投入使用，预计使用寿命为 10 年，每年将产生的效益为 20 万元，每年需投入保养费 8000 元。若社会折现率为 10%，则该项目的效益费用比为：

A. 1.07　　B. 1.17

C. 1.85　　D. 1.92

112. 建设项目经济评价有一整套指标体系，敏感性分析可选定其中一个或几个主要指标进行分析，最基本的分析指标是：

A. 财务净现值　　B. 内部收益率

C. 投资回收期　　D. 偿债备付率

113. 在项目无资金约束、寿命不同、产出不同的条件下，方案经济比选只能采用：

A. 净现值比较法

B. 差额投资内部收益率法

C. 净年值法

D. 费用年值法

114. 在对象选择中，通过对每个部件与其他各部件的功能重要程度进行逐一对比打分，相对重要的得 1 分，不重要的得 0 分，此方法称为：

A. 经验分析法　　B. 百分比法

C. ABC 分析法　　D. 强制确定法

115. 按照《中华人民共和国建筑法》的规定，下列叙述中正确的是：

A. 设计文件选用的建筑材料、建筑构配件和设备，不得注明其规格、型号

B. 设计文件选用的建筑材料、建筑构配件和设备，不得指定生产厂、供应商

C. 设计单位应按照建设单位提出的质量要求进行设计

D. 设计单位对施工过程中发现的质量问题应当按照监理单位的要求进行改正

116. 根据《中华人民共和国招标投标法》的规定，招标人对已发出的招标文件进行必要的澄清或修改的，应该以书面形式通知所有招标文件收受人，通知的时间应当在招标文件要求提交投标文件截止时间至少：

A. 20 日前　　B. 15 日前

C. 7 日前　　D. 5 日前

117. 按照《中华人民共和国合同法》的规定，下列情形中，要约不失效的是：

A. 拒绝要约的通知到达要约人

B. 要约人依法撤销要约

C. 承诺期限届满，受要约人未作出承诺

D. 受要约人对要约的内容作出非实质性变更

118. 根据《中华人民共和国节约能源法》的规定，国家实施的能源发展战略是：

A. 限制发展高耗能、高污染行业，发展节能环保型产业

B. 节约与开发并举，把节约放在首位

C. 合理调整产业结构、企业结构、产品结构和能源消费结构

D. 开发和利用新能源、可再生能源

119. 根据《中华人民共和国环境保护法》的规定，下列关于企业事业单位排放污染物的规定中，正确的是：

（注：《中华人民共和国环境保护法》2014 年进行了修订，此题已过时）

A. 排放污染物的企业事业单位，必须申报登记

B. 排放污染物超过标准的企业事业单位，或者缴纳超标准排污费，或者负责治理

C. 征收的超标准排污费必须用于该单位污染的治理，不得挪作他用

D. 对造成环境严重污染的企业事业单位，限期关闭

120. 根据《建设工程勘察设计管理条例》的规定，建设工程勘察、设计方案的评标一般不考虑：

A. 投标人资质

B. 勘察、设计方案的优劣

C. 设计人员的能力

D. 投标人的业绩

2011 年度全国勘察设计注册工程师执业资格考试基础考试(上)试题解析及参考答案

1. **解**　直线方向向量 $\vec{s}=\{1,1,1\}$，平面法线向量 $\vec{n}=\{1,-2,1\}$，计算 $\vec{s}\cdot\vec{n}=0$，即 $1\times1+1\times(-2)+1\times1=0$，$\vec{s}\perp\vec{n}$，从而知直线//平面，或直线与平面重合；再在直线上取一点(0,1,0)，代入平面方程得 $0-2\times1+0=-2\neq0$，不满足方程，所以该点不在平面上。

答案:B

2. **解**　方程 $F(x,y,z)=0$ 中缺少一个字母，空间解析几何中这样的曲面方程表示为柱面。本题方程中缺少字母 x，方程 $y^2-z^2=1$ 表示以平面 yoz 曲线 $y^2-z^2=1$ 为准线，母线平行于 x 轴的双曲柱面。

答案:A

3. **解**　可通过求 $\lim\limits_{x\to0}\dfrac{3^x-1}{x}$ 的极限判断。$\lim\limits_{x\to0}\dfrac{3^x-1}{x}\xlongequal{\frac{0}{0}}\lim\limits_{x\to0}\dfrac{3^x\ln3}{1}=\ln3\neq0$。

答案:D

4. **解**　使分母为 0 的点为间断点，令 $\sin\pi x=0$，得 $x=0,\pm1,\pm2,\cdots$ 为间断点，再利用可去间断点定义，找出可去间断点。

当 $x=0$ 时，$\lim\limits_{x\to0}\dfrac{x-x^2}{\sin\pi x}\xlongequal{\frac{0}{0}}\lim\limits_{x\to0}\dfrac{1-2x}{\pi\cos\pi x}=\dfrac{1}{\pi}$，极限存在，可知 $x=0$ 为函数的一个可去间断点。

同样，可计算当 $x=1$ 时，$\lim\limits_{x\to1}\dfrac{x-x^2}{\sin\pi x}=\lim\limits_{x\to1}\dfrac{1-2x}{\pi\cos\pi x}=\dfrac{1}{\pi}$，极限存在，因而 $x=1$ 也是一个可去间断点。其余点求极限都不存在，均不满足可去间断点定义。

答案:B

5. **解**　举例说明。

如 $f(x)=x$ 在 $x=0$ 可导，$g(x)=|x|=\begin{cases}x & ,x\geq0\\ -x,&x<0\end{cases}$ 在 $x=0$ 处不可导，$f(x)g(x)=x|x|=\begin{cases}x^2 & ,x\geq0\\ -x^2,&x<0\end{cases}$，通过计算 $f'_+(0)=f'_-(0)=0$，知 $f(x)g(x)$ 在 $x=0$ 处可导。

如 $f(x)=2$ 在 $x=0$ 处可导，$g(x)=|x|$ 在 $x=0$ 处不可导，$f(x)g(x)=2|x|=$

$\begin{cases}2x, & x\geqslant 0\\ -2x, & x<0\end{cases}$，通过计算函数 $f(x)g(x)$ 在 $x=0$ 处的右导为 2，左导为 -2，可知 $f(x)g(x)$ 在 $x=0$ 处不可导。

答案：A

6.**解** 利用逐项排除判定。当 $x>0$，幂函数比对数函数趋向无穷大的速度快，指数函数又比幂函数趋向无穷大的速度快，故选项 A、B、C 均不成立，从而可知选项 D 成立。

还可利用函数的单调性证明。设 $f(x)=x-\sin x, x\subset(0,+\infty)$，得 $f'(x)=1-\cos x\geqslant 0$，所以 $f(x)$ 单增，当 $x=0$ 时，$f(0)=0$，从而当 $x>0$ 时，$f(x)>0$，即 $x-\sin x>0$。

答案：D

7.**解** 在题目中只给出 $f(x,y)$ 在闭区域 D 上连续这一条件，并未讲函数 $f(x,y)$ 在 P_0 点是否具有一阶、二阶连续偏导，而选项 A、B 判定中均利用了这个未给的条件，因而选项 A、B 不成立。选项 D 中，$f(x,y)$ 的最大值点可以在 D 的边界曲线上取得，因而不一定是 $f(x,y)$ 的极大值点，故选项 D 不成立。

在选项 C 中，给出 P_0 是可微函数的极值点这个条件，因而 $f(x,y)$ 在 P_0 偏导存在，且 $\left.\frac{\partial f}{\partial x}\right|_{P_0}=0, \left.\frac{\partial f}{\partial y}\right|_{P_0}=0$。

故 $\mathrm{d}f=\left.\frac{\partial f}{\partial x}\right|_{P_0}\mathrm{d}x+\left.\frac{\partial f}{\partial y}\right|_{P_0}\mathrm{d}y=0$

答案：C

8.**解** **方法 1**：

凑微分再利用积分公式计算。

原式 $=2\int\frac{1}{1+x}\mathrm{d}\sqrt{x}=2\int\frac{1}{1+(\sqrt{x})^2}\mathrm{d}\sqrt{x}=2\arctan\sqrt{x}+C$。

方法 2：

换元，设 $\sqrt{x}=t, x=t^2, \mathrm{d}x=2t\mathrm{d}t$。

原式 $=\int\frac{2t}{t(1+t^2)}\mathrm{d}t=2\int\frac{1}{1+t^2}\mathrm{d}t=2\arctan t+C$，回代 $t=\sqrt{x}$。

答案：B

9.**解** $f(x)$ 是连续函数，$\int_0^2 f(t)\mathrm{d}t$ 的结果为一常数，设为 A，那么已知表达式化为 $f(x)=x^2+2A$，两边作定积分，$\int_0^2 f(x)\mathrm{d}x=\int_0^2(x^2+2A)\mathrm{d}x$，化为 $A=\int_0^2 x^2\mathrm{d}x+2A\int_0^2\mathrm{d}x$，

通过计算得到 $A=-\frac{8}{9}$。

计算如下：$A=\frac{1}{3}x^3\Big|_0^2+2Ax\Big|_0^2=\frac{8}{3}+4A$，得 $A=-\frac{8}{9}$，所以 $f(x)=x^2+2\times\left(-\frac{8}{9}\right)=x^2-\frac{16}{9}$。

答案:D

10. **解** 利用偶函数在对称区间的积分公式得原式 $=2\int_0^2\sqrt{4-x^2}\,dx$，而积分 $\int_0^2\sqrt{4-x^2}\,dx$ 为圆 $x^2+y^2=4$ 面积的 $\frac{1}{4}$，即为 $\frac{1}{4}\cdot\pi\cdot2^2=\pi$，从而原式 $=2\pi$。

另一方法：可设 $x=2\sin t$，$dx=2\cos t\,dt$，则 $\int_0^2\sqrt{4-x^2}\,dx=\int_0^{\frac{\pi}{2}}4\cos^2 t\,dt=4\cdot\frac{1}{2}\int_0^{\frac{\pi}{2}}(1+\cos2t)\,dt=2\left(t+\frac{1}{2}\sin2t\right)\Big|_0^{\frac{\pi}{2}}=2\cdot\frac{\pi}{2}=\pi$，从而原式 $=2\int_0^2\sqrt{4-x^2}\,dx=2\pi$。

答案:B

11. **解** 利用已知两点求出直线方程 $L:y=-2x+2$（见解图）

L 的参数方程 $\begin{cases}y=-2x+2\\x=x\end{cases}(0\leqslant x\leqslant1)$

$dS=\sqrt{1^2+(-2)^2}\,dx=\sqrt{5}\,dx$

$$S=\int_0^1[x^2+(-2x+2)^2]\sqrt{5}\,dx$$

$$=\sqrt{5}\int_0^1(5x^2-8x+4)\,dx$$

$$=\sqrt{5}\left(\frac{5}{3}x^3-4x^2+4x\right)\Big|_0^1=\frac{5}{3}\sqrt{5}$$

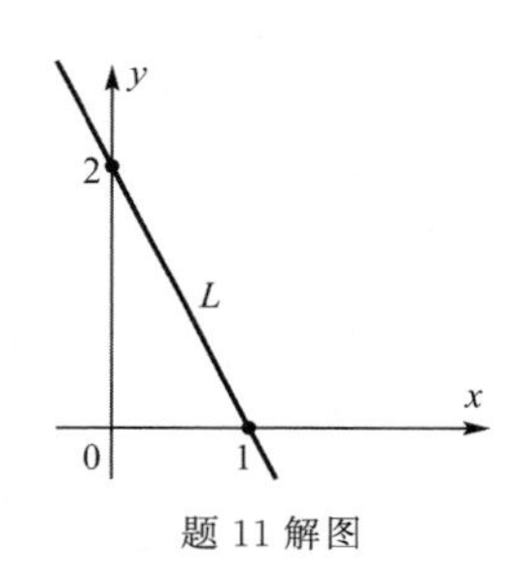

题 11 解图

答案:D

12. **解** $y=e^{-x}$，即 $y=\left(\frac{1}{e}\right)^x$，画出平面图形（见解图）。根据 $V=\int_0^{+\infty}\pi(e^{-x})^2\,dx$，可计算结果。

$$V=\int_0^{+\infty}\pi e^{-2x}\,dx=-\frac{\pi}{2}\int_0^{+\infty}e^{-2x}\,d(-2x)=-\frac{\pi}{2}e^{-2x}\Big|_0^{\infty}=\frac{\pi}{2}$$

答案:A

题 12 解图

13. **解** 利用级数性质易判定选项 A、B、C 均收敛。对于选项 D，因 $\sum_{n=1}^{\infty}u_n$ 收敛，则有 $\lim_{x\to\infty}u_n=0$，而级数 $\sum_{n=1}^{\infty}\frac{50}{u_n}$ 的一般项为 $\frac{50}{u_n}$，计算 $\lim_{x\to\infty}\frac{50}{u_n}\to\infty$，故级数 D 发散。

答案:D

14. **解**　由已知条件可知$\lim\limits_{n\to\infty}\left|\dfrac{a_{n+1}}{a_n}\right|=\dfrac{1}{2}$，设 $x-2=t$，幂级数$\sum\limits_{n=1}^{\infty}na_n(x-2)^{n+1}$化为$\sum\limits_{n=1}^{\infty}na_nt^{n+1}$，求系数比的极限确定收敛半径，$\lim\limits_{n\to\infty}\left|\dfrac{(n+1)a_{n+1}}{na_n}\right|=\lim\limits_{n\to\infty}\left|\dfrac{n+1}{n}\cdot\dfrac{a_{n+1}}{a_n}\right|=\dfrac{1}{2}$，$R=2$，即$|t|<2$收敛，$-2<x-2<2$，即 $0<x<4$ 收敛。

答案：C

15. **解**　分离变量，化为可分离变量方程 $\dfrac{x}{\sqrt{2-x^2}}\mathrm{d}x=\dfrac{1}{y}\mathrm{d}y$，两边进行不定积分，得到最后结果。

注意左边式子的积分$\int\dfrac{x}{\sqrt{2-x^2}}\mathrm{d}x=-\dfrac{1}{2}\int\dfrac{\mathrm{d}(2-x^2)}{\sqrt{2-x^2}}=-\sqrt{2-x^2}$，右边式子积分$\int\dfrac{1}{y}\mathrm{d}y=\ln y+C_1$，所以$-\sqrt{2-x^2}=\ln y+C_1$，$\ln y=-\sqrt{2-x^2}-C_1$，$y=e^{-C_1-\sqrt{2-x^2}}=Ce^{-\sqrt{2-x^2}}$，其中$C=e^{-C_1}$。

答案：C

16. **解**　微分方程为一阶齐次方程

设 $u=\dfrac{y}{x}$，$y=xu$，$\dfrac{\mathrm{d}y}{\mathrm{d}x}=u+x\dfrac{\mathrm{d}u}{\mathrm{d}x}$

代入化简得 $\cot u\,\mathrm{d}u=\dfrac{1}{x}\mathrm{d}x$

两边积分 $\int\cot u\,\mathrm{d}u=\int\dfrac{1}{x}\mathrm{d}x$，$\ln\sin u=\ln x+C_1$，$\sin u=e^{C_1+\ln x}=e^{C_1}\cdot e^{\ln x}$，$\sin u=Cx$（其中 $C=e^{C_1}$）

代入 $u=\dfrac{y}{x}$，得 $\sin\dfrac{y}{x}=Cx$。

答案：A

17. **解**　**方法 1**：用公式 $\boldsymbol{A}^{-1}=\dfrac{1}{|\boldsymbol{A}|}\boldsymbol{A}^*$ 计算，但较麻烦。

方法 2：简便方法，试探一下给出的哪一个矩阵满足 $\boldsymbol{AB}=\boldsymbol{E}$

如：$\begin{bmatrix}1&0&1\\0&1&2\\-2&0&-3\end{bmatrix}\begin{bmatrix}3&0&1\\4&1&2\\-2&0&-1\end{bmatrix}=\begin{bmatrix}1&0&0\\0&1&0\\0&0&1\end{bmatrix}$

方法 3：用矩阵初等变换，求逆阵。

$$(\boldsymbol{A}|\boldsymbol{E})=\begin{bmatrix}1&0&1&1&0&0\\0&1&2&0&1&0\\-2&0&-3&0&0&1\end{bmatrix}\xrightarrow{2r_1+r_3}\begin{bmatrix}1&0&1&1&0&0\\0&1&2&0&1&0\\0&0&-1&2&0&1\end{bmatrix}\xrightarrow[2r_3+r_2+(-1)r_1]{r_3+r_1}$$

$$\begin{bmatrix}1&0&0&3&0&1\\0&1&0&4&1&2\\0&0&1&-2&0&-1\end{bmatrix}$$

选项 B 正确。

答案:B

18.**解**　利用结论:设 $\boldsymbol{A}$ 为 n 阶方阵,$\boldsymbol{A}^*$ 为 $\boldsymbol{A}$ 的伴随矩阵,则:

(1)$R(\boldsymbol{A})=n$ 的充要条件是 $R(\boldsymbol{A}^*)=n$

(2)$R(\boldsymbol{A})=n-1$ 的充要条件是 $R(\boldsymbol{A}^*)=1$

(3)$R(\boldsymbol{A})\leqslant n-2$ 的充要条件是 $R(\boldsymbol{A}^*)=0$,即 $\boldsymbol{A}^*=\boldsymbol{0}$

$n=3,R(\boldsymbol{A}^*)=1,R(\boldsymbol{A})=2$

$$\boldsymbol{A}=\begin{bmatrix}1&1&a\\1&a&1\\a&1&1\end{bmatrix}\xrightarrow[-ar_1+r_3]{-r_1+r_2}\begin{bmatrix}1&1&a\\0&a-1&1-a\\0&1-a&1-a^2\end{bmatrix}\xrightarrow{r_2+r_3}\begin{bmatrix}1&1&a\\0&a-1&1-a\\0&0&2-a-a^2\end{bmatrix}$$

代入 $a=-2$,得

$$\boldsymbol{A}=\begin{bmatrix}1&1&-2\\0&-3&3\\0&0&0\end{bmatrix},R(\boldsymbol{A})=2$$

选项 A 对。

答案:A

19.**解**　当 $\boldsymbol{P}^{-1}\boldsymbol{AP}=\boldsymbol{\Lambda}$ 时,$\boldsymbol{P}=(\alpha_1,\alpha_2,\alpha_3)$ 中 α_1、α_2、α_3 的排列满足对应关系,α_1 对应 λ_1,α_2 对应 λ_2,α_3 对应 λ_3,可知 α_1 对应特征值 $\lambda_1=1$,α_2 对应特征值 $\lambda_2=2$,α_3 对应特征值 $\lambda_3=0$,由此可知当 $\boldsymbol{Q}=(\alpha_2,\alpha_1,\alpha_3)$ 时,对应 $\boldsymbol{\Lambda}=\begin{bmatrix}2&0&0\\0&1&0\\0&0&0\end{bmatrix}$。

答案:B

20. **解　方法 1:**

对方程组的系数矩阵进行初等行变换，

$$\begin{bmatrix}1 & -1 & 0 & 1\\1 & 0 & -1 & 1\end{bmatrix}\to\begin{bmatrix}1 & -1 & 0 & 1\\0 & 1 & -1 & 0\end{bmatrix}$$

即 $\begin{cases}x_1-x_2+x_4=0\\x_2-x_3=0\end{cases}$

得到方程组的同解方程组 $\begin{cases}x_1=x_2-x_4\\x_3=x_2+0x_4\end{cases}$

当 $x_2=1,x_4=0$ 时，得 $x_1=1,x_3=1$；当 $x_2=0,x_4=1$ 时，得 $x_1=-1,x_3=0$，写成基础解系 ξ_1,ξ_2，即 $\xi_1=\begin{bmatrix}1\\1\\1\\0\end{bmatrix}$，$\xi_2=\begin{bmatrix}-1\\0\\0\\1\end{bmatrix}$。

方法 2:

把选项中列向量代入核对，即：

$\begin{bmatrix}1 & -1 & 0 & 1\\1 & 0 & -1 & 1\end{bmatrix}\begin{bmatrix}1\\1\\1\\0\end{bmatrix}=\begin{bmatrix}0\\0\end{bmatrix}$，选项 A 错。

$\begin{bmatrix}1 & -1 & 0 & 1\\1 & 0 & -1 & 1\end{bmatrix}\begin{bmatrix}-1\\-1\\1\\0\end{bmatrix}=\begin{bmatrix}0\\-2\end{bmatrix}$，选项 B 错。

$\begin{bmatrix}1 & -1 & 0 & 1\\1 & 0 & -1 & 1\end{bmatrix}\begin{bmatrix}-1\\0\\0\\1\end{bmatrix}=\begin{bmatrix}0\\0\end{bmatrix}$，选项 C 正确。

答案:C

21. **解**　$P(A\cup B)=P(A)+P(B)-P(AB)$，$P(A\cup B)+P(AB)=P(A)+P(B)=1.1$，$P(A\cup B)$ 取最小值时，$P(AB)$ 取最大值，因 $P(A)<P(B)$，所以 $P(AB)$ 的最大值等于 $P(A)=0.3$。或用图示法（面积表示概率），见解图。

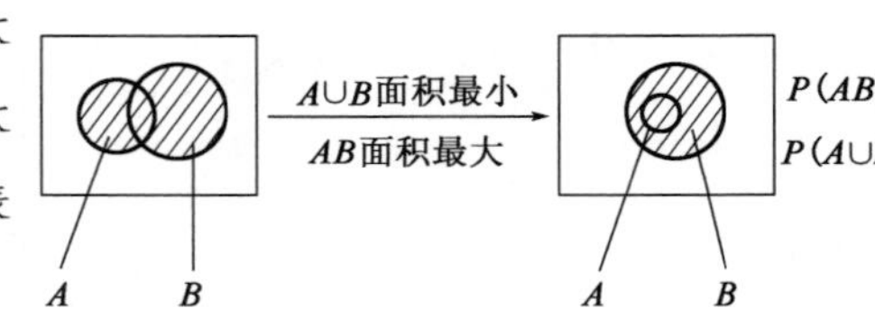

题 21 解图

答案:C

22.**解** 设甲、乙、丙单人译出密码分别记为 A、B、C，则这份密码被破译出可记为 $A\cup B\cup C$，因为 A、B、C 相互独立，

所以
$$\begin{aligned}P(A\cup B\cup C)&=P(A)+P(B)+P(C)-P(AB)-P(AC)-P(BC)+P(ABC)\\&=P(A)+P(B)+P(C)-P(A)P(B)-P(A)P(C)-P(B)P(C)+\\&\quad P(A)P(B)P(C)=\frac{3}{5}\end{aligned}$$

或由 $\overline{A}$、$\overline{B}$、$\overline{C}$ 也相互独立，

$$\begin{aligned}P(A\cup B\cup C)&=1-P(\overline{A\cup B\cup C})=1-P(\overline{A}\overline{B}\overline{C})=1-P(\overline{A})P(\overline{B})P(\overline{C})\\&=1-[1-P(A)][1-P(B)][1-P(C)]=\frac{3}{5}\end{aligned}$$

答案：D

23.**解** 由题意可知 $Y\sim B(3,p)$，其中 $p=P\{X\leqslant\frac{1}{2}\}=\int_0^{\frac{1}{2}}2x\mathrm{d}x=\frac{1}{4}$，$P(Y=2)=C_3^2\left(\frac{1}{4}\right)^2\frac{3}{4}=\frac{9}{64}$。

答案：B

24.**解** 由 χ^2 分布定义，$X^2\sim\chi^2(1)$，$Y^2\sim\chi^2(1)$，因不能确定 X 与 Y 是否相互独立，所以选项 A、B、D 都不对。当 $X\sim N(0,1)$，$Y=-X$ 时，$Y\sim N(0,1)$，但 $X+Y=0$ 不是随机变量。

答案：C

25.**解** ①分子的平均平动动能 $\overline{w}=\frac{3}{2}kT$，分子的平均动能 $\bar{\varepsilon}=\frac{i}{2}kT$。

分子的平均平动动能相同，即温度相等。

②分子的平均动能＝平均（平动动能＋转动动能）$=\frac{i}{2}kT$。i 为分子自由度，$i(\mathrm{He})=3$，$i(\mathrm{N_2})=5$，故氦分子和氮分子的平均动能不同。

答案：B

26.**解** v_p 为 $f(v)$ 最大值所对应的速率，由最概然速率定义得正确选项 C。

答案：C

27.**解** 理想气体从平衡态 $\mathrm{A}(2p_1,V_1)$ 变化到平衡态 $\mathrm{B}(p_1,2V_1)$，体积膨胀，做功 $W>0$。

判断内能变化情况：**方法 1**，画 p-V 图，注意到平衡态 $\mathrm{A}(2p_1,V_1)$ 和平衡态 $\mathrm{B}(p_1,2V_1)$ 都在同一等温线上，$\Delta T=0$，故 $\Delta E=0$。**方法 2**，气体处于平衡态 A 时，其温度为 $T_\mathrm{A}=\frac{2p_1\times V_1}{R}$；处于平衡态 B 时，温度 $T_\mathrm{B}=\frac{2p_1\times V_1}{R}$，显然 $T_\mathrm{A}=T_\mathrm{B}$，温度不变，内能不变，$\Delta E=0$。

答案：C

28. **解** 循环过程的净功数值上等于闭合循环曲线所围的面积。若循环曲线所包围的面积增大，则净功增大。而卡诺循环的循环效率由下式决定：$\eta_{卡诺}=1-\dfrac{T_2}{T_1}$。若 T_1、T_2 不变，则循环效率不变。

答案：D

29. **解** 按题意，$y=0.01\cos 10\pi(25\times0.1-2)=0.01\cos 5\pi=-0.01\text{m}$。

答案：C

30. **解** 质元在机械波动中，动能和势能是同相位的，同时达到最大值，又同时达到最小值，质元在最大位移处（波峰或波谷），速度为零，"形变"为零，此时质元的动能为零，势能为零。

答案：D

31. **解** 由 $\Delta\phi=\dfrac{2\pi\nu\Delta x}{u}$，今 $\nu=\dfrac{1}{T}=\dfrac{1}{4}=0.25$，$\Delta x=3\text{m}$，$\Delta\phi=\dfrac{\pi}{6}$，故 $u=9\text{m/s}$，$\lambda=\dfrac{u}{\nu}=36\text{m}$。

答案：B

32. **解** 如图所示，考虑 O 处的明纹怎样变化。

①玻璃纸未遮住时：光程差 $\delta=r_1-r_2=0$，O 处为零级明纹。

②玻璃纸遮住后：光程差 $\delta'=\dfrac{5}{2}\lambda$，根据干涉条件知 $\delta'=\dfrac{5}{2}\lambda=(2\times2+1)\dfrac{\lambda}{2}$，满足暗纹条件。

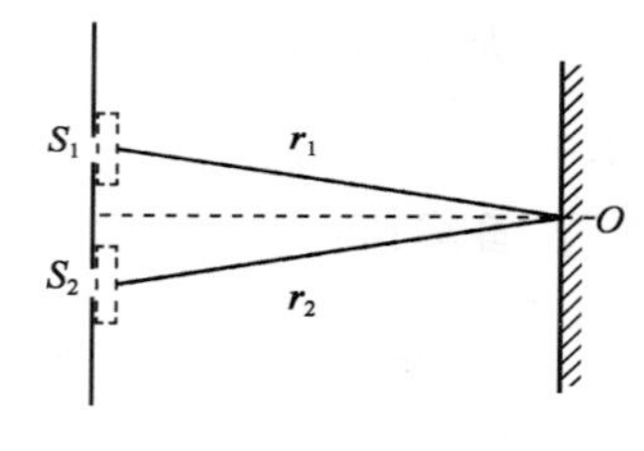

题 32 解图

答案：B

33. **解** 光学常识，可见光的波长范围 400～760nm，注意 $1\text{nm}=10^{-9}\text{m}$。

答案：A

34. **解** 玻璃劈尖的干涉条件为 $\delta=2nd+\dfrac{\lambda}{2}=k\lambda(k=1,2,\cdots)$（明纹），相邻两明（暗）纹对应的空气层厚度差为 $d_{k+1}-d_k=\dfrac{\lambda}{2n}$（见解图）。若劈尖的夹角为 θ，则相邻两明（暗）纹的间距 l 应满足关系式：

$l\sin\theta=d_{k+1}-d_k=\dfrac{\lambda}{2n}$ 或 $l\sin\theta=\dfrac{\lambda}{2n}$

$l=\dfrac{\lambda}{2n\sin\theta}\approx\dfrac{\lambda}{2n\theta}$，故 $\theta=\dfrac{\lambda}{2nl}$

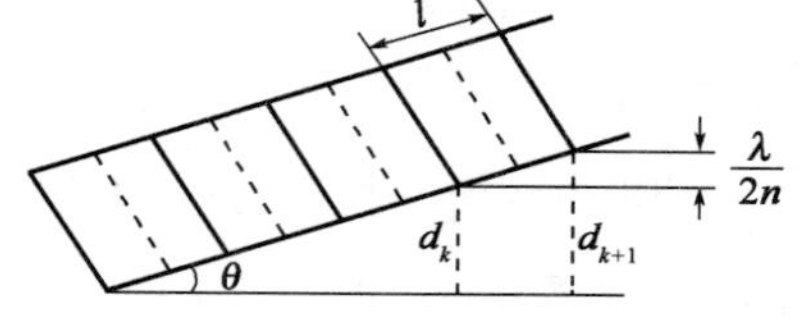

题 34 解图

答案：D

35. **解** 自然光垂直通过第一偏振后，变为线偏振光，光强设为 I'，此即入射至第二个偏振片的线偏振光强度。今 $\alpha=45°$，已知自然光通过两个偏振片后光强为 I'，根据马吕斯定律，$I=I'\cos^2 45°=\frac{I'}{2}$，所以 $I'=2I$。

答案：B

36. **解**　单缝衍射中央明纹宽度 $\Delta x=\frac{2\lambda f}{a}=\frac{2\times 400\times 10^{-9}\times 0.5}{10^{-4}}=4\times 10^{-3}\text{m}$。

答案：D

37. **解**　原子核外电子排布服从三个原则：泡利不相容原理、能量最低原理、洪特规则。

(1)泡利不相容原理：在同一个原子中，不允许两个电子的四个量子数完全相同，即，同一个原子轨道最多只能容纳自旋相反的两个电子。

(2)能量最低原理：电子总是尽量占据能量最低的轨道。多电子原子轨道的能级取决于主量子数 n 和角量子数 l，主量子数 n 相同时，l 越大，能量越高；当主量子数 n 和角量子数 l 都不相同时，可以发生能级交错现象。轨道能级顺序：1s；2s，2p；3s，3p；4s，3d，4p；5s，4d，5p；6s，4f，5d，6p；7s，5f，6d，…。

(3)洪特规则：电子在 n，l 相同的数个等价轨道上分布时，每个电子尽可能占据磁量子数不同的轨道且自旋方向相同。

原子核外电子分布式书写规则：根据三大原则和近似能级顺序将电子一次填入相应轨道，再按电子层顺序整理，相同电子层的轨道排在一起。

答案：B

38. **解**　元素周期表中，同一主族元素从上往下随着原子序数增加，原子半径增大；同一周期主族元素随着原子序数增加，原子半径减小。选项 D As 和 Se 是同一周期主族元素，Se 的原子半径小于 As。

答案：D

39. **解**　缓冲溶液的组成：弱酸、共轭碱或弱碱及其共轭酸所组成的溶液。选项 A CH_3COOH 过量，和 NaOH 反应生成 CH_3COONa，形成 CH_3COOH/CH_3COONa 缓冲溶液。

答案：A

40. **解**　压力对固相或液相的平衡没有影响；对反应前后气体计量系数不变的反应的平衡也没有影响。反应前后气体计量系数不同的反应：增大压力，平衡向气体分子数减少的方向；减少压力，平衡向气体分子数增加的方向移动。

总压力不变，加入惰性气体 Ar，相当于减少压力，反应方程式中各气体的分压减小，平衡向气体分子数增加的方向移动。

答案：A

41. **解**　原子得失电子原则：当原子失去电子变成正离子时，一般是能量较高的最外层电子先失去，而且往往引起电子层数的减少；当原子得到电子变成负离子时，所得的电子总是分布在它的最外电子层。

本题中原子失去的为4s上的一个电子，该原子的价电子构型为$3d^{10}4s^{1}$，为29号Cu原子的电子构型。

答案:C

42.**解** 根据吉布斯等温方程$\Delta_r G_m^{\ominus}=-RT\ln K^{\ominus}$推断，$K^{\ominus}<1$，$\Delta_r G_m^{\ominus}>0$。

答案:A

43.**解** 元素的周期数为价电子构型中的最大主量子数，最大主量子数为5，元素为第五周期；元素价电子构型特点为$(n-1)d^{10}ns^{1}$，为IB族元素特征价电子构型。

答案:B

44.**解** 酚类化合物为苯环直接和羟基相连。A为丙醇，B为苯甲醇，C为苯酚，D为丙三醇。

答案:C

45.**解** 系统命名法：

(1)链烃及其衍生物的命名

①选择主链:选择最长碳链或含有官能团的最长碳链为主链；

②主链编号:从距取代基或官能团最近的一端开始对碳原子进行编号；

③写出全称:将取代基的位置编号、数目和名称写在前面，将母体化合物的名称写在后面。

(2)芳香烃及其衍生物的命名

①选择母体:选择苯环上所连官能团或带官能团最长的碳链为母体，把苯环视为取代基；

②编号:将母体中碳原子依次编号，使官能团或取代基位次具有最小值。

答案:D

46.**解** 甲酸结构式为 $\mathrm{H-\overset{\overset{\displaystyle O}{\|}}{C}-O-H}$，两个氢处于不同化学环境。

答案:B

47.**解** AC与BC均为二力杆件，分析铰链C的受力即可。

答案:D

48.**解** 根据力多边形法则，分力首尾相连，合力为力三角形的封闭边。

答案:B

49.**解** A、B处为光滑约束，其约束力均为水平并组成一力偶，与力$\boldsymbol{W}$和DE杆约束力组成的力偶平衡。

答案:B

50.**解** 根据摩擦定律 $F_{max}=W\cos30°\times f=20.8\text{kN}$,沿斜面向下的主动力为 $W\sin30°=30\text{kN}>F_{max}$。

答案:C

51.**解** 点的运动轨迹为位置矢端曲线。

答案:B

52.**解** 可根据平行移动刚体的定义判断。

答案:C

53.**解** 杆 AB 和 CD 均为平行移动刚体,所以 $v_M=v_C=2v_B=2v_A=2\omega\cdot O_1A=120\text{cm/s}$,$a_M=a_C=2a_B=2a_A=2\omega^2\cdot O_1A=360\text{cm/s}$。

答案:B

54.**解** 根据动量、动量矩、动能的定义,刚体做定轴转动时:

$$\boldsymbol{p}=m\boldsymbol{v}_C, L_O=J_O\omega,\ T=\frac{1}{2}J_O\omega^2$$

此题中,$v_C=0, J_O=\frac{1}{2}mr^2$。

答案:A

55.**解** 根据动量的定义 $\boldsymbol{p}=\sum m_i\boldsymbol{v}_i$,所以,$p=(m_1-m_2)v$(向下)。

答案:B

56.**解** 用定轴转动微分方程 $J_A\alpha=M_A(F)$,见解图,$\frac{1}{3}\frac{P}{g}(2L)^2\alpha=PL$,所以角加速度 $\alpha=\frac{3g}{4L}$。

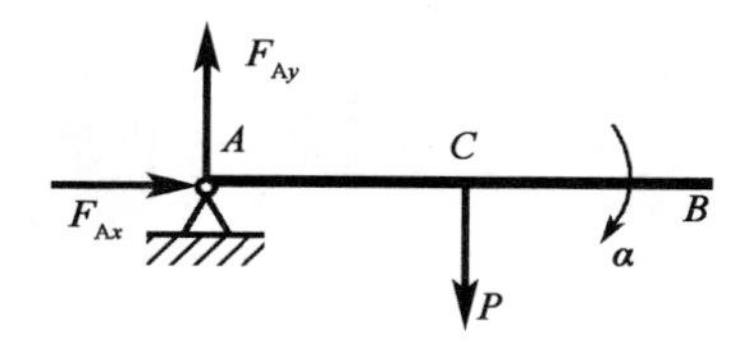

题56解图

答案:B

57.**解** 根据定轴转动刚体惯性力系向 O 点简化的结果,其主矩大小为 $M_{IO}=J_O\alpha=0$,主矢大小为 $F_I=ma_C=m\cdot\frac{R}{2}\omega^2$。

答案:A

58. **解**　装置 a)、b)、c)的自由振动频率分别为 $\omega_{0a}=\sqrt{\dfrac{2k}{m}}$；$\omega_{0b}=\sqrt{\dfrac{k}{2m}}$；$\omega_{0c}=\sqrt{\dfrac{3k}{m}}$，且周期为 $T=\dfrac{2\pi}{\omega_0}$。

答案:B

59. **解**

$$\sigma_{AB}=\frac{F_{NAB}}{A_{AB}}=\frac{300\pi\times10^3\,\text{N}}{\dfrac{\pi}{4}\times(200)^2\,\text{mm}^2}=30\text{MPa}$$

$$\sigma_{BC}=\frac{F_{NBC}}{A_{BC}}=\frac{100\pi\times10^3\,\text{N}}{\dfrac{\pi}{4}\times(100)^2\,\text{mm}^2}=40\text{MPa}=\sigma_{\max}$$

答案:A

60. **解**

$$\tau=\frac{Q}{A_Q}=\frac{F}{\dfrac{\pi}{4}d^2}=\frac{4F}{\pi d^2}=[\tau] \qquad ①$$

$$\sigma_{bs}=\frac{P_{bs}}{A_{bs}}=\frac{F}{dt}=[\sigma_{bs}] \qquad ②$$

再用②式除①式，可得 $\dfrac{\pi d}{4t}=\dfrac{[\sigma_{bs}]}{[\tau]}$。

答案:B

61. **解**　受扭空心圆轴横截面上的切应力分布与半径成正比，而且在空心圆内径中无应力，只有选项 B 图是正确的。

答案:B

62. **解**

$$W_z=\frac{I_z}{y_{\max}}=\frac{\dfrac{\pi}{64}d^4-\dfrac{a^4}{12}}{\dfrac{d}{2}}=\frac{\pi d^3}{32}-\frac{a^4}{6d}$$

答案:B

63. **解**　根据 $\dfrac{dM}{dx}=Q$ 可知，剪力为零的截面弯矩的导数为零，也即是弯矩有极值。

答案:B

64. **解**　开裂前

$$\sigma_{\max}=\frac{M}{W_z}=\frac{M}{\dfrac{b}{6}(3a)^2}=\frac{2M}{3ba^2}$$

开裂后

$$\sigma_{1\max}=\frac{\dfrac{M}{3}}{W_{z1}}=\frac{\dfrac{M}{3}}{\dfrac{ba^2}{6}}=\frac{2M}{ba^2}$$

开裂后最大正应力是原来的3倍，故梁承载能力是原来的1/3。

答案：B

65. **解** 由矩形和工字形截面的切应力计算公式可知 $\tau=\frac{QS_z}{bI_z}$，切应力沿截面高度呈抛物线分布。由于腹板上截面宽度 b 突然加大，故 z 轴附近切应力突然减小。

答案：B

66. **解** 承受集中力的简支梁的最大挠度 $f_c=\frac{Fl^3}{48EI}$，与惯性矩 I 成反比。$I_a=\frac{hb^3}{12}=\frac{b^4}{6}$，而 $I_b=\frac{bh^3}{12}=\frac{4}{6}b^4$，因图 a) 梁 I_a 是图 b) 梁 I_b 的 $\frac{1}{4}$，故图 a) 梁的最大挠度是图 b) 梁的4倍。

答案：C

67. **解** 图示单元体的最大主应力 σ_1 的方向，可以看作是 σ_x 的方向（沿 x 轴）和纯剪切单元体的最大拉应力的主方向（在第一象限沿45°向上），叠加后的合应力的指向。

答案：A

68. **解** AB 段是轴向受压，$\sigma_{AB}=\frac{F}{ab}$

BC 段是偏心受压，$\sigma_{BC}=\frac{F}{2ab}+\frac{F\cdot\frac{a}{2}}{\frac{b}{6}(2a)^2}=\frac{5F}{4ab}$

答案：B

69. **解** 图示圆轴是弯扭组合变形，在固定端处既有弯曲正应力，又有扭转切应力。但是图中 A 点位于中性轴上，故没有弯曲正应力，只有切应力，属于纯剪切应力状态。

答案：B

70. **解** 由压杆临界荷载公式 $F_{cr}=\frac{\pi^2EI}{(\mu l)^2}$ 可知，F_{cr} 与杆长 l^2 成反比，故杆长度为 $\frac{l}{2}$ 时，F_{cr} 是原来的4倍。

答案：B

71. **解** 空气的黏滞系数，随温度降低而降低；而水的黏滞系数相反，随温度降低而升高。

答案：A

72. **解** 质量力是作用在每个流体质点上，大小与质量成正比的力；表面力是作用在所设流体的外表，大小与面积成正比的力。重力是质量力，黏滞力是表面力。

答案:C

73.解　根据流线定义及性质以及非恒定流定义可得。

答案:C

74.解　题中已给出两断面间有水头损失 $h_{l1\text{-}2}$，而选项C中未计及 $h_{l1\text{-}2}$，所以是错误的。

答案:C

75.解　根据雷诺数公式 $Re=\frac{vd}{\nu}$ 及连续方程 $v_1A_1=v_2A_2$ 联立求解可得。

$$v_2=v_1\left(\frac{d_1}{d_2}\right)^2=\left(\frac{30}{60}\right)^2v_1=\frac{v_1}{4}$$

$$Re_2=\frac{v_2d_2}{\nu}=\frac{\frac{v_1}{4}\times 2d_1}{\nu}=\frac{1}{2}Re_1=\frac{1}{2}\times 5000=2500$$

答案:C

76.解　当自由出流孔口与淹没出流孔口的形状、尺寸相同，且作用水头相等时，则出流量应相等。

答案:B

77.解　水力最优断面是过流能力最大的断面形状。

答案:B

78.解　依据弗劳德准则，流量比尺 $\lambda_Q=\lambda_L^{2.5}$，所以长度比尺 $\lambda_L=\lambda_Q^{1/2.5}$，代入题设数据后有：$\lambda_L=\left(\frac{537}{0.3}\right)^{1/2.5}=(1790)^{0.4}=20$。

答案:D

79.解　此题选项A、C、D明显不符合静电荷物理特征。关于选项B可以用电场强度的叠加定理分析，两个异性电荷连线的中心位置电场强度也不为零，因此，本题的四个选项均不正确。

答案:无可选项

80.解　电感电压与电流之间的关系是微分关系，即 $u=L\frac{di}{dt}=2wL\sin(1000t+90°)$

或用相量法分析：$\dot{U}_L=jwL\dot{I}=\sqrt{2}\angle 90°V$；$I=\sqrt{2}A$，$jwL=j1\Omega(w=1000rad)$。

答案:D

81. **解**　根据线性电路的戴维南定理，图 a）和图 b）电路等效指的是对外电路电压和电流相同，即电路中 20Ω 电阻中的电流均为 1A，方向自下向上；然后利用节电电流关系可知，流过图 a）电路 10Ω 电阻中的电流是 1A。

答案：A

82. **解**　RLC 串联的交流电路中，阻抗的计算公式是 $Z=R+jX_L-jX_C=R+j\omega L-j\frac{1}{\omega C}$，阻抗的模 $|Z|=\sqrt{R^2+\left(\omega L-\frac{1}{\omega C}\right)^2}$；$\omega=314\text{rad/s}$。

答案：C

83. **解**　该电路是 RLC 混联的正弦交流电路，根据给定电压，将其写成复数为 $\dot{U}=U\angle 30°=\frac{10}{\sqrt{2}}\angle 30°\text{V}$；电流 $\dot{I}=\dot{I}_1+\dot{I}_2=\frac{U\angle 30°}{R+j\omega L}+\frac{U\angle 30°}{-j\left(\frac{1}{\omega C}\right)}$；$i=I\sqrt{2}\sin(1000t+\Psi_i)\text{A}$。

答案：C

84. **解**　在暂态电路中电容电压符合换路定则 $U_C(t_{0+})=U_C(t_{0-})$，开关闭合以前 $U_C(t_{0-})=\frac{R_2}{R_1+R_2}U_s$，$I(0_+)=U_C(0_+)/R_2$；电路达到稳定以后电容能量放光，电路中稳态电流 $I(\infty)=0$。

答案：B

85. **解**　信号源输出最大功率的条件是电源内阻与负载电阻相等，电路中的实际负载电阻折合到变压器的原边数值为 $R'_L=\left(\frac{U_1}{U_2}\right)^2R_L=R_S=40\Omega$；$K=\frac{u_1}{u_2}=2$，$u_1=u_s\frac{R'_L}{R_S+R'_L}=40\sin\omega t$；$u_2=\frac{u_1}{K}=20\sin\omega t$。

答案：B

86. **解**　在继电接触控制电路中，电器符号均表示电器没有动作的状态，当接触器线圈 KM 通电以后常开触点 KM1 闭合，常闭触点 KM2 断开。

答案：C

87. **解**　信息是通过感官接收的关于客观事物的存在形式或变化情况。信号是消息的表现形式，是可以直接观测到的物理现象（如电、光、声、电磁波等）。通常认为“信号是信息的表现形式”。红灯亮的信号传达了开始制冷的信息。

答案：C

88. **解**　八进制和十六进制都是数字电路中采用的数制，本质上都是二进制，在应用中是根据数字信号的不同要求所选取的不同的书写格式。

答案:A

89. **解**　模拟信号是幅值和时间均连续的信号，采样信号是时间离散、数值连续的信号，离散信号是指在某些不连续时间定义函数值的信号，数字信号是将幅值量化后并以二进制代码表示的离散信号。

答案:B

90. **解**　题中给出非正弦周期信号的傅里叶级数展开式。周期信号中各次谐波的幅值随着频率的增加而减少，但是 $u_1(t)$ 中包含基波和三次谐波，而 $u_2(t)$ 包含的谐波次数是基波和五次谐波，$u_1(t)$ 包含的信息较 $u_2(t)$ 更加完整。

答案:A

91. **解**　由图可以分析，当信号 $|u_i(t)| \leqslant 2V$ 时，放大电路工作在线性工作区，$u_o(t) = 5u_i(t)$；当信号 $|u_i(t)| \geqslant 2V$ 时，放大电路工作在非线性工作区，$u_o(t) = \pm 10V$。

答案:D

92. **解**　由逻辑电路的基本关系可得结果，变换中用到了逻辑电路的摩根定理。

$$F = \overline{\overline{AB} + \overline{BC}} = AB \cdot BC = ABC$$

答案:D

93. **解**　该电路为二极管的桥式整流电路，当 D_2 二极管断开时，电路变为半波整流电路，输入电压的交流有效值和输出直流电压的关系为 $U_o = 0.45U_i$，同时根据二极管的导通电流方向可得 $U_o = -3.18V$。

答案:C

94. **解**　由图可以分析，当信号 $|u_i(t)| \leqslant 1V$ 时，放大电路工作在线性工作区，$u_o(t) = 10u_i(t)$；当信号 $|u_i(t)| \geqslant 1V$ 时，放大电路工作在非线性工作区，$u_o(t) = \pm 10V$；输入信号 $u_i(t)$ 最大值为 2V，则有一部分工作区进入非线性区。

答案:C

95. **解**　图 a)示电路是与非门逻辑电路，$F = \overline{A}$（注：$A \cdot 1 = A$）。

答案:D

96. **解**　图示电路是下降沿触发的 JK 触发器，$\overline{R}_D$ 是触发器的清零端，$\overline{S}_D$ 是置“1”端，画图并由触发器的逻辑功能分析即可得答案。

答案:B

97. **解**　计算机存储单元是按一定顺序编号，这个编号被称为存储地址。

答案:C

98. **解** 操作系统的特征有并发性、共享性和随机性。

答案:B

99. **解** 二进制最后一位是1,转换后则一定是十进制数的奇数。

答案:A

100. **解** 像素实际上就是图像中的一个个光点,光点可以是黑白的,也可以是彩色的。

答案:D

101. **解** 删除操作系统文件,计算机将无法正常运行。

答案:C

102. **解** 存储器系统包括主存储器、高速缓冲存储器和外存储器。

答案:C

103. **解** 设备管理是对除CPU和内存储器之外的所有输入/输出设备的管理。

答案:A

104. **解** 两种十分有效的文件管理工具是“我的电脑”和“资源管理器”。

答案:C

105. **解** 计算机网络主要由网络硬件系统和网络软件系统两大部分组成。

答案:A

106. **解** 局域网覆盖的地理范围通常在几公里之内。

答案:C

107. **解** 按等额支付资金回收公式计算(已知 P 求 A)。

$A = P(A/P, i, n) = 5000 \times (A/P, 8\%, 10) = 5000 \times 0.14903 = 745.15$ 万元

答案:C

108. **解** 建设项目经济评价中的总投资,由建设投资、建设期利息和流动资金组成。

答案:C

109. **解** 新设法人项目融资的资金来源于项目资本金和债务资金,权益融资形成项目的资本金,债务融资形成项目的债务资金。

答案:C

110. **解** 在财务生存能力分析中,各年累计盈余资金不出现负值是财务生存的必要条件。

答案:B

111.**解** 分别计算效益流量的现值和费用流量的现值,二者的比值即为该项目的效益费用比。建设期 1 年,使用寿命 10 年,计算期共 11 年。注意:第 1 年为建设期,投资发生在第 0 年(即第 1 年的年初),第 2 年开始使用,效益和费用从第 2 年末开始发生。该项目的现金流量图如解图所示。

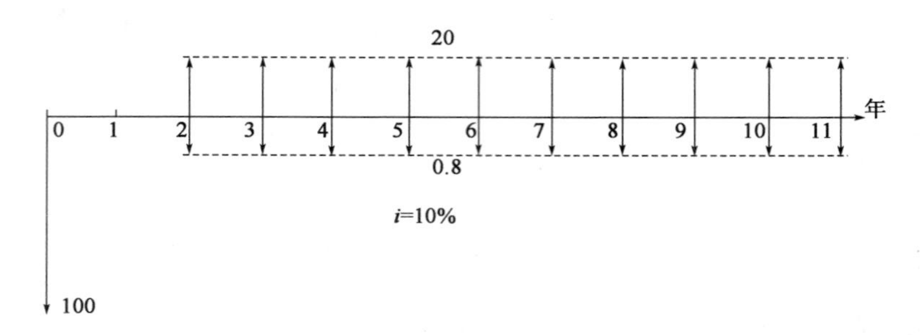

题 111 解图

效益流量的现值:$B=20\times(P/A,10\%,10)\times(P/F,10\%,1)$

$=20\times6.144\times0.9091=111.72$ 万元

费用流量的现值:$C=0.8\times(P/A,10\%,10)\times(P/F,10\%,1)$

$=0.8\times6.1446\times0.9091+100=104.47$ 万元

该项目的效益费用比为:$R_{BC}=B/C=111.72/104.47=1.07$

答案:A

112.**解** 投资项目敏感性分析最基本的分析指标是内部收益率。

答案:B

113.**解** 净年值法既可用于寿命期相同,也可用于寿命期不同的方案比选。

答案:C

114.**解** 强制确定法是以功能重要程度作为选择价值工程对象的一种分析方法,包括 01 评分法、04 评分法等。其中,01 评分法通过对每个部件与其他各部件的功能重要程度进行逐一对比打分,相对重要的得 1 分,不重要的得 0 分,最后计算各部件的功能重要性系数。

答案:D

115.**解** 《中华人民共和国建筑法》第五十七条规定,建筑设计单位对设计文件选用的建筑材料、建筑构配件和设备,不得指定生产厂家和供应商。

答案:B

116.**解** 《中华人民共和国招标投标法》第二十三条规定,招标人对已发出的招标文件进行必要的澄清或者修改的，应当在招标文件要求提交投标文件截止时间至少十五日前，以书面形式通知所有招标文件收受人。该澄清或者修改的内容为招标文件的组成部分。

答案：B

117. **解** 《中华人民共和国合同法》第二十条规定有下列情形之一的，要约失效：

（一）拒绝要约的通知到达要约人；

（二）要约人依法撤销要约；

（三）承诺期限届满，受要约人未作出承诺；

（四）受要约人对要约的内容作出实质性变更。

答案：D

118. **解** 《中华人民共和国节约能源法》第四条规定，节约资源是我国的基本国策。国家实施节约与开发并举，把节约放在首位的能源发展战略。

答案：B

119. **解** 《中华人民共和国环境保护法》2014年进行了修订，新法第四十五条规定，国家依照法律规定实行排污许可管理制度。此题已过时，未作解答。

120. **解** 《建设工程勘察设计管理条例》第十四条规定，建设工程勘察、设计方案评标，应当以投标人的业绩、信誉和勘察、设计人员的能力以及勘察、设计方案的优劣为依据，进行综合评定。

答案：A

2012年度全国勘察设计注册工程师

执业资格考试试卷

基础考试

（上）

二〇一二年九月

应考人员注意事项

1. 本试卷科目代码为“1”，考生务必将此代码填涂在答题卡“科目代码”相应的栏目内，否则，无法评分。
2. 书写用笔：**黑色或蓝色钢笔、签字笔或圆珠笔；**
   填涂答题卡用笔：**黑色 2B 铅笔**。
3. 必须用书写用笔将工作单位、姓名、准考证号填写在答题卡和试卷相应的栏目内。
4. 本试卷由 120 题组成，每题 1 分，满分 120 分，本试卷全部为单项选择题，每小题的四个备选项中只有一个正确答案，错选、多选、不选均不得分。
5. 考生作答时，必须**按题号在答题卡上**将相应试题所选选项对应的**字母用 2B 铅笔涂黑**。
6. 在答题卡上书写与题意无关的语言，或在答题卡上作标记的，均按违纪试卷处理。
7. 考试结束时，由监考人员当面将试卷、答题卡一并收回。
8. 草稿纸由各地统一配发，考后收回。

单项选择题(共 120 题,每题 1 分。每题的备选项中只有一个最符合题意。)

1. 设 $f(x)=\begin{cases}\cos x+x\sin\dfrac{1}{x}, & x<0\\ x^2+1, & x\geqslant 0\end{cases}$,则 $x=0$ 是 $f(x)$的下面哪一种情况:

A. 跳跃间断点

B. 可去间断点

C. 第二类间断点

D. 连续点

2. 设 $\alpha(x)=1-\cos x$,$\beta(x)=2x^2$,则当 $x\to 0$ 时,下列结论中正确的是:

A. $\alpha(x)$与 $\beta(x)$是等价无穷小

B. $\alpha(x)$是 $\beta(x)$的高阶无穷小

C. $\alpha(x)$是 $\beta(x)$的低阶无穷小

D. $\alpha(x)$与 $\beta(x)$是同阶无穷小但不是等价无穷小

3. 设 $y=\ln(\cos x)$,则微分 dy 等于:

A. $\dfrac{1}{\cos x}\mathrm{d}x$

B. $\cot x\mathrm{d}x$

C. $-\tan x\mathrm{d}x$

D. $-\dfrac{1}{\cos x\sin x}\mathrm{d}x$

4. $f(x)$的一个原函数为 e^{-x^2},则 $f'(x)=$

A. $2(-1+2x^2)e^{-x^2}$

B. $-2xe^{-x^2}$

C. $2(1+2x^2)e^{-x^2}$

D. $(1-2x)e^{-x^2}$

5. $f'(x)$连续,则 $\int f'(2x+1)\mathrm{d}x$ 等于:

A. $f(2x+1)+C$

B. $\dfrac{1}{2}f(2x+1)+C$

C. $2f(2x+1)+C$

D. $f(x)+C$

(C 为任意常数)

6. 定积分 $\int_{0}^{\frac{1}{2}} \frac{1+x}{\sqrt{1-x^2}} \mathrm{d}x =$

A. $\frac{\pi}{3}+\frac{\sqrt{3}}{2}$

B. $\frac{\pi}{6}-\frac{\sqrt{3}}{2}$

C. $\frac{\pi}{6}-\frac{\sqrt{3}}{2}+1$

D. $\frac{\pi}{6}+\frac{\sqrt{3}}{2}+1$

7. 若 D 是由 $y=x, x=1, y=0$ 所围成的三角形区域，则二重积分 $\iint_{D} f(x,y)\mathrm{d}x\mathrm{d}y$ 在极坐标系下的二次积分是：

A. $\int_{0}^{\frac{\pi}{4}} \mathrm{d}\theta \int_{0}^{\cos\theta} f(r\cos\theta, r\sin\theta) r\mathrm{d}r$

B. $\int_{0}^{\frac{\pi}{4}} \mathrm{d}\theta \int_{0}^{\frac{1}{\cos\theta}} f(r\cos\theta, r\sin\theta) r\mathrm{d}r$

C. $\int_{0}^{\frac{\pi}{4}} \mathrm{d}\theta \int_{0}^{\frac{1}{\cos\theta}} r\mathrm{d}r$

D. $\int_{0}^{\frac{\pi}{4}} \mathrm{d}\theta \int_{0}^{\frac{1}{\cos\theta}} f(x,y)\mathrm{d}r$

8. 当 $a<x<b$ 时，有 $f'(x)>0, f''(x)<0$，则在区间 (a,b) 内，函数 $y=f(x)$ 图形沿 x 轴正向是：

A. 单调减且凸的

B. 单调减且凹的

C. 单调增且凸的

D. 单调增且凹的

9. 函数在给定区间上不满足拉格朗日定理条件的是：

A. $f(x)=\frac{x}{1+x^2}, [-1,2]$

B. $f(x)=x^{\frac{2}{3}}, [-1,1]$

C. $f(x)=e^{\frac{1}{x}}, [1,2]$

D. $f(x)=\frac{x+1}{x}, [1,2]$

10. 下列级数中，条件收敛的是：

A. $\sum_{n=1}^{\infty}\frac{(-1)^n}{n}$

B. $\sum_{n=1}^{\infty}\frac{(-1)^n}{n^3}$

C. $\sum_{n=1}^{\infty}\frac{(-1)^n}{n(n+1)}$

D. $\sum_{n=1}^{\infty}(-1)^n\frac{n+1}{n+2}$

11. 当 $|x|<\frac{1}{2}$ 时，函数 $f(x)=\frac{1}{1+2x}$ 的麦克劳林展开式正确的是：

A. $\sum_{n=0}^{\infty}(-1)^{n+1}(2x)^n$

B. $\sum_{n=0}^{\infty}(-2)^n x^n$

C. $\sum_{n=1}^{\infty}(-1)^n 2^n x^n$

D. $\sum_{n=1}^{\infty}2^n x^n$

12. 已知微分方程 $y'+p(x)y=q(x)[q(x)\neq 0]$ 有两个不同的特解 $y_1(x)$，$y_2(x)$，C 为任意常数，则该微分方程的通解是：

A. $y=C(y_1-y_2)$

B. $y=C(y_1+y_2)$

C. $y=y_1+C(y_1+y_2)$

D. $y=y_1+C(y_1-y_2)$

13. 以 $y_1=e^x$，$y_2=e^{-3x}$ 为特解的二阶线性常系数齐次微分方程是：

A. $y''-2y'-3y=0$

B. $y''+2y'-3y=0$

C. $y''-3y'+2y=0$

D. $y''+3y'+2y=0$

14. 微分方程$\frac{dy}{dx}+\frac{x}{y}=0$的通解是：

A. $x^2+y^2=C(C\in R)$

B. $x^2-y^2=C(C\in R)$

C. $x^2+y^2=C^2(C\in R)$

D. $x^2-y^2=C^2(C\in R)$

15. 曲线 $y=(\sin x)^{\frac{3}{2}}(0\leqslant x\leqslant\pi)$与 x 轴围成的平面图形绕 x 轴旋转一周而成的旋转体体积等于：

A. $\frac{4}{3}$

B. $\frac{4}{3}\pi$

C. $\frac{2}{3}\pi$

D. $\frac{2}{3}\pi^2$

16. 曲线 $x^2+4y^2+z^2=4$ 与平面 $x+z=a$ 的交线在 yOz 平面上的投影方程是：

A. $\begin{cases}(a-z)^2+4y^2+z^2=4\\x=0\end{cases}$

B. $\begin{cases}x^2+4y^2+(a-x)^2=4\\z=0\end{cases}$

C. $\begin{cases}x^2+4y^2+(a-x)^2=4\\x=0\end{cases}$

D. $(a-z)^2+4y^2+z^2=4$

17. 方程 $x^2-\frac{y^2}{4}+z^2=1$，表示：

A. 旋转双曲面

B. 双叶双曲面

C. 双曲柱面

D. 锥面

18. 设直线 L 为$\begin{cases}x+3y+2z+1=0\\2x-y-10z+3=0\end{cases}$，平面 π 为 $4x-2y+z-2=0$，则直线和平面的关系是：

A. L 平行于 π

B. L 在 π 上

C. L 垂直于 π

D. L 与 π 斜交

19. 已知 n 阶可逆矩阵 $\boldsymbol{A}$ 的特征值为 λ_0，则矩阵 $(2\boldsymbol{A})^{-1}$ 的特征值是：

A. $\frac{2}{\lambda_0}$

B. $\frac{\lambda_0}{2}$

C. $\frac{1}{2\lambda_0}$

D. $2\lambda_0$

20. 设 $\vec{\alpha}_1,\vec{\alpha}_2,\vec{\alpha}_3,\vec{\beta}$ 为 n 维向量组，已知 $\vec{\alpha}_1,\vec{\alpha}_2,\vec{\beta}$ 线性相关，$\vec{\alpha}_2,\vec{\alpha}_3,\vec{\beta}$ 线性无关，则下列结论中正确的是：

A. $\vec{\beta}$ 必可用 $\vec{\alpha}_1,\vec{\alpha}_2$ 线性表示

B. $\vec{\alpha}_1$ 必可用 $\vec{\alpha}_2,\vec{\alpha}_3,\vec{\beta}$ 线性表示

C. $\vec{\alpha}_1,\vec{\alpha}_2,\vec{\alpha}_3$ 必线性无关

D. $\vec{\alpha}_1,\vec{\alpha}_2,\vec{\alpha}_3$ 必线性相关

21. 要使得二次型 $f(x_1,x_2,x_3)=x_1^2+2tx_1x_2+x_2^2-2x_1x_3+2x_2x_3+2x_3^2$ 为正定的，则 t 的取值条件是：

A. $-1<t<1$

B. $-1<t<0$

C. $t>0$

D. $t<-1$

22. 若事件 A、B 互不相容，且 $P(A)=p$，$P(B)=q$，则 $P(\overline{A}\,\overline{B})$ 等于：

A. $1-p$

B. $1-q$

C. $1-(p+q)$

D. $1+p+q$

23. 若随机变量 X 与 Y 相互独立，且 X 在区间[0,2]上服从均匀分布，Y 服从参数为 3 的指数分布，则数学期望 $E(XY)=$

A. $\frac{4}{3}$

B. 1

C. $\frac{2}{3}$

D. $\frac{1}{3}$

24. 设 $X_1,X_2,\cdots,X_n$ 是来自总体 $N(\mu,\sigma^2)$ 的样本，μ、σ^2 未知，$\overline{X}=\frac{1}{n}\sum_{i=1}^{n}X_i$，$Q^2=\sum_{i=1}^{n}(X_i-\overline{X})^2$，$Q>0$。则检验假设 $H_0:\mu=0$ 时应选取的统计量是：

A. $\sqrt{n(n-1)}\frac{\overline{X}}{Q}$

B. $\sqrt{n}\frac{\overline{X}}{Q}$

C. $\sqrt{n-1}\frac{\overline{X}}{Q}$

D. $\sqrt{n}\frac{\overline{X}}{Q^2}$

25. 两种摩尔质量不同的理想气体，它们压强相同、温度相同、体积不同。则它们的：

A. 单位体积内的分子数不同

B. 单位体积内气体的质量相同

C. 单位体积内气体分子的总平均平动动能相同

D. 单位体积内气体的内能相同

26. 某种理想气体的总分子数为 N，分子速率分布函数为 $f(v)$，则速率在 $v_1\to v_2$ 区间内的分子数是：

A. $\int_{v_1}^{v_2}f(v)\mathrm{d}v$

B. $N\int_{v_1}^{v_2}f(v)\mathrm{d}v$

C. $\int_{0}^{\infty}f(v)\mathrm{d}v$

D. $N\int_{0}^{\infty}f(v)\mathrm{d}v$

27. 一定量的理想气体由 a 状态经过一过程到达 b 状态，吸热为 335J，系统对外做功 126J；若系统经过另一过程由 a 状态到达 b 状态，系统对外做功 42J，则过程中传入系统的热量为：

A. 530J　　B. 167J

C. 251J　　D. 335J

28. 一定量的理想气体，经过等体过程，温度增量 ΔT，内能变化 ΔE_1，吸收热量 Q_1；若经过等压过程，温度增量也为 ΔT，内能变化 ΔE_2，吸收热量 Q_2，则一定是：

A. $\Delta E_2 = \Delta E_1, Q_2 > Q_1$

B. $\Delta E_2 = \Delta E_1, Q_2 < Q_1$

C. $\Delta E_2 > \Delta E_1, Q_2 > Q_1$

D. $\Delta E_2 < \Delta E_1, Q_2 < Q_1$

29. 一平面简谐波的波动方程为 $y = 2 \times 10^{-2} \cos 2\pi \left(10t - \frac{x}{5}\right)$(SI)。$t = 0.25$s 时，处于平衡位置，且与坐标原点 $x = 0$ 最近的质元的位置是：

A. ± 5m

B. 5m

C. ± 1.25m

D. 1.25m

30. 一平面简谐波沿 x 轴正方向传播，振幅 $A = 0.02$m，周期 $T = 0.5$s，波长 $\lambda = 100$m，原点处质元的初相位 $\phi = 0$，则波动方程的表达式为：

A. $y = 0.02\cos 2\pi \left(\frac{t}{2} - 0.01x\right)$(SI)

B. $y = 0.02\cos 2\pi (2t - 0.01x)$(SI)

C. $y = 0.02\cos 2\pi \left(\frac{t}{2} - 100x\right)$(SI)

D. $y = 0.02\cos 2\pi (2t - 100x)$(SI)

31. 两人轻声谈话的声强级为 40dB，热闹市场上噪声的声强级为 80dB。市场上噪声的声强与轻声谈话的声强之比为：

A. 2　　B. 20

C. 10^2　　D. 10^4

32. P_1 和 P_2 为偏振化方向相互垂直的两个平行放置的偏振片，光强为 I_0 的自然光垂直入射在第一个偏振片 P_1 上，则透过 P_1 和 P_2 的光强分别为：

A. $\frac{I_0}{2}$和 0

B. 0 和$\frac{I_0}{2}$

C. I_0 和 I_0

D. $\frac{I_0}{2}$和$\frac{I_0}{2}$

33. 一束自然光自空气射向一块平板玻璃，设入射角等于布儒斯特角，则反射光为：

A. 自然光

B. 部分偏振光

C. 完全偏振光

D. 圆偏振光

34. 波长 $\lambda=550\text{nm}(1\text{nm}=10^{-9}\text{m})$的单色光垂直入射于光栅常数为 $2\times10^{-4}\text{cm}$ 的平面衍射光栅上，可能观察到光谱线的最大级次为：

A. 2　　B. 3　　C. 4　　D. 5

35. 在单缝夫琅禾费衍射实验中，波长为 λ 的单色光垂直入射到单缝上，对应于衍射角为 30°的方向上，若单缝处波阵面可分成 3 个半波带。则缝宽 a 为：

A. λ

B. 1.5λ

C. 2λ

D. 3λ

36. 以双缝干涉实验中，波长为 λ 的单色平行光垂直入射到缝间距为 a 的双缝上，屏到双缝的距离为 D，则某一条明纹与其相邻的一条暗纹的间距为：

A. $\frac{D\lambda}{a}$

B. $\frac{D\lambda}{2a}$

C. $\frac{2D\lambda}{a}$

D. $\frac{D\lambda}{4a}$

37. 钴的价层电子构型是 $3d^7 4s^2$，钴原子外层轨道中未成对电子数为：

A. 1　　　　B. 2

C. 3　　　　D. 4

38. 在 HF、HCl、HBr、HI 中，按熔、沸点由高到低顺序排列正确的是：

A. HF、HCl、HBr、HI

B. HI、HBr、HCl、HF

C. HCl、HBr、HI、HF

D. HF、HI、HBr、HCl

39. 对于 HCl 气体溶解于水的过程，下列说法正确的是：

A. 这仅是一个物理变化过程

B. 这仅是一个化学变化过程

C. 此过程既有物理变化又有化学变化

D. 此过程中溶质的性质发生了变化，而溶剂的性质未变

40. 体系与环境之间只有能量交换而没有物质交换，这种体系在热力学上称为：

A. 绝热体系

B. 循环体系

C. 孤立体系

D. 封闭体系

41. 反应 $PCl_3(g)+Cl_2(g) \rightleftharpoons PCl_5(g)$，298K 时 $K^\ominus=0.767$，此温度下平衡时，如 $p(PCl_5)=p(PCl_3)$，则 $p(Cl_2)=$

A. 130.38kPa

B. 0.767kPa

C. 7607kPa

D. 7.67×10^{-3}kPa

42. 在铜锌原电池中，将铜电极的 $C(H^+)$ 由 1mol/L 增加到 2mol/L，则铜电极的电极电势：

A. 变大

B. 变小

C. 无变化

D. 无法确定

43. 元素的标准电极电势图如下：

$$Cu^{2+} \xrightarrow{0.159} Cu^{+} \xrightarrow{0.52} Cu$$

$$Au^{3+} \xrightarrow{1.36} Au^{+} \xrightarrow{1.83} Au$$

$$Fe^{3+} \xrightarrow{0.771} Fe^{2+} \xrightarrow{-0.44} Fe$$

$$MnO_4^{-} \xrightarrow{1.51} Mn^{2+} \xrightarrow{-1.18} Mn$$

在空气存在的条件下，下列离子在水溶液中最稳定的是：

A. Cu^{2+}　　B. Au^{+}

C. Fe^{2+}　　D. Mn^{2+}

44. 按系统命名法，下列有机化合物命名正确的是：

A. 2-乙基丁烷　　B. 2,2-二甲基丁烷

C. 3,3-二甲基丁烷　　D. 2,3,3-三甲基丁烷

45. 下列物质使溴水褪色的是：

A. 乙醇　　B. 硬脂酸甘油酯

C. 溴乙烷　　D. 乙烯

46. 昆虫能分泌信息素。下列是一种信息素的结构简式：

$$CH_3(CH_2)_5CH{=}CH(CH_2)_9CHO$$

下列说法正确的是：

A. 这种信息素不可以与溴发生加成反应

B. 它可以发生银镜反应

C. 它只能与 1mol H_2 发生加成反应

D. 它是乙烯的同系物

47. 图示刚架中，若将作用于 B 处的水平力 P 沿其作用线移至 C 处，则 A、D 处的约束力：

A. 都不变

B. 都改变

C. 只有 A 处改变

D. 只有 D 处改变

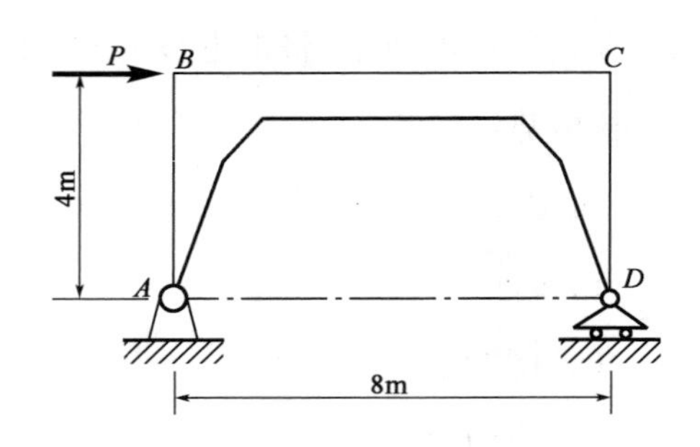

48. 图示绞盘有三个等长为 l 的柄，三个柄均在水平面内，其间夹角都是 120°。如在水平面内，每个柄端分别作用一垂直于柄的力 F_1、F_2、F_3，且有 $F_1=F_2=F_3=F$，该力系向 O 点简化后的主矢及主矩应为：

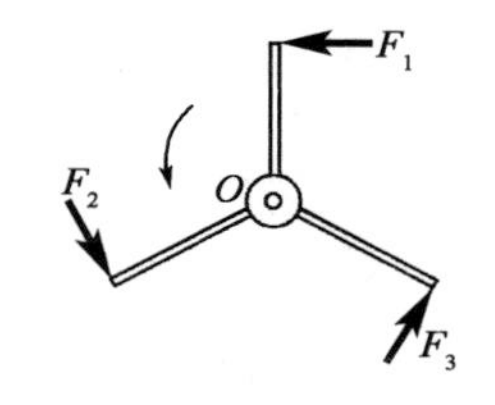

A. $F_R=0$，$M_O=3Fl$(⌒↘)

B. $F_R=0$，$M_O=3Fl$(↗⌒)

C. $F_R=2F$(水平向右)，$M_O=3Fl$(⌒↘)

D. $F_R=2F$(水平向左)，$M_O=3Fl$(↗⌒)

49. 图示起重机的平面构架，自重不计，且不计滑轮质量，已知：$F=100$kN，$L=70$cm，B、D、E 为铰链连接。则支座 A 的约束力为：

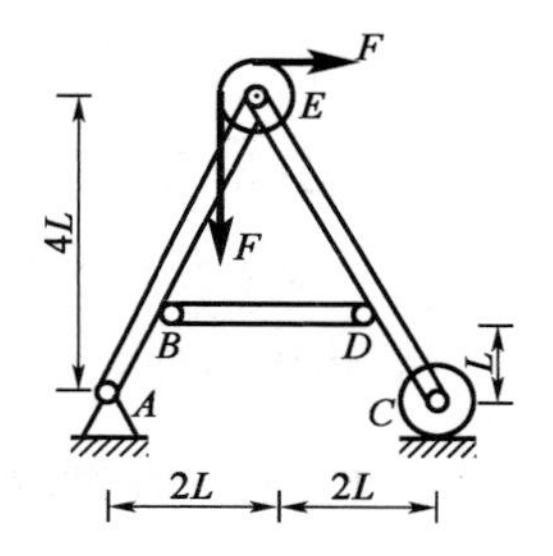

A. $F_{Ax}=100$kN(←)　　$F_{Ay}=150$kN(↓)

B. $F_{Ax}=100$kN(→)　　$F_{Ay}=50$kN(↑)

C. $F_{Ax}=100$kN(←)　　$F_{Ay}=50$kN(↓)

D. $F_{Ax}=100$kN(←)　　$F_{Ay}=100$kN(↓)

50. 平面结构如图所示，自重不计。已知：$F=100$kN。判断图示 BCH 桁架结构中，内力为零的杆数是：

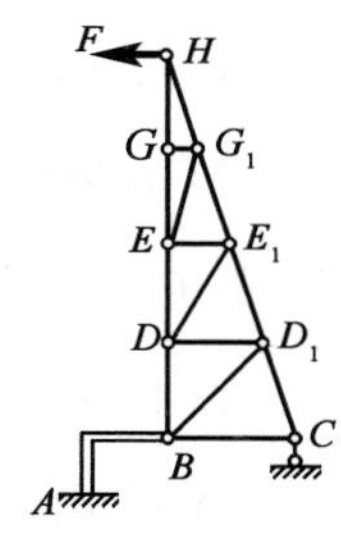

A. 3 根杆

B. 4 根杆

C. 5 根杆

D. 6 根杆

51. 动点以常加速度 2m/s^2 作直线运动。当速度由 5m/s 增加到 8m/s 时，则点运动的路程为：

A. 7.5m　　B. 12m

C. 2.25m　　D. 9.75m

52. 物体作定轴转动的运动方程为 $\varphi=4t-3t^2$（φ 以 rad 计，t 以 s 计）。此物体内，转动半径 $r=0.5$m 的一点，在 $t_0=0$ 时的速度和法向加速度的大小分别为：

A. 2m/s，8m/s^2

B. 3m/s，3m/s^2

C. 2m/s，8.54m/s^2

D. 0，8m/s^2

53. 一木板放在两个半径 $r=0.25\text{m}$ 的传输鼓轮上面。在图示瞬时，木板具有不变的加速度 $a=0.5\text{m/s}^2$，方向向右；同时，鼓动边缘上的点具有一大小为 3m/s^2 的全加速度。如果木板在鼓轮上无滑动，则此木板的速度为：

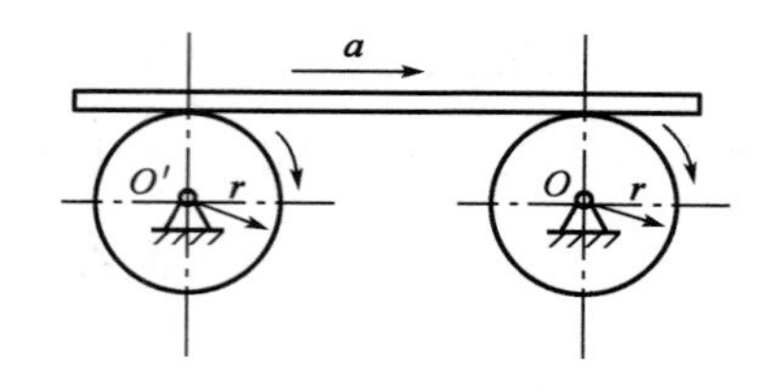

A. 0.86m/s

B. 3m/s

C. 0.5m/s

D. 1.67m/s

54. 重为 W 的人乘电梯铅垂上升，当电梯加速上升、匀速上升及减速上升时，人对地板的压力分别为 p_1、p_2、p_3，它们之间的关系为：

A. $p_1=p_2=p_3$　　B. $p_1>p_2>p_3$

C. $p_1<p_2<p_3$　　D. $p_1<p_2>p_3$

55. 均质细杆 AB 重力为 W，A 端置于光滑水平面上，B 端用绳悬挂，如图所示。当绳断后，杆在倒地的过程中，质心 C 的运动轨迹为：

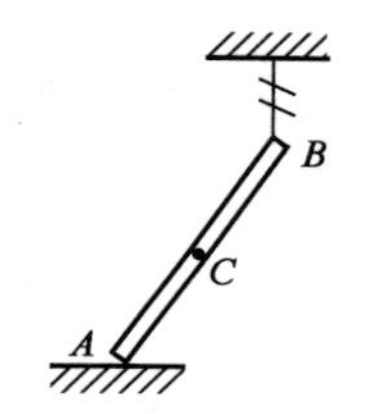

A. 圆弧线

B. 曲线

C. 铅垂直线

D. 抛物线

56. 杆 OA 与均质圆轮的质心用光滑铰链 A 连接，如图所示，初始时它们静止于铅垂面内，现将其释放，则圆轮 A 所作的运动为：

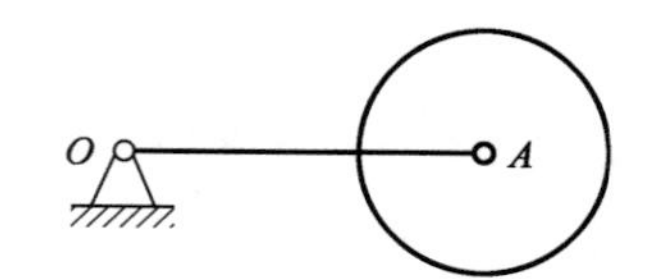

A. 平面运动

B. 绕轴 O 的定轴转动

C. 平行移动

D. 无法判断

57. 图示质量为 m、长为 l 的均质杆 OA 绕 O 轴在铅垂平面内作定轴转动。已知某瞬时杆的角速度为 ω，角加速度为 α，则杆惯性力系合力的大小为：

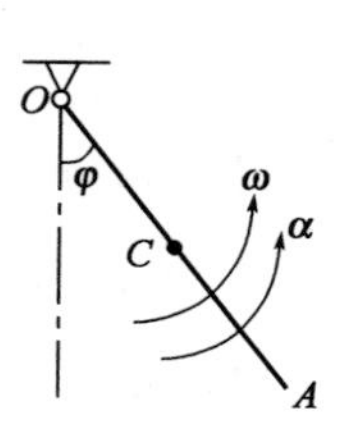

A. $\dfrac{l}{2}m\sqrt{\alpha^2+\omega^2}$

B. $\dfrac{l}{2}m\sqrt{\alpha^2+\omega^4}$

C. $\dfrac{l}{2}m\alpha$

D. $\dfrac{l}{2}m\omega^2$

58. 已知单自由度系统的振动固有频率 $\omega_n=2\text{rad/s}$，若在其上分别作用幅值相同而频率为 $\omega_1=1\text{rad/s}$，$\omega_2=2\text{rad/s}$，$\omega_3=3\text{rad/s}$ 的简谐干扰力，则此系统强迫振动的振幅为：

A. $\omega_1=1\text{rad/s}$ 时振幅最大

B. $\omega_2=2\text{rad/s}$ 时振幅最大

C. $\omega_3=3\text{rad/s}$ 时振幅最大

D. 不能确定

59. 截面面积为 A 的等截面直杆，受轴向拉力作用。杆件的原始材料为低碳钢，若将材料改为木材，其他条件不变，下列结论中正确的是：

A. 正应力增大，轴向变形增大

B. 正应力减小，轴向变形减小

C. 正应力不变，轴向变形增大

D. 正应力减小，轴向变形不变

60. 图示等截面直杆，材料的拉压刚度为 EA，杆中距离 A 端 1.5L 处横截面的轴向位移是：

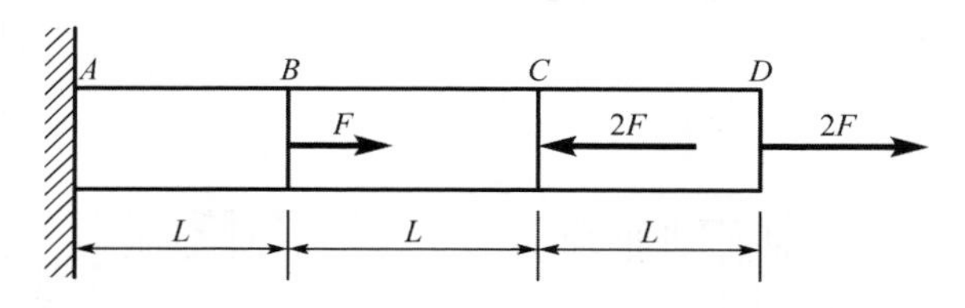

A. $\frac{4FL}{EA}$　　B. $\frac{3FL}{EA}$

C. $\frac{2FL}{EA}$　　D. $\frac{FL}{EA}$

61. 图示冲床的冲压力 $F=300\pi\text{kN}$，钢板的厚度 $t=10\text{mm}$，钢板的剪切强度极限 $\tau_b=300\text{MPa}$。冲床在钢板上可冲圆孔的最大直径 d 是：

A. $d=200\text{mm}$

B. $d=100\text{mm}$

C. $d=4000\text{mm}$

D. $d=1000\text{mm}$

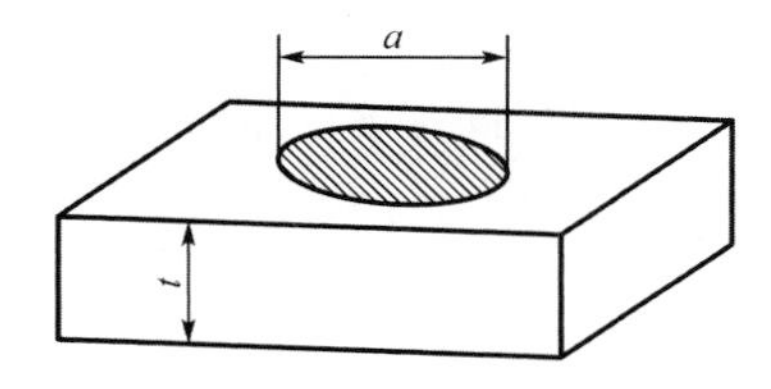

62. 图示两根木杆连接结构，已知木材的许用切应力为$[\tau]$，许用挤压应力为$[\sigma_{bs}]$，则a与h的合理比值是：

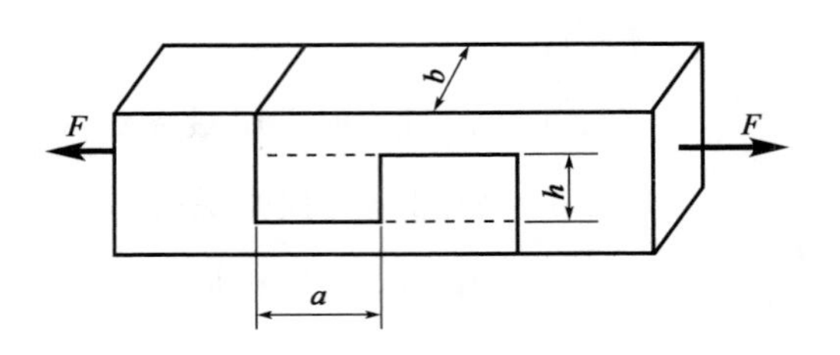

A. $\dfrac{h}{a}=\dfrac{[\tau]}{[\sigma_{bs}]}$

B. $\dfrac{h}{a}=\dfrac{[\sigma_{bs}]}{[\tau]}$

C. $\dfrac{h}{a}=\dfrac{[\tau]a}{[\sigma_{bs}]}$

D. $\dfrac{h}{a}=\dfrac{[\sigma_{bs}]a}{[\tau]}$

63. 圆轴受力如图所示，下面4个扭矩图中正确的是：

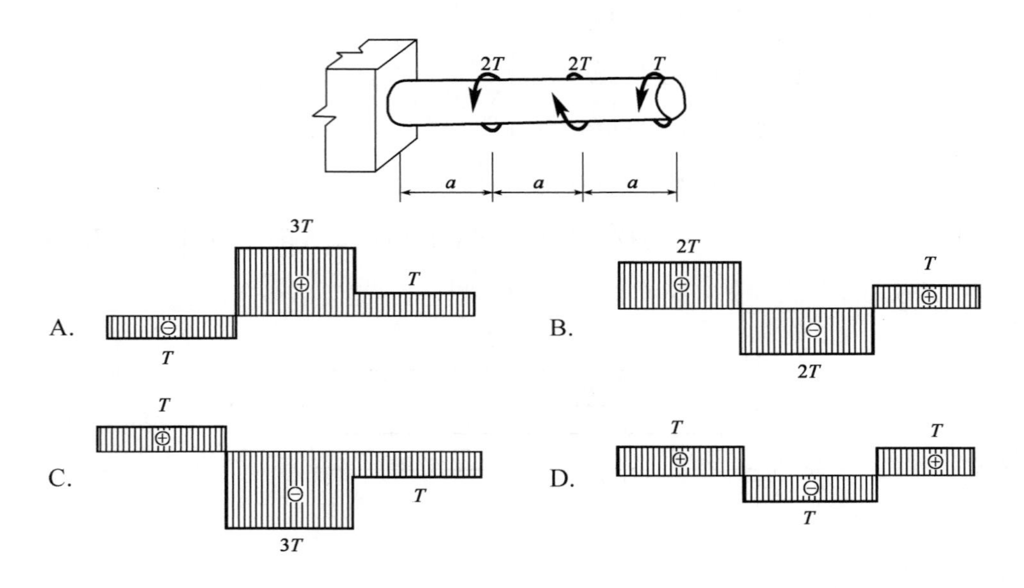

64. 直径为d的实心圆轴受扭，若使扭转角减小一半，圆轴的直径需变为：

A. $\sqrt[4]{2}d$

B. $\sqrt[3]{2}d$

C. $0.5d$

D. $\dfrac{8}{3}d$

65. 梁 ABC 的弯矩如图所示，根据梁的弯矩图，可以断定该梁 B 点处：

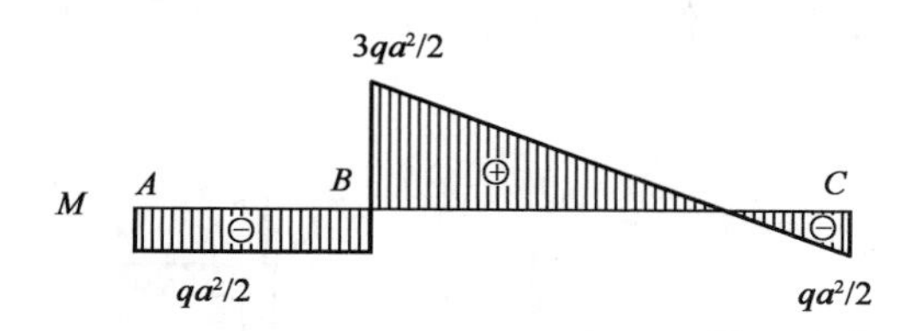

A. 无外荷载　　　　B. 只有集中力偶

C. 只有集中力　　　　D. 有集中力和集中力偶

66. 图示空心截面对 z 轴的惯性矩 I_z 为：

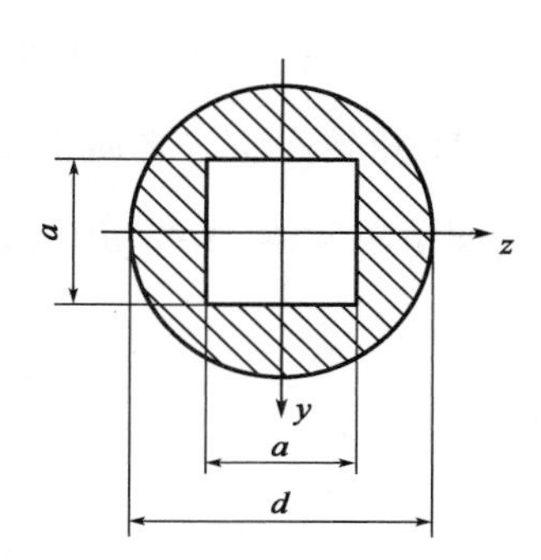

A. $I_z=\frac{\pi d^4}{32}-\frac{a^4}{12}$

B. $I_z=\frac{\pi d^4}{64}-\frac{a^4}{12}$

C. $I_z=\frac{\pi d^4}{32}+\frac{a^4}{12}$

D. $I_z=\frac{\pi d^4}{64}+\frac{a^4}{12}$

67. 两根矩形截面悬臂梁，弹性模量均为 E，横截面尺寸如图所示，两梁的载荷均为作用在自由端的集中力偶。已知两梁的最大挠度相同，则集中力偶 M_{e2} 是 M_{e1} 的：

$\left(\text{悬臂梁受自由端集中力偶 } M \text{ 作用，自由端挠度为 } \frac{ML^2}{2EI}\right)$

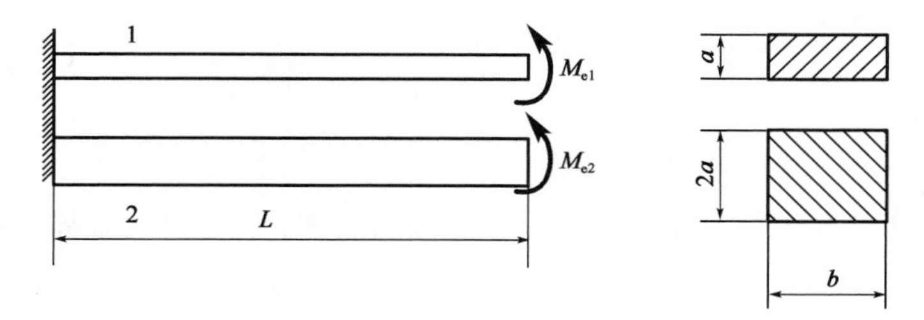

A. 8 倍

B. 4 倍

C. 2 倍

D. 1 倍

68. 图示等边角钢制成的悬臂梁 AB，c 点为截面形心，x' 为该梁轴线，y'、z' 为形心主轴。集中力 F 竖直向下，作用线过角钢两个狭长矩形边中线的交点，梁将发生以下变形：

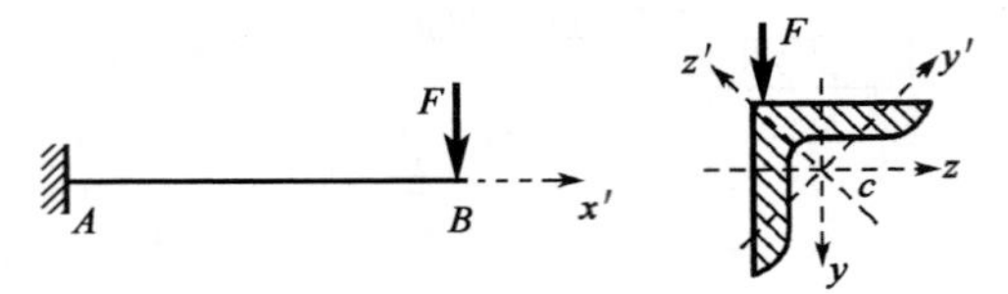

A. $x'z'$ 平面内的平面弯曲

B. 扭转和 $x'z'$ 平面内的平面弯曲

C. $x'y'$ 平面和 $x'z'$ 平面内的双向弯曲

D. 扭转和 $x'y'$ 平面、$x'z'$ 平面内的双向弯曲

69. 图示单元体，法线与 x 轴夹角 $\alpha=45°$ 的斜截面上切应力 τ_α 是：

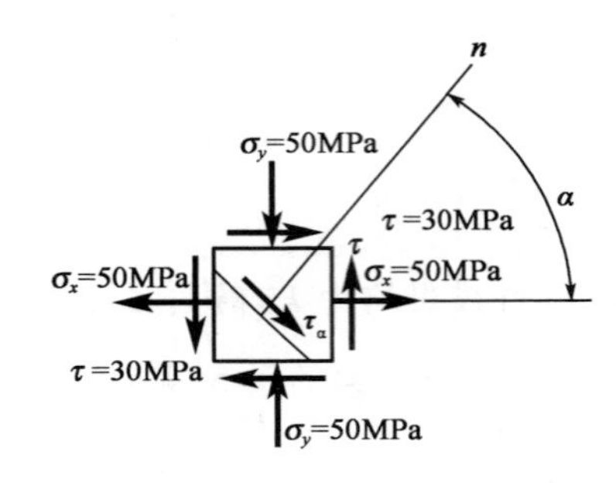

A. $\tau_\alpha=10\sqrt{2}$ MPa

B. $\tau_\alpha=50$MPa

C. $\tau_\alpha=60$MPa

D. $\tau_\alpha=0$

70. 图示矩形截面细长（大柔度）压杆，弹性模量为 E。该压杆的临界荷载 F_{cr} 为：

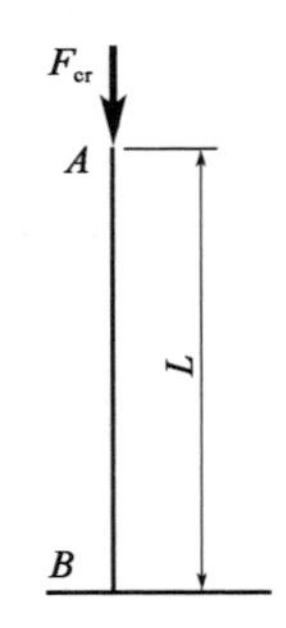

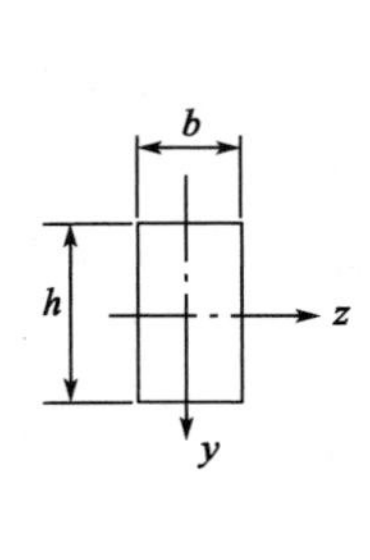

A. $F_{cr}=\dfrac{\pi^2 E}{L^2}\left(\dfrac{bh^3}{12}\right)$

B. $F_{cr}=\dfrac{\pi^2 E}{L^2}\left(\dfrac{hb^3}{12}\right)$

C. $F_{cr}=\dfrac{\pi^2 E}{(2L)^2}\left(\dfrac{bh^3}{12}\right)$

D. $F_{cr}=\dfrac{\pi^2 E}{(2L)^2}\left(\dfrac{hb^3}{12}\right)$

71. 按连续介质概念，流体质点是：

A. 几何的点

B. 流体的分子

C. 流体内的固体颗粒

D. 几何尺寸在宏观上同流动特征尺度相比是微小量，又含有大量分子的微元体

72. 设 A、B 两处液体的密度分别为 ρ_A 与 ρ_B，由 U 形管连接，如图所示，已知水银密度为 ρ_m，1、2 面的高度差为 Δh，它们与 A、B 中心点的高度差分别是 h_1 与 h_2，则 AB 两中心点的压强差 P_A-P_B 为：

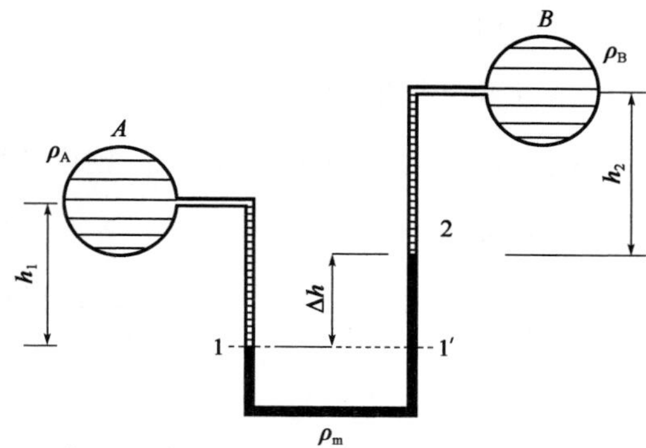

A. $(-h_1\rho_A+h_2\rho_B+\Delta h\rho_m)g$

B. $(h_1\rho_A-h_2\rho_B-\Delta h\rho_m)g$

C. $[-h_1\rho_A+h_2\rho_B+\Delta h(\rho_m-\rho_A)]g$

D. $[h_1\rho_A-h_2\rho_B-\Delta h(\rho_m-\rho_A)]g$

73. 汇流水管如图所示，已知三部分水管的横截面积分别为 $A_1=0.01\text{m}^2$，$A_2=0.005\text{m}^2$，$A_3=0.01\text{m}^2$，入流速度 $v_1=4\text{m/s}$，$v_2=6\text{m/s}$，求出流的流速 v_3 为：

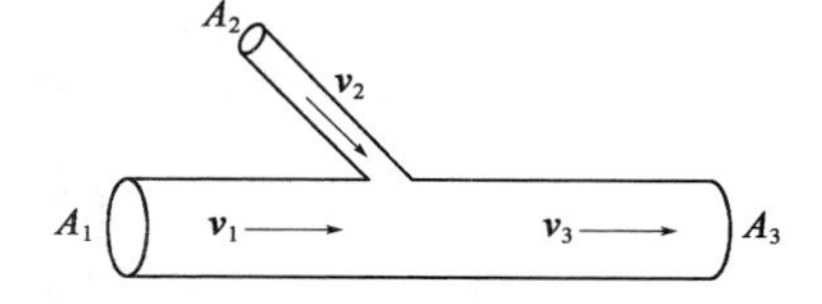

A. 8m/s

B. 6m/s

C. 7m/s

D. 5m/s

74. 尼古拉斯实验的曲线图中，在以下哪个区域里，不同相对粗糙度的试验点，分别落在一些与横轴平行的直线上，阻力系数 λ 与雷诺数无关：

A. 层流区

B. 临界过渡区

C. 紊流光滑区

D. 紊流粗糙区

75. 正常工作条件下，若薄壁小孔口直径为 d，圆柱形管嘴的直径为 d_2，作用水头 H 相等，要使得孔口与管嘴的流量相等，则直径 d_1 与 d_2 的关系是：

A. $d_1 > d_2$　　B. $d_1 < d_2$

C. $d_1 = d_2$　　D. 条件不足无法确定

76. 下面对明渠均匀流的描述哪项是正确的：

A. 明渠均匀流必须是非恒定流

B. 明渠均匀流的粗糙系数可以沿程变化

C. 明渠均匀流可以有支流汇入或流出

D. 明渠均匀流必须是顺坡

77. 有一完全井，半径 $r_0 = 0.3\text{m}$，含水层厚度 $H = 15\text{m}$，土壤渗透系数 $k = 0.0005\text{m/s}$，抽水稳定后，井水深 $h = 10\text{m}$，影响半径 $R = 375\text{m}$，则由达西定律得出的井的抽水量 Q 为：(其中计算系数为 1.366)

A. $0.0276\text{m}^3/\text{s}$　　B. $0.0138\text{m}^3/\text{s}$

C. $0.0414\text{m}^3/\text{s}$　　D. $0.0207\text{m}^3/\text{s}$

78. 量纲和谐原理是指：

A. 量纲相同的量才可以乘除

B. 基本量纲不能与导出量纲相运算

C. 物理方程式中各项的量纲必须相同

D. 量纲不同的量才可以加减

79. 关于电场和磁场，下述说法中正确的是：

A. 静止的电荷周围有电场，运动的电荷周围有磁场

B. 静止的电荷周围有磁场，运动的电荷周围有电场

C. 静止的电荷和运动的电荷周围都只有电场

D. 静止的电荷和运动的电荷周围都只有磁场

80. 如图所示，两长直导线的电流 $I_1 = I_2$，L 是包围 I_1、I_2 的闭合曲线，以下说法中正确的是：

A. L 上各点的磁场强度 H 的量值相等，不等于 0

B. L 上各点的 H 等于 0

C. L 上任一点的 H 等于 I_1、I_2 在该点的磁场强度的叠加

D. L 上各点的 H 无法确定

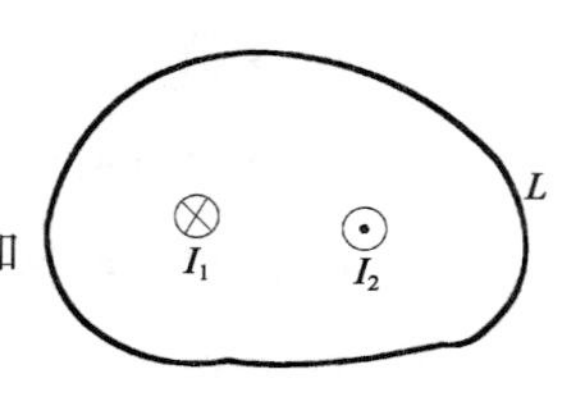

81. 电路如图所示，U_s 为独立电压源，若外电路不变，仅电阻 R 变化时，将会引起下述哪种变化？

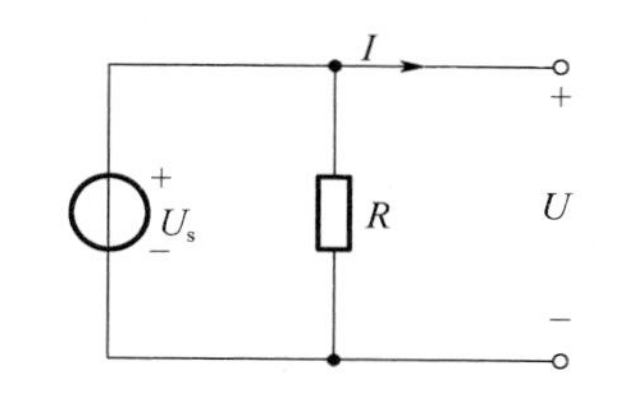

A. 端电压 U 的变化

B. 输出电流 I 的变化

C. 电阻 R 支路电流的变化

D. 上述三者同时变化

82. 在图 a)电路中有电流 I 时，可将图 a)等效为图 b)，其中等效电压源电压 U_s 和等效电源内阻 R_0 分别为：

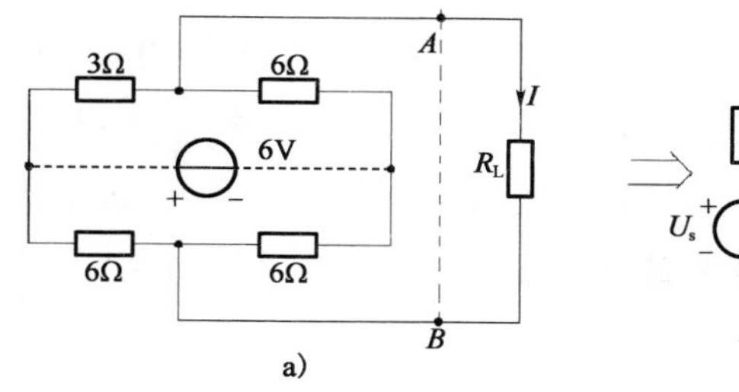

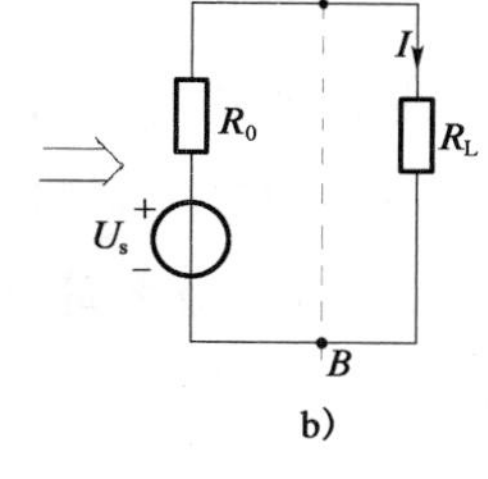

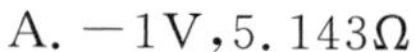

A. -1V，5.143Ω　　　B. 1V，5Ω

C. -1V，5Ω　　　D. 1V，5.143Ω

83. 某三相电路中，三个线电流分别为：

$$i_A = 18\sin(314t + 23°)(\text{A})$$

$$i_B = 18\sin(314t - 97°)(\text{A})$$

$$i_C = 18\sin(314t + 143°)(\text{A})$$

当 $t=10$s 时，三个电流之和为：

A. 18A　　B. 0A　　C. $18\sqrt{2}$A　　D. $18\sqrt{3}$A

84. 电路如图所示，电容初始电压为零，开关在 $t=0$ 时闭合，则 $t \geqslant 0$ 时，$u(t)$ 为：

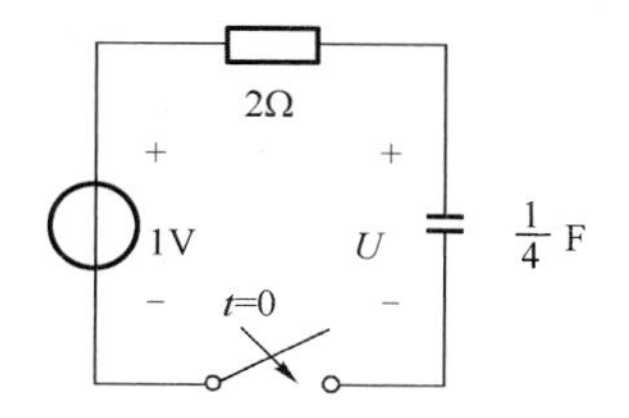

A. $(1-e^{-0.5t})$V

B. $(1+e^{-0.5t})$V

C. $(1-e^{-2t})$V

D. $(1+e^{-2t})$V

85. 有一容量为10kV·A 的单相变压器，电压为 3300/220V，变压器在额定状态下运行。在理想的情况下副边可接 40W、220V、功率因数$\cos\phi=0.44$ 的日光灯多少盏？

A. 110　　　B. 200

C. 250　　　D. 125

86. 整流滤波电路如图所示，已知 $U_1=30\text{V}$，$U_o=12\text{V}$，$R=2\text{k}\Omega$，$R_L=4\text{k}\Omega$（稳压管的稳定电流 $I_{Z\min}=5\text{mA}$ 与 $I_{Z\max}=18\text{mA}$）。通过稳压管的电流和通过二极管的平均电流分别是：

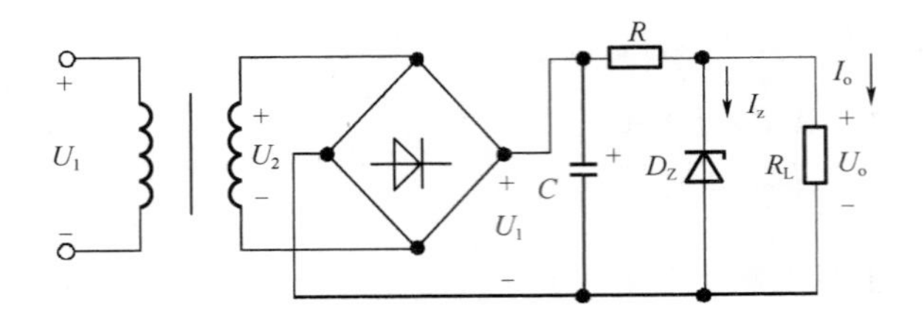

A. 5mA，2.5mA

B. 8mA，8mA

C. 6mA，2.5mA

D. 6mA，4.5mA

87. 晶体管非门电路如图所示，已知 $U_{CC}=15\text{V}$，$U_B=-9\text{V}$，$R_C=3\text{k}\Omega$，$R_B=20\text{k}\Omega$，$\beta=40$，当输入电压 $U_1=5\text{V}$ 时，要使晶体管饱和导通，R_X 的值不得大于：（设 $U_{BE}=0.7\text{V}$，集电极和发射极之间的饱和电压 $U_{CES}=0.3\text{V}$）

A. 7.1kΩ

B. 35kΩ

C. 3.55kΩ

D. 17.5kΩ

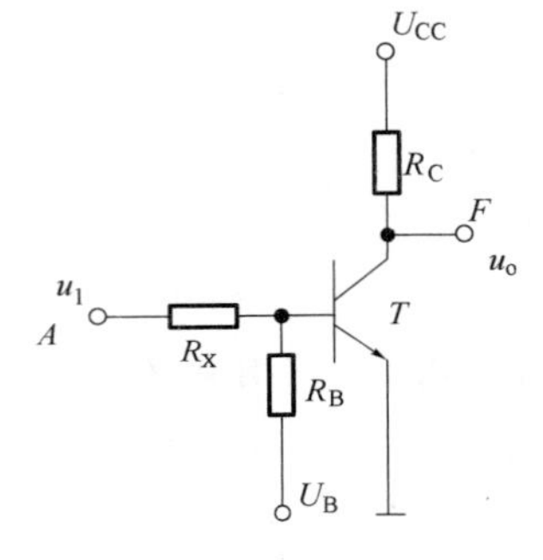

88. 图示为共发射极单管电压放大电路，估算静态点 I_B、I_C、V_{CE} 分别为：

A. 57μA，2.28mA，5.16V

B. 57μA，2.28mA，8V

C. 57μA，4mA，0V

D. 30μA，2.8mA，3.5V

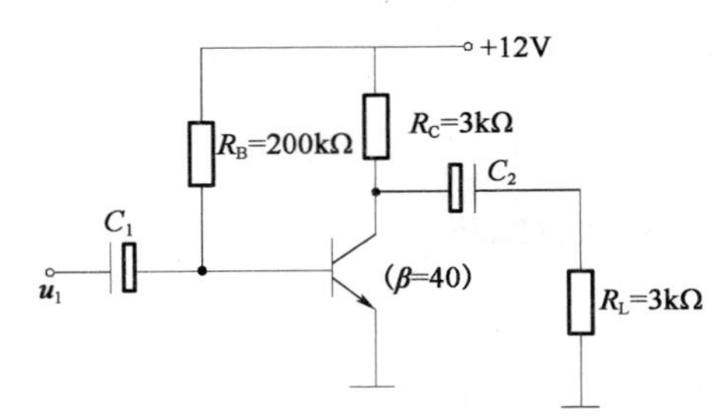

89. 图为三个二极管和电阻 R 组成的一个基本逻辑门电路，输入二极管的高电平和低电平分别是 3V 和 0V，电路的逻辑关系式是：

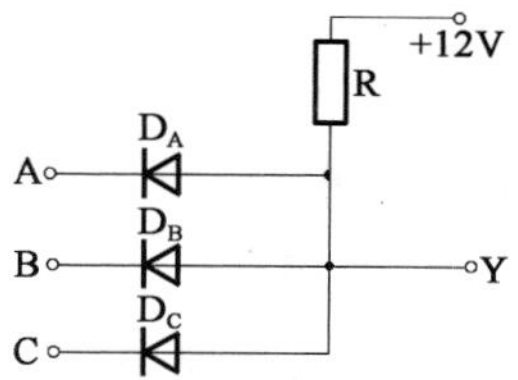

A. Y＝ABC

B. Y＝A＋B＋C

C. Y＝AB＋C

D. Y＝(A＋B)C

90. 由两个主从型 JK 触发器组成的逻辑电路如图 a)所示，设 Q_1、Q_2的初始态是 0、0，已知输入信号 A 和脉冲信号 cp 的波形，如图 b)所示，当第二个 cp 脉冲作用后，Q_1、Q_2将变为：

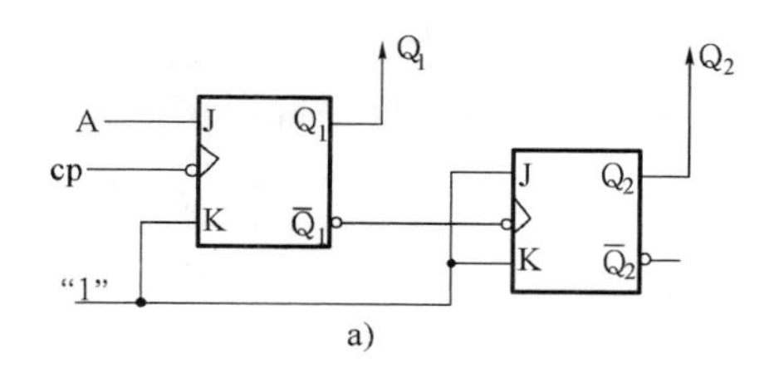

a)

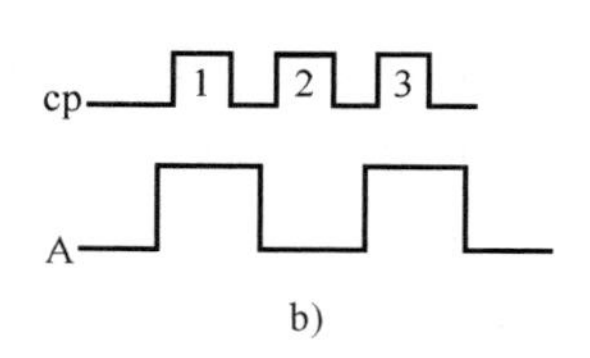

b)

A. 1、1　　B. 1、0

C. 0、1　　D. 保持 0、0 不变

91. 图示为电报信号、温度信号、触发脉冲信号和高频脉冲信号的波形，其中是连续信号的是：

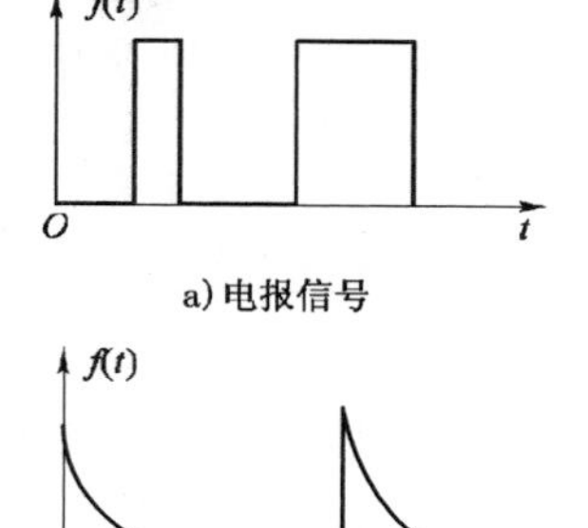

a) 电报信号

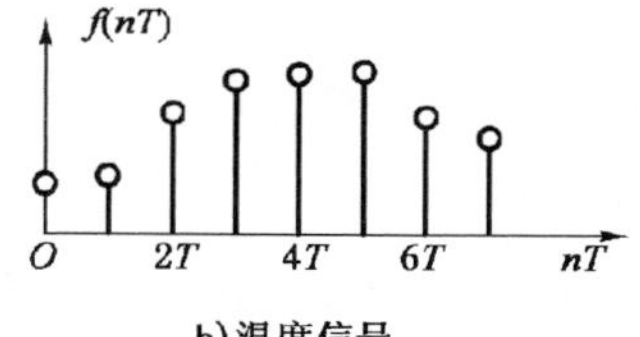

b) 温度信号

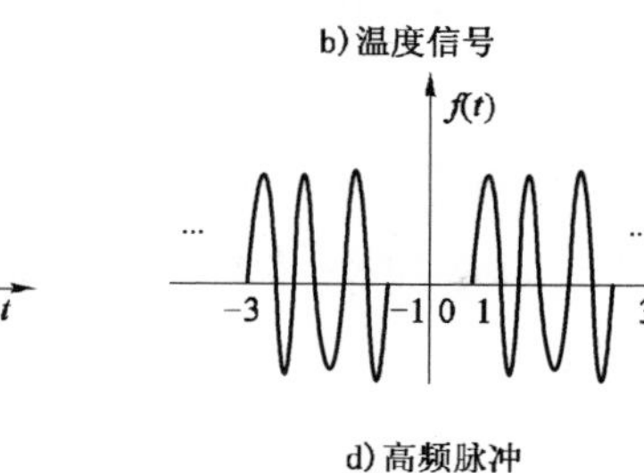

c) 触发脉冲

d) 高频脉冲

A. a)、c)、d)　　B. b)、c)、d)

C. a)、b)、c)　　D. a)、b)、d)

92. 连续时间信号与通常所说的模拟信号的关系是：

A. 完全不同　　B. 是同一个概念

C. 不完全相同　　D. 无法回答

93. 单位冲激信号 $\delta(t)$ 是：

A. 奇函数　　B. 偶函数

C. 非奇非偶函数　　D. 奇异函数，无奇偶性

94. 单位阶跃信号 $\varepsilon(t)$ 是物理量单位跃变现象，而单位冲激信号 $\delta(t)$ 是物理量产生单位跃变什么的现象：

A. 速度　　B. 幅度

C. 加速度　　D. 高度

95. 如图所示的周期为 T 的三角波信号，在用傅氏级数分析周期信号时，系数 a_0、a_n 和 b_n 判断正确的是：

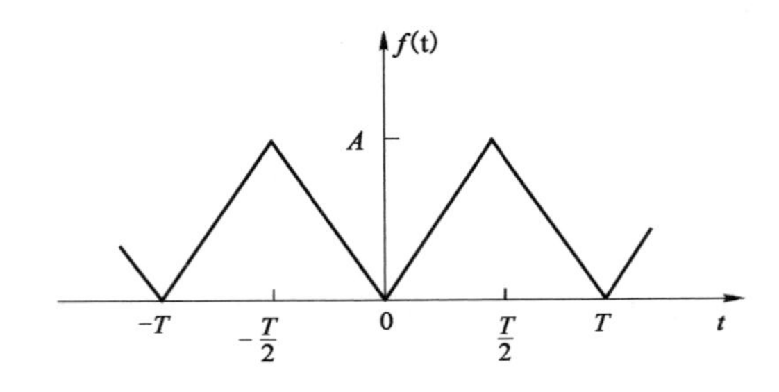

A. 该信号是奇函数且在一个周期的平均值为零，所以傅立叶系数 a_0 和 b_n 是零

B. 该信号是偶函数且在一个周期的平均值不为零，所以傅立叶系数 a_0 和 a_n 不是零

C. 该信号是奇函数且在一个周期的平均值不为零，所以傅立叶系数 a_0 和 b_n 不是零

D. 该信号是偶函数且在一个周期的平均值为零，所以傅立叶系数 a_0 和 b_n 是零

96. 将 $(11010010.01010100)_2$ 表示成十六进制数是：

A. $(D2.54)_H$　　B. D2.54

C. $(D2.A8)_H$　　D. $(D2.54)_B$

97. 计算机系统内的系统总线是：

A. 计算机硬件系统的一个组成部分

B. 计算机软件系统的一个组成部分

C. 计算机应用软件系统的一个组成部分

D. 计算机系统软件的一个组成部分

98. 目前，人们常用的文字处理软件有：

A. Microsoft Word 和国产字处理软件 WPS

B. Microsoft Excel 和 Auto CAD

C. Microsoft Access 和 Visual Foxpro

D. Visual BASIC 和 Visual C++

99. 下面所列各种软件中，最靠近硬件一层的是：

A. 高级语言程序

B. 操作系统

C. 用户低级语言程序

D. 服务性程序

100. 操作系统中采用虚拟存储技术，实际上是为实现：

A. 在一个较小内存储空间上，运行一个较小的程序

B. 在一个较小内存储空间上，运行一个较大的程序

C. 在一个较大内存储空间上，运行一个较小的程序

D. 在一个较大内存储空间上，运行一个较大的程序

101. 用二进制数表示的计算机语言称为：

A. 高级语言

B. 汇编语言

C. 机器语言

D. 程序语言

102. 下面四个二进制数中，与十六进制数 AE 等值的一个是：

A. 10100111

B. 10101110

C. 10010111

D. 11101010

103. 常用的信息加密技术有多种，下面所述四条不正确的一条是：

A. 传统加密技术、数字签名技术

B. 对称加密技术

C. 密钥加密技术

D. 专用 ASCII 码加密技术

104. 广域网，又称为远程网，它所覆盖的地理范围一般：

A. 从几十米到几百米

B. 从几百米到几公里

C. 从几公里到几百公里

D. 从几十公里到几千公里

105. 我国专家把计算机网络定义为：

A. 通过计算机将一个用户的信息传送给另一个用户的系统

B. 由多台计算机、数据传输设备以及若干终端连接起来的多计算机系统

C. 将经过计算机储存、再生，加工处理的信息传输和发送的系统

D. 利用各种通信手段，把地理上分散的计算机连在一起，达到相互通信、共享软/硬件和数据等资源的系统

106. 在计算机网络中，常将实现通信功能的设备和软件称为：

A. 资源子网　　B. 通信子网

C. 广域网　　D. 局域网

107. 某项目拟发行 1 年期债券。在年名义利率相同的情况下，使年实际利率较高的复利计息期是：

A. 1 年　　B. 半年

C. 1 季度　　D. 1 个月

108. 某建设工程建设期为 2 年。其中第一年向银行贷款总额为 1000 万元，第二年无贷款，贷款年利率为 6%，则该项目建设期利息为：

A. 30 万元　　B. 60 万元

C. 61.8 万元　　D. 91.8 万元

109. 某公司向银行借款 5000 万元，期限为 5 年，年利率为 10%，每年年末付息一次，到期一次还本，企业所得税率为 25%。若不考虑筹资费用，该项借款的资金成本率是：

A. 7.5%　　B. 10%

C. 12.5%　　D. 37.5%

110. 对于某常规项目(IRR 唯一),当设定折现率为 12%时,求得的净现值为 130 万元;当设定折现率为 14%时,求得的净现值为−50 万元,则该项目的内部收益率应是:

A. 11.56%　　　　B. 12.77%

C. 13%　　　　D. 13.44%

111. 下列财务评价指标中,反映项目偿债能力的指标是:

A. 投资回收期

B. 利息备付率

C. 财务净现值

D. 总投资收益率

112. 某企业生产一种产品,年固定成本为 1000 万元,单位产品的可变成本为 300 元、售价为 500 元,则其盈亏平衡点的销售收入为:

A. 5 万元　　　　B. 600 万元

C. 1500 万元　　　　D. 2500 万元

113. 下列项目方案类型中,适于采用净现值法直接进行方案选优的是:

A. 寿命期相同的独立方案

B. 寿命期不同的独立方案

C. 寿命期相同的互斥方案

D. 寿命期不同的互斥方案

114. 某项目由 A、B、C、D 四个部分组成,当采用强制确定法进行价值工程对象选择时,它们的价值指数分别如下所示。其中不应作为价值工程分析对象的是:

A. 0.7559　　　　B. 1.0000

C. 1.2245　　　　D. 1.5071

115. 建筑工程开工前,建设单位应当按照国家有关规定申请领取施工许可证,颁发施工许可证的单位应该是:

A. 县级以上人民政府建设行政主管部门

B. 工程所在地县级以上人民政府建设工程监督部门

C. 工程所在地省级以上人民政府建设行政主管部门

D. 工程所在地县级以上人民政府建设行政主管部门

116. 根据《中华人民共和国安全生产法》的规定，生产经营单位主要负责人对本单位的安全生产负总责，某生产经营单位的主要负责人对本单位安全生产工作的职责是：

A. 建立、健全本单位安全生产责任制

B. 保证本单位安全生产投入的有效使用

C. 及时报告生产安全事故

D. 组织落实本单位安全生产规章制度和操作规程

117. 根据《中华人民共和国招标投标法》的规定，某建设工程依法必须进行招标，招标人委托了招标代理机构办理招标事宜，招标代理机构的行为合法的是：

A. 编制投标文件和组织评标

B. 在招标人委托的范围内办理招标事宜

C. 遵守《中华人民共和国招标投标法》关于投标人的规定

D. 可以作为评标委员会成员参与评标

118.《中华人民共和国合同法》规定的合同形式中不包括：

A. 书面形式　　B. 口头形式

C. 特定形式　　D. 其他形式

119. 根据《中华人民共和国行政许可法》规定，下列可以设定行政许可的事项是：

A. 企业或者其他组织的设立等，需要确定主体资格的事项

B. 市场竞争机制能够有效调节的事项

C. 行业组织或者中介机构能够自律管理的事项

D. 公民、法人或者其他组织能够自主决定的事项

120. 根据《建设工程质量管理条例》的规定，施工图必须经过审查批准，否则不得使用，某建设单位投资的大型工程项目施工图设计已经完成，该施工图应该报审的管理部门是：

A. 县级以上人民政府建设行政主管部门

B. 县级以上人民政府工程设计主管部门

C. 县级以上政府规划部门

D. 工程监理单位

2012年度全国勘察设计注册工程师执业资格考试基础考试(上)

试题解析及参考答案

1. 解 $\lim\limits_{x\to0^+}(x^2+1)=1,\lim\limits_{x\to0^-}\left(\cos x+x\sin\frac{1}{x}\right)=1+0=1$

$f(0)=(x^2+1)\Big|_{x=0}=1$,所以 $\lim\limits_{x\to0^+}f(x)=\lim\limits_{x\to0^-}f(x)=f(0)$

答案:D

2. 解 $\lim\limits_{x\to0}\frac{1-\cos x}{2x^2}=\lim\limits_{x\to0}\frac{\frac{1}{2}x^2}{2x^2}=\frac{1}{4}\neq0$,当 $x\to0,1-\cos x\sim\frac{1}{2}x^2$。

答案:D

3. 解 $y=\ln\cos x,y'=\frac{-\sin x}{\cos x}=-\tan x,\mathrm{d}y=-\tan x\mathrm{d}x$

答案:C

4. 解 $f(x)=(e^{-x^2})'=-2xe^{-x^2}$

$f'(x)=-2[e^{-x^2}+xe^{-x^2}(-2x)]=2e^{-x^2}(2x^2-1)$

答案:A

5. 解 $\int f'(2x+1)\mathrm{d}x=\frac{1}{2}\int f'(2x+1)\mathrm{d}(2x+1)=\frac{1}{2}f(2x+1)+C$

答案:B

6. 解
$$\int_0^{\frac{1}{2}}\frac{1+x}{\sqrt{1-x^2}}\mathrm{d}x=\int_0^{\frac{1}{2}}\frac{1}{\sqrt{1-x^2}}\mathrm{d}x+\int_0^{\frac{1}{2}}\frac{x}{\sqrt{1-x^2}}\mathrm{d}x$$

$$=\arcsin x\Big|_0^{\frac{1}{2}}+\int_0^{\frac{1}{2}}\frac{1}{\sqrt{1-x^2}}\mathrm{d}\left(\frac{1}{2}x^2\right)$$

$$=\arcsin\frac{1}{2}+\left(-\frac{1}{2}\right)\times\int_0^{\frac{1}{2}}\frac{1}{\sqrt{1-x^2}}\mathrm{d}(1-x^2)$$

$$=\frac{\pi}{6}+\left(-\frac{1}{2}\right)\times2(1-x^2)^{\frac{1}{2}}\Big|_0^{\frac{1}{2}}$$

$$=\frac{\pi}{6}-\left(\frac{\sqrt{3}}{2}-1\right)=\frac{\pi}{6}+1-\frac{\sqrt{3}}{2}$$

答案:C

7. **解**　D：$\begin{cases} 0\leqslant\theta<\dfrac{\pi}{4} \\ 0\leqslant r\leqslant\dfrac{1}{\cos\theta} \end{cases}$，因为 $x=1, r\cos\theta=1$（即 $r=\dfrac{1}{\cos\theta}$）

等式 $=\int_0^{\frac{\pi}{4}}\mathrm{d}\theta\int_0^{\frac{1}{\cos\theta}}(r\cos\theta, r\sin\theta)r\mathrm{d}r$

题7解图

答案：B

8. **解**　已知 $a<x<b$，$f'(x)>0$，单增；$f''(x)<0$，凸。所以函数在区间 (a,b) 内图形沿 x 轴正向是单增且凸的。

答案：C

9. **解**　$f(x)=x^{\frac{2}{3}}$ 在 $[-1,1]$ 连续。$f'(x)=\dfrac{2}{3}x^{-\frac{1}{3}}=\dfrac{2}{3}\cdot\dfrac{1}{\sqrt[3]{x}}$ 在 $(-1,1)$ 不可导[因为 $f'(x)$ 在 $x=0$ 导数不存在]，所以不满足拉格朗日定理的条件。

答案：B

10. **解**　$\sum\limits_{n=1}^{\infty}\left|\dfrac{(-1)^n}{n}\right|=\sum\limits_{n=1}^{\infty}\dfrac{1}{n}$，发散；

而 $\sum\limits_{n=1}^{\infty}\dfrac{(-1)^n}{n}$ 满足：① $u_n\geqslant u_{n+1}$，② $\lim\limits_{n\to\infty}u_n=0$，该级数收敛。

所以级数条件收敛。

答案：A

11. **解**　$|x|<\dfrac{1}{2}$，即 $-\dfrac{1}{2}<x<\dfrac{1}{2}$，$f(x)=\dfrac{1}{1+2x}$

已知：$\dfrac{1}{1+x}=1-x+x^2-x^3+\cdots+(-1)^n x^n+\cdots=\sum\limits_{n=0}^{\infty}(-1)^n x^n \quad (-1<x<1)$

则 $f(x)=\dfrac{1}{1+2x}=1-(2x)+(2x)^2-(2x)^3+\cdots+(-1)^n(2x)^n+\cdots$

$$=\sum_{n=0}^{\infty}(-1)^n(2x)^n=\sum_{n=0}^{\infty}(-2)^n x^n\left(-1<2x<1,\text{即}-\frac{1}{2}<x<\frac{1}{2}\right)$$

答案：B

12. **解**　已知 $y_1(x)$，$y_2(x)$ 是微分方程 $y'+p(x)y=q(x)$ 两个不同的特解，所以 $y_1(x)-y_2(x)$ 为对应齐次方程 $y'+p(x)y=0$ 的一个解。

微分方程 $y'+p(x)y=q(x)$ 的通解为 $y=y_1+C(y_1-y_2)$。

答案：D

13. **解**　$y''+2y'-3y=0$，特征方程为 $r^2+2r-3=0$，得 $r_1=-3, r_2=1$。所以 $y_1=e^x$，$y_2=e^{-3x}$ 为选项 B 的特解，满足条件。

答案：B

14. **解**　$\dfrac{\mathrm{d}y}{\mathrm{d}x}=-\dfrac{x}{y}$，$y\mathrm{d}y=-x\mathrm{d}x$

两边积分：$\frac{1}{2}y^2=-\frac{1}{2}x^2+C$，$y^2=-x^2+2C$，$y^2+x^2=C_1$，这里常数 $C_1=2C$，必须满足 $C_1\geqslant 0$。

故方程的通解为 $x^2+y^2=C^2(C\in R)$。

答案：C

15. **解** 旋转体体积 $V=\int_0^{\pi}\pi[(\sin x)^{\frac{3}{2}}]^2\mathrm{d}x$

$$=\pi\int_0^{\pi}\sin^3 x\mathrm{d}x=\pi\int_0^{\pi}\sin^2 x\mathrm{d}(-\cos x)$$

$$=-\pi\int_0^{\pi}(1-\cos^2 x)\mathrm{d}\cos x$$

$$=-\pi\left(\cos x-\frac{1}{3}\cos^3 x\right)\Big|_0^{\pi}$$

$$=\frac{4}{3}\pi$$

答案：B

16. **解** 方程组 $\begin{cases}x^2+4y^2+z^2=4 & ① \\ x+z=a & ②\end{cases}$

消去字母 x

由②式得： $x=a-z$ ③

③式代入①式得：$(a-z)^2+4y^2+z^2=4$

则曲线在 yOz 平面上投影方程为 $\begin{cases}(a-z)^2+4y^2+z^2=4 \\ x=0\end{cases}$

答案：A

17. **解** 方程 $x^2-\frac{y^2}{4}+z^2=1$，即 $x^2+z^2-\frac{y^2}{4}=1$，可由 xOy 平面上双曲线 $\begin{cases}x^2-\frac{y^2}{4}=1 \\ z=0\end{cases}$ 绕 y 轴旋转得到，也可由 yOz 平面上双曲线 $\begin{cases}z^2-\frac{y^2}{4}=1 \\ x=0\end{cases}$ 绕 y 轴旋转得到。

所以 $x^2+z^2-\frac{y^2}{4}=1$ 为旋转双曲面。

答案：A

18. **解** 直线 L 的方向向量 $\vec{s}=\begin{vmatrix}\vec{i} & \vec{j} & \vec{k} \\ 1 & 3 & 2 \\ 2 & -1 & -10\end{vmatrix}=-28\vec{i}+14\vec{j}-7\vec{k}$，$\vec{s}=\{-28,14,-7\}$

平面 π：$4x-2y+z-2=0$

法线向量：$\vec{n}=\{4,-2,1\}$

$\vec{s},\vec{n}$ 坐标成比例，$\frac{-28}{4}=\frac{14}{-2}=\frac{-7}{1}$，则 $\vec{s}//\vec{n}$，直线 L 垂直于平面 π。

答案:C

19. **解** $\boldsymbol{A}$ 的特征值为 λ_0，$2\boldsymbol{A}$ 的特征值为 $2\lambda_0$，$(2\boldsymbol{A})^{-1}$ 的特征值为 $\frac{1}{2\lambda_0}$。

答案:C

20. **解** 已知 $\vec{\alpha_1},\vec{\alpha_2},\vec{\beta}$ 线性相关，$\vec{\alpha_2},\vec{\alpha_3},\vec{\beta}$ 线性无关。由性质可知：$\vec{\alpha_1},\vec{\alpha_2},\vec{\alpha_3},\vec{\beta}$ 线性相关（部分相关，全体相关），$\vec{\alpha_2},\vec{\alpha_3},\vec{\beta}$ 线性无关。

故 $\vec{\alpha_1}$ 可用 $\vec{\alpha_2},\vec{\alpha_3},\vec{\beta}$ 线性表示。

答案:B

21. **解** 已知 $\boldsymbol{A}=\begin{bmatrix}1 & t & -1\\ t & 1 & 1\\ -1 & 1 & 2\end{bmatrix}$

由矩阵 $\boldsymbol{A}$ 正定的充分必要条件可知：$1>0$，$\begin{vmatrix}1 & t\\ t & 1\end{vmatrix}=1-t^2>0$，

$$\begin{vmatrix}1 & t & -1\\ t & 1 & 1\\ -1 & 1 & 2\end{vmatrix}\xlongequal[2c_1+c_3]{c_1+c_2}\begin{vmatrix}1 & t+1 & 1\\ t & t+1 & 1+2t\\ -1 & 0 & 0\end{vmatrix}=(-1)[(t+1)(1+2t)-(t+1)]=-2t(t+1)>0,$$

求解 $t^2<1$，得 $-1<t<1$；再求解 $-2t(t+1)>0$，得 $t(t+1)<0$，即 $-1<t<0$，则公共解 $-1<t<0$。

答案:B

22. **解** A、B 互不相容时，$P(AB)=0$。$\overline{A}\,\overline{B}=\overline{A\cup B}$

$P(\overline{A}\,\overline{B})=P(\overline{A\cup B})=1-P(A\cup B)$

$=1-[P(A)+P(B)-P(AB)]=1-(p+q)$

或使用图示法（面积表示概率），见解图。

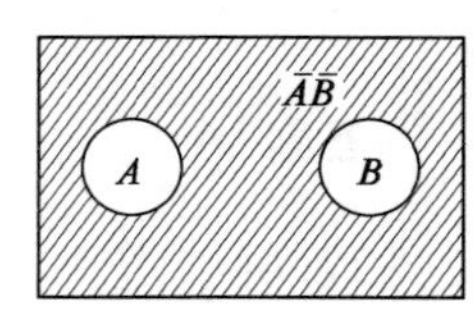

题 22 解图

答案:C

23. **解** X 与 Y 独立时，$E(XY)=E(X)E(Y)$，X 在 $[a,b]$ 上服从均匀分布时，$E(X)=\frac{a+b}{2}=1$，Y 服从参数为 λ 的指数分布时，$E(Y)=\frac{1}{\lambda}=\frac{1}{3}$，$E(XY)=\frac{1}{3}$。

答案:D

24. **解** 当 σ^2 未知时检验假设 $H_0:\mu=\mu_0$，应选取统计量 $T=\frac{\overline{X}-\mu_0}{S}\sqrt{n}$，$S^2=\frac{1}{n-1}\sum_{i=1}^{n}(X_i-\overline{X})^2=\frac{1}{n-1}Q^2$，$S=\frac{Q}{\sqrt{n-1}}$。

当 $\mu_0=0$ 时，$T=\sqrt{n(n-1)}\frac{\overline{X}}{Q}$。

答案：A

25. **解** ①由 $p=nkT$ 知选项 A 不正确；

②由 $pV=\frac{m}{M}RT$ 知选项 B 不正确；

③由 $\overline{\omega}=\frac{3}{2}kT$，温度、压强相等，单位体积分子数相同，知选项 C 正确；

④由 $E_{内}=\frac{i}{2}\frac{m}{M}RT=\frac{i}{2}pV$ 知选项 D 不正确。

答案：C

26. **解** $N\int_{v_1}^{v_2}f(v)\mathrm{d}v$ 表示速率在 $v_1 \to v_2$ 区间内的分子数。

答案：B

27. **解** 注意内能的增量 ΔE 只与系统的起始和终了状态有关，与系统所经历的过程无关。

$Q_{ab}=335=\Delta E_{ab}+126$，$\Delta E_{ab}=209\mathrm{J}$，$Q'_{ab}=\Delta E_{ab}+42=251\mathrm{J}$

答案：C

28. **解** 等体过程：
$$Q_1=Q_v=\Delta E_1=\frac{m}{M}\frac{i}{2}R\Delta T \quad ①$$

等压过程：
$$Q_2=Q_p=\Delta E_2+A=\frac{m}{M}\frac{i}{2}R\Delta T+A \quad ②$$

对于给定的理想气体，内能的增量只与系统的起始和终了状态有关，与系统所经历的过程无关，$\Delta E_1=\Delta E_2$。

比较①式和②式，注意到 $A>0$，显然 $Q_2>Q_1$。

答案：A

29. **解** 在 $t=0.25\mathrm{s}$ 时刻，处于平衡位置，$y=0$

由简谐波的波动方程 $y=2\times10^{-2}\cos2\pi(10\times0.25-\frac{x}{5})=0$，可知

$$\cos2\pi(10\times0.25-\frac{x}{5})=0$$

则 $2\pi(10\times0.25-\frac{x}{5})=(2k+1)\frac{\pi}{2}$，$k=0,\pm1,\pm2,\cdots$

由此可得 $2\frac{x}{5}=\frac{9}{2}-k$

当 $x=0$ 时，$k=4.5$

所以 $k=4$，$x=1.25$ 或 $k=5$，$x=-1.25$ 时，与坐标原点 $x=0$ 最近

答案：C

30. **解**　当初相位 $\phi=0$ 时，波动方程的表达式为 $y=A\cos\omega\left(t-\frac{x}{u}\right)$，利用 $\omega=2\pi\nu$，$\nu=\frac{1}{T}$，$u=\lambda\nu$，表达式 $y=A\cos\left[2\pi\nu\left(t-\frac{x}{\lambda\nu}\right)\right]=A\cos2\pi\left(\nu t-\frac{\nu x}{\lambda\nu}\right)=A\cos2\pi\left(\frac{t}{T}-\frac{x}{\lambda}\right)$，令 $A=0.02\text{m}$，$T=0.5\text{s}$，$\lambda=100\text{m}$，则 $y=0.02\cos\left(\frac{t}{\frac{1}{2}}-\frac{x}{100}\right)=0.02\cos2\pi(2t-0.01x)$。

答案：B

31. **解**　声强级 $L=10\lg\frac{I}{I_0}\text{dB}$，由题意得 $40=10\lg\frac{I}{I_0}$，即 $\frac{I}{I_0}=10^4$；同理 $\frac{I'}{I_0}=10^8$，$\frac{I'}{I}=10^4$。

答案：D

32. **解**　自然光 I_0 通过 P_1 偏振片后光强减半为 $\frac{I_0}{2}$，通过 P_2 偏振后光强为 $I=\frac{I_0}{2}\cos^2 90°=0$。

答案：A

33. **解**　布儒斯特定律，以布儒斯特角入射，反射光为完全偏振光。

答案：C

34. **解**　$(a+b)\sin\phi=\pm k\lambda\quad(k=0,1,2,\cdots)$

令 $\phi=90°$，$k=\frac{2000}{550}=3.63$，k 取小于此数的最大正整数，故 k 取 3。

答案：B

35. **解**　$a\sin\phi=(2k+1)\frac{\lambda}{2}$，即 $a\sin30°=3\times\frac{\lambda}{2}$

答案：D

36. **解**　$x_{明}=\pm k\frac{D\lambda}{a}$，$x_{暗}=(2k+1)\frac{D\lambda}{2a}$，间距 $=x_{暗}-x_{明}=\frac{D\lambda}{2a}$

答案：B

37. **解**　除 3d 轨道上的 7 个电子，其他轨道上的电子都已成对。3d 轨道上的 7 个电子填充到 5 个简并的 d 轨道中，按照洪特规则有 3 个未成对电子。

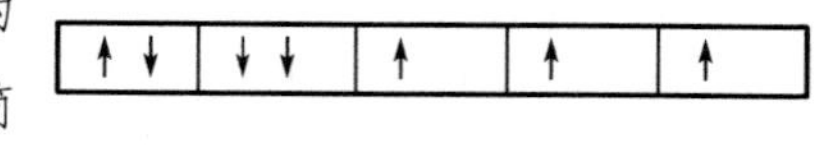

答案：C

38. **解**　分子间力包括色散力、诱导力、取向力。分子间力以色散力为主。对同类型分子，色散力正比于分子量，所以分子间力正比于分子量。分子间力主要影响物质的熔点、沸点和硬度。对同类型分子，分子量越大，色散力越大，分子间力越大，物质的熔、沸点越高，硬度越大。

分子间氢键使物质熔、沸点升高，分子内氢键使物质熔、沸点减低。

HF有分子间氢键，沸点最大。其他三个没有分子间氢键，HCl、HBr、HI分子量逐渐增大，分子间力逐渐增大，沸点逐渐增大。

答案：D

39. **解** HCl溶于水既有物理变化也有化学变化。HCl的微粒向水中扩散的过程是物理变化，HCl的微粒解离生成氢离子和氯离子的过程是化学变化。

答案：C

40. **解** 系统与环境间只有能量交换，没有物质交换是封闭系统；既有物质交换，又有能量交换是敞开系统；没有物质交换，也没有能量交换是孤立系统。

答案：D

41. **解** $K^{\ominus}=\dfrac{\dfrac{p_{PCl_5}}{p^{\ominus}}}{\dfrac{p_{PCl_3}}{p^{\ominus}}\dfrac{p_{Cl_2}}{p^{\ominus}}}=\dfrac{p_{PCl_5}}{p_{PCl_3}\cdot p_{Cl_2}}p^{\ominus}=\dfrac{p^{\ominus}}{p_{Cl_2}},p_{Cl_2}=\dfrac{p^{\ominus}}{K^{\ominus}}=\dfrac{100\text{kPa}}{0.767}=130.38\text{kPa}$

答案：A

42. **解** 铜电极的电极反应为：$Cu^{2+}+2e^{-}=Cu$，氢离子没有参与反应，所以铜电极的电极电势不受氢离子影响。

答案：C

43. **解** 元素电势图的应用。

(1)判断歧化反应：对于元素电势图 $A\xrightarrow{E^{\ominus}_{左}}B\xrightarrow{E^{\ominus}_{右}}C$，若$E^{\ominus}_{右}$大于$E^{\ominus}_{左}$，B即是电极电势大的电对的氧化型，可作氧化剂，又是电极电势小的电对的还原型，也可作还原剂，B的歧化反应能够发生；若$E^{\ominus}_{右}$小于$E^{\ominus}_{左}$，B的歧化反应不能发生。

(2)计算标准电极电势：根据元素电势图，可以从已知某些电对的标准电极电势计算出另一电对的标准电极电势。

从元素电势图可知，Au^{+}可以发生歧化反应。由于Cu^{2+}达到最高氧化数，最不易失去电子，最稳定。

答案：A

44. **解** 系统命名法。

(1)链烃的命名

①选择主链：选择最长碳链或含有官能团的最长碳链为主链；

②主链编号：从距取代基或官能团最近的一端开始对碳原子进行编号；

③写出全称：将取代基的位置编号、数目和名称写在前面，将母体化合物的名称写在后面。

(2)衍生物的命名

①选择母体：选择苯环上所连官能团或带官能团最长的碳链为母体，把苯环视为取代基；

②编号：将母体中碳原子依次编号，使官能团或取代基位次具有最小值。

答案：B

45. **解**　含有不饱和键的有机物、含有醛基的有机物可使溴水褪色。

答案：D

46. **解**　信息素分子为含有C=C不饱和键的醛，C=C不饱和键和醛基可以与溴发生加成反应；醛基可以发生银镜反应；一个分子含有两个不饱和键（C=C双键和醛基），1mol分子可以和2mol H_2发生加成反应；它是醛，不是乙烯同系物。

答案：B

47. **解**　根据力的可传性，作用于刚体上的力可沿其作用线滑移至刚体内任意点而不改变力对刚体的作用效应，同样也不会改变A、D处的约束力。

答案：A

48. **解**　主矢$\boldsymbol{F}_R=\boldsymbol{F}_1+\boldsymbol{F}_2+\boldsymbol{F}_3$为三力的矢量和，且此三力可构成首尾相连自行封闭的力三角形，故主矢为零；对O点的主矩为各力向O点平移后附加各力偶（$\boldsymbol{F}_1$、$\boldsymbol{F}_2$、$\boldsymbol{F}_3$对O点之矩）的代数和，即$M_O=3Fa$（逆时针）。

答案：B

49. **解**　画出体系整体的受力图，列平衡方程：

$\Sigma F_x=0$，$F_{Ax}+F=0$，得到$F_{Ax}=-F=-100\text{kN}$

$\Sigma M_C(F)=0$，$F(2L+r)-F(4L+r)-F_{Ay}4L=0$，

得到$F_{Ay}=-\dfrac{F}{2}=-\dfrac{100}{2}=-50\text{kN}$

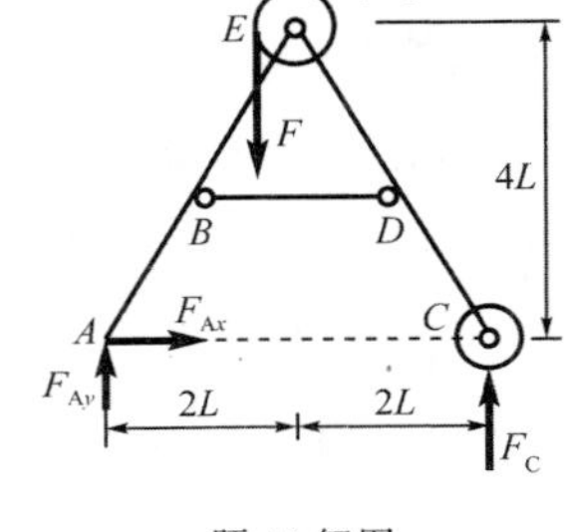

题49解图

答案：C

50. **解**　根据零杆判别的方法，分析节点G的平衡，可知杆GG_1为零杆；分析节点G_1的平衡，由于GG_1为零杆，故节点实际只连接了三根杆，由此可知杆G_1E为零杆。依次类推，逐一分析节点E、E_1、D、D_1，可分别得出EE_1、E_1D、DD_1、D_1B为零杆。

答案：D

51. **解**　因为点做匀加速直线运动，所以可根据公式：$2as=v_t^2-v_0^2$，点运动的路程应为：$s=\dfrac{v_t^2-v_0^2}{2a}=\dfrac{8^2-5^2}{2\times2}=9.75\text{m}$。

答案：D

52. **解**　根据转动刚体内一点的速度和法向加速度公式：$v=r\omega$；$a_n=r\omega^2$，且$\omega=\dot{\varphi}=4-6t$，因此，转动刚体内转动半径$r=0.5\text{m}$的点，在$t_0=0$时的速度和法向加速度的大小为：$v=r\omega=0.5\times4=2\text{m/s}$，$a_n=r\omega^2=0.5\times4^2=8\text{m/s}^2$。

答案：A

53. **解**　木板的加速度与轮缘一点的切向加速度相等，即$a_t=a=0.5\text{m/s}^2$，若木板

的速度为 v，则轮缘一点的法向加速度 $a_n = r\omega^2 = \dfrac{v^2}{r} = \sqrt{a_A^2 - a_t^2}$，所以有：

$$v = \sqrt{r\sqrt{a_A^2 - a_t^2}} = \sqrt{0.25\sqrt{3^2 - 0.5^2}} = 0.86\text{m/s}$$

答案：A

54. **解**　根据质点运动微分方程 $m\boldsymbol{a} = \sum \boldsymbol{F}$，当电梯加速上升、匀速上升及减速上升时，加速度分别向上、零、向下，代入质点运动微分方程，分别有：

$ma = P_1 - W$，$0 = W - P_2$，$ma = W - P_3$

所以：$P_1 = W + ma$，$P_2 = W$，$P_3 = W - ma$

答案：B

55. **解**　杆在绳断后的运动过程中，只受重力和地面的铅垂方向约束力，水平方向外力为零，根据质心运动定理，水平方向有：$ma_{Cx} = 0$。由于初始静止，故 $v_{Cx} = 0$，说明质心在水平方向无运动，只沿铅垂方向运动。

答案：C

56. **解**　分析圆轮 A，外力对轮心的力矩为零，即 $\sum M_A(F) = 0$，应用相对质心的动量矩定理，有 $J_A\alpha = \sum M_A(F) = 0$，则 $\alpha = 0$，由于初始静止，故 $\omega = 0$，圆轮无转动，所以其运动形式为平行移动。

答案：C

57. **解**　惯性力系合力的大小为 $F_I = ma_C$，而杆质心的切向和法向加速度分别为 $a_t = \dfrac{l}{2}\alpha$，$a_n = \dfrac{l}{2}\omega^2$，其全加速度为 $a_C = \sqrt{a_t^2 + a_n^2} = \dfrac{l}{2}\sqrt{\alpha^2 + \omega^4}$，因此 $F_I = \dfrac{l}{2}m\sqrt{\alpha^2 + \omega^4}$。

答案：B

58. **解**　因为干扰力的频率与系统固有频率相等时将发生共振，所以 $\omega_2 = 2\text{rad/s} = \omega_n$ 时发生共振，故有最大振幅。

答案：B

59. **解**　若将材料由低碳钢改为木材，则改变的只是弹性模量 E，而正应力计算公式 $\sigma = \dfrac{F_N}{A}$ 中没有 E，故正应力不变。但是轴向变形计算公式 $\Delta l = \dfrac{F_N l}{EA}$ 中，Δl 与 E 成反比，当木材的弹性模量减小时，轴向变形 Δl 增大。

答案：C

60. **解**　由杆的受力分析可知 A 截面受到一个约束反力为 F，方向向左，杆的轴力图如图所示：由于 BC 段杆轴力为零，没有变形，故杆中距离 A 端 $1.5L$ 处横截面的轴向位移就等于 AB 段杆的伸长，$\Delta l = \dfrac{FL}{EA}$。

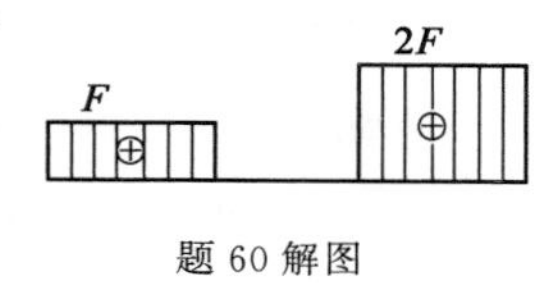

题 60 解图

答案：D

61. **解**　圆孔钢板冲断时的剪切面是一个圆柱面，其面积为 πdt，冲断条件是 $\tau_{\max}=\frac{F}{\pi dt}=\tau_b$，故 $d=\frac{F}{\pi t\tau_b}=\frac{300\pi\times10^3\text{N}}{\pi\times10\text{mm}\times300\text{MPa}}=100\text{mm}$。

答案：B

62. **解**　图示结构剪切面面积是 ab，挤压面面积是 hb。

剪切强度条件：　　$\tau=\frac{F}{ab}=[\tau]$　　①

挤压强度条件：　　$\sigma_{bs}=\frac{F}{hb}=[\sigma_{bs}]$　　②

由 $\frac{①}{②}=\frac{h}{a}=\frac{[\tau]}{[\sigma_{bs}]}$。

答案：A

63. **解**　由外力平衡可知左端的反力偶为 T，方向是由外向内转。再由各段扭矩计算可知：左段扭矩为 $+T$，中段扭矩为 $-T$，右段扭矩为 $+T$。

答案：D

64. **解**　由 $\phi_1=\frac{\phi}{2}$，即 $\frac{T}{GI_{p1}}=\frac{1}{2}\frac{T}{GI_p}$，得 $I_{p1}=2I_p$，所以 $\frac{\pi d_1^4}{32}=2\frac{\pi}{32}d^4$，故 $d_1=\sqrt[4]{2}d$。

答案：A

65. **解**　此题未说明梁的类型，有两种可能(见解图)，简支梁时答案为B，悬臂梁时答案为D。

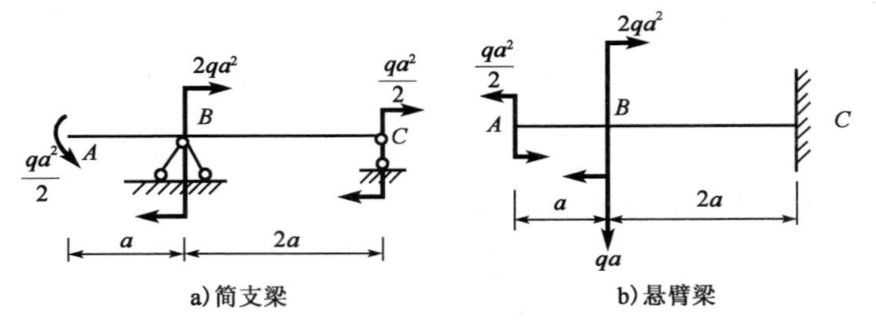

题65解图

答案：B 或 D

66. **解**　$I_z=\frac{\pi}{64}d^4-\frac{a^4}{12}$

答案：B

67. **解**　因为 $I_2=\frac{b(2a)^3}{12}=8\frac{ba^3}{12}=8I_1$，又 $f_1=f_2$，即 $\frac{M_1L^2}{2EI_1}=\frac{M_2L^2}{2EI_2}$，故 $\frac{M_2}{M_1}=\frac{I_2}{I_1}=8$。

答案：A

68. **解**　图示截面的弯曲中心是两个狭长矩形边的中线交点，形心主轴是 y' 和 z'，故无扭转，而有沿两个形心主轴 y'、z' 方向的双向弯曲。

答案：C

69. **解**　图示单元体 $\sigma_x=50\text{MPa}$，$\sigma_y=-50\text{MPa}$，$\tau_x=-30\text{MPa}$，$\alpha=45°$。

故 $\tau_\alpha=\dfrac{\sigma_x-\sigma_y}{2}\sin2\alpha+\tau_x\cos2\alpha=\dfrac{50-(-50)}{2}\sin90°-30\times\cos90°=50\text{MPa}$。

答案:B

70.**解**　图示细长压杆,$\mu=2$,$I_{\min}=I_y=\dfrac{hb^3}{12}$,$F_{\text{cr}}=\dfrac{\pi^2EI_{\min}}{(\mu L)^2}=\dfrac{\pi^2E}{(2L)^2}\left(\dfrac{hb^3}{12}\right)$。

答案:D

71.**解**　由连续介质假设可知。

答案:D

72.**解**　仅受重力作用的静止流体的等压面是水平面。点1与1′的压强相等。

$$P_A+\rho_A gh_1=P_B+\rho_B gh_2+\rho_m g\Delta h$$

$$P_A-P_B=(-\rho_A h_1+\rho_B h_2+\rho_m\Delta h)g$$

答案:A

73.**解**　用连续方程求解。

$$v_3=\frac{v_1A_1+v_2A_2}{A_3}=\frac{4\times0.01+6\times0.005}{0.01}=7\text{m/s}$$

答案:C

74.**解**　由尼古拉兹阻力曲线图可知,在紊流粗糙区。

答案:D

75.**解**　薄壁小孔口与圆柱形外管嘴流量公式均可用,流量 $Q=\mu\cdot A\sqrt{2gH_0}$,根据面积 $A=\dfrac{\pi d^2}{4}$ 和题设两者的 H_0 及 Q 均相等,则有 $\mu_1d_1^2=\mu_2d_2^2$,而 $\mu_2>\mu_1(0.82>0.62)$,所以 $d_1>d_2$。

答案:A

76.**解**　明渠均匀流必须发生在顺坡渠道上。

答案:D

77.**解**　完全普通井流量公式:

$$Q=1.366\frac{k(H^2-h^2)}{\lg\dfrac{R}{r_0}}=1.366\times\frac{0.0005\times(15^2-10^2)}{\lg\dfrac{375}{0.3}}=0.0276\text{m}^3/\text{s}$$

答案:A

78.**解**　一个正确反映客观规律的物理方程中,各项的量纲是和谐的、相同的。

答案:C

79.**解**　静止的电荷产生静电场,运动电荷周围不仅存在电场,也存在磁场。

答案:A

80.**解**　用安培环路定律 $\oint H\text{d}L=\sum I$,这里电流是代数和,注意它们的方向。

答案:C

81. **解**　注意理想电压源和实际电压源的区别，该题是理想电压源 $U_s = U$。

答案：C

82. **解**　利用等效电压源定理判断。在求等效电压源电动势时，将 A、B 两点开路后，电压源的两上方电阻和两下方电阻均为串联连接方式。求内阻时，将 6V 电压源短路。

答案：B

83. **解**　对称三相交流电路中，任何时刻三相电流之和均为零。

答案：B

84. **解**　该电路为线性一阶电路，暂态过程依据公式 $f(t) = f(\infty) + [f(t_{0+}) - f(\infty)]e^{-t/\tau}$ 分析。$f(t)$ 表示电路中任意电压和电流，其中 $f(\infty)$ 是电量的稳态值，$f(t_{0+})$ 表示初始值，τ 表示电路的时间常数。在阻容耦合电路中 $\tau = RC$。

答案：C

85. **解**　变压器的额定功率用视在功率表示，它等于变压器初级绕组或次级绕组中电压额定值与电流额定值的乘积，$S_N = U_{1N}I_{1N} = U_{2N}I_{2N}$。接负载后，消耗的有功功率 $P_N = S_N\cos\varphi_N$。值得注意的是，次级绕阻电压是变压器空载时的电压，$U_{2N} = U_{20}$。可以认为变压器初级端的功率因数与次级端的功率因数相同。

答案：A

86. **解**　该电路为直流稳压电源电路。对于输出的直流信号，电容在电路中可视为断路。桥式整流电路中的二极管通过的电流平均值是电阻 R 中通过电流的一半。

答案：D

87. **解**　根据晶体三极管工作状态的判断条件，当晶体管处于饱和状态时，基极电流与集电极电流的关系是：

$$I_B > I_{BS} = \frac{1}{\beta}I_{CS} = \frac{1}{\beta}\left(\frac{U_{CC} - U_{CES}}{R_C}\right)$$

从输入回路分析：

$$I_B = I_{Rx} - I_{RB} = \frac{U_i - U_{BE}}{R_x} - \frac{U_{BE} - U_B}{R_B}$$

答案：A

88. **解**　根据等效的直流通道计算，在直流等效电路中电容断路。

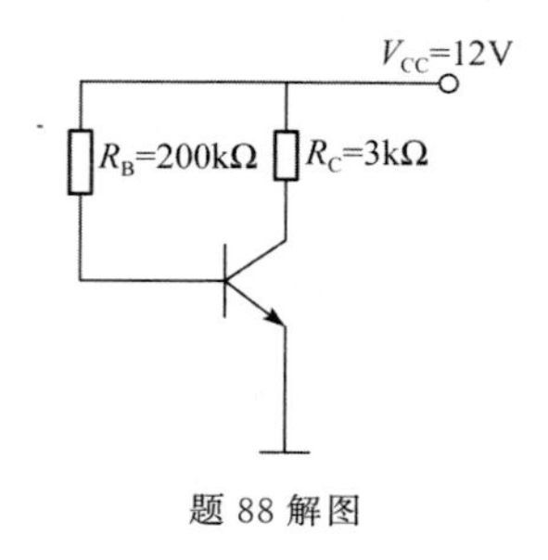

题 88 解图

设 $U_{BE} = 0.6V$

$$I_B = \frac{V_{CC} - U_{BE}}{R_B} = \frac{12 - 0.6}{200} = 0.057\text{mA}$$

$$I_C = \beta I_B = 40 \times 0.057 = 2.28\text{mA}$$

$$U_{CE} = V_{CC} - I_C R_C = 12 - 2.28 \times 3 = 5.16\text{V}$$

答案:A

89.**解** 首先确定在不同输入电压下三个二极管的工作状态,依此确定输出端的电位 U_Y;然后判断各电位之间的逻辑关系,当点电位高于 2.4V 时视为逻辑状态"1",电位低于 0.4V 时视为逻辑状态"0"。

答案:A

90.**解** 该触发器为负边沿触发方式,即当时钟信号由高电平下降为低电平时刻输出端的状态可能发生改变。

答案:C

91.**解** 参看信号的分类,连续信号和离散信号部分。

答案:A

92.**解** 连续信号指的是时间连续的信号,模拟信号是指在时间和数值上均连续的信号。

答案:C

93.**解** $\delta(t)$只在 $t=0$ 时刻存在,$\delta(t)=\delta(-t)$,所以是偶函数。

答案:B

94.**解** 常用模拟信号中,单位冲激信号 $\delta(t)$与单位阶跃函数信号 $\varepsilon(t)$有微分关系。

答案:A

95.**解** 周期信号的傅氏级数分析。

答案:B

96.**解** 根据二进制与十六进制的关系转换。

答案:A

97.**解** 系统总线又称内总线。因为该总线是用来连接微机各功能部件而构成一个完整微机系统的,所以称之为系统总线。计算机系统内的系统总线是计算机硬件系统的一个组成部分。

答案:A

98.**解** Microsoft Word 和国产字处理软件 WPS 都是目前广泛使用的文字处理软件。

答案:A

99.**解** 操作系统是用户与硬件交互的第一层系统软件,一切其他软件都要运行于操作系统之上(包括选项 A、C、D)。

答案:B

100.**解** 操作系统中采用虚拟存储技术是为了给用户提供更大的随机存取空间而采用的一种存储技术。它将内存与外存结合使用,好像有一个容量极大的内存储器,工作速度接近于主存,在整机形成多层次存储系统。

答案:B

101. **解**　二进制数是计算机所能识别的，由0和1两个数码组成，称为机器语言。

答案：C

102. **解**　四位二进制对应一位十六进制，A表示10，对应的二进制为1010，E表示14，对应的二进制为1110。

答案：B

103. **解**　传统加密技术、数字签名技术、对称加密技术和密钥加密技术都是常用的信息加密技术，而专用ASCII码加密技术是不常用的信息加密技术。

答案：D

104. **解**　广域网又称为远程网，它一般是在不同城市之间的LAN（局域网）或者MAN（城域网）网络互联，它所覆盖的地理范围一般从几十公里到几千公里。

答案：D

105. **解**　我国专家把计算机网络定义为：利用各种通信手段，把地理上分散的计算机连在一起，达到相互通信、共享软/硬件和数据等资源的系统。

答案：D

106. **解**　人们把计算机网络中实现网络通信功能的设备及其软件的集合称为网络的通信子网，而把网络中实现资源共享功能的设备及其软件的集合称为资源。

答案：B

107. **解**　年名义利率相同的情况下，一年内计息次数较多的，年实际利率较高。

答案：D

108. **解**　按建设期利息公式 $Q=\sum\left(P_{t-1}+\frac{A_t}{2}\cdot i\right)$ 计算。

第一年贷款总额1000万元，计算利息时按贷款在年内均衡发生考虑。

$$Q_1=(1000/2)\times 6\%=30\text{ 万元}$$

$$Q_2=(1000+30)\times 6\%=61.8\text{ 万元}$$

$$Q=Q_1+Q_2=30+61.8=91.8\text{ 万元}$$

答案：D

109. **解**　按不考虑筹资费用的银行借款资金成本公式 $K_e=R_e(1-T)$ 计算。

$$K_e=R_e(1-T)=10\%\times(1-25\%)=7.5\%$$

答案：A

110. **解**　利用计算IRR的插值公式计算。

$$\text{IRR}=12\%+(14\%-12\%)\times(130)/(130+|-50|)=13.44\%$$

答案：D

111. **解**　利息备付率属于反映项目偿债能力的指标。

答案：B

112. **解**　可先求出盈亏平衡产量，然后乘以单位产品售价，即为盈亏平衡点销售收入。

$$盈亏平衡点销售收入=500\times\left(\frac{10\times10^4}{500-300}\right)=2500\ 万元$$

答案：D

113. **解**　寿命期相同的互斥方案可直接采用净现值法选优。

答案：C

114. **解**　价值指数等于1说明该部分的功能与其成本相适应。

答案：B

115. **解**　《中华人民共和国建筑法》第七条规定，建筑工程开工前，建设单位应当按照国家有关规定向工程所在地县级以上人民政府建设行政主管部门申请领取施工许可证；但是，国务院建设行政主管部门确定的限额以下的小型工程除外。

答案：D

116. **解**　《中华人民共和国安全生产法》第十七条第（一）款，B、C、D各条均和法律条文有出入。

答案：A

117. **解**　《中华人民共和国招标投标法》第十三条。

答案：B

118. **解**　《中华人民共和国合同法》第十条规定，当事人订立合同有书面形式、口头形式和其他形式。

答案：C

119. **解**　见《中华人民共和国行政许可法》第十二条第五款规定。选项A属于可以设定行政许可的内容，选项B、C、D均属于第十三条规定的可以不设行政许可的内容。

答案：A

120. **解**　原《建设工程质量管理条例》第十一条确实写的是"施工图设计文件报县级以上人民政府建设行政主管部门审查"，所以原来答案应选A，但是2017年此条文改为"施工图设计文件审查的具体办法，由国务院建设行政主管部门、国务院其他有关部门制定"。

答案：无

2013年度全国勘察设计注册工程师

执业资格考试试卷

基础考试
（上）

二〇一三年九月

应考人员注意事项

1. 本试卷科目代码为“1”，考生务必将此代码填涂在答题卡“科目代码”相应的栏目内，否则，无法评分。
2. 书写用笔：**黑色或蓝色钢笔、签字笔或圆珠笔；**

   填涂答题卡用笔：**黑色 2B 铅笔**。
3. 必须用书写用笔将工作单位、姓名、准考证号填写在答题卡和试卷相应的栏目内。
4. 本试卷由 120 题组成，每题 1 分，满分 120 分，本试卷全部为单项选择题，每小题的四个备选项中只有一个正确答案，错选、多选、不选均不得分。
5. 考生作答时，必须**按题号在答题卡上**将相应试题所选选项对应的**字母用 2B 铅笔涂黑**。
6. 在答题卡上书写与题意无关的语言，或在答题卡上作标记的，均按违纪试卷处理。
7. 考试结束时，由监考人员当面将试卷、答题卡一并收回。
8. 草稿纸由各地统一配发，考后收回。

单项选择题(共 120 题,每题 1 分。每题的备选项中只有一个最符合题意。)

1. 已知向量 $\boldsymbol{\alpha}=(-3,-2,1)$,$\boldsymbol{\beta}=(1,-4,-5)$,则 $|\boldsymbol{\alpha}\times\boldsymbol{\beta}|$ 等于:

A. 0

B. 6

C. $14\sqrt{3}$

D. $14\boldsymbol{i}+16\boldsymbol{j}-10\boldsymbol{k}$

2. 若 $\lim\limits_{x\to 1}\dfrac{2x^2+ax+b}{x^2+x-2}=1$,则必有:

A. $a=-1,b=2$

B. $a=-1,b=-2$

C. $a=-1,b=-1$

D. $a=1,b=1$

3. 若 $\begin{cases}x=\sin t\\ y=\cos t\end{cases}$,则 $\dfrac{\mathrm{d}y}{\mathrm{d}x}$ 等于:

A. $-\tan t$

B. $\tan t$

C. $-\sin t$

D. $\cot t$

4. 设 $f(x)$ 有连续导数,则下列关系式中正确的是:

A. $\int f(x)\mathrm{d}x=f(x)$

B. $[\int f(x)\mathrm{d}x]'=f(x)$

C. $\int f'(x)\mathrm{d}x=f(x)\mathrm{d}x$

D. $[\int f(x)\mathrm{d}x]'=f(x)+C$

5. 已知 $f(x)$ 为连续的偶函数,则 $f(x)$ 的原函数中:

A. 有奇函数

B. 都是奇函数

C. 都是偶函数

D. 没有奇函数也没有偶函数

6. 设 $f(x)=\begin{cases}3x^2, & x\leqslant 1\\ 4x-1, & x>1\end{cases}$,则 $f(x)$ 在点 $x=1$ 处:

A. 不连续

B. 连续但左、右导数不存在

C. 连续但不可导

D. 可导

7. 函数 $y=(5-x)x^{\frac{2}{3}}$ 的极值可疑点的个数是:

A. 0

B. 1

C. 2

D. 3

8. 下列广义积分中发散的是：

A. $\int_0^{+\infty} e^{-x}\mathrm{d}x$　　B. $\int_0^{+\infty} \frac{1}{1+x^2}\mathrm{d}x$

C. $\int_0^{+\infty} \frac{\ln x}{x}\mathrm{d}x$　　D. $\int_0^1 \frac{1}{\sqrt{1-x^2}}\mathrm{d}x$

9. 二次积分 $\int_0^1 \mathrm{d}x\int_{x^2}^{x} f(x,y)\mathrm{d}y$ 交换积分次序后的二次积分是：

A. $\int_{x^2}^{x}\mathrm{d}y\int_0^1 f(x,y)\mathrm{d}x$　　B. $\int_0^1\mathrm{d}y\int_{y^2}^{y} f(x,y)\mathrm{d}x$

C. $\int_{y}^{\sqrt{y}}\mathrm{d}y\int_0^1 f(x,y)\mathrm{d}x$　　D. $\int_0^1\mathrm{d}y\int_{y}^{\sqrt{y}} f(x,y)\mathrm{d}x$

10. 微分方程 $xy'-y\ln y=0$ 满足 $y(1)=e$ 的特解是：

A. $y=ex$　　B. $y=e^x$

C. $y=e^{2x}$　　D. $y=\ln x$

11. 设 $z=z(x,y)$ 是由方程 $xz-xy+\ln(xyz)=0$ 所确定的可微函数，则 $\frac{\partial z}{\partial y}=$

A. $\frac{-xz}{xz+1}$　　B. $-x+\frac{1}{2}$

C. $\frac{z(-xz+y)}{x(xz+1)}$　　D. $\frac{z(xy-1)}{y(xz+1)}$

12. 正项级数 $\sum_{n=1}^{\infty}a_n$ 的部分和数列 $\{S_n\}$（$S_n=\sum_{i=1}^{n}a_i$）有上界是该级数收敛的：

A. 充分必要条件

B. 充分条件而非必要条件

C. 必要条件而非充分条件

D. 既非充分又非必要条件

13. 若 $f(-x)=-f(x)(-\infty<x<+\infty)$，且在 $(-\infty,0)$ 内 $f'(x)>0, f''(x)<0$，则 $f(x)$ 在 $(0,+\infty)$ 内是：

A. $f'(x)>0, f''(x)<0$　　B. $f'(x)<0, f''(x)>0$

C. $f'(x)>0, f''(x)>0$　　D. $f'(x)<0, f''(x)<0$

14. 微分方程 $y''-3y'+2y=xe^x$ 的待定特解的形式是：

A. $y=(Ax^2+Bx)e^x$　　B. $y=(Ax+B)e^x$

C. $y=Ax^2e^x$　　D. $y=Axe^x$

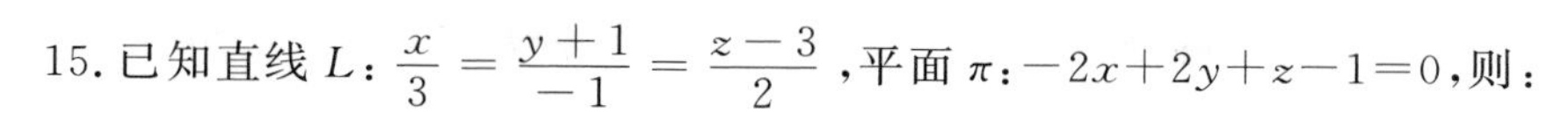

15. 已知直线 L：$\frac{x}{3}=\frac{y+1}{-1}=\frac{z-3}{2}$，平面 π：$-2x+2y+z-1=0$，则：

A. L 与 π 垂直相交　　B. L 平行于 π，但 L 不在 π 上

C. L 与 π 非垂直相交　　D. L 在 π 上

16. 设 L 是连接点 $A(1,0)$ 及点 $B(0,-1)$ 的直线段，则对弧长的曲线积分 $\int_L (y-x)\mathrm{d}s=$

A. -1　　B. 1

C. $\sqrt{2}$　　D. $-\sqrt{2}$

17. 下列幂级数中，收敛半径 $R=3$ 的幂级数是：

A. $\sum\limits_{n=0}^{\infty} 3x^n$　　B. $\sum\limits_{n=0}^{\infty} 3^n x^n$

C. $\sum\limits_{n=0}^{\infty} \frac{1}{3^{\frac{n}{2}}} x^n$　　D. $\sum\limits_{n=0}^{\infty} \frac{1}{3^{n+1}} x^n$

18. 若 $z=f(x,y)$ 和 $y=\varphi(x)$ 均可微，则 $\frac{\mathrm{d}z}{\mathrm{d}x}$ 等于：

A. $\frac{\partial f}{\partial x}+\frac{\partial f}{\partial y}$　　B. $\frac{\partial f}{\partial x}+\frac{\partial f}{\partial y}\frac{\mathrm{d}\varphi}{\mathrm{d}x}$

C. $\frac{\partial f}{\partial y}\frac{\mathrm{d}\varphi}{\mathrm{d}x}$　　D. $\frac{\partial f}{\partial x}-\frac{\partial f}{\partial y}\frac{\mathrm{d}\varphi}{\mathrm{d}x}$

19. 已知向量组 $\boldsymbol{\alpha}_1=(3,2,-5)^{\mathrm{T}}$，$\boldsymbol{\alpha}_2=(3,-1,3)^{\mathrm{T}}$，$\boldsymbol{\alpha}_3=\left(1,-\frac{1}{3},1\right)^{\mathrm{T}}$，$\boldsymbol{\alpha}_4=(6,-2,6)^{\mathrm{T}}$，则该向量组的一个极大线性无关组是：

A. $\boldsymbol{\alpha}_2,\boldsymbol{\alpha}_4$　　B. $\boldsymbol{\alpha}_3,\boldsymbol{\alpha}_4$

C. $\boldsymbol{\alpha}_1,\boldsymbol{\alpha}_2$　　D. $\boldsymbol{\alpha}_2,\boldsymbol{\alpha}_3$

20. 若非齐次线性方程组 $\boldsymbol{Ax}=\boldsymbol{b}$ 中，方程的个数少于未知量的个数，则下列结论中正确的是：

A. $\boldsymbol{Ax}=\boldsymbol{0}$ 仅有零解　　B. $\boldsymbol{Ax}=0$ 必有非零解

C. $\boldsymbol{Ax}=\boldsymbol{0}$ 一定无解　　D. $\boldsymbol{Ax}=\boldsymbol{b}$ 必有无穷多解

21. 已知矩阵 $\boldsymbol{A}=\begin{bmatrix}1 & -1 & 1\\ 2 & 4 & -2\\ -3 & -3 & 5\end{bmatrix}$ 与 $\boldsymbol{B}=\begin{bmatrix}\lambda & 0 & 0\\ 0 & 2 & 0\\ 0 & 0 & 2\end{bmatrix}$ 相似，则 λ 等于：

A. 6　　B. 5　　C. 4　　D. 14

22. 设 A 和 B 为两个相互独立的事件，且 $P(A)=0.4$，$P(B)=0.5$，则 $P(A\cup B)$ 等于：

A. 0.9　　B. 0.8

C. 0.7　　D. 0.6

23. 下列函数中，可以作为连续型随机变量的分布函数的是：

A. $\Phi(x)=\begin{cases}0, & x<0\\ 1-e^{x}, & x\geqslant 0\end{cases}$　　B. $F(x)=\begin{cases}e^{x}, & x<0\\ 1, & x\geqslant 0\end{cases}$

C. $G(x)=\begin{cases}e^{-x}, & x<0\\ 1, & x\geqslant 0\end{cases}$　　D. $H(x)=\begin{cases}0, & x<0\\ 1+e^{-x}, & x\geqslant 0\end{cases}$

24. 设总体 $X\sim N(0,\sigma^2)$，$X_1,X_2,\cdots,X_n$ 是来自总体的样本，则 σ^2 的矩估计是：

A. $\frac{1}{n}\sum_{i=1}^{n}X_i$　　B. $n\sum_{i=1}^{n}X_i$

C. $\frac{1}{n^2}\sum_{i=1}^{n}X_i^2$　　D. $\frac{1}{n}\sum_{i=1}^{n}X_i^2$

25. 一瓶氦气和一瓶氮气，它们每个分子的平均平动动能相同，而且都处于平衡态。则它们：

A. 温度相同，氦分子和氮分子的平均动能相同

B. 温度相同，氦分子和氮分子的平均动能不同

C. 温度不同，氦分子和氮分子的平均动能相同

D. 温度不同，氦分子和氮分子的平均动能不同

26. 最概然速率 v_P 的物理意义是：

A. v_P 是速率分布中的最大速率

B. v_P 是大多数分子的速率

C. 在一定的温度下，速率与 v_P 相近的气体分子所占的百分率最大

D. v_P 是所有分子速率的平均值

27. 气体做等压膨胀，则：

A. 温度升高，气体对外做正功

B. 温度升高，气体对外做负功

C. 温度降低，气体对外做正功

D. 温度降低，气体对外做负功

28. 一定量理想气体由初态(p_1,V_1,T_1)经等温膨胀到达终态(p_2,V_2,T_1),则气体吸收的热量 Q 为:

A. $Q=p_1V_1\ln\frac{V_2}{V_1}$ B. $Q=p_1V_2\ln\frac{V_2}{V_1}$

C. $Q=p_1V_1\ln\frac{V_1}{V_2}$ D. $Q=p_2V_1\ln\frac{p_2}{p_1}$

29. 一横波沿一根弦线传播,其方程为 $y=-0.02\cos\pi(4x-50t)$ (SI),该波的振幅与波长分别为:

A. 0.02cm,0.5cm B. −0.02m,−0.5m

C. −0.02m,0.5m D. 0.02m,0.5m

30. 一列机械横波在 t 时刻的波形曲线如图所示,则该时刻能量处于最大值的媒质质元的位置是:

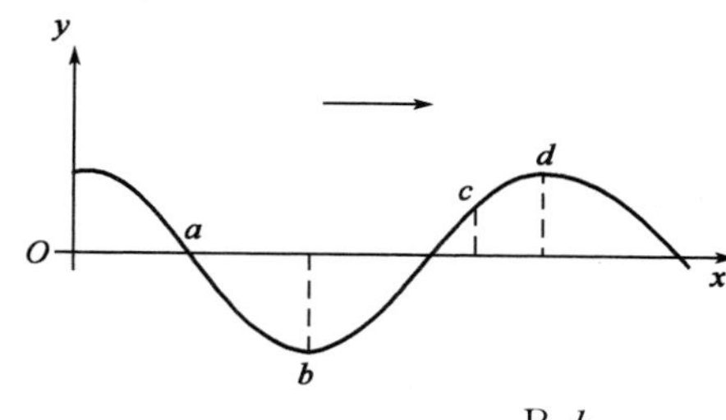

A. a B. b

C. c D. d

31. 在波长为 λ 的驻波中,两个相邻波腹之间的距离为:

A. $\lambda/2$ B. $\lambda/4$

C. $3\lambda/4$ D. λ

32. 两偏振片叠放在一起,欲使一束垂直入射的线偏振光经过两个偏振片后振动方向转过 90°,且使出射光强尽可能大,则入射光的振动方向与前后两偏振片的偏振化方向夹角分别为:

A. 45°和 90° B. 0°和 90°

C. 30°和 90° D. 60°和 90°

33. 光的干涉和衍射现象反映了光的:

A. 偏振性质 B. 波动性质

C. 横波性质 D. 纵波性质

34. 若在迈克耳逊干涉仪的可动反射镜 M 移动了 0.620mm 的过程中，观察到干涉条纹移动了 2300 条，则所用光波的波长为：

A. 269nm　　B. 539nm

C. 2690nm　　D. 5390nm

35. 在单缝夫琅禾费衍射实验中，屏上第三级暗纹对应的单缝处波面可分成的半波带的数目为：

A. 3　　B. 4

C. 5　　D. 6

36. 波长为 λ 的单色光垂直照射在折射率为 n 的劈尖薄膜上，在由反射光形成的干涉条纹中，第五级明条纹与第三级明条纹所对应的薄膜厚度差为：

A. $\frac{\lambda}{2n}$　　B. $\frac{\lambda}{n}$

C. $\frac{\lambda}{5n}$　　D. $\frac{\lambda}{3n}$

37. 量子数 $n=4, l=2, m=0$ 的原子轨道数目是：

A. 1　　B. 2

C. 3　　D. 4

38. PCl_3 分子空间几何构型及中心原子杂化类型分别为：

A. 正四面体，sp^3 杂化　　B. 三角锥型，不等性 sp^3 杂化

C. 正方形，dsp^2 杂化　　D. 正三角形，sp^2 杂化

39. 已知 $Fe^{3+} \underline{\ 0.771\ } Fe^{2+} \underline{\ -0.44\ } Fe$，则 $E^{\ominus}(Fe^{3+}/Fe)$ 等于：

A. 0.331V　　B. 1.211V

C. −0.036V　　D. 0.110V

40. 在 $BaSO_4$ 饱和溶液中，加入 $BaCl_2$，利用同离子效应使 $BaSO_4$ 的溶解度降低，体系中 $c(SO_4^{2-})$ 的变化是：

A. 增大　　B. 减小

C. 不变　　D. 不能确定

41. 催化剂可加快反应速率的原因。下列叙述正确的是：

A. 降低了反应的 $\Delta_r H_m^{\ominus}$　　B. 降低了反应的 $\Delta_r G_m^{\ominus}$

C. 降低了反应的活化能　　D. 使反应的平衡常数 $K^{\ominus}$ 减小

42. 已知反应 $C_2H_2(g)+2H_2(g) \rightleftharpoons C_2H_6(g)$ 的 $\Delta_r H_m < 0$，当反应达平衡后，欲使反应向右进行，可采取的方法是：

A. 升温，升压

B. 升温，减压

C. 降温，升压

D. 降温，减压

43. 向原电池(－)Ag，AgCl|Cl^- ‖ Ag^+|Ag(＋)的负极中加入 NaCl，则原电池电动势的变化是：

A. 变大

B. 变小

C. 不变

D. 不能确定

44. 下列各组物质在一定条件下反应，可以制得比较纯净的 1，2-二氯乙烷的是：

A. 乙烯通入浓盐酸中

B. 乙烷与氯气混合

C. 乙烯与氯气混合

D. 乙烯与卤化氢气体混合

45. 下列物质中，不属于醇类的是：

A. C_4H_9OH

B. 甘油

C. $C_6H_5CH_2OH$

D. C_6H_5OH

46. 人造象牙的主要成分是 $\left[CH_2-O\right]_n$，它是经加聚反应制得的。合成此高聚物的单体是：

A. $(CH_3)_2O$

B. CH_3CHO

C. HCHO

D. HCOOH

47. 图示构架由 AC、BD、CE 三杆组成，A、B、C、D 处为铰接，E 处光滑接触。已知：$F_p = 2kN$，$\theta = 45°$，杆及轮重均不计，则 E 处约束力的方向与 x 轴正向所成的夹角为：

A. 0°

B. 45°

C. 90°

D. 225°

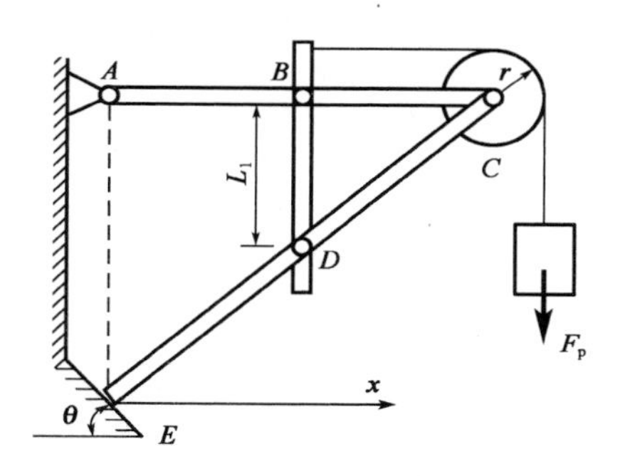

48. 图示结构直杆 BC，受载荷 F，q 作用，$BC=L$，$F=qL$，其中 q 为载荷集度，单位为 N/m，集中力以 N 计，长度以 m 计。则该主动力系数对 O 点的合力矩为：

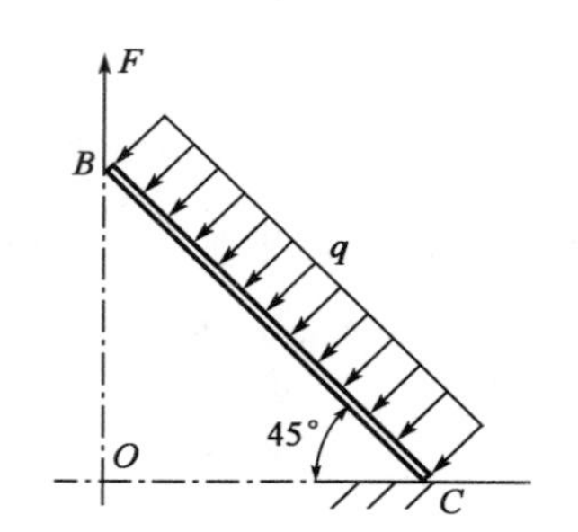

A. $M_O=0$

B. $M_O=\frac{qL^2}{2}$ N·m(↶)

C. $M_O=\frac{3qL^2}{2}$ N·m(↶)

D. $M_O=qL^2$ kN·m(↷)

49. 图示平面构架，不计各杆自重。已知：物块 M 重 F_p，悬挂如图示，不计小滑轮 D 的尺寸与质量，A、E、C 均为光滑铰链，$L_1=1.5$m，$L_2=2$m。则支座 B 的约束力为：

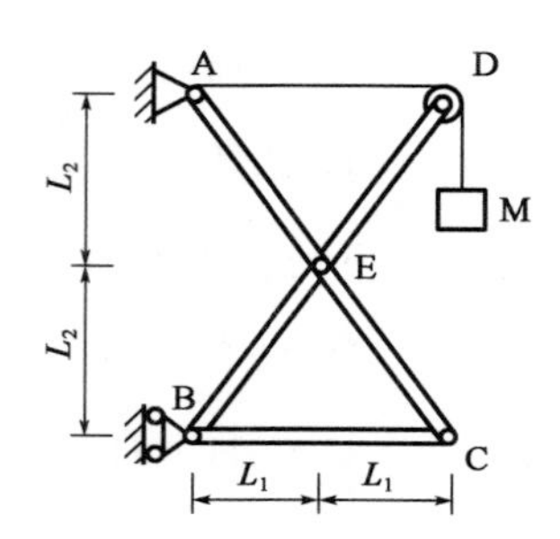

A. $F_B=3F_p/4$(→)

B. $F_B=3F_p/4$(←)

C. $F_B=F_p$(←)

D. $F_B=0$

50. 物体重为 W，置于倾角为 α 的斜面上，如图所示。已知摩擦角 $\varphi_m>\alpha$，则物块处于的状态为：

A. 静止状态

B. 临界平衡状态

C. 滑动状态

D. 条件不足，不能确定

51. 已知动点的运动方程为 $x=t$，$y=2t^2$。则其轨迹方程为：

A. $x=t^2-t$

B. $y=2t$

C. $y-2x^2=0$

D. $y+2x^2=0$

52. 一炮弹以初速度和仰角 α 射出。对于图所示直角坐标的运动方程为 $x=v_0\cos\alpha t$，$y=v_0\sin\alpha t-\frac{1}{2}gt^2$，则当 $t=0$ 时，炮弹的速度和加速度的大小分别为：

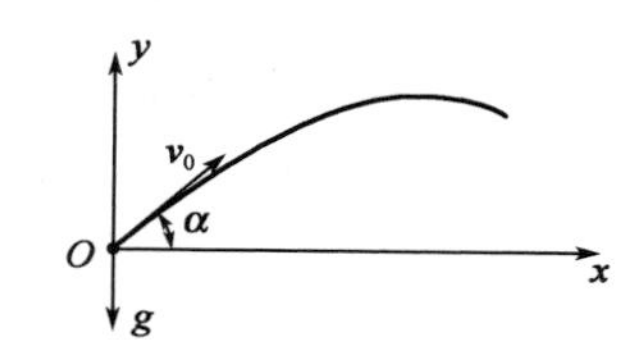

A. $v=v_0\cos\alpha, a=g$

B. $v=v_0, a=g$

C. $v=v_0\sin\alpha, a=-g$

D. $v=v_0, a=-g$

53. 两摩擦轮如图所示。则两轮的角速度与半径关系的表达式为：

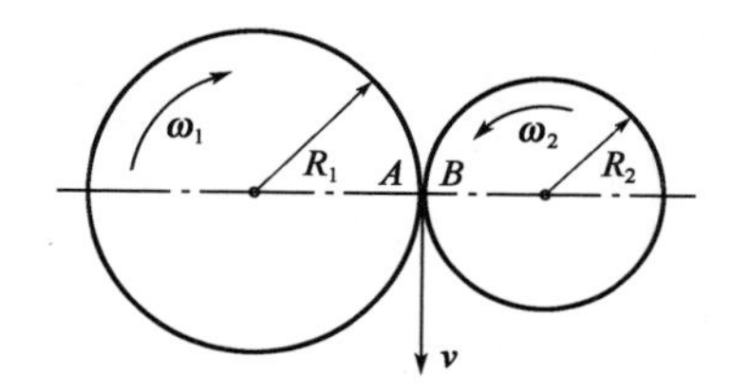

A. $\frac{\omega_1}{\omega_2}=\frac{R_1}{R_2}$

B. $\frac{\omega_1}{\omega_2}=\frac{R_2}{R_1^2}$

C. $\frac{\omega_1}{\omega_2}=\frac{R_1}{R_2^2}$

D. $\frac{\omega_1}{\omega_2}=\frac{R_2}{R_1}$

54. 质量为 m 的物块 A，置于与水平面成 θ 角的斜面 B 上，如图所示。A 与 B 间的摩擦系数为 f，为保持 A 与 B 一起以加速度 a 水平向右运动，则所需的加速度 a 至少是：

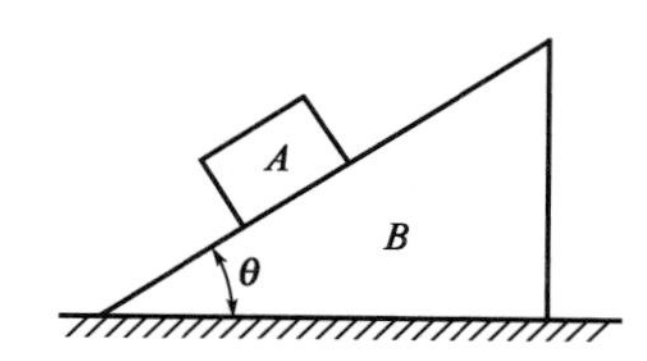

A. $a=\frac{g(f\cos\theta+\sin\theta)}{\cos\theta+f\sin\theta}$

B. $a=\frac{gf\cos\theta}{\cos\theta+f\sin\theta}$

C. $a=\frac{g(f\cos\theta-\sin\theta)}{\cos\theta+f\sin\theta}$

D. $a=\frac{gf\sin\theta}{\cos\theta+f\sin\theta}$

55. A 块与 B 块叠放如图所示，各接触面处均考虑摩擦。当 B 块受力 F 作用沿水平面运动时，A 块仍静止于 B 块上，于是：

A. 各接触面处的摩擦力都做负功

B. 各接触面处的摩擦力都做正功

C. A 块上的摩擦力做正功

D. B 块上的摩擦力做正功

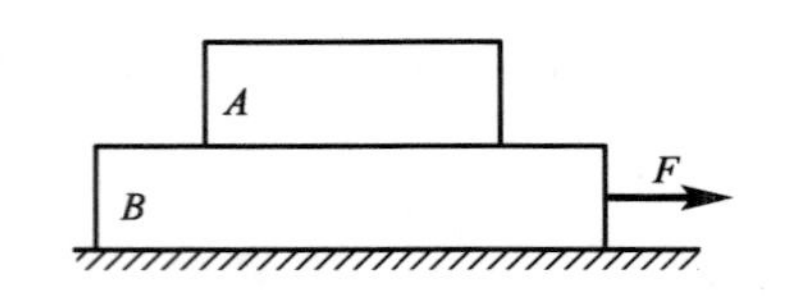

56. 质量为 m，长为 $2l$ 的均质杆初始位于水平位置，如图所示。A 端脱落后，杆绕轴 B 转动，当杆转到铅垂位置时，AB 杆 B 处的约束力大小为：

A. $F_{Bx}=0, F_{By}=0$

B. $F_{Bx}=0, F_{By}=\frac{mg}{4}$

C. $F_{Bx}=l, F_{By}=mg$

D. $F_{Bx}=0, F_{By}=\frac{5mg}{2}$

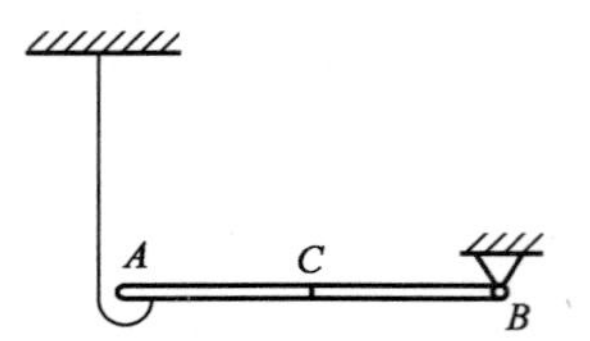

57. 质量为 m，半径为 R 的均质圆轮，绕垂直于图面的水平轴 O 转动，其角速度为 ω。在图示瞬时，角加速度为 0，轮心 C 在其最低位置，此时将圆轮的惯性力系向 O 点简化，其惯性力主矢和惯性力主矩的大小分别为：

A. $m\frac{R}{2}\omega^2, 0$

B. $mR\omega^2, 0$

C. 0，0

D. $0, \frac{1}{2}mR^2\omega^2$

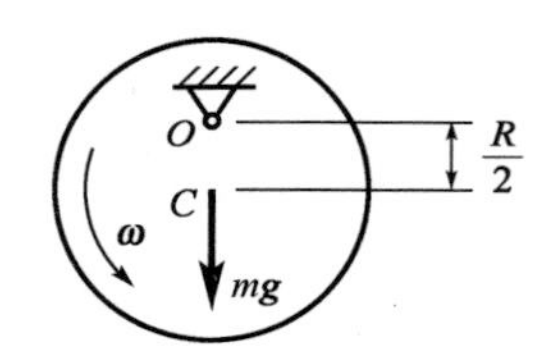

58. 质量为 110kg 的机器固定在刚度为 2×10^6N/m 的弹性基础上，当系统发生共振时，机器的工作频率为：

A. 66.7rad/s

B. 95.3rad/s

C. 42.6rad/s

D. 134.8rad/s

59. 图示结构的两杆面积和材料相同，在铅直力 F 作用下，拉伸正应力最先达到许用应力的杆是：

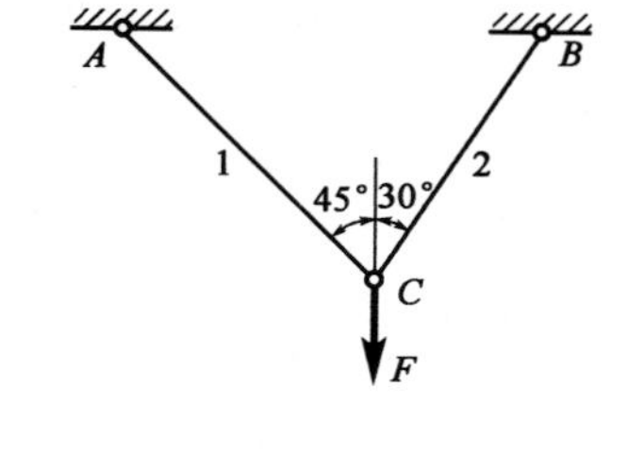

A. 杆 1

B. 杆 2

C. 同时达到

D. 不能确定

60. 图示结构的两杆许用应力均为$[\sigma]$，杆 1 的面积为 A，杆 2 的面积为 $2A$，则该结构的许用荷载是：

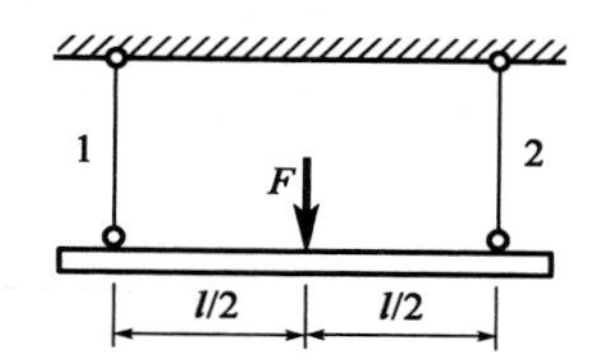

A. $[F]=A[\sigma]$

B. $[F]=2A[\sigma]$

C. $[F]=3A[\sigma]$

D. $[F]=4A[\sigma]$

61. 钢板用两个铆钉固定在支座上，铆钉直径为 d，在图示荷载作用下，铆钉的最大切应力是：

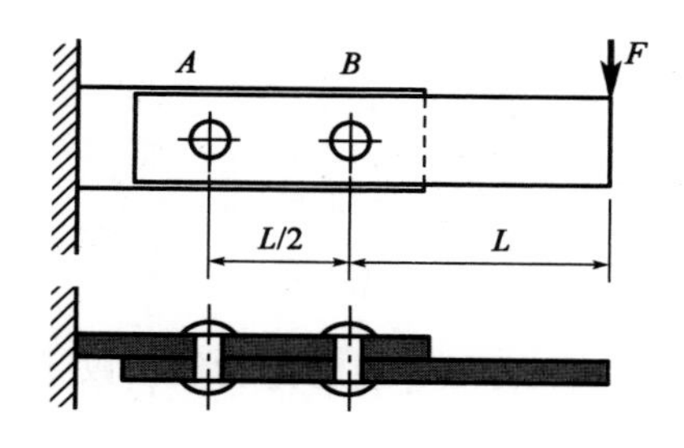

A. $\tau_{\max}=\frac{4F}{\pi d^2}$

B. $\tau_{\max}=\frac{8F}{\pi d^2}$

C. $\tau_{\max}=\frac{12F}{\pi d^2}$

D. $\tau_{\max}=\frac{2F}{\pi d^2}$

62. 螺钉承受轴向拉力 F，螺钉头与钢板之间的挤压应力是：

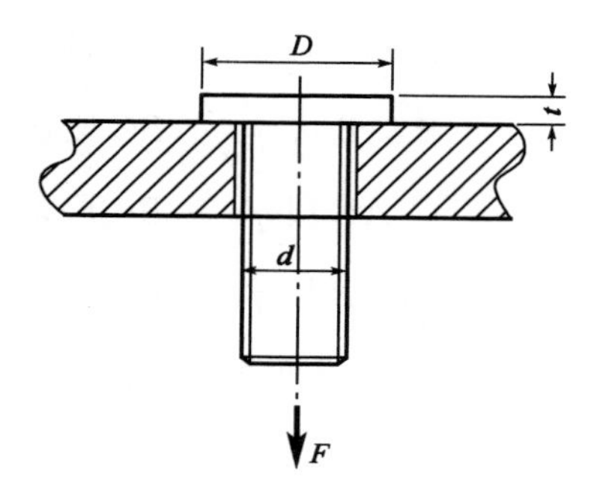

A. $\sigma_{bs}=\frac{4F}{\pi(D^2-d^2)}$

B. $\sigma_{bs}=\frac{F}{\pi dt}$

C. $\sigma_{bs}=\frac{4F}{\pi d^2}$

D. $\sigma_{bs}=\frac{4F}{\pi D^2}$

63. 圆轴直径为 d，切变模量为 G，在外力作用下发生扭转变形，现测得单位长度扭转角为 θ，圆轴的最大切应力是：

A. $\tau_{max}=\frac{16\theta G}{\pi d^3}$

B. $\tau_{max}=\theta G\frac{\pi d^3}{16}$

C. $\tau_{max}=\theta Gd$

D. $\tau_{max}=\frac{\theta Gd}{2}$

64. 图示两根圆轴，横截面面积相同，但分别为实心圆和空心圆。在相同的扭矩 T 作用下，两轴最大切应力的关系是：

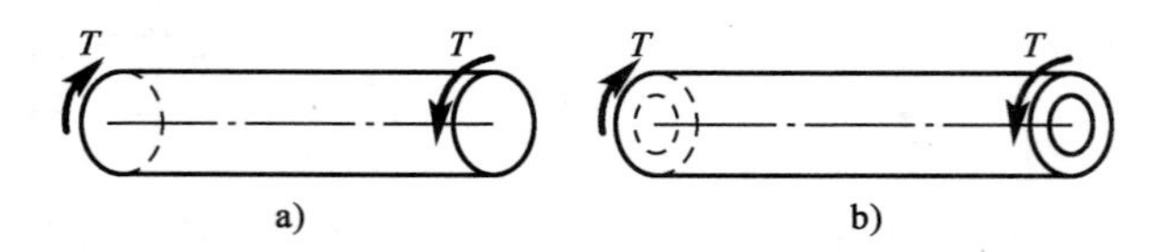

A. $\tau_a<\tau_b$

B. $\tau_a=\tau_b$

C. $\tau_a>\tau_b$

D. 不能确定

65. 简支梁 AC 的 A、C 截面为铰支端。已知的弯矩图如图所示，其中 AB 段为斜直线，BC 段为抛物线。以下关于梁上载荷的正确判断是：

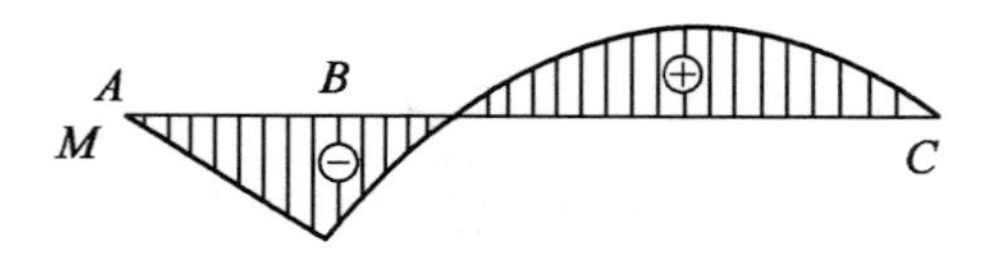

A. AB 段 $q=0$，BC 段 $q\neq0$，B 截面处有集中力

B. AB 段 $q\neq0$，BC 段 $q=0$，B 截面处有集中力

C. AB 段 $q=0$，BC 段 $q\neq0$，B 截面处有集中力偶

D. AB 段 $q\neq0$，BC 段 $q=0$，B 截面处有集中力偶

（q 为分布载荷集度）

66. 悬臂梁的弯矩如图所示，根据梁的弯矩图，梁上的载荷 F、m 的值应是：

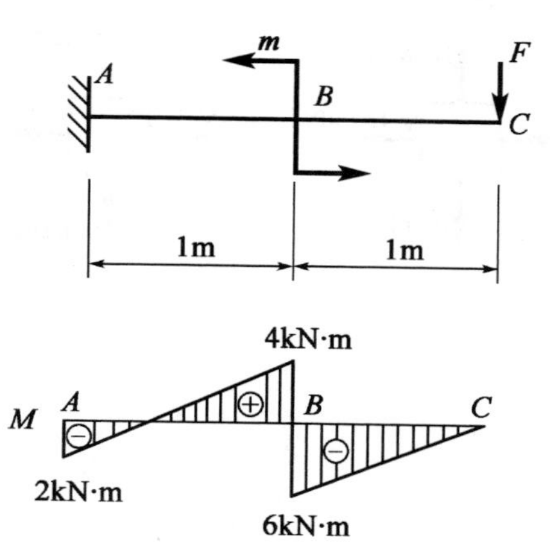

A. $F=6\text{kN}, m=10\text{kN}\cdot\text{m}$

B. $F=6\text{kN}, m=6\text{kN}\cdot\text{m}$

C. $F=4\text{kN}, m=4\text{kN}\cdot\text{m}$

D. $F=4\text{kN}, m=6\text{kN}\cdot\text{m}$

67. 承受均布荷载的简支梁如图 a)所示，现将两端的支座同时向梁中间移动 $l/8$，如图 b)所示，两根梁的中点$\left(\frac{l}{2}\text{处}\right)$弯矩之比$\frac{M_a}{M_b}$为：

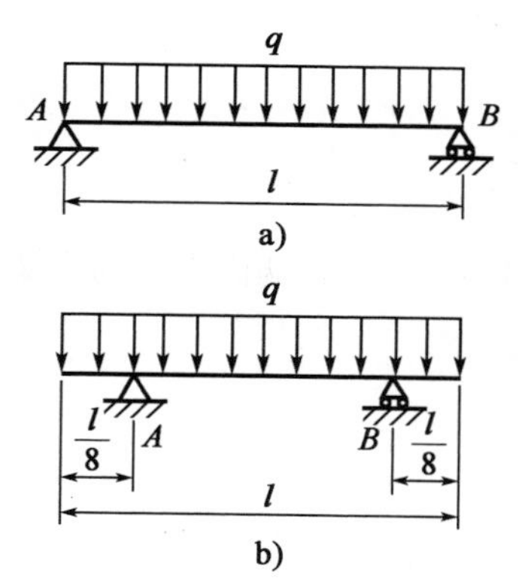

A. 16

B. 4

C. 2

D. 1

68. 按照第三强度理论，图示两种应力状态的危险程度是：

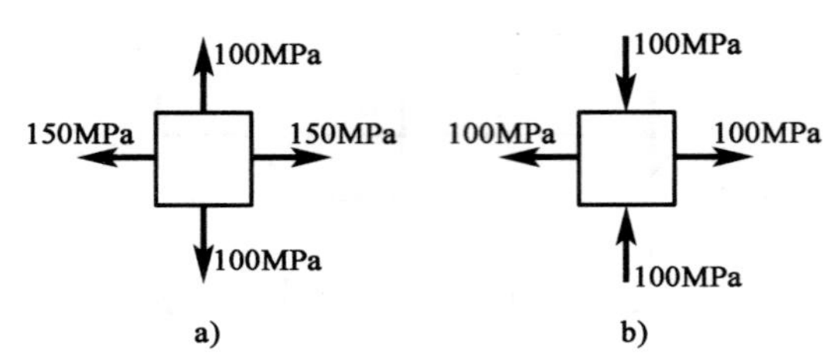

A. a)更危险

B. b)更危险

C. 两者相同

D. 无法判断

69. 两根杆粘合在一起，截面尺寸如图所示。杆 1 的弹性模量为 E_1，杆 2 的弹性模量为 E_2，且 $E_1=2E_2$。若轴向力 F 作用在截面形心，则杆件发生的变形是：

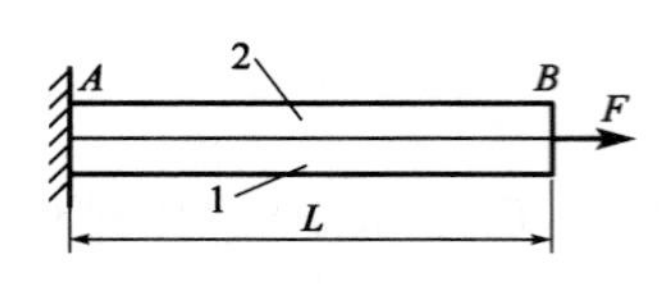

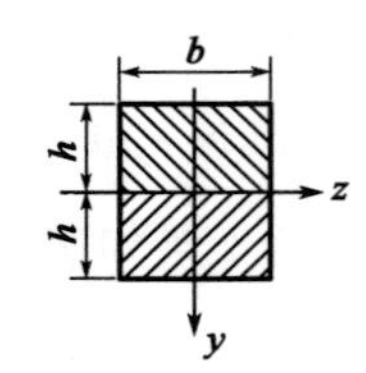

A. 拉伸和向上弯曲变形

B. 拉伸和向下弯曲变形

C. 弯曲变形

D. 拉伸变形

70. 图示细长压杆 AB 的 A 端自由，B 端固定在简支梁上。该压杆的长度系数 μ 是：

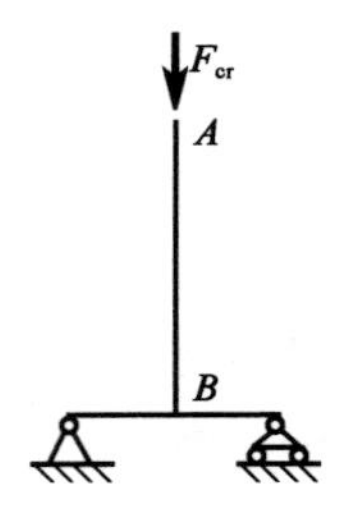

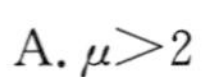

A. $\mu>2$

B. $2>\mu>1$

C. $1>\mu>0.7$

D. $0.7>\mu>0.5$

71. 半径为 R 的圆管中，横截面上流速分布为 $u=2\left(1-\frac{r^2}{R^2}\right)$，其中 r 表示到圆管轴线的距离，则在 $r_1=0.2R$ 处的黏性切应力与 $r_2=R$ 处的黏性切应力大小之比为：

A. 5　　　　B. 25

C. 1/5　　　　D. 1/25

72. 图示一水平放置的恒定变直径圆管流，不计水头损失，取两个截面标记为 1 和 2，当 $d_1 > d_2$ 时，则两截面形心压强关系是：

A. $p_1 < p_2$

B. $p_1 > p_2$

C. $p_1 = p_2$

D. 不能确定

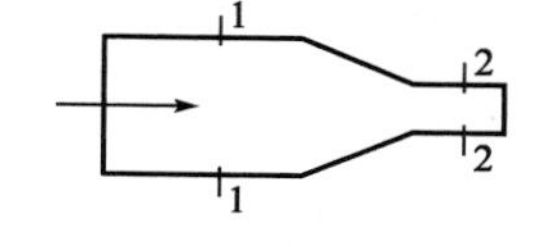

73. 水由喷嘴水平喷出，冲击在光滑平板上，如图所示，已知出口流速为 50m/s，喷射流量为 0.2m^3/s，不计阻力，则平板受到的冲击力为：

A. 5kN

B. 10kN

C. 20kN

D. 40kN

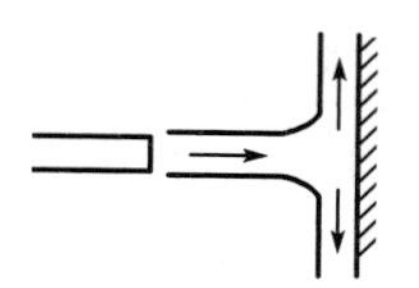

74. 沿程水头损失 h_f：

A. 与流程长度成正比，与壁面切应力和水力半径成反比

B. 与流程长度和壁面切应力成正比，与水力半径成反比

C. 与水力半径成正比，与流程长度和壁面切应力成反比

D. 与壁面切应力成正比，与流程长度和水力半径成反比

75. 并联压力管的流动特征是：

A. 各分管流量相等

B. 总流量等于各分管的流量和，且各分管水头损失相等

C. 总流量等于各分管的流量和，且各分管水头损失不等

D. 各分管测压管水头差不等于各分管的总能头差

76. 矩形水力最优断面的底宽是水深的：

A. $\frac{1}{2}$

B. 1 倍

C. 1.5 倍

D. 2 倍

77. 渗流流速 v 与水力坡度 J 的关系是：

A. v 正比于 J

B. v 反比于 J

C. v 正比于 J 的平方

D. v 反比于 J 的平方

78. 烟气在加热炉回热装置中流动，拟用空气介质进行实验。已知空气黏度 $\nu_{空气}=15\times10^{-6}\mathrm{m^2/s}$，烟气运动黏度 $\nu_{烟气}=60\times10^{-6}\mathrm{m^2/s}$，烟气流速 $v_{烟气}=3\mathrm{m/s}$，如若实际长度与模型长度的比尺 $\lambda_L=5$，则模型空气的流速应为：

A. 3.75m/s

B. 0.15m/s

C. 2.4m/s

D. 60m/s

79. 在一个孤立静止的点电荷周围：

A. 存在磁场，它围绕电荷呈球面状分布

B. 存在磁场，它分布在从电荷所在处到无穷远处的整个空间中

C. 存在电场，它围绕电荷呈球面状分布

D. 存在电场，它分布在从电荷所在处到无穷远处的整个空间中

80. 图示电路消耗电功率 2W，则下列表达式中正确的是：

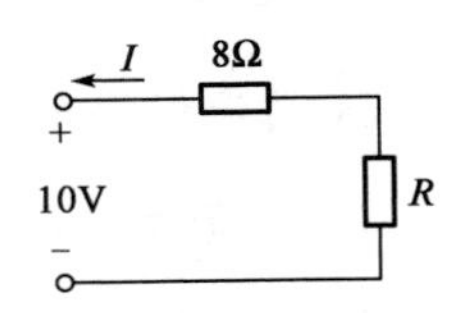

A. $(8+R)I^2=2,(8+R)I=10$

B. $(8+R)I^2=2,-(8+R)I=10$

C. $-(8+R)I^2=2,-(8+R)I=10$

D. $-(8+R)I=10,(8+R)I=10$

81. 图示电路中，a-b 端的开路电压 U_{abk} 为：

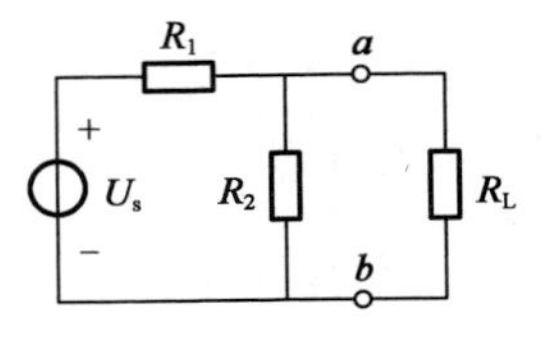

A. 0

B. $\dfrac{R_1}{R_1+R_2}U_s$

C. $\dfrac{R_2}{R_1+R_2}U_s$

D. $\dfrac{R_2/\!/R_L}{R_1+R_2/\!/R_L}U_s$

（注：$R_2/\!/R_L=\dfrac{R_2\cdot R_L}{R_2+R_L}$）

82. 在直流稳态电路中，电阻、电感、电容元件上的电压与电流大小的比值分别为：

A. R，0，0　　B. 0，0，∞

C. R，∞，0　　D. R，0，∞

83. 图示电路中，若 $u(t)=\sqrt{2}U\sin(\omega t+\psi_u)$ 时，电阻元件上的电压为 0，则：

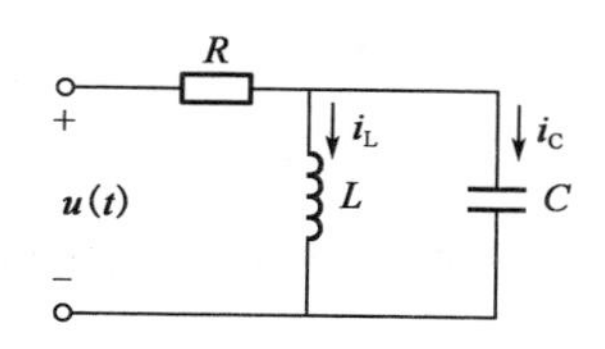

A. 电感元件断开了

B. 一定有 $I_L=I_C$

C. 一定有 $i_L=i_C$

D. 电感元件被短路了

84. 已知图示三相电路中三相电源对称，$Z_1=z_1\angle\varphi_1$，$Z_2=z_2\angle\varphi_2$，$Z_3=z_3\angle\varphi_3$，若 $U_{NN'}=0$，则 $z_1=z_2=z_3$，且：

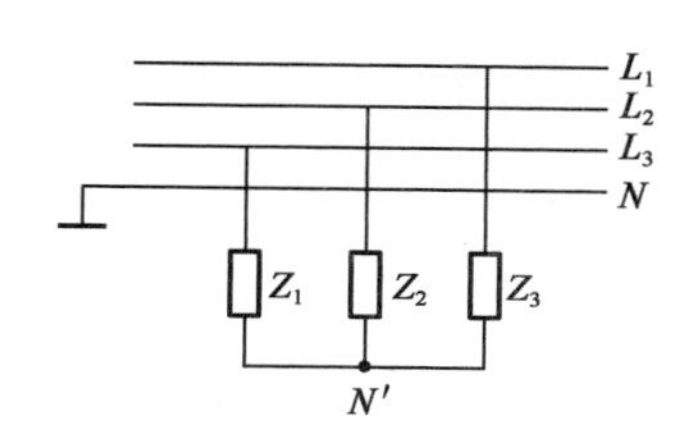

A. $\varphi_1=\varphi_2=\varphi_3$

B. $\varphi_1-\varphi_2=\varphi_2-\varphi_3=\varphi_3-\varphi_1=120°$

C. $\varphi_1-\varphi_2=\varphi_2-\varphi_3=\varphi_3-\varphi_1=-120°$

D. N'必须被接地

85. 图示电路中，设变压器为理想器件，若 $u=10\sqrt{2}\sin\omega t$V，则：

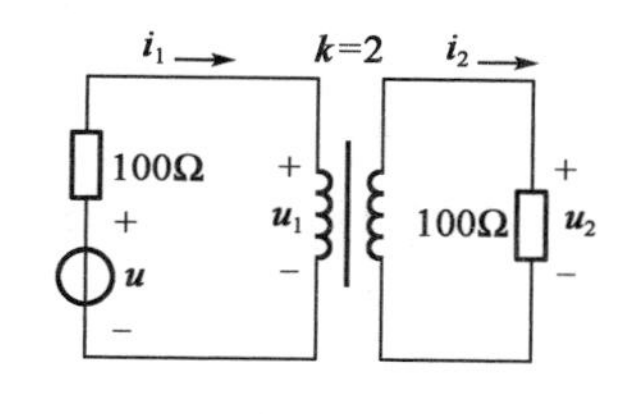

A. $U_1=\frac{1}{2}U$，$U_2=\frac{1}{4}U$

B. $I_1=0.01U$，$I_1=0$

C. $I_1=0.002U$，$I_2=0.004U$

D. $U_1=0$，$U_2=0$

86. 对于三相异步电动机而言，在满载起动情况下的最佳启动方案是：

A. Y-△启动方案，起动后，电动机以 Y 接方式运行

B. Y-△启动方案，起动后，电动机以△接方式运行

C. 自耦调压器降压启动

D. 绕线式电动机串转子电阻启动

87. 关于信号与信息，如下几种说法中正确的是：

A. 电路处理并传输电信号

B. 信号和信息是同一概念的两种表述形式

C. 用“1”和“0”组成的信息代码“1001”只能表示数量“5”

D. 信息是看得到的，信号是看不到的

88. 图示非周期信号 $u(t)$ 的时域描述形式是：[注：$u(t)$ 是单位阶跃函数]

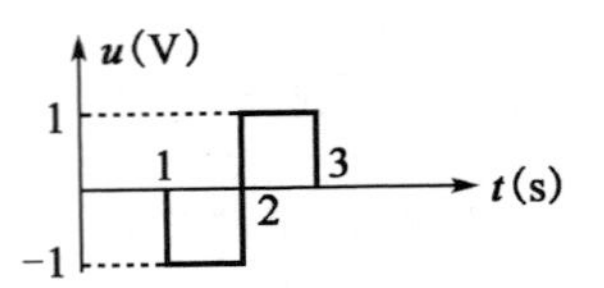

A. $u(t)=\begin{cases}1\text{V}, & t\leqslant 2\\ -1\text{V}, & t>2\end{cases}$

B. $u(t)=-l(t-1)+2\cdot l(t-2)-l(t-3)\text{V}$

C. $u(t)=l(t-1)-l(t-2)\text{V}$

D. $u(t)=-l(t+1)+l(t+2)-l(t+3)\text{V}$

89. 某放大器的输入信号 $u_1(t)$ 和输出信号 $u_2(t)$ 如图所示，则：

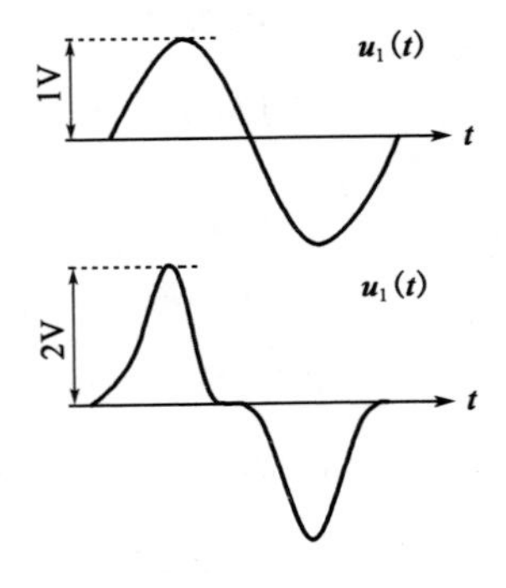

A. 该放大器是线性放大器

B. 该放大器放大倍数为 2

C. 该放大器出现了非线性失真

D. 该放大器出现了频率失真

90. 对逻辑表达式 $\text{ABC}+\text{A}\,\overline{\text{BC}}+\text{B}$ 的化简结果是：

A. AB

B. A+B

C. ABC

D. $\text{A}\,\overline{\text{BC}}$

91. 已知数字信号 X 和数字信号 Y 的波形如图所示，

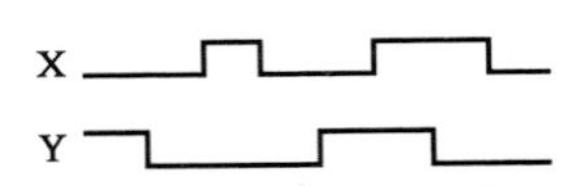

则数字信号 $\text{F}=\overline{\text{XY}}$ 的波形为：

A.

B.

C.

D.

92. 十进制数字 32 的 BCD 码为：

A. 00110010　　　　B. 00100000

C. 100000　　　　D. 00100011

93. 二级管应用电路如图所示，设二极管 D 为理想器件，$u_i=10\sin\omega t$V，则输出电压 u_o 的波形为：

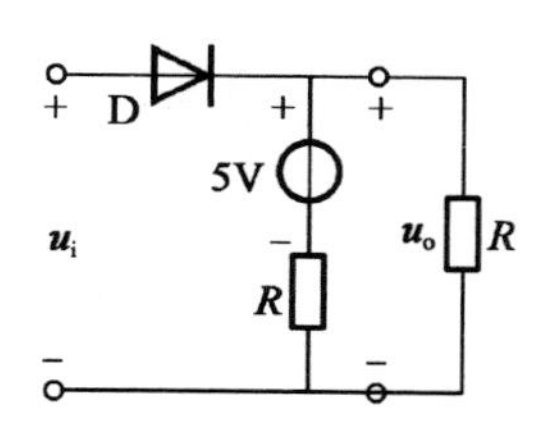

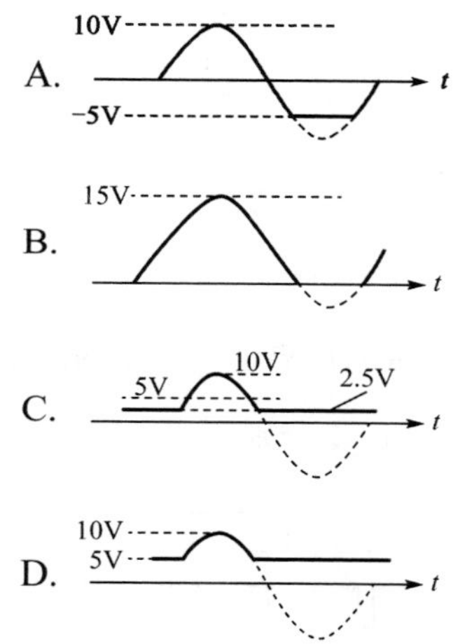

94. 晶体三极管放大电路如图所示，在进入电容 C_E 之后：

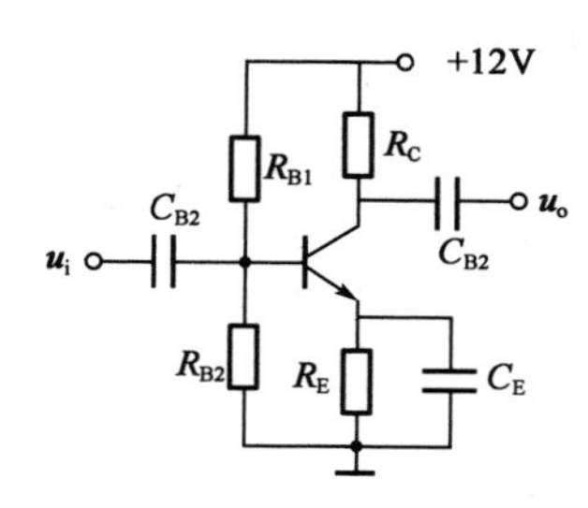

A. 放大倍数变小

B. 输入电阻变大

C. 输入电阻变小，放大倍数变大

D. 输入电阻变大，输出电阻变小，放大倍数变大

95. 图 a)所示电路中，复位信号 $\overline{R}_D$，信号 A 及时钟脉冲信号 cp 如图 b)所示，经分析可知，在第一个和第二个时钟脉冲的下降沿时刻，输出 Q 分别等于：

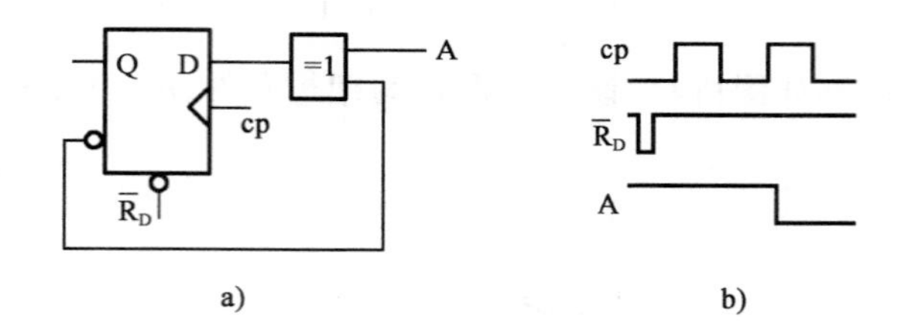

a)　　　　b)

A. 0　0

B. 0　1

C. 1　0

D. 1　1

附：触发器的逻辑状态表为

D	Q_{n+1}
0	0
1	1

96. 图 a)所示电路中，复位信号、数据输入及时钟脉冲信号如图 b)所示，经分析可知，在第一个和第二个时钟脉冲的下降沿过后，输出 Q 分别等于：

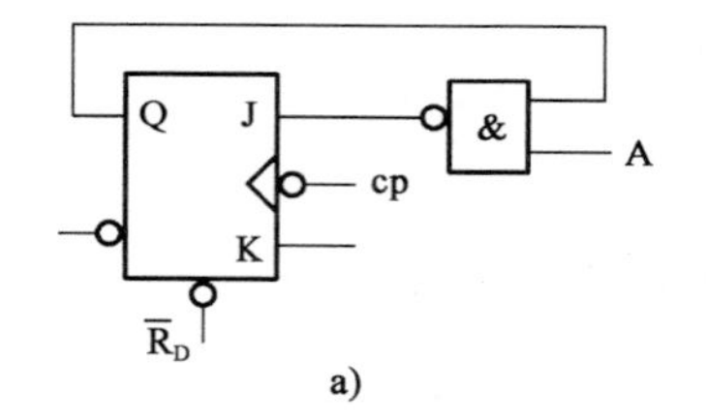

a)

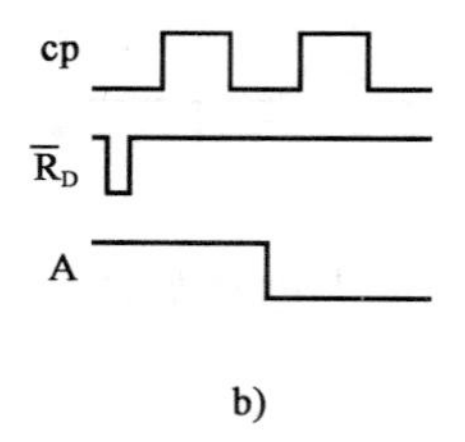

b)

A. 0　0

B. 0　1

C. 1　0

D. 1　1

附：触发器的逻辑状态表为

J	K	Q_{n+1}
0	0	Q_D
0	1	0
1	0	1
1	1	$\overline{Q}_D$

97. 现在全国都在开发三网合一的系统工程，即：

A. 将电信网、计算机网、通信网合为一体

B. 将电信网、计算机网、无线电视网合为一体

C. 将电信网、计算机网、有线电视网合为一体

D. 将电信网、计算机网、电话网合为一体

98. 在计算机的运算器上可以：

A. 直接解微分方程

B. 直接进行微分运算

C. 直接进行积分运算

D. 进行算数运算和逻辑运算

99. 总线中的控制总线传输的是：

A. 程序和数据

B. 主存储器的地址码

C. 控制信息

D. 用户输入的数据

100. 目前常用的计算机辅助设计软件是：

A. Microsoft Word

B. Auto CAD

C. Visual BASIC

D. Microsoft Access

101. 计算机中度量数据的最小单位是：

A. 数 0

B. 位

C. 字节

D. 字

102. 在下面列出的四种码中，不能用于表示机器数的一种是：

A. 原码

B. ASCII 码

C. 反码

D. 补码

103. 一幅图像的分辨率为 640×480 像素，这表示该图像中：

A. 至少由 480 个像素组成

B. 总共由 480 个像素组成

C. 每行由 640×480 个像素组成

D. 每列由 480 个像素组成

104. 在下面四条有关进程特征的叙述中，其中正确的一条是：

A. 静态性、并发性、共享性、同步性

B. 动态性、并发性、共享性、异步性

C. 静态性、并发性、独立性、同步性

D. 动态性、并发性、独立性、异步性

105. 操作系统的设备管理功能是对系统中的外围设备：

A. 提供相应的设备驱动程序，初始化程序和设备控制程序等

B. 直接进行操作

C. 通过人和计算机的操作系统对外围设备直接进行操作

D. 既可以由用户干预，也可以直接执行操作

106. 联网中的每台计算机：

A. 在联网之前有自己独立的操作系统，联网以后是网络中的某一个结点

B. 在联网之前有自己独立的操作系统，联网以后它自己的操作系统屏蔽

C. 在联网之前没有自己独立的操作系统，联网以后使用网络操作系统

D. 联网中的每台计算机有可以同时使用的多套操作系统

107. 某企业向银行借款，按季度计息，年名义利率为 8%，则年实际利率为：

A. 8%　　　　B. 8.16%

C. 8.24%　　　　D. 8.3%

108. 在下列选项中，应列入项目投资现金流量分析中的经营成本的是：

A. 外购原材料、燃料和动力费

B. 设备折旧

C. 流动资金投资

D. 利息支出

109. 某项目第 6 年累计净现金流量开始出现正值，第五年末累计净现金流量为 −60 万元，第 6 年当年净现金流量为 240 万元，则该项目的静态投资回收期为：

A. 4.25 年　　　　B. 4.75 年

C. 5.25 年　　　　D. 6.25 年

110. 某项目初期（第 0 年年初）投资额为 5000 万元，此后从第二年年末开始每年有相同的净收益，收益期为 10 年。寿命期结束时的净残值为零，若基准收益率为 15%，则要使该投资方案的净现值为零，其年净收益应为：[已知：$(P/A, 15\%, 10) = 5.0188$，$(P/F, 15\%, 1) = 0.8696$]

A. 574.98 万元

B. 866.31 万元

C. 996.25 万元

D. 1145.65 万元

111. 以下关于项目经济费用效益分析的说法中正确的是：

A. 经济费用效益分析应考虑沉没成本

B. 经济费用和效益的识别不适用“有无对比”原则

C. 识别经济费用效益时应剔出项目的转移支付

D. 为了反映投入物和产出物真实经济价值，经济费用效益分析不能使用市场价格

112. 已知甲、乙为两个寿命期相同的互斥项目，其中乙项目投资大于甲项目。通过测算得出甲、乙两项目的内部收益率分别为 17% 和 14%，增量内部收益 ΔIRR(乙－甲)＝13%，基准收益率为 14%，以下说法中正确的是：

A. 应选择甲项目　　B. 应选择乙项目

C. 应同时选择甲、乙两个项目　　D. 甲、乙两项目均不应选择

113. 以下关于改扩建项目财务分析的说法中正确的是：

A. 应以财务生存能力分析为主

B. 应以项目清偿能力分析为主

C. 应以企业层次为主进行财务分析

D. 应遵循“有无对比”原刚

114. 下面关于价值工程的论述中正确的是：

A. 价值工程中的价值是指成本与功能的比值

B. 价值工程中的价值是指产品消耗的必要劳动时间

C. 价值工程中的成本是指寿命周期成本，包括产品在寿命期内发生的全部费用

D. 价值工程中的成本就是产品的生产成本，它随着产品功能的增加而提高

115. 根据《中华人民共和国建筑法》规定，某建设单位领取了施工许可证，下列情节中，可能不导致施工许可证废止的是：

A. 领取施工许可证之日起三个月内因故不能按期开工，也未申请延期

B. 领取施工许可证之日起按期开工后又中止施工

C. 向发证机关申请延期开工一次，延期之日起三个月内，因故仍不能按期开工，也未申请延期

D. 向发证机关申请延期开工两次，超过 6 个月因故不能按期开工，继续申请延期

116. 某施工单位一个有职工 185 人的三级施工资质的企业，根据《安全生产法》规定，该企业下列行为中合法的是：

A. 只配备兼职的安全生产管理人员

B. 委托具有国家规定相关专业技术资格的工程技术人员提供安全生产管理服务，由其负责承担保证安全生产的责任

C. 安全生产管理人员经企业考核后即任职

D. 设置安全生产管理机构

117. 下列属于《中华人民共和国招标投标法》规定的招标方式是：

A. 公开招标和直接招标

B. 公开招标和邀请招标

C. 公开招标和协议招标

D. 公开招标和公开招标

118. 根据《中华人民共和国合同法》规定，下列行为不属于要约邀请的是：

A. 某建设单位发布招标公告

B. 某招标单位发出中标通知书

C. 某上市公司发出招标说明书

D. 某商场寄送的价目表

119. 根据《中华人民共和国行政许可法》的规定，除可以当场作出行政许可决定的外，行政机关应当自受理行政可之日起作出行政许可决定的时限是：

A. 5 日之内　　B. 7 日之内

C. 15 日之内　　D. 20 日之内

120. 某建设项目甲建设单位与乙施工单位签订施工总承包合同后，乙施工单位经甲建设单位认可，将打桩工程分包给丙专业承包单位，丙专业承包单位又将劳务作业分包给丁劳务单位，由于丙专业承包单位从业人员责任心不强，导致该打桩工程部分出现了质量缺陷，对于该质量缺陷的责任承担，以下说明正确的是：

A. 乙单位和丙单位承担连带责任

B. 丙单位和丁单位承担连带责任

C. 丙单位向甲单位承担全部责任

D. 乙、丙、丁三单位共同承担责任

2013年度全国勘察设计注册工程师执业资格考试基础考试(上)试题解析及参考答案

1. **解** $\boldsymbol{\alpha}\times\boldsymbol{\beta}=\begin{vmatrix} \boldsymbol{i} & \boldsymbol{j} & \boldsymbol{k} \\ -3 & -2 & 1 \\ 1 & -4 & -5 \end{vmatrix}=14\boldsymbol{i}-14\boldsymbol{j}+14\boldsymbol{k}$

$|\boldsymbol{\alpha}\times\boldsymbol{\beta}|=\sqrt{14^2+14^2+14^2}=\sqrt{3\times 14^2}=14\sqrt{3}$

答案:C

2. **解** 因为$\lim\limits_{x\to 1}(x^2+x-2)=0$

故$\lim\limits_{x\to 1}(2x^2+ax+b)=0$,即 $2+a+b=0$,得 $b=-2-a$,代入原式:

$$\lim_{x\to 1}\frac{2x^2+ax-2-a}{x^2+x-2}=\lim_{x\to 1}\frac{2(x+1)(x-1)+a(x-1)}{(x+2)(x-1)}=\lim_{x\to 1}\frac{2\times 2+a}{3}=1$$

故 $4+a=3$,得 $a=-1$,$b=-1$

答案:C

3. **解** $\dfrac{\mathrm{d}y}{\mathrm{d}x}=\dfrac{\frac{\mathrm{d}y}{\mathrm{d}t}}{\frac{\mathrm{d}x}{\mathrm{d}t}}=\dfrac{-\sin t}{\cos t}=-\tan t$

答案:A

4. **解** $[\int f(x)\mathrm{d}x]'=f(x)$

答案:B

5. **解** 举例 $f(x)=x^2$,$\int x^2\mathrm{d}x=\dfrac{1}{3}x^3+C$

当 $C=0$ 时,$\int x^2\mathrm{d}x=\dfrac{1}{3}x^3$ 为奇函数;

当 $C=1$ 时,$\int x^2\mathrm{d}x=\dfrac{1}{3}x^3+1$ 为非奇非偶函数。

答案:A

6. **解** $\lim\limits_{x\to 1^-}f(x)=\lim\limits_{x\to 1^-}3x^2=3$,$\lim\limits_{x\to 1^+}(4x-1)=3$,$f(1)=3$,函数 $f(x)$在 $x=1$ 处连续。

$f'_+(1)=\lim\limits_{x\to 1^+}\dfrac{4x-1-3\times 1}{x-1}=\lim\limits_{x\to 1^+}\dfrac{4(x-1)}{x-1}=4$

$$f'_{-}(1)=\lim_{x\to 1^-}\frac{3x^2-3}{x-1}=\lim_{x\to 1^-}\frac{3(x+1)(x-1)}{x-1}=6$$

$f'_{+}(1)\neq f'_{-}(1)$，在 $x=1$ 处不可导；

故 $f(x)$ 在 $x=1$ 处连续不可导。

答案：C

7.**解**　$y'=-1\cdot x^{\frac{2}{3}}+(5-x)\frac{2}{3}x^{-\frac{1}{3}}=-x^{\frac{2}{3}}+\frac{2}{3}\cdot\frac{5-x}{x^{\frac{1}{3}}}=\frac{-3x+2(5-x)}{3x^{\frac{1}{3}}}$

$$=\frac{-3x+10-2x}{3\cdot x^{\frac{1}{3}}}=\frac{5(2-x)}{3x^{\frac{1}{3}}}$$

可知 $x=0,x=2$ 为极值可疑点，所以极值可疑点的个数为 2。

答案：C

8.**解**　选项 A：$\int_0^{+\infty}e^{-x}\mathrm{d}x=-\int_0^{+\infty}e^{-x}\mathrm{d}(-x)=-e^{-x}\Big|_0^{+\infty}=-(\lim\limits_{x\to+\infty}e^{-x}-1)=1$

选项 B：$\int_0^{+\infty}\frac{1}{1+x^2}\mathrm{d}x=\arctan x\Big|_0^{+\infty}=\frac{\pi}{2}$

选项 C：因为 $\lim\limits_{x\to 0^+}\frac{\ln x}{x}=\lim\limits_{x\to 0^+}\frac{1}{x}\ln x\to\infty$，所以函数在 $x\to 0^+$ 无界。

$$\int_0^{+\infty}\frac{\ln x}{x}\mathrm{d}x=\int_0^1\frac{\ln x}{x}\mathrm{d}x+\int_1^{+\infty}\frac{\ln x}{x}\mathrm{d}x=\int_0^1\ln x\mathrm{d}\ln x+\int_1^{+\infty}\ln x\mathrm{d}\ln x$$

而 $\int_0^1\ln x\mathrm{d}\ln x=\frac{1}{2}(\ln x)^2\Big|_0^1=-\infty$，故广义积分发散。

（注：$\lim\limits_{x\to 0^+}\frac{\ln x}{x}=\infty$，$x=0$ 为无穷间断点）

选项 D：$\int_0^1\frac{1}{\sqrt{1-x^2}}\mathrm{d}x=\arcsin x\Big|_0^1=\frac{\pi}{2}$

> 注：$\lim\limits_{x\to 1^-}\frac{1}{\sqrt{1-x^2}}=+\infty$，$x=1$ 为无穷间断点。

答案：C

9.**解**　见解图，D：$0\leqslant y\leqslant 1$，$y\leqslant x\leqslant\sqrt{y}$；

$y=x$，即 $x=y$；$y=x^2$，得 $x=\sqrt{y}$；

所以二次积分交换积分顺序后为 $\int_0^1\mathrm{d}y\int_y^{\sqrt{y}}f(x,y)\mathrm{d}x$。

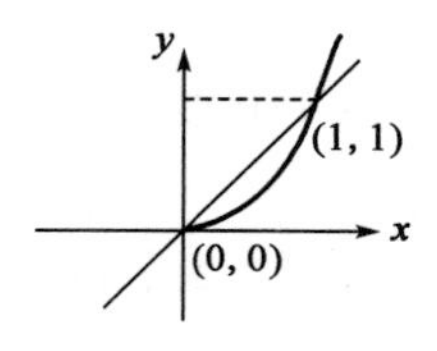

题 9 解图

答案：D

10.**解**　$x\frac{\mathrm{d}y}{\mathrm{d}x}=y\ln y$，$\frac{1}{y\ln y}\mathrm{d}y=\frac{1}{x}\mathrm{d}x$，$\ln\ln y=\ln x+\ln C$

$\ln y=Cx$，$y=e^{Cx}$，代入 $x=1$，$y=e$，有 $e=e^{1C}$，得 $C=1$

所以 $y=e^x$

答案:B

11.**解** $F(x,y,z)=xz-xy+\ln(xyz)$

$$F_x=z-y+\frac{yz}{xyz}=z-y+\frac{1}{x},F_y=-x+\frac{xz}{xyz}=-x+\frac{1}{y},F_z=x+\frac{xy}{xyz}=x+\frac{1}{z}$$

$$\frac{\partial z}{\partial y}=-\frac{F_y}{F_z}=-\frac{\frac{-xy+1}{y}}{\frac{xz+1}{z}}=-\frac{(1-xy)z}{y(xz+1)}=\frac{z(xy-1)}{y(xz+1)}$$

答案:D

12.**解** 正项级数 $\sum_{n=1}^{\infty}u_n$ 收敛的充分必要条件是,它的部分和数列$\{S_n\}$有界。

答案:A

13.**解** 已知 $f(-x)=-f(x)$,函数在$(-\infty,+\infty)$为奇函数。

可配合图形说明在$(-\infty,0)$,$f'(x)>0$,$f''(x)<0$,凸增。

故在$(0,+\infty)$为凹增,即在$(0,+\infty)$,$f'(x)>0$,$f''>0$。

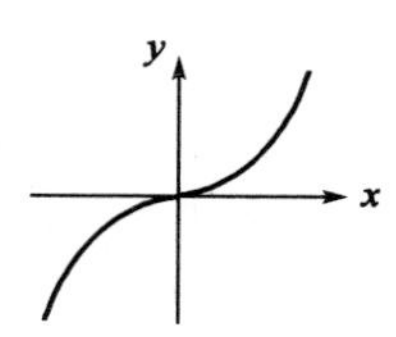

题13解图

答案:C

14.**解** 特征方程:$r^2-3r+2=0$,$r_1=1$,$r_2=2$,$f(x)=xe^x$,$r=1$为对应齐次方程的特征方程的单根,故特解形式 $y^*=x(Ax+B)\cdot e^x$。

答案:A

15.**解** $\vec{S}=\{3,-1,2\}$,$\vec{n}=\{-2,2,1\}$,$\vec{S}\cdot\vec{n}\neq0$,$\vec{S}$与$\vec{n}$不垂直。

故直线L不平行于平面π,从而选项B、D不成立;又因为$\vec{S}$不平行于$\vec{n}$,所以L不垂直于平面π,选项A不成立;即直线L与平面π非垂直相交。

答案:C

16.**解** 见解图,L:$y=x-1$,所以L的参数方程$\begin{cases}x=x\\y=x-1\end{cases}$,$0\leqslant x\leqslant1$

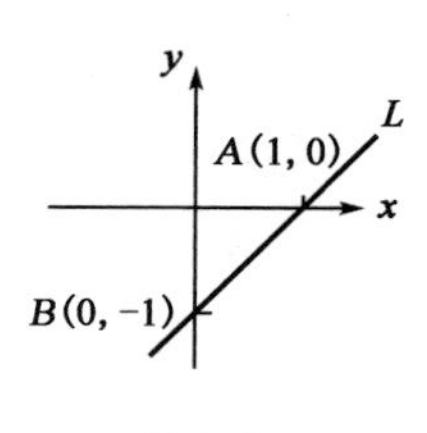

题16解图

$$ds=\sqrt{1^2+1^2}\,dx=\sqrt{2}\,dx$$

故 $\int_L(y-x)ds=\int_0^1(x-1-x)\sqrt{2}\,dx=-\sqrt{2}\cdot1=-\sqrt{2}$

答案:D

17.**解** $R=3$,则 $\rho=\frac{1}{3}$

选项A:$\sum_{n=0}^{\infty}3x^n$,$\lim_{n\to\infty}\left|\frac{a_{n+1}}{a_n}\right|=1$

选项B:$\sum_{n=1}^{\infty}3^nx^n$,$\lim_{n\to\infty}\left|\frac{3^{n+1}}{3^n}\right|=3$

选项 C：$\sum_{n=0}^{\infty}\frac{1}{3^{\frac{n}{2}}}x^n$，$\lim_{n\to\infty}\left|\frac{\frac{1}{3^{\frac{n+1}{2}}}}{\frac{1}{3^{\frac{n}{2}}}}\right|=\lim_{n\to\infty}\frac{1}{3^{\frac{n+1}{2}}}\cdot 3^{\frac{n}{2}}=\lim_{n\to\infty}3^{\frac{n}{2}-\frac{n+1}{2}}=3^{-\frac{1}{2}}$

选项 D：$\sum_{n=0}^{\infty}\frac{1}{3^{n+1}}x^n$，$\lim_{n\to\infty}\left|\frac{\frac{1}{3^{n+2}}}{\frac{1}{3^{n+1}}}\right|=\lim_{n\to\infty}\frac{3^{n+1}}{3^{n+2}}=\frac{1}{3}$，$\rho=\frac{1}{3}$，$R=\frac{1}{\rho}=3$

答案：D

18. **解**　$z=f(x,y)$，$\begin{cases}x=x\\y=\varphi(x)\end{cases}$，则$\frac{dz}{dx}=\frac{\partial f}{\partial x}\cdot 1+\frac{\partial f}{\partial y}\cdot\frac{d\varphi}{dx}$

答案：B

19. **解**　以 $\boldsymbol{\alpha}_1$、$\boldsymbol{\alpha}_2$、$\boldsymbol{\alpha}_3$、$\boldsymbol{\alpha}_4$ 为列向量作矩阵 $\boldsymbol{A}$

$$\boldsymbol{A}=\begin{bmatrix}3&3&1&6\\2&-1&-\frac{1}{3}&-2\\-5&3&1&6\end{bmatrix}\xrightarrow{-r_1+r_3}\begin{bmatrix}3&3&1&6\\2&-1&-\frac{1}{3}&-2\\-8&0&0&0\end{bmatrix}\xrightarrow{-\frac{1}{8}r_3}$$

$$\begin{bmatrix}3&3&1&6\\2&-1&-\frac{1}{3}&-2\\1&0&0&0\end{bmatrix}\xrightarrow[(-2)r_3+r_2]{(-3)r_3+r_1}\begin{bmatrix}0&3&1&6\\0&-1&-\frac{1}{3}&-2\\1&0&0&0\end{bmatrix}\xrightarrow{3r_2+r_1}$$

$$\begin{bmatrix}0&0&0&0\\0&-1&-\frac{1}{3}&-2\\1&0&0&0\end{bmatrix}\xrightarrow{r_1\leftrightarrow r_3}\begin{bmatrix}1&0&0&0\\0&-1&-\frac{1}{3}&-2\\0&0&0&0\end{bmatrix}$$

极大无关组为 $\boldsymbol{\alpha}_1$、$\boldsymbol{\alpha}_2$。

（说明：因为行阶梯形矩阵的第二行中第 3 列、第 4 列的数也不为 0，所以 $\boldsymbol{\alpha}_1$、$\boldsymbol{\alpha}_3$ 或 $\boldsymbol{\alpha}_1$、$\boldsymbol{\alpha}_4$ 也是向量组的最大线性无关组。）

答案：C

20. **解**　设 $\boldsymbol{A}$ 为 $m\times n$ 矩阵，$m<n$，则 $R(\boldsymbol{A})=r\leqslant\min\{m,n\}=m<n$，$\boldsymbol{Ax}=\boldsymbol{0}$ 必有非零解。

选项 D 错误，因为增广矩阵的秩不一定等于系数矩阵的秩。

答案：B

21. **解**　矩阵相似有相同的特征多项式，有相同的特征值。

方法 1：

$$|\lambda\boldsymbol{E}-\boldsymbol{A}|=\begin{vmatrix}\lambda-1&1&-1\\-2&\lambda-4&2\\3&3&\lambda-5\end{vmatrix}\xlongequal{(-3)r_1+r_3}\begin{vmatrix}\lambda-1&1&-1\\-2&\lambda-4&2\\-3\lambda+6&0&\lambda-2\end{vmatrix}\xlongequal{-(\lambda-4)r_1+r_2}$$

$$\begin{vmatrix} \lambda-1 & 1 & -1 \\ -\lambda^2+5\lambda-6 & 0 & \lambda-2 \\ -3\lambda+6 & 0 & \lambda-2 \end{vmatrix}=(-1)^{1+2}\begin{vmatrix} -(\lambda-2)(\lambda-3) & \lambda-2 \\ -3(\lambda-2) & \lambda-2 \end{vmatrix}$$

$$=(\lambda-2)(\lambda-2)\begin{vmatrix} +(\lambda-3) & 1 \\ 3 & 1 \end{vmatrix}=(\lambda-2)(\lambda-2)[+(\lambda-3)-3]$$

$$=(\lambda-2)(\lambda-2)(\lambda-6)$$

特征值为2,2,6;矩阵$\boldsymbol{B}$中$\lambda=6$。

方法2:

因为$\boldsymbol{A}\sim\boldsymbol{B}$,所以$\boldsymbol{A}$与$\boldsymbol{B}$的主对角线元素和相等,$\sum\limits_{i=1}^{3}a_{ii}=\sum\limits_{i=1}^{3}b_{ii}$,即$1+4+5=\lambda+2+2$,得$\lambda=6$。

答案:A

22.**解** A、B相互独立,则$P(AB)=P(A)P(B)$,$P(A\cup B)=P(A)+P(B)-P(AB)=P(A)+P(B)-P(A)P(B)=0.7$或$P(A\cup B)=1-P(\overline{A\cup B})=1-P(\overline{A}\,\overline{B})=1-P(\overline{A})P(\overline{B})=0.7$。

答案:C

23.**解** 分布函数[记为$Q(x)$]性质为:①$0\leqslant Q(x)\leqslant 1$,$Q(-\infty)=0$,$Q(+\infty)=1$;②$Q(x)$是非减函数;③$Q(x)$是右连续的。

$\Phi(+\infty)=-\infty$;$F(x)$满足分布函数的性质①、②、③;

$G(-\infty)=+\infty$;$x\geqslant 0$时,$H(x)>1$。

答案:B

24.**解** 注意$E(X)=0$,$\sigma^2=D(X)=E(X^2)-[E(X)]^2=E(X^2)$,$\sigma^2$也是$X$的二阶原点矩,$\sigma^2$的矩估计量是样本的二阶原点矩$\frac{1}{n}\sum\limits_{i=1}^{n}X_i^2$。

说明:统计推断时要充分利用已知信息。当$E(X)=\mu$已知时,估计$D(X)=\sigma^2$,用$\frac{1}{n}\sum\limits_{i=1}^{n}(X_i-\mu)^2$比用$\frac{1}{n}\sum\limits_{i=1}^{n}(X_i-\overline{X})^2$效果好。

答案:D

25.**解** ①分子的平均动能$=\frac{3}{2}kT$,若分子的平均平动动能相同,则温度相同。

②分子的平均动能=平均(平动动能+转动动能)$=\frac{i}{2}kT$。其中,i为分子自由度,

而 $i(\text{He}) = 3, i(\text{N}_2) = 5$，则氦分子和氮分子的平均动能不同。

答案：B

26. **解** 此题需要正确理解最概然速率的物理意义，v_p 为 $f(v)$ 最大值所对应的速率。

答案：C

注：25、26题2011年均考过。

27. **解** 画等压膨胀 p-V 图，由图知 $V_2 > V_1$，故气体对外做正功。

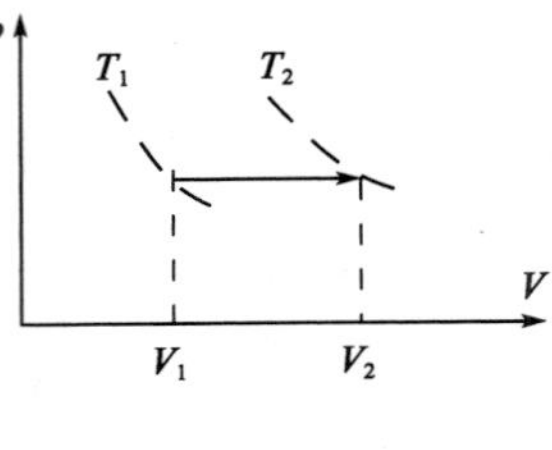

题27解图

由等温线知 $T_2 > T_1$，温度升高。

答案：A

28. **解** $Q_T = \frac{m}{M}RT\ln\frac{V_2}{V_1} = p_1V_1\ln\frac{V_2}{V_1}$

答案：A

29. **解** ①波动方程标准式：$y = A\cos\left[\omega\left(t - \frac{x - x_0}{u}\right) + \varphi_0\right]$

②本题方程：$y = -0.02\cos\pi(4x - 50t) = 0.02\cos[\pi(4x - 50t) + \pi]$

$$= 0.02\cos[\pi(50t - 4x) + \pi] = 0.02\cos\left[50\pi(t - \frac{4x}{50}) + \pi\right]$$

$$= 0.02\cos\left[50\pi\left[t - \frac{x}{\frac{50}{4}}\right] + \pi\right]$$

故 $\omega = 50\pi = 2\pi\nu, \nu = 25\text{Hz}$，$u = \frac{50}{4}$

波长 $\lambda = \frac{u}{\nu} = 0.5\text{m}$，振幅 $A = 0.02\text{m}$

答案：D

30. **解** a、b、c、d 处质元都垂直于 x 轴上下振动。由图知，t 时刻 a 处质元位于振动的平衡位置，此时速率最大，动能最大，势能也最大。

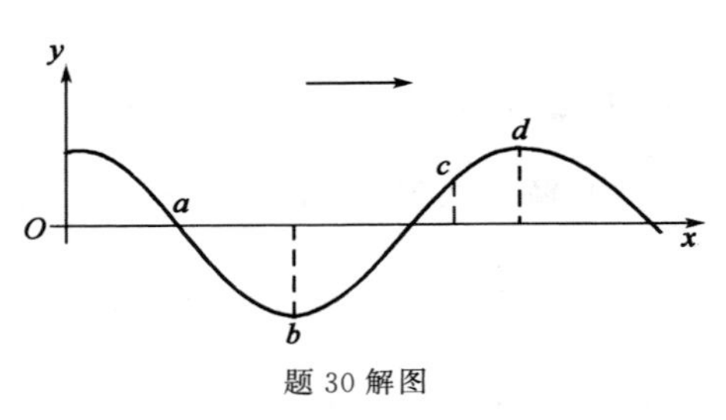

题30解图

答案：A

31. **解** $x_{腹} = \pm k\frac{\lambda}{2}, k = 0,1,2,\cdots$。相邻两波腹之间的距离为：$x_{k+1} - x_k = (k+1)\frac{\lambda}{2} - k\frac{\lambda}{2} = \frac{\lambda}{2}$。

答案：A

32. **解** 设线偏振光的光强为 I，线偏振光与第一个偏振片的夹角为 φ。因为最终线偏振光的振动方向要转过90°，所以第一个偏振片与第二个偏振片的夹角为 $\frac{\pi}{2} - \varphi$。

根据马吕斯定律：

线偏振光通过第一块偏振片后的光强 $I_1 = I\cos^2\varphi$

线偏振光通过第二块偏振片后的光强 $I_2 = I_1\cos^2(\frac{\pi}{2} - \varphi) = \frac{I}{4}\sin^2 2\varphi$

要使透射光强达到最强，令 $\sin 2\varphi = 1$，得 $\varphi = \frac{\pi}{4}$，透射光强的最大值为 $\frac{I}{4}$。

入射光的振动方向与前后两偏振片的偏振化方向夹角分别为 45° 和 90°。

答案：A

33. **解** 光的干涉和衍射现象反映了光的波动性质，光的偏振现象反映了光的横波性质。

答案：B

34. **解** 注意到 $1\text{nm} = 10^{-9}\text{m} = 10^{-6}\text{mm}$。

由 $\Delta x = \Delta n \frac{\lambda}{2}$，有 $0.62 = 2300 \frac{\lambda}{2}$，$\lambda = 5.39 \times 10^{-4}\text{mm} = 539\text{nm}$。

答案：B

35. **解** 对暗纹 $a\sin\varphi = k\lambda = 2k\frac{\lambda}{2}$，今 $k=3$，故半波带数目为 6。

答案：D

36. **解** 劈尖干涉明纹公式：$2nd + \frac{\lambda}{2} = k\lambda, k = 1,2,\cdots$

对应的薄膜厚度差 $2nd_5 - 2nd_3 = 2\lambda$，故 $d_5 - d_3 = \frac{\lambda}{n}$。

答案：B

37. **解** 一组允许的量子数 n、l、m 取值对应一个合理的波函数，即可以确定一个原子轨道。量子数 $n=4, l=2, m=0$ 为一组合理的量子数，确定一个原子轨道。

答案：A

38. **解** P 和 N 为同主族元素，PCl_3 中 P 的杂化类型与 NH_3 中的 N 原子杂化类型相同，为不等性 sp^3 杂化，四个杂化轨道呈四面体型，有一个杂化轨道被孤对电子占据，其余三个杂化轨道与三个 Cl 原子形成三个共价单键，分子为三角锥形。

答案：B

39. **解** 由已知条件可知 $Fe^{3+} \xrightarrow[z_1 = 1]{0.771} Fe^{2+} \xrightarrow[z_2 = 2]{-0.44} Fe$

$z=3$

即 $Fe^{3+} + z_1 e = Fe^{2+}$

$+) Fe^{2+} + z_2 e = Fe$

$Fe^{3+} + ze = Fe$

$$E^{\ominus}(Fe^{3+}/Fe) = \frac{z_1 E^{\ominus}(Fe^{3+}/Fe^{2+}) + z_2 E^{\ominus}(Fe^{2+}/Fe)}{z}$$

$$= \frac{0.771 + 2 \times (-0.44)}{3} \approx -0.036\text{V}$$

答案：C

40. **解** 在 $BaSO_4$ 饱和溶液中，存在 $BaSO_4 = Ba^{2+} + SO_4^{2-}$ 平衡，加入 $BaCl_2$，溶液中 Ba^{2+} 增加，平衡向左移动，SO_4^{2+} 的浓度减小。

答案：B

41. **解** 催化剂之所以加快反应的速率，是因为它改变了反应的历程，降低了反应的活化能，增加了活化分子百分数。

答案：C

42. **解** 此反应为气体分子数减小的反应，升压，反应向右进行；反应的 $\Delta_r H_m < 0$，为放热反应，降温，反应向右进行。

答案：C

43. **解** 负极　氧化反应：$Ag + Cl^- = AgCl + e$

正极　还原反应：$Ag^+ + e = Ag$

电池反应：$Ag^+ + Cl^- = AgCl$

原电池负极能斯特方程式为：$\varphi AgCl/Ag = \varphi^{\ominus} AgCl/Ag + 0.059 \lg \frac{1}{c(Cl^-)}$。

由于负极中加入 NaCl，Cl^- 浓度增加，则负极电极电势减小，正极电极电势不变，因此电池的电动势增大。

答案：A

44. **解** 乙烯与氯气混合，可以发生加成反应：$C_2H_4 + Cl_2 = CH_2Cl-CH_2Cl$。

答案：C

45. **解** 羟基与烷基直接相连为醇，通式为 R—OH（R 为烷基）；羟基与芳香基直接相连为酚，通式为 Ar—OH（Ar 为芳香基）。

答案：D

46. **解** 由低分子化合物（单体）通过加成反应，相互结合成高聚物的反应称为加聚反应。加聚反应没有产生副产物，高聚物成分与单体相同，单体含有不饱和键。HCHO 为甲醛，加聚反应为：$nH_2C=O \rightarrow [CH_2-O]_n$。

答案：C

47. **解** E 处为光滑接触面约束，根据约束的性质，约束力应垂直于支撑面，指向被约束物体。

答案：B

48. **解**　F 力和均布力 q 的合力作用线均通过 O 点，故合力矩为零。

答案：A

49. **解**　取构架整体为研究对象，列平衡方程：

$$\sum M_A(F)=0, F_B \cdot 2L_2 - F_P \cdot 2L_1 = 0$$

答案：A

50. **解**　根据斜面的自锁条件，斜面倾角小于摩擦角时，物体静止。

答案：A

51. **解**　将 $t=x$ 代入 y 的表达式。

答案：C

52. **解**　分别对运动方程 x 和 y 求时间 t 的一阶、二阶导数，再令 $t=0$，且有 $v=\sqrt{\dot{x}^2+\dot{y}^2}$，$a=\sqrt{\ddot{x}^2+\ddot{y}^2}$。

答案：B

53. **解**　两轮啮合点 A、B 的速度相同，且 $v_A=R_1\omega_1$，$v_B=R_2\omega_2$。

答案：D

54. **解**　可在 A 上加一水平向左的惯性力，根据达朗贝尔原理，物块 A 上作用的重力 mg、法向约束力 F_N、摩擦力 F 以及大小为 ma 的惯性力组成平衡力系，沿斜面列平衡方程，当摩擦力 $F=ma\cos\theta+mg\sin\theta\leqslant F_Nf(F_N=mg\cos\theta-ma\sin\theta)$ 时可保证 A 与 B 一起以加速度 a 水平向右运动。

答案：C

55. **解**　物块 A 上的摩擦力水平向右，使其向右运动，故做正功。

答案：C

56. **解**　杆位于铅垂位置时有 $J_B\alpha=M_B=0$；故角加速度 $\alpha=0$；而角速度可由动能定理：$\frac{1}{2}J_B\omega^2=mgl$，得 $\omega^2=\frac{3g}{2l}$。则质心的加速度为：$a_{Cx}=0$，$a_{Cy}=l\omega^2$。根据质心运动定理，有 $ma_{Cx}=F_{Bx}$，$ma_{Cy}=F_{By}-mg$，便可得最后结果。

答案：D

57. **解**　根据定义，惯性力系主矢的大小为：$ma_C=m\frac{R}{2}\omega^2$；主矩的大小为：$J_O\alpha=0$。

答案：A

58. **解**　发生共振时，系统的工作频率与其固有频率相等。

$$\omega_0=\sqrt{\frac{k}{m}}=\sqrt{\frac{2\times10^6}{110}}=134.8\text{rad/s}$$

答案:D

59.**解** 取节点 C,画 C 点的受力图,如图所示。

$$\sum F_x = 0: F_1\sin45° = F_2\sin30°$$

$$\sum F_y = 0: F_1\cos45° + F_2\cos30° = F$$

题 59 解图

可得 $F_1 = \dfrac{\sqrt{2}}{1+\sqrt{3}}F, F_2 = \dfrac{2}{1+\sqrt{3}}F$

故 $F_2 > F_1$,而 $\sigma_2 = \dfrac{F_2}{A} > \sigma_1 = \dfrac{F_1}{A}$

所以杆 2 最先达到许用应力。

答案:B

60.**解** 此题受力是对称的,故 $F_1 = F_2 = \dfrac{F}{2}$

由杆 1,得 $\sigma_1 = \dfrac{F_1}{A_1} = \dfrac{\frac{F}{2}}{A} = \dfrac{F}{2A} \leqslant [\sigma]$,故 $F \leqslant 2A[\sigma]$

由杆 2,得 $\sigma_2 = \dfrac{F_2}{A_2} = \dfrac{\frac{F}{2}}{2A} = \dfrac{F}{4A} \leqslant [\sigma]$,故 $F \leqslant 4A[\sigma]$

从两者取最小的,所以 $[F] = 2A[\sigma]$。

答案:B

61.**解** 把 F 力平移到铆钉群中心 O,并附加一个力偶 $m = F \cdot \dfrac{5}{4}L$,在铆钉上将产生剪力 Q_1 和 Q_2,其中 $Q_1 = \dfrac{F}{2}$,而 Q_2 计算方法如下。

$\sum M_O = 0$: $Q_2 \cdot \dfrac{L}{2} = F \cdot \dfrac{5}{4}L, Q_2 = \dfrac{5}{2}F$

$Q = Q_1 + Q_2 = 3F, \tau_{\max} = \dfrac{Q}{\frac{\pi}{4}d^2} = \dfrac{12F}{\pi d^2}$

答案:C

62.**解** 螺钉头与钢板之间的接触面是一个圆环面,故挤压面 $A_{bs} = \dfrac{\pi}{4}(D^2 - d^2)$。

$$\sigma_{bs} = \frac{F_{bs}}{A_{bs}} = \frac{F}{\frac{\pi}{4}(D^2 - d^2)}$$

答案:A

63. **解**　圆轴的最大切应力 $\tau_{\max}=\frac{T}{I_{\mathrm{p}}}\cdot\frac{d}{2}$

圆轴的单位长度扭转角 $\theta=\frac{T}{GI_{\mathrm{p}}}$

故 $\frac{T}{I_{\mathrm{p}}}=\theta G$，代入得 $\tau_{\max}=\theta G\frac{d}{2}$

答案：D

64. **解**　设实心圆直径为 d，空心圆外径为 D，空心圆内外径之比为 α，因两者横截面积相同，故有 $\frac{\pi}{4}d^2=\frac{\pi}{4}D^2(1-\alpha^2)$，即 $d=D(1-\alpha^2)^{\frac{1}{2}}$。

$$\frac{\tau_{\mathrm{a}}}{\tau_{\mathrm{b}}}=\frac{\dfrac{T}{\frac{\pi}{16}d^3}}{\dfrac{T}{\frac{\pi}{16}D^3(1-\alpha^4)}}=\frac{D^3(1-\alpha^4)}{d^3}=\frac{D^3(1-\alpha^2)(1+\alpha^2)}{D^3(1-\alpha^2)(1-\alpha^2)^{\frac{1}{2}}}=\frac{1+\alpha^2}{\sqrt{1-\alpha^2}}>1$$

答案：C

65. **解**　根据"零、平、斜""平、斜、抛"的规律，AB 段的斜直线，对应 AB 段 $q=0$；BC 段的抛物线，对应 BC 段 $q\neq0$，即应有 q。而 B 截面处有一个转折点，应对应于一个集中力。

答案：A

66. **解**　弯矩图中 B 截面的突变值为 10kN·m，故 $m=10\text{kN}\cdot\text{m}$。

答案：A

67. **解**　$M_{\mathrm{a}}=\frac{1}{8}ql^2$

M_{b} 的计算可用叠加法，如解图所示。

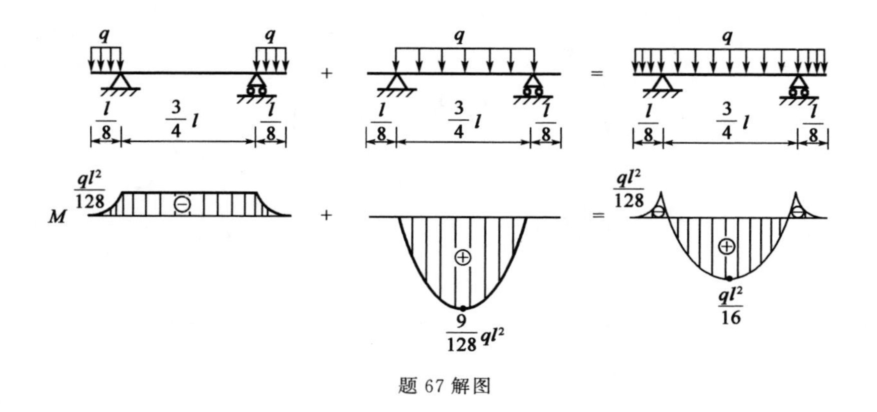

题 67 解图

$$\frac{M_a}{M_b}=\frac{\frac{ql^2}{8}}{\frac{ql^2}{16}}=2$$

答案:C

68. **解**　图 a)中 $\sigma_{r3}=\sigma_1-\sigma_3=150-0=150\text{MPa}$;

图 b)中 $\sigma_{r3}=\sigma_1-\sigma_3=100-(-100)=200\text{MPa}$;

显然图 b)σ_{r3}更大,更危险。

答案:B

69. **解**　设杆 1 受力为 F_1,杆 2 受力为 F_2,可见:

$$F_1+F_2=F \qquad ①$$

$\Delta l_1=\Delta l_2$,即$\dfrac{F_1 l}{E_1 A}=\dfrac{F_2 l}{E_2 A}$

故

$$\frac{F_1}{F_2}=\frac{E_1}{E_2}=2 \qquad ②$$

联立①、②两式,得到 $F_1=\dfrac{2}{3}F$,$F_2=\dfrac{1}{3}F$。

这结果相当于偏心受拉,如解图所示,$M=\dfrac{F}{3}\cdot\dfrac{h}{2}=\dfrac{Fh}{6}$。

题 69 解图

答案:B

70. **解**　杆端约束越弱,μ 越大,在两端固定($\mu=0.5$),一端固定、一端铰支($\mu=0.7$),两端铰支($\mu=1$)和一端固定、一端自由($\mu=2$)这四种杆端约束中,一端固定、一端自由的约束最弱,μ 最大。而图示细长压杆 AB 一端自由、一端固定在简支梁上,其杆端约束比一端固定、一端自由($\mu=2$)时更弱,故 μ 比 2 更大。

答案:A

71. **解**　切应力 $\tau=\mu\dfrac{\mathrm{d}u}{\mathrm{d}y}$,而 $y=R-r$,$\mathrm{d}y=-\mathrm{d}r$,故 $\dfrac{\mathrm{d}u}{\mathrm{d}y}=-\dfrac{\mathrm{d}u}{\mathrm{d}r}$

题设流速 $u=2\left(1-\dfrac{r^2}{R^2}\right)$,故 $\dfrac{\mathrm{d}u}{\mathrm{d}y}=-\dfrac{\mathrm{d}u}{\mathrm{d}r}=\dfrac{2\times 2r}{R^2}=\dfrac{4r}{R^2}$

题设 $r_1=0.2R$,故切应力 $\tau_1=\mu\left(\dfrac{4\times0.2R}{R^2}\right)=\mu\left(\dfrac{0.8}{R}\right)$

题设 $r_2=R$,则切应力 $\tau_2=\mu\left(\dfrac{4R}{R^2}\right)=\mu\left(\dfrac{4}{R}\right)$

切应力大小之比$\dfrac{\tau_1}{\tau_2}=\dfrac{\mu\left(\dfrac{0.8}{R}\right)}{\mu\left(\dfrac{4}{R}\right)}=\dfrac{0.8}{4}=\dfrac{1}{5}$

答案:C

72. **解**　对断面1-1及2-2中点写能量方程：$Z_1+\frac{p_1}{\rho g}+\frac{\alpha_1 v_1^2}{2g}=Z_2+\frac{p_2}{\rho g}+\frac{\alpha_2 v_2^2}{2g}$

题设管道水平，故 $Z_1=Z_2$；又因 $d_1>d_2$，由连续方程知 $v_1<v_2$。

代入上式后知：$p_1>p_2$。

答案：B

73. **解**　由动量方程可得：$\sum F_x=\rho Qv=1\,000\text{kg/m}^3\times0.2\text{m}^3\text{/s}\times50\text{m/s}=10\text{kN}$。

答案：B

74. **解**　由均匀流基本方程知沿程损失 $h_f=\frac{\tau L}{\rho gR}$。

答案：B

75. **解**　由并联长管水头损失相等知：$h_{f1}=h_{f2}=h_{f3}=\cdots=h_f$，总流量 $Q=\sum\limits_{i=1}^{n}Q_i$ 。

答案：B

76. **解**　矩形断面水力最佳宽深比 $\beta=2$，即 $b=2h$。

答案：D

77. **解**　由渗流达西公式知 $v=kJ$。

答案：A

78. **解**　按雷诺模型，$\frac{\lambda_v\lambda_L}{\lambda_\nu}=1$，流速比尺 $\lambda_v=\frac{\lambda_\nu}{\lambda_L}$

按题设 $\lambda_\nu=\frac{60\times10^{-6}}{15\times10^{-6}}=4$，长度比尺 $\lambda_L=5$，因此流速比尺 $\lambda_v=\frac{4}{5}=0.8$

$\lambda_v=\frac{v_{烟气}}{v_{空气}}$，$v_{空气}=\frac{v_{烟气}}{\lambda_v}=\frac{3\text{m/s}}{0.8}=3.75\text{m/s}$

答案：A

79. **解**　静止的电荷产生电场，不会产生磁场，并且电场是有源场，其方向从正电荷指向负电荷。

答案：D

80. **解**　电路的功率关系 $P=UI=I^2R$ 以及欧姆定律 $U=RI$，是在电路的电压电流的正方向一致时成立；当方向不一致时，前面增加“－”号。

答案：B

81. **解**　考查电路的基本概念：开路与短路，电阻串联分压关系。当电路中 a-b 开路时，电阻 R_1、R_2 相当于串联。

答案：C

82. **解**　在直流电源作用下电感等效于短路，电容等效于开路。

答案：D

83. **解**　根据已知条件（电阻元件的电压为0），电路处于谐振状态，电感支路与电容支路的电流大小相等，方向相反，可以写成 $I_L = I_C$，或 $i_L = -i_C$。

答案：B

84. **解**　三相电路中，电源中性点与负载中点等电位，说明电路中负载也是对称负载，三相电路负载的阻抗相等条件为：$z_1 = z_2 = z_3$，即 $\begin{cases} |Z_1| = |Z_2| = |Z_3| \\ \varphi_1 = \varphi_2 = \varphi_3 \end{cases}$。

答案：A

85. **解**　理想变压器的三个变比关系的正确应用，在变压器的初级回路中电源内阻与变压器的折合阻抗 R'_L 串联。

$R'_L = K^2 R_L \quad (R_L = 100\Omega)$

答案：C

86. **解**　绕线式的三相异步电动机转子串电阻的方法适应于不同接法的电动机，并且可以起到限制启动电流、增加启动转矩以及调速的作用。Y－Δ启动方法只用于正常Δ接运行，并轻载启动的电动机。

答案：D

87. **解**　信号是以一种特定的物理形式（声、光、电等）来传递信息的工具，信息是人们通过感官接收到的客观事物变化的情况，是受信者所要获得的有价值的消息。

答案：A

88. **解**　信号可以用函数来描述，此信号波形是伴有延时阶跃信号的叠加构成。

答案：B

89. **解**　输出信号的失真属于非线性失真，其原因是由于三极管输入特性死区电压的影响。

答案：C

90. **解**　根据逻辑函数的相关公式计算 $ABC + A\overline{BC} + B = A(BC + \overline{BC}) + B = A + B$。

答案：B

91. **解**　根据给定的X、Y波形，其与非门的图形可利用有“0”则“1”的原则确定为选项D。

答案：D

92. **解**　BCD码是用二进制数表示的十进制数，属于无权码，此题的BCD码是用四位二进制数表示的。

答案：A

93. **解**　此题为二极管限幅电路，分析二极管电路首先要将电路模型线性化，即将二极管断开后分析极性（对于理想二极管，如果是正向偏置将二极管短路，否则将二极管断路），最后按照线性电路理论确定输入和输出信号关系。

即：该二极管截止后，求 $u_{阳}=u_i$，$u_{阴}=2.5V$，则 $u_i>2.5V$ 时，二极管导通，$u_o=u_i$；$u_i<2.5V$时，二极管截止，$u_o=2.5V$。

答案：C

94. **解**　根据三极管的微变等效电路分析可见，增加电容 C_E 以后，在动态信号作用下，发射极电阻被电容短路。放大倍数提高，输入电阻减小。

答案：C

95. **解**　此电路是组合逻辑电路（异或门）与时序逻辑电路（D触发器）的组合应用，电路的初始状态由复位信号 $\overline{R}_D$ 确定，输出状态在时钟脉冲信号 cp 的上升沿触发。如解图所示，$D=A\oplus\overline{Q}$。

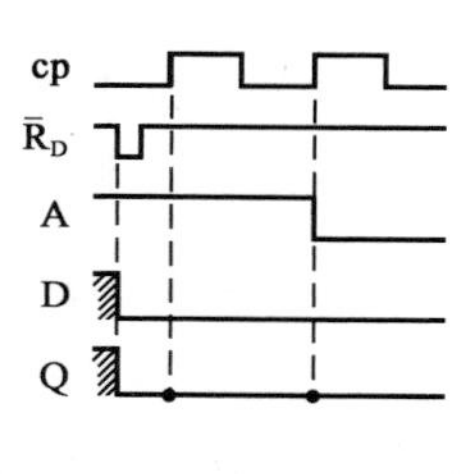

题 95 解图

答案：A

96. **解**　此题与上题类似，是组合逻辑电路（与非门）与时序逻辑电路（JK触发器）的组合应用，输出状态在时钟脉冲信号 cp 的下降沿触发。如解图所示，$J=\overline{Q\cdot A}$，K 端悬空时，可以认为$K=1$。

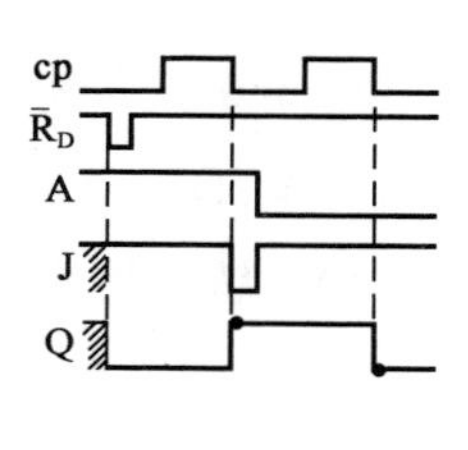

题 96 解图

答案：C

97. **解**　"三网合一"是指在未来的数字信息时代，当前的数据通信网（俗称数据网、计算机网）将与电视网（含有线电视网）以及电信网合三为一，并且合并的方向是传输、接收和处理全部实现数字化。

答案：C

98. **解**　计算机运算器的功能是完成算术运算和逻辑运算，算数运算是完成加、减、乘、除的运算，逻辑运算主要包括与、或、非、异或等，从而完成低电平与高电平之间的切换，送出控制信号，协调计算机工作。

答案：D

99. **解**　计算机的总线可以划分为数据总线、地址总线和控制总线，数据总线用来传输数据、地址总线用来传输数据地址、控制总线用来传输控制信息。

答案：C

100. **解**　Microsoft Word是文字处理软件。Visual BASIC简称VB，是Microsoft公

司推出的一种 Windows 应用程序开发工具。Microsoft Access 是小型数据库管理软件。Auto CAD 是专业绘图软件，主要用于工业设计中，被广泛用于民用、军事等各个领域。CAD 是 Computer Aided Design 的缩写，意思为计算机辅助设计。加上 Auto，指它可以应用于几乎所有跟绘图有关的行业，比如建筑、机械、电子、天文、物理、化工等。

答案：B

101.**解**　位也称为比特，记为 bit，是计算机最小的存储单位，是用 0 或 1 来表示的一个二进制位数。字节是数据存储中常用的基本单位，8 位二进制构成一个字节。字是由若干字节组成一个存储单元，一个存储单元中存放一条指令或一个数据。

答案：B

102.**解**　原码是机器数的一种简单的表示法。其符号位用 0 表示正号，用 1 表示负号，数值一般用二进制形式表示。机器数的反码可由原码得到。如果机器数是正数，则该机器数的反码与原码一样；如果机器数是负数，则该机器数的反码是对它的原码（符号位除外）各位取反而得到的。机器数的补码可由原码得到。如果机器数是正数，则该机器数的补码与原码一样；如果机器数是负数，则该机器数的补码是对它的原码（除符号位外）各位取反，并在末位加 1 而得到的。ASCII 码是将人在键盘上敲入的字符（数字、字母、特殊符号等）转换成机器能够识别的二进制数，并且每个字符唯一确定一个 ASCII 码，形象地说，它就是人与计算机交流时使用的键盘语言通过“翻译”转换成的计算机能够识别的语言。

答案：B

103.**解**　点阵中行数和列数的乘积称为图像的分辨率，若一个图像的点阵总共有 480 行，每行 640 个点，则该图像的分辨率为 $640 \times 480 = 307200$ 个像素。每一条水平线上包含 640 个像素点，共有 480 条线，即扫描列数为 640 列，行数为 480 行。

答案：D

104.**解**　进程与程序的的概念是不同的，进程有以下 4 个特征。

动态性：进程是动态的，它由系统创建而产生，并由调度而执行。

并发性：用户程序和操作系统的管理程序等，在它们的运行过程中，产生的进程在时间上是重叠的，它们同存在于内存储器中，并共同在系统中运行。

独立性：进程是一个能独立运行的基本单位，同时也是系统中独立获得资源和独立调度的基本单位，进程根据其获得的资源情况可独立地执行或暂停。

异步性：由于进程之间的相互制约，使进程具有执行的间断性。各进程按各自独立的、不可预知的速度向前推进。

答案：D

105.**解**　操作系统的设备管理功能是负责分配、回收外部设备，并控制设备的运行，是人与外部设备之间的接口。

答案：C

106. **解**　联网中的计算机都具有“独立功能”，即网络中的每台主机在没联网之前就有自己独立的操作系统，并且能够独立运行。联网以后，它本身是网络中的一个结点，可以平等地访问其他网络中的主机。

答案：A

107. **解**　利用由年名义利率求年实际利率的公式计算：

$$i=\left(1+\frac{r}{m}\right)^m-1=\left(1+\frac{8\%}{4}\right)^4-1=8.24\%$$

答案：C

108. **解**　经营成本包括外购原材料、燃料和动力费、工资及福利费、修理费等，不包括折旧、摊销费和财务费用。流动资金投资不属于经营成本。

答案：A

109. **解**　根据静态投资回收期的计算公式：$P_t=6-1+\frac{|-60|}{240}=5.25$ 年。

答案：C

110. **解**　该项目的现金流量图如解图所示。根据题意，有 $NPV=-5000+A(P/A,15\%,10)(P/F,15\%,1)=0$

解得 $A=5000\div(5.0188\times0.8696)=1145.65$ 万元

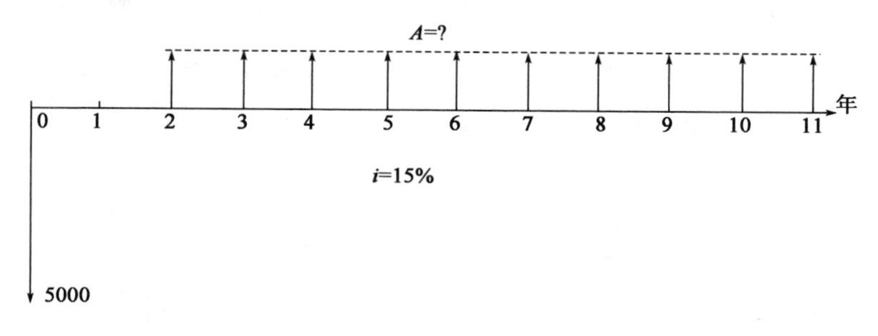

题 110 解图

答案：D

111. **解**　项目经济效益和费用的识别应遵循剔除转移支付原则。

答案：C

112. **解**　两个寿命期相同的互斥项目的选优应采用增量内部收益率指标，ΔIRR（乙－甲）为 13%，小于基准收益率 14%，应选择投资较小的方案。

答案：A

113. **解**　“有无对比”是财务分析应遵循的基本原则。

答案：D

114. **解**　根据价值工程中价值公式中成本的概念。

答案：C

115. **解** 《中华人民共和国建筑法》第九条规定，建设单位应当自领取施工许可证之日起三个月内开工。因故不能按期开工的，应当向发证机关申请延期；延期以两次为限，每次不超过三个月。既不开工又不申请延期或者超过延期时限的，施工许可证自行废止。

答案：B

116. **解** 《中华人民共和国安全生产法》第十九条规定，矿山、建筑施工单位和危险物品的生产、经营、储存单位，应当设置安全生产管理机构或者配备专职安全生产管理人员。所以D为正确答案。A是不正确的，因为安全生产管理人员必须专职，不能兼职。B也是错误的，因为十九条还规定：生产经营单位依照前款规定委托工程技术人员提供安全生产管理服务的，保证安全生产的责任仍由本单位负责。C也是错误的，第二十条规定：危险物品的生产、经营、储存单位以及矿山、建筑施工单位的主要负责人和安全生产管理人员，应当由有关主管部门对其安全生产知识和管理能力考核合格后方可任职。

答案：D

117. **解** 《中华人民共和国招标投标法》第十条规定，招标分为公开招标和邀请招标。

答案：B

118. **解** 《中华人民共和国合同法》第十五条规定，要约邀请是希望他人向自己发出要约的意思表示。寄送的价目表、拍卖公告、招标公告、招股说明书、商业广告等为要约邀请。商业广告的内容符合要约规定的，视为要约。

答案：B

119. **解** 《中华人民共和国行政许可法》第四十二条规定，除可以当场作出行政许可决定的外，行政机关应当自受理行政许可申请之日起二十日内做出行政许可决定。二十日内不能做出决定的，经本行政机关负责人批准，可以延长十日，并应当将延长期限的理由告知申请人。但是，法律、法规另有规定的，依照其规定。

答案：D

120. **解** 《中华人民共和国建筑法》第二十九条规定，建筑工程总承包单位按照总承包合同的约定对建设单位负责；分包单位按照分包合同的约定对总承包单位负责。总承包单位和分包单位就分包工程对建设单位承担连带责任。

答案：A

2014年度全国勘察设计注册工程师

执业资格考试试卷

基础考试

(上)

二〇一四年九月

应考人员注意事项

1. 本试卷科目代码为“1”，考生务必将此代码填涂在答题卡“科目代码”相应的栏目内，否则，无法评分。
2. 书写用笔：**黑色或蓝色钢笔、签字笔或圆珠笔**；
   填涂答题卡用笔：**黑色 2B 铅笔**。
3. 必须用书写用笔将工作单位、姓名、准考证号填写在答题卡和试卷相应的栏目内。
4. 本试卷由 120 题组成，每题 1 分，满分 120 分，本试卷全部为单项选择题，每小题的四个备选项中只有一个正确答案，错选、多选、不选均不得分。
5. 考生作答时，必须**按题号在答题卡上**将相应试题所选选项对应的**字母用 2B 铅笔涂黑**。
6. 在答题卡上书写与题意无关的语言，或在答题卡上作标记的，均按违纪试卷处理。
7. 考试结束时，由监考人员当面将试卷、答题卡一并收回。
8. 草稿纸由各地统一配发，考后收回。

单项选择题(共 120 题,每题 1 分。每题的备选项中只有一个最符合题意。)

1. 若$\lim\limits_{x\to 0}(1-x)^{\frac{k}{x}}=2$,则常数 k 等于:

A. $-\ln 2$

B. $\ln 2$

C. 1

D. 2

2. 在空间直角坐标系中,方程 $x^2+y^2-z=0$ 所表示的图形是:

A. 圆锥面

B. 圆柱面

C. 球面

D. 旋转抛物面

3. 点 $x=0$ 是 $y=\arctan\dfrac{1}{x}$的:

A. 可去间断点

B. 跳跃间断点

C. 连续点

D. 第二类间断点

4. $\dfrac{\mathrm{d}}{\mathrm{d}x}\displaystyle\int_{2x}^{0} e^{-t^2}\mathrm{d}t$ 等于:

A. e^{-4x^2}

B. $2e^{-4x^2}$

C. $-2e^{-4x^2}$

D. e^{-x^2}

5. $\dfrac{\mathrm{d}(\ln x)}{\mathrm{d}\sqrt{x}}$等于:

A. $\dfrac{1}{2x^{3/2}}$

B. $\dfrac{2}{\sqrt{x}}$

C. $\dfrac{1}{\sqrt{x}}$

D. $\dfrac{2}{x}$

6. 不定积分$\displaystyle\int\frac{x^2}{\sqrt[3]{1+x^3}}\mathrm{d}x$ 等于:

A. $\dfrac{1}{4}(1+x^3)^{\frac{4}{3}}+C$

B. $(1+x^3)^{\frac{1}{3}}+C$

C. $\dfrac{3}{2}(1+x^3)^{\frac{2}{3}}+C$

D. $\dfrac{1}{2}(1+x^3)^{\frac{2}{3}}+C$

7. 设 $a_n=(1+\dfrac{1}{n})^n$,则数列$\{a_n\}$是:

A. 单调增而无上界

B. 单调增而有上界

C. 单调减而无下界

D. 单调减而有上界

8. 下列说法中正确的是：

A. 若 $f'(x_0)=0$，则 $f(x_0)$ 必是 $f(x)$ 的极值

B. 若 $f(x_0)$ 是 $f(x)$ 的极值，则 $f(x)$ 在 x_0 处可导，且 $f'(x_0)=0$

C. 若 $f(x)$ 在 x_0 处可导，则 $f'(x_0)=0$ 是 $f(x)$ 在 x_0 取得极值的必要条件

D. 若 $f(x)$ 在 x_0 处可导，则 $f'(x_0)=0$ 是 $f(x)$ 在 x_0 取得极值的充分条件

9. 设有直线 L_1：$\frac{x-1}{1}=\frac{y-3}{-2}=\frac{z+5}{1}$ 与 L_2：$\begin{cases}x=3-t\\y=1-t\\z=1+2t\end{cases}$，则 L_1 与 L_2 的夹角 θ 等于：

A. $\frac{\pi}{2}$　　B. $\frac{\pi}{3}$

C. $\frac{\pi}{4}$　　D. $\frac{\pi}{6}$

10. 微分方程 $xy'-y=x^2e^{2x}$ 通解 y 等于：

A. $x(\frac{1}{2}e^{2x}+C)$　　B. $x(e^{2x}+C)$

C. $x(\frac{1}{2}x^2e^{2x}+C)$　　D. $x^2e^{2x}+C$

11. 抛物线 $y^2=4x$ 与直线 $x=3$ 所围成的平面图形绕 x 轴旋转一周形成的旋转体体积是：

A. $\int_0^3 4x\mathrm{d}x$　　B. $\pi\int_0^3 (4x)^2\mathrm{d}x$

C. $\pi\int_0^3 4x\mathrm{d}x$　　D. $\pi\int_0^3 \sqrt{4x}\mathrm{d}x$

12. 级数 $\sum_{n=1}^{\infty}(-1)^n\frac{1}{n^{p-1}}$：

A. 当 $1<p\leqslant 2$ 时条件收敛　　B. 当 $p>2$ 时条件收敛

C. 当 $p<1$ 时条件收敛　　D. 当 $p>1$ 时条件收敛

13. 函数 $y=C_1e^{-x+c_2}$（C_1，C_2 为任意常数）是微分方程 $y''-y'-2y=0$ 的：

A. 通解　　B. 特解

C. 不是解　　D. 解，既不是通解又不是特解

14. 设 L 为从点 $A(0,-2)$ 到点 $B(2,0)$ 的有向直线段，则对坐标的曲线积分 $\int_L \frac{1}{x-y}\mathrm{d}x+y\mathrm{d}y$ 等于：

A. 1

B. -1

C. 3

D. -3

15. 设方程 $x^2+y^2+z^2=4z$ 确定可微函数 $z=z(x,y)$，则全微分 $\mathrm{d}z$ 等于：

A. $\frac{1}{2-z}(y\mathrm{d}x+x\mathrm{d}y)$

B. $\frac{1}{2-z}(x\mathrm{d}x+y\mathrm{d}y)$

C. $\frac{1}{2+z}(\mathrm{d}x+\mathrm{d}y)$

D. $\frac{1}{2-z}(\mathrm{d}x-\mathrm{d}y)$

16. 设 D 是由 $y=x$，$y=0$ 及 $y=\sqrt{a^2-x^2}\ (x\geqslant 0)$ 所围成的第一象限区域，则二重积分 $\iint\limits_D \mathrm{d}x\mathrm{d}y$ 等于：

A. $\frac{1}{8}\pi a^2$

B. $\frac{1}{4}\pi a^2$

C. $\frac{3}{8}\pi a^2$

D. $\frac{1}{2}\pi a^2$

17. 级数 $\sum_{n=1}^{\infty}\frac{(2x+1)^n}{n}$ 的收敛域是：

A. $(-1,1)$

B. $[-1,1]$

C. $[-1,0)$

D. $(-1,0)$

18. 设 $z=e^{xe^y}$，则 $\frac{\partial^2 z}{\partial x^2}$ 等于：

A. e^{xe^y+2y}

B. $e^{xe^y+y}(xe^y+1)$

C. e^{xe^y}

D. e^{xe^y+y}

19. 设 $\boldsymbol{A}$，$\boldsymbol{B}$ 为三阶方阵，且行列式 $|\boldsymbol{A}|=-\frac{1}{2}$，$|\boldsymbol{B}|=2$，$\boldsymbol{A}^*$ 是 $\boldsymbol{A}$ 的伴随矩阵，则行列式 $|2\boldsymbol{A}^*\boldsymbol{B}^{-1}|$ 等于：

A. 1

B. -1

C. 2

D. -2

20. 下列结论中正确的是：

A. 如果矩阵 $\boldsymbol{A}$ 中所有顺序主子式都小于零，则 $\boldsymbol{A}$ 一定为负定矩阵

B. 设 $\boldsymbol{A}=(a_{ij})_{n\times n}$，若 $a_{ij}=a_{ji}$，且 $a_{ij}>0(i,j=1,2,\cdots,n)$，则 $\boldsymbol{A}$ 一定为正定矩阵

C. 如果二次型 $f(x_1,x_2,\cdots,x_n)$ 中缺少平方项，则它一定不是正定二次型

D. 二次型 $f(x_1,x_2,x_3)=x_1^2+x_2^2+x_3^2+x_1x_2+x_1x_3+x_2x_3$ 所对应的矩阵是 $\begin{bmatrix}1 & 1 & 1\\ 1 & 1 & 1\\ 1 & 1 & 1\end{bmatrix}$

21. 已知 n 元非齐次线性方程组 $\boldsymbol{Ax}=\boldsymbol{b}$，秩 $r(\boldsymbol{A})=n-2$，$\vec{\alpha}_1,\vec{\alpha}_2,\vec{\alpha}_3$ 为其线性无关的解向量，k_1,k_2 为任意常数，则 $\boldsymbol{Ax}=\boldsymbol{b}$ 通解为：

A. $\vec{x}=k_1(\vec{\alpha}_1-\vec{\alpha}_2)+k_2(\vec{\alpha}_1+\vec{\alpha}_3)+\vec{\alpha}_1$

B. $\vec{x}=k_1(\vec{\alpha}_1-\vec{\alpha}_3)+k_2(\vec{\alpha}_2+\vec{\alpha}_3)+\vec{\alpha}_1$

C. $\vec{x}=k_1(\vec{\alpha}_2-\vec{\alpha}_1)+k_2(\vec{\alpha}_2-\vec{\alpha}_3)+\vec{\alpha}_1$

D. $\vec{x}=k_1(\vec{\alpha}_2-\vec{\alpha}_3)+k_2(\vec{\alpha}_1+\vec{\alpha}_2)+\vec{\alpha}_1$

22. 设 A 与 B 是互不相容的事件，$p(A)>0$，$p(B)>0$，则下列式子一定成立的是：

A. $P(A)=1-P(B)$

B. $P(A|B)=0$

C. $P(A|\overline{B})=1$

D. $P(\overline{AB})=0$

23. 设(X,Y)的联合概率密度为 $f(x,y)=\begin{cases}k,0<x<1,0<y<x\\ 0,其他\end{cases}$，则数学期望$E(XY)$等于：

A. $\dfrac{1}{4}$

B. $\dfrac{1}{3}$

C. $\dfrac{1}{6}$

D. $\dfrac{1}{2}$

24. 设 $X_1, X_2, \cdots, X_n$ 与 $Y_1, Y_2, \cdots, Y_n$ 是来自正态总体 $X \sim N(\mu, \sigma^2)$ 的样本，并且相互独立，$\overline{X}$ 与 $\overline{Y}$ 分别是其样本均值，则 $\dfrac{\sum_{i=1}^{n}(X_i-\overline{X})^2}{\sum_{i=1}^{n}(Y_i-\overline{Y})^2}$ 服从的分布是：

A. $t(n-1)$　　B. $F(n-1, n-1)$

C. $\chi^2(n-1)$　　D. $N(\mu, \sigma^2)$

25. 在标准状态下，当氢气和氦气的压强与体积都相等时，氢气和氦气的内能之比为：

A. $\dfrac{5}{3}$　　B. $\dfrac{3}{5}$

C. $\dfrac{1}{2}$　　D. $\dfrac{3}{2}$

26. 速率分布函数 $f(v)$ 的物理意义是：

A. 具有速率 v 的分子数占总分子数的百分比

B. 速率分布在 v 附近的单位速率间隔中百分数占总分子数的百分比

C. 具有速率 v 的分子数

D. 速率分布在 v 附近的单位速率间隔中的分子数

27. 有 1mol 刚性双原子分子理想气体，在等压过程中对外做功 W，则其温度变化 ΔT 为：

A. $\dfrac{R}{W}$　　B. $\dfrac{W}{R}$

C. $\dfrac{2R}{W}$　　D. $\dfrac{2W}{R}$

28. 理想气体在等温膨胀过程中：

A. 气体做负功，向外界放出热量　　B. 气体做负功，从外界吸收热量

C. 气体做正功，向外界放出热量　　D. 气体做正功，从外界吸收热量

29. 一横波的波动方程是 $y=2\times10^{-2}\cos2\pi(10t-\dfrac{x}{5})$ (SI)，$t=0.25$s 时，距离原点 $(x=0)$ 处最近的波峰位置为：

A. ±2.5m　　B. ±7.5m

C. ±4.5m　　D. ±5m

30. 一平面简谐波在弹性媒质中传播，在某一瞬时，某质元正处于其平衡位置，此时它的：

A. 动能为零，势能最大　　B. 动能为零，势能为零

C. 动能最大，势能最大　　D. 动能最大，势能为零

31. 通常人耳可听到的声波的频率范围是：

A. 20～200Hz　　B. 20～2000Hz

C. 20～20000Hz　　D. 20～200000Hz

32. 在空气中用波长为 λ 的单色光进行双缝干涉验时，观测到相邻明条纹的间距为 1.33mm，当把实验装置放入水中（水的折射率为 $n=1.33$）时，则相邻明条纹的间距变为：

A. 1.33mm　　B. 2.66mm

C. 1mm　　D. 2mm

33. 在真空中可见的波长范围是：

A. 400～760nm　　B. 400～760mm

C. 400～760cm　　D. 400～760m

34. 一束自然光垂直穿过两个偏振片，两个偏振片的偏振化方向成 45°。已知通过此两偏振片后光强为 I，则入射至第二个偏振片的线偏振光强度为：

A. I　　B. $2I$

C. $3I$　　D. $I/2$

35. 在单缝夫琅禾费衍射实验中，单缝宽度 $a=1\times10^{-4}$m，透镜焦距 $f=0.5$m。若用 $\lambda=400$nm 的单色平行光垂直入射，中央明纹的宽度为：

A. 2×10^{-3}m　　B. 2×10^{-4}m

C. 4×10^{-4}m　　D. 4×10^{-3}m

36. 一单色平行光垂直入射到光栅上，衍射光谱中出现了五条明纹，若已知此光栅的缝宽 a 与不透光部分 b 相等，那么在中央明纹一侧的两条明纹级次分别是：

A. 1 和 3　　B. 1 和 2

C. 2 和 3　　D. 2 和 4

37. 下列元素，电负性最大的是：

A. F　　B. Cl

C. Br　　D. I

38. 在 NaCl，$MgCl_2$，$AlCl_3$，$SiCl_4$ 四种物质中，离子极化作用最强的是：

A. NaCl　　B. $MgCl_2$

C. $AlCl_3$　　D. $SiCl_4$

39. 现有 100mL 浓硫酸，测得其质量分数为 98%，密度为 $1.84g \cdot mL^{-1}$，其物质的量浓度为：

A. $18.4mol \cdot L^{-1}$　　B. $18.8mol \cdot L^{-1}$

C. $18.0mol \cdot L^{-1}$　　D. $1.84mol \cdot L^{-1}$

40. 已知反应(1)$H_2(g)+S(s) \rightleftharpoons H_2S(g)$，其平衡常数为 $K_1^{\ominus}$，

(2)$S(s)+O_2(g) \rightleftharpoons SO_2(g)$，其平衡常数为 $K_2^{\ominus}$，则反应

(3)$H_2(g)+SO_2(s) \rightleftharpoons O_2(g)+H_2S(g)$的平衡常数为 $K_3^{\ominus}$ 是：

A. $K_1^{\ominus}+K_2^{\ominus}$　　B. $K_1^{\ominus} \cdot K_2^{\ominus}$

C. $K_1^{\ominus}-K_2^{\ominus}$　　D. $K_1^{\ominus}/K_2^{\ominus}$

41. 有原电池(−)$Zn|ZnSO_4(c_1)||CuSO_4(c_2)|Cu$(+)，如向铜半电池中通入硫化氢，则原电池电动势变化趋势是：

A. 变大　　B. 变小

C. 不变　　D. 无法判断

42. 电解 NaCl 水溶液时，阴极上放电的离子是：

A. H^+　　B. OH^-

C. Na^+　　D. Cl^-

43. 已知反应 $N_2(g)+3H_2(g) \rightarrow 2NH_3(g)$的 $\Delta_r H_m<0$，$\Delta_r S_m<0$，则该反应为：

A. 低温易自发，高温不易自发　　B. 高温易自发，低温不易自发

C. 任何温度都易自发　　D. 任何温度都不易自发

44. 下列有机物中，对于可能处在同一平面上的最多原子数目的判断，正确的是：

A. 丙烷最多有 6 个原子处于同一平面上

B. 丙烯最多有 9 个原子处于同一平面上

C. 苯乙烯(苯环—$CH=CH_2$)最多有 16 个原子处于同一平面上

D. $CH_3CH=CH-C \equiv C-CH_3$ 最多有 12 个原子处于同一平面上

45. 下列有机物中，既能发生加成反应和酯化反应，又能发生氧化反应的化合物是：

A. $CH_3CH=CHCOOH$

B. $CH_3CH=CHCOOC_2H_5$

C. $CH_3CH_2CH_2CH_2OH$

D. $HOCH_2CH_2CH_2CH_2OH$

46. 人造羊毛的结构简式为：$\left[CH_2-\underset{\displaystyle CN}{\underset{|}{C}H} \right]_n$，它属于：

①共价化合物；②无机化合物；③有机化合物；④高分子化合物；⑤离子化合物。

A. ②④⑤　　B. ①④⑤

C. ①③④　　D. ③④⑤

47. 将大小为 100N 的力 $\boldsymbol{F}$ 沿 x、y 方向分解，若 $\boldsymbol{F}$ 在 x 轴上的投影为 50N，而沿 x 方向的分力的大小为 200N，则 $\boldsymbol{F}$ 在 y 轴上的投影为：

A. 0

B. 50N

C. 200N

D. 100N

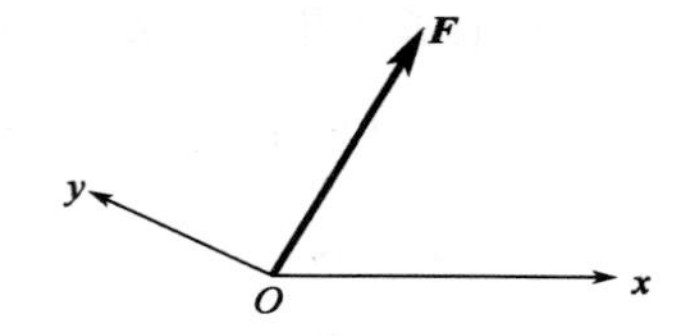

48. 图示边长为 a 的正方形物块 $OABC$，已知：力 $F_1=F_2=F_3=F_4=F$，力偶矩 $M_1=M_2=Fa$。该力系向 O 点简化后的主矢及主矩应为：

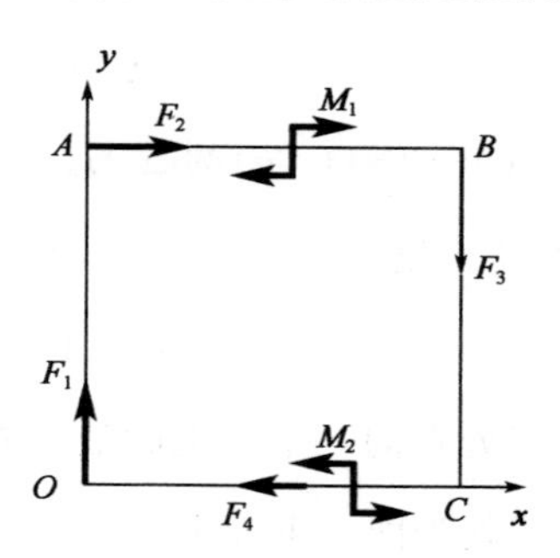

A. $F_R=0N$，$M_O=4Fa$(↻)

B. $F_R=0N$，$M_O=3Fa$(↺)

C. $F_R=0N$，$M_O=2Fa$(↺)

D. $F_R=0N$，$M_O=2Fa$(↻)

49. 在图示机构中，已知 F_p，$L=2\text{m}$，$r=0.5\text{m}$，$\theta=30°$，$BE=EG$，$CE=EH$，则支座 A 的约束力为：

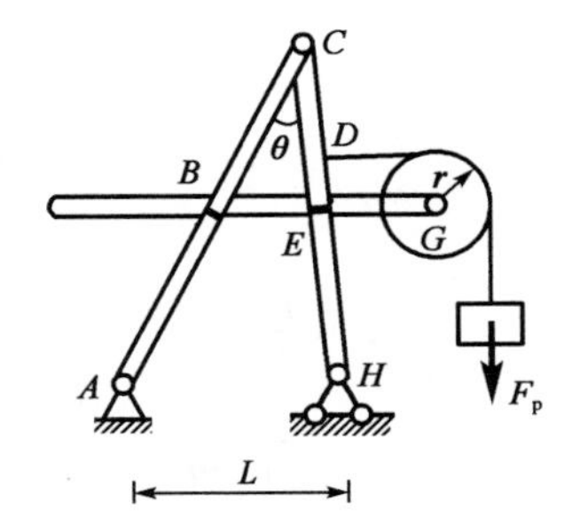

A. $F_{Ax}=F_p(\leftarrow)$，$F_{Ay}=1.75F_p(\downarrow)$

B. $F_{Ax}=0$，　　　$F_{Ay}=0.75F_p(\downarrow)$

C. $F_{Ax}=0$，　　　$F_{Ay}=0.75F_p(\uparrow)$

D. $F_{Ax}=F_p(\rightarrow)$，$F_{Ay}=1.75F_p(\uparrow)$

50. 图示不计自重的水平梁与桁架在 B 点铰接。已知：荷载 F_1、F 均与 BH 垂直，$F_1=8\text{kN}$，$F=4\text{kN}$，$M=6\text{kN}\cdot\text{m}$，$q=1\text{kN/m}$，$L=2\text{m}$。则杆件 1 的内力为：

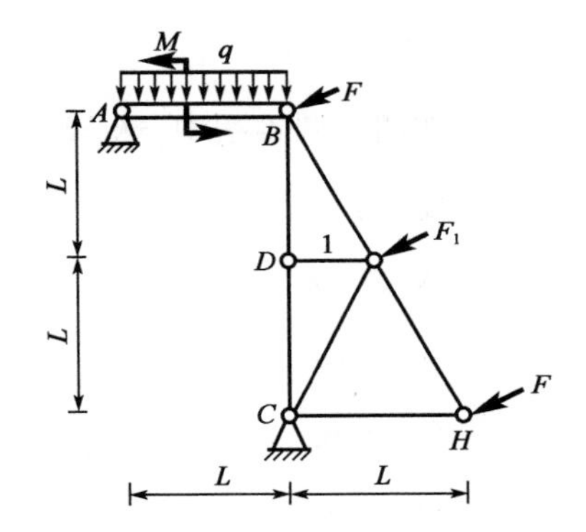

A. $F_1=0$

B. $F_1=8\text{kN}$

C. $F_1=-8\text{kN}$

D. $F_1=-4\text{kN}$

51. 动点 A 和 B 在同一坐标系中的运动方程分别为 $\begin{cases}x_A=t\\y_A=2t^2\end{cases}$，$\begin{cases}x_B=t^2\\y_B=2t^4\end{cases}$，其中 x、y 以 cm 计，t 以 s 计，则两点相遇的时刻为：

A. $t=1\text{s}$　　　　B. $t=0.5\text{s}$

C. $t=2\text{s}$　　　　D. $t=1.5\text{s}$

52. 刚体作平动时，某瞬时体内各点的速度与加速度为：

A. 体内各点速度不相同，加速度相同

B. 体内各点速度相同，加速度不相同

C. 体内各点速度相同，加速度也相同

D. 体内各点速度不相同，加速度也不相同

53. 杆 OA 绕固定轴 O 转动，长为 l，某瞬时杆端 A 点的加速度 a 如图所示。则该瞬时 OA 的角速度及角加速度为：

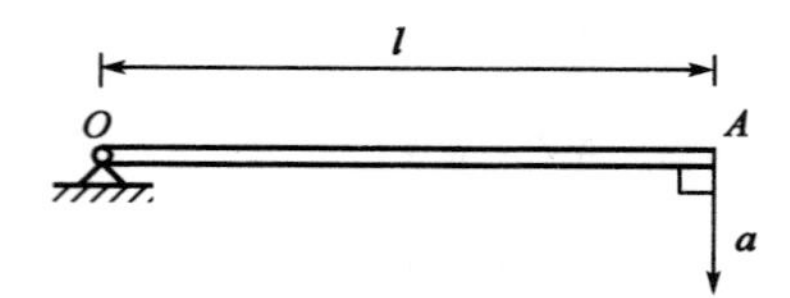

A. $0,\frac{a}{l}$

B. $\sqrt{\frac{a\cos\alpha}{l}},\frac{a\sin\alpha}{l}$

C. $\sqrt{\frac{a}{l}},0$

D. $0,\sqrt{\frac{a}{l}}$

54. 在图示圆锥摆中，球 M 的质量为 m，绳长 l，若 α 角保持不变，则小球的法向加速度为：

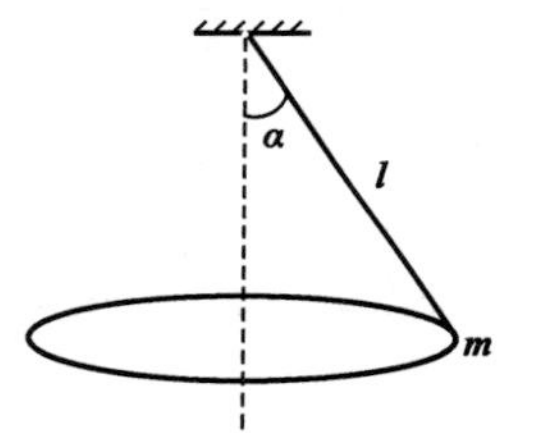

A. $g\sin\alpha$

B. $g\cos\alpha$

C. $g\tan\alpha$

D. $g\cot\alpha$

55. 图示均质链条传动机构的大齿轮以角速度 ω 转动，已知大齿轮半径为 R，质量为 m_1，小齿轮半径为 r，质量为 m_2，链条质量不计，则此系统的动量为：

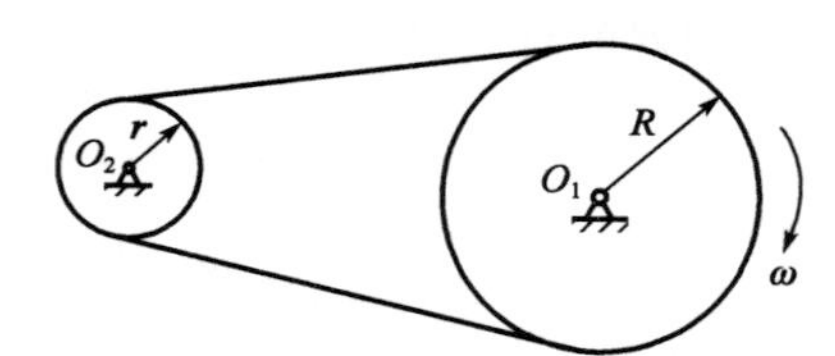

A. $(m_1+2m_2)v$ →

B. $(m_1+m_2)v$ →

C. $(2m_1-m_2)v$ →

D. 0

56. 均质圆柱体半径为 R，质量为 m，绕关于对纸面垂直的固定水平轴自由转动，初瞬时静止（G 在 O 轴的沿垂线上），如图所示，则圆柱体在位置 $\theta=90°$ 时的角速度是：

A. $\sqrt{\dfrac{g}{3R}}$

B. $\sqrt{\dfrac{2g}{3R}}$

C. $\sqrt{\dfrac{4g}{3R}}$

D. $\sqrt{\dfrac{g}{2R}}$

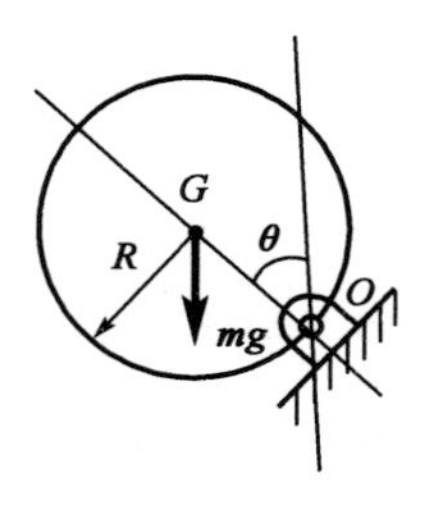

57. 质量不计的水平细杆 AB 长为 L，在沿垂图面内绕 A 轴转动，其另一端固连质量为 m 的质点 B，在图示水平位置静止释放。则此瞬时质点 B 的惯性力为：

A. $F_g=mg$

B. $F_g=\sqrt{2}mg$

C. 0

D. $F_g=\dfrac{\sqrt{2}}{2}mg$

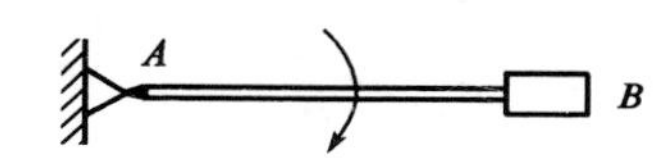

58. 如图所示系统中，当物块振动的频率比为 1.27 时，k 的值是：

A. 1×10^5 N/m

B. 2×10^5 N/m

C. 1×10^4 N/m

D. 1.5×10^5 N/m

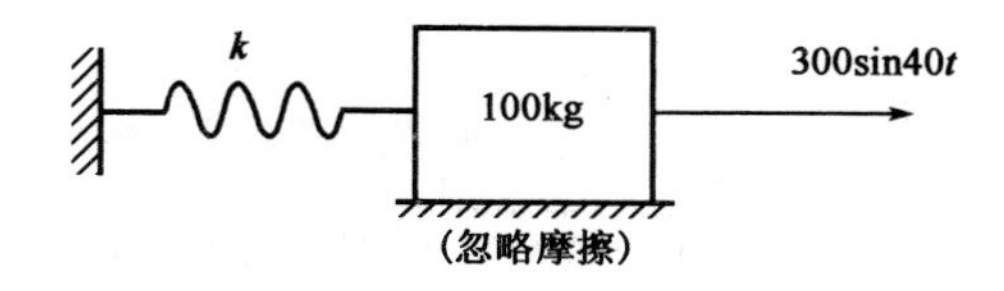

59. 图示结构的两杆面积和材料相同，在沿直向下的力 F 作用下，下面正确的结论是：

A. C 点位平放向下偏左，1 杆轴力不为零

B. C 点位平放向下偏左，1 杆轴力为零

C. C 点位平放铅直向下，1 杆轴力为零

D. C 点位平放向下偏右，1 杆轴力不为零

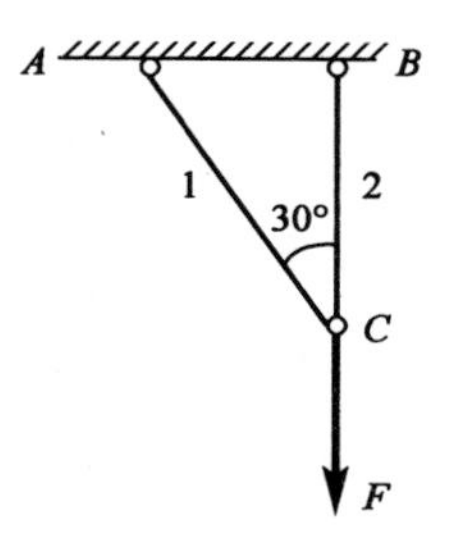

60. 图截面杆 ABC 轴向受力如图所示，已知 BC 杆的直径 $d=100\text{mm}$，AB 杆的直径为 $2d$，杆的最大拉应力是：

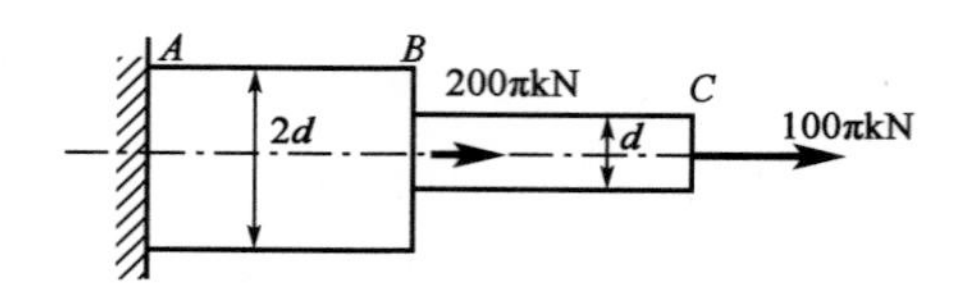

A. 40MPa

B. 30MPa

C. 80MPa

D. 120MPa

61. 桁架由 2 根细长直杆组成，杆的截面尺寸相同，材料分别是结构钢和普通铸铁，在下列桁架中，布局比较合理的是：

A.

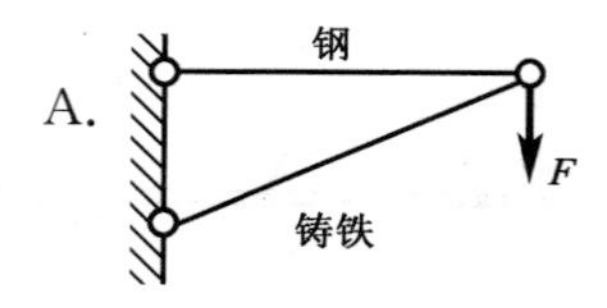

B.

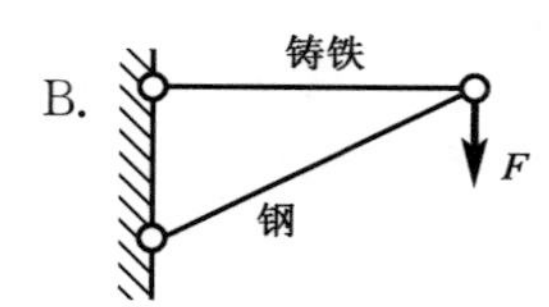

C.

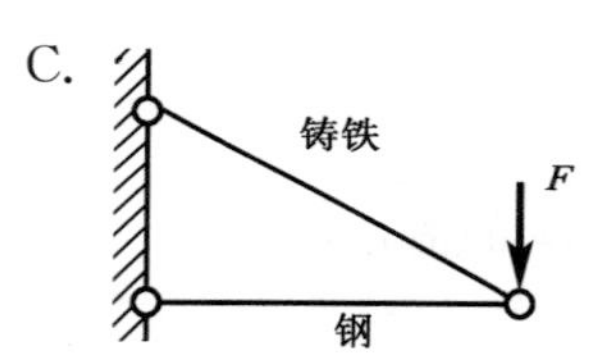

D.

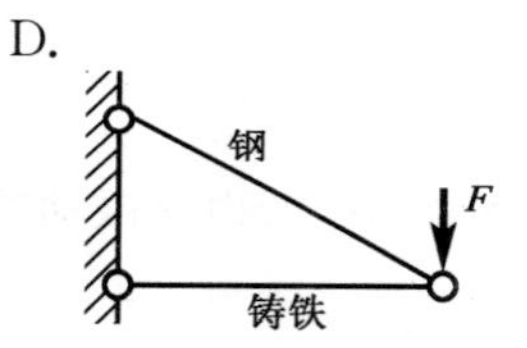

62. 冲床在钢板上冲一圆孔，圆孔直径 $d=100\text{mm}$，钢板的厚度 $t=10\text{mm}$ 钢板的剪切强度极限 $\tau_b=300\text{MPa}$，需要的冲压力 F 是：

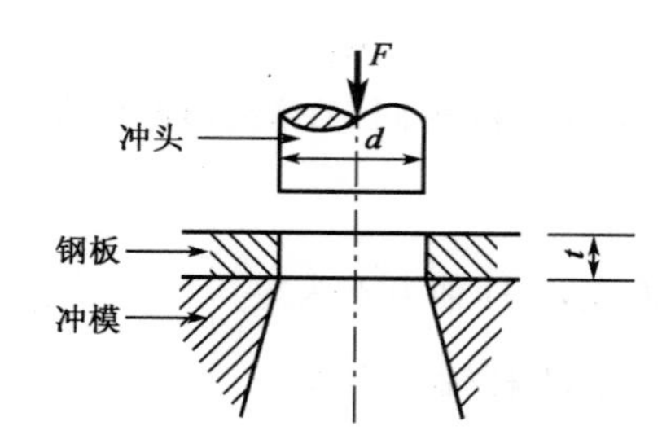

A. $F=300\pi\text{kN}$

B. $F=3000\pi\text{kN}$

C. $F=2500\pi\text{kN}$

D. $F=7500\pi\text{kN}$

63. 螺钉受力如图。已知螺钉和钢板的材料相同，拉伸许用应力[σ]是剪切许用应力[τ]的 2 倍，即[σ]＝2[τ]，钢板厚度 t 是螺钉头高度 h 的 1.5 倍，则螺钉直径 d 的合理值是：

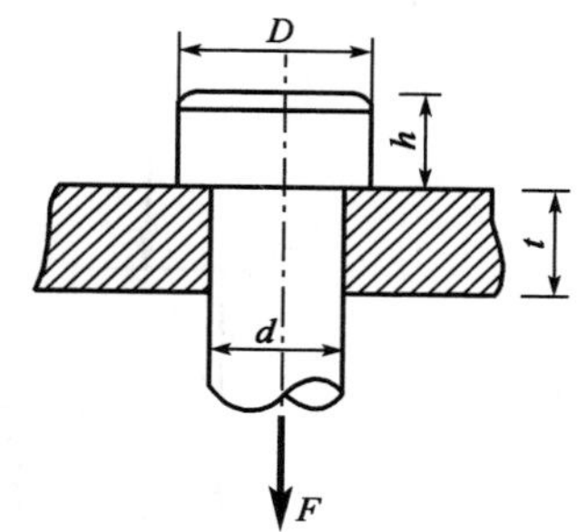

A. $d=2h$

B. $d=0.5h$

C. $d^2=2Dt$

D. $d^2=0.5Dt$

64. 图示受扭空心圆轴横截面上的切应力分布图，其中正确的是：

A. 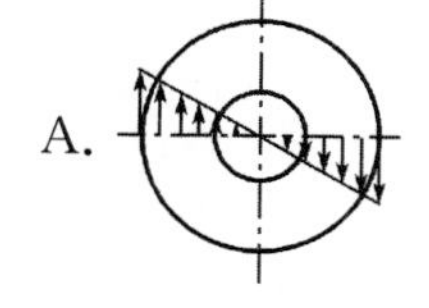

B. 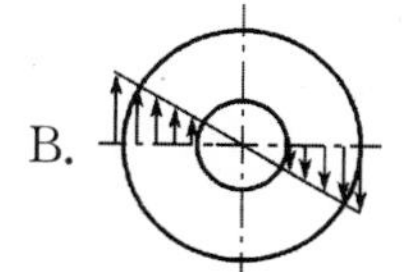

C. 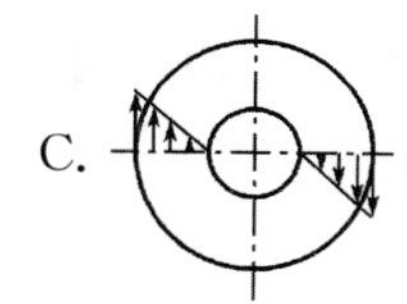

D. 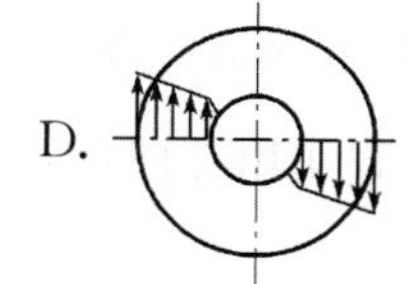

65. 在一套传动系统中，有多根圆轴，假设所有圆轴传递的功率相同，但转速不同，各轴所承受的扭矩与其转速的关系是：

A. 转速快的轴扭矩大

B. 转速慢的轴扭矩大

C. 各轴的扭矩相同

D. 无法确定

66. 梁的弯矩图如图所示，最大值在 B 截面。在梁的 A、B、C、D 四个截面中，剪力为零的截面是：

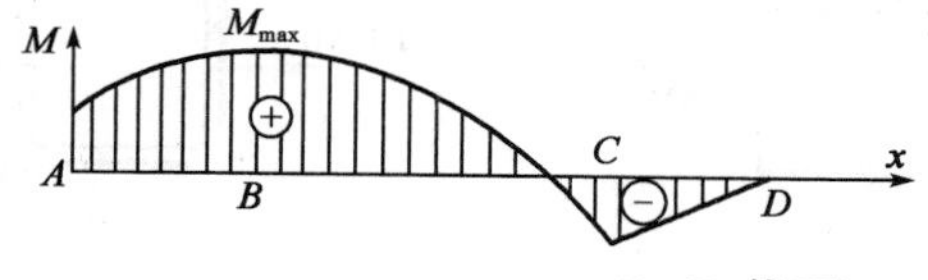

A. A 截面

B. B 截面

C. C 截面

D. D 截面

67. 图示矩形截面受压杆，杆的中间段右侧有一槽，如图 a)所示，若在杆的左侧，即槽的对称位置也挖出同样的槽(见图 b)，则图 b)杆的最大压应力是图 a)最大压应力的：

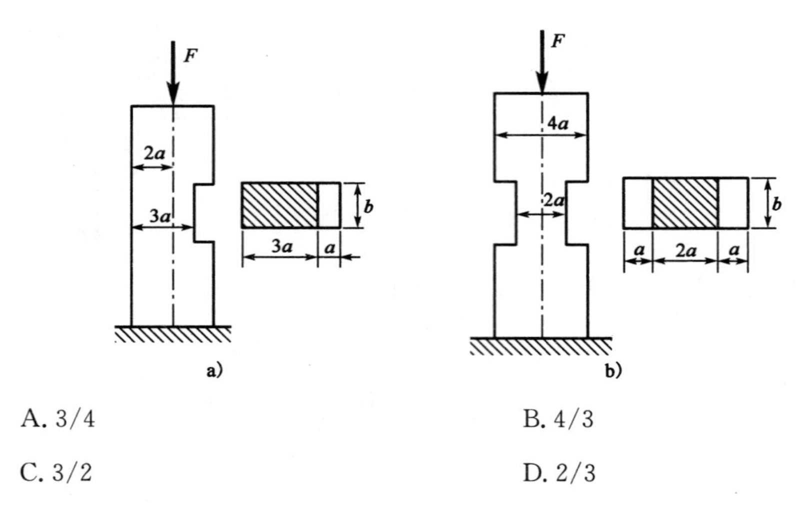

A. 3/4　　　　B. 4/3

C. 3/2　　　　D. 2/3

68. 梁的横截面可选用图示空心矩形、矩形、正方形和圆形四种之一，假设四种截面的面积均相等，荷载作用方向沿垂向下，承载能力最大的截面是：

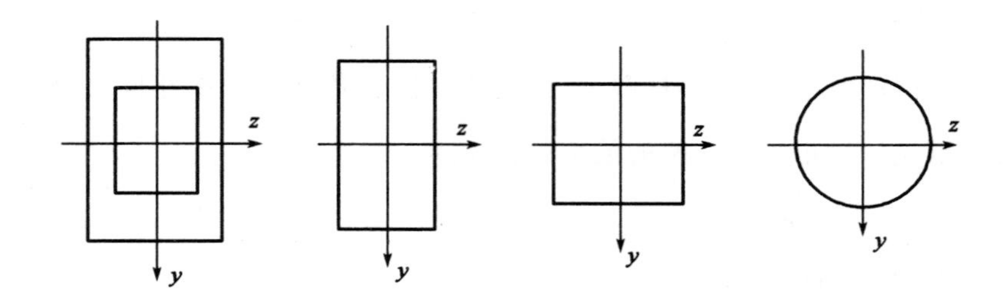

A. 空心矩形　　　　B. 实心矩形

C. 正方形　　　　D. 圆形

69. 按照第三强度理论，图示两种应力状态的危险程度是：

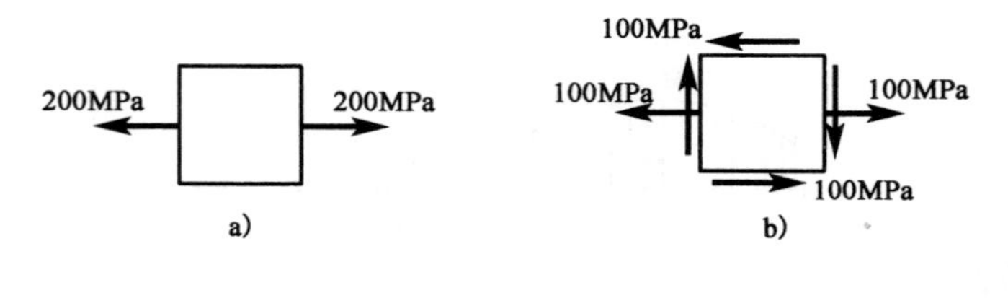

A. 无法判断　　　　B. 两者相同

C. a)更危险　　　　D. b)更危险

70. 正方形截面杆 AB，力 F 作用在 xoy 平面内，与 x 轴夹角 α，杆距离 B 端为 a 的横截面上最大正应力在 $\alpha=45°$ 时的值是 $\alpha=0$ 时值的：

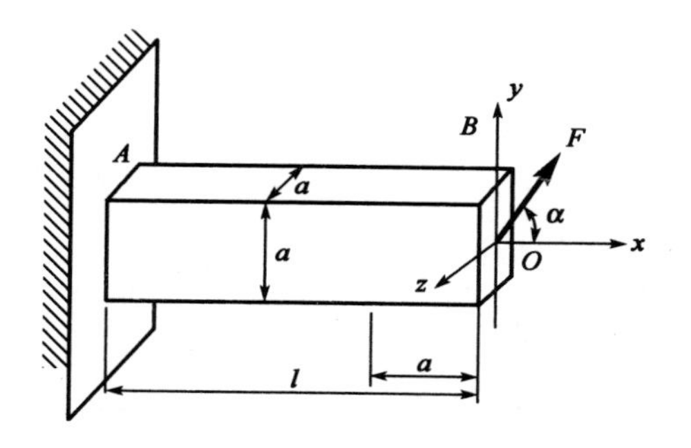

A. $\frac{7\sqrt{2}}{2}$倍

B. $3\sqrt{2}$倍

C. $\frac{5\sqrt{2}}{2}$倍

D. $\sqrt{2}$倍

71. 如图所示水下有一半径为 $R=0.1\text{m}$ 的半球形侧盖，球心至水面距离 $H=5\text{m}$，作用于半球盖上水平方向的静水压力是：

A. 0.98kN

B. 1.96kN

C. 0.77kN

D. 1.54kN

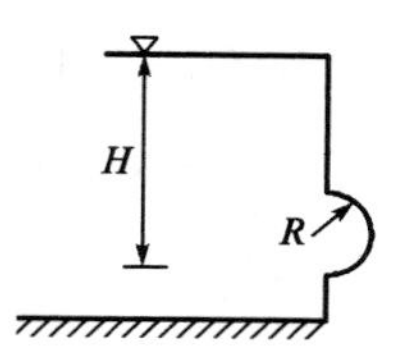

72. 密闭水箱如图所示，已知水深 $h=2\text{m}$，自由面上的压强 $p_0=88\text{kN/m}^2$，当地大气压强 $p_a=101\text{kN/m}^2$，则水箱底部 A 点的绝对压强与相对压强分别为：

A. 107.6kN/m^2 和 -6.6kN/m^2

B. 107.6kN/m^2 和 6.6kN/m^2

C. 120.6kN/m^2 和 -6.6kN/m^2

D. 120.6kN/m^2 和 6.6kN/m^2

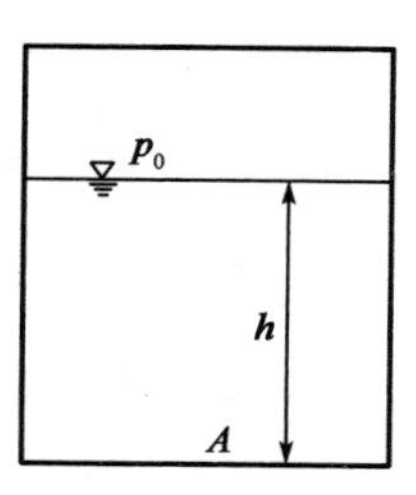

73. 下列不可压缩二维流动中，满足连续性方程的是：

A. $u_x=2x, u_y=2y$

B. $u_x=0, u_y=2xy$

C. $u_x=5x, u_y=-5y$

D. $u_x=2xy, u_y=-2xy$

74. 圆管层流中，下述错误的是：

A. 水头损失与雷诺数有关

B. 水头损失与管长度有关

C. 水头损失与流速有关

D. 水头损失与粗糙度有关

75. 主干管在 A、B 间是由两条支管组成的一个并联管路，两支管的长度和管径分别为$l_1=1800\text{m}, d_1=150\text{mm}, l_2=3000\text{m}, d_2=200\text{mm}$，两支管的沿程阻力系数 λ 均为 0.01，若主干管流量 $Q=39\text{L/s}$，则两支管流量分别为：

A. $Q_1=12\text{L/s}, Q_2=27\text{L/s}$

B. $Q_1=15\text{L/s}, Q_2=24\text{L/s}$

C. $Q_1=24\text{L/s}, Q_2=15\text{L/s}$

D. $Q_1=27\text{L/s}, Q_2=12\text{L/s}$

76. 一梯形断面明渠，水力半径 $R=0.8\text{m}$，底坡 $i=0.0006$，粗糙系数 $n=0.05$，则输水流速为：

A. 0.42m/s

B. 0.48m/s

C. 0.6m/s

D. 0.75m/s

77. 地下水的浸润线是指：

A. 地下水的流线

B. 地下水运动的迹线

C. 无压地下水的自由水面线

D. 土壤中干土与湿土的界限

78. 用同种流体，同一温度进行管道模型实验，按黏性力相似准则，已知模型管径0.1m，模型流速4m/s，若原型管径为2m，则原型流速为：

A. 0.2m/s　　B. 2m/s

C. 80m/s　　D. 8m/s

79. 真空中有三个带电质点，其电荷分别为 q_1、q_2 和 q_3，其中，电荷为 q_1 和 q_3 的质点位置固定，电荷为 q_2 的质点可以自由移动，当三个质点的空间分布如图所示时，电荷为 q_2 的质点静止不动，此时如下关系成立的是：

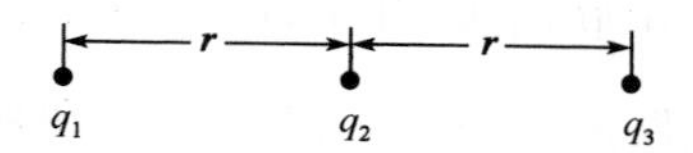

A. $q_1 = q_2 = 2q_3$

B. $q_1 = q_3 = |q_2|$

C. $q_1 = q_2 = -q_3$

D. $q_2 = q_3 = -q_1$

80. 在图示电路中，$I_1 = -4\text{A}$，$I_2 = -3\text{A}$，则 $I_3 =$

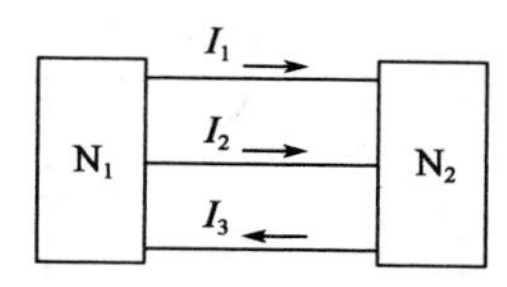

A. −1A　　B. 7A

C. −7A　　D. 1A

81. 已知电路如图所示，其中，响应电流 I 在电压源单独作用时的分量为：

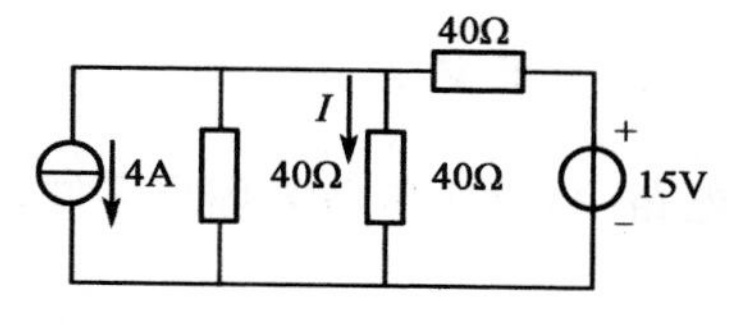

A. 0.375A　　B. 0.25A

C. 0.125A　　D. 0.1875A

82. 已知电流 $\dot{i}(t)=0.1\sin(\omega t+10°)$ A，电压 $u(t)=10\sin(\omega t-10°)$ V，则如下表述中正确的是：

A. 电流 $i(t)$ 与电压 $u(t)$ 呈反相关系

B. $\dot{I}=0.1\angle 10°$ A，$\dot{U}=10\angle -10°$ V

C. $\dot{I}=70.7\angle 10°$ mA，$\dot{U}=-7.07\angle 10°$ V

D. $\dot{I}=70.7\angle 10°$ mA，$\dot{U}=7.07\angle -10°$ V

83. 一交流电路由 R、L、C 串联而成，其中，$R=10\Omega$，$X_L=8\Omega$，$X_C=6\Omega$。通过该电路的电流为 10A，则该电路的有功功率、无功功率和视在功率分别为：

A. 1kW，1.6kvar，2.6kV·A

B. 1kW，200var，1.2kV·A

C. 100W，200var，223.6V·A

D. 1kW，200var，1.02kV·A

84. 已知电路如图所示，设开关在 $t=0$ 时刻断开，那么如下表述中正确的是：

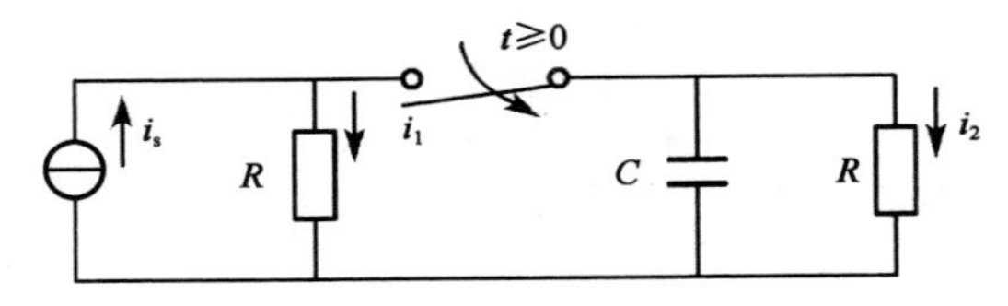

A. 电路的左右两侧均进入暂态过程

B. 电路 i_1 立即等于 i_s，电流 i_2 立即等于 0

C. 电路 i_2 由 $\frac{1}{2}i_s$ 逐步衰减到 0

D. 在 $t=0$ 时刻，电流 i_2 发生了突变

85. 图示变压器空载运行电路中，设变压器为理想器件，若 $u=\sqrt{2}U\sin\omega t$，则此时：

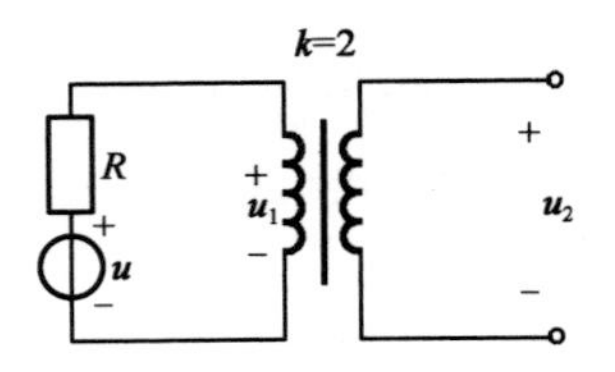

A. $U_1=\dfrac{\omega L\cdot U}{\sqrt{R^2+(\omega L)^2}}$，$U_2=0$

B. $u_1=u$，$U_2=\dfrac{1}{2}U_1$

C. $u_1\neq u$，$U_2=\dfrac{1}{2}U_1$

D. $u_1=u$，$U_2=2U_1$

86. 设某△接异步电动机全压启动时的启动电流 $I_{st}=30A$，启动转矩 $T_u=45N\cdot m$，若对此台电动机采用 Y-△降压启动方案，则启动电流和启动转矩分别为：

A. 17.32A，25.98N·m

B. 10A，15N·m

C. 10A，25.98N·m

D. 17.32A，15N·m

87. 图示电路的任意一个输出端，在任意时刻都只出现 0V 或 5V 这两个电压值（例如，在$t=t_0$ 时刻获得的输出电压从上到下依次为 5V、0V、5V、0V），那么该电路的输出电压：

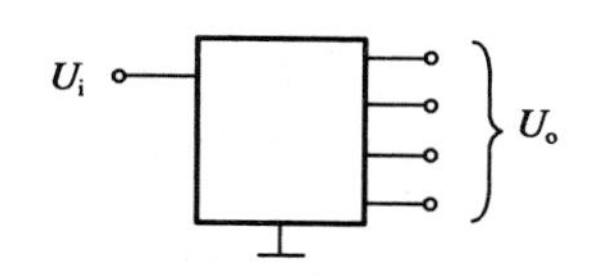

A. 是取值离散的连续时间信号

B. 是取值连续的离散时间信号

C. 是取值连续的连续时间信号

D. 是取值离散的离散时间信号

88. 图示非周期信号 $u(t)$如图所示，若利用单位阶跃函数 $\varepsilon(t)$将其写成时间函数表达式，则 $u(t)$等于：

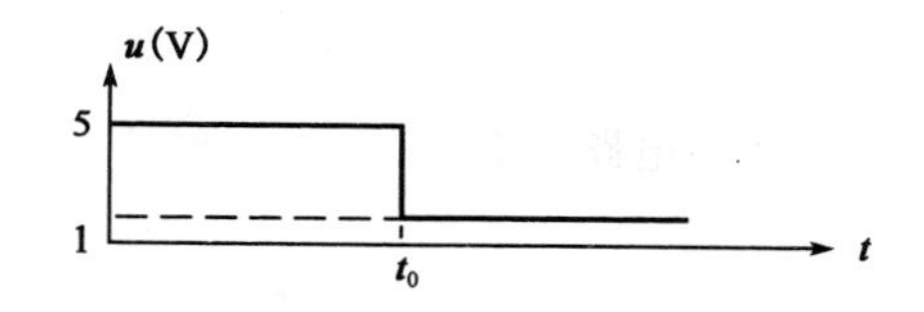

A. $5-1=4V$

B. $5\varepsilon(t)+\varepsilon(t-t_0)V$

C. $5\varepsilon(t)-4\varepsilon(t-t_0)V$

D. $5\varepsilon(t)-4\varepsilon(t+t_0)V$

89. 模拟信号经线性放大器放大后，信号中被改变的量是：

A. 信号的频率

B. 信号的幅值频谱

C. 信号的相位频谱

D. 信号的幅值

90. 逻辑表达式（A+B）（A+C）的化简结果是：

A. A

B. $A^2+AB+AC+BC$

C. A+BC

D. （A+B）（A+C）

91. 已知数字信号 A 和数字信号 B 的波形如图所示，则数字信号 $F=\overline{AB}$的波形为：

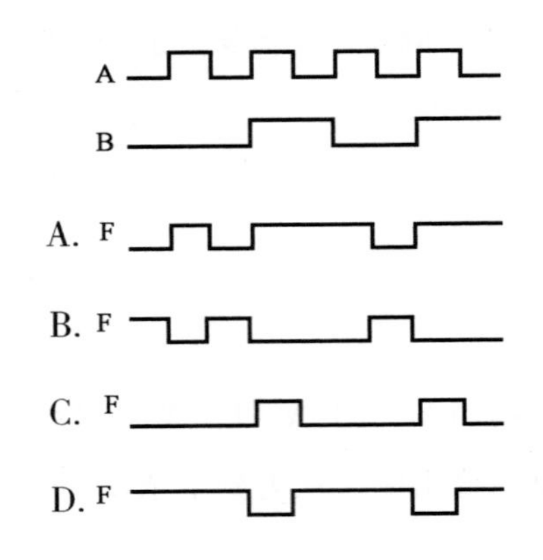

92. 逻辑函数 $F=f(A、B、C)$的真值表如图所示，由此可知：

A. $F=\overline{A}(\overline{B}C+B\overline{C})+A(\overline{B}\overline{C}+BC)$

B. $F=\overline{B}C+B\overline{C}$

C. $F=\overline{B}\,\overline{C}+BC$

D. $F=\overline{A}+\overline{B}+\overline{BC}$

A	B	C	F
0	0	0	1
0	0	1	0
0	1	0	0
0	1	1	1
1	0	0	1
1	0	1	0
1	1	0	0
1	1	1	1

93. 二极管应用电路如图 a)所示，电路的激励 u_i 如图 b)所示，设二极管为理想器件，则电路的输出电压 u_o 的平均值 U_o＝

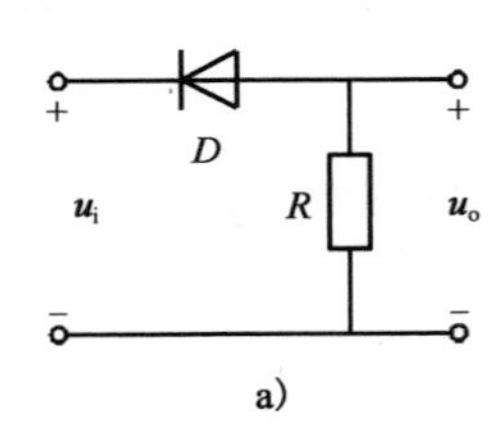

a)

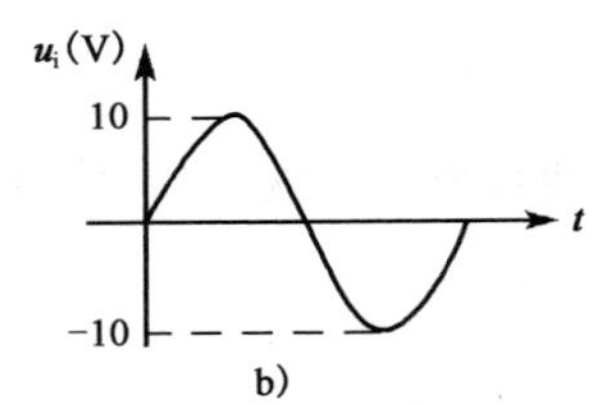

b)

A. $\frac{10}{\sqrt{2}}\times 0.45=3.18\text{V}$

B. $10\times 0.45=4.5\text{V}$

C. $-\frac{10}{\sqrt{2}}\times 0.45=-3.18\text{V}$

D. $-10\times 0.45=-4.5\text{V}$

94. 运算放大器应用电路如图所示，设运算放大器输出电压的极限值为±11V，如果将2V电压接入电路的“A”端，电路的“B”端接地后，测得输出电压为－8V，那么，如果将2V电压接入电路的“B”端，而电路的“A”端接地，则该电路的输出电压 u_o 等于：

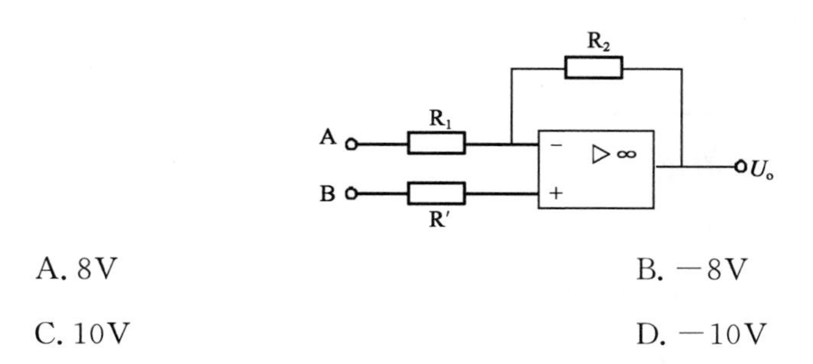

A. 8V　　B. －8V

C. 10V　　D. －10V

95. 图a)所示电路中，复位信号 $\overline{R}_D$、信号A及时钟脉冲信号cp如图b)所示，经分析可知，在第一个和第二个时钟脉冲的下降沿时刻，输出Q先后等于：

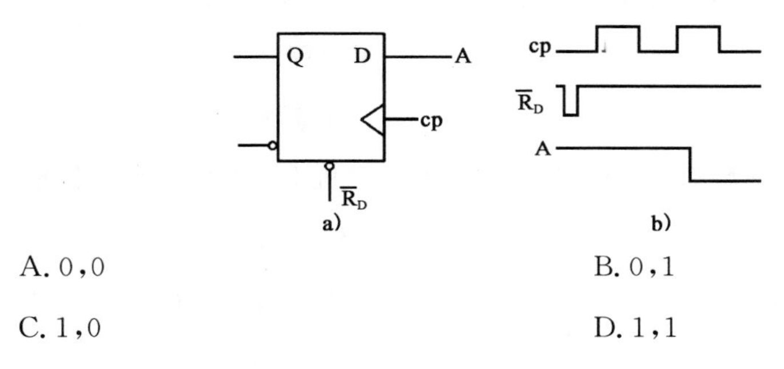

A. 0,0　　B. 0,1

C. 1,0　　D. 1,1

附：触发器的逻辑状态表为

D	Q_{n+1}
0	0
1	1

96. 图a)所示电路中，复位信号、数据输入及时钟脉冲信号如图b)所示，经分析可知，在第一个和第二个时钟脉冲的下降沿过后，输出Q先后等于：

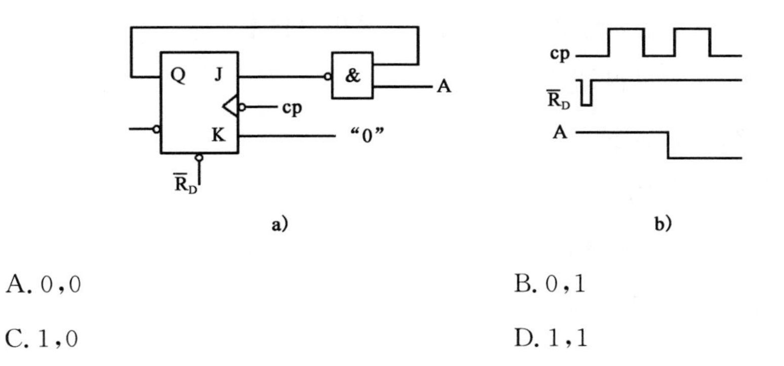

A. 0,0　　B. 0,1

C. 1,0　　D. 1,1

附：触发器的逻辑状态表为

J	K	Q_{n+1}
0	0	Q_D
0	1	0
1	0	1
1	1	$\overline{Q}_D$

97. 总线中的地址总线传输的是：

A. 程序和数据

B. 主储存器的地址码或外围设备码

C. 控制信息

D. 计算机的系统命令

98. 软件系统中，能够管理和控制计算机系统全部资源的软件是：

A. 应用软件　　B. 用户程序

C. 支撑软件　　D. 操作系统

99. 用高级语言编写的源程序，将其转换成能在计算机上运行的程序过程是：

A. 翻译、连接、执行　　B. 编辑、编译、连接

C. 连接、翻译、执行　　D. 编程、编辑、执行

100. 十进制的数 256.625 用十六进制表示则是：

A. 110.B　　B. 200.C

C. 100.A　　D. 96.D

101. 在下面有关信息加密技术的论述中，不正确的是：

A. 信息加密技术是为提高信息系统及数据的安全性和保密性的技术

B. 信息加密技术是为防止数据信息被别人破译而采用的技术

C. 信息加密技术是网络安全的重要技术之一

D. 信息加密技术是为清楚计算机病毒而采用的技术

102. 可以这样来认识进程，进程是：

A. 一段执行中的程序

B. 一个名义上的软件系统

C. 与程序等效的一个概念

D. 一个存放在 ROM 中的程序

103. 操作系统中的文件管理是：

A. 对计算机的系统软件资源进行管理

B. 对计算机的硬件资源进行管理

C. 对计算机用户进行管理

D. 对计算机网络进行管理

104. 在计算机网络中，常将负责全网络信息处理的设备和软件称为：

A. 资源子网　　B. 通信子网

C. 局域网　　D. 广域网

105. 若按采用的传输介质的不同，可将网络分为：

A. 双绞线网、同轴电缆网、光纤网、无线网

B. 基带网和宽带网

C. 电路交换类、报文交换类、分组交换类

D. 广播式网络、点到点式网络

106. 一个典型的计算机网络系统主要是由：

A. 网络硬件系统和网络软件系统组成

B. 主机和网络软件系统组成

C. 网络操作系统和若干计算机组成

D. 网络协议和网络操作系统组成

107. 如现在投资 100 万元，预计年利率为 10%，分 5 年等额回收，每年可回收：[已知：$(A/P,10\%,5)=0.2638$，$(A/F,10\%,5)=0.1638$]

A. 16.38 万元　　B. 26.38 万元

C. 62.09 万元　　D. 75.82 万元

108. 某项目投资中有部分资金源于银行贷款，该贷款在整个项目期间将等额偿还本息。项目预计年经营成本为 5000 万元，年折旧费和摊销为 2000 万元，则该项目的年总成本费用应：

A. 等于 5000 万元　　B. 等于 7000 万元

C. 大于 7000 万元　　D. 在 5000 万元与 7000 万元之间

109. 下列财务评价指标中，反映项目盈利能力的指标是：

A. 流动比率　　B. 利息备付率

C. 投资回收期　　D. 资产负债率

110. 某项目第一年年初投资5000万元，此后从第一年年末开始每年年末有相同的净收益，收益期为10年。寿命期结束时的净残值为100万元，若基准收益率为12%，则要使该投资方案的净现值为零，其年净收益应为：[已知：$(P/A,12\%,10)=5.6500$；$(P/F,12\%,10)=0.3220$]

A. 879.26万元　　B. 884.96万元

C. 890.65万元　　D. 1610万元

111. 某企业设计生产能力为年产某产品40000t，在满负荷生产状态下，总成本为30000万元，其中固定成本为10000万元，若产品价格为1万元/t，则以生产能力利用率表示的盈亏平衡点为：

A. 25%　　B. 35%　　C. 40%　　D. 50%

112. 已知甲、乙为两个寿命期相同的互斥项目，通过测算得出：甲、乙两项目的内部收益率分别为18%和14%，甲、乙两项目的净现值分别为240万元和320万元。假如基准收益率为12%，则以下说法中正确的是：

A. 应选择甲项目

B. 应选择乙项目

C. 应同时选择甲、乙两个项目

D. 甲、乙项目均不应选择

113. 下列项目方案类型中，适于采用最小公倍数法进行方案比选的是：

A. 寿命期相同的互斥方案　　B. 寿命期不同的互斥方案

C. 寿命期相同的独立方案　　D. 寿命期不同的独立方案

114. 某项目整体功能的目标成本为100万元，在进行功能评价时，得出某一功能F^*的功能评价系数为0.3，若其成本改进期望值为−5000元(即降低5000元)，则F^*的现实成本为：

A. 2.5万元　　B. 3万元　　C. 3.5万元　　D. 4万元

115. 根据《中华人民共和国建筑法》规定，对从事建筑业的单位实行资质管理制度，将从事建活动的工程监理单位，划分为不同的资质等级。监理单位资质等级的划分条件可以不考虑：

A. 注册资本　　B. 法定代表人

C. 已完成的建筑工程业绩　　D. 专业技术人员

116. 某生产经营单位使用危险性较大的特种设备，根据《安全生产法》规定，该设备投入使用的条件不包括：

A. 该设备应由专业生产单位生产

B. 该设备应进行安全条件论证和安全评价

C. 该设备须经取得专业资质的检测、检验机构检测、检验合格

D. 该设备须取得安全使用证或者安全标志

117. 根据《中华人民共和国招标投标法》规定，某工程项目委托监理服务的招投标活动，应当遵循的原则是：

A. 公开、公平、公正、诚实信用

B. 公开、平等、自愿、公平、诚实信用

C. 公正、科学、独立、诚实信用

D. 全面、有效、合理、诚实信用

118. 根据《中华人民共和国合同法》规定，要约可以撤回和撤销。下列要约，不得撤销的是：

A. 要约到达受要约人

B. 要约人确定了承诺期限

C. 受要约人未发出承诺通知

D. 受要约人即将发出承诺通知

119. 下列情形中，作出行政许可决定的行政机关或者其上级行政机关，应当依法办理有关行政许可的注销手续的是：

A. 取得市场准入许可的被许可人擅自停业、歇业

B. 行政机关工作人员对直接关系生命财产安全的设施监督检查时，发现存在安全隐患的

C. 行政许可证件依法被吊销的

D. 被许可人未依法履行开发利用自然资源义务的

120. 某建设工程项目完成施工后，施工单位提出工程竣工验收申请，根据《建设工程质量管理条例》规定，该建设工程竣工验收应当具备的条件不包括：

A. 有施工单位提交的工程质量保证保证金

B. 有工程使用的主要建筑材料、建筑构配件和设备的进场试验报告

C. 有勘察、设计、施工、工程监理等单位分别签署的质量合格文件

D. 有完整的技术档案和施工管理资料

2014 年度全国勘察设计注册工程师执业资格考试基础考试(上)

试题解析及参考答案

1. **解** $\lim\limits_{x\to 0}(1-x)^{\frac{k}{x}}=2$

可利用公式 $\lim\limits_{x\to 0}(1+x)^{\frac{1}{x}}=e$ 计算

因 $\lim\limits_{x\to 0}(1-x)^{\frac{-k}{-x}}=\lim\limits_{x\to 0}[(1-x)^{\frac{1}{-x}}]^{-k}=e^{-k}$

所以 $e^{-k}=2, k=-\ln 2$

答案:A

2. **解** $x^2+y^2-z=0, z=x^2+y^2$ 为旋转抛物面。

答案:D

3. **解** $y=\arctan\dfrac{1}{x}, x=0$,分母为零,该点为间断点。

因 $\lim\limits_{x\to 0^+}\arctan\dfrac{1}{x}=\dfrac{\pi}{2}$,$\lim\limits_{x\to 0^-}\arctan\dfrac{1}{x}=-\dfrac{\pi}{2}$,所以 $x=0$ 为跳跃间断点。

答案:B

4. **解** $\dfrac{\mathrm{d}}{\mathrm{d}x}\int_{2x}^{0}e^{-t^2}\mathrm{d}t=-\dfrac{\mathrm{d}}{\mathrm{d}x}\int_{0}^{2x}e^{-t^2}\mathrm{d}t=-e^{-4x^2}\cdot 2=-2e^{-4x^2}$

答案:C

5. **解** $\dfrac{\mathrm{d}(\ln x)}{\mathrm{d}\sqrt{x}}=\dfrac{\frac{1}{x}\mathrm{d}x}{\frac{1}{2}\cdot\frac{1}{\sqrt{x}}\mathrm{d}x}=\dfrac{2}{\sqrt{x}}$

答案:B

6. **解** $\displaystyle\int\frac{x^2}{\sqrt[3]{1+x^3}}\mathrm{d}x=\frac{1}{3}\int\frac{1}{\sqrt[3]{1+x^3}}\mathrm{d}x^3=\frac{1}{3}\int\frac{1}{\sqrt[3]{1+x^3}}\mathrm{d}(1+x^3)$

$$=\frac{1}{3}\times\frac{3}{2}(1+x^3)^{\frac{2}{3}}+C=\frac{1}{2}(1+x^3)^{\frac{2}{3}}+C$$

答案:D

7. **解** $a_n=\left(1+\dfrac{1}{n}\right)^n$,数列 $\{a_n\}$ 是单调增而有上界。

答案:B

8. **解** 函数 $f(x)$ 在点 x_0 处可导，则 $f'(x_0)=0$ 是 $f(x)$ 在 x_0 取得极值的必要条件。

答案：C

9. **解** $L_1:\dfrac{x-1}{1}=\dfrac{y-3}{-2}=\dfrac{z+5}{1},\vec{S}_1=\{1,-2,1\}$

$$L_2:\frac{x-3}{-1}=\frac{y-1}{-1}=\frac{z-1}{2}=t,\vec{S}_2=\{-1,-1,2\}$$

$$\cos(\vec{S}_1,\vec{S}_2)=\frac{\vec{S}_1,\vec{S}_2}{|\vec{S}_1||\vec{S}_2|}=\frac{3}{\sqrt{6}\times\sqrt{6}}=\frac{1}{2},(\vec{S}_1,\vec{S}_2)=\frac{\pi}{3}$$

答案：B

10. **解** $xy'-y=x^2e^{2x}\Rightarrow y'-\dfrac{1}{x}y=xe^{2x}$

$P(x)=-\dfrac{1}{x},Q(x)=xe^{2x}$

$$y=e^{-\int(-\frac{1}{x})\mathrm{d}x}\left[\int xe^{2x}e^{\int(-\frac{1}{x})\mathrm{d}x}\mathrm{d}x+C\right]$$

$$=e^{\ln x}(\int xe^{2x}e^{-\ln x}\mathrm{d}x+C)=x(\int e^{2x}\mathrm{d}x+C)$$

$$=x\left(\frac{1}{2}e^{2x}+C\right)$$

答案：A

11. **解** $V=\int_0^3\pi y^2\mathrm{d}x=\int_0^3\pi 4x\mathrm{d}x=\pi\int_0^3 4x\mathrm{d}x$

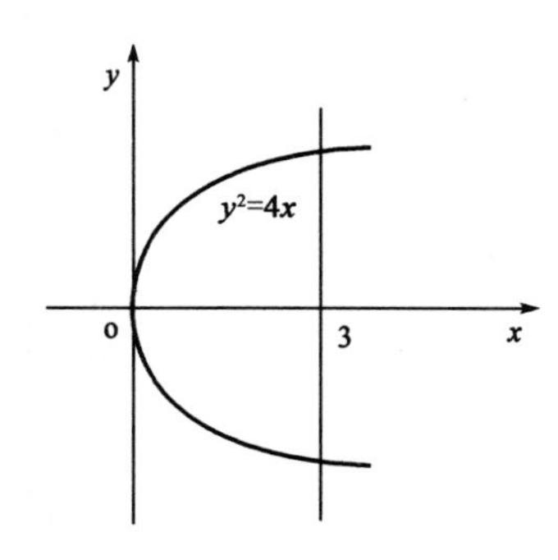

题 11 解图

答案：C

12. **解** $\sum\limits_{n=1}^{\infty}(-1)^n\dfrac{1}{n^{p-1}}$ 级数条件收敛应满足条件：①取绝对值后级数发散；②原级数收敛。

$\sum\limits_{n=1}^{\infty}\left|(-1)^n\dfrac{1}{n^{p-1}}\right|=\sum\limits_{n=1}^{\infty}\dfrac{1}{n^{p-1}}$，当 $0<p-1\leqslant 1$ 时，即 $1<p\leqslant 2$，取绝对值后级数发散，原

级数$\sum_{n=1}^{\infty}(-1)^n\dfrac{1}{n^{p-1}}$为交错级数。

当 $p-1>0$ 时，即 $p>1$

利用幂函数性质判定：$y=x^p(p>0)$

当 $x\in(0,+\infty)$ 时，$y=x^p$ 单增，且过(1,1)点，本题中，$p>1$，因而 $n^{p-1}<(n+1)^{p-1}$，所以 $\dfrac{1}{n^{p-1}}>\dfrac{1}{(n+1)^{p-1}}$。

满足：① $\dfrac{1}{n^{p-1}}>\dfrac{1}{(n+1)^{p-1}}$；② $\lim\limits_{n\to\infty}\dfrac{1}{n^{p-1}}=0$。故$\sum_{n=1}^{\infty}(-1)^n\dfrac{1}{n^{p-1}}$收敛。

综合以上结论，$1<p\leqslant 2$ 和 $p>1$，应为 $1<p\leqslant 2$。

答案：A

13. **解**　$y=C_1e^{-x+C_2}=C_1e^{C_2}e^{-x}$

$y'=-C_1e^{C_2}e^{-x}$，$y''=C_1e^{C_2}e^{-x}$

代入方程得 $C_1e^{C_2}e^{-x}-(-C_1e^{C_2}e^{-x})-2C_1e^{C_2}e^{-x}=0$

$y=C_1e^{-x+C_2}$ 是方程 $y''-y'-2y=0$ 的解，又因 $y=C_1e^{-x+C_2}=C_1e^{C_2}e^{-x}=C_3e^{-x}$（其中 $C_3=C_1e^{C_2}$）只含有一个独立的任意常数，所以 $y=C_1e^{-x+C_2}$，既不是方程的通解，也不是方程的特解。

答案：D

14. **解**　$L:\begin{cases}y=x-2\\x=x\end{cases}$，$x:0\to 2$，如解图所示。

注：从起点对应的参数积到终点对应的参数。

$$\int_L\frac{1}{x-y}dx+ydy=\int_0^2\frac{1}{x-(x-2)}dx+(x-2)dx$$

$$=\int_0^2\left(x-\frac{3}{2}\right)dx=\left(\frac{1}{2}x^2-\frac{3}{2}x\right)\Big|_0^2$$

$$=\frac{1}{2}\times 4-\frac{3}{2}\times 2=-1$$

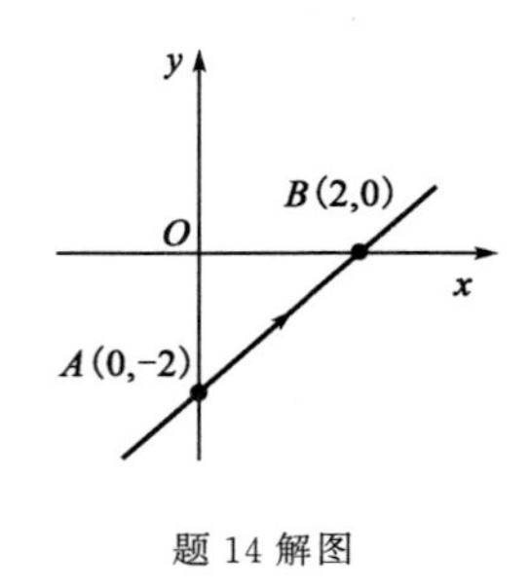

题14解图

答案：B

15. **解**　$x^2+y^2+z^2=4z$，$x^2+y^2+z^2-4z=0$

$F_x=2x$，$F_y=2y$，$F_z=2z-4$

$$\frac{\partial z}{\partial x}=-\frac{F_x}{F_z}=-\frac{2x}{2z-4}=-\frac{x}{z-2},\frac{\partial z}{\partial y}=-\frac{F_y}{F_z}=-\frac{2y}{2z-4}=-\frac{y}{z-2}$$

$$dz=\frac{\partial z}{\partial x}dx+\frac{\partial z}{\partial y}dy=-\frac{x}{z-2}dx-\frac{y}{z-2}dy=\frac{1}{2-z}(xdx+ydy)$$

答案:B

16. 解　$D:\begin{cases}0\leqslant\theta\leqslant\dfrac{\pi}{4}\\0\leqslant r\leqslant a\end{cases}$,如解图所示。

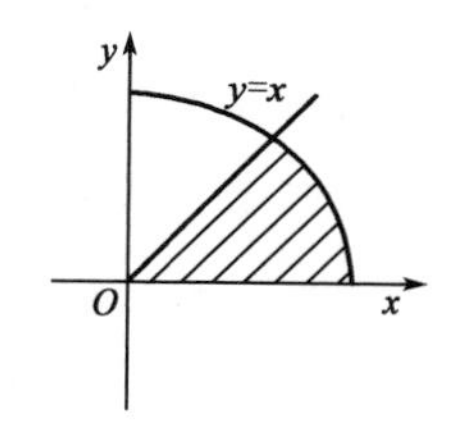

题 16 解图

$$\iint_D \mathrm{d}x\mathrm{d}y=\int_0^{\frac{\pi}{4}}\mathrm{d}\theta\int_0^a r\mathrm{d}r=\frac{\pi}{4}\times\frac{1}{2}r^2\Big|_0^a=\frac{1}{8}\pi a^2$$

答案:A

17. 解　设 $2x+1=z$,级数为 $\sum\limits_{n=1}^{\infty}\dfrac{z^n}{n}$

$$\lim_{n\to\infty}\left|\frac{a_{n+1}}{a_n}\right|=\lim_{n\to\infty}\frac{\frac{1}{n+1}}{\frac{1}{n}}=1,\rho=1,R=\frac{1}{\rho}=1$$

当 $z=1$ 时,$\sum\limits_{n=1}^{\infty}\dfrac{1}{n}$发散,当 $z=-1$ 时,$\sum\limits_{n=1}^{\infty}\dfrac{(-1)^n}{n}$收敛

所以 $-1\leqslant z<1$ 收敛,即 $-1\leqslant 2x+1<1$,$-1\leqslant x<0$

答案:C

18. 解　$z=e^{xe^y}$,$\dfrac{\partial z}{\partial x}=e^{xe^y}\cdot e^y=e^y\cdot e^{xe^y}$

$$\frac{\partial^2 z}{\partial x^2}=e^y\cdot e^{xe^y}\cdot e^y=e^{xe^y}\cdot e^{2y}=e^{xe^y+2y}$$

答案:A

19. 解　方法 1:$|2\boldsymbol{A}^*\boldsymbol{B}^{-1}|=2^3|\boldsymbol{A}^*\boldsymbol{B}^{-1}|=2^3|\boldsymbol{A}^*|\cdot|\boldsymbol{B}^{-1}|$

$$\boldsymbol{A}^{-1}=\frac{1}{|\boldsymbol{A}|}\boldsymbol{A}^*,\boldsymbol{A}^*=|\boldsymbol{A}|\cdot\boldsymbol{A}^{-1}$$

$$\boldsymbol{A}\cdot\boldsymbol{A}^{-1}=\boldsymbol{E},|\boldsymbol{A}|\cdot|\boldsymbol{A}^{-1}|=1,|\boldsymbol{A}^{-1}|=\frac{1}{|\boldsymbol{A}|}=\frac{1}{-\frac{1}{2}}=-2$$

$$|\boldsymbol{A}^*|=\left||\boldsymbol{A}|\cdot\boldsymbol{A}^{-1}\right|=\left|-\frac{1}{2}\mathrm{A}^{-1}\right|=\left(-\frac{1}{2}\right)^3|\boldsymbol{A}^{-1}|=\left(-\frac{1}{2}\right)^3\times(-2)=\frac{1}{4}$$

$$\boldsymbol{B}\cdot\boldsymbol{B}^{-1}=\boldsymbol{E},|\boldsymbol{B}|\cdot|\boldsymbol{B}^{-1}|=1,|\boldsymbol{B}^{-1}|=\frac{1}{|\boldsymbol{B}|}=\frac{1}{2}$$

因此,$|2\boldsymbol{A}^*\boldsymbol{B}^{-1}|=2^3\times\dfrac{1}{4}\times\dfrac{1}{2}=1$

方法 2:直接用公式计算 $|\boldsymbol{A}^*|=|\boldsymbol{A}|^{n-1}$,$|\boldsymbol{B}^{-1}|=\dfrac{1}{|\boldsymbol{B}|}$,$|2\boldsymbol{A}^*\mathrm{B}^{-1}|=2^3|\boldsymbol{A}^*\boldsymbol{B}^{-1}|=$

$2^3|\boldsymbol{A}^*||\boldsymbol{B}^{-1}|=2^3|\boldsymbol{A}|^{3-1}\cdot\dfrac{1}{|\boldsymbol{B}|}=2^3\cdot\left(-\dfrac{1}{2}\right)^2\cdot\dfrac{1}{2}=1$

答案:A

20. **解**　选项A，$\boldsymbol{A}$未必是实对称矩阵，即使$\boldsymbol{A}$为实对称矩阵，但所有顺序主子式都小于零，不符合对称矩阵为负定的条件。对称矩阵为负定的充分必要条件：奇数阶顺序主子式为负，而偶数阶顺序主子式为正，所以错误。

选项B，实对称矩阵为正定矩阵的充分必要条件是所有特征值都大于零，选项B给出的条件有时不能满足所有特征值都大于零的条件，例如$\boldsymbol{A}=\begin{bmatrix}1 & 1\\ 1 & 1\end{bmatrix}$，$|\boldsymbol{A}|=0$，$\boldsymbol{A}$有特征值$\lambda=0$，所以错误。

选项D，给出的二次型所对应的对称矩阵为$\begin{bmatrix}1 & \frac{1}{2} & \frac{1}{2}\\ \frac{1}{2} & 1 & \frac{1}{2}\\ \frac{1}{2} & \frac{1}{2} & 1\end{bmatrix}$，所以错误。

选项C，由惯性定理可知，实二次型$f(x_1,x_2,\cdots,x_n)=\boldsymbol{x}^{\mathrm{T}}\boldsymbol{A}\boldsymbol{x}$经可逆线性变换（或配方法）化为标准型时，在标准型（或规范型）中，正、负平方项的个数是唯一确定的。对于缺少平方项的n元二次型的标准型（或规范型），正惯性指数不会等于未知数的个数n。

例如：$f(x_1,x_2)=x_1\cdot x_2$，无平方项，设$\begin{cases}x_1=y_1+y_2\\ x_2=y_1-y_2\end{cases}$，代入变形$f=y_1^2-y_2^2$（标准型），正惯性指数为$1<n=2$。所以二次型$f(x_1,x_2)$不是正定二次型。

答案：C

21. **解**　**方法1**：

已知n元非齐次线性方程组$\boldsymbol{Ax}=\boldsymbol{b}$，$r(\boldsymbol{A})=n-2$，对应$n$元齐次线性方程组$\boldsymbol{Ax}=\boldsymbol{0}$的基础解系中的线性无关解向量的个数为$n-(n-2)=2$，可验证$\boldsymbol{\alpha}_2-\boldsymbol{\alpha}_1$，$\boldsymbol{\alpha}_2-\boldsymbol{\alpha}_3$为齐次线性方程组的解：$\boldsymbol{A}(\boldsymbol{\alpha}_2-\boldsymbol{\alpha}_1)=\boldsymbol{A\alpha}_2-\boldsymbol{A\alpha}_1=\boldsymbol{b}-\boldsymbol{b}=\boldsymbol{0}$，$\boldsymbol{A}(\boldsymbol{\alpha}_2-\boldsymbol{\alpha}_3)=\boldsymbol{A\alpha}_2-\boldsymbol{A\alpha}_3=\boldsymbol{b}-\boldsymbol{b}=\boldsymbol{0}$；还可验$\boldsymbol{\alpha}_2-\boldsymbol{\alpha}_1$，$\boldsymbol{\alpha}_2-\boldsymbol{\alpha}_3$线性无关。

所以$k_1(\boldsymbol{\alpha}_2-\boldsymbol{\alpha}_1)+k_2(\boldsymbol{\alpha}_2-\boldsymbol{\alpha}_3)$为$n$元齐次线性方程组$\boldsymbol{Ax}=\boldsymbol{0}$的通解，而$\boldsymbol{\alpha}_1$为$n$元非齐次线性方程组$\boldsymbol{Ax}=\boldsymbol{b}$的一特解。

因此，$\boldsymbol{Ax}=\boldsymbol{b}$的通解为$\boldsymbol{x}=k_1(\boldsymbol{\alpha}_2-\boldsymbol{\alpha}_1)+k_2(\boldsymbol{\alpha}_2-\boldsymbol{\alpha}_3)+\boldsymbol{\alpha}_1$。

方法2：

观察四个选项异同点，结合$\boldsymbol{Ax}=\boldsymbol{b}$通解结构，想到一个结论：

设y_1、y_2、…、y_s为$\boldsymbol{Ax}=\boldsymbol{b}$的解，$k_1$、$k_2$、…、$k_s$为数，则：

当$\sum\limits_{i=1}^{s}k_i=0$时，$\sum\limits_{i=1}^{s}k_iy_i$为$\boldsymbol{Ax}=\boldsymbol{0}$的解；

当 $\sum_{i=1}^{s}k_i=1$ 时，$\sum_{i=1}^{s}k_i y_i$ 为 $\boldsymbol{Ax}=\boldsymbol{b}$ 的解。

可以判定选项 C 正确。

答案:C

22. **解**　A 与 B 互不相容,$P(AB)=0$, $P(A|B)=\dfrac{P(AB)}{P(B)}=0$。

答案:B

23. **解**　$\int_{-\infty}^{+\infty}\int_{-\infty}^{+\infty}f(x,y)\mathrm{d}x\mathrm{d}y=\int_0^1\int_0^x k\mathrm{d}y\mathrm{d}x=\dfrac{k}{2}=1$，得 $k=2$

$$E(XY)=\int_{-\infty}^{+\infty}\int_{-\infty}^{+\infty}xyf(x,y)\mathrm{d}x\mathrm{d}y=\int_0^1\int_0^x 2xy\mathrm{d}y\mathrm{d}x=\frac{1}{4}$$

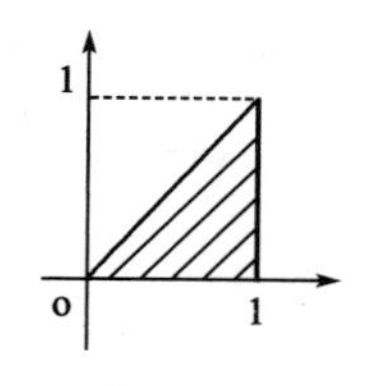

题 23 解图

答案:A

24. **解**　设 $S_1^2=\dfrac{1}{n-1}\sum_{i=1}^{n}(X_i-\overline{X})^2$

因为总体 $X\sim N(\mu,\sigma^2)$

所以 $\dfrac{\sum_{i=1}^{n}(X_i-\overline{X})^2}{\sigma^2}=\dfrac{(n-1)S_1^2}{\sigma^2}\sim\chi^2(n-1)$,同理 $\dfrac{\sum_{i=1}^{n}(Y_i-\overline{Y})^2}{\sigma^2}\sim\chi^2(n-1)$

又因为两样本相互独立

所以 $\dfrac{\sum_{i=1}^{n}(X_i-\overline{X})^2}{\sigma^2}$ 与 $\dfrac{\sum_{i=1}^{n}(Y_i-\overline{Y})^2}{\sigma^2}$ 相互独立

$$\frac{\sum_{i=1}^{n}(X_i-\overline{X})^2}{\sum_{i=1}^{n}(Y_i-\overline{Y})^2}=\frac{\dfrac{\sum_{i=1}^{n}(X_i-\overline{X})^2}{(n-1)\sigma^2}}{\dfrac{\sum_{i=1}^{n}(Y_i-\overline{Y})^2}{(n-1)\sigma^2}}\sim F(n-1,n-1)$$

注意:解答选择题,有时抓住关键点就可判定。$\sum_{i=1}^{n}(X_i-\overline{X})^2$ 与 χ^2 分布有关，$\dfrac{\sum_{i=1}^{n}(X_i-\overline{X})^2}{\sum_{i=1}^{n}(Y_i-\overline{Y})^2}$ 与 F 分布有关,只有选项 B 是 F 分布。

答案:B

25. **解**　由 $E=\dfrac{m}{M}\dfrac{i}{2}RT=\dfrac{i}{2}pV$，注意到氢为双原子分子,氦为单原子分子，

即 $i(H_2)=5$,$i(He)=3$，又 $p(H_2)=p(He)$,$V(H_2)=V(He)$

故 $\dfrac{E(H_2)}{E(He)}=\dfrac{i(H_2)}{i(He)}=\dfrac{5}{3}$

答案：A

26. **解**　由麦克斯韦速率分布函数定义 $f(v)=\dfrac{\mathrm{d}N}{N\mathrm{d}v}$ 可得。

答案：B

27. **解**　由 $W_{等压}=p\Delta V=\dfrac{m}{M}R\Delta T$，今 $\dfrac{m}{M}=1$，故 $\Delta T=\dfrac{W}{R}$。

答案：B

28. **解**　等温膨胀过程的特点是：理想气体从外界吸收的热量 Q，全部转化为气体对外做功 $A(A>0)$。

答案：D

29. **解**　所谓波峰，其纵坐标 $y=+2\times10^{-2}\mathrm{m}$，亦即要求 $\cos2\pi(10t-\dfrac{x}{5})=1$，即

$2\pi(10t-\dfrac{x}{5})=\pm2k\pi$；

当 $t=0.25\mathrm{s}$ 时，$20\pi\times0.25-\dfrac{2\pi x}{5}=\pm2k\pi$，$x=(12.5\mp5k)$；

因为要取距原点最近的点（注意 $k=0$ 并非最小），逐一取 $k=0,1,2,3,\cdots$，其中 $k=2$，$x=2.5$；$k=3$，$x=-2.5$。

答案：A

30. **解**　质元处于平衡位置，此时速度最大，故质元动能最大，动能与势能是同相的，所以势能也最大。

答案：C

31. **解**　声波的频率范围为 20～20000Hz。

答案：C

32. **解**　间距 $\Delta x=\dfrac{D\lambda}{nd}$［$D$ 为双缝到屏幕的垂直距离（如图），d 为缝宽，n 为折射率］

今 $1.33=\dfrac{D\lambda}{d}(n_{空气}\approx1)$，当把实验装置放入水中，则 $\Delta x_{水}=\dfrac{D\lambda}{1.33d}=1$

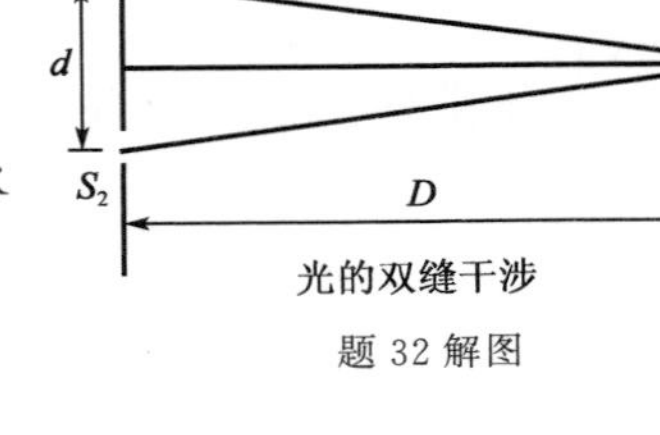

题 32 解图

答案：C

33. **解**　可见光的波长范围 400～760nm。

答案：A

34. **解**　自然光垂直通过第一个偏振片后，变为线偏振光，光强设为 I'，即入射至第二

个偏振片的线偏振光强度。根据马吕斯定律，自然光通过两个偏振片后，$I = I'\cos^2 45° = \frac{I'}{2}$，$I' = 2I$。

答案：B

35.**解**　中央明纹的宽度由紧邻中央明纹两侧的暗纹($k=1$)决定。如图所示，通常衍射角 ϕ 很小，且 $D \approx f$(f 为焦距)，则 $x \approx \phi f$

由暗纹条件 $a\sin\phi = 1 \times \lambda(k=1)$ (a 缝宽)，得 $\phi \approx \frac{\lambda}{a}$

第一级暗纹距中心 P_0 距离为 $x_1 = \phi f = \frac{\lambda}{a} f$

所以中央明纹的宽度 Δx(中央) $= 2x_1 = \frac{2\lambda f}{a}$

故 $\Delta x = \frac{2 \times 0.5 \times 400 \times 10^{-9}}{10^{-4}} = 400 \times 10^{-5}\,\text{m}$

$= 4 \times 10^{-3}\,\text{m}$

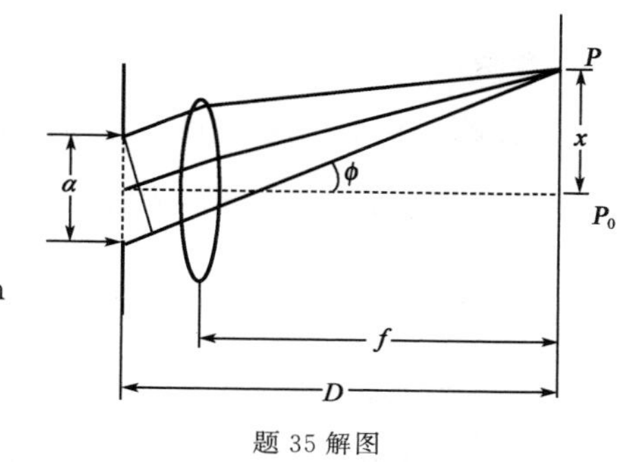

题 35 解图

答案：D

36.**解**　根据光栅的缺级理论，当 $\frac{a+b(\text{光栅常数})}{a(\text{缝宽})}$ = 整数时，会发生缺级现象，今 $\frac{a+b}{a} = \frac{2a}{a} = 2$，在光栅明纹中，将缺 $k = 2,4,6,\cdots$ 级。(此题超纲)

答案：A

37.**解**　周期表中元素电负性的递变规律：同一周期从左到右，主族元素的电负性逐渐增大；同一主族从上到下元素的电负性逐渐减小。

答案：A

38.**解**　离子在外电场或另一离子作用下，发生变形产生诱导偶极的现象叫离子极化。正负离子相互极化的强弱取决于离子的极化力和变形性。离子的极化力为某离子使其他离子变形的能力。极化力取决于：①离子的电荷。电荷数越多，极化力越强。②离子的半径。半径越小，极化力越强。③离子的电子构型。当电荷数相等、半径相近时，极化力的大小为：18 或 18+2 电子构型＞9～17 电子构型＞8 电子构型。每种离子都具有极化力和变形性，一般情况下，主要考虑正离子的极化力和负离子的变形性。离子半径的变化规律：同周期不同元素离子的半径随离子电荷代数值增大而减小。四个化合物中，$SiCl_4$ 为共价化合物，其余三个为离子化合物。三个离子化合物中阴离子相同，阳离子为同周期元素，离子半径逐渐减小，离子电荷的代数值逐渐增大，所以极化作用逐渐增大。离子极化的结果使离子键向共价键过渡。

答案：C

39. **解** 100mL 浓硫酸中 H_2SO_4 的物质的量 $n=\frac{100\times1.84\times0.98}{98}=1.84\text{mol}$

物质的量浓度 $c=\frac{1.84}{0.1}=18.4\text{mol}\cdot\text{L}^{-1}$

答案:A

40. **解** 多重平衡规则:当 n 个反应相加(或相减)得总反应时,总反应的 K 等于各个反应平衡常数的乘积(或商)。题中反应(3) =(1)-(2),所以 $K_3^\ominus=\frac{K_1^\ominus}{K_2^\ominus}$。

答案:D

41. **解** 铜电极通入 H_2S,生成 CuS 沉淀,Cu^{2+} 浓度减小。

铜半电池反应为:$Cu^{2+}+2e^-=Cu$,根据电极电势的能斯特方程式:

$$\varphi=\varphi^\ominus+\frac{0.059}{2}\lg\frac{c_{氧化型}}{c_{还原型}}=\varphi^\ominus+\frac{0.059}{2}\lg C_{Cu^{2+}}$$

$C_{Cu^{2+}}$ 减小,电极电势减小

原电池的电动势 $E=\varphi_{正}-\varphi_{负}$,$\varphi_{正}$ 减小,$\varphi_{负}$ 不变,则电动势 E 减小。

答案:B

42. **解** 电解产物析出顺序由它们的析出电势决定。析出电势与标准电极电势、离子浓度、超电势有关。总的原则:析出电势代数值较大的氧化型物质首先在阴极还原;析出电势代数值较小的还原型物质首先在阳极氧化。

阴极:当 $\varphi^\ominus>\varphi^\ominus_{Al^{3+}/Al}$ 时,$M^{n+}+ne^-=M$

当 $\varphi^\ominus<\varphi^\ominus_{Al^{3+}/Al}$ 时,$2H^++2e^-=H_2$

因 $\varphi^\ominus_{Na^+/Na}<\varphi^\ominus_{Al^{3+}/Al}$ 时,所以 H^+ 首先放电析出。

答案:A

43. **解** 由公式 $\Delta G=\Delta H-T\Delta S$ 可知,当 ΔH 和 ΔS 均小于零时,ΔG 在低温时小于零,所以低温自发,高温非自发。

答案:A

44. **解** 丙烷最多 5 个原子处于一个平面,丙烯最多 7 个原子处于一个平面,苯乙烯最多 16 个原子处于一个平面,$CH_3CH=CH-C\equiv C-CH_3$ 最多 10 个原子处于一个平面。

答案:C

45. **解** A 为丙烯酸,烯烃能发生加成反应和氧化反应,酸可以发生酯化反应。

答案:A

46. **解** 人造羊毛为聚丙烯腈,由单体丙烯腈通过加聚反应合成,为高分子化合物。

分子中存在共价键，为共价化合物，同时为有机化合物。

答案：C

47. **解** 根据力的投影公式，$F_x = F\cos\alpha$，故 $\alpha = 60°$；而分力 F_x 的大小是力 F 大小的2倍，故力 F 与 y 轴垂直。

答案：A （此题2010年考过）

48. **解** M_1 与 M_2 等值反向，四个分力构成自行封闭的四边形，故合力为零，F_1 与 F_3、F_2 与 F_4 构成顺时针转向的两个力偶，其力偶矩的大小均为 Fa。

答案：D

49. **解** 对系统进行整体分析，外力有主动力 F_P，A、H 处约束力，由于 F_P 与 H 处约束力均为铅垂方向，故 A 处也只有铅垂方向约束力，列平衡方程 $\sum M_H(F) = 0$，便可得结果。

答案：B

50. **解** 分析节点 D 的平衡，可知1杆为零杆。

答案：A

51. **解** 只有当 $t = 1\text{s}$ 时两个点才有相同的坐标。

答案：A

52. **解** 根据平行移动刚体的定义和特点。

答案：C （此题2011年考过）

53. **解** 根据定轴转动刚体上一点加速度与转动角速度、角加速度的关系：$a_n = \omega^2 l$，$a_\tau = \alpha l$，此题 $a_n = 0$，$\alpha = \frac{a_\tau}{l} = \frac{a}{l}$。

答案：A

54. **解** 在铅垂平面内垂直于绳的方向列质点运动微分方程(牛顿第二定律)，有：

$$ma_n \cos\alpha = mg\sin\alpha$$

答案：C

55. **解** 两轮质心的速度均为零，动量为零，链条不计质量。

答案：D

56. **解** 根据动能定理：$T_2 - T_1 = W_{12}$，其中 $T_1 = 0$(初瞬时静止)，$T_2 = \frac{1}{2} \times \frac{3}{2} mR^2\omega^2$，$W_{12} = mgR$，代入动能定理可得结果。

答案:C

57. **解** 杆水平瞬时,其角速度为零,加在物块上的惯性力铅垂向上,列平衡方程$\sum M_O(F)=0$,则有$(F_g-mg)l=0$,所以$F_g=mg$。

答案:A

58. **解** 已知频率比$\frac{\omega}{\omega_0}=1.27$,且$\omega=40$ rad/s,$\omega_0=\sqrt{\frac{k}{m}}$ ($m=100$kg)

所以,$k=\left(\frac{40}{1.27}\right)^2\times 100=9.9\times 10^4\approx 1\times 10^5$N/m

答案:A

59. **解** 首先取节点C为研究对象,根据节点C的平衡可知,杆1受力为零,杆2的轴力为拉力F;再考虑两杆的变形,杆1无变形,杆2受拉伸长。由于变形后两根杆仍然要连在一起,因此C点变形后的位置,应该在以A点为圆心,以杆1原长为半径的圆弧,和以B点为圆心、以伸长后的杆2长度为半径的圆弧的交点C'上,如图所示。显然这个点在C点向下偏左的位置。

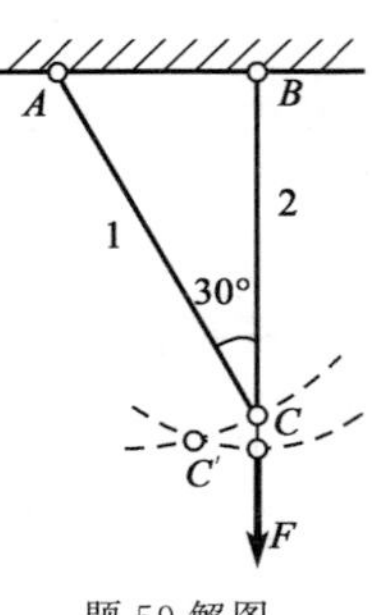

题59解图

答案:B

60. **解** $\sigma_{AB}=\frac{F_{NAB}}{A_{AB}}=\frac{300\pi\times 10^3\text{N}}{\frac{\pi}{4}\times 200^2\text{mm}^2}=30\text{MPa}$

$\sigma_{BC}=\frac{F_{NBC}}{A_{BC}}=\frac{100\pi\times 10^3\text{N}}{\frac{\pi}{4}\times 100^2\text{mm}^2}=40\text{MPa}$

显然杆的最大拉应力是40MPa

答案:A

61. **解** A图、B图中节点的受力是图a),C图、D图中节点的受力是图b)。

为了充分利用铸铁抗压性能好的特点,应该让铸铁承受更大的压力,显然A图布局比较合理。

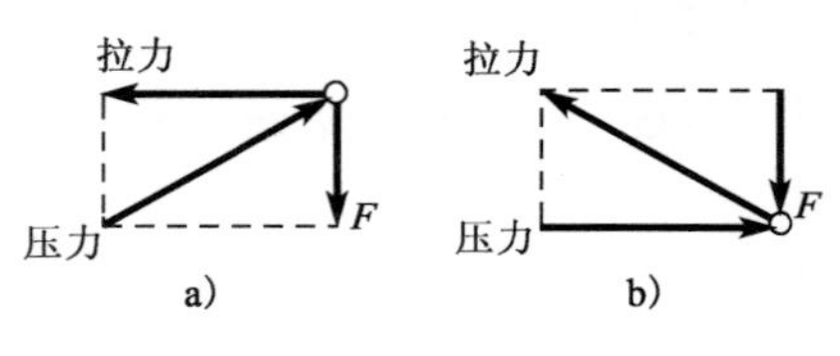

题61解图

答案:A

62. **解** 被冲断的钢板的剪切面是一个圆柱面,其面积$A_Q=\pi dt$,根据钢板破坏的条件:

$$\tau_Q=\frac{Q}{A_Q}=\frac{F}{\pi dt}=\tau_b$$

可得$F=\pi dt\tau_b=\pi\times 100\text{mm}\times 10\text{mm}\times 300\text{MPa}=300\pi\times 10^3\text{N}=300\pi\text{kN}$

答案:A

63. **解**　螺杆受拉伸，横截面面积是$\frac{\pi}{4}d^2$，由螺杆的拉伸强度条件，可得：

$$\sigma = \frac{F}{\frac{\pi}{4}d^2} = \frac{4F}{\pi d^2} = [\sigma] \quad ①$$

螺母的内圆周面受剪切，剪切面面积是πdh，由螺母的剪切强度条件，可得：

$$\tau_Q = \frac{F_Q}{A_Q} = \frac{F}{\pi dh} = [\tau] \quad ②$$

把①、②两式同时代入$[\sigma]=2[\tau]$，即有$\frac{4F}{\pi d^2}=2\cdot\frac{F}{\pi dh}$，化简后得$d=2h$。

答案：A

64. **解**　受扭空心圆轴横截面上各点的切应力应与其到圆心的距离成正比，而在空心圆部分因没有材料，故也不应有切应力，故正确的只能是B。

答案：B

65. **解**　根据外力矩（此题中即是扭矩）与功率、转速的计算公式：$M(\text{kN}\cdot\text{m}) = 9.55\frac{p(\text{kW})}{n(\text{r/min})}$可知，转速小的轴，扭矩（外力矩）大。

答案：B

66. **解**　根据剪力和弯矩的微分关系$\frac{\mathrm{d}m}{\mathrm{d}x}=Q$可知，弯矩的最大值发生在剪力为零的截面，也就是弯矩的导数为零的截面，故选B。

答案：B

67. **解**　题图a)图是偏心受压，在中间段危险截面上，外力作用点O与被削弱的截面形心C之间的偏心距$e=\frac{a}{2}$（如解图），产生的附加弯矩$M=F\cdot\frac{a}{2}$，故题图a)中的最大应力：

$$\sigma_a = -\frac{F_N}{A_a} - \frac{M}{W} = -\frac{F}{3ab} - \frac{F\frac{a}{2}}{\frac{b}{6}(3a)^2} = -\frac{2F}{3ab}$$

题图b)虽然截面面积小，但却是轴向压缩，其最大压应力：

$$\sigma_b = -\frac{F_N}{A_b} = -\frac{F}{2ab}$$

故$\frac{\sigma_b}{\sigma_a} = \frac{3}{4}$

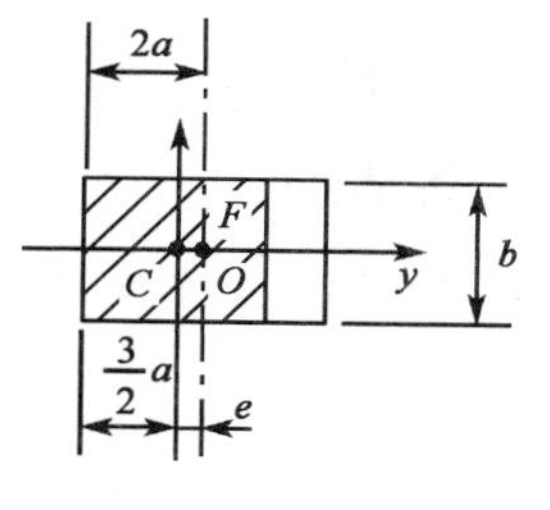

题67解图

答案：A

68. **解**　由梁的正应力强度条件：

$$\sigma_{max} = \frac{M_{max}}{I}\cdot y_{max} = \frac{M_{max}}{W} \leqslant [\sigma]$$

可知，梁的承载能力与梁横截面惯性矩I（或W）的大小成正比，当外荷载产生的弯矩

M_{max}不变的情况下，截面惯性矩（或 W）越大，其承载能力也越大，显然相同面积制成的梁，矩形比圆形好，空心矩形的惯性矩（或 W）最大，其承载能力最大。

答案:A

69.**解**　图 a)中 $\sigma_1=200\text{MPa},\sigma_2=0,\sigma_3=0$

$\sigma_{r3}^{a}=\sigma_1-\sigma_3=200\text{MPa}$

图 b)中 $\sigma_1=\frac{100}{2}+\sqrt{\left(\frac{100}{2}\right)^2+100^2}=161.8\text{MPa},\sigma_2=0$

$\sigma_3=\frac{100}{2}-\sqrt{\left(\frac{100}{2}\right)^2+100^2}=-61.8\text{MPa}$

$\sigma_{r3}^{b}=\sigma_1-\sigma_3=223.6\text{MPa}$

故图 b)更危险

答案:D

70.**解**　当 $\alpha=0°$时，杆是轴向受位：

$$\sigma_{max}^{0°}=\frac{F_N}{A}=\frac{F}{a^2}$$

当 $\alpha=45°$时，杆是轴向受拉与弯曲组合变形：

$$\sigma_{max}^{45°}=\frac{F_N}{A}+\frac{M_g}{W_g}=\frac{\frac{\sqrt{2}}{2}F}{a^2}+\frac{\frac{\sqrt{2}}{2}F\cdot a}{\frac{a^3}{6}}=\frac{7\sqrt{2}}{2}\frac{F}{a^2}$$

可得$\frac{\sigma_{max}^{45°}}{\sigma_{max}^{0°}}=\frac{\frac{7\sqrt{2}}{2}\frac{F}{a^2}}{\frac{F}{a^2}}=\frac{7\sqrt{2}}{2}$

答案:A

71.**解**　水平静压力 $P_x=\rho g h_c \pi r^2=1\times9.8\times5\times\pi\times(0.1)^2=1.54\text{kN}$

答案:D

72.**解**　A 点绝对压强 $p'_A=p_0+\rho g h=88+1\times9.8\times2=107.6\text{kPa}$

A 点相对压强 $p_A=p'_A-p_a=107.6-101=6.6\text{kPa}$

答案:B

73.**解**　对二维不可压缩流体运动连续性微分方程式为：$\frac{\partial u_x}{\partial x}+\frac{\partial u_y}{\partial y}=0$，即$\frac{\partial u_x}{\partial x}=-\frac{\partial u_y}{\partial y}$。

对题中 C 项求偏导数可得$\frac{\partial u_x}{\partial x}=5,\frac{\partial u_y}{\partial y}=-5$，满足连续性方程。

答案:C

74.**解**　圆管层流中水头损失与管壁粗糙度无关。

答案:D

75. **解**　$Q_1 + Q_2 = 39\text{L/s}$

$$\frac{Q_1}{Q_2} = \sqrt{\frac{S_2}{S_1}} = \sqrt{\frac{8\lambda L_2}{\pi^2 g d_2^5} \Big/ \frac{8\lambda L_1}{\pi^2 g d_1^5}} = \sqrt{\frac{L_2 \cdot d_1^5}{L_1 \cdot d_2^5}} = \sqrt{\frac{3000}{1800} \times \left(\frac{0.15}{0.20}\right)^5} = 0.629$$

即 $0.629Q_2 + Q_2 = 39\text{L/s}$，得 $Q_2 = 24\text{L/s}$，$Q_1 = 15\text{L/s}$。

答案:B

76. **解**　$v = C\sqrt{Ri}$，$C = \frac{1}{n}R^{\frac{1}{6}} = \frac{1}{0.05}(0.8)^{\frac{1}{6}} = 19.27\sqrt{\text{m}}/\text{s}$

流速 $v = 19.27 \times \sqrt{0.8 \times 0.0006} = 0.42\text{m/s}$

答案:A

77. **解**　地下水的浸润线是指无压地下水的自由水面线。

答案:C

78. **解**　按雷诺准则设计应满足比尺关系式$\frac{\lambda_v \cdot \lambda_L}{\lambda_\nu} = 1$，则流速比尺$\lambda_v = \frac{\lambda_\nu}{\lambda_L}$，题设用相同温度、同种流体做试验，所以$\lambda_\nu = 1$，$\lambda_v = \frac{1}{\lambda_L}$，而长度比尺$\lambda_L = \frac{2\text{m}}{0.1\text{m}} = 20$，所以流速比尺$\lambda_v = \frac{1}{20}$，即$\frac{v_{原型}}{v_{模型}} = \frac{1}{20}$，$v_{原型} = \frac{4}{20}\text{m/s} = 0.2\text{m/s}$。

答案:A

79. **解**　三个电荷处在同一直线上，且每个电荷均处于平衡状态，可建立电荷平衡方程：

$$\frac{kq_1q_2}{r^2} = \frac{kq_3q_2}{r^2}$$

则 $q_1 = q_3 = |q_2|$

答案:B

80. **解**　根据节点电流关系：$\sum I = 0$，即 $I_1 + I_2 - I_3 = 0$，得 $I_3 = I_1 + I_2 = -7\text{A}$。

答案:C

81. **解**　根据叠加原理，写出电压源单独作用时的电路模型。

$$I' = \frac{15}{40 + 40/\!/40} \times \frac{40}{40+40} = \frac{15}{40+20} \times \frac{1}{2} = 0.125\text{A}$$

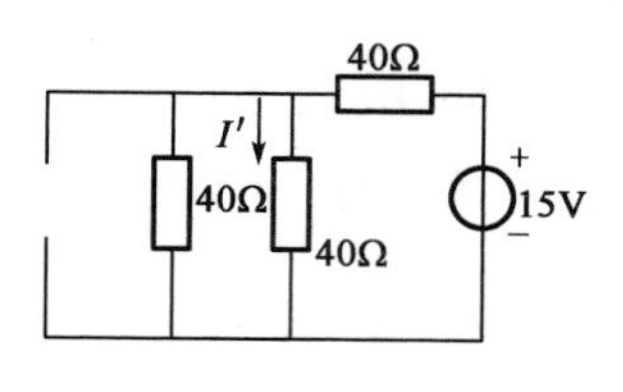

题 81 解图

答案:C

82. **解**　①$u_{(t)}$与$i_{(t)}$的相位差 $\varphi = \psi_u - \psi_i = -20°$

②用有效值相量表示 $u_{(t)}$，$i_{(t)}$：

$$\dot{U} = U\angle\psi_u = \frac{10}{\sqrt{2}}\angle -10° = 7.07\angle -10°\text{V}$$

$$\dot{I} = I\angle\psi_i = \frac{0.1}{\sqrt{2}}\angle 10° = 0.0707\angle 10°\text{ A} = 70.7\angle 10°\text{mA}$$

答案:D

83.**解**　交流电路的功率关系为:

$$S^2 = P^2 + Q^2$$

式中:S——视在功率反映设备容量;

P——耗能元件消耗的有功功率;

Q——储能元件交换的无功功率。

本题中:$P = I^2R = 1000\text{W}$,$Q = I^2(X_L - X_C) = 200\text{var}$

$S = \sqrt{P^2 + Q^2} = 1019 \approx 1020\text{V}\cdot\text{A}$

答案:D

84.**解**　开关打开以后电路如解图所示。

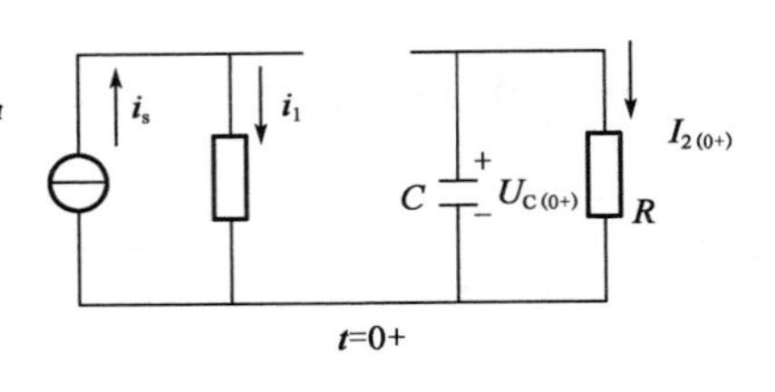

题 84 解图

左边电路中无储能元件,无暂态过程,右边电路中出现暂态过程,变化为:

$$I_{2(0+)} = \frac{U_{C(0+)}}{R} = \frac{U_{C(0-)}}{R} \neq 0$$

$$I_{2(\infty)} = \frac{U_{C(\infty)}}{R} = 0$$

答案:C

85.**解**　理想变压器空载运行 $R_L \to \infty$,则 $R'_L = K^2R_L \to \infty$

$u_1 = u$

又有 $k = \frac{U_1}{U_2} = 2$

则 $U_1 = 2U_2$

答案:B

86.**解**　当正常运行为三角形接法的三相交流异步电动机启动时采用显形接法,电机为降压运行,启动电流和启动力矩均为正常运行的三分之一。

即 $I'_{st} = \frac{1}{3}I_{st} = 10\text{A}$,$T'_{st} = \frac{1}{3}T_{st} = 15\text{N}\cdot\text{m}$

答案:B

87.**解**　自变量在整个连续区间内都有定义的信号是连续信号或连续时间信号。图示电路的输出信号为时间连续数值离散的信号。

答案:A

88. **解**　图示的非周期信号利用可叠加,性质等效为两个阶跃信号:

$$u(t)=u_1(t)+u_2(t)$$

$$u_1(t)=5\varepsilon(t)$$

$$u_2(t)=-4\varepsilon(t-t_0)$$

答案:C

89. **解**　放大电路是在输入信号控制下,将信号的幅值放大,而频率不变。

电路的传递函数定义为:

$$T(j\omega)=\frac{\dot{U}_o(j\omega)}{\dot{U}_i(j\omega)}=\left|\frac{\dot{U}_o(j\omega)}{\dot{U}_i(j\omega)}\right|\angle\psi_0-\psi_i$$

其中:$\left|\frac{\dot{U}_o(j\omega)}{\dot{U}_i(j\omega)}\right|=T(\omega)$称为"放大器的幅频",特性表为信号的幅值频谱。

答案:D

90. **解**　根据逻辑代数公式分析如下:

$(A+B)(A+C)=A\cdot A+A\cdot B+A\cdot C+B\cdot C=A(1+B+C)+BC=A+BC$

答案:C

91. **解**　"与非门"电路遵循输入有"0"输出则"1"的原则,利用输入信号 A、B 的对应波形分析即可。

答案:D

92. **解**　根据真值表,写出函数的最小项表达式后进行化简即可:

$$\begin{aligned}F(A\cdot B\cdot C)&=\overline{A}\overline{B}\overline{C}+\overline{A}BC+A\overline{B}\overline{C}+ABC\\&=(\overline{A}+A)\overline{B}\overline{C}+(\overline{A}+A)BC\\&=\overline{B}\overline{C}+BC\end{aligned}$$

答案:C

93. **解**　由图示电路分析输出波形如图所示。

$u_i>0$ 时,$u_o=0$;

$u_i<0$ 时,$u_o=u_i$ 为半波整流电路。

$$u_o=0.45u_i=0.45\times\frac{-10}{\sqrt{2}}=-3.18\text{V}$$

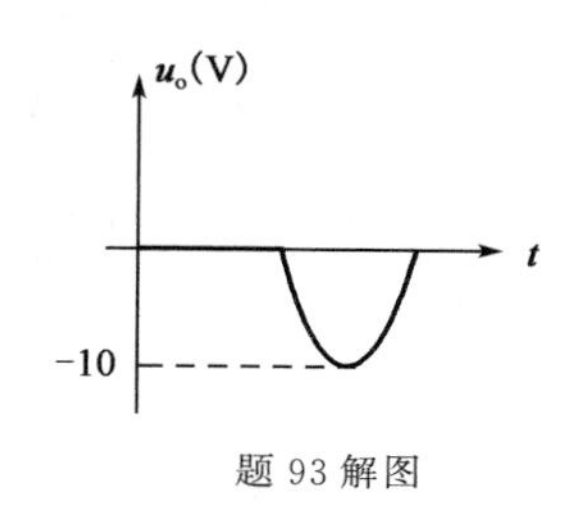

题 93 解图

答案:C

94. **解**　①当 A 端接输入信号,B 端接地时,电路为反相比例放大电路:

$$u_o=-\frac{R_2}{R_1}u_i=-8=-\frac{R_2}{R_1}\times2$$

得$\frac{R_2}{R_1}=4$

②如 A 端接地，B 端接输入信号为同相放大电路：

$$u_o=\left(1+\frac{R_2}{R_1}\right)u_i=(1+4)\times 2=10\text{V}$$

答案：C

95. **解**　图示为 D 触发器，触发时刻为 cp 波形的上升沿，输入信号D=A，输出波形为 Q 所示，对应于第一和第二个脉冲的下降沿，Q 为高电平"1"。

答案：D

96. **解**　图示为 J K 触发器和与非门的组合，触发时刻为 cp 脉冲的下降沿，触发器输入信号为：$J=\overline{Q\cdot A}$，K="0"

输出波形为 Q 所示。两个脉冲的下降沿后 Q 为高电平。

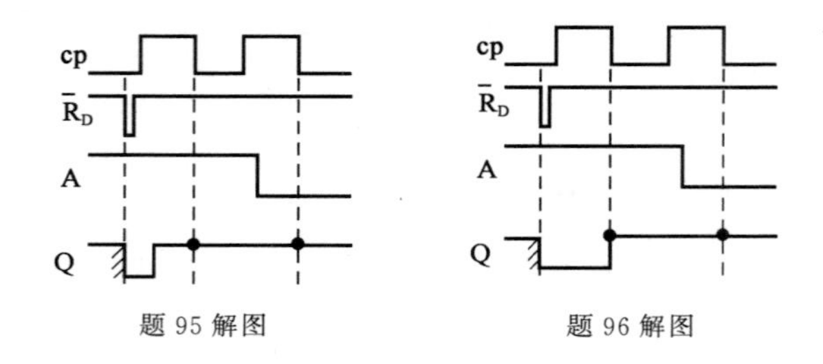

题 95 解图　　题 96 解图

答案：D

97. **解**　根据总线传送信息的类别，可以把总线划分为数据总线、地址总线和控制总线，数据总线用来传送程序或数据；地址总线用来传送主存储器地址码或外围设备码；控制总线用来传送控制信息。

答案：B

98. **解**　为了使计算机系统所有软硬件资源有条不紊、高效、协调、一致地进行工作，需要由一个软件来实施统一管理和统一调度工作，这种软件就是操作系统，由它来负责管理、控制和维护计算机系统的全部软硬件资源以及数据资源。应用软件是指计算机用户为了利用计算机的软、硬件资源而开发研制出的那些专门用于某一目的的软件。用户程序是为解决用户实际应用问题而专门编写的程序。支撑软件是指支援其他软件的编写制作和维护的软件。

答案：D

99. **解**　一个计算机程序执行的过程可分为编辑、编译、连接和运行四个过程。用高级语言编写的程序成为编辑程序，编译程序是一种语言的翻译程序，翻译完的目标程序不能立即被执行，要通过连接程序将目标程序和有关的系统函数库以及系统提供的其他信息连接起来，形成一个可执行程序。

答案：B

100. **解**　先将十进制 256.625 转换成二进制数，整数部分 256 转换成二进制 100000000，小数部分 0.625 转换成二进制 0.101，而后根据四位二进制对应一位十六进制关系进行转换，转换后结果为 100.A。

答案：C

101. **解**　信息加密技术是为提高信息系统及数据的安全性和保密性的技术，是防止数据信息被别人破译而采用的技术，是网络安全的重要技术之一。不是为清除计算机病毒而采用的技术。

答案：D

102. **解**　进程是一段运行的程序，进程运行需要各种资源的支持。

答案：A

103. **解**　文件管理是对计算机的系统软件资源进行管理，主要任务是向计算机用户提供提供一种简便、统一的管理和使用文件的界面。

答案：A

104. **解**　计算机网络可以分为资源子网和通信子网两个组成部分。资源子网主要负责全网的信息处理，为网络用户提供网络服务和资源共享功能等。

答案：A

105. **解**　采用的传输介质的不同，可将网络分为双绞线网、同轴电缆网、光纤网、无线网；按网络的传输技术可以分为广播式网络、点到点式网络；按线路上所传输信号的不同又可分为基带网和宽带网。

答案：A

106. **解**　一个典型的计算机网络系统主要是由网络硬件系统和网络软件系统组成。网络硬件是计算机网络系统的物质基础，网络软件是实现网络功能不可缺少的软件环境。

答案：A

107. **解**　根据等额支付资金回收公式，每年可回收：

$$A=P(A/P,10\%,5)=100\times0.2638=26.38\text{ 万元}$$

答案：B

108. **解**　经营成本是指项目总成本费用扣除固定资产折旧费、摊销费和利息支出以后的全部费用。即，经营成本＝总成本费用－折旧费－摊销费－利息支出。本题经营成本与折旧费、摊销费之和为 7000 万元，再加上利息支出，则该项目的年总成本费用大于 7000 万元。

答案：C

109. **解**　投资回收期是反映项目盈利能力的财务评价指标之一。

答案：C

110. **解**　该项目的现金流量图如解图所示。

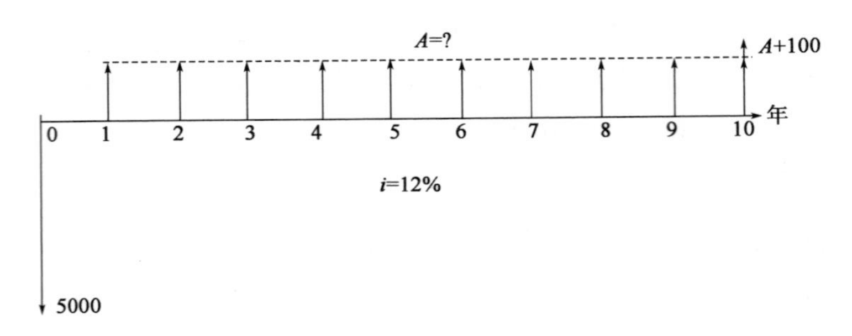

题 110 解图

根据题意有：$NPV = A(P/A,12\%,10) + 100 \times (P/F,12\%,10) - P = 0$

因此，$A = [P - 100 \times (P/F,12\%,10)] \div (P/A,12\%,10)$

$= (5000 - 100 \times 0.3220) \div 5.6500 = 879.26$ 万元

答案：A

111. **解** 根据题意，该企业单位产品变动成本为：

$$(30000 - 10000) \div 40000 = 0.5 \text{ 万元/t}$$

根据盈亏平衡点计算公式，盈亏平衡生产能力利用率为：

$$E^* = \frac{Q^*}{Q_c} \times 100\% = \frac{C_f}{(P - C_v)Q_c} \times 100\% = \frac{10000}{(1 - 0.5) \times 40000} \times 100\% = 50\%$$

答案：D

112. **解** 两个寿命期相同的互斥方案只能选择其中一个方案，可采用净现值法、净年值法、差额内部收益率法等选优，不能直接根据方案的内部收益率选优。采用净现值法应选净现值大的方案。

答案：B

113. **解** 最小公倍数法适用于寿命期不等的互斥方案比选。

答案：B

114. **解** 功能 F^* 的目标成本为：$10 \times 0.3 = 3$ 万元

功能 F^* 的现实成本为：$3 + 0.5 = 3.5$ 万元

答案：C

115. **解** 《中华人民共和国建筑法》第十三条规定，从事建筑活动的建筑施工企业、勘察单位、设计单位和工程监理单位，按照其拥有的注册资本、专业技术人员、技术装备和已完成的建筑工程业绩等资质条件，划分为不同的资质等级，经资质审查合格，取得相应等级的资质证书后，方可在其资质等级许可的范围内从事建筑活动。

答案：B

116. **解** 《中华人民共和国安全生产法》第三十四条规定，生产经营单位使用的危险物品的容器、运输工具，以及涉及人身安全、危险性较大的海洋石油开采特种设备和矿山井下特种设备，必须按照国家有关规定，由专业生产单位生产，并经具有专业资质的检测、检验机构检测、检验合格，取得安全使用证或者安全标志，方可投入使用。检测、检验机构对检测、检验结果负责。

答案：B

117. **解** 《中华人民共和国招标投标法》第五条规定，招标投标活动应当遵循公开、公平、公正和诚实信用的原则。

答案：A

118. **解** 《中华人民共和国合同法》第十九条规定，有下列情形之一的，要约不得撤销：

（一）要约人确定了承诺期限或者以其他形式明示要约不可撤销。

答案：B

119. **解** 《中华人民共和国行政许可法》第七十条规定，有下列情形之一的，行政机关应当依法办理有关行政许可的注销手续：

（一）行政许可有效期届满未延续的；

（二）赋予公民特定资格的行政许可，该公民死亡或者丧失行为能力的；

（三）法人或者其他组织依法终止的；

（四）行政许可依法被撤销、撤回，或者行政许可证件依法被吊销的；

（五）因不可抗力导致行政许可事项无法实施的；

（六）法律、法规规定的应当注销行政许可的其他情形。

答案：C

120. **解** 《建设工程质量管理条例》第十六条规定，建设单位收到建设工程竣工报告后，应当组织设计、施工、工程监理等有关单位进行竣工验收。建设工程竣工验收应当具备下列条件：

（一）完成建设工程设计和合同约定的各项内容；

（二）有完整的技术档案和施工管理资料；

（三）有工程使用的主要建筑材料、建筑构配件和设备的进场试验报告；

（四）有勘察、设计、施工、工程监理等单位分别签署的质量合格文件；

（五）有施工单位签署的工程保修书。

答案：A

2016年度全国勘察设计注册工程师

执业资格考试试卷

基础考试

（上）

二〇一六年九月

应考人员注意事项

1. 本试卷科目代码为“1”，考生务必将此代码填涂在答题卡“科目代码”相应的栏目内，否则，无法评分。
2. 书写用笔：**黑色或蓝色钢笔、签字笔或圆珠笔；**
   填涂答题卡用笔：**黑色 2B 铅笔**。
3. 必须用书写用笔将工作单位、姓名、准考证号填写在答题卡和试卷相应的栏目内。
4. 本试卷由 120 题组成，每题 1 分，满分 120 分，本试卷全部为单项选择题，每小题的四个备选项中只有一个正确答案，错选、多选、不选均不得分。
5. 考生作答时，必须**按题号在答题卡上**将相应试题所选选项对应的**字母用 2B 铅笔涂黑**。
6. 在答题卡上书写与题意无关的语言，或在答题卡上作标记的，均按违纪试卷处理。
7. 考试结束时，由监考人员当面将试卷、答题卡一并收回。
8. 草稿纸由各地统一配发，考后收回。

单项选择题(共 120 题,每题 1 分。每题的备选项中只有一个最符合题意。)

1. 下列极限式中,能够使用洛必达法则求极限的是:

A. $\lim\limits_{x\to 0}\dfrac{1+\cos x}{e^x-1}$

B. $\lim\limits_{x\to 0}\dfrac{x-\sin x}{\sin x}$

C. $\lim\limits_{x\to 0}\dfrac{x^2\sin\dfrac{1}{x}}{\sin x}$

D. $\lim\limits_{x\to\infty}\dfrac{x+\sin x}{x-\sin x}$

2. 设$\begin{cases}x=t-\arctan t\\ y=\ln(1+t^2)\end{cases}$,则$\left.\dfrac{\mathrm{d}y}{\mathrm{d}x}\right|_{t=1}$等于:

A. 1

B. -1

C. 2

D. $\dfrac{1}{2}$

3. 微分方程$\dfrac{\mathrm{d}y}{\mathrm{d}x}=\dfrac{1}{xy+y^3}$是:

A. 齐次微分方程

B. 可分离变量的微分方程

C. 一阶线性微分方程

D. 二阶微分方程

4. 若向量 $\boldsymbol{\alpha},\boldsymbol{\beta}$ 满足 $|\boldsymbol{\alpha}|=2$,$|\boldsymbol{\beta}|=\sqrt{2}$,且 $\boldsymbol{\alpha}\cdot\boldsymbol{\beta}=2$,则 $|\boldsymbol{\alpha}\times\boldsymbol{\beta}|$ 等于:

A. 2

B. $2\sqrt{2}$

C. $2+\sqrt{2}$

D. 不能确定

5. $f(x)$在点 x_0 处的左、右极限存在且相等是 $f(x)$在点 x_0 处连续的:

A. 必要非充分的条件

B. 充分非必要的条件

C. 充分且必要的条件

D. 既非充分又非必要的条件

6. 设$\int_0^x f(t)\mathrm{d}t=\dfrac{\cos x}{x}$,则 $f\left(\dfrac{\pi}{2}\right)$等于:

A. $\dfrac{\pi}{2}$

B. $-\dfrac{2}{\pi}$

C. $\dfrac{2}{\pi}$

D. 0

7. 若 $\sec^2 x$ 是 $f(x)$的一个原函数,则 $\int xf(x)\mathrm{d}x$ 等于:

A. $\tan x+C$

B. $x\tan x-\ln|\cos x|+C$

C. $x\sec^2 x+\tan x+C$

D. $x\sec^2 x-\tan x+C$

8. yOz 坐标面上的曲线 $\begin{cases} y^2+z=1 \\ x=0 \end{cases}$ 绕 Oz 轴旋转一周所生成的旋转曲面方程是：

A. $x^2+y^2+z=1$

B. $x+y^2+z=1$

C. $y^2+\sqrt{x^2+z^2}=1$

D. $y^2-\sqrt{x^2+z^2}=1$

9. 若函数 $z=f(x,y)$ 在点 $P_0(x_0,y_0)$ 处可微，则下面结论中错误的是：

A. $z=f(x,y)$ 在 P_0 处连续

B. $\lim\limits_{\substack{x\to x_0\\ y\to y_0}} f(x,y)$ 存在

C. $f'_x(x_0,y_0)$，$f'_y(x_0,y_0)$ 均存在

D. $f'_x(x,y)$，$f'_y(x,y)$ 在 P_0 处连续

10. 若 $\int_{-\infty}^{+\infty}\frac{A}{1+x^2}\mathrm{d}x=1$，则常数 A 等于：

A. $\frac{1}{\pi}$

B. $\frac{2}{\pi}$

C. $\frac{\pi}{2}$

D. π

11. 设 $f(x)=x(x-1)(x-2)$，则方程 $f'(x)=0$ 的实根个数是：

A. 3

B. 2

C. 1

D. 0

12. 微分方程 $y''-2y'+y=0$ 的两个线性无关的特解是：

A. $y_1=x, y_2=e^x$

B. $y_1=e^{-x}, y_2=e^x$

C. $y_1=e^{-x}, y_2=xe^{-x}$

D. $y_1=e^x, y_2=xe^x$

13. 设函数 $f(x)$ 在 (a,b) 内可微，且 $f'(x)\neq 0$，则 $f(x)$ 在 (a,b) 内：

A. 必有极大值

B. 必有极小值

C. 必无极值

D. 不能确定有还是没有极值

14. 下列级数中，绝对收敛的级数是：

A. $\sum\limits_{n=1}^{\infty}(-1)^{n-1}\frac{1}{n}$

B. $\sum\limits_{n=1}^{\infty}(-1)^{n-1}\frac{1}{\sqrt{n}}$

C. $\sum\limits_{n=1}^{\infty}\frac{n^2}{1+n^2}$

D. $\sum\limits_{n=1}^{\infty}\frac{\sin\frac{3}{2}n}{n^2}$

15. 若 D 是由 $x=0, y=0, x^2+y^2=1$ 所围成在第一象限的区域，则二重积分 $\iint_D x^2 y \mathrm{d}y \mathrm{d}y$ 等于：

A. $-\frac{1}{15}$

B. $\frac{1}{15}$

C. $-\frac{1}{12}$

D. $\frac{1}{12}$

16. 设 L 是抛物线 $y=x^2$ 上从点 $A(1,1)$ 到点 $O(0,0)$ 的有向弧线，则对坐标的曲线积分 $\int_L x\mathrm{d}x+y\mathrm{d}y$ 等于：

A. 0

B. 1

C. -1

D. 2

17. 幂级数 $\sum_{n=0}^{\infty}\frac{(-1)^n}{2^n}x^n$ 在 $|x|<2$ 的和函数是：

A. $\frac{2}{2+x}$

B. $\frac{2}{2-x}$

C. $\frac{1}{1-2x}$

D. $\frac{1}{1+2x}$

18. 设 $z=\frac{3^{xy}}{x}+xF(u)$，其中 $F(u)$ 可微，且 $u=\frac{y}{x}$，则 $\frac{\partial z}{\partial y}$ 等于：

A. $3^{xy}-\frac{y}{x}F'(u)$

B. $\frac{1}{x}3^{xy}\ln 3+F'(u)$

C. $3^{xy}+F'(u)$

D. $3^{xy}\ln 3+F'(u)$

19. 若使向量组 $\boldsymbol{\alpha}_1=(6,t,7)^{\mathrm{T}}, \boldsymbol{\alpha}_2=(4,2,2)^{\mathrm{T}}, \boldsymbol{\alpha}_3=(4,1,0)^{\mathrm{T}}$ 线性相关，则 t 等于：

A. -5

B. 5

C. -2

D. 2

20. 下列结论中正确的是：

A. 矩阵 $\boldsymbol{A}$ 的行秩与列秩可以不等

B. 秩为 r 的矩阵中，所有 r 阶子式均不为零

C. 若 n 阶方阵 $\boldsymbol{A}$ 的秩小于 n，则该矩阵 $\boldsymbol{A}$ 的行列式必等于零

D. 秩为 r 的矩阵中，不存在等于零的 $r-1$ 阶子式

21. 已知矩阵 $A=\begin{bmatrix}5 & -3 & 2\\ 6 & -4 & 4\\ 4 & -4 & a\end{bmatrix}$ 的两个特征值为 $\lambda_1=1,\lambda_2=3$，则常数 a 和另一特征值 λ_3 为：

A. $a=1,\lambda_3=-2$

B. $a=5,\lambda_3=2$

C. $a=-1,\lambda_3=0$

D. $a=-5,\lambda_3=-8$

22. 设有事件 A 和 B，已知 $P(A)=0.8,P(B)=0.7$，且 $P(A|B)=0.8$，则下列结论中正确的是：

A. A 与 B 独立

B. A 与 B 互斥

C. $B\supset A$

D. $P(A\cup B)=P(A)+P(B)$

23. 某店有 7 台电视机，其中 2 台次品。现从中随机地取 3 台，设 X 为其中的次品数，则数学期望 $E(X)$ 等于：

A. $\frac{3}{7}$

B. $\frac{4}{7}$

C. $\frac{5}{7}$

D. $\frac{6}{7}$

24. 设总体 $X\sim N(0,\sigma^2)$，$X_1,X_2,\cdots,X_n$ 是来自总体的样本，$\hat{\sigma}^2=\frac{1}{n}\sum_{i=1}^{n}X_i^2$，则下面结论中正确的是：

A. $\hat{\sigma}^2$ 不是 σ^2 的无偏估计量

B. $\hat{\sigma}^2$ 是 σ^2 的无偏估计量

C. $\hat{\sigma}^2$ 不一定是 σ^2 的无偏估计量

D. $\hat{\sigma}^2$ 不是 σ^2 的估计量

25. 假定氧气的热力学温度提高一倍，氧分子全部离解为氧原子，则氧原子的平均速率是氧分子平均速率的：

A. 4 倍

B. 2 倍

C. $\sqrt{2}$ 倍

D. $\frac{1}{\sqrt{2}}$ 倍

26. 容积恒定的容器内盛有一定量的某种理想气体，分子的平均自由程为 $\overline{\lambda}_0$，平均碰撞频率为 $\overline{Z}_0$，若气体的温度降低为原来的 $\frac{1}{4}$ 倍，则此时分子的平均自由程 $\overline{\lambda}$ 和平均碰撞频率 $\overline{Z}$ 为：

A. $\overline{\lambda}=\overline{\lambda}_0,\overline{Z}=\overline{Z}_0$

B. $\overline{\lambda}=\overline{\lambda}_0,\overline{Z}=\frac{1}{2}\overline{Z}_0$

C. $\overline{\lambda}=2\overline{\lambda}_0,\overline{Z}=2\overline{Z}_0$

D. $\overline{\lambda}=\sqrt{2}\overline{\lambda}_0,\overline{Z}=4\overline{Z}_0$

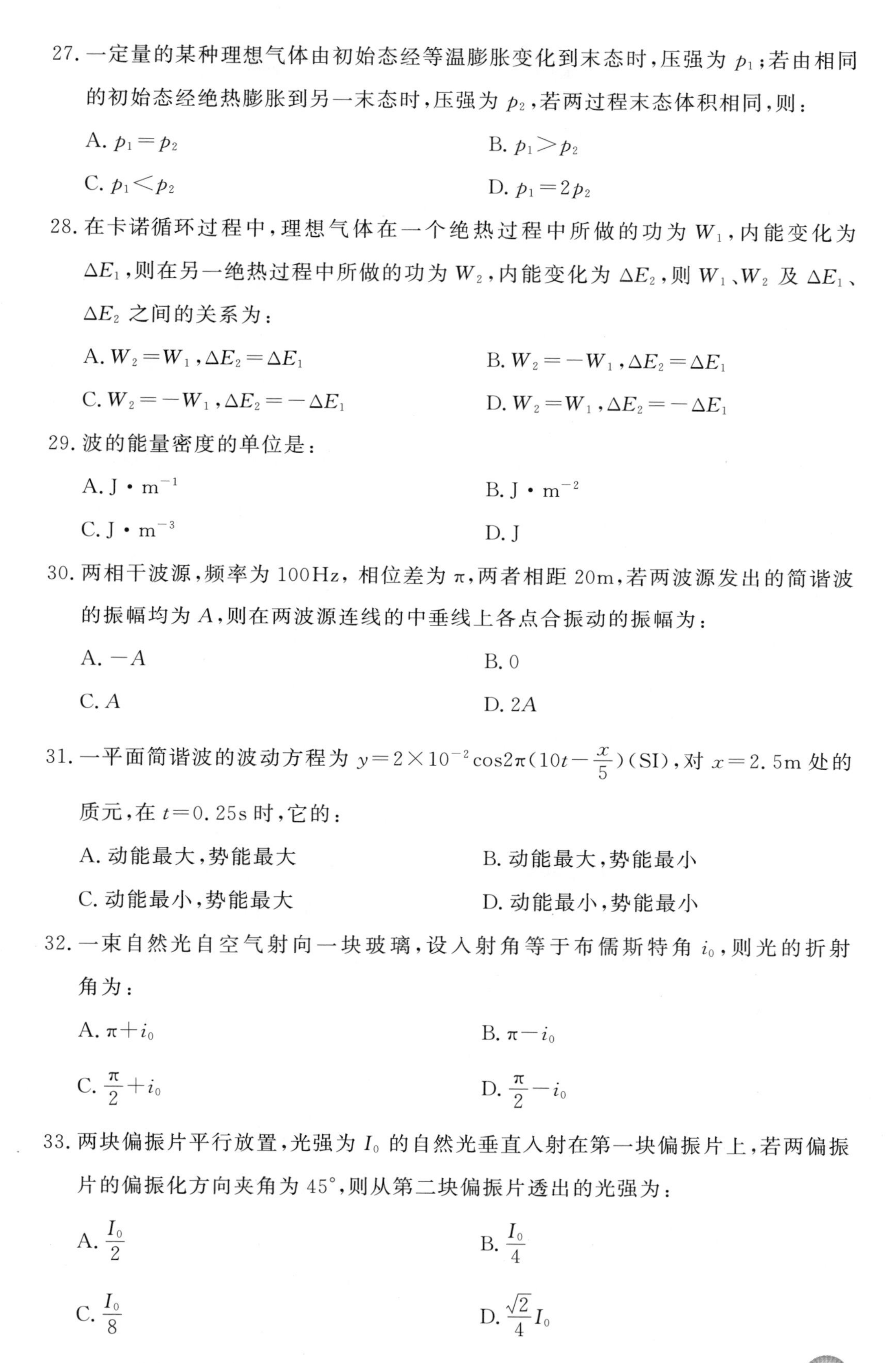

27. 一定量的某种理想气体由初始态经等温膨胀变化到末态时，压强为 p_1；若由相同的初始态经绝热膨胀到另一末态时，压强为 p_2，若两过程末态体积相同，则：

A. $p_1=p_2$　　B. $p_1>p_2$

C. $p_1<p_2$　　D. $p_1=2p_2$

28. 在卡诺循环过程中，理想气体在一个绝热过程中所做的功为 W_1，内能变化为 ΔE_1，则在另一绝热过程中所做的功为 W_2，内能变化为 ΔE_2，则 W_1、W_2 及 ΔE_1、ΔE_2 之间的关系为：

A. $W_2=W_1, \Delta E_2=\Delta E_1$　　B. $W_2=-W_1, \Delta E_2=\Delta E_1$

C. $W_2=-W_1, \Delta E_2=-\Delta E_1$　　D. $W_2=W_1, \Delta E_2=-\Delta E_1$

29. 波的能量密度的单位是：

A. $\mathrm{J \cdot m^{-1}}$　　B. $\mathrm{J \cdot m^{-2}}$

C. $\mathrm{J \cdot m^{-3}}$　　D. J

30. 两相干波源，频率为 100Hz，相位差为 π，两者相距 20m，若两波源发出的简谐波的振幅均为 A，则在两波源连线的中垂线上各点合振动的振幅为：

A. $-A$　　B. 0

C. A　　D. $2A$

31. 一平面简谐波的波动方程为 $y=2\times10^{-2}\cos2\pi(10t-\frac{x}{5})$(SI)，对 $x=2.5\mathrm{m}$ 处的质元，在 $t=0.25\mathrm{s}$ 时，它的：

A. 动能最大，势能最大　　B. 动能最大，势能最小

C. 动能最小，势能最大　　D. 动能最小，势能最小

32. 一束自然光自空气射向一块玻璃，设入射角等于布儒斯特角 i_0，则光的折射角为：

A. $\pi+i_0$　　B. $\pi-i_0$

C. $\frac{\pi}{2}+i_0$　　D. $\frac{\pi}{2}-i_0$

33. 两块偏振片平行放置，光强为 I_0 的自然光垂直入射在第一块偏振片上，若两偏振片的偏振化方向夹角为 45°，则从第二块偏振片透出的光强为：

A. $\frac{I_0}{2}$　　B. $\frac{I_0}{4}$

C. $\frac{I_0}{8}$　　D. $\frac{\sqrt{2}}{4}I_0$

34. 在单缝夫琅禾费衍射实验中，单缝宽度为 a，所用单色光波长为 λ，透镜焦距为 f，则中央明条纹的半宽度为：

A. $\frac{f\lambda}{a}$

B. $\frac{2f\lambda}{a}$

C. $\frac{a}{f\lambda}$

D. $\frac{2a}{f\lambda}$

35. 通常亮度下，人眼睛瞳孔的直径约为 3mm，视觉感受到最灵敏的光波波长为 550nm（$1\text{nm}=1\times10^{-9}\text{m}$），则人眼睛的最小分辨角约为：

A. 2.24×10^{-3}rad

B. 1.12×10^{-4}rad

C. 2.24×10^{-4}rad

D. 1.12×10^{-3}rad

36. 在光栅光谱中，假如所有偶数级次的主极大都恰好在透射光栅衍射的暗纹方向上，因而出现缺级现象，那么此光栅每个透光缝宽度 a 和相邻两缝间不透光部分宽度 b 的关系为：

A. $a=2b$

B. $b=3a$

C. $a=b$

D. $b=2a$

37. 多电子原子中同一电子层原子轨道能级（量）最高的亚层是：

A. s 亚层

B. p 亚层

C. d 亚层

D. f 亚层

38. 在 CO 和 N_2 分子之间存在的分子间力有：

A. 取向力、诱导力、色散力

B. 氢键

C. 色散力

D. 色散力、诱导力

39. 已知 $K_b^\ominus(NH_3\cdot H_2O)=1.8\times10^{-5}$，$0.1\text{mol}\cdot\text{L}^{-1}$的 $NH_3\cdot H_2O$ 溶液的 pH 为：

A. 2.87

B. 11.13

C. 2.37

D. 11.63

40. 通常情况下，$K_a^\ominus$、$K_b^\ominus$、$K^\ominus$、$K_{sp}^\ominus$，它们的共同特性是：

A. 与有关气体分压有关

B. 与温度有关

C. 与催化剂的种类有关

D. 与反应物浓度有关

41. 下列各电对的电极电势与 H^+ 浓度有关的是：

A. Zn^{2+}/Zn

B. Br_2/Br

C. AgI/Ag

D. MnO_4^-/Mn^{2+}

42. 电解 Na_2SO_4 水溶液时，阳极上放电的离子是：

A. H^+　　　　B. OH^-

C. Na^+　　　　D. SO_4^{2-}

43. 某化学反应在任何温度下都可以自发进行，此反应需满足的条件是：

A. $\Delta_r H_m < 0, \Delta_r S_m > 0$

B. $\Delta_r H_m > 0, \Delta_r S_m < 0$

C. $\Delta_r H_m < 0, \Delta_r S_m < 0$

D. $\Delta_r H_m > 0, \Delta_r S_m > 0$

44. 按系统命名法，下列有机化合物命名正确的是：

A. 3-甲基丁烷　　　　B. 2-乙基丁烷

C. 2,2-二甲基戊烷　　　　D. 1,1,3-三甲基戊烷

45. 苯氨酸和山梨酸（$CH_3CH=CHCH=CHCOOH$）都是常见的食品防腐剂。下列物质中只能与其中一种酸发生化学反应的是：

A. 甲醇　　　　B. 溴水

C. 氢氧化钠　　　　D. 金属钾

46. 受热到一定程度就能软化的高聚物是：

A. 分子结构复杂的高聚物

B. 相对摩尔质量较大的高聚物

C. 线性结构的高聚物

D. 体型结构的高聚物

47. 图示结构由直杆 AC，DE 和直角弯杆 BCD 所组成，自重不计，受载荷 F 与 $M=F \cdot a$ 作用。则 A 处约束力的作用线与 x 轴正向所成的夹角为：

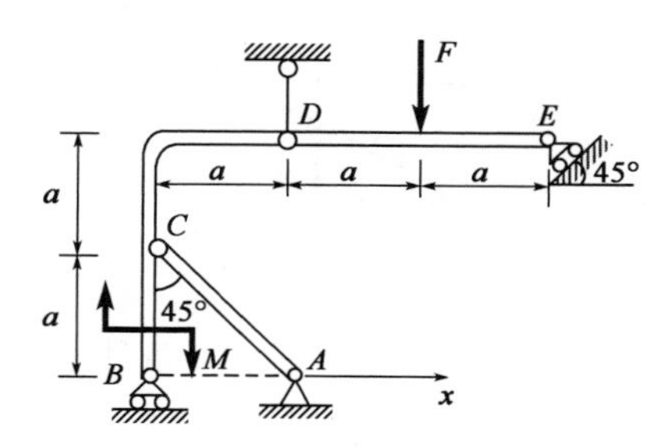

A. 135°　　　　B. 90°

C. 0°　　　　D. 45°

48. 图示平面力系中，已知 $q=10\text{kN/m}$，$M=20\text{kN}\cdot\text{m}$，$a=2\text{m}$。则该主动力系对 B 点的合力矩为：

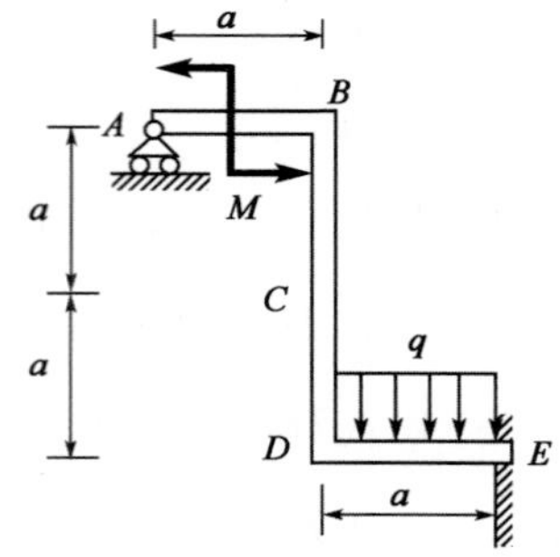

A. $M_{\text{B}}=0$

B. $M_{\text{B}}=20\text{kN}\cdot\text{m}$(↶)

C. $M_{\text{B}}=40\text{kN}\cdot\text{m}$(↶)

D. $M_{\text{B}}=40\text{kN}\cdot\text{m}$(↷)

49. 简支梁受分布荷载作用如图所示。支座 A、B 的约束力为：

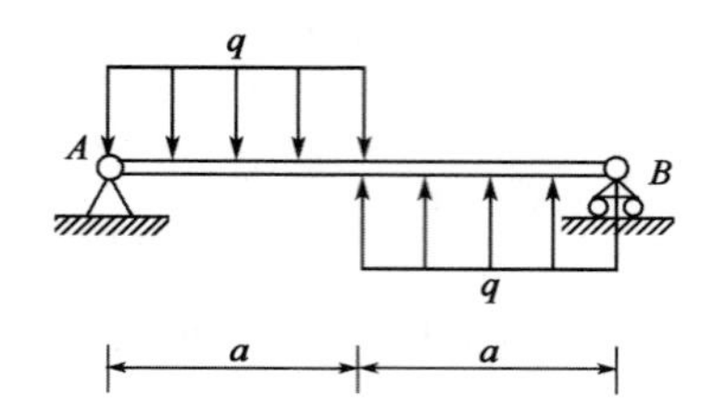

A. $F_{\text{A}}=0$，$F_{\text{B}}=0$

B. $F_{\text{A}}=\frac{1}{2}qa\uparrow$，$F_{\text{B}}=\frac{1}{2}qa\uparrow$

C. $F_{\text{A}}=\frac{1}{2}qa\uparrow$，$F_{\text{B}}=\frac{1}{2}qa\downarrow$

D. $F_{\text{A}}=\frac{1}{2}qa\downarrow$，$F_{\text{B}}=\frac{1}{2}qa\uparrow$

50. 重 W 的物块自由地放在倾角为 α 的斜面上如图示。且 $\sin\alpha=\frac{3}{5}$，$\cos\alpha=\frac{4}{5}$。物块上作用一水平力 F，且 $F=W$。若物块与斜面间的静摩擦系数 $f=0.2$，则该物块的状态为：

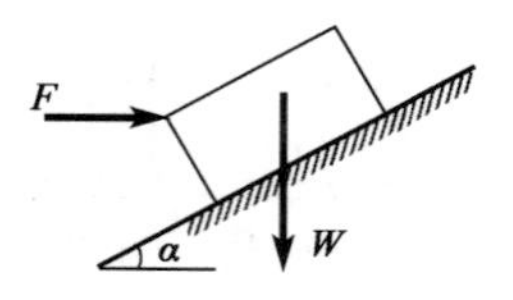

A. 静止状态

B. 临界平衡状态

C. 滑动状态

D. 条件不足，不能确定

51. 一动点沿直线轨道按照 $x=3t^3+t+2$ 的规律运动（x 以 m 计，t 以 s 计），则当 $t=4$s时，动点的位移、速度和加速度分别为：

A. $x=54\text{m}, v=145\text{m/s}, a=18\text{m/s}^2$　　B. $x=198\text{m}, v=145\text{m/s}, a=72\text{m/s}^2$

C. $x=198\text{m}, v=49\text{m/s}, a=72\text{m/s}^2$　　D. $x=192\text{m}, v=145\text{m/s}, a=12\text{m/s}^2$

52. 点在直径为 6m 的圆形轨迹上运动，走过的距离是 $s=3t^2$，则点在 2s 末的切向加速度为：

A. 48m/s^2　　B. 4m/s^2

C. 96m/s^2　　D. 6m/s^2

53. 杆 $OA=l$，绕固定轴 O 转动，某瞬时杆端 A 点的加速度 a 如图所示，则该瞬时杆 OA 的角速度及角加速度为：

A. $0, \dfrac{a}{l}$

B. $\sqrt{\dfrac{a\cos\alpha}{l}}, \dfrac{a\sin\alpha}{l}$

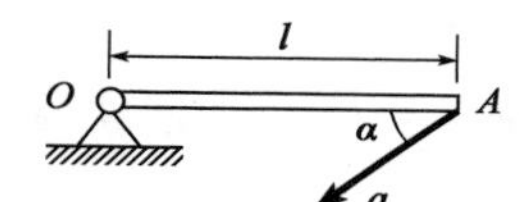

C. $\sqrt{\dfrac{a}{l}}, 0$

D. $0, \sqrt{\dfrac{a}{l}}$

54. 质量为 m 的物体 M 在地面附近自由降落，它所受的空气阻力的大小为 $F_R=Kv^2$，其中 K 为阻力系数，v 为物体速度，该物体所能达到的最大速度为：

A. $v=\sqrt{\dfrac{mg}{K}}$　　B. $v=\sqrt{mgK}$

C. $v=\sqrt{\dfrac{g}{K}}$　　D. $v=\sqrt{gK}$

55. 质点受弹簧力作用而运动，l_0 为弹簧自然长度，k 为弹簧刚度系数，质点由位置 1 到位置 2 和由位置 3 到位置 2 弹簧力所做的功为：

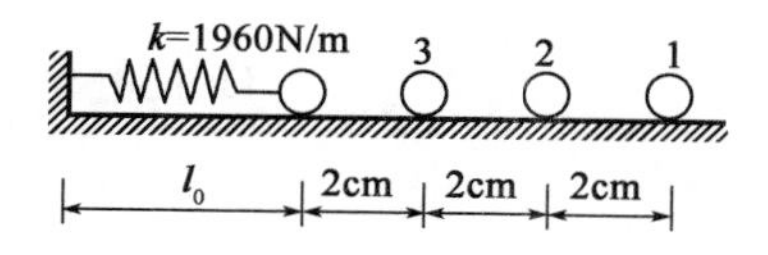

A. $W_{12}=-1.96\text{J}, W_{32}=1.176\text{J}$　　B. $W_{12}=1.96\text{J}, W_{32}=1.176\text{J}$

C. $W_{12}=1.96\text{J}, W_{32}=-1.176\text{J}$　　D. $W_{12}=-1.96\text{J}, W_{32}=-1.176\text{J}$

56. 如图所示圆环以角速度ω绕铅直轴AC自由转动，圆环的半径为R，对转轴z的转动惯量为I。在圆环中的A点放一质量为m的小球，设由于微小的干扰，小球离开A点。忽略一切摩擦，则当小球达到B点时，圆环的角速度为：

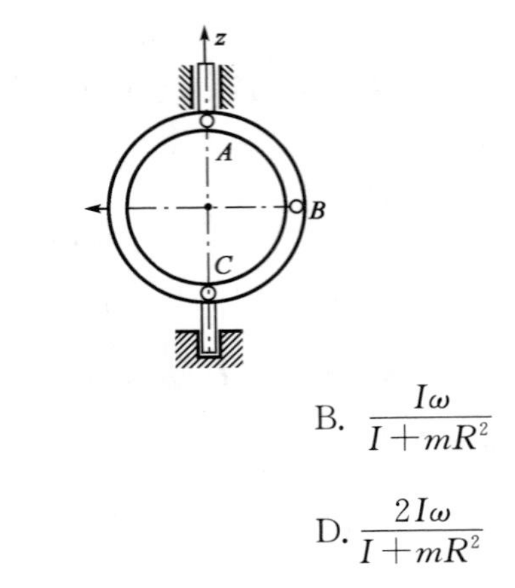

A. $\frac{mR^2\omega}{I+mR^2}$

B. $\frac{I\omega}{I+mR^2}$

C. ω

D. $\frac{2I\omega}{I+mR^2}$

57. 图示均质圆轮，质量为m，半径为r，在铅垂图面内绕通过圆盘中心O的水平轴转动，角速度为ω，角加速度为ε，此时将圆轮的惯性力系向O点简化，其惯性力主矢和惯性力主矩的大小分别为：

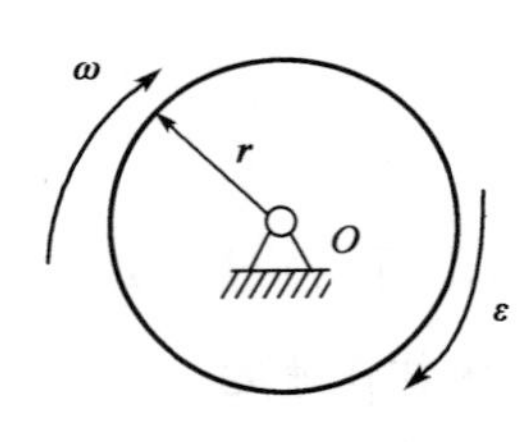

A. 0，0

B. $mr\varepsilon$，$\frac{1}{2}mr^2\varepsilon$

C. 0，$\frac{1}{2}mr^2\varepsilon$

D. 0，$\frac{1}{4}mr^2\omega^2$

58. 5kg 质量块振动，其自由振动规律是$x = X\sin\omega_n t$，如果振动的圆频率为 30rad/s，则此系统的刚度系数为：

A. 2500N/m

B. 4500N/m

C. 180N/m

D. 150N/m

59. 横截面直杆，轴向受力如图，杆的最大拉伸轴力是：

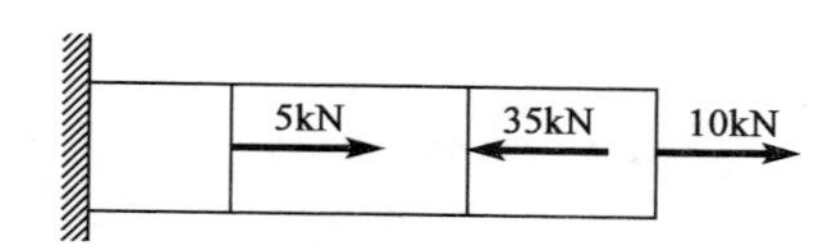

A. 10kN

B. 25kN

C. 35kN

D. 20kN

60. 已知铆钉的许用切应力为$[\tau]$，许用挤压应力为$[\sigma_{bs}]$，钢板的厚度为t，则图示铆钉直径d与钢板厚度t的合理关系是：

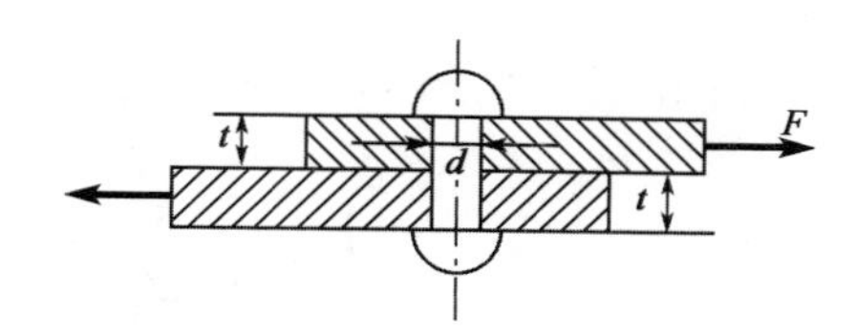

A. $d=\frac{8t[\sigma_{bs}]}{\pi[\tau]}$

B. $d=\frac{4t[\sigma_{bs}]}{\pi[\tau]}$

C. $d=\frac{\pi[\tau]}{8t[\sigma_{bs}]}$

D. $d=\frac{\pi[\tau]}{4t[\sigma_{bs}]}$

61. 直径为d的实心圆轴受扭，在扭矩不变的情况下，为使扭转最大切应力减小一半，圆轴的直径应改为：

A. $2d$

B. $0.5d$

C. $\sqrt{2}d$

D. $\sqrt[3]{2}d$

62. 在一套传动系统中，假设所有圆轴传递的功率相同，转速不同。该系统的圆轴转速与其扭矩的关系是：

A. 转速快的轴扭矩大

B. 转速慢的轴扭矩大

C. 全部轴的扭矩相同

D. 无法确定

63. 面积相同的三个图形如图示，对各自水平形心轴 z 的惯性矩之间的关系为：

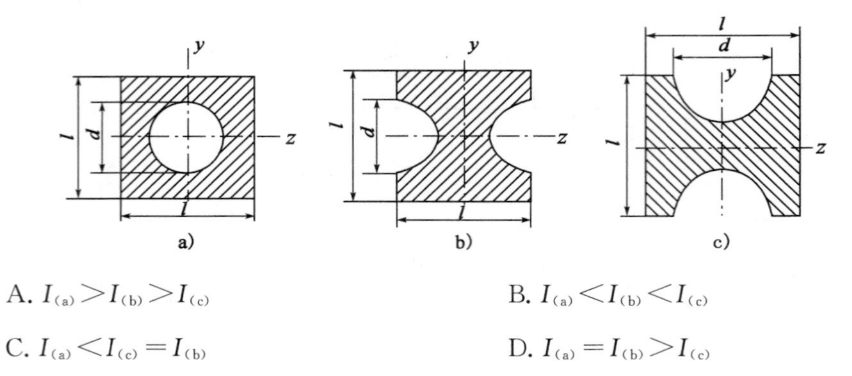

A. $I_{(a)} > I_{(b)} > I_{(c)}$　　　　B. $I_{(a)} < I_{(b)} < I_{(c)}$

C. $I_{(a)} < I_{(c)} = I_{(b)}$　　　　D. $I_{(a)} = I_{(b)} > I_{(c)}$

64. 悬臂梁的弯矩如图示，根据弯矩图推得梁上的荷载应为：

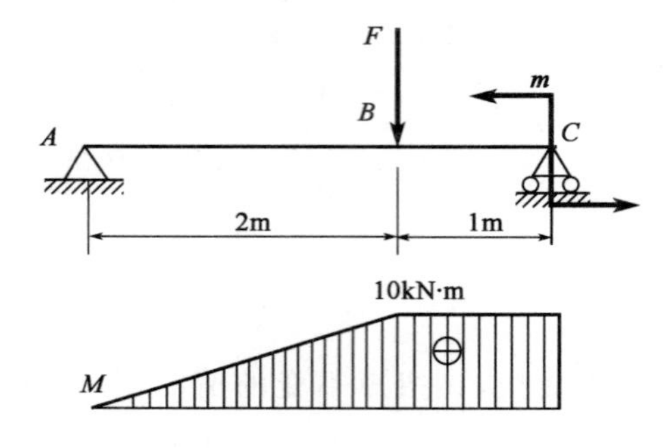

A. $F=10\text{kN}, m=10\text{kN}\cdot\text{m}$　　　　B. $F=5\text{kN}, m=10\text{kN}\cdot\text{m}$

C. $F=10\text{kN}, m=5\text{kN}\cdot\text{m}$　　　　D. $F=5\text{kN}, m=5\text{kN}\cdot\text{m}$

65. 在图示 xy 坐标系下，单元体的最大主应力 σ_1 大致指向：

A. 第一象限，靠近 x 轴

B. 第一象限，靠近 y 轴

C. 第二象限，靠近 x 轴

D. 第二象限，靠近 y 轴

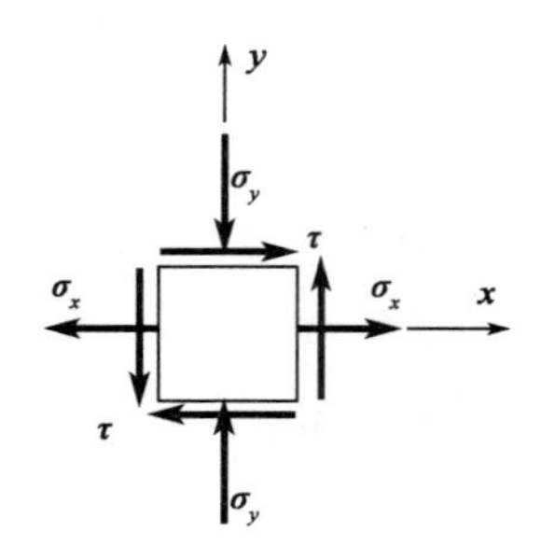

66. 图示变截面短杆，AB 段压应力 σ_{AB} 与 BC 段压应力 σ_{BC} 的关系是：

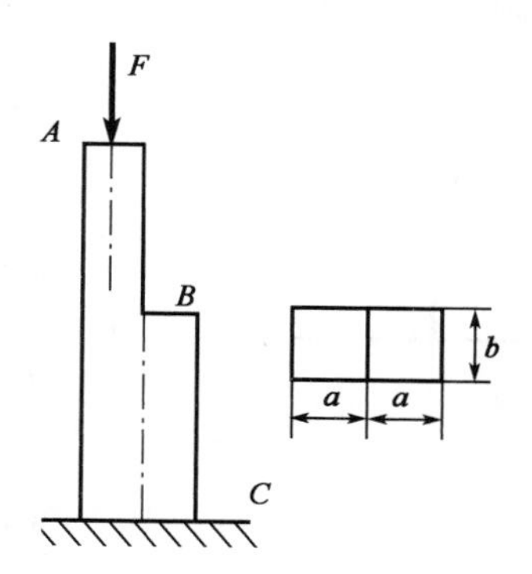

A. $\sigma_{AB}=1.25\sigma_{BC}$

B. $\sigma_{AB}=0.8\sigma_{BC}$

C. $\sigma_{AB}=2\sigma_{BC}$

D. $\sigma_{AB}=0.5\sigma_{BC}$

67. 简支梁 AB 的剪力图和弯矩图如图示。该梁正确的受力图是：

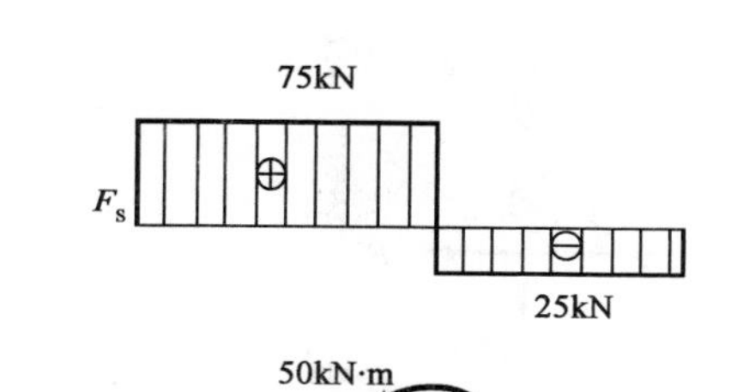

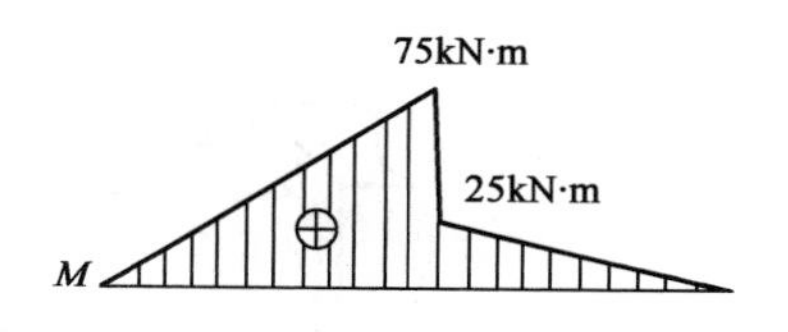

A.

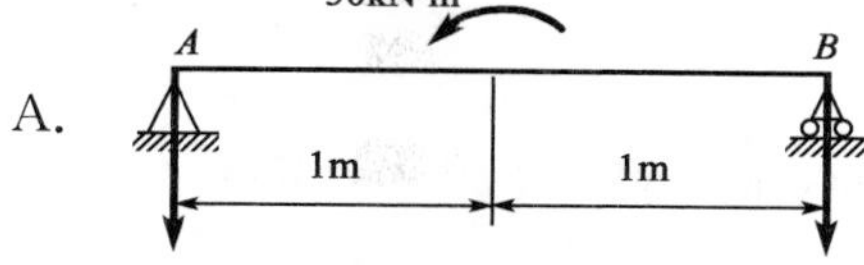

B.

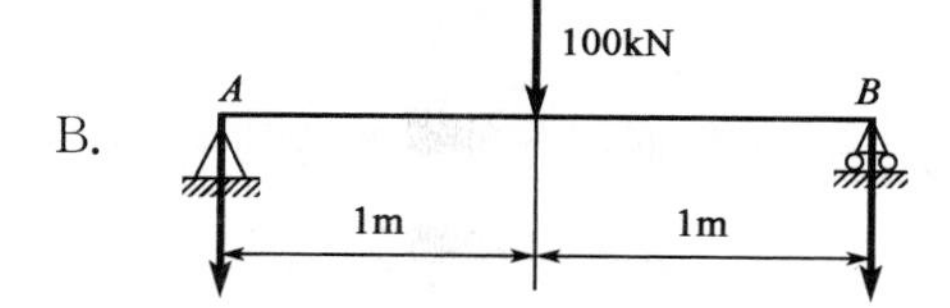

C.

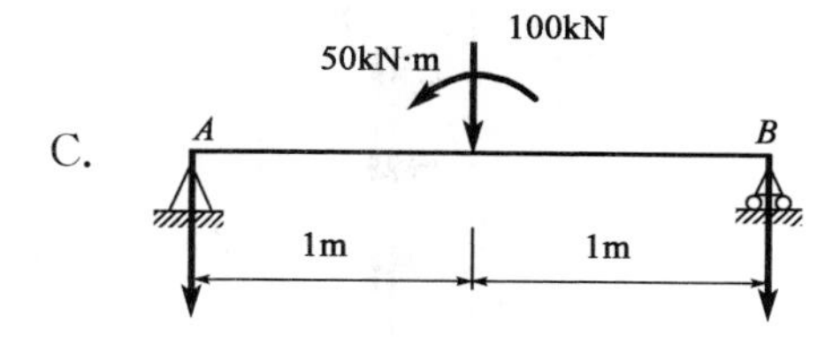

D.

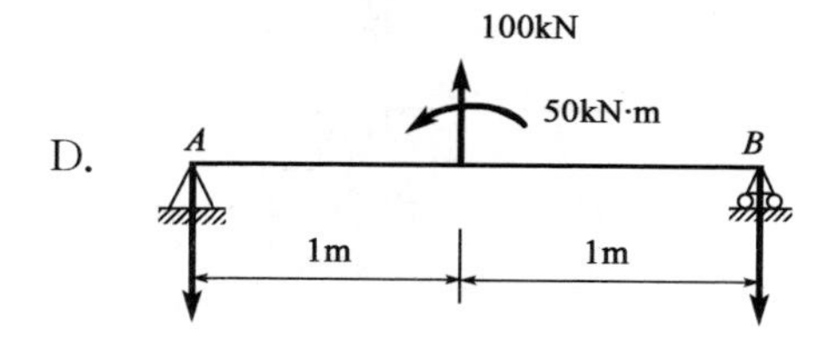

68. 矩形截面简支梁中点承受集中力 $F=100\text{kN}$。若 $h=200\text{mm}$，$b=100\text{mm}$，梁的最大弯曲正应力是：

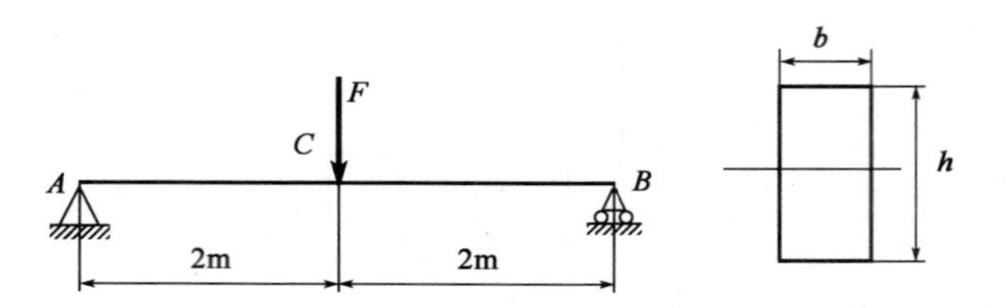

A. 75MPa

B. 150MPa

C. 300MPa

D. 50MPa

69. 图示槽形截面杆，一端固定，另一端自由，作用在自由端角点的外力 F 与杆轴线平行。该杆将发生的变形是：

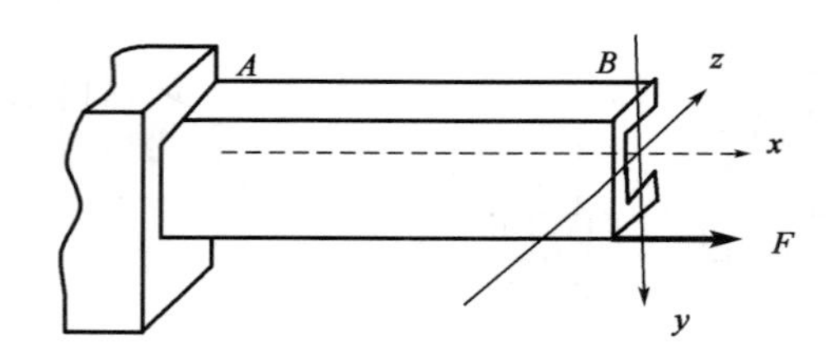

A. xy 平面 xz 平面内的双向弯曲

B. 轴向拉伸及 xy 平面和 xz 平面内的双向弯曲

C. 轴向拉伸和 xy 平面内的平面弯曲

D. 轴向拉伸和 xz 平面内的平面弯曲

70. 两端铰支细长（大柔度）压杆，在下端铰链处增加一个扭簧弹性约束，如图示。该压杆的长度系数 μ 的取值范围是：

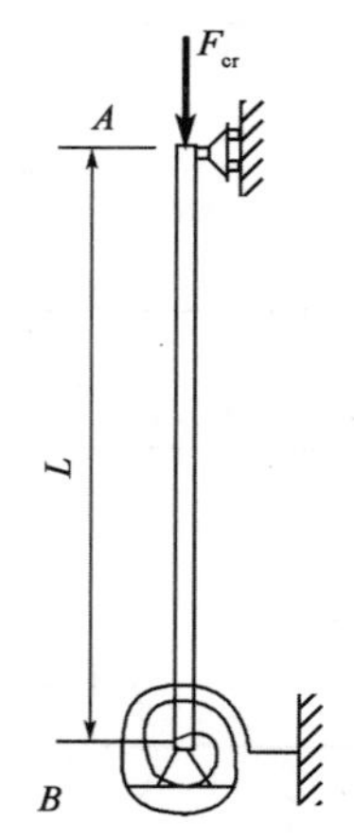

A. $0.7<\mu<1$

B. $2>\mu>1$

C. $0.5<\mu<0.7$

D. $\mu<0.5$

71. 标准大气压时的自由液面下 1m 处的绝对压强为：

A. 0.11MPa
B. 0.12MPa
C. 0.15MPa
D. 2.0MPa

72. 一直径 $d_1=0.2\text{m}$ 的圆管，突然扩大到直径为 $d_2=0.3\text{m}$，若 $v_1=9.55\text{m/s}$，则 v_2 与 Q 分别为：

A. 4.24m/s，0.3m³/s
B. 2.39m/s，0.3m³/s
C. 4.24m/s，0.5m³/s
D. 2.39m/s，0.5m³/s

73. 直径为 20mm 的管流，平均流速为 9m/s，已知水的运动黏性系数 $\nu=0.0114\text{cm}^2/\text{s}$，则管中水流的流态和水流流态转变的层流流速分别是：

A. 层流，19cm/s
B. 层流，13cm/s
C. 紊流，19cm/s
D. 紊流，13cm/s

74. 边界层分离现象的后果是：

A. 减小了液流与边壁的摩擦力
B. 增大了液流与边壁的摩擦力
C. 增加了潜体运动的压差阻力
D. 减小了潜体运动的压差阻力

75. 如图由大体积水箱供水，且水位恒定，水箱顶部压力表读数 19600Pa，水深 $H=2\text{m}$，水平管道长 $l=100\text{m}$，直径 $d=200\text{mm}$，沿程损失系数 0.02，忽略局部损失，则管道通过流量是：

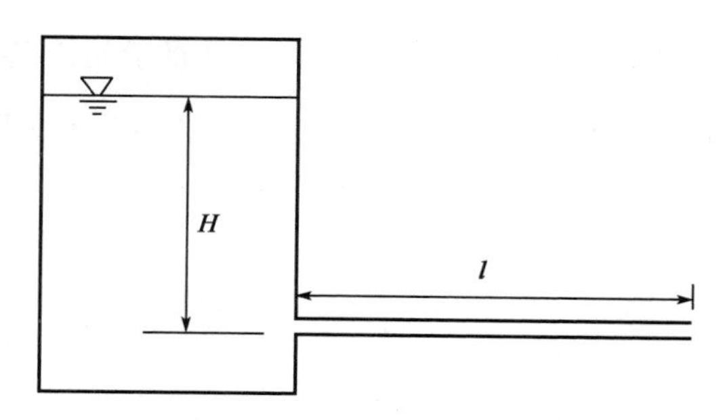

A. 83.8L/s
B. 196.5L/s
C. 59.3L/s
D. 47.4L/s

76. 两条明渠过水断面面积相等，断面形状分别为(1)方形，边长为 a；(2)矩形，底边宽为 $2a$，水深为 $0.5a$，它们的底坡与粗糙系数相同，则两者的均匀流流量关系式为：

A. $Q_1>Q_2$
B. $Q_1=Q_2$
C. $Q_1<Q_2$
D. 不能确定

77. 如图，均匀砂质土壤装在容器中，设渗透系数为 0.012cm/s，渗流流量为 $0.3m^3/s$，则渗流流速为：

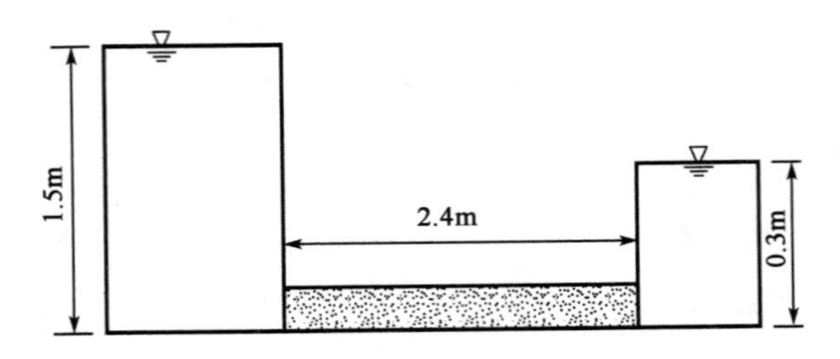

A. 0.003cm/s

B. 0.006cm/s

C. 0.009cm/s

D. 0.012cm/s

78. 雷诺数的物理意义是：

A. 压力与黏性力之比

B. 惯性力与黏性力之比

C. 重力与惯性力之比

D. 重力与黏性力之比

79. 真空中，点电荷 q_1 和 q_2 的空间位置如图所示，q_1 为正电荷，且 $q_2=-q_1$，则 A 点的电场强度的方向是：

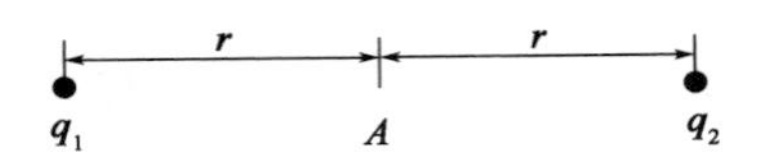

A. 从 A 点指向 q_1

B. 从 A 点指向 q_2

C. 垂直于 q_1q_2 连线，方向向上

D. 垂直于 q_1q_2 连线，方向向下

80. 设电阻元件 R、电感元件 L、电容元件 C 上的电压电流取关联方向，则如下关系成立的是：

A. $i_R=R\cdot u_R$

B. $u_C=C\dfrac{d\,i_C}{dt}$

C. $i_C=C\dfrac{du_C}{dt}$

D. $u_L=\dfrac{1}{L}\int i_C dt$

81. 用于求解图示电路的 4 个方程中，有一个错误方程，这个错误方程是：

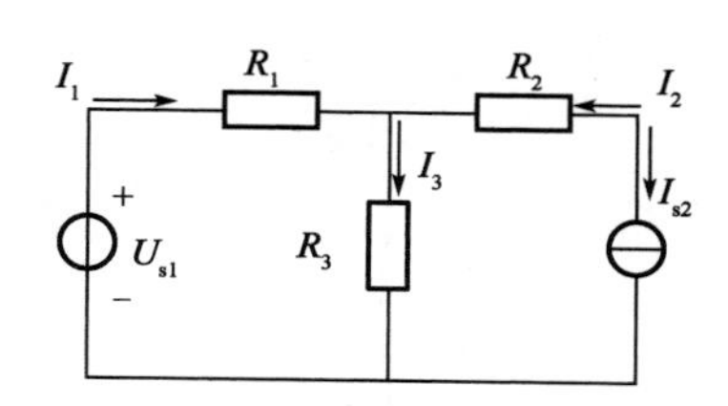

A. $I_1R_1+I_3R_3-U_{s1}=0$

B. $I_2R_2+I_3R_3=0$

C. $I_1+I_2-I_3=0$

D. $I_2=-I_{s2}$

82. 已知有效值为 10V 的正弦交流电压的相量图如图所示，则它的时间函数形式是：

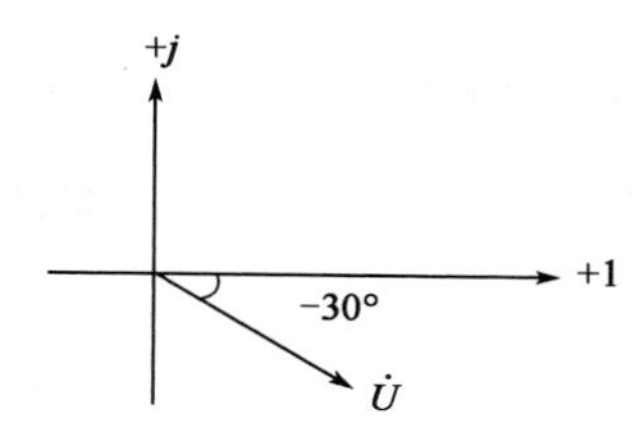

A. $u(t)=10\sqrt{2}\sin(\omega t-30°)$V

B. $u(t)=10\sin(\omega t-30°)$V

C. $u(t)=10\sqrt{2}\sin(-30°)$V

D. $u(t)=10\cos(-30°)+10\sin(-30°)$V

83. 图示电路中，当端电压 $\dot{U}=100\angle 0°$V 时，$\dot{I}$ 等于：

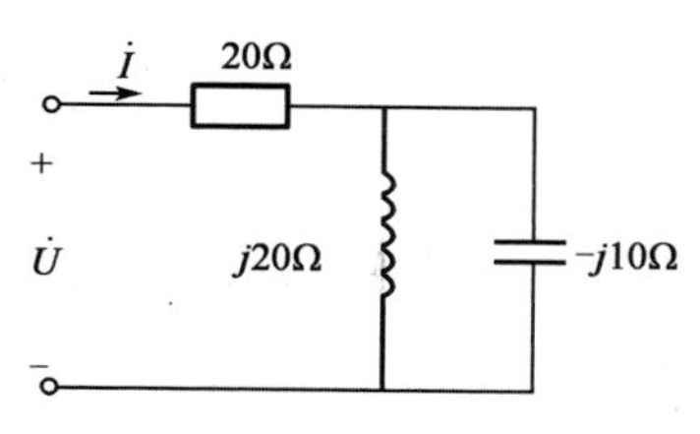

A. $3.5\angle -45°$A

B. $3.5\angle 45°$A

C. $4.5\angle 26.6°$A

D. $4.5\angle -26.6°$A

84. 在图示电路中，开关S闭合后：

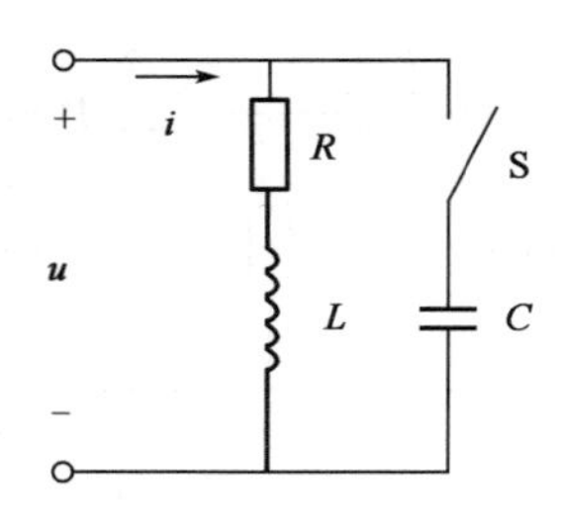

A. 电路的功率因数一定变大

B. 总电流减小时，电路的功率因数变大

C. 总电流减小时，感性负载的功率因数变大

D. 总电流减小时，一定出现过补偿现象

85. 图示变压器空载运行电路中，设变压器为理想器件，若 $u=\sqrt{2}U\sin\omega t$，则此时：

A. $\dfrac{U_2}{U_1}=2$

B. $\dfrac{U}{U_2}=2$

C. $u_2=0, u_1=0$

D. $\dfrac{U}{U_1}=2$

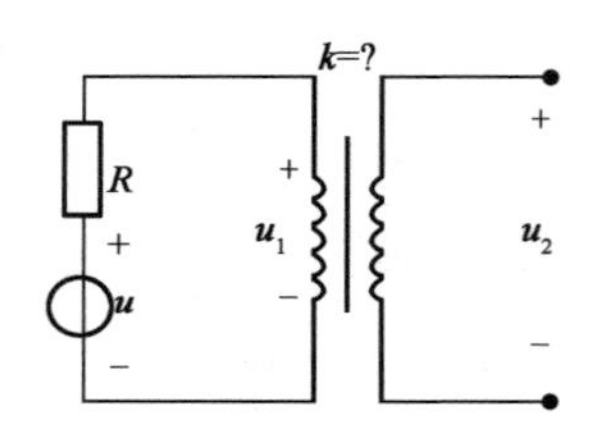

86. 设某△接三相异步电动机的全压启动转矩为66Nm，当对其使用Y-△降压启动方案时，当分别带10Nm、20Nm、30Nm、40Nm的负载启动时：

A. 均能正常启动

B. 均无法正常启动

C. 前两者能正常启动，后两者无法正常启动

D. 前三者能正常启动，后者无法正常启动

87. 图示电压信号 u_o 是：

A. 二进制代码信号

B. 二值逻辑信号

C. 离散时间信号

D. 连续时间信号

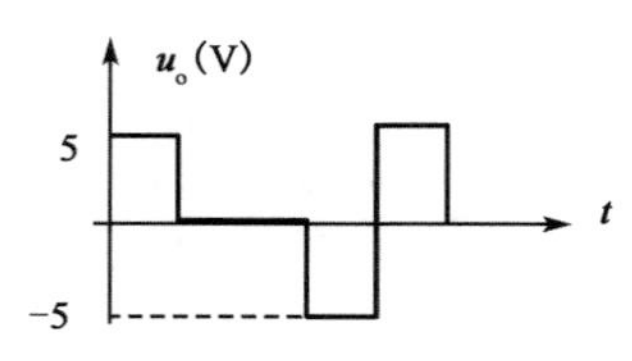

88. 信号 $u(t)=10\cdot 1(t)-10\cdot 1(t-1)$ V，其中，$1(t)$表示单位阶跃函数，则 $u(t)$ 应为：

A. 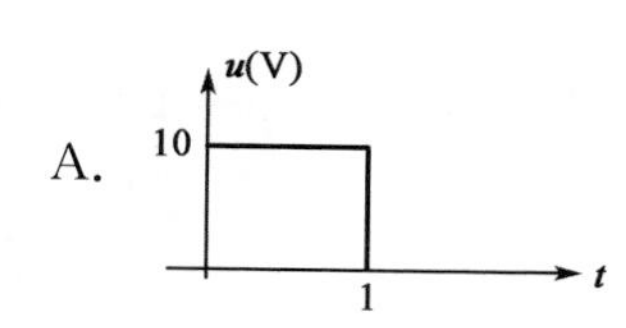

B. 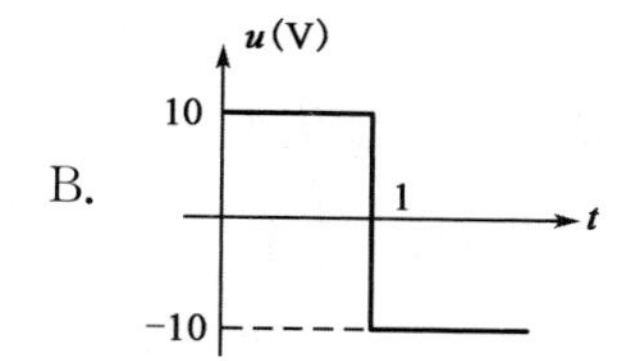

C. 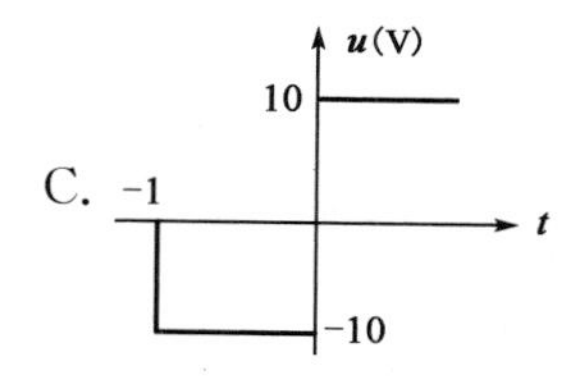

D. 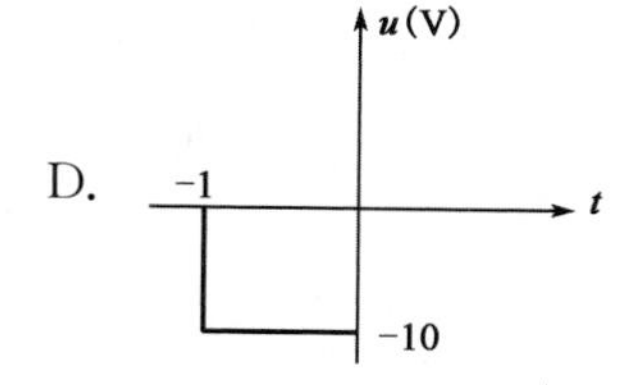

89. 一个低频模拟信号 $u_1(t)$被一个高频的噪声信号污染后，能将这个噪声滤除的装置是：

A. 高通滤波器

B. 低通滤波器

C. 带通滤波器

D. 带阻滤波器

90. 对逻辑表达式$\overline{AB}+\overline{BC}$的化简结果是：

A. $\overline{A}+\overline{B}+\overline{C}$

B. $\overline{A}+2\overline{B}+\overline{C}$

C. $\overline{A+C}+B$

D. $\overline{A}+\overline{C}$

91. 已知数字信号 A 和数字信号 B 的波形如图所示，则数字信号 $F=A\overline{B}+\overline{A}B$ 的波形为：

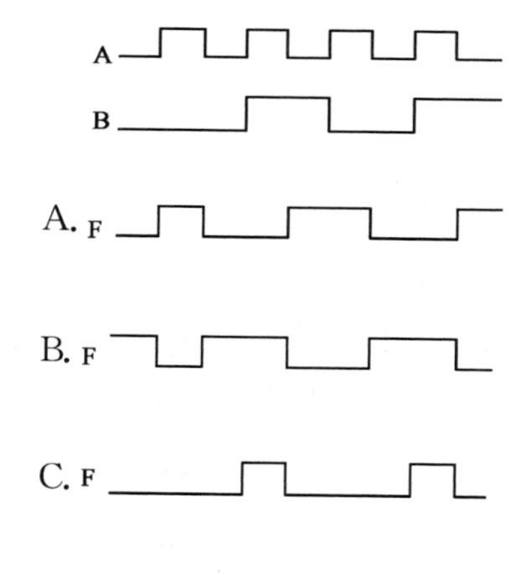

92. 十进制数字 10 的 BCD 码为：

A. 00010000　　B. 00001010

C. 1010　　D. 0010

93. 二极管应用电路如图所示，设二极管为理想器件，当 $u_1 = 10\sin\omega t$V 时，输出电压 u_o 的平均值 U_o 等于：

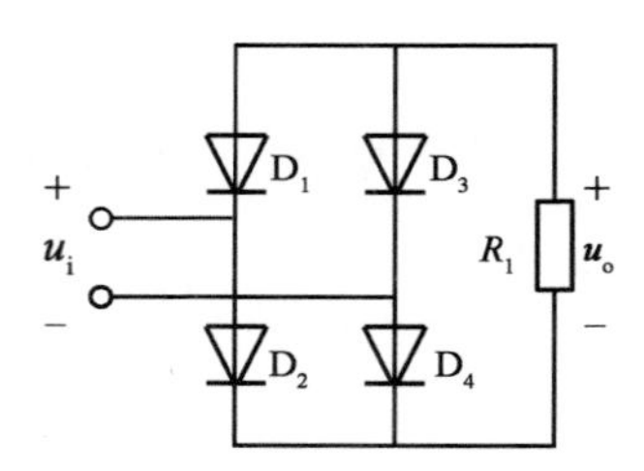

A. 10V　　B. 0.9×10=9V

C. $0.9\times\frac{10}{\sqrt{2}}=6.36$V　　D. $-0.9\times\frac{10}{\sqrt{2}}=-6.36$V

94. 运算放大器应用电路如图所示，设运算放大器输出电压的极限值为±11V。如果将−2.5V 电压接入"A"端，而"B"端接地后，测得输出电压为 10V，如果将−2.5V电压接入"B"端，而"A"端接地，则该电路的输出电压 u_o 等于：

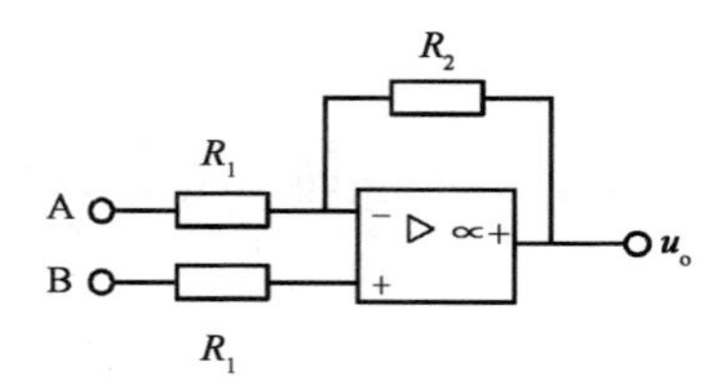

A. 10V　　B. −10V

C. −11V　　D. −12.5V

95. 图示逻辑门的输出 F_1 和 F_2 分别为：

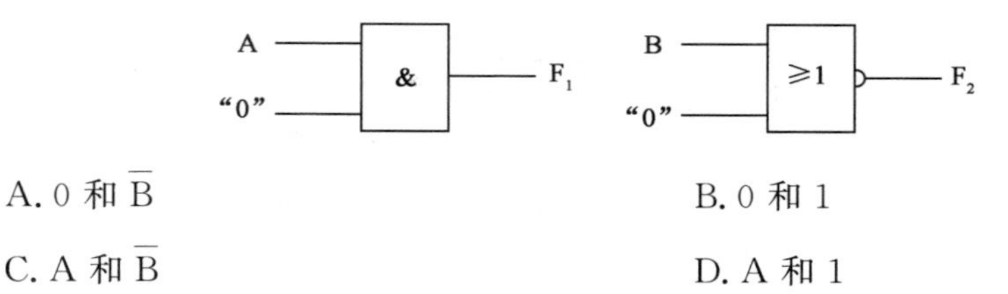

A. 0 和 $\overline{B}$　　B. 0 和 1

C. A 和 $\overline{B}$　　D. A 和 1

96. 图 a)所示电路中，时钟脉冲、复位信号及数模输入信号如图 b)所示。经分析可知，在第一个和第二个时钟脉冲的下降沿过后，输出 Q 先后等于：

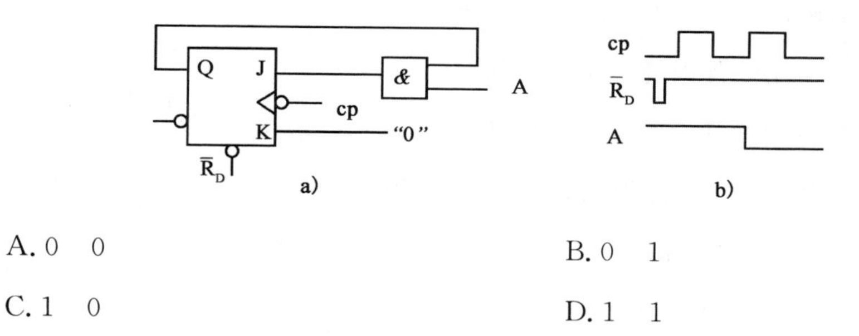

A. 0　0　　　　B. 0　1

C. 1　0　　　　D. 1　1

附：触发器的逻辑状态表为

J	K	Q_{n+1}
0	0	Q_n
0	1	0
1	0	1
1	1	$\overline{Q}_n$

97. 计算机发展的人性化的一个重要方面是：

A. 计算机的价格便宜

B. 计算机使用上的“傻瓜化”

C. 计算机使用不需要电能

D. 计算机不需要软件和硬件，自己会思维

98. 计算机存储器是按字节进行编址的，一个存储单元是：

A. 8 个字节　　　　B. 1 个字节

C. 16 个二进制数位　　　　D. 32 个二进制数位

99. 下面有关操作系统的描述中，其中错误的是：

A. 操作系统就是充当软、硬件资源的管理者和仲裁者的角色

B. 操作系统具体负责在各个程序之间，进行调度和实施对资源的分配

C. 操作系统保证系统中的各种软、硬件资源得以有效地、充分地利用

D. 操作系统仅能实现管理和使用好各种软件资源

100. 计算机的支撑软件是：

A. 计算机软件系统内的一个组成部分

B. 计算机硬件系统内的一个组成部分

C. 计算机应用软件内的一个组成部分

D. 计算机专用软件内的一个组成部分

101. 操作系统中的进程与处理器管理的主要功能是：

A. 实现程序的安装、卸载

B. 提高主存储器的利用率

C. 使计算机系统中的软硬件资源得以充分利用

D. 优化外部设备的运行环境

102. 影响计算机图像质量的主要参数有：

A. 存储器的容量、图像文件的尺寸、文件保存格式

B. 处理器的速度、图像文件的尺寸、文件保存格式

C. 显卡的品质、图像文件的尺寸、文件保存格式

D. 分辨率、颜色深度、图像文件的尺寸、文件保存格式

103. 计算机操作系统中的设备管理主要是：

A. 微处理器 CPU 的管理　　B. 内存储器的管理

C. 计算机系统中的所有外部设备的管理　　D. 计算机系统中的所有硬件设备的管理

104. 下面四个选项中，不属于数字签名技术的是：

A. 权限管理

B. 接收者能够核实发送者对报文的签名

C. 发送者事后不能对报文的签名进行抵赖

D. 接收者不能伪造对报文的签名

105. 实现计算机网络化后的最大好处是：

A. 存储容量被增大　　B. 计算机运行速度加快

C. 节省大量人力资源　　D. 实现了资源共享

106. 校园网是提高学校教学、科研水平不可缺少的设施，它是属于：

A. 局域网　　B. 城域网

C. 广域网　　D. 网际网

107. 某企业拟购买3年期一次到期债券，打算三年后到期本利和为300万元，按季复利计息，年名义利率为8%，则现在应购买债券：

A. 119.13万元　　B. 236.55万元

C. 238.15万元　　D. 282.70万元

108. 在下列费用中，应列入项目建设投资的是：

A. 项目经营成本　　B. 流动资金

C. 预备费　　D. 建设期利息

109. 某公司向银行借款2400万元，期限为6年，年利率为8%，每年年末付息一次，每年等额还本，到第6年末还完本息。请问该公司第4年年末应还的本息和是：

A. 432万元　　B. 464万元

C. 496万元　　D. 592万元

110. 某项目动态投资回收期刚好等于项目计算期，则以下说法中正确的是：

A. 该项目动态回收期小于基准回收期

B. 该项目净现值大于零

C. 该项目净现值小于零

D. 该项目内部收益率等于基准收益率

111. 某项目要从国外进口一种原材料，原始材料的CIF(到岸价格)为150美元/吨，美元的影子汇率为6.5，进口费用为240元/吨，请问这种原材料的影子价格是：

A. 735元人民币　　B. 975元人民币

C. 1215元人民币　　D. 1710元人民币

112. 已知甲、乙为两个寿命期相同的互斥项目，其中乙项目投资大于甲项目。通过测算得出甲、乙两项目的内部收益率分别为18%和14%，增量内部收益率$\Delta IRR_{(乙-甲)}=13\%$，基准收益率为11%，以下说法中正确的是：

A. 应选择甲项目　　B. 应选择乙项目

C. 应同时选择甲、乙两个项目　　D. 甲、乙两个项目均不应选择

113. 以下关于改扩建项目财务分析的说法中正确的是：

A. 应以财务生存能力分析为主

B. 应以项目清偿能力分析为主

C. 应以企业层次为主进行财务分析

D. 应遵循“有无对比”原则

114. 某工程设计有四个方案，在进行方案选择时计算得出：甲方案功能评价系数0.85，成本系数0.92；乙方案功能评价系数0.6，成本系数0.7；丙方案功能评价系数0.94，成本系数0.88；丁方案功能评价系数0.67，成本系数0.82。则最优方案的价值系数为：

A. 0.924　　B. 0.857

C. 1.068　　D. 0.817

115. 根据《中华人民共和国建筑法》的规定，有关工程发包的规定，下列理解错误的是：

A. 关于对建筑工程进行肢解发包的规定，属于禁止性规定

B. 可以将建筑工程的勘察、设计、施工、设备采购一并发包给一个工程总承包单位

C. 建筑工程实行直接发包的，发包单位可以将建筑工程发包给具有资质证书的承包单位

D. 提倡对建筑工程实行总承包

116. 根据《建设工程安全生产管理条例》的规定，施工单位实施爆破、起重吊装等施工时，应当安排现场的监督人员是：

A. 项目管理技术人员　　B 应急救援人员

C. 专职安全生产管理人员　　D. 专职质量管理人员

117. 某工程项目实行公开招标，招标人根据招标项目的特点和需要编制招标文件，其招标文件的内容不包括：

A. 招标项目的技术要求　　B. 对投标人资格审查的标准

C. 拟签订合同的时间　　D. 投标报价要求和评标标准

118. 某水泥厂以电子邮件的方式于2008年3月5日发出销售水泥的要约，要求2008年3月6日18:00前回复承诺。甲施工单位于2008年3月6日16:00对该要约发出承诺，由于网络原因，导致该电子邮件于2008年3月6日20:00到达水泥厂，此时水泥厂的水泥已经售完。下列关于该承诺如何处理的说法，正确的是：

A. 张厂长说邮件未能按时到达，可以不予理会

B. 李厂长说邮件是在期限内发出的，应该作为有效承诺，我们必须想办法给对方供应水泥

C. 王厂长说虽然邮件是在期限内发出的，但是到达晚了，可以认为是无效承诺

D. 赵厂长说我们及时通知对方，因承诺到达已晚，不接受就是了

119. 根据《中华人民共和国环境保护法》的规定，下列关于建设项目中防治污染的设施的说法中，不正确的是：

A. 防治污染的设施，必须与主体工程同时设计、同时施工、同时投入使用

B. 防治污染的设施不得擅自拆除

C. 防治污染的设施不得擅自闲置

D. 防治污染的设施经建设行政主管部门验收合格后方可投入生产或者使用

120. 根据《建设工程质量管理条例》的规定，监理单位代表建设单位对施工质量实施监理，并对施工质量承担监理责任，其监理的依据不包括：

A. 有关技术标准　　　　B. 设计文件

C. 工程承包合同　　　　D. 建设单位指令

2016 年度全国勘察设计注册工程师执业资格考试基础考试(上)试题解析及参考答案

1. **解** $\lim\limits_{x\to 0}\dfrac{x-\sin x}{\sin x}\overset{\frac{0}{0}}{=}\lim\limits_{x\to 0}\dfrac{1-\cos x}{\cos x}=0$

答案:B

2. **解** 由$\begin{cases}x=t-\arctan t\\ y=\ln(1+t^2)\end{cases}$,知$\dfrac{dx}{dt}=\dfrac{t^2}{1+t^2}$,$\dfrac{dy}{dt}=\dfrac{2t}{1+t^2}$,则$\dfrac{dy}{dx}=\dfrac{\frac{dy}{dt}}{\frac{dx}{dt}}=\dfrac{2t}{t^2}$,$\left.\dfrac{dy}{dx}\right|_{t=1}=\left.\dfrac{2}{t}\right|_{t=1}=2$

答案:C

3. **解** $\dfrac{dy}{dx}=\dfrac{1}{xy+y^3}$,$\dfrac{dx}{dy}=xy+y^3$,$\dfrac{dx}{dy}-yx=y^3$,方程为关于 $F(y,x,x')=0$ 的一阶线性微分方程。

答案:C

4. **解** $|\boldsymbol{\alpha}|=2$,$|\boldsymbol{\beta}|=\sqrt{2}$,$\boldsymbol{\alpha}\cdot\boldsymbol{\beta}=2$

由 $\boldsymbol{\alpha}\cdot\boldsymbol{\beta}=|\boldsymbol{\alpha}||\boldsymbol{\beta}|\cos(\widehat{\boldsymbol{\alpha},\boldsymbol{\beta}})=2\cdot\sqrt{2}\cos(\widehat{\boldsymbol{\alpha},\boldsymbol{\beta}})=2$,可知 $\cos(\widehat{\boldsymbol{\alpha},\boldsymbol{\beta}})=\dfrac{\sqrt{2}}{2}$,$(\widehat{\boldsymbol{\alpha},\boldsymbol{\beta}})=\dfrac{\pi}{4}$

故 $|\boldsymbol{\alpha}\times\boldsymbol{\beta}|=|\boldsymbol{\alpha}||\boldsymbol{\beta}|\sin(\widehat{\boldsymbol{\alpha},\boldsymbol{\beta}})=2\cdot\sqrt{2}\cdot\dfrac{\sqrt{2}}{2}=2$

答案:A

5. **解** $f(x)$在点 x_0 处的左、右极限存在且相等,是 $f(x)$在点 x_0 连续的必要非充分条件。

答案:A

6. **解** 对$\int_0^x f(t)\,dt=\dfrac{\cos x}{x}$两边求导,得 $f(x)=\dfrac{-x\sin x-\cos x}{x^2}$

则 $f\left(\dfrac{\pi}{2}\right)=\dfrac{-\frac{\pi}{2}\cdot 1-0}{\frac{\pi^2}{4}}=-\dfrac{2}{\pi}$

答案:B

7. **解** $\int xf(x)\,dx=\int x\,d\sec^2 x=x\sec^2 x-\int\sec^2 x\,dx=x\sec^2 x-\tan x+C$

答案:D

8. **解** $\begin{cases} y^2+z=1 \\ x=0 \end{cases}$ 表示在 yOz 平面上曲线绕 z 轴旋转，得曲面方程 $x^2+y^2+z=1$。

答案：A

9. **解** $f'_x(x_0,y_0)$，$f'_y(x_0,y_0)$在点$P_0(x_0,y_0)$处连续仅是函数 $z=f(x,y)$在点 $P_0(x_0,y_0)$可微的充分条件，反之不一定成立，即 $z=f(x,y)$在点 $P_0(x_0,y_0)$处可微，不能保证偏导 $f'_x(x_0,y_0)$，$f'_y(x_0,y_0)$在点 $P_0(x_0,y_0)$处连续。没有定理保证。

答案：D

10. **解** $\int_{-\infty}^{+\infty} \frac{A}{1+x^2}\mathrm{d}x = A\int_{-\infty}^{+\infty} \frac{1}{1+x^2}\mathrm{d}x = A\left[\int_{-\infty}^{0} \frac{1}{1+x^2}\mathrm{d}x + \int_{0}^{+\infty} \frac{1}{1+x^2}\mathrm{d}x\right]$

$$= A\left(\arctan x\Big|_{-\infty}^{0} + \arctan x\Big|_{0}^{+\infty}\right) = A\left(\frac{\pi}{2}+\frac{\pi}{2}\right) = A\pi$$

由 $A\pi=1$，得 $A=\frac{1}{\pi}$

答案：A

11. **解** $f(x)=x(x-1)(x-2)$

$f(x)$在$[0,1]$连续，在$(0,1)$可导，且 $f(0)=f(1)$

由罗尔定理可知，存在 $f'(\zeta_1)=0$，ζ_1 在$(0,1)$之间

$f(x)$在$[1,2]$连续，在$(1,2)$可导，且 $f(1)=f(2)$

由罗尔定理可知，存在 $f'(\zeta_2)=0$，ζ_2 在$(1,2)$之间

因为 $f'(x)=0$ 是二次方程，所以 $f'(x)=0$ 的实根个数为 2

答案：B

12. **解** $y''-2y'+y=0$，$r^2-2r+1=0$，$r=1$，二重根。

通解 $y=(C_1+C_2x)e^x$ （其中 C_1，C_2 为任意常数）

线性无关的特解为 $y_1=e^x$，$y_2=xe^x$

答案：D

13. **解** $f(x)$在(a,b)内可微，且 $f'(x)\neq 0$。

由函数极值存在的必要条件，$f(x)$在(a,b)内可微，即 $f(x)$在(a,b)内可导，且在 x_0 处取得极值，那么 $f'(x_0)=0$。

该题不符合此条件，所以必无极值。

答案：C

14. **解** 对$\sum_{n=1}^{\infty}\frac{\sin\frac{3}{2}n}{n^2}$取绝对值，即$\sum_{n=1}^{\infty}\left|\frac{\sin\frac{3}{2}n}{n^2}\right|$，而$\left|\frac{\sin\frac{3}{2}n}{n^2}\right|\leqslant\frac{1}{n^2}$

因为$\sum_{n=1}^{\infty}\frac{1}{n^2}$，$p=2>1$，收敛，由比较法知$\sum_{n=1}^{\infty}\left|\frac{\sin\frac{3}{2}n}{n^2}\right|$收敛，所以级数$\sum_{n=1}^{\infty}\frac{\sin\frac{3}{2}n}{n^2}$绝对收敛。

答案：D

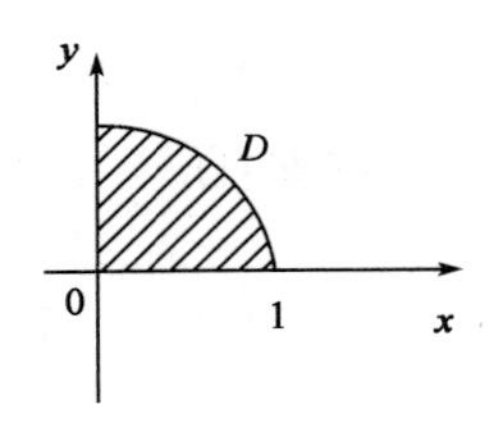

题 15 解图

15. **解**　如解图所示，$D:\begin{cases}0\leqslant r\leqslant 1\\ 0\leqslant\theta\leqslant\frac{\pi}{2}\end{cases}$

$$\iint_D x^2 y\mathrm{d}x\mathrm{d}y=\int_0^{\frac{\pi}{2}}\cos^2\theta\sin\theta\mathrm{d}\theta\int_0^1 r^4\mathrm{d}r$$

$$=\frac{1}{5}\int_0^{\frac{\pi}{2}}\cos^2\theta\ \sin\theta\mathrm{d}\theta=-\frac{1}{5}\int_0^{\frac{\pi}{2}}\cos^2\theta\mathrm{d}\cos\theta$$

$$=-\frac{1}{5}\cdot\frac{1}{3}\cos^3\theta\Big|_0^{\frac{\pi}{2}}=\frac{1}{15}$$

答案：B

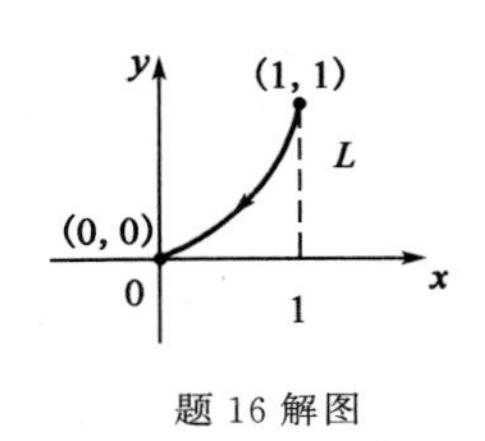

题 16 解图

16. **解**　如解图所示，$L:\begin{cases}y=x^2\\ x=x\end{cases}$　$(x:1\rightarrow 0)$

$$\int_L x\mathrm{d}x+y\mathrm{d}y=\int_1^0 x\mathrm{d}x+x^2\cdot 2x\mathrm{d}x=-\int_0^1(x+2x^3)\mathrm{d}x$$

$$=-\left(\frac{1}{2}x^2+\frac{2}{4}x^4\right)\Big|_0^1$$

$$=-(\frac{1}{2}+\frac{1}{2})=-1$$

答案：C

17. **解**　$\sum_{n=0}^{\infty}\frac{(-1)^n}{2^n}x^n=1-\frac{x}{2}+\left(\frac{x}{2}\right)^2-\left(\frac{x}{2}\right)^3+\cdots$

因为$|x|<2$，所以$\left|\frac{x}{2}\right|<1$，$q=-\frac{x}{2}$，$|q|=\left|\frac{x}{2}\right|<1$

级数的和函数$S=\frac{a_1}{1-q}=\frac{1}{1-(-\frac{x}{2})}=\frac{2}{2+x}$

答案：A

18. **解**　$z=\frac{3^{xy}}{x}+xF(u)$，$u=\frac{y}{x}$

$$\frac{\partial z}{\partial y}=\frac{1}{x}3^{xy}\cdot\ln3\cdot x+xF'(u)\frac{1}{x}=3^{xy}\ln3+F'(u)$$

答案：D

19. **解**　将 $\boldsymbol{\alpha}_1,\boldsymbol{\alpha}_2,\boldsymbol{\alpha}_3$ 组成矩阵 $\begin{bmatrix} 6 & 4 & 4 \\ t & 2 & 1 \\ 7 & 2 & 0 \end{bmatrix}$

$\boldsymbol{\alpha}_1,\boldsymbol{\alpha}_2,\boldsymbol{\alpha}_3$ 线性相关的充要条件是 $\begin{vmatrix} 6 & 4 & 4 \\ t & 2 & 1 \\ 7 & 2 & 0 \end{vmatrix}=0$

$$\begin{vmatrix} 6 & 4 & 4 \\ \mathrm{t} & 2 & 1 \\ 7 & 2 & 0 \end{vmatrix} \xlongequal{r_2(-4)+r_1} \begin{vmatrix} 6-4\mathrm{t} & -4 & 0 \\ t & 2 & 1 \\ 7 & 2 & 0 \end{vmatrix} = 1\cdot(-1)^{2+3}\begin{vmatrix} 6-4t & -4 \\ 7 & 2 \end{vmatrix}$$

$=(-1)(12-8t+28)=-(-8t+40)=8t-40=0$，得 $t=5$

答案：B

20. **解**　根据 n 阶方阵 $\boldsymbol{A}$ 的秩小于 n 的充要条件是 $|\boldsymbol{A}|=0$，可知选项 C 正确。

答案：C

21. **解**　由方阵 $\boldsymbol{A}$ 的特征值和特征向量的重要性质计算

设方阵 $\boldsymbol{A}$ 的特征值为 $\lambda_1,\lambda_2,\lambda_3$

则
$$\begin{cases} \lambda_1+\lambda_2+\lambda_3=a_{11}+a_{22}+a_{33} & ① \\ \lambda_1\cdot\lambda_2\cdot\lambda_3=|\boldsymbol{A}| & ② \end{cases}$$

由①式可知　$1+3+\lambda_3=5+(-4)+a$

得 $\lambda_3-a=-3$

由②式可知　$1\cdot 3\cdot \lambda_3=\begin{vmatrix} 5 & -3 & 2 \\ 6 & -4 & 4 \\ 4 & -4 & a \end{vmatrix}$

$$\text{得 } 3\lambda_3=2\begin{vmatrix} 5 & -3 & 2 \\ 3 & -2 & 2 \\ 4 & -4 & a \end{vmatrix} \xlongequal{r_1(-1)+r_2} 2\begin{vmatrix} 5 & -3 & 2 \\ -2 & 1 & 0 \\ 4 & -4 & a \end{vmatrix} \xlongequal{2c_2+c_1} 2\begin{vmatrix} -1 & -3 & 2 \\ 0 & 1 & 0 \\ -4 & -4 & a \end{vmatrix}$$

$$=2\cdot 1(-1)^{2+2}\begin{vmatrix} -1 & 2 \\ -4 & a \end{vmatrix}$$

$$=2(-a+8)=-2a+16$$

解方程组 $\begin{cases} \lambda_3-a=-3 \\ 3\lambda_3+2a=16 \end{cases}$

得 $\lambda_3=2, a=5$

答案:B

22. **解** 因 $P(AB)=P(B)P(A|B)=0.7\times0.8=0.56$,而 $P(A)P(B)=0.8\times0.7=0.56$,故 $P(AB)=P(A)P(B)$,即 A 与 B 独立。因 $P(AB)=P(A)+P(B)-P(A\cup B)=1.5-P(A\cup B)>0$,选项 B 错。因 $P(A)>P(B)$,选项 C 错。因 $P(A)+P(B)=1.5>1$,选项 D 错。

注意:独立是用概率定义的,即可用概率来判定是否独立。而互斥、包含、对立(互逆)是不能由概率来判定的,所以选项 B、C 错。

答案:A

23. **解**

$$P(X=0)=\frac{C_5^3}{C_7^3}=\frac{\frac{5\times4\times3}{1\times2\times3}}{\frac{7\times6\times5}{1\times2\times3}}=\frac{2}{7}$$

$$P(X=1)=\frac{C_5^2C_2^1}{C_7^3}=\frac{\frac{5\times4}{1\times2}\times2}{\frac{7\times6\times5}{1\times2\times3}}=\frac{4}{7}$$

$$P(X=2)=\frac{C_5^1C_2^2}{C_7^3}=\frac{5}{\frac{7\times6\times5}{1\times2\times3}}=\frac{1}{7}\text{ 或 }P(X=2)=1-\frac{2}{7}-\frac{4}{7}=\frac{1}{7}$$

$$E(X)=0\times P(X=0)+1\times P(X=1)+2\times P(X=2)=\frac{6}{7}$$

[求 $E(X)$ 时,可以不求 $P(X=0)$]

答案:D

24. **解** $X_1, X_2, \cdots, X_n$ 与总体 X 同分布

$$E(\hat{\sigma}^2)=E\left(\frac{1}{n}\sum_{i=1}^{n}X_i^2\right)=\frac{1}{n}\sum_{i=1}^{n}E(X_i^2)=\frac{1}{n}\sum_{i=1}^{n}E(X^2)=E(X^2)$$

$$=D(X)+[E(X)]^2=\sigma^2+0^2=\sigma^2$$

答案:B

25. **解** $\bar{v}=\sqrt{\frac{8RT}{\pi M}}$, $\bar{v}_{O_2}=\sqrt{\frac{8RT}{\pi M}}=\sqrt{\frac{8RT}{\pi\cdot32}}$

氧气的热力学温度提高一倍,氧分子全部离解为氧原子,$T_O=2T_{O_2}$

$$\bar{v}_O=\sqrt{\frac{8RT_O}{\pi M_0}}=\sqrt{\frac{8R\cdot2T}{\pi\cdot16}}\text{,则 }\frac{\bar{v}_O}{\bar{v}_{O_2}}=\frac{\sqrt{\frac{8R\cdot2T}{\pi\cdot16}}}{\sqrt{\frac{8RT}{\pi\cdot32}}}=2$$

答案:B

26. **解**　气体分子的平均碰撞频率 $Z_0=\sqrt{2}n\pi d^2\bar{v}=\sqrt{2}n\pi d^2\sqrt{\frac{8RT}{\pi M}}$

平均自由程为 $\bar{\lambda}_0=\frac{\bar{v}}{\bar{Z}_0}=\frac{1}{\sqrt{2}n\pi d^2}$

$$T'=\frac{1}{4}T,\bar{\lambda}=\bar{\lambda}_0,\bar{Z}=\frac{1}{2}\bar{Z}_0$$

答案:B

27. **解**　气体从同一状态出发做相同体积的等温膨胀或绝热膨胀,如解图所示。

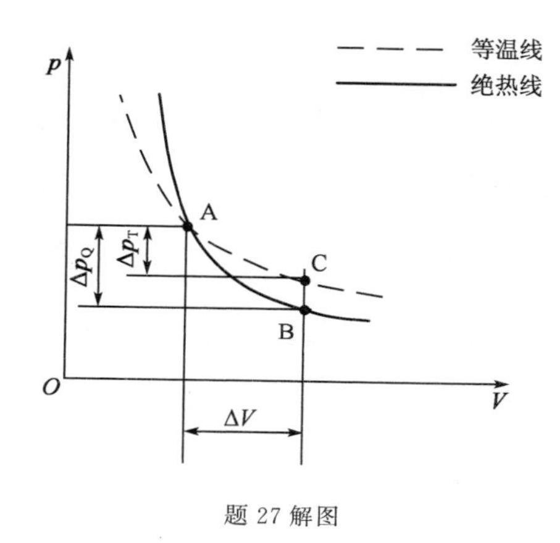

题 27 解图

绝热线比等温线陡,故 $p_1>p_2$。

答案:B

28. **解**　卡诺正循环由两个准静态等温过程和两个准静态绝热过程组成,如解图所示。

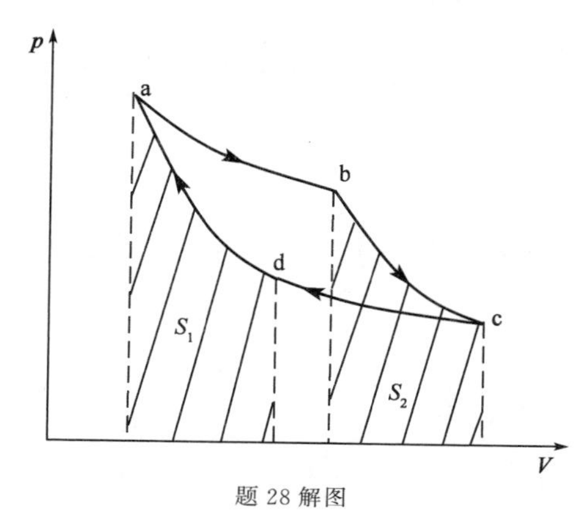

题 28 解图

由热力学第一定律:$Q=\Delta E+W$,绝热过程 $Q=0$,两个绝热过程高低温热源温度相同,温差相等,内能差相同。一个绝热过程为绝热膨胀,另一个绝热过程为绝热压缩,$W_2=-W_1$,一个内能增大,一个内能减小,$\Delta E_2=-\Delta E_1$。

答案:C

29. 解　单位体积的介质中波所具有的能量称为能量密度。

$$w=\frac{\Delta W}{\Delta V}=\rho\,\omega^2A^2\sin^2\left[\omega\left(t-\frac{x}{u}\right)\right]$$

答案:C

30. 解　在中垂线上各点:波程差为零,初相差为π

$$\Delta\varphi=\alpha_2-\alpha_1-\frac{2\pi(r_2-r_1)}{\lambda}=\pi$$

符合干涉减弱条件,故振幅为 $A=A_2-A_1=0$

答案:B

31. 解　简谐波在弹性媒质中传播时媒质质元的能量不守恒,任一质元 $W_p=W_k$,平衡位置时动能及势能均为最大,最大位移处动能及势能均为零。

将 $x=2.5$m,$t=0.25$s 代入波动方程:

$$y=2\times10^{-2}\cos2\pi(10\times0.25-\frac{2.5}{5})=0.02\text{m}$$

为波峰位置,动能及势能均为零。

答案:D

32. 解　当自然光以布儒斯特角 i_0 入射时,$i_0+\gamma=\frac{\pi}{2}$,故光的折射角为 $\frac{\pi}{2}-i_0$。

答案:D

33. 解　此题考查的知识点为马吕斯定律。光强为 I_0 的自然光通过第一个偏振片光强为入射光强的一半,通过第二个偏振片光强为 $I=\frac{I_0}{2}\cos^2\frac{\pi}{4}=\frac{I_0}{4}$。

答案:B

34. 解　单缝夫琅禾费衍射中央明条纹的宽度 $l_0=2x_1=\frac{2\lambda}{a}f$,半宽度 $\frac{f\lambda}{a}$。

答案:A

35. 解　人眼睛的最小分辨角:

$$\theta=1.22\frac{\lambda}{D}=\frac{1.22\times550\times10^{-6}}{3}=2.24\times10^{-4}\text{rad}$$

答案:C

36. 解　光栅衍射是单缝衍射和多缝干涉的和效果,当多缝干涉明纹与单缝衍射暗纹方向相同时,将出现缺级现象。

单缝衍射暗纹条件：$a\sin\varphi=k\lambda$

光栅衍射明纹条件：$(a+b)\sin\varphi=k'\lambda$

$$\frac{a\sin\varphi}{(a+b)\sin\varphi}=\frac{k\lambda}{k'\lambda}=\frac{1}{2},\frac{2}{4},\frac{3}{6},\cdots$$

$$2a=a+b, a=b$$

答案：C

37.**解**　多电子原子中原子轨道的能级取决于主量子数 n 和角量子数 l：主量子数 n 相同时，l 越大，能量越高；角量子数 l 相同时，n 越大，能量越高。n 决定原子轨道所处的电子层数，l 决定原子轨道所处亚层（$l=0$ 为 s 亚层，$l=1$ 为 p 亚层，$l=2$ 为 d 亚层，$l=3$ 为 f 亚层）。同一电子层中的原子轨道 n 相同，l 越大，能量越高。

答案：D

38.**解**　分子间力包括色散力、诱导力、取向力。极性分子与极性分子之间的分子间力有色散力、诱导力、取向力；极性分子与非极性分子之间的分子间力有色散力、诱导力；非极性分子与非极性分子之间的分子间力只有色散力。CO 为极性分子，N_2 为非极性分子，所以，CO 与 N_2 间的分子间力有色散力、诱导力。

答案：D

39.**解**　$NH_3 \cdot H_2O$ 为一元弱碱

$$C_{OH^-}=\sqrt{K_b \cdot C}=\sqrt{1.8\times10^{-5}\times0.1}\approx1.34\times10^{-3}\text{mol/L}$$

$$C_{H^+}=10^{-14}/C_{OH^-}\approx7.46\times10^{-12}, \text{pH}=-\lg C_{H^+}\approx11.13$$

答案：B

40.**解**　它们都属于平衡常数，平衡常数是温度的函数，与温度有关，与分压、浓度、催化剂都没有关系。

答案：B

41.**解**　四个电对的电极反应分别为：

$$Zn^{2+}+2e=Zn; Br_2+2e^-=2Br^-$$

$$AgI+e=Ag+I^-$$

$$MnO_4^-+8H^++5e=Mn^{2+}+4H_2O$$

只有 MnO_4^-/Mn^{2+} 电对的电极反应与 H^+ 的浓度有关。

根据电极电势的能斯特方程式，MnO_4^-/Mn^{2+} 电对的电极电势与 H^+ 的浓度有关。

答案：D

42. **解**　如果阳极为惰性电极，阳极放电顺序：

①溶液中简单负离子如 I^-、Br^-、Cl^- 将优先 OH^- 离子在阳极上失去电子析出单质；

② 若溶液中只有含氧根离子(如 SO_4^{2-}、NO_3^-)，则溶液中 OH^- 在阳极放电析出 O_2。

答案：B

43. **解**　由公式 $\Delta G=\Delta H-T\Delta S$ 可知，当 $\Delta H<0$ 和 $\Delta S>0$ 时，ΔG 在任何温度下都小于零，都能自发进行。

答案：A

44. **解**　系统命名法：

(1)链烃及其衍生物的命名

①选择主链：选择最长碳链或含有官能团的最长碳链为主链；

②主链编号：从距取代基或官能团最近的一端开始对碳原子进行编号；

③写出全称：将取代基的位置编号、数目和名称写在前面，将母体化合物的名称写在后面。

(2)其衍生物的命名

①选择母体：选择苯环上所连官能团或带官能团最长的碳链为母体，把苯环视为取代基；

②编号：将母体中碳原子依次编号，使官能团或取代基位次具有最小值。

答案：C

45. **解**　甲醇可以和两个酸发生酯化反应；氢氧化钠可以和两个酸发生酸碱反应；金属钾可以和两个酸反应生成苯氨酸钾和山梨酸钾；溴水只能和山梨酸发生加成反应。

答案：B

46. **解**　塑料一般分为热塑性塑料和热固性塑料。前者为线性结构的高分子化合物，这类化合物能溶于适当的有机溶剂，受热时会软化、熔融，加工成各种形状，冷后固化，可以反复加热成型；后者为体型结构的高分子化合物，具有热固性，一旦成型后不溶于溶剂，加热也不再软化、熔融，只能一次加热成型。

答案：C

47. **解**　首先分析杆 DE，E 处为活动铰链支座，约束力垂直于支撑面，如解图 a)所示，杆 DE 的铰链 D 处的约束力可按三力汇交原理确定；其次分析铰链 D，D 处铰接了杆 DE、直角弯杆 BCD 和连杆，连杆的约束力 F_D 沿杆为铅垂方向，杆 DE 作用在铰链 D 上的力为 $F'_{D右}$，按照铰链 D 的平衡，其受力图如解图 b)所示；最后分析直杆 AC 和直角弯杆 BCD，直杆 AC 为二力杆，A 处约束力沿杆方向，根据力偶的平衡，由 F_A 与 $F'_{D左}$ 组成的逆时针转向力偶与顺时针转向的主动力偶 M 组成平衡力系，故 A 处约束力的指向如解图 c)所示。

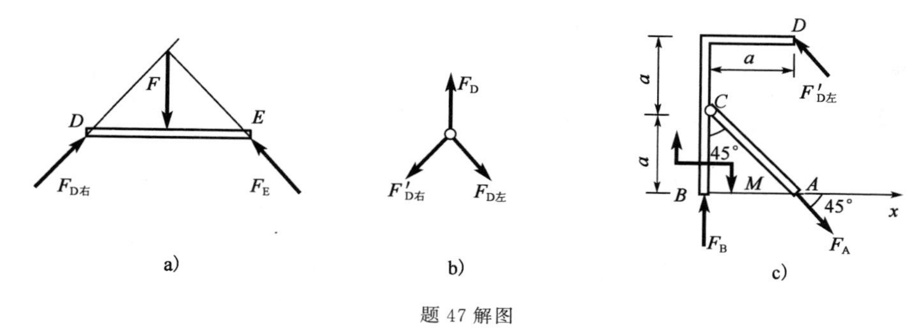

题 47 解图

答案：D

48. **解** 将主动力系对 B 点取矩求代数和：

$$M_B = M - qa^2/2 = 20 - 10 \times 2^2/2 = 0$$

答案：A

49. **解** 均布力组成了力偶矩为 qa^2 的逆时针转向力偶。A、B 处的约束力应沿铅垂方向组成顺时针转向的力偶。

答案：C （此题 2010 年考过）

50. **解** 如解图，若物块平衡沿斜面方向有：

$$F_f = F\cos\alpha - W\sin\alpha = 0.2F$$

而最大静摩擦力 $F_{fmax} = f \cdot F_N$

$$= f(F\sin\alpha + W\cos\alpha) = 0.28F$$

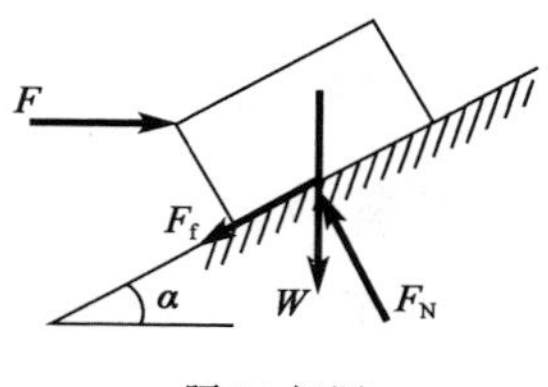

题 50 解图

因 $F_{fmax} > F_f$，所以物块静止。

答案：A

51. **解** 将 x 对时间 t 求一阶导数为速度，即：$v = 9t^2 + 1$；再对时间 t 求一阶导数为加速度，即 $a = 18t$，将 $t = 4s$ 代入，可得：$x = 198m$，$v = 145m/s$，$a = 72m/s^2$。

答案：B

52. **解** 根据定义，切向加速度为弧坐标 s 对时间的二阶导数，即 $a_\tau = 6m/s^2$。

答案：D

53. **解** 根据定轴转动刚体上一点加速度与转动角速度、角加速度的关系：$a_n = \omega^2 l$，$a_\tau = \alpha l$，而题中 $a_n = a\cos\alpha = \omega^2 l$，所以 $\omega = \sqrt{\frac{a\cos\alpha}{l}}$，$a_\tau = a\sin\alpha = \alpha l$，所以 $\alpha = \frac{a\sin\alpha}{l}$。

答案：B （此题 2009 年考过）

54. **解**　按照牛顿第二定律，在铅垂方向有 $ma = F_R - mg = Kv^2 - mg$，当 $a = 0$（速度 v 的导数为零）时有速度最大，为 $v = \sqrt{\frac{mg}{K}}$。

答案：A

55. **解**　根据弹簧力的功公式：

$$W_{12} = \frac{k}{2}(0.06^2 - 0.04^2) = 1.96\text{J}$$

$$W_{32} = \frac{k}{2}(0.02^2 - 0.04^2) = -1.176\text{J}$$

答案：C

56. **解**　系统在转动中对转动轴 z 的动量矩守恒，即：$I\omega = (I + mR^2)\omega_t$（设 ω_t 为小球达到 B 点时圆环的角速度），则 $\omega_t = \frac{I\omega}{I + mR^2}$。

答案：B

57. **解**　根据定轴转动刚体惯性力系的简化结果：惯性力主矢和主矩的大小分别为 $F_I = ma_C = 0$，$M_{IO} = J_O\alpha = \frac{1}{2}mr^2\varepsilon$。

答案：C　（此题 2010 年考过）

58. **解**　由公式 $\omega_n^2 = k/m$，$k = m\omega_n^2 = 5 \times 30^2 = 4500\text{N/m}$。

答案：B

59. **解**　首先考虑整体平衡，可求出左端支座反力是水平向右的力，大小等于 20kN，分三段求出各段的轴力，画出轴力图如解图所示。

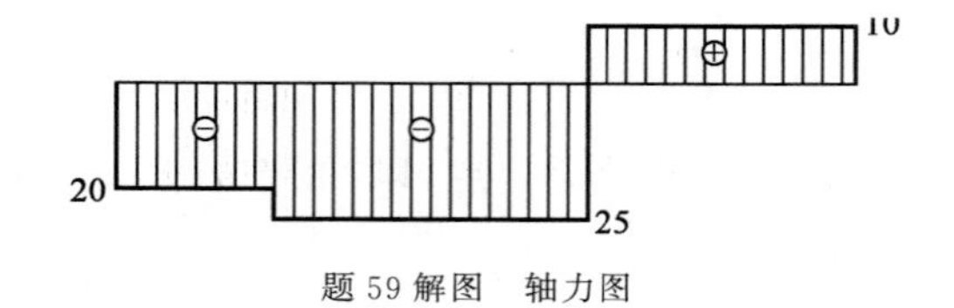

题 59 解图　轴力图

可以看到最大拉伸轴力是 10kN。

答案：A

60. **解**　由铆钉的剪切强度条件：$\tau = \frac{F_s}{A_s} = \frac{F}{\frac{\pi}{4}d^2} = [\tau]$

可得：$\frac{4F}{\pi d^2} = [\tau]$　　①

由铆钉的挤压强度条件：$\sigma_{bs} = \frac{F_{bs}}{A_{bs}} = \frac{F}{dt} = [\sigma_{bs}]$

可得：$\dfrac{F}{dt}=[\sigma_{bs}]$ ②

d 与 t 的合理关系应使两式同时成立，②式除以①式，得到 $\dfrac{\pi d}{4t}=\dfrac{[\sigma_{bs}]}{[\tau]}$，即 $d=\dfrac{4t[\sigma_{bs}]}{\pi[\tau]}$。

答案：B

61. **解** 设原直径为 d 时，最大切应力为 τ，最大切应力减小后为 τ_1，直径为 d_1。

则有

$$\tau=\frac{T}{\frac{\pi}{16}d^3},\tau_1=\frac{T}{\frac{\pi}{16}d_1^3}$$

因 $\tau_1=\dfrac{\tau}{2}$，则 $\dfrac{T}{\frac{\pi}{16}d_1^3}=\dfrac{1}{2}\cdot\dfrac{T}{\frac{\pi}{16}d^3}$，即 $d_1^3=2d^3$，所以 $d_1=\sqrt[3]{2}d$。

答案：D

62. **解** 根据外力偶矩（扭矩 T）与功率（P）和转速（n）的关系：

$$T=M_e=9550\frac{P}{n}$$

可见，在功率相同的情况下，转速慢（n 小）的轴扭矩 T 大。

答案：B

63. **解** 图(a)与图(b)面积相同，面积分布的位置到 z 轴的距离也相同，故惯性矩 $I_{z(a)}=I_{z(b)}$，而图(c)虽然面积与(a)、(b)相同，但是其面积分布的位置到 z 轴的距离小，所以惯性矩 $I_{z(c)}$ 也小。

答案：D

64. **解** 由于 C 端的弯矩就等于外力偶矩，所以 $m=10\text{kN}\cdot\text{m}$，又因为 BC 段弯矩图是水平线，属于纯弯曲，剪力为零，所以 C 点支反力为零。

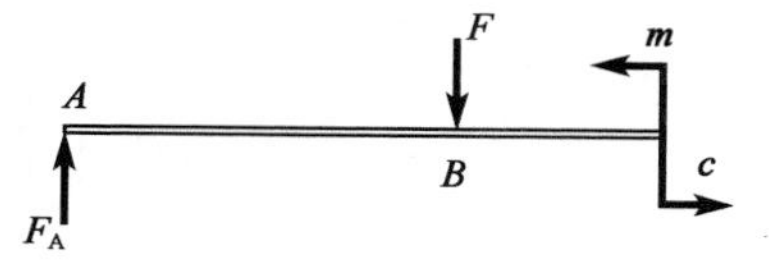

题 64 解图

由梁的整体受力图可知 $F_A=F$，所以 B 点的弯矩 $M_B=F_A\times2=10\text{kN}\cdot\text{m}$，即 $F_A=5\text{kN}$。

答案：B

65. **解** 图示单元体的最大主应力 σ_1 的方向，可以看作是 σ_x 的方向（沿 x 轴）和纯剪切单元体的最大拉应力的主方向（在第一象限沿 45°向上），叠加后的合应力的指向。

答案：A （此题 2011 年考过）

66. **解** AB 段是轴向受压，$\sigma_{AB}=\dfrac{F}{ab}$；

BC 段是偏心受压，$\sigma_{BC}=\dfrac{F}{2ab}+\dfrac{F\cdot\frac{a}{2}}{\frac{b}{6}(2a)^2}=\dfrac{5F}{4ab}$。

答案:B (此题2011年考过)

67. **解** 从剪力图看梁跨中有一个向下的突变,对应于一个向下的集中力,其值等于突变值100kN;从弯矩图看梁的跨中有一个突变值50kN·m,对应于一个外力偶矩50kN·m,所以只能选C图。

答案:C

68. **解** 梁两端的支座反力为$\frac{F}{2}=50\text{kN}$,梁中点最大弯矩$M_{\max}=50\times2=100\text{kN}\cdot\text{m}$

最大弯曲正应力 $\sigma_{\max}=\frac{M_{\max}}{W_z}=\frac{M_{\max}}{\frac{bh^2}{6}}=\frac{100\times10^6\text{N}\cdot\text{mm}}{\frac{1}{6}\times100\times200^2\text{mm}^3}=150\text{MPa}$

答案:B

69. **解** 本题是一个偏心拉伸问题,由于水平力F对两个形心主轴y、z都有偏心距,所以可以把F力平移到形心轴x以后,将产生两个平面内的双向弯曲和x轴方向的轴向拉伸的组合变形。

答案:B

70. **解** 从常用的四种杆端约束的长度系数μ的值可看出,杆端约束越强,μ值越小,而杆端约束越弱,则μ值越大。本题图中所示压杆的杆端约束比两端铰支压杆($\mu=1$)强,又比一端铰支、一端固定压杆($\mu=0.7$)弱,故$0.7<\mu<1$。

答案:A

71. **解** 静水压力基本方程为$p=p_0+\rho gh$,将题设条件代入可得:绝对压强$p=101.325\text{kPa}+9.8\text{kPa/m}\times1\text{m}=111.125\text{kPa}\approx0.111\text{MPa}$。

答案:A

72. **解** 流速 $v_2=v_1\times\left(\frac{d_1}{d_2}\right)^2=9.55\times\left(\frac{0.2}{0.3}\right)^2=4.24\text{m/s}$

流量 $Q=v_1\times\frac{\pi}{4}d_1{}^2=9.55\times\frac{\pi}{4}(0.2)^2=0.3\text{m}^3/\text{s}$

答案:A

73. **解** 管中雷诺数 $\text{Re}=\frac{v\cdot d}{\nu}=\frac{2\times900}{0.0114}=157894.74\gg\text{Re}_\text{k}$,为紊流

欲使流态转变为层流时的流速 $v_\text{k}=\frac{\text{Re}_\text{k}\cdot\nu}{d}=\frac{2300\times0.0114}{2}=13.1\text{cm/s}$

答案:D

74. **解** 边界层分离增加了潜体运动的压差阻力。

答案:C

75. **解** 对水箱自由液面与管道出口写能量方程：

$$H+\frac{p}{\rho g}=\frac{v^2}{2g}+h_f=\frac{v^2}{2g}\left(1+\lambda\frac{L}{d}\right)$$

代入题设数据并化简：

$$2+\frac{19600}{9800}=\frac{v^2}{2g}\left(1+0.02\times\frac{100}{0.2}\right)$$

计算得流速 $v=2.67\text{m/s}$

流量 $Q=v\times\frac{\pi}{4}d^2=2.67\times\frac{\pi}{4}(0.2)^2=0.08384\text{m}^3/\text{s}=83.84\text{L/s}$

答案:A

76. **解** 由明渠均匀流谢才-曼宁公式 $Q=\frac{1}{n}R^{\frac{2}{3}}i^{\frac{1}{2}}A$ 可知:在题设条件下面积 A,粗糙系数 n,底坡 i 均相同,则流量 Q 的大小取决于水力半径 R 的大小。对于方形断面,其水力半径 $R_1=\frac{a^2}{3a}=\frac{a}{3}$,对于矩形断面,其水力半径为 $R_2=\frac{2a\times0.5a}{2a+2\times0.5a}=\frac{a^2}{3a}=\frac{a}{3}$,即 $R_1=R_2$。故 $Q_1=Q_2$。

答案:B

77. **解** 将题设条件代入达西定律 $v=kJ$

则有渗流速度 $v=0.012\text{cm/s}\times\frac{1.5-0.3}{2.4}=0.006\text{cm/s}$

答案:B

78. **解** 雷诺数的物理意义为:惯性力与黏性力之比。

答案:B

79. **解** 点电荷 q_1、q_2 电场作用的方向分布为:始于正电荷(q_1),终止于负电荷(q_2)。

答案:B

80. **解** 电路中,如果取元件中电压电流正方向一致,则它们的电压电流关系如下：

电压:$u_L=L\frac{\mathrm{d}i_L}{\mathrm{d}t}$

电容:$i_C=C\frac{\mathrm{d}u_C}{\mathrm{d}t}$

电阻:$u_R=Ri_R$

答案:C

81. **解**　本题考查对电流源的理解和对基本 KCL、KVL 方程的应用。

需注意，电流源的端电压由外电路决定。

如解图所示，当电流源的端电压 U_{Is2} 与 I_{s2} 取一致方向时：

$$U_{Is2}=I_2R_2+I_3R_3\neq 0$$

其他方程正确。

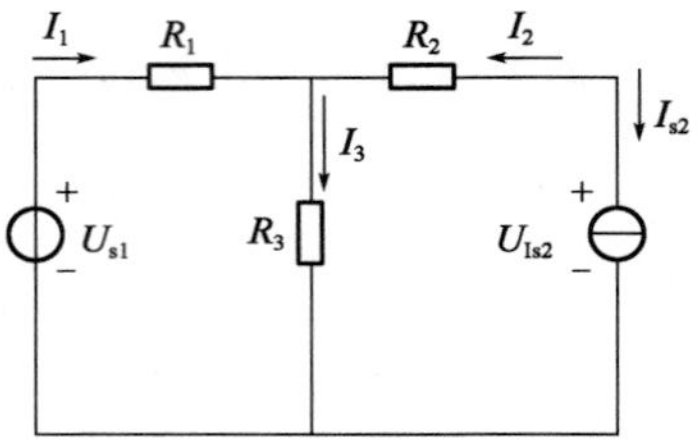

题 81 解图

答案：B

82. **解**　本题注意正弦交流电的三个特征（大小、相位、速度）和描述方法，图中电压 $\dot{U}$ 为有效值相量。

由相量图可分析，电压最大值为 $10\sqrt{2}$V，初相位为 $-30°$，角频率用 ω 表示，时间函数的正确描述为：

$$u(t)=10\sqrt{2}\sin(\omega t-30°)\text{V}$$

答案：A

83. **解**　用相量法。

$$\dot{I}=\frac{\dot{U}}{20+(j20//-j10)}=\frac{100\angle 0°}{20-j20}$$

$$=\frac{5}{\sqrt{2}}\angle 45°=3.5\angle 45°\text{A}$$

答案：B

84. **解**　电路中 R-L 串联支路为电感性质，右支路电容为功率因数补偿所设。

如图示，当电容量适当增加时电路功率因数提高。当 $\varphi=0$，$\cos\varphi=1$ 时，总电流 I 达到最小值。如果 I_c 继续增加出现过补偿（即电流 $\dot{I}$ 超前于电压 $\dot{U}$ 时），会使电路的功率因数降低。

当电容参数 C 改变时，感性电路的功率因数 $\cos\varphi_L$ 不变。通常，进行功率因数补偿时不出现 $\varphi<0$ 情况。仅有总电流 I 减小时电路的功率因素（$\cos\varphi$）变大。

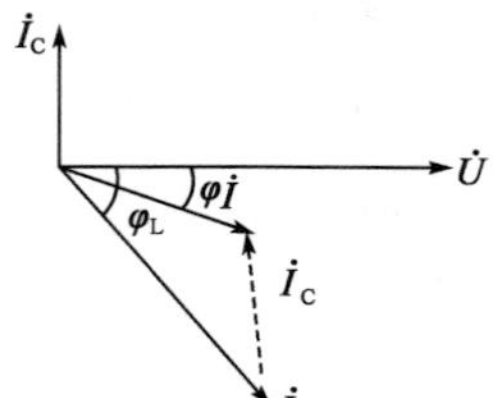

题 84 解图

答案：B

85. **解**　理想变压器副边空载时，可以认为原边电流为零，则 $U=U_1$。根据电压变比关系可知：$\frac{U}{U_2}=2$。

答案：B

86.**解** 三相交流异步电动机正常运行采用三角形接法时，为了降低启动电流可以采用星形启动，即 Y-△启动。但随之带来的是启动转矩也是△接法的 1/3。

答案：C

87.**解** 本题信号波形在时间轴上连续，数值取值为+5、0、−5，是离散的。"二进制代码信号""二值逻辑信号"均不符合题义。只能认为是连续的时间信号。

答案：D

88.**解** 将图形用数学函数描述为：$u(t)=10\cdot 1(t)-10\cdot 1(t-1)$，这是两个阶跃信号的叠加。

答案：A

89.**解** 低通滤波器可以使低频信号畅通，而高频的干扰信号淹没。

答案：B

90.**解** 此题可以利用反演定理处理如下：

$$\overline{AB}+\overline{BC}=\overline{A}+\overline{B}+\overline{B}+\overline{C}=\overline{A}+\overline{B}+\overline{C}$$

答案：A

91.**解** $F=A\overline{B}+\overline{A}B$ 为异或关系。

由输入量 A、B 和输出的波形分析可见：

当输入 A 与 B 相异时，输出 F 为"1"。
当输入 A 与 B 相同时，输出 F 为"0"。

答案：A

92.**解** BCD 码是用二进制表示的十进制数，当用四位二进制数表示十进制的 10 时，可以写为"0001 0000"。

答案：A

93.**解** 本题采用全波整流电路，结合二极管连接方式分析。

输出直流电压 U_o 与输入交流有效值 U_i 的关系为：

$$U_o=-0.9U_i$$

本题 $U_i=\frac{10}{\sqrt{2}}$V，代入上式得 $U_o=-0.9\times\frac{10}{\sqrt{2}}=-6.36$V。

答案：D

94. **解**　将电路“A”端接入−2.5V 的信号电压,“B”端接地,则构成如解图 a)所示的反相比例运算电路。输出电压与输入的信号电压关系为:

$$u_{\mathrm{o}}=-\frac{R_2}{R_1}u_{\mathrm{i}}$$

可知:

$$\frac{R_2}{R_1}=-\frac{u_{\mathrm{o}}}{u_{\mathrm{i}}}=4$$

当“A”端接地,“B”端接信号电压,就构成解图 b)的同相比例电路,则输出 u_{o} 与输入电压 u_{i} 的关系为:

$$u_{\mathrm{o}}=\left(1+\frac{R_2}{R_1}\right)u_{\mathrm{i}}=-12.5\mathrm{V}$$

考虑到运算放大器输出电压在−11～11V 之间,可以确定放大器已经工作在负饱和状态,输出电压为负的极限值−11V。

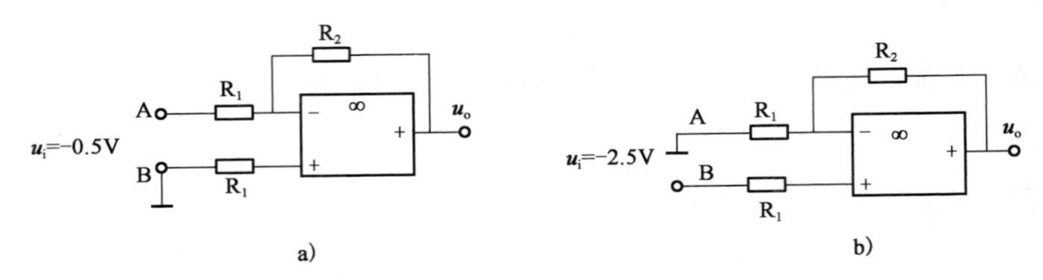

题 94 解图

答案:C

95. **解**　左侧电路为与门:$F_1=A\cdot 0=0$,右侧电路为或非门:$F_2=\overline{B+0}=\overline{B}$。

答案:A

96. **解**　本题为 J-K 触发器(脉冲下降沿动作)和与门构成的时序逻辑电路。其中 J 触发信号为 $J=Q\cdot A$。(注:为波形分析方便,作者补充了 J 端的辅助波形,图中阴影表示该信号未知。)

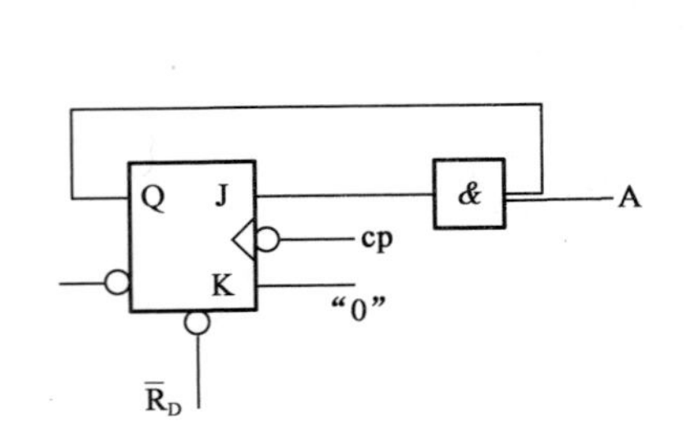

题 96 解图

答案:A

97. **解**　计算机发展的人性化的一个重要方面是“使用傻瓜化”。计算机要成为大众的工具，首先必须做到“使用傻瓜化”。要让计算机能听懂、能说话、能识字、能写文、能看图像、能现实场景等。

答案：B

98. **解**　计算机内的存储器是由一个个存储单元组成的，每一个存储单元的容量为8位二进制信息，称一个字节。

答案：B

99. **解**　操作系统是一个庞大的管理控制程序。通常，它是由进程与处理器调度、作业管理、存储管理、设备管理、文件管理等五大功能组成。

答案：D

100. **解**　支撑软件是指支援其他软件的编写制作和维护的软件，主要包括环境数据库、各种接口软件和工具软件，是计算机系统内的一个组成部分。

答案：A

101. **解**　进程与处理器调度负责把CPU的运行时间合理地分配给各个程序，以使处理器的软硬件资源得以充分的利用。

答案：C

102. **解**　影响计算机图像质量的主要参数有分辨率、颜色深度、图像文件的尺寸和文件保存格式等。

答案：D

103. **解**　计算机操作系统中的设备管理的主要功能是负责分配、回收外部设备，并控制设备的运行，是人与外部设备之间的接口。

答案：C

104. **解**　数字签名机制提供了一种鉴别方法，以解决伪造、抵赖、冒充和篡改等安全问题。接收方能够鉴别发送方所宣称的身份，发送方事后不能否认他曾经发送过数据这一事实。

答案：A

105. **解**　计算机网络是用通信线路和通信设备将分布在不同地点的具有独立功能的多个计算机系统互相连接起来，在功能完善的网络软件的支持下实现彼此之间的数据通信和资源共享的系统。

答案：D

106. **解**　局域网是指在一个较小地理范围内的各种计算机网络设备互连在一起的通信网络，可以包含一个或多个子网，通常其作用范围是一座楼房、一个学校或一个单位，地理范围一般不超过几公里。城域网的地理范围一般是一座城市。广域网实际上是一种可以跨越长距离，且可以将两个或多个局域网或主机连接在一起的网络。网际网实际上是多个不同的网络通过网络互联设备互联而成的大型网络。

答案：A

107. **解**　首先计算年实际利率：$i=\left(1+\frac{8\%}{4}\right)^4-1=8.243\ \%$

根据一次支付现值公式：

$$P=\frac{F}{(1+i)^n}=\frac{300}{(1+8.24\%)^3}=236.55\text{ 万元}$$

或季利率 $i=8\%/4=2\%$，三年共 12 个季度，按一次支付现值公式计算：

$$P=\frac{F}{(1+i)^n}=\frac{300}{(1+2\%)^{12}}=236.55\text{ 万元}$$

答案：B

108. **解**　建设项目评价中的总投资包括建设投资、建设期利息和流动资金之和。建设投资由工程费用（建筑工程费、设备购置费、安装工程费）、工程建设其他费用和预备费（基本预备费和涨价预备费）组成。

答案：C

109. **解**　该公司借款偿还方式为等额本金法。

每年应偿还的本金：2400/6＝400 万元

前 3 年已经偿还本金：400×3＝1200 万元

尚未还款本金：2400－1200＝1200 万元

第 4 年应还利息 $I_4=1200\times8\%=96$ 万元，本息和 $A_4=400+96=496$ 万元

或按等额本金法公式计算：

$$A_t=\frac{I_c}{n}+I_c\left(1-\frac{t-1}{n}\right)i=\frac{2400}{6}+2400\times\left(1-\frac{4-1}{6}\right)\times8\%=496\text{ 万元}$$

答案：C

110. **解**　动态投资回收期 T^* 是指在给定的基准收益率（基准折现率）i_c 的条件下，用项目的净收益回收总投资所需要的时间。动态投资回收期的表达式为：

$$\sum_{t=0}^{T^*}(\mathrm{CI}-\mathrm{CO})_t(1+i_c)^{-t}=0$$

式中，i_c 为基准收益率。

内部收益率 IRR 是使一个项目在整个计算期内各年净现金流量的现值累计为零时的利率，表达式为：

$$\sum_{t=0}^{n}(\mathrm{CI}-\mathrm{CO})_t(1+\mathrm{IRR})^{-t}=0$$

式中，n 为项目计算期。如果项目的动态投资回收期 T 正好等于计算期 n，则该项目的内部收益率 IRR 等于基准收益率 i_c。

答案：D

111. **解** 直接进口原材料的影子价格（到厂价）＝到岸价（CIF）×影子汇率＋进口费用＝150×6.5＋240＝1215 元人民币/t。

答案：C

112. **解** 对于寿命期相等的互斥项目，应依据增量内部收益率指标选优。如果增量内部收益率 ΔIRR 大于基准收益率 i_c，应选择投资额大的方案；如果增量内部收益率 ΔIRR 小于基准收益率 i_c，则应选择投资额小的方案。

答案：B

113. **解** 改扩建项目财务分析要进行项目层次和企业层次两个层次的分析。项目层次应进行盈利能力分析、清偿能力分析和财务生存能力分析，应遵循“有无对比”的原则。

答案：D

114. **解** 价值系数＝功能评价系数/成本系数，本题各方案价值系数：

甲方案：0.85/0.92＝0.924

乙方案：0.6/0.7＝0.857

丙方案：0.94/0.88＝1.068

丁方案：0.67/0.82＝0.817

其中，丙方案价值系数 1.068，与 1 相差 6.8%，说明功能与成本基本一致，为四个方案中的最优方案。

答案：C

115. **解** 见《中华人民共和国建筑法》第二十四条，可知选项 A、B、D 正确，又第二十二条规定：发包单位应当将建筑工程发包给具有资质证书的承包单位。

答案：C

116. **解** 《中华人民共和国安全生产法》第四十条规定，生产经营单位进行爆破、吊装以及国务院安全生产监督管理部门会同国务院有关部门规定的其他危险作业，应当安排专门人员进行现场安全管理，确保操作规程的遵守和安全措施的落实。

答案:C

117. **解** 其招标文件要包括拟签订的合同条款，而不是签订时间。

《中华人民共和国招标投标法》第十九条规定，招标人应当根据招标项目的特点和需要编制招标文件。招标文件应当包括招标项目的技术要求、对投标人资格审查的标准、投标报价要求和评标标准等所有实质性要求和条件以及拟签订合同的主要条款。

答案:C

118. **解** 水泥厂只要求18:00之前回复，并没有写明是18:00点之前到达水泥厂，所以施工单位在约定的18:00之前发出的承诺是符合要求的。

答案:B

119. **解** 应由环保部门验收，不是建设行政主管部门验收，见《中华人民共和国环境保护法》。

《中华人民共和国环境保护法》第十条规定，国务院环境保护主管部门，对全国环境保护工作实施统一监督管理；县级以上地方人民政府环境保护主管部门，对本行政区域环境保护工作实施统一监督管理。

县级以上人民政府有关部门和军队环境保护部门，依照有关法律的规定对资源保护和污染防治等环境保护工作实施监督管理。

第四十一条规定，建设项目中防治污染的设施，应当与主体工程同时设计、同时施工、同时投产使用。防治污染的设施应当符合经批准的环境影响评价文件的要求，不得擅自拆除或者闲置。

（旧版《中华人民共和国环境保护法》第二十六条规定，建设项目中防治污染的措施，必须与主体工程同时设计、同时施工、同时投产使用。防治污染的设施必须经原审批环境影响报告书的环境保护行政主管部门验收合格后，该建设项目方可投入生产或者使用。）

答案:D

120. **解** 《中华人民共和国建筑法》第三十二条规定，建筑工程监理应当依照法律、行政法规及有关的技术标准、设计文件和建筑工程承包合同，对承包单位在施工质量、建设工期和建设资金使用等方面，代表建设单位实施监督。

答案:D

2017年度全国勘察设计注册工程师
执业资格考试试卷

基础考试
（上）

二〇一七年九月

应考人员注意事项

1. 本试卷科目代码为“1”，考生务必将此代码填涂在答题卡“科目代码”相应的栏目内，否则，无法评分。
2. 书写用笔：**黑色或蓝色钢笔、签字笔或圆珠笔；**
   填涂答题卡用笔：**黑色 2B 铅笔**。
3. 必须用书写用笔将工作单位、姓名、准考证号填写在答题卡和试卷相应的栏目内。
4. 本试卷由 120 题组成，每题 1 分，满分 120 分，本试卷全部为单项选择题，每小题的四个备选项中只有一个正确答案，错选、多选、不选均不得分。
5. 考生作答时，必须**按题号在答题卡上**将相应试题所选选项对应的**字母用 2B 铅笔涂黑**。
6. 在答题卡上书写与题意无关的语言，或在答题卡上作标记的，均按违纪试卷处理。
7. 考试结束时，由监考人员当面将试卷、答题卡一并收回。
8. 草稿纸由各地统一配发，考后收回。

单项选择题(共 120 题,每题 1 分。每题的备选项中只有一个最符合题意。)

1. 要使得函数 $f(x)=\begin{cases}\dfrac{x\ln x}{1-x}, x>0\\ a, \quad x=1\end{cases}$ 在(0,+∞)上连续,则常数 a 等于:

A. 0

B. 1

C. −1

D. 2

2. 函数 $y=\sin\dfrac{1}{x}$ 是定义域内的:

A. 有界函数

B. 无界函数

C. 单调函数

D. 周期函数

3. 设 $\boldsymbol{\alpha}$、$\boldsymbol{\beta}$ 均为非零向量,则下面结论正确的是:

A. $\boldsymbol{\alpha}\times\boldsymbol{\beta}=\mathbf{0}$ 是 $\boldsymbol{\alpha}$ 与 $\boldsymbol{\beta}$ 垂直的充要条件

B. $\boldsymbol{\alpha}\cdot\boldsymbol{\beta}=0$ 是 $\boldsymbol{\alpha}$ 与 $\boldsymbol{\beta}$ 平行的充要条件

C. $\boldsymbol{\alpha}\times\boldsymbol{\beta}=\mathbf{0}$ 是 $\boldsymbol{\alpha}$ 与 $\boldsymbol{\beta}$ 平行的充要条件

D. 若 $\boldsymbol{\alpha}=\lambda\boldsymbol{\beta}$($\lambda$ 是常数),则 $\boldsymbol{\alpha}\cdot\boldsymbol{\beta}=0$

4. 微分方程 $y'-y=0$ 满足 $y(0)=2$ 的特解是:

A. $y=2e^{-x}$

B. $y=2e^{x}$

C. $y=e^{x}+1$

D. $y=e^{-x}+1$

5. 设函数 $f(x)=\int_x^2\sqrt{5+t^2}\,dt$,$f'(1)$ 等于:

A. $2-\sqrt{6}$

B. $2+\sqrt{6}$

C. $\sqrt{6}$

D. $-\sqrt{6}$

6. 若 $y=g(x)$ 由方程 $e^y+xy=e$ 确定,则 $y'(0)$ 等于:

A. $-\dfrac{y}{e^y}$

B. $-\dfrac{y}{x+e^y}$

C. 0

D. $-\dfrac{1}{e}$

7. $\int f(x)dx=\ln x+C$,则 $\int\cos x f(\cos x)dx$ 等于:

A. $\cos x+C$

B. $x+C$

C. $\sin x+C$

D. $\ln\cos x+C$

8. 函数 $f(x,y)$ 在点 $P_0(x_0,y_0)$ 处有一阶偏导数是函数在该点连续的：

A. 必要条件　　B. 充分条件

C. 充分必要条件　　D. 既非充分又非必要

9. 过点 $(-1,-2,3)$ 且平行于 z 轴的直线的对称方程是：

A. $\begin{cases} x=1 \\ y=-2 \\ z=-3t \end{cases}$　　B. $\dfrac{x-1}{0}=\dfrac{y+2}{0}=\dfrac{z-3}{1}$

C. $z=3$　　D. $\dfrac{x+1}{0}=\dfrac{y+2}{0}=\dfrac{z-3}{1}$

10. 定积分 $\int_1^2 \dfrac{1-\dfrac{1}{x}}{x^2}\mathrm{d}x$ 等于：

A. 0　　B. $-\dfrac{1}{8}$

C. $\dfrac{1}{8}$　　D. 2

11. 函数 $f(x)=\sin\left(x+\dfrac{\pi}{2}+\pi\right)$ 在区间 $[-\pi,\pi]$ 上的最小值点 x_0 等于：

A. $-\pi$　　B. 0

C. $\dfrac{\pi}{2}$　　D. π

12. 设 L 是椭圆 $\begin{cases} x=a\cos\theta \\ y=b\sin\theta \end{cases}$ $(a>0,b>0)$ 的上半椭圆周，沿顺时针方向，则曲线积分 $\int_L y^2\mathrm{d}x$ 等于：

A. $\dfrac{5}{3}ab^2$　　B. $\dfrac{4}{3}ab^2$

C. $\dfrac{2}{3}ab^2$　　D. $\dfrac{1}{3}ab^2$

13. 级数 $\sum\limits_{n=1}^{\infty}\dfrac{(-1)^n}{a_n}(a_n>0)$ 满足下列什么条件时收敛：

A. $\lim\limits_{n\to\infty}a_n=\infty$　　B. $\lim\limits_{n\to\infty}\dfrac{1}{a_n}=0$

C. $\sum\limits_{n=1}^{\infty}a_n$ 发散　　D. a_n 单调递增且 $\lim\limits_{n\to\infty}a_n=+\infty$

14. 曲线 $f(x)=xe^{-x}$ 的拐点是：

A. $(2,2e^{-2})$

B. $(-2,-2e^{2})$

C. $(-1,e)$

D. $(1,e^{-1})$

15. 微分方程 $y''+y'+y=e^x$ 的特解是：

A. $y=e^x$

B. $y=\frac{1}{2}e^x$

C. $y=\frac{1}{3}e^x$

D. $y=\frac{1}{4}e^x$

16. 若圆域 $D:x^2+y^2\leqslant 1$，则二重积分 $\iint\limits_D \frac{\mathrm{d}x\mathrm{d}y}{1+x^2+y^2}$ 等于：

A. $\frac{\pi}{2}$

B. π

C. $2\pi\ln 2$

D. $\pi\ln 2$

17. 幂级数 $\sum\limits_{n=1}^{\infty}\frac{x^n}{n!}$ 的和函数 $S(x)$ 等于：

A. e^x

B. e^x+1

C. e^x-1

D. $\cos x$

18. 设 $z=y\varphi\left(\frac{x}{y}\right)$，其中 $\varphi(u)$ 具有二阶连续导数，则 $\frac{\partial^2 z}{\partial x\partial y}$ 等于：

A. $\frac{1}{y}\varphi''\left(\frac{x}{y}\right)$

B. $-\frac{x}{y^2}\varphi''\left(\frac{x}{y}\right)$

C. 1

D. $\varphi''\left(\frac{x}{y}\right)-\frac{x}{y}\varphi'\left(\frac{x}{y}\right)$

19. 矩阵 $\mathbf{A}=\begin{bmatrix}0 & 0 & -2\\ 0 & 3 & 0\\ 1 & 0 & 0\end{bmatrix}$ 的逆矩阵是 $\mathbf{A}^{-1}$ 是：

A. $\begin{bmatrix}-\frac{1}{2} & 0 & 0\\ 0 & \frac{1}{3} & 0\\ 0 & 0 & 1\end{bmatrix}$

B. $\begin{bmatrix}0 & 0 & -\frac{1}{2}\\ 0 & \frac{1}{3} & 0\\ 1 & 0 & 0\end{bmatrix}$

C. $\begin{bmatrix}0 & 0 & 1\\ 0 & \frac{1}{3} & 0\\ -\frac{1}{2} & 0 & 0\end{bmatrix}$

D. $\begin{bmatrix}0 & 0 & 6\\ 0 & 2 & 0\\ 3 & 0 & 0\end{bmatrix}$

20. 设 $\boldsymbol{A}$ 为 $m\times n$ 矩阵，则齐次线性方程组 $\boldsymbol{Ax}=0$ 有非零解的充分必要条件是：

A. 矩阵 $\boldsymbol{A}$ 的任意两个列向量线性相关

B. 矩阵 $\boldsymbol{A}$ 的任意两个列向量线性无关

C. 矩阵 $\boldsymbol{A}$ 的任一列向量是其余列向量的线性组合

D. 矩阵 $\boldsymbol{A}$ 必有一个列向量是其余列向量的线性组合

21. 设 $\lambda_1=6,\lambda_2=\lambda_3=3$ 为三阶实对称矩阵 $\boldsymbol{A}$ 的特征值，属于 $\lambda_2=\lambda_3=3$ 的特征向量为 $\xi_2=(-1,0,1)^{\mathrm{T}},\xi_3=(1,2,1)^{\mathrm{T}}$，则属于 $\lambda_1=6$ 的特征向量是：

A. $(1,-1,1)^{\mathrm{T}}$　　B. $(1,1,1)^{\mathrm{T}}$

C. $(0,2,2)^{\mathrm{T}}$　　D. $(2,2,0)^{\mathrm{T}}$

22. 有 A、B、C 三个事件，下列选项中与事件 A 互斥的事件是：

A. $\overline{B\cup C}$　　B. $\overline{A\cup B\cup C}$

C. $\overline{A}B+A\overline{C}$　　D. $A(B+C)$

23. 设二维随机变量 (X,Y) 的概率密度为 $f(x,y)=\begin{cases} e^{-2ax+by}, & x>0,y>0 \\ 0, & \text{其他} \end{cases}$，则常数 a,b 应满足的条件是：

A. $ab=-\frac{1}{2}$，且 $a>0,b<0$　　B. $ab=\frac{1}{2}$，且 $a>0,b>0$

C. $ab=-\frac{1}{2},a<0,b>0$　　D. $ab=\frac{1}{2}$，且 $a<0,b<0$

24. 设 $\hat{\theta}$ 是参数 θ 的一个无偏估计量，又方差 $D(\hat{\theta})>0$，下面结论中正确的是：

A. $(\hat{\theta})^2$ 是 θ^2 的无偏估计量

B. $(\hat{\theta})^2$ 不是 θ^2 的无偏估计量

C. 不能确定 $(\hat{\theta})^2$ 是不是 θ^2 的无偏估计量

D. $(\hat{\theta})^2$ 不是 θ^2 的估计量

25. 有两种理想气体，第一种的压强为 p_1，体积为 V_1，温度为 T_1，总质量为 M_1，摩尔质量为 μ_1；第二种的压强为 p_2，体积为 V_2，温度为 T_2，总质量为 M_2，摩尔质量为 μ_2。当 $V_1=V_2$，$T_1=T_2$，$M_1=M_2$ 时，则$\frac{\mu_1}{\mu_2}$：

A. $\frac{\mu_1}{\mu_2}=\sqrt{\frac{p_1}{p_2}}$

B. $\frac{\mu_1}{\mu_2}=\frac{p_1}{p_2}$

C. $\frac{\mu_1}{\mu_2}=\sqrt{\frac{p_2}{p_1}}$

D. $\frac{\mu_1}{\mu_2}=\frac{p_2}{p_1}$

26. 在恒定不变的压强下，气体分子的平均碰撞频率 $\overline{Z}$ 与温度 T 的关系是：

A. $\overline{Z}$ 与 T 无关

B. $\overline{Z}$ 与 $\sqrt{T}$ 无关

C. $\overline{Z}$ 与 $\sqrt{T}$ 成反比

D. $\overline{Z}$ 与 $\sqrt{T}$ 成正比

27. 一定量的理想气体对外做了 500J 的功，如果过程是绝热的，则气体内能的增量为：

A. 0J

B. 500J

C. −500J

D. 250J

28. 热力学第二定律的开尔文表述和克劳修斯表述中，下述正确的是：

A. 开尔文表述指出了功热转换的过程是不可逆的

B. 开尔文表述指出了热量由高温物体传到低温物体的过程是不可逆的

C. 克劳修斯表述指出通过摩擦而做功变成热的过程是不可逆的

D. 克劳修斯表述指出气体的自由膨胀过程是不可逆的

29. 已知平面简谐波的方程为 $y=A\cos(Bt-Cx)$，式中 A、B、C 为正常数，此波的波长和波速分别为：

A. $\frac{B}{C}$，$\frac{2\pi}{C}$

B. $\frac{2\pi}{C}$，$\frac{B}{C}$

C. $\frac{\pi}{C}$，$\frac{2B}{C}$

D. $\frac{2\pi}{C}$，$\frac{C}{B}$

30. 对平面简谐波而言，波长 λ 反映：

A. 波在时间上的周期性
B. 波在空间上的周期性

C. 波中质元振动位移的周期性
D. 波中质元振动速度的周期性

31. 在波的传播方向上，有相距为 3m 的两质元，两者的相位差为 $\frac{\pi}{6}$，若波的周期为 4s，则此波的波长和波速分别为：

A. 36m 和 6m/s
B. 36m 和 9m/s

C. 12m 和 6m/s
D. 12m 和 9m/s

32. 在双缝干涉实验中，入射光的波长为 λ，用透明玻璃纸遮住双缝中的一条缝（靠近屏的一侧），若玻璃纸中光程比相同厚度的空气的光程大 2.5λ，则屏上原来的明纹处：

A. 仍为明条纹
B. 变为暗条纹

C. 既非明条纹也非暗条纹
D. 无法确定是明纹还是暗纹

33. 一束自然光通过两块叠放在一起的偏振片，若两偏振片的偏振化方向间夹角由 α_1 转到 α_2，则前后透射光强度之比为：

A. $\frac{\cos^2\alpha_2}{\cos^2\alpha_1}$
B. $\frac{\cos\alpha_2}{\cos\alpha_1}$

C. $\frac{\cos^2\alpha_1}{\cos^2\alpha_2}$
D. $\frac{\cos\alpha_1}{\cos\alpha_2}$

34. 若用衍射光栅准确测定一单色可见光的波长，在下列各种光栅常数的光栅中，选用哪一种最好：

A. 1.0×10^{-1}mm
B. 5.0×10^{-1}mm

C. 1.0×10^{-2}mm
D. 1.0×10^{-3}mm

35. 在双缝干涉实验中，光的波长 600nm，双缝间距 2mm，双缝与屏的间距为 300cm，则屏上形成的干涉图样的相邻明条纹间距为：

A. 0.45mm
B. 0.9mm

C. 9mm
D. 4.5mm

36. 一束自然光从空气投射到玻璃板表面上，当折射角为 30°时，反射光为完全偏振光，则此玻璃的折射率为：

A. 2
B. 3

C. $\sqrt{2}$
D. $\sqrt{3}$

37. 某原子序数为 15 的元素，其基态原子的核外电子分布中，未成对电子数是：

A. 0

B. 1

C. 2

D. 3

38. 下列晶体中熔点最高的是：

A. NaCl

B. 冰

C. SiC

D. Cu

39. 将 0.1mol · L^{-1}的 HOAc 溶液冲稀一倍，下列叙述正确的是：

A. HOAc 的电离度增大

B. 溶液中有关离子浓度增大

C. HOAc 的电离常数增大

D. 溶液的 pH 值降低

40. 已知 $K_b(NH_3 \cdot H_2O) = 1.8 \times 10^{-5}$，将 0.2mol · L^{-1}的 $NH_3 \cdot H_2O$ 溶液和 0.2mol · L^{-1}的 HCl 溶液等体积混合，其混合溶液的 pH 值为：

A. 5.12

B. 8.87

C. 1.63

D. 9.73

41. 反应 $A(S) + B(g) \rightleftharpoons C(g)$ 的 $\Delta H < 0$，欲增大其平衡常数，可采取的措施是：

A. 增大 B 的分压

B. 降低反应温度

C. 使用催化剂

D. 减小 C 的分压

42. 两个电极组成原电池，下列叙述正确的是：

A. 作正极的电极的 $E_{(+)}$ 值必须大于零

B. 作负极的电极的 $E_{(-)}$ 值必须小于零

C. 必须是 $E^{\ominus}_{(+)} > E^{\ominus}_{(-)}$

D. 电极电势 E 值大的是正极，E 值小的是负极

43. 金属钠在氯气中燃烧生成氯化钠晶体，其反应的熵变是：

A. 增大

B. 减少

C. 不变

D. 无法判断

44. 某液体烃与溴水发生加成反应生成 2,3-二溴-2-甲基丁烷，该液体烃是：

A. 2-丁烯

B. 2-甲基-1-丁烷

C. 3-甲基-1-丁烷

D. 2-甲基-2-丁烯

45. 下列物质中与乙醇互为同系物的是：

A. $CH_2=CHCH_2OH$

B. 甘油

C. ⌬—CH_2OH

D. $CH_3CH_2CH_2CH_2OH$

46. 下列有机物不属于烃的衍生物的是：

A. $CH_2=CHCl$

B. $CH_2=CH_2$

C. $CH_3CH_2NO_2$

D. CCl_4

47. 结构如图所示，杆 DE 的点 H 由水平闸拉住，其上的销钉 C 置于杆 AB 的光滑直槽中，各杆自重均不计，已知 $F_P=10kN$。销钉 C 处约束力的作用线与 x 轴正向所成的夹角为：

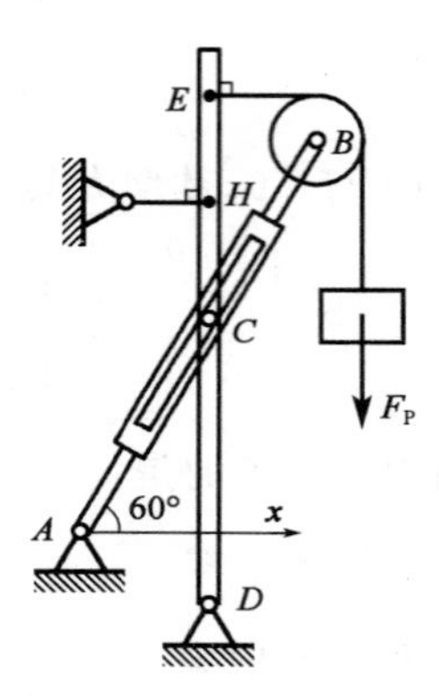

A. 0°

B. 90°

C. 60°

D. 150°

48. 力 F_1、F_2、F_3、F_4 分别作用在刚体上同一平面内的 A、B、C、D 四点，各力矢首尾相连形成一矩形如图所示。该力系的简化结果为：

A. 平衡

B. 一合力

C. 一合力偶

D. 一力和一力偶

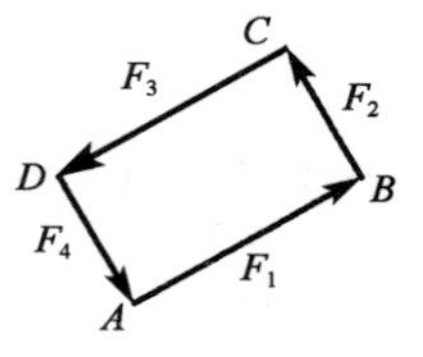

49. 均质圆柱体重力为 P，直径为 D，置于两光滑的斜面上。设有图示方向力 F 作用，当圆柱不移动时，接触面 2 处的约束力 F_{N2} 的大小为：

A. $F_{N2}=\dfrac{\sqrt{2}}{2}(P-F)$

B. $F_{N2}=\dfrac{\sqrt{2}}{2}F$

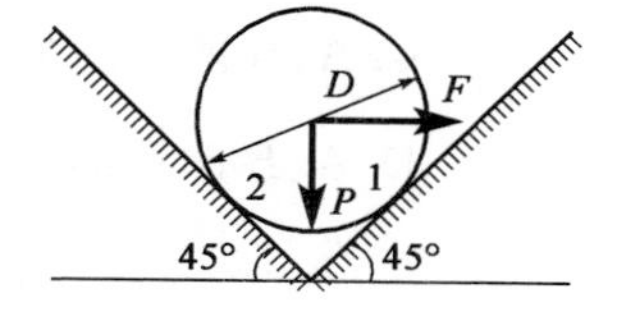

C. $F_{N2}=\dfrac{\sqrt{2}}{2}P$

D. $F_{N2}=\dfrac{\sqrt{2}}{2}(P+F)$

50. 如图所示，杆 AB 的 A 端置于光滑水平面上，AB 与水平面夹角为 30°，杆重力大小为 P，B 处有摩擦，则杆 AB 平衡时，B 处的摩擦力与 x 方向的夹角为：

A. 90°

B. 30°

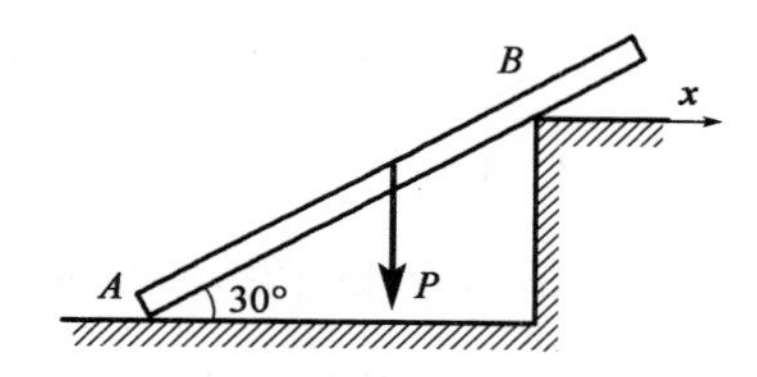

C. 60°

D. 45°

51. 点沿直线运动，其速度 $v=20t+5$，已知：当 $t=0$ 时，$x=5\text{m}$，则点的运动方程为：

A. $x=10t^2+5t+5$　　B. $x=20t+5$

C. $x=10t^2+5t$　　D. $x=20t^2+5t+5$

52. 杆 $OA=l$，绕固定轴 O 转动，某瞬时杆端 A 点的加速度 a 如图所示，则该瞬时杆 OA 的角速度及角加速度为：

A. $0,\ \dfrac{a}{l}$

B. $\sqrt{\dfrac{a}{l}}\ ,\ \dfrac{a}{l}$

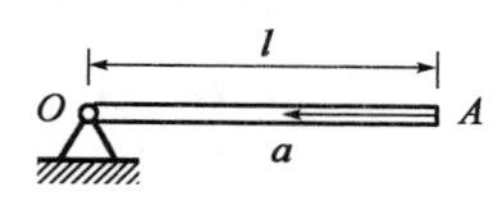

C. $\sqrt{\dfrac{a}{l}}\ ,0$

D. $0,\ \sqrt{\dfrac{a}{l}}$

53. 如图所示，一绳缠绕在半径为 r 的鼓轮上，绳端系一重物 M，重物 M 以速度 v 和加速度 a 向下运动，则绳上两点 A、D 和轮缘上两点 B、C 的加速度是：

A. A、B 两点的加速度相同，C、D 两点的加速度相同

B. A、B 两点的加速度不相同，C、D 两点的加速度不相同

C. A、B 两点的加速度相同，C、D 两点的加速度不相同

D. A、B 两点的加速度不相同，C、D 两点的加速度相同

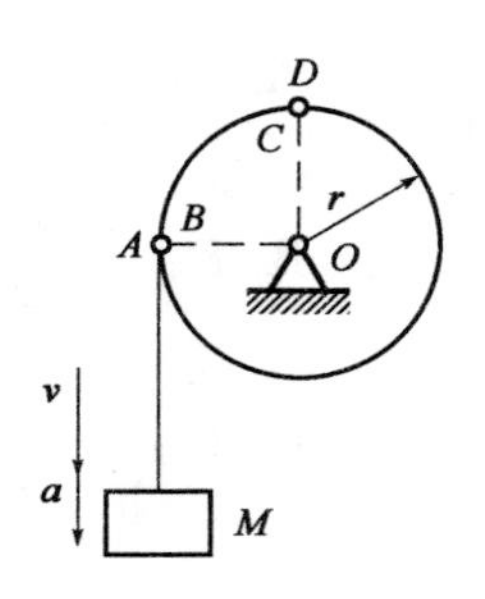

54. 汽车重力大小为 $W=2800\text{N}$，并以匀速 $v=10\text{m/s}$ 的行驶速度驶入刚性洼地底部，洼地底部的曲率半径 $\rho=5\text{m}$，取重力加速度 $g=10\text{m/s}^2$，则在此处地面给汽车约束力的大小为：

A. 5600N　　B. 2800N

C. 3360N　　D. 8400N

55. 图示均质圆轮，质量 m，半径 R，由挂在绳上的重力大小为 W 的物块使其绕 O 运动。设物块速度为 v，不计绳重，则系统动量、动能的大小为：

A. $\dfrac{W}{g}\cdot v$ ；$\dfrac{1}{2}\cdot\dfrac{v^2}{g}\left(\dfrac{1}{2}mg+W\right)$

B. mv ；$\dfrac{1}{2}\cdot\dfrac{v^2}{g}\left(\dfrac{1}{2}mg+W\right)$

C. $\dfrac{W}{g}\cdot v+mv$ ；$\dfrac{1}{2}\cdot\dfrac{v^2}{g}\left(\dfrac{1}{2}mg-W\right)$

D. $\dfrac{W}{g}\cdot v-mv$ ；$\dfrac{W}{g}\cdot v+mv$

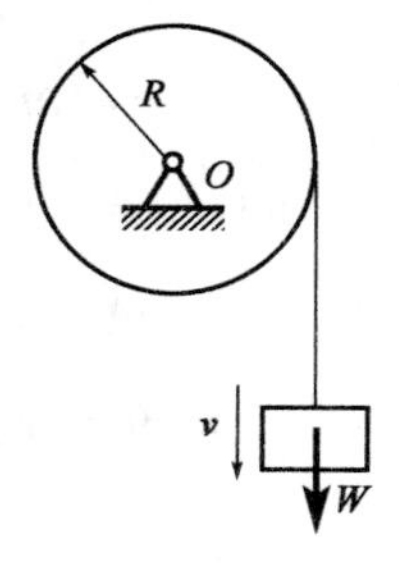

56. 边长为 L 的均质正方形平板，位于铅垂平面内并置于光滑水平面上，在微小扰动下，平板从图示位置开始倾倒，在倾倒过程中，其质心 C 的运动轨迹为：

A. 半径为 $L/\sqrt{2}$ 的圆弧

B. 抛物线

C. 铅垂直线

D. 椭圆曲线

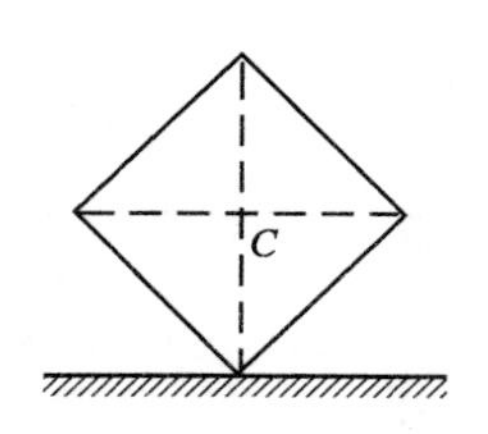

57. 如图所示，均质直杆 OA 的质量为 m，长为 l，以匀角速度 ω 绕 O 轴转动。此时将 OA 杆的惯性力系向 O 点简化，其惯性力主矢和惯性力主矩的大小分别为：

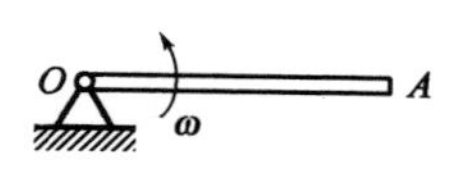

A. 0，0

B. $\frac{1}{2}ml\omega^2$，$\frac{1}{3}ml^2\omega^2$

C. $ml\omega^2$，$\frac{1}{2}ml^2\omega^2$

D. $\frac{1}{2}ml\omega^2$，0

58. 如图所示，重力大小为 W 的质点，由长为 l 的绳子连接，则单摆运动的固有频率为：

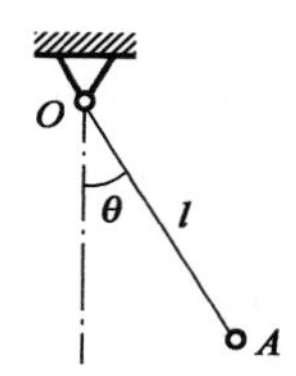

A. $\sqrt{\frac{g}{2l}}$

B. $\sqrt{\frac{W}{l}}$

C. $\sqrt{\frac{g}{l}}$

D. $\sqrt{\frac{2g}{l}}$

59. 已知拉杆横截面积 $A=100\text{mm}^2$，弹性模量 $E=200\text{GPa}$，横向变形系数 $\mu=0.3$，轴向拉力 $F=20\text{kN}$，则拉杆的横向应变 ε' 是：

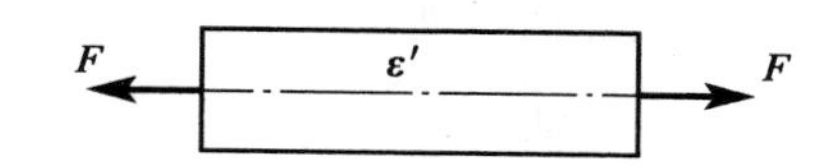

A. $\varepsilon'=0.3\times10^{-3}$

B. $\varepsilon'=-0.3\times10^{-3}$

C. $\varepsilon'=10^{-3}$

D. $\varepsilon'=-10^{-3}$

60. 图示两根相同的脆性材料等截面直杆，其中一根有沿横截面的微小裂纹。在承受图示拉伸荷载时，有微小裂纹的杆件的承载能力比没有裂纹杆件的承载能力明显降低，其主要原因是：

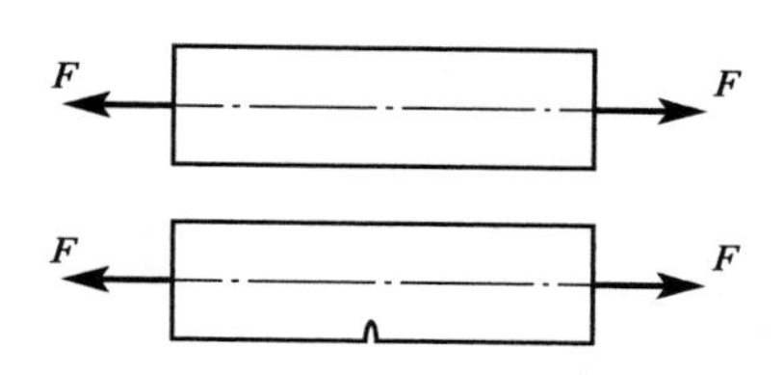

A. 横截面积小

B. 偏心拉伸

C. 应力集中

D. 稳定性差

61. 已知图示杆件的许用拉应力$[\sigma]=120\text{MPa}$，许用剪应力$[\tau]=90\text{MPa}$，许用挤压应力$[\sigma_{bs}]=240\text{MPa}$，则杆件的许用拉力$[P]$等于：

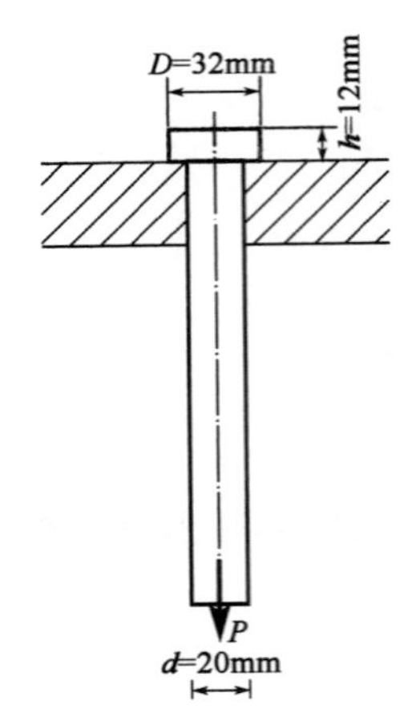

A. 18.8kN

B. 67.86kN

C. 117.6kN

D. 37.7kN

62. 如图所示，等截面传动轴，轴上安装 a、b、c 三个齿轮，其上的外力偶矩的大小和转向一定，但齿轮的位置可以调换。从受力的观点来看，齿轮 a 的位置应放置在下列选项中的何处？

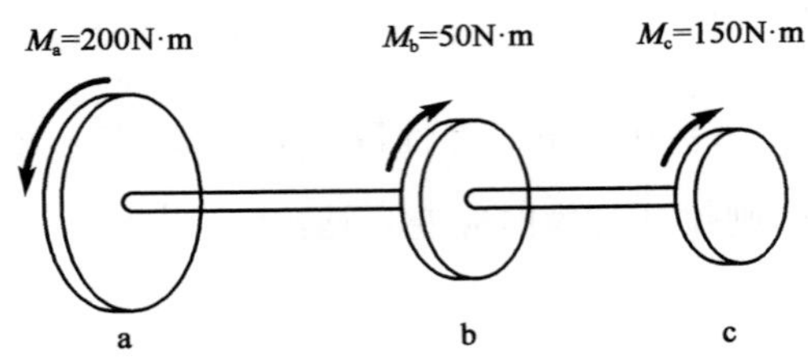

A. 任意处

B. 轴的最左端

C. 轴的最右端

D. 齿轮 b 与 c 之间

63. 梁 AB 的弯矩图如图所示，则梁上荷载 F、m 的值为：

A. $F=8\text{kN}, m=14\text{kN}\cdot\text{m}$

B. $F=8\text{kN}, m=6\text{kN}\cdot\text{m}$

C. $F=6\text{kN}, m=8\text{kN}\cdot\text{m}$

D. $F=6\text{kN}, m=14\text{kN}\cdot\text{m}$

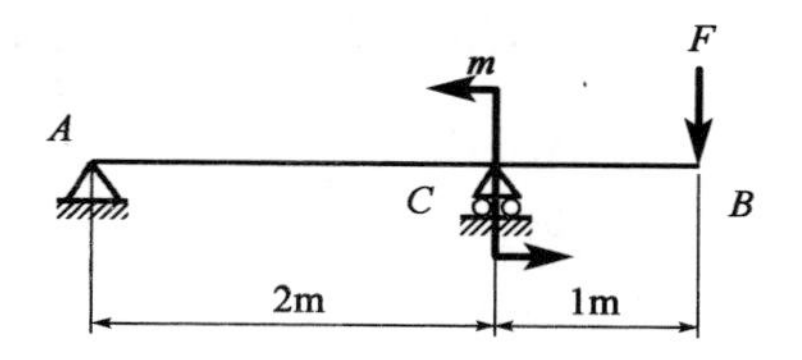

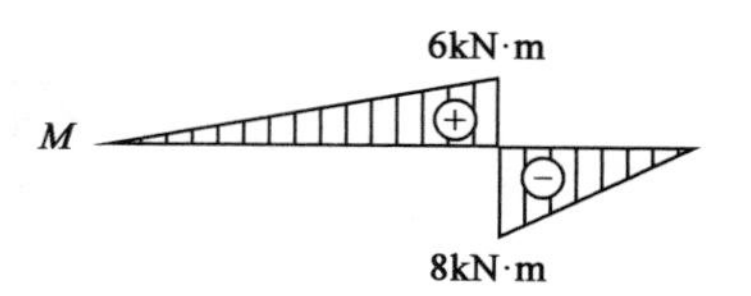

64. 悬臂梁 AB 由三根相同的矩形截面直杆胶合而成，材料的许用应力为$[\sigma]$，在力 F 的作用下，若胶合面完全开裂，接触面之间无摩擦力，假设开裂后三根杆的挠曲线相同，则开裂后的梁强度条件的承载能力是原来的：

A. 1/9

B. 1/3

C. 两者相同

D. 3 倍

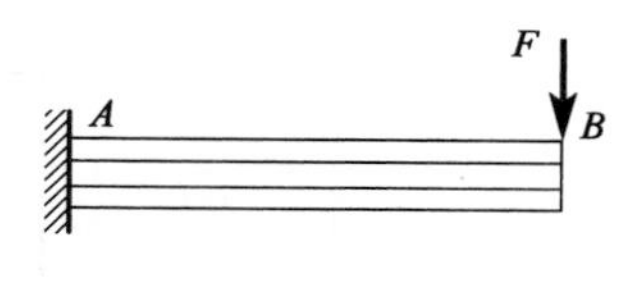

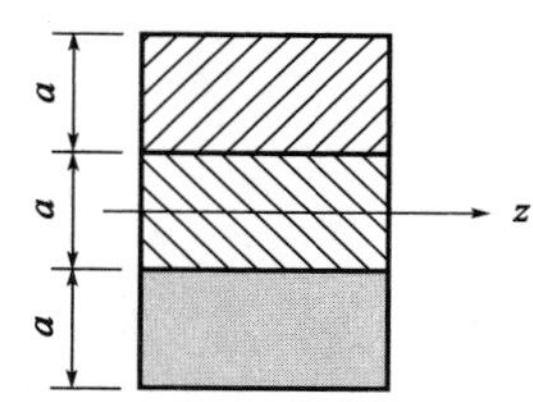

65. 梁的横截面为图示薄壁工字型，z 轴为截面中性轴，设截面上的剪力竖直向下，则该截面上的最大弯曲切应力在：

A. 翼缘的中性轴处 4 点

B. 腹板上缘延长线与翼缘相交处的 2 点

C. 左侧翼缘的上端 1 点

D. 腹板上边缘的 3 点

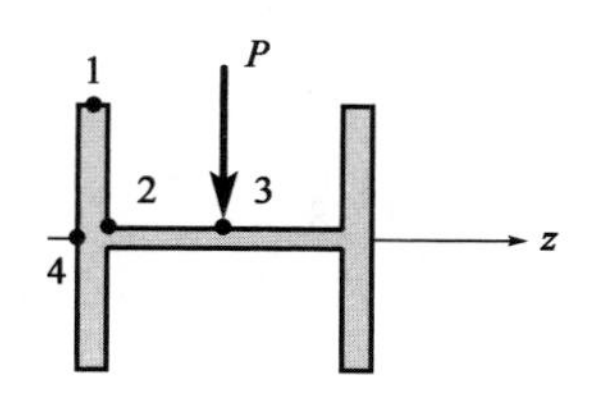

66. 图示悬臂梁自由端承受集中力偶 m_g。若梁的长度减少一半，梁的最大挠度是原来的：

A. 1/2

B. 1/4

C. 1/8

D. 1/16

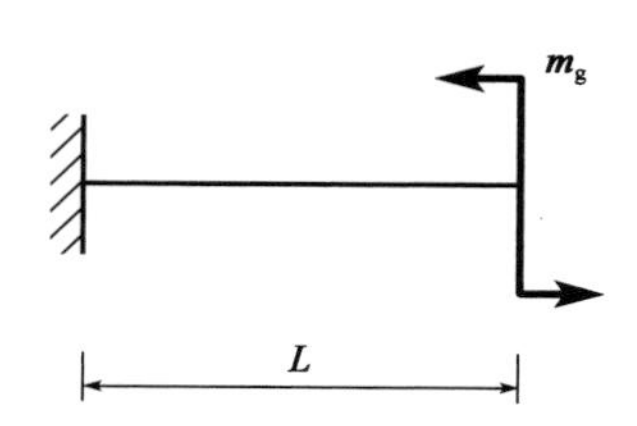

67. 矩形截面简支梁梁中点承受集中力 F，若 $h=2b$，若分别采用图 a)、b)两种方式放置，图 a)梁的最大挠度是图 b)的：

A. 1/2　　　　B. 2 倍

C. 4 倍　　　　D. 6 倍

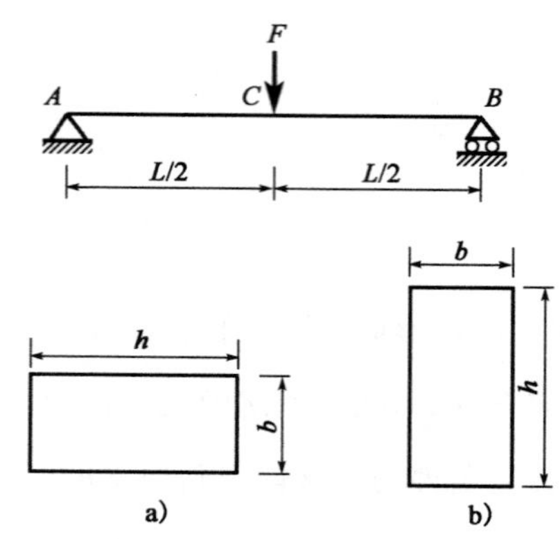

68. 已知图示单元体上的 $\sigma>\tau$，则按第三强度理论，其强度条件为：

A. $\sigma-\tau\leqslant[\sigma]$

B. $\sigma+\tau\leqslant[\sigma]$

C. $\sqrt{\sigma^2+4\tau^2}\leqslant[\sigma]$

D. $\sqrt{\left(\frac{\sigma}{2}\right)^2+\tau^2}\leqslant[\sigma]$

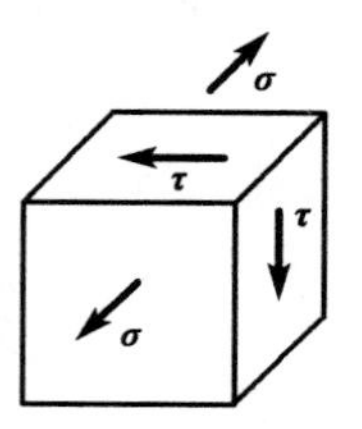

69. 图示矩形截面拉杆中间开一深为 $\frac{h}{2}$ 的缺口，与不开缺口时的拉杆相比（不计应力集中影响），杆内最大正应力是不开口时正应力的多少倍？

A. 2　　　　B. 4

C. 8　　　　D. 16

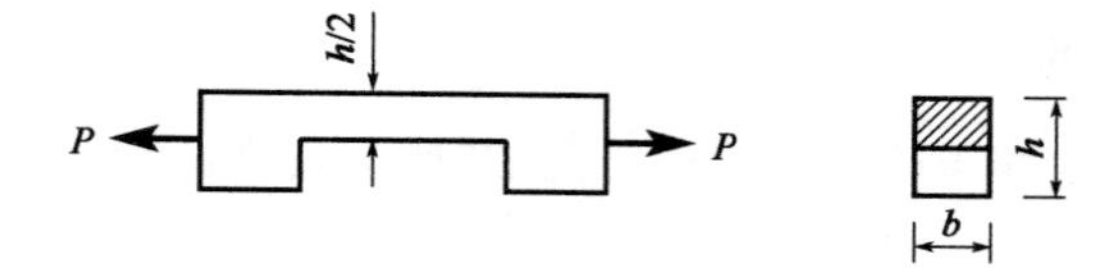

70. 一端固定另一端自由的细长(大柔度)压杆,长度为L(图a),当杆的长度减少一半时(图b),其临界载荷是原来的:

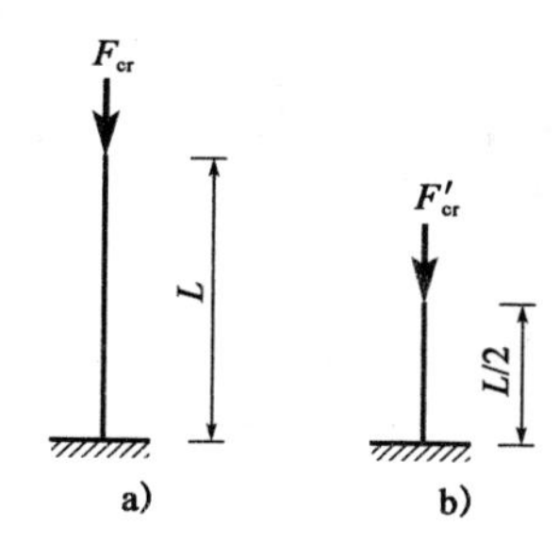

A. 4倍 B. 3倍

C. 2倍 D. 1倍

71. 水的运动黏性系数随温度的升高而:

A. 增大 B. 减小

C. 不变 D. 先减小然后增大

72. 密闭水箱如图所示,已知水深$h=1\text{m}$,自由面上的压强$p_0=90\text{kN/m}^2$,当地大气压$p_a=101\text{kN/m}^2$,则水箱底部A点的真空度为:

A. -1.2kN/m^2

B. 9.8kN/m^2

C. 1.2kN/m^2

D. -9.8kN/m^2

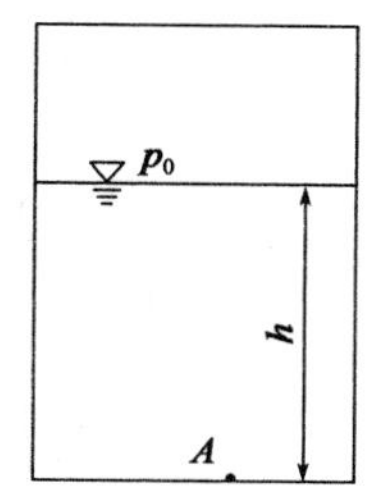

73. 关于流线,错误的说法是:

A. 流线不能相交

B. 流线可以是一条直线,也可以是光滑的曲线,但不可能是折线

C. 在恒定流中,流线与迹线重合

D. 流线表示不同时刻的流动趋势

74. 如图所示，两个水箱用两段不同直径的管道连接，1～3 管段长 $l_1=10\text{m}$，直径 $d_1=200\text{mm}$，$\lambda_1=0.019$；3～6 管段长 $l_2=10\text{m}$，直径 $d_2=100\text{mm}$，$\lambda_2=0.018$，管道中的局部管件：1 为入口（$\xi_1=0.5$）；2 和 5 为 90°弯头（$\xi_2=\xi_5=0.5$）；3 为渐缩管（$\xi_3=0.024$）；4 为闸阀（$\xi_4=0.5$）；6 为管道出口（$\xi_6=1$）。若输送流量为 40L/s，则两水箱水面高度差为：

A. 3.501m

B. 4.312m

C. 5.204m

D. 6.123m

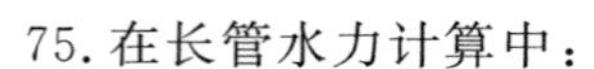

75. 在长管水力计算中：

A. 只有速度水头可忽略不计

B. 只有局部水头损失可忽略不计

C. 速度水头和局部水头损失均可忽略不计

D. 两断面的测压管水头差并不等于两断面间的沿程水头损失

76. 矩形排水沟，底宽 5m，水深 3m，则水力半径为：

A. 5m　　　　B. 3m

C. 1.36m　　　　D. 0.94m

77. 潜水完全井抽水量大小与相关物理量的关系是：

A. 与井半径成正比

B. 与井的影响半径成正比

C. 与含水层厚度成正比

D. 与土体渗透系数成正比

78. 合力 F、密度 ρ、长度 l、速度 v 组合的无量纲数是：

A. $\dfrac{F}{\rho v l}$　　　　B. $\dfrac{F}{\rho v^2 l}$

C. $\dfrac{F}{\rho v^2 l^2}$　　　　D. $\dfrac{F}{\rho v l^2}$

79. 由图示长直导线上的电流产生的磁场：

A. 方向与电流方向相同

B. 方向与电流方向相反

C. 顺时针方向环绕长直导线(自上向下俯视)

D. 逆时针方向环绕长直导线(自上向下俯视)

80. 已知电路如图所示，其中电流 I 等于：

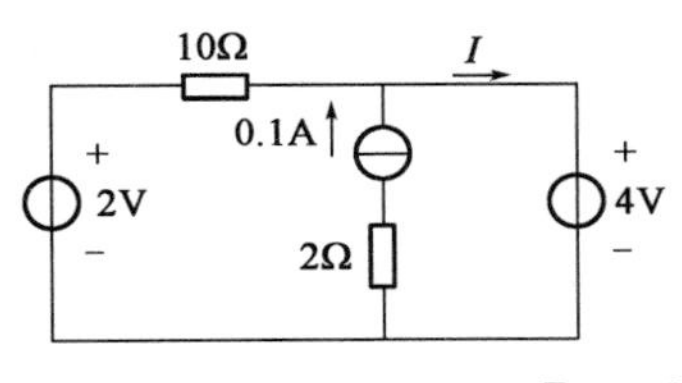

A. 0.1A　　B. 0.2A

C. −0.1A　　D. −0.2A

81. 已知电路如图所示，其中响应电流 I 在电流源单独作用时的分量为：

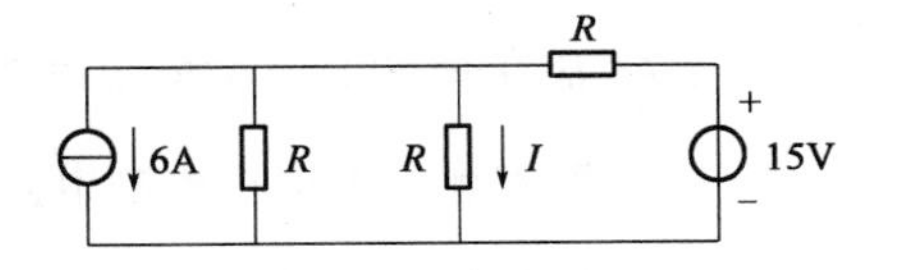

A. 因电阻 R 未知，故无法求出

B. 3A

C. 2A

D. −2A

82. 用电压表测量图示电路 $u(t)$ 和 $i(t)$ 的结果是 10V 和 0.2A，设电流 $i(t)$ 的初相位为 10°，电压与电流呈反相关系，则如下关系成立的是：

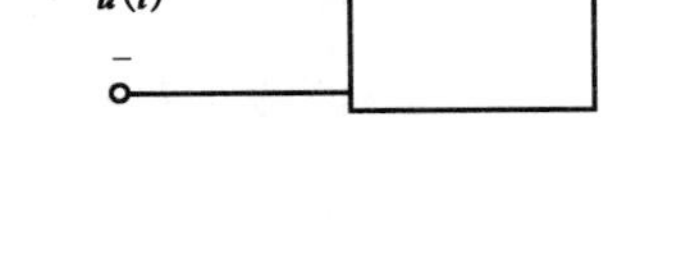

A. $\dot{U}=10\angle-10°$V

B. $\dot{U}=-10\angle-10°$V

C. $\dot{U}=10\sqrt{2}\angle-170°$V

D. $\dot{U}=10\angle-170°$V

83. 测得某交流电路的端电压 u 和电流 i 分别为 110V 和 1A，两者的相位差为 30°，则该电路的有功功率、无功功率和视在功率分别为：

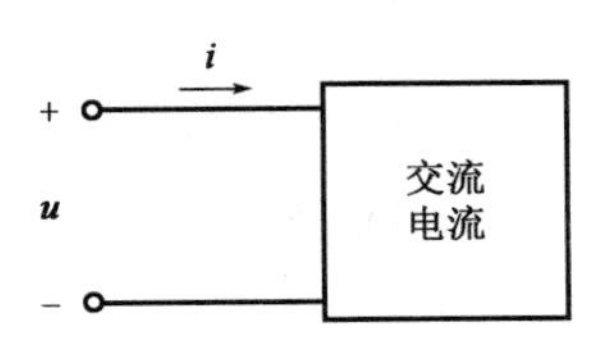

A. 95.3W，55var，110V・A

B. 55W，95.3var，110V・A

C. 110W，110var，110V・A

D. 95.3W，55var，150.3V・A

84. 已知电路如图所示，设开关在 $t=0$ 时刻断开，那么：

A. 电流 i_C 从 0 逐渐增长，再逐渐衰减为 0

B. 电压从 3V 逐渐衰减到 2V

C. 电压从 2V 逐渐增长到 3V

D. 时间常数 $\tau=4C$

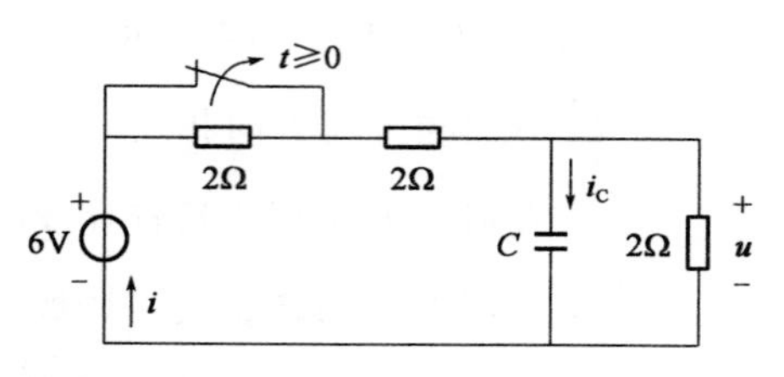

85. 图示变压器为理想变压器，且 $N_1=100$ 匝，若希望 $I_1=1\text{A}$ 时，$P_{R2}=40\text{W}$，则 N_2 应为：

A. 50 匝

B. 200 匝

C. 25 匝

D. 400 匝

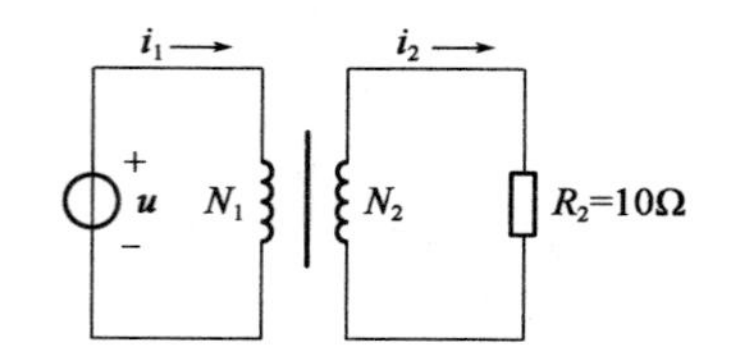

86. 为实现对电动机的过载保护，除了将热继电器的热元件串接在电动机的供电电路中外，还应将其：

A. 常开触点串接在控制电路中

B. 常闭触点串接在控制电路中

C. 常开触点串接在主电路中

D. 常闭触点串接在主电路中

87. 通过两种测量手段测得某管道中液体的压力和流量信号如图中曲线 1 和曲线 2 所示，由此可以说明：

A. 曲线 1 是压力的模拟信号

B. 曲线 2 是流量的模拟信号

C. 曲线 1 和曲线 2 均为模拟信号

D. 曲线 1 和曲线 2 均为连续信号

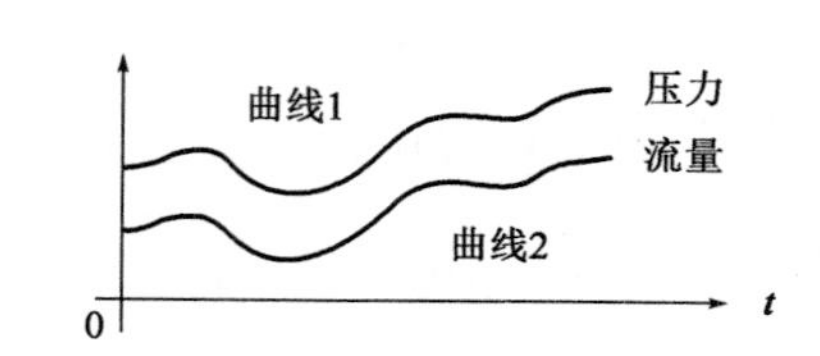

88. 设周期信号 $u(t)$ 的幅值频谱如图所示，则该信号：

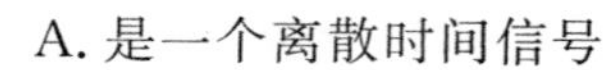
A. 是一个离散时间信号

B. 是一个连续时间信号

C. 在任意瞬间均取正值

D. 最大瞬时值为 1.5V

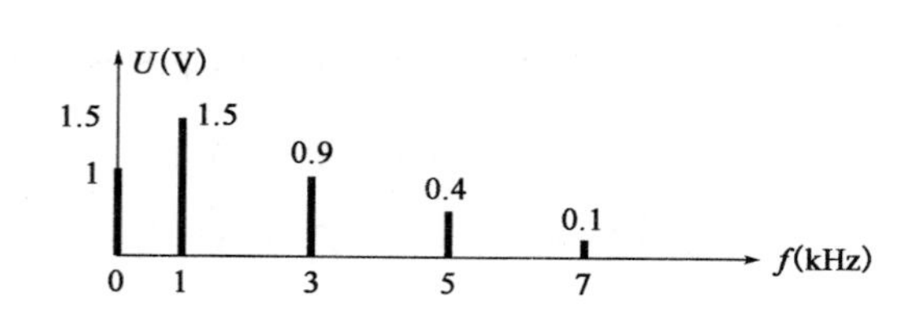

89. 设放大器的输入信号为 $u_1(t)$，放大器的幅频特性如图所示，令 $u_1(t)=\sqrt{2}u_1\sin2\pi ft$，且 $f>f_H$，则：

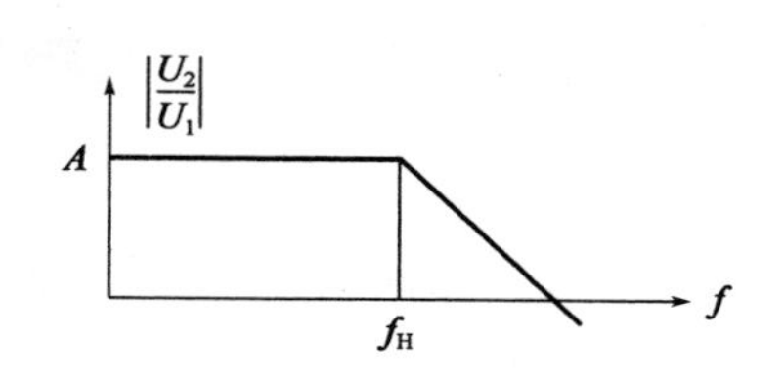

A. $u_2(t)$的出现频率失真

B. $u_2(t)$的有效值 $U_2=AU_1$

C. $u_2(t)$的有效值 $U_2<AU_1$

D. $u_2(t)$的有效值 $U_2>AU_1$

90. 对逻辑表达式 $AC+DC+\overline{AD}\cdot C$ 的化简结果是：

A. C

B. A+D+C

C. AC+DC

D. $\overline{A}+\overline{C}$

91. 已知数字信号 A 和数字信号 B 的波形如图所示，则数字信号 $F=\overline{A+B}$的波形为：

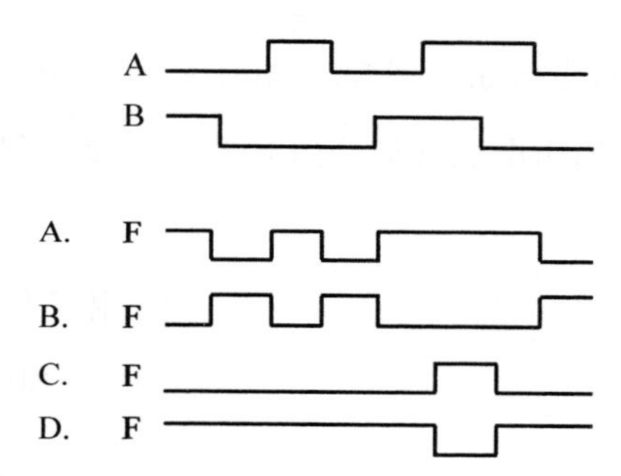

92. 十进制数字 88 的 BCD 码为：

A. 00010001

B. 10001000

C. 01100110

D. 01000100

93. 二极管应用电路如图 a)所示，电路的激励 u_f 如图 b)所示，设二极管为理想器件，则电路输出电压 u_o 的波形为：

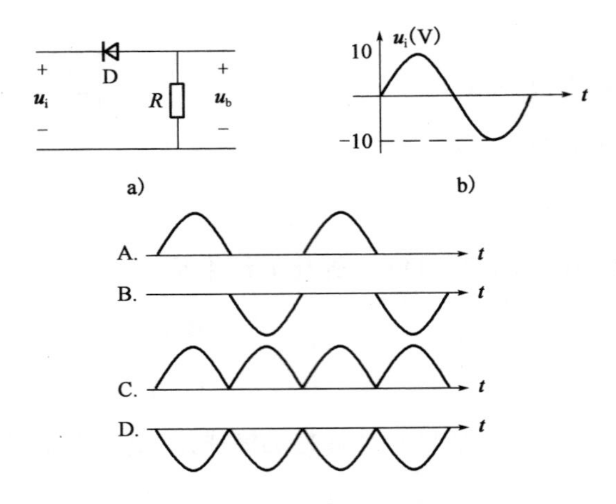

94. 图 a)所示的电路中，运算放大器输出电压的极限值为 $\pm U_{oM}$，当输入电压 $u_{i1}=1V$，$u_{i2}=2\sin at$ 时，输出电压波形如图 b)所示。如果将 u_{i1} 从 1V 调至 1.5V，将会使输出电压的：

A. 频率发生改变　　　　B. 幅度发生改变

C. 平均值升高　　　　　D. 平均值降低

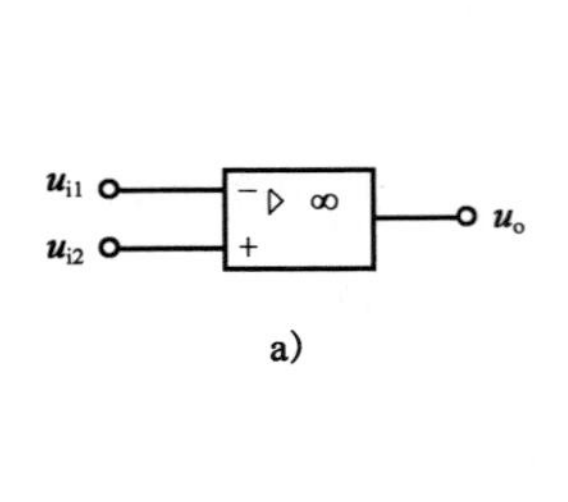

a)

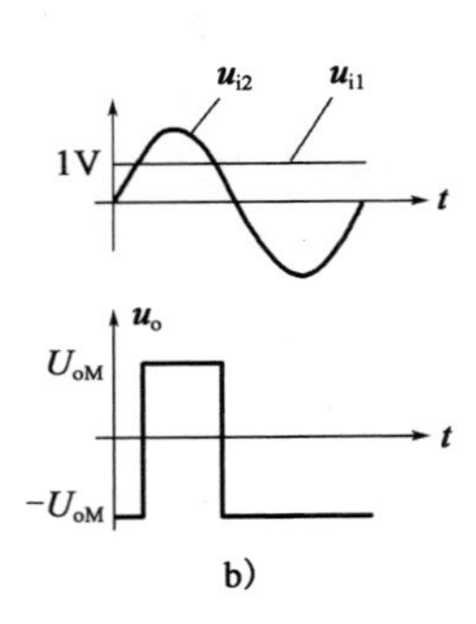

b)

95. 图 a)所示的电路中，复位信号 $\overline{R}_D$、信号 A 及时钟脉冲信号 cp 如图 b)所示，经分析可知，在第一个和第二个时钟脉冲的下降沿时刻，输出 Q 先后等于：

A. 0　0

B. 0　1

C. 1　0

D. 1　1

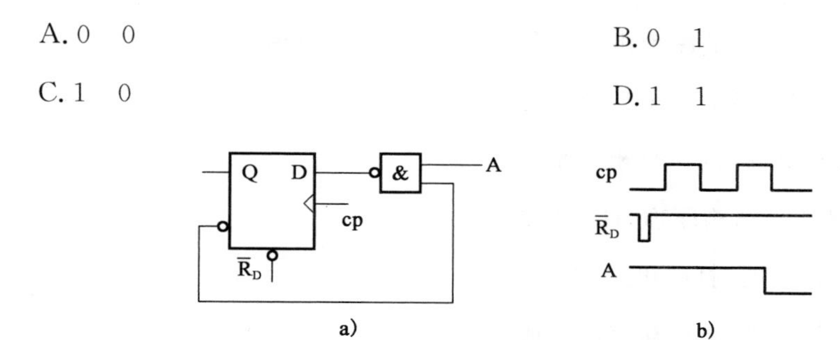

附：触发器的逻辑状态表为

D	Q_{n+1}
0	0
1	1

96. 图示时序逻辑电路是一个：

A. 左移寄存器

B. 右移寄存器

C. 异步三位二进制加法计数器

D. 同步六进制计数器

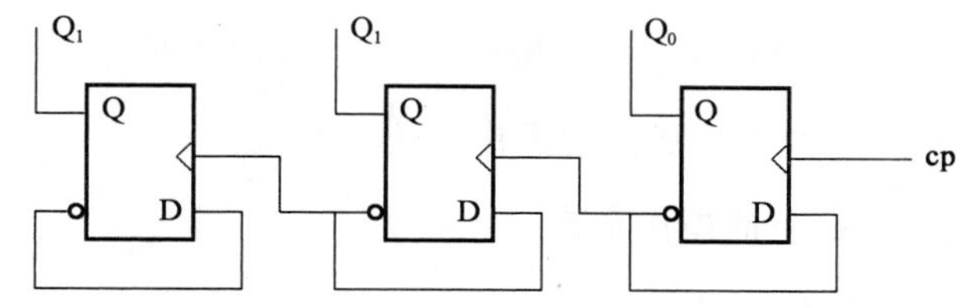

附：触发器的逻辑状态表为

D	Q_{n+1}
0	0
1	1

97. 计算机系统的内存存储器是：

A. 计算机软件系统的一个组成部分

B. 计算机硬件系统的一个组成部分

C. 隶属于外围设备的一个组成部分

D. 隶属于控制部件的一个组成部分

98. 根据冯·诺依曼结构原理，计算机的硬件由：

A. 运算器、存储器、打印机组成

B. 寄存器、存储器、硬盘存储器组成

C. 运算器、控制器、存储器、I/O 设备组成

D. CPU、显示器、键盘组成

99. 微处理器与存储器以及外围设备之间的数据传送操作通过：

A. 显示器和键盘进行

B. 总线进行

C. 输入/输出设备进行

D. 控制命令进行

100. 操作系统的随机性指的是：

A. 操作系统的运行操作是多层次的

B. 操作系统与单个用户程序共享系统资源

C. 操作系统的运行是在一个随机的环境中进行的

D. 在计算机系统中同时存在多个操作系统，且同时进行操作

101. Windows 2000 以及以后更新的操作系统版本是：

A. 一种单用户单任务的操作系统

B. 一种多任务的操作系统

C. 一种不支持虚拟存储器管理的操作系统

D. 一种不适用于商业用户的营组系统

102. 十进制的数 256.625，用八进制表示则是：

A. 412.5

B. 326.5

C. 418.8

D. 400.5

103. 计算机的信息数量的单位常用 kB、MB、GB、TB 表示，它们中表示信息数量最大的一个是：

A. kB

B. MB

C. GB

D. TB

104. 下列选项中，不是计算机病毒特点的是：

A. 非授权执行性、复制传播性

B. 感染性、寄生性

C. 潜伏性、破坏性、依附性

D. 人机共患性、细菌传播性

105. 按计算机网络作用范围的大小，可将网络划分为：

A. X.25 网、ATM 网

B. 广域网、有线网、无线网

C. 局域网、城域网、广域网

D. 环形网、星形网、树形网、混合网

106. 下列选项中不属于局域网拓扑结构的是：

A. 星形　　　　B. 互联形

C. 环形　　　　D. 总线型

107. 某项目借款 2000 万元，借款期限 3 年，年利率为 6%，若每半年计复利一次，则实际年利率会高出名义利率多少：

A. 0.16%　　　　B. 0.25%

C. 0.09%　　　　D. 0.06%

108. 某建设项目的建设期为 2 年，第一年贷款额为 400 万元，第二年贷款额为 800 万元，贷款在年内均衡发生，贷款年利率为 6%，建设期内不支付利息，则建设期贷款利息为：

A. 12 万元　　　　B. 48.72 万

C. 60 万元　　　　D. 60.72 万元

109. 某公司发行普通股筹资 8000 万元，筹资费率为 3%，第一年股利率为 10%，以后每年增长 5%，所得税率为 25%，则普通股资金成本为：

A. 7.73%　　　　B. 10.31%

C. 11.48%　　　　D. 15.31%

110. 某投资项目原始投资额为200万元，使用寿命为10年，预计净残值为零，已知该项目第10年的经营净现金流量为25万元，回收营运资金20万元，则该项目第10年的净现金流量为：

A. 20万元　　B. 25万元

C. 45万元　　D. 65万元

111. 以下关于社会折现率的说法中，不正确的是：

A. 社会折现率可用作经济内部收益率的判别基准

B. 社会折现率可用作衡量资金时间经济价值

C. 社会折现率可用作不同年份之间资金价值转化的折现率

D. 社会折现率不能反映资金占用的机会成本

112. 某项目在进行敏感性分析时，得到以下结论：产品价格下降10%，可使NPV=0；经营成本上升15%，NPV=0；寿命期缩短20%，NPV=0；投资增加25%，NPV=0。则下列因素中，最敏感的是：

A. 产品价格　　B. 经营成本

C. 寿命期　　D. 投资

113. 现有两个寿命期相同的互斥投资方案A和B，B方案的投资额和净现值都大于A方案，A方案的内部收益率为14%，B方案的内部收益率为15%，差额的内部收益率为13%，则使A、B两方案优劣相等时的基准收益率应为：

A. 13%　　B. 14%

C. 15%　　D. 13%至15%之间

114. 某产品共有五项功能F_1、F_2、F_3、F_4、F_5，用强制确定法确定零件功能评价体系时，其功能得分分别为3、5、4、1、2，则F_5的功能评价系数为：

A. 0.20　　B. 0.13　　C. 0.27　　D. 0.33

115. 根据《中华人民共和国建筑法》规定，施工企业可以将部分工程分包给其他具有相应资质的分包单位施工，下列情形中不违反有关承包的禁止性规定的是：

A. 建筑施工企业超越本企业资质等级许可的业务范围或者以任何形式用其他建筑施工企业的名义承揽工程

B. 承包单位将其承包的全部建筑工程转包给他人

C. 承包单位将其承包的全部建筑工程肢解以后以分包的名义分别转包给他人

D. 两个不同资质等级的承包单位联合共同承包

116. 根据《中华人民共和国安全生产法》规定，从业人员享有权利并承担义务，下列情形中属于从业人员履行义务的是：

A. 张某发现直接危及人身安全的紧急情况时禁止作业撤离现场

B. 李某发现事故隐患或者其他不安全因素，立即向现场安全生产管理人员或者本单位负责人报告

C. 王某对本单位安全生产工作中存在的问题提出批评、检举、控告

D. 赵某对本单位的安全生产工作提出建议

117. 某工程实行公开招标，招标文件规定，投标人提交投标文件截止时间为 3 月 22 日下午 5 点整。投标人 D 由于交通拥堵于 3 月 22 日下午 5 点 10 分送达投标文件，其后果是：

A. 投标保证金被没收

B. 招标人拒收该投标文件

C. 投标人提交的投标文件有效

D. 由评标委员会确定为废标

118. 在订立合同是显失公平的合同时，当事人可以请求人民法院撤销该合同，其行使撤销权的有效期限是：

A. 自知道或者应当知道撤销事由之日起五年内

B. 自撤销事由发生之日一年内

C. 自知道或者应当知道撤销事由之日起一年内

D. 自撤销事由发生之日五年内

119. 根据《建设工程质量管理条例》规定，下列有关建设工程质量保修的说法中，正确的是：

A. 建设工程的保修期，自工程移交之日起计算

B. 供冷系统在正常使用条件下，最低保修期限为 2 年

C. 供热系统在正常使用条件下，最低保修期限为 2 年采暖期

D. 建设工程承包单位向建设单位提交竣工结算资料时，应当出具质量保修书

120. 根据《建设工程安全生产管理条例》规定，建设单位确定建设工程安全作业环境及安全施工措施所需费用的时间是：

A. 编制工程概算时　　B. 编制设计预算时

C. 编制施工预算时　　D. 编制投资估算时

2017 年度全国勘察设计注册工程师执业资格考试基础考试(上)
试题解析及参考答案

1. **解** 本题考查分段函数的连续性问题，重点考查在分界点处的连续性。

要求在分界点处函数的左右极限存在且相等并且等于该点的函数值：

$$\lim_{x\to 1}\frac{x\ln x}{1-x}\overset{\frac{0}{0}\text{型}}{=\!=}\lim_{x\to 1}\frac{(x\ln x)'}{(1-x)'}=\lim_{x\to 1}\frac{1\cdot\ln x+x\cdot\frac{1}{x}}{-1}=-1$$

而$\lim_{x\to 1}\frac{x\ln x}{1-x}=f(1)=a\Rightarrow a=-1$

答案:C

2. **解** 本题考查复合函数在定义域内的性质。

函数 $\sin\frac{1}{x}$的定义域为$(-\infty,0)$,$(0,+\infty)$，它是由函数 $y=\sin t$，$t=\frac{1}{x}$ 复合而成的，当 x 在$(-\infty,0)$,$(0,+\infty)$变化时，t 在$(-\infty,+\infty)$内变化，函数 $y=\sin t$ 的值域为$[-1,1]$，所以函数 $y=\sin\frac{1}{x}$是有界函数。

答案:A

3. **解** 本题考查空间向量的相关性质，注意“点乘”和“叉乘”对向量运算的几何意义。

选项 A、C 中，$|\boldsymbol{\alpha}\times\boldsymbol{\beta}|=|\boldsymbol{\alpha}|\cdot|\boldsymbol{\beta}|\cdot\sin(\boldsymbol{\alpha},\boldsymbol{\beta})$，若 $\boldsymbol{\alpha}\times\boldsymbol{\beta}=\boldsymbol{0}$，且 $\boldsymbol{\alpha},\boldsymbol{\beta}$ 非零，则有 $\sin(\boldsymbol{\alpha},\boldsymbol{\beta})=0$，故 $\boldsymbol{\alpha}/\!/\boldsymbol{\beta}$，选项 A 错误，C 正确。

选项 B 中，$\boldsymbol{\alpha}\cdot\boldsymbol{\beta}=|\boldsymbol{\alpha}|\cdot|\boldsymbol{\beta}|\cdot\cos(\boldsymbol{\alpha},\boldsymbol{\beta})$，若 $\boldsymbol{\alpha}\cdot\boldsymbol{\beta}=0$，且 $\boldsymbol{\alpha},\boldsymbol{\beta}$ 非零，则有 $\cos(\boldsymbol{\alpha},\boldsymbol{\beta})=0$，故 $\boldsymbol{\alpha}\perp\boldsymbol{\beta}$，选项 B 错误。

选项 D 中，若 $\boldsymbol{\alpha}=\lambda\boldsymbol{\beta}$，则 $\boldsymbol{\alpha}/\!/\boldsymbol{\beta}$，此时 $\boldsymbol{\alpha}\cdot\boldsymbol{\beta}=\lambda\boldsymbol{\beta}\cdot\boldsymbol{\beta}=\lambda|\boldsymbol{\beta}||\boldsymbol{\beta}|\cos 0°\neq 0$，选项 D 错误。

答案:C

4. **解** 本题考查一阶线性微分方程的特解形式，本题采用公式法和代入法均能得到结果。

方法 1:公式法，一阶线性微分方程的一般形式为：$y'+P(x)y=Q(x)$

其通解为 $y=e^{-\int P(x)\mathrm{d}x}\left[\int Q(x)e^{\int P(x)\mathrm{d}x}\mathrm{d}x+C\right]$

本题中，$P(x)=-1$，$Q(x)=0$，有 $y=e^{-\int -1\mathrm{d}x}[0+C]=Ce^{x}$

由 $y(0)=2\Rightarrow Ce^{0}=2$，即 $C=2$，故 $y=2e^{x}$

方法2:利用可分离变量方程计算。

方法3:代入法,将选项A中$y=2e^{-x}$代入$y'-y=0$中,不满足方程。同理,选项C、D也不满足。

答案:B

5. **解**　本题考查变限定积分求导的问题。

对于下限有变量的定积分求导,可先转化为上限有变量的定积分求导问题,注意交换上下限的位置之后,增加一个负号,再利用公式即可:

$$f(x)=\int_x^2 \sqrt{5+t^2}\,\mathrm{d}t=-\int_2^x \sqrt{5+t^2}\,\mathrm{d}t$$

$$f'(x)=-\sqrt{5+x^2}$$

$$f'(1)=-\sqrt{6}$$

答案:D

6. **解**　本题考查隐函数求导的问题。

方法1:方程两边对x求导,注意y是x的函数:

$$e^y+xy=e$$

$$(e^y)'+(xy)'=e'$$

$$(e^y+x)y'=-y$$

解出$y'=\dfrac{-y}{x+e^y}$

当$x=0$时,有$e^y=e\Rightarrow y=1,y'(0)=-\dfrac{1}{e}$

方法2:利用二元方程确定的隐函数导数的计算方法计算。

$$e^y+xy=e,e^y+xy-e=0$$

设$F(x,y)=e^y+xy-e$

$$F'_y(x,y)=e^y+x,F'_x(x,y)=y$$

所以$\dfrac{\mathrm{d}y}{\mathrm{d}x}=-\dfrac{F'_x(x,y)}{F'_y(x,y)}=-\dfrac{y}{e^y+x}$

当$x=0$时,$y=1$,代入得

$$\left.\frac{\mathrm{d}y}{\mathrm{d}x}\right|_{x=0}=-\frac{1}{e}$$

注:本题易错选B项,选B则是没有看清题意,题中所求是$y'(0)$而并非$y'(x)$。

答案:D

7.**解**　本题考查不定积分的相关内容。

已知$\int f(x)\mathrm{d}x=\ln x+C$,可知$f(x)=\dfrac{1}{x}$

则$f(\cos x)=\dfrac{1}{\cos x}$,即$\int \cos x f(\cos x)\mathrm{d}x=\int \cos x\cdot\dfrac{1}{\cos x}\mathrm{d}x=x+C$

注:本题不适合采用凑微分的形式。

答案:B

8.**解**　本题考查多元函数微分学的概念性问题,涉及多元函数偏导数与多元函数连续等概念,需记忆下图的关系式方可快速解答:

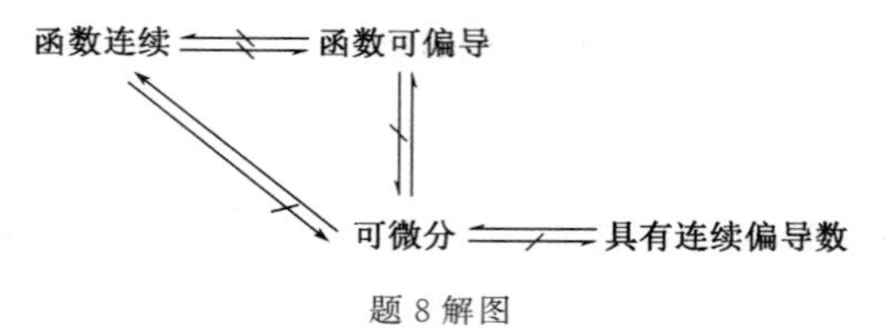

题8解图

$f(x,y)$在点$P_0(x_0,y_0)$有一阶偏导数,不能推出$f(x,y)$在$P_0(x_0,y_0)$连续。

同样,$f(x,y)$在$P_0(x_0,y_0)$连续,不能推出$f(x,y)$在$P_0(x_0,y_0)$有一阶偏导数。

可知,函数可偏导与函数连续之间的关系是不能相互导出的。

答案:D

9.**解**　本题考查空间解析几何中对称直线方程的概念。

对称式直线方程的特点是连等号的存在,故而选项A和C可直接排除,且选项A和C并不是直线的表达式。由于所求直线平行于z轴,取z轴的方向向量为所求直线的方向向量。

$\vec{S}_{z轴}=\{0,0,1\}$,$M_0(-1,-2,3)$

利用点向式写出对称式方程:

$$\frac{x+1}{0}=\frac{y+2}{0}=\frac{z-3}{1}$$

答案:D

10.本题考查定积分的计算。对于定积分的计算,首选凑微分和分部积分。

对本题,观察分子中有$\dfrac{1}{x}$,而$\left(\dfrac{1}{x}\right)'=-\dfrac{1}{x^2}$,故适合采用凑微分解答:

原式$=\int_1^2-\left(1-\dfrac{1}{x}\right)\mathrm{d}\left(\dfrac{1}{x}\right)=\int_1^2\left(\dfrac{1}{x}-1\right)\mathrm{d}\left(\dfrac{1}{x}\right)=\int_1^2\dfrac{1}{x}\mathrm{d}\left(\dfrac{1}{x}\right)-\int_1^2 1\mathrm{d}\left(\dfrac{1}{x}\right)$

$$=\frac{1}{2}\left(\frac{1}{x}\right)^2\Big|_1^2-\frac{1}{x}\Big|_1^2=\frac{1}{8}$$

答案:C

11. **解** 本题考查了三角函数的基本性质,可以采用求导的方法直接求出。

方法 1: $f(x)=\sin\left(x+\frac{\pi}{2}+\pi\right)=-\cos x$

$x\in[-\pi,\pi]$

$f'(x)=\sin x$,$f'(x)=0$,即 $\sin x=0$,$x=0,-\pi,\pi$ 为驻点

则 $f(0)=-\cos 0=-1$,$f(-\pi)=-\cos(-\pi)=1$,$f(\pi)=-\cos\pi=1$

所以 $x=0$,函数取得最小值,最小值点 $x_0=0$

方法 2:通过作图,可以看出在$[-\pi,\pi]$上的最小值点 $x_0=0$。

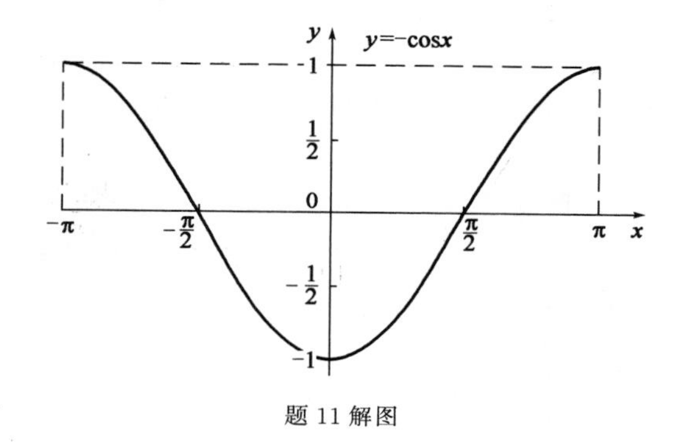

题 11 解图

答案:B

12. **解** 本题考查参数方程形式的对坐标的曲线积分(也称第二类曲线积分),注意绕行方向为顺时针。

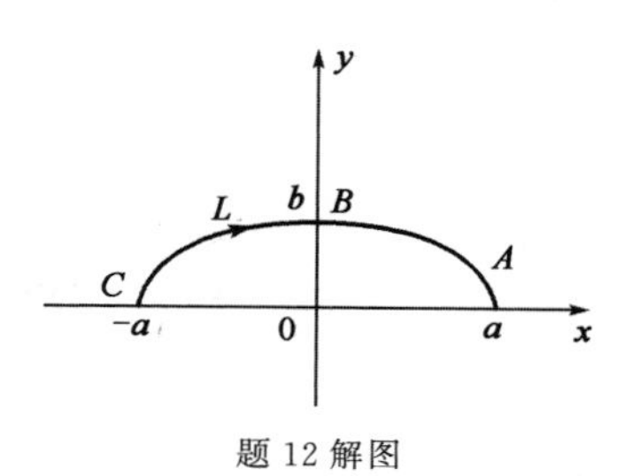

题 12 解图

如解图所示,上半椭圆 ABC 是由参数方程$\begin{cases}x=a\cos\theta\\y=b\sin\theta\end{cases}$ $(a>0,b>0)$画出的。本题积分路径 L 为沿上半椭圆顺时针方向,从 C 到 B,再到 A,θ 变化范围由 π 变化到 0,具体计算可由方程 $x=a\cos\theta$ 得到。起点为 $C(-a,0)$,把 $-a$ 代入方程中的 x,得$\theta=\pi$。终点为 $A(a,0)$,把 a 代入方程中的 x,得 $\theta=0$,因此参数 θ 的变化为从 $\theta=\pi$ 变化到 $\theta=0$,

即θ:$\pi\to 0$。

由 $x=a\cos\theta$ 可知，$dx=-a\sin\theta d\theta$，因此原式有：

$$\int_L y^2 dx=\int_\pi^0(b\sin\theta)^2(-a\sin\theta)d\theta=\int_0^\pi ab^2\sin^3\theta d\theta=ab^2\int_0^\pi\sin^2\theta d(-\cos\theta)$$

$$=-ab^2\int_0^\pi(1-\cos^2\theta)d(\cos\theta)=\frac{4}{3}ab^2$$

注：对坐标的曲线积分应注意积分路径的方向，然后写出积分变量的上下限，本题若取逆时针为绕行方向，则 θ 的范围应从 0 到 π。简单作图即可观察和验证。

答案：B

13.**解** 本题考查级数收敛的充分条件。

注意本题有$(-1)^n$，显然$\sum\limits_{n=1}^{\infty}\frac{(-1)^n}{a_n}(a_n>0)$是一个交错级数。

交错级数收敛，即$\sum\limits_{n=1}^{\infty}(-1)^n a_n$ 只要满足：①$a_n>a_{n+1}$，②$a_n\to 0(n\to\infty)$即可。

在选项 D 中，已知 a_n 单调递增，即 $a_n<a_{n+1}$，所以$\frac{1}{a_n}>\frac{1}{a_{n+1}}$

又知$\lim\limits_{n\to\infty}a_n=+\infty$，所以$\lim\limits_{n\to\infty}\frac{1}{a_n}=0$

故级数$\sum\limits_{n=1}^{\infty}\frac{(-1)^n}{a_n}(a_n>0)$收敛

其他选项均不符合交错级数收敛的判别方法。

答案：D

14.**解** 本题考查函数拐点的求法。

求解函数拐点即求函数的二阶导数为 0 的点，因此有：

$$f'(x)=e^{-x}-xe^{-x}$$

$$f''(x)=xe^{-x}-2e^{-x}=(x-2)e^{-x}$$

令 $f''(x)=0$，解出 $x=2$

当 $x\in(-\infty,2)$时，$f''(x)<0$

当 $x\in(2,+\infty)$时，$f''(x)>0$

所以拐点为$(2,2e^{-2})$

答案：A

15.**解** 本题考查二阶常系数线性非齐次方程的特解问题。

严格说来本题有点超纲，大纲要求是求解二阶常系数线性齐次微分方程，对于非齐次方程并不做要求。因此本题可采用代入法求解，考虑到 $e^x=(e^x)'=(e^x)''$，观察各选项，易知选项 C 符合要求。

具体解析过程如下：

$y''+y'+y=e^x$ 对应的齐次方程为 $y''+y'+y=0$

$r^2+r+1=0 \Rightarrow r_{1,2}=\dfrac{-1\pm\sqrt{3}i}{2}$

所以 $\lambda=1$ 不是特征方程的根

设二阶非齐次线性方程的特解 $y^*=Ax^0e^x=Ae^x$

$(y^*)'=Ae^x,(y^*)''=Ae^x$

代入，得 $Ae^x+Ae^x+Ae^x=e^x$

$3Ae^x=e^x,3A=1,A=\dfrac{1}{3}$，所以特解为 $y^*=\dfrac{1}{3}e^x$

答案：C

16.**解**　本题考查二重积分在极坐标下的运算规则。

注意到在二重积分的极坐标中有 $x=r\cos\theta,y=r\sin\theta$，故 $x^2+y^2=r^2$，因此对于圆域有 $0\leqslant r^2\leqslant 1$，也即 $r:0\to 1$，整个圆域范围内有 $\theta:0\to 2\pi$，如解图所示，同时注意二重积分中面积元素 $\mathrm{d}x\mathrm{d}y=r\mathrm{d}r\mathrm{d}\theta$，故：

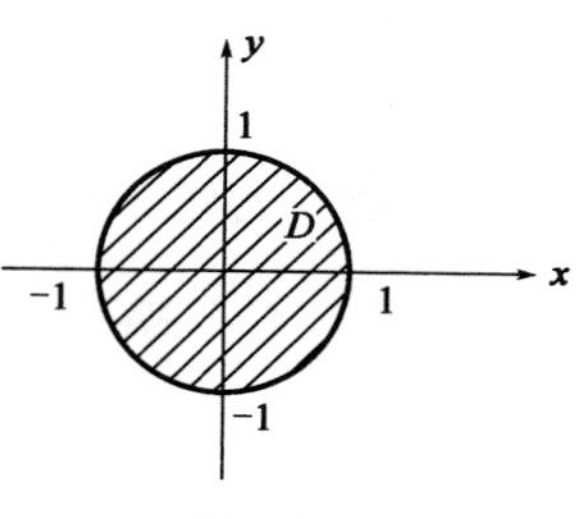

题 16 解图

$$\iint_D \frac{\mathrm{d}x\mathrm{d}y}{1+x^2+y^2}=\int_0^{2\pi}\mathrm{d}\theta\int_0^1\frac{1}{1+r^2}r\mathrm{d}r \xrightarrow[\text{对 } r \text{ 凑微分}]{\theta \text{ 和 } r \text{ 无关直接积分，}} 2\pi\int_0^1\frac{1}{2}\frac{1}{1+r^2}\mathrm{d}(1+r^2)$$

$$=\pi\ln(1+r^2)\Big|_0^1=\pi\ln 2$$

答案：D

17.**解**　本题考查幂级数的和函数的基本运算。

级数 $\sum\limits_{n=1}^{\infty}\dfrac{x^n}{n!}=\dfrac{x}{1!}+\dfrac{x^2}{2!}+\dfrac{x^3}{3!}+\cdots+\dfrac{x^n}{n!}+\cdots$

已知 $e^x=1+\dfrac{x}{1!}+\dfrac{x^2}{2!}+\cdots+\dfrac{x^n}{n!}+\cdots\quad(-\infty,+\infty)$

所以级数 $\sum\limits_{n=1}^{\infty}\dfrac{x^n}{n!}$ 的和函数 $S(x)=e^x-1$

注：考试中常见的幂级数展开式有：

$\dfrac{1}{1-x}=1+x+x^2+\cdots+x^k+\cdots=\sum\limits_{k=0}^{\infty}x^k,|x|<1$

$$\frac{1}{1+x}=1-x+x^2-\cdots+(-1)^k x^k+\cdots=\sum_{k=0}^{\infty}(-1)^k x^k, |x|<1$$

$$e^x=1+x+\frac{x^2}{2!}+\cdots+\frac{x^k}{k!}+\cdots=\sum_{k=0}^{\infty}\frac{x^k}{k!},(-\infty,+\infty)$$

答案:C

18. **解**　本题考查多元抽象函数偏导数的运算,及多元复合函数偏导数的计算方法。

$$z=y\varphi\left(\frac{x}{y}\right)$$

$$\frac{\partial z}{\partial x}=y\cdot\varphi'\left(\frac{x}{y}\right)\cdot\frac{1}{y}=\varphi'\left(\frac{x}{y}\right)$$

$$\frac{\partial^2 z}{\partial x\partial y}=\varphi''\left(\frac{x}{y}\right)\cdot\left(\frac{x}{y}\right)'=\varphi''\left(\frac{x}{y}\right)\cdot\left(\frac{x}{-y^2}\right)$$

注:复合函数的链式法则为 $f'(g(x))=f'\cdot g'$,读者应注意题目中同时含有抽象函数与具体函数的求导规则,抽象函数求导就直接加一撇,具体函数求导则利用求导公式。

答案:B

19. **解**　本题考查可逆矩阵的相关知识。

方法 1:利用初等行变换求解如下:

由 $[\boldsymbol{A} \mid \boldsymbol{E}]\xrightarrow{\text{初等行变换}}[\boldsymbol{E} \mid \boldsymbol{A}^{-1}]$

得:$\left[\begin{array}{ccc|ccc}0&0&-2&1&0&0\\0&3&0&0&1&0\\1&0&0&0&0&1\end{array}\right]\xrightarrow{r_1\leftrightarrow r_2}\left[\begin{array}{ccc|ccc}1&0&0&0&0&1\\0&3&0&0&1&0\\0&0&-2&1&0&0\end{array}\right]\xrightarrow{\frac{1}{3}r_2,-\frac{1}{2}r_3}$

$$\left[\begin{array}{ccc|ccc}1&0&0&0&0&1\\0&1&0&0&\frac{1}{3}&0\\0&0&1&-\frac{1}{2}&0&0\end{array}\right]$$

故 $\boldsymbol{A}^{-1}=\begin{bmatrix}0&0&1\\0&\frac{1}{3}&0\\-\frac{1}{2}&0&0\end{bmatrix}$

方法 2:逐项代入法,与矩阵 $\boldsymbol{A}$ 乘积等于 $\boldsymbol{E}$,即为正确答案。验证选项 C,计算过程如下:

$$\begin{bmatrix}0&0&-2\\0&3&0\\1&0&0\end{bmatrix}\begin{bmatrix}0&0&1\\0&\frac{1}{3}&0\\-\frac{1}{2}&0&0\end{bmatrix}=\begin{bmatrix}1&0&0\\0&1&0\\0&0&1\end{bmatrix}$$

方法3:利用求逆矩阵公式:

$$\boldsymbol{A}^{-1}=\frac{\boldsymbol{A}^*}{|\boldsymbol{A}|}=\frac{1}{|\boldsymbol{A}|}\begin{bmatrix}A_{11} & A_{21} & A_{31}\\ A_{12} & A_{22} & A_{32}\\ A_{13} & A_{23} & A_{33}\end{bmatrix}$$

答案:C

20.**解**　本题考查线性齐次方程组解的基本知识,矩阵的秩和矩阵列向量组的线性相关性。

方法1:

$\boldsymbol{Ax}=0$ 有非零解 $\Longleftrightarrow R(\boldsymbol{A})<n \Longleftrightarrow \boldsymbol{A}$ 的列向量组线性相关 $\Longleftrightarrow$ 至少有一个列向量是其余列向量的线性组合。

方法2:

举反例:$\boldsymbol{A}=\begin{bmatrix}1 & 0 & 0\\ 0 & 1 & 1\\ 0 & 0 & 0\end{bmatrix}$,齐次方程组 $\boldsymbol{Ax}=0$ 就有无穷多解,因为 $R(\boldsymbol{A})=2<3$,然而矩阵中第一列和第二列线性无关,选项A错。第二列和第三列线性相关,选项B错。第一列不是第二列、第三列的线性组合,选项C错。

答案:D

21.**解**　本题考查实对称阵的特征值与特征向量的相关知识。

已知重要结论:实对称矩阵属于不同特征值的特征向量必然正交。

方法1:

设对应 $\lambda_1=6$ 的特征向量 $\boldsymbol{\xi}_1=(x_1\quad x_2\quad x_3)^T$,由于 $\boldsymbol{A}$ 是实对称矩阵,故 $\boldsymbol{\xi}_1^{\mathrm{T}}\cdot\boldsymbol{\xi}_2=0$,$\boldsymbol{\xi}_1^{\mathrm{T}}\cdot\boldsymbol{\xi}_3=0$,即

$$\begin{cases}(x_1\quad x_2\quad x_3)\begin{bmatrix}-1\\ 0\\ 1\end{bmatrix}=0\\ (x_1\quad x_2\quad x_3)\begin{bmatrix}1\\ 2\\ 1\end{bmatrix}=0\end{cases}\Rightarrow\begin{cases}-x_1+x_3=0\\ x_1+2x_2+x_3=0\end{cases}$$

$$\begin{bmatrix}-1 & 0 & 1\\ 1 & 2 & 1\end{bmatrix}\to\begin{bmatrix}1 & 0 & -1\\ 1 & 2 & 1\end{bmatrix}\to\begin{bmatrix}1 & 0 & -1\\ 0 & 2 & 2\end{bmatrix}\to\begin{bmatrix}1 & 0 & -1\\ 0 & 1 & 1\end{bmatrix}$$

该同解方程组为 $\begin{cases}x_1-x_3=0\\ x_2+x_3=0\end{cases}\Rightarrow\begin{cases}x_1=x_3\\ x_2=-x_3\end{cases}$

当 $x_3=1$ 时，$x_1=1, x_2=-1$

方程组的基础解系 $\boldsymbol{\xi}=(1 \quad -1 \quad 1)^{\mathrm{T}}$，取 $\boldsymbol{\xi}_1=(1 \quad -1 \quad 1)^{\mathrm{T}}$

方法 2：

采用代入法，对四个选项进行验证，对于选项 A：

$$(1 \quad -1 \quad 1)\begin{bmatrix}-1\\0\\1\end{bmatrix}=0,(1 \quad -1 \quad 1)\begin{bmatrix}1\\2\\1\end{bmatrix}=0，可知正确。$$

答案：A

22. **解**　$A(\overline{B \cup C})=A\overline{B}\,\overline{C}$ 可能发生，选项 A 错。

$A(\overline{A \cup B \cup C})=A\overline{A}\,\overline{B}\,\overline{C}=\varnothing$，选项 B 对。

或见解图，图 a) $\overline{B \cup C}$（斜线区域）与 A 有交集，图 b) $\overline{A \cup B \cup C}$（斜线区域）与 A 无交集。

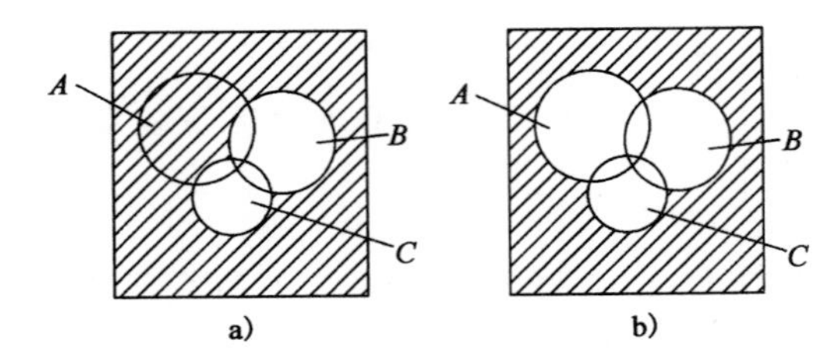

题 22 解图

答案：B

23. **解**　本题考查概率密度的性质：$\int_{-\infty}^{+\infty}\int_{-\infty}^{+\infty} f(x,y)\mathrm{d}x\mathrm{d}y=1$

方法 1：

$$\int_0^{+\infty}\int_0^{+\infty} e^{-2ax+by}\mathrm{d}y\mathrm{d}x=\int_0^{+\infty} e^{-2ax}\mathrm{d}x \cdot \int_0^{+\infty} e^{by}\mathrm{d}y=1$$

当 $a>0$ 时，$\int_0^{+\infty} e^{-2ax}\mathrm{d}x=\frac{-1}{2a}e^{-2ax}\Big|_0^{+\infty}=\frac{1}{2a}$

当 $b<0$ 时，$\int_0^{+\infty} e^{by}\mathrm{d}y=\frac{1}{b}e^{by}\Big|_0^{+\infty}=\frac{-1}{b}$

$\frac{1}{2a}\cdot\frac{-1}{b}=1, ab=-\frac{1}{2}$

方法 2：

当 $x>0, y>0$ 时，$f(x,y)=e^{-2ax+by}=2ae^{-2ax}\cdot(-b)e^{by}\cdot\frac{-1}{2ab}$

当 $\frac{-1}{2ab}=1$，即 $ab=-\frac{1}{2}$ 时，X 与 Y 相互独立，且

X 服从参数 $\lambda=2a(a>0)$ 的指数分布，Y 服从参数 $\lambda=-b(b<0)$ 的指数分布。

答案：A

24. **解**　因为 $\hat{\theta}$ 是 θ 的无偏估计量，即 $E(\hat{\theta})=\theta$

所以 $E[(\hat{\theta})^2]=D(\hat{\theta})+[E(\hat{\theta})]^2=D(\hat{\theta})+\theta^2$

又因为 $D(\hat{\theta})>0$，所以 $E[(\hat{\theta})^2]>\theta^2$，$(\hat{\theta})^2$ 不是 θ^2 的无偏估计量

答案：B

25. **解**　理想气体状态方程 $pV=\frac{M}{\mu}RT$，因为 $V_1=V_2$，$T_1=T_2$，$M_1=M_2$，所以 $\frac{\mu_1}{\mu_2}=\frac{p_2}{p_1}$。

答案：D

26. **解**　气体分子的平均碰撞频率：$\overline{Z}=\sqrt{2}n\pi d^2\overline{v}$，已知 $\overline{v}=1.6\sqrt{\frac{RT}{M}}$，$p=nkT$，则：

$$\overline{Z}=\sqrt{2}n\pi d^2\overline{v}=\sqrt{2}\frac{p}{kT}\pi d^2\cdot 1.6\sqrt{\frac{RT}{M}}\propto\frac{1}{\sqrt{T}}$$

答案：C

27. **解**　热力学第一定律 $Q=W+\Delta E$，绝热过程做功等于内能增量的负值，即 $\Delta E=-W=-500\text{J}$。

答案：C

28. **解**　此题考查对热力学第二定律与可逆过程概念的理解。开尔文表述的是关于热功转换过程中的不可逆性，克劳修斯表述则指出热传导过程中的不可逆性。

答案：A

29. **解**　此题考查波动方程基本关系。

$$y=A\cos(Bt-Cx)=A\cos B\left(t-\frac{x}{B/C}\right)$$

$$u=\frac{B}{C},\omega=B,T=\frac{2\pi}{\omega}=\frac{2\pi}{B}$$

$$\lambda=u\cdot T=\frac{B}{C}\cdot\frac{2\pi}{B}=\frac{2\pi}{C}$$

答案：B

30. **解**　波长 λ 反映的是波在空间上的周期性。

答案：B

31. **解**　由描述波动的基本物理量之间的关系得：

$$\frac{\lambda}{3}=\frac{2\pi}{\pi/6},\lambda=36$$

$$u=\frac{\lambda}{T}=\frac{36}{4}=9$$

答案:B

32. **解** 光的干涉,光程差变化为半波长的奇数倍时,原明纹处变为暗条纹。

答案:B

33. **解** 此题考查马吕斯定律。

$I=I_0\cos^2\alpha$,光强为 I_0 的自然光通过第一个偏振片,光强为入射光强的一半,通过第二个偏振片,光强为 $I=\frac{I_0}{2}\cos^2\alpha$,则:

$$\frac{I_1}{I_2}=\frac{\frac{1}{2}I_0\cos^2\alpha_1}{\frac{1}{2}I_0\cos^2\alpha_2}=\frac{\cos^2\alpha_1}{\cos^2\alpha_2}$$

答案:C

34. **解** 光栅公式 $d\sin\theta=k\lambda$,对同级条纹,光栅常数小,衍射角大,选光栅常数小的。

答案:D

35. **解** 由双缝干涉条纹间距公式计算:

$$\Delta x=\frac{D}{d}\lambda=\frac{3000}{2}\times600\times10^{-6}=0.9\text{mm}$$

答案:B

36. **解** 由布儒斯特定律,折射角为30°时,入射角为60°, $\tan60°=\frac{n_2}{n_1}=\sqrt{3}$。

答案:D

37. **解** 原子序数为15的元素,原子核外有15个电子,基态原子的核外电子排布式为 $1s^2 2s^2 2p^6 3s^2 3p^3$,根据洪特规则,$3p^3$ 中3个电子分占三个不同的轨道,并且自旋方向相同。所以原子序数为15的元素,其基态原子核外电子分布中,有3个未成对电子。

答案:D

38. **解** NaCl是离子晶体,冰是分子晶体,SiC是原子晶体,Cu是金属晶体。所以SiC的熔点最高。

答案:C

39. **解** 根据稀释定律 $\alpha=\sqrt{K_a/C}$,一元弱酸HOAc的浓度越小,解离度越大。所以HOAc浓度稀释一倍,解离度增大。

注:HOAc一般写为HAc,普通化学书中常用HAc。

答案:A

40. **解** 将 $0.2\ \mathrm{mol\cdot L^{-1}}$ 的 $NH_3\cdot H_2O$ 与 $0.2\mathrm{mol\cdot L^{-1}}$ 的 HCl 溶液等体积混合生成 $0.1\mathrm{mol\cdot L^{-1}}$ 的 NH_4Cl 溶液，NH_4Cl 为强酸弱碱盐，可以水解，溶液 $C_{H^+}=\sqrt{C\cdot K_W/K_b}=\sqrt{0.1\times\frac{10^{-14}}{1.8\times10^{-5}}}\approx7.5\times10^{-6}$，$pH=-\lg C_{H^+}=5.12$。

答案:A

41. **解** 此反应为放热反应。平衡常数只是温度的函数，对于放热反应，平衡常数随着温度升高而减小。相反，对于吸热反应，平衡常数随着温度的升高而增大。

答案:B

42. **解** 电对的电极电势越大，其氧化态的氧化能力越强，越易得电子发生还原反应，做正极；电对的电极电势越小，其还原态的还原能力越强，越易失电子发生氧化反应，做负极。

答案:D

43. **解** 反应方程式为 $2Na(s)+Cl_2(g)=2NaCl(s)$。气体分子数增加的反应，其熵值增大；气体分子数减小的反应，熵值减小。

答案:B

44. **解** 加成反应生成 2,3-二溴-2-甲基丁烷，所以在 2,3 位碳碳间有双键，所以该烃为 2-甲基-2-丁烯。

答案:D

45. **解** 同系物是指结构相似、分子组成相差若干个 $-CH_2-$ 原子团的有机化合物。

答案:D

46. **解** 烃类化合物是碳氢化合物的统称，是由碳与氢原子所构成的化合物，主要包含烷烃、环烷烃、烯烃、炔烃、芳香烃。烃分子中的氢原子被其他原子或者原子团所取代而生成的一系列化合物称为烃的衍生物。

答案:B

47. **解** 销钉 C 处为光滑接触约束，约束力应垂直于 AB 光滑直槽，由于 $\boldsymbol{F}_P$ 的作用，直槽的左上侧与销钉接触，故其约束力的作用线与 x 轴正向所成的夹角为 150°。

答案:D

48. **解** 根据力系简化结果分析，分力首尾相连组成自行封闭的力多边形，则简化后的主矢为零，而 $\boldsymbol{F}_1$ 与 $\boldsymbol{F}_3$、$\boldsymbol{F}_2$ 与 $\boldsymbol{F}_4$ 分别组成逆时针转向的力偶，合成后为一合力偶。

答案:C

49. **解** 以圆柱体为研究对象，沿1、2接触点的法线方向有约束力 $\boldsymbol{F}_{N1}$ 和 $\boldsymbol{F}_{N2}$，受力如解图所示。对圆柱体列 $\boldsymbol{F}_{N2}$ 方向的平衡方程：

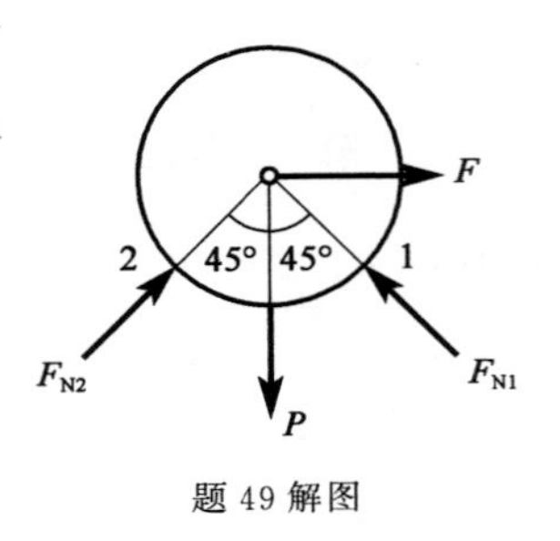

题49解图

$\sum F_2 = 0, F_{N2} - P\cos45° + F\sin45° = 0$

$F_{N2} = \frac{\sqrt{2}}{2}(P - F)$

答案：A

50. **解** 在重力作用下，杆 A 端有向左侧滑动的趋势，故 B 处摩擦力应沿杆指向右上方向。

答案：B

51. **解** 因为速度 $v = \frac{\mathrm{d}x}{\mathrm{d}t}$，积一次分，即：$\int_5^x \mathrm{d}x = \int_0^t (20t + 5)\mathrm{d}t, x - 5 = 10t^2 + 5t$。

答案：A

52. **解** 根据定轴转动刚体上一点加速度与转动角速度、角加速度的关系：$a_n = \omega^2 l$，$a_\tau = \alpha l$，而题中 $a_n = a = \omega^2 l$，所以 $\omega = \sqrt{\frac{a}{l}}$，$a_\tau = 0 = \alpha l$，所以 $\alpha = 0$。

答案：C

53. **解** 绳上各点的加速度大小均为 a，而轮缘上各点的加速度大小为 $\sqrt{a^2 + \left(\frac{v^2}{r}\right)^2}$。

答案：B

54. **解** 汽车运动到洼地底部时加速度的大小为 $a = a_n = \frac{v^2}{\rho}$，其运动及受力如解图所示，按照牛顿第二定律，在铅垂方向有 $ma = F_N - \boldsymbol{W}$，$\boldsymbol{F}_N$ 为地面给汽车的合约束，力 $F_N = \frac{W}{g} \cdot \frac{v^2}{\rho} + W = \frac{2800}{10} \times \frac{10^2}{5} + 2800 = 8400\text{N}$。

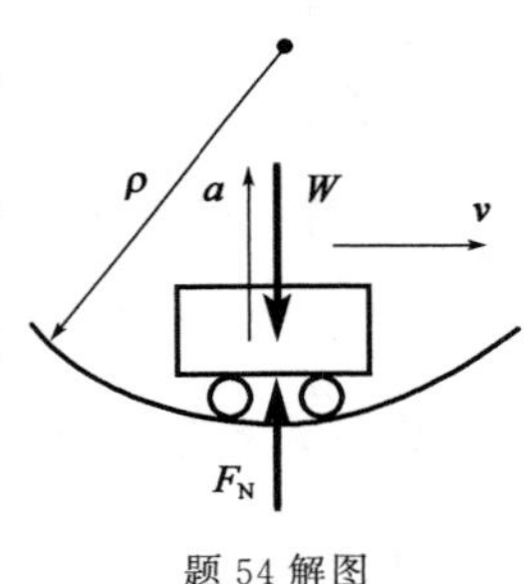

题54解图

答案：D

55. **解** 根据动量的公式：$p = mv_C$，则圆轮质心速度为零，动量为零，故系统的动量只有物块的 $\frac{W}{g} \cdot v$；又根据动能的公式：圆轮的动能为 $\frac{1}{2} \cdot \frac{1}{2}mR^2\omega^2 = \frac{1}{4}mR^2\left(\frac{v}{R}\right)^2 \Big| = \frac{1}{4}mv^2$，物块的动能为 $\frac{1}{2} \cdot \frac{W}{g}v^2$，两者相加为 $\frac{1}{2} \cdot \frac{v^2}{g}\left(\frac{1}{2}mg + W\right)$。

答案：A

56. **解**　由于系统在水平方向受力为零，故在水平方向有质心守恒，即质心只沿铅垂方向运动。

答案：C

57. **解**　根据定轴转动刚体惯性力系的简化结果分析，匀角速度转动（$\alpha=0$）刚体的惯性力主矢和主矩的大小分别为：$F_{\mathrm{I}}=ma_{\mathrm{C}}=\frac{1}{2}ml\omega^2$，$M_{\mathrm{IO}}=J_{\mathrm{O}}\alpha=0$。

答案：D

58. **解**　单摆运动的固有频率公式：$\omega_n=\sqrt{\frac{g}{l}}$。

答案：C

59. **解**　$\varepsilon'=-\mu\varepsilon=-\mu\frac{\sigma}{E}=-\mu\frac{F_{\mathrm{N}}}{AE}$

$$=-0.3\times\frac{20\times10^3\,\mathrm{N}}{100\mathrm{mm}^2\times200\times10^3\,\mathrm{MPa}}=-0.3\times10^{-3}$$

答案：B

60. **解**　由于沿横截面有微小裂纹，使得横截面的形心有变化，杆件由原来的轴向拉伸变成了偏心拉伸，其应力 $\sigma=\frac{F_{\mathrm{N}}}{A}+\frac{M_z}{W_z}$ 明显变大，故有裂纹的杆件比没有裂纹杆件的承载能力明显降低。

答案：B

61. **解**　由 $\sigma=\frac{P}{\frac{1}{4}\pi d^2}\leqslant[\sigma]$，$\tau=\frac{P}{\pi dh}\leqslant[\tau]$，$\sigma_{\mathrm{bs}}=\frac{P}{\frac{\pi}{4}(D^2-d^2)}\leqslant[\sigma_{\mathrm{bs}}]$ 分别求出 $[P]$，然后取最小值即为杆件的许用拉力。

答案：D

62. **解**　由于 a 轮上的外力偶矩 M_{a} 最大，当 a 轮放在两端时轴内将产生较大扭矩；只有当 a 轮放在中间时，轴内扭矩才较小。

答案：D

63. **解**　由最大负弯矩为 8kN·m，可以反推：$M_{\max}=F\times1\mathrm{m}$，故 $F=8\mathrm{kN}$

再由支座 C 处（即外力偶矩 M 作用处）两侧的弯矩的突变值是 14kN·m，可知外力偶矩 $=14\mathrm{kN\cdot m}$

答案：A

64. **解**　开裂前，由整体梁的强度条件 $\sigma_{\max}=\frac{M}{W_z}\leqslant[\sigma]$，可知：

$$M \leqslant [\sigma] W_z = [\sigma] \frac{b(3a)^2}{6} = \frac{3}{2} ba^2 [\sigma]$$

胶合面开裂后，每根梁承担总弯矩 M_1 的$\frac{1}{3}$，由单根梁的强度条件 $\sigma_{1\max} = \frac{M_1}{W_{z1}} = \frac{\frac{M_1}{3}}{W_{z1}} = \frac{M_1}{3W_{z1}} \leqslant [\sigma]$，可知：

$$M_1 \leqslant 3[\sigma] W_{z1} = 3[\sigma] \frac{ba^2}{6} = \frac{1}{2} ba^2 [\sigma]$$

故开裂后每根梁的承载能力是原来的$\frac{1}{3}$。

答案：B

65.**解**　矩形截面切应力的分布是一个抛物线形状，最大切应力在中性轴 z 上，图示梁的横截面可以看作是一个中性轴附近梁的宽度 b 突然变大的矩形截面。根据弯曲切应力的计算公式：

$$\tau = \frac{QS_z^*}{bI_z}$$

在 b 突然变大的情况下，中性轴附近的 τ 突然变小，切应力分布图沿 y 方向的分布如解图所示，所以最大切应力在 2 点。

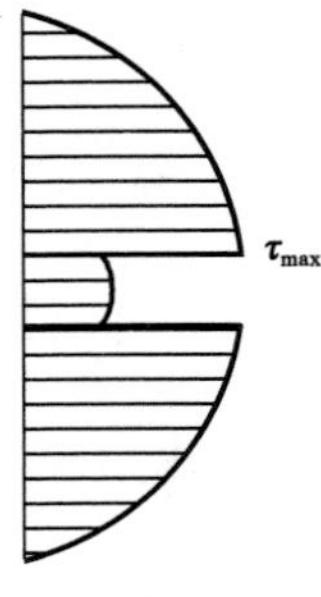

题 65 解图

答案：B

66.**解**　由悬臂梁的最大挠度计算公式 $f_{\max} = \frac{m_g L^2}{2EI}$，可知 $f_{\max}$ 与 L^2 成正比，故有

$$f'_{\max} = \frac{m_g \left(\frac{L}{2}\right)^2}{2EI} = \frac{1}{4} f_{\max}$$

答案：B

67.**解**　由跨中受集中力 F 作用的简支梁最大挠度的公式 $f_c = \frac{Fl^3}{48EI}$，可知最大挠度与截面对中性轴的惯性矩成反比。

因为 $I_a = \frac{b^3 h}{12} = \frac{b^4}{6}$，而 $I_b = \frac{bh^3}{12} = \frac{2b^4}{3}$，所以 $\frac{f_a}{f_b} = \frac{I_b}{I_a} = \frac{\frac{2}{3}b^4}{\frac{b^4}{6}} = 4$

答案：C

68.**解**　首先求出三个主应力：$\sigma_1 = \sigma$，$\sigma_2 = \tau$，$\sigma_3 = -\tau$，再由第三强度理论得 $\sigma_{r3} = \sigma_1 - \sigma_3 = \sigma + \tau \leqslant [\sigma]$。

答案：B

69.**解**　开缺口的截面是偏心受拉，偏心距为$\frac{h}{4}$，由公式 $\sigma_{\max} = \frac{P}{A} + \frac{P \cdot \frac{h}{4}}{W_z}$ 可求得结果。

答案:C

70.**解**　由一端固定、另一端自由的细长压杆的临界力计算公式 $F_{cr}=\frac{\pi^2 EI}{(2L)^2}$,可知 F_{cr} 与 L^2 成反比,故有

$$F'_{cr}=\frac{\pi^2 EI}{\left(2\cdot\frac{L}{2}\right)^2}=4\ \frac{\pi^2 EI}{(2L)^2}=4F_{cr}$$

答案:A

71.**解**　水的运动黏性系数随温度的升高而减小。

答案:B

72.**解**　真空度 $p_v=p_a-p'=101-(90+9.8)=1.2\text{kN/m}^2$

答案:C

73.**解**　流线表示同一时刻的流动趋势。

答案:D

74.**解**　对两水箱水面写能量方程可得:$H=h_w=h_{w_1}+h_{w_2}$

1~3 管段中的流速 $v_1=\frac{Q}{\frac{\pi}{4}d_1^2}=\frac{0.04}{\frac{\pi}{4}\times(0.2)^2}=1.27\text{m/s}$

$$h_{w_1}=\left(\lambda_1\frac{l_1}{d_1}+\sum\zeta_1\right)\frac{v_1^2}{2g}=\left(0.019\times\frac{10}{0.2}+0.5+0.5+0.024\right)\times\frac{1.27^2}{2\times9.8}=0.162\text{m}$$

3~6 管段中的流速 $v_2=\frac{Q}{\frac{\pi}{4}d_2^2}=\frac{0.04}{\frac{\pi}{4}\times0.1^2}=5.1\text{m/s}$

$$h_{w_2}=\left(\lambda_2\frac{l_2}{d_2}+\sum\zeta_2\right)\frac{v_2^2}{2g}=\left(0.018\times\frac{10}{0.1}+0.5+0.05+1\right)\times\frac{5.1^2}{2\times9.8}=5.042\text{m}$$

$H=h_{w_1}+h_{w_2}=0.162+5.042=5.204\text{m}$

答案:C

75.**解**　在长管水力计算中,速度水头和局部损失均可忽略不计。

答案:C

76.**解**　矩形排水管水力半径 $R=\frac{A}{\chi}=\frac{5\times3}{5+2\times3}=1.36\text{m}$。

答案:C

77.**解**　潜水完全井流量 $Q=1.36k\frac{H^2-h^2}{\lg\frac{R}{r}}$,因此 Q 与土体渗透数 k 成正比。

答案:D

78. **解**　无量纲量即量纲为 1 的量,$\dim \dfrac{F}{\rho v^2 l^2}=\dfrac{\rho v^2 l^2}{\rho v^2 l^2}=1$

答案:C

79. **解**　电流与磁场的方向可以根据右手螺旋定则确定,即让右手大拇指指向电流的方向,则四指的指向就是磁感线的环绕方向。

答案:D

80. **解**　见解图,设 2V 电压源电流为 I',则:

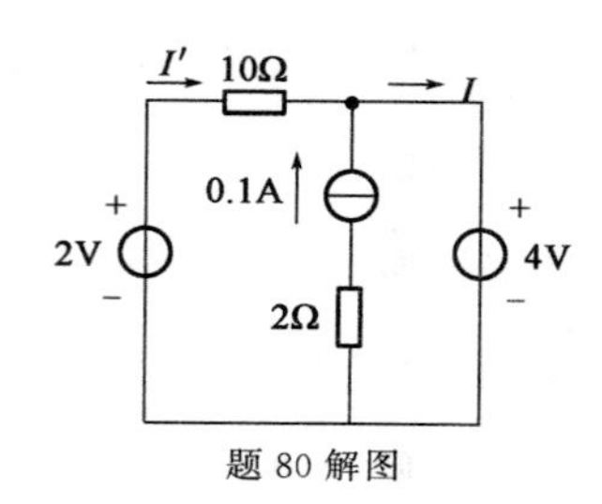

题 80 解图

$I=I'+0.1$

$10I'=2-4=-2\text{V}$

$I'=-0.2\text{A}$

$I=-0.2+0.1=-0.1\text{A}$

答案:C

81. **解**　电流源单独作用时,15V 的电压源做短路处理,则

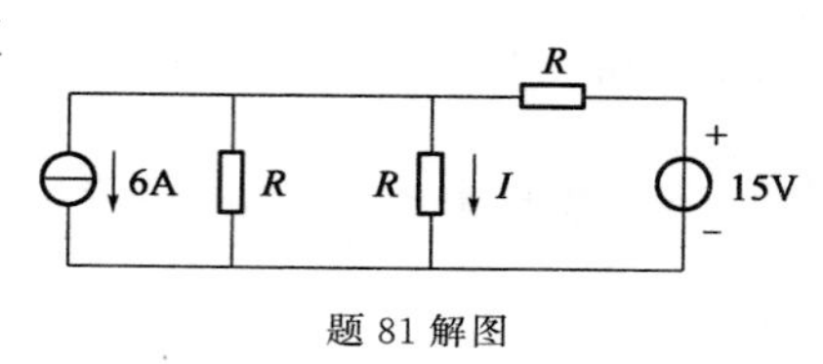

题 81 解图

$$I=\frac{1}{3}\times(-6)=-2\text{A}$$

答案:D

82. **解**　画相量图分析(见解图),电压表和电流表读数为有效值。

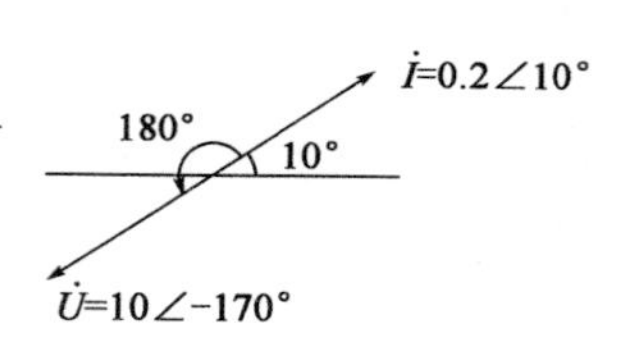

题 82 解图

答案:D

83. **解**　$P=UI\cos\varphi$

$=110\times1\times\cos30°=95.3\text{W}$

$Q=UI\sin\varphi$

$=110\times1\times\sin30°=55\text{W}$

$S=UI=110\times1=110\text{V}\cdot\text{A}$

题 83 解图

答案:A

84. **解**　在直流稳态电路中电容作开路处理。开关未动作前,$u=U_{\mathrm{C}(0-)}$

电容为开路状态时,$U_{\mathrm{C}(0-)}=\dfrac{1}{2}\times6=3\text{V}$

电源充电进入新的稳态时

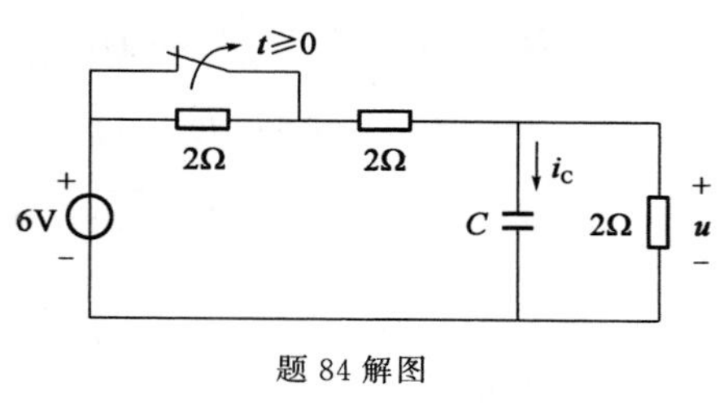

题 84 解图

$$U_{C(\infty)}=\frac{1}{3}\times 6=2\text{V}$$

因此换路电容电压逐步衰减到 2V。电路的时间常数 $\tau=RC$,本题中 C 值没给出,是不能确定 τ 的数值的。

答案:B

85. **解**　如解图所示,根据理想变压器关系有

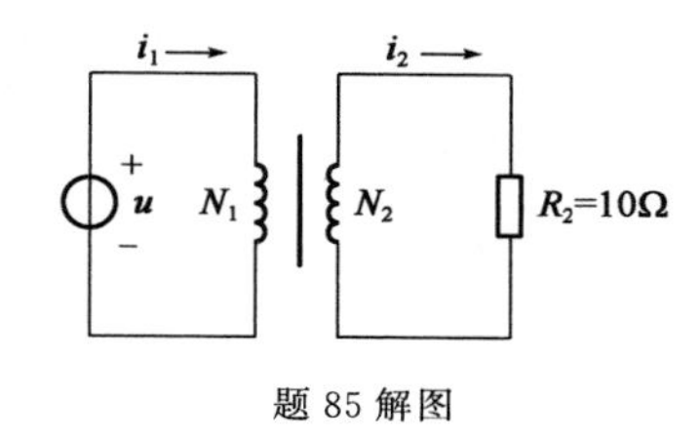

题 85 解图

$$I_2=\sqrt{\frac{P_2}{R_2}}=\sqrt{\frac{40}{10}}=2\text{A}$$

$$K=\frac{I_2}{I_1}=2$$

$$N_2=\frac{N_1}{K}=\frac{100}{2}=50\ \text{匝}$$

答案:A

86. **解**　实现对电动机的过载保护,除了将热继电器的热元件串联在电动机的主电路外,还应将热继电器的常闭触点串接在控制电路中。

当电机过载时,这个常闭触点断开,控制电路供电通路断开。

答案:B

87. **解**　模拟信号与连续时间信号不同,模拟信号是幅值连续变化的连续时间信号。题中两条曲线均符合该性质。

答案:C

88. **解**　周期信号的幅值频谱是离散且收敛的。这个周期信号一定是时间上的连续信号。

本题给出的图形是周期信号的频谱图。频谱图是非正弦信号中不同正弦信号分量的幅值按频率变化排列的图形,其大小是表示各次谐波分量的幅值,用正值表示。例如本题频谱图中出现的 1.5V 对应于 1kHz 的正弦信号分量的幅值,而不是这个周期信号的幅值。因此本题选项 C 或 D 都是错误的。

答案:B

89. **解**　放大器的输入为正弦交流信号。但 $u_1(t)$ 的频率过高,超出了上限频率 f_H,放大倍数小于 A,因此输出信号 u_2 的有效值 $U_2<AU_1$。

答案:C

90. **解**　$AC+DC+\overline{AD}\cdot C$

$$=(A+D+\overline{AD})\cdot C$$

$$=(A+D+\overline{A}+\overline{D})\cdot C$$

$$=1\cdot C=C$$

答案:A

91. **解**　$\overline{\mathrm{A+B}}=\mathrm{F}$

F 是个或非关系,可以用“有 1 则 0”的口诀处理。

答案:B

92. **解**　本题各选项均是用八位二进制 BCD 码表示的十进制数,即是以四位二进制表示一位十进制。

十进制数字 88 的 BCD 码是 10001000。

答案:B

93. **解**　图示为二极管的单相半波整流电路。

当 $u_i>0$ 时,二极管截止,输出电压 $u_o=0$;当 $u_i<0$ 时,二极管导通,输出电压 u_o 与输入电压 u_i 相等。

答案:B

94. **解**　本题为用运算放大器构成的电压比较电路,波形分析如下:

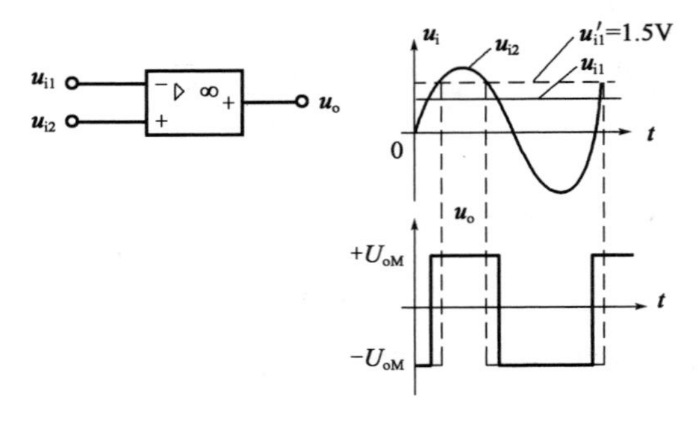

题 94 解图

当 $u_{i1}<u_{i2}$ 时,$u_o=+U_{oM}$

当 $u_{i1}>u_{i2}$ 时,$u_o=-U_{oM}$

当 u_{i1} 升高到 1.5V 时,u_o 波形的正向面积减小,反向面积增加,电压平均值降低(如解图中虚线波形所示)。

答案:D

95. **解**　题图为一个时序逻辑电路,由解图可以看出,第一个和第二个时钟的下降沿时刻，输出 Q 均等于 0。

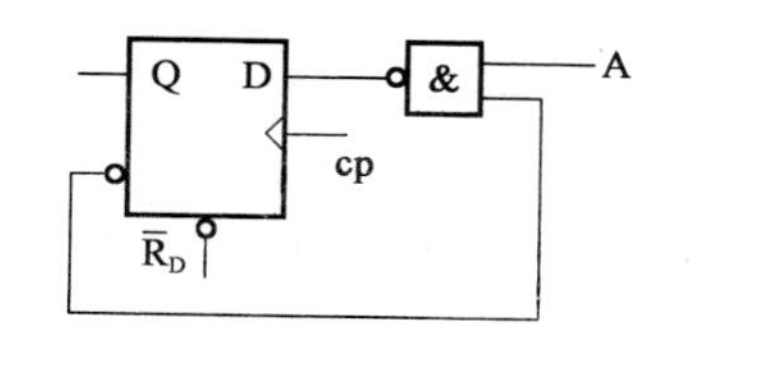

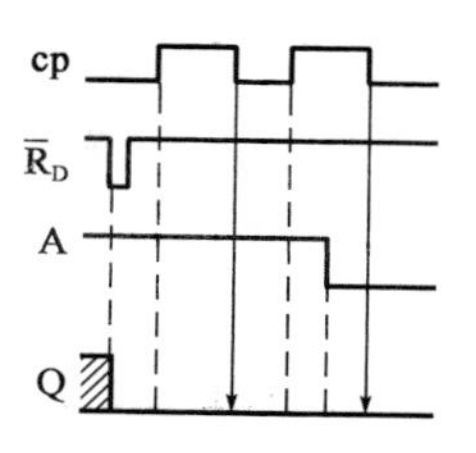

题 95 解图

答案：A

96. **解** 图示为三位的异步二进制加法计数器，波形图分析如下。

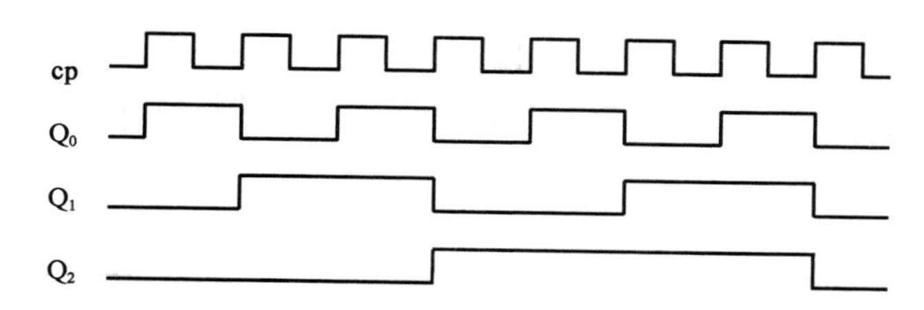

答案：C

97. **解** 计算机硬件的组成包括输入/输出设备、存储器、运算器、控制器。内存储器是主机的一部分，属于计算机的硬件系统。

答案：B

98. **解** 根据冯·诺依曼结构原理，计算机硬件是由运算器、控制器、存储器、I/O 设备组成。

答案：C

99. **解** 当要对存储器中的内容进行读写操作时，来自地址总线的存储器地址经地址译码器译码之后，选中指定的存储单元，而读写控制电路根据读写命令实施对存储器的存取操作，数据总线则用来传送写入内存储器或从内存储器读出的信息。

答案：B

100. **解** 操作系统的运行是在一个随机的环境中进行的，也就是说，人们不能对于所运行的程序的行为以及硬件设备的情况做任何的假定，一个设备可能在任何时候向微处理器发出中断请求。人们也无法知道运行着的程序会在什么时候做了些什么事情，也无法确切的知道操作系统正处于什么样的状态之中，这就是随机性的含义。

答案：C

101. **解** 多任务操作系统是指可以同时运行多个应用程序。比如：在操作系统下，在打开网页的同时还可以打开QQ进行聊天,可以打开播放器看视频等。目前的操作系统都是多任务的操作系统。

答案:B

102.**解** 先将十进制数转换为二进制数(100000000+0.101=100000000.101),而后三位二进制数对应于一位八进制数。

答案:D

103.**解** $1kB=2^{10}B=1024B$,$1MB=2^{20}B=1024kB$,$1GB=2^{30}B=1024MB=1024\times1024kB$,$1TB=2^{40}B=1024GB=1024\times1024MB$。

答案:D

104.**解** 计算机病毒特点包括非授权执行性、复制传染性、依附性、寄生性、潜伏性、破坏性、隐蔽性、可触发性。

答案:D

105.**解** 通常人们按照作用范围的大小,将计算机网络分为三类:局域网、城域网和广域网。

答案:C

106.**解** 常见的局域网拓扑结构分为星形网、环形网、总线网,以及它们的混合型。

答案:B

107.**解** 年实际利率为:

$$i=\left(1+\frac{r}{m}\right)^{m}-1=\left(1+\frac{6\%}{2}\right)^{2}-1=6.09\%$$

年实际利率高出名义利率:6.09%-6%=0.09%

答案:C

108.**解** 第一年贷款利息:400/2×6%=12万元

第二年贷款利息:(400+800/2+12)×6%=48.72万元

建设期贷款利息:12+48.72=60.72万元

答案:D

109.**解** 由于股利必须在企业税后利润中支付,因而不能抵减所得税的缴纳。普通股资金成本为:

$$K_{s}=\frac{8000\times10\%}{8000\times(1-3\%)}+5\%=15.31\%$$

答案:D

110. **解**　回收营运资金为现金流入，故项目第10年的净现金流量为25＋20＝45万元。

答案：C

111. **解**　社会折现率是用以衡量资金时间经济价值的重要参数，代表资金占用的机会成本，并且用作不同年份之间资金价值换算的折现率。

答案：D

112. **解**　题目给出的影响因素中，产品价格变化较小就使得项目净现值为零，故该因素最敏感。

答案：A

113. **解**　差额投资内部收益率是两个方案各年净现金流量差额的现值之和等于零时的折现率。差额内部收益率等于基准收益率时，两方案的净现值相等，即两方案的优劣相等。

答案：A

114. **解**　F_3的功能系数为：$F_3=\frac{4}{3+5+4+1+2}=0.27$

答案：C

115. **解**　《中华人民共和国建筑法》第二十七条规定，大型建筑工程或者结构复杂的建筑工程，可以由两个以上的承包单位联合共同承包。共同承包的各方对承包合同的履行承担连带责任。

两个以上不同资质等级的单位实行联合共同承包的，应当按照资质等级低的单位的业务许可范围承揽工程。

答案：D

116. **解**　选项B属于义务，其他几条属于权利。

答案：B

117. **解**　《中华人民共和国招标投标法》第二十八条规定，投标人应当在招标文件要求提交投标文件的截止时间前，将投标文件送达投标地点。招标人收到投标文件后，应当签收保存，不得开启。投标人少于三个的，招标人应当依照本法重新招标。在招标文件要求提交投标文件的截止时间后送达的投标文件，招标人应当拒收。

答案：B

118. **解**　《中华人民共和国合同法》第五十四条规定，下列合同，当事人一方有权请求人民法院或者仲裁机构变更或者撤销：

（一）因重大误解订立的；

（二）在订立合同时显失公平的。

……

第五十五条　有下列情形之一的，撤销权消灭：

（一）具有撤销权的当事人自知道或者应当知道撤销事由之日起一年内没有行使撤销权。

……

答案：C

119. **解**　《建筑工程质量管理条例》第三十九条规定，建设工程实行质量保修制度。建设工程承包单位在向建设单位提交工程竣工验收报告时，应当向建设单位出具质量保修书。质量保修书中应当明确建设工程的保修范围、保修期限和保修责任等。

建设工程的保修期，自竣工验收合格之日起计算。

国务院规定的保修年限没有“最低”这个限制词，所以选项B和C都不对。

答案：D

120. **解**　《建设工程安全生产管理条例》第八条规定，建设单位在编制工程概算时，应当确定建设工程安全作业环境及安全施工措施所需费用。

答案：A

2018年度全国勘察设计注册工程师

执业资格考试试卷

基础考试
(上)

二〇一八年十月

应考人员注意事项

1. 本试卷科目代码为“1”，考生务必将此代码填涂在答题卡“科目代码”相应的栏目内，否则，无法评分。
2. 书写用笔：**黑色或蓝色钢笔、签字笔或圆珠笔；**
填涂答题卡用笔：**黑色 2B 铅笔。**
3. 必须用书写用笔将工作单位、姓名、准考证号填写在答题卡和试卷相应的栏目内。
4. 本试卷由 120 题组成，每题 1 分，满分 120 分，本试卷全部为单项选择题，每小题的四个备选项中只有一个正确答案，错选、多选、不选均不得分。
5. 考生作答时，必须按**题号在答题卡上**将相应试题所选选项对应的**字母用 2B 铅笔涂黑**。
6. 在答题卡上书写与题意无关的语言，或在答题卡上作标记的，均按违纪试卷处理。
7. 考试结束时，由监考人员当面将试卷、答题卡一并收回。
8. 草稿纸由各地统一配发，考后收回。

单项选择题(共 120 题,每题 1 分。每题的备选项中只有一个最符合题意。)

1. 下列等式中不成立的是:

A. $\lim\limits_{x\to0}\frac{\sin x^2}{x^2}=1$

B. $\lim\limits_{x\to\infty}\frac{\sin x}{x}=1$

C. $\lim\limits_{x\to0}\frac{\sin x}{x}=1$

D. $\lim\limits_{x\to\infty}x\sin\frac{1}{x}=1$

2. 设 $f(x)$为偶函数,$g(x)$为奇函数,则下列函数中为奇函数的是:

A. $f[g(x)]$

B. $f[f(x)]$

C. $g[f(x)]$

D. $g[g(x)]$

3. 若 $f'(x_0)$存在,则$\lim\limits_{x\to x_0}\frac{xf(x_0)-x_0f(x)}{x-x_0}=$:

A. $f'(x_0)$

B. $-x_0f'(x_0)$

C. $f(x_0)-x_0f'(x_0)$

D. $x_0f'(x_0)$

4. 已知 $\varphi(x)$可导,则 $\frac{\mathrm{d}}{\mathrm{d}x}\int_{\varphi(x^2)}^{\varphi(x)}e^{t^2}\mathrm{d}t$ 等于:

A. $\varphi'(x)e^{[\varphi(x)]^2}-2x\varphi'(x^2)e^{[\varphi(x^2)]^2}$

B. $e^{[\varphi(x)]^2}-e^{[\varphi(x^2)]^2}$

C. $\varphi'(x)e^{[\varphi(x)]^2}-\varphi'(x^2)e^{[\varphi(x^2)]^2}$

D. $\varphi'(x)e^{\varphi(x)}-2x\varphi'(x^2)e^{\varphi(x^2)}$

5. 若$\int f(x)\mathrm{d}x=F(x)+C$,则$\int xf(1-x^2)\mathrm{d}x$ 等于:

A. $F(1-x^2)+C$

B. $-\frac{1}{2}F(1-x^2)+C$

C. $\frac{1}{2}F(1-x^2)+C$

D. $-\frac{1}{2}F(x)+C$

6. 若 $x=1$ 是函数 $y=2x^2+ax+1$ 的驻点,则常数 a 等于:

A. 2

B. -2

C. 4

D. -4

7. 设向量 $\boldsymbol{\alpha}$ 与向量 $\boldsymbol{\beta}$ 的夹角 $\theta=\frac{\pi}{3}$,$|\boldsymbol{\alpha}|=1$,$|\boldsymbol{\beta}|=2$,则$|\boldsymbol{\alpha}+\boldsymbol{\beta}|$等于:

A. $\sqrt{8}$

B. $\sqrt{7}$

C. $\sqrt{6}$

D. $\sqrt{5}$

8. 微分方程 $y''=\sin x$ 的通解 y 等于：

A. $-\sin x+C_1+C_2$

B. $-\sin x+C_1x+C_2$

C. $-\cos x+C_1x+C_2$

D. $\sin x+C_1x+C_2$

9. 设函数 $f(x)$，$g(x)$在$[a,b]$上均可导($a<b$)，且恒正，若 $f'(x)g(x)+f(x)g'(x)>0$，则当 $x\in(a,b)$时，下列不等式中成立的是：

A. $\dfrac{f(x)}{g(x)}>\dfrac{f(a)}{g(b)}$

B. $\dfrac{f(x)}{g(x)}>\dfrac{f(b)}{g(b)}$

C. $f(x)g(x)>f(a)g(a)$

D. $f(x)g(x)>f(b)g(b)$

10. 由曲线 $y=\ln x$，y 轴与直线 $y=\ln a$，$y=\ln b(b>a>0)$所围成的平面图形的面积等于：

A. $\ln b-\ln a$

B. $b-a$

C. e^b-e^a

D. e^b+e^a

11. 下列平面中，平行于且非重合于 yOz 坐标面的平面方程是：

A. $y+z+1=0$

B. $z+1=0$

C. $y+1=0$

D. $x+1=0$

12. 函数 $f(x,y)$在点 $P_0(x_0,y_0)$处的一阶偏导数存在是该函数在此点可微分的：

A. 必要条件

B. 充分条件

C. 充分必要条件

D. 既非充分条件也非必要条件

13. 下列级数中，发散的是：

A. $\sum\limits_{n=1}^{\infty}\dfrac{1}{n(n+1)}$

B. $\sum\limits_{n=1}^{\infty}\dfrac{1}{n^{3/2}}$

C. $\sum\limits_{n=1}^{\infty}\left(\dfrac{n}{2n+1}\right)^2$

D. $\sum\limits_{n=1}^{\infty}(-1)^n\dfrac{1}{\sqrt{n}}$

14. 在下列微分方程中，以函数 $y=C_1e^{-x}+C_2e^{4x}$(C_1，C_2 为任意常数)为通解的微分方程是：

A. $y''+3y'-4y=0$

B. $y''-3y'-4y=0$

C. $y''+3y'+4y=0$

D. $y''+y'-4y=0$

15. 设 L 是从点 $A(0,1)$ 到点 $B(1,0)$ 的直线段，则对弧长的曲线积分 $\int_L \cos(x+y)\mathrm{d}s$ 等于：

A. $\cos 1$

B. $2\cos 1$

C. $\sqrt{2}\cos 1$

D. $\sqrt{2}\sin 1$

16. 若正方形区域 D：$|x| \leqslant 1$，$|y| \leqslant 1$，则二重积分 $\iint_D (x^2+y^2)\mathrm{d}x\mathrm{d}y$ 等于：

A. 4

B. $\frac{8}{3}$

C. 2

D. $\frac{2}{3}$

17. 函数 $f(x)=a^x(a>0, a\neq 1)$ 的麦克劳林展开式中的前三项是：

A. $1+x\ln a+\frac{x^2}{2}$

B. $1+x\ln a+\frac{\ln a}{2}x^2$

C. $1+x\ln a+\frac{(\ln a)^2}{2}x^2$

D. $1+\frac{x}{\ln a}+\frac{x^2}{2\ln a}$

18. 设函数 $z=f(x^2y)$，其中 $f(u)$ 具有二阶导数，则 $\frac{\partial^2 z}{\partial x \partial y}$ 等于：

A. $f''(x^2y)$

B. $f'(x^2y)+x^2f''(x^2y)$

C. $2x[f'(x^2y)+xf''(x^2y)]$

D. $2x[f'(x^2y)+x^2yf''(x^2y)]$

19. 设 $\boldsymbol{A}$、$\boldsymbol{B}$ 均为三阶矩阵，且行列式 $|\boldsymbol{A}|=1$，$|\boldsymbol{B}|=-2$，$\boldsymbol{A}^{\mathrm{T}}$ 为 $\boldsymbol{A}$ 的转置矩阵，则行列式 $|-2\boldsymbol{A}^{\mathrm{T}}\boldsymbol{B}^{-1}|$ 等于：

A. -1

B. 1

C. -4

D. 4

20. 要使齐次线性方程组 $\begin{cases} ax_1+x_2+x_3=0 \\ x_1+ax_2+x_3=0 \\ x_1+x_2+ax_3=0 \end{cases}$，有非零解，则 a 应满足：

A. $-2<a<1$

B. $a=1$ 或 $a=-2$

C. $a\neq -1$ 且 $a\neq -2$

D. $a>1$

21. 矩阵 $\boldsymbol{A}=\begin{bmatrix} 1 & -1 & 0 \\ -1 & 3 & 0 \\ 0 & 0 & 0 \end{bmatrix}$ 所对应的二次型的标准型是：

A. $f=y_1^2-3y_2^2$

B. $f=y_1^2-2y_2^2$

C. $f=y_1^2+2y_2^2$

D. $f=y_1^2-y_2^2$

22. 已知事件 $\boldsymbol{A}$ 与 $\boldsymbol{B}$ 相互独立，且 $P(\overline{A})=0.4$，$P(\overline{B})=0.5$，则 $P(A\cup B)$ 等于：

A. 0.6

B. 0.7

C. 0.8

D. 0.9

23. 设随机变量 X 的分布函数为 $F(x)=\begin{cases} 0 & x\leqslant 0 \\ x^3 & 0<x\leqslant 1 \\ 1 & x>1 \end{cases}$，则数学期望 $E(X)$ 等于：

A. $\int_0^1 3x^2\mathrm{d}x$

B. $\int_0^1 3x^3\mathrm{d}x$

C. $\int_0^1 \frac{x^4}{4}\mathrm{d}x+\int_1^{+\infty} x\mathrm{d}x$

D. $\int_0^{+\infty} 3x^3\mathrm{d}x$

24. 若二维随机变量 (X,Y) 的分布规律为：

y \ x	1	2	3
1	$\frac{1}{6}$	$\frac{1}{9}$	$\frac{1}{18}$
2	$\frac{1}{3}$	$\boldsymbol{\beta}$	$\boldsymbol{\alpha}$

且 X 与 Y 相互独立，则 α、β 取值为：

A. $\alpha=\frac{1}{6}$，$\beta=\frac{1}{6}$

B. $\alpha=0$，$\beta=\frac{1}{3}$

C. $\alpha=\frac{2}{9}$，$\beta=\frac{1}{9}$

D. $\alpha=\frac{1}{9}$，$\beta=\frac{2}{9}$

25. 1mol 理想气体（刚性双原子分子），当温度为 T 时，每个分子的平均平动动能为：

A. $\frac{3}{2}RT$

B. $\frac{5}{2}RT$

C. $\frac{3}{2}kT$

D. $\frac{5}{2}kT$

26. 一密闭容器中盛有 1mol 氦气（视为理想气体），容器中分子无规则运动的平均自由程仅取决于：

A. 压强 P

B. 体积 V

C. 温度 T

D. 平均碰撞频率 $\overline{Z}$

27. “理想气体和单一恒温热源接触做等温膨胀时，吸收的热量全部用来对外界做功。”对此说法，有以下几种讨论，其中正确的是：

A. 不违反热力学第一定律，但违反热力学第二定律

B. 不违反热力学第二定律，但违反热力学第一定律

C. 不违反热力学第一定律，也不违反热力学第二定律

D. 违反热力学第一定律，也违反热力学第二定律

28. 一定量的理想气体，由一平衡态（p_1, V_1, T_1）变化到另一平衡态（p_2, V_2, T_2），若 $V_2 > V_1$，但 $T_2 = T_1$，无论气体经历怎样的过程：

A. 气体对外做的功一定为正值

B. 气体对外做的功一定为负值

C. 气体的内能一定增加

D. 气体的内能保持不变

29. 一平面简谐波的波动方程为 $y = 0.01\cos 10\pi(25t - x)$（SI），则在 $t = 0.1\text{s}$ 时刻，$x = 2\text{m}$ 处质元的振动位移是：

A. 0.01cm

B. 0.01m

C. −0.01m

D. 0.01mm

30. 一平面简谐波的波动方程为 $y = 0.02\cos\pi(50t + 4x)$（SI），此波的振幅和周期分别为：

A. 0.02m，0.04s

B. 0.02m，0.02s

C. −0.02m，0.02s

D. 0.02m，25s

31. 当机械波在媒质中传播，一媒质质元的最大形变量发生在：

A. 媒质质元离开其平衡位置的最大位移处

B. 媒质质元离开其平衡位置的 $\frac{\sqrt{2}}{2}A$ 处（A 为振幅）

C. 媒质质元离开其平衡位置的 $\frac{A}{2}$ 处

D. 媒质质元在其平衡位置处

32. 双缝干涉实验中，若在两缝后（靠近屏一侧）各覆盖一块厚度均为 d，但折射率分别为 n_1 和 n_2（$n_2 > n_1$）的透明薄片，则从两缝发出的光在原来中央明纹初相遇时，光程差为：

A. $d(n_2 - n_1)$

B. $2d(n_2 - n_1)$

C. $d(n_2 - 1)$

D. $d(n_1 - 1)$

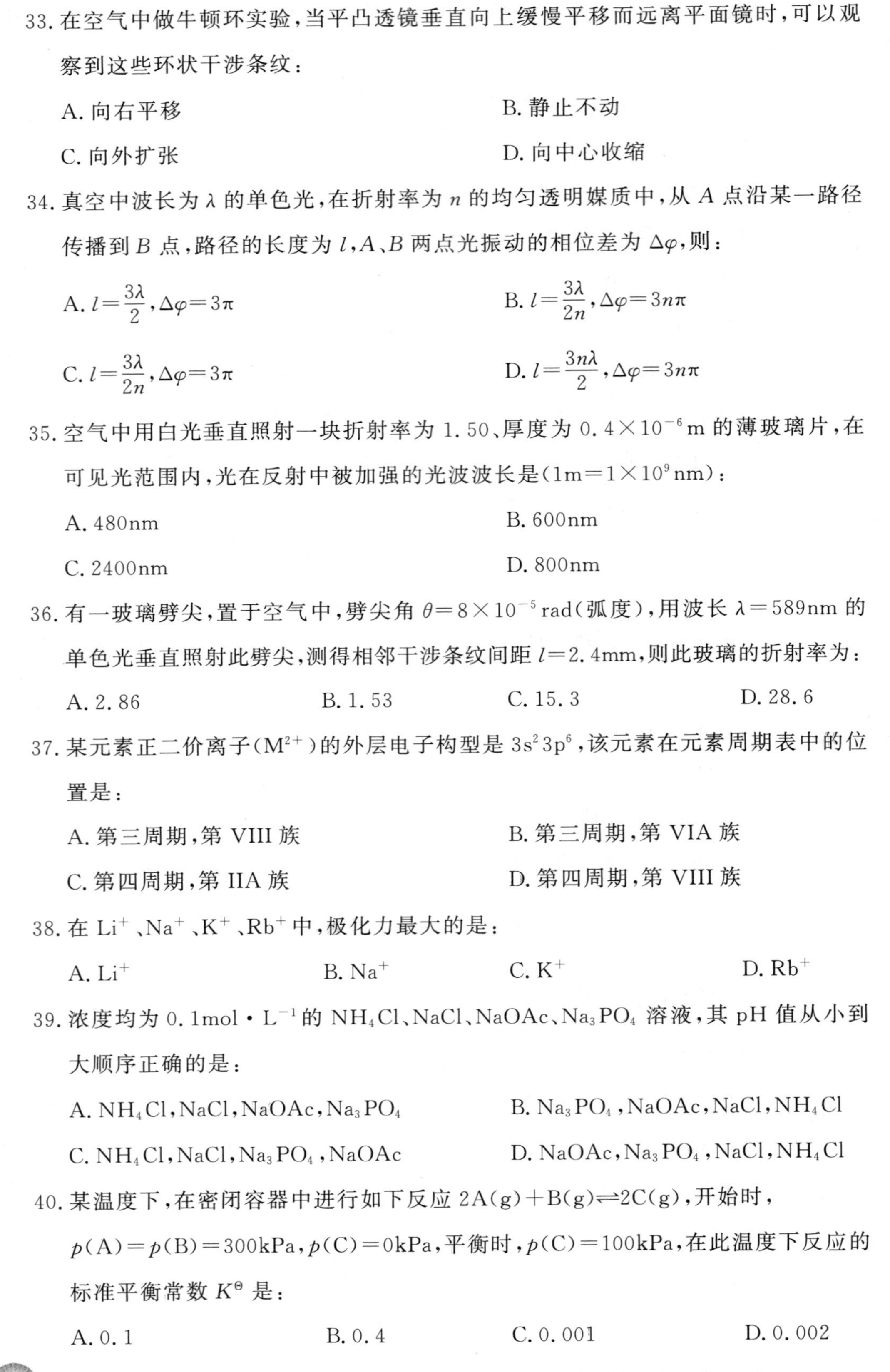

33. 在空气中做牛顿环实验，当平凸透镜垂直向上缓慢平移而远离平面镜时，可以观察到这些环状干涉条纹：

A. 向右平移　　B. 静止不动

C. 向外扩张　　D. 向中心收缩

34. 真空中波长为 λ 的单色光，在折射率为 n 的均匀透明媒质中，从 A 点沿某一路径传播到 B 点，路径的长度为 l，A、B 两点光振动的相位差为 $\Delta\varphi$，则：

A. $l=\frac{3\lambda}{2},\Delta\varphi=3\pi$　　B. $l=\frac{3\lambda}{2n},\Delta\varphi=3n\pi$

C. $l=\frac{3\lambda}{2n},\Delta\varphi=3\pi$　　D. $l=\frac{3n\lambda}{2},\Delta\varphi=3n\pi$

35. 空气中用白光垂直照射一块折射率为 1.50、厚度为 0.4×10^{-6}m 的薄玻璃片，在可见光范围内，光在反射中被加强的光波波长是($1\text{m}=1\times10^{9}\text{nm}$)：

A. 480nm　　B. 600nm

C. 2400nm　　D. 800nm

36. 有一玻璃劈尖，置于空气中，劈尖角 $\theta=8\times10^{-5}$rad(弧度)，用波长 $\lambda=589$nm 的单色光垂直照射此劈尖，测得相邻干涉条纹间距 $l=2.4$mm，则此玻璃的折射率为：

A. 2.86　　B. 1.53　　C. 15.3　　D. 28.6

37. 某元素正二价离子(M^{2+})的外层电子构型是 $3s^{2}3p^{6}$，该元素在元素周期表中的位置是：

A. 第三周期，第 VIII 族　　B. 第三周期，第 VIA 族

C. 第四周期，第 IIA 族　　D. 第四周期，第 VIII 族

38. 在 Li^{+}、Na^{+}、K^{+}、Rb^{+} 中，极化力最大的是：

A. Li^{+}　　B. Na^{+}　　C. K^{+}　　D. Rb^{+}

39. 浓度均为 $0.1\text{mol}\cdot\text{L}^{-1}$ 的 NH_4Cl、NaCl、NaOAc、Na_3PO_4 溶液，其 pH 值从小到大顺序正确的是：

A. NH_4Cl，NaCl，NaOAc，Na_3PO_4　　B. Na_3PO_4，NaOAc，NaCl，NH_4Cl

C. NH_4Cl，NaCl，Na_3PO_4，NaOAc　　D. NaOAc，Na_3PO_4，NaCl，NH_4Cl

40. 某温度下，在密闭容器中进行如下反应 $2A(g)+B(g)\rightleftharpoons2C(g)$，开始时，$p(A)=p(B)=300\text{kPa}$，$p(C)=0\text{kPa}$，平衡时，$p(C)=100\text{kPa}$，在此温度下反应的标准平衡常数 $K^{\ominus}$ 是：

A. 0.1　　B. 0.4　　C. 0.001　　D. 0.002

41. 在酸性介质中，反应 $MnO_4^- + SO_3^{2-} + H^+ \rightarrow Mn^{2+} + SO_4^{2-}$，配平后，$H^+$ 的系数为：

A. 8　　B. 6　　C. 0　　D. 5

42. 已知：酸性介质中，$E^\ominus(ClO_4^-/Cl^-) = 1.39V$，$E^\ominus(ClO_3^-/Cl^-) = 1.45V$，$E^\ominus(HClO/Cl^-) = 1.49V$，$E^\ominus(Cl_2/Cl^-) = 1.36V$，以上各电对中氧化型物质氧化能力最强的是：

A. ClO_4^-　　B. ClO_3^-　　C. HClO　　D. Cl_2

43. 下列反应的热效应等于 $CO_2(g)$ 的 $\Delta_f H_m^\ominus$ 的是：

A. C(金刚石)$+O_2(g) \rightarrow CO_2(g)$　　B. $CO(g) + \frac{1}{2}O_2(g) \rightarrow CO_2(g)$

C. C(石墨)$+O_2(g) \rightarrow CO_2(g)$　　D. 2C(石墨)$+2O_2(g) \rightarrow 2CO_2(g)$

44. 下列物质在一定条件下不能发生银镜反应的是：

A. 甲醛　　B. 丁醛

C. 甲酸甲酯　　D. 乙酸乙酯

45. 下列物质一定不是天然高分子的是：

A. 蔗糖　　B. 塑料

C. 橡胶　　D. 纤维素

46. 某不饱和烃催化加氢反应后，得到 $(CH_3)_2CHCH_2CH_3$，该不饱和烃是：

A. 1-戊炔　　B. 3-甲基-1-丁炔

C. 2-戊炔　　D. 1,2-戊二烯

47. 设力 $\boldsymbol{F}$ 在 x 轴上的投影为 F，则该力在与 x 轴共面的任一轴上的投影：

A. 一定不等于零　　B. 不一定不等于零

C. 一定等于零　　D. 等于 F

48. 在图示边长为 a 的正方形物块 $OABC$ 上作用一平面力系，已知：$F_1 = F_2 = F_3 = 10N$，$a = 1m$，力偶的转向如图所示，力偶矩的大小为 $M_1 = M_2 = 10N \cdot m$，则力系向 O 点简化的主矢、主矩为：

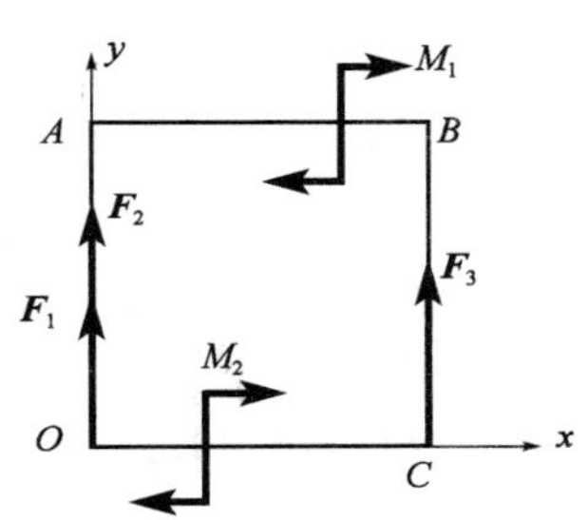

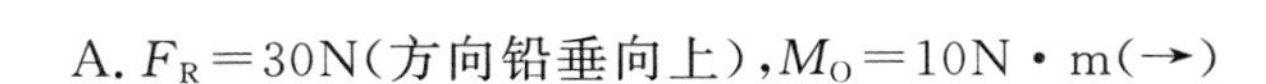

A. $F_R = 30N$(方向铅垂向上)，$M_O = 10N \cdot m(\rightarrow)$

B. $F_R = 30N$(方向铅垂向上)，$M_O = 10N \cdot m(\leftarrow)$

C. $F_R = 50N$(方向铅垂向上)，$M_O = 30N \cdot m(\rightarrow)$

D. $F_R = 10N$(方向铅垂向上)，$M_O = 10N \cdot m(\leftarrow)$

49. 在图示结构中，已知 $AB=AC=2r$，物重 F_p，其余质量不计，则支座 A 的约束力为：

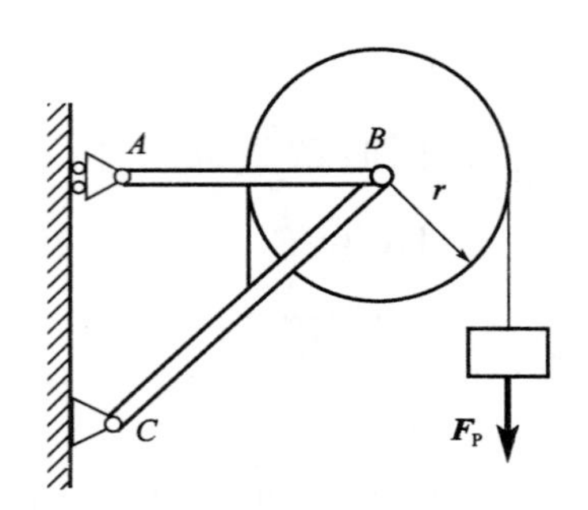

A. $F_A=0$

B. $F_A=\frac{1}{2}F_P(\leftarrow)$

C. $F_A=\frac{1}{2}\cdot 3F_P(\rightarrow)$

D. $F_A=\frac{1}{2}\cdot 3F_P(\leftarrow)$

50. 图示平面结构，各杆自重不计，已知 $q=10\text{kN/m}$，$F_P=20\text{kN}$，$F=30\text{kN}$，$L_1=2\text{m}$，$L_2=5\text{m}$，B、C 处为铰链连接，则 BC 杆的内力为：

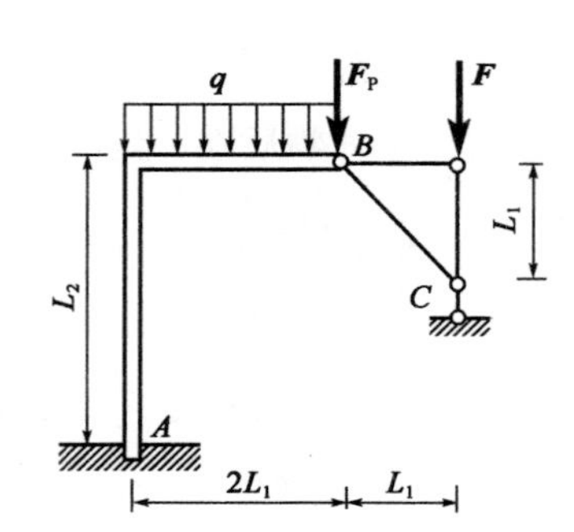

A. $F_{BC}=-30\text{kN}$

B. $F_{BC}=30\text{kN}$

C. $F_{BC}=10\text{kN}$

D. $F_{BC}=0$

51. 点的运动由关系式 $S=t^4-3t^3+2t^2-8$ 决定（S 以 m 计，t 以 s 计），则 $t=2\text{s}$ 时的速度和加速度为：

A. -4m/s，16m/s^2

B. 4m/s，12m/s^2

C. 4m/s，16m/s^2

D. 4m/s，-16m/s^2

52. 质点以匀速度 15m/s 绕直径为 10m 的圆周运动，则其法向加速度为：

A. 22.5m/s^2

B. 45m/s^2

C. 0

D. 75m/s^2

53. 四连杆机构如图所示，已知曲柄O_1A 长为 r，且 $O_1A=O_2B$，$O_1O_2=AB=2b$，角速度为 ω，角加速度为 α，则杆 AB 的中点 M 的速度、法向和切向加速度的大小分别为：

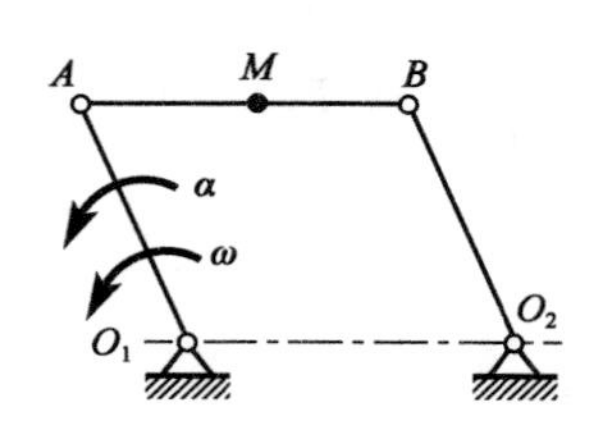

A. $v_M=b\omega$，$a_M^n=b\omega^2$，$a_M^t=b\alpha$

B. $v_M=b\omega$，$a_M^n=r\omega^2$，$a_M^t=r\alpha$

C. $v_M=r\omega$，$a_M^n=r\omega^2$，$a_M^t=r\alpha$

D. $v_M=r\omega$，$a_M^n=b\omega^2$，$a_M^t=b\alpha$

54. 质量为 m 的小物块在匀速转动的圆桌上，与转轴的距离为 r，如图所示。设物块与圆桌之间的摩擦系数为 μ，为使物块与桌面之间不产生相对滑动，则物块的最大速度为：

A. $\sqrt{\mu g}$

B. $2\sqrt{\mu g r}$

C. $\sqrt{\mu g r}$

D. $\sqrt{\mu r}$

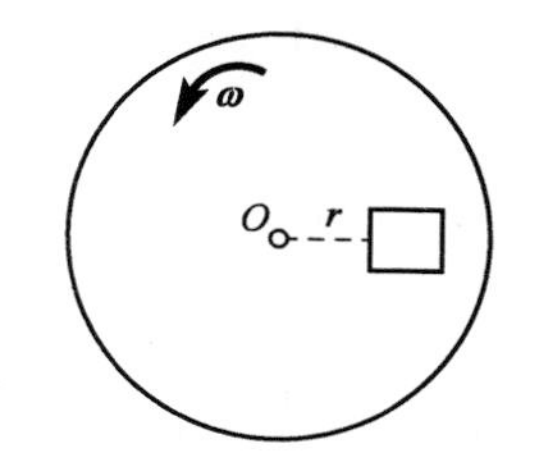

55. 重 10N 的物块沿水平面滑行 4m，如果摩擦系数是 0.3，则重力及摩擦力各做的功是：

A. 40N · m，40N · m　　　　B. 0，40N · m

C. 0，12N · m　　　　D. 40N · m，12N · m

56. 质量 m_1 与半径 r 均相同的三个均质滑轮，在绳端作用有力或挂有重物，如图所示。已知均质滑轮的质量为 $m_1 = 2\text{kN} \cdot \text{s}^2/\text{m}$，重物的质量分别为 $m_2 = 0.2\text{kN} \cdot \text{s}^2/\text{m}$，$m_3 = 0.1\text{kN} \cdot \text{s}^2/\text{m}$，重力加速度按 $g = 10\text{m/s}^2$ 计算，则各轮转动的角加速度 α 间的关系是：

A. $\alpha_1 = \alpha_3 > \alpha_2$　　　　B. $\alpha_1 < \alpha_2 < \alpha_3$

C. $\alpha_1 > \alpha_3 > \alpha_2$　　　　D. $\alpha_1 \neq \alpha_2 = \alpha_3$

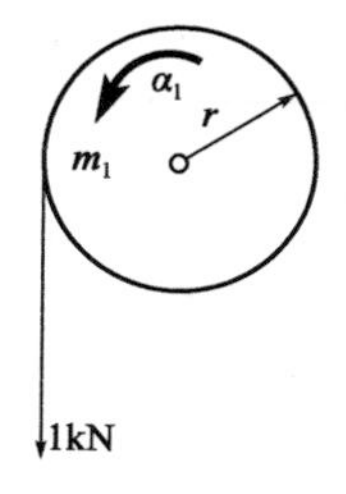

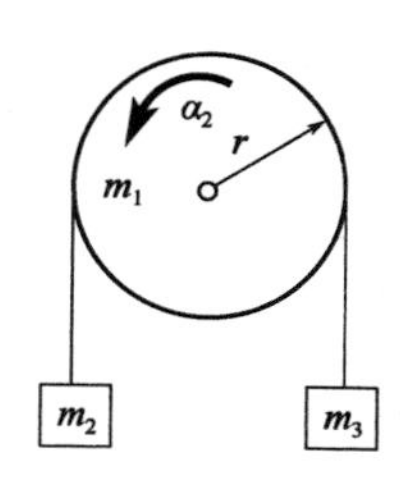

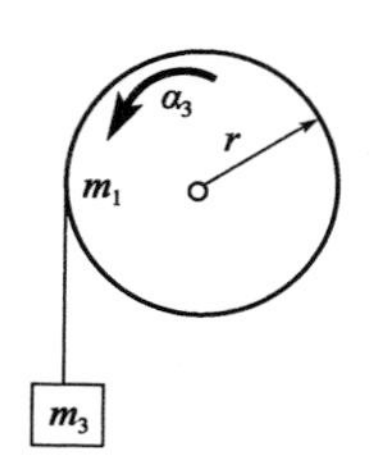

57. 均质细杆 OA，质量为 m，长 l。在如图所示水平位置静止释放，释放瞬时轴承 O 施加于杆 OA 的附加动反力为：

A. $3mg\uparrow$

B. $3mg\downarrow$

C. $\frac{3}{4}mg\uparrow$

D. $\frac{3}{4}mg\downarrow$

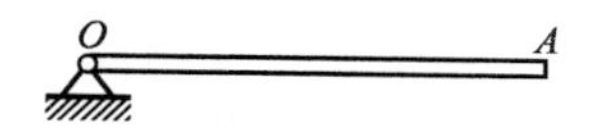

58. 图示两系统均做自由振动，其固有圆频率分别为：

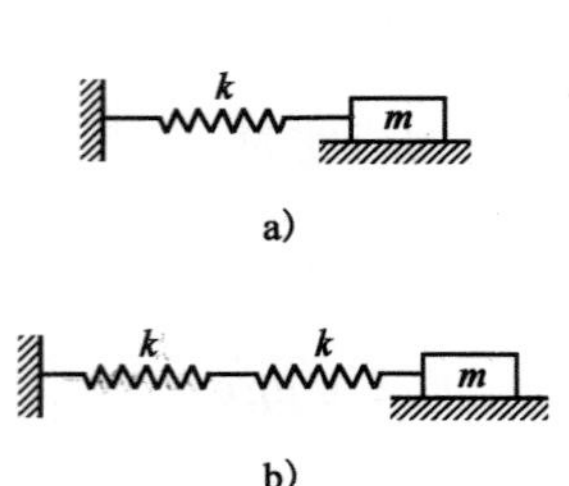

A. $\sqrt{\frac{2k}{m}}$，$\sqrt{\frac{k}{2m}}$

B. $\sqrt{\frac{k}{m}}$，$\sqrt{\frac{m}{2k}}$

C. $\sqrt{\frac{k}{2m}}$，$\sqrt{\frac{k}{m}}$

D. $\sqrt{\frac{k}{m}}$，$\sqrt{\frac{k}{2m}}$

59. 等截面杆，轴向受力如图所示，则杆的最大轴力是：

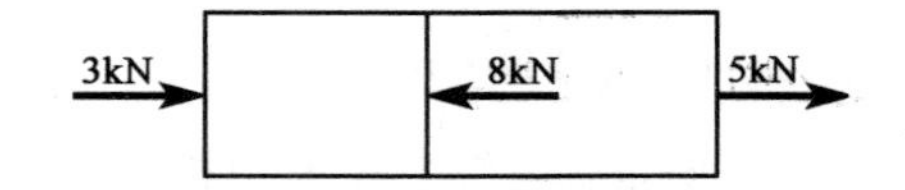

A. 8kN

B. 5kN

C. 3kN

D. 13kN

60. 变截面杆 AC 受力如图所示。已知材料弹性模量为 E，杆 BC 段的截面积为 A，杆 AB 段的截面积为 $2A$，则杆 C 截面的轴向位移是：

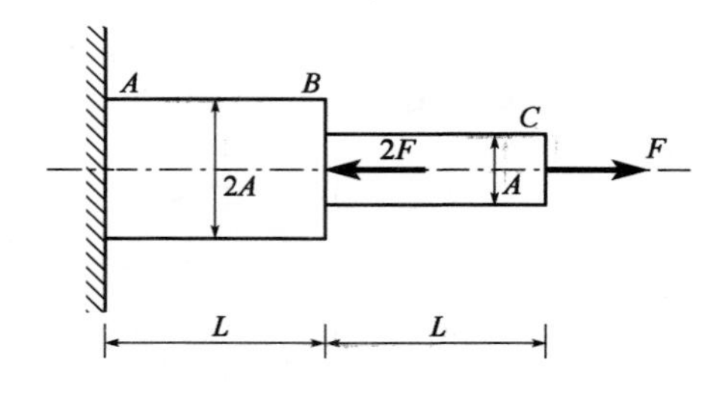

A. $\frac{FL}{2EA}$

B. $\frac{FL}{EA}$

C. $\frac{2FL}{EA}$

D. $\frac{3FL}{EA}$

61. 直径 $d=0.5\text{m}$ 的圆截面立柱，固定在直径 $D=1\text{m}$ 的圆形混凝土基座上，圆柱的轴向压力 $F=1000\text{kN}$，混凝土的许用应力$[\tau]=1.5\text{MPa}$。假设地基对混凝土板的支反力均匀分布，为使混凝土基座不被立柱压穿，混凝土基座所需的最小厚度 t 应是：

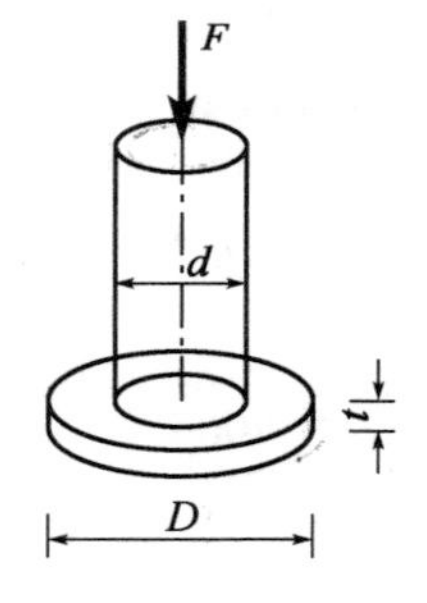

A. 159mm

B. 212mm

C. 318mm

D. 424mm

62. 实心圆轴受扭，若将轴的直径减小一半，则扭转角是原来的：

A. 2 倍　　B. 4 倍

C. 8 倍　　D. 16 倍

63. 图示截面对 z 轴的惯性矩 I_z 为：

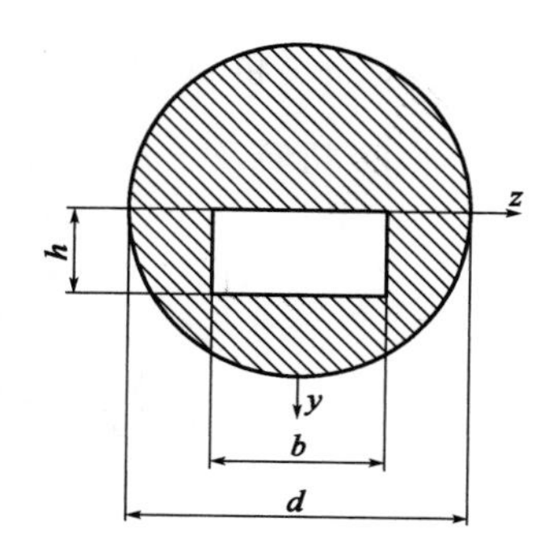

A. $I_z=\frac{\pi d^4}{64}-\frac{bh^3}{3}$

B. $I_z=\frac{\pi d^4}{64}-\frac{bh^3}{12}$

C. $I_z=\frac{\pi d^4}{32}-\frac{bh^3}{6}$

D. $I_z=\frac{\pi d^4}{64}-\frac{13bh^3}{12}$

64. 图示圆轴的抗扭截面系数为 W_T，切变模量为 G。扭转变形后，圆轴表面 A 点处截取的单元体互相垂直的相邻边线改变了 γ 角，如图所示。圆轴承受的扭矩 T 是：

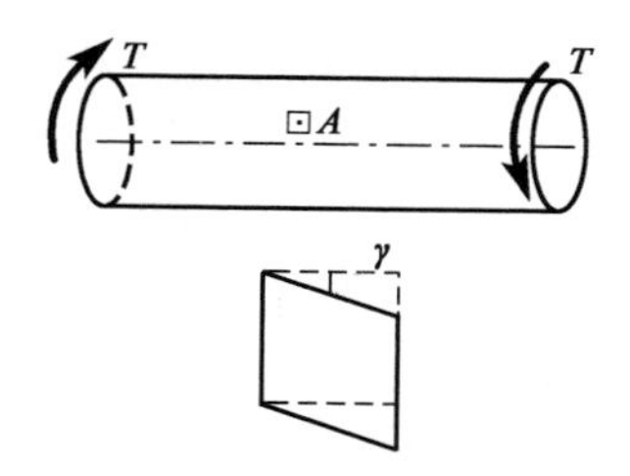

A. $T=G\gamma W_T$

B. $T=\frac{G\gamma}{W_T}$

C. $T=\frac{\gamma}{G}W_T$

D. $T=\frac{W_T}{G\gamma}$

65. 材料相同的两根矩形截面梁叠合在一起，接触面之间可以相对滑动且无摩擦力。设两根梁的自由端共同承担集中力偶 m，弯曲后两根梁的挠曲线相同，则上面梁承担的力偶矩是：

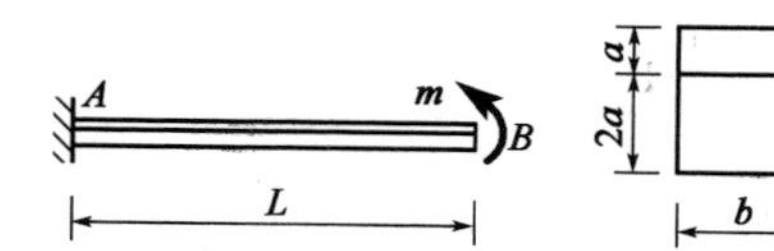

A. $m/9$

B. $m/5$

C. $m/3$

D. $m/2$

66. 图示等边角钢制成的悬臂梁 AB，C 点为截面形心，x 为该梁轴线，y'、z' 为形心主轴。集中力 $\boldsymbol{F}$ 竖直向下，作用线过形心，则梁将发生以下哪种变化：

A. xy 平面内的平面弯曲

B. 扭转和 xy 平面内的平面弯曲

C. xy' 和 xz' 平面内的双向弯曲

D. 扭转及 xy' 和 xz' 平面内的双向弯曲

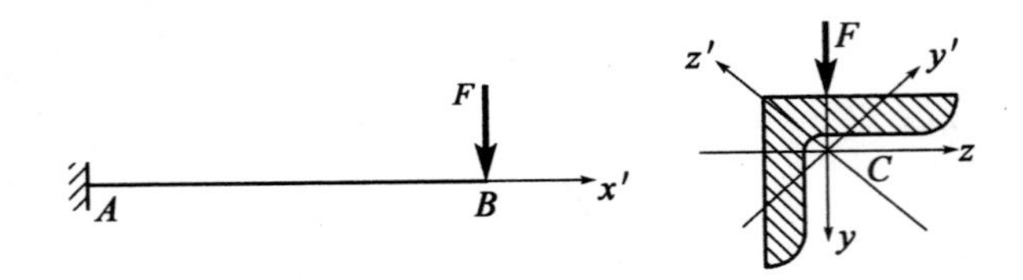

67. 图示直径为 d 的圆轴，承受轴向拉力 $\boldsymbol{F}$ 和扭矩 $\boldsymbol{T}$。按第三强度理论，截面危险的相当应力 σ_{eq3} 为：

A. $\sigma_{\mathrm{eq3}}=\dfrac{32}{\pi d^3}\sqrt{F^2+T^2}$

B. $\sigma_{\mathrm{eq3}}=\dfrac{16}{\pi d^3}\sqrt{F^2+T^2}$

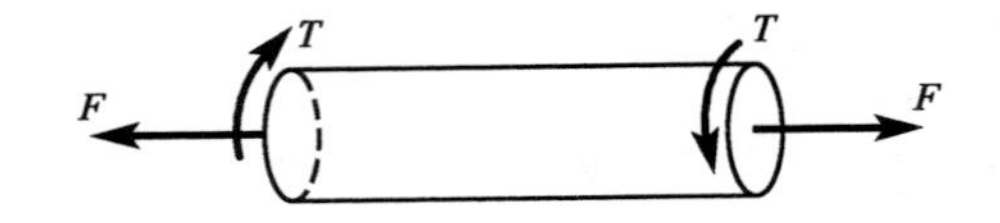

C. $\sigma_{\mathrm{eq3}}=\sqrt{\left(\dfrac{4\mathrm{F}}{\pi d^2}\right)^2+4\left(\dfrac{16T}{\pi d^3}\right)^2}$

D. $\sigma_{\mathrm{eq3}}=\sqrt{\left(\dfrac{4\mathrm{F}}{\pi d^2}\right)^2+4\left(\dfrac{32T}{\pi d^3}\right)^2}$

68. 在图示 4 种应力状态中，最大切应力 $\tau_{\max}$ 数值最大的应力状态是：

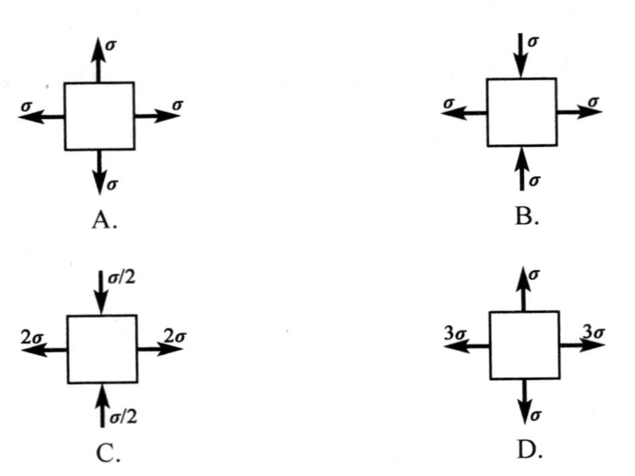

69. 图示圆轴固定端最上缘 A 点单元体的应力状态是：

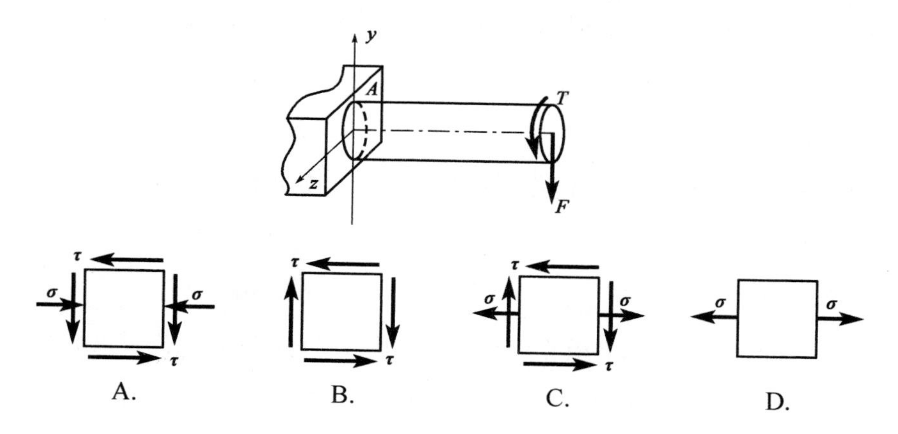

70. 图示三根压杆均为细长(大柔度)压杆，且弯曲刚度为 EI。三根压杆的临界荷载 F_{cr} 的关系为：

A. $F_{cra}>F_{crb}>F_{crc}$

B. $F_{crb}>F_{cra}>F_{crc}$

C. $F_{crc}>F_{cra}>F_{crb}$

D. $F_{crb}>F_{crc}>F_{cra}$

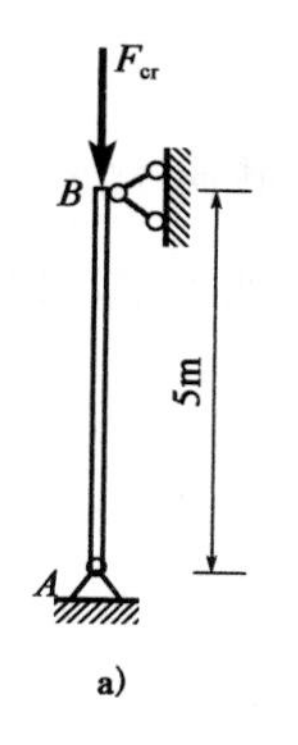

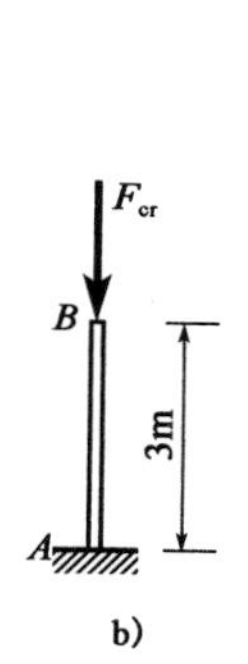

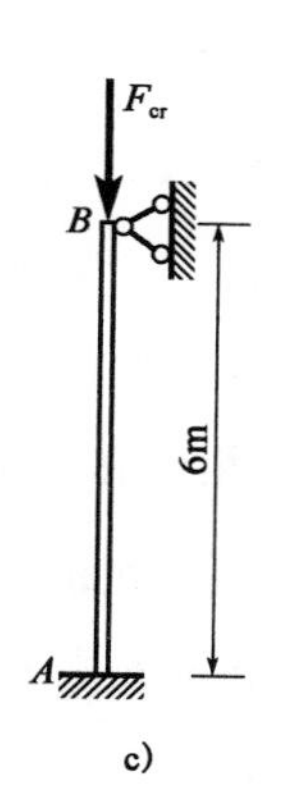

71. 压力表测出的压强是：

A. 绝对压强

B. 真空压强

C. 相对压强

D. 实际压强

72. 有一变截面压力管道，测得流量为 15L/s，其中一截面的直径为 100mm，另一截面处的流速为 20m/s，则此截面的直径为：

A. 29mm

B. 31mm

C. 35mm

D. 26mm

73. 一直径为 50mm 的圆管，运动黏滞系数 $\nu=0.18\text{cm}^2/\text{s}$、密度 $\rho=0.85\text{g/cm}^3$ 的油在管内以 $v=10\text{cm/s}$ 的速度做层流运动，则沿程损失系数是：

A. 0.18　　B. 0.23

C. 0.20　　D. 0.26

74. 圆柱形管嘴，直径为 0.04m，作用水头为 7.5m，则出水流量为：

A. $0.008\text{m}^3/\text{s}$　　B. $0.023\text{m}^3/\text{s}$

C. $0.020\text{m}^3/\text{s}$　　D. $0.013\text{m}^3/\text{s}$

75. 同一系统的孔口出流，有效作用水头 H 相同，则自由出流与淹没出流的关系为：

A. 流量系数不等，流量不等　　B. 流量系数不等，流量相等

C. 流量系数相等，流量不等　　D. 流量系数相等，流量相等

76. 一梯形断面明渠，水力半径 $R=1\text{m}$，底坡 $i=0.0008$，粗糙系数 $n=0.02$，则输水流速度为：

A. 1m/s　　B. 1.4m/s

C. 2.2m/s　　D. 0.84m/s

77. 渗流达西定律适用于：

A. 地下水渗流　　B. 砂质土壤渗流

C. 均匀土壤层流渗流　　D. 地下水层流渗流

78. 几何相似、运动相似和动力相似的关系是：

A. 运动相似和动力相似是几何相似的前提

B. 运动相似是几何相似和动力相似的表象

C. 只有运动相似，才能几何相似

D. 只有动力相似，才能几何相似

79. 图示为环线半径为 r 的铁芯环路，绕有匝数为 N 的线圈，线圈中通有直流电流 I，磁路上的磁场强度 H 处处均匀，则 H 值为：

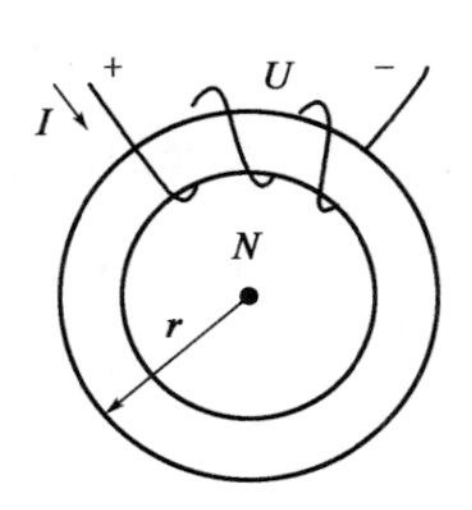

A. $\frac{NI}{r}$，顺时针方向

B. $\frac{NI}{2\pi r}$，顺时针方向

C. $\frac{NI}{r}$，逆时针方向

D. $\frac{NI}{2\pi r}$，逆时针方向

80. 图示电路中，电压 $U=$

A. 0V

B. 4V

C. 6V

D. -6V

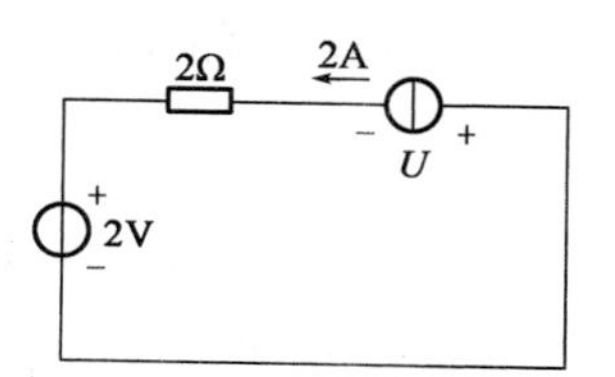

81. 对于图示电路，可以列写 a、b、c、d 4 个结点的 KCL 方程和①、②、③、④、⑤5 个回路的 KVL 方程。为求出 6 个未知电流 $I_1 \sim I_6$，正确的求解模型应该是：

A. 任选 3 个 KCL 方程和 3 个 KVL 方程

B. 任选 3 个 KCL 方程和①、②、③ 3 个回路的 KVL 方程

C. 任选 3 个 KCL 方程和①、②、④ 3 个回路的 KVL 方程

D. 写出 4 个 KCL 方程和任意 2 个 KVL 方程

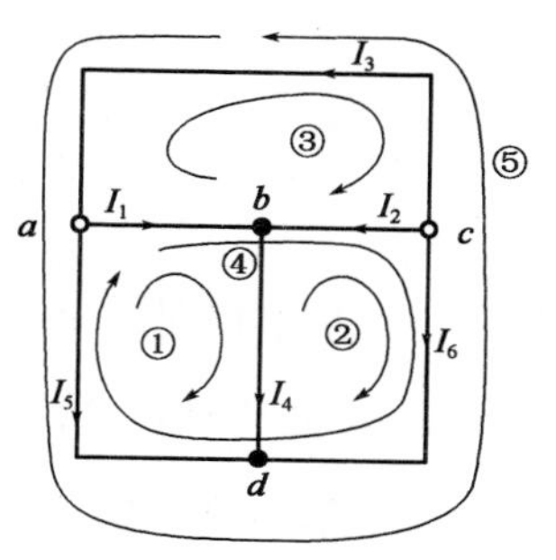

82. 已知交流电流 $i(t)$ 的周期 $T=1$ms，有效值 $I=0.5$A，当 $t=0$ 时，$i=0.5\sqrt{2}$A，则它的时间函数描述形式是：

A. $i(t)=0.5\sqrt{2}\sin 1000t$A

B. $i(t)=0.5\sin 2000\pi t$A

C. $i(t)=0.5\sqrt{2}\sin(2000\pi t+90°)$A

D. $i(t)=0.5\sqrt{2}\sin(1000\pi t+90°)$A

83. 图 a)滤波器的幅频特性如图 b)所示，当 $u_i=u_{i1}=10\sqrt{2}\sin 100t$V 时，输出 $u_o=u_{o1}$，当 $u_i=u_{i2}=10\sqrt{2}\sin 10^4 t$V 时，输出 $u_o=u_{o2}$，则可以算出：

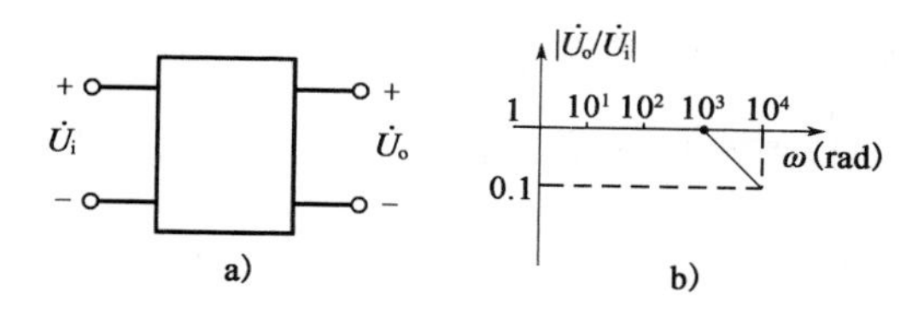

A. $U_{o1}=U_{o2}=10$V

B. $U_{o1}=10$V，U_{o2} 不能确定，但小于 10V

C. $U_{o1}<10$V，$U_{o2}=0$

D. $U_{o1}=10$V，$U_{o2}=1$V

84. 如图 a)所示功率因数补偿电路中，当 $C=C_1$ 时得到相量图如图 b)所示，当 $C=C_2$ 时得到相量图如图 c)所示，则：

A. C_1 一定大于 C_2

B. 当 $C=C_1$ 时，功率因数$\lambda|_{C_1}=-0.866$；当 $C=C_2$ 时，功率因数$\lambda|_{C_2}=0.866$

C. 因为功率因数$\lambda|_{C_1}=\lambda|_{C_2}$，所以采用两种方案均可

D. 当 $C=C_2$ 时，电路出现过补偿，不可取

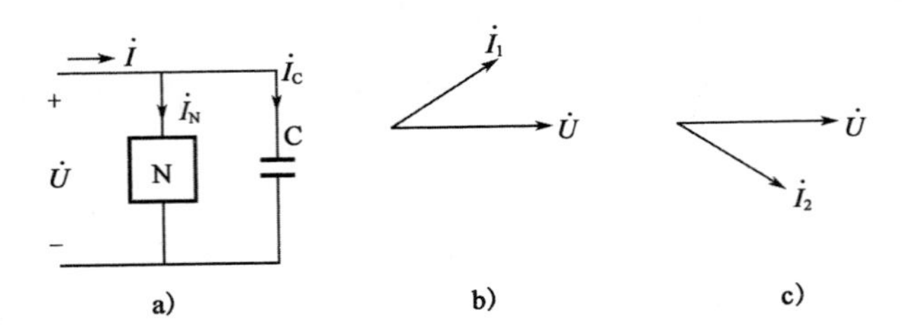

85. 某单相理想变压器，其一次线圈为 550 匝，有两个二次线圈。若希望一次电压为 100V 时，获得的二次电压分别为 10V 和 20V，则$N_2|_{10V}$和$N_2|_{20V}$应分别为：

A. 50 匝和 100 匝　　B. 100 匝和 50 匝

C. 55 匝和 110 匝　　D. 110 匝和 55 匝

86. 为实现对电动机的过载保护，除了将热继电器的常闭触点串接在电动机的控制电路中外，还应将其热元件：

A. 也串接在控制电路中

B. 再并接在控制电路中

C. 串接在主电路中

D. 并接在主电路中

87. 某温度信号如图 a)所示，经温度传感器测量后得到图 b)波形，经采样后得到图 c)波形，再经保持器得到图 d)波形，则：

A. 图 b)是图 a)的模拟信号

B. 图 a)是图 b)的模拟信号

C. 图 c)是图 b)的数字信号

D. 图 d)是图 a)的模拟信号

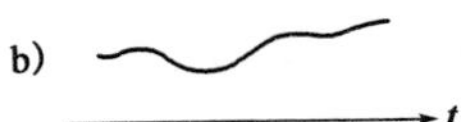

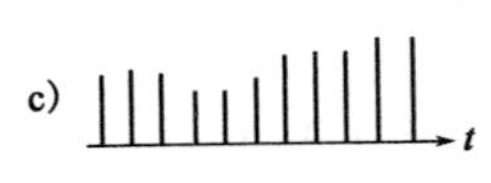

88. 若某周期信号的一次谐波分量为 $5\sin 10^3 t\text{V}$，则它的三次谐波分量可表示为：

A. $U\sin 3\times 10^3 t, U>5\text{V}$

B. $U\sin 3\times 10^3 t, U<5\text{V}$

C. $U\sin 10^6 t, U>5\text{V}$

D. $U\sin 10^6 t, U<5\text{V}$

89. 设放大器的输入信号为 $u_1(t)$，放大器的幅频特性如图所示，令 $u_1(t)=\sqrt{2}U_1\sin 2\pi ft$，则 $U_1\sin 2\pi ft$，且 $f>f_H$，则：

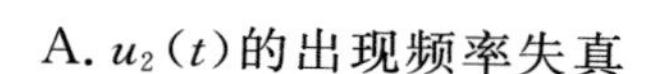

A. $u_2(t)$的出现频率失真

B. $u_2(t)$的有效值 $U_2=AU_1$

C. $u_2(t)$的有效值 $U_2<AU_1$

D. $u_2(t)$的有效值 $U_2>AU_1$

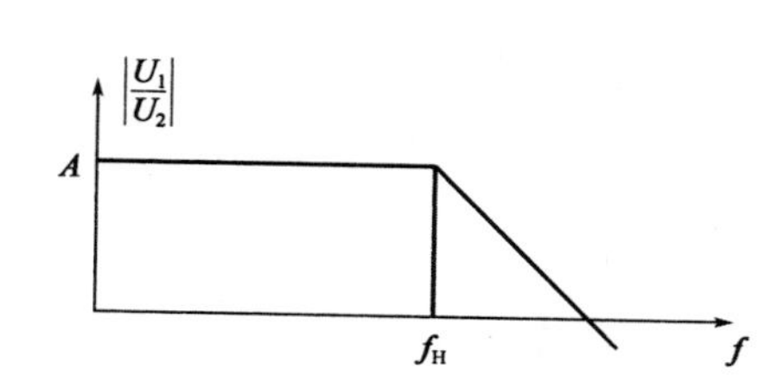

90. 对逻辑表达式 $\overline{AD+\overline{A}\,\overline{D}}$ 的化简结果是：

A. 0

B. 1

C. $\overline{A}D+A\overline{D}$

D. $\overline{AD}+AD$

91. 已知数字信号 A 和数字信号 B 的波形如图所示，则数字信号 $F=\overline{A+B}$ 的波形为：

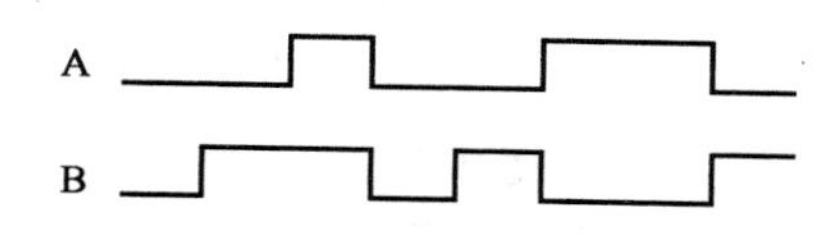

A. F

B. F

C. F

D. F

92. 十进制数字 16 的 BCD 码为：

A. 00010000

B. 00010110

C. 00010100

D. 00011110

93. 二极管应用电路如图所示，$U_A=1\text{V}$，$U_B=5\text{V}$，设二极管为理想器件，则输出电压U_F：

A. 等于 1V

B. 等于 5V

C. 等于 0V

D. 因 R 未知，无法确定

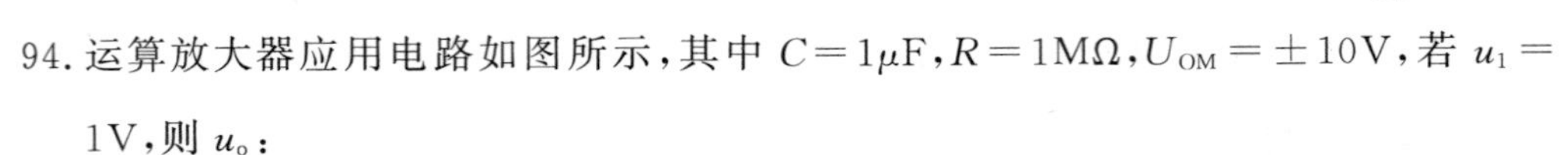

94. 运算放大器应用电路如图所示，其中 $C=1\mu\text{F}$，$R=1\text{M}\Omega$，$U_{OM}=\pm10\text{V}$，若 $u_1=1\text{V}$，则 u_o：

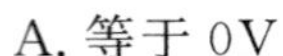

A. 等于 0V

B. 等于 1V

C. 等于 10V

D. $t<10\text{s}$ 时，为 $-t$；$t\geqslant10\text{s}$ 后，为 -10V

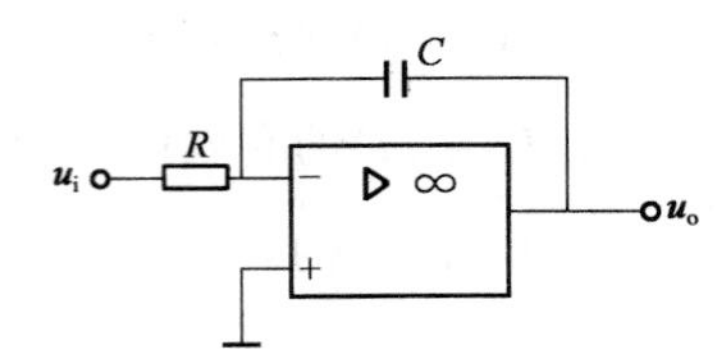

95. 图 a)所示电路中，复位信号$\overline{\text{R}}_\text{D}$、信号 A 及时钟脉冲信号 cp 如图 b)所示，经分析可知，在第一个和第二个时钟脉冲的下降沿时刻，输出 Q 先后等于：

A. 0　0

B. 0　1

C. 1　0

D. 1　1

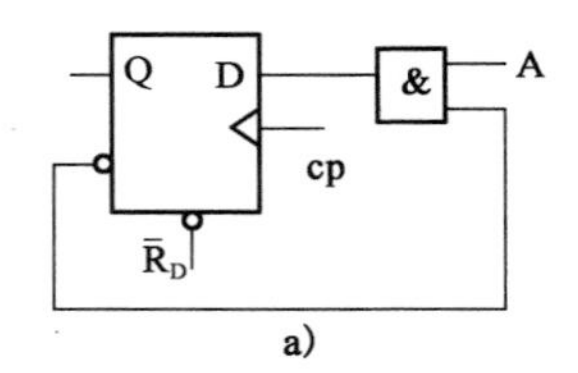

a)

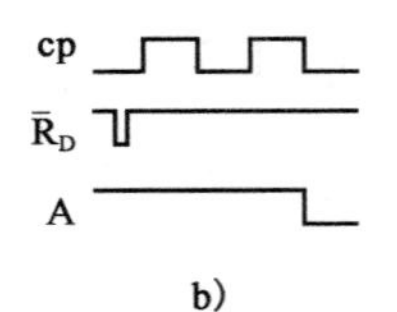

b)

附：触发器的逻辑状态表

D	Q_{n+1}
0	0
1	1

96. 图示电路的功能和寄存数据是：

A. 左移的三位移位寄存器，寄存数据是 010

B. 右移的三位移位寄存器，寄存数据是 010

C. 左移的三位移位寄存器，寄存数据是 000

D. 右移的三位移位寄存器，寄存数据是 010

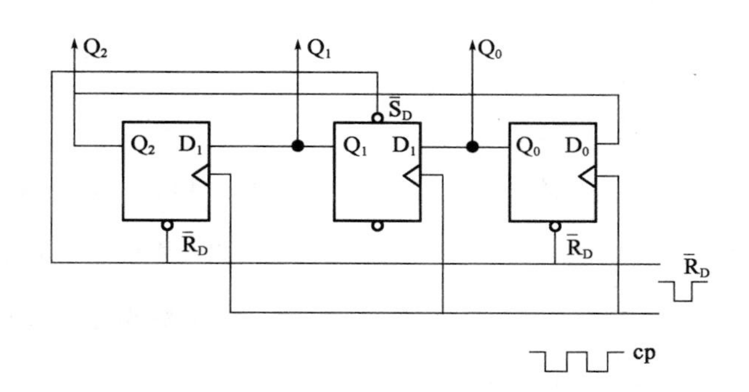

97. 计算机按用途可分为：

A. 专业计算机和通用计算机　　B. 专业计算机和数字计算机

C. 通用计算机和模拟计算机　　D. 数字计算机和现代计算机

98. 当前微机所配备的内存储器大多是：

A. 半导体存储器　　B. 磁介质存储器

C. 光线(纤)存储器　　D. 光电子存储器

99. 批处理操作系统的功能是将用户的一批作业有序地排列起来：

A. 在用户指令的指挥下、顺序地执行作业流

B. 计算机系统会自动地、顺序地执行作业流

C. 由专门的计算机程序员控制作业流的执行

D. 由微软提供的应用软件来控制作业流的执行

100. 杀毒软件应具有的功能是：

A. 消除病毒　　B. 预防病毒

C. 检查病毒　　D. 检查并消除病毒

101. 目前，微机系统中普遍使用的字符信息编码是：

A. BCD 编码　　B. ASCII 编码

C. EBCDIC 编码　　D. 汉字字型码

102. 下列选项中，不属于 Windows 特点的是：

A. 友好的图形用户界面　　B. 使用方便

C. 多用户单任务　　D. 系统稳定可靠

103. 操作系统中采用虚拟存储技术，是为了对：

A. 外为存储空间的分配

B. 外存储器进行变换

C. 内存储器的保护

D. 内存储器容量的扩充

104. 通过网络传送邮件、发布新闻消息和进行数据交换是计算机网络的：

A. 共享软件资源功能　　B. 共享硬件资源功能

C. 增强系统处理功能　　D. 数据通信功能

105. 下列有关因特网提供服务的叙述中，错误的一条是：

A. 文件传输服务、远程登录服务

B. 信息搜索服务、WWW 服务

C. 信息搜索服务、电子邮件服务

D. 网络自动连接、网络自动管理

106. 若按网络传输技术的不同，可将网络分为：

A. 广播式网络、点到点式网络

B. 双绞线网、同轴电缆网、光纤网、无线网

C. 基带网和宽带网

D. 电路交换类、报文交换类、分组交换类

107. 某企业准备 5 年后进行设备更新，到时所需资金估计为 600 万元，若存款利率为 5%，从现在开始每年年末均等额存款，则每年应存款：

[已知：$(A/F,5\%,5)=0.18097$]

A. 78.65 万元　　B. 108.58 万元

C. 120 万元　　D. 165.77 万元

108. 某项目投资于邮电通信业，运营后的营业收入全部来源于对客户提供的电信服务，则在估计该项目现金流时不包括：

A. 企业所得税　　B. 增值税

C. 城市维护建设税　　D. 教育税附加

109. 某公司向银行借款150万元，期限为5年，年利率为8%，每年年末等额还本付息一次(即等额本息法)，到第五年末还完本息。则该公司第2年年末偿还的利息为：

[已知：$(A/P,8\%,5)=0.2505$]

A. 9.954万元

B. 12万元

C. 25.575万元

D. 37.575万元

110. 以下关于项目内部收益率指标的说法正确的是：

A. 内部收益率属于静态评价指标

B. 项目内部收益率就是项目的基准收益率

C. 常规项目可能存在多个内部收益率

D. 计算内部收益率不必事先知道准确的基准收益率 i_c

111. 影子价格是商品或生产要素的任何边际变化对国家的基本社会经济目标所做贡献的价值，因而影子价格是：

A. 目标价格

B. 反映市场供求状况和资源稀缺程度的价格

C. 计划价格

D. 理论价格

112. 在对项目进行盈亏平衡分析时，各方案的盈亏平衡点生产能力利用率有如下四种数据，则抗风险能力较强的是：

A. 30%

B. 60%

C. 80%

D. 90%

113. 甲、乙为两个互斥的投资方案。甲方案现时点的投资为25万元，此后从第一年年末开始，年运行成本为4万元，寿命期为20年，净残值为8万元；乙方案现时点的投资额为12万元，此后从第一年年末开始，年运行成本为6万元，寿命期也为20年，净残值6万元。若基准收益率为20%，则甲、乙方案费用现值分别为：

[已知：$(P/A,20\%,20)=4.8696$，$(P/F,20\%,20)=0.02608$]

A. 50.80万元，-41.06万元

B. 54.32万元，41.06万元

C. 44.27万元，41.06万元

D. 50.80万元，44.27万元

114. 某产品的实际成本为 10000 元，它由多个零部件组成，其中一个零部件的实际成本为 880 元，功能评价系数为 0.140，则该零部件的价值指数为：

A. 0.628　　B. 0.880

C. 1.400　　D. 1.591

115. 某工程项目甲建设单位委托乙监理单位对丙施工总承包单位进行监理，有关监理单位的行为符合规定的是：

A. 在监理合同规定的范围内承揽监理业务

B. 按建设单位委托，客观公正地执行监理任务

C. 与施工单位建立隶属关系或者其他利害关系

D. 将工程监理业务转让给具有相应资质的其他监理单位

116. 某施工企业取得了安全生产许可证后，在从事建筑施工活动中，被发现已经不具备安全生产条件，则正确的处理方法是：

A. 由颁发安全生产许可证的机关暂扣或吊销安全生产许可证

B. 由国务院建设行政主管部门责令整改

C. 由国务院安全管理部门责令停业整顿

D. 吊销安全生产许可证，5 年内不得从事施工活动

117. 某工程项目进行公开招标，甲乙两个施工单位组成联合体投标该项目，下列做法中，不合法的是：

A. 双方商定以一个投标人的身份共同投标

B. 要求双方至少一方应当具备承担招标项目的相应能力

C. 按照资质等级较低的单位确定资质等级

D. 联合体各方协商签订共同投标协议

118. 某建设工程总承包合同约定，材料价格按照市场价履约，但具体价款没有明确约定，结算时应当依据的价格是：

A. 订立合同时履行地的市场价格

B. 结算时买方所在地的市场价格

C. 订立合同时签约地的市场价格

D. 结算工程所在地的市场价格

119. 某城市计划对本地城市建设进行全面规划，根据《中华人民共和国环境保护法》的规定，下列城乡建设行为不符合《中华人民共和国环境保护法》规定的是：

A. 加强在自然景观中修建人文景观

B. 有效保护植被、水域

C. 加强城市园林、绿地园林

D. 加强风景名胜区的建设

120. 根据《建设工程安全生产管理条例》规定，施工单位主要负责人应当承担的责任是：

A. 落实安全生产责任制度、安全生产规章制度和操作规程

B. 保证本单位安全生产条件所需资金的投入

C. 确保安全生产费用的有效使用

D. 根据工程的特点组织特定安全施工措施

2018 年度全国勘察设计注册工程师执业资格考试基础考试(上)试题解析及参考答案

1. **解** 本题考查基本极限公式以及无穷小量的性质。

选项 A 和 C 是基本极限公式,成立。

选项 B,$\lim\limits_{x\to\infty}\frac{\sin x}{x}=\lim\limits_{x\to\infty}\frac{1}{x}\sin x$,其中$\frac{1}{x}$是无穷小,$\sin x$ 是有界函数,无穷小乘以有界函数的值为无穷小量,也就是 0,故选项 B 不成立。

选项 D,只要令 $t=\frac{1}{x}$,则可化为选项 C 的结果。

答案:B

2. **解** 本题考查奇偶函数的性质。当 $f(-x)=-f(x)$时,$f(x)$为奇函数;当 $f(-x)=f(x)$时,$f(x)$为偶函数。

方法 1:

选项 D,设 $H(x)=g[g(x)]$,则

$$H(-x)=g[g(-x)]\xlongequal[\text{奇函数}]{g(x)\text{为}}g[-g(x)]=-g[g(x)]=-H(x)$$

故 $g[g(x)]$为奇函数。

方法 2:

采用特殊值法,题中 $f(x)$是偶函数,$g(x)$是奇函数,可设 $f(x)=x^2$,$g(x)=x$,验证选项 A、B、C 均是偶函数,错误。

答案:D

3. **解** 本题考查导数的定义,需要熟练拼凑相应的形式。

根据导数定义:$f'(x_0)=\lim\limits_{x\to x_0}\frac{f(x)-f(x_0)}{x-x_0}$,与题中所给形式类似,进行拼凑:

$$\lim_{x\to x_0}\frac{xf(x_0)-x_0f(x)}{x-x_0}=\lim_{x\to x_0}\frac{xf(x_0)-x_0f(x)+x_0f(x_0)-x_0f(x_0)}{x-x_0}$$

$$=\lim_{x\to x_0}\left[\frac{-x_0f(x)+x_0f(x_0)}{x-x_0}+\frac{xf(x_0)-x_0f(x_0)}{x-x_0}\right]$$

$$=-x_0f'(x_0)+f(x_0)$$

答案:C

4. **解**　本题考查变限定积分求导的计算方法。

变限定积分求导的方法如下：

$$\frac{\mathrm{d}\left(\int_{\psi(x)}^{\varphi(x)} f(t)\mathrm{d}t\right)}{\mathrm{d}x}=\frac{\mathrm{d}}{\mathrm{d}x}\left(\int_{\psi(x)}^{a} f(t)\mathrm{d}t+\int_{a}^{\varphi(x)} f(t)\mathrm{d}t\right)\quad (a\text{ 为常数})$$

$$=\frac{\mathrm{d}}{\mathrm{d}x}\left(-\int_{a}^{\psi(x)} f(t)\mathrm{d}t+\int_{a}^{\varphi(x)} f(t)\mathrm{d}t\right)$$

$$=-f(\psi(x))\psi'(x)+f(\varphi(x))\varphi'(x)$$

求导时，先把积分下限函数化为积分上限函数，再求导。

计算如下：

$$\frac{\mathrm{d}}{\mathrm{d}x}\int_{\varphi(x^2)}^{\varphi(x)} e^{t^2}\mathrm{d}t$$

$$=\frac{\mathrm{d}}{\mathrm{d}x}\left[\int_{\varphi(x^2)}^{a} e^{t^2}\mathrm{d}t+\int_{a}^{\varphi(x)} e^{t^2}\mathrm{d}t\right]\quad (a\text{ 为常数})$$

$$=\frac{\mathrm{d}}{\mathrm{d}x}\left[-\int_{a}^{\varphi(x^2)} e^{t^2}\mathrm{d}t+\int_{a}^{\varphi(x)} e^{t^2}\mathrm{d}t\right]$$

$$=-e^{[\varphi(x^2)]^2}\varphi'(x^2)\cdot 2x+e^{[\varphi(x)]^2}\cdot\varphi'(x)$$

$$=\varphi'(x)e^{[\varphi(x)]^2}-2x\varphi'(x^2)e^{[\varphi(x^2)]^2}$$

答案：A

5. **解**　本题考查不定积分的基本计算技巧：凑微分。

$$\int xf(1-x^2)\mathrm{d}x=-\frac{1}{2}\int f(1-x^2)\mathrm{d}(1-x^2)\xlongequal[\int f(x)\mathrm{d}x=F(x)+C]{\text{已知}}-\frac{1}{2}F(1-x^2)+C$$

答案：B

6. **解**　本题考查一阶导数的应用。

驻点是函数的一阶导数为 0 的点，本题中函数明显是光滑连续的，所以对函数求导，有 $y'=4x+a$，将 $x=1$ 代入得到 $y'(1)=4+a=0$，解出 $a=-4$。

答案：D

7. **解**　本题考查向量代数的基本运算。

方法 1：

$$(\boldsymbol{\alpha}+\boldsymbol{\beta})\cdot(\boldsymbol{\alpha}+\boldsymbol{\beta})=|\boldsymbol{\alpha}+\boldsymbol{\beta}|\cdot|\boldsymbol{\alpha}+\boldsymbol{\beta}|\cdot\cos 0=|\boldsymbol{\alpha}+\boldsymbol{\beta}|^2$$

所以 $|\boldsymbol{\alpha}+\boldsymbol{\beta}|^2=(\boldsymbol{\alpha}+\boldsymbol{\beta})\cdot(\boldsymbol{\alpha}+\boldsymbol{\beta})=\boldsymbol{\alpha}\cdot\boldsymbol{\alpha}+\boldsymbol{\beta}\cdot\boldsymbol{\alpha}+\boldsymbol{\alpha}\cdot\boldsymbol{\beta}+\boldsymbol{\beta}\cdot\boldsymbol{\beta}$

$$=\boldsymbol{\alpha}\cdot\boldsymbol{\alpha}+2\boldsymbol{\alpha}\cdot\boldsymbol{\beta}+\boldsymbol{\beta}\cdot\boldsymbol{\beta}$$

$$\xlongequal[\theta=\frac{\pi}{3}]{|\boldsymbol{\alpha}|=1,|\boldsymbol{\beta}|=2} 1\times1\times\cos0+2\times1\times2\times\cos\frac{\pi}{3}+2\times2\times\cos0$$

$$=7$$

所以，$|\boldsymbol{\alpha}+\boldsymbol{\beta}|^2=7$，则 $|\boldsymbol{\alpha}+\boldsymbol{\beta}|=\sqrt{7}$

方法2：可通过作图来辅助求解。

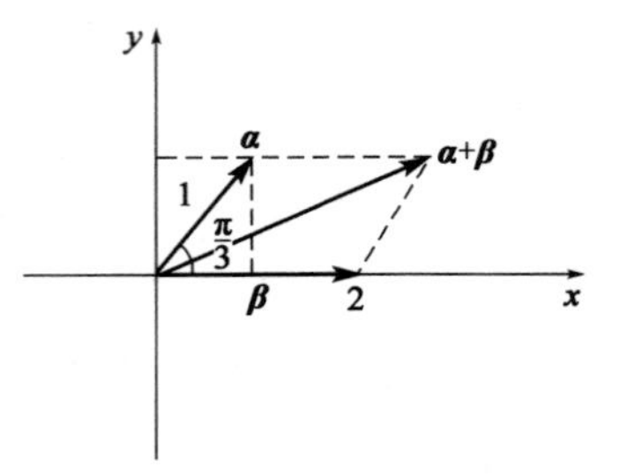

题7解图

如解图所示：若设 $\boldsymbol{\beta}=(2,0)$，由于 $\boldsymbol{\alpha}$ 和 $\boldsymbol{\beta}$ 的夹角为 $\frac{\pi}{3}$，

则 $\boldsymbol{\alpha}=\left(1\cdot\cos\frac{\pi}{3},1\cdot\sin\frac{\pi}{3}\right)=\left(\cos\frac{\pi}{3},\sin\frac{\pi}{3}\right)$

$\boldsymbol{\beta}=(2,0)$

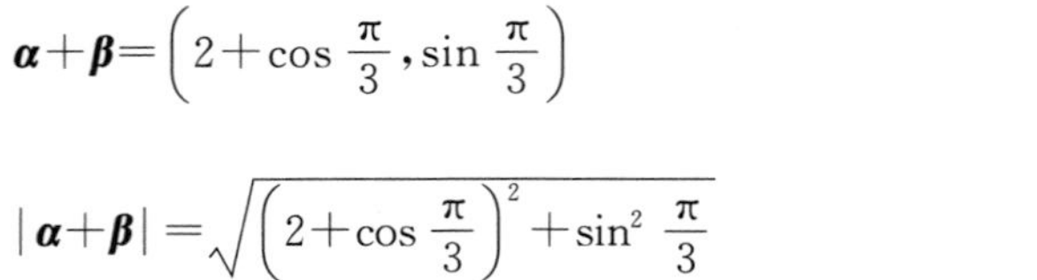

$\boldsymbol{\alpha}+\boldsymbol{\beta}=\left(2+\cos\frac{\pi}{3},\sin\frac{\pi}{3}\right)$

$|\boldsymbol{\alpha}+\boldsymbol{\beta}|=\sqrt{\left(2+\cos\frac{\pi}{3}\right)^2+\sin^2\frac{\pi}{3}}$

$=\sqrt{4+2\times2\times\cos\frac{\pi}{3}+\cos^2\frac{\pi}{3}+\sin^2\frac{\pi}{3}}=\sqrt{7}$

答案：B

8. **解**　本题考查简单的二阶常微分方程求解，直接进行两次积分即可。

$y''=\sin x$，则 $y'=\int\sin x\mathrm{d}x=-\cos x+C_1$

再次对 x 进行积分，有：

$y=\int(-\cos x+C_1)\mathrm{d}x=-\sin x+C_1x+C_2$

答案：B

9. **解**　本题考查导数的基本应用与计算。

已知 $f(x)$，$g(x)$ 在 $[a,b]$ 上均可导，且恒正，

设 $H(x)=f(x)g(x)$，则 $H'(x)=f'(x)g(x)+f(x)g'(x)$，

已知 $f'(x)g(x)+f(x)g'(x)>0$，所以函数 $H(x)=f(x)g(x)$ 在 $x\in(a,b)$ 时单调增加，因此有 $H(a)<H(x)<H(b)$，即 $f(a)g(a)<f(x)g(x)<f(b)g(b)$。

答案：C

10. **解**　本题考查定积分的基本几何应用。注意积分变量的选择，是选择 x 方便，还是选择 y 方便？

如解图所示，本题所求图形面积即为阴影图形面积，此时选择积分变量 y 较方便。

$$A=\int_{\ln a}^{\ln b}\varphi(y)\mathrm{d}y$$

因为 $y=\ln x$，则 $x=e^y$，故：

$$A=\int_{\ln a}^{\ln b}e^y\mathrm{d}y=e^y\Big|_{\ln a}^{\ln b}=e^{\ln b}-e^{\ln a}=b-a$$

答案：B

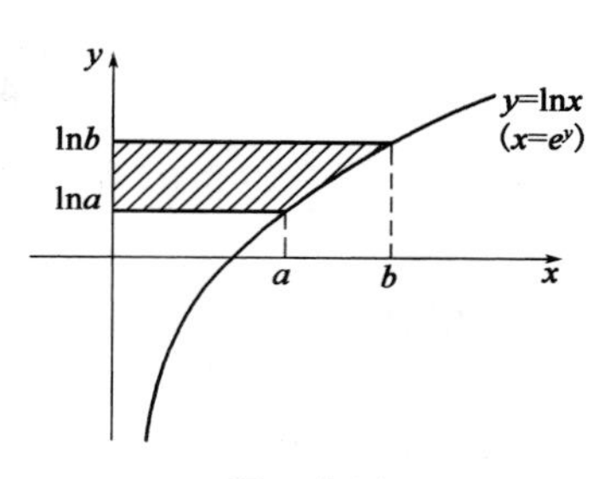

题 10 解图

11. **解** 本题考查空间解析几何中平面的基本性质和运算。

方法 1：

若某平面 π 平行于 yOz 坐标面，则平面 π 的法向量平行于 x 轴，可取 $\boldsymbol{n}=(1,0,0)$，利用平面 $Ax+By+Cz+D=0$ 所对应的法向量 $\boldsymbol{n}=(A,B,C)$ 判定选项 D 中，平面方程 $x+1=0$ 的法线向量为 $\vec{n}=(1,0,0)$，正确。

方法 2：

可通过画出选项 A、B、C 的图形来确定。

答案：D

12. **解** 本题考查多元函数微分学的概念性问题，涉及多元函数偏导数与多元函数连续等概念，需记忆下图的关系式方可快速解答：

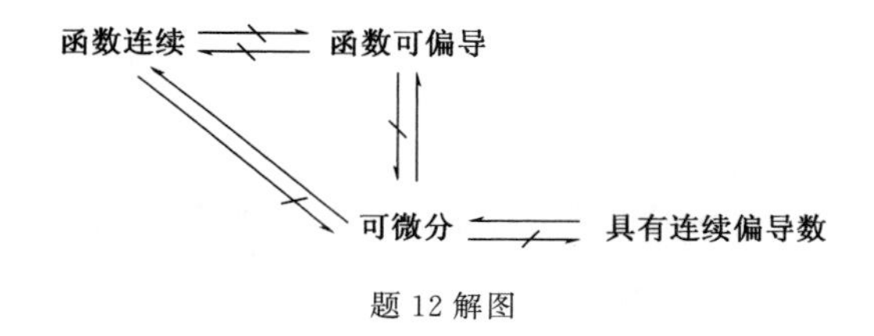

题 12 解图

可知，函数可微可推出一阶偏导数存在，而函数一阶偏导数存在推不出函数可微，故在此点一阶偏导数存在是函数在该点可微的必要条件。

答案：A

13. **解** 本题考查级数中常数项级数的敛散性。

利用级数敛散性判定方法以及 p 级数的相关性判定。

选项 A，利用比较法的极限形式，选择级数 $\sum\limits_{n=1}^{\infty}\frac{1}{n^2}$，$p>1$ 收敛。

$$而\ \lim_{n\to\infty}\frac{\frac{1}{n(n+1)}}{\frac{1}{n^2}}=\lim_{n\to\infty}\frac{n^2}{n^2+n}=1$$

所以级数收敛。

选项 B，可利用 p 级数的敛散性判断。

p 级数 $\sum\limits_{n=1}^{\infty}\frac{1}{n^p}(p>0$，实数$)$，当 $p>1$ 时，p 级数收敛；当 $p\leqslant 1$ 时，p 级数发散。

选项 B，$p=\frac{3}{2}>1$，故级数收敛。

选项 D，可利用交错级数的莱布尼茨定理判断。

设交错级数 $\sum\limits_{n=1}^{\infty}(-1)^{n-1}a_n$，其中 $a_n>0$，只要：① $a_n\geqslant a_{n+1}(n=1,2,\cdots)$，② $\lim\limits_{n\to\infty}a_n=0$，则 $\sum\limits_{n=1}^{\infty}(-1)^{n-1}a_n$ 就收敛。

选项 D 中① $\frac{1}{\sqrt{n}}>\frac{1}{\sqrt{n+1}}(n=1,2,\cdots)$，② $\lim\limits_{n\to\infty}\frac{1}{\sqrt{n}}=0$，故级数收敛。

选项 C，对于级数 $\sum\limits_{n=1}^{\infty}\left(\frac{n}{2n+1}\right)^2$，$\lim\limits_{n\to\infty}u_n=\lim\limits_{n\to\infty}\left(\frac{n}{2n+1}\right)^2=\left(\frac{1}{2}\right)^2=\frac{1}{4}\neq 0$

级数收敛的必要条件是 $\lim\limits_{n\to\infty}u_n=0$，而本选项 $\lim\limits_{n\to\infty}u_n\neq 0$，故级数发散。

答案：C

14. **解**　本题考查二阶常系数微分方程解的基本结构。

已知函数 $y=C_1e^{-x}+C_2e^{4x}$ 是某微分方程的通解，则该微分方程拥有的特征方程的解分别为 $r_1=-1$，$r_2=+4$，则有 $(r+1)(r-4)=0$，展开有 $r^2-3r-4=0$，故对应的微分方程为 $y''-3y'-4y=0$。

答案：B

15. **解**　本题考查对弧长曲线积分（也称第一类曲线积分）的相关计算。

依据题意，作解图，知 L 方程为 $y=-x+1$

L 的参数方程为 $\begin{cases}x=x\\ y=-x+1\end{cases}\quad(0\leqslant x\leqslant 1)$

$\mathrm{d}S=\sqrt{1^2+(-1)^2}\,\mathrm{d}x=\sqrt{2}\,\mathrm{d}x$

$$\int_L\cos(x+y)\mathrm{d}S=\int_0^1\cos[x+(-x+1)]\sqrt{2}\,\mathrm{d}x$$

$$=\int_0^1\sqrt{2}\cos1\mathrm{d}x=\sqrt{2}\cos1\cdot x\Big|_0^1=\sqrt{2}\cos1$$

题 15 解图

注：写出直线 L 的方程后，需判断 x 的取值范围（对弧长的曲线积分，积分变量应由小变大），从方程中看可知 x：0→1，若考查对坐标的曲线积分（也称第二类曲线积分），则应特别注意路径行走方向，以便判断 x 的上下限。

答案：C

16. **解**　本题考查直角坐标系下的二重积分计算问题。

根据题中所给正方形区域可作图，其中，D：$|x|\leqslant1$，$|y|\leqslant1$，即 $-1\leqslant x\leqslant1$，$-1\leqslant y\leqslant1$。

有 $\iint\limits_D(x^2+y^2)\mathrm{d}x\mathrm{d}y=\int_{-1}^{1}\mathrm{d}x\int_{-1}^{1}(x^2+y^2)\mathrm{d}y=\int_{-1}^{1}\left(x^2y+\frac{y^3}{3}\right)\Big|_{-1}^{1}\mathrm{d}x$

$$=\int_{-1}^{1}\left(2x^2+\frac{2}{3}\right)\mathrm{d}x=\left(\frac{2}{3}x^3+\frac{2}{3}x\right)\Big|_{-1}^{1}=\frac{8}{3}$$

或利用对称性，$D=4D_1$，则

$$\iint\limits_D(x^2+y^2)\mathrm{d}x\mathrm{d}y\xlongequal{\text{利用对称性}}4\iint\limits_{D_1}(x^2+y^2)\mathrm{d}x\mathrm{d}y$$

$$=4\int_0^1\mathrm{d}x\int_0^1(x^2+y^2)\mathrm{d}y=4\int_0^1\left(x^2y+\frac{1}{3}y^3\right)\Big|_0^1\mathrm{d}x$$

$$=4\int_0^1\left(x^2+\frac{1}{3}\right)\mathrm{d}x=4\times\left[\frac{1}{3}x^3+\frac{1}{3}x\right]_0^1$$

$$=4\times\left(\frac{1}{3}+\frac{1}{3}\right)=\frac{8}{3}$$

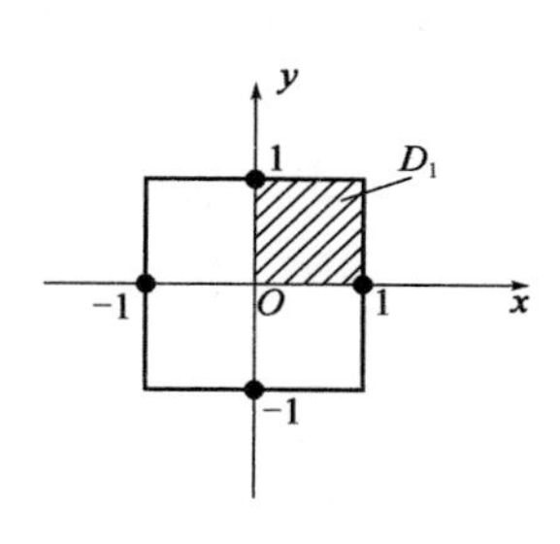

题 16 解图

答案：B

17. **解**　本题考查麦克劳林展开式的基本概念。

麦克劳林展开式的一般形式为

$$f(x)=f(0)+f'(0)x+\frac{f''(0)}{2!}x^2+\cdots+\frac{f^{(n)}(0)}{n!}x^n+R_n(x)$$

其中 $R_n(x)=\frac{f^{(n+1)}(\xi)}{(n+1)!}x^{n+1}$，这里 ξ 是介于 0 与 x 之间的某个值。

$f'(x)=a^x\ln a$，$f''(x)=a^x(\ln a)^2$，故 $f'(0)=\ln a$，$f''(0)=(\ln a)^2$，$f(0)=1$，

$$f(x)=1+x\ln a+\frac{(\ln a)^2}{2}x^2$$

答案：C

18. **解**　本题考查多元函数的混合偏导数求解。

函数 $z=f(x^2y)$

$$\frac{\partial z}{\partial x}=2xyf'(x^2y)$$

$$\frac{\partial^2 z}{\partial x\partial y}=2x[f'(x^2y)+yf''(x^2y)x^2]$$

$$=2x[f'(x^2y)+x^2yf''(x^2y)]$$

答案：D

19. **解**　本题考查矩阵和行列式的基本计算。

因为 $\boldsymbol{A}$、$\boldsymbol{B}$ 均为三阶矩阵，则

$$|-2\boldsymbol{A}^{\mathrm{T}}\boldsymbol{B}^{-1}|$$

$$=(-2)^3|\boldsymbol{A}^{\mathrm{T}}\boldsymbol{B}^{-1}|$$

$$=(-8)|\boldsymbol{A}^{\mathrm{T}}|\cdot|\boldsymbol{B}^{-1}|\text{（矩阵乘积的行列式性质）}$$

$$=(-8)|\boldsymbol{A}|\cdot\frac{1}{|\boldsymbol{B}|}$$

$$\left(\text{矩阵转置行列式性质，}|\boldsymbol{B}\boldsymbol{B}^{-1}|=|\boldsymbol{E}|,|\boldsymbol{B}|\cdot|\boldsymbol{B}^{-1}|=1,|\boldsymbol{B}^{-1}|=\frac{1}{|\boldsymbol{B}|}\right)$$

$$=-8\times1\times\frac{1}{-2}=4$$

答案：D

20.**解**　本题考查线性方程组 $\boldsymbol{Ax}=\boldsymbol{0}$，有非零解的充要条件。

方程组 $\begin{cases}ax_1+x_2+x_3=0\\x_1+ax_2+x_3=0\\x_1+x_2+ax_3=0\end{cases}$ 有非零解的充要条件是 $\begin{vmatrix}a&1&1\\1&a&1\\1&1&a\end{vmatrix}=0$

$$\begin{vmatrix}a&1&1\\1&a&1\\1&1&a\end{vmatrix}\xlongequal{(-1)c_3+c_2}\begin{vmatrix}a&0&1\\1&a-1&1\\1&1-a&a\end{vmatrix}\xlongequal{(-a)c_3+c_1}\begin{vmatrix}0&0&1\\1-a&a-1&1\\1-a^2&1-a&a\end{vmatrix}$$

$$=\begin{vmatrix}1-a&a-1\\1-a^2&1-a\end{vmatrix}=(1-a)^2\begin{vmatrix}1&-1\\1+a&1\end{vmatrix}=(1-a)^2(2+a)=0$$

所以 $a=1$ 或 -2。

答案：B

21.**解**　本题考查利用配方法求二次型的标准型，考查的知识点较偏。

方法 1：

由矩阵 $\boldsymbol{A}$ 可写出二次型为 $f(x_1,x_2,x_3)=x_1^2-2x_1x_2+3x_2^2$，利用配方法得到：

$$f(x_1,x_2,x_3)=x_1^2-2x_1x_2+x_2^2+2x_2^2=(x_1-x_2)^2+2x_2^2$$

令 $x_1-x_2=y_1,x_2=y_2$

可得 $f=y_1^2+2y_2^2$

方法 2：

利用惯性定理，选项 A、B、D(正惯性指数为 1，负惯性指数为 1)可以互化，因此对单选题，一定是错的。不用计算可知，只能选 C。

答案:C

22.**解** 因为 A 与 B 独立,所以 $\overline{A}$ 与 $\overline{B}$ 独立。

$P(A\cup B)=1-P(\overline{A\cup B})=1-P(\overline{A}\,\overline{B})=1-P(\overline{A})P(\overline{B})=1-0.4\times0.5=0.8$

或者 $P(A\cup B)=P(A)+P(B)-P(AB)$

由于 A 与 B 相互独立,则 $P(AB)=P(A)P(B)$

而 $P(A)=1-P(\overline{A})=0.6$,$P(B)=1-P(\overline{B})=0.5$

故 $P(A\cup B)=0.6+0.5-0.6\times0.5=0.8$

答案:C

23.**解** 数学期望 $E(X)=\int_{-\infty}^{+\infty}xf(x)\mathrm{d}x$,

$$f(x)=F'(x)=\begin{cases}3x^2, 0<x<1\\0,\text{其他}\end{cases}$$

$$E(X)=\int_0^1 x\cdot 3x^2\mathrm{d}x$$

答案:B

24.**解** 二维离散型随机变量 X、Y 相互独立的充要条件是 $P_{ij}=P_{i\cdot}P_{\cdot j}$

还有分布律性质 $\sum\limits_i\sum\limits_j P(X=i,Y=j)=1$

利用上述等式建立两个独立方程,解出 α、β。

下面根据独立性推出一个公式:

因为 $\dfrac{P(X=i,Y=1)}{P(X=i,Y=2)}=\dfrac{P(X=i)P(Y=1)}{P(X=i)P(Y=2)}=\dfrac{P(Y=1)}{P(Y=2)}\quad i=1,2,3,\cdots$

所以 $\dfrac{P(X=1,Y=1)}{P(X=1,Y=2)}=\dfrac{P(X=2,Y=1)}{P(X=2,Y=2)}=\dfrac{P(X=3,Y=1)}{P(X=3,Y=2)}$

即 $\dfrac{\frac{1}{6}}{\frac{1}{3}}=\dfrac{\frac{1}{9}}{\beta}=\dfrac{\frac{1}{18}}{\alpha}$

选项 D 对。

答案:D

25.**解** 分子的平均平动动能公式$\overline{\omega}=\dfrac{3}{2}kT$,分子的平均动能公式$\overline{\varepsilon}=\dfrac{i}{2}kT$,刚性双原子分子自由度 $i=5$,但此题问的是每个分子的平均平动动能而不是平均动能,故正确答案为 C。

答案:C

26.**解**　分子无规则运动的平均自由程公式$\lambda=\frac{\overline{v}}{\overline{Z}}=\frac{1}{\sqrt{2}\pi d^2 n}$,气体定了,$d$就定了,所以容器中分子无规则运动的平均自由程仅取决于n,即单位体积的分子数。此题给定1mol氦气,分子总数定了,故容器中分子无规则运动的平均自由程仅取决于体积V。

答案:B

27.**解**　理想气体和单一恒温热源做等温膨胀时,吸收的热量全部用来对外界做功,既不违反热力学第一定律,也不违反热力学第二定律。因为等温膨胀是一个单一的热力学过程而非循环过程。

答案:C

28.**解**　理想气体的功和热量是过程量。内能是状态量,是温度的单值函数。此题给出$T_2=T_1$,无论气体经历怎样的过程,气体的内能保持不变。而因为不知气体变化过程,故无法判断功的正负。

答案:D

29.**解**　将$t=0.1\text{s}$,$x=2\text{m}$代入方程,即

$y=0.01\cos 10\pi(25t-x)=0.01\cos 10\pi(2.5-2)=-0.01$

答案:C

30.**解**　$A=0.02\text{m}$,$T=\frac{2\pi}{\omega}=\frac{2\pi}{50\pi}=\frac{1}{25}=0.04\text{s}$

答案:A

31.**解**　机械波在媒质中传播,一媒质质元的最大形变量发生在平衡位置,此位置动能最大,势能也最大,总机械能亦最大。

答案:D

32.**解**　上下缝各覆盖一块厚度为d的透明薄片,则从两缝发出的光在原来中央明纹初相遇时,光程差为:

$\delta=r-d+n_2 d-(r-d+n_1 d)=d(n_2-n_1)$

答案:A

33.**解**　牛顿环的环状干涉条纹为等厚干涉条纹,当平凸透镜垂直向上缓慢平移而远离平面镜时,原k级条纹向环中心移动,故这些环状干涉条纹向中心收缩。

答案:D

34. **解**　$\Delta\varphi=\frac{2\pi}{\lambda}\delta=\frac{2\pi}{\lambda}nl=3\pi, l=\frac{3\lambda}{2n}$

答案:C

35. **解**　反射光的光程差加强条件 $\delta=2nd+\frac{\lambda}{2}=k\lambda$

可见光范围 λ(400～760nm),取 $\lambda=400$nm,$k=3.5$;取 $\lambda=760$nm,$k=2.1$

k 取整数,$k=3$,$\lambda=480$nm

答案:A

36. **解**　玻璃劈尖相邻干涉条纹间距公式为:$l=\frac{\lambda}{2n\theta}$

此玻璃的折射率为:$n=\frac{\lambda}{2l\theta}=1.53$

答案:B

37. **解**　当原子失去电子成为正离子时,一般是能量较高的最外层电子先失去,而且往往引起电子层数的减少。某元素正二价离子(M^{2+})的外层电子构型是 $3s^2 3p^6$,所以该元素原子基态核外电子构型为 $1s^2 2s^2 2p^6 3s^2 3p^6 4s^2$。该元素基态核外电子最高主量子数为 4,为第四周期元素;价电子构型为 $4s^2$,为 s 区元素,IIA 族元素。

答案:C

38. **解**　离子的极化力是指某离子使其他离子变形的能力。极化率(离子的变形性)是指某离子在电场作用下电子云变形的程度。每种离子都具有极化力与变形性,一般情况下,主要考虑正离子的极化力和负离子的变形性。极化力与离子半径有关,离子半径越小,极化力越强。

答案:A

39. **解**　NH_4Cl 为强酸弱碱盐,水解显酸性;NaCl 不水解;NaOAc 和 Na_3PO_4 均为强碱弱酸盐,水解显碱性,因为 $K_a(HAc)>K_{a3}(H_3PO_4)$,所以 Na_3PO_4 的水解程度更大,碱性更强。

答案:A

40. **解**　根据理想气体状态方程 $pV=nRT$,得 $n=pVRT$。所以当温度和体积不变时,反应器中气体(反应物或生成物)的物质的量与气体分压成正比。根据 $2A(g)+B(g)\rightleftharpoons 2C(g)$ 可知,生成物气体 C 的平衡分压为 100kPa,则 A 要消耗 100kPa,B 要消耗 50kPa,平衡时 $p(A)=200$kPa,$p(B)=250$kPa。

$$K^{\ominus}=\frac{\left(\frac{p(C)}{p^{\ominus}}\right)^2}{\left(\frac{p(A)}{p^{\ominus}}\right)^2\left(\frac{p(B)}{p^{\ominus}}\right)}=\frac{\left(\frac{100}{100}\right)^2}{\left(\frac{200}{100}\right)^2\left(\frac{250}{100}\right)}=0.1。$$

答案:A

41. **解** 根据氧化还原反应配平原则，还原剂失电子总数等于氧化剂得电子总数，配平后的方程式为：$2MnO_4^- + 5SO_3^{2-} + 6H^+ = 2Mn^{2+} + 5SO_4^{2-} + 3H_2O$。

答案:B

42. **解** 电极电势的大小，可以判断氧化剂与还原剂的相对强弱。电极电势越大，表示电对中氧化态的氧化能力越强。所以题中氧化剂氧化能力最强的是 HClO。

答案:C

43. **解** 标准状态时，由指定单质生成单位物质的量的纯物质 B 时反应的焓变(反应的热效应)，称为标准摩尔焓变，记作 $\Delta_f H_m^{\ominus}$。指定单质通常指标准压力和该温度下最稳定的单质，如 C 的指定单质为石墨(s)。选项 A 中 C(金刚石)不是指定单质，选项 D 中不是生成单位物质的量的 CO_2(g)。

答案:C

44. **解** 发生银镜反应的物质要含有醛基(—CHO)，所以甲醛、乙醛、乙二醛等各种醛类、甲酸及其盐(如 HCOOH、HCOONa)、甲酸酯(如甲酸甲酯 $HCOOCH_3$、甲酸丙酯 $HCOOC_3H_7$ 等)和葡萄糖、麦芽糖等分子中含醛基的糖与银氨溶液在适当条件下可以发生银镜反应。

答案:D

45. **解** 塑料、橡胶、纤维素都是天然高分子，蔗糖($C_{12}H_{22}O_{11}$)不是。

答案:A

46. **解** 1-戊炔、2-戊炔、1,2-戊二烯催化加氢后产物均为戊烷，3-甲基-1-丁炔催化加氢后产物为 2-甲基丁烷，结构式为$(CH_3)_2CHCH_2CH_3$。

答案:B

47. **解** 根据力的投影公式，$\boldsymbol{F}_x=\boldsymbol{F}\cos\alpha$，故只有当 $\alpha=0°$ 时 $\boldsymbol{F}_x=\boldsymbol{F}$，即力 $\boldsymbol{F}$ 与 x 轴平行；而除力 $\boldsymbol{F}$ 在与 x 轴垂直的 y 轴($\alpha=90°$)上投影为 0 外，在其余与 x 轴共面轴上的投影均不为 0。

答案:B

48. **解** 主矢 $\boldsymbol{F}_R=\boldsymbol{F}_1+\boldsymbol{F}_2+\boldsymbol{F}_3=30\boldsymbol{j}$N 为三力的矢量和；对 O 点的主矩为各力向 O

点取矩及外力偶矩的代数和，即 $M_O = F_3a - M_1 - M_2 = -10\text{N}\cdot\text{m}$（顺时针）。

答案：A

49. **解**　取整体为研究对象，受力如解图所示。

列平衡方程：

$$\sum m_C(F)=0, F_A\cdot 2r - F_p\cdot 3r = 0$$

$$F_A=\frac{3}{2}F_p$$

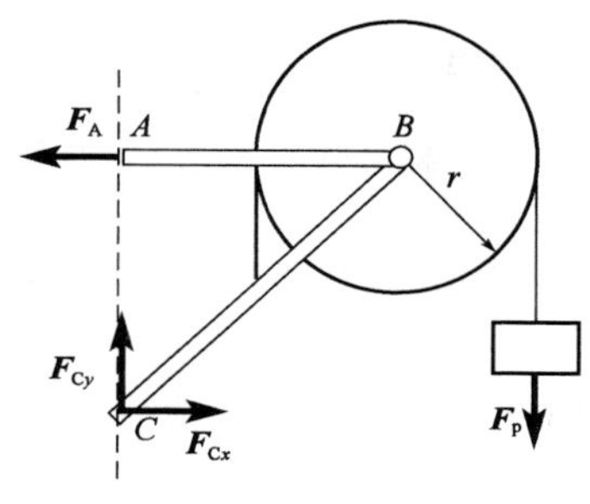

题 49 解图

答案：D

50. **解**　分析节点 C 的平衡，可知 BC 杆为零杆。

答案：D

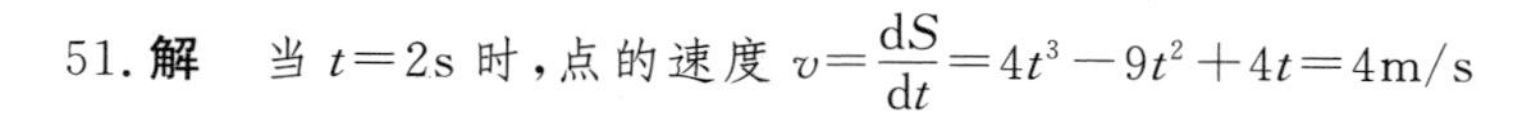

51. **解**　当 $t=2\text{s}$ 时，点的速度 $v=\dfrac{\text{d}S}{\text{d}t}=4t^3-9t^2+4t=4\text{m/s}$

点的加速度 $a=\dfrac{\text{d}^2S}{\text{d}t^2}=12t^2-18t+4=16\text{m/s}^2$

答案：C

52. **解**　根据点做曲线运动时法向加速度的公式：$a_n=\dfrac{v^2}{\rho}=\dfrac{15^2}{5}=45\text{m/s}^2$。

答案：B

53. **解**　因为点 A、B 两点的速度、加速度方向相同，大小相等，根据刚体做平行移动时的特性，可判断杆 AB 的运动形式为平行移动，因此，平行移动刚体上 M 点和 A 点有相同的速度和加速度，即：$v_M=v_A=r\omega$，$a_M^n=a_A^n=r\omega^2$，$a_M^t=a_M^t=r\alpha$。

答案：C

54. **解**　物块与桌面之间最大的摩擦力 $F=\mu mg$

根据牛顿第二定律：$ma=F$

即 $m\dfrac{v^2}{r}=F=\mu mg$，则得 $v=\sqrt{\mu gr}$

答案：C

55. **解**　重力与水平位移相垂直，故做功为零，摩擦力 $F=10\times0.3=3\text{N}$，所做之功 $W=3\times4=12\text{N}\cdot\text{m}$。

答案：C

56. **解**　根据动量矩定理：$J\alpha_1=1\times r$（J 为滑轮的转动惯量）；$J\alpha_2+m_2r^2\alpha_2+m_3r^2\alpha_2=$

$(m_2 g - m_3 g)r = 1 \times r$；$J\alpha_3 + m_3 r^2 \alpha_3 = m_3 gr = 1 \times r$。

则 $\alpha_1 = \frac{1 \times r}{J}$；$\alpha_2 = \frac{1 \times r}{J + m_2 r^2 + m_3 r^2}$；$\alpha_3 = \frac{1 \times r}{J + m_3 r^2}$

答案：C

57. **解** 如解图所示，杆释放瞬时，其角速度为零，根据动量矩定理：$J_O \alpha = mg\frac{l}{2}$，$\frac{1}{3}ml^2\alpha = mg\frac{l}{2}$，$\alpha = \frac{3g}{2l}$；施加于杆 OA 上的附加动反力为 $ma_C = m\frac{3g}{2l} \cdot \frac{l}{2} = \frac{3}{4}mg$，方向与质心加速度 a_C 方向相反。

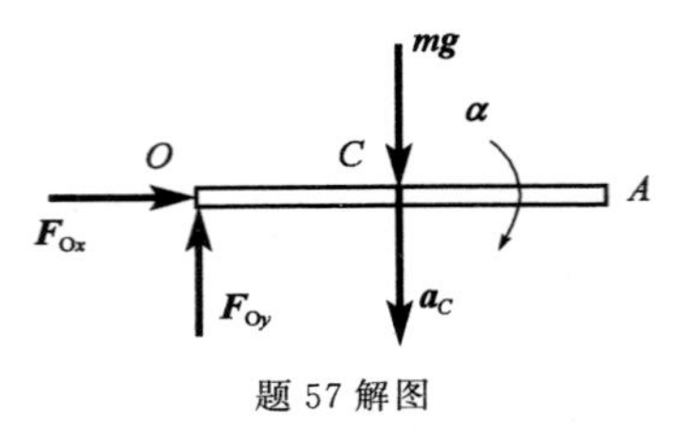

题 57 解图

答案：C

58. **解** 根据单自由度质点直线振动固有频率公式，

a）系统：$\omega_a = \sqrt{\frac{k}{m}}$；

b）系统：等效的弹簧刚度为 $\frac{k}{2}$，$\omega_b = \sqrt{\frac{k}{2m}}$。

答案：D

59. **解** 用直接法求轴力，可得：左段杆的轴力是 -3kN，右段杆的轴力是 5kN。所以杆的最大轴力是 5kN。

答案：B

60. **解** 用直接法求轴力，可得：$N_{AB} = -F$，$N_{BC} = F$

杆 C 截面的位移是：

$$\delta_C = \Delta l_{AB} + \Delta l_{BC} = \frac{-F \cdot l}{E \cdot 2A} + \frac{Fl}{EA} = \frac{Fl}{2EA}$$

答案：A

61. **解** 混凝土基座与圆截面立柱的交接面，即圆环形基座板的内圆柱面即为剪切面（如解图所示）：

$$A_Q = \pi dt$$

圆形混凝土基座上的均布压力（面荷载）为：

$$q = \frac{1000 \times 10^3 \text{N}}{\frac{\pi}{4} \times 1000^2 \text{mm}^2} = \frac{4}{\pi}\text{MPa}$$

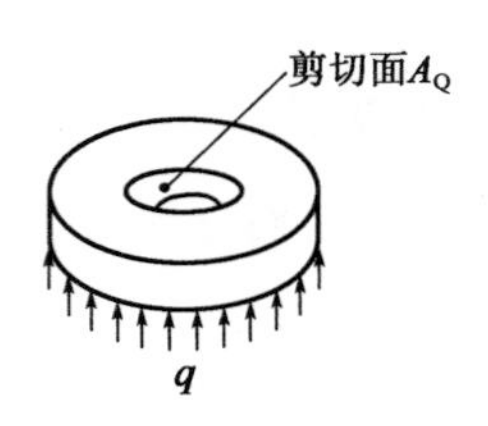

题 61 解图

作用在剪切面上的剪力为：

$Q=q\cdot\frac{\pi}{4}(1000^2-500^2)=750\text{kN}$

由剪切强度条件：$\tau=\frac{Q}{A_Q}=\frac{Q}{\pi dt}\leqslant[\tau]$

可得：$t\geqslant\frac{Q}{\pi d[\tau]}=\frac{750\times10^3\text{N}}{\pi\times500\text{mm}\times1.5\text{MPa}}=318.3\text{mm}$

答案：C

62. **解**　设实心圆轴直径为 d，则：

$$\phi=\frac{Tl}{GI_p}=\frac{Tl}{G\frac{\pi}{32}d^4}=32\frac{Tl}{\pi d^4G}$$

若实心圆轴直径减小为 $d_1=\frac{d}{2}$，则：

$$\phi_1=\frac{Tl}{GI_{p1}}=\frac{Tl}{G\frac{\pi}{32}\left(\frac{d}{2}\right)^4}=16\frac{32Tl}{\pi d^4G}=16\phi$$

答案：D

63. **解**　图示截面对 z 轴的惯性矩等于圆形截面对 z 轴的惯性矩减去矩形对 z 轴的惯性矩。

$$I_z^{矩}=\frac{bh^3}{12}+\left(\frac{h}{2}\right)^2\cdot bh=\frac{bh^3}{3}$$

$$I_z=I_z^{圆}-I_z^{矩}=\frac{\pi d^4}{64}-\frac{bh^3}{3}$$

答案：A

64. **解**　圆轴表面 A 点的剪应力 $\tau=\frac{T}{W_T}$

根据胡克定律 $\tau=G\gamma$

因此 $T=\tau W_T=G\gamma W_T$

答案：A

65. **解**　上下梁的挠曲线曲率相同，故有：

$$\rho=\frac{M_1}{EI_1}=\frac{M_2}{EI_2}$$

所以 $\frac{M_1}{M_2}=\frac{I_1}{I_2}=\frac{\frac{ba^3}{12}}{\frac{b(2a)^3}{12}}=\frac{1}{8}$

即 $M_2=8M_1$

又有 $M_1+M_2=m$，因此 $M_1=\frac{m}{9}$

答案：A

66. **解** 图示截面的弯曲中心是两个狭长矩形边的中线交点，形心主轴是 y' 和 z'，因为外力 $\boldsymbol{F}$ 作用线没有通过弯曲中心，故无扭转，还有沿两个形心主轴 y'、z' 方向的双向弯曲。

答案：D

67. **解** 本题是拉扭组合变形，轴向拉伸产生的正应力 $\sigma=\frac{F}{A}=\frac{4F}{\pi d^2}$

扭转产生的剪应力 $\tau=\frac{T}{W_{\mathrm{T}}}=\frac{16T}{\pi d^3}$

$$\sigma_{eq3}=\sqrt{\sigma^2+4\tau^2}=\sqrt{\left(\frac{4F}{\pi d^2}\right)^2+4\left(\frac{16T}{\pi d^3}\right)^2}$$

答案：C

68. **解** A 图：$\sigma_1=\sigma, \sigma_2=\sigma, \sigma_3=0$

$$\tau_{\max}=\frac{\sigma-0}{2}=\frac{\sigma}{2}$$

B 图：$\sigma_1=\sigma, \sigma_2=0, \sigma_3=-\sigma$

$$\tau_{\max}=\frac{\sigma-(-\sigma)}{2}=\sigma$$

C 图：$\sigma_1=2\sigma, \sigma_2=0, \sigma_3=-\frac{\sigma}{2}$

$$\tau_{\max}=\frac{2\sigma-\left(-\frac{\sigma}{2}\right)}{2}=\frac{5}{4}\sigma$$

D 图：$\sigma_1=3\sigma, \sigma_2=\sigma, \sigma_3=0$

$$\tau_{\max}=\frac{3\sigma-0}{2}=\frac{3}{2}\sigma$$

答案：D

69. **解** 图示圆轴是弯扭组合变形，力 F 作用下产生的弯矩在固定端最上缘 A 点引起拉伸正应力 σ，外力偶 T 在 A 点引起扭转切应力 τ，故 A 点单元体的应力状态是选项 C。

答案：C

70. **解** A 图：$\mu l=1\times5=5$

B 图：$\mu l=2\times3=6$

C 图：$\mu l=0.7\times6=4.2$

根据压杆的临界荷载公式 $F_{cr}=\frac{\pi^2 EI}{(\mu l)^2}$

可知：μl 越大，临界荷载越小；μl 越小，临界荷载越大。

所以 F_{crc} 最大，而 F_{crb} 最小。

答案：C

71. **解**　压力表测出的是相对压强。

答案：C

72. **解**　设第一截面的流速为 $v_1=\frac{Q}{\frac{\pi}{4}d_1^2}=\frac{0.015\text{m}^3/\text{s}}{\frac{\pi}{4}(0.1)^2\text{m}^2}=1.91\text{m/s}$

另一截面流速 $v_2=20\text{m/s}$，待求直径为 d_2，由连续方程可得：

$$d_2=\sqrt{\frac{v_1}{v_2}d_1^2}=\sqrt{\frac{1.91}{20}(0.1)^2}=0.031\text{m}=31\text{mm}$$

答案：B

73. **解**　层流沿程损失系数 $\lambda=\frac{64}{\text{Re}}$，而雷诺数 $\text{Re}=\frac{vd}{\nu}$

代入题设数据，得：$\text{Re}=\frac{10\times5}{0.18}=278$

沿程损失系数 $\lambda=\frac{64}{278}=0.23$

答案：B

74. **解**　圆柱形管嘴出水流量 $Q=\mu A\sqrt{2gH_0}$

代入题设数据，得：$Q=0.82\times\frac{\pi}{4}(0.04)^2\sqrt{2\times9.8\times7.5}=0.0125\text{m}^3/\text{s}\approx0.013\text{m}^3/\text{s}$

答案：D

75. **解**　在题设条件下，则自由出流孔口与淹没出流孔口的关系应为：流量系数相等、流量相等。

答案：D

76. **解**　由明渠均匀流谢才公式知流速 $v=C\sqrt{Ri}$，$C=\frac{1}{n}R^{\frac{1}{6}}$

代入题设数据，得：$C=\frac{1}{0.02}(1)^{\frac{1}{6}}=50\sqrt{\text{m}}/\text{s}$

流速 $v=50\sqrt{1\times0.0008}=1.41\text{m/s}$

答案：B

77.**解**　达西渗流定律适用于均匀土壤层流渗流。

答案:C

78.**解**　运动相似是几何相似和动力相似的表象。

答案:B

79.**解**　根据恒定磁路的安培环路定律:$\sum HL = \sum NI$

得:$H = \dfrac{NI}{L} = \dfrac{NI}{2\pi\gamma}$

磁场方向按右手螺旋关系判断为顺时针方向。

答案:B

80.**解**　$U = -2 \times 2 - 2 = -6\text{V}$

答案:D

81.**解**　该电路具有6条支路,为求出6个独立的支路电流,所列方程数应该与支路数相等,即要列出6阶方程。

正确的列写方法是:

KCL独立节点方程=节点数-1=4-1=3

KVL独立回路方程(网孔数)=支路数-独立节点数=6-3=3

“网孔”为内部不含支路的回路。

答案:B

82.**解**　$i(t) = I_m \sin(\omega t + \psi_i)\text{A}$

$t=0$时,$i(t) = I_m \sin\psi_i = 0.5\sqrt{2}\text{A}$

$$\begin{cases} \sin\psi_i = 1, \psi_i = 90° \\ I_m = 0.5\sqrt{2}\text{A} \\ \omega = 2\pi f = 2\pi \dfrac{1}{T} = 2000\pi \end{cases}$$

$i(t) = 0.5\sqrt{2}\sin(2000\pi t + 90°)\text{A}$

答案:C

83.**解**　图b)给出了滤波器的幅频特性曲线。U_{i1}与U_{i2}的频率不同,它们的放大倍数是不一样的。

从特性曲线查出:

$U_{o1}/U_{i1} = 1 \Rightarrow U_{o1} = U_{i1} = 10\text{V} \Rightarrow U_{o2}/U_{i2} = 0.1 \Rightarrow U_{o2} = 0.1 \times U_{i2} = 1\text{V}$

答案:D

84.**解** 画相量图分析,如解图所示。

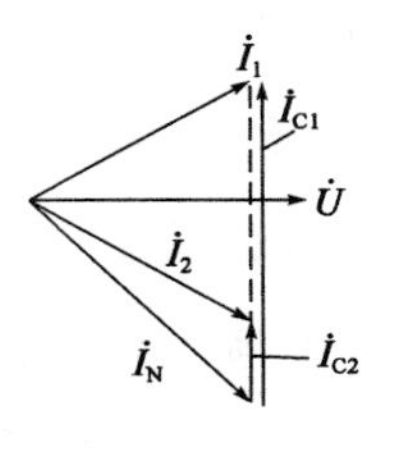

题 84 解图

$$\dot{I}_2=\dot{I}_N+\dot{I}_{C2}$$

$$\dot{I}_1=\dot{I}_N+\dot{I}_{C1}$$

$$|\dot{I}_{C1}|>|\dot{I}_{C2}|$$

$$I_C=\frac{U}{X_C}=\frac{U}{\frac{1}{\omega C}}=U\omega C\propto C$$

有 $I_{C1}>I_{C2}$,所以 $C_1>C_2$

并且功率因数在 $\lambda|_{C_1}=-0.866$ 时电路出现过补偿,呈容性性质,一般不采用。

当 $C=C_2$ 时,电路中总电流 $\dot{I}_2$ 落后于电压 $\dot{U}$,为感性性质,不为过补偿。

答案:A

85.**解** 如解图所示,由题意可知:

$N_1=550$ 匝

当 $U_1=100\text{V}$ 时,$U_{21}=10\text{V}$,$U_{22}=20\text{V}$

$$\frac{N_1}{N_{2|10\text{V}}}=\frac{U_1}{U_{21}},N_{2|10\text{V}}=N_1\cdot\frac{U_{21}}{U_1}=550\times\frac{10}{100}=55\text{ 匝}$$

$$\frac{N_1}{N_{2|20\text{V}}}=\frac{U_1}{U_{22}},N_{2|20\text{V}}=N_1\cdot\frac{U_{22}}{U_1}=550\times\frac{20}{100}=110\text{ 匝}$$

题 85 解图

答案:C

86.**解** 为实现对电动机的过载保护,热继电器的热元件串联在电动机的主电路中,测量电动机的主电流,同时将热继电器的常闭触点接在控制电路中,一旦电动机过载,则常闭触点断开,切断电机的供电电路。

答案:C

87.**解** "模拟"是指把某一个量用与它相对应的连续的物理量(电压)来表示;图 d)不是模拟信号,图 c)是采样信号,而非数字信号。对本题的分析可见,图 b)是图 a)的模拟信号。

答案:A

88.**解** 周期信号频谱是离散的频谱,信号的幅度随谐波次数的增高而减小。针对本题情况可知该周期信号的一次谐波分量为:

$$u_1=U_{1m}\sin\omega_1 t=5\sin 10^3 t$$

$$U_{1m}=5\text{V},\omega_1=10^3$$

$u_3 = U_{3m}\sin 3\omega t$

$\omega_3 = 3\omega_1 = 3\times 10^3$

$U_{3m} < U_{1m}$

答案:B

89. **解**　放大器的输入为正弦交流信号,但 $u_1(t)$ 的频率过高,超出了上限频率 f_H,放大倍数小于 A,因此输出信号 u_2 的有效值 $U_2 < AU_1$。

答案:C

90. **解**　根据逻辑电路的反演关系,对公式变化可知结果

$$\overline{\mathrm{AD}+\overline{\mathrm{A}}\,\overline{\mathrm{D}}}=\overline{\mathrm{AD}}\cdot\overline{\overline{\mathrm{A}}\,\overline{\mathrm{D}}}=(\overline{\mathrm{A}}+\overline{\mathrm{D}})\cdot(\mathrm{A}+\mathrm{D})=\overline{\mathrm{A}}\mathrm{D}+\mathrm{A}\overline{\mathrm{D}}$$

答案:C

91. **解**　本题输入信号 A、B 与输出信号 F 为或非逻辑关系,$\mathrm{F}=\overline{\mathrm{A}+\mathrm{B}}$(输入有 1 输出则 0),对齐相位画输出波形如解图所示。

A
B
F

题 91 解图

结果与选项 A 的图形一致。

答案:A

92. **解**　BCD 码是用二进制数表示十进制数。有两种常用形式,压缩 BCD 码,用 4 位二进制数表示 1 位十进制数;非压缩 BCD 码,用 8 位二进制数表示 1 位十进制数,本题的 BCD 码形式属于第一种。

选项 B,0001 表示十进制的 1,0110 表示十进制的 6,即 $(16)_{\mathrm{BCD}}=(0001\ \ 0110)_{\mathrm{B}}$,正确。

答案:B

93. **解**　设二极管 D 截止,可以判断:

$U_{\mathrm{D阳}} = 1\mathrm{V}$

$U_{\mathrm{D阴}} = 5\mathrm{V}$

D 为反向偏置状态,可见假设成立,$U_{\mathrm{F}} = U_{\mathrm{B}} = 5\mathrm{V}$

答案:B

94. **解**　该电路为运算放大器的积分运算电路。

$$u_o = -\frac{1}{RC}\int u_i \mathrm{d}t$$

当 $u_i = 1\mathrm{V}$ 时,$u_o = -\dfrac{1}{RC}t$

当 $t<10\text{s}$ 时，$u_o=-t$

$t\geqslant10\text{s}$ 后，电路出现反向饱和，$u_o=-10\text{V}$

答案：D

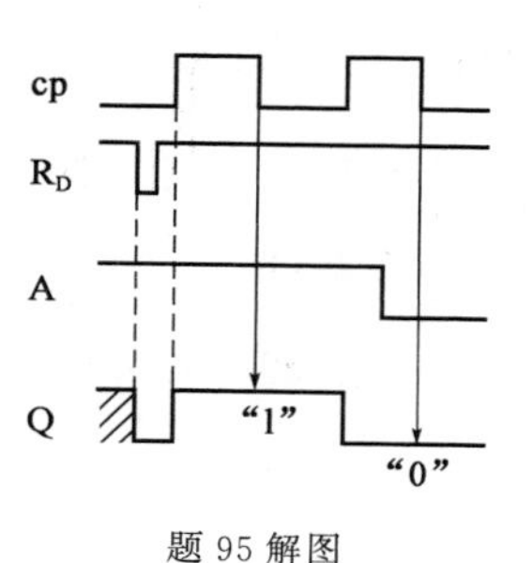

题 95 解图

95. **解** 输出 Q 与输入信号 A 的关系：$Q_{n+1}=D=A\cdot\overline{Q_n}$

输入信号 Q 在时钟脉冲的上升沿触发。

如解图所示，可知 cp 脉冲的两个下降沿时刻 Q 的状态分别是 1 0。

答案：C

96. **解** 由题图可见该电路由 3 个 D 触发器组成，在时钟脉冲的作用下，存储数据依次向左循环移位。

当 $\overline{R}_D=0$ 时，系统初始化：$Q_2=0$，$Q_1=1$，$Q_0=0$。

即存储数据是"010"。

答案：A

97. **解** 计算机按用途可分为专业计算机和通用计算机。专业计算机是为解决某种特殊问题而设计的计算机，针对具体问题能显示出有效、快速和经济的特性，但它的适应性较差，不适用于其他方面的应用。在导弹和火箭上使用的计算机很大部分就是专业计算机。通用计算机适应性很强，应用范围很广，如应用于科学计算、数据处理和实时控制等领域。

答案：A

98. **解** 当前计算机的内存储器多数是半导体存储器。半导体存储器从使用功能上分，有随机存储器(Random Access Memory，简称 RAM，又称读写存储器)，只读存储器(Read Only Memory，简称 ROM)。

答案：A

99. **解** 批处理操作系统是指将用户的一批作业有序地排列在一起，形成一个庞大的作业流。计算机指令系统会自动地顺序执行作业流，以节省人工操作时间和提高计算机的使用效率。

答案：B

100. **解** 杀毒软件能防止计算机病毒的入侵，及时有效地提醒用户当前计算机的安全状况，可以对计算机内的所有文件进行检查，发现病毒时可清除病毒，有效地保护计算机内的数据安全。

答案：D

101.**解**　ASCII码是“美国信息交换标准代码”的简称，是目前国际上最为流行的字符信息编码方案。在这种编码中每个字符用7个二进制位表示。这样，从0000000到1111111可以给出128种编码，可以用来表示128个不同的字符，其中包括10个数字、大小写字母各26个、算术运算符、标点符号及专用符号等。

答案：B

102.**解**　Windows特点的是使用方便、系统稳定可靠、有友好的用户界面、更高的可移动性，笔记本用户可以随时访问信息等。

答案：C

103.**解**　虚拟存储技术实际上是在一个较小的物理内存储器空间上，来运行一个较大的用户程序。它利用大容量的外存储器来扩充内存储器的容量，产生一个比内存空间大得多、逻辑上的虚拟存储空间。

答案：D

104.**解**　通信和数据传输是计算机网络主要功能之一，用来在计算机系统之间传送各种信息。利用该功能，地理位置分散的生产单位和业务部门可通过计算机网络连接在一起进行集中控制和管理。也可以通过计算机网络传送电子邮件，发布新闻消息和进行电子数据交换，极大地方便了用户，提高了工作效率。

答案：D

105.**解**　因特网提供的服务有电子邮件服务、远程登录服务、文件传输服务、WWW服务、信息搜索服务。

答案：D

106.**解**　按采用的传输介质不同，可将网络分为双绞线网、同轴电缆网、光纤网、无线网；按网络传输技术不同，可将网络分为广播式网络和点到点式网络；按线路上所传输信号的不同，又可将网络分为基带网和宽带网两种。

答案：A

107.**解**　根据等额支付偿债基金公式(已知F，求A)：

$$A=F\left[\frac{i}{(1+i)^n-1}\right]=F(A/F,i,n)$$

$$=600\times(A/F,5\%,5)=600\times0.18097=108.58\text{ 万元}$$

答案：B

108.**解**　从企业角度进行投资项目现金流量分析时，可不考虑增值税，因为增值税是价外税，不进入企业成本也不进入销售收入。执行新的《中华人民共和国增值税暂行条例》以后，为了体现固定资产进项税抵扣导致企业应纳增值税的降低进而致使净现金流量增加的作用，应在现金流入中增加销项税额，同时在现金流出中增加进项税额以及应纳增值税。

答案：B

109. **解** 注意题目问的是第 2 年年末偿还的利息（不包括本金）。

等额本息法每年还款的本利和相等，根据等额支付资金回收公式（已知 P 求 A），每年年末还本付息金额为：

$$A=P\left[\frac{i\,(1+i)^n}{(1+i)^n-1}\right]$$

$$=P(A/P,8\%,5)=150\times0.2505=37.575\text{ 万元}$$

则第 1 年末偿还利息为 $150\times8\%=12$ 万元，偿还本金为 $37.575-12=25.575$ 万元

第 1 年已经偿还本金 25.575 万元，尚未偿还本金为 $150-25.575=124.425$ 万元

第 2 年年末应偿还利息为 $(150-25.575)\times8\%=9.954$ 万元

答案：A

110. **解** 内部收益率是指项目在计算期内各年净现金流量现值累计等于零时的收益率，属于动态评价指标。计算内部收益率不需要事先给定基准收益率 i_c，计算出内部收益率后，再与项目的基准收益率 i_c 比较，以判定项目财务上的可行性。

常规项目投资方案是指除了建设期初或投产期初的净现金流量为负值外，以后年份的净现金流量均为正值，计算期内净现金流量由负到正只变化一次，这类项目只要累计净现金流量大于零，内部收益率就有唯一解，即项目的内部收益率。

答案：D

111. **解** 影子价格是能够反映资源真实价值和市场供求关系的价格。

答案：B

112. **解** 生产能力利用率的盈亏平衡点指标数值越低，说明较低的生产能力利用率即可达到盈亏平衡，也即说明企业经营抗风险能力较强。

答案：A

113. **解** 由于残值可以回收，并没有真正形成费用消耗，故应从费用中将残值减掉。

由甲方案的现金流量图可知：

甲方案的费用现值：

$P=4(P/A,20\%,20)+25-8(P/F,20\%,20)$

$=4\times4.8696+25-8\times0.02608=44.27$ 万元

同理可计算乙方案的费用现值：

$P=6(P/A,20\%,20)+12-6(P/F,20\%,20)$

$=6\times4.8696+12-6\times0.02608=41.06$ 万元

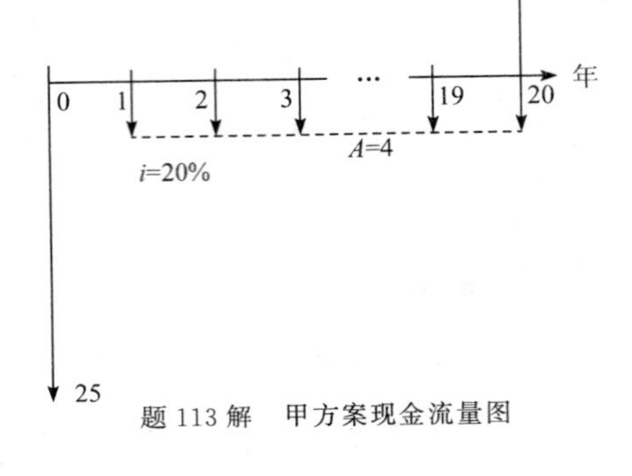

题 113 解　甲方案现金流量图

答案：C

114.**解**　该零件的成本系数为：

$$C=880\div10000=0.088$$

该零部件的价值指数为：

$$0.140\div0.088=1.591$$

答案：D

115.**解**　《中华人民共和国建筑法》第三十四条规定，工程监理单位应当根据建设单位的委托，客观、公正地执行监理任务。

选项 C 和 D 明显错误。选项 A 也是错误的，因为监理单位承揽监理业务的范围是根据其单位资质决定的，而不是和甲方签订的合同所决定的。

答案：B

116.**解**　《中华人民共和国安全法》第六十条规定，负有安全生产监督管理职责的部门依照有关法律、法规的规定，对涉及安全生产的事项需要审查批准（包括批准、核准、许可、注册、认证、颁发证照等，下同）或者验收的，必须严格依照有关法律、法规和国家标准或者行业标准规定的安全生产条件和程序进行审查；不符合有关法律、法规和国家标准或者行业标准规定的安全生产条件的，不得批准或者验收通过。对未依法取得批准或者验收合格的单位擅自从事有关活动的，负责行政审批的部门发现或者接到举报后应当立即予以取缔，并依法予以处理。对已经依法取得批准的单位，负责行政审批的部门发现其不再具备安全生产条件的，应当撤销原批准。

答案：A

117.**解**　《中华人民共和国建筑法》第二十七条规定，大型建筑工程或者结构复杂的建筑工程，可以由两个以上的承包单位联合共同承包。共同承包的各方对承包合同的履行承担连带责任。

两个以上不同资质等级的单位实行联合共同承包的，应当按照资质等级低的单位的业务许可范围承揽工程。

答案:B

118. **解** 《中华人民共和国合同法》第六十二条第二款规定,价款或者报酬不明确的,按照订立合同时履行地的市场价格履行。

答案:A

119. **解** 《中华人民共和国环境保护法》第三十五条规定,城乡建设应当结合当地自然环境的特点,保护植被、水域和自然景观,加强城市园林、绿地和风景名胜区的建设与管理。

答案:A

120. **解** 《中华人民共和国安全法》第十八条规定,生产经营单位的主要负责人对本单位安全生产工作负有下列职责:

(一)建立、健全本单位安全生产责任制;

(二)组织制定本单位安全生产规章制度和操作规程;

(三)组织制定并实施本单位安全生产教育和培训计划;

(四)保证本单位安全生产投入的有效实施;

(五)督促、检查本单位的安全生产工作,及时消除生产安全事故隐患;

(六)组织制定并实施本单位的生产安全事故应急救援预案;

(七)及时、如实报告生产安全事故。

答案:A

2019 年度全国勘察设计注册工程师
执业资格考试试卷

基础考试
(上)

二〇一九年十月

应考人员注意事项

1. 本试卷科目代码为“1”，考生务必将此代码填涂在答题卡“科目代码”相应的栏目内，否则，无法评分。

2. 书写用笔：**黑色或蓝色钢笔、签字笔或圆珠笔；**

   填涂答题卡用笔：**黑色 2B 铅笔**。

3. 必须用书写用笔将工作单位、姓名、准考证号填写在答题卡和试卷相应的栏目内。

4. 本试卷由 120 题组成，每题 1 分，满分 120 分，本试卷全部为单项选择题，每小题的四个备选项中只有一个正确答案，错选、多选、不选均不得分。

5. 考生作答时，必须按**题号在答题卡上**将相应试题所选选项对应的**字母用 2B 铅笔涂黑**。

6. 在答题卡上书写与题意无关的语言，或在答题卡上作标记的，均按违纪试卷处理。

7. 考试结束时，由监考人员当面将试卷、答题卡一并收回。

8. 草稿纸由各地统一配发，考后收回。

单项选择题(共 120 题,每题 1 分。每题的备选项中只有一个最符合题意。)

1. 极限 $\lim\limits_{x\to 0}\dfrac{3+e^{\frac{1}{x}}}{1-e^{\frac{2}{x}}}$ 等于:

A. 3　　　　B. -1

C. 0　　　　D. 不存在

2. 函数 $f(x)$ 在点 $x=x_0$ 处连续是 $f(x)$ 在点 $x=x_0$ 处可微的:

A. 充分条件　　　　B. 充要条件

C. 必要条件　　　　D. 无关条件

3. x 趋于 0 时,$\sqrt{1-x^2}-\sqrt{1+x^2}$ 与 x^k 是同阶无穷小,则常数 k 等于:

A. 3　　　　B. 2

C. 1　　　　D. 1/2

4. 设 $y=\ln(\sin x)$,则二阶导数 y''等于:

A. $\dfrac{\cos x}{\sin^2 x}$　　　　B. $\dfrac{1}{\cos^2 x}$

C. $\dfrac{1}{\sin^2 x}$　　　　D. $-\dfrac{1}{\sin^2 x}$

5. 若函数 $f(x)$ 在 $[a,b]$ 上连续,在 (a,b) 内可导,且 $f(a)=f(b)$,则在 (a,b) 内满足 $f'(x_0)=0$ 的点 x_0:

A. 必存在且只有一个　　　　B. 至少存在一个

C. 不一定存在　　　　D. 不存在

6. 设 $f(x)$ 在 $(-\infty,+\infty)$ 内连续,其导数 $f'(x)$ 的图形如图所示,则 $f(x)$ 有:

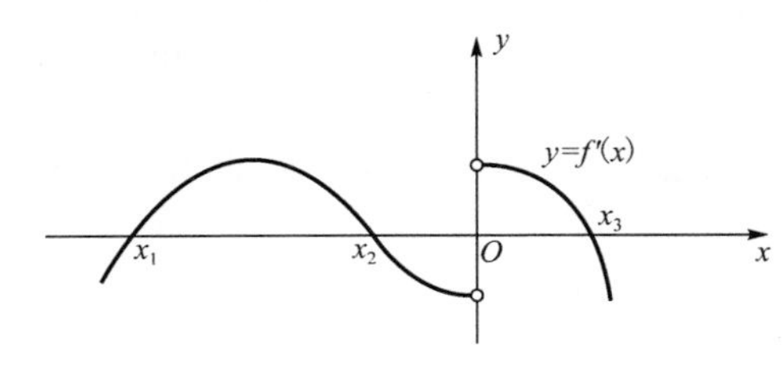

A. 一个极小值点和两个极大值点

B. 两个极小值点和两个极大值点

C. 两个极小值点和一个极大值点

D. 一个极小值点和三个极大值点

7. 不定积分 $\int \frac{x}{\sin^2(x^2+1)}dx$ 等于：

A. $-\frac{1}{2}\cot(x^2+1)+C$

B. $\frac{1}{\sin(x^2+1)}+C$

C. $-\frac{1}{2}\tan(x^2+1)+C$

D. $-\frac{1}{2}\cot x+C$

8. 广义积分 $\int_{-2}^{2}\frac{1}{(1+x)^2}dx$ 的值为：

A. $\frac{4}{3}$

B. $-\frac{4}{3}$

C. $\frac{2}{3}$

D. 发散

9. 已知向量 $\boldsymbol{\alpha}=(2,1,-1)$，若向量 $\boldsymbol{\beta}$ 与 $\boldsymbol{\alpha}$ 平行，且 $\boldsymbol{\alpha}\cdot\boldsymbol{\beta}=3$，则 $\boldsymbol{\beta}$ 为：

A. $(2,1,-1)$

B. $\left(\frac{3}{2},\frac{3}{4},-\frac{3}{4}\right)$

C. $\left(1,\frac{1}{2},-\frac{1}{2}\right)$

D. $\left(1,-\frac{1}{2},\frac{1}{2}\right)$

10. 过点 $(2,0,-1)$ 且垂直于 xOy 坐标面的直线方程是：

A. $\frac{x-2}{1}=\frac{y}{0}=\frac{z+1}{0}$

B. $\frac{x-2}{0}=\frac{y}{1}=\frac{z+1}{0}$

C. $\frac{x-2}{0}=\frac{y}{0}=\frac{z+1}{1}$

D. $\begin{cases}x=2\\z=-1\end{cases}$

11. 微分方程 $y\ln x dx - x\ln y dy=0$ 满足条件 $y(1)=1$ 的特解是：

A. $\ln^2 x+\ln^2 y=1$

B. $\ln^2 x-\ln^2 y=1$

C. $\ln^2 x+\ln^2 y=0$

D. $\ln^2 x-\ln^2 y=0$

12. 若 D 是由 x 轴、y 轴及直线 $2x+y-2=0$ 所围成的闭区域，则二重积分 $\iint\limits_D dxdy$ 的值等于：

A. 1

B. 2

C. $\frac{1}{2}$

D. -1

13. 函数 $y=C_1C_2e^{-x}$（C_1、C_2 是任意常数）是微分方程 $y''-2y'-3y=0$ 的：

A. 通解

B. 特解

C. 不是解

D. 既不是通解又不是特解，而是解

14. 设圆周曲线 $L: x^2+y^2=1$ 取逆时针方向，则对坐标的曲线积分 $\int_L \frac{y\mathrm{d}x - x\mathrm{d}y}{x^2+y^2}$ 等于：

A. 2π

B. -2π

C. π

D. 0

15. 对于函数 $f(x,y)=xy$，原点 $(0,0)$：

A. 不是驻点

B. 是驻点但非极值点

C. 是驻点且为极小值点

D. 是驻点且为极大值点

16. 关于级数 $\sum_{n=1}^{\infty}(-1)^{n-1}\frac{1}{n^p}$ 收敛性的正确结论是：

A. $0<p\leqslant 1$ 时发散

B. $p>1$ 时条件收敛

C. $0<p\leqslant 1$ 时绝对收敛

D. $0<p\leqslant 1$ 时条件收敛

17. 设函数 $z=\left(\frac{y}{x}\right)^x$，则全微分 $\mathrm{d}z\Big|_{\substack{x=1\\y=2}}=$

A. $\ln 2\mathrm{d}x+\frac{1}{2}\mathrm{d}y$

B. $(\ln 2+1)\mathrm{d}x+\frac{1}{2}\mathrm{d}y$

C. $2\left[(\ln 2-1)\mathrm{d}x+\frac{1}{2}\mathrm{d}y\right]$

D. $\frac{1}{2}\ln 2\mathrm{d}x+2\mathrm{d}y$

18. 幂级数 $\sum_{n=1}^{\infty}(-1)^{n-1}\frac{x^{2n-1}}{2n-1}$ 的收敛域是：

A. $[-1,1]$

B. $(-1,1]$

C. $[-1,1)$

D. $(-1,1)$

19. 若 n 阶方阵 $\boldsymbol{A}$ 满足 $|\boldsymbol{A}|=b\ (b\neq 0, n\geqslant 2)$，而 $\boldsymbol{A}^*$ 是 $\boldsymbol{A}$ 的伴随矩阵，则行列式 $|\boldsymbol{A}^*|$ 等于：

A. b^n

B. b^{n-1}

C. b^{n-2}

D. b^{n-3}

20. 已知二阶实对称矩阵 $\mathbf{A}$ 的一个特征值为 1，而 $\mathbf{A}$ 的对应特征值 1 的特征向量为 $\begin{bmatrix} 1 \\ -1 \end{bmatrix}$，若 $|\mathbf{A}|=-1$，则 $\mathbf{A}$ 的另一个特征值及其对应的特征向量是：

A. $\begin{cases} \lambda = 1 \\ x = (1,1)^{\mathrm{T}} \end{cases}$

B. $\begin{cases} \lambda = -1 \\ x = (1,1)^{\mathrm{T}} \end{cases}$

C. $\begin{cases} \lambda = -1 \\ x = (-1,1)^{\mathrm{T}} \end{cases}$

D. $\begin{cases} \lambda = -1 \\ x = (1,-1)^{\mathrm{T}} \end{cases}$

21. 设二次型 $f(x_1,x_2,x_3) = x_1^2 + tx_2^2 + 3x_3^2 + 2x_1x_2$，要使其秩为 2，则参数 t 的值等于：

A. 3

B. 2

C. 1

D. 0

22. 设 A、B 为两个事件，且 $P(A)=\frac{1}{3}$，$P(B)=\frac{1}{4}$，$P(B \mid A)=\frac{1}{6}$，则 $P(A \mid B)$ 等于：

A. $\frac{1}{9}$

B. $\frac{2}{9}$

C. $\frac{1}{3}$

D. $\frac{4}{9}$

23. 设随机向量 (X,Y) 的联合分布律为

X \ Y	−1	0
1	1/4	1/4
2	1/6	a

则 a 的值等于：

A. $\frac{1}{3}$

B. $\frac{2}{3}$

C. $\frac{1}{4}$

D. $\frac{3}{4}$

24. 设总体 X 服从均匀分布 $U(1,\theta)$，$\overline{X}=\frac{1}{n}\sum_{i=1}^{n}X_i$，则 θ 的矩估计为：

A. $\overline{X}$

B. $2\overline{X}$

C. $2\overline{X}-1$

D. $2\overline{X}+1$

25. 关于温度的意义，有下列几种说法：

(1)气体的温度是分子平均平动动能的量度；

(2)气体的温度是大量气体分子热运动的集体表现，具有统计意义；

(3)温度的高低反映物质内部分子运动剧烈程度的不同；

(4)从微观上看，气体的温度表示每个气体分子的冷热程度。

这些说法中正确的是：

A. (1)、(2)、(4)

B. (1)、(2)、(3)

C. (2)、(3)、(4)

D. (1)、(3)、(4)

26. 设 $\bar{v}$ 代表气体分子运动的平均速率，v_p 代表气体分子运动的最概然速率，$(\overline{v^2})^{\frac{1}{2}}$ 代表气体分子运动的方均根速率，处于平衡状态下的理想气体，三种速率关系正确的是：

A. $(\overline{v^2})^{\frac{1}{2}} = \bar{v} = v_p$

B. $\bar{v} = v_p < (\overline{v^2})^{\frac{1}{2}}$

C. $v_p < \bar{v} < (\overline{v^2})^{\frac{1}{2}}$

D. $v_p > \bar{v} > (\overline{v^2})^{\frac{1}{2}}$

27. 理想气体向真空做绝热膨胀：

A. 膨胀后，温度不变，压强减小

B. 膨胀后，温度降低，压强减小

C. 膨胀后，温度升高，加强减小

D. 膨胀后，温度不变，压强不变

28. 两个卡诺热机的循环曲线如图所示，一个工作在温度为 T_1 与 T_3 的两个热源之间，另一个工作在温度为 T_2 与 T_3 的两个热源之间，已知这两个循环曲线所包围的面积相等，由此可知：

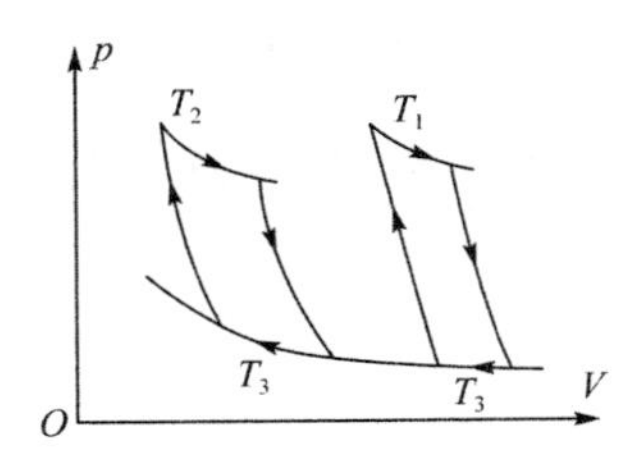

A. 两个热机的效率一定相等

B. 两个热机从高温热源所吸收的热量一定相等

C. 两个热机向低温热源所放出的热量一定相等

D. 两个热机吸收的热量与放出的热量(绝对值)的差值一定相等

29. 刚性双原子分子理想气体的定压摩尔热容量 C_p 与其定体摩尔热容量 C_V 之比，C_p/C_V 等于：

A. $\frac{5}{3}$　　B. $\frac{3}{5}$

C. $\frac{7}{5}$　　D. $\frac{5}{7}$

30. 一横波沿绳子传播时，波的表达式为 $y=0.05\cos(4\pi x-10\pi t)$(SI)，则：

A. 波长为 0.5m

B. 波速为 5m/s

C. 波速为 25m/s

D. 频率为 2Hz

31. 火车疾驰而来时，人们听到的汽笛音调，与火车远离而去时人们听到的汽笛音调相比较，音调：

A. 由高变低

B. 由低变高

C. 不变

D. 变高，还是变低不能确定

32. 在波的传播过程中，若保持其他条件不变，仅使振幅增加一倍，则波的强度增加到：

A. 1 倍 B. 2 倍

C. 3 倍 D. 4 倍

33. 两列相干波，其表达式为 $y_1 = A\cos2\pi\left(\upsilon t - \frac{x}{\lambda}\right)$ 和 $y_2 = A\cos2\pi\left(\upsilon t + \frac{x}{\lambda}\right)$，在叠加后形成的驻波中，波腹处质元振幅为：

A. A B. $-A$

C. $2A$ D. $-2A$

34. 在玻璃（折射率 $n_1 = 1.60$）表面镀一层 MgF_2（折射率 $n_2 = 1.38$）薄膜作为增透膜，为了使波长为 500nm（$1\text{nm} = 10^{-9}\text{m}$）的光从空气（$n_1 = 1.00$）正入射时尽可能少反射，$MgF_2$ 薄膜的最小厚度应为：

A. 78.1nm B. 90.6nm

C. 125nm D. 181nm

35. 在单缝衍射实验中，若单缝处波面恰好被分成奇数个半波带，在相邻半波带上，任何两个对应点所发出的光在明条纹处的光程差为：

A. λ B. 2λ

C. $\lambda/2$ D. $\lambda/4$

36. 在双缝干涉实验中，用单色自然光，在屏上形成干涉条纹。若在两缝后放一个偏振片，则：

A. 干涉条纹的间距不变，但明纹的亮度加强

B. 干涉条纹的间距不变，但明纹的亮度减弱

C. 干涉条纹的间距变窄，但明纹的亮度减弱

D. 无干涉条纹

37. 下列元素中第一电离能最小的是：

A. H
B. Li
C. Na
D. K

38. $H_2C = HC—CH = CH_2$ 分子中所含化学键共有：

A. 4 个 σ 键，2 个 π 键

B. 9 个 σ 键，2 个 π 键

C. 7 个 σ 键，4 个 π 键

D. 5 个 σ 键，4 个 π 键

39. 在 NaCl，$MgCl_2$，$AlCl_3$，$SiCl_4$ 四种物质的晶体中，离子极化作用最强的是：

A. NaCl
B. $MgCl_2$
C. $AlCl_3$
D. $SiCl_4$

40. pH＝2 溶液中的 $c(OH^-)$ 是 pH＝4 溶液中 $c(OH^-)$ 的：

A. 2 倍
B. 0.5 倍
C. 0.01 倍
D. 100 倍

41. 某反应在 298K 及标准状态下不能自发进行，当温度升高到一定值时，反应能自发进行，下列符合此条件的是：

A. $\Delta_r H_m^\ominus > 0, \Delta_r S_m^\ominus > 0$

B. $\Delta_r H_m^\ominus < 0, \Delta_r S_m^\ominus < 0$

C. $\Delta_r H_m^\ominus < 0, \Delta_r S_m^\ominus > 0$

D. $\Delta_r H_m^\ominus > 0, \Delta_r S_m^\ominus < 0$

42. 下列物质水溶液 pH>7 的是：

A. NaCl
B. Na_2CO_3
C. $Al_2(SO_4)_3$
D. $(NH_4)_2SO_4$

43. 已知 $E^\ominus(Fe^{3+}/Fe^{2+}) = 0.77V$，$E^\ominus(MnO_4^-/Mn^{2+}) = 1.51V$，当同时提高两电对酸度时，两电对电极电势数值的变化下列正确的是：

A. $E^\ominus(Fe^{3+}/Fe^{2+})$ 变小，$E^\ominus(MnO_4^-/Mn^{2+})$ 变大

B. $E^\ominus(Fe^{3+}/Fe^{2+})$ 变大，$E^\ominus(MnO_4^-/Mn^{2+})$ 变大

C. $E^\ominus(Fe^{3+}/Fe^{2+})$ 不变，$E^\ominus(MnO_4^-/Mn^{2+})$ 变大

D. $E^\ominus(Fe^{3+}/Fe^{2+})$ 不变，$E^\ominus(MnO_4^-/Mn^{2+})$ 不变

44. 分子式为 C_5H_{12} 的各种异构体中，所含甲基数和它的一氯代物的数目与下列情况相符的是：

A．2 个甲基，能生成 4 种一氯代物　　B．3 个甲基，能生成 5 种一氯代物

C．3 个甲基，能生成 4 种一氯代物　　D．4 个甲基，能生成 4 种一氯代物

45. 在下列有机物中，经催化加氢反应后不能生成 2-甲基戊烷的是：

A. 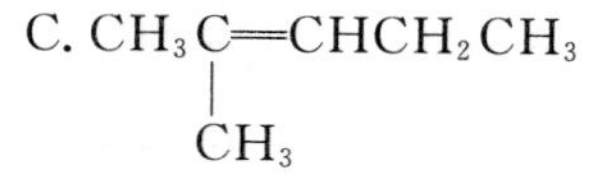

B. $(CH_3)_2CHCH_2CH=CH_2$

C. $CH_3C=CHCH_2CH_3$（2 位 C 上连 CH_3）

D. $CH_3CH_2CHCH=CH_2$（3 位 C 上连 CH_3）

46. 以下是分子式为 $C_5H_{12}O$ 的有机物，其中能被氧化为含相同碳原子数的醛的化合物是：

①$CH_2CH_2CH_2CH_2CH_3$（1 位 C 上连 OH）　②$CH_3CHCH_2CH_2CH_3$（2 位 C 上连 OH）

③$CH_3CH_2CHCH_2CH_3$（3 位 C 上连 OH）　④$CH_3CHCH_2CH_3$（2 位 C 上连 CH_2OH）

A. ①②　　B. ③④

C. ①④　　D. 只有①

47. 图示三角刚架中，若将作用于构件 BC 上的力 F 沿其作用线移至构件 AC 上，则 A、B、C 处约束力的大小：

A. 都不变

B. 都改变

C. 只有 C 处改变

D. 只有 C 处不改变

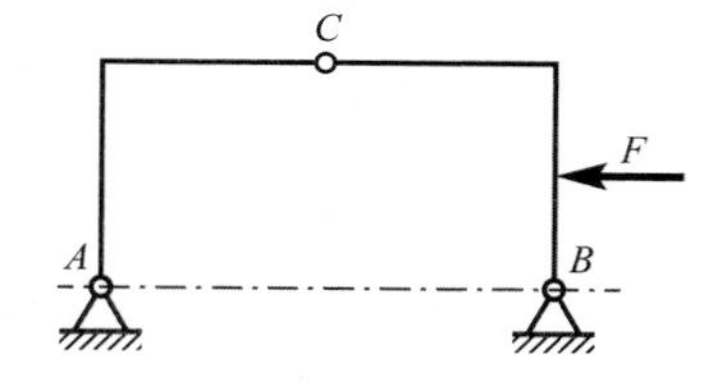

48. 平面力系如图所示，已知：$F_1=160N$，$M=4N\cdot m$，则力系向 A 点简化后的主矩大小应为：

A. $M_A=4N\cdot m$

B. $M_A=1.2N\cdot m$

C. $M_A=1.6N\cdot m$

D. $M_A=0.8N\cdot m$

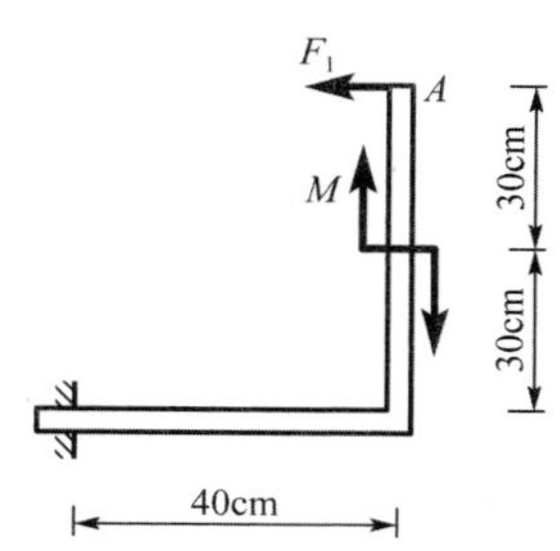

49. 图示承重装置，B、C、D、E 处均为光滑铰链连接，各杆和滑轮的重量略去不计，已知：a，r，F_p。则固定端 A 的约束力偶为：

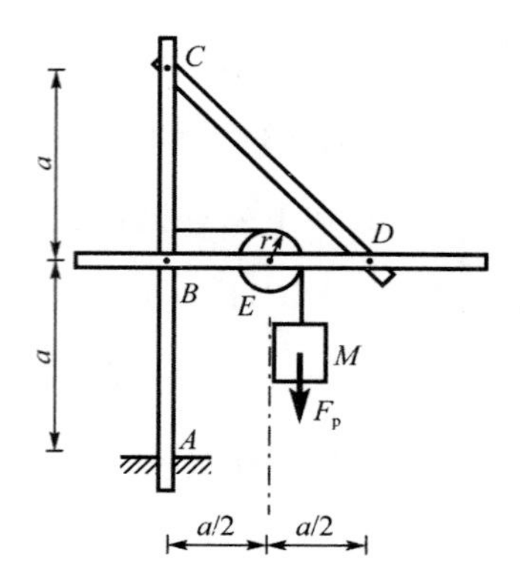

A. $M_A = F_p \times \left(\dfrac{a}{2}+r\right)$（顺时针）

B. $M_A = F_p \times \left(\dfrac{a}{2}+r\right)$（逆时针）

C. $M_A = F_p r$（逆时针）

D. $M_A = \dfrac{a}{2} F_p$（顺时针）

50. 判断图示桁架结构中，内力为零的杆数是：

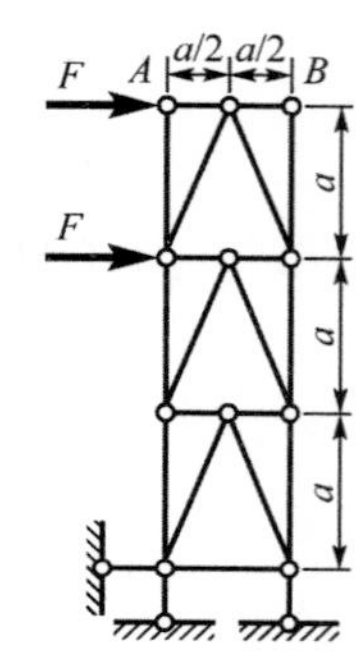

A. 3

B. 4

C. 5

D. 6

51. 汽车匀加速运动，在 10s 内，速度由 0 增加到 5m/s。则汽车在此时间内行驶的距离为：

A. 25m　　B. 50m

C. 75m　　D. 100m

52. 物体作定轴转动的运动方程为 $\varphi = 4t - 3t^2$（φ 以 rad 计，t 以 s 计），则此物体内转动半径 $r=0.5$m 的一点在 $t=1$s 时的速度和切向加速度的大小分别为：

A. -2m/s，-20m/s^2　　B. -1m/s，-3m/s^2

C. -2m/s，-8.54m/s^2　　D. 0，-20.2m/s^2

53. 如图所示机构中，曲柄 $OA=r$，以常角速度 ω 转动。则滑动构件 BC 的速度、加速度的表达式分别为：

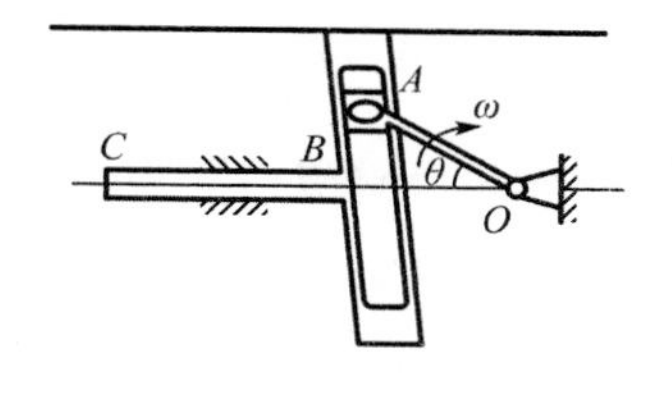

A. $r\omega\sin\omega t, r\omega\cos\omega t$

B. $r\omega\cos\omega t, r\omega^2\sin\omega t$

C. $r\sin\omega t, r\omega\cos\omega t$

D. $r\omega\sin\omega t, r\omega^2\cos\omega t$

54. 重力为 $\boldsymbol{W}$ 的货物由电梯载运下降，当电梯加速下降、匀速下降及减速下降时，货物对地板的压力分别为 $\boldsymbol{F}_1$、$\boldsymbol{F}_2$、$\boldsymbol{F}_3$，则它们之间的关系正确的是：

A. $F_1=F_2=F_3$

B. $F_1>F_2>F_3$

C. $F_1<F_2<F_3$

D. $F_1<F_2>F_3$

55. 均质圆盘的质量为 m，半径为 R，在铅垂平面内绕 O 轴转动，图示瞬时角速度为 ω，则其对 O 轴的动量矩大小为：

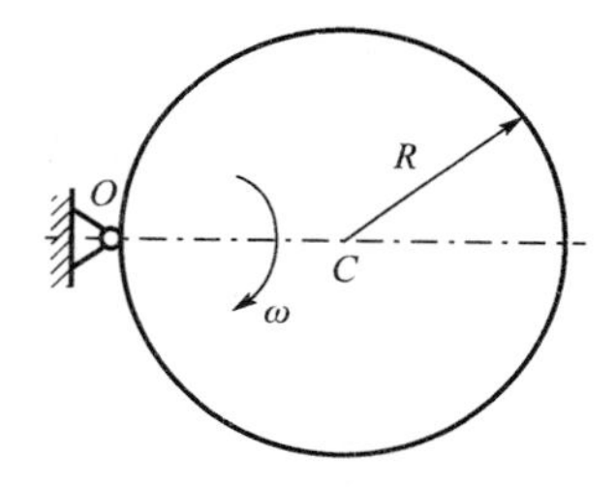

A. $mR\omega$

B. $\frac{1}{2}mR\omega$

C. $\frac{1}{2}mR^2\omega$

D. $\frac{3}{2}mR^2\omega$

56. 均质圆柱体半径为 R，质量为 m，绕关于对纸面垂直的固定水平轴自由转动，初瞬时静止 $\theta=0°$，如图所示，则圆柱体在任意位置 θ 时的角速度为：

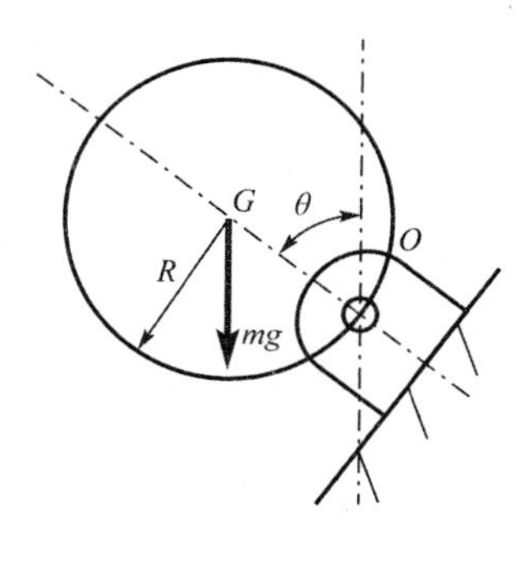

A. $\sqrt{\frac{4g(1-\sin\theta)}{3R}}$

B. $\sqrt{\frac{4g(1-\cos\theta)}{3R}}$

C. $\sqrt{\frac{2g(1-\cos\theta)}{3R}}$

D. $\sqrt{\frac{g(1-\cos\theta)}{2R}}$

57. 质量为 m 的物体 A，置于水平成 θ 角的倾面 B 上，如图所示，A 与 B 间的摩擦系数为 f，当保持 A 与 B 一起以加速度 a 水平向右运动时，则物块 A 的惯性力是：

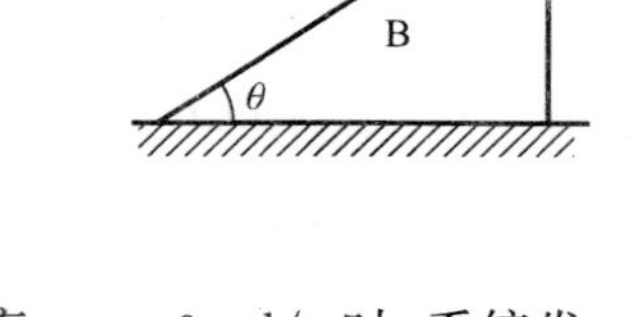

A. $ma(\leftarrow)$

B. $ma(\rightarrow)$

C. $ma(\nearrow)$

D. $ma(\swarrow)$

58. 一无阻尼弹簧—质量系统受简谐激振力作用，当激振频率 $\omega_1 = 6\text{rad/s}$ 时，系统发生共振，给质量块增加 1kg 的质量后重新试验，测得共振频率 $\omega_2 = 5.86\text{rad/s}$。则原系统的质量及弹簧刚度系数是：

A. 19.69kg，623.55N/m

B. 20.69kg，623.55N/m

C. 21.69kg，744.84N/m

D. 20.69kg，744.84N/m

59. 图示四种材料的应力—应变曲线中，强度最大的材料是：

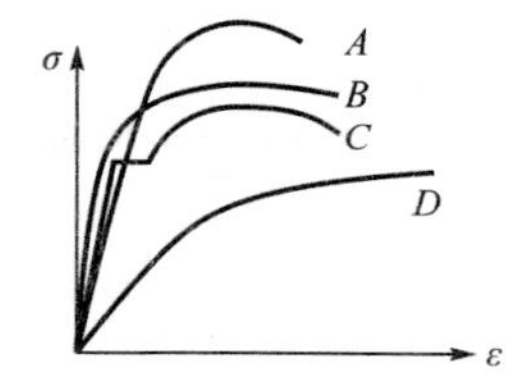

A. A

B. B

C. C

D. D

60. 图示等截面直杆，杆的横截面面积为 A，材料的弹性模量为 E，在图示轴向荷载作用下杆的总伸长度为：

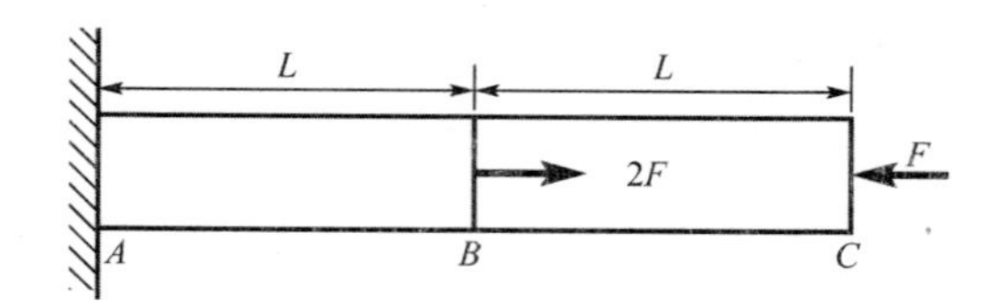

A. $\Delta L = 0$

B. $\Delta L = \dfrac{FL}{4EA}$

C. $\Delta L = \dfrac{FL}{2EA}$

D. $\Delta L = \dfrac{FL}{EA}$

61. 两根木杆用图示结构连接，尺寸如图所示，在轴向外力 F 作用下，可能引起连接结构发生剪切破坏的名义切应力是：

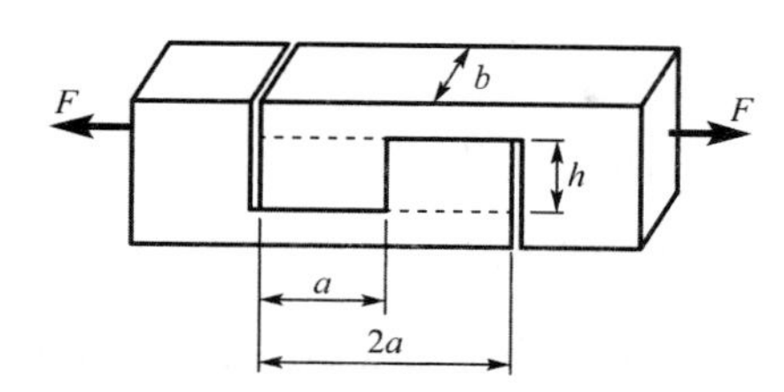

A. $\tau=\dfrac{F}{ab}$

B. $\tau=\dfrac{F}{ah}$

C. $\tau=\dfrac{F}{bh}$

D. $\tau=\dfrac{F}{2ab}$

62. 扭转切应力公式 $\tau_{\rho}=\rho\dfrac{T}{I_{\mathrm{p}}}$ 适用的杆件是：

A. 矩形截面杆

B. 任意实心截面杆

C. 弹塑性变形的圆截面杆

D. 线弹性变形的圆截面杆

63. 已知实心圆轴按强度条件可承担的最大扭矩为 T，若改变该轴的直径，使其横截面积增加 1 倍，则可承担的最大扭矩为：

A. $\sqrt{2}T$

B. $2T$

C. $2\sqrt{2}T$

D. $4T$

64. 在下列关于平面图形几何性质的说法中，错误的是：

A. 对称轴必定通过圆形形心

B. 两个对称轴的交点必为圆形形心

C. 图形关于对称轴的静矩为零

D. 使静矩为零的轴必为对称轴

65. 悬臂梁的载荷情况如图所示，若有集中力偶 m 在梁上移动，则梁的内力变化情况是：

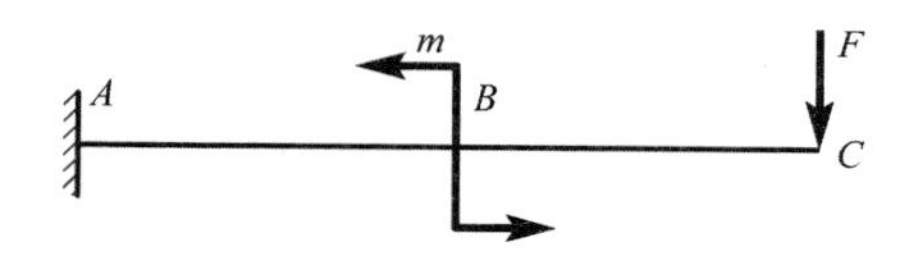

A. 剪力图、弯矩图均不变

B. 剪力图、弯矩图均改变

C. 剪力图不变，弯矩图改变

D. 剪力图改变，弯矩图不变

66. 图示悬臂梁，若梁的长度增加 1 倍，则梁的最大正应力和最大切应力与原来相比：

A. 均不变

B. 均为原来的 2 倍

C. 正应力为原来的 2 倍，剪应力不变

D. 正应力不变，剪应力为原来的 2 倍

67. 简支梁受力如图所示，梁的正确挠曲线是图示四条曲线中的：

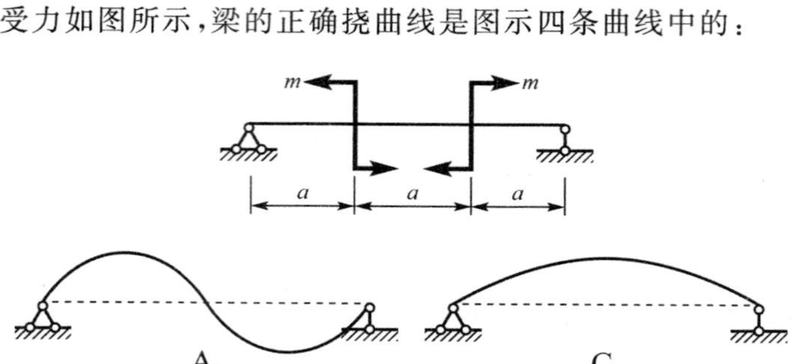

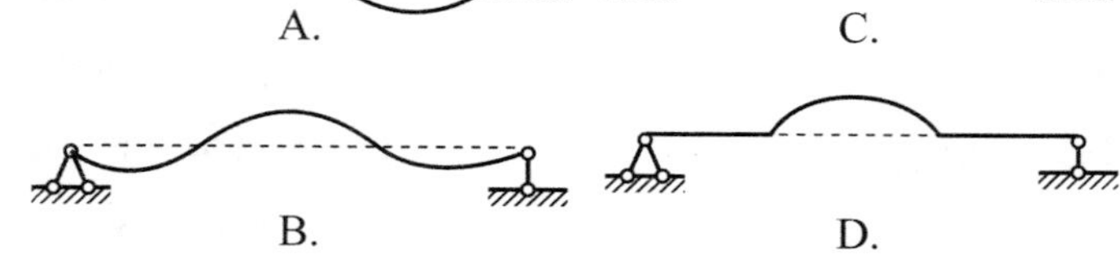

68. 两单元体分别如图 a)、b)所示。关于其主应力和主方向，下列论述正确的是：

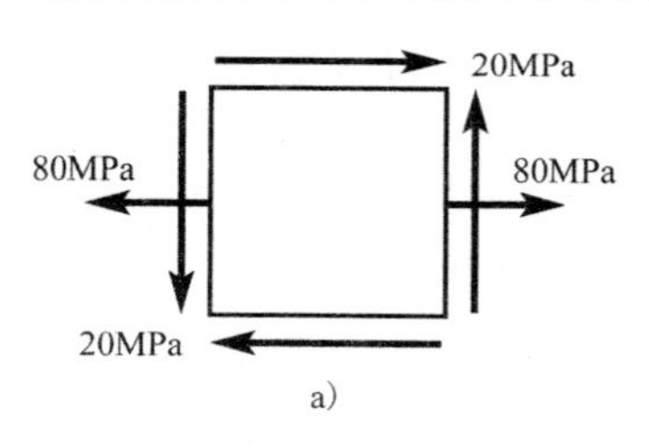

a)

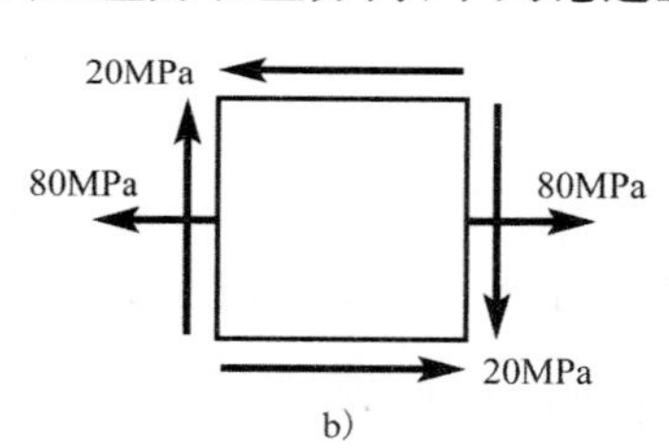

b)

A. 主应力大小和方向均相同

B. 主应力大小相同，但方向不同

C. 主应力大小和方向均不同

D. 主应力大小不同，但方向均相同

69. 图示圆轴截面面积为 A，抗弯截面系数为 W，若同时受到扭矩 T、弯矩 M 和轴向内力 F_N 的作用，按第三强度理论，下面的强度条件表达式中正确的是：

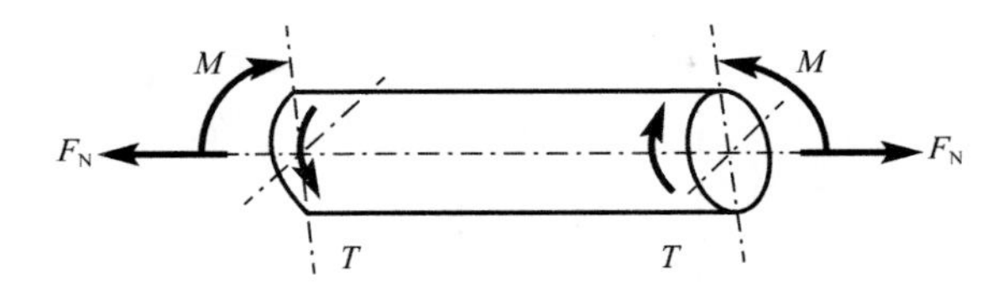

A. $\frac{F_N}{A}+\frac{1}{W}\sqrt{M^2+T^2}\leqslant[\sigma]$

B. $\sqrt{\left(\frac{F_N}{A}\right)^2+\left(\frac{M}{W}\right)^2+\left(\frac{T}{2W}\right)^2}\leqslant[\sigma]$

C. $\sqrt{\left(\frac{F_N}{A}+\frac{M}{W}\right)^2+\left(\frac{T}{W}\right)^2}\leqslant[\sigma]$

D. $\sqrt{\left(\frac{F_N}{A}+\frac{M}{W}\right)^2+4\left(\frac{T}{W}\right)^2}\leqslant[\sigma]$

70. 图示四根细长(大柔度)压杆，弯曲刚度为 EI。其中具有最大临界荷载 F_{cr} 的压杆是：

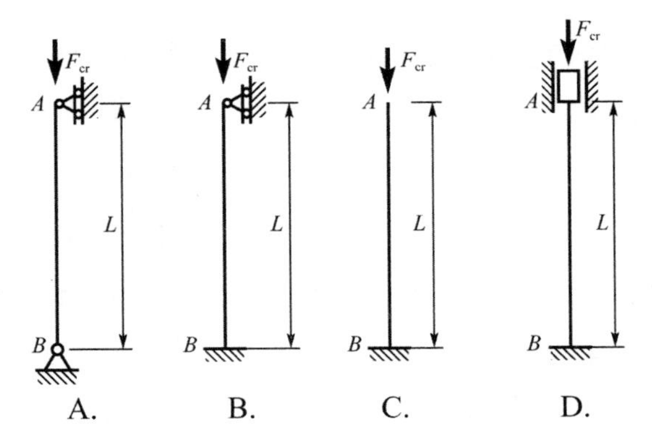

71. 连续介质假设意味着是：

A. 流体分子相互紧连

B. 流体的物理量是连续函数

C. 流体分子间有间隙

D. 流体不可压缩

72. 盛水容器形状如图所示，已知 $h_1=0.9\text{m}$，$h_2=0.4\text{m}$，$h_3=1.1\text{m}$，$h_4=0.75\text{m}$，$h_5=1.33\text{m}$，则下列各点的相对压强正确的是：

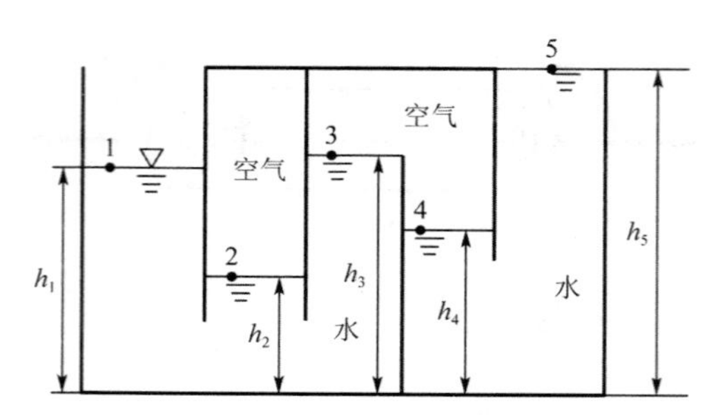

A. $p_1=0$，$p_2=4.90\text{kPa}$，$p_3=-1.96\text{kPa}$，$p_4=-1.96\text{kPa}$，$p_5=-7.64\text{kPa}$

B. $p_1=-4.90\text{kPa}$，$p_2=0$，$p_3=-6.86\text{kPa}$，$p_4=-6.86\text{kPa}$，$p_5=-19.4\text{kPa}$

C. $p_1=1.96\text{kPa}$，$p_2=6.86\text{kPa}$，$p_3=0$，$p_4=0$，$p_5=-5.68\text{kPa}$

D. $p_1=7.64\text{kPa}$，$p_2=12.54\text{kPa}$，$p_3=5.68\text{kPa}$，$p_4=5.68\text{kPa}$，$p_5=0$

73. 流体的连续性方程 $v_1A_1=v_2A_2$ 适用于：

A. 可压缩流体　　B. 不可压缩流体

C. 理想流体　　D. 任何流体

74. 尼古拉兹实验曲线中，当某管路流动在紊流光滑区时，随着雷诺数 Re 的增大，其沿程损失系数 λ 将：

A. 增大　　B. 减小

C. 不变　　D. 增大或减小

75. 正常工作条件下的薄壁小孔口 d_1 与圆柱形外管嘴 d_2 相等，作用水头 H 相等，则孔口与管嘴的流量关系正确的是：

A. $Q_1>Q_2$　　B. $Q_1<Q_2$

C. $Q_1=Q_2$　　D. 条件不足无法确定

76. 半圆形明渠，半径 $r_0=4\text{m}$，水力半径为：

A. 4m　　B. 3m

C. 2m　　D. 1m

77. 有一完全井，半径 $r_0=0.3\text{m}$，含水层厚度 $H=15\text{m}$，抽水稳定后，井水深度 $h=10\text{m}$，影响半径 $R=375\text{m}$，已知井的抽水量是 $0.0276\text{m}^3/\text{s}$，则土壤的渗透系数 k 为：

A. 0.0005m/s　　　　B. 0.0015m/s

C. 0.0010m/s　　　　D. 0.00025m/s

78. L 为长度量纲，T 为时间量纲，则沿程损失系数 λ 的量纲为：

A. L　　　　B. L/T

C. L^2/T　　　　D. 无量纲

79. 图示铁芯线圈通以直流电流 I，并在铁芯中产生磁通 Φ，线圈的电阻为 R，那么线圈两端的电压为：

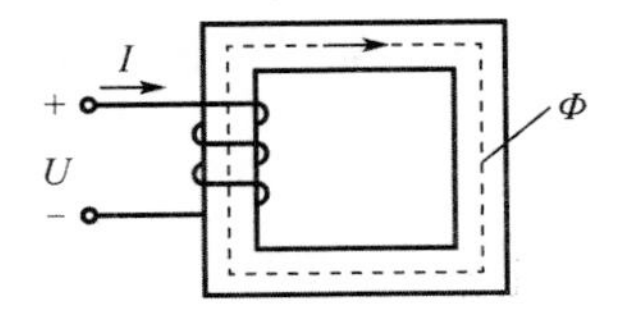

A. $U=IR$

B. $U=N\dfrac{\mathrm{d}\Phi}{\mathrm{d}t}$

C. $U=-N\dfrac{\mathrm{d}\Phi}{\mathrm{d}t}$

D. $U=0$

80. 图示电路，如下关系成立的是：

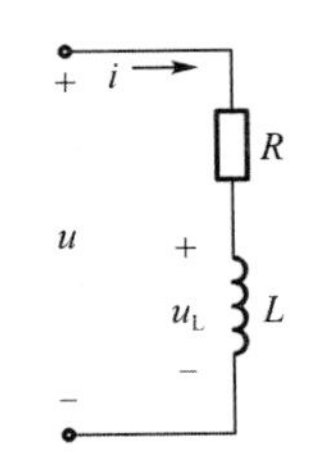

A. $R=\dfrac{u}{i}$

B. $u=i(R+L)$

C. $i=L\dfrac{\mathrm{d}u}{\mathrm{d}t}$

D. $u_L=L\dfrac{\mathrm{d}i}{\mathrm{d}t}$

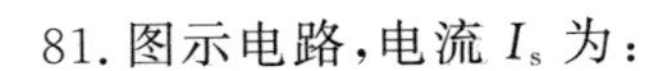
81. 图示电路，电流 I_s 为：

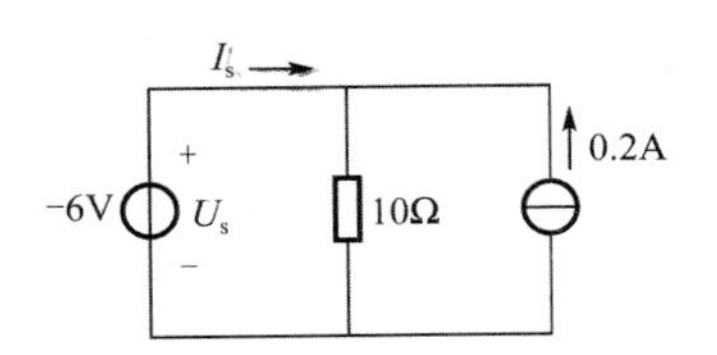

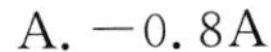
A. −0.8A

B. 0.8A

C. 0.6A

D. −0.6A

82. 图示电流 $i(t)$ 和电压 $u(t)$ 的相量分别为：

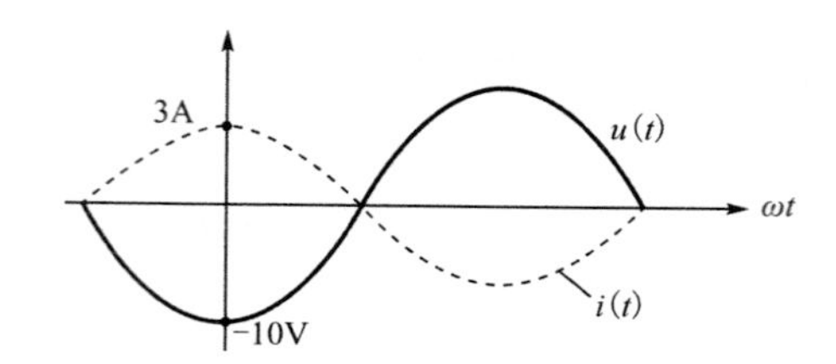

A. $\dot{I}=j2.12\text{A},\dot{U}=-j7.07\text{V}$

B. $\dot{I}=2.12\angle 90^{\circ}\text{A},\dot{U}=-7.07\angle -90^{\circ}\text{V}$

C. $\dot{I}=j3\text{A},\dot{U}=-j10\text{V}$

D. $\dot{I}=3\text{A},\dot{U}_{\text{m}}=-10\text{V}$

83. 额定容量为 20kV·A、额定电压为 220V 的某交流电源，有功功率为 8kW、功率因数为 0.6 的感性负载供电后，负载电流的有效值为：

A. $\dfrac{20\times10^{3}}{220}=90.9\text{A}$

B. $\dfrac{8\times10^{3}}{0.6\times220}=60.6\text{A}$

C. $\dfrac{8\times10^{3}}{220}=36.36\text{A}$

D. $\dfrac{20\times10^{3}}{0.6\times220}=151.5\text{A}$

84. 图示电路中，电感及电容元件上没有初始储能，开关 S 在 $t=0$ 时刻闭合，那么，在开关闭合瞬间（$t=0$），电路中取值为 10V 的电压是：

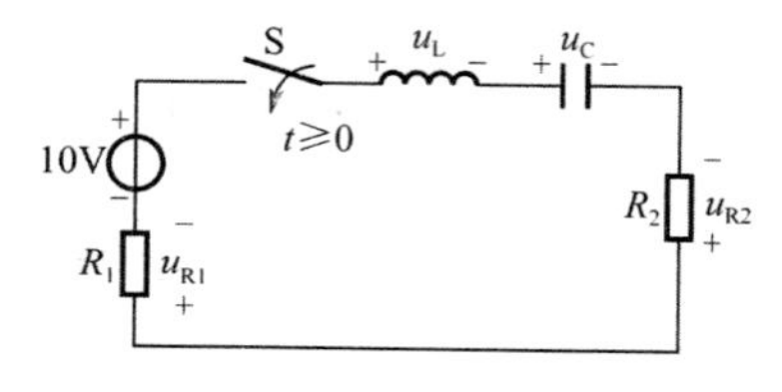

A. u_{L}　　B. u_{C}

C. $u_{\text{R1}}+U_{\text{R2}}$　　D. u_{R2}

85. 设图示变压器为理想器件，且 $u_s = 90\sqrt{2}\sin\omega t\,\mathrm{V}$，开关 S 闭合时，信号源的内阻 R_1 与信号源右侧电路的等效电阻相等，那么，开关 S 断开后，电压 u_1：

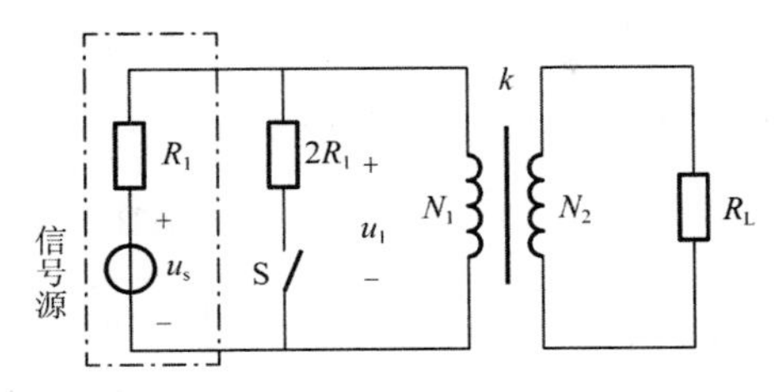

A. 因变压器的匝数比 k、电阻 R_L 和 R_1 未知而无法确定

B. $u_1 = 45\sqrt{2}\sin\omega t\,\mathrm{V}$

C. $u_1 = 60\sqrt{2}\sin\omega t\,\mathrm{V}$

D. $u_1 = 30\sqrt{2}\sin\omega t\,\mathrm{V}$

86. 三相异步电动机在满载启动时，为了不引起电网电压的过大波动，则应该采用的异步电动机类型和启动方案是：

A. 鼠笼式电动机和 Y-△降压启动

B. 鼠笼式电动机和自耦调压器降压启动

C. 绕线式电动机和转子绕组串电阻启动

D. 绕线式电动机和 Y-△降压启动

87. 在模拟信号、采样信号和采样保持信号这几种信号中，属于连续时间信号的是：

A. 模拟信号与采样保持信号　　B. 模拟信号和采样信号

C. 采样信号与采样保持信号　　D. 采样信号

88. 模拟信号 $u_1(t)$ 和 $u_2(t)$ 的幅值频谱分别如图 a)和图 b)所示，则在时域中：

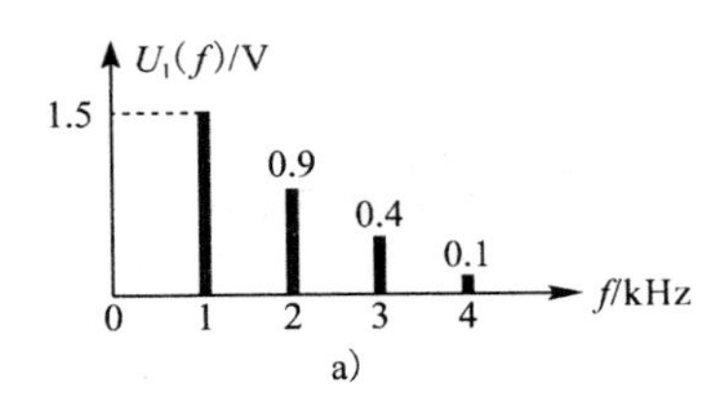

a)

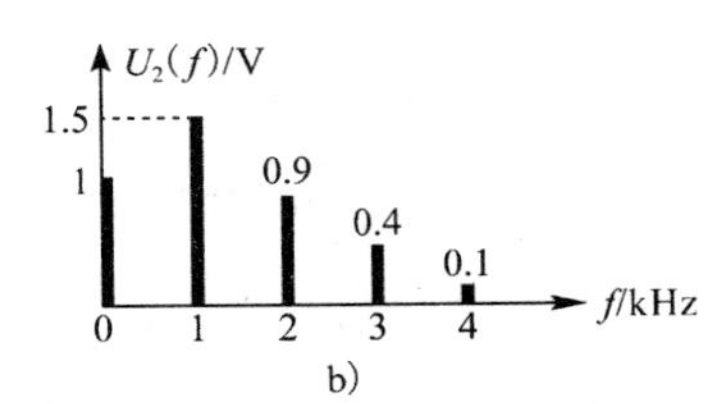

b)

A. $u_1(t)$ 和 $u_2(t)$ 是同一个函数

B. $u_1(t)$ 和 $u_2(t)$ 都是离散时间函数

C. $u_1(t)$ 和 $u_2(t)$ 都是周期性连续时间函数

D. $u_1(t)$ 是非周期性时间函数，$u_2(t)$ 是周期性时间函数

89. 放大器在信号处理系统中的作用是：

A. 从信号中提取有用信息　　B. 消除信号中的干扰信号

C. 分解信号中的谐波成分　　D. 增强信号的幅值以便后续处理

90. 对逻辑表达式 $ABC+A\overline{B}+AB\overline{C}$的化简结果是：

A. A　　B. $A\overline{B}$

C. AB　　D. $AB\overline{C}$

91. 已知数字信号 A 和数字信号 B 的波形如图所示，则数字信号 $F=\overline{A+B}$的波形为：

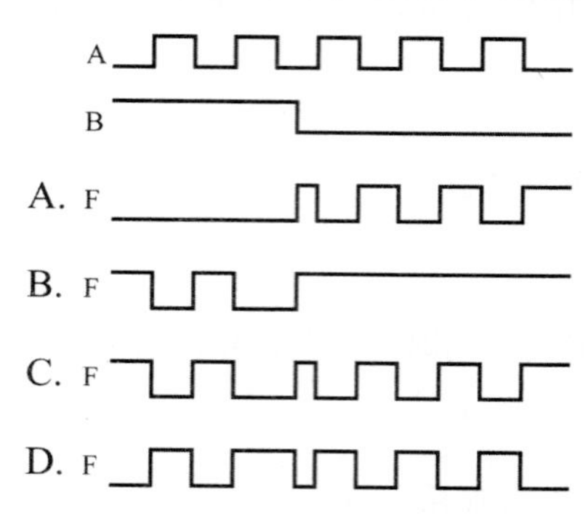

92. 逻辑函数 $F=f(A,B,C)$的真值表如下所示，由此可知：

A	B	C	F
0	0	0	0
0	0	1	1
0	1	0	1
0	1	1	0
1	0	0	0
1	0	1	0
1	1	0	0
1	1	1	0

A. $F=\overline{A}\overline{B}C+B\overline{C}$

B. $F=\overline{A}\overline{B}C+\overline{A}B\overline{C}$

C. $F=\overline{A}\overline{B}\overline{C}+\overline{A}BC$

D. $F=A\overline{B}\overline{C}+ABC$

93. 二极管应用电路如图所示，图中，$u_A = 1V$，$u_B = 5V$，$R = 1k\Omega$，设二极管均为理想器件，则电流 $i_R =$

A. 5mA

B. 1mA

C. 6mA

D. 0mA

94. 图示电路中，能够完成加法运算的电路：

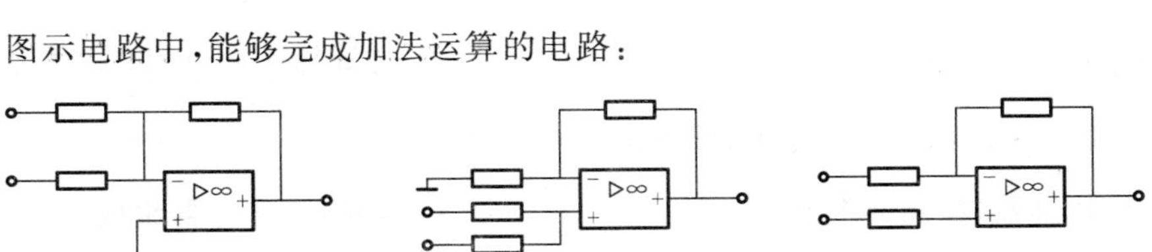

A. 是图 a)和图 b)

B. 仅是图 a)

C. 仅是图 b)

D. 是图 c)

95. 图 a)示电路中，复位信号及时钟脉冲信号如图 b)所示，经分析可知，在 t_1 时刻，输出 Q_{JK} 和 Q_D 分别等于：

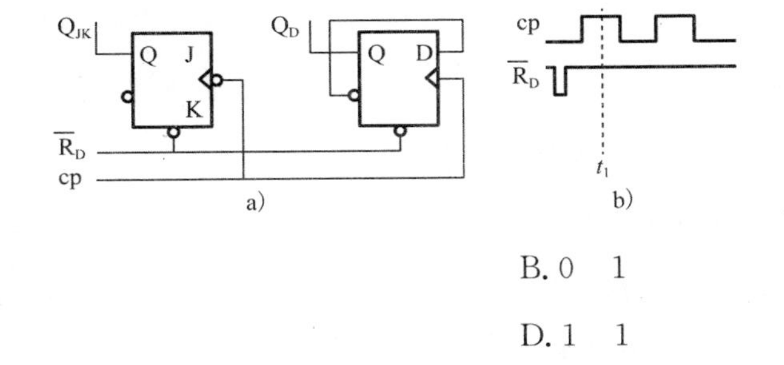

A. 0　0

B. 0　1

C. 1　0

D. 1　1

附：D 触发器的逻辑状态表为

D	Q_{n+1}
0	0
1	1

JK 触发器的逻辑状态表为

J	K	Q_{n+1}
0	0	Q_n
0	1	0
1	0	1
1	1	$\overline{Q}_n$

96. 图 a)示时序逻辑电路的工作波形如图 b)所示，由此可知，图 a)电路是一个：

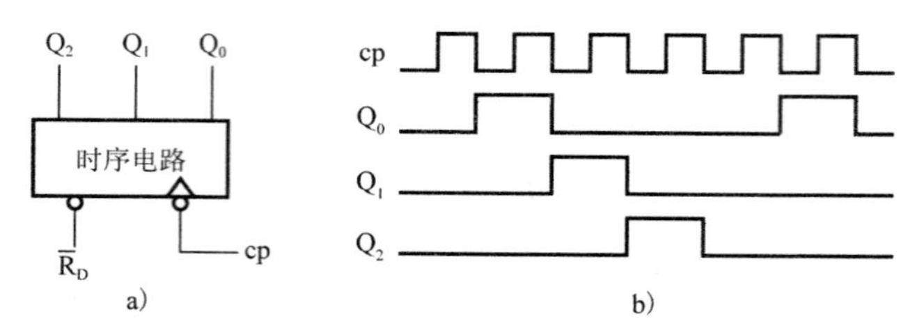

A. 右移寄存器　　B. 三进制计数器

C. 四进制计数器　　D. 五进制计数器

97. 根据冯·诺依曼结构原理，计算机的 CPU 是由：

A. 运算器、控制器组成　　B. 运算器、寄存器组成

C. 控制器、寄存器组成　　D. 运算器、存储器组成

98. 在计算机内，为有条不紊地进行信息传输操作，要用总线将硬件系统中的各个部件：

A. 连接起来　　B. 串接起来

C. 集合起来　　D. 耦合起来

99. 若干台计算机相互协作完成同一任务的操作系统属于：

A. 分时操作系统　　B. 嵌入式操作系统

C. 分布式操作系统　　D. 批处理操作系统

100. 计算机可以直接执行的程序是用：

A. 自然语言编制的程序　　B. 汇编语言编制的程序

C. 机器语言编制的程序　　D. 高级语言编制的程序

101. 汉字的国标码是用两个字节码表示的，为与 ASCII 码区别，是将两个字节的最高位：

A. 都置成 0　　B. 都置成 1

C. 分别置成 1 和 0　　D. 分别置成 0 和 1

102. 下列所列的四条存储容量单位之间换算表达式中，正确的一条是：

A. 1GB＝1024B　　B. 1GB＝1024KB

C. 1GB＝1024MB　　D. 1GB＝1024TB

103. 下列四条关于防范计算机病毒的方法中，并非有效的一条是：

A. 不使用来历不明的软件　　B. 安装防病毒软件

C. 定期对系统进行病毒检测　　D. 计算机使用完后锁起来

104. 下面四条描述操作系统与其他软件明显不同的特征中，正确的一条是：

A. 并发性、共享性、随机性　　B. 共享性、随机性、动态性

C. 静态性、共享性、同步性　　D. 动态性、并发性、异步性

105. 构成信息化社会的主要技术支柱有三个，它们是：

A. 计算机技术、通信技术和网络技术

B. 数据库技术、计算机技术和数字技术

C. 可视技术、大规模集成技术、网络技术

D. 动画技术、网络技术、通信技术

106. 为有效防范网络中的冒充、非法访问等威胁，应采用的网络安全技术是：

A. 数据加密技术　　B. 防火墙技术

C. 身份验证与鉴别技术　　D. 访问控制与目录管理技术

107. 某项目向银行借款，按半年复利计息，年实际利率为 8.6%，则年名义利率为：

A. 8%　　B. 8.16%

C. 8.24%　　D. 8.42%

108. 对于国家鼓励发展的缴纳增值税的经营性项目，可以获得增值税的优惠。在财务评价中，先征后返的增值税应记作项目的：

A. 补贴收入　　B. 营业收入

C. 经营成本　　D. 营业外收入

109. 下列筹资方式中，属于项目资本金的筹集方式的是：

A. 银行贷款　　B. 政府投资

C. 融资租赁　　D. 发行债券

110. 某建设项目预计第三年息税前利润为 200 万元，折旧与摊销为 30 万元，所得税为 20 万元，项目生产期第三年应还本付息金额为 100 万元。则该年偿债备付率为：

A. 1.5 万元　　B. 1.9 万元

C. 2.1 万元　　D. 2.5 万元

111. 在进行融资前项目投资现金流量分析时，现金流量应包括：

A. 资产处置收益分配　　B. 流动资金

C. 借款本金偿还　　D. 借款利息偿还

112. 某拟建生产企业设计年产 6 万 t 化工原料，年固定成本为 1000 万元，单位可变成本、销售税金和单位产品增值税之和为 800 万元/t，单位产品售价为 1000 元/t。销售收入和成本费用均采用含税价格表示。以生产能力利用率表示的盈亏平衡点为：

A. 9.25%　　B. 21%

C. 66.7%　　D. 83.3%

113. 某项目有甲、乙两个建设方案，投资分别为 500 万元和 1000 万元，项目期均为 10 年，甲项目年收益为 140 万元，乙项目年收益为 250 万元。假设基准收益率为 10%，则两项目的差额净现值为：

[已知：$(P/A,10\%,10)=6.1446$]

A. 175.9 万元　　B. 360.24 万元

C. 536.14 万元　　D. 896.38 万元

114. 某项目打算采用甲工艺进行施工，但经广泛的市场调研和技术论证后，决定用乙工艺代替甲工艺，并达到了同样的施工质量，且成本下降 15%。根据价值工程原理，该项目提高价值的途径是：

A. 功能不变，成本降低　　B. 功能提高，成本降低

C. 功能和成本均下降，但成本降低幅度更大　　D. 功能提高，成本不变

115. 某投资亿元的建设工程，建设工期 3 年，建设单位申请领取施工许可证，经审查该申请不符合法定条件的是：

A. 已取得该建设工程规划许可证

B. 已依法确定施工单位

C. 到位资金达到投资额的 30%

D. 该建设工程设计已经发包由某设计单位完成

116. 根据《中华人民共和国安全生产法》，组织制定并实施本单位的生产安全事故应急救援预案的责任人是：

A. 项目负责人

B. 安全生产管理人员

C. 单位主要负责人

D. 主管安全的负责人

117. 根据《中华人民共和国招标投标法》，下列工程建设项目，项目的勘察、设计、施工、监理以及与工程建设有关的重要设备、材料等的采购，按照国家有关规定可不进行招标的是：

A. 大型基础设施、公用事业等关系社会公共利益、公众安全的项目

B. 全部或者部分使用国有资金投资或者国家融资的项目

C. 使用国际组织或者外国政府贷款、援助基金的项目

D. 利用扶贫资金实行以工代赈、需要使用农民工的项目

118. 订立合同需要经过要约和承诺两个阶段，下列关于要约的说法，错误的是：

A. 要约是希望和他人订立合同的意思表示

B. 要约内容应当具体明确

C. 要约是吸引他人向自己提出订立合同的意思表示

D. 经受要约人承诺，要约人即受该意思表示约束

119. 根据《中华人民共和国行政许可法》，行政机关对申请人提出的行政许可申请，应当根据不同情况分别作出处理。下列行政机关的处理，符合规定的是：

A. 申请事项依法不需要取得行政许可的，应当即时告知申请人向有关行政机关申请

B. 申请事项依法不属于本行政机关职权范围内的，应当即时告知申请人不需申请

C. 申请材料存在可以当场更正的错误的，应当告知申请人 3 日内补正

D. 申请材料不齐全，应当当场或者在 5 日内一次告知申请人需要补正的全部内容

120. 根据《建设工程质量管理条例》，下列有关建设单位的质量责任和义务的说法，正确的是：

A. 建设工程发包单位不得暗示承包方以低价竞标

B. 建设单位在办理工程质量监督手续前，应当领取施工许可证

C. 建设单位可以明示或者暗示设计单位违反工程建设强制性标准

D. 建设单位提供的与建设工程有关的原始资料必须真实、准确、齐全

2019 年度全国勘察设计注册工程师执业资格考试基础考试(上)试题解析及参考答案

1. **解** 本题考查函数极限的求法以及洛必达法则的应用。

当自变量 $x \to 0$ 时,只有当 $x \to 0^+$ 及 $x \to 0^-$ 时,函数左右极限各自存在并且相等时,函数极限才存在。即当 $\lim\limits_{x\to0^+} f(x) = \lim\limits_{x\to0^-} f(x) = A$ 时,$\lim\limits_{x\to0} f(x) = A$,否则函数极限不存在。

应用洛必达法则:

$$\lim_{x\to0^+}\frac{3+e^{\frac{1}{x}}}{1-e^{\frac{2}{x}}} \xlongequal[\text{当 } x\to0^+ \text{ 时},y\to+\infty]{\text{设 } y=\frac{1}{x}} \lim_{y\to+\infty}\frac{3+e^y}{1-e^{2y}} \xlongequal{\frac{\infty}{\infty}} \lim_{y\to+\infty}\frac{e^y}{-2e^{2y}} = \lim_{y\to+\infty}\frac{1}{-2e^y} = 0$$

$$\lim_{x\to0^-}\frac{3+e^{\frac{1}{x}}}{1-e^{\frac{2}{x}}} \xlongequal[\text{当 } x\to0^- \text{ 时},y\to-\infty]{\text{设 } y=\frac{1}{x}} \lim_{y\to-\infty}\frac{3+e^y}{1-e^{2y}} \xlongequal[e^y\to0]{y\to-\infty} \frac{3}{1} = 3$$

因 $\lim\limits_{x\to0^+} f(x) \neq \lim\limits_{x\to0^-} f(x)$,所以 $\lim\limits_{x\to0} f(x)$ 不存在。

答案:D

2. **解** 本题考查函数可微、可导与函数连续之间的关系。

对于一元函数而言,函数可导和函数可微等价。函数可导必连续,函数连续不一定可导(例如 $y = |x|$ 在 $x = 0$ 处连续,但不可导)。因而,$f(x)$ 在点 $x = x_0$ 处连续为函数在该点处可微的必要条件。

答案:C

3. **解** 利用同阶无穷小定义计算。

求极限 $\lim\limits_{x\to0}\frac{\sqrt{1-x^2}-\sqrt{1+x^2}}{x^k}$,只要当极限值为常数 C,且 $C \neq 0$ 时,即为同阶无穷小。

$$\lim_{x\to0}\frac{\sqrt{1-x^2}-\sqrt{1+x^2}}{x^k} \xlongequal{\text{分子有理化}} \lim_{x\to0}\frac{(\sqrt{1-x^2}-\sqrt{1+x^2})(\sqrt{1-x^2}+\sqrt{1+x^2})}{x^k(\sqrt{1-x^2}+\sqrt{1+x^2})}$$

$$= \lim_{x\to0}\frac{-2x^2}{x^k(\sqrt{1-x^2}+\sqrt{1+x^2})} \xlongequal{\text{只有 } k=2 \text{ 时,极限值才满足为常数 } C,\text{且 } C\neq0}$$

$$\lim_{x\to0}\frac{-2x^2}{x^2(\sqrt{1-x^2}+\sqrt{1+x^2})} = -1$$

答案:B

4. **解**　本题为求复合函数的二阶导数，可利用复合函数求导公式计算。

设 $y=\ln u, u=\sin x$，先对中间变量求导，再乘以中间变量 u 对自变量 x 的导数（注意正确使用导数公式）。

$$y'=\frac{1}{\sin x}\cdot\cos x=\cot x, y''=(\cot x)'=-\frac{1}{\sin^2 x}$$

答案：D

5. **解**　本期考查罗尔中值定理。

由罗尔中值定理可知，函数满足：①在闭区间连续；②在开区间可导；③两端函数值相等，则在开区间内至少存在一点 ξ，使得 $f'(\xi)=0$。本题满足罗尔中值定理的条件，因而结论 B 成立。

答案：B

6. **解**　$x=0$ 处导数不存在。x_1 和 O 点两侧导函数符号由负变为正，函数在该点取得极小值，故 x_1 和 O 点是函数的极小值点；x_2 和 x_3 点两侧导函数符号由正变为负，函数在该点取得极大值，故 x_2 和 x_3 点是函数的极大值点。

答案：B

7. **解**　本题可用第一类换元积分方法计算，也可用凑微分方法计算。

方法 1：

设 $x^2+1=t$，则有 $2x\mathrm{d}x=\mathrm{d}t$，即 $x\mathrm{d}x=\frac{1}{2}\mathrm{d}t$

$$\int\frac{x}{\sin^2(x^2+1)}\mathrm{d}x=\int\frac{1}{\sin^2 t}\frac{1}{2}\mathrm{d}t=\frac{1}{2}\int\csc^2 t\mathrm{d}t=-\frac{1}{2}\cot t+C=-\frac{1}{2}\cot(x^2+1)+C$$

方法 2：

$$\int\frac{x}{\sin^2(x^2+1)}\mathrm{d}x=\frac{1}{2}\int\frac{1}{\sin^2(x^2+1)}\mathrm{d}(x^2+1)=-\frac{1}{2}\cot(x^2+1)+C$$

答案：A

8. **解**　当 $x=-1$ 时，$\lim\limits_{x\to-1}\frac{1}{(1+x)^2}=+\infty$，所以 $x=-1$ 为函数的无穷不连续点。

本题为被积函数有无穷不连续点的广义积分。按照这类广义积分的计算方法，把广义积分在无穷不连续点 $x=-1$ 处分成两部分，只有当每一部分都收敛时，广义积分才收敛，否则广义积分发散。

即：$\int_{-2}^{2}\frac{1}{(1+x)^2}\mathrm{d}x=\int_{-2}^{-1}\frac{1}{(1+x)^2}\mathrm{d}x+\int_{-1}^{2}\frac{1}{(1+x)^2}\mathrm{d}x$

计算第一部分：

$$\int_{-2}^{-1}\frac{1}{(1+x)^2}dx=\int_{-2}^{-1}\frac{1}{(1+x)^2}d(x+1)=-\frac{1}{1+x}\Big|_{-2}^{-1}=\lim_{x\to -1^-}\left(-\frac{1}{1+x}\right)-\left(-\frac{1}{-1}\right)=\infty,$$

发散

所以，广义积分发散。

答案：D

9.**解** 利用两向量平行的知识以及两向量数量积的运算法则计算。

已知 $\boldsymbol{\beta}//\boldsymbol{\alpha}$，则有 $\beta=\lambda\boldsymbol{\alpha}$（$\lambda$ 为任意非零常数）

所以 $\boldsymbol{\alpha}\cdot\boldsymbol{\beta}=\boldsymbol{\alpha}\cdot\lambda\boldsymbol{\alpha}=\lambda(\boldsymbol{\alpha}\cdot\boldsymbol{\alpha})=\lambda[2\times 2+1\times 1+(-1)\times(-1)]=6\lambda$

已知 $\boldsymbol{\alpha}\cdot\boldsymbol{\beta}=3$，即 $6\lambda=3$，$\lambda=\frac{1}{2}$

所以 $\boldsymbol{\beta}=\frac{1}{2}\boldsymbol{\alpha}=\left(1,\frac{1}{2},-\frac{1}{2}\right)$

答案：C

10.**解** 因直线垂直于 xOy 平面，因而直线的方向向量只要选与 z 轴平行的向量即可，取所求直线的方向向量 $\vec{s}=(0,0,1)$，如解图所示，再按照直线的点向式方程的写法写出直线方程：

$$\frac{x-2}{0}=\frac{y-0}{0}=\frac{z+1}{1}$$

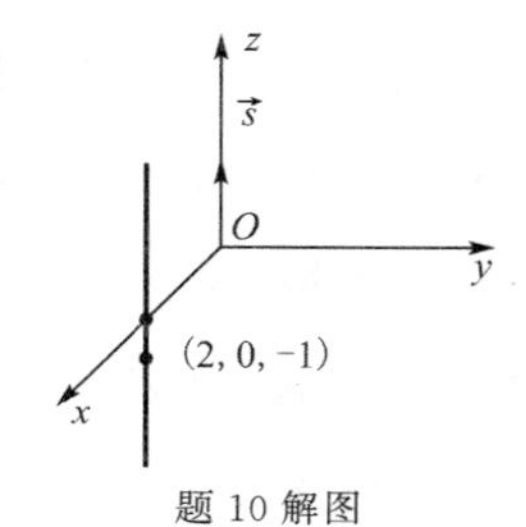

题 10 解图

答案：C

11.**解** 通过分析可知，本题为一阶可分离变量方程，分离变量后两边积分求出方程的通解，再代入初始条件求出方程的特解。

$$y\ln x dx-x\ln y dy=0\Rightarrow y\ln x dx=x\ln y dy\Rightarrow\frac{\ln x}{x}dx=\frac{\ln y}{y}dy$$

$$\Rightarrow\int\frac{\ln x}{x}dx=\int\frac{\ln y}{y}dy\Rightarrow\int\ln x d(\ln x)=\int\ln y d(\ln y)$$

$$\Rightarrow\frac{1}{2}\ln^2 x=\frac{1}{2}\ln^2 y+C_1\Rightarrow\ln^2 x-\ln^2 y=C_2\quad（其中，C_2=2C_1）$$

代入初始条件 $y(x=1)=1$，得 $C_2=0$

所以方程的特解：$\ln^2 x-\ln^2 y=0$

答案：D

12.**解** 画出积分区域 D 的图形，如解图所示。

方法 1：

因被积函数 $f(x,y)=1$，所以积分 $\iint\limits_D dxdy$ 的值即为这三条直线所围成的区域面积，所以$\iint\limits_D \mathrm{d}x\mathrm{d}y=\frac{1}{2}\times 1\times 2=1$。

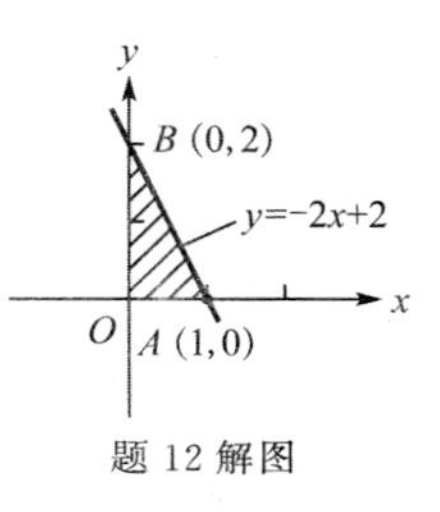

题 12 解图

方法 2:

把二重积分转化为二次积分,可先对 y 积分再对 x 积分,也可先对 x 积分再对 y 积分。本题先对 y 积分后再对 x 积分:

$$D:\begin{cases}0\leqslant x\leqslant 1\\ 0\leqslant y\leqslant -2x+2\end{cases}$$

$$\iint\limits_D \mathrm{d}x\mathrm{d}y=\int_0^1\mathrm{d}x\int_0^{-2x+2}\mathrm{d}y=\int_0^1 y\Big|_0^{-2x+2}\mathrm{d}x$$

$$=\int_0^1(-2x+2)\mathrm{d}x=(-x^2+2x)\Big|_0^1=-1+2=1$$

答案:A

13.**解** $y=C_1C_2e^{-x}$,因 C_1、C_2 是任意常数,可设 $C=C_1\cdot C_2$(C 仍为任意常数),即 $y=Ce^{-x}$,则有 $y'=-Ce^{-x}$,$y''=Ce^{-x}$。

代入得 $Ce^{-x}-2(-Ce^{-x})-3Ce^{-x}=0$,可知 $y=Ce^{-x}$ 为方程的解。

因 $y=Ce^{-x}$ 仅含一个独立的任意常数,可知 $y=Ce^{-x}$ 既不是方程的通解,也不是方程的特解,只是方程的解。

答案:D

14.**解** 本题考查对坐标的曲线积分的计算方法。

应注意,对坐标的曲线积分与曲线的积分路径、方向有关,积分变量的变化区间应从起点所对应的参数积到终点所对应的参数。

$L:x^2+y^2=1$

参数方程可表示为 $\begin{cases}x=\cos\theta\\ y=\sin\theta\end{cases}(\theta:0\to 2\pi)$

则 $\int_L\frac{y\mathrm{d}x-x\mathrm{d}y}{x^2+y^2}=\int_0^{2\pi}\frac{\sin\theta(-\sin\theta)-\cos\theta\cos\theta}{\cos^2\theta+\sin^2\theta}\mathrm{d}\theta=\int_0^{2\pi}(-1)\mathrm{d}\theta=-\theta\Big|_0^{2\pi}=-2\pi$

答案:B

15.**解** 本题函数为二元函数,先求出二元函数的驻点,再利用二元函数取得极值的充分条件判定。

$f(x,y)=xy$

求得偏导数 $\begin{cases}f_x(x,y)=y\\ f_y(x,y)=x\end{cases}$,则 $\begin{cases}f_x(0,0)=0\\ f_y(0,0)=0\end{cases}$,故点(0,0)为二元函数的驻点。

求得二阶导数 $f''_{xx}(x,y)=0, f''_{xy}(x,y)=1, f''_{yy}(x,y)=0$

则有 $A=f''_{xx}(0,0)=0, B=f''_{xy}(0,0)=1, C=f''_{yy}(0,0)=0$

$AC-B^2=-1<0$，所以在驻点(0,0)处取不到极值。

点(0,0)是驻点，但非极值点。

答案：B

16. **解**　本题考查级数条件收敛、绝对收敛的有关概念，以及级数收敛与发散的基本判定方法。

将级数 $\sum_{n=1}^{\infty}(-1)^{n-1}\frac{1}{n^p}$ 各项取绝对值，得 p 级数 $\sum_{n=1}^{\infty}\frac{1}{n^p}$。

当 $p>1$ 时，原级数 $\sum_{n=1}^{\infty}(-1)^{n-1}\frac{1}{n^p}$ 绝对收敛；当 $0<p\leqslant 1$ 时，级数 $\sum_{n=1}^{\infty}\frac{1}{n^p}$ 发散。所以，选项 B、C 均不成立。

再判定原级数 $\sum_{n=1}^{\infty}(-1)^{n-1}\frac{1}{n^p}$ 在 $0<p\leqslant 1$ 时的敛散性。

级数 $\sum_{n=1}^{\infty}(-1)^{n-1}\frac{1}{n^p}$ 为交错级数，记 $u_n=\frac{1}{n^p}$。

当 $p>0$ 时，$n^p<(n+1)^p$，则 $\frac{1}{n^p}>\frac{1}{(n+1)^p}$，$u_n>u_{n+1}$，又 $\lim\limits_{n\to\infty}u_n=0$，所以级数 $\sum_{n=1}^{\infty}(-1)^{n-1}\frac{1}{n^p}$ 在 $0<p\leqslant 1$ 时条件收敛。

答案：D

17. **解**　利用二元函数求全微分公式 $dz=\frac{\partial z}{\partial x}dx+\frac{\partial z}{\partial y}dy$ 计算，然后代入 $x=1, y=2$ 求出 $dz\Big|_{\substack{x=1\\y=2}}$ 的值。

(1)计算 $\frac{\partial z}{\partial x}$：

$z=\left(\frac{y}{x}\right)^x$，两边取对数，得 $\ln z=x\ln\left(\frac{y}{x}\right)$，两边对 x 求导，得：

$$\frac{1}{z}z_x=\ln\frac{y}{x}+x\frac{x}{y}\left(-\frac{y}{x^2}\right)=\ln\frac{y}{x}-1$$

进而得：$z_x=z\left(\ln\frac{y}{x}-1\right)=\left(\frac{y}{x}\right)^x\left(\ln\frac{y}{x}-1\right)$

(2)计算 $\frac{\partial z}{\partial y}$：

$$\frac{\partial z}{\partial y}=x\left(\frac{y}{x}\right)^{x-1}\frac{1}{x}=\left(\frac{y}{x}\right)^{x-1}$$

$$dz=\frac{\partial z}{\partial x}dx+\frac{\partial z}{\partial y}dy=\left(\frac{y}{x}\right)^{x}\left(\ln\frac{y}{x}-1\right)dx+\left(\frac{y}{x}\right)^{x-1}dy$$

$$dz\bigg|_{\substack{x=1\\y=2}}=2(\ln2-1)dx+dy=2\left[(\ln2-1)dx+\frac{1}{2}dy\right]$$

答案:C

18. **解**　幂级数只含奇数次幂项,求出级数的收敛半径,再判断端点的敛散性。

方法 1:

$$\lim_{n\to\infty}\left|\frac{u_{n+1}(x)}{u_n(x)}\right|=\lim_{n\to\infty}\left|\frac{\frac{x^{2n+1}}{2n+1}}{\frac{x^{2n-1}}{2n-1}}\right|=\lim_{n\to\infty}\left|\frac{2n-1}{2n+1}x^2\right|=x^2$$

当 $x^2<1$,即 $-1<x<1$ 时,级数收敛;当 $x^2>1$,即 $x>1$ 或 $x<-1$ 时,级数发散:判断端点的敛散性。

当 $x=1$ 时,$\sum\limits_{n=1}^{\infty}(-1)^{n-1}\frac{x^{2n-1}}{2n-1}\Rightarrow\sum\limits_{n=1}^{\infty}(-1)^{n-1}\frac{1}{2n-1}$,为交错级数,同时满足 $u_n>u_{n+1}$ 和 $\lim\limits_{n\to\infty}u_n=0$,级数收敛。

当 $x=-1$ 时,$\sum\limits_{n=1}^{\infty}(-1)^{n-1}\frac{x^{2n-1}}{2n-1}\Rightarrow\sum\limits_{n=1}^{\infty}(-1)^{n}\frac{-1}{2n-1}$,为交错级数,同时满足 $u_n>u_{n+1}$ 和 $\lim\limits_{n\to\infty}u_n=0$,级数收敛。

综上,级数 $\sum\limits_{n=1}^{\infty}(-1)^{n-1}\frac{x^{2n-1}}{2n-1}$ 的收敛域为[-1,1]。

方法 2:

四个选项已给出,仅在端点处不同,直接判断端点 $x=1$、$x=-1$ 的敛散性即可。

答案:A

19. **解**　利用公式 $|\boldsymbol{A}^*|=\boldsymbol{A}^{n-1}$ 判断。代入 $|\boldsymbol{A}|=b$,得 $|\boldsymbol{A}^*|=b^{n-1}$。

答案:B

20. **解**　利用公式 $|\boldsymbol{A}|=\lambda_1\lambda_2\cdots\lambda_n$,当 $\boldsymbol{A}$ 为二阶方阵时,$|\boldsymbol{A}|=\lambda_1\lambda_2$

则有 $\lambda_2=\frac{|\boldsymbol{A}|}{\lambda_1}=\frac{-1}{1}=-1$

由"实对称矩阵对应不同特征值的特征向量正交"判断:

$$\begin{pmatrix}1\\1\end{pmatrix}^{\mathrm{T}}\begin{pmatrix}1\\-1\end{pmatrix}=(1,1)\begin{pmatrix}1\\-1\end{pmatrix}=0$$

所以 $\begin{pmatrix}1\\1\end{pmatrix}$ 与 $\begin{pmatrix}1\\-1\end{pmatrix}$ 正交

答案:B

21. **解** 二次型 f 的秩就是对应矩阵 $\boldsymbol{A}$ 的秩。

二次型对应矩阵为 $\boldsymbol{A}=\begin{bmatrix}1 & 1 & 0\\ 1 & t & 0\\ 0 & 0 & 3\end{bmatrix}$,$R(\boldsymbol{A})=2$,则有 $|\boldsymbol{A}|=0$,即 $3(t-1)=0$,

可以得出 $t=1$。

答案:C

22. **解** $P(A\mid B)=\dfrac{P(AB)}{P(B)}=\dfrac{P(A)P(B\mid A)}{P(B)}=\dfrac{\frac{1}{3}\times\frac{1}{6}}{\frac{1}{4}}=\dfrac{2}{9}$

答案:B

23. **解** 由联合分布律的性质:$\sum\limits_{i}\sum\limits_{j}p_{ij}=1$,得 $\dfrac{1}{4}+\dfrac{1}{4}+\dfrac{1}{6}+a=1$,则 $a=\dfrac{1}{3}$。

答案:A

24. **解** 因为 $X\sim U(1,\theta)$,所以 $E(X)=\dfrac{1+\theta}{2}$,则 $\theta=2E(X)-1$,用 $\overline{X}$ 代替 $E(X)$,

得 θ 的矩估计 $\hat{\theta}=2\overline{X}-1$。

答案:C

25. **解** 温度的统计意义告诉我们:气体的温度是分子平均平动动能的量度,气体的温度是大量气体分子热运动的集体体现,具有统计意义,温度的高低反映物质内部分子运动剧烈程度的不同,正是因为它的统计意义,单独说某个分子的温度是没有意义的。

答案:B

26. **解** 气体分子运动的三种速率:

$v_{\mathrm{p}}=\sqrt{\dfrac{2kT}{m}}\approx 1.41\sqrt{\dfrac{RT}{M}}$

$\bar{v}=\sqrt{\dfrac{8kT}{\pi m}}\approx 1.60\sqrt{\dfrac{RT}{M}}$,$\sqrt{\bar{v}^2}=\sqrt{\dfrac{3kT}{m}}\approx 1.73\sqrt{\dfrac{RT}{M}}$

答案:C

27. **解** 理想气体向真空作绝热膨胀,注意“真空”和“绝热”。由热力学第一定律 $Q=\Delta E+W$,理想气体向真空作绝热膨胀不做功,不吸热,故内能变化为零,温度不变,但膨胀致体积增大,单位体积分子数 n 减少,根据 $p=nkT$,故压强减小。

答案:A

28. **解** 此题考查卡诺循环。

卡诺循环的热机效率为：$\eta = 1 - \frac{T_2}{T_1}$

T_1 与 T_2 不同，所以效率不同。

两个循环曲线所包围的面积相等，净功相等，$W = Q_1 - Q_2$，即两个热机吸收的热量与放出的热量（绝对值）的差值一定相等。

答案：D

29. **解** 此题考查理想气体分子的摩尔热容。

$C_V = \frac{i}{2}R, C_p = C_V + R = \frac{i+2}{2}R$

刚性双原子分子理想气体 $i=5$，故 $\frac{C_p}{C_V} = \frac{7}{5}$

答案：C

30. **解** 将波动方程化为标准式：$y = 0.05\cos(4\pi x - 10\pi t) = 0.05\cos 10\pi\left(t - \frac{x}{2.5}\right)$

$$u = 2.5\text{m/s}, \omega = 2\pi\nu = 10\pi, \nu = 5\text{Hz}, \lambda = u/\nu = \frac{2.5}{5} = 0.5\text{m}$$

答案：A

31. **解** 此题考查声波的多普勒效应。

题目讨论的是火车疾驰而来时的过程与火车远离而去时人们听到的汽笛音调比较。

火车疾驰而来时音调（即频率）：$\nu'_{来} = \frac{u}{u - v_s}\nu$

火车远离而去时的音调：$\nu'_{去} = \frac{u}{u + v_s}\nu$

式中，u 为声速，v_s 为火车相对地的速度，ν 为火车发出汽笛声的原频率。

相比，人们听到的汽笛音调应是由高变低的。

答案：A

32. **解** 此题考查波的强度公式：$I = \frac{1}{2}\rho u A^2 \omega^2$

保持其他条件不变，仅使振幅 A 增加 1 倍，则波的强度增加到原来的 4 倍。

答案：D

33. **解** 两列振幅相同的相干波，在同一直线上沿相反方向传播，叠加的结果即为驻波。

叠加后形成的驻波的波动方程为：$y = y_1 + y_2 = \left(2A\cos 2\pi \frac{x}{\lambda}\right)\cos 2\pi\nu t$

驻波的振幅是随位置变化的，$A' = 2A\cos 2\pi \frac{x}{\lambda}$，波腹处有最大振幅 $2A$。

答案:C

34.**解**　此题考查光的干涉。

薄膜上下两束反射光的光程差：$\delta = 2n_2 e$

增透膜要求反射光相消：$\delta = 2n_2 e = (2k+1)\frac{\lambda}{2}$

$k=0$ 时，膜有最小厚度，$e = \frac{\lambda}{4n_2} = \frac{500}{4\times 1.38} = 90.6\text{nm}$

答案:B

35.**解**　此题考查光的衍射。

单缝衍射明纹条件光程差为半波长的奇数倍。

答案:C

36.**解**　此题考查光的干涉与偏振。

双缝干涉条纹间距 $\Delta x = \frac{D}{d}\lambda$，加偏振片不改变波长，故干涉条纹的间距不变，而自然光通过偏振片光强衰减为原来的一半，故明纹的亮度减弱。

答案:B

37.**解**　第一电离能是基态的气态原子失去一个电子形成+1价气态离子所需要的最低能量。变化规律：同一周期从左到右，主族元素的有效核电荷数依次增加，原子半径依次减小，电离能依次增大；同一主族元素从上到下原子半径依次增大，电离能依次减小。

答案:D

38.**解**　共价键的类型分 σ 键和 π 键。共价单键均为 σ 键；共价双键中含 1 个 σ 键，1 个 π 键；共价三键中含 1 个 σ 键，2 个 π 键。

丁二烯分子中，碳氢间均为共价单键，碳碳间含 1 个碳碳单键，2 个碳碳双键。结构式为：

```
 H                    H
  \                  /
   C=C — C=C
  /  |     |  \
 H   H     H   H
```

答案:B

39.**解**　正负离子相互极化的强弱取决于离子的极化力和变形性，正负离子均具有极化力和变形性。正负离子相互极化的强弱一般主要考虑正离子的极化力和负离子的变形性。正离子的电荷数越多，极化力越大，半径越小，极化力越大。四个化合物中 $SiCl_4$ 是分子晶体。$NaCl$、$MgCl_2$、$AlCl_3$ 中的阴离子相同，都为 Cl^-，阳离子分别为 Na^+、Mg^{2+}、Al^{3+}，离子半径逐渐减小，离子电荷逐渐增大，极化力逐渐增强，对 Cl^- 的极化作用逐渐增强，所以离子极化作用最强的是 $AlCl_3$。

答案：C

40. **解**　根据 $pH = -\lg C_{H^+}$，$K_W = C_{H^+} \times C_{OH^-}$

$$pH=2\text{ 时}，C_{H^+} = 10^{-2} mol \cdot L^{-1}，C_{OH^-} = 10^{-12} mol \cdot L^{-1}$$

$$pH=2\text{ 时}，C_{H^+} = 10^{-4} mol \cdot L^{-1}，C_{OH^-} = 10^{-10} mol \cdot L^{-1}$$

答案：C

41. **解**　吉布斯函数变 $\Delta G < 0$ 时化学反应能自发进行。根据吉布斯等温方程，当 $\Delta_r H_m^\ominus > 0$，$\Delta_r S_m^\ominus > 0$ 时，反应低温不能自发进行，高温能自发进行。

答案：A

42. **解**　根据盐类的水解理论，NaCl 为强酸强碱盐，不水解，溶液显中性；Na_2CO_3 为强碱弱酸盐，水解，溶液显碱性；硫酸铝和硫酸铵均为强酸弱碱盐，水解，溶液显酸性。

答案：B

43. **解**　电对对应的半反应中无 H^+ 参与时，酸度大小对电对的电极电势无影响；电对对应的半反应中有 H^+ 参与时，酸度大小对电对的电极电势有影响，影响结果由能斯特方程决定。

电对 Fe^{3+}/Fe^{2+} 对应的半反应为 $Fe^{3+} + e^- = Fe^{2+}$，没有 H^+ 参与，酸度大小对电对的电极电势无影响；电对 MnO_4^-/Mn^{2+} 对应的半反应为 $MnO_4^- + 8H^+ + 7e^- = Mn^{2+} + 4H_2O$，有 H^+ 参与，根据能斯特方程，H^+ 浓度增大，电对的电极电势增大。

答案：C

44. **解**　C_5H_{12} 有三个异构体，每种异构体中，有几种类型氢原子，就有几种一氯代物。

异构体 $H_3C—CH_2—CH_2—CH_2—CH_3$ 中，有 2 个甲基，3 种一氯代物；

异构体 $H_3C—CH(CH_3)—CH_2—CH_3$ 中，有 3 个甲基，4 种一氯代物；

异构体 $H_3C—C(CH_3)_2—CH_3$ 中，有 4 个甲基，1 种一氯代物。

答案：C

45. **解**　选项A、B、C催化加氢均生成2-甲基戊烷，选项D催化加氢生成3-甲基戊烷。

答案：D

46. **解**　与端基碳原子相连的羟基氧化为醛，不与端基碳原子相连的羟基氧化为酮。

答案：C

47. **解**　若力F作用于构件BC上，则AC为二力构件，满足二力平衡条件，BC满足三力平衡条件，受力图如解图a)所示。

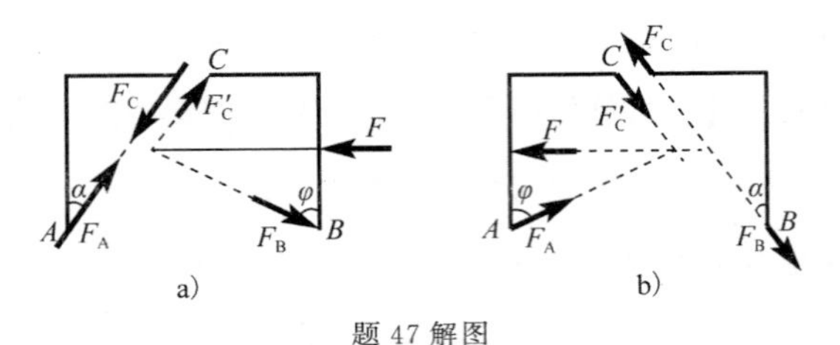

题47解图

对BC列平衡方程：

$\sum F_x=0, F-F_B\sin\varphi-F'_C\sin\alpha=0$

$\sum F_y=0, F'_C\cos\alpha-F_B\cos\varphi=0$

解得：$F'_C=\dfrac{F}{\sin\alpha+\cos\alpha\tan\varphi}=F_A, F_B=\dfrac{F}{\tan\alpha\cos\varphi+\sin\varphi}$

若力$\boldsymbol{F}$移至构件AC上，则BC为二力构件，而AC满足三力平衡条件，受力图如解图b)所示。

对AC列平衡方程：

$\sum F_x=0, F-F_A\sin\varphi-F'_C\sin\alpha=0$

$\sum F_y=0, F_A\cos\varphi-F'_C\cos\alpha=0$

解得：$F'_C=\dfrac{F}{\sin\alpha+\cos\alpha\tan\varphi}=F_B, F_A=\dfrac{F}{\tan\alpha\cos\varphi+\sin\varphi}$

由此可见，两种情况下，只有C处约束力的大小没有改变，而A、B处约束力的大小都发生了改变。

答案：D

48. **解**　由图可知力$\boldsymbol{F}_1$过A点，故向A点简化的附加力偶为0，因此主动力系向A点简化的主矩即为$M_A=M=4\text{N}\cdot\text{m}$。

答案：A

49. **解**　对系统整体列平衡方程：

$\sum M_A(F)=0, M_A-F_p\left(\dfrac{a}{2}+r\right)=0$

得：$M_A = F_P\left(\frac{a}{2}+r\right)$（逆时针）

答案：B

50. **解** 分析节点 A 的平衡，可知铅垂杆为零杆，再分析节点 B 的平衡，节点连接的两根杆均为零杆，故内力为零的杆数是 3。

答案：A

51. **解** 当 $t=10\text{s}$ 时，$v_t = v_0 + at = 10a = 5\text{m/s}$，故汽车的加速度 $a=0.5\text{m/s}^2$。则有：

$$S=\frac{1}{2}at^2=\frac{1}{2}\times 0.5\times 10^2=25\text{m}$$

答案：A

52. **解** 物体的角速度及角加速度分别为：$\omega=\dot{\varphi}=4-6t\ \text{rad/s}$，$\alpha=\ddot{\varphi}=-6\ \text{rad/s}^2$，则 $t=1\text{s}$ 时物体内转动半径 $r=0.5\text{m}$ 点的速度为：$v=\omega r=-1\text{m/s}$，切向加速度为：$a_\tau=\alpha r=-3\text{m/s}^2$。

答案：B

53. **解** 构件 BC 是平行移动刚体，根据其运动特性，构件上各点有相同的速度和加速度，用其上一点 B 的运动即可描述整个构件的运动，点 B 的运动方程为：

$$x_B=-r\cos\theta=-r\cos\omega t$$

则其速度的表达式为 $v_{BC}=\dot{x}_B=r\omega\sin\omega t$，加速度的表达式为 $\alpha_{BC}=\ddot{x}_B=r\omega^2\cos\omega t$

答案：D

54. **解** 质点运动微分方程：$\boldsymbol{ma}=\boldsymbol{F}$

当电梯加速下降、匀速下降及减速下降时，加速度分别向下、零、向上，代入质点运动微分方程，分别有：

$ma=W-F_1$，$0=W-F_2$，$ma=F_3-W$

所以：$F_1=W-ma$，$F_2=W$，$F_3=W+ma$

故 $F_1<F_2<F_3$

答案：C

55. **解** 定轴转动刚体动量矩的公式：$L_O=J_O\omega$

其中，$J_O=\frac{1}{2}mR^2+mR^2$

因此，动量矩 $L_O=\frac{3}{2}mR^2\omega$

答案：D

56. **解**　动能定理：$T_2-T_1=W_{12}$

其中：$T_1=0, T_2=\frac{1}{2}J_O\omega^2$

将 $W_{12}=mg(R-R\cos\theta)$ 代入动能定理：$\frac{1}{2}\left(\frac{1}{2}mR^2+mR^2\right)\omega^2-0=mg(R-R\cos\theta)$

解得：$\omega=\sqrt{\frac{4g(1-\cos\theta)}{3R}}$

答案：B

57. **解**　惯性力的定义为：$\boldsymbol{F}_I=-m\boldsymbol{a}$

惯性力主矢的方向总是与其加速度方向相反。

答案：A

58. **解**　当激振频率与系统的固有频率相等时，系统发生共振，即：

$\omega_0=\sqrt{\frac{k}{m}}=\omega_1=6\text{rad/s}$；$\sqrt{\frac{k}{1+m}}=\omega_2=5.86\text{rad/s}$

联立求解可得：$m=20.68\text{kg}$，$k=744.53\text{N/m}$

答案：D

59. **解**　由图可知，曲线 A 的强度失效应力最大，故 A 材料强度最高。

答案：A

60. **解**　根据截面法可知，AB 段轴力 $F_{AB}=F$，BC 段轴力 $F_{BC}=-F$

则 $\Delta L=\Delta L_{AB}+\Delta L_{BC}=\frac{Fl}{EA}+\frac{-Fl}{EA}=0$

答案：A

61. **解**　取一根木杆进行受力分析，可知剪力是 F，剪切面是 ab，故名义切应力 $\tau=\frac{F}{ab}$。

答案：A

62. **解**　此公式只适用于线弹性变形的圆截面（含空心圆截面）杆，选项 A、B、C 都不适用。

答案：D

63. **解**　由强度条件 $\tau_{max}=\frac{T}{W_p}\leqslant[\tau]$，可知直径为 d 的圆轴可承担的最大扭矩为

$T\leqslant[\tau]W_p=[\tau]\frac{\pi d^3}{16}$

若改变该轴直径为 d_1，使 $A_1=\frac{\pi d_1^2}{4}=2A=2\frac{\pi d^2}{4}$

则有 $d_1^2 = 2d^2$，即 $d_1 = \sqrt{2}d$

故其可承担的最大扭矩为：$T_1 = [\tau]\dfrac{\pi d_1^3}{16} = 2\sqrt{2}[\tau]\dfrac{\pi d^3}{16} = 2\sqrt{2}T$

答案:C

64. **解** 在有关静矩的性质中可知，若平面图形对某轴的静矩为零，则此轴必过形心；反之，若某轴过形心，则平面图形对此轴的静矩为零。对称轴必须过形心，但过形心的轴不一定是对称轴。例如，平面图形的反对称轴也是过形心的。所以选项 D 错误。

答案:D

65. **解** 集中力偶 m 在梁上移动，对剪力图没有影响，但是受集中力偶作用的位置弯矩图会发生突变，故力偶 m 位置的变化会引起弯矩图的改变。

答案:C

66. **解** 若梁的长度增加一倍，最大剪力 F 没有变化，而最大弯矩则增大一倍，由 Fl 变为 $2Fl$，而最大正应力 $\sigma_{\max} = \dfrac{M_{\max}}{I_z}y_{\max}$ 变为原来的 2 倍，最大剪应力 $\tau_{\max} = \dfrac{3F}{2A}$ 没有变化。

答案:C

67. **解** 简支梁受一对自相平衡的力偶作用，不产生支座反力，左边第一段和右边第一段弯矩为零(无弯曲，是直线)，中间一段为负弯矩(向下弯曲)。

答案:D

68. **解** 图 a)、图 b)两单元体中 $\sigma_y = 0$，用解析法公式：

$$\begin{matrix}\sigma_1\\ \sigma_3\end{matrix} = \frac{\sigma}{2} \pm \sqrt{\left(\frac{\sigma}{2}\right)^2 + \tau^2} = \frac{80}{2} \pm \sqrt{\left(\frac{80}{2}\right)^2 + 20^2} = \begin{matrix}84.72\\ -4.72\end{matrix}\,\text{MPa}$$

则 $\sigma_1 = 84.72\text{MPa}$，$\sigma_2 = 0$，$\sigma_3 = -4.72\text{MPa}$，两单元体主应力大小相同。

两单元体主应力的方向可以用观察法判断。

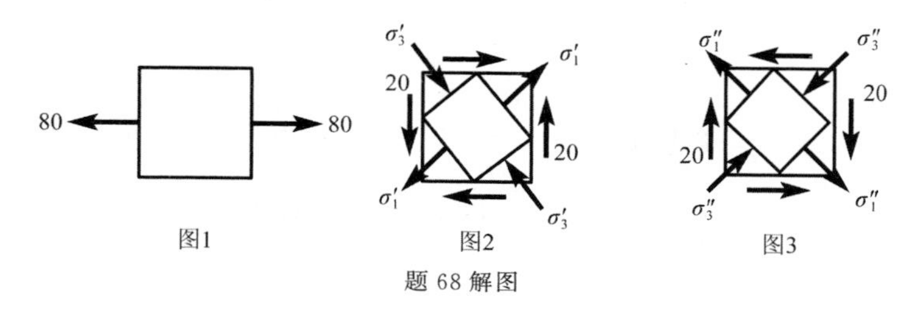

题 68 解图

题图 a)主应力的方向可以看成是图 1 和图 2 两个单元体主应力方向的叠加，显然主应力 σ_1 的方向在第一象限。

题图 b)主应力的方向可以看成是图 1 和图 3 两个单元体主应力方向的叠加，显然主

应力 σ_1 的方向在第四象限。

所以两单元体主应力的方向不同。

答案:B

69.**解** 轴力 F_N 产生的拉应力 $\sigma'=\frac{F_N}{A}$,弯矩产生的最大拉应力 $\sigma''=\frac{M}{W}$,故 $\sigma=\sigma'+\sigma''=\frac{F_N}{A}+\frac{M}{W}$

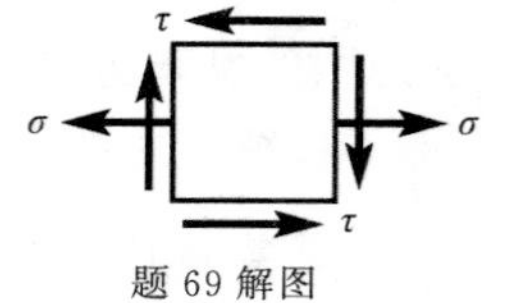

题 69 解图

扭矩 T 作用下产生的最大切应力 $\tau=\frac{T}{W_p}=\frac{T}{2W}$,所以危险截面的应力状态如解图所示。

而 $\begin{matrix}\sigma_1\\ \sigma_3\end{matrix}=\frac{\sigma}{2}\pm\sqrt{\left(\frac{\sigma}{2}\right)^2+\tau^2}$

所以,$\sigma_{r3}=\sigma_1-\sigma_3=2\sqrt{\left(\frac{\sigma}{2}\right)^2+\tau^2}=\sqrt{\sigma^2+4\tau^2}$

$$=\sqrt{\left(\frac{F_N}{A}+\frac{M}{W}\right)^2+4\left(\frac{T}{2W}\right)^2}=\sqrt{\left(\frac{F_N}{A}+\frac{M}{W}\right)^2+\left(\frac{T}{W}\right)^2}$$

答案:C

70.**解** 图(A)为两端铰支压杆,其长度系数 $\mu=1$。

图(B)为一端固定、一端铰支压杆,其长度系数 $\mu=0.7$。

图(C)为一端固定、一端自由压杆,其长度系数 $\mu=2$。

图(D)为两端固定压杆,其长度系数 $\mu=0.5$。

根据临界荷载公式:$F_{cr}=\frac{\pi^2EI}{(\mu l)^2}$,可知 F_{cr} 与 μ 成反比,故图(D)的临界荷载最大。

答案:D

71.**解** 根据连续介质假设可知,流体的物理量是连续函数。

答案:B

72.**解** 盛水容器的左侧上方为敞口的自由液面,故液面上点 1 的相对压强 $p_1=0$,而选项 B、C、D 点 1 的相对压强 p_1 均不等于零,故此三个选项均错误,因此可知正确答案为 A。

现根据等压面原理和静压强计算公式,求出其余各点的相对压强如下:

$p_2=1000\times9.8\times(h_1-h_2)=9800\times(0.9-0.4)=4900\text{Pa}=4.90\text{kPa}$

$p_3=p_2-1000\times9.8\times(h_3-h_2)=4900-9800\times(1.1-0.4)=-1960\text{Pa}=-1.96\text{kPa}$

$p_4=p_3=-1.96\text{kPa}$(微小高度空气压强可忽略不计)

$p_5 = p_4 - 1000 \times 9.8 \times (h_5 - h_4) = -1960 - 9800 \times (1.33 - 0.75) = -7644\text{Pa} = -7.64\text{kPa}$

答案:A

73.**解** 流体连续方程是根据质量守恒原理和连续介质假设推导而得的,在此条件下,同一流路上任意两断面的质量流量需相等,即 $\rho_1 v_1 A_1 = \rho_2 v_2 A_2$ 。对不可压缩流体,密度 ρ 为不变的常数,即 $\rho_1 = \rho_2$,故连续方程简化为:$v_1 A_1 = v_2 A_2$ 。

答案:B

74.**解** 由尼古拉兹实验曲线图可知,在紊流光滑区,随着雷诺数 Re 的增大,沿程损失系数将减小。

答案:B

75.**解** 薄壁小孔口流量公式:$Q_1 = \mu_1 A_1 \sqrt{2gH_{01}}$

圆柱形外管嘴流量公式:$Q_2 = \mu_2 A_2 \sqrt{2gH_{02}}$

按题设条件:$d_1 = d_2$,即可得 $A_1 = A_2$

另有题设条件:$H_{01} = H_{02}$

由于小孔口流量系数 $\mu_1 = 0.60 \sim 0.62$,圆柱形外管嘴流量系数 $\mu_2 = 0.82$,即 $\mu_1 < \mu_2$

综上,则有 $Q_1 < Q_2$

答案:B

76.**解** 水力半径 R 等于过流面积除以湿周,即 $R = \dfrac{\pi r_0^2}{2\pi r_0}$

代入题设数据,可得水力半径 $R = \dfrac{\pi \times 4^2}{2 \times \pi \times 4} = 2\text{m}$

答案:C

77.**解** 普通完全井流量公式:$Q = 1.366 \dfrac{k(H^2 - h^2)}{\lg \dfrac{R}{r_0}}$

代入题设数据:$0.0276 = 1.366 \dfrac{k(15^2 - 10^2)}{\lg \dfrac{3.75}{0.3}}$

解得:$k = 0.0005\text{m/s}$

答案:A

78.**解** 由沿程水头损失公式:$h_f = \lambda \dfrac{L}{d} \cdot \dfrac{v^2}{2g}$,可解出沿程损失系数 $\lambda = \dfrac{2gdh_f}{Lv^2}$,写成量纲表达式 $\dim\left(\dfrac{2gdh_f}{Lv^2}\right) = \dfrac{\text{LT}^{-2}\text{LL}}{\text{LL}^2\text{T}^{-2}} = 1$,即 $\dim(\lambda) = 1$ 。故沿程损失系数 λ 为无量纲数。

答案:D

79. **解**　线圈中通入直流电流 I,磁路中磁通 Φ 为常量,根据电磁感应定律:

$$e=-N\frac{\mathrm{d}\Phi}{\mathrm{d}t}=0$$

本题中电压—电流关系仅受线圈的电阻 R 影响,所以 $U=IR$。

答案:A

80. **解**　本题为交流电源,电流受电阻和电感的影响。

电压—电流关系为:

$$u=u_{\mathrm{R}}+u_{\mathrm{L}}=iR+L\frac{\mathrm{d}i}{\mathrm{d}t}$$

即 $u_{\mathrm{L}}=L\dfrac{\mathrm{d}i}{\mathrm{d}t}$

答案:D

81. **解**　图示电路分析如下:

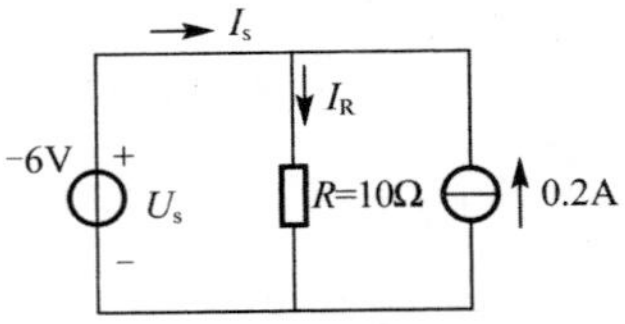

$$I_{\mathrm{s}}=I_{\mathrm{R}}-0.2=\frac{U_{\mathrm{s}}}{R}-0.2=\frac{-6}{10}-0.2=-0.8\mathrm{A}$$

根据直流电路的欧姆定律和节点电流关系分析即可。

题 81 解图

答案:A

82. **解**　从电压电流的波形可以分析:

最大值:$I_{\mathrm{m}}=3\mathrm{A}$　　$U_{\mathrm{m}}=10\mathrm{V}$

有效值:$I=\dfrac{I_{\mathrm{m}}}{\sqrt{2}}=2.12\mathrm{A}$　　$U=\dfrac{U_{\mathrm{m}}}{\sqrt{2}}=7.07\mathrm{V}$

初相位:$\varphi_{\mathrm{i}}=+90°$　　$\varphi_{\mathrm{u}}=-90°$

$\dot{U}$、$\dot{I}$ 的复数形式为:

$\dot{U}=7.07\angle-90°=-j7.07\mathrm{V}$　　$\dot{U}_{\mathrm{m}}=-j10\mathrm{V}$

$\dot{I}=2.12\angle 90°=j2.12\mathrm{A}$　　$\dot{I}_{\mathrm{m}}=j3\mathrm{A}$

答案:A

83. **解**　交流电路中电压、电流与有功功率的基本关系为:

$$P=UI\cos\varphi\text{(}\cos\varphi\text{ 是功率因数)}$$

可知,$I=\dfrac{P}{U\cos\varphi}=\dfrac{8000}{220\times0.6}=60.6\mathrm{A}$

答案:B

84. **解**　在开关 S 闭合时刻：

$$U_{C(0+)}=0V, I_{L(0+)}=0A$$

则

$$U_{R_1(0+)}=U_{R_2(0+)}=0V$$

根据电路的回路电压关系：$\sum U_{(0+)}=-10+U_{L(0+)}+U_{C(0+)}+U_{R_1(0+)}+U_{R_2(0+)}=0$

代入数值，得 $U_{L(0+)}=10V$

答案：A

85. **解**　图示电路可以等效为解图，其中，$R'_L=K^2R_L$ 。

在 S 闭合时，$2R_1//R'_L=R_1$ ，可知 $R'_L=2R_1$

如果开关 S 打开，则 $u_1=\dfrac{R'_L}{R_1+R'_L}u_s=\dfrac{2}{3}u_s=60\sqrt{2}\sin\omega t\,V$

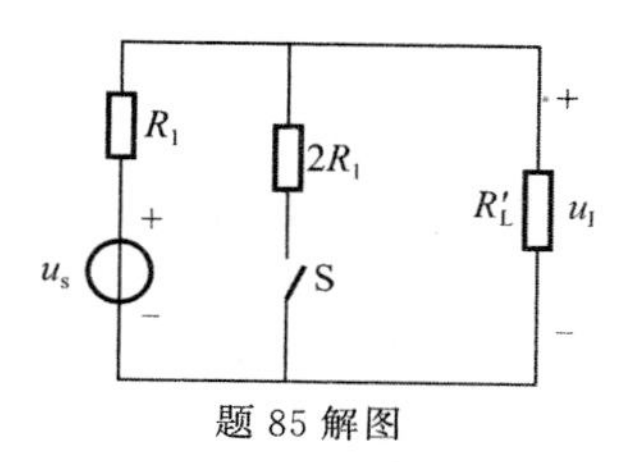

题 85 解图

答案：C

86. **解**　三相异步电动机满载启动时必须保证电动机的启动力矩大于电动机的额定力矩。四个选项中，A、B、D 均属于降压启动，电压降低的同时必会导致启动力矩降低。所以应该采用转子绕组串电阻的方案，只有绕线式电动机的转子才能串电阻。

答案：C

87. **解**　采样信号是离散时间信号（有些时间点没有定义），而模拟信号和采样保持信号才是时间上的连续信号。

答案：A

88. **解**　周期信号的频谱是离散的，各谐波信号的幅值随频率的升高而减小。

信号 $u_1(t)$ 和 $u_2(t)$ 的幅值频谱均符合以上特征。

答案：C

89. **解**　放大器是对信号的幅值（电压或电流）进行放大，以不失真为条件，目的是便于后续处理。

答案：D

90. **解**　逻辑函数化简：

$$F=ABC+A\overline{B}+AB\overline{C}=AB(C+\overline{C})+A\overline{B}=AB+A\overline{B}=A(B+\overline{B})=A$$

答案：A

91. **解**　$F=\overline{A+B}$

（F 函数与 A、B 信号为或非关系，可以用口诀“A、B”有 1，“F”则 0 处理）

即

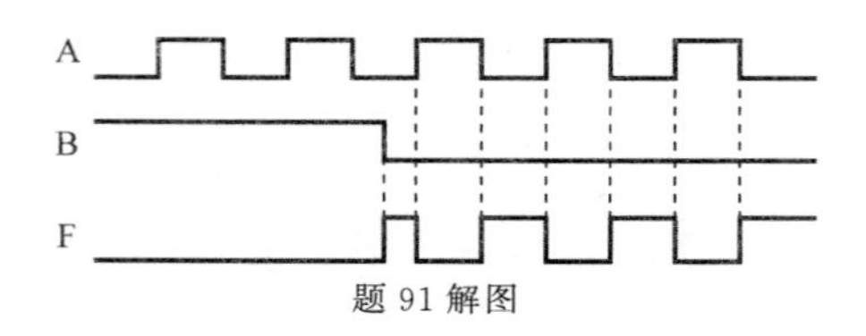

题 91 解图

答案:A

92. **解**　从真值表到逻辑表达式的方法:首先在真值表中 $F=1$ 的项组用"或"组合;然后每个 $F=1$ 的项组输入变量取值,对应一个乘积项为"与"逻辑,其中输入变量取值为 1 的写原变量,取值为 0 的写反变量;最后将输出函数 F"合成"。

根据真值表可以写出逻辑表达式为:$F=\overline{A}\overline{B}C+\overline{A}B\overline{C}$

答案:B

93. **解**　因为二极管 D_2 的阳极电位为 5V,而二极管 D_1 的阳极电位为 1V,可见二极管 D_2 是优先导通的。之后 u_F 电位箝位为 5V,二极管 D_1 可靠截止。i_R 电流通道如解图虚线所示。

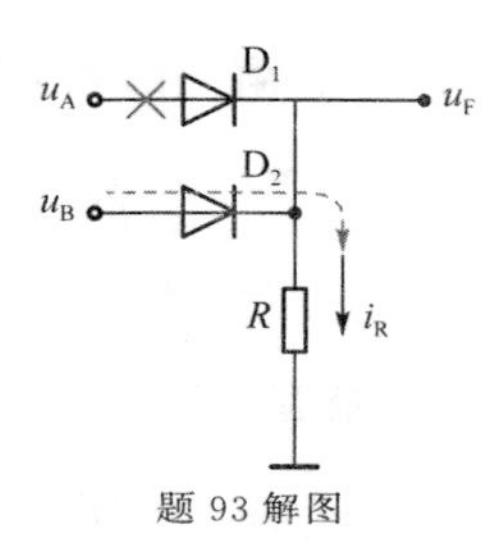

题 93 解图

$$i_R=\frac{u_B}{R}=\frac{5}{1000}=5\text{mA}$$

答案:A

94. **解**　图 a)是反向加法运算电路,图 b)是同向加法运算电路,图 c)是减法运算电路。

答案:A

95. **解**　当清零信号 $\overline{R}_D=0$ 时,两个触发器同时为零。D 触发器在时钟脉冲 cp 的前沿触发,JK 触发器在时钟脉冲 cp 的后沿触发。如解图所示,在 t_1 时刻,$Q_D=1$,$Q_{JK}=0$。

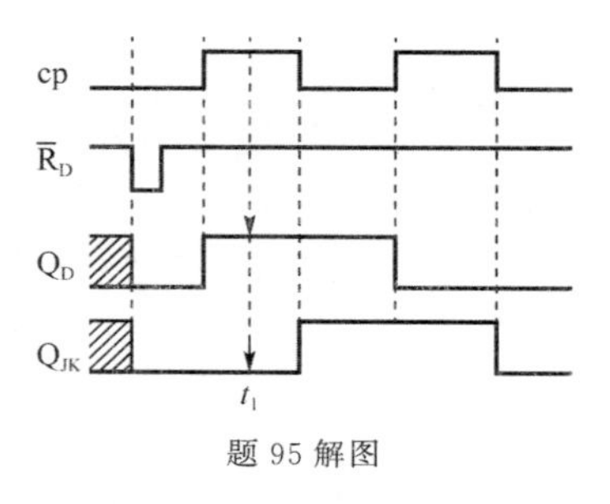

题 95 解图

答案:B

96. **解**　从解图分析可知为四进制计数器(4 个时钟周期完成一次循环)。

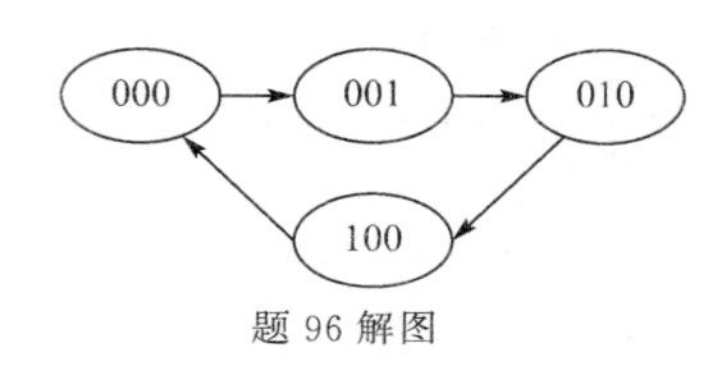

题 96 解图

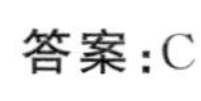

答案:C

97.**解** CPU是分析指令和执行指令的部件，是计算机的核心。它主要是由运算器和控制器组成。

答案：A

98.**解** 总线就是一组公共信息传输线路，它能为多个部件服务，可分时地发送与接收各部件的信息。总线的工作方式通常是由发送信息的部件分时地将信息发往总线，再由总线将这些信息同时发往各个接收信息的部件。从总线的结构可以看出，所有设备和部件均可通过总线交换信息，因此要用总线将计算机硬件系统中的各个部件连接起来。

答案：A

99.**解** 分时操作系统是在一台计算机系统中可以同时连接多个近程或多个远程终端，允许多个用户同时使用一台计算机运行，系统能及时对用户的请求作出响应。每个用户可随时与计算机系统进行对话，通过终端向系统提交各种服务请求，最终实现自己的预定目标。

答案：A

100.**解** 计算机可直接执行的是机器语言编制的程序，它采用二进制编码形式，是由CPU可以识别的一组由0、1序列构成的指令码。其他三种语言都需要编码、编译器。

答案：C

101.**解** ASCII码最高位都置成0，它是“美国信息交换标准代码”的简称，是目前国际上最为流行的字符信息编码方案。在这种编码方案中每个字符用7个二进制位表示。对于两个字节的国标码将两个字节的最高位都置成1，而后由软件或硬件来对字节最高位做出判断，以区分ASCII码与国标码。

答案：B

102.**解** GB是giga byte的缩写，其中G表示1024M，B表示字节，相当于10的9次方，用二进制表示，则相当于2的30次方，即 $2^{30} \approx 1024 \times 1024K$。

答案：C

103.**解** 国家计算机病毒应急处理中心与计算机病毒防治产品检测中心制定了防治病毒策略：①建立病毒防治的规章制度，严格管理；②建立病毒防治和应急体系；③进行计算机安全教育，提高安全防范意识；④对系统进行风险评估；⑤选择经过公安部认证的病毒防治产品；⑥正确配置使用病毒防治产品；⑦正确配置系统，减少病毒侵害事件；⑧定期检查敏感文件；⑨适时进行安全评估，调整各种病毒防治策略；⑩建立病毒事故分析制度；⑪确保恢复，减少损失。

答案:D

104. **解**　操作系统作为一种系统软件,存在着与其他软件明显不同的特征分别是并发性、共享性和随机性。并发性是指在计算机中同时存在有多个程序,从宏观上看,这些程序是同时向前进行操作的。共享性是指操作系统程序与多个用户程序共用系统中的各种资源。随机性是指操作系统的运行是在一个随机的环境中进行的。

答案:A

105. **解**　21世纪是一个以网络为核心技术的信息化时代,其典型特征就是数字化、网络化和信息化。构成信息化社会的主要技术支柱有三个,那就是计算机技术、通信技术和网络技术。

答案:A

106. **解**　防火墙技术是建立在现代通信网络技术和信息安全技术基础上的应用型安全技术,可控制和监测网络之间的数据,管理进出网络的访问行为,封堵某些禁止行为,记录通过防火墙的信息内容和活动以及对网络攻击进行监测和报警。

答案:B

107. **解**　根据题意,按半年复利计息,则一年计息周期数 $m=2$,年实际利率 $i=8.6\%$,由名义利率 r 求年实际利率 i 的公式为:

$$i=\left(1+\frac{r}{m}\right)^{m}-1$$

则 $8.6\%=\left(1+\frac{r}{2}\right)^{2}-1$,解得名义利率 $r=8.42\%$。

答案:D

108. **解**　根据建设项目经济评价方法的有关规定,在建设项目财务评价中,对于先征后返的增值税、按销量或工作量等依据国家规定的补助定额计算并按期给予的定额补贴,以及属于财政扶持而给予的其他形式的补贴等,应按相关规定合理估算,记作补贴收入。

答案:A

109. **解**　建设项目按融资的性质分为权益融资和债务融资,权益融资形成项目的资本金,债务融资形成项目的债务资金。资本金的筹集方式包括股东投资、发行股票、政府投资等,债务资金的筹集方式包括各种贷款和债券、出口信贷、融资租赁等。

答案:B

110. **解**　$\text{偿债备付率}=\frac{\text{用于计算还本付息的资金}}{\text{应还本付息金额}}$

式中，用于计算还本付息的资金＝息税前利润＋折旧和摊销－所得税

本题的偿债备付率为：

$$偿债备付率=\frac{200+30-20}{100}=2.1\text{ 万元}$$

答案：C

111. **解** 融资前项目投资的现金流量包括现金流入和现金流出，其中现金流入包括营业收入、补贴收入、回收固定资产余值、回收流动资金等，现金流出包括建设投资、流动资金、经营成本和税金等。

答案：B

112. **解** 以产量表示的盈亏平衡产量为：

$$BEP_{产量}=\frac{年固定总成本}{单位产品销售价格-单位产品可变成本-单位产品税金及附加}$$

$$=\frac{1000}{1000-800}=5\text{ 万 t}$$

以生产能力利用率表示的盈亏平衡点为：

$$BEP_{生产能力利用率}=\frac{盈亏平衡产量}{设计生产能力}=\frac{5}{6}\times100\%=83.3\%$$

答案：D

113. **解** 两项目的差额现金流量：

$差额投资_{乙-甲}=1000-500=500$ 万元

$差额年收益_{乙-甲}=250-140=110$ 万元

所以两项目的差额净现值为：

$差额净现值_{乙-甲}=-500+110(P/A,10\%,10)=-500+110\times6.1446=175.9$ 万元

答案：A

114. **解** 根据价值工程原理，价值＝功能/成本，该项目提高价值的途径是功能不变，成本降低。

答案：A

115. **解** 2011 年修订的《中华人民共和国建筑法》第八条规定：

申请领取施工许可证，应当具备下列条件：

（一）已经办理该建筑工程用地批准手续；

（二）在城市规划区的建筑工程，已经取得规划许可证；

（三）需要拆迁的，其拆迁进度符合施工要求；

（四）已经确定建筑施工企业；

（五）有满足施工需要的施工图纸及技术资料；

（六）有保证工程质量和安全的具体措施；

（七）建设资金已经落实；

（八）法律、行政法规规定的其他条件。

所以选项A、B都是对的。

另外，按照2014年执行的《建筑工程施工许可管理办法》第（八）条的规定：建设资金已经落实。建设工期不足一年的，到位资金原则上不得少于工程合同价的50%，建设工期超过一年的，到位资金原则上不得少于工程合同价的30%。按照上条规定，选项C也是对的。

只有选项D与《建筑工程施工许可管理办法》第（五）条文字表述不太一致，原条文（五）有满足施工需要的技术资料，施工图设计文件已按规定审查合格。选项D中没有说明施工图审查合格的论述，所以只能选D。

但是，提醒考生注意：

2019年4月23日十三届人大常务委员会第十次会议上对原《中华人民共和国建筑法》第八条做了较大修改，修改后的条文是：

第八条 申请领取施工许可证，应当具备下列条件：

（一）已经办理该建筑工程用地批准手续；

（二）依法应当办理建设工程规划许可证的，已经取得规划许可证；

（三）需要拆迁的，其拆迁进度符合施工要求；

（四）已经确定建筑施工企业；

（五）有满足施工需要的资金安排、施工图纸及技术资料；

（六）有保证工程质量和安全的具体措施。

据此《建筑工程施工许可管理办法》也已做了相应修改。

答案：D

116.**解** 《中华人民共和国安全生产法》第十八条规定，生产经营单位的主要负责人对本单位安全生产工作负有下列职责：

（一）建立、健全本单位安全生产责任制；

（二）组织制定本单位安全生产规章制度和操作规程；

（三）组织制定并实施本单位安全生产教育和培训计划；

(四)保证本单位安全生产投入的有效实施；

(五)督促、检查本单位的安全生产工作，及时消除生产安全事故隐患；

(六)组织制定并实施本单位的生产安全事故应急救援预案；

(七)及时、如实报告生产安全事故。

答案：C

117. **解** 《中华人民共和国招标投标法》第三条规定：

在中华人民共和国境内进行下列工程建设项目包括项目的勘察、设计、施工、监理以及与工程建设有关的重要设备、材料等的采购，必须进行招标：

(一)大型基础设施、公用事业等关系社会公共利益、公众安全的项目；

(二)全部或者部分使用国有资金投资或者国家融资的项目；

(三)使用国际组织或者外国政府贷款、援助资金的项目。

选项 D 不在上述法律条文必须进行招标的规定中。

答案：D

118. **解** 《中华人民共和国合同法》第十四条规定：

要约是希望和他人订立合同的意思表示，该意思表示应当符合下列规定：

(一)内容具体确定；

(二)表明经受要约人承诺，要约人即受该意思表示约束。

选项 C 不符合上述条文规定。

答案：C

119. **解** 《中华人民共和国行政许可法》(2019 年修订)第三十二条规定，行政机关对申请人提出的行政许可申请，应当根据下列情况分别作出处理：

(一)申请事项依法不需要取得行政许可的，应当即时告知申请人不受理；

(二)申请事项依法不属于本行政机关职权范围的，应当即时作出不予受理的决定，并告知申请人向有关行政机关申请；

(三)申请材料存在可以当场更正的错误的，应当允许申请人当场更正；

(四)申请材料不齐全或者不符合法定形式的，应当当场或者在五日内一次告知申请人需要补正的全部内容，逾期不告知的，自收到申请材料之日起即为受理；

选项 A 和 B 都与法规条文不符，两条内容是互相抄错了。

选项 C 明显不符合规定，正确的做法是当场改正。

选项 D 正确。

答案:D

120.**解** 《工程质量管理条例》第九条规定,建设单位必须向有关的勘察、设计、施工、工程监理等单位提供与建设工程有关的原始资料。原始资料必须真实、准确、齐全。

所以选项D正确。

选项C明显错误。

选项B也不对,工程质量监督手续应当在领取施工许可证之前办理。

选项A的说法不符合原文第十条:建设工程发包单位不得迫使承包方以低于成本的价格竞标。“低价”和“低于成本价”有本质上的不同。

答案:D

2020 年度全国勘察设计注册工程师
执业资格考试试卷

基础考试
（上）

二〇二〇年十月

应考人员注意事项

1. 本试卷科目代码为“1”，考生务必将此代码填涂在答题卡“科目代码”相应的栏目内，否则，无法评分。
2. 书写用笔：**黑色或蓝色钢笔、签字笔或圆珠笔；**
   填涂答题卡用笔：**黑色 2B 铅笔**。
3. 必须用书写用笔将工作单位、姓名、准考证号填写在答题卡和试卷相应的栏目内。
4. 本试卷由 120 题组成，每题 1 分，满分 120 分，本试卷全部为单项选择题，每小题的四个备选项中只有一个正确答案，错选、多选、不选均不得分。
5. 考生作答时，必须按**题号在答题卡上**将相应试题所选选项对应的**字母用 2B 铅笔涂黑**。
6. 在答题卡上书写与题意无关的语言，或在答题卡上作标记的，均按违纪试卷处理。
7. 考试结束时，由监考人员当面将试卷、答题卡一并收回。
8. 草稿纸由各地统一配发，考后收回。

单项选择题(共 120 题,每题 1 分。每题的备选项中只有一个最符合题意。)

1. 当 $x \to +\infty$ 时,下列函数为无穷大量的是:

A. $\dfrac{1}{2+x}$

B. $x\cos x$

C. $e^{3x}-1$

D. $1-\arctan x$

2. 设函数 $y=f(x)$ 满足 $\lim\limits_{x\to x_0} f'(x)=\infty$,且曲线 $y=f(x)$ 在 $x=x_0$ 处有切线,则此切线:

A. 与 ox 轴平行

B. 与 oy 轴平行

C. 与直线 $y=-x$ 平行

D. 与直线 $y=x$ 平行

3. 设可微函数 $y=y(x)$ 由方程 $\sin y+e^x-xy^2=0$ 所确定,则微分 $\mathrm{d}y$ 等于:

A. $\dfrac{-y^2+e^x}{\cos y-2xy}\mathrm{d}x$

B. $\dfrac{y^2+e^x}{\cos y-2xy}\mathrm{d}x$

C. $\dfrac{y^2+e^x}{\cos y+2xy}\mathrm{d}x$

D. $\dfrac{y^2-e^x}{\cos y-2xy}\mathrm{d}x$

4. 设 $f(x)$ 的二阶导数存在,$y=f(e^x)$,则 $\dfrac{\mathrm{d}^2y}{\mathrm{d}x^2}$ 等于:

A. $f''(e^x)\,e^x$

B. $[f''(e^x)+f'(e^x)]e^x$

C. $f''(e^x)e^{2x}+f'(e^x)e^x$

D. $f''(e^x)e^x+f'(e^x)e^{2x}$

5. 下列函数在区间$[-1,1]$上满足罗尔定理条件的是:

A. $f(x)=\sqrt[3]{x^2}$

B. $f(x)=\sin x^2$

C. $f(x)=|x|$

D. $f(x)=\dfrac{1}{x}$

6. 曲线 $f(x)=x^4+4x^3+x+1$ 在区间$(-\infty,+\infty)$上的拐点个数是:

A. 0

B. 1

C. 2

D. 3

7. 已知函数 $f(x)$ 的一个原函数是 $1+\sin x$,则不定积分 $\int xf'(x)\mathrm{d}x$ 等于:

A. $(1+\sin x)(x-1)+C$

B. $x\cos x-(1+\sin x)+C$

C. $-x\cos x+(1+\sin x)+C$

D. $1+\sin x+C$

8. 由曲线 $y=x^3$，直线 $x=1$ 和 ox 轴所围成的平面图形绕 ox 轴旋转一周所形成的旋转的体积是：

A. $\frac{\pi}{7}$

B. 7π

C. $\frac{\pi}{6}$

D. 6π

9. 设向量 $\boldsymbol{\alpha}=(5,1,8)$，$\boldsymbol{\beta}=(3,2,7)$，若 $\lambda\boldsymbol{\alpha}+\boldsymbol{\beta}$ 与 oz 轴垂直，则常数 λ 等于：

A. $\frac{7}{8}$

B. $-\frac{7}{8}$

C. $\frac{8}{7}$

D. $-\frac{8}{7}$

10. 过点 $M_1(0,-1,2)$ 和 $M_2(1,0,1)$ 且平行于 z 轴的平面方程是：

A. $x-y=0$

B. $\frac{x}{1}=\frac{y+1}{-1}=\frac{z-2}{0}$

C. $x+y-1=0$

D. $x-y-1=0$

11. 过点(1,2)且切线斜率为 $2x$ 的曲线 $y=f(x)$ 应满足的关系式是：

A. $y'=2x$

B. $y''=2x$

C. $y'=2x, y(1)=2$

D. $y''=2x, y(1)=2$

12. 设 D 是由直线 $y=x$ 和圆 $x^2+(y-1)^2=1$ 所围成且在直线 $y=x$ 下方的平面区域，则二重积分 $\iint\limits_D x\,\mathrm{d}x\mathrm{d}y$ 等于：

A. $\int_0^{\frac{\pi}{2}}\cos\theta\mathrm{d}\theta\int_0^{2\cos\theta}\rho^2\mathrm{d}\rho$

B. $\int_0^{\frac{\pi}{2}}\sin\theta\mathrm{d}\theta\int_0^{2\sin\theta}\rho^2\mathrm{d}\rho$

C. $\int_0^{\frac{\pi}{4}}\sin\theta\mathrm{d}\theta\int_0^{2\sin\theta}\rho^2\mathrm{d}\rho$

D. $\int_0^{\frac{\pi}{4}}\cos\theta\mathrm{d}\theta\int_0^{2\sin\theta}\rho^2\mathrm{d}\rho$

13. 已知 y_0 是微分方程 $y''+py'+qy=0$ 的解，y_1 是微分方程 $y''+py'+qy=f(x)[f(x)\neq 0]$ 的解，则下列函数中的微分方程 $y''+py'+qy=f(x)$ 的解是：

A. $y=y_0+C_1y_1$（C_1 是任意常数）

B. $y=C_1y_1+C_2y_0$（C_1、C_2 是任意常数）

C. $y=y_0+y_1$

D. $y=2y_1+3y_0$

14. 设 $z=\frac{1}{x}e^{xy}$，则全微分 $dz|_{(1,-1)}$ 等于：

A. $e^{-1}(dx+dy)$

B. $e^{-1}(-2dx+dy)$

C. $e^{-1}(dx-dy)$

D. $e^{-1}(dx+2dy)$

15. 设 L 为从原点 O(0,0)到点 $A(1,2)$ 的有向直线段，则对坐标的曲线积分 $\int_L -ydx+xdy$ 等于：

A. 0

B. 1

C. 2

D. 3

16. 下列级数发散的是：

A. $\sum_{n=1}^{\infty}\frac{n^2}{3n^4+1}$

B. $\sum_{n=2}^{\infty}\frac{1}{\sqrt[3]{n(n-1)}}$

C. $\sum_{n=1}^{\infty}\frac{(-1)^n}{\sqrt{n}}$

D. $\sum_{n=1}^{\infty}\frac{5}{3^n}$

17. 设函数 $z=f^2(xy)$，其中 $f(u)$ 具有二阶导数，则 $\frac{\partial^2 z}{\partial x^2}$ 等于：

A. $2y^3 f'(xy)f''(xy)$

B. $2y^2[f'(xy)+f''(xy)]$

C. $2y\{[f'(xy)]^2+f''(xy)\}$

D. $2y^2\{[f'(xy)]^2+f(xy)f''(xy)\}$

18. 若幂级数 $\sum_{n=1}^{\infty}a_n(x+2)^n$ 在 $x=0$ 处收敛，在 $x=-4$ 处发散，则幂级数 $\sum_{n=1}^{\infty}a_n(x-1)^n$ 的收敛域是：

A. $(-1,3)$

B. $[-1,3)$

C. $(-1,3]$

D. $[-1,3]$

19. 设 $\boldsymbol{A}$ 为 n 阶方阵，$\boldsymbol{B}$ 是只对调 $\boldsymbol{A}$ 的一、二列所得的矩阵，若 $|\boldsymbol{A}|\neq|\boldsymbol{B}|$，则下面结论中一定成立的是：

A. $|\boldsymbol{A}|$ 可能为 0

B. $|\boldsymbol{A}|\neq 0$

C. $|\boldsymbol{A}+\boldsymbol{B}|\neq 0$

D. $|\boldsymbol{A}-\boldsymbol{B}|\neq 0$

20. 设 $\boldsymbol{A}=\begin{bmatrix}1 & x & 1\\ x & 1 & y\\ 1 & y & 1\end{bmatrix}$，$\boldsymbol{B}=\begin{bmatrix}0 & 0 & 0\\ 0 & 1 & 0\\ 0 & 0 & 2\end{bmatrix}$，且 $\boldsymbol{A}$ 与 $\boldsymbol{B}$ 相似，则下列结论中成立的是：

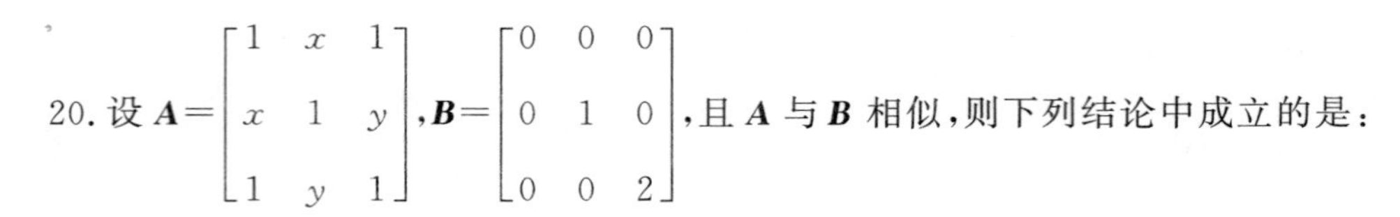

A. $x=y=0$

B. $x=0,y=1$

C. $x=1,y=0$

D. $x=y=1$

21. 若向量组 $\boldsymbol{\alpha}_1=(a,1,1)^{\mathrm{T}}$，$\boldsymbol{\alpha}_2=(1,a,-1)^{\mathrm{T}}$，$\boldsymbol{\alpha}_3=(1,-1,a)^{\mathrm{T}}$ 线性相关，则 a 的取值为：

A. $a=1$ 或 $a=-2$

B. $a=-1$ 或 $a=2$

C. $a>2$

D. $a>-1$

22. 设 A、B 是两事件，$P(A)=\frac{1}{4}$，$P(B|A)=\frac{1}{3}$，$P(A|B)=\frac{1}{2}$，则 $P(A\cup B)$ 等于：

A. $\frac{3}{4}$

B. $\frac{3}{5}$

C. $\frac{1}{2}$

D. $\frac{1}{3}$

23. 设随机变量 x 与 y 相互独立，方差 $D(x)=1$，$D(y)=3$，则方差 $D(2x-y)$ 等于：

A. 7

B. -1

C. 1

D. 4

24. 设随机变量 X 与 Y 相互独立，且 $X\sim N(\mu_1,\sigma_1^2)$，$Y\sim N(\mu_2,\sigma_2^2)$，则 $Z=X+Y$ 服从的分布是：

A. $N(\mu_1,\sigma_1^2+\sigma_2^2)$

B. $N(\mu_1+\mu_2,\sigma_1\sigma_2)$

C. $N(\mu_1+\mu_2,\sigma_1^2\sigma_2^2)$

D. $N(\mu_1+\mu_2,\sigma_1^2+\sigma_2^2)$

25. 某理想气体分子在温度 T_1 时的方均根速率等于温度 T_2 时的最概然速率，则两温度之比 $\frac{T_2}{T_1}$ 等于：

A. $\frac{3}{2}$

B. $\frac{2}{3}$

C. $\sqrt{\frac{3}{2}}$

D. $\sqrt{\frac{2}{3}}$

26. 一定量的理想气体经等压膨胀后，气体的：

A. 温度下降，做正功

B. 温度下降，做负功

C. 温度升高，做正功

D. 温度升高，做负功

27. 一定量的理想气体从初态经一热力学过程达到末态，如初、末态均处于同一温度线上，则此过程中的内能变化 ΔE 和气体做功 W 为：

A. $\Delta E=0$，W 可正可负

B. $\Delta E=0$，W 一定为正

C. $\Delta E=0$，W 一定为负

D. $\Delta E>0$，W 一定为正

28. 具有相同温度的氧气和氢气的分子平均速率之比 $\frac{\bar{v}_{O_2}}{\bar{v}_{H_2}}$ 为：

A. 1

B. $\frac{1}{2}$

C. $\frac{1}{3}$

D. $\frac{1}{4}$

29. 一卡诺热机，低温热源的温度为 27℃，热机效率为 40%，其高温热源温度为：

A. 500K

B. 45℃

C. 400K

D. 500℃

30. 一平面简谐波，波动方程为 $y=0.02\sin(\pi t+x)$ (SI)，波动方程的余弦形式为：

A. $y=0.02\cos(\pi t+x+\frac{\pi}{2})$ (SI)

B. $y=0.02\cos(\pi t+x-\frac{\pi}{2})$ (SI)

C. $y=0.02\cos(\pi t+x+\pi)$ (SI)

D. $y=0.02\cos(\pi t+x+\frac{\pi}{4})$ (SI)

31. 一简谐波的频率 $\nu=2000\text{Hz}$，波长 $\lambda=0.20\text{m}$，则该波的周期和波速为：

A. $\frac{1}{2000}$s，400m/s

B. $\frac{1}{2000}$s，40m/s

C. 2000s，400m/s

D. $\frac{1}{2000}$s，20m/s

32. 两列相干波，其表达式分别为 $y_1=2A\cos2\pi(\nu t-\frac{x}{2})$ 和 $y_2=A\cos2\pi(\nu t+\frac{x}{2})$，在叠加后形成的合成波中，波中质元的振幅范围是：

A. $A\sim0$

B. $3A\sim0$

C. $3A\sim-A$

D. $3A\sim A$

33. 图示为一平面简谐机械波在 t 时刻的波形曲线，若此时 A 点处媒质质元的弹性势能在减小，则：

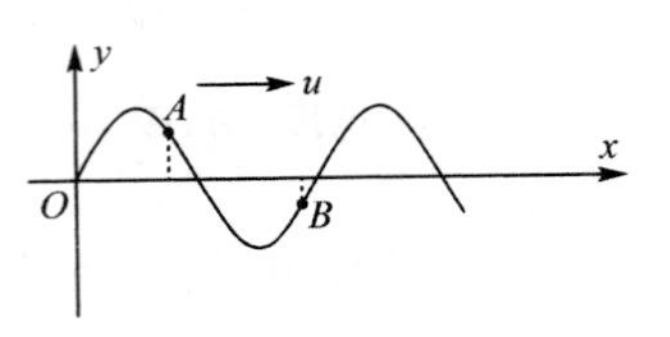

A. A 点处质元的振动动能在减小

B. A 点处质元的振动动能在增加

C. B 点处质元的振动动能在增加

D. B 点处质元在正向平衡位置处运动

34. 在双缝干涉实验中，设缝是水平的，若双缝所在的平板稍微向上平移，其他条件不变，则屏上的干涉条纹：

A. 向下平移，且间距不变　　B. 向上平移，且间距不变

C. 不移动，但间距改变　　D. 向上平移，且间距改变

35. 在空气中有一肥皂膜，厚度为 $0.32\mu m(1\mu m=10^{-6}m)$，折射率 $n=1.33$，若用白光垂直照射，通过反射，此膜呈现的颜色大体是：

A. 紫光(430nm)　　B. 蓝光(470nm)

C. 绿光(566nm)　　D. 红光(730nm)

36. 三个偏振片 P_1、P_2 与 P_3 堆叠在一起，P_1 和 P_3 的偏振化方向相互垂直，P_2 和 P_1 的偏振化方向间的夹角为 30°，强度为 I_0 的自然光垂直入射于偏振片 P_1，并依次通过偏振片 P_1、P_2 与 P_3，则通过三个偏振片后的光强为：

A. $I=I_0/4$　　B. $I=I_0/8$

C. $I=3I_0/32$　　D. $I=3I_0/8$

37. 主量子数 $n=3$ 的原子轨道最多可容纳的电子总数是：

A. 10　　B. 8

C. 18　　D. 32

38. 下列物质中，同种分子间不存在氢键的是：

A. HI　　B. HF

C. NH_3　　D. C_2H_5OH

39. 已知铁的相对原子质量是 56，测得 100mL 某溶液中含有 112mg 铁，则溶液中铁的浓度为：

A. $2mol\cdot L^{-1}$　　B. $0.2mol\cdot L^{-1}$

C. $0.02mol\cdot L^{-1}$　　D. $0.002mol\cdot L^{-1}$

40. 已知 $K^{\ominus}(HOAc)=1.8\times10^{-5}$，$0.1mol \cdot L^{-1}$ NaOAc 溶液的 pH 值为：

A. 2.87　　B. 11.13

C. 5.13　　D. 8.88

41. 在 298K，100kPa 下，反应 $2H_2(g)+O_2(g)=2H_2O(l)$ 的 $\Delta_r H_m^{\ominus}=-572kJ \cdot mol^{-1}$，则 $H_2O(l)$ 的 $\Delta_f H_m^{\ominus}$ 是：

A. $572kJ \cdot mol^{-1}$　　B. $-572kJ \cdot mol^{-1}$

C. $286kJ \cdot mol^{-1}$　　D. $-286kJ \cdot mol^{-1}$

42. 已知 298K 时，反应 $N_2O_4(g) \rightleftharpoons 2NO_2(g)$ 的 $K^{\ominus}=0.1132$，在 298K 时，如 $p(N_2O_4)=p(NO_2)=100kPa$，则上述反应进行的方向是：

A. 反应向正向进行　　B. 反应向逆向进行

C. 反应达平衡状态　　D. 无法判断

43. 有原电池 $(-)Zn|ZnSO_4(c_1)||CuSO_4(c_2)|Cu(+)$，如提高 $ZnSO_4$ 浓度 c_1 的数值，则原电池电动势：

A. 变大　　B. 变小

C. 不变　　D. 无法判断

44. 结构简式为 $(CH_3)_2CHCH(CH_3)CH_2CH_3$ 的有机物的正确命名是：

A. 2-甲基-3-乙基戊烷　　B. 2,3-二甲基戊烷

C. 3,4-二甲基戊烷　　D. 1,2-二甲基戊烷

45. 化合物对羟基苯甲酸乙酯，其结构式为 $HO-C_6H_4-COOC_2H_5$，它是一种常用的化妆品防霉剂。下列叙述正确的是：

A. 它属于醇类化合物

B. 它既属于醇类化合物，又属于酯类化合物

C. 它属于醚类化合物

D. 它属于酚类化合物，同时还属于酯类化合物

46. 某高聚物分子的一部分为：$-CH_2-\underset{\underset{COOCH_3}{|}}{CH}-CH_2-\underset{\underset{COOCH_3}{|}}{CH}-CH_2-\underset{\underset{COOCH_3}{|}}{CH}-$

在下列叙述中，正确的是：

A. 它是缩聚反应的产物

B. 它的链节为$-\underset{\underset{H}{|}}{\overset{\overset{CH_3}{|}}{C}}-\underset{\underset{COOCH_3}{|}}{\overset{\overset{H}{|}}{C}}$

C. 它的单体为 $CH_2=CHCOOCH_3$ 和 $CH_2=CH_2$

D. 它的单体为 $CH_2=CHCOOCH_3$

47. 结构如图所示，杆 DE 的点 H 由水平绳拉住，其上的销钉 C 置于杆 AB 的光滑直槽中，各杆自重均不计。则销钉 C 处约束力的作用线与 x 轴正向所成的夹角为：

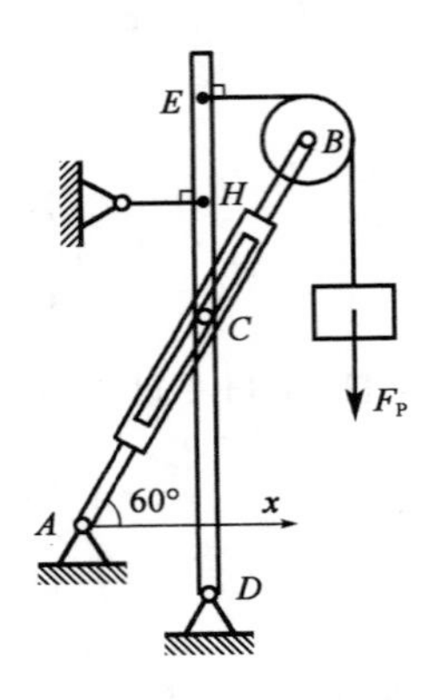

A. 0°

B. 90°

C. 60°

D. 150°

48. 直角构件受力 $F=150N$，力偶 $M=\frac{1}{2}Fa$ 作用，如图所示，$a=50cm$，$\theta=30°$，则该力系对 B 点的合力矩为：

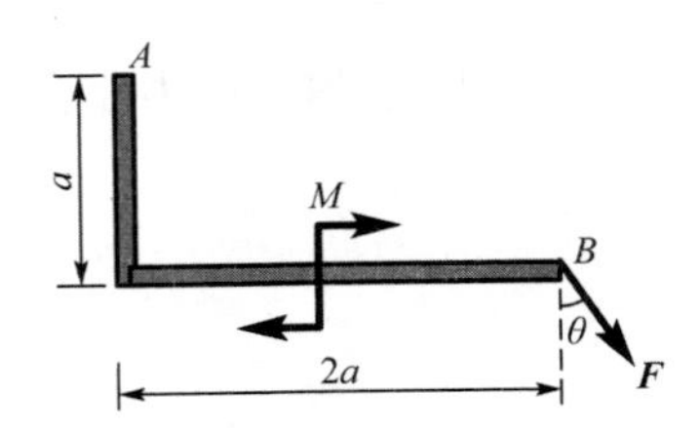

A. $M_B=3750N\cdot cm$（顺时针）

B. $M_B=3750N\cdot cm$（逆时针）

C. $M_B=12990N\cdot cm$（逆时针）

D. $M_B=12990N\cdot cm$（顺时针）

49. 图示多跨梁由 AC 和 CD 铰接而成，自重不计。已知 $q=10\text{kN/m}$，$M=40\text{kN}\cdot\text{m}$，$F=2\text{kN}$ 作用在 AB 中点，且 $\theta=45°$，$L=2\text{m}$。则支座 D 的约束力为：

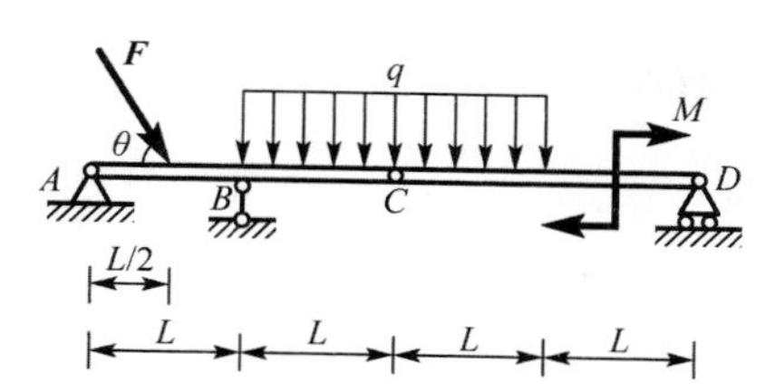

A. $F_D=10$ kN(铅垂向上)

B. $F_D=15$ kN(铅垂向上)

C. $F_D=40.7$ kN(铅垂向上)

D. $F_D=14.3$ kN(铅垂向下)

50. 图示物块重力 $F_p=100\text{N}$ 处于静止状态，接触面处的摩擦角 $\varphi_m=45°$，在水平力 $F=100\text{N}$ 的作用下，物块将：

A. 向右加速滑动

B. 向右减速滑动

C. 向左加速滑动

D. 处于临界平衡状态

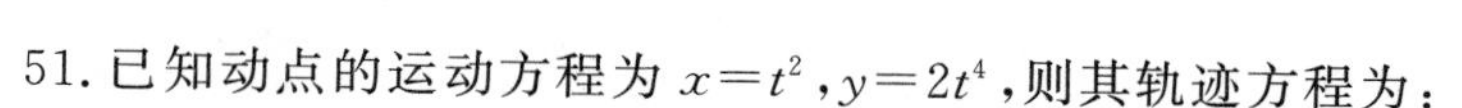

51. 已知动点的运动方程为 $x=t^2$，$y=2t^4$，则其轨迹方程为：

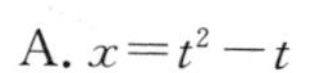

A. $x=t^2-t$

B. $y=2t$

C. $y-2x^2=0$

D. $y+2x^2=0$

52. 一炮弹以初速度和仰角 α 射出。对于图示直角坐标的运动方程为 $x=v_0\cos\alpha t$，$y=v_0\sin\alpha t-\frac{1}{2}gt^2$，则当 $t=0$ 时，炮弹的速度大小为：

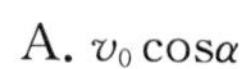

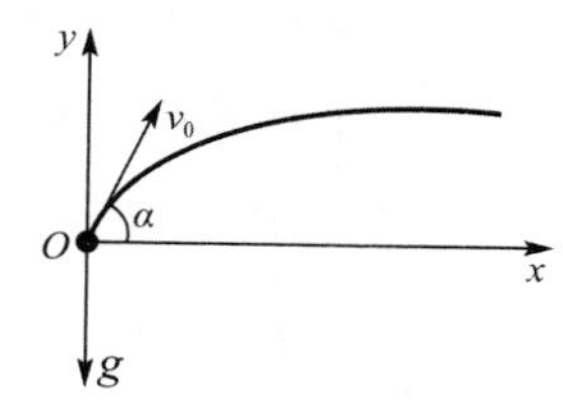

A. $v_0\cos\alpha$

B. $v_0\sin\alpha$

C. v_0

D. 0

53. 滑轮半径 $r=50\text{mm}$，安装在发动机上旋转，其皮带的运动速度为 20m/s，加速度为 6m/s^2。扇叶半径 $R=75\text{mm}$，如图所示。则扇叶最高点 B 的速度和切向加速度分别为：

A. 30m/s ，9m/s^2

B. 60m/s ，9m/s^2

C. 30m/s ，6m/s^2

D. 60m/s ，18m/s^2

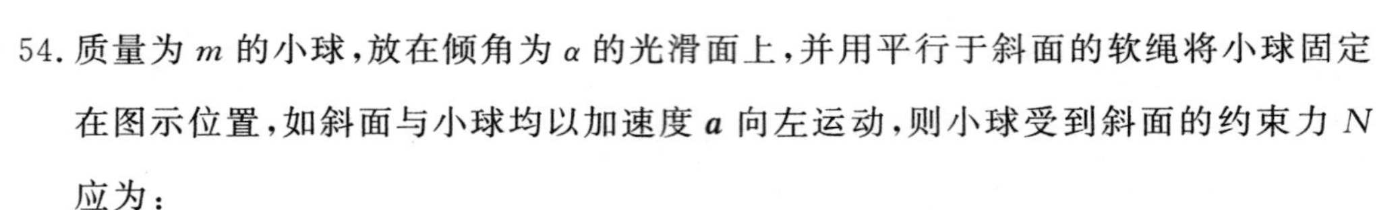

54. 质量为 m 的小球，放在倾角为 α 的光滑面上，并用平行于斜面的软绳将小球固定在图示位置，如斜面与小球均以加速度 $\boldsymbol{a}$ 向左运动，则小球受到斜面的约束力 N 应为：

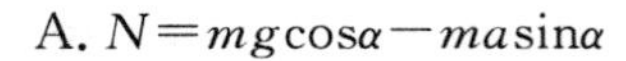

A. $N=mg\cos\alpha-ma\sin\alpha$

B. $N=mg\cos\alpha+ma\sin\alpha$

C. $N=mg\cos\alpha$

D. $N=ma\sin\alpha$

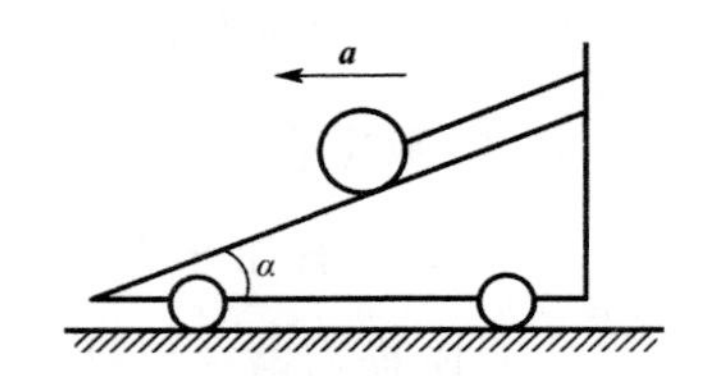

55. 图示质量 $m=5\text{kg}$ 的物体受力拉动，沿与水平面 $30°$ 夹角的光滑斜平面上移动 6m，其拉动物体的力为 70N，且与斜面平行，则所有力做功之和是：

A. 420N · m

B. −147N · m

C. 273N · m

D. 567N · m

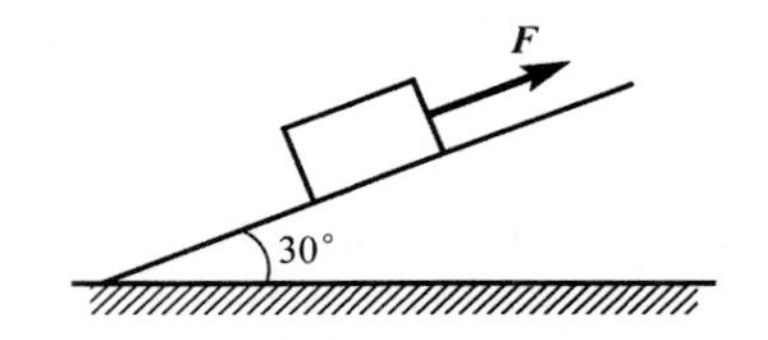

56. 在两个半径及质量均相同的均质滑轮 A 及 B 上，各绕以不计质量的绳，如图所示。轮 B 绳末端挂一重力为 $\boldsymbol{P}$ 的重物，轮 A 绳末端作用一铅垂向下的力为 $\boldsymbol{P}$，则此两轮绕以不计质量的绳中拉力大小的关系为：

A. $F_A < F_B$

B. $F_A > F_B$

C. $F_A = F_B$

D. 无法判断

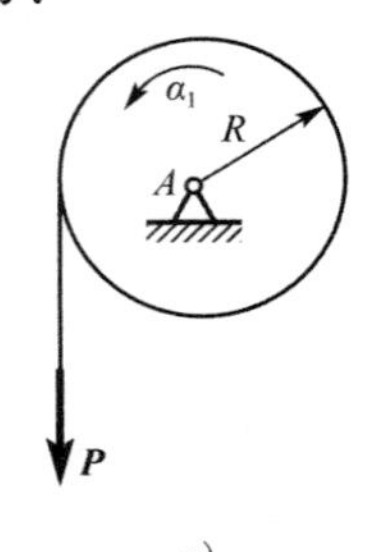

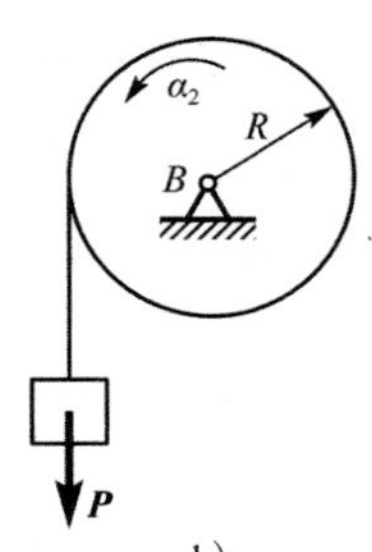

57. 物块 A 的质量为 8kg，静止放在无摩擦的水平面上。另一质量为 4kg 的物块 B 被绳系住，如图所示，滑轮无摩擦。若物块 A 的加速度 $a=3.3\text{m/s}^2$，则物块 B 的惯性力是：

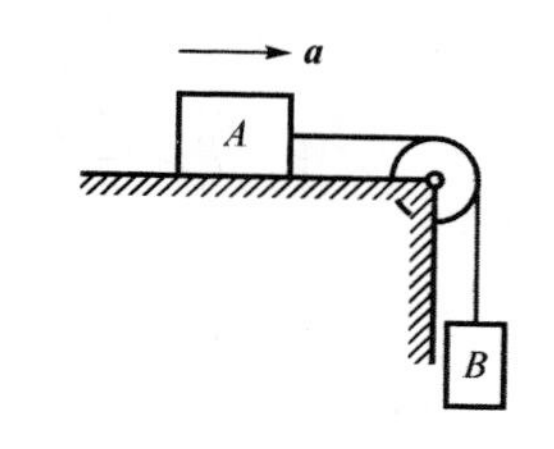

A. 13.2N(铅垂向上)

B. 13.2N(铅垂向下)

C. 26.4N(铅垂向上)

D. 26.4N(铅垂向下)

58. 如图所示系统中，$k_1=2\times10^5\text{N/m}$，$k_2=1\times10^5\text{N/m}$。激振力 $F=200\sin50t$，当系统发生共振时，质量 m 是：

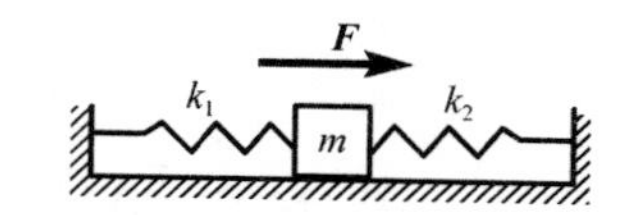

A. 80kg

B. 40kg

C. 120kg

D. 100kg

59. 在低碳钢拉伸试验中，冷作硬化现象发生在：

A. 弹性阶段　　B. 屈服阶段

C. 强化阶段　　D. 局部变形阶段

60. 图示等截面直杆，拉压刚度为 EA，杆的总伸长量为：

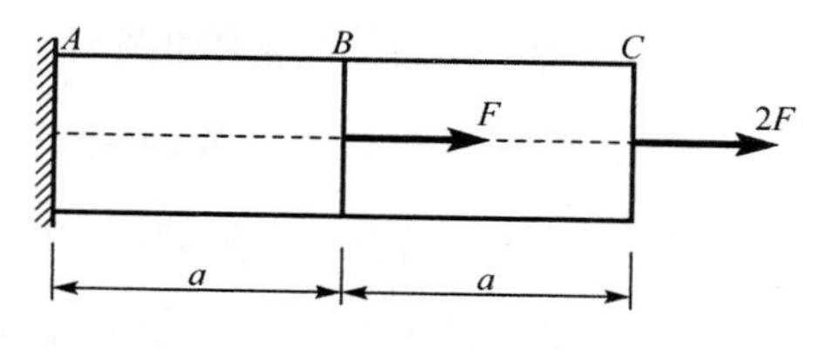

A. $\frac{2Fa}{EA}$

B. $\frac{3Fa}{EA}$

C. $\frac{4Fa}{EA}$

D. $\frac{5Fa}{EA}$

61. 如图所示，钢板用钢轴连接在铰支座上，下端受轴向拉力 F，已知钢板和钢轴的许用挤压应力均为$[\sigma_{bs}]$，则钢轴的合理直径 d 是：

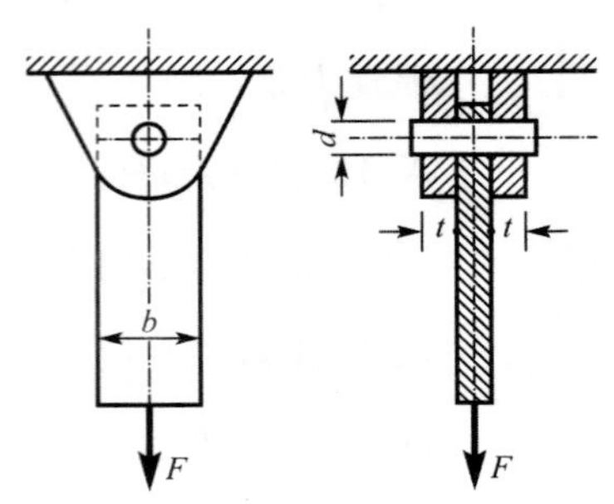

A. $d \geqslant \dfrac{F}{t[\sigma_{bs}]}$

B. $d \geqslant \dfrac{F}{b[\sigma_{bs}]}$

C. $d \geqslant \dfrac{F}{2t[\sigma_{bs}]}$

D. $d \geqslant \dfrac{F}{2b[\sigma_{bs}]}$

62. 如图所示，空心圆轴的外径为 D，内径为 d，其极惯性矩 I_p 是：

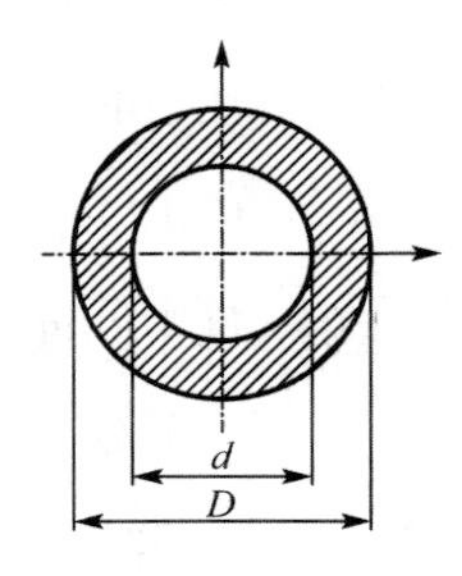

A. $I_p = \dfrac{\pi}{16}(D^3 - d^3)$

B. $I_p = \dfrac{\pi}{32}(D^3 - d^3)$

C. $I_p = \dfrac{\pi}{16}(D^4 - d^4)$

D. $I_p = \dfrac{\pi}{32}(D^4 - d^4)$

63. 在平面图形的几何性质中，数值可正、可负、也可为零的是：

A. 静矩和惯性矩　　B. 静矩和惯性积

C. 极惯性矩和惯性矩　　D. 惯性矩和惯性积

64. 若梁 ABC 的弯矩图如图所示，则该梁上的荷载为：

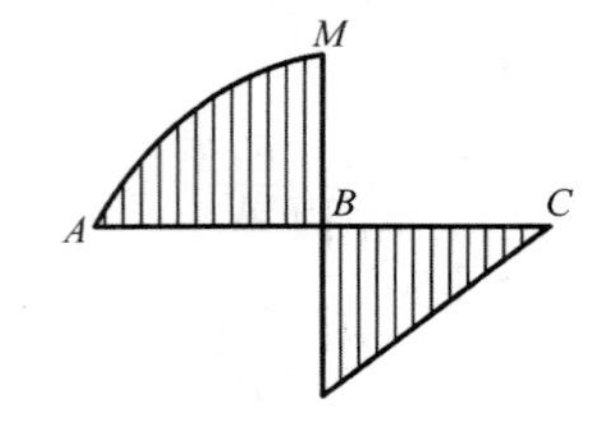

A. AB 段有分布荷载，B 截面无集中力偶

B. AB 段有分布荷载，B 截面有集中力偶

C. AB 段无分布荷载，B 截面无集中力偶

D. AB 段无分布荷载，B 截面有集中力偶

65. 承受竖直向下荷载的等截面悬臂梁，结构分别采用整块材料、两块材料并列、三块材料并列和两块材料叠合（未黏结）四种方案，对应横截面如图所示。在这四种横截面中，发生最大弯曲正应力的截面是：

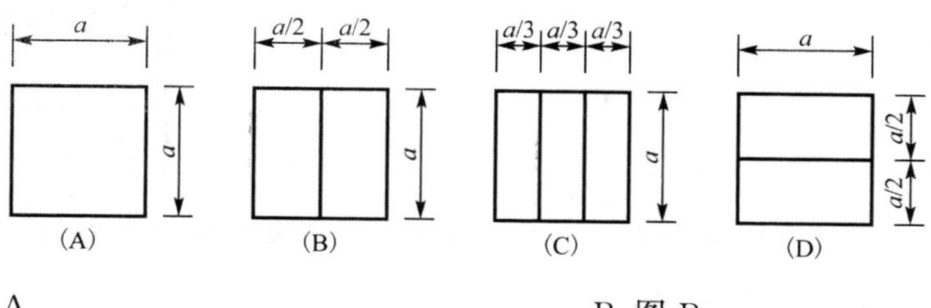

A. 图 A

B. 图 B

C. 图 C

D. 图 D

66. 图示 ACB 用积分法求变形时，确定积分常数的条件是：（式中 V 为梁的挠度，θ 为梁横截面的转角，ΔL 为杆 DB 的伸长变形）

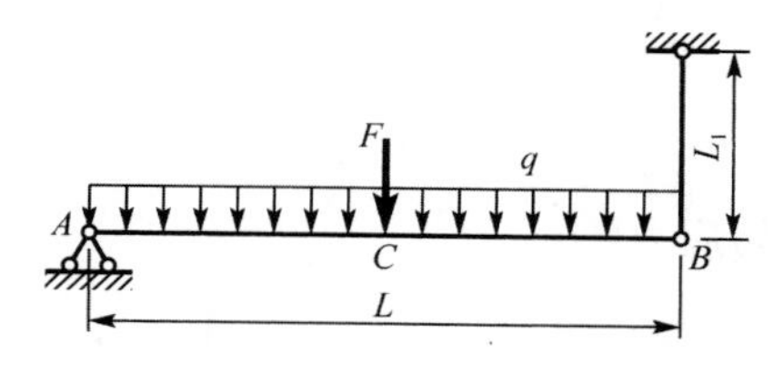

A. $V_{A}=0, V_{B}=0, V_{C左}=V_{C右}, \theta_{C}=0$

B. $V_{A}=0, V_{B}=\Delta L, V_{C左}=V_{C右}, \theta_{C}=0$

C. $V_{A}=0, V_{B}=\Delta L, V_{C左}=V_{C右}, \theta_{C左}=\theta_{C右}$

D. $V_{A}=0, V_{B}=\Delta L, V_{C}=0, \theta_{C左}=\theta_{C右}$

67. 分析受力物体内一点处的应力状态，如可以找到一个平面，在该平面上有最大切应力，则该平面上的正应力：

A. 是主应力

B. 一定为零

C. 一定不为零

D. 不属于前三种情况

68. 在下面四个表达式中，第一强度理论的强度表达式是：

A. $\sigma_1 \leqslant [\sigma]$

B. $\sigma_1-\nu(\sigma_2+\sigma_3) \leqslant [\sigma]$

C. $\sigma_1-\sigma_3 \leqslant [\sigma]$

D. $\sqrt{\frac{1}{2}[(\sigma_1-\sigma_2)^2+(\sigma_2-\sigma_3)^2+(\sigma_3-\sigma_1)^2]} \leqslant [\sigma]$

69. 如图所示，正方形截面悬臂梁 AB，在自由端 B 截面形心作用有轴向力 F，若将轴向力 F 平移到 B 截面下缘中点，则梁的最大正应力是原来的：

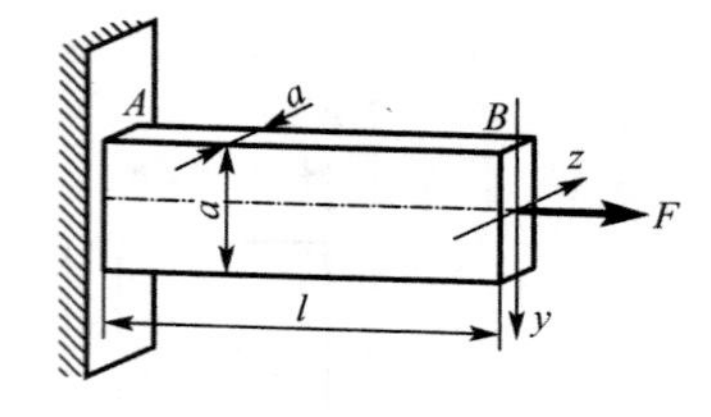

A. 1 倍

B. 2 倍

C. 3 倍

D. 4 倍

70. 图示矩形截面细长压杆，$h=2b$（图 a），如果将宽度 b 改为 h 后（图 b，仍为细长压杆），临界力 F_{cr} 是原来的：

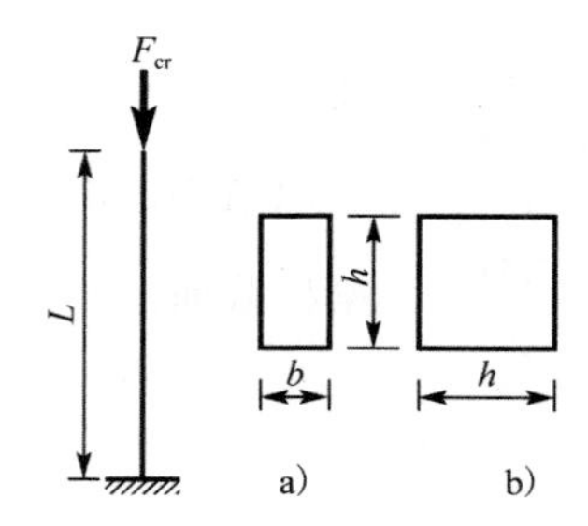

A. 16 倍

B. 8 倍

C. 4 倍

D. 2 倍

71. 静止流体能否承受切应力？

A. 不能承受

B. 可以承受

C. 能承受很小的

D. 具有黏性可以承受

72. 水从铅直圆管向下流出，如图所示，已知 $d_1=10\text{cm}$，管口处水流速度 $v_1=1.8\text{m/s}$，试求管口下方 $h=2\text{m}$ 处的水流速度 v_2 和直径 d_2：

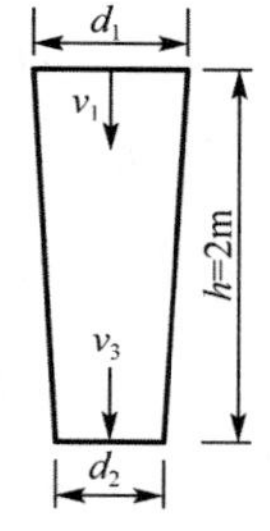

A. $v_2=6.5\text{m/s}, d_2=5.2\text{cm}$

B. $v_2=3.25\text{m/s}, d_2=5.2\text{cm}$

C. $v_2=6.5\text{m/s}, d_2=2.6\text{cm}$

D. $v_2=3.25\text{m/s}, d_2=2.6\text{cm}$

73. 利用动量定理计算流体对固体壁面的作用力时，进、出口截面上的压强应为：

A. 绝对压强

B. 相对压强

C. 大气压

D. 真空度

74. 一直径为 50mm 的圆管，运动黏性系数 $\gamma=0.18\mathrm{cm}^2/\mathrm{s}$、密度 $\rho=0.85\mathrm{g/cm}^3$ 的油在管内以 $v=5\mathrm{cm/s}$ 的速度作层流运动，则沿程损失系数是：

A. 0.09　　B. 0.461

C. 0.1　　D. 0.13

75. 并联长管 1、2，两管的直径相同，沿程阻力系数相同，长度 $L_2=3L_1$，通过的流量为：

A. $Q_1=Q_2$　　B. $Q_1=1.5Q_2$

C. $Q_1=1.73Q_2$　　D. $Q_1=3Q_2$

76. 明渠均匀流只能发生在：

A. 平坡棱柱形渠道　　B. 顺坡棱柱形渠道

C. 逆坡棱柱形渠道　　D. 不能确定

77. 均匀砂质土填装在容器中，已知水力坡度 $J=0.5$，渗透系数 $k=0.005\mathrm{cm/s}$，则渗流速度为：

A. 0.0025cm/s　　B. 0.0001cm/s

C. 0.001cm/s　　D. 0.015cm/s

78. 进行水力模型试验，要实现有压管流的相似，应选用的相似准则是：

A. 雷诺准则　　B. 弗劳德准则

C. 欧拉准则　　D. 马赫数

79. 在图示变压器中，左侧线圈中通以直流电流 I，铁芯中产生磁通 Φ。此时，右侧线圈端口上的电压 u_2 是：

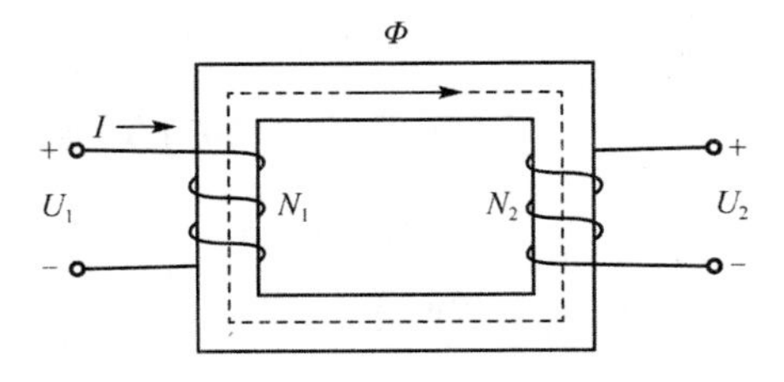

A. 0

B. $\frac{N_2}{N_1}\frac{\mathrm{d}\Phi}{\mathrm{d}t}$

C. $N_1\frac{\mathrm{d}\Phi}{\mathrm{d}t}$

D. $\frac{N_1}{N_2}\frac{\mathrm{d}\Phi}{\mathrm{d}t}$

80. 将一个直流电源通过电阻 R 接在电感线圈两端，如图所示。如果 $U=10\text{V}$，$I=1\text{A}$，那么，将直流电源换成交流电源后，该电路的等效模型为：

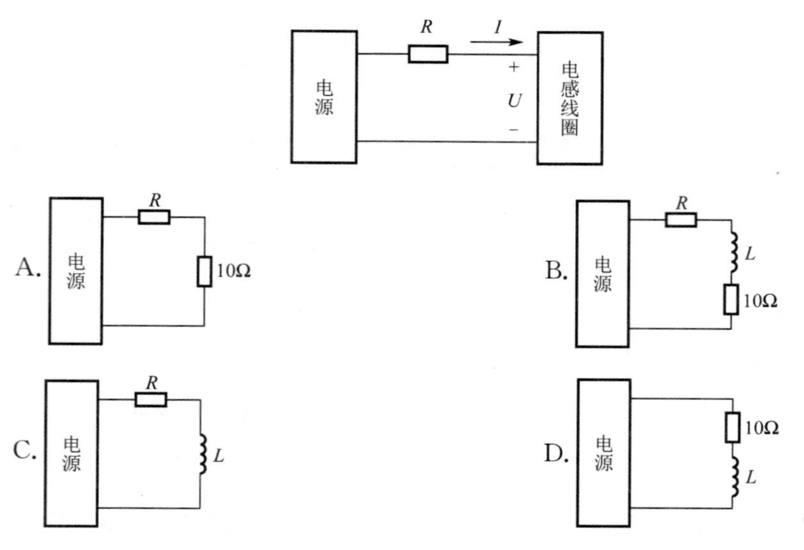

81. 图示电路中，a-b 端左侧网络的等效电阻为：

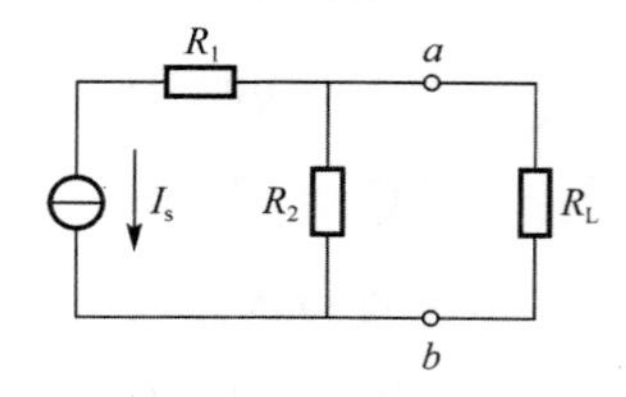

A. R_1+R_2

B. $R_1 // R_2$

C. $R_1+R_2 // R_L$

D. R_2

82. 在阻抗 $Z=10\angle 45^\circ \Omega$ 两端加入交流电压 $u(t)=220\sqrt{2}\sin(314t+30^\circ)\text{V}$ 后，电流 $i(t)$ 为：

A. $22\sin(314t+75^\circ)\text{A}$

B. $22\sqrt{2}\sin(314t+15^\circ)\text{A}$

C. $22\sin(314t+15^\circ)\text{A}$

D. $22\sqrt{2}\sin(314t-15^\circ)\text{A}$

83. 图示电路中，$Z_1=(6+j8)\Omega$，$Z_2=-jX_C\Omega$，为使 I 取得最大值，X_C 的数值为：

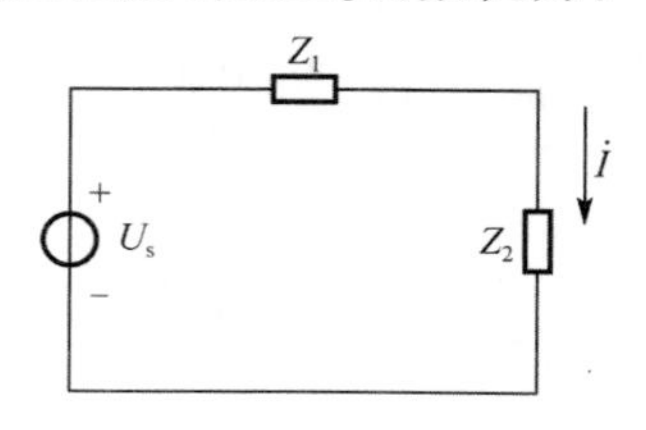

A. 6

B. 8

C. −8

D. 0

84. 三相电路如图所示，设电灯 D 的额定电压为三相电源的相电压，用电设备 M 的外壳线 a 及电灯 D 另一端线 b 应分别接到：

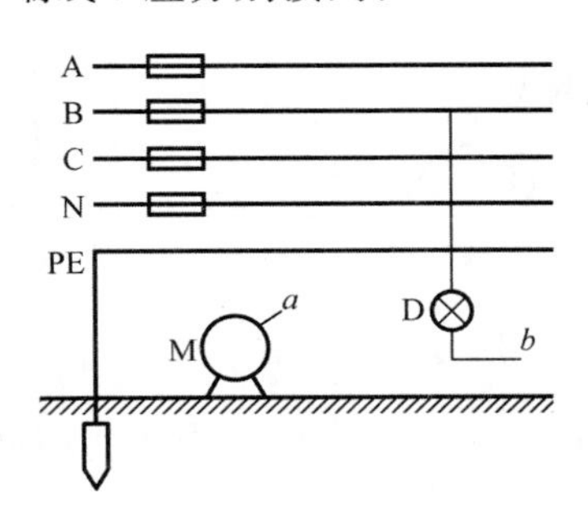

A. PE 线和 PE 线　　　　B. N 线和 N 线

C. PE 线和 N 线　　　　D. N 线和 PE 线

85. 设三相交流异步电动机的空载功率因数为 λ_1，20%的额定负载时的功率因数为 λ_2，满载时功率因数为 λ_3，那么以下关系成立的是：

A. $\lambda_1 > \lambda_2 > \lambda_3$　　　　B. $\lambda_3 > \lambda_2 > \lambda_1$

C. $\lambda_2 > \lambda_1 > \lambda_3$　　　　D. $\lambda_3 > \lambda_1 > \lambda_2$

86. 能够实现用电设备连续工作的控制电路为：

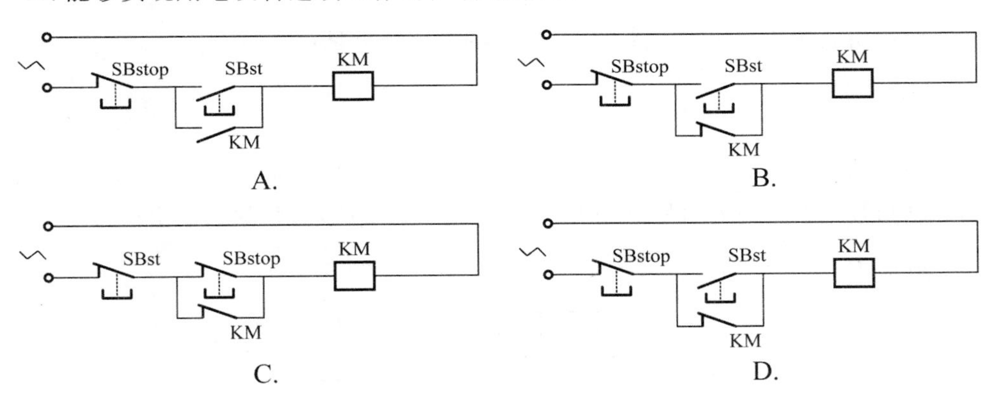

87. 下述四个信号中，不能用来表示信息代码“10101”的图是：

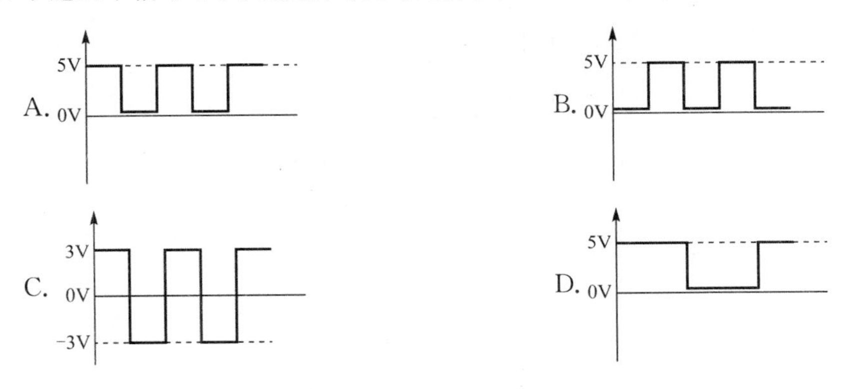

88. 模拟信号 $u_1(t)$ 和 $u_2(t)$ 的幅值频谱分别如图 a)和图 b)所示，则：

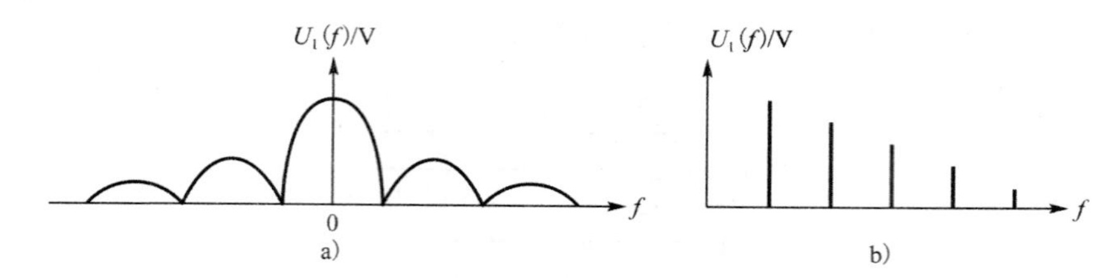

A. $u_1(t)$ 是连续时间信号，$u_2(t)$ 是离散时间信号

B. $u_1(t)$ 是非周期性时间信号，$u_2(t)$ 是周期性时间信号

C. $u_1(t)$ 和 $u_2(t)$ 都是非周期时间信号

D. $u_1(t)$ 和 $u_2(t)$ 都是周期时间信号

89. 以下几种说法中正确的是：

A. 滤波器会改变正弦波信号的频率

B. 滤波器会改变正弦波信号的波形形状

C. 滤波器会改变非正弦周期信号的频率

D. 滤波器会改变非正弦周期信号的波形形状

90. 对逻辑表达式 $ABCD+\overline{A}+\overline{B}+\overline{C}+\overline{D}$的简化结果是：

A. 0

B. 1

C. ABCD

D. $\overline{A}\overline{B}\overline{C}\overline{D}$

91. 已知数字电路输入信号 A 和信号 B 的波形如图所示，则数字输出信号 $F=\overline{AB}$的波形为：

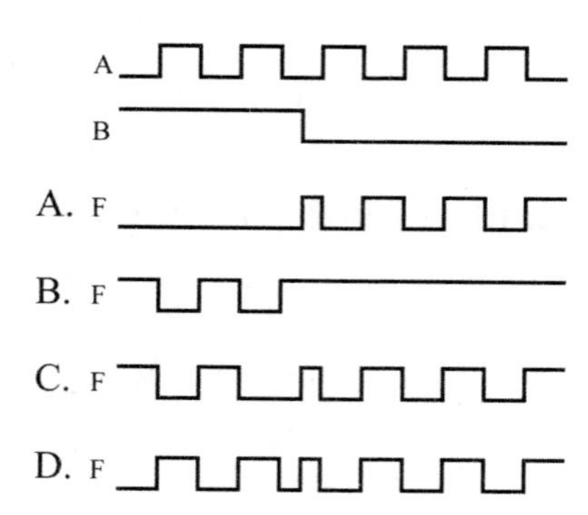

92. 逻辑函数 F＝f(A,B,C)的真值表如下，由此可知：

A	B	C	F
0	0	0	0
0	0	1	0
0	1	0	0
0	1	1	1
1	0	0	0
1	0	1	0
1	1	0	1
1	1	1	1

A. $F=BC+AB+\overline{A}\overline{B}C+B\overline{C}$

B. $F=\overline{A}\overline{B}\overline{C}+AB\overline{C}+AC+ABC$

C. $F=AB+BC+AC$

D. $F=\overline{A}BC+AB\overline{C}+ABC$

93. 晶体三极管放大电路如图所示，在并入电容 C_E 后，下列不变的量是：

A. 输入电阻和输出电阻

B. 静态工作点和电压放大倍数

C. 静态工作点和输出电阻

D. 输入电阻和电压放大倍数

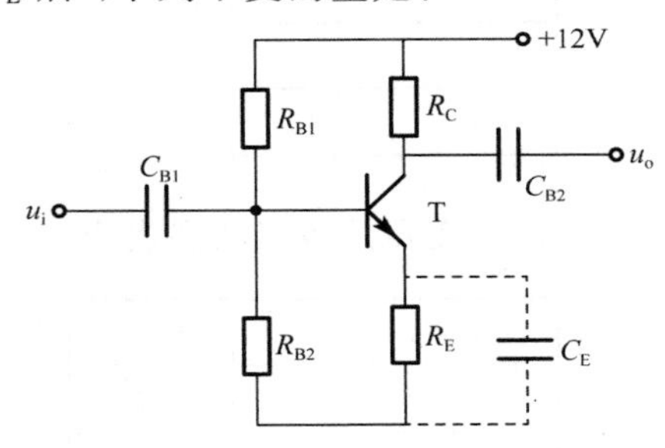

94. 图示电路中，运算放大器输出电压的极限值$\pm U_{oM}$，输入电压 $u_i=U_m\sin\omega t$，现将信号电压 u_i从电路的“A”端送入，电路的“B”端接地，得到输出电压 u_{o1}。而将信号电压 u_i从电路的“B”端输入，电路的“A”接地，得到输出电压 u_{o2}。则以下正确的是：

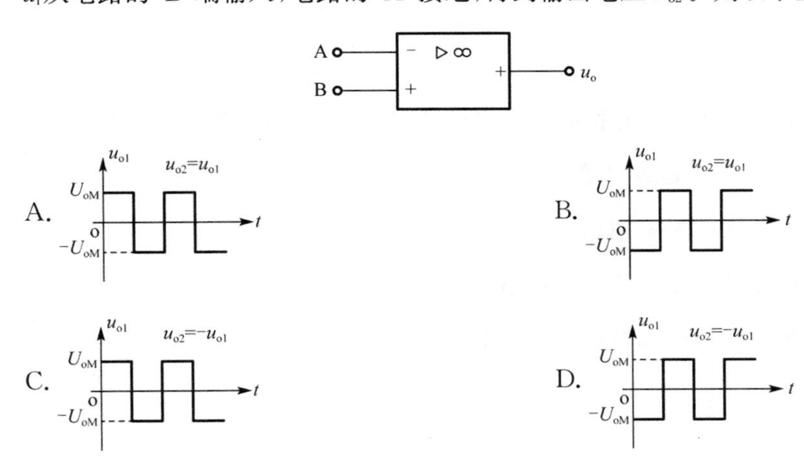

95. 图示逻辑门电路的输出 F_1 和 F_2 分别为：

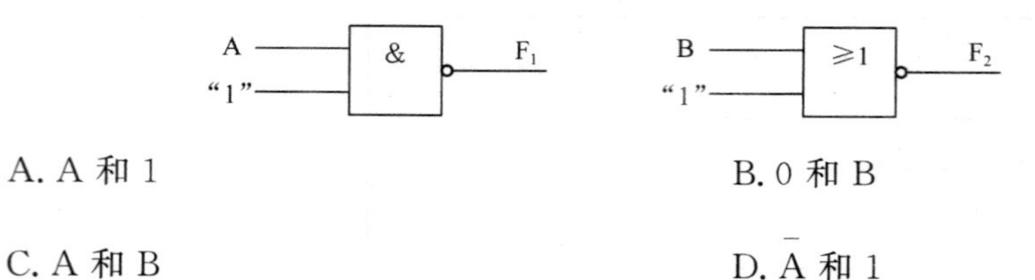

A. A 和 1　　　　B. 0 和 B

C. A 和 B　　　　D. $\overline{A}$ 和 1

96. 图 a)示电路，加入复位信号及时钟脉冲信号如图 b)所示，经分析可知，在 t_1 时刻，输出 Q_{JK} 和 Q_D 分别等于：

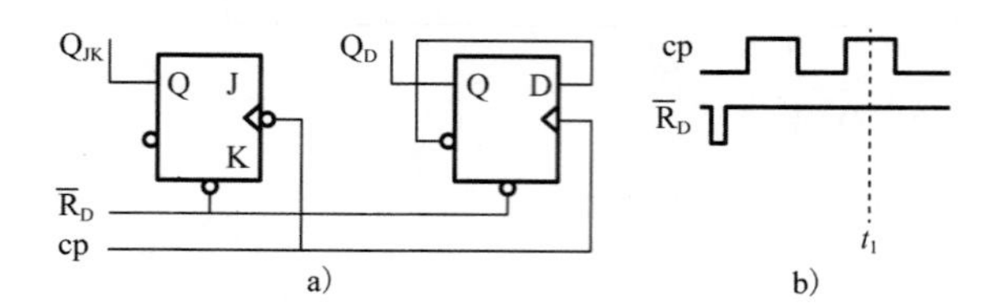

附：D 触发器的逻辑状态表为：

D	Q_{n+1}
0	0
1	1

JK 触发器的逻辑状态表为：

J	K	Q_{n+1}
0	0	Q_n
0	1	0
1	0	1
1	1	$\overline{Q}_n$

A. 0　0　　　　B. 0　1

C. 1　0　　　　D. 1　1

97. 下面四条有关数字计算机处理信息的描述中，其中不正确的一条是：

A. 计算机处理的是数字信息

B. 计算机处理的是模拟信息

C. 计算机处理的是不连续的离散(0 或 1)信息

D. 计算机处理的是断续的数字信息

98. 程序计数器(PC)的功能是：

A. 对指令进行译码

B. 统计每秒钟执行指令的数目

C. 存放下一条指令的地址

D. 存放正在执行的指令地址

99. 计算机的软件系统是由：

A. 高级语言程序、低级语言程序构成

B. 系统软件、支撑软件、应用软件构成

C. 操作系统、专用软件构成

D. 应用软件和数据库管理系统构成

100. 允许多个用户以交互方式使用计算机的操作系统是：

A. 批处理单道系统

B. 分时操作系统

C. 实时操作系统

D. 批处理多道系统

101. 在计算机内，ASSCII 码是为：

A. 数字而设置的一种编码方案

B. 汉字而设置的一种编码方案

C. 英文字母而设置的一种编码方案

D. 常用字符而设置的一种编码方案

102. 在微机系统内，为存储器中的每一个：

A. 字节分配一个地址

B. 字分配每一个地址

C. 双字分配一个地址

D. 四字分配一个地址

103. 保护信息机密性的手段有两种，一是信息隐藏，二是数据加密。下面四条表述中，有错误的一条是：

A. 数据加密的基本方法是编码，通过编码将明文变换为密文

B. 信息隐藏是使非法者难以找到秘密信息而采用“隐藏”的手段

C. 信息隐藏与数据加密所采用的技术手段不同

D. 信息隐藏与数字加密所采用的技术手段是一样的

104. 下面四条有关线程的表述中，其中错误的一条是：

A. 线程有时也称为轻量级进程

B. 有些进程只包含一个线程

C. 线程是所有操作系统分配 CPU 时间的基本单位

D. 把进程再仔细分成线程的目的是为更好地实现并发处理和共享资源

105. 计算机与信息化社会的关系是：

A. 没有信息化社会就不会有计算机

B. 没有计算机在数值上的快速计算，就没有信息化社会

C. 没有计算机及其与通信、网络等的综合利用，就没有信息化社会

D. 没有网络电话就没有信息化社会

106. 域名服务器的作用是：

A. 为连入 Internet 网的主机分配域名

B. 为连入 Internet 网的主机分配 IP 地址

C. 为连入 Internet 网的一个主机域名寻找所对应的 IP 地址

D. 将主机的 IP 地址转换为域名

107. 某人预计 5 年后需要一笔 50 万元的资金，现市场上正发售期限为 5 年的电力债券，年利率为 5.06%，按年复利计息，5 年末一次还本付息，若想 5 年后拿到 50 万元的本利和，他现在应该购买电力债券：

A. 30.52 万元　　B. 38.18 万元

C. 39.06 万元　　D. 44.19 万元

108. 以下关于项目总投资中流动资金的说法正确的是：

A. 是指工程建设其他费用和预备费之和

B. 是指投产后形成的流动资产和流动负债之和

C. 是指投产后形成的流动资产和流动负债的差额

D. 是指投产后形成的流动资产占用的资金

109. 下列筹资方式中，属于项目债务资金的筹集方式是：

A. 优先股　　B. 政府投资

C. 融资租赁　　D. 可转换债券

110. 某建设项目预计生产期第三年息税前利润为 200 万元，折旧与摊销为 50 万元，所得税为 25 万元，计入总成本费用的应付利息为 100 万元，则该年的利息备付率为：

A. 1.25　　B. 2

C. 2.25　　D. 2.5

111. 某项目方案各年的净现金流量见表(单位：万元)，其静态投资回收期为：

年份	0	1	2	3	4	5
净现金流量	−100	−50	40	60	60	60

A. 2.17 年　　B. 3.17 年

C. 3.83 年　　D. 4 年

112. 某项目的产出物为可外贸货物，其离岸价格为 100 美元，影子汇率为 6 元人民币/美元，出口费用为每件 100 元人民币，则该货物的影子价格为：

A. 500 元人民币　　B. 600 元人民币

C. 700 元人民币　　D. 800 元人民币

113. 某项目有甲、乙两个建设方案，投资分别为 500 万元和 1000 万元，项目期均为 10 年，甲项目年收益为 140 万元，乙项目年收益为 250 万元。假设基准收益率为 8%。已知 $(P/A, 8\%, 10)=6.7101$，则下列关于该项目方案选择的说法中正确的是：

A. 甲方案的净现值大于乙方案，故应选择甲方案

B. 乙方案的净现值大于甲方案，故应选择乙方案

C. 甲方案的内部收益率大于乙方案，故应选择甲方案

D. 乙方案的内部收益率大于甲方案，故应选择乙方案

114. 用强制确定法(FD法)选择价值工程的对象时，得出某部件的价值系数为1.02，则下列说法正确的是：

A. 该部件的功能重要性与成本比重相当，因此应将该部件作为价值工程对象

B. 该部件的功能重要性与成本比重相当，因此不应将该部件作为价值工程对象

C. 该部件功能重要性较小，而所占成本较高，因此应将该部件作为价值工程对象

D. 该部件功能过高或成本过低，因此应将该部件作为价值工程对象

115. 某在建的建筑工程因故中止施工，建设单位的下列做法符合《中华人民共和国建筑法》的是：

A. 自中止施工之日起一个月内向发证机关报告

B. 自中止施工之日起半年内报发证机关核验施工许可证

C. 自中止施工之日起三个月内向发证机关申请延长施工许可证的有效期

D. 自中止施工之日起满一年，向发证机关重新申请施工许可证

116. 依据《中华人民共和国安全生产法》，企业应当对职工进行安全生产教育和培训，某施工总承包单位对职工进行安全生产培训，其培训的内容不包括：

A. 安全生产知识

B. 安全生产规章制度

C. 安全生产管理能力

D. 本岗位安全操作技能

117. 下列说法符合《中华人民共和国招标投标法》规定的是：

A. 招标人自行招标，应当具有编制招标文件和组织评标的能力

B. 招标人必须自行办理招标事宜

C. 招标人委托招标代理机构办理招标事宜，应当向有关行政监督部门备案

D. 有关行政监督部门有权强制招标人委托招标代理机构办理招标事宜

118. 甲乙双方于4月1日约定采用数据电文的方式订立合同，但双方没有指定特定系统，乙方于4月8日下午收到甲方以电子邮件方式发出的要约，于4月9日上午又收到甲方发出同样内容的传真，甲方于4月9日下午给乙方打电话通知对方，邀约已经发出，请对方尽快做出承诺，则该要约生效的时间是：

A. 4月8日下午

B. 4月9日上午

C. 4月9日下午

D. 4月1日

119. 根据《中华人民共和国行政许可法》规定，行政许可采取统一办理或者联合办理的，办理的时间不得超过：

A. 10 日　　B. 15 日

C. 30 日　　D. 45 日

120. 依据《建设工程质量管理条例》，建设单位收到施工单位提交的建设工程竣工验收报告申请后，应当组织有关单位进行竣工验收，参加验收的单位可以不包括：

A. 施工单位　　B. 工程监理单位

C. 材料供应单位　　D. 设计单位

2020 年度全国勘察设计注册工程师执业资格考试基础考试(上)试题解析及参考答案

1. **解** 本题考查当 $x \to +\infty$ 时,无穷大量的概念。

选项 A,$\lim\limits_{x \to +\infty} \dfrac{1}{2+x} = 0$;

选项 B,$\lim\limits_{x \to +\infty} x\cos x$ 计算结果在 $-\infty$ 到 $+\infty$ 间连续变化,不符合当 $x \to +\infty$ 函数值趋向于无穷大,且函数值越来越大的定义;

选项 D,当 $x \to +\infty$ 时,$\lim\limits_{x \to +\infty}(1-\arctan x) = 1-\dfrac{\pi}{2}$。

故选项 A、B、D 均不成立。

选项 C,$\lim\limits_{x \to +\infty}(e^{3x}-1) = +\infty$。

答案:C

2. **解** 本题考查函数 $y=f(x)$ 在 x_0 点导数的几何意义。

已知曲线 $y=f(x)$ 在 $x=x_0$ 处有切线,函数 $y=f(x)$ 在 $x=x_0$ 点导数的几何意义表示曲线 $y=f(x)$ 在 $x=x_0$ 点切线向上,方向和 x 轴正向夹角的正切即斜率 $k=\tan\alpha$,只有当 $\alpha \to \dfrac{\pi}{2}$ 时,才有 $\lim\limits_{x \to x_0} f'(x) = \lim\limits_{\alpha \to \frac{\pi}{2}} \tan\alpha = \infty$,因而在该点的切线与 oy 轴平行。

选项 A、C、D 均不成立。

答案:B

3. **解** 本题考查隐函数求导方法。可利用一元隐函数求导方法或二元隐函数求导方法计算,但一般利用二元隐函数求导方法计算更简单。

方法 1:

用二元隐函数方法计算。

设 $F(x,y)=\sin y+e^x-xy^2$,$F_x{}'=e^x-y^2$,$F_y{}'=\cos y-2xy$

故 $\dfrac{dy}{dx}=-\dfrac{F_x}{F_y}=-\dfrac{e^x-y^2}{\cos y-2xy}=\dfrac{y^2-e^x}{\cos y-2xy}$

$$dy=\frac{y^2-e^x}{\cos y-2xy}dx$$

方法 2：

用一元隐函数方法计算。

已知 $\sin y+e^x-xy^2=0$，方程两边对 x 求导，得 $\cos y\frac{\mathrm{d}y}{\mathrm{d}x}+e^x-\left(y^2+2xy\frac{\mathrm{d}y}{\mathrm{d}x}\right)=0$，

整理 $(\cos y-2xy)\frac{\mathrm{d}y}{\mathrm{d}x}=y^2-e^x$，$\frac{\mathrm{d}y}{\mathrm{d}x}=\frac{y^2-e^x}{\cos y-2xy}$，故 $\mathrm{d}y=\frac{y^2-e^x}{\cos y-2xy}\mathrm{d}x$

选项 A、B、C 均不成立。

答案：D

4.**解** 本题考查一元抽象复合函数高阶导数的计算，计算中注意函数的复合层次，特别是求二阶导时更应注意。

$Y=f(e^x)$，$\frac{\mathrm{d}y}{\mathrm{d}x}=f'(e^x)\cdot e^x=e^x\cdot f'(e^x)$

$\frac{\mathrm{d}^2y}{\mathrm{d}x^2}=e^x\cdot f'(e^x)+e^x\cdot f''(e^x)\cdot e^x=e^x\cdot f'(e^x)+e^{2x}\cdot f''(e^x)$

选项 A、B、D 均不成立。

答案：C

5.**解** 本题考查利用罗尔定理判定 4 个选项中，哪一个函数满足罗尔定理条件。首先要掌握定理的条件：①函数在闭区间连续；②函数在开区间可导；③函数在区间两端的函数值相等。三条均成立才行。

选项 A，$(x^{\frac{2}{3}})'=\frac{2}{3}x^{-\frac{1}{3}}=\frac{2}{3}\frac{1}{\sqrt[3]{x}}$，在 $x=0$ 处不可导，因而在 $(-1,1)$ 可导不满足。

选项 C，$f(x)=|x|=\begin{cases}x & x\geqslant 0\\ -x & x<0\end{cases}$，函数在 $x=0$ 左导数为 -1，在 $x=0$ 右导数为 1，因而在 $x=0$ 处不可导，在 $(-1,1)$ 可导不满足。

选项 D，$f(x)=\frac{1}{x}$，函数在 $x=0$ 处间断，因而在 $[-1,1]$ 连续不成立。

选项 A、C、D 均不成立。

选项 B，$f(x)=\sin x^2$ 在 $[-1,1]$ 上连续，$f'(x)=2x\cdot\cos x^2$ 在 $(-1,1)$ 可导，且 $f(-1)=f(1)=\sin 1$，三条均满足。

答案：B

6.**解** 本题考查曲线 $f(x)$ 求拐点的计算方法。

$f(x)=x^4+4x^3+x+1$ 的定义域为$(-\infty,+\infty)$，

$f'(x)=4x^3+12x^2+1$，$f''(x)=12x^2+24x=12x(x+2)$，

令 $f''(x)=0$，即 $12x(x+2)=0$，得到 $x=0,x=-2$

$x=-2,x=0$，分定义域为$(-\infty,-2)$，$(-2,0)$，$(0,+\infty)$，

检验 $x=-2$ 点，在区间$(-\infty,-2)$，$(-2,0)$上二阶导的符号：

当在$(-\infty,-2)$时，$f''(x)>0$，凹；当在$(-2,0)$时，$f''(x)<0$，凸。

所以 $x=-2$ 为拐点的横坐标。

检验 $x=0$ 点，在区间$(-2,0)$，$(0,+\infty)$上二阶导的符号：

当在$(-2,0)$时，$f''(x)<0$，凸；当在$(0,+\infty)$时，$f''(x)>0$，凹。

所以 $x=0$ 为拐点的横坐标。

综上，函数有两个拐点。

答案：C

7.**解** 本题考查函数原函数的概念及不定积分的计算方法。

已知函数 $f(x)$的一个原函数是 $1+\sin x$，即 $f(x)=(1+\sin x)'=\cos x$，$f'(x)=-\sin x$。

方法 1：

$$\int xf'(x)\mathrm{d}x=\int x(-\sin x)\mathrm{d}x=\int x\mathrm{d}\cos x=x\cos x-\int\cos x\mathrm{d}x=x\cos x-\sin x+c$$

$$=x\cos x-\sin x-1+C=x\cos x-(1+\sin x)+C\quad(\text{其中 } C=1+c)$$

方法 2：

$\int xf'(x)\mathrm{d}x=\int x\mathrm{d}f(x)=xf(x)-\int f(x)\mathrm{d}x$，因为 $f(x)=(1+\sin x)'=\cos x$，则

原式$=x\cos x-\int\cos x\mathrm{d}x=x\cos x-\sin x+c=x\cos x-(1+\sin x)+C$

答案：B

8.**解** 本题考查平面图形绕 x 轴旋转一周所得到的旋转体体积算法，如解图所示。

X：$[0,1]$

$[x,x+\mathrm{d}x]$：$\mathrm{d}V=\pi f^2(x)\mathrm{d}x=\pi x^6\mathrm{d}x$

$$V=\int_0^1\pi\cdot x^6\mathrm{d}x=\pi\cdot\frac{1}{7}x^7\Big|_0^1=\frac{\pi}{7}$$

答案：A

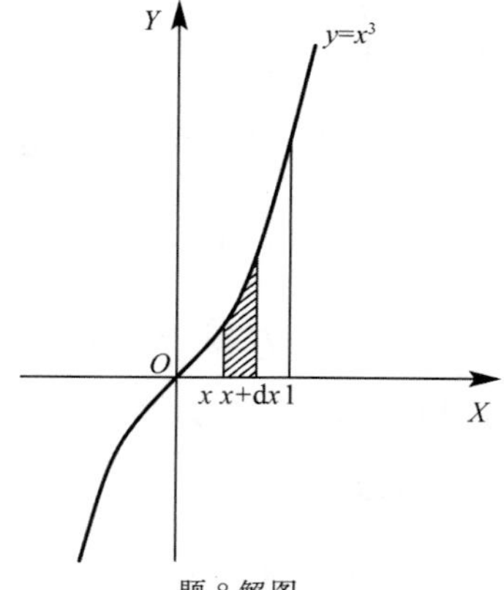

题 8 解图

9.解 本题考查两向量的加法，向量与数量的乘法和运算，以及两向量垂直与坐标运算的关系。

已知 $\boldsymbol{\alpha}=(5,1,8)$，$\boldsymbol{\beta}=(3,2,7)$，$\lambda\boldsymbol{\alpha}+\boldsymbol{\beta}=\lambda(5,1,8)+(3,2,7)=(5\lambda+3,\lambda+2,8\lambda+7)$。

设 oz 轴的单位正向量为 $\boldsymbol{\tau}=(0,0,1)$，

已知 $\lambda\boldsymbol{\alpha}+\boldsymbol{\beta}$ 与 oz 轴垂直，由两向量数量积的运算：

$\boldsymbol{a}\cdot\boldsymbol{b}=a_xb_x+a_yb_y+a_zb_z$，

$\boldsymbol{a}\perp\boldsymbol{b}$，则 $\boldsymbol{a}\cdot\boldsymbol{b}=0$，即 $a_xb_x+a_yb_y+a_zb_z=0$。

所以$(\lambda\boldsymbol{\alpha}+\boldsymbol{\beta})\cdot\boldsymbol{\tau}=0,0+0+8\lambda+7=0,\lambda=-\dfrac{7}{8}$。

答案：B

10.解 本题考查直线与平面平行时，直线的方向向量和平面法向量间的关系，求出平面的法向量及所求平面方程。

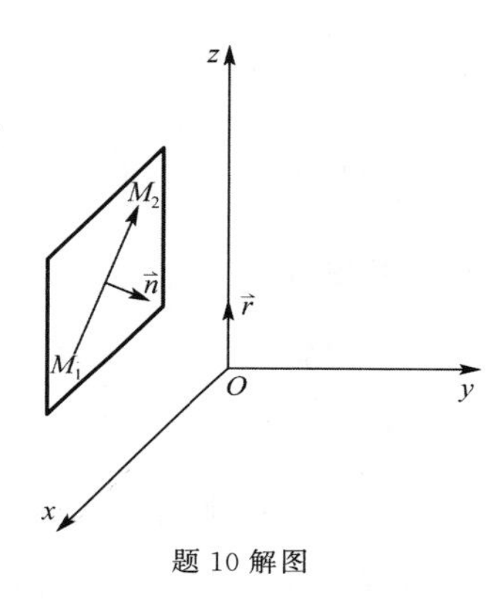

题 10 解图

(1)求平面的法向量

设 oz 轴的方向向量 $\vec{r}=(0,0,1)$，

$$\overrightarrow{M_1M_2}=(1,1,-1),\ \overrightarrow{M_1M_2}\times\vec{r}=\begin{vmatrix}\vec{i} & \vec{j} & \vec{k}\\ 1 & 1 & -1\\ 0 & 0 & 1\end{vmatrix}=\vec{i}-\vec{j},$$

所求平面的法向量 $\vec{n}_{平面}=\vec{i}-\vec{j}=(1,-1,0)$。

(2)写出所求平面的方程

已知 $M_1(0,-1,2)$，$\vec{n}_{平面}=(1,-1,0)$，

$1\cdot(x-0)-1\cdot(y+1)+0\cdot(z-2)=0$，即 $x-y-1=0$。

答案：D

11.解 本题考查利用题目给出的已知条件，写出曲线微分方程。

设曲线方程为 $y=f(x)$，已知曲线的切线斜率为 $2x$，列式 $f'(x)=2x$，

又知曲线 $y=f(x)$ 过(1,2)点，满足微分方程的初始条件 $y|_{x=1}=2$，

即 $f'(x)=2x$，$y|_{x=1}=2$ 为所求。

答案：C

12.解 本题考查将直角坐标系下的二重积分化为极坐标系下的二次积分的知识。关键是把区域 D 写成极坐标系下的不等式组，其中将圆的方程 $x^2+(y-1)^2=1$ 化为极坐标系下的表达式又是关键的关键。如解图所示。

$x^2+(y-1)^2=1$，即 $x^2+y^2-2y=0$

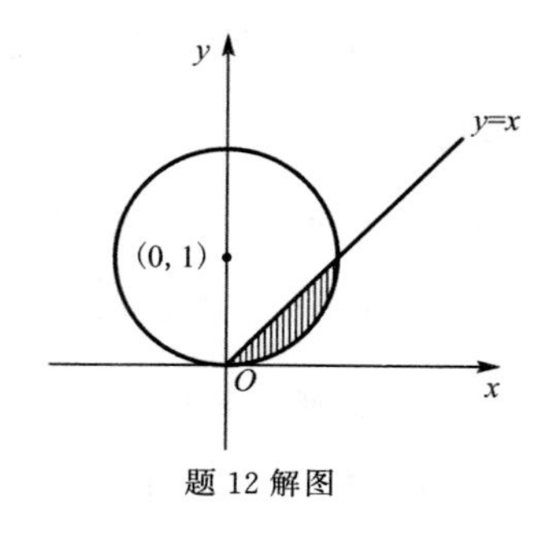

题 12 解图

直角坐标和极坐标的关系为：

$x=\rho\cos\theta, y=\rho\sin\theta$

代入方程 $x^2+(y-1)^2=1$，得：

$\rho^2-2\rho\sin\theta=0, \rho(\rho-2\sin\theta)=0$

所以 $\rho=0, \rho=2\sin\theta$

积分区域 D 的极坐标表达式为 $\begin{cases}0\leqslant\theta\leqslant\dfrac{\pi}{4}\\0\leqslant\rho\leqslant 2\sin\theta\end{cases}$

面积元素 $\mathrm{d}x\mathrm{d}y=\rho\mathrm{d}\rho\mathrm{d}\theta$

$$\iint_D x\,\mathrm{d}x\mathrm{d}y=\int_0^{\frac{\pi}{4}}\mathrm{d}\theta\int_0^{2\sin\theta}\rho\cdot\sin\theta\cdot\rho\mathrm{d}\rho=\int_0^{\frac{\pi}{4}}\sin\theta\mathrm{d}\theta\int_0^{2\sin\theta}\rho^2\mathrm{d}\rho。$$

答案：C

13. **解**　本题考查微分方程解的基本知识。可将选项代入微分方程，满足微分方程的才是解。

已知 y_1 是微分方程 $y''+py'+qy=f(x)(f(x)\neq 0)$ 的解，即将 y_1 代入后，满足微分方程 $y_1''+py_1'+qy_1=f(x)$，但对任意常数 $C_1(C_1\neq 0)$，C_1y_1 得到的解均不满足微分方程，验证如下：

设 $y=C_1y_1(C_1\neq 0)$，求导 $y'=C_1y_1'$，$y''=C_1y_1''$，$y=C_1y_1$ 代入方程得：

$C_1y_1''+pC_1y_1'+qC_1y_1=C_1(y_1''+py_1'+qy_1)=C_1f(x)\neq f(x)$

所以 C_1y_1 不是微分方程的解。

因而在选项 A、B、D 中，含有常数 $C_1(C_1\neq 0)$ 乘 y_1 的形式，即 C_1y_1 这样的解均不满足方程解的条件，所以选项 A、B、D 均不成立。

可验证选项 C 成立。已知：

$y=y_0+y_1$，$y'=y_0'+y_1'$，$y''=y_0''+y_1''$，代入方程，得：

$$\begin{aligned}(y_0''+y_1'')+p(y_0'+y_1')+q(y_0+y_1)&=y_0''+py_0'+qy_0+y_1''+py_1'+qy_1\\&=0+f(x)=f(x)\end{aligned}$$

注意：本题只是验证选项中哪一个解是微分方程的解，不是求微分方程的通解。

答案：C

14. **解**　本题考查二元函数在一点的全微分的计算方法。

先求出二元函数的全微分，然后代入点(1，−1)坐标，求出在该点的全微分。

$z=\frac{1}{x}e^{xy}$，$\frac{\partial z}{\partial x}=\left(-\frac{1}{x^2}\right)e^{xy}+\frac{1}{x}e^{xy}\cdot y=-\frac{1}{x^2}e^{xy}+\frac{y}{x}e^{xy}=e^{xy}\left(-\frac{1}{x^2}+\frac{y}{x}\right)$

$\frac{\partial z}{\partial y}=\frac{1}{x}e^{xy}\cdot x=e^{xy}$，$\mathrm{d}z=\left(-\frac{1}{x^2}+\frac{y}{x}\right)e^{xy}\mathrm{d}x+e^{xy}\mathrm{d}y$

$\mathrm{d}z\big|_{(1,-1)}=-2e^{-1}\mathrm{d}x+e^{-1}\mathrm{d}y=e^{-1}(-2\mathrm{d}x+\mathrm{d}y)$

答案:B

15. **解**　本题考查坐标曲线积分的计算方法。

已知 $O(0,0)$，$A(1,2)$，过两点的直线 L 的方程为 $y=2x$，见解图。

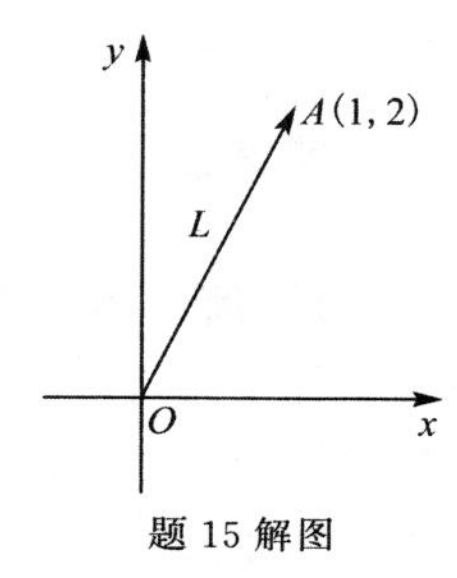

题 15 解图

直线 L 的参数方程 $\begin{cases}y=2x\\x=x\end{cases}$，

L 的起点 $x=0$，终点 $x=1$，$x:0\to1$，

$\int_L -y\mathrm{d}x+x\mathrm{d}y=\int_0^1 -2x\mathrm{d}x+x\cdot2\mathrm{d}x=\int_0^1 0\mathrm{d}x=0$

答案:A

16. **解**　本题考查正项级数、交错级数敛散性的判定。

选项 A，$\sum_{n=1}^{\infty}\frac{n^2}{3n^4+1}$，因为 $\frac{n^2}{3n^4+1}<\frac{n^2}{3n^4}=\frac{1}{3n^2}$，

级数 $\sum_{n=1}^{\infty}\frac{1}{n^2}$，$P=2>1$，级数收敛，$\sum_{n=1}^{\infty}\frac{1}{3n^2}$ 收敛，

利用正项级数的比较判别法，$\sum_{n=1}^{\infty}\frac{n^2}{3n^4+1}$ 收敛。

选项 B，$\sum_{n=2}^{\infty}\frac{1}{\sqrt[3]{n(n-1)}}$，因为 $n(n-1)<n^2$，$\sqrt[3]{n(n-1)}<\sqrt[3]{n^2}$，$\frac{1}{\sqrt[3]{n(n-1)}}>\frac{1}{\sqrt[3]{n^2}}=\frac{1}{n^{\frac{2}{3}}}$，级数 $\sum_{n=2}^{\infty}\frac{1}{n^{\frac{2}{3}}}$，$P<1$，级数发散，

利用正项级数的比较判别法，$\sum_{n=2}^{\infty}\frac{1}{\sqrt[3]{n(n-1)}}$ 发散。

选项 C，$\sum_{n=1}^{\infty}\frac{(-1)^n}{\sqrt{n}}$，级数为交错级数，利用莱布尼兹定理判定：

(1)因为 $n<(n+1)$，$\sqrt{n}<\sqrt{n+1}$，$\frac{1}{\sqrt{n}}>\frac{1}{\sqrt{n+1}}$，$u_n>u_{n+1}$，

(2)一般项 $\lim_{n\to\infty}\frac{1}{\sqrt{n}}=0$，所以交错级数收敛。

选项 D，$\sum_{n=1}^{\infty}\frac{5}{3^n}=5\sum_{n=1}^{\infty}\frac{1}{3^n}$，级数为等比级数，公比 $q=\frac{1}{3}$，$|q|<1$，级数收敛。

答案:B

17.**解** 本题为抽象函数的二元复合函数，利用复合函数的导数算法计算，注意函数复合的层次。

$z=f^2(xy)$，$\frac{\partial z}{\partial x}=2f(xy)\cdot f'(xy)\cdot y=2y\cdot f(xy)\cdot f'(xy)$，

$$\frac{\partial^2 z}{\partial x^2}=2y[f'(xy)\cdot y\cdot f'(xy)+f(xy)\cdot f''(xy)\cdot y]$$

$$=2y^2\{[f'(xy)]^2+f(xy)\cdot f''(xy)\}$$

答案:D

18.**解** 本题考查幂级数 $\sum_{n=1}^{\infty}a_nx^n$ 与幂级数 $\sum_{n=1}^{\infty}a_n(x+x_0)^n$，$\sum_{n=1}^{\infty}a_n(x-x_0)^n$ 收敛域之间的关系。

方法1:

已知幂级数 $\sum_{n=1}^{\infty}a_n(x+2)^n$ 在 $x=0$ 处收敛，把 $x=0$ 代入级数，得到 $\sum_{n=1}^{\infty}a_n2^n$，收敛。又知 $\sum_{n=1}^{\infty}a_n(x+2)^n$ 在 $x=-4$ 处发散，把 $x=-4$ 代入级数，得到 $\sum_{n=1}^{\infty}a_n(-2)^n$，发散。得到对应的幂级数 $\sum_{n=1}^{\infty}a_nx^n$，在 $x=2$ 点收敛，在 $x=-2$ 点发散，由阿贝尔定理可知 $\sum_{n=1}^{\infty}a_nx^n$ 的收敛域为(−2,2]。

以选项C为例，验证选项C是幂级数 $\sum_{n=1}^{\infty}a_n(x-1)^n$ 的收敛域:

选项C,(−1,3]，把发散点 $x=-1$，收敛点 $x=3$ 分别代入级数 $\sum_{n=1}^{\infty}a_n(x-1)^n$，得到数项级数 $\sum_{n=1}^{\infty}a_n(-2)^n$，$\sum_{n=1}^{\infty}a_n2^n$，由题中给出的条件可知 $\sum_{n=1}^{\infty}a_n(-2)^n$ 发散，$\sum_{n=1}^{\infty}a_n2^n$ 收敛，且当级数 $\sum_{n=1}^{\infty}a_n(x-1)^n$ 在收敛域(−1,3]变化时和 $\sum_{n=1}^{\infty}a_nx^n$ 的收敛域(−2,2]相对应。

所以级数 $\sum_{n=1}^{\infty}a_n(x-1)^n$ 的收敛域为(−1,3]。

可验证选项A、B、D均不成立。

方法2:

在方法1解析过程中得到 $\sum_{n=1}^{\infty}a_nx^n$ 的收敛域为 $-2<x\leqslant 2$，当把级数中的 x 换成 x

-1时，得到$\sum_{n=1}^{\infty} a_n (x-1)^n$的收敛域为$-2 < x-1 \leqslant 2$，$-1 < x \leqslant 3$，即$\sum_{n=1}^{\infty} a_n (x-1)^n$的收敛域为$(-1,3]$。

答案:C

19.**解**　由行列式性质可得$|\boldsymbol{A}|=-|\boldsymbol{B}|$，又因$|\boldsymbol{A}| \neq |\boldsymbol{B}|$，所以$|\boldsymbol{A}| \neq -|\boldsymbol{A}|$，$2|\boldsymbol{A}| \neq 0$，$|\boldsymbol{A}| \neq 0$。

答案:B

20.**解**　因为$\boldsymbol{A}$与$\boldsymbol{B}$相似，所以$|\boldsymbol{A}|=|\boldsymbol{B}|=0$，且$R(\boldsymbol{A})=R(\boldsymbol{B})=2$。

方法1:

当$x=y=0$时，$|\boldsymbol{A}|=\begin{vmatrix} 1 & 0 & 1 \\ 0 & 1 & 0 \\ 1 & 0 & 1 \end{vmatrix}=0$，$\boldsymbol{A}=\begin{bmatrix} 1 & 0 & 1 \\ 0 & 1 & 0 \\ 1 & 0 & 1 \end{bmatrix} \xrightarrow{-r_1+r_3} \begin{bmatrix} 1 & 0 & 1 \\ 0 & 1 & 0 \\ 0 & 0 & 0 \end{bmatrix}$

$R(\boldsymbol{A})=R(\boldsymbol{B})=2$

方法2:

$$|\boldsymbol{A}|=\begin{vmatrix} 1 & x & 1 \\ x & 1 & y \\ 1 & y & 1 \end{vmatrix} \xrightarrow[-r_1+r_3]{-xr_1+r_2} \begin{vmatrix} 1 & x & 1 \\ 0 & 1-x^2 & y-x \\ 0 & y-x & 0 \end{vmatrix}=-(y-x)^2$$

令$|\boldsymbol{A}|=0$，得$x=y$

当$x=y=0$时，$|\boldsymbol{A}|=|\boldsymbol{B}|=0$，$R(\boldsymbol{A})=R(\boldsymbol{B})=2$；

当$x=y=1$时，$|\boldsymbol{A}|=|\boldsymbol{B}|=0$，但$R(\boldsymbol{A})=1 \neq R(\boldsymbol{B})$。

答案:A

21.**解**　因为$\boldsymbol{\alpha}_1$、$\boldsymbol{\alpha}_2$、$\boldsymbol{\alpha}_3$线性相关的充要条件是行列式$|\boldsymbol{\alpha}_1,\boldsymbol{\alpha}_2,\boldsymbol{\alpha}_3|=0$，即

$$|\boldsymbol{\alpha}_1,\boldsymbol{\alpha}_2,\boldsymbol{\alpha}_3|=\begin{vmatrix} a & 1 & 1 \\ 1 & a & -1 \\ 1 & -1 & a \end{vmatrix} \xrightarrow[-r_3+r_2]{-ar_3+r_1} \begin{vmatrix} 0 & 1+a & 1-a^2 \\ 0 & a+1 & -1-a \\ 1 & -1 & a \end{vmatrix}=\begin{vmatrix} 1+a & 1-a^2 \\ 1+a & -1-a \end{vmatrix}$$

$$=(1+a)^2\begin{vmatrix} 1 & 1-a \\ 1 & -1 \end{vmatrix}=(1+a)^2(a-2)=0$$

解得$a=-1$或$a=2$。

答案:B

22.**解**　$P(A \cup B)=P(A)+P(B)-P(AB)$

$P(AB) = P(A)P(B|A) = \frac{1}{4} \times \frac{1}{3} = \frac{1}{12}$

$P(\mathrm{B})P(\mathrm{A}|B) = P(AB)$，$\frac{1}{2}P(B) = \frac{1}{12}$，$P(B) = \frac{1}{6}$

$P(A \cup B) = \frac{1}{4} + \frac{1}{6} - \frac{1}{12} = \frac{1}{3}$

答案:D

23. **解**　利用方差性质得 $D(2X - Y) = D(2X) + D(Y) = 4D(X) + D(Y) = 7$。

答案:A

24. **解**　$E(Z) = E(X) + E(Y) = \mu_1 + \mu_2$，

$D(Z) = D(X) + D(Y) = {\sigma_1}^2 + \sigma_2^2$。

答案:D

25. **解**　气体分子运动的最概然速率：$v_{\mathrm{p}} = \sqrt{\frac{2RT}{M}}$

方均根速率：$\sqrt{\overline{v^2}} = \sqrt{\frac{3RT}{M}}$

由 $\sqrt{\frac{3RT_1}{M}} = \sqrt{\frac{2RT_2}{M}}$，可得到 $\frac{T_2}{T_1} = \frac{3}{2}$

答案:A

26. **解**　一定量的理想气体经等压膨胀(注意等压和膨胀)，由热力学第一定律 $Q = \Delta E + W$，体积单向膨胀做正功，内能增加，温度升高。

答案:C

27. **解**　理想气体的内能是温度的单值函数，内能差仅取决于温差，此题所示热力学过程初、末态均处于同一温度线上，温度不变，故内能变化 $\Delta E = 0$，但功是过程量，题目并未描述过程如何进行，故无法判定功的正负。

答案:A

28. **解**　气体分子运动的平均速率：$\bar{v} = \sqrt{\frac{8RT}{\pi M}}$，氧气的摩尔质量 $M_{\mathrm{O_2}} = 32\mathrm{g}$，氢气的摩尔质量 $M_{\mathrm{H_2}} = 2\mathrm{g}$，故相同温度的氧气和氢气的分子平均速率之比 $\frac{\bar{v}_{\mathrm{O_2}}}{\bar{v}_{\mathrm{H_2}}} = \sqrt{\frac{M_{\mathrm{H_2}}}{M_{\mathrm{O_2}}}} = \sqrt{\frac{2}{32}} = \frac{1}{4}$。

答案:D

29. **解**　卡诺循环的热机效率 $\eta = 1 - \frac{T_2}{T_1} = 1 - \frac{273+27}{T_1} = 40\%$，$T_1 = 500\text{K}$。

此题注意开尔文温度与摄氏温度的变换。

答案：A

30. **解**　由三角函数公式，将波动方程化为余弦形式：

$$y = 0.02\sin(\pi t + x) = 0.02\cos\left(\pi t + x - \frac{\pi}{2}\right)$$

答案：B

31. **解**　此题考查波的物理量之间的基本关系。

$$T = \frac{1}{\nu} = \frac{1}{2000}\text{s}, u = \frac{\lambda}{T} = \lambda \cdot \nu = 400\text{m/s}$$

答案：A

32. **解**　两列振幅不相同的相干波，在同一直线上沿相反方向传播，叠加的合成波振幅为：

$$A^2 = A_1{}^2 + A_2{}^2 + 2A_1A_2\cos\Delta\varphi$$

当 $\cos\Delta\varphi = 1$ 时，合振幅最大，$A' = A_1 + A_2 = 3A$；

当 $\cos\Delta\varphi = -1$ 时，合振幅最小，$A' = |A_1 - A_2| = A$。

此题注意振幅没有负值，要取绝对值。

答案：D

33. **解**　此题考查波的能量特征。波动的动能与势能是同相的，同时达到最大最小。若此时 A 点处媒质质元的弹性势能在减小，则其振动动能也在减小。此时 B 点正向负最大位移处运动，振动动能在减小。

答案：A

34. **解**　由双缝干涉相邻明纹(暗纹)的间距公式：$\Delta x = \frac{D}{a}\lambda$，若双缝所在的平板稍微向上平移，中央明纹与其他条纹整体向上稍作平移，其他条件不变，则屏上的干涉条纹间距不变。

答案：B

35. **解**　此题考查光的干涉。薄膜上下两束反射光的光程差：$\delta = 2ne + \frac{\lambda}{2}$

反射光加强：$\delta = 2ne + \frac{\lambda}{2} = k\lambda$，$\lambda = \frac{2ne}{k - \frac{1}{2}} = \frac{4ne}{2k-1}$

$k=2$ 时，$\lambda = \frac{4ne}{2k-1} = \frac{4 \times 1.33 \times 0.32 \times 10^3}{3} = 567\text{nm}$

答案：C

36. **解**　自然光 I_0 穿过第一个偏振片后成为偏振光，光强减半，为 $I_1 = \frac{1}{2}I_0$。

第一个偏振片与第二个偏振片夹角为 30°，第二个偏振片与第三个偏振片夹角为 60°，

穿过第二个偏振片后的光强用马吕斯定律计算：$I_2 = \frac{1}{2}I_0 \cos^2 30°$

穿过第三个偏振片后的光强为：$I_3 = \frac{1}{2}I_0 \cos^2 30° \cos^2 60° = \frac{3}{32}I_0$

答案：C

37. **解**　主量子数为 n 的电子层中原子轨道数为 n^2，最多可容纳的电子总数为 $2n^2$。主量子数 $n=3$，原子轨道最多可容纳的电子总数为 $2 \times 3^2 = 18$。

答案：C

38. **解**　当分子中的氢原子与电负性大、半径小、有孤对电子的原子（如 N、O、F）形成共价键后，还能吸引另一个电负性较大原子（如 N、O、F）中的孤对电子而形成氢键。所以分子中存在 N—H、O—H、F—H 共价键时会形成氢键。

答案：A

39. **解**　112mg 铁的物质的量 $n = \frac{\frac{112}{1000}}{56} = 0.002\text{mol}$

溶液中铁的浓度 $C = \frac{n}{V} = \frac{0.002}{\frac{100}{1000}} = 0.02\text{mol} \cdot \text{L}^{-1}$

答案：C

40. **解**　NaOAc 为强碱弱酸盐，可以水解，水解常数 $K_h = \frac{K_w}{K_a}$

$0.1\text{mol} \cdot \text{L}^{-1}$ NaOAc 溶液：

$$C_{OH^-} = \sqrt{C \cdot K_h} = \sqrt{C \cdot \frac{K_w}{K_a}} = \sqrt{0.1 \times \frac{1 \times 10^{-14}}{1.8 \times 10^{-5}}} \approx 7.5 \times 10^{-6}\text{mol} \cdot \text{L}^{-1}$$

$$C_{H^+} = \frac{K_w}{C_{OH^-}} = \frac{1 \times 10^{-14}}{7.5 \times 10^{-6}} \approx 1.3 \times 10^{-9}\ \text{mol} \cdot \text{L}^{-1}, \text{pH} = -\lg C_{H^+} \approx 8.88$$

答案：D

41. **解**　由物质的标准摩尔生成焓 $\Delta_f H_m^\ominus$ 和反应的标准摩尔反应焓变 $\Delta_r H_m^\ominus$ 的定义可

知，$H_2O(l)$的标准摩尔生成焓$\Delta_f H_m^\ominus$为反应$H_2(g)+\frac{1}{2}O_2(g)=H_2O(l)$的标准摩尔反应焓变$\Delta_r H_m^\ominus$。反应$2H_2(g)+O_2(g)=2H_2O(l)$的标准摩尔反应焓变是反应$H_2(g)+\frac{1}{2}O_2(g)=H_2O(l)$的标准摩尔反应焓变的2倍，即$H_2(g)+\frac{1}{2}O_2(g)=H_2O(l)$的$\Delta_f H_m^\ominus=\frac{1}{2}\times(-572)=-286kJ\cdot mol^{-1}$。

答案：D

42. **解**　$p(N_2O_4)=p(NO_2)=100kPa$时，$N_2O_4(g)\rightleftharpoons 2NO_2(g)$的反应熵$Q=\frac{\left[\frac{p(NO_2)}{p^\ominus}\right]^2}{\frac{p(N_2O_4)}{p^\ominus}}=1>K^\ominus=0.1132$，根据反应熵判据，反应逆向进行。

答案：B

43. **解**　原电池电动势$E=\varphi_{正}-\varphi_{负}$，负极对应电对$Zn^{2+}/Zn$的能斯特方程式为$\varphi_{Zn^{2+}/Zn}=\varphi^\ominus_{Zn^{2+}/Zn}+\frac{0.059}{2}\lg C_{Zn^{2+}}$，$ZnSO_4$浓度增加，$C_{Zn^{2+}}$增加，$\varphi_{Zn^{2+}/Zn}$增加，原电池电动势变小。

答案：B

44. **解**　$(CH_3)_2CHCH(CH_3)CH_2CH_3$的结构式为

```
      CH3   CH3
      |     |
H3C—CH—CH—CH2—CH3
```

根据有机化合物命名规则，该有机物命名为2,3-二甲基戊烷。

答案：B

45. **解**　对羟基苯甲酸乙酯含有HO—⟨苯环⟩部分，为酚类化合物；含有$—COOC_2H_5$部分，为酯类化合物。

答案：D

46. **解**　该高聚物的重复单元为

```
—CH2—CH—
      |
      COOCH3
```

是由单体$CH_2=CHCOOCH_3$通过加聚反应形成的。

答案：D

47. **解**　销钉C处为光滑接触约束，约束力应垂直于AB光滑直槽，由于F_p的作用，直槽的左上侧与销钉接触，故其约束力的作用线与x轴正向所成的夹角为150°。

答案:D(此题2017年考过)

48.**解** 由图可知力 $\boldsymbol{F}$ 过 B 点,故对 B 点的力矩为0,因此该力系对 B 点的合力矩为:

$M_{\mathrm{B}}=M=\frac{1}{2}Fa=\frac{1}{2}\times150\times50=3750\mathrm{N\cdot cm}$(顺时针)

答案:A

49.**解** 以 CD 为研究对象,其受力如解图所示。

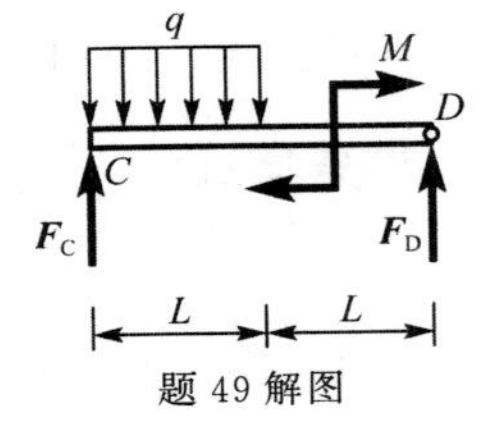

题49解图

列平衡方程:$\sum M_{\mathrm{C}}(F)=0$,$2L\cdot F_{\mathrm{D}}-M-q\cdot L\cdot\frac{L}{2}=0$

代入数值得:$F_{\mathrm{D}}=15\mathrm{kN}$(铅垂向上)

答案:B

50.**解** 由于主动力 $\boldsymbol{F}_{\mathrm{p}}$、$\boldsymbol{F}$ 大小均为100N,故其二力合力作用线与接触面法线方向的夹角为45°,与摩擦角相等,根据自锁条件的判断,物块处于临界平衡状态。

答案:D

51.**解** 消去运动方程中的参数 t,将 $t^2=x$ 代入 y 中,有 $y=2x^2$,故 $y-2x^2=0$ 为动点的轨迹方程。

答案:C

52.**解** 速度的大小为运动方程对时间的一阶导数,即:

$v_x=\frac{\mathrm{d}x}{\mathrm{d}t}=v_0\cos\alpha, v_y=\frac{\mathrm{d}y}{\mathrm{d}t}=v_0\sin\alpha-gt$

则当 $t=0$ 时,炮弹的速度大小为:$v=\sqrt{v_x^2+v_y^2}=v_0$

答案:C

53.**解** 滑轮上 A 点的速度和切向加速度与皮带相应的速度和加速度相同,根据定轴转动刚体上速度、切向加速度的线性分布规律,可得 B 点的速度 $v_{\mathrm{B}}=20R/r=30\mathrm{m/s}$,切向加速度 $a_{\mathrm{Bt}}=6R/r=9\mathrm{m/s^2}$。

答案:A

54.**解** 小球的运动及受力分析如解图所示。根据质点运动微分方程 $\boldsymbol{F}=m\boldsymbol{a}$,将方程沿着 N 方向投影有:$ma\sin\alpha=N-mg\cos\alpha$,解得:

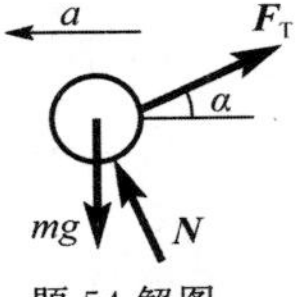

题54解图

$N=mg\cos\alpha+ma\sin\alpha$

答案:B

55.**解** 物体受主动力 $\boldsymbol{F}$、重力 $m\boldsymbol{g}$ 及斜面的约束力 $\boldsymbol{F}_{\mathrm{N}}$ 作用,做功分别为:

$W(\boldsymbol{F})=70\times6=420\mathrm{N\cdot m}$,$W(m\boldsymbol{g})=-5\times9.8\times6\sin30°=-147\mathrm{N\cdot m}$,$W(\boldsymbol{F}_{\mathrm{N}})=0$

故所有力做功之和为：$W=420-147=273\mathrm{N\cdot m}$

答案：C

56. **解** 根据动量矩定理，两轮分别有：$J\alpha_1=F_AR$，$J\alpha_2=F_BR$，对于轮 A 有 $J\alpha_1=PR$，对于图 b)系统有 $\left(J+\frac{P}{g}R^2\right)\alpha_2=PR$，所以 $\alpha_1>\alpha_2$，故有 $F_A>F_B$。

答案：B

57. **解** 根据惯性力的定义：$\boldsymbol{F}_\mathrm{I}=-m\boldsymbol{a}$，物块 B 的加速度与物块 A 的加速度大小相同，且向下，故物块 B 的惯性力 $F_{BI}=4\times3.3=13.2\mathrm{N}$，方向与其加速度方向相反，即铅垂向上。

答案：A

58. **解** 当激振力频率与系统的固有频率相等时，系统发生共振，即

$$\omega_0=\sqrt{\frac{k}{m}}=\omega=50\mathrm{rad/s}$$

系统的等效弹簧刚度 $k=k_1+k_2=3\times10^5\mathrm{N/m}$

代入上式可得：$m=120\mathrm{kg}$

答案：C

59. **解** 由低碳钢拉伸时 σ-ε 曲线(如解图所示)可知：在加载到强化阶段后卸载，再加载时，屈服点 C' 明显提高，断裂前变形明显减少，所以“冷作硬化”现象发生在强化阶段。

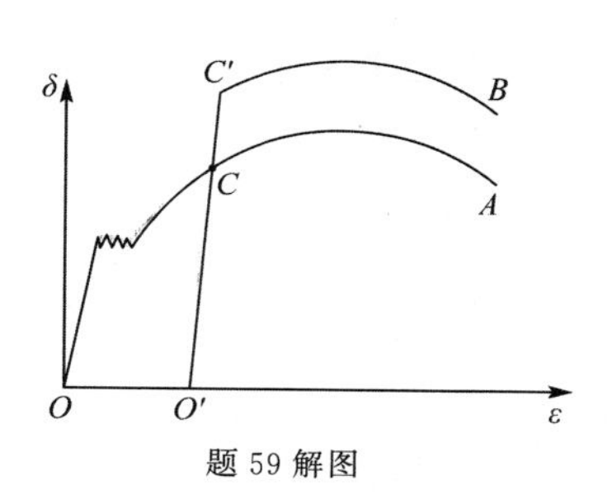

题 59 解图

答案：C

60. **解** AB 段轴力是 $3F$，$\Delta l_{AB}=\frac{3Fa}{EA}$，$BC$ 段轴力是 $2F$，$\Delta l_{BC}=\frac{2Fa}{EA}$，

杆的总伸长 $\Delta l=\Delta l_{AB}+\Delta l_{BC}=\frac{3Fa}{EA}+\frac{2Fa}{EA}=\frac{5Fa}{EA}$

答案：D

61. **解** 钢板和钢轴的计算挤压面积是 dt，由钢轴的挤压强度条件 $\sigma_{bs}=\frac{F}{dt}\leqslant[\sigma_{bs}]$，得 $d\geqslant\frac{F}{t[\sigma_{bs}]}$。

答案：A

62. **解** 根据极惯性矩 I_p 的定义：$I_p=\int_A\rho^2\mathrm{d}A$，可知极惯性矩是一个定积分，具有可

加性，所以 $I_p = \frac{\pi}{32}D^4 - \frac{\pi}{32}d^4 = \frac{\pi}{32}(D^4 - d^4)$ 。

答案:D

63. **解**　根据定义，惯性矩 $I_y = \int_A z^2 dA$ 、$I_z = \int_A y^2 dA$ 和极惯性矩 $I_p = \int_A \rho^2 dA$ 的值恒为正，而静矩 $S_y = \int_A z dA$ 、$S_z = \int_A y dA$ 和惯性积 $I_{yz} = \int_A yz dA$ 的数值可正、可负，也可为零。

答案:B

64. **解**　由"零、平、斜，平、斜、抛"的微分规律，可知 AB 段有分布荷载；B 截面有弯矩的突变，故 B 处有集中力偶。

答案:B

65. **解**　A 图看整体：$\sigma_{max} = \frac{M}{W_z} = \frac{M}{\frac{a^3}{6}} = \frac{6M}{a^3}$

B 图看一根梁：$\sigma_{max} = \frac{M}{W_z} = \frac{0.5M}{\frac{0.5a^3}{6}} = \frac{M}{\frac{a^3}{6}} = \frac{6M}{a^3}$

C 图看一根梁：$\sigma_{max} = \frac{M}{W_z} = \frac{\frac{1}{3}M}{\frac{\frac{1}{3}a^3}{6}} = \frac{M}{\frac{a^3}{6}} = \frac{6M}{a^3}$

D 图看一根梁：$\sigma_{max} = \frac{M}{W_z} = \frac{0.5M}{\frac{a \times (0.5a)^2}{6}} = \frac{2M}{\frac{a^3}{6}} = \frac{12M}{a^3}$

答案:D

66. **解**　A 处为固定铰链支座，挠度总是等于 0，即 $V_A = 0$

B 处挠度等于 BD 杆的变形量，即 $V_B = \Delta L$

C 处有集中力 F 作用，挠度方程和转角方程将发生转折，但是满足连续光滑的要求，即 $V_{C左} = V_{C右}$，$\theta_{C左} = \theta_{C右}$ 。

答案:C

67. **解**　最大切应力所在截面，一定不是主平面，该平面上的正应力也一定不是主应力，也不一定为零，故只能选 D。

答案:D

68. **解**　根据第一强度理论(最大拉应力理论)可知：$\sigma_{eq1} = \sigma_1$，所以只能选 A。

答案:A

69. **解**　移动前杆是轴向受拉：$\sigma_{max}=\frac{F}{A}=\frac{F}{a^2}$

移动后杆是偏心受拉，属于拉伸与弯曲的组合受力与变形：

$$\sigma_{max}=\frac{F}{A}+\frac{0.5aF}{\frac{a^3}{6}}=\frac{F}{a^2}+\frac{3F}{a^2}=\frac{4F}{a^2}$$

答案：D

70. **解**　压杆总是在惯性矩最小的方向失稳，

对图 a)：$I_a=\frac{hb^3}{12}$；对图 b)：$I_b=\frac{h^4}{12}$，则：

$$F_{cr}^{a}=\frac{\pi^2 EI_a}{(\mu L)^2}=\frac{\pi^2 E\frac{hb^3}{12}}{(2L)^2}=\frac{\pi^2 E\frac{2b\times b^3}{12}}{(2L)^2}=\frac{\pi^2 Eb^4}{24L^2}$$

$$F_{cr}^{b}=\frac{\pi^2 EI_b}{(\mu L)^2}=\frac{\pi^2 E\frac{2b\times(2b)^3}{12}}{(2L)^2}=\frac{\pi^2 Eb^4}{3L^2}=8F_{cr}^{a}$$

故临界力是原来的 8 倍。

答案：B

71. **解**　由流体的物理性质知，流体在静止时不能承受切应力，在微小切力作用下，就会发生显著的变形而流动。

答案：A

72. **解**　由于题设条件中未给出计算水头损失的数据，现按不计水头损失的能量方程解析此题。

设基准面 0-0 与断面 2 重合，对断面 1-1 及断面 2-2 写能量方程：

$$Z_1+\frac{v_1^2}{2g}=Z_2+\frac{v_2^2}{2g}$$

代入数据 $2+\frac{1.8^2}{2g}=\frac{v_2^2}{2g}$，解得 $v_2=6.50\text{m/s}$

又由连续方程 $v_1A_1=v_2A_2$，可得 $1.8\text{m/s}\times\frac{\pi}{4}(0.1)^2=6.50\text{m/s}\times\frac{\pi}{4}d_2^2$

解得 $d_2=5.2\text{cm}$

答案：A

73. **解**　利用动量定理计算流体对固体壁的作用力时，进出口断面上的压强应为相对压强。

答案：B

74. **解**　有压圆管层流运动的沿程损失系数 $\lambda=\frac{64}{\mathrm{Re}}$

而雷诺数 $\mathrm{Re}=\frac{vd}{\nu}=\frac{5\times5}{0.18}=138.89$，$\lambda=\frac{64}{138.89}=0.461$

答案：B

75. **解**　并联长管路的水头损失相等，即 $S_1Q_1^2=S_2Q_2^2$

式中管路阻抗 $S_1=\frac{8\lambda\frac{L_1}{d_1}}{g\pi^2d_1^4}$，$S_2=\frac{8\lambda\frac{3L_1}{d_2}}{g\pi^2d_2^4}$

又因 $d_1=d_2$，所以得：$\frac{Q_1}{Q_2}=\sqrt{\frac{S_2}{S_1}}=\sqrt{\frac{3L_1}{L_1}}=1.732$，$Q_1=1.732Q_2$

答案：C

76. **解**　明渠均匀流只能发生在顺坡棱柱形渠道。

答案：B

77. **解**　均匀砂质土壤适用达西渗透定律：$v=kJ$

代入题设数据，则渗流速度 $v=0.005\times0.5=0.0025\mathrm{cm/s}$

答案：A

78. **解**　压力管流的模型试验应选择雷诺准则。

答案：A

79. **解**　直流电源作用下，电压 U_1、电流 I 均为恒定值，产生恒定磁通 Φ。根据电磁感应定律，线圈 N_2 中不会产生感应电动势，所以 $U_2=0$。

答案：A

80. **解**　通常电感线圈的等效电路是 R-L 串联电路。当线圈通入直流电时，电感线圈的感应电压为 0，可以计算线圈电阻为 $R'=\frac{U}{I}=\frac{10}{1}=10\Omega$。在交流电源作用下线圈的感应电压不为 0，要考虑线圈中感应电压的影响必须将电感线圈等效为 R-L 串联电路。因此，该电路的等效模型为：10Ω 电阻与电感 L 串联后再与传输线电阻 R 串联。

答案：B

81. **解**　求等效电阻时应去除电源作用(电压源短路，电流源断路)，将电流源断开后 a-b 端左侧网络的等效电阻为 R_2。

答案：D

82. **解**　首先根据给定电压函数 $u(t)$ 写出电压的相量 $\dot{U}$，利用交流电路的欧姆定律计算电流相量：

$$\dot{I}=\frac{\dot{U}}{Z}=\frac{220\angle 30^{\circ}}{10\angle 45^{\circ}}=22\underline{\angle -15^{\circ}}$$

最后写出函数表达式为 $22\sqrt{2}\sin(314t-15^{\circ})$A 。

答案：D

83. **解**　根据电路可以分析，总阻抗 $Z=Z_1+Z_2=6+j8-jX_C$，当 $X_C=8$ 时，Z 有最小值，电流 I 有最大值(电路出现谐振，呈现电阻性质)。

答案：B

84. **解**　用电设备 M 的外壳线 a 应接到保护地线 PE 上，电灯 D 的接线 b 应接到电源中性点 N 上，说明如下：

(1)三相四线制：包括相线 A、B、C 和保护零线 PEN(图示的 N 线)。PEN 线上有工作电流通过，PEN 线在进入用电建筑物处要做重复接地；我国民用建筑的配电方式采用该系统。

(2)三相五线制：包括相线 A、B、C，零线 N 和保护接地线 PE。N 线有工作电流通过，PE 线平时无电流(仅在出现对地漏电或短路时有故障电流)。

零线和地线的根本差别在于一个构成工作回路，一个起保护作用(叫做保护接地)，一个回电网，一个回大地，在电子电路中这两个概念要区别开，工程中也要求这两根线分开接。

答案：C

85. **解**　三相交流异步电动机的空载功率因数较小，为 0.2～0.3，随着负载的增加功率因数增加，当电机达到满载时功率因数最大，可以达到 0.9 以上。

答案：B

86. **解**　控制电路图中所有控制元件均是未工作的状态，同一电器用同一符号注明。要保持电气设备连续工作必须有自锁环节。

图 B 的自锁环节使用了 KM 接触器的常闭触点，图 C 和图 D 中的停止按钮 SBstop 两端不能并入 KM 接触器的常闭触点或常开触点，因此图 B、C、D 都是错误的。

图 A 的电路符合设备连续工作的要求：按启动按钮 SBst(动合)后，接触器 KM 线圈通电，KM 常开触点闭合(实现自锁)；按停止按钮 SBstop(动断)后，接触器 KM 线圈断电，用电设备停止工作。可见四个选项中图 A 符合电气设备连续工作的要求。

答案：A

87. **解**　表示信息的数字代码是二进制。通常用电压的高电位表示"1"，低电位表示"0"，或者反之。四个选项中的前三项都可以用来表示二进制代码"10101"，选项D的电位不符合"高—低—高—低—高"的规律，则不能用来表示数码"10101"。

答案：D

88. **解**　根据信号的幅值频谱关系，周期信号的频谱是离散的，而非周期信号的频谱是连续的。图a)是非周期性时间信号的频谱，图b)是周期性时间信号的频谱。

答案：B

89. **解**　滤波器是频率筛选器，通常根据信号的频率不同进行处理。它不会改变正弦波信号的形状，而是通过正弦波信号的频率来识别，保留有用信号，滤除干扰信号。而非正弦周期信号可以分解为多个不同频率正弦波信号的合成，它的频率特性是收敛的。对非正弦周期信号滤波时要保留基波和低频部分的信号，滤除高频部分的信号。这样做虽然不会改变原信号的频率，但是滤除高频分量以后会影响非正弦周期信号波形的形状。

答案：D

90. **解**　根据逻辑函数的摩根定理对原式进行分析：

$$\mathrm{ABCD}+\overline{\mathrm{A}}+\overline{\mathrm{B}}+\overline{\mathrm{C}}+\overline{\mathrm{D}}=\mathrm{ABCD}+\overline{\overline{\overline{\mathrm{A}}+\overline{\mathrm{B}}+\overline{\mathrm{C}}+\overline{\mathrm{D}}}}=\mathrm{ABCD}+\overline{\mathrm{ABCD}}=1$$

答案：B

91. **解**　$\mathrm{F}=\overline{\mathrm{AB}}$为与非门，分析波形可以用口诀："A、B"有0，"F"为1；"A、B"全1，"F"为0。

答案：B

92. **解**　根据真值表写出逻辑表达式的方法是：找出真值表输出信号F=1对应的输入变量取值组合，每组输入变量取值为一个乘积项(与)，输入变量值为1的写原变量，输入变量值为0的写反变量。最后将这些变量相加(或)，即可得到输出函数F的逻辑表达式。

根据该给定的真值表可以写出：$\mathrm{F}=\overline{\mathrm{A}}\mathrm{BC}+\mathrm{AB}\overline{\mathrm{C}}+\mathrm{ABC}$。

答案：D

93. **解**　电压放大器的耦合电容有隔直通交的作用，因此电容C_E接入以后不会改变放大器的静态工作点。对于交变信号，接入电容C_E以后电阻R_E被短路，根据放大器的交流通道来分析放大器的动态参数，输入电阻R_i、输出电阻R_o、电压放大倍数A_u分别为：

$R_i = R_{B1} // R_{B2} // [r_{be} + (1+\beta) R_E]$

$R_o = R_C$

$$A_u = \frac{-\beta R'_L}{\gamma_{be} + (1+\beta) R_E} \quad (R'_L = R_C // R_L)$$

可见，输出电阻 R_o 与 R_E 无关。

所以，并入电容 C_E 后不变的量是静态工作点和输出电阻R_o。

答案：C

94. 解 本电路属于运算放大器非线性应用，是一个电压比较电路。A 点是反相输入端，B 点是同相输入端。当 B 点电位高于 A 点电位时，输出电压有正的最大值 U_{oM}。当 B 点电位低于 A 点电位时，输出电压有负的最大值$-U_{oM}$。

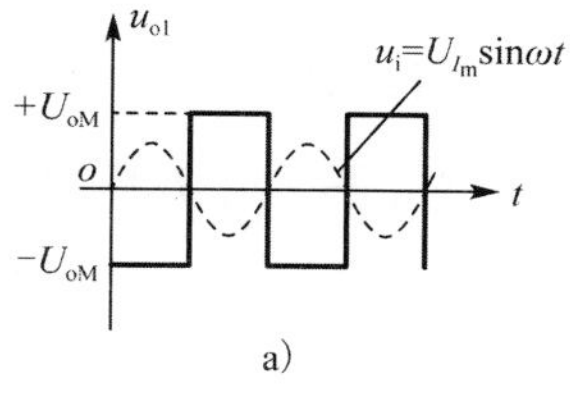

a)

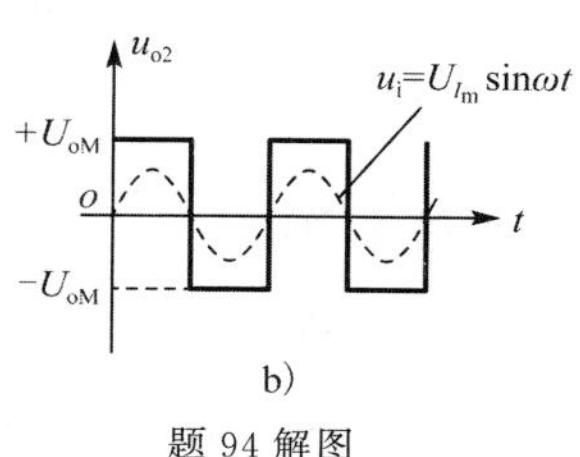

b)

题 94 解图

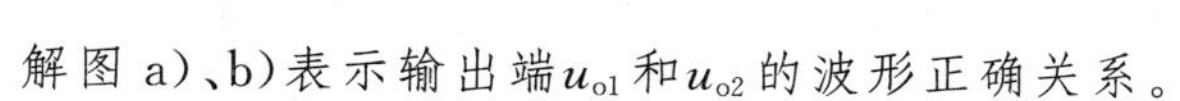

解图 a)、b)表示输出端u_{o1}和u_{o2}的波形正确关系。

选项 D 的u_{o1}波形分析正确，并且$u_{o1} = -u_{o2}$，符合题意。

答案：D

95. 解 利用逻辑函数分析如下：$F_1 = \overline{A \cdot 1} = \overline{A}$；$F_2 = B + 1 = 1$。

答案：D

96. 解 两个电路分别为 JK 触发器和 D 触发器，逻辑状态表给定，它们有同一触发脉冲和清零信号作用。但要注意到两个触发器的触发时间不同，JK 触发器为下降沿触发，D 触发器为上升沿触发。

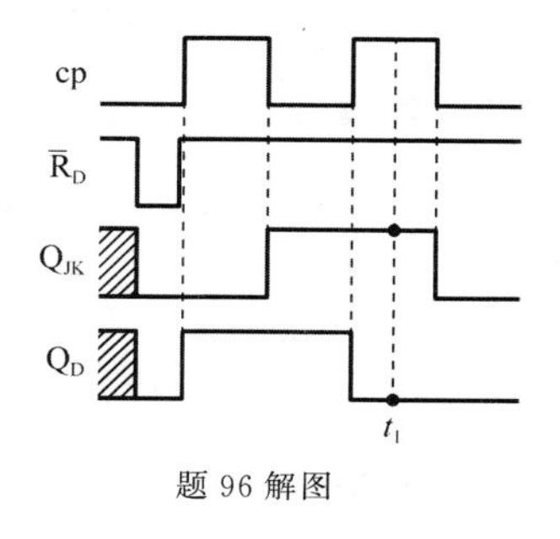

题 96 解图

结合逻辑表分析输出脉冲波形如解图所示。

JK 触发器：J=K=1，$Q_{JK}^{n+1} = \overline{Q}_{JK}^n$，cp 下降沿触发。

D 触发器：$Q_D^{n+1} = D = \overline{Q}_D^n$，cp 上升沿触发。

对应的 t_1 时刻两个触发器的输出分别是 $Q_{JK}=1$，$Q_D=0$，选项 C 正确。

答案：C

97. 解 计算机分为模拟计算机、数字计算机以及数字模拟混合计算机。模拟计算机主要用于处理模拟信息，如工业控制中的温度、压力等，目前已基本被数字计算机代替。数字计算机采用二进制运算，其特点是解题精度高，便于存储信息，是通用性很强的计算工具。数字模拟混合计算机是取数字、模拟计算机之长，既能高速运算，又便于存储信息，但这类计算机造价昂贵。现在人们所使用的大都属于数字计算机。计算机处理时输入和输出的数值都是数字信息。

答案:B

98.**解** 程序计数器(PC)的功能是用来存放下一条指令的地址的。当执行一条指令时,首先需要根据PC中存放的指令地址,将指令由内存取到指令寄存器中,此过程称为“取指令”。与此同时,PC中的地址或自动加1或由转移指针给出下一条指令的地址。此后经过分析指令、执行指令,完成第一条指令的执行,而后根据PC取出第二条指令的地址,如此循环,执行每一条指令。

答案:C

99.**解** 计算机的软件系统是由系统软件、支撑软件和应用软件构成。系统软件是负责管理、控制和维护计算机软、硬件资源的一种软件,它为应用软件提供了一个运行平台。支撑软件是支持其他软件的编写制作和维护的软件。应用软件是特定应用领域专用的软件。

答案:B

100.**解** 允许多个用户以交互方式使用计算机的操作系统是分时操作系统。分时操作系统是使一台计算机同时为几个、几十个甚至几百个用户服务的一种操作系统。它将系统处理机时间与内存空间按一定的时间间隔,轮流地切换给各终端用户的。

答案:B

101.**解** ASSCII码是“美国信息交换标准代码”的简称,是目前国际上最为流行的字符信息编码方案。在这种编码中每个字符用7个二进制位表示,从0000000到1111111可以给出128种编码,用来表示128个不同的常用字符。

答案:D

102.**解** 计算机系统内的存储器是由一个个存储单元组成的,而每一个存储单元的容量为8位二进制信息,称为一个字节。为了对存储器进行有效的管理,给每个单元都编上一个号,也就是给存储器中的每一个字节都分配一个地址码,俗称给存储器地址“编址”。

答案:A

103.**解** 给数据加密,是隐蔽信息的可读性,将可读的信息数据转换为不可读的信息数据,称为密文。把信息隐藏起来,即隐藏信息的存在性,将信息隐藏在一个容量更大的信息载体之中,形成隐秘载体。信息隐藏和数据加密的方法是不一样的。

答案:D

104. **解** 线程有时也称为轻量级进程，是被系统独立调度和CPU的基本运行单位。有些进程只包含一个线程，也可包含多个线程。线程的优点之一就是资源共享。

答案：C

105. **解** 信息化社会是以计算机信息处理技术和传输手段的广泛应用为基础和标志的新技术革命，影响和改造社会生活方式与管理方式。信息化社会指在经济生活全面信息化的进程中，人类社会生活的其他领域也逐步利用先进的信息技术建立起各种信息网络，信息技术在生产、科研教育、医疗保健、企业和政府管理以及家庭中的广泛应用对经济和社会发展产生了巨大而深刻的影响，从根本上改变了人们的生活方式、行为方式和价值观念。计算机则是实现信息社会的必备工具之一，两者相互影响、相互制约、相互推动、相互促进，是密不可分的关系。

答案：C

106. **解** 如果要寻找一个主机名所对应的IP地址，则需要借助域名服务器来完成。当Internet应用程序收到一个主机域名时，它向本地域名服务器查询该主机域名对应的IP地址。如果在本地域名服务器中找不到该主机域名对应的IP地址，则本地域名服务器向其他域名服务器发出请求，要求其他域名服务器协助查找，并将找到的IP地址返回给发出请求的应用程序。

答案：C

107. **解** 根据一次支付现值公式（已知 F 求 P）：

$$P=\frac{F}{(1+i)^{n}}==\frac{50}{(1+5.06\%)^{5}}=39.06\text{ 万元}$$

答案：C

108. **解** 项目总投资中的流动资金是指运营期内长期占用并周转使用的营运资金。估算流动资金的方法有扩大指标法或分项详细估算法。采用分项详细估算法估算时，流动资金是流动资产与流动负债的差额。

答案：C

109. **解** 资本金（权益资金）的筹措方式有股东直接投资、发行股票、政府投资等，债务资金的筹措方式有商业银行贷款、政策性银行贷款、外国政府贷款、国际金融组织贷款、出口信贷、银团贷款、企业债券、国际债券和融资租赁等。

优先股股票和可转换债券属于准股本资金，是一种既具有资本金性质又具有债务资金性质的资金。

答案:C

110. **解**　利息备付率＝息税前利润/应付利息

式中,息税前利润＝利润总额＋利息支出

本题已经给出息税前利润,因此该年的利息备付率为:

利息备付率＝息税前利润/应付利息＝200/100＝2

答案:B

111. **解**　计算各年的累计净现金流量见解表。

题111解表

年份	0	1	2	3	4	5
净现金流量	−100	−50	40	60	60	60
累计净现金流量	−100	−150	−110	−50	10	70

静态投资回收期＝4−1＋|−50|÷60＝3.83年

答案:C

112. **解**　该货物的影子价格为:

直接出口产出物的影子价格(出厂价)＝离岸价(FOB)×影子汇率−出口费用

＝100×6−100＝500元人民币

答案:A

113. **解**　甲方案的净现值为:$NPV_{甲}=-500+140\times6.7101=439.414$万元

乙方案的净现值为:$NPV_{乙}=-1000+250\times6.7101=677.525$万元

$NPV_{乙}>NPV_{甲}$,故应选择乙方案

互斥方案比较不应直接用方案的内部收益率比较,可采用差额投资内部收益率进行比较。

答案:B

114. **解**　用强制确定法选择价值工程的对象时,计算结果存在以下三种情况:

①价值系数小于1较多,表明该零件相对不重要且费用偏高,应作为价值分析的对象;

②价值系数大于1较多,即功能系数大于成本系数,表明该零件较重要而成本偏低,是否需要提高费用视具体情况而定;

③价值系数接近或等于1,表明该零件重要性与成本适应,较为合理。

本题该部件的价值系数为1.02,接近1,说明该部件功能重要性与成本比重相当,不应将该部件作为价值工程对象。

答案:B

115. **解**　《中华人民共和国建筑法》第十条规定：在建的建筑工程因故中止施工的，建设单位应当自中止施工之日起一个月内，向发证机关报告，并按照规定做好建筑工程的维护管理工作。

答案：A

116. **解**　《中华人民共和国安全生产法》第二十五条规定：生产经营单位应当对从业人员进行安全生产教育和培训，保证从业人员具备必要的安全生产知识，熟悉有关的安全生产规章制度和安全操作规程，掌握本岗位的安全操作技能，了解事故应急处理措施，知悉自身在安全生产方面的权利和义务。

答案：C

117. **解**　《中华人民共和国招标投标法》第十二条规定：招标人有权自行选择招标代理机构，委托其办理招标事宜。任何单位和个人不得以任何方式为招标人指定招标代理机构。招标人具有编制招标文件和组织评标能力的，可以自行办理招标事宜。任何单位和个人不得强制其委托招标代理机构办理招标事宜。依法必须进行招标的项目，招标人自行办理招标事宜的，应当向有关行政监督部门备案。

从上述条文可以看出选项A正确，选项B错误，因为招标人可以委托代理机构办理招标事宜。选项C错误，招标人自行招标时才需要备案，不是委托代理人才需要备案。选项D明显不符合第十二条的规定。

答案：A

118. **解**　《中华人民共和国合同法》第十六条规定：要约到达受要约人时生效。

采用数据电文形式订立合同，收件人指定特定系统接收数据电文的，该数据电文进入该特定系统的时间，视为到达时间；未指定特定系统的，该数据电文进入收件人的任何系统的首次时间，视为到达时间。

答案：A

119. **解**　依照《中华人民共和国行政许可法》第二十六条的规定，行政许可采取统一办理或者联合办理、集中办理的，办理的时间不得超过四十五日；四十五日内不能办结的，经本级人民政府负责人批准，可以延长十五日，并应当将延长期限的理由告知申请人。

答案：D

120. **解**　《建设工程质量管理条例》第十六条规定：建设单位收到建设工程竣工报告后，应当组织设计、施工、工程监理等有关单位进行竣工验收。

答案：C

2021 全国勘察设计注册工程师
执业资格考试用书

Zhuce Huanbao Gongchengshi Zhiye Zige Kaoshi
Jichu Kaoshi Linian Zhenti Xiangjie

注册环保工程师执业资格考试
基础考试历年真题详解

专业基础

注册工程师考试复习用书编委会 / 编
徐洪斌　曹纬浚 / 主编

人民交通出版社股份有限公司
北　京

内 容 提 要

本书编写人员全部是多年从事注册环保工程师基础考试培训工作的专家、教授。

本书分公共基础、专业基础两个分册,公共基础分册收录2009～2020年考试真题,专业基础分册收录2007～2020年考试真题,共24套,每套真题后均附有参考答案和解析。

本书配有在线电子题库,可微信扫描封面二维码,免费获取,部分真题有视频解析。

本书可供参加2021年注册环保工程师执业资格考试基础考试的考生考前模拟练习,也可供相关考试培训机构作为培训材料使用。

图书在版编目(CIP)数据

2021注册环保工程师执业资格考试基础考试历年真题详解/徐洪斌,曹纬浚主编.—北京:人民交通出版社股份有限公司,2021.2

ISBN 978-7-114-17107-9

Ⅰ.①2… Ⅱ.①徐… ②曹… Ⅲ.①环境保护—资格考试—题解 Ⅳ.①X-44

中国版本图书馆CIP数据核字(2021)第029578号

书　　名:**2021注册环保工程师执业资格考试基础考试历年真题详解**
著 作 者:徐洪斌　曹纬浚
责任编辑:刘彩云
责任印制:张　凯
出版发行:人民交通出版社股份有限公司
地　　址:(100011)北京市朝阳区安定门外外馆斜街3号
网　　址:http://www.ccpcl.com.cn
销售电话:(010)59757973
总 经 销:人民交通出版社股份有限公司发行部
经　　销:各地新华书店
印　　刷:北京市密东印刷有限公司
开　　本:787×1092　1/16
印　　张:51.25
字　　数:984千
版　　次:2021年2月　第1版
印　　次:2021年2月　第1次印刷
书　　号:ISBN 978-7-114-17107-9
定　　价:148.00元(含两册)

目录(专业基础)

2007年度全国勘察设计注册环保工程师

执业资格考试试卷

基础考试

（下）

二〇〇七年九月

应考人员注意事项

1. 本试卷科目代码为“2”，考生务必将此代码填涂在答题卡“科目代码”相应的栏目内，否则，无法评分。
2. 书写用笔：**黑色或蓝色钢笔、签字笔或圆珠笔**；
   填涂答题卡用笔：**黑色 2B 铅笔**。
3. 必须用书写用笔将工作单位、姓名、准考证号填写在答题卡和试卷相应的栏目内。
4. 本试卷由 60 题组成，每题 2 分，满分 120 分，本试卷全部为单项选择题，每小题的四个备选项中只有一个正确答案，错选、多选、不选均不得分。
5. 考生作答时，必须**按题号在答题卡上**将相应试题所选选项对应的**字母用 2B 铅笔涂黑**。
6. 在答题卡上书写与题意无关的语言，或在答题卡上作标记的，均按违纪试卷处理。
7. 考试结束时，由监考人员当面将试卷、答题卡一并收回。
8. 草稿纸由各地统一配发，考后收回。

单项选择题(共 60 题,每题 2 分。每题的备选项中只有一个最符合题意。)

1. 等直径圆管中的层流,其过流断面平均流速是圆管中最大流速的多少倍:

A. 1.0　　B. 1/3

C. 1/4　　D. 1/2

2. 有一条长直的棱柱形渠道,梯形断面,底宽 $b=2.0$m,边坡系数 $m=1.5$,在设计流量通过时,该渠道的正常水深(渠道设计深度)为:

A. 3.8m　　B. 3.6m

C. 3.3m　　D. 4.0m

3. 根据可压缩流体一元恒定流动的连续性方程,亚因速气流的速度随流体过流断面面积的增大应如何变化:

A. 增大　　B. 减小

C. 不变　　D. 难以确定

4. 某低速送风管,管道断面为矩形,长 $a=250$mm,宽 $b=200$mm,管中风速 $v=3.0$m/s,空气温度 $t=30$℃,空气的运动黏性系数 $\mu=16.6\times10^{-6}\text{m}^2/\text{s}$,试判别流态为:

A. 层流　　B. 紊流

C. 激流　　D. 缓流

5. 有一条长直的棱柱形渠道,梯形断面,底宽 $b=2.0$m,边坡系数 $m=1.5$,糙率 $n=0.025$,底坡 $i=0.002$,设计水深 $h_0=1.5$m,则通过流量为:

A. $16.4\text{m}^3/\text{s}$　　B. $10.31\text{m}^3/\text{s}$

C. $18.00\text{m}^3/\text{s}$　　D. $20.10\text{m}^3/\text{s}$

6. 应用恒定总流伯努利方程进行水力计算时,一般要取两个过流断面,这两个过流断面可以是:

A. 一个为急变流断面,另一个为均匀流断面

B. 一个为急变流断面,另一个为渐变流断面

C. 都是渐变流断面

D. 都是急变流断面

7. 为了验证单孔小桥的过流能力，按重力相似准则（弗劳德准则）进行模型试验，小桥孔径 $b_p = 24m$，流量 $= 30m^3/s$。采用长度比尺 $\lambda_L = 30$，介质为水，模型中流量 Q_m 是：

A. $7.09 \times 10^{-3} m^3/s$

B. $6.09 \times 10^{-3} m^3/s$

C. $10m^3/s$

D. $1m^3/s$

8. 有一管材、管径相同的并联管路（见图），已知通过的总流量为 $0.08m^3/s$，管径 $d_1 = d_2 = 200mm$，管长 $l_1 = 400mm$，$l_2 = 800mm$，沿程损失系数 $\lambda_1 = \lambda_2 = 0.035$，管中流量 Q_1 和 Q_2 为：

A. $Q_1 = 0.047m^3/s$，$Q_2 = 0.033m^3/s$

B. $Q_1 = 0.057m^3/s$，$Q_2 = 0.023m^3/s$

C. $Q_1 = 0.050m^3/s$，$Q_2 = 0.040m^3/s$

D. $Q_1 = 0.050m^3/s$，$Q_2 = 0.020m^3/s$

9. 常压条件下，15°C 空气中的音速为 340m/s，同样条件的气流以 250m/s 的速度流过渐缩喷管时，出口速度 u 可能为：

A. $u \geqslant 340m/s$

B. $u = 340m/s$

C. $250m/s \leqslant u < 340m/s$

D. $250m/s < u \leqslant 340m/s$

10. 某单吸单级离心泵，$Q = 0.0735m^3/s$，$H = 14.65m$，用电机由皮带拖动，测得 $n = 1420r/min$，$N = 3.3kW$；后因改为电机直接联动，n 增大为 1450r/min，此时泵的工作参数为：

A. $Q = 0.0750m^3/s$，$H = 15.28m$，$N = 3.50kW$

B. $Q = 0.0766m^3/s$，$H = 14.96m$，$N = 3.50kW$

C. $Q = 0.0750m^3/s$，$H = 14.96m$，$N = 3.37kW$

D. $Q = 0.0766m^3/s$，$H = 15.28m$，$N = 3.44kW$

11. 细菌间歇培养的生长曲线可分为以下四个时期，细菌形成荚膜主要在哪个时期：

A. 延长期

B. 对数期

C. 稳定期

D. 衰亡期

12. 水体自净过程中，水质转好的标志是：

A. COD 升高

B. 细菌总数增高

C. 溶解氧降低

D. 轮虫出现

13. 维持酶活性中心空间构型作用的物质为：

A. 结合基团　　B. 催化基团

C. 多肽链　　D. 底物

14. 原生动物在污水生物处理中不具备下列哪项作用：

A. 指示生物　　B. 吞噬游离细菌

C. 增加溶解氧含量　　D. 去除部分有机污染物

15. 若在对数期某一时刻测得大肠菌群数为 1.0×10^{2}CFU/mL，当繁殖多少代后，大肠杆菌数可增至 1.0×10^{9}CFU/mL：

A. 17　　B. 19

C. 21　　D. 23

16. 厌氧产酸阶段将大分子转化成有机酸的微生物类群为：

A. 发酵细菌群　　B. 产氢产乙酸细菌群

C. 同型产乙酸细菌群　　D. 产甲烷细菌

17. 为测一水样中的悬浮物，称得滤膜和称量瓶的总质量为 56.5128g，取水样 100.00mL，抽吸过滤水样，将载有悬浮物的滤膜放在经恒重过的称量瓶里，烘干，冷却后称重得 56.5406g，则该水样中悬浮物的含量为：

A. 278.0mg/L　　B. 255.5mg/L

C. 287.0mg/L　　D. 248.3mg/L

18. 进行大气污染监测点布设时，对于面源或多个点源，在其分布较均匀的情况下，通常采用下列哪种监测点布设方法：

A. 网格布点法　　B. 扇形布点法

C. 同心圆(放射式)布点法　　D. 功能区布点法

19. 一组测定值由小到大顺序排列为 18.31、18.33、18.36、18.40、18.46，已知 $n=6$ 时，狄克逊(Dixon)检验临界值 $Q_{0.05}=0.560$，$Q_{0.01}=0.698$，根据狄克逊检验法检验最大值 18.46 为：

A. 正常值　　B. 偏离值

C. 离群值　　D. 非正常值

20. 已知 $K_2Cr_2O_7$ 的分子量为 294.2，Cr 的原子量为 51.996，欲配制浓度为 400.0mg/L的 Cr^{6+} 标准溶液 500.0mL，则应称取基准物质 $K_2Cr_2O_7$ 的质量（以 g 为单位）为：

A. 0.2000g　　　　B. 0.5658g

C. 1.1316g　　　　D. 2.8291g

21. 用纳氏试剂比色法测定水中氨氮，在测定前对一些干扰需做相应的预处理，在下列常见物质中：①KI，②CO_2，③色度，④Fe^{3+}，⑤氢氧化物，⑥硫化物，⑦硫酸根，⑧醛，⑨酮，⑩浊度，以下是干扰项的是：

A. ①②④⑥⑦⑧　　　　B. ①③⑤⑥⑧⑩

C. ②③⑤⑧⑨⑩　　　　D. ③④⑥⑧⑨⑩

22. 将固体废弃物浸出液按规定量给小白鼠（或大白鼠）进行灌胃，记录 48 小时内的动物死亡率，此试验是用来鉴别固体废弃物的哪种有害特性：

A. 浸出毒性　　　　B. 急性毒性

C. 口服毒性　　　　D. 吸入毒性

23. 在测定某水样的五日生化需氧量（BOD_5）时，取水样 200mL，加稀释水至 100mL。水样加稀释水培养前、后的溶解氧含量分别为 8.28mg/L 和 3.37mg/L。稀释水培养前后的溶解氧含量分别为 8.85mg/L 和 8.75mg/L，该水样的 BOD_5 值为：

A. 4.91mg/L　　　　B. 9.50mg/L

C. 7.32mg/L　　　　D. 4.81mg/L

24. 某水泵距居民楼 16m，在距该水泵 2m 处测得的声压级为 80dB，某机器距同一居民楼 20m，在距该机器 5m 处测得的声压为 74dB。在自由声场远场条件下，两机器对该居民楼产生的总声压级为：

A. 124dB　　　　B. 62dB

C. 65dB　　　　D. 154dB

25. 在依据环境质量指数对环境质量进行分级时，下列不是分级需要考虑的因素的是：

A. 评价因子浓度超标倍数

B. 区域自然环境特征

C. 超标因子个数

D. 对环境影响（人群健康、生态效应）大小

26. 下列关于环境影响预测的说法，不正确的是：

A. 所有建设项目均应预测生产运行阶段、正常排放和非正常排放两种情况的环境影响

B. 矿山开发建设项目应预测服务期满后的环境影响

C. 在进行环境影响测试时，应考虑环境对影响的衰减能力，一般情况可只考虑环境对影响的衰减能力最差的阶段

D. 预测范围大小取决于评价工作的等级、工程和环境特性，一般情况预测范围等于或略小于现状调查的范围

27. 下列哪个值和基线值的差别能够反映区域内不同地方环境受污染和破坏程度的差异：

A. 环境本底值　　B. 环境标准值

C. 环境背景值　　D. 现状监测值

28. 幕景分析法是国家规划环境影响评价技术导则中推荐的用于预测的方法之一，下列有关幕景分析法的说法，不正确的是：

A. 幕景分析法通常用来对预测对象的未来发展做出种种设想或预计，是一种直观的定性预测方法

B. 幕景分析法从现在的情况出发，把将来发展的可能性以电影脚本的形式进行综合描述

C. 幕景分析法不只描绘出一种发展途径，而是把各种可能发展的途径，用彼此交替的形式进行描绘

D. 幕景分析法所描述的是未来发展某一时刻静止的图景

29. 某厂 2004 年耗煤量为 3000t，煤的含硫率为 3%，假设燃烧时燃料中有 15%的硫最终残留在灰分中，根据当地二氧化硫总量控制的要求，该厂在 2010 年年底之前二氧化硫的排放量应削减到 90t，则预测平均每年的削减量为：

A. 4.5t　　B. 15.0t

C. 9.0t　　D. 10.5t

30. 下列说法中不正确的是：

A. 环境要素质量参数本底值的含义是指未受到人类活动影响的自然环境物质的组成量

B. 在进行环境影响评价时，往往是将开发活动所增加的值叠加在背景值上，在与相应的环境质量标准比较、评价该开发活动所产生的影响程度

C. 环境背景值既可作为环境受污染的起始值，同时也可作为衡量污染程度的基准

D. 环境背景值和环境基线值是通过系统的监测和调查取得的

31. 下列关于环境影响报告书的总体要求，不正确的是：

A. 应全面、概括地反映环境影响评价的全部工作

B. 应尽量采用图表和照片

C. 应在报告书正文中尽量列出原始数据和全部计算过程

D. 评价内容较多的报告书，其重点评价项目应另编分项报告书

32. 在环境影响报告书的编制中，下列不属于工程分析主要内容的是：

A. 建设项目的名称、地点、建设性质及规模

B. 建设项目的主要原料、燃料及其来源和储运情况

C. 废物的综合利用和处理、处置方案

D. 交通运输情况及场地的开发利用

33. 下列关于污水水质指标类型的表述，正确的是：

A. 物理性指标、化学性指标

B. 物理性指标、化学性指标、生物学指标

C. 水温、色度、有机物

D. 水温、COD、BOD、SS

34. 阴离子有机高分子絮凝剂对水中胶体颗粒的主要作用机理为：

A. 压缩双电层　　B. 吸附电中和

C. 吸附架桥　　D. 网捕卷扫

35. 以下关于生物脱氮的基本原理的叙述，不正确的是：

A. 生物脱氮就是在好氧条件下利用微生物将废水中的氨氮直接氧化生成氮气的过程

B. 生物脱氮过程一般包括废水中的氨氮转化为亚硝酸盐或硝酸盐的硝化过程，以及使废水中的硝态氮转化生成氮气的反硝化过程

C. 完成硝化过程的微生物属于好氧自养型微生物

D. 完成反硝化过程的微生物属于兼性异养型微生物

36. 为保证好氧生物膜工艺在处理废水时能够稳定运行，以下说法中不正确的是：

A. 应减缓生物膜的老化进程

B. 应控制厌氧层的厚度，避免其过度生长

C. 使整个反应器中的生物膜集中脱落

D. 应加快好氧生物膜的更新

37. 污泥进行机械脱水之前要进行预处理，其主要目的是改善和提高污泥的脱水性能。下列方法中哪种是最常用的污泥预处理方法：

A. 化学调理法　　　　B. 热处理法

C. 冷冻法　　　　D. 淘洗法

38. 某污水排入一河流。已知污水最大流量为 $10000m^3/d$，BOD_5 浓度为 20mg/L，水温为 10°C。河流最小流量为 $0.5m^3/s$；溶解氧为饱和状态，水温为 20°C。假设不含有机物，污水和河水瞬间完全混合，耗氧速率常数 $k_1=0.434d^{-1}$，$k_1'=0.10d^{-1}$(20°C)，则 2d 后，河水中 BOD_5 浓度为：

A. 2.44mg/L　　　　B. 2.78mg/L

C. 1.50mg/L　　　　D. 2.15mg/L

39. 某污水处理厂，处理水量为 $10000m^3/d$，曝气池的水力停留时间为 6h，污泥浓度 4000mgMLSS/L，二沉池底部沉淀污泥浓度为 8000mgMLSS/L。假设进、出水中的 SS 可忽略不计。则将该活性污泥系统污泥龄控制在 15d 时，每天应从二沉池底部排出的剩余污泥量为：

A. $45.0m^3/d$　　　　B. $53.3m^3/d$

C. $83.3m^3/d$　　　　D. $120.0m^3/d$

40. 忽略生物合成，简单从理论计算，利用兼性反硝化细菌将沸水中 1mg 的硝酸盐氮完全还原成氮气，需要消耗多少有机物(以 COD 计)：

A. 1.72mg　　B. 2.86mg

C. 2.02mg　　D. 3.86mg

41. 为反映空气污染状况，我国大中城市开展了空气污染指数(API)日报工作，其中未计入的项目是：

A. CO　　B. SO_2

C. TSP　　D. O_3

42. 喷雾干燥法烟气脱硫工艺属于下列哪一种：

A. 湿法—回收工艺　　B. 湿法—抛弃工艺

C. 干法工艺　　D. 半干法工艺

43. 某污染源排放 SO_2 的量为 80g/s，有效源高为 60m，烟囱出口处平均风速为 6m/s。在当时的气象条件下，正下风方向 500m 处的 $\sigma_y = 35.3m$，$\sigma_z = 18.1m$，该处的地面浓度是：

A. 27.300$\mu g/m^3$　　B. 13.700$\mu g/m^3$

C. 0.112$\mu g/m^3$　　D. 6.650$\mu g/m^3$

44. 某烟气中颗粒物的粒径符合对数正态分布且非单分散相，已经测得其通过电除尘器的总净化率为 99%(以质量计)，如果改用粒数计算，总净化率如何变化：

A. 不变　　B. 变大

C. 变小　　D. 无法判断

45. 对于某锅炉烟气，除尘器 A 的全效率为 80%，除尘器 B 的全效率为 90%，如果将除尘器 A 放在前级、B 放在后级串联使用，总效率应为：

A. 85%　　B. 90%

C. 99%　　D. 90%～98%

46. 某种燃料在干空气条件下(假设空气仅由氮气和氧气组成，其体积比为 3.78)燃烧，烟气分析结果(干烟气)为：CO_2 10%、O_2 4%、CO1%，则燃烧过程的过剩空气系数是：

A. 1.22　　B. 1.18

C. 1.15　　D. 1.04

47. 判定危险废物固化/稳定化程度的主要指标是：

A. 有毒有害物质的浸出率　　B. 稳定化药剂的残留量

C. 固化/稳定化产品的可利用性　　D. 以上三者都是

48. 大多数国家对城市生活垃圾堆肥在农业土地上的施用量和长期使用的时间都有限制，其最主要的原因是：

A. 堆肥造成土壤重金属含量增加和有机质含量降低

B. 施用堆肥可造成土壤重金属积累，并可能通过作物吸收进入食物链

C. 堆肥中的杂质将造成土壤结构的破坏

D. 堆肥中未降解有机物的进一步分解将影响作物的生长

49. 一分选设备处理废物能力为100t/h，废物中玻璃含量为8%，筛下物重10t/h，其中玻璃7.2t/h，则玻璃回收率、回收玻璃纯度和综合效率分别为：

A. 90%、72%、87%　　B. 90%、99%、72%

C. 72%、99%、87%　　D. 72%、90%、72%

50. 已知某有机废物的化学组成式为$[C_6H_7O_2(OH)_3]_5$，反应前1000kg，反应后的残留物为400kg，残留有机物的化学组成式为$[C_6H_7O_2(OH)_3]_2$，则该有机固体废物好氧反应的理论需氧量为：

A. 708.2kg　　B. 1180.8kg

C. 472.3kg　　D. 1653.1kg

51. 废物焚烧过程中，实际燃烧使用的空气量通常用理论空气量的倍数 m 表示，称为空气比或过剩空气系数。如果测定烟气中过剩氧含量为6%，此时焚烧系统的过剩空气系数 m 为（假设烟气中CO的含量为0，氮气的含量为79%）：

A. 1.00　　B. 0.79

C. 1.40　　D. 1.60

52. 一隔声墙在质量定律范围内，对800Hz的声音隔声量为38dB，该墙对1.2kHz的声音的隔声量为：

A. 43.5dB　　B. 40.8dB

C. 41.2dB　　D. 45.2dB

53. 已知三个不同频率的中波电磁波的场强分别为 $E_1=15\text{V/m}$，$E_2=20\text{V/m}$，$E_3=25\text{V/m}$，这三个电磁波的复合场强最接近的值是：

A. 35V/m

B. 20V/m

C. 60V/m

D. 30V/m

54. 某车间进行吸声降噪处理前后的平均混响时间分别为 4.5s 和 1.2s，该车间噪声级平均降低：

A. 3.9dB

B. 5.7dB

C. 7.3dB

D. 12.2dB

55. 根据《大气污染物综合排放标准》中的定义，下列哪种说法有误：

A. 标准规定的各项标准值，均以标准状态下的干空气为基准，这里的标准状态指的是温度为 273K，压力为 101325Pa 时的状态

B. 最高允许排放浓度是指处理设施后排气筒中污染物任何 1h 浓度平均值不得超过的限值

C. 最高允许排放速率是指一定高度的排气筒任何 1h 排放污染物的质量不得超过的限值

D. 标准设置的指标体系只包括最高允许排放浓度和最高允许排放速率

56. 根据《污水综合排放标准》，排入设置二级污水处理厂的城镇排水系统的污水，应该执行下列哪项标准：

A. 一级

B. 二级

C. 三级

D. 四级

57. 未按照国务院规定的期限停止生产、进口或者销售含铅汽油的，所在地县级以上地方人民政府环境保护行政主管部门或者其他依法行使监督管理权的部门可以采取：

A. 责令停止违法行为，并处以两万元以上二十万元以下罚款

B. 责令停止违法行为，没收所生产、进口、销售的含铅汽油和违法所得

C. 处以两万元以上二十万元以下罚款

D. 责令停止违法行为，并处以罚款，但最高不超过五十万元

58.《中华人民共和国环境噪声污染防治法》不适用于：

A. 从事本职工作受到噪声污染的防治

B. 交通运输噪声污染的防治

C. 工业生产噪声污染的防治

D. 建筑施工噪声污染的防治

59. 若某大型钢铁企业于 1997 年 1 月 1 日前设立但未经环境保护行政主管部门审批，后于 1997 年 2 月 1 日批准设立，该钢铁企业应执行的标准是：

A.《大气污染物综合排放标准》

B.《钢铁工业污染物排放标准》

C.《工业“三废”排放试行标准》

D.《工业炉窑大气污染物排放标准》

60. 修订后的《中华人民共和国固体废物污染环境防治法》的施行日期是：

A. 1995 年 10 月 30 日

B. 1996 年 4 月 1 日

C. 2004 年 12 月 29 日

D. 2005 年 4 月 1 日

2007年度全国勘察设计注册环保工程师执业资格考试基础考试(下)试题解析及参考答案

1.**解** 过流断面上流速分布为$u=\frac{\rho g J}{4\mu}(r_0{}^2-r^2)$;过流断面上最大流速在管轴处,即$u_{\max}=\frac{\rho g J}{4\mu}r_0^2$,断面平均流速$v=\frac{\int_A \mu \mathrm{d}A}{A}=\frac{\int_0^{r_0}\frac{\rho g J}{4\mu}(r_0^2-r^2)2\pi r \mathrm{d}r}{\pi r_0^2}=\frac{\rho g J}{8\mu}r_0^2$,可知$v=\frac{u_{\max}}{2}$,所以圆管层流运动的断面平均流速为最大流速的一半。

答案:D

2.**解** 梯形断面按水力最优断面设计时,水力半径等于水深的一半,即$R=\frac{h}{2}$,梯形断面的水力半径$R=\frac{h(b+mh)}{b+2h\sqrt{1+m^2}}=\frac{h}{2}$,解得$h=3.3\text{m}$。

答案:C

3.**解** 由$\rho_1 u_1 A_1=\rho_2 u_2 A_2=c_1$可知,速度与过流断面面积成反比,故亚音速气流的速度随流体过流断面面积的增大而减小。

答案:B

4.**解** 对于非圆管的运动,雷诺数$\text{Re}=\frac{uR}{\nu}$,其中u是风速,R是水力半径,ν是运动黏性系数。

其中:$R=\frac{A}{\chi}=\frac{ab}{a+2b}=\frac{0.25\times0.2}{0.25+2\times0.2}=\frac{1}{13}\text{m}$

雷诺数$\text{Re}=\frac{uR}{\nu}=\frac{3\times1/13}{16.6\times10^{-6}}=13902>575$,为紊流。

答案:B

5.**解** 流量$Q=\frac{1}{n}AR^{\frac{2}{3}}i^{\frac{1}{2}}=\frac{A^{\frac{5}{3}}i^{\frac{1}{2}}}{n\chi^{\frac{2}{3}}}$

过水断面面积$A=\frac{1}{2}[b+(b+2mh)]h_0=(b+mh_0)h_0=6.372\text{m}^2$

湿周$\chi=b+2h_0\sqrt{1+m^2}=7.41\text{m}$,代入得到$Q=10.31\text{m}^3/\text{s}$。

答案:B

6. **解**　选取的过流断面必须符合渐变流或均匀流条件(两过流断面之间可以不是渐变流)。

答案:C

7. **解**　弗劳德准则即重力相似准则,可知弗劳德数相等,$(\mathrm{Fr})_{\mathrm{p}}=(\mathrm{Fr})_{\mathrm{m}}$,$\lambda_{\mathrm{v}}=\sqrt{\lambda_{\mathrm{L}}}$,$Q=Av$,则 $\lambda_{\mathrm{Q}}=\lambda_{\mathrm{L}}^{2}\lambda_{\mathrm{v}}=\lambda_{\mathrm{L}}^{\frac{5}{2}}$,模型中流量 $Q_{\mathrm{m}}=\dfrac{Q_{\mathrm{p}}}{\lambda_{\mathrm{Q}}}=\dfrac{30}{30^{\frac{5}{2}}}=0.00609$。

答案:B

8. **解**　并联管路的计算原理是能量方程和连续性方程,可知:

$Q=Q_1+Q_2$,$h_{\mathrm{f1}}=h_{\mathrm{f2}}$

又 $h_{\mathrm{f}}=SlQ^2$,$S=\dfrac{8\lambda}{g\pi^2 d^5}$,得 $h_{\mathrm{f}}=\dfrac{8\lambda lQ^2}{g\pi^2 d^5}\approx\dfrac{\lambda lQ^2}{\pi d^5}$

所以$\dfrac{\lambda_1 l_1 Q_1^2}{d_1^5}=\dfrac{\lambda_2 l_2 Q_2^2}{d_2^5}$,得$\dfrac{Q_1}{Q_2}=\sqrt{2}$

而 $Q=Q_1+Q_2=0.08\mathrm{m^3/s}$,解得 $Q_1=0.047\mathrm{m^3/s}$,$Q_2=0.033\mathrm{m^3/s}$。

答案:A

9. **解**　采用渐缩喷管,可将亚音速气流加速到音速或小于音速,而要加速到超音速,需先经过收缩管加速到音速,再进入能使气流进一步增速到超音速的扩张管。

答案:D

10. **解**　根据相似律$\dfrac{Q'}{Q}=\dfrac{n'}{n}$,$\dfrac{H'}{H}=\left(\dfrac{n'}{n}\right)^2$,$\dfrac{N'}{N}=\left(\dfrac{n'}{n}\right)^3$,将数据代入,可得 $Q'=\dfrac{n'}{n}Q$,$Q=0.0751\mathrm{m^3/s}$,$H'=\left(\dfrac{n'}{n}\right)^2 H=15.276\mathrm{m}$,$N'=\left(\dfrac{n'}{n}\right)^3 N=3.514\mathrm{kW}$。

答案:A

11. **解**　稳定期的特点是:细菌新生数等于死亡数;生长速度为零;芽孢、荚膜形成,内含物开始储存等。

答案:C

12. **解**　当轮虫在水中大量繁殖时,对水体可以起净化作用,使水质变得澄清。

答案:D

13. **解**　酶活性中心包括结合部位和催化部位,结合部位的作用是识别并结合底物分子,催化部位的作用是打开和形成化学键。选项A、选项B错误。选项D显然不对,和底物无关。通过肽链的盘绕,折叠在空间构象上相互靠近,维持空间构型的就是多肽链。

答案:C

14. **解**　原生动物在污水生物处理中具有指示生物、净化和促进絮凝和沉淀作用。

答案:C

15. **解**　由 $1.0\times10^2\times2^n=1.0\times10^9$，得 $2^n=10^7$，则 $n=23.25$。

答案:D

16. **解**　厌氧消化(甲烷发酵)分为三个阶段:第一阶段是水解发酵阶段，第二阶段是产氢产乙酸阶段，第三阶段是产甲烷阶段。

答案:A

17. **解**　$c=(m-m_0)/V$，其中 $m=56.5406\text{g}$，$m_0=56.5128\text{g}$，$V=100\text{mL}$，得 $c=278.0\text{mg/L}$。

答案:A

18. **解**　对于有多个污染源且污染源分布较均匀的地区，常采用网格布点法。

答案:A

19. **解**　本题考查狄克逊检验法，因为 $n=6$，可疑数据为最大值，则 $Q=\dfrac{x_n-x_{n-1}}{x_n-x_1}=\dfrac{18.46-18.40}{18.46-18.31}=0.4<Q_{0.05}$，最大值 18.46 为正常值。

答案:A

20. **解**　浓度为 400.0mg/L 的 Cr^{6+} 的 500.0mL 标准溶液中 Cr 的质量为 $400.0\text{mg/L}\times500.0\text{mL}=200\text{mg}=0.2\text{g}$，则 $n_{Cr}=0.2/51.996=3.846\times10^{-3}\text{mol}$，$K_2Cr_2O_7$ 的质量为 $3.846\times10^{-3}/2\times294.2=0.56574\text{g}$。

答案:B

21. **解**　纳氏试剂分光光度法具有灵敏、稳定等特点，但水样有色、浑浊，含钙、镁、铁等金属离子及硫化物，含醛和酮类等均会干扰测定，需做相应的预处理。

答案:D

22. **解**　记忆题。

答案:A

23. **解**　根据公式 $\text{BOD}_5(\text{mg/L})=\dfrac{(\rho_1-\rho_2)-(B_1-B_2)f_1}{f_2}$ 计算，代入 $\rho_1=8.28\text{mg/L}$，$\rho_2=3.37\text{mg/L}$，$B_1=8.85\text{mg/L}$，$B_2=8.75\text{mg/L}$，$f_1=\dfrac{100}{100+200}=\dfrac{1}{3}$，$f_2=\dfrac{200}{100+200}=\dfrac{2}{3}$，得水样的 BOD_5 值为 7.315mg/L，即 7.32mg/L。

答案:C

24.解　由点声源衰减公式 $\Delta L=20\lg\frac{r_1}{r_2}$,可得:

对水泵1,$\Delta L_1=20\lg\frac{r_1}{r_2}=20\lg\frac{2}{16}=-18$dB,则水泵1在居民楼产生的声压是80－18＝62dB;

对水泵2,$\Delta L_2=20\lg\frac{r_1}{r_2}=20\lg\frac{5}{20}=-12$dB,则水泵2在居民楼产生的声压是74－12＝62dB;

两个声源的声压级相等,则总声压级 $L_P=L_{P1}+10\lg2\approx L_{P1}+3=65$dB。

答案:C

25.解　环境质量分级是将指数值与环境质量状况联系起来,建立分级系统。一般按评价因子浓度超标倍数、超标因子个数、不同因子对环境影响的大小进行分级。

答案:B

26.解　一般情况下预测范围等于或略大于现状调查的范围。

答案:D

27.解　一个区域的环境背景值和基线值的差别反映该区域不同地方环境受污染和破坏程度的差异。

答案:C

28.解　幕景分析的结果大致分两类:一类是对未来某种状态的描述;另一类是描述一个发展过程,以及未来若干年某种情况一系列的变化。

答案:D

29.解　硫的质量 $3000\times3\%\times(1-15\%)=76.5$t,则 SO_2 的质量 $\frac{76.5}{32}\times64=153$t,平均每年的削减量 $\frac{153-90}{6}=10.5$t。

答案:D

30.解　在进行环境影响评价时,往往是将开发活动所增加的值叠加在基线上,再与相应的环境质量标准比较,评价该开发活动所产生的影响程度。

答案:B

31.解　考查编制环境影响报告书时应遵循的原则,本题违背"简洁"的原则。

答案:C

32.**解**　工程分析的具体内容：①主要原料、燃料及其来源和储运，物料平衡，水的用量与平衡，水的回用情况；②工艺过程（附工艺流程图）；③废水、废气、废渣、放射性废物等的种类、排放量和排放方式，以及其中所含污染物种类、性质、排放浓度，产生的噪声、振动的特性及数值等；④废弃物的回收利用、综合利用和处理、处置方案；⑤交通运输情况及场地的开发利用。选项 A 属于建设项目概况的具体内容之一。

答案：A

33.**解**　水质指标项目繁多，一般分为物理性指标、化学性指标和生物学指标三大类。

答案：B

34.**解**　阳离子型有机高分子絮凝剂，既具有电性中和，又具有吸附架桥作用，阴离子型有机高分子絮凝剂具有吸附架桥作用。

答案：C

35.**解**　正确说法见选项 B。

答案：A

36.**解**　为使生物膜工艺稳定运行，比较理想的情况是：减缓生物膜的老化进程，不使厌氧层过分增长，加快好氧膜的更新，并且尽量使生物膜不集中脱落。

答案：C

37.**解**　本题四个选项均为预处理的方法，其中选项 A 最常用，选项 B 适用于初沉污泥、消化污泥、活性污泥、腐殖污泥及其混合污泥的预处理；选项 D 适用于消化污泥的预处理。

答案：A

38.**解**　由公式 $c=\frac{Q_1c_1+Q_2c_2}{Q_1+Q_2}$，得 $c=\frac{10000\times20+0}{10000+0.5\times3600\times24}=3.75940\text{mg/L}$；由公式 $L_a=L_{a0}\times10^{-k_1t}$，得 $L_a=3.75940\times10^{-0.434\times2}=0.509\text{mg/L}$，或由公式 $L_a=L_{a0}\times e^{-k'_1t}$，得 $L_a=3.75940\times e^{-0.1\times2}=3.078\text{mg/L}$。本题有问题，考试手册中明确指出 $k=0.434k'$，所以本题没有正确答案。

答案：无

39.**解**　污泥龄是曝气池中工作着的活性污泥总量与每日排放的剩余污泥数量的比值，则剩余污泥量 $\Delta X=\frac{\frac{10000}{24}\times6\times4000}{15\times8000}=83.3\text{m}^3/\text{d}$。

答案：C

40. **解**　$6NO_3^- + 2CH_3OH \rightarrow 6NO_2^- + 2CO_2 + 4H_2O$；

$6NO_2^- + 2CH_3OH \rightarrow 3N_2 + 3CO_2 + 3H_2O + 6OH^-$，即 $6NO_3^- \sim 5CH_3OH$；

$2CH_3OH + 3O_2 \rightarrow 2CO_2 + 4H_2O$，则 $4NO_3^- \sim 5O_2$。

由$\frac{4\times14}{1}=\frac{5\times32}{x}$，得 $x=2.86\text{mg}$。

答案：B

41. **解**　目前计入空气污染指数的项目暂定为二氧化硫、一氧化碳、氮氧化物和可吸入颗粒物或总悬浮颗粒物。

答案：D

42. **解**　喷雾干燥法因添加的吸收剂呈湿态，而脱硫产物呈干态，也称为半干法。

答案：D

43. **解**　根据高斯公式，地面浓度为：

$$c=\frac{Q}{2\pi\bar{\mu}\sigma_y\sigma_z}\exp\left(-\frac{y^2}{2\sigma_y^2}\right)\left\{\exp\left[-\frac{(z-H)^2}{2\sigma_z^2}\right]+\exp\left[-\frac{(z+H)^2}{2\sigma_z^2}\right]\right\}$$

$$=\frac{80}{2\times3.14\times6\times35.3\times18.1}\exp\left(\frac{0}{2\times35.3^2}\right)\left\{\exp\left[-\frac{(0-60)^2}{2\times18.1^2}\right]+\exp\left[-\frac{(0+60)^2}{2\times18.1^2}\right]\right\}$$

$$=27.3\mu\text{g/m}^3$$

答案：A

44. **解**　粉尘的粒径分布符合对数正态分布，则其粒数分布、质量分布和表面积分布的几何标准差都相等，频度分布曲线形状相同，因此总净化率不变。

答案：A

45. **解**　总效率 $\eta=1-(1-\eta_1)(1-\eta_2)=1-(1-80\%)\times(1-90\%)=98\%$，实际运行时低于此数值，故正确答案为 D。

答案：D

46. **解**　氮气与氧气比为 3.78，故空气中总氧量为 $1/3.78N_2=0.264N_2$。

则烟气中氮气含量为：

$N_2=1-(CO_2+O_2+CO)=1-(10\%+4\%+1\%)=85\%$

燃烧过程中产生 CO，则空气过剩系数为：

$$\alpha=1+\frac{O_{2p}-0.5CO_p}{0.264N_{2p}-(O_{2p}-0.5CO_p)}=1+\frac{4\%-0.5\times1\%}{0.264\times85\%-(4\%-0.5\times1\%)}=1.18$$

答案：B

47. **解**　固化/稳定化处理效果的评价指标：①增容比（稳定化药剂的残留量）；②抗压强度（固化/稳定化产物的可利用性）；③浸出率（有毒有害物质的浸出率）。

答案：D

48. **解**　概念题，记忆。

答案：B

49. **解**　回收率 $R(x_1)=\dfrac{x_1}{x_1+x_2}\times100\%$；$R(y_1)=\dfrac{y_1}{y_1+y_2}\times100\%$

纯度 $P(x_1)=\dfrac{x_1}{x_1+y_2}\times100\%$；$P(y_1)=\dfrac{y_1}{x_1+y_1}\times100\%$

综合效率 $E(x,y)=\left|\dfrac{x_1}{x_0}-\dfrac{y_1}{y_0}\right|\times100\%=\left|\dfrac{x_2}{x_0}-\dfrac{y_2}{y_0}\right|\times100\%$

①求 x_0，y_0：$x_0+y_0=100\text{t/h}$，$y_0=8\%\times100=8\text{t/h}$，$x_0=100-8=92\text{t/h}$

②筛上物：$y_1=8-7.2=0.8\text{t/h}$，$x_1=(100-10)-0.8=89.2\text{t/h}$

③筛下物：$y_2=7.2\text{t/h}$，$x_2=10-7.2=2.8\text{t/h}$

④玻璃回收率：$R(y_2)=\dfrac{y_2}{y_0}\times100\%=\dfrac{7.2}{8.0}\times100\%=90\%$

⑤回收玻璃的纯度：$P(y_2)=\dfrac{y_2}{x_2+y_2}\times100\%=\dfrac{7.2}{10}\times100\%=72\%$

⑥综合效率：$E_1(x,y)=E_2(x,y)=\left|\dfrac{x_2}{x_0}-\dfrac{y_2}{y_0}\right|\times100\%=\left|\dfrac{2.8}{92}-\dfrac{7.2}{8}\right|\times100\%=87\%$

答案：A

50. **解**　$[C_6H_7O_2(OH)_3]_5+18O_2\rightarrow18CO_2+15H_2O+[C_6H_7O_2(OH)_3]_2$

$$\begin{array}{cc} 18\times32 & 324 \\ x & 400\text{kg} \end{array}$$

由 $\dfrac{18\times32}{x}=\dfrac{324}{400}$，得 $x=711.1\text{kg}$。

答案：A

51. **解**　由于燃烧过程中不产生CO，则空气过剩系数计算如下：

$$\alpha=1+\frac{O_{2p}}{0.264N_{2p}-O_{2p}}=1+\frac{6\%}{0.264\times79\%-6\%}=1.404$$

答案：C

52. **解**　单层墙在质量控制区的声波垂直入射时的隔声量 $R=18\lg m+18\lg f-44$，其中，m 为墙板面密度，f 为入射声波频率。因此 $R_1=18\lg m+18\lg f_1-44$，$R_2=18\lg m+$

$18\lg f_2-44$。$R_1-R_2=18\lg\frac{f_1}{f_2}=18\lg\frac{800}{1200}=-3.2$，得 $R_2=38+3.2=41.2$dB。

答案:C

53. **解**　根据《环境电磁波卫生标准》，复合场强值为各单个频率场强平方和的平方根值，即 $E=\sqrt{E_1^2+E_2^2+\cdots+E_n^2}$，则 $E=\sqrt{15^2+20^2+25^2}=35.36$V/m。

答案:A

54. **解**　相应于接受室内某一混响时间基准值的标准声压级差，按下式计算：

$$D_{nT}=D+10\lg\frac{T}{T_0}$$

即 $D_{nT_1}=D+10\lg\frac{T_1}{T_0}$，$D_{nT_2}=D+10\lg\frac{T_2}{T_0}$

则 $D_{nT_1}-D_{nT_2}=10\lg\frac{T_1}{T_2}=10\lg\frac{4.5}{1.2}=5.74$dB

答案:B

55. **解**　本标准设置下列三项指标：通过排气筒排放废气的最高允许排放浓度；通过排气筒排放的废气，按排气筒高度规定的最高允许排放速率；以无组织方式排放的废气，规定无组织排放的监控点及相应的监控浓度限值，故选项D错。

答案:D

56. **解**　《污水综合排放标准》标准分级中第三条：排入设置二级污水处理厂的城镇排水系统的污水，执行三级标准。

答案:C

57. **解**　根据《中华人民共和国大气污染防治法》第五十四条，违反本法第三十四条第二款规定，未按照国务院规定的期限停止生产、进口或者销售含铅汽油的，由所在地县级以上地方人民政府环境保护行政主管部门或者其他依法行使监督管理权的部门责令停止违法行为，没收所生产、进口、销售的含铅汽油和违法所得。

答案:B

58. **解**　根据《中华人民共和国环境噪声污染防治法》第二条规定：本法所称环境噪声，是指在工业生产、建筑施工、交通运输和社会生活中所产生的干扰周围生活环境的声音。

答案:A

59. 解　《大气污染物综合排放标准》自 1997 年 1 月 1 日起实施。

答案:A

60. 解　见《中华人民共和国固体废物污染环境防治法》第九十一条。本法自 2005 年 4 月 1 日起施行。

答案:D

2008年度全国勘察设计注册环保工程师

执业资格考试试卷

基础考试

（下）

二〇〇八年九月

应考人员注意事项

1. 本试卷科目代码为“2”，考生务必将此代码填涂在答题卡“科目代码”相应的栏目内，否则，无法评分。
2. 书写用笔：**黑色或蓝色钢笔、签字笔或圆珠笔；**
   填涂答题卡用笔：**黑色 2B 铅笔**。
3. 必须用书写用笔将工作单位、姓名、准考证号填写在答题卡和试卷相应的栏目内。
4. 本试卷由 60 题组成，每题 2 分，满分 120 分，本试卷全部为单项选择题，每小题的四个备选项中只有一个正确答案，错选、多选、不选均不得分。
5. 考生作答时，必须**按题号在答题卡上**将相应试题所选选项对应的**字母用 2B 铅笔涂黑**。
6. 在答题卡上书写与题意无关的语言，或在答题卡上作标记的，均按违纪试卷处理。
7. 考试结束时，由监考人员当面将试卷、答题卡一并收回。
8. 草稿纸由各地统一配发，考后收回。

单项选择题(共 60 题,每题 2 分。每题的备选项中只有一个最符合题意。)

1. 水从水箱中流经等径直管,并经过收缩管道泄出,若水箱中的水位保持不变,则图示 AB 段内流动为:

   A. 恒定流

   B. 非恒定流

   C. 非均匀流

   D. 急变流

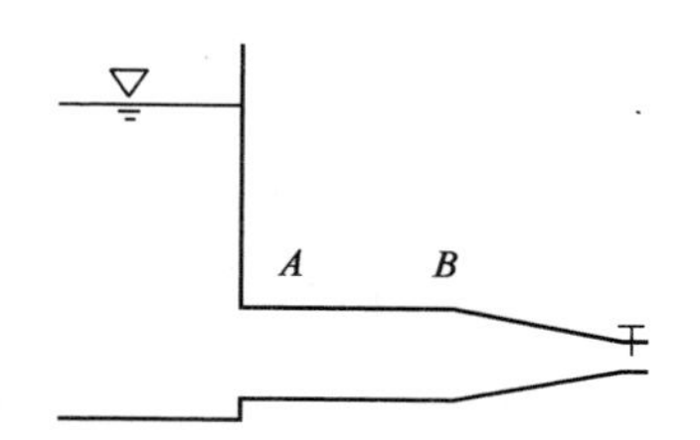

2. 依据离心式水泵与风机的理论流量与理论扬程的方程,下列选项中表述正确的是:

   A. 理论流量增大,前向叶形的理论扬程减小,后向叶形的理论扬程增大

   B. 理论流量增大,前向叶形的理论扬程增大,后向叶形的理论扬程减小

   C. 理论流量增大,前向叶形的理论扬程增大,后向叶形的理论扬程增大

   D. 理论流量增大,前向叶形的理论扬程减小,后向叶形的理论扬程减小

3. 在矩形明渠中设置一薄壁堰,水流经堰顶溢流而过,如图所示。已知渠宽 4m,堰高 2m,堰上水头 H 为 1m,堰后明渠中水深 h 为 0.8m,流量 Q 为 6.8m^3/s。若能量损失不计,则堰壁上所受动水压力 R 的大小和方向为:

   A. $R=153$kN,方向向右

   B. $R=10.6$kN,方向向右

   C. $R=153$kN,方向向左

   D. $R=10.6$kN,方向向左

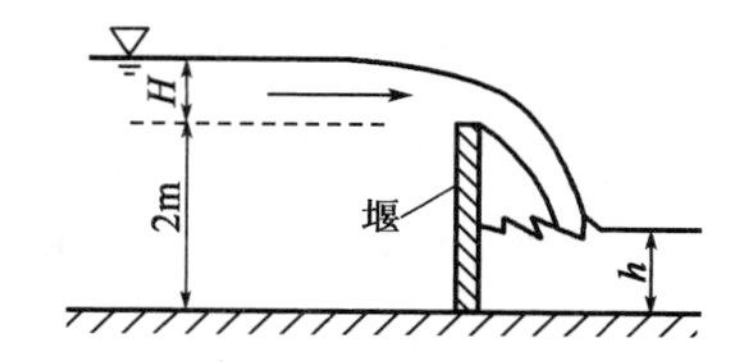

4. 实验用矩形明渠,底宽为 25cm,当通过流量为 1.0×10^{-2} m^3/s 时,渠中水深为 30cm,测知水温为 20℃($\nu=0.0101cm^2/s$),则渠中水流形态和判别的依据分别是:

   A. 层流,Re=11588>575

   B. 层流,Re=11588>2000

   C. 紊流,Re=11588>2000

   D. 紊流,Re=11588>575

5. 图示为一管径不同的有压弯管，细管直径 d_1 为 0.2m，粗管直径 d_2 为 0.4m，1-1 断面压强水头为 7.0m 水柱，2-2 断面压强水头为 4m 水柱，已知 v_2 为 1m/s，2-2 断面轴心点比 1-1 断面轴心点高 1.0m。判断水流流向并计算 1、2 两断面间的水头损失 h_w 为：

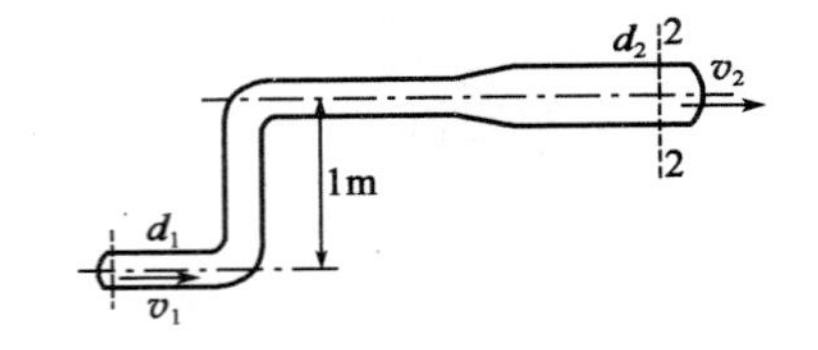

A. 水流由 1-1 流向 2-2 处，$h_w=2.0$m

B. 水流由 2-2 流向 1-1 处，$h_w=2.0$m

C. 水流由 1-1 流向 2-2 处，$h_w=2.8$m

D. 水流由 2-2 流向 1-1 处，$h_w=2.0$m

6. 沿直径 200mm、长 4000m 的油管输送石油，流量 $2.8\times10^{-2}\mathrm{m^3/s}$ 时，冬季石油黏度系数为 $1.01\mathrm{cm^2/s}$，夏季为 $0.36\mathrm{cm^2/s}$。则下列冬、夏两季输油管道中的流态和沿程损失均正确的为：

A. 夏季为紊流，$h_f=29.4$m 油柱

B. 夏季为层流，$h_f=30.5$m 油柱

C. 冬季为紊流，$h_f=30.5$m 油柱

D. 冬季为层流，$h_f=29.4$m 油柱

7. 轴线水平的管道突然扩大，直径 d_1 为 0.3m，d_2 为 0.6m，实测水流流量 $0.283\mathrm{m^3/s}$，测压管水面高差 h 为 0.36m。求局部阻力系数 ζ，并说明测压管水面高差 h 与局部阻力系数 ζ 的关系：

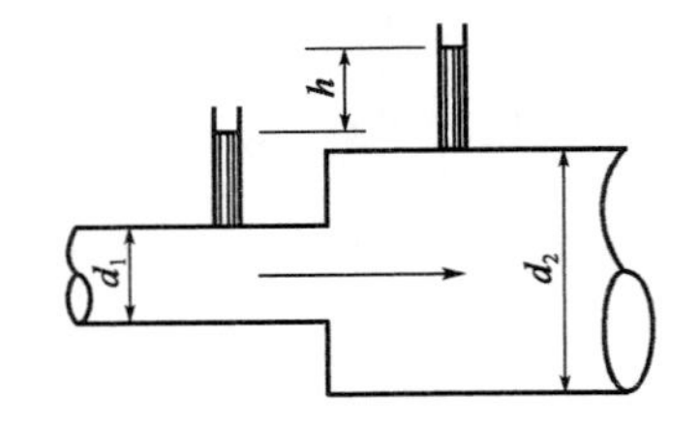

A. $\zeta_1=0.496$(对应细管流速)，h 值增大，ζ 值减小

B. $\zeta_1=7.944$(对应细管流速)，h 值增大，ζ 值减小

C. $\zeta_2=0.496$(对应细管流速)，h 值增大，ζ 值增大

D. $\zeta_2=7.944$(对应细管流速)，h 值增大，ζ 值增大

8. 下列关于无限空间气体淹没紊流射流的说法中，正确的是：

A. 不同形式的喷嘴，紊流系数确定后，射流边界层的外边界线也就被确定，并且按照一定的扩散角向前做扩散运动

B. 气体射流中任意点上的压强小于周围气体的压强

C. 在射流主体段不断混掺，各射流各断面上的动量不断增加，也就是单位时间通过射流各断面的流体总动量不断增加

D. 紊动射流横断面上流速分布规律是：轴心处速度最大，从轴心向边界层边缘速度逐渐减小至零；越靠近射流出口，各断面速度分布曲线的形状越扁平化

9. 两水池用虹吸管连接，管路如图所示。已知上下游水池的水位差 H 为 2m，管长 L_1 为 3m，L_2 为 5m，L_3 为 4m，管径为 100mm，沿程阻力系数为 0.026，进口阻力系数为 0.5，弯头阻力系数为 1.5，出口阻力系数为 1.0。求通过虹吸管的流量，并说明在上下游水位差不变的条件下，下列哪项措施可以提高虹吸管的流量：

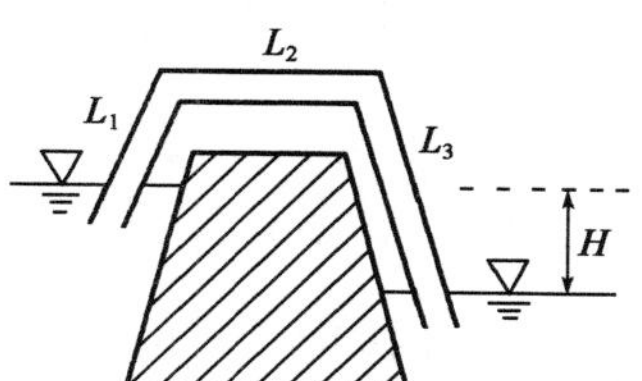

A. Q＝0.0178m^3/s，减小虹吸管管径，可以增大出流量

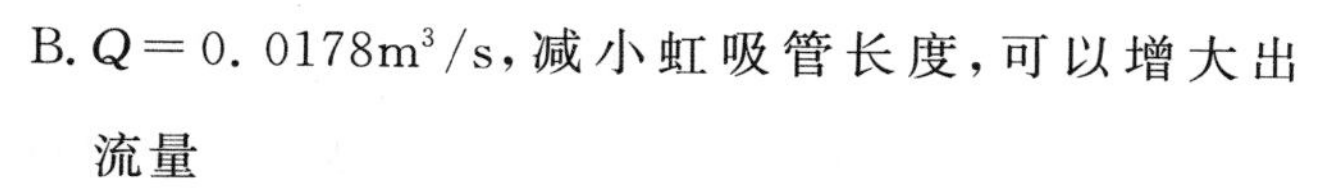

B. Q＝0.0178m^3/s，减小虹吸管长度，可以增大出流量

C. Q＝1.78m^3/s，增大虹吸管管径，可以增大出流量

D. Q＝1.78m^3/s，减小虹吸管内壁的粗糙度，可以增大出流量

10. 两水池水面高差 H＝25m，用直径 $d_1=d_2=300$mm，长 $l_1=400$m，$l_2=l_3=300$m，直径 $d_3=400$mm，沿程阻力系数为 0.03 的管段连接，如图所示。不计局部水头损失，各管段流量应为：

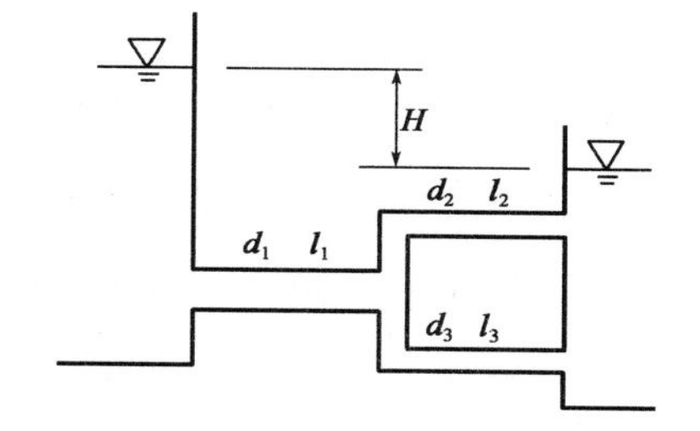

A. $Q_1=238$L/s，$Q_2=78$L/s，$Q_3=160$L/s

B. $Q_1=230$L/s，$Q_2=75$L/s，$Q_3=154$L/s

C. $Q_1=228$L/s，$Q_2=114$L/s，$Q_3=114$L/s

D. 以上都不正确

11. 若在对数期 50min 时测得大肠杆菌数为 1.0×10^4cfu/mL，培养 450min 时大肠杆菌数为 1.0×10^{11}cfu/mL，则该菌的细胞生长繁殖速率为：

A. 1/17　　B. 1/19

C. 1/21　　D. 1/23

12. 在活性污泥法污水处理中，可以根据污泥中微生物的种属判断处理水质的优劣，当污泥中出现较多轮虫时，一般表明水质：

A. 有机质较高，水质较差　　B. 有机质较低，水质较差

C. 有机质较低，水质较好　　D. 有机质较高，水质较好

13. 在厌氧消化的产酸阶段，以底物转化为细胞物质和VFA（挥发性有机酸），此时细胞产率设为Y_a（细胞COD/去除的COD）；在产甲烷阶段，以VFA形式存在的COD被转化为甲烷和细胞物质，此时由VFA转化为细胞物质的产率设为Y_m（细胞COD/去除的COD），则由底物转化为甲烷的产率计算公式（底物、VFA细胞均按COD计）为：

A. $(1-Y_a)\times(1-Y_m)$

B. $(1-Y_a)+(1-Y_m)$

C. $(1-Y_a)/(1-Y_m)$

D. $(1-Y_m)$

14. 在污染严重的水体中，常由于缺氧或厌氧导致微生物在氮素循环过程中的哪种作用受到遏制：

A. 固氮作用

B. 硝化作用

C. 反硝化作用

D. 氨化作用

15. 利用微生物处理固体废弃物时，微生物都需要一定的电子受体才能进行代谢，下列不属于呼吸过程中电子受体的是：

A. NO^{3-}

B. SO_4^{2-}

C. O_2

D. NH^{4+}

16. 细菌菌落与菌苔有着本质区别，下列描述菌苔特征正确的是：

A. 在液体培养基上生长，由1个菌落组成

B. 在固体培养基表面生长，由多个菌落组成

C. 在固体培养基内部生长，由多个菌落组成

D. 在固体培养基表面生长，由1个菌落组成

17. 采用4－氨基安替比林分光光度法测定水中的挥发酚，显色最佳的pH范围是：

A. 9.0～9.5

B. 9.8～10.2

C. 10.5～11.0

D. 8.8～9.2

18. 下列关于累积百分声级的叙述中正确的是：

A. L_{10}为测定时间内，90％的时间超过的噪声级

B. L_{90}为测定时间内，10％的时间超过的噪声级

C. 将测定的一组数据（例如100个数）从小到大排列，第10个数据即为L_{10}

D. 将测定的一组数据（例如100个数）从大到小排列，第10个数据即为L_{10}

19. 测定固体废物易燃性是测定固体废物的：

A. 燃烧热　　B. 闪点

C. 熔点　　D. 燃点

20. 一组测定为0.259、0.260、0.263、0.266、0.272，当置信度为95%时，则这组测定值的偶然误差为：

A. $\pm5.24\times10^{-3}$　　B. $\pm1.46\times10^{-3}$

C. $\pm2.34\times10^{-3}$　　D. $\pm6.51\times10^{-3}$

21. 采集工业企业排放的污水样品时，第一类污染物的采样点应设在：

A. 企业的总排放口

B. 车间或车间处理设施的排放口

C. 接纳废水的市政排水管道或河渠的入口处

D. 污水处理池中

22. 测定大气中的氮氧化物时，用装有5mL吸收液的筛板吸收管采样，采样流量为0.33L/min，采样时间为1h。采样后，样品用吸收液稀释2倍，用比色法测定，与标准曲线对照，得稀释液的浓度为4.0μg/mL。当采样点温度为5℃，大气压为100kPa时，气样中氮氧化物的含量是：

A. 2.220mg/m^3　　B. 2.300mg/m^3

C. 0.222mg/m^3　　D. 0.230mg/m^3

23. 采用重量法测定空气中可吸入颗粒物的浓度。采样时现场气温为18℃，大气压力为98.2kPa，采样流速为13L/min，连续采样24h。若采样前滤膜质量为0.3526g，采样后滤膜质量为0.5961g，则空气中可吸入颗粒物的浓度为：

A. 13.00mg/m^3　　B. 13.51mg/m^3

C. 14.30mg/m^3　　D. 15.50mg/m^3

24. 化学需氧量是指一定条件下，氧化 1L 水样中还原性物质所消耗的氧化剂的量，以氧的 mg/L 表示。计算公式为 $COD_{Cr}(O_2, mg/L)=\frac{(V_0-V_1)\times C\times 8\times 1000}{V}$，其中数字 8 的取值原因是：

A. 计算过程的校对系数

B. 没有特别对应关系，只是换算为以氧的 mg/L 表示

C. 1mol 硫酸亚铁铵相当于$\frac{1}{2}$氧的摩尔质量

D. 反应式的比例关系

25. 环境影响评价的工作程序可以分为三个主要阶段，即准备阶段、正式工作阶段和环境影响报告编制阶段，对于不同阶段和时期的具体工作内容，下列说法错误的是：

A. 编制环境影响报告表的建设项目无需在准备阶段编制环境影响评价大纲

B. 在准备阶段，环境影响评价应按环境要素划分评价等级

C. 对三级评价，正式工作阶段只需采用定性描述，无须采用定量计算

D. 在环境影响评价工作的最后一个阶段进行环境影响预测工作

26. 环境标准是环境保护行政主管部门依法行政的依据，下列哪项关于环境标准的说法正确：

A. 国家标准是强制性标准

B. 环境保护标准以国家级标准的效力最高，执行时应以国家标准优先

C. 环境标准中的污染物排放标准分为国家级、地方级和行政级三个级别

D. 环境标准具有投资导向作用

27. 经几次监测，某地表水的 COD_{Cr} 值变化较大，分别为 15.5mg/L、17.6mg/L、14.2mg/L、16.7mg/L，为了使评价因子能够突出高值的影响，则评价值应确定为：

A. 16.0mg/L　　B. 17.6mg/L

C. 16.8mg/L　　D. 17.2mg/L

28. 已知某平原地区拟建项目的二氧化硫排放量为 40kg/h，若空气质量标准中的二氧化硫为 0.50mg/m^3，则根据环境影响评价导则，该项目的大气环境影响评价等级应定为：

A. 一级　　　　B. 二级

C. 三级　　　　D. 四级

29. 淮河地区某造纸厂的年制浆能力为 2.5 万 t，现拟将该造纸厂扩建，使总制浆能力达 5 万 t/年。现对该项目进行清洁生产评价分析，下列说法正确的是：

A. 若该企业已通过环境影响评价，其就是清洁生产企业

B. 污染物产生指标的大小主要取决于废水产生指标

C. 扩建的项目不需要对老污染源进行清洁生产评价

D. 清洁生产指标的评价方法采用五级制

30. 某城市居住、商业、工业混杂区，在昼间测得距离道路中心 10m 处的交通噪声值为 65dB，为使昼间噪声达标，沿路第一排商铺至少应距离道路中心：

A. 17.8m　　　　B. 7.8m

C. 31.6m　　　　D. 21.6m

31. 对某耕地进行土壤环境质量监测，监测地面积中等，田块土壤不均匀，则监测点的布设应该采用：

A. 对角线布点采样法　　　　B. 梅花形布点采样法

C. 棋盘式布点采样法　　　　D. 蛇形布点采样法

32. 下列哪项不属于环境影响评价中自然环境调查的内容：

A. 区域内水资源状况　　　　B. 区域内土地利用状况

C. 区域内矿产资源情况　　　　D. 区域内自然保护区情况

33. 某种废水仅含氨氮不含有机 COD，水量为 2000m^3/d，氨氮浓度为 250mg/L，含有足够碱度，拟采用先硝化后反硝化的工艺进行处理，要求出水氨氮浓度低于 5mg/L，总氮低于 20mg/L。请通过理论计算给出，硝化池内的最小需氧量是多少？若在反硝化池中投入甲醇提供碳源，甲醇投加量最少为多少：

A. 2239kgO_2/d，874kg 甲醇/d　　　　B. 1845kgO_2/d，198kg 甲醇/d

C. 224kgO_2/d，88kg 甲醇/d　　　　D. 185kgO_2/d，20kg 甲醇/d

34. 已知某污水 20℃时的 BOD_5 为 200mg/L，此时的耗氧速率关系式为 $\lg \frac{L_1}{L_a} = -k_1 t$，速率常数 $K_1 = 0.10d^{-1}$。耗氧速率常数与温度(T)的关系满足 $K_T = K_{20} 1.047^{T-20}$；第一阶段的生化需氧量($L_a$)与温度($T$)的关系满足 $L_{a(T)} = L_{a(20)}(0.02T + 0.6)$，试计算该污水 25℃时的 BOD_5 浓度为：

A. 249.7mg/L　　B. 220.0mg/L

C. 227.0mg/L　　D. 200.0mg/L

35. 某河流接纳某生活污水的排放，污水排入河流以后在水体物理、化学和生物化学的自净作用下，污染物浓度得到降低，下列描述中错误的是：

A. 污水排放口形式影响河流对污染物的自净速度

B. 河流水流速度影响水中有机物的生物化学净化速率

C. 排入的污水量越多，河流通过自净恢复到原有状态所需的时间越长

D. 生活污水排入河流以后，污水中悬浮物快速沉淀到河底，这是使河流中污染物总量降低的重要过程

36. 以下措施，对提高水环境容量没有帮助的措施是：

A. 采用曝气设备对水体进行人工充氧

B. 降低水体功能对水质目标的要求

C. 将污水多点、分散排入水体

D. 提高污水的处理程度

37. 采用活性炭对含苯酚废水进行吸附处理，吸附等温线满足 $q = 2.5c^{0.5}$，其中 q 为吸附容量(mg/g)，c 为吸附平衡时苯酚浓度(mg/L)。假设废水中的苯酚浓度为 100mg/L、体积为 10L，拟采用间歇吸附法将废水中的苯酚浓度降低到 20mg/L，则需要的活性炭投加量为(假设采用的活性炭曾用于含苯酚废水的处理，但未饱和，活性炭内的初始苯酚含量为 5mg/g)：

A. 146.84g　　B. 117.47g

C. 67.74g　　D. 3.27g

38. 关于氯和臭氧的氧化，以下描述中正确的是：

A. 氯的氧化能力比臭氧强

B. 氯在水中的存在形态包括 Cl_2、HClO、ClO

C. 氯在 pH＞9.5 时，主要以 HClO 的形式存在

D. 利用臭氧氧化时，水中 Cl^- 含量会增加

39. 下列关于水混凝处理的描述中错误的是：

A. 水中颗粒常带正电而相互排斥，投加无机混凝剂可使电荷中和，从而产生凝聚

B. 混凝剂投加后，先应快速搅拌，使其与污水迅速混合并使胶体脱稳，然后再慢速搅拌，使细小矾花逐步长大

C. 混凝剂投加量，不仅与悬浮物浓度有关，而且受色度、有机物、pH 的影响。需要通过混凝试验，确定合适的投加量

D. 污水中的颗粒大小在 10μm 程度时，通过自然沉淀可以去除，但颗粒大小在 1μm 以下时，如果不先进行混凝，沉淀分离十分困难

40. 某有机工业废水，水量为 15000m^3/d，COD 浓度为 5000mg/L，水温为 25℃，拟采用中温 UASB 反应器进行处理。假设 UASB 反应器对其 COD 的去除率达到 85%，试计算 UASB 反应器的沼气产量约为多少？如果将这些沼气全部燃烧用于加热原废水，是否足够将原废水的水温加热到 35℃？（假定热效率 35%，沼气热值为 21000kJ/m^3，沼气产率系数为 0.6m^3/kgCOD）：

A. 38250m^3/d，不能　　　　B. 38250m^3/d，能

C. 45000m^3/d，不能　　　　D. 45000m^3/d，能

41. 下列关于废水生物除磷的说法中错误的是：

A. 废水的生物除磷过程是利用聚磷菌从废水中过量摄取磷，并以聚合磷酸盐储存在体内，形成高含磷污泥，通过排放剩余污泥将高含磷污泥排出系统，达到除磷目的

B. 聚磷菌只有在厌氧环境中充分释磷，才能在后续的好氧环境中实现过量摄磷

C. 普通聚磷菌只有在好氧环境条件下，才能过量摄取废水中的磷；而反硝化除磷菌则可以在有硝态氮存在的条件下，实现对废水中磷的过量摄取

D. 生物除磷系统中聚磷菌的数量对于除磷效果至关重要，因此，一般生物除磷系统的污泥龄越长，其除磷效果就越好

42.断面面积相等的圆管与方管，管长相等，沿程摩擦压力损失相等，摩擦阻力系数也相等，它们输送介质流量的能力相差多少：

A. 圆管与方管输送气量相等　　B. 圆管较方管大 33%

C. 圆管较方管大 6%　　D. 圆管较方管小 6%

43.对某电除尘器进行选型设计。选取电除尘器电场有效截面尺寸为 6m×14m（宽×高），电厂有效长度为 18m，电场风速为 1.19m/s，要求电除尘器效率为 99%，粉尘有效驱进速度为 0.1m/s，则电除尘器所需的极板收尘面积为：

A. $84m^2$　　B. $108m^2$

C. $252m^2$　　D. $4605m^2$

44.将两个型号相同的除尘器串联进行，以下观点正确的是：

A. 第一级除尘效率高，第二级除尘效率低，但两台除尘器的分级效率相同

B. 第一级除尘效率高，第二级除尘效率低，但两台除尘器的分级效率不同

C. 第一级除尘效率和分级效率比第二级都高

D. 第二级除尘效率低，但分级效率高

45.下列氮氧化物对环境影响的说法最准确的是：

A. 光化学烟雾和酸雨

B. 光化学烟雾、酸雨和臭氧层破坏

C. 光化学烟雾、酸雨和全球气候

D. 光化学烟雾、酸雨、臭氧层破坏和全球气候

46.吸收法包括物理吸收与化学吸收，以下有关吸收的论述正确的是：

A. 常压或低压下用水吸收 HCl 气体，可以应用亨利定律

B. 吸收分离的原理是根据气态污染物与吸收剂中活性组分的选择性反应能力的不同

C. 湿法烟气脱硫同时进行物理吸收和化学吸收，且主要是物理吸收

D. 亨利系数随压力的变化较小，但随温度的变化较大

47.下列技术中不属于重力分选技术的是：

A. 风选技术　　B. 重介质分选技术

C. 跳汰分选技术　　D. 磁选技术

48. 某市日产生活垃圾 100t，拟采用好氧堆肥法进行处理。经采样分析得知：该生活垃圾中有机组分的化学组成为 $C_{60}H_{100}O_{50}N$，垃圾含水率 40%，挥发性固体占总固体比例 VS/TS=0.9，可生物降解挥发性固体占挥发性固体的比例 BVS/VS=0.6，则该垃圾好氧堆肥的理论需氧量为：

A. 37.60t/d　　B. 117.00t/d

C. 52.76t/d　　D. 17.44t/d

49. 对于组成为 $C_xH_yS_zO_w$ 的燃料，若燃料中的固定态硫可完全燃烧，燃烧主要氧化成二氧化硫。则其完全燃烧 1mol 所产生的理论烟气量为(假设空气仅由氮气和氧气构成，其体积比是 3.78∶1)为：

A. $\left(x+\frac{y}{2}+z\right)$mol

B. $\left[4.78\left(x+\frac{y}{4}+z-\frac{w}{2}\right)\right]$mol

C. $\left[x+\frac{y}{2}+4.78\left(x+\frac{y}{4}-\frac{w}{2}\right)\right]$mol

D. $\left[x+\frac{y}{2}+z+3.78\left(x+\frac{y}{4}+z-\frac{w}{2}\right)\right]$mol

50. 在垃圾填埋的酸化阶段，渗滤液的主要特征表现为：

A. COD 和有机酸浓度较低，但逐渐升高

B. COD 和有机酸浓度都很高

C. COD 和有机酸浓度降低，pH 值介于 6.5～7.5

D. COD 很低，有机酸浓度很高

51. 某城市日产生活垃圾 800t。分选回收废品后剩余生活垃圾 720t/d，采用厌氧消化工艺对其进行处理，处理产生的沼气收集后采用蒸汽锅炉进行发电利用。对分选后垃圾进行分析得出：干物质占 40.5%，可生物降解的干物质占干物质的 74.1%，1kg 可生物降解的干物质最大产沼气能力为 0.667m^3(标态)。假设沼气的平均热值为 18000kJ/m^3(标态)，蒸汽锅炉发电效率为 30%，该生活垃圾处理厂的最大发电功率为：

A. 7MW　　B. 8MW

C. 9MW　　D. 10MW

52. 在长、宽、高分别为 6m、5m、4m 的房间内，顶棚全部安装平均吸声系数为 0.65 的吸声材料，地面及墙面表面为混凝土，墙上开有长 1m、宽 2m 的玻璃窗 4 扇，其中混凝土面的平均吸声系数为 0.01，玻璃窗的平均吸声系数为 0.1，该房间内表面吸声量为：

A. 19.5m^2　　　　B. 21.4m^2

C. 20.6m^2　　　　D. 20.3m^2

53. 下列能有效预防电磁辐射的措施是：

A. 抑制电磁能量的产生

B. 将其电磁能量控制在一定范围内

C. 处理好环境要求与工作之间的兼容关系

D. 电磁屏蔽

54. 防止和减少振动响应是振动控制的一个重要方面，下列论述错误的是：

A. 改变设施的结构和总体尺寸或采用局部加强法

B. 改变机器的转速或改变机型

C. 将振动源安装在刚性的基础上

D. 粘贴弹性高阻尼结构材料

55. 根据国家环境噪声标准规定，昼间 55dB、夜间 45dB 的限值适用于下列哪一个区域：

A. 疗养区、高级别墅区、高级宾馆区等特别需要安静的区域和乡村居住环境

B. 以居住、文教机关为主的区域

C. 居住、商业、工业混杂区

D. 城市中的道路交通干线道路两侧区域

56. 排放污染物超过国家或者地方规定的污染物排放标准的企业事业的单位，依照国家规定应采取：

A. 加强管理，减少或者停止排放污染物

B. 向当地环保部门报告，接受调查处理

C. 立即采取措施处理，及时通报可能受到污染危害的单位和居民

D. 缴纳超标准排污费，并负责治理

57. 我国《大气污染防治法》规定，被淘汰的、严重污染大气环境的落后设备应遵守：

A. 未经有关部门批准，不得转让给他人使用

B. 转让给他人使用的，应当防止产生污染

C. 不得转让给没有污染防治能力的他人使用

D. 不得转让给他人使用

58. 按照《建设工程勘察设计管理条例》对建设工程勘察设计文件编制的规定，在编制建设工程勘察设计初步设计文件时，应当满足：

A. 建设工程规划、选址、设计、岩土治理和施工的需要

B. 编制初步设计文件和控制概算的需要

C. 编制施工招标文件、主要设备材料订货和编制施工图设计文件的需要

D. 设备材料采购、非标准设备制作和施工的需要

59. 下列物质中，哪组属于我国污水排放控制的第一类污染物：

A. 总镉、总镍、苯并(a)芘、总铍

B. 总汞、烷基汞、总砷、总氰化物

C. 总铬、六价铬、总铅、总锰

D. 总 α 放射性、总 β 放射性、总银、总硒

60. 依据有关水域功能和标准分类规定，我国集中式生活饮用水地表水源地二级保护区应当执行标准中规定的哪类标准：

A. I 类

B. II 类

C. III 类

D. IV 类

2008年度全国勘察设计注册环保工程师执业资格考试基础考试(下)试题解析及参考答案

1. **解** 运动平衡的流动,流场中各点流速不随时间变化,由流速决定压强,黏性力和惯性力也不随时间变化,这种流动称为恒定流动。例如,一水池有个排水孔出水,水池内水位保持不变,出水水流就认为是恒定流。

答案:A

2. **解** 根据公式 $H_\infty=\frac{1}{g}\left[(\omega r_2)^2-\frac{Q\omega\cot\beta_2}{2\pi b_2}\right]$,可知理论压头 H_∞ 与流量 Q 呈线性关系,变化率的正负取决于装置角 β_2,当 $\beta_2<90°$ 时,叶片后弯,H_∞ 随 Q 的增大而减小;当 $\beta_2>90°$ 时,叶片前弯,H_∞ 随 Q 的增大而增大;当 $\beta_2=90°$ 时,叶片径向,H_∞ 不随 Q 变化。

答案:B

3. **解** 取水平向右为正方向。

水动力 $R=\rho Q(\beta_2 v_2-\beta_1 v_1)$

已知 $\beta_1=\beta_2=1$

流速 $v_2=\frac{Q}{A_2}=\frac{6.8}{0.8\times4}=2.125\text{m/s}$,流速 $v_1=\frac{Q}{A_1}=\frac{6.8}{(2+1)\times4}=0.567\text{m/s}$

代入得 $R=\rho Q(\beta_2 v_2-\beta_1 v_1)=1000\times6.8\times(2.125-0.567)=10.594\text{kN}$,方向向右。

答案:B

4. **解** 水力半径 $R=\frac{A}{\chi}=\frac{ab}{a+2b}=\frac{0.25\times0.3}{0.25+2\times0.3}=0.088\text{m}$

流速 $u=\frac{Q}{A}=\frac{1.0\times10^{-2}}{0.25\times0.3}=0.133\text{m}$

雷诺数 $\text{Re}=\frac{uR}{\nu}=\frac{0.133\times0.088}{0.0101\times10^{-4}}=11588.1>575$,为紊流。

答案:D

5. **解** 由流量守恒 $Q_1=Q_2$,即:$v_1\frac{\pi}{4}d_1^2=v_2\frac{\pi}{4}d_2^2$

得 $v_1=4\text{m/s}$

对1-1和2-2断面应用伯努利方程:

$$z_1+\frac{p_1}{\rho_{水}g}+\frac{v_1^2}{2g}=z_2+\frac{p_2}{\rho_{水}g}+\frac{v_2^2}{2g}+h_w$$

代入数据可得 $h_w=2.766\text{m}$。

答案:C

6.**解** 流速 $u=\frac{Q}{\frac{\pi d^2}{4}}=\frac{2.8\times10^{-2}}{\frac{\pi}{4}\times0.2^2}=0.891\text{m/s}$

夏季雷诺数 $\text{Re}=\frac{ud}{\nu}=\frac{0.891\times0.2}{0.36\times10^{-4}}=4950>2300$,则夏季时为紊流。

冬季雷诺数 $\text{Re}=\frac{ud}{\nu}=\frac{0.891\times0.2}{1.01\times10^{-4}}=1764<2300$,则冬季时为层流。

答案:A

7.**解** 流速 $v_1=\frac{Q}{\frac{\pi d_1^2}{4}}=\frac{0.283}{\frac{\pi}{4}\times0.3^2}=4\text{m/s}$,流速 $v_2=\frac{Q}{\frac{\pi d_2^2}{4}}=\frac{0.283}{\frac{\pi}{4}\times0.6^2}=1\text{m/s}$

对于左边管道,$\frac{v_1^2}{2g}=h+\frac{v_2^2}{2g}+\zeta_1\frac{v_1^2}{2g}$,代入数据得$\frac{4^2}{2g}=0.36+\frac{1^2}{2g}+\zeta_1\frac{4^2}{2g}$,得局部阻力系数 $\zeta_1=0.496$。

对于右边管道,$\frac{v_1^2}{2g}=h+\frac{v_2^2}{2g}+\zeta_2\frac{v_2^2}{2g}$,代入数据得$\frac{4^2}{2g}=0.36+\frac{1^2}{2g}+\zeta_2\frac{1^2}{2g}$,得局部阻力系数 $\zeta_2=7.944$。

h 值增大,ζ 值减小。

答案:A

8.**解** 气体射流中任意点上的压强等于周围气体压强,故选项 B 错;射流各断面上的动量是守恒的,故选项 C 错;越远离射流出口,各断面速度分布曲线的形状越扁平化,故选项 D 错。

答案:A

9.**解** 计算如下:

$$H=\lambda\cdot\frac{l}{d}\cdot\frac{v^2}{2g}+\sum\zeta\cdot\frac{v^2}{2g}=\frac{v^2}{2g}\left(0.026\times\frac{12}{0.1}+0.5+1.5\times2+1\right)=7.62\frac{v^2}{2g}$$

$$v=\sqrt{\frac{2gH}{7.62}}=2.27\text{m/s}$$

$$Q=v\frac{\pi d^2}{4}=2.27\times\frac{3.14\times0.01}{4}=0.0178\text{m}^3/\text{s}$$

在上下游水位差不变(H 不变)的条件下,根据公式:

$$H=\lambda\cdot\frac{l}{d}\cdot\frac{v^2}{2g}+\sum\zeta\cdot\frac{v^2}{2g}=\frac{8\lambda}{\pi^2gd^5}lQ^2+\sum\zeta\cdot\frac{8\lambda}{\pi^2gd^4}Q^2$$

可知，减小虹吸管长度，可以增大流量。

答案：B

10. **解**　并联管路，各支管的能量损失相等。

$h_{f2}=h_{f3}$，即 $S_2l_2Q_2^2=S_3l_3Q_3^2$，得$\frac{Q_2}{Q_3}=\sqrt{\frac{l_3S_3}{l_2S_2}}$

又由于 $S=\frac{8\lambda}{g\pi^2d^5}$，则$\frac{S_3}{S_2}=\left(\frac{d_2}{d_3}\right)^5=\left(\frac{3}{4}\right)^5$，得$\frac{Q_2}{Q_3}=\left(\frac{3}{4}\right)^{\frac{5}{2}}=0.487$

因 $H=\lambda\cdot\frac{l_1}{d_1}\cdot\frac{v_1^2}{2g}+\lambda\cdot\frac{l_2}{d_2}\cdot\frac{v_2^2}{2g}=0.03\times\frac{400}{0.3}\times\frac{v_1^2}{2g}+0.03\times\frac{300}{0.3}\times\frac{v_2^2}{2g}=25$

即 $4v_1^2+3v_2^2=5g$，可得 $Q_2=78\text{L/s}$，$Q_3=160\text{L/s}$，$Q_1=Q_2+Q_3=238\text{L/s}$。

答案：A

11. **解**　$X=X_0e^{\mu t}$

$$\mu=\frac{\ln X-\ln X_0}{t}=\frac{\ln10^{11}-\ln10^4}{450-50}=0.0403\approx\frac{1}{23}$$

答案：D

12. **解**　活性污泥实际上是由很多种类的微生物构成。当污水水质变好有利于生长时，它们就会大量繁殖。

答案：C

13. **解**　底物转化为 VFA 的产率为 $1-Y_a$；VFA 转化为甲烷的产率为 $1-Y_m$；由底物转化为甲烷的产率为$(1-Y_a)\times(1-Y_m)$。

答案：A

14. **解**　硝化作用对氧的需要量很大，缺氧或厌氧会遏制硝化作用。

答案：B

15. **解**　电子受体有 O_2、NO_3^-、NO_2^-、NO^-、SO_4^{2-}、S^{2-}、CO_3^{2-} 等。

答案：D

16. **解**　①菌苔：细菌在斜面培养基接种线上有母细胞繁殖长成的一片密集的、具有一定形态结构特征的细菌群落，一般为大批菌落聚集而成。②菌落：单个微生物在适宜固体培养基表面或内部生长繁殖到一定程度，形成肉眼可见有一定形态结构的子细胞的群落。③菌种：保存着的，具有活性的菌株。④模式菌株：在给某细菌定名，分类做记载和发表时，为了使定名准确和作为分类概念的准则，采用纯粹活菌（可繁殖）状态所保存的菌种。

答案:B

17. **解**　酚类化合物于pH值为10.0±0.2的介质中,在铁氰化钾的存在下,与4—氨基安替比林(4—AAP)反应,生成橙红色的吲哚酚安替吡林燃料,在510nm波长处有最大吸收,用比色法定量。

答案:B

18. **解**　本题考查累积百分声级的概念。将测定的一组数据(例如100个)从大到小排列,第10个数据为L_{10},第50个数据为L_{50},第90个数据为L_{90}。L_{10}、L_{50}、L_{90}为累积百分声级,其定义是:

L_{10}——测量时间内,10%的时间超过的噪声级,相当于噪声的平均峰值;

L_{50}——测量时间内,50%的时间超过的噪声级,相当于噪声的平均峰值;

L_{90}——测量时间内,90%的时间超过的噪声级,相当于噪声的平均峰值。

答案:D

19. **解**　鉴别固体废物的易燃性是测定固体废物的闪点。

答案:B

20. **解**　平均值:

$$\frac{0.259+0.260+0.263+0.266+0.272}{5}=0.264$$

标准偏差:

$$s=\sqrt{\frac{(0.259-0.264)^2+(0.260-0.264)^2+(0.263-0.264)^2+(0.266-0.264)^2+(0.272-0.264)^2}{5-1}}$$

$$=5.24\times10^{-3}$$

当置信度为95%,自由度为4时,查得置信系数$t=2.78$。

偶然误差:$\pm\frac{ts}{\sqrt{n}}=\pm\frac{2.78\times5.24\times10^{-3}}{\sqrt{5}}=\pm6.51\times10^{-3}$

答案:D

21. **解**　对工业废水,监测一类污染物:在车间或车间处理设施的废水排放口设置采样点。

答案:B

22. **解**　采样体积$0.3\text{L/min}\times1\text{h}=18\text{L}=0.18\text{m}^3$,根据公式$pV=nRT$(在标准状态下,$p=101.325\text{kPa}$,$T=273.15\text{K}$)换为标准状况下的体积,$\frac{V}{0.18\text{m}^3}=\frac{100\text{kPa}}{101.325\text{kPa}}\times$

$\frac{273.15\text{K}}{(273.15+5)\text{K}}$，即 $V=0.17445\text{m}^3$，样品用吸收液稀释2倍，测得氮氧化物的浓度为 $4.0\mu\text{g/mL}$，则原来的浓度为 $8.0\mu\text{g/mL}$，得 $8.0\times5\times10^{-3}/0.17445=0.229\text{mg/m}^3$。

答案：D

23. **解**　采样流量为 $13\text{L/min}\times24\text{h}=18.72\text{m}^3$，空气中可吸入颗粒物的浓度为 $\frac{0.5961-0.3526}{18.72}\times10^3\text{mg/m}^3=13.007\text{mg/m}^3$。

答案：A

24. **解**　$1\text{mol}(NH_4)_2Fe(SO_4)_2\leftrightarrow\frac{1}{4}\text{mol}O_2\left(\frac{1}{2}\text{mol}O\right)$。

答案：C

25. **解**　环境影响预测应该是正式工作阶段的任务。

答案：D

26. **解**　国家环境标准分为强制性和推荐性标准，故选项A错误；地方环境标准严于国家环境标准，地方环境标准优先于国家环境标准执行，故选项B错误。环境标准中的污染物排放标准分国家标准和地方标准两级，故选项C错误。

答案：D

27. **解**　内梅罗指数是在平均值的基础上突出最大值的影响，用内梅罗法计算。

平均值：

$$\frac{15.5+17.6+14.2+16.7}{4}=16.0\text{mg/L}，极值为17.6\text{mg/L}$$

内梅罗值：

$$c=\sqrt{\frac{c_{极}^2+c_{均}^2}{2}}=\sqrt{\frac{17.6^2+16.0^2}{2}}=16.8\text{mg/L}$$

答案：C

28. **解**

$$p_i=\frac{Q_i}{C_{0i}}\times10^6$$

式中：Q_i——单位时间排放量(kg/h)；

C_{0i}——大气环境质量标准(mg/m^3)。

得 $p_i=\frac{40}{0.50}\times10^6=8\times10^7<2.5\times10^8$

所以该项目的大气环境影响评价工作等级定为三级。

答案:C

29.**解** 制浆造纸生产过程中产生的污染物主要有废水、废气和废渣，但最关键也最难处理的是废水和水中的高浓度有机物，因而选择废水量、COD_{Cr}、BOD_5和 SS 作为污染物产生指标，清洁生产指标的评价方法采用三级制。

答案:B

30.**解** 城市居住、商业、工业混杂区昼间噪声标准为 60dB。由线声源衰减公式 $\Delta L=10\lg\frac{r_1}{r_2}$，得 $\Delta L=10\lg\frac{r_1}{r_2}=60-65$，即 $r_2=31.6\text{m}$。

答案:C

31.**解** 考查土壤环境质量监测点的布设，对角线布点法适用于面积小、地势平坦的污水灌溉或受污染河水灌溉的田块；梅花形布点法适用于面积较小、地势平坦、土壤较均匀的田块；棋盘式布点法适用于中等面积、地势平坦、地形完整开阔，但土壤较不均匀的田块；蛇形布点法适用于面积较大，地势不很平坦，土壤不够均匀的田块。

答案:C

32.**解** 矿产资源情况不属于环境影响评价中的自然环境调查的内容。

答案:C

33.**解** $NH_4^+ + 2O_2 \rightarrow NO_3^- + 2H^+ + H_2O$，即 $1molNH_4^+ \sim 2O_2$，达标去除氨氮，需氧量为$\frac{(250-5)\times2000}{14}\times64\times10^{-3}=2240\text{kg/d}$。

$6NO_3^- + 2CH_3OH \rightarrow 6NO_2^- + 2CO_2 + 4H_2O$，$6NO_2^- + 3CH_3OH \rightarrow 3N_2 + 3CO_2 + 3H_2O + 6OH^-$，即 $6NO_3^- \sim 5CH_3OH$。则投加甲醇量为：

$$\frac{(250-20)\times2000}{14\times6}\times5\times32\times10^{-3}=876.19\text{kg/d}$$

答案:A

34.**解** 本题较简单，直接代入公式计算即可。

$L_a(T)=L_{a(20)}(0.02T+0.6)=200\times(0.02\times25+0.6)=220.0\text{mg/L}$

答案:B

35.**解** 水体对废水的稀释、扩散以及生物化学降解作用是水体自净的主要过程。

答案:D

36.**解** 水环境容量主要取决于三个要素，即水资源量、水环境功能区划和排污方式。

答案:D

37. **解**　设活性炭的最低投加量为 x，由 $2.5\times 20^{0.5}x=(100-20)\times 10+5x$，得 $x=129.45\text{g}$，实际投加量要更大，因此选 A。

答案:A

38. **解**　选项 A 中，O_3 作为高效的无二次污染的氧化剂，是常用氧化剂中氧化能力最强的（$O_3>ClO_2>Cl_2>NH_2Cl$）；选项 B 中，氯在水中的存在形态不包括 ClO，应为 ClO^-；选项 D 中，臭氧是一种氧化性很强又不稳定的气体，在水溶液中保持着很强的氧化性，臭氧氧化时一般不会增加水中的氯离子浓度，排放时不会污染环境或伤害水生物，因为臭氧在光合作用下会分解生成氧。

答案:C

39. **解**　水中微粒表面常带负电荷。

答案:A

40. **解**　该反应器的沼气产量为 $5000\times 85\%\times 15000\times 10^{-3}\times 0.6=38250\text{m}^3/\text{d}$。水的比热容是 $4.2\times 10^3\text{J}/(\text{kg}\cdot℃)$，原废水从 25℃ 加热到 35℃ 需要的热量为 $4.2\times 10^3\times 15000\times 1\times 10^{-3}\times(35-25)=6.3\times 10^8\text{kJ/d}$，而沼气热 $21000\times 38250\times 35\%=2.81\times 10^8\text{kJ/d}$，不足以将原废水的水温加热到 35℃。

答案:A

41. **解**　仅以除磷为目的的污水处理中，一般宜采用较短的污泥龄，一般来说，污泥龄越短，污泥含磷量越高，排放的剩余污泥量也越多，越可以取得较好的脱磷效果。

答案:D

42. **解**　设方管断面面积为 a^2，圆管断面面积 $\frac{\pi d_2^2}{4}$，则 $a^2=\frac{\pi d_2^2}{4}$，即使 $a=\frac{\sqrt{\pi}}{2}d_2$；方管的当量直径 $d_1=4\ \frac{a^2}{4a}=a$，得 $\frac{d_1}{d_2}=\frac{\sqrt{\pi}}{2}$，根据沿程阻力公式 $h_f=\lambda\cdot\frac{l}{d}\cdot\frac{v^2}{2g}$（长度 l 相等），$Q=vA$，得 $\frac{Q_1}{Q_2}=\frac{v_1}{v_2}=\sqrt{\frac{d_1}{d_2}}=\sqrt{\frac{\pi}{d_2}}=0.94$，因此圆管较方管大 6%。

答案:C

43. **解**　根据按有效驱进速度表达的除尘效率方程式 $\eta=1-\exp\left(-\frac{A_c}{Q}w_p\right)$，得 $A_c=\frac{Q}{w_p}\ln\frac{1}{1-\eta}=\frac{1.19\times 6\times 14}{0.1}\ln\frac{1}{1-99\%}=4603\text{m}^2$。

答案:D

44.**解**　分级效率是指除尘装置对某一粒径或粒径间隔的除尘效率,对于同一型号的除尘器,分级效率是相同的。除尘器串联运行时,由于它们处理粉尘的粒径不同,各自的除尘效率是不相同的,第一级除尘效率高,第二级除尘效率低。

答案:A

45.**解**　氮氧化物的危害如下:①形成光化学烟雾;②易与动物血液中血色素结合;③破坏臭氧层;④可生成毒性更大的硝酸或硝酸盐气溶胶,形成酸雨;⑤与 CO_2、CH_4 等温室气体影响全球气候。

答案:D

46.**解**　实验表明:只有当气体在液体中的溶解度不很高时亨利定律才是正确的,而 HCl 属于易溶气体,不适用于亨利定律,故选项 A 错误。吸收法净化气态污染物就是利用混合气体中各组分在吸收剂中的溶解度不同,或与吸收剂中的组分发生选择性化学反应,从而将有害组分从气流中分离出来,选项 B 说法不完整。湿式烟气脱硫过程中发生有化学反应,主要是化学吸收,故选项 C 错误。一般,温度升高,亨利系数增大,压力对亨利系数的影响可以忽略,故选项 D 正确。

答案:D

47.**解**　磁选技术是利用固体废物中各种物质的磁性差异在不均匀磁场中进行分选的一种方法。

答案:D

48.**解**　可生物降解挥发性固体含量为 $100\times(1-40\%)\times0.9\times0.6=32.4$t/d

反应式 $C_{60}H_{100}O_{50}N+59.25O_2\rightarrow60CO_2+48.5H_2O+NH_3$

则该垃圾好氧堆肥的理论需氧量为 $\frac{32.4}{1634}\times59.25\times32=37.60$t/d(注:1634 为 $C_{60}H_{100}O_{50}N$ 摩尔质量)。

答案:A

49.**解**　根据题意,可将燃烧方程式配平如下:

$$C_xH_yS_zO_w+\left(x+\frac{y}{4}+z-\frac{w}{2}\right)O_2+3.78\left(x+\frac{y}{4}+z-\frac{w}{2}\right)N_2\rightarrow xCO_2+\frac{y}{2}H_2O+zSO_2+3.78\left(x+\frac{y}{4}+z-\frac{w}{2}\right)N_2$$

可知完全燃烧 1mol 所产生的理论烟气量是 $\left[x+\frac{y}{2}+z+3.78\left(x+\frac{y}{4}+z-\frac{w}{2}\right)\right]$mol。

答案:D

50.**解**　在酸化阶段，垃圾降解起主要作用的微生物是兼性和专性厌氧细菌，填埋气的主要成分是 CO_2、COD、VFA，金属离子浓度继续上升至中期达到最大值，此后逐渐下降，pH 继续下降到达最低值后逐渐上升。

答案：B

51.**解**　可生物降解的干物质为 720×40.5%×74.1%＝216.1t＝2.16×10^5kg。产生沼气的体积为 $2.16\times10^5\times0.667=1.441\times10^5$ m^3，产生的热值为 $1.441\times10^5\times18000\times30\%/(3600\times24)=9$MW。

答案：C

52.**解**　吸声系数反映单位面积的吸声能力，材料实际吸声能的多少，除了与材料的吸声系数有关，还与材料表面积有关，即 $A=\alpha S$，其中 α 为吸声系数，S 为吸声面积。如果组成室内各壁面的材料不同，则总吸声量 $A=\sum A_i=\sum\alpha_i S_i$。

本题中，顶棚的面积为 $6\times5=30m^2$，玻璃窗的面积为 $4\times(2\times1)=8m^2$，地面及墙面混凝土的面积为 $6\times5+2\times(6\times4+5\times4)-8=110m^2$，则吸声量 $A=0.65\times30+0.1\times8+0.01\times110=21.4m^2$。

答案：B

53.**解**　电磁屏蔽是最有效的预防电磁辐射的措施。

答案：D

54.**解**　对机械振动的根本治理方法是改变机械机构，降低甚至消除振动的发生，但在实践中往往很难做到这点，故一般采用隔振和减振措施。

隔振就是将振动源与基础或其他物体的刚性连接改成弹性连接，隔绝或减弱振动能量的传递，从而达到减振的目的。隔振可分为两大类：一是对振动源采取隔振措施，防止它对周围设备和建筑物造成影响，这种隔振称积极隔振或主动隔振。另一类是对怕振动干扰的精密仪器采取隔振措施，这种隔振称消极隔振或被动隔振。

答案：C

55.**解**　结合下表可知，昼间 55dB、夜间 45dB，适用于 1 类声环境功能区，即以居民住宅、医疗卫生、文化教育、科研设计、行政办公为主要功能需要保持安静的区域。

各类地区环境噪声标准　　题 55 解表

声环境功能区类别	白天 dB(A)	晚上 dB(A)
0 类	50	40
1 类	55	45

续上表

声环境功能区类别		白天 dB(A)	晚上 dB(A)
2类		60	50
3类		65	55
4类	4a类	70	55
	4b类	70	60

答案:B

56.**解** 《中华人民共和国环境保护法》第二十八条,排放污染物超过国家或者地方规定的污染物排放标准的企业事业单位,依照国家规定缴纳超标准排污费,并负责治理。

答案:D

57.**解** 由《中华人民共和国大气污染防治法》第十九条可知,国家对严重污染大气环境的落后生产工艺和严重污染大气环境的落后设备实行淘汰制度。国务院经济综合主管部门会同国务院有关部门公布限期禁止采用的严重污染大气环境的工艺名录和限期禁止生产、禁止销售、禁止进口、禁止使用的严重污染大气环境的设备名录。生产者、销售者、进口者或者使用者必须在国务院经济综合主管部门会同国务院有关部门规定的期限内分别停止生产、销售、进口或者使用列入前款规定的名录中的设备。生产工艺的采用者必须在国务院经济综合主管部门会同国务院有关部门规定的期限内,停止采用列入前款规定的名录中的工艺。依照前两款规定被淘汰的设备,不得转让给他人使用。

答案:D

58.**解** 《建设工程勘察设计管理条例》第二十六条,编制建设工程勘察文件,应当真实、准确,满足建设工程规划、选址、设计、岩土治理和施工的需要。编制方案设计文件,应当满足编制初步设计文件和控制概算的需要。编制初步设计文件,应当满足编制施工招标文件、主要设备材料订货和编制施工图设计文件的需要。

答案:C

59.**解** 记忆题。选项B中的总氰化物、选项C中的总锰、选项D中的总硒不属于污水排放控制的第一类污染物。

答案:A

60. **解**　依据地表水水域环境功能和保护目标，按功能高低依次划分为五类，其中III类主要适用于集中式生活饮用水地表水源地二级保护区、鱼虾类越冬场、洄游通道、水产养殖区等渔业水域及游泳区。

答案：C

2009年度全国勘察设计注册环保工程师

执业资格考试试卷

基础考试
（下）

二〇〇九年九月

应考人员注意事项

1. 本试卷科目代码为“2”，考生务必将此代码填涂在答题卡“科目代码”相应的栏目内，否则，无法评分。

2. 书写用笔：**黑色或蓝色钢笔、签字笔或圆珠笔；**

   填涂答题卡用笔：**黑色 2B 铅笔**。

3. 必须用书写用笔将工作单位、姓名、准考证号填写在答题卡和试卷相应的栏目内。

4. 本试卷由 60 题组成，每题 2 分，满分 120 分，本试卷全部为单项选择题，每小题的四个备选项中只有一个正确答案，错选、多选、不选均不得分。

5. 考生作答时，必须**按题号在答题卡上**将相应试题所选选项对应的**字母用 2B 铅笔涂黑**。

6. 在答题卡上书写与题意无关的语言，或在答题卡上作标记的，均按违纪试卷处理。

7. 考试结束时，由监考人员当面将试卷、答题卡一并收回。

8. 草稿纸由各地统一配发，考后收回。

单项选择题(共 60 题,每题 2 分。每题的备选项中只有一个最符合题意。)

1. 对于梯形过流断面的渠道,当流量、断面形状和尺寸一定情况下,正常水深变化情况随底坡和粗糙率的关系:

   A. 随着底坡和糙率的增加而减少

   B. 随着底坡减少和糙率的增加而增加

   C. 随着底坡增加和糙率的减少而增加

   D. 随着底坡和糙率的增加而增加

2. 离心泵组向两位水池供水,在高位水池的水位升高过程中每台离心水泵的扬程随之提高,流量相应减少,这一变化的原因属于:

   A. 管路阻抗系数的变化　　B. 管路特性曲线的平移

   C. 水泵特性曲线的改变　　D. 水泵运行台数的变化

3. 下列说法中,哪一项是正确的:

   A. 实际流体恒定元流的总水头线是水平线,测压管水头线可能下降,也可能上升

   B. 理想流体在渐扩管道中恒定运动,测压管水头线是沿程上升的,在渐缩管道中恒定运动。测压管水头线是沿程下降的

   C. 实际流体的位置水头、压强水头、流速水头和水头损失之和成为总水头

   D. 理想流体在管道进口、阀门等处由于存在局部水头损失,总水头先突然下降

4. 油管直径 $d=50\text{mm}$,油的运动黏度 $\nu=7.44\times10^{-5}\text{m}^2/\text{s}$,雷诺数 Re=1700,则距管壁 6.25mm 处的纵向流速为:

   A. 2.20m/s　　B. 7.79m/h

   C. 0.615m/h　　D. 2.53m/s

5. 室外空气经过墙壁上高度 $H=5\text{m}$ 处的扁平窗口($b_0=0.2\text{m}$)射入室内。出口断面速度为 $v_0=5\text{m/s}$,问距壁面 $S=7\text{m}$ 处的质量平均速度为(设紊流系数 $\alpha=0.118$):

   A. 1.801m/s　　B. 1.154m/s

   C. 2.815m/s　　D. 1.933m/s

6. 下面关于泵与风机的叙述，正确的是：

A. 水泵摩擦损失属于机械损失、容积损失和流动损失

B. 当流体以 $\alpha_1=90°$ 的方向进入叶轮时，离心泵的无限多叶片的理论扬程 $N=\dfrac{u_2 v_2}{\rho}$

C. 泵原动机的输入功率 $N=\dfrac{\gamma Q_\gamma H_\gamma}{\eta_\gamma \eta_h \eta_m}$

D. 对 $\beta_2>90°$ 的前弯式叶片，Q_γ 随 H_γ 的增加而线性增加

7. 设水流由水塔经铅垂圆管喷流入大气，如图所示，已知水箱水面距出口断面 $H=7\text{m}$，$d_1=100\text{mm}$，出口喷嘴直径 $d_2=60\text{mm}$，若不计能量损失，则管内离出口断面4m处断面 A 的压强为(动能修正系数取1.0，且水塔水面面积很大)：

A. $29.4\times10^3\text{Pa}$

B. $4.7\times10^3\text{Pa}$

C. $20.5\times10^3\text{Pa}$

D. $39.2\times10^3\text{Pa}$

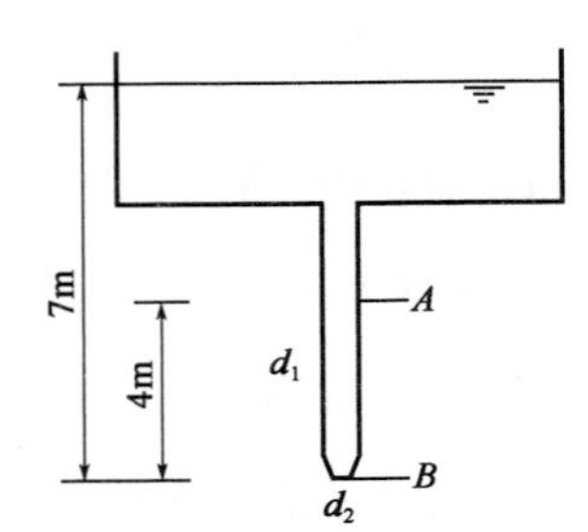

8. 水管半径 $r_0=150\text{mm}$，断面平均流速为3m/s，水的动力黏度 $\mu=1.139\times10^{-3}\text{N}\cdot\text{s/m}^2$，沿程阻力系数 $\lambda=0.015$，则 $r=0.5r_0$ 处的切应力为：

A. 8.5N/m^2

B. 0.00494N/m^2

C. 16.95N/m^2

D. 23.00N/m^2

9. 两管段并联，已知总流量 $Q=160\text{L/s}$，管段1的管径 $d_1=300\text{mm}$，管长 $l_1=500\text{mm}$，管段2的管径 $d_2=200\text{mm}$，管长 $l_2=300\text{mm}$，管道为铸铁管($n=0.013$)。则并联管道系统的流量 Q_1、Q_2 为 $\left(C=\dfrac{1}{n}R^{\frac{1}{6}}, k=AC\sqrt{R}\right)$：

A. $Q_1=0.3989\text{m}^3/\text{s}$，$Q_2=0.1746\text{m}^3/\text{s}$

B. $Q_1=0.1110\text{m}^3/\text{s}$，$Q_2=0.0487\text{m}^3/\text{s}$

C. $Q_1=0.1267\text{m}^3/\text{s}$，$Q_2=0.0332\text{m}^3/\text{s}$

D. $Q_1=0.0123\text{m}^3/\text{s}$，$Q_2=0.0023\text{m}^3/\text{s}$

10. 如图所示为一引水渠的均匀流过流断面示意图，其边坡系数 $m=1.5$，底宽 $b=34\text{m}$，糙率 $n=0.035$，底坡 $i=1/7000\text{L}$，堤高为 3.2m，电站引水量 $60\text{m}^3/\text{s}$，试计算渠道在保证超高为 0.5m 的条件下，除电站引用流量外，该渠道还能提供其他用途的流量约为：

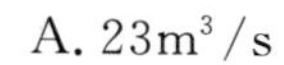

A. $23\text{m}^3/\text{s}$

B. $2\text{m}^3/\text{s}$

C. $77\text{m}^3/\text{s}$

D. $123\text{m}^3/\text{s}$

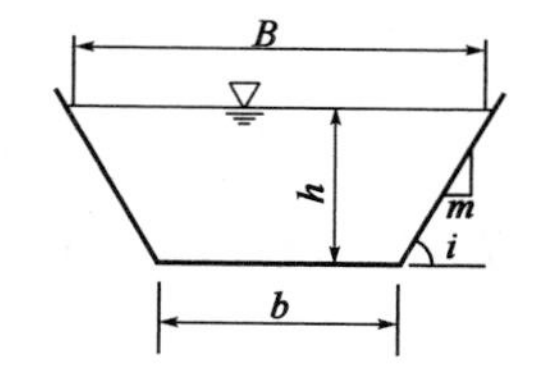

11. 原生动物可降解有机物的营养类型是：

A. 动物性

B. 腐生

C. 植物

D. 寄生

12. 抑制剂对酶促反应速度有影响，丙二酸对琥珀酸脱氢酶的催化反应抑制属于：

A. 竞争性

B. 非竞争性

C. 不可逆竞争性

D. 以上都不是

13. 若对数期 30min 时测得大肠杆菌数为 1.0×10^6 caf/mL，培养到 330min 时大肠杆菌数为 1.0×10^{12} caf/mL，那么该菌的细胞分裂 1 次所需时间为：

A. 0.9min

B. 42.5min

C. 3.9min

D. 15.2min

14. 有机物在水解酸化生物的作用下不完全氧化，则 0.5kg 葡萄糖产氢产乙酸的作用下可产生多少乙酸：

A. 0.500

B. 0.333

C. 0.670

D. 0.170

15. 在活性污泥法中可根据污泥中出现的生物判断处理水质的优劣，当污泥中出现较多钟虫，表明水质：

A. 有机物浓度较低，污水生物处理效果较好

B. 有机构浓度较高、污水生物处理效果较差

C. 有机物浓度无影响

D. 不能确定

16. 某生物滤池进水量 $Q=300\text{m}^3/\text{h}$、$BOD_5=300\text{m/L}$ 生物滤料体积为 2400m^3，则有机负荷为：

A. 0.375　　B. 0.900

C. 1.2　　D. 1.8

17. 现有一水样，欲用分光光度法测定水中砷，已知 2000mL 水样，加 2.50mL 浓度为 20mg/L 的砷标准溶液，然后用蒸馏水稀释至 50.00mL 后摇匀。测得的吸光度值为 0.426；另取 20.00mL 同样水样加蒸馏水稀释至 50.00mL 后摇匀，测得的吸光度值为 0.214。另外测得 1mg/L 砷标准溶液的吸光度值为 0.214，则此测定方法的加标回收率为：

A. 91.6%　　B. 107.5%

C. 93.0%　　D. 92.2%

18. 现测得空气中的 NO_2 体积浓度为 5m/m^3，换算成标准状况下 NO_2 的单位体积质量浓度为：

A. 2.43mg/m^3　　B. 230mg/m^3

C. 10.27mg/m^3　　D. 条件不够，无法换算

19. 重铬酸钾法测定 COD 的实验中，加入硫酸汞的作用是：

A. 催化剂　　B. 消除氯离子的干扰

C. 调节 pH 值　　D. 氧化剂

20. 用钼锑抗分光光度法测定水中磷酸盐时，如试样浑浊或有色，影响测量吸光度时需作补偿液的成分是：

A. (1+1)硫酸和 10%抗坏血酸　　B. (1+1)硫酸

C. 10%抗坏血酸　　D. 磷酸二氢钾

21. 碘量法测定水中溶解氧时加入叠氮化钠主要消除的干扰是：

A. 亚硝酸盐　　B. 亚铁离子

C. 三价铁离子　　D. 磷酸盐

22. 测定烟气流量和采取烟尘样品时，为了使样品具有代表性，下列说法正确的是：

A. 应将采样点布设在烟道的中心点

B. 应将烟道断面划分为适当数量的等面积圆环或方块，再将圆环分成两个等面积的相互垂直的直径线线上或方块中心作为采样点

C. 应将采样点布设在烟道的各个转弯处的中心点

D. 应在烟道上中下位置上各采一个点

23. 使用甲醛缓冲液吸收一盐酸副玫瑰苯胺分光光度法测定大气中的 SO_2 时，某采样点的温度为 18℃、气压为 101.1kPa，以 0.50L/min 的流速采样 30min，假设样品溶液总体积与测定时所取的样品体积相同。经测定，该样品的吸光度值为 0.254，空白吸光度为 0.034，SO_2 标准曲线的斜率为 0.0766，截距为 0，计算该监测点标准状态下 SO_2 的浓度是：

A. 0.234mg/m^3

B. 0.218mg/m^3

C. 0.189mg/m^3

D. 0.205mg/m^3

24. 某工厂车间内有 12 台机器，有 10 台机器的声压级都为 60dB，其余两台机器的声压分别为 70dB、73dB，叠加后的总声压级为：

A. 61.9dB

B. 76dB

C. 79dB

D. 74.3dB

25.某村欲将生活污水排入临近河流中，经监测该污水中COD浓度为110.00mg/L，流量为1.48m^3/s；河流中COD含量为5.00mg/L，河流流量为3.57m^3/s。当地河流属地表水V类水域(GB 3838—2002)，COD浓度限值为40mg/L，当地执行生活污水排放标准(GB 18918—2002)二级标准，COD浓度限值为100mg/L，假设污水排入河流后能够迅速混合，以下说法正确的是(假设河流中仅有该股污水流入，无其他污染源)：

A.混合后受纳水体COD浓度满足《城镇污水处理厂污染物排放标准》(GB 18918—2002)二级标准的要求

B.混合后受纳水体COD浓度不满足《地表水环境质量标准》(GB 3838—2002)V类水域的要求

C.混合后受纳水体COD浓度满足《地表水环境质量标准》(GB 3838—2002)V类水域的要求

D.无法确定

26.下列对生态环境影响评价级别的说法中，正确的是：

A.生物量减少40%，工程影响范围为45km^2，工作级别为2级

B.物种多样性减少55%，工程影响范围为18km^2，工作级别为2级

C.区域环境绿地数量减少，分布不均，连通程度变差，工程影响范围60km^2，工作级别为1级

D.敏感地区，工程影响范围5km^2，工程级别为1级

27.标志中国环境影响评价制度确立的时间是：

A.1973年　　B.1978年

C.1979年　　D.1981年

28. 环境的特征可从不同角度进行认识，下面对环境的特性表述错误的是：

A. 环境整体性表明环境的各组成部分或要素构成一个完整的系统，同时，整体性也体现在环境系统的结构和功能上

B. 环境的稳定性是相对于环境的变动性而言的，当环境系统发生一定程度范围内的变化时，环境借助自我调节功能恢复到变化前状态

C. 环境的区域性是指环境特性的区域差异，其特性差异仅体现在环境地理位置的变化引起的气候、水文、土壤等自然具有价值性

D. 环境为人类的生存、发展提供所需的资源，由于这些资源并不是取之不尽用之不竭的，人类离不开环境，因而环境具有价值性

29. 根据原国家环保局《环境影响评价公众参与暂行办法》(2006 年 3 月)，下列关于公众参与的表述中错误的是：

A. 该暂行办法可用于环境保护行政主管部门重新审核建设项目环境影响报告书过程中征求公众意见的活动

B. 建设单位应当在确定了承担环境影响评价工作的环境影响评价机构后 7 日内，向公众公告征求公众意见的主要事项及预防或者减轻不良环境影响的对策和措施的要点

C. 建设单位或者其委托的环境影响评价机构，可以采取在建设项目所在地的主流报刊上发布公告方式发布信息公告

D. 建设单位或者其委托的环境影响评价机构应当在座谈会或者论证会结束后 5 日内，根据现场会议记录整理制作座谈会议纪要或者论证结论，并存档，以备查看

30. 根据我国《地表水环境质量标准》(GB 3838—2002)的相关规定，地表水水域功能可划分 5 类，下列表述正确的是：

A. 珍稀水生生物栖息地、国家自然保护区属于 I 类区

B. 鱼虾类越冬场、鱼虾类产卵场、集中式生活饮用水地表水源地一级保护区属于 II 类区

C. 鱼虾类洄游通道、游泳区属于 III 类区

D. 人体非直接接触的娱乐用水区、一般景观用水要求水域属于 V 类区

31. 下述关于环境规划预测内容的说法中，错误的是：

A. 预测区域内人们的道德、思想等各种社会意识的发展变化

B. 预测区域内各类资源的开采量、储备量以及开发利用效益

C. 预测各类污染物在大气、水体、土壤等环境要素中的总量、浓度以及分布变化，可不考虑新污染物的种类和数量

D. 预测规划期内的环境保护总投资、投资比例、投资重点、投资期限和投资效益等

32. 地表水环境影响预测中，对河流的三级评价，只需预测下列哪项的环境影响：

A. 枯水期　　B. 冰封期

C. 丰水期　　D. 平水期

33. 已知某河流水温 $T=20℃$，水中 $BOD_5=0mg/L$，$DO=8mg/L$，流量 $2.5m^3/s$；排入河流的污水 $BOD_5=500mg/L$，$DO=0mg/L$，流量 $0.2m^3/s$，污水水温 $T=46℃$。常压下，淡水中饱和溶解氧的浓度是水温的函数，$C_s=468/31.6+T$，式中，T 为水温，℃；C_s 为饱和溶解氧浓度，mg/L，耗氧速率常数与温度（T）的关系满足：$K_T=K_{20}1.047^{T-20}$。20℃时的耗氧速率常数 $K_{20}=0.15/d$。假设污水和河水完全混合，计算混合后瞬间河流的第一阶段生化耗氧量和氧亏值分别为：

A. 43.65mg/L，1.66mg/L　　B. 43.65mg/L，1.32mg/L

C. 45.05mg/L，1.32mg/L　　D. 45.05mg/L，1.66mg/L

34. 关于水的混凝过程，以下描述中正确的是：

A. 静电排斥作用是水中亲水胶体聚集稳定性的主要原因

B. 欲达到相同的压缩双电层效果，采用二价离子时，其浓度约为采用一价离子时的一半

C. 混凝包括凝聚和絮凝两个阶段

D. 混凝过程的搅拌速度始终一致

35. 已知渗透压可近似用 $\pi=\sum RTc$ 计算，式中，π 为渗透压，Pa；R 为理想气体常数，8.314J/(mol/K)；T 为热力学温度，K；c 为物质的量浓度，mol/L。25℃时，某溶液中含有 NaCl 和 Na_2SO_4，其浓度分别为 10mg/L 和 20mg/L，该溶液的渗透压为：

A. 1895Pa　　B. 773Pa

C. 2245Pa　　D. 74327Pa

36. 现有原水氨氮浓度为 0.2mg/L，采用折点加氯，保持水中自由性余氯为 0.3mg/L。则投加氯的量为：

A. 1.43mg/L　　B. 0.3mg/L

C. 1.52mg/L　　D. 1.87mg/L

37. 在废水生物处理领域，下面关于“好氧”“缺氧”“厌氧”的描述，不正确的是：

A. “好氧”是指通过各种曝气设备向废水中提供溶解氧，活性污泥中的好氧微生物利用溶解氧，将废水中的有机物氧化分解为二氧化碳和水，同时合成自身的细胞物质

B. “缺氧”是指限制性供氧或者不供氧，但通过加注含有硝酸盐的混合液，使混合液的氧化还原电位维持在一定水平，确保活性污泥中的反硝化菌将硝酸盐反硝化生成为氮气，同时将废水中的有机物氧化分解

C. “厌氧”是指在绝氧状态下，使废水中的有机物直接在厌氧微生物的作用下，逐步被转化成为甲烷和二氧化碳的过程

D. 在水处理中，相应存在着“好氧微生物”“缺氧微生物”“厌氧微生物”，它们之间分类清晰，功能各不相同

38. 某污水处理厂，处理水量为 $30000m^3/d$，曝气池的水力停留时间为 8h，污泥浓度为 4000mg/L，二沉池底部沉淀污泥的浓度为 8000mg/L，二沉池水中的 SS 为 10mg/L。假设进水中的 SS 可忽略不计。计算将该活性污泥系统的污泥龄控制在 20d 时，每天应从二沉淀底部排出的剩余污泥量为：

A. $60000m^3/d$　　B. $287.9m^3/d$

C. $2500m^3/d$　　D. $212.8m^3/d$

39. 下列工艺中不能有效去除二级处理出水中少量溶解性有机物的是：

A. 活性炭吸附　　B. 电解氧化

C. 离子交换　　D. 生物陶粒滤池

40. 某废水含有 400mg/L 的氨氮（以 N 计），不含有机物。采用硝化工艺将废水中的氨氮全部转化为硝酸盐后，通过投加有机物进行反硝化，问如忽略生物合成所消耗的有机物和氮素，从理论上计算，为保证出水总氮浓度小于 10mg/L，计算需要外加有机物（以 COD 计）的量为：

A. 2.86mg/L　　B. 111.5mg/L

C. 1115.4mg/L　　D. 0.44mg/L

41. 以下关于逆温的说法正确的是：

A. 逆温层是发生在近底层中的强稳定的大气层，空气污染事件多发生在有逆温层和静风条件下

B. 根据生成过程，可以将逆温分成辐射逆温、下沉逆温、平流逆温、锋面逆温及湍流逆温等五种

C. 在晴朗的夜间到清晨，多因地面强烈辐射冷却而形成下沉逆温，在此期间逆温层下的污染物不易扩散

D. 当冷空气平流到暖地面上而形成的逆温称为平流逆温

42. 以下关于大气中 SO_2 的说法不正确的是：

A. 大气中 SO_2 的主要人为源是化石燃烧

B. 火山活动是大气中 SO_2 的主要自然源，其排放量远小于人为源

C. 燃烧烟气中的 S 主要以 SO_2 的形式存在，其中只有 1%～5%为 SO_2 气体

D. 当大气相对湿度较大，且颗粒物受太阳紫外光照时，SO_2 将会产生硫酸型光化学烟雾

43. 某污染源排放的 SO_2 的量为 151g/s，有效源高为 150m，烟囱出口处平均风速为 4m/s。在当时的气象条件下，正下风方向 3km 处的 $\sigma_y=403m$，$\sigma_z=362m$，则该处地面浓度为：

A. 37.8μg/m^3 B. 69.4μg/m^3

C. 75.6μg/m^3 D. 82.4μg/m^3

44. 关于烟气抬升及其高度计算，下列说法不全面的是：

A. 烟囱的有效高度为烟囱的几何高度与烟气的抬升高度之和

B. 产生烟气抬升的原因是烟气在烟囱出口具有一定的初始动量，同时周围空气对烟气产生一定的浮力

C. 决定烟气抬升高度的主要因素为烟气出口流速、烟囱出口内径以及烟气与周围大气之间的温差

D. 烟气抬升高度的常用计算公式包括霍兰德(Holland)公式、布里格斯(Briggs)公式和我国国家标准中规定的公式

45. 某种燃料在干空气条件下(假设空气仅由氮气和氧气组成,其体积比为 3.78)燃烧,用奥萨特烟气分析仪测得干烟气成分如下:CO_2 为 10.7%、O_2 为 7.2%、CO 为 1%,则燃烧过程的空气过剩系数为:

A. 1.50　　B. 1.46

C. 1.40　　D. 1.09

46. 某电除尘器实测除尘效率为 90%,现欲使其除尘效率提高至 99%,集尘板面积应增加到原来的:

A. 5 倍　　B. 4 倍

C. 3 倍　　D. 2 倍

47. 一固定床活性炭吸附器的活性炭填装厚度为 0.6m,活性炭对苯吸附的平衡静活性值为 25%,其堆积密度为 $425kg/m^3$,并假定其死层厚度为 0.15m,气体通过吸附器床层的速度为 0.3m/s,废气含苯浓度为 $2000mg/m^3$。该吸附器的活性炭床层对含苯废气的保护作用时间为:

A. 29.5h　　B. 25.2h

C. 22.1h　　D. 20.2h

48. 某城镇共有人口 10 万,人均产生生活垃圾量 1.0kg/d,如果采用填埋方式处置,覆盖土所占体积为生活垃圾的 20%,填埋后垃圾压实密度 $900kg/m^3$,平均填埋高度 10m,填埋场设计使用年限 20 年,生活垃圾在填埋场中的减容率为 20%。请计算所需要的填埋场总库容和需要的填埋场面积为(面积修正系数取 1.1):

A. $6.5\times10^5 m^3$,$6.5\times10^4 m^2$　　B. $9.7\times10^5 m^3$,$1.1\times10^5 m^2$

C. $6.5\times10^5 m^3$,$7.1\times10^4 m^2$　　D. $8.1\times10^5 m^3$,$8.9\times10^4 m^2$

49. 某城市拟建设一座日处理 240t 的生活垃圾焚烧场,采样分析生活垃圾的化学组成(质量百分数)如下:碳 20%、氢 2%、氧 16%、氮 1%、硫 2%、水分 59%,焚烧过剩空气系数为 1.8。则用经验公式计算垃圾的低位热值及每台焚烧炉需要的实际燃烧空气量为:

A. 50.24kJ/kg,$332000m^3/h$　　B. 50.24kJ/kg,$33200m^3/h$

C. 121.4kJ/kg,$796800m^3/h$　　D. 121.4kJ/kg,$7968000m^3/h$

50. 某城市日产生活垃圾 720t，分选回收废品后剩余生活垃圾 480t/d，采用厌氧消化工艺对其进行处理，处理产生的沼气收集后采用蒸汽锅炉进行发电利用。对分选后垃圾进行分析得出：干物质占 40%，可生物降解的干物质占干物质的 70%，1kg 可生物降解的干物质厌氧条件下产沼气能力为 0.45m^3(标态)。假设沼气的平均热值为 18000kJ/m^3(标态)，蒸汽锅炉发电率为 32%。试计算该生活垃圾处理厂的最大发电功率是：

A. 4MW　　　　B. 6MW

C. 10MW　　　　D. 12.5MW

51. 对某城市生活垃圾取样进行有机组分全量分析，其组成分子式为 $C_{60.0}H_{94.3}O_{37.8}N$(S)，并给出以下条件参数：①垃圾的有机组分含量为 80%，垃圾含水率为 35%；②垃圾中可生物降解的挥发性固体(BVS)占总固体(TS)的 50%；③可生物降解的挥发性固体(BVS)的有效转化率为 90%。若采用厌氧消化，计算 1t 生活垃圾全部厌氧消化理论上能够产生甲烷的量为：

A. 113m^3(标态)　　　　B. 146m^3(标态)

C. 274m^3(标态)　　　　D. 292m^3(标态)

52. 一个 86dB(A)的噪声源与一个 88dB 的 1000Hz 窄带噪声源(宽度为 1/3 倍频程)叠加后，总声压级为：

A. 90.1dB(A)　　　　B. 91.8dB(A)

C. 92.3dB(A)　　　　D. 89.9dB(A)

53. 通信设备类电磁污染源应采取的防治方法是：

A. 抑制其电磁能量的产生

B. 将其电磁能量控制在一定范围内

C. 处理好环境要求与工作要求之间的兼容问题

D. 电磁屏蔽

54. 某纺织车间进行吸声降噪处理前后的混响时间分别为 4.5s 和 1.2s，该车间噪声级降低了：

A. 3.9dB　　　　B. 5.7dB

C. 7.3dB　　　　D. 12.2dB

55. 各级人民政府应当加强对农业环境的保护，防治土壤污染、土地沙化、盐渍化、贫瘠化、沼泽化、地面沉降和防治植被破坏、水土流失、水源枯竭、种源灭绝以及其他生态失调现象的发生和发展，推广植物病虫害的综合防治，合理使用化肥、农药及：

A. 转基因药物　　B. 转基因植物

C. 动物生产激素　　D. 植物生产激素

56.《中华人民共和国水污染防治法》规定，防治水污染应当：

A. 按流域或者按区域进行统一规划

B. 按相关行政区域分段管理进行统一规划

C. 按多部门共同管理进行统一规划

D. 按流域或者季节变化进行统一规划

57. 工业生产中产生的可燃性气体应当回收利用，不具备回收利用条件而向大气排放的，应当进行：

A. 防治污染处理　　B. 充分燃烧

C. 除尘脱硫处理　　D. 净化

58. 海岸工程建设单位，必须在建设项目可行性研究阶段，对海洋环境进行科学调查，根据自然条件和社会条件，合理选址，编报/填报：

A. 编报环境影响报告书　　B. 编报环境影响报告表

C. 填报环境影响登记表　　D. 填报环境影响登记卡

59. 我国《大气污染物综合排放标准》(GB 16297—1996)中规定，新污染物排气筒高度一般不应低于多少？但排放氯气、氰化氢和光气的排气筒高度不应低于多少？

A. 30m、40m　　B. 25m、30m

C. 20m、25m　　D. 15m、25m

60. 以居民住宅、医疗卫生、文化教育、科研设计、行政办公为主要功能区所适用的环境噪声等级限制为：

A. 昼间 50dB(A)、夜间 40dB(A)　　B. 昼间 55dB(A)、夜间 45dB(A)

C. 昼间 60dB(A)、夜间 50dB(A)　　D. 昼间 65dB(A)、夜间 55dB(A)

2009年度全国勘察设计注册环保工程师执业资格考试基础考试(下)试题解析及参考答案

1. **解** 由明渠均匀流的基本计算公式 $Q=\frac{1}{n}AR^{\frac{2}{3}}i^{\frac{1}{2}}$ 与梯形断面过流断面面积 $A=(b+mh)h$ 可得：一般情况下，Q 一定，n 越大，则 A 越大，水深 h 就越大；Q 一定，i 越小，则 A 越大，水深 h 就越大。

答案：B

2. **解** 由水泵特性曲线可得：水泵消耗的功率与其流量成正比，水泵流量与扬程成反比。

答案：C

3. **解** 测压管水头线反应流体的势能，当管径沿流向增大时，测压管水头线可能上升也可能下降；总水头线反映的是流体的总能量，由于水头损失，总水头线总是沿程下降的。

答案：B

4. **解** 由雷诺数 Re=1700<2300，管内流态为层流。

$v=\frac{\mathrm{Re}\times\nu}{d}=\frac{1700\times7.44\times10^{-5}}{50\times10^{-3}}=2.53\mathrm{m/s}$

管内中心流速 $u=2v=5\mathrm{m/s}$

由 $u=\frac{\rho gJ}{4\mu}(r_0^2-r^2)$，$r=25-6.25=18.75\mathrm{mm}$

代入得：$u=2.20\mathrm{m/s}$

答案：A

5. **解** 距壁面 $S=7\mathrm{m}$ 处断面与喷嘴的距离：$S=\frac{R-b_0}{\tan\alpha}$

湍流射流扩散角 $\tan\alpha=a\cdot\varphi=0.118\times2.44=0.3$

质量平均速度 $v_2=\frac{v_0}{1+0.43\frac{aS}{b_0}}=1.993\mathrm{m/s}$

答案：D

6. **解** 泵与风机的能量损失分为机械损失、容积损失和水力损失，其中水泵摩擦损失属于机械损失，选项A错；当流体以 $\alpha=90°$ 的方向进入叶轮时，离心泵无限多叶片理论扬

程 $H_{T,\infty}=\frac{u_2 v_{2v,\infty}}{g}$，选项 B 错；泵的原动机输入功率 $\frac{\rho g q_v H}{1000\eta\eta_t\eta_g}=\frac{P_g}{\eta_g}$，选项 C 错。

答案：D

7. **解**　不计能量损失，对水塔水面及 A、B 断面列伯努利方程：

$$H+\frac{p_0}{\rho g}+\zeta\frac{v_0^2}{2g}=z_A+\frac{p_A}{\rho g}+\zeta\frac{v_A^2}{2g}=z_B+\frac{p_B}{\rho g}+\zeta\frac{v_B^2}{2g}$$

由题意得：$v=0$，$z_B=0$，$p_0=p_B=0$，A、B 面通过流量相等。则：

$\pi\frac{d_A^2}{4}v_A=\pi\frac{d_B^2}{4}v_B$

$\zeta\frac{v_B^2}{2g}=7$

代入得：$\frac{p_A}{\rho g}=H-z_A-\frac{v_B^2}{2g}\left(\frac{9}{25}\right)^2=2.01\text{m}$，$p_A=\rho gh=20500\text{Pa}$

答案：C

8. **解**　$\text{Re}=\frac{\rho vd}{\mu}=790167>2300$，管内流态为湍流，则沿程损失 $h_f=\lambda\frac{v^2 l}{2gd}=0.023$，水力坡度 $i=0.023$

管壁上的切应力 $\tau_0=\rho g\frac{r_0}{2}i$

由 $\tau=\tau_0\frac{r}{r_0}$，得 $\tau=\tau_0\frac{r}{r_0}=\rho g\frac{r_0}{2}i\times\frac{0.5r_0}{r_0}=8.5$。

答案：A

9. **解**　按长管计算并联管路：$S_1Q_1^2l_1=S_2Q_2^2l_2$

$$\frac{Q_1^2}{Q_2^2}=\frac{S_2l_2}{S_1l_1}=\frac{A_1^2R_1^{\frac{4}{3}}l_2}{A_2^2R_2^{\frac{4}{3}}l_1}$$

由 $R=\frac{A}{\chi}$，可得 $\frac{Q_1}{Q_2}=2.28$

因 $Q_1+Q_2=160$，计算得：$Q_1=0.1110\text{m}^3/\text{s}$，$Q_2=0.0487\text{m}^3/\text{s}$。

答案：B

10. **解**　水深 $h=3.2-0.5=2.7\text{m}$

过水断面面积 $A=(b+mh)h=102.74$

湿周 $\chi=b+2h\sqrt{1+m^2}=43.7$

水力半径 $R=\frac{A}{\chi}=2.35$

过水能力 $Q=\frac{1}{n}AR^{\frac{2}{3}}i^{\frac{1}{2}}=\frac{i^{\frac{1}{2}}}{n}\frac{A^{\frac{5}{3}}}{\chi^{\frac{2}{3}}}=62.26$

则用于其他用途的流量为62.26－60＝2.26。

答案:B

11.**解**　记忆题。

答案:B

12.**解**　丙二酸与琥珀酸化学结构类似,它能与琥珀酸脱氢酶结合,与琥珀酸脱氢酶的催化反应抑制属于竞争性抑制。

答案:A

13.**解**　由 $G=\frac{t}{n}$,$N=N_0\times 2^n$,$n=\frac{\lg N-\lg N_0}{\lg 2}=19.8$

可计算出 $G=\frac{330-30}{19.8}=15.2$

答案:D

14.**解**　葡萄糖产乙酸的反应式如下:

$$C_6H_{12}O_6\rightarrow 2C_3H_4O_3+4[H]\rightarrow 2CH_3COOH+2H_2O+CO_2$$

$\frac{180}{0.5}=\frac{2\times 60}{m}$

可得 $m=0.333$

答案:B

15.**解**　活性污泥中微生物的指示作用如下:

活性污泥良好时:当活性污泥性能良好时,活性污泥表现为絮凝体较大,沉降性好,镜检观察出现的生物有钟虫属、盖虫属、有肋木盾纤虫属、独缩虫属、聚缩虫属、各类吸管虫属、轮虫类、累枝虫属、寡毛类等固着型种属或匍匐型种属。

活性污泥恶化时:活性污泥恶化时,絮凝体较小,出现的生物有豆形虫属、滴虫属和聚屋滴虫属等快速游泳型的生物。当污泥严重恶化时,微型动物大面积死亡或几乎不出现,污泥沉降性下降,处理水质能力差。

从恶化恢复到正常时:活性污泥从恶化恢复到正常,在这段过渡期内出现的生物有漫游虫属、管叶虫属等慢速游泳型或匍匐型的生物。

答案:A

16.**解**　$F=Qc/V$,其中 $Q=300m^3/h$,$c=300mg/L$,$V=2400m^3$

可得 $F=(300m^3/h\times 300mg/L)\div 2400m^3$

$=(300m^3/h\times 24h/d\times 0.3kg/m^3)\div 2400m^3$　　（量纲变换）

$=0.9kgBOD_5/(m^3\cdot d)$

注：根据题设条件，出水 BOD_5 以零计。

答案：B

17. **解**

$$加标回收率=\frac{加标试样测定值-试样测定值}{加标量}$$

代入数据，得加标回收率 $P=92.2\%$

答案：D

18. **解** 标准状态下气体的摩尔体积都是 22.4L/mol，换算成标准状况下 NO_2 的单位体积质量浓度为：

$$\begin{aligned}m/V&=V/V_m\times M(NO_2)\\&=(5\times10^{-3}L\div22.4L/mol)\times46g/mol\\&=10.27\times10^{-3}g/m^3=10.27mg/m^3\end{aligned}$$

答案：C

19. **解** 加硫酸汞是为了使硫酸汞与氯离子反应生成可溶性氯化汞络合物，去除水样中的氯离子，防止氯离子与重铬酸根反应。

答案：B

20. **解** 用钼锑抗分光光度法测定水中总磷时，如试样浑浊或有色，影响测量吸光度时，需作补偿校正。即在 50mL 比色管中，水样定容后加入 3mL 浊度补偿液后，测量吸光度，该补偿液由 2 体积(1+1)硫酸和 10%抗坏血酸组成。

答案：A

21. **解** 加入叠氮化钠使水中亚硝酸盐分解而消除干扰。

答案：A

22. **解** 采样点应选择平直管道，避开弯头等易产生涡流的阻力构件；只有当直径小于0.3m，且流速均匀时，可在烟道中心设一个采样点，故选项 ACD 错。

答案：B

23. **解** 将采样体积换算为标准状态下的体积：

$$V_0=\frac{p}{p_0}\cdot\frac{T_0}{T}\cdot V=\frac{101.1\times273\times0.5\times30}{101.325\times(273+18)}=14.041m^3$$

由标准曲线方程 $y=kx$，可得斜率 $x=\dfrac{0.254-0.034}{0.0766}=2.872$

则标准状态下 SO_2 的浓度 $c=\dfrac{m}{V_0}=\dfrac{2.872}{14.041}=0.205$

答案：D

24. **解** n 个相同声压级叠加后：$L=L_1+10\lg n$

则 10 台声压级为 60dB 的机器叠加后的总声压级为：

$L=L_1+10\lg n=60+10\lg 10=70\text{dB}$

由于其余两台机器声压级不同，按式 $L_p=10\lg(\sum 10^{0.1L_{pi}})$ 计算，12 台机器的总叠加声压级为：

$L_p=10\lg(\sum 10^{0.1L_{pi}})=10\lg(10^7+10^7+10^{0.3}\times 10^7)=76\text{dB}$

答案：B

25. **解**　按河流零维完全混合模型：$c=\dfrac{Q_p c_p+Q_h c_h}{Q_p+Q_h}$

计算得：$c=36\text{mg/L}<40\text{mg/L}$

受纳水体 COD 浓度低于《地表水环境质量标准》五类水的要求。

答案：C

26. **解**　生物量减小小于 50%，工程影响范围 20～50km^2，工作级别为 3 级，A 错；生物量减小大于 50%，工程影响范围小于 20km^2，工作级别为 3 级，B 错；区域环境绿地数量减少，分布不均，连通程度变差，工程影响范围大于 50km^2，工作级别为 2 级，C 错。

答案：D

27. **解**　记忆题，依据 1979 年我国颁布的《中华人民共和国环境保护法》(试行)。

答案：C

28. **解**　环境系统的基本特征如下：

(1)整体性与区域性

环境是一个整体，环境的整体性体现在环境系统的结构和功能方面。环境系统的各要素或各组成部分之间通过物质、能量流动网络彼此关联，在不同的时刻呈现出不同的状态。同时，环境又有明显的区域差异，体现在地理位置的不同或空间范围的差异，同时，还反映区域社会、经济、文化等的差异。

(2)变动性和稳定性

环境的变动性是指在自然的、人为的，或两者共同的作用下，环境的内部结构和外在状态始终处于不断的变化之中。

环境的稳定性是相对于变动性而言的，所谓稳定性是指环境系统具有一定的自我调节功能的特性。

(3)资源性与价值性

环境提供了人类存在和发展空间，同时也提供了人类必需的物质和能量。环境为人类生存和发展提供必需的资源，这就是环境的资源性。

答案：C

29. **解**　《环境影响评价公众参与暂行办法》第八条在《建设项目环境分类管理名录》规定的环境敏感区建设的需要编制环境影响报告书的项目，建设单位应当在确定了承担环境影响评价工作的环境影响评价机构后7日内，向公众公告下列信息：

（一）建设项目的名称及概要；

（二）建设项目的建设单位的名称和联系方式；

（三）承担评价工作的环境影响评价机构的名称和联系方式；

（四）环境影响评价的工作程序和主要工作内容；

（五）征求公众意见的主要事项；

（六）公众提出意见的主要方式。

第九条　建设单位或者其委托的环境影响评价机构在编制环境影响报告书的过程中，应当在报送环境保护行政主管部门审批或者重新审核前，向公众公告如下内容：

（一）建设项目情况简述；

（二）建设项目对环境可能造成影响的概述；

（三）预防或者减轻不良环境影响的对策和措施的要点；

（四）环境影响报告书提出的环境影响评价结论的要点；

（五）公众查阅环境影响报告书简本的方式和期限，以及公众认为必要时向建设单位或者其委托的环境影响评价机构索取补充信息的方式和期限；

（六）征求公众意见的范围和主要事项；

（七）征求公众意见的具体形式；

（八）公众提出意见的起止时间。

答案：B

30. **解**　依据地表水水域环境功能和保护目标，按功能高低依次划分为5类：

I类：主要适用于源头水、国家自然保护区；

II类：主要适用于集中式生活饮用水地表水源地一级保护区、珍稀水生生物栖息地、鱼虾类产卵场、仔稚幼鱼的索饵场等；

III类：主要适用于集中式生活饮用水地表水源地二级保护区、鱼虾类越冬场、洄游通道、水产养殖区等渔业水域及游泳区；

IV类：主要适用于一般工业用水区及人体非直接接触的娱乐用水区；

Ⅴ类：主要适用于农业用水区及一般景观要求水域。

答案：C

31. **解** 环境预测的主要内容：

(1)社会和经济发展预测

规划期内区域内人口总数、人口密度和人口分布等方面的发展变化趋势，区域内人们的道德、思想、环境意识等各种社会意识的发展变化；人们的生活水平、居住条件、消费倾向和对环境污染的承受能力等方面的变化；区域生产布局的调查、生产发展水平的提高和区域经济基础、经济规模和经济条件等方面的变化趋势。从中可以看出，社会发展预测重点是人口预测，经济发展预测重点是能源消耗预测、国民生产总值预测和工业部门产值预测。

(2)环境容量和资源预测

根据区域环境功能的区划、环境污染状况和环境质量标准来预测区域环境容量的变化，预测区域内各类资源的开采量、储备量以及资源的开发利用效果。

(3)环境污染预测

预测各类污染物在大气、水体、土壤等环境要素中的总量、浓度以及分布的变化，预测可能出现的新污染物种类和数量。预测规划期内环境污染可能造成的各种社会和经济损失。

(4)环境治理和投资预测

各类污染物的治理技术、装置、措施、方案以及污染治理的投资和效果的预测；预测规划期内的环境保护总投资、投资比例、投资重点、投资期限和投资效益等。

(5)生态环境预测

城市生态环境，也包括水资源的总量、消耗量、地下水位等，城市绿地面积、土地利用状况和城市化趋势等；农业生态环境，包括农业耕地数量和质量，盐田地的面积和分布，水土流失的面积和分布；此外还包括区域内的森林、草原、沙漠等的面积和分布以及区域内的物种、自然保护区和旅游风景区的变化趋势。

答案：C

32. **解** 记忆题。一般情况下，对河流的三级评价，只需调查枯水期。

答案：A

33. **解** 混合后的BOD浓度 $c_0=\frac{Q_p c_p+Q_h c_h}{Q_p+Q_h}=37\text{mg/L}$

混合后水温 $T=\frac{20\times2.5+46\times0.2}{2.5+0.2}=22℃$

混合后耗氧速率常数 $K_T=K_{20}1.047^{\Delta T}=0.164$

生化耗氧量：$L_0=\frac{c_0}{1-10^{-kt}}=\frac{37}{1-10^{-0.164\times5}}=43.6\text{mg/L}$

混合后溶解氧浓度为：$c=\frac{2.5\times8+0}{0.2+2.5}=7.4\text{mg/L}$

饱和溶解氧浓度为：$c_s=\frac{468}{31.6+T}=8.73\text{mg/L}$

则亏氧量$=8.73-7.4=1.33\text{mg/L}$

答案：B

34.**解** 胶体带电相斥是憎水型胶体聚集稳定性的主要原因，A错；压缩双电层是指在胶体分散系中投加能产生高价反离子的活性电解质，通过增大溶液中的反离子强度来减小扩散层厚度，从而使ζ电位降低的过程。加入电解质对ζ电位的影响并非是呈线性关系的，B错；混凝过程中搅拌速度随絮凝体的增大而降低，D错。

答案：C

35.**解** 计算时引入校正系数i：

i的值为1mol电解质能电离出的离子的物质的量，对于NaCl，$i=2$；对于Na_2SO_4，$i=3$。

对于NaCl：$c=\frac{10\times10^{-3}}{58.5}=0.171\text{mmol/L}$

对于Na_2SO_4：$c=\frac{20\times10^{-3}}{142}=0.171\text{mmol/L}$

计算得：$\sum iRTc=1895\text{Pa}$

答案：A

36.**解** 折点加氯图示如下：

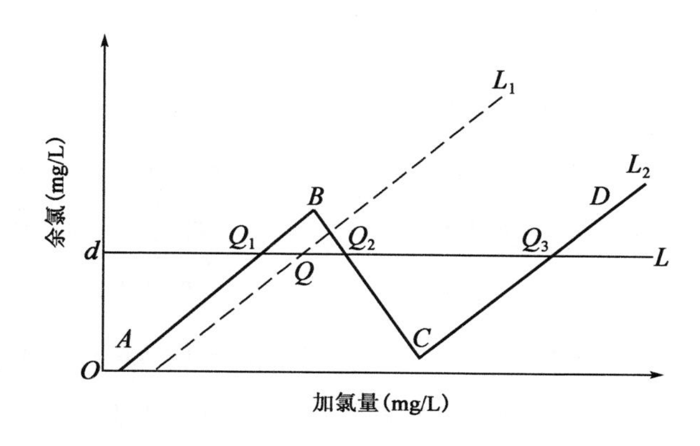

题36解图 加氯量—余氯曲线

加氯后的反应式如下：

设水中含有$a$mg氨氮，自由性余氯为$b$mg，则：

$NH_3+Cl_2 = NH_3Cl+HCl$

17　　71　　　51.5

a　　x　　　y

$4NH_3Cl+3Cl_2+H_2O = N_2+N_2O+10HCl$

206　　213

y　　z

$H_2O+Cl_2 = HOCl+HCl$

71　52.5

m　　b

联立计算，得 $x=4.18a$，$z=3.13a$，$m=1.35b$

将 $a=0.2$，$b=0.3$。代入，得总耗氧量$=x+z+m=1.87$mg/L

答案：D

37.**解**　好氧微生物、厌氧微生物、缺氧微生物在水环境发生改变时会为适应环境而改变，污水中同样存在兼性好氧、兼性厌氧微生物。

答案：D

38.**解**　根据污泥龄反求二沉池底部排出的剩余污泥量。污泥龄计算公式如下：$\theta=VX/[Q_WX_r+(Q-Q_W)X_e]$。式中，$V$为曝气池容积；$X$为曝气池混合液污泥浓度；$X_r$为剩余污泥浓度，即从二沉池底部沉淀排放的污泥浓度；Q_W为剩余污泥排放量；Q为污水流量；X_e为处理出水中的SS浓度。将题中所给数据代入即可得剩余污泥排放量$Q_W=212.8$。

答案：D

39.**解**　活性炭是用木材、煤、果壳等含碳物质在高温缺氧条件下活化制成，它具有巨大的比表面积。水处理过程中使用的活性炭有粉末炭和粒状炭两类。粉末炭采用混悬接触吸附方式，而粒状炭则采用过滤吸附方式。活性炭吸附法广泛用于给水处理及废水二级处理出水的深度处理，可去除溶解性有机物；电化学氧化是在电解槽中放入有机物的溶液或悬浮液，通过直流电，在阳极上夺取电子使有机物氧化或是先使低价金属氧化为高价金属离子，然后高价金属离子再使有机物氧化的方法，可去除溶解性有机物；离子交换是指借助于固体离子交换剂中的离子与稀溶液中的离子进行交换，以达到提取或去除溶液中某些离子的目的，不能用于去除溶解性有机物；陶粒生物滤池(Biocer)是曝气陶粒生物滤池(Aerated Biological Ceramicite Filter)的简称,属于曝气生物滤池(Aerated Biological Ceramicite Filter)的一种形式,可去除溶解性有机物。

答案:C

40. **解** 需要反硝化的N量为:NT=400－10=390mg/L;1g硝酸盐氮转化为N_2时需要有机物为2.86g,理论上反硝化需要投加有机物量为:$c=2.86NT=2.86\times390=1115.4$mg/L。

答案:C

41. **解** 逆温分为辐射逆温、平流逆温、锋面逆温、湍流逆温、下沉逆温。逆温层不一定发生在近地面,比如下沉逆温,常发生在高空,在晴朗的夜间到清晨,因地面辐射冷却而形成辐射逆温,平流逆温是指暖空气平流到冷的地面上形成的逆温。

答案:B

42. **解** SO_2主要由燃煤及燃料油等含硫物质燃烧产生,其次是来自自然界,如火山爆发、森林起火等产生。煤、石油等都含一定量的硫元素,这些矿物如果不经过硫元素的处理,燃烧时会产生大量的二氧化硫。这远比自然界含硫矿石的分解或者火山喷发的二氧化硫要多。当大气湿度大且受强紫外线照射时会产生硫酸型光化学烟雾。

答案:C

43. **解** 地面浓度计算公式:$\rho=\frac{Q}{2\pi\sigma_y\sigma_z\overline{u}}\exp\left(-\frac{H^2}{2\sigma_z^2}\right)$

代入数据,得地面浓度为37.8μg/m^3。

答案:A

44. **解** 烟气抬升的原因有两个。一是烟气在烟囱出口具有一定初始动量,初始动量的大小取决于烟气出口流速和烟囱出口内径。二是由于烟气温度高于周围大气而产生的浮力,浮力大小则主要取决于烟气与周围大气之间的温差;除烟气出口流速、烟囱出口内径、烟气与周围大气之间的温差外,烟囱出口处的平均风速、风速垂直切变及大气稳定度等,对烟气抬升都有影响。烟气抬升高度的常用计算公式包括霍兰德(Holland)公式、布里格斯(Briggs)公式和我国国家标准中规定的公式。

答案:C

45. **解** 氮气与氧气之比为3.78,则空气中总氧量为$\frac{1}{3.78}N_2=0.264N_2$。

N_2在空气中所占百分比为:1－10.7%－7.2%－1%=81.1%

过剩空气系数 $\alpha=1+\frac{O_2-0.5CO}{0.264N_2-(O_2-0.5CO)}=1+\frac{7.2-0.5}{0.264\times81.1-(7.2-0.5)}=1.46$

答案:B

46. **解**　电除尘效率计算公式为:$\eta=1-\exp\left(\frac{A\omega}{Q}\right)$

则:$\frac{A_1}{A_2}=\frac{\ln\frac{1}{1-\eta_2}}{\ln\frac{1}{1-\eta_1}}=\frac{4.6}{2.3}=2$

答案:D

47. **解**　保护作用系数 $k=\frac{0.25\times425}{0.3\times2000\times10^{-6}}=177083\text{g/m}$

代入希洛夫方程式得:

保护作用时间 $\tau=K(L-h)=177083\times(0.6-0.15)=79687.35\text{s}=22.14\text{h}$。

答案:C

48. **解**　$V=(1-f+\varphi)\frac{365wn}{\rho}$

$$=(1-0.2+0.2)\times\frac{365\times10\times10^4\times1\times20}{900}=8.1\times10^5\text{m}^3$$

$A=\alpha\left(\frac{V}{H}\right)=8.9\times10^4\text{m}^2$

答案:D

49. **解**　理论燃烧所需空气量

$$V=\frac{1}{0.21}\times\left[1.867C+5.6\times\left(H-\frac{16}{8}\right)+0.7S\right]=1.845\text{m}^3/\text{kg}$$

实际燃烧所需空气量 $V'=mV=1.8\times1.845=3.321\text{m}^3/\text{kg}$

每台焚烧炉所需实际燃烧空气量 $=240\times10^3/24\times3.321=33210\text{m}^3/\text{h}$

低位热值:

$$H_L=81C+342.5\left(H-\frac{16}{8}\right)+22.5S-6\times(9H+W)=12.03\text{cal/kg}=50.24\text{kJ/kg}$$

答案:B

50. **解**　最大产气量 $=480\times0.40\times0.70\times1000\times0.45\text{m}^3=60480\text{m}^3$

发电功率 $=60480/24/3600\times18000\times0.32\text{MW}=4032\text{kJ/s}=4.0\text{MW}$

答案:A

51. **解**　1t 生活垃圾可生物降解的挥发性固体(BVS)含量为：

$m=1000\times0.8\times(1-0.35)\times0.5\times0.9=234\text{kg}$

根据有机物产甲烷的关系式 $C_aH_bO_cN_dS_e=\frac{1}{8}(4a+b-2c-3d-2e)CH_4$

得 1t 生活垃圾可产甲烷：

$$\frac{\frac{1}{8}(4\times60.0+94.3-2\times37.8-3\times1-2\times1)\times(12+4)}{60\times12+94.3\times1+37.8\times16+14\times1+32\times1}\times234=81\text{kg}$$

转换成气体体积为：$81/0.72=112.5\text{m}^3$

答案：A

52. **解**　$L_p=10\lg(\sum10^{0.1L_{pi}})=10\lg(10^{8.6}+10^{8.8})=90.1\text{dB}$

答案：A

53. **解**　记忆题。

答案：C

54. **解**　$\Delta L_p=10\lg\frac{T_1}{T_2}=10\lg\frac{4.5}{1.2}=5.7\text{dB}$

答案：B

55. **解**　《中华人民共和国环境保护法》第三十三条，各级人民政府应当加强对农业环境的保护，促进农业环境保护新技术的使用，加强对农业污染源的监测预警，统筹有关部门采取措施，防治土壤污染和土地沙化、盐渍化、贫瘠化、石漠化、地面沉降，以及防治植被破坏、水土流失、水体富营养化、水源枯竭、种源灭绝等生态失调现象，推广植物病虫害的综合防治。

答案：D

56. **解**　《中华人民共和国水污染防治法》第十五条，防治水污染应当按流域或者按区域进行统一规划。国家确定的重要江河、湖泊的流域水污染防治规划，由国务院环境保护主管部门会同国务院经济综合宏观调控、水行政等部门和有关省、自治区、直辖市人民政府编制，报国务院批准。前款规定外的其他跨省、自治区、直辖市江河、湖泊的流域水污染防治规划，根据国家确定的重要江河、湖泊的流域水污染防治规划和本地实际情况，由有关省、自治区、直辖市人民政府环境保护主管部门会同同级水行政等部门和有关市、县人民政府编制，经有关省、自治区、直辖市人民政府审核，报国务院批准。

经批准的水污染防治规划是防治水污染的基本依据，规划的修订须经原批准机关批准。

县级以上地方人民政府应当根据依法批准的江河、湖泊的流域水污染防治规划，组织制定本行政区域的水污染防治规划。

答案:A

57.**解** 《中华人民共和国大气污染防治法》第四十九条，工业生产、垃圾填埋或者其他活动产生的可燃性气体应当回收利用，不具备回收利用条件的，应当进行污染防治处理。

可燃性气体回收利用装置不能正常作业的，应当及时修复或者更新。在回收利用装置不能正常作业期间确须排放可燃性气体的，应当将排放的可燃性气体充分燃烧或者采取其他控制大气污染物排放的措施，并向当地环境保护主管部门报告，按照要求限期修复或者更新。

答案:A

58.**解** 《中华人民共和国海洋环境保护法》第四十三条，海岸工程建设项目的单位，必须在建设项目可行性研究阶段，对海洋环境进行科学调查，根据自然条件和社会条件，合理选址，编报环境影响报告书。环境影响报告书报环境保护行政主管部门审查批准。

环境保护行政主管部门在批准环境影响报告书之前，必须征求海洋、海事、渔业行政主管部门和军队环境保护部门的意见。

答案:A

59.**解** 记忆题。

答案:D

60.**解** 居民住宅、医疗卫生、文化教育、科研设计、行政办公为一类声环境功能区，所适用的环境噪声等级限制为昼间 55dB(A)、夜间 45dB(A)。

答案:B

2010年度全国勘察设计注册环保工程师执业资格考试试卷

基础考试
（下）

二〇一〇年九月

应考人员注意事项

1. 本试卷科目代码为“2”，考生务必将此代码填涂在答题卡“科目代码”相应的栏目内，否则，无法评分。
2. 书写用笔：**黑色或蓝色钢笔、签字笔或圆珠笔；**
   填涂答题卡用笔：**黑色 2B 铅笔**。
3. 必须用书写用笔将工作单位、姓名、准考证号填写在答题卡和试卷相应的栏目内。
4. 本试卷由 60 题组成，每题 2 分，满分 120 分，本试卷全部为单项选择题，每小题的四个备选项中只有一个正确答案，错选、多选、不选均不得分。
5. 考生作答时，必须**按题号在答题卡上**将相应试题所选选项对应的**字母用 2B 铅笔涂黑**。
6. 在答题卡上书写与题意无关的语言，或在答题卡上作标记的，均按违纪试卷处理。
7. 考试结束时，由监考人员当面将试卷、答题卡一并收回。
8. 草稿纸由各地统一配发，考后收回。

单项选择题(共 60 题,每题 2 分。每题的备选项中只有一个最符合题意。)

1. 从物理意义上看,能量方程表示的是:

A. 单位重量液体的位能守恒

B. 单位重量液体的动能守恒

C. 单位重量液体的压能守恒

D. 单位重量液体的机械能守恒

2. 有两根管道,直径 d、长度 l 和绝对粗糙度 k 均相等,一根输送水,另一根输送油,当两管道中液流的流速 v 相等时,两者沿程水头损失 h_f 相等的流区是:

A. 层流区　　　　B. 紊流光滑区

C. 紊流过渡区　　　　D. 紊流粗糙区

3. 长管并联管道与各并联管段的:

A. 水头损失相等　　　　B. 总能量损失相等

C. 水力坡度相等　　　　D. 通过的流量相等

4. 在无压圆管均匀流中,其他条件不变,通过最大流量时的充满度 h_d 为:

A. 0.81　　　　B. 0.87

C. 0.95　　　　D. 1.0

5. 明渠流临界状态时,断面比能 e 与临界水深 h_k 的关系是:

A. $e=h_k$　　　　B. $e=\frac{2}{3}h_k$

C. $e=\frac{3}{2}h_k$　　　　D. $e=2h_k$

6. 喷口或喷嘴射入无限广阔的空间,并且射流出口的雷诺数较大,则称为紊流自由射流,其主要特征是:

A. 射流主体段各断面轴向流速分布不相似

B. 射流各断面的动量守恒

C. 射流起始段中流速的核心区为长方形

D. 射流各断面的流量守恒

7. 常压下，空气温度为 23℃时，绝热指数 $k=1.4$，气体常数 $R=287\text{J}/(\text{kg/K})$，其声速为：

A. 330m/s　　B. 335m/s

C. 340m/s　　D. 345m/s

8. 速度 v、长度 l、重力加速度 g 的无因次集合是：

A. $\frac{v}{gl}$　　B. $\frac{v^2}{gl}$

C. $\frac{l}{vg}$　　D. $\frac{gv}{l}$

9. 两台同型号水泵在外界条件相同的情况下并联工作，并联时每台水泵工况点与单泵单独工作时工况点相比，出水量：

A. 有所增加　　B. 有所减少

C. 相同　　D. 增加 1 倍

10. 如图所示，输水管道中设有阀门，已知管道直径为 50mm，通过流量为 3.34L/s，水银压差计读值 $\Delta h=150\text{mm}$，水的密度 $\rho=1000\text{kg/m}^3$，水银的密度 $\rho'=13600\text{kg/m}^3$，沿程水头损失不计，阀门的局部水头损失系数 ξ 是：

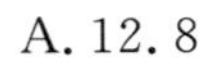

A. 12.8

B. 1.28

C. 13.8

D. 1.38

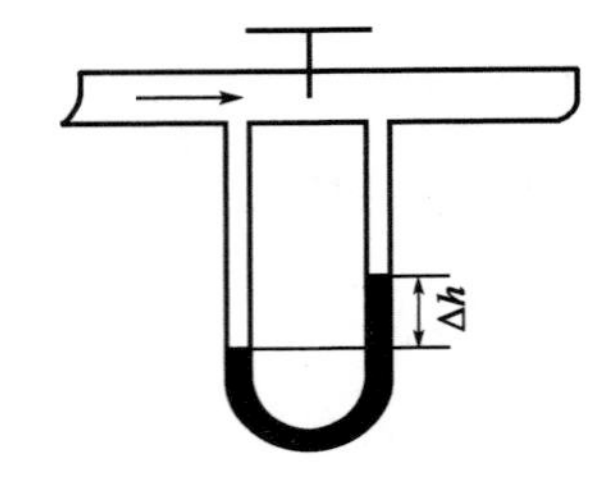

11. 下列各项中，不是微生物特点的是：

A. 个体微小　　B. 不易变异

C. 种类繁多　　D. 分布广泛

12. 细菌的核糖体游离于细胞质中，核糖体的化学成分是：

A. 蛋白质和脂肪　　B. 蛋白质和 RNA

C. RNA　　D. 蛋白质

13. 一个葡萄糖分子通过糖酵解途径，细菌可获得 ATP 分子的个数为：

A. 36 个　　B. 8 个

C. 2 个　　D. 32 个

14. 土壤中微生物的数量从多到少依次为：

A. 细菌、真菌、放线菌、藻类、原生动物和微型动物

B. 细菌、放线菌、真菌、藻类、原生动物和微型动物

C. 真菌、放线菌、细菌、藻类、原生动物和微型动物

D. 真菌、细菌、放线菌、藻类、原生动物和微型动物

15. 在蛋白质水解过程中，参与将蛋白质分解成小分子肽的酶属于：

A. 氧化酶　　B. 水解酶

C. 裂解酶　　D. 转移酶

16. 在污水生物处理系统中，鞭毛虫大量出现的时期为：

A. 活性污泥培养初期或在处理效果较差时

B. 活性污泥培养中期或在处理效果较差时

C. 活性污泥培养后期或在处理效果较差时

D. 活性污泥内源呼吸期，生物处理效果较好时

17. 下述方法中，常用作有机物分析的方法是：

A. 原子吸收法　　B. 沉淀法

C. 电极法　　D. 气相色谱法

18. 对于江、河水体，当水深为 7m 时，应该在下述哪个位置布设采样点：

A. 水的表面

B. 1/2 水深处

C. 水面以下 0.5m 处，河底以上 0.5m 处各一点

D. 水的上、中、下层各一点

19. 污水生物处理工艺中，通常用下面哪个指标来表示活性污泥曝气池中微生物的含量情况：

A. 103～105℃烘干的总悬浮固体

B. 180℃烘干的溶解性总固体

C. 550℃灼烧所测得挥发性固体的含量

D. 550℃灼烧所测得固定性固体的含量

20. 计算 100mg/L 苯酚水溶液的理论 COD 的值是：

A. 308mg/L　　B. 238mg/L

C. 34mg/L　　D. 281mg/L

21. 日本历史上曾经发生的“骨痛病”与以下哪种金属对环境的污染有关：

A. Pb　　B. Cr

C. Hg　　D. Cd

22. 用溶液吸收法测定大气中的 SO_2，吸收液体积为 10mL，采样流量为 0.5L/min，采样时间 1h，采样时气温为 30℃，大气压为 100.5kPa，将吸收液稀释至 20mL，用比色法测得 SO_2 的浓度为 0.2mg/L，则大气中 SO_2 在标准状态下的浓度是：

A. 0.15mg/m^3　　B. 0.075mg/m^3

C. 0.13mg/m^3　　D. 0.30mg/m^3

23. 急性毒性初筛试验是采用多长时间来观察动物的死亡情况：

A. 24h　　B. 7 天

C. 14 天　　D. 20 天

24. 下列哪一种计权声级是模拟 55～85dB 的中等强度噪声的频率特性的：

A. A 计权声级　　B. B 计权声级

C. C 计权声级　　D. D 计权声级

25. 关于环境污染的定义，下列说法正确的是：

A. 排入环境的某种污染物使得环境中该种污染物的浓度发生变化

B. 排入环境的某种污染物破坏了该环境的功能

C. 排入环境的某种污染物超出了该环境的环境容量

D. 排入环境的某种污染物超出了环境的自净能力

26. 环境质量与环境价值的关系是：

A. 环境质量等于环境价值

B. 环境质量好的地方，环境价值一定高

C. 环境质量好的地方，环境价值不一定高

D. 环境质量的数值等于环境价值的数值

27. 为了确定一个工业区的环境空气背景值，通常需要在何地设立监测点：

A. 工业区中心

B. 工业区边界

C. 工业区主导风向的上风向

D. 工业区监测期间的上风向

28. 环境容量是指：

A. 环境能够容纳的人口数

B. 环境能够承载的经济发展能力

C. 不损害环境功能的条件下，能够容纳的污染物量

D. 环境能够净化的污染物量

29. 某电镀企业使用 $ZnCl_2$ 原料，已知日耗 $ZnCl_2$ 10t；其中 91% 的锌进入电镀产品，1% 的锌进入固体废物，剩余的锌全部进入废水中；废水排放量 $200m^3/d$，废水中总锌的浓度为(Zn 原子量：65.4，Cl 原子量：35.5)：

A. 0.5mg/L

B. 1.0mg/L

C. 2.0mg/L

D. 3.2mg/L

30. 涉及水土保持的建设项目环境影响报告书必须有：

A. 水土保持方案

B. 经国土资源行政主管部门审查同意的水土保持方案

C. 经水行政主管部门审查同意的水土保持方案

D. 经环境保护行政主管部门审查同意的水土保持方案

31. 环境规划编制应遵循的原则之一是：

A. 经济建设、城乡建设和环境建设同步原则

B. 环境建设优先原则

C. 经济发展优先原则

D. 城市建设优先原则

32. 已知某地规划基准年的 GDP 为 20 亿元，GDP 年增长率为 10%，SO_2 排放系统为 140t/亿元，计算基准年后第五年的 SO_2 排放量(五年内 SO_2 排放系数视为不变)为：

A. 3800t/年

B. 3920t/年

C. 4508t/年

D. 4565t/年

33. 污水中的有机污染物质浓度可用COD或BOD来表示，如果以COD_B表示有机污染物中可以生物降解的浓度，BOD_L表示全部生化需氧量，则有：

A. 因为COD_B和BOD_L都表示有机污染物的生化降解部分，故有$COD_B = BOD_L$

B. 因为即使进入内源呼吸状态，微生物降解有机物时只能利用COD_B的一部分，故$COD_B > BOD_L$

C. 因为COD_B是部分的化学需氧量，而BOD_L为全部的生化需氧量，故$COD_B < BOD_L$

D. 因为一个是化学需氧量，一个是生化需氧量，故不好确定

34. 已知某污水总固体含量680mg/L，其中溶解固体420mg/L，悬浮固体中的灰分60mg/L，则污水中的SS和VSS为：

A. 200mg/L和60mg/L　　B. 200mg/L和360mg/L

C. 260mg/L和200mg/L　　D. 260mg/L和60mg/L

35. 已知某污水处理厂出水TN为18mg/L，氨氮2.0mg/L，则出水中有机氮浓度为：

A. 16mg/L　　B. 6mg/L

C. 2mg/L　　D. 不能确定

36. 河流的自净作用是指河水中的污染物质在向下流动中浓度自然降低的现象，水体自净作用中的生物净化是指：

A. 污染物质因为稀释、沉淀、氧化还原、生物降解等作用，而使污染物质浓度降低的过程

B. 污染物质因为水中的生物活动，特别是微生物的氧化分解，而使污染物质浓度降低的过程

C. 污染物质因为氧化、还原、分解等作用，而使污染物质浓度降低的过程

D. 污染物质由于稀释、扩散、沉淀或挥发等作用，而使污染物质浓度降低的过程

37. 污水处理系统中设置格栅的主要目的是：

A. 拦截污水中较大颗粒尺寸的悬浮物和漂浮物

B. 拦截污水中的无机颗粒

C. 拦截污水中的有机颗粒

D. 提高污水与空气的接触面积，让有害气体挥发

38. 厌氧消化是常用的污泥处理方法，很多因素影响污泥厌氧消化过程。关于污泥厌氧消化的影响因素，下列说法错误的是：

A. 甲烷化阶段适宜的 pH 值在 6.8～7.2

B. 高温消化相对于中温消化，消化速度加快，产气量提高

C. 厌氧消化微生物对基质同样有一定的营养要求，适宜 C：N 为(10～20)：1

D. 消化池搅拌越强烈，混合效果越好，传质效率越高

39. 某污水处理厂采用 A/A/O 生物脱氮除磷工艺，某段时间硝化效果变差，下列哪项可能是导致硝化效果变差的主要原因：

A. 系统反硝化效果变差，缺乏硝化推动力

B. 进水有机物浓度下降

C. 曝气池曝气强度减弱，溶解氧浓度偏低

D. 污泥负荷降低

40. 曝气池混合液 SVI 指数是指：

A. 曝气池混合液悬浮污泥浓度

B. 曝气池混合液在 1000mL 量筒内静止沉淀 30min 后，活性污泥所占体积

C. 曝气池混合液静止沉淀，30min 后，每单位重量干泥所形成湿污泥的体积

D. 曝气池混合液中挥发性物质所占污泥量的比例

41. 以下是对城市污水处理厂污泥排放标准的描述，其中正确的是：

A. 城市污水处理厂污泥应因地制宜采取经济合理的方法进行稳定处理

B. 在厂内经稳定处理后的城市污水处理厂污泥宜进行脱水处理，其含水率宜大于 80%

C. 处理后的城市污水处理厂污泥，用于农业时，不用符合任何标准；用于其他方面时，应符合相应的有关现行规定

D. 城市污水处理厂污泥处理后可以任意弃置

42. 以下哪一项所判全部为气象要素：

A. 气温、气压、霾、风向和风速

B. 风向和风速、云、气体中 CO_2 浓度

C. 气温、气压、气湿、能见度

D. 气压、气湿、海拔高度、降水

43. 以下哪项空气污染问题不属于全球大气污染问题：

A. 光化学烟雾　　　　B. 酸雨

C. 臭氧层破坏　　　　D. 温室效应

44. 对污染物在大气中扩散影响较小的气象因素是：

A. 风　　　　B. 云况

C. 能见度　　　　D. 大气稳定度

45. 以下关于逆温和大气污染的关系，哪一项是不正确的：

A. 在晴朗的夜间到清晨，较易形成辐射逆温，污染物不易扩散

B. 逆温层是强稳定的大气层，污染物不易扩散

C. 空气污染事件多数发生在有逆温层和静风的条件下

D. 电厂烟囱等高架源因污染物排放量大，逆温时一定会造成严重的地面污染

46. 下面哪项条件会造成烟气抬升高度的减小：

A. 风速增加、排气速率增加、烟气温度增加

B. 风速减小、排气速率增加、烟气温度增加

C. 风速增加、排气速率减小、烟气温度减小

D. 风速减小、排气速率增加、烟气温度减小

47. 生活垃圾焚烧厂日处理能力达到什么水平时，宜设置 3 条以上生产线：

A. 大于 300t/d　　　　B. 大于 600t/d

C. 大于 900t/d　　　　D. 大于 1200t/d

48. 某厂原使用可燃分为 63％的煤作燃料，现改用经精选的可燃分为 70％的煤，两种煤的可燃分热值相同，估计其炉渣产生量下降的百分比约为：

A. 25％　　　　B. 31％

C. 37％　　　　D. 43％

49. 固体废弃物厌氧消化器中物料出现酸化迹象时，适宜的调控措施为：

A. 降低进料流量　　　　B. 增加接种比

C. 加碱中和　　　　D. 强化搅拌

50. 废计算机填埋处置时的主要污染来源于：

A. 酸溶液和重金属的释放　　　　B. 有机溴的释放

C. 重金属的释放　　　　D. 有机溴和重金属的释放

51. 喷雾燃烧法可回收的废酸种类为：

A. 硝酸　　　　B. 硫酸

C. 盐酸　　　　D. 硝酸和硫酸

52. 设单位时间内入射的声能为 E_0，反射的声能为 E_r，吸收的声能为 E_α，透射的声能为 E_r，吸声系数可以表达为：

A. $\alpha=\frac{E_\alpha}{E_0}$　　　　B. $\alpha=\frac{E_r}{E_0}$

C. $\alpha=\frac{E_r}{E_0}$　　　　D. $\alpha=\frac{E_\alpha+E_r}{E_0}$

53.《中华人民共和国城市区域环境振动标准》中用于评价振动的指标是：

A. 振动加速度级　　　　B. 铅垂向 Z 振级

C. 振动级　　　　D. 累计百分 Z 振级

54. 电磁辐射对人体的影响与波长有关，对人体危害最大的是：

A. 微波　　　　B. 短波

C. 中波　　　　D. 长波

55.《中华人民共和国环境保护法》所称的环境是指：

A. 影响人类社会生存和发展的各种天然因素总体

B. 影响人类社会生存和发展的各种自然因素总体

C. 影响人类社会生存和发展的各种大气、水、海洋和土地环境

D. 影响人类社会生存和发展的各种天然的和经过改造的自然因素总体

56.《中华人民共和国环境噪声污染防治法》中交通运输噪声是指：

A. 机动车辆、铁路机车、机动船舶、航空器等交通运输工具在运行时所产生的声音

B. 机动车辆、铁路机车、机动船舶、航空器等交通运输工具在调试时所产生的声音

C. 机动车辆、铁路机车、机动船舶、航空器等交通运输工具在运行时所产生的干扰周围生活环境的噪声

D. 机动车辆、铁路机车、机动船舶、航空器等交通运输工具在调试时所产生的干扰周围生活环境的噪声

57. 建设项目的环境影响评价的公众参与是指：

A. 征求建设项目受益群众对环境影响报告书草案的意见

B. 征求建设项目周边对建设项目持反对意见群众对环境影响报告书草案的意见

C. 征求报告书编制单位职工对环境影响报告书草案的意见

D. 举行论证会、听证会，或者采取其他形式，征求有关单位、专家和公众对环境影响报告书草案的意见

58. 建设工程勘察设计必须依照《中华人民共和国招标投标法》实行招标发包，某些勘察设计，经有关主管部门的批准，可以直接发包，下列各项中不符合直接发包条件的是：

A. 采用特定专利或者专有技术

B. 建筑艺术造型有特殊要求的

C. 与建设单位有长期业务关系的

D. 国务院规定的其他建筑工程勘察、设计

59. 根据《污水综合排放标准》，传染病、结核病医院污水采用氯化消毒时，接触时间应该：

A. ≥0.5h　　　　B. ≥1.5h

C. ≥5h　　　　D. ≥6.5h

60. 环境空气质量根据功能区划分为三类，对应执行三类环境质量标准，执行一级标准时，二氧化硫年平均限值为：

A. 0.02mg/m^3（标准状态）　　　　B. 0.05mg/m^3（标准状态）

C. 0.06mg/m^3（标准状态）　　　　D. 0.15mg/m^3（标准状态）

2010年度全国勘察设计注册环保工程师执业资格考试基础考试(下)试题解析及参考答案

1. **解** 位能、动能、压能之和为机械能。能量方程的依据是机械能守恒。

答案:D

2. **解** 该水头损失只与摩擦系数λ有关。在层流时,λ是雷诺数的函数,因为水和油的运动黏度不同,雷诺数不等,水头损失也不等。在紊流光滑区和紊流过渡区,λ与雷诺数有关,雷诺数不等,水头损失也不等。在紊流粗糙区,λ与雷诺数无关,与管壁粗糙情况有关。

答案:D

3. **解** 并联管路的特点是:并联节点上的总流量是各支管流量之和;并联管路各支管的水头损失相等;并联管路总阻抗的平方根的倒数为各支管阻抗的平方根的倒数的和。

答案:A

4. **解** 对于圆管无压流,当$h/d=0.95$时,流量达到最大;当$h/d=0.81$时,流速达到最大。

答案:C

5. **解** 记忆题。

答案:C

6. **解** 选项A、选项C、选项D均错误。选项A中各断面速度分布具有相似性;选项C中射流核心区为圆锥形;选项D中断面流量沿程逐渐增大。

答案:B

7. **解** $c=\sqrt{kRT}=\sqrt{1.4\times287\times(23+273)}=345\text{m/s}$

答案:D

8. **解** $\dfrac{v^2}{gl}$为无量纲。

答案:B

9. **解** 双泵串联:流量不变,扬程加倍。双泵并联:流量加倍,扬程不变。

答案:C

10. **解**　由流量 $Q=\frac{\pi}{4}d^2v$，得流速 $v=1.702\text{m/s}$，列出总流能量方程：

$$z+\frac{p_1}{\rho_{水}g}+\frac{v^2}{2g}=z+\frac{p_2}{\rho_{水}g}+\frac{v^2}{2g}+\zeta\frac{v^2}{2g}$$

化简得 $\frac{p_1}{\rho_{水}g}=\frac{p_2}{\rho_{水}g}+\zeta\frac{v^2}{2g}$

又有 $p_1+\rho_{水}(\Delta h+h)=p_2+\rho_{水银}\Delta h+\rho_{水}h$

代入可得：$\frac{p_1-p_2}{\rho_{水}g}=\frac{\rho_{水银}-\rho_{水}}{\rho_{水}}\Delta h=\zeta\frac{v^2}{2g}$

阀门的局部水头损失系数 $\zeta=\frac{\rho_{水银}-\rho_{水}}{v^2\rho_{水}}2g\Delta h=12.789$

答案：A

11. **解**　微生物特点：个体微小，结构简单；分布广泛，种类繁多；繁殖迅速，容易变异；代谢活跃，类型多样。

答案：B

12. **解**　核糖体也称核糖核蛋白体，是蛋白质合成的场所，化学成分为蛋白质与 RNA。

答案：B

13. **解**　糖酵解(发酵)途径是 2，有氧呼吸是 32。

答案：C

14. **解**　土壤中微生物的数量很大，但不同种类数量差别较大。一般为：细菌＞放线菌＞真菌＞藻类和原生动物。

答案：B

15. **解**　蛋白质可在水解酶的作用下发生水解反应，形成小分子肽。

答案：B

16. **解**　当活性污泥达到成熟期时，其原生动物发展到一定数量后，出水水质得到明显改善。新运行的曝气池或运行不好的曝气池，池中主要含鞭毛类原生动物和根足虫类，只有少量纤毛虫。相反，出水水质好的曝气池混合液中，主要含纤毛虫，只有少量鞭毛型原生动物。

答案：A

17. **解**　用于测定有机污染物的方法有气相色谱法、高效液相色谱法、气相色谱—质谱法；用于测定无机污染物的方法有原子吸收法、分光光度法、等离子发射光谱法、电化学法、离子色谱法。

答案:D

18. **解** 水深5～10m时，在水面下0.5m处和河底以上0.5m处各设一个采样点。

答案:C

19. **解** 由于MLSS(混合液悬浮固体浓度)在测定上比较方便，所以工程上往往以它作为估量活性污泥中微生物数量的指标，其测定是通过在103～105℃的烘箱中烘干测得。

答案:A

20. **解** 化学需氧量是指在一定条件下，氧化1L水样中还原性物质所消耗的氧化剂的量，以氧的mg/L表示。$C_6H_6O \sim \left(6+\frac{6}{4}-\frac{1}{2}\right)O_2$，则 $COD=\frac{100}{94}\times 7\times 32=238.3$mg/L。

答案:B

21. **解** 骨痛病与镉(Cd)有关。

答案:D

22. **解** 采样体积0.5L/min×1h=30L=0.03m³，根据公式$pV=nRT$(在标准状态下，p=101.325kPa，T=273.15K)换为标准状况下的体积，V/0.03m³=(100.5kPa/101.325kPa)×273.15K/(273.15+30)K，即V=0.0268m³；将吸收液稀释至20mL，测得的SO_2浓度为0.2mg/L，则原来的浓度为0.4mg/L，得0.4mg/L×10mL×10^{-3}/0.0268m³=0.15mg/m³。

答案:A

23. **解** 《危险废物鉴别标准——急性毒性初筛》(GB 5085.2—2007)规定，观察时长为14天。

答案:C

24. **解** A计权声级是模拟人耳对55dB以下低强度噪声的频率特性；B计权声级是模拟55～85dB的中等强度噪声的频率特性；C计权声级是模拟高强度噪声的频率特性；D计权声级是对噪声参量的模拟，专用于飞机噪声的测量。

答案:B

25. **解** 考查环境污染的定义。环境污染是指由于人类的生产生活活动产生大量污染物排放环境超过了环境的自净能力，引起环境质量下降，以致不断恶化，从而危害人类及其他生物的正常生存和发展的现象。

答案:D

26. **解**　环境质量(Environmental Quality)一般是指在一个具体的环境内,环境的总体或环境的某些要素,对人群的生存和繁衍以及社会的经济发展的适宜程度,是反映人群的具体要求而形成的对环境评定的一种概念。

环境价值(Environmental Value)是指人类社会主体对环境客体与主体需要之间关系的定性或定量描述,是环境为人类所提供的效用。

答案:C

27. **解**　环境空气背景值的测定,需要在主导风向的上风向设立监测点。

答案:C

28. **解**　考查环境容量的定义。环境容量是对一定地区(整体容量)或各环境要素,根据其自然净化能力,在特定的污染源布局和结构条件下,为达到环境目标值,所允许的污染物最大排放量。环境容量不是一个恒定值,因不同时间和空间而异。

答案:C

29. **解**　锌在原材料中的换算值$=\dfrac{65.4}{65.4+35.5\times 2}=47.95\%$

则每日总锌的消耗量为:$10\times 47.95\%=4.8\text{kg}$

则废水中Zn的浓度:$c=\dfrac{4.8\times(1-0.91-0.01)\times 10^6}{200\times 10^3}=2\text{mg/L}$

答案:C

30. **解**　《开发建设项目水土保持方案管理方法》规定:建设项目环境影响报告书中的水土保持方案,必须先经水行政主管部门审查同意。

答案:C

31. **解**　考查环境规划的基本原则。环境规划的基本原则是以生态理论和经济发展规律为指导,正确处理资源开发利用、建设活动与环境保护之间的关系,以经济、社会和环境协调发展的战略思想为依据,明确制定环境目标、方案和措施,实施环境效益与社会效益、经济效益统一的工作原则。

答案:A

32. **解**　基准年后第五年的SO_2排放量为$20\times(1+10\%)^5\times 140=4509\text{t/年}$。

答案:C

33. **解**　水中COD>BOD,即使在内源呼吸阶段,细菌只能利用一部分COD。

答案:B

34. 解　SS(悬浮性固体)含量为 680－420＝260mg/L,VSS(挥发性悬浮固体)含量为 260－60＝200mg/L。

答案:C

35. 解　污水中的氮有氨氮、有机氮、亚硝酸盐氮、硝酸盐氮四种形态,合称总氮,其中氨氮与有机氮合称凯式氮,故无法确定。

答案:D

36. 解　概念题。

答案:B

37. 解　由格栅的概念可知,格栅由一组平行的金属栅条或筛网制成,安装在污水渠道、泵房集水井的进口处或污水处理厂的端部,用以截留较大的悬浮物或漂浮物。

答案:A

38. 解　选项 A、B、C 均是正确的说法。消化池的搅拌强度适度即可。

答案:D

39. 解　硝化反应必须在好氧条件下进行,溶解氧的浓度会影响硝化反应速率。

答案:C

40. 解　由污泥容积指数 SVI 的定义可知,污泥体积指数(SVI)是指曝气池出口处混合液经 30min 静沉后,1g 干污泥所形成的污泥体积。

答案:C

41. 解　在《城市污水处理厂污水污泥排放标准》(CJ 3025—1993)中,明确规定了在厂内经稳定处理后的城市污水处理厂污泥宜进行脱水处理,其含水率宜小于 80%,选项 B 错。

处理后的城市污水处理厂污泥,用于农业时,应符合 GB 4284 标准的规定。用于其他方面时,应符合相应的有关现行规定,选项 C 错。

城市污水处理厂污泥不得任意弃置。禁止向一切地面水体及其沿岸、山谷、洼地、溶洞以及划定的污泥堆场以外的任何区域排放城市污水处理厂污泥。城市污水处理厂污泥排海时应按 GB 3097 及海洋管理部门的有关规定执行,选项 D 错。

答案:A

42. 解　主要气象要素有气温、气压、气湿、风向、风速、云况、能见度等。

答案:C

43. 解　目前,全球性大气污染问题主要表现在温室效应、酸雨问题和臭氧层耗损问题三个方面。

答案:A

44.**解** 大气污染最常见的后果之一是能见度降低,是大气污染产生的后果,而不是影响因素。

答案:C

45.**解** 选项D说法太绝对化,逆温可能造成严重污染。影响大气污染物地面浓度分布的因素很多,主要有污染源分布情况、气象条件(如风向风速、气温气压、降水等)、地形以及植被情况等。

答案:D

46.**解** 根据霍兰德烟气抬升公式 $\Delta H=\frac{u_s D}{\bar{u}}\left(1.5+2.7\frac{T_s-T_a}{T_s}D\right)$,可知烟气抬升高度与排气速率和烟气温度成正比,与风速成反比。

答案:C

47.**解** 记忆题。建设规模分类与生产线数量见解表。

题47解表

类　　型	额定日处理能力(t/d)	生产线数量(条)
I类	1200以上	3～4
II类	600～1200	2～4
III类	150～600	2～3
IV类	50～150	1～2

答案:D

48.**解** 因为前后可燃能量必须相等,即 $63\%Q_1=70\%Q_2$,得 $Q_2=0.9Q_1$,炉渣产生量下降的百分比为 $\frac{0.37Q_1-0.3Q_2}{0.37Q_1}=27.03\%$,由于不完全燃烧会产生炉渣,所以应该小于27.03%。

答案:A

49.**解** 概念题,调控措施首先应是减少进料,然后是中和。

答案:A

50.**解** 电子垃圾中重金属危害严重,如何处理电子垃圾已成为各国的环保难题。

答案:C

51.**解** 喷雾燃烧法可回收盐酸。

答案:C

52. **解**　吸声系数定义为材料吸收和透过的声能与入射到材料上的总声能之比。

答案:D

53. **解**　概念题。《中华人民共和国城市区域环境振动标准》中用铅垂向 Z 振级作为评价指标。

答案:B

54. **解**　电磁辐射对人体危害程度随波长而异,波长越短对人体作用越强,微波作用最为突出。

答案:A

55. **解**　根据《中华人民共和国环境保护法》第二条对环境的定义可知。本法所称环境,是指影响人类社会生存和发展的各种天然的和经过人工改造的自然因素总体,包括大气、水、海洋、土地、矿藏、森林、草原、野生动物、自然古迹、人文遗迹、自然保护区、风景名胜区、城市和乡村等。

答案:D

56. **解**　《中华人民共和国环境噪声污染防治法》三十一条,本法所称交通运输噪声,是指机动车辆、铁路机车、机动船舶、航空器等交通运输工具在运行时所产生的干扰周围生活环境的声音。

答案:C

57. **解**　《中华人民共和国环境影响评价法》第二十一条,除国家规定需要保密的情形外,对环境可能造成重大影响、应当编制环境影响报告书的建设项目,建设单位应当在报批建设项目环境影响报告书前,举行论证会、听证会,或者采取其他形式,征求有关单位、专家和公众的意见。

答案:D

58. **解**　见《建设工程勘察设计管理条例》第十六条,“下列建设工程的勘察、设计,经有关主管部门批准,可以直接发包:(一)采用特定的专利或者专有技术的;(二)建筑艺术造型有特殊要求的;(三)国务院规定的其他建设工程的勘察、设计”。可知选项 A、B、D 正确。

答案:C

59. **解**　记忆题。

答案:B

60. **解**　空气污染物浓度限值见解表。

环境空气污染物基本项目浓度限值 题 60 解表

序　　号	污染物项目	平 均 时 间	浓 度 限 值		单位
			一级	二级	
1	二氧化硫(SO_2)	年平均	20	60	$\mu g/m^3$
		24h 平均	50	150	
		1h 平均	150	500	
2	二氧化氮(NO_2)	年平均	40	40	
		24h 平均	80	80	
		1h 平均	200	200	
3	一氧化碳(CO)	24h 平均	4	4	mg/m^3
		1h 平均	10	10	
4	臭氧(O_3)	最大 8h 平均	100	160	$\mu g/m^3$
		1h 平均	160	200	
5	颗粒物(粒径小于或等于 10μm)	年平均	40	70	
		24h 平均	50	150	
6	颗粒物(粒径小于或等于 2.5μm)	年平均	15	35	
		24h 平均	35	75	

答案:A

2011年度全国勘察设计注册环保工程师

执业资格考试试卷

基础考试

(下)

二〇一一年九月

应考人员注意事项

1. 本试卷科目代码为“2”,考生务必将此代码填涂在答题卡“科目代码”相应的栏目内,否则,无法评分。
2. 书写用笔:**黑色或蓝色钢笔、签字笔或圆珠笔;**
   填涂答题卡用笔:**黑色 2B 铅笔**。
3. 必须用书写用笔将工作单位、姓名、准考证号填写在答题卡和试卷相应的栏目内。
4. 本试卷由 60 题组成,每题 2 分,满分 120 分,本试卷全部为单项选择题,每小题的四个备选项中只有一个正确答案,错选、多选、不选均不得分。
5. 考生作答时,必须**按题号在答题卡上**将相应试题所选选项对应的**字母用 2B 铅笔涂黑**。
6. 在答题卡上书写与题意无关的语言,或在答题卡上作标记的,均按违纪试卷处理。
7. 考试结束时,由监考人员当面将试卷、答题卡一并收回。
8. 草稿纸由各地统一配发,考后收回。

单项选择题(共 60 题,每题 2 分。每题的备选项中只有一个最符合题意。)

1. 下列相互之间可以列总流能量方程的断面是:

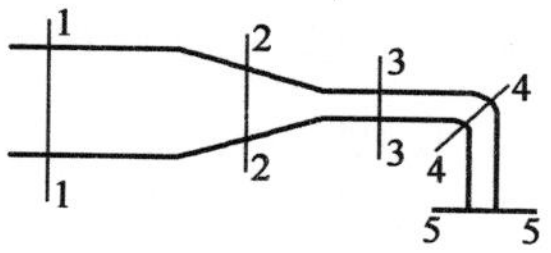

A. 1-1 断面和 2-2 断面

B. 2-2 断面和 3-3 断面

C. 1-1 断面和 3-3 断面

D. 3-3 断面和 4-4 断面

2. 圆管流的临界雷诺数(下临界雷诺数):

A. 随管径变化

B. 随流体的密度变化

C. 随流体的黏度变化

D. 不随以上各量变化

3. 如果有一船底穿孔后进水,则进水的过程和船的下沉过程属于:

A. 变水头进水、沉速先慢后快

B. 变水头进水、沉速先快后慢

C. 恒定进水、沉速不变

D. 变水头进水、沉速不变

4. 矩形水力最优断面的宽深比 b/h 是:

A. 0.5

B. 1.0

C. 2.0

D. 4.0

5. 底宽 4.0m 的矩形渠道上,通过的流量 $Q=50\text{m}^3/\text{s}$,渠道作均匀流时,正常 $h_0=4\text{m}$,则渠中水流的流态为:

A. 急流

B. 缓流

C. 层流

D. 临界流

6. 在射流中,射流扩散角 α 愈大,说明:

A. 紊流强度愈大

B. 紊流强度愈小

C. 紊流系数愈小

D. 喷口速度愈大

7. 可压缩流动中,欲使流速达到音速并超过音速,则断面必须:

A. 由大变到小

B. 由大变到小,再由小变到大

C. 由小变到大

D. 由小变到大,再由大变到小

8. 进行水力模拟试验，要实现有压管流的动力相似，应满足：

A. 雷诺准则　　B. 弗劳德准则

C. 欧拉准则　　D. 柯西准则

9. 同一台水泵，在输送不同密度的流体时，该水泵指标相同的是：

A. 扬程　　B. 出口压强

C. 轴功率　　D. 有效功率

10. 两水库用两根平行管道连接，管径分别为 d、$2d$，两管长度相同，沿程阻力系数相同，如管径为 d 的管道流量 $Q=30\text{L/s}$，则管径为 $2d$ 的流量是：

A. 120L/s　　B. 169.7L/s

C. 60L/s　　D. 80.5L/s

11. 病毒所具有的核酸类型是：

A. DNA 或 RNA　　B. DNA 和 RNA

C. DNA　　D. RNA

12. 在半固体培养基中，我们可以观察细菌的：

A. 个体形态　　B. 群落特征

C. 呼吸类型　　D. 细胞结构

13. 以光能作为能源，二氧化碳或碳酸盐作为碳源、水或还原态无机物作为供氢体的微生物称为：

A. 光能自养型微生物　　B. 光能异养型微生物

C. 化能自养型微生物　　D. 化能异养型微生物

14. 当有机物排入河流后，污化系统依次可分为：

A. 多污带、α-中污带、寡污带

B. 多污带、α-中污带、β-中污带、寡污带

C. 多污带、α-中污带、β-中污带、γ-中污带、寡污带

D. 多污带、中污带、寡污带

15. 硝酸盐被细胞吸收后，被用作电子受体还原为氮气的生物过程，称为：

A. 氨的同化　　B. 氨化作用

C. 硝化作用　　D. 反硝化作用

16. 厌氧消化(甲烷发酵)的三个主要过程,依次分别是:

A. 水解与发酵、生成乙酸和氢、生成甲烷

B. 生成乙酸和氢、生成甲烷、水解与发酵

C. 水解与发酵、生成甲烷、生成乙酸和氢

D. 生成乙酸和氢、水解与发酵、生成甲烷

17. 某企业排放废水的水质和水量随时间变化幅度比较大,适合采集以下哪种类型的水样:

A. 瞬时水样

B. 平均混合水样

C. 等时综合水样

D. 流量比例混合水样

18. 实验室间质量控制的目的在于:

A. 考核分析人员的操作水平

B. 纠正各实验室间的系统误差

C. 反映实验室分析质量的稳定性

D. 对仪器设备进行定期标定

19. 在用重铬酸钾法测定 COD 时,若加热回流过程中溶液颜色变为绿色,是何原因导致的:

A. 水样中的难氧化有机物含量过高

B. Fe^{3+} 转变为 Fe^{2+}

C. 水样中的可氧化有机物含量过高

D. 没有加入硫酸银催化剂

20. 下述哪种废水在测定 BOD_5 时,如不采取适当措施,测定结果可能比实际偏高:

A. 初沉池进水

B. 初沉池出水

C. 硝化池进水

D. 硝化池出水

21. 比色法测定氨氮所用到的纳氏试剂是指:

A. 碘化汞和碘化钾的强酸溶液

B. 碘化汞和碘化钾的强碱溶液

C. 氯化汞和氯化钾的强酸溶液

D. 氯化汞和氯化钾的强碱溶液

22. 用重量法测定大气中总悬浮颗粒物的浓度。采样流量为 1.2m^3/min，连续采样 24h，现场气温为 15℃，大气压力为 98.6kPa，采样前后滤膜增重 302mg，则大气中总悬浮颗粒物浓度为：

A. 0.19mg/m^3 B. 0.17mg/m^3

C. 11mg/m^3 D. 10mg/m^3

23. 我国新的《国家危险废物名录》确定危险废物的危险特性为五类，它们是：

A. 易燃性、腐蚀性、反应性、毒性、持久性

B. 易燃性、腐蚀性、反应性、毒性、迁移性

C. 易燃性、腐蚀性、反应性、毒性、感染性

D. 易燃性、腐蚀性、反应性、毒性、放射性

24. 测量城市环境噪声时，应在无雨、无雪的天气条件下进行，当风速超过多少时应停止测量：

A. 2.5m/s B. 5.5m/s

C. 8m/s D. 10m/s

25. 下列哪一项表述是正确的：

A. 环境系统是不变的，人类活动干扰了环境系统，导致环境问题出现

B. 环境系统是变化的，各个要素的变化对外表现是各要素变化的加和

C. 环境系统是变化的，各个要素的变化对外表现不一定是各要素变化的加和

D. 环境系统具有调节功能，系统的稳定性可以抵消各要素的变化

26. 环境背景值的定义是：

A. 未受到人类活动影响的自然环境物质组成量

B. 未受到人类活动影响的社会环境组成

C. 任何时候环境质量的平均值

D. 一项活动开始前相对于清洁区域的环境质量的平均值

27. 水体发黑发臭的原因是：

A. 有机物污染 B. 重金属污染

C. 生物污染 D. N 和 P 污染

28. 按照《环境影响评价技术导则　总则》(HJ/T 2.1—1993)，工程分析不可采用的方法是：

A. 类比分析法

B. 头脑风暴法

C. 物料平衡计算法

D. 查阅参考资料分析法

29. 环境影响报告书不包括：

A. 建设项目对环境可能造成影响的分析、预测和评估

B. 建设项目的技术、经济论证

C. 建设项目环境保护措施及其技术、经济论证

D. 建设项目对环境影响的经济损益分析

30. 以下不属于环境规划编制的原则是：

A. 系统原则

B. 遵循经济规律、符合国民经济计划总要求的原则

C. 强化环境管理原则

D. 市场经济原则

31. 已知某城市预测年份的人口数 57 万人，人均用水定额为 200L/d，生活污水量占用水量的 90%，计算预测年份该城市的生物污水量为多少：

A. 3011.3 万 m^3/年

B. 3165.2 万 m^3/年

C. 3744.9 万 m^3/年

D. 4161.0 万 m^3/年

32. 我国环境管理的八项制度不包括：

A. 总量控制制度

B. 限期治理制度

C. 污染集中控制制度

D. 排污收费制度

33. 我国污水排放标准控制形式可分为浓度标准和总量控制标准，下列关于排放控制标准的描述哪项正确：

A. 浓度标准可保证受纳水体的环境质量，总量标准指标明确统一，方便执行

B. 浓度标准规定了排出口的浓度限值，总量标准规定了与水环境容量相适应的排放总量或可接纳总量

C. 浓度标准和总量标准都可以通过稀释来达到相应标准

D. 地方标准一般都是浓度标准，便于执行，国家标准一般都是总量标准，便于控制流域水环境质量

34. 关于地球水资源，下列说法错误的是：

A. 地球虽然水资源量丰富，但含盐海水占全部水资源量的 97%以上

B. 淡水资源在不同国家和地区分布不均匀

C. 淡水资源在不同季节分布不均匀

D. 人类可以取水利用的河流径流量占淡水资源 22%以上

35. 水环境容量是保护和管理的重要依据。关于水环境容量，下列说法错误的是：

A. 水环境容量一般用污染物总量表示

B. 水环境容量一般用排放污染物的浓度表示

C. 水环境容量计算要考虑河段或流域的所有排污点，甚至包括面源

D. 水环境容量在不同时期、不同阶段是可以变化调整的

36. 污水处理厂二沉池主要用于生化处理系统的泥水分离，保证出水水质。二沉池表面积的确定，应主要考虑下列哪一项因素：

A. 二沉池表面负荷率和污泥界面固体通量

B. 二沉池的底部污泥回流量

C. 二沉池排放的剩余污泥

D. 生化系统的内循环量

37. 关于稳定塘污水处理系统，下列说法错误的是：

A. 稳定塘处理系统基建投资省，但占地面积较大

B. 稳定塘处理系统运行管理方便，但运行效果受自然气候影响较大

C. 稳定塘出水及塘体内可进行污水资源化利用，但易形成地下水等二次污染

D. 稳定塘系统可以处理多种污水，而且处理负荷没有限制

38. 在生物反硝化过程中，污水中的碳源品质和数量决定了反硝化程度。根据化学计量学原理，从理论上计算每还原 1gNO_3^--N 需要 COD 的量是：

A. 2.14g　　B. 1.07g

C. 3.86g　　D. 2.86g

39. 厌氧氨氧化(ANAMMOX)作用是指：

A. 在厌氧条件下由厌氧氨氧化菌利用硝酸盐为电子受体，将氨氮氧化为氮气的生物反应过程

B. 在厌氧条件下硝酸盐与亚硝酸盐反应生成氮气的过程

C. 在厌氧条件下由厌氧氨氧化菌利用亚硝酸盐为电子受体，将氨氮氧化为氮气的生物反应过程

D. 在缺氧条件下反硝化菌以硝酸盐作为电子受体，还原硝酸盐为氮气的过程

40. 关于反硝化除磷现象，下列说法正确的是：

A. 反硝化菌利用硝态氮作为电子受体，氧化体内储存的 PHB，同时吸收磷

B. 反硝化菌在厌氧池进行反硝化，帮助聚磷菌进行磷释放

C. 聚磷菌在好氧条件下，利用氧气作为电子受体，氧化体内储存的 PHB，同时吸收磷

D. 聚磷菌在厌氧条件下进行磷释放，好氧条件进行磷吸收

41. 污泥脱水前常常需要进行加药调理，此项操作的目的是：

A. 降低含水率，缩小污泥体积

B. 降解有机物，使污泥性质得到稳定

C. 破坏污泥的胶态结构，改善污泥的脱水性能

D. 去除污泥中毛细水和表面吸着水

42. 燃煤电厂烟气测试结果如下：CO_2 9.7%、O_2 7.3%、水汽 6%，CO 浓度极低，其余气体主要为 N_2，干烟气 SO_2 含量 0.12%(V/V)，折算到空气过剩系数 1.4 时的 SO_2 浓度为：

A. 3428.6mg/m^3　　B. 3310.3mg/m^3

C. 3551.1mg/m^3　　D. 1242.9mg/m^3

43. 某电厂燃煤机组新安装了烟气脱硫系统，设计脱硫效率为90%，改造前燃煤的含硫量平均为0.8%，改造后改烧含硫量1.5%燃煤。改造前排烟温度为125℃，改造后排烟温度为80℃，改造后有效源高由原先的327m下降到273m。在假定250m到350m高度区间风速基本不变的条件下，脱硫改造后，该机组对稳定度D时下风向8km处($\sigma_y=405\text{m}$、$\sigma_z=177\text{m}$)地面SO_2浓度的贡献值为：

A. 改造前的18.75%　　　　B. 改造前的27.75%

C. 改造前的31.45%　　　　D. 改造前的16.77%

44. 燃煤锅炉的燃烧过程中S的转化率一般为85%，如燃烧1kg含硫量2.1%的动力煤，在$\alpha=1.8$时产生实际干烟气量为14.5m^3(标态)，目前国家排放标准为900mg/m^3。试估算达标排放所需的脱硫效率为：

A. 26.9%　　　　B. 37.8%

C. 63.4%　　　　D. 68.9%

45. A系统对0.3μm颗粒的通过率是10%，B除尘系统的分割粒径0.5μm，则：

A. A系统的性能要优于B系统

B. A系统的性能要劣于B系统

C. A系统的性能与B系统相当

D. 两者无法比较

46. 密度2300kg/m^3，斯托克斯直径2.5μm的颗粒物其空气动力学直径是：

A. 1.09μm　　　　B. 1.65μm

C. 3.79μm　　　　D. 5.75μm

47. 下列何种设施属生活垃圾转运站的主体设施：

A. 供配电　　　　B. 给排水

C. 进出站道路　　　　D. 停车场

48. 生活垃圾湿式破碎兼具下列哪一种功能：

A. 均质　　　　B. 脱水

C. 分选　　　　D. 水解

49. 脱水污泥含水80%，为在堆肥前将原料含水率调整至65%，采用含水率15%的稻草调理，加入稻草质量占污泥量的百分比应为：

A. 17.5%　　B. 27.5%

C. 37.5%　　D. 47.5%

50. 下列措施中对填埋场边坡稳定最有效的方法是：

A. 植草护坡　　B. 覆盖土夯实

C. 压实垃圾　　D. 设置缓冲台阶

51. 限制生活垃圾焚烧厂发电热效率提高的主要因素是：

A. 蒸汽压力　　B. 过热器温度

C. 垃圾热值　　D. 汽轮机效率

52. 不属于噪声传播途径控制方法的是：

A. 吸声　　B. 隔声

C. 消声　　D. 给工人发耳塞

53. 某单自由度隔振系统在周期性铅垂向外力作用下的位移公式可以用下式表示：

$$y(t)=\frac{F_0}{k}\cdot\frac{\cos(\omega t-\theta)}{\sqrt{\left[1+\left(\frac{f}{f_0}\right)^2\right]^2+4\left(\frac{f}{f_0}\right)^2\left(\frac{R_m}{R_c}\right)^2}}$$

式中 f 是：

A. 隔振器的阻尼系数

B. 隔振器的临界阻尼

C. 激发外力频率

D. 系统共振频率

54. 人为电磁场源分为工频场源和射频场源的依据是：

A. 功率　　B. 频率

C. 场强　　D. 辐射

55. 关于对违反《中华人民共和国环境保护法》的规定的行为将追究相应的法律责任，下列处罚不符合本法规定的是：

A. 未经环境保护行政主管部门同意，擅自拆除或者闲置防治的设施，污染物排放超过规定的排放标准的，由单位主管部门监督重新安装使用

B. 对经限期治理逾期未完成治理任务的企业事业单位，除依照国家规定加收超标准排污费外，可以根据所造成的危害后果处以罚款，或者责令停业、关闭

C. 建设项目的防治污染设施没有建成或者没有达到国家规定的要求，投入生产或者使用的，由批准该建设项目的环境影响报告书的环境保护行政主管部门责令停止生产或者使用，可以并处罚款

D. 对违反本法规定，造成环境污染事故的企业事业单位，由环境保护行政主管部门或者其他依照法律规定行使环境监督管理权的部门，根据所造成的危害后果处以罚款；情节严重的，对有关责任人员由其所在单位或者政府主管机关给予行政处分

56.《中华人民共和国环境噪声污染防治法》中建筑施工噪声污染是指：

A. 在建筑施工过程中产生的超过国家标准并干扰周围生活环境的声音

B. 在建筑施工过程中施工机械产生的干扰周围生活环境的声音

C. 在建筑施工过程中打桩机产生的干扰周围生活环境的声音

D. 在施工装潢中产生的干扰周围生活环境的声音

57. 建设项目的环境影响评价是指：

A. 对规划和建设项目实施后，可能造成的环境影响进行分析、预测和评估的方法与制度

B. 对规划和建设项目实施后可能造成的环境影响进行分析、预测和评估，提出预防或者减轻不良环境影响的对策和措施，进行跟踪监测的方法与制度

C. 对规划和建设项目提出污水和固体废物的治理方案

D. 对规划和建设项目实施过程中可能造成的环境影响进行分析、预测和评估，提出预防或者减轻不良环境影响的对策和措施，进行跟踪监测的方法与制度

58. 根据地表水水域功能，将地表水环境质量标准基本项目标准值分为五类，地表水Ⅴ类水域适用于：

A. 集中式生活饮用水地表水源地

B. 鱼虾类越冬场、洄游通道、水产养殖区

C. 工业水区及人体非直接接触的娱乐用水区

D. 农业用水区及一般景观要求水域

59. 城市污水处理厂进行升级改造时，《城镇污水处理厂污染物排放标准》(GB 18918—2002)一级 A 标准中 COD_{cr}、BOD_5、SS 标准分别为：

A. 50mg/L、15mg/L、10mg/L　　B. 50mg/L、20mg/L、20mg/L

C. 50mg/L、10mg/L、10mg/L　　D. 60mg/L、20mg/L、20mg/L

60. 在城市居住、文教机关为主的区域，昼间和夜间铅垂向 Z 振级标准噪声标准分别小于：

A. 65dB，65dB　　B. 70dB，67dB

C. 75dB，72dB　　D. 80dB，80dB

2011年度全国勘察设计注册环保工程师执业资格考试基础考试(下)试题解析及参考答案

1. **解**　2-2断面是变径，未知条件太多；4-4断面与流速方向不垂直。

答案：C

2. **解**　对于圆管(满流)，临界雷诺数一般为2300，与参数无关。

答案：D

3. **解**　船体内外压差不变，该流动属于孔口恒定淹没出流，沉速不变。

答案：C

4. **解**　矩形断面宽深比为2，即 $b=2h$ 时，水力最优。

答案：C

5. **解**　由题意可知 $\mathrm{Fr}=\frac{v}{\sqrt{gh}}=\frac{50}{4\times4\times\sqrt{9.8\times4}}=0.5<1$，故为缓流。

答案：B

6. **解**　紊流强度愈大，表明与周围气体混合的能力愈强，射流的扩展愈大，射流极角也愈大。紊流强度大小用紊流系数 α 表示，α 愈大，表明紊流强度愈大。

答案：A

7. **解**　当气流速度小于音速时，与液体运动规律相同，速度随断面增大而减小、随断面减小而增大。但是，气体流速大于音速时，速度会随断面增大而加快、随断面减小而减慢。所以要加速到超音速，需先经过收缩管加速到音速，再进入能使气流进一步增速到超音速的扩张管。

答案：B

8. **解**　对两个液体流动而言，相似准则主要包括黏滞力相似准则(雷诺准则)、重力相似准则(弗劳德准则)、压力相似准则(欧拉准则)、弹性力相似准则(柯西准则)。有压管流中影响流速的主要因素是黏滞力，故选用雷诺准则设计模型。

答案：A

9. **解**　输送不同密度的流体，流量不随密度改变，泵的扬程也不随密度改变，但风压与气体密度成正比，泵的功率与流体密度成正比。

答案:A

10. **解** 利用 $H=SLQ^2$ 计算,2 条管的 H 相等,则 $\frac{Q_1^2}{d_1^5}=\frac{Q_2^2}{d_2^5}$,可得 $Q_2=169.7\text{L/s}$。

答案:B

11. **解** 病毒所具有的核酸类型是 RNA 或 DNA,根据所含核酸,病毒可分为 RNA 病毒和 DNA 病毒。

答案:A

12. **解** 利用半固体培养基中的穿刺接种技术,可以判断细菌的呼吸类型和运动情况。

答案:C

13. **解** 光能自养型微生物是以光能作为能源,二氧化碳或碳酸盐作为碳源,水或还原态无机物作为供氢体的微生物。藻类、蓝细菌和光合细菌属于这一类型。

答案:A

14. **解** 当有机污染物质进入河流后,在其下游河段中发生正常的自净过程,在自净中形成了一系列连续的污化带,分别是多污带,α-中污带、β-中污带和寡污带。

答案:B

15. **解** 硝酸盐转化为氮气的过程称为反硝化作用。

答案:D

16. **解** 厌氧消化(甲烷发酵)分为三个阶段:第一阶段是水解发酵阶段,第二阶段是产氢产乙酸阶段,第三阶段是产甲烷阶段。

答案:A

17. **解** 由于工业废水的排放量和污染物组分的浓度往往随时间起伏较大,为使监测结果具有代表性,常用的办法是采集平均混合水样或平均比例混合水样。

答案:B

18. **解** 实验室间质量控制的目的是检查各实验室是否存在系统误差,找出误差来源,提高监测水平。

答案:B

19. **解** 重铬酸钾中的铬为+6 价,显黄色,当+6 价的铬被还原成+3 价的铬时,就显绿色;当水样 COD 过高,即水样中的可氧化有机物含量过高,+6 价的铬全部被还原成+3 价的铬,就显绿色。此时应稀释原水样进行测定。

答案:C

20. **解**　硝化池出水含有好氧微生物硝化细菌。

答案:D

21. **解**　考查纳氏试剂分光光度法测定氨氮。纳式试剂为碘化汞和碘化钾的强碱溶液。

答案:B

22. **解**　采样量为 $1.2\times24\times60=1728m^3$,则大气中总悬浮颗粒物的浓度为 $302/1728=0.17mg/m^3$。

答案:B

23. **解**　本题考查危险废物的危险特性。

答案:C

24. **解**　测量应在无雨、无雪的天气条件下进行,风速在5.5m/s以上时应停止测量。

答案:B

25. **解**　环境系统是变化的,是具有一定调节能力的系统,对来自外界比较小的冲击能够进行补偿和缓冲,从而维持环境系统的稳定性,但环境系统的稳定性有一定的限度。各个要素的变化对外表现不一定是各要素变化的加和,因为各要素之间可能存在相承或拮抗作用。

答案:C

26. **解**　环境背景值亦称自然本底值,是指在不受污染的情况下,环境组成的各要素,如大气、水体、岩石、土壤、植物、农作物、水生生物和人体组织中与环境污染有关的各种化学元素的含量及其基本的化学成分。它反映环境质量的原始状态。

答案:A

27. **解**　水中的有机物始终是造成水体污染最严重的污染物,它是水变质、变黑、发臭的主要罪魁祸首。

答案:A

28. **解**　目前采用较多的工程分析方法有类比分析法、物料平衡计算法、查阅参考资料分析法等。

答案:B

29. **解**　环境影响报告书是预测和评价建设项目对环境造成的影响,提出相应对策措施的文件。

答案:B

30. **解** 制定环境规划,应遵循下述7条基本原则:①经济建设、城乡建设和环境建设同步原则;②遵循经济规律,符合国民经济计划总要求的原则;③遵循生态规律,合理利用环境资源的原则;④预防为主,防治结合的原则;⑤系统原则;⑥坚持依靠科技进步的原则;⑦强化环境管理的原则。

答案:D

31. **解** 预测年份该城市的生活污水量为 $200\times365\times10^{-3}\times57\times90\%=3744.9$ 万 m^3/年。

答案:C

32. **解** 考查我国环境管理的八项制度。我国环境管理的八项制度主要包括“老三项”制度和“新五项”制度。“老三项”即环境影响评价制度、“三同时”制度和排污收费制度。“新五项”制度是城市环境综合整治定量考核制度、环境保护目标责任制、排污申报登记与排污许可证制度、污染集中控制制度、污染限期治理制度。

答案:A

33. **解** 浓度标准一般是限定最高容许排放浓度。由于浓度标准简单易行(只需经常测定总排放口的浓度),得到世界各国的普遍采用。但是,浓度法本身具有不少缺点,如无法排除采用稀释手段降低污染物排放浓度的假象,不能控制污染总量的增加。总量控制标准即在规定时间内可向某一地区或水域排放污染物的容许总量。与浓度标准相比,具有如下优点:可避免用稀释手段降低污染物排放浓度的假象,能限制新建企业的排放,不至于因为能满足浓度标准的企业增加而使污染物总量增加,甚至超过环境容量。

答案:B

34. **解** 地球上的水约97%为海洋咸水,不能直接为人类所利用。而不足地球总水量3%的淡水中,有77.2%是以冰川和冰帽形式存在于极地和高山上,也难以被人类直接利用;只有约20%的淡水是人类易于利用的,而能直接取用的河、湖淡水仅占淡水总量的0.3%。可见,可供人类直接利用的淡水资源是十分有限的。

答案:D

35. **解** 水环境容量一般用污染物总量表示,而不是用排放污染物的浓度表示。

答案:B

36. **解** 二沉池表面积计算方法:计算二沉池沉淀部分水面常用方法有表面负荷法和固体通量法。

答案:A

37. **解**　稳定塘优点：①便于因地制宜，基建投资少；②运行维护方便，能耗较低；③能够实现污水资源化，对污水进行综合利用，变废为宝。缺点：①占地面积过多；②气候对稳定塘的处理效果影响较大；③若设计或运行管理不当，则会造成二次污染。稳定塘系统的处理负荷是有限制的。

答案：D

38. **解**　本题与2007年第40题相似。

$6NO_3^- + 2CH_3OH \rightarrow 6NO_2^- + 2CO_2 + 4H_2O$，

$6NO_2^- + 3CH_3OH \rightarrow 3N_2 + 3CO_2 + 3H_2O + 6OH^-$，即 $6NO_3^- \sim 5CH_3OH$；

$2CH_3OH + 3O_2 \rightarrow 2CO_2 + 4H_2O$，则 $4NO_3^- \sim 5O_2$。

由 $\frac{4\times 14}{1}=\frac{5\times 32}{x}$，得 $x=2.86g$。

答案：D

39. **解**　厌氧氨氧化作用，即在厌氧条件下由厌氧氨氧化菌利用亚硝酸盐为电子受体，将氨氮氧化为氮气的生物反应过程。

答案：C

40. **解**　反硝化细菌多为兼性细菌，在能量代谢中，可以利用氧气或硝酸盐作为最终电子受体，氧气受到限制时，硝酸盐取代氧气的功能。

答案：A

41. **解**　在污泥脱水前进行强处理，改变污泥粒子的物化性质，破坏其胶体结构，减少其与水的亲和力，从而改善脱水性能，这一过程称为污泥的调理或调质。

答案：C

42. **解**　测定条件下 SO_2 的浓度为 $\frac{0.12\%\times 10^3}{22.4}\times 64\times 1000=3428.6mg/m^3$，计算空气过剩系数为：

$$\alpha=1+\frac{\varphi(O_{2p})}{0.264\varphi(N_{2p})-\varphi(O_{2p})}=1+\frac{7.3\%}{0.264\times(1-9.7\%-7.3\%-6\%)-7.3\%}$$

$$=1.56$$

折算到空气过剩系数为1.4时，SO_2 的浓度升高，因此选C。

答案：C

43. **解**　高斯扩散：地面浓度 $c=\frac{Q}{\pi \bar{u}\sigma_y\sigma_z}\exp\left(-\frac{y^2}{2\sigma_y^2}\right)\exp\left(-\frac{H^2}{2\sigma_z^2}\right)$，改造后与改造前的

Q之比$\frac{Q_2}{Q_1}=\frac{1.5\%\times(1-90\%)}{0.8\%}=0.1875$，地面$SO_2$浓度之比：

$$\frac{c_2}{c_1}=\frac{Q_2}{Q_1}\exp\left(\frac{H_1^2-H_2^2}{2\sigma_z^2}\right)=0.1875\times\exp\left(\frac{327^2-273^2}{2\times177^2}\right)=0.3145=31.45\%$$

答案:C

44.**解**　燃烧1kg动力煤生成的二氧化硫量为$\frac{1\text{kg}\times2.1\%\times85\%}{32}\times64=35.7\text{g}$,达标所需的脱硫效率为$\frac{\frac{35.7}{14.5}\times10^3-900}{\frac{35.7}{14.5}\times10^3}=63.4\%$。

答案:C

45.**解**　分级除尘效率为50%时对应的粒径称为分割粒径，即B除尘系统对0.5μm颗粒的透过率为50%。单从除尘效率来讲，A系统优于B系统，但系统的性能指标除有效率外，还有阻力和处理气量等，故两者无法比较。

答案:D

46.**解**　斯托克斯直径，是指在同一流体中与颗粒的密度相同和沉降速度相等的圆球的直径，$d_s=\sqrt{\frac{18\mu u_s}{\rho_p gC}}$；空气动力学当量直径，是指在空气中与颗粒的沉降速度相等的单位密度($\rho=1\text{g/cm}^3$)的圆球的直径，$d_a=\sqrt{\frac{18\mu u_s}{1000gC_a}}$。空气动力学当量直径与斯托克斯直径的关系为$d_a=d_s\left(\frac{\rho_p C}{1000C_a}\right)^{\frac{1}{2}}$，$C$和$C_a$为坎宁汉修正系数，粒径在一定范围内，可以不考虑。因此$d_a=d_s\left(\frac{\rho_p}{1000}\right)^{\frac{1}{2}}=2.5\times\left(\frac{2300}{1000}\right)^{\frac{1}{2}}=3.79\mu\text{m}$。

答案:C

47.**解**　《生活垃圾转运站工程项目建设标准》(CJJ 117—2009)规定，主体工程设施主要包括站房、进出站道路、垃圾集装箱、垃圾计量、装卸料/压缩、垃圾渗滤液与污水处理、除臭、通风、灭虫、自动控制等系统；配套工程设施主要包括供配电、给排水、机械维修、停车、冲洗、消防、通信、检测及化验等设施；生产管理与生活服务设施主要包括办公室、值班室、休息室、浴室、宿舍、食堂等设施。

答案:C

48.**解**　湿式破碎与半湿式破碎在破碎的同时，兼有分级分选的处理功能。

答案:C

49. **解**　设加入稻草质量 m，污泥量为 n（令 $m/n=x$），则 $\frac{15\%m+80\%n}{m+n}$，即：

$\frac{15\%x+80\%}{x+1}=65\%$，得 $x=30\%$。

答案：B

50. **解**　《垃圾填埋场封场规范》规定：整形与处理后，垃圾堆体顶面坡度不应小于5%；当边坡坡度大于10%时宜采用台阶式收坡，台阶间边坡坡度不宜大于1∶3，台阶宽度不宜小于2m。

答案：D

51. **解**　影响垃圾焚烧发电效率的主要因素有焚烧锅炉效率、蒸汽参数、汽轮机形式及其热力系统、厂用电率。造成垃圾焚烧锅炉效率偏低的原因有：①城市生活垃圾的高水分、低热值；②焚烧锅炉热功率相对较小，出于经济原因，能量回收措施有局限性；③垃圾焚烧后烟气中含灰尘及各种复杂成分，带来燃烧室内热回收的局限性等。垃圾焚烧锅炉的效率还取决于焚烧方式，如炉排炉、流化床炉、热解炉等，也与辅助燃料（煤）量与垃圾处理量的比值有关。

答案：C

52. **解**　噪声污染控制：在声传播途径中控制，有隔声、吸声、消声、阻尼减振等方法。

答案：D

53. **解**　考查单自由度系统的振动。

答案：C

54. **解**　按人为源按频率的不同，可分为工频场源与射频场源。

答案：B

55. **解**　《中华人民共和国环境保护法》第三十六条，建设项目的防止污染设施没有建成或者没有达到国家规定的要求，投入生产或者使用的，由批准该建设项目的环境影响报告书的环境保护行政主管部门责令停止生产或者使用，可以并处罚款。选项C正确。

第三十七条，未经环境保护行政主管部门同意，擅自拆除或者闲置防治污染的设施，污染物排放超过规定的排放标准的，由环境保护行政主管部门责令重新安装使用，并处罚款。选项A中由单位主管部门监督重新安装使用，故错误。

第三十八条，对违反本法规定，造成环境污染事故的企业事业单位，由环境保护行政主管部门或者其他依照法律规定行使环境监督管理权的部门根据所造成的危害后果处以罚款；情节严重的，对有关责任人员由其所在单位或者政府主管机关给予行政处分。选项D正确。

第三十九条，对经限期治理逾期未完成治理任务的企业事业单位，除依照国家规定加收超标准排污费外，可以根据所造成的危害后果处以罚款，或者责令停业、关闭。选项 B 正确。

答案：A

56. **解** 《中华人民共和国噪声污染防治法》第二条，本法所称环境噪声，是指在工业生产、建筑施工、交通运输和社会生活中所产生的干扰周围生活环境的声音。本法所称环境噪声污染，是指所产生的环境噪声超过国家规定的环境噪声排放标准，并干扰他人正常生活、工作和学习的现象。

第二十七条，本法所称建筑施工噪声，是指在建筑施工过程中产生的干扰周围生活环境的声音。

答案：A

57. **解** 《中华人民共和国环境影响评价法》第二条，本法所称环境影响评价，是指对规划和建设项目实施后可能造成的环境影响进行分析、预测和评估，提出预防或者减轻不良环境影响的对策和措施，进行跟踪监测的方法与制度。

答案：B

58. **解** 依据地表水水域环境功能和保护目标，按功能高低依次划分为五类：I 类，主要适用于源头水、国家自然保护区；II 类，主要适用于集中式生活饮用水地表水源地一级保护区、珍稀水生生物栖息地、鱼虾 类产卵场、仔稚幼鱼的索饵场等；III 类，主要适用于集中式生活饮用水地表水源地二级保护区、鱼虾类越冬场、洄游通道、水 产养殖区等渔业水域及游泳区；IV 类，主要适用于一般工业用水区及人体非直接接触的娱乐用水区；V 类，主要适用于农业用水区及一般景观要求水域。

答案：D

59. **解** 查阅《城镇污水处理厂污染物排放标准》可知，一级 A 标准的 COD_{Cr}、BOD_5、SS 限值分别为 50mg/L、10mg/L、10mg/L，见解表。

基本控制项目最高允许排放浓度(日均值)(单位：mg/L)　　题 59 解表

序号	基本控制项目	一级标准		二级标准	三级标准
		A 标准	B 标准		
1	化学需氧量(COD_{Cr})	50	60	100	120
2	生化需氧量(BOD_5)	10	20	30	60
3	悬浮物(SS)	10	20	30	50

答案：C

60. **解** 城市各类区域铅垂向 Z 振级标准值见解表。

城市各类区域铅垂向 Z 振级标准值(单位:dB)　　题 60 解表

适用地带范围	昼间	夜间	适用地带范围	昼间	夜间
特殊住宅区	65	65	工业集中区	75	72
居民、文教区	70	67	交通干线道路两侧	75	72
混合区、商业中心区	75	72	铁路干线两侧	80	80

答案:B

2012 年度全国勘察设计注册环保工程师

执业资格考试试卷

基础考试

（下）

二〇一二年九月

应考人员注意事项

1. 本试卷科目代码为“2”，考生务必将此代码填涂在答题卡“科目代码”相应的栏目内，否则，无法评分。
2. 书写用笔：**黑色或蓝色钢笔、签字笔或圆珠笔**；
   填涂答题卡用笔：**黑色 2B 铅笔**。
3. 必须用书写用笔将工作单位、姓名、准考证号填写在答题卡和试卷相应的栏目内。
4. 本试卷由 60 题组成，每题 2 分，满分 120 分，本试卷全部为单项选择题，每小题的四个备选项中只有一个正确答案，错选、多选、不选均不得分。
5. 考生作答时，必须**按题号在答题卡上**将相应试题所选选项对应的**字母用 2B 铅笔涂黑**。
6. 在答题卡上书写与题意无关的语言，或在答题卡上作标记的，均按违纪试卷处理。
7. 考试结束时，由监考人员当面将试卷、答题卡一并收回。
8. 草稿纸由各地统一配发，考后收回。

单项选择题(共 60 题,每题 2 分。每题的备选项中只有一个最符合题意。)

1. 图示管道为输水管道,若不考虑水 头损失,且水箱的水位保持不变,正确的压强关系是:

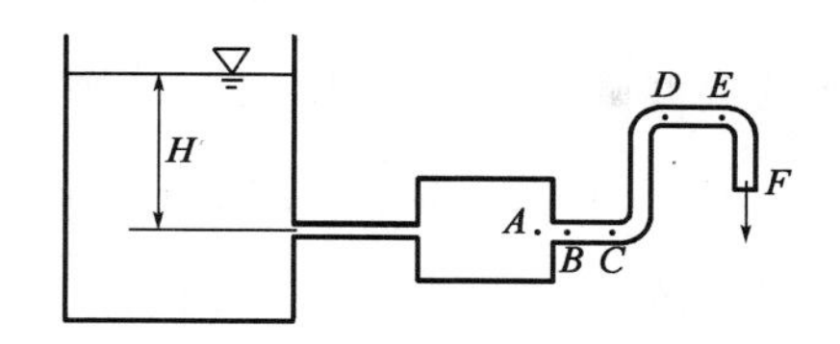

A. A 点的压强小于 B 点的压强

B. C 点的压强小于 D 点的压强

C. E 点的压强小于 F 点的压强

D. B 点的压强大于 C 点的压强

2. 变直径管流,细断面直径为 d_1,粗断面直径 $d_2=2d_1$,粗细断面雷诺数的关系是:

A. $Re_1=0.5Re_2$

B. $Re_1=Re_2$

C. $Re_1=1.5Re_2$

D. $Re_1=2Re_2$

3. 在水力计算中,所谓的长管是指:

A. 管道的物理长度很长

B. 沿程水头损失可以忽略

C. 局部水头损失可以忽略

D. 局部水头损失和流速水头可以忽略

4. 流量一定,渠道断面的形状、尺寸和粗糙系数一定时,随着底坡的减小,正常水深将:

A. 不变

B. 减小

C. 增大

D. 不定

5. 在平坡棱柱形渠道中,断面比能(断面单位能)的变化情况是:

A. 沿程减少

B. 保持不变

C. 沿程增大

D. 各种可能都有

6. 实验证明,射流点中任意点上的净压强均等于周围气体的压强,则表明:

A. 各横断面的流量相等

B. 各横断面的动量相等

C. 各横断面的速度相等

D. 各横断面的质量相等

7. 常压下，空气温度为 23℃时，绝热指数 $k=1.4$，气体常数 $R=287\text{J}/(\text{kg}\cdot\text{K})$，其声速为：

A. 330m/s　　　　B. 335m/s

C. 340m/s　　　　D. 345m/s

8. 压力输水管同种流体的模型试验，已知长度比为 4，则两者的流量比为：

A. 2　　　　B. 4

C. 8　　　　D. 1/4

9. 水泵铭牌上的数值反映的是在设计转速和下列哪种条件下的运行参数值：

A. 最大流量　　　　B. 最大扬程

C. 最大功率　　　　D. 最高效率

10. 图示 a)、b)两种流动情况，如作用水头、管长、管径、沿程阻力系数都相等，两者的流量关系为：

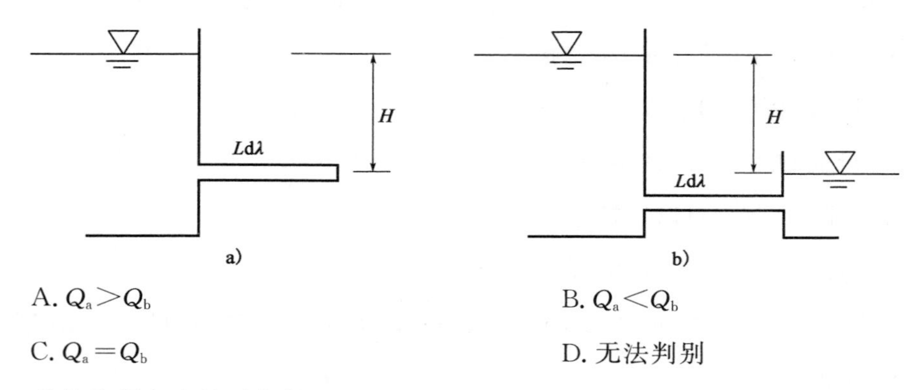

A. $Q_a > Q_b$　　　　B. $Q_a < Q_b$

C. $Q_a = Q_b$　　　　D. 无法判别

11. 噬菌体所寄生的对象是：

A. 真菌　　　　B. 细菌

C. 原生质体　　　　D. 原生动物

12. 受到有机污染的水体内生长的水蚤与在清洁水体中的水蚤相比较，其红颜色将：

A. 更加浅　　　　B. 更加深

C. 不变　　　　D. 不一定

13. 以下不属于化能自养型微生物的是：

A. 硝化细菌　　B. 铁细菌

C. 氢细菌　　D. 蓝细菌

14. 下列环境中，不适合微生物生长的是：

A. 水体　　B. 空气

C. 土壤　　D. 动物皮肤或组织表面

15. 将氨氧化为硝酸盐和亚硝酸盐的生物过程，统称为：

A. 氨的同化　　B. 氨化作用

C. 硝化作用　　D. 反硝化作用

16. 在污水生物处理系统中，轮虫出现的时期为：

A. 活性污泥培养初期或在处理效果较差时

B. 活性污泥培养中期或在处理效果较差时

C. 污水生物处理过程受到毒性物质冲击时

D. 活性污泥营养状况处于静止生长期，污水生物处理效果好时

17. 下述方法中，可用作水中挥发酚含量分析方法的是：

A. 电极法　　B. 重量法

C. 分光光度法　　D. 原子吸收法

18. 一组测定值由小到大顺序排列为 5.22、5.25、5.29、5.33、5.41，已知 $n=5$ 时，狄克逊(Dixon)检验临界值 $Q_{0.05}=0.642$、$Q_{0.01}=0.780$。根据狄克逊检验法检验最小值 5.22 为：

A. 正常值　　B. 异常值

C. 偏离值　　D. 离群值

19. 在用钼酸铵分光光度法测定水中的总磷时，首先要对水样进行消解处理，使各种形态的磷转变为：

A. 正磷酸盐　　B. 缩聚磷酸盐

C. 有机磷　　D. 单质磷

20. 测定水样高锰酸盐指数时，每次实验都要用高锰酸钾溶液滴定草酸钠溶液求取两者的比值 K，是因为：

A. 草酸钠溶液很不稳定，在放置过程中浓度易变化

B. 草酸钠溶液易吸收空气中的水分，在放置过程中浓度易变化

C. 高锰酸钾溶液很不稳定，在放置过程中浓度易变化

D. 高锰酸钾溶液易吸收空气中的水分，在放置过程中浓度易变化

21. 空气动力学当量直径为多少的颗粒物称为总悬浮颗粒物：

A. $\leqslant 100\mu m$　　B. $\leqslant 10\mu m$

C. $\leqslant 2.5\mu m$　　D. $\leqslant 1\mu m$

22. 进行大气污染监测时，采集空气体积为 100L，测得采样点的温度为 25℃，大气压为 99.9kPa，则标准状态下的采样体积为：

A. 91.6L　　B. 98.6L

C. 90.3L　　D. 83.3L

23. 按规定量将固体废弃物浸出液给小白鼠（或大白鼠）灌胃，经过 48h，记录白鼠的死亡率，该实验是为了鉴别固体废弃物的哪种有害特性？

A. 急性毒性　　B. 浸出毒性

C. 吸入毒性　　D. 慢性毒性

24. 根据某区域的交通噪声测量记录，得到累积百分声级 $L10=73$dB(A)、$L50=68$dB(A)、$L90=61$dB(A)，则该区域的噪声污染级 LNP 为：

A. 64.1dB(A)　　B. 67.3dB(A)

C. 76dB(A)　　D. 82.4dB(A)

25. 以下描述的环境质量定义正确的是：

A. 指环境系统的状态对人类及生物界的生存和繁殖的适宜性

B. 指与环境质量标准之间的关系

C. 指环境中污染物的含量的状态

D. 指环境各要素的丰富程度

26. 已知河流某均匀河段的流量为 $5m^3/s$，河段始端河水的 BOD_5 浓度为 25mg/L，河段末端河水的 BOD_5 为 20mg/L，河流的功能区划为 IV 类水质，该河段 BOD_5 的环境容量状况为：

A. 没有静态环境容量，还有动态环境容量

B. 有静态环境容量，也有动态环境容量

C. 没有静态环境容量，也没有动态环境容量

D. 没有动态环境容量，还有静态环境容量

27. 下列哪种大气污染物可导致酸雨的形成：

A. SO_2　　B. 二噁英

C. 有机物　　D. O_3

28. 在进行建设项目的环境影响评价时，正确的工作程序是：

A. 工程分析和环境质量现状调查、文件研究、环境影响预测、环境影响评价

B. 文件研究、工程分析和环境质量现状调查、环境影响预测、环境影响评价

C. 文件研究、工程分析和环境质量现状调查、环境影响评价、环境影响预测

D. 文件研究、环境影响预测、工程分析和环境质量现状调查、环境影响评价

29. 根据《环境影响评价技术导则　大气环境》(HJ 2.2—2008)，可用于预测评价范围大于 50km 影响的模式系统是：

A. 估算模式系统　　B. AERMOD 模式系统

C. ADMS 模式系统　　D. CALPUFF 模式系统

30. 以下不属于环境规划中的环境功能分区的是：

A. 特殊保护区　　B. 一般保护区

C. 历史保护区　　D. 重点治理区

31. 已知某地水资源弹性系数 C_w 为 0.4，GDP 年增长率为 7%，规划基准年的单位 GDP 需水量为 $50m^3$/万元，则基准年后第五年的单位 GDP 需水量为：

A. $52.5m^3$/万元　　B. $56.2m^3$/万元

C. $57.1m^3$/万元　　D. $57.4m^3$/万元

32. 我国环境管理的“三同时”制度是指：

A. 建设项目配套的环保设施必须与主体工程同时设计、同时施工、同时投产使用

B. 建设项目配套的公用设施必须与主体工程同时设计、同时施工、同时投产使用

C. 建设项目配套的基础设施必须与主体工程同时设计、同时施工、同时投产使用

D. 建设项目配套的绿化设施必须与主体工程同时设计、同时施工、同时投产使用

33. 关于污水中的固体物质成分，下列说法正确的是：

A. 胶体物质可以通过絮凝沉淀去除

B. 溶解性固体中没有挥发性组分

C. 悬浮固体都可以通过沉淀去除

D. 总固体包括溶解性固体、胶体、悬浮固体和挥发性固体

34. 污水排入河流以后，溶解氧曲线呈悬索状下垂，故称为氧垂曲线。氧垂曲线的临界点是指：

A. 污水排入河流后溶解氧浓度最低点

B. 污水排入河流后有机物浓度最低点

C. 污水排入河流后亏氧量增加最快的点

D. 污水排入河流后溶解氧浓度为零的点

35. 关于湖泊、水库等封闭水体的多污染源环境容量的计算，下列说法错误的是：

A. 以湖库的最枯月平均水位和容量来计算

B. 以湖库的主要功能水质作为评价的标准，并确定需要控制的污染物质

C. 以湖库水质标准和水体水质模型计算主要污染物的允许排放量

D. 计算所得的水环境容量如果大于实际排污量，则需削减排污量，并进行削减总量计算

36. 污水处理厂二沉池主要用于生化处理系统的泥水分离和回流污泥浓缩，保证出水水质，采用表面负荷设计二沉池表面积时，计算流量应该取：

A. 污水处理厂的最大时设计流量加污泥回流量

B. 污水处理厂的最大时设计流量加污泥回流量和污泥排放量

C. 污水处理厂的最大时设计流量

D. 污水处理厂的最大时设计流量加混合液内回流量

37. 好氧生物处理是常用的污水处理方法，为了保证好氧反应构筑物内 有足够的溶解氧，通常需要曝气充氧，下列哪一项不会影响曝气时氧转移速率：

A. 曝气池的平面布置
B. 好氧反应构筑物内的混合液温度
C. 污水的性质，如含盐量等
D. 大气压及氧分压

38. 好氧生物稳定塘的池深一般仅为 0.5m 左右，这主要是因为：

A. 因好氧塘出水要求较高，便于观察处理效果
B. 防止兼性菌和厌氧菌生长
C. 便于阳光穿透塘体，利于藻类生长和大气复氧，以使全部塘体均处于有溶解氧状态
D. 根据浅池理论，便于污水中固体颗粒沉淀

39. 关于兼性生物稳定塘，下列说法错误的是：

A. 塘表层为好氧层
B. 塘中间层在昼夜间呈好氧或缺氧状态
C. 塘底层为厌氧状态，对沉淀污泥和死亡藻类及微生物进行厌氧消化
D. 因为存在多种作用，塘处理负荷可以没有限制

40. 人工湿地对污染物质的净化机理非常复杂，它不仅可以去除有机污染物，同时具有一定的去除氮磷能力，关于人工湿地脱氮机理，下列说法错误的是：

A. 部分氮因为湿地植物的吸收及其收割而去除
B. 基质存在大量的微生物，可实现氨氮的硝化和反硝化
C. 因为湿地没有缺氧环境和外碳源补充，所以湿地中没有反硝化作用
D. 氨在湿地基质中存在物理吸附而去除

41. 某污水处理厂二沉池剩余污泥体积 $200m^3/d$，其含水率为 99%，浓缩至含水率为 96%时，体积为：

A. $50m^3$
B. $40m^3$
C. $100m^3$
D. $20m^3$

42. 某新建燃煤电厂烟气除尘系统采用电袋式组合除尘器，颗粒物入口 浓度 $25.0g/m^3$，现行国家标准要求的排放浓度为 $50mg/(N \cdot m^3)$，如电除尘段的效率为 75%，则布袋除尘段所需达到的净化效率至少为：

A. 99.8%
B. 99.4%
C. 99.2%
D. 99.1%

43. 除尘器的分割粒径是指：

A. 该除尘器对该粒径颗粒物的去除率为 90%

B. 该除尘器对该粒径颗粒物的去除率为 80%

C. 该除尘器对该粒径颗粒物的去除率为 75%

D. 该除尘器对该粒径颗粒物的去除率为 50%

44. 一除尘系统由旋风除尘器和布袋除尘器组成，已知旋风除尘器的净化效率为 85%，布袋除尘器的净化效率为 99%，则该系统的透过率为：

A. 15% B. 1%

C. 99.85% D. 0.15%

45. 下列有关除尘器分离作用的叙述错误的是：

A. 重力沉降室依靠重力作用进行

B. 旋风除尘器依靠惯性力作用进行

C. 电除尘器依靠库仑力来进行

D. 布袋除尘器主要依靠滤料网孔的筛滤作用来进行

46. 某局部排气系统中布袋除尘器清灰的作用不包括以下哪一项：

A. 提高该时刻的过滤层的过滤效果

B. 控制过滤层的阻力

C. 确保局部排气系统的排风效果

D. 为将粉尘清除出布袋除尘器提供条件

47. 某生活垃圾转运站服务区域人口 10 万人，人均垃圾产量 1.1kg/d，当地垃圾日产量变化系数为 1.3，则该站的设计垃圾转运量约为：

A. 170t/d B. 150t/d

C. 130t/d D. 110t/d

48. 下列何种焚烧控 NO_x 制方法不属于燃烧控制法：

A. 低氧燃烧 B. 废气循环

C. 炉内喷氨 D. 炉内喷水

49. 采用风选方法进行固体废弃物组分分离时，应对废弃物进行：

A. 破碎 B. 筛选

C. 干燥 D. 破碎和筛选

50. 堆肥处理时原料的含水率适宜值不受下列哪一项因素的影响：

A. 颗粒度　　B. 碳氮比

C. 空隙率　　D. 堆体重度

51. 填埋场渗滤液水质指标中随填埋龄变化改变幅度最大的是：

A. pH　　B. 氨氮

C. 盐度　　D. COD

52. 两个同类型的电动机对某一点的噪声影响分别为 65dB(A)和 62dB(A)，则两个电动机叠加影响的结果是：

A. 63.5dB(A)　　B. 127dB(A)

C. 66.8dB(A)　　D. 66.5dB(A)

53. 某单自由度隔振系统在周期性铅垂向外力作用下处于劲度控制区的特征是：

A. $\frac{f}{f_0}\geqslant 1$　　B. $\frac{f}{f_0}>\sqrt{2}$

C. $\frac{f}{f_0}=1$　　D. $\frac{f}{f_0}\leqslant 1$

54. 以下不属于放射性操作的工作人员放射性防护方法的是：

A. 时间防护　　B. 药剂防护

C. 屏蔽防护　　D. 距离防护

55. 以下哪种行为违反了《中华人民共和国水污染防治法》的规定：

A. 向水体排放、倾倒含有高放射性和中放射性物质的废水

B. 向水体排放水温符合水环境质量标准的含热废水

C. 向水体排放经过消毒处理并符合国家有关标准的含病原体废水

D. 向过度开采地下水地区回灌符合地下水环境要求的深度处理污水

56.《中华人民共和国固体废物污染防治法》适用于：

A. 中华人民共和国境内固体废物污染海洋环境的防治

B. 中华人民共和国境内固体废物污染环境的防治

C. 中华人民共和国境内放射性固体废物污染防治

D. 中华人民共和国境内生活垃圾污染环境的防治

57. 对于排放废气和恶臭的单位，下列哪项措施不符合《中华人民共和国大气污染防治法》规定：

A. 向大气排放粉尘的排污单位，必须采取除尘措施

B. 向大气排放恶臭气体的排污单位，必须采取措施防止周围居民区受到污染

C. 企业生产排放含有硫化物气体的，应当配备脱硫装置或者采取其他脱硫措施

D. 只有在农作物收割的季节，才能进行秸秆露天焚烧

58. 根据地表水水域功能，将地表水环境质量标准基本项目标准值分为五类，地表水IV类的化学需氧量标准为：

A. ≤15mg/L　　B. ≤20mg/L

C. ≤30mg/L　　D. ≤40mg/L

59. 城市污水处理厂进行升级改造时，其中强化脱氮除磷是重要的改造内容，12℃以上水温时，《城镇污水处理厂排放标准》(GB 18918—2002)一级A标准中，氨氮、总氮、总磷标准分别小于：

A. 5mg/L，15mg/L，10mg/L　　B. 8mg/L，15mg/L，0.5mg/L

C. 5mg/L，20mg/L，1.0mg/L　　D. 5mg/L，15mg/L，0.5mg/L

60.《生活垃圾填埋污染控制标准》适用于：

A. 建筑垃圾处置场所　　B. 工业固体废物处置场所

C. 危险物的处置场所　　D. 生活垃圾填埋处置场所

2012 年度全国勘察设计注册环保工程师执业资格考试基础考试(下)试题解析及参考答案

1. **解**　水位保持不变属于恒定流，忽略水头损失，E、F 两点的能量方程为：$z_E+\frac{p_E}{\gamma}+\frac{u_E^2}{2g}=z_F+\frac{p_F}{\gamma}+\frac{u_F^2}{2g}$，可知 $z_E>z_F$，$u_E>u_F$，故 $p_E>p_F$。

答案：C

2. **解**　两管的 Q 相同，所以 $\frac{u_1}{u_2}=\frac{d_2^2}{d_1^2}$，雷诺数 $\mathrm{Re}=\frac{du\rho}{\nu}$，即雷诺数 Re 与 u、d 成正比，所以 $\frac{\mathrm{Re}_1}{\mathrm{Re}_2}=\frac{d_1u_1}{d_2u_2}=\frac{d_2}{d_1}=2$。

答案：D

3. **解**　长管是指水头损失以沿程损失为主，局部损失和流速水头都可忽略不计的管道。

答案：D

4. **解**　根据以下公式：

$$R=\frac{A}{\chi}$$

$$C=\frac{1}{n}R^{\frac{1}{5}}$$

$$Q=\frac{1}{n}AR^{\frac{2}{3}}i^{\frac{1}{2}}=\frac{i^{\frac{1}{2}}}{n}\frac{A^{\frac{5}{3}}}{\chi^{\frac{2}{3}}}$$

可知，Q 一定时，当 i 减小，$\frac{A^{\frac{5}{3}}}{\chi^{\frac{2}{3}}}$ 变大，所以 h 变大。

答案：C

5. **解**　断面单位能量(或断面比能)E 是单位重量液体相对于通过该断面最低点的基准面的机械能，其值沿程减小。

答案：A

6. **解**　紊流射流是指流体自孔口、管嘴或条形缝向外界流体空间喷射所形成的流动，出口横截面上的动量等于任意横截面上的动量(各截面动量守恒)。

答案:B

7. **解** $c=\sqrt{kRT}=\sqrt{1.4\times287\times(23+273)}=345\text{m/s}$。

答案:D

8. **解** 根据雷诺准则:$\mathrm{Re}_1=\mathrm{Re}_2$,$\frac{u_1 l_1}{\nu_1}=\frac{u_2 l_2}{\nu_2}$,可知 $\lambda_Q=\lambda_L$,即$\frac{Q_1}{Q_2}=\frac{l_1}{l_2}=4$。

答案:B

9. **解** 铭牌上所列的数字,是指泵在最高效率下的值,即设计值。

答案:D

10. **解** 图 a)属于短管自由出流,图 b)属于短管淹没出流。

短管自由出流流量 $Q=\mu_c A\sqrt{2gH_0}$

式中:μ_c——管路流量系数,$\mu_c=\frac{1}{\sqrt{1+\xi_c}}$。

短管淹没出流流量 $Q=\mu_c A\sqrt{2gH_0}$

式中:μ_c——管路流量系数,$\mu_c=\frac{1}{\sqrt{\xi_c+\xi_w}}$。

两流量公式形式相同,若管路系统一样,作用水头相同,则自由出流与淹没出流的管路流量系数也是相同的。这是因为,虽然淹没出流中 ξ_c 少了一个 $\alpha=1.0$ 的系数,但多一个出口局部损失系数 ξ_w,而 $A_b\gg A_a$,故 $\xi_w=1.0$。所以两者流量相等。

答案:C

11. **解** 噬菌体的宿主为细菌。

答案:B

12. **解** 水蚤的血液含血红素,血红素溶于血浆,肌肉、卵巢和肠壁等细胞中也含血红素。血红素的含量常随环境中溶解氧量的高低而变化:水体中含氧量低,水蚤的血红素含量高;水体含氧量高,水蚤的血红素含量低。由于在污染水体中溶解氧含量低。所以,在污染水体中的水蚤颜色比在清水中的红一些。

答案:B

13. **解** 蓝细菌属于光能自养型。

答案:D

14. **解** 空气不是微生物生长繁殖的良好场所,因为空气中有紫外线辐射(能杀菌),也不具备微生物生长所必需的营养物质,微生物在空气中只是暂时停留。

答案:B

15. **解** 将氨氧化为亚硝酸盐和硝酸盐的生物过程，称为硝化作用。

答案：C

16. **解** 大多数轮虫以细菌、霉菌、藻类、原生动物及有机颗粒为食，轮虫要求较高的溶解氧量，在污水生物处理系统中常在运行正常、水质较好、有机物含量较低时出现。所以轮虫是清洁水体和污水生物处理效果好的指示生物。

答案：D

17. **解** 酚的主要分析方法有溴化滴定法、分光光度法、色谱法等。

答案：C

18. **解** 本题考查狄克逊检验法，因为 $n=5$，可疑数据为最小值，则 $Q=\frac{x_2-x_1}{x_n-x_1}$，计算得 $Q=0.1579<Q_{0.05}$，最小值 5.22 为正常值。

答案：A

19. **解** 用钼酸铵分光光度法测定水中的总磷，其原理是：在中性条件下用过硫酸钾使试样消解，将所含磷全部转化为正磷酸盐。在酸性介质中，正磷酸盐与钼酸铵反应，在锑盐存在下生成磷杂多酸后，立即被抗坏血酸还原，生成蓝色的络合物。

答案：A

20. **解** K 是校正系数，因为高锰酸钾溶液在放置过程中浓度易发生变化，为避免对测定结果造成误差，需要在配制后用草酸钠溶液进行标定。

答案：C

21. **解** 总悬浮颗粒物指能悬浮在空气中，空气动力学当量直径 $\leqslant 100\mu m$ 的颗粒物，即粒径在 $100\mu m$ 以下的颗粒物，记作 TSP。

答案：A

22. **解** 根据公式 $pV=nRT$（在标准状态下，$p=101.325kPa$，$T=273.15K$）

得：$\frac{V}{100L}=\frac{99.9}{101.325}\times\frac{273.15}{273.15+25}$，即 $V=90.3L$

答案：C

23. **解** 本题考查急性毒性的初筛实验，该题在 2007 年考题中出现过。

答案：A

24. **解** 噪声污染级（L_{NP}）公式为：$L_{NP}=L_{50}+\frac{d^2}{60}+d$，$d=L_{10}-L_{90}$

代入得：$L_{NP}=68+\frac{(73-61)^2}{60}+(73-61)=82.4dB(A)$

答案:D

25. **解** 考查环境质量的定义。环境质量一般是指在一个具体的环境内,环境的总体或环境的某些要素,对人群的生存和繁衍以及社会经济发展的适宜程度,是反映人类的具体要求而形成的对环境评定的一种概念。

答案:A

26. **解** 静态环境容量是指水体在某一具有代表性意义时段中,在等效或固有的水动力学和化学动力学条件下,所能容纳的污染物数量,其计算公式是 $M_0=(C_1-C_0)V$(C_1 为污染物的环境标准,C_0 为污染物的环境背景值),IV 类水质标准 COD≤30mg/L,没有水体背景值,故无法计算;动态环境容量是静态环境容量加上水体的净化量,无法得到。

答案:C

27. **解** SO_2为酸性气体。

答案:A

28. **解** 考查环境影响评价的工作程序。环境影响评价工作大体分为三个阶段:第一阶段为准备阶段,主要工作为研究有关文件,进行初步的工程分析和环境现状调查,筛选重点评价项目,确定各单项环境影响评价的工作等级,编制评价工作大纲;第二阶段为正式工作阶段,主要工作为工程分析和环境现状调查,并进行环境影响预测和评价环境影响;第三阶段为报告书编制阶段,主要工作为汇总、分析第二阶段工作所得到的各种资料、数据,得出结论,完成环境影响报告书的编制。

答案:B

29. **解** CALPUFF 适用于评价范围大于 50km 的区域和规划环境影响评价等项目,而 AERMOD 和 ADMSGEIA 适用于评价范围小于或等于 50km 的一级、二级评价项目。

答案:D

30. **解** 历史保护区不属于环境规划中的环境功能分区。

答案:C

31. **解** 水资源弹性系数=单位 GDP 需水量增长系数/GDP 增长率,得单位 GDP 需水量增长系数为 0.4×7%=2.8%,则基准年后第五年的单位 GDP 需水量为 $50\times(1+2.8\%)^5=57.4\text{m}^3$/万元。

答案:D

32. **解** “三同时”制度是建设项目环境管理的一项基本制度,是我国以预防为主的环保政策的重要体现,即建设项目中环境保护设施必须与主体工程同时设计、同时施工、同时投产使用。

答案:A

33.**解** 选项C中,并不是所有的悬浮固体都可以通过沉淀去除;选项D中,总固体包括溶解性固体、胶体和悬浮性固体,其中悬浮性固体又包括挥发性悬浮固体和非挥发性悬浮固体。

答案:A

34.**解** 考查氧垂曲线。氧垂曲线反映了DO的变化:在未污染前,河水中的氧一般是饱和的,污染之后,先是河水的耗氧速率大于复氧速率,溶解氧不断下降,随着有机物的减少,耗氧速率逐渐下降;而随着氧饱和不足量的增大,复氧速率逐渐上升。当两个速率相等时,溶解氧到达最低值,随后,复氧速率大于耗氧速率,溶解氧不断回升,最后又出现饱和状态,污染河段完成自净过程。

答案:A

35.**解** 水环境容量如果大于实际排放量,不需削减排污量。

答案:D

36.**解** 二沉池的沉淀面积以最大时流量作为设计流量,不考虑回流污泥量;但二沉池的某些部位则需要包括回流污泥的流量在内,如进水管(渠)道、中心管等。

答案:C

37.**解** 氧转移速率的影响因素有污水水质、水温和氧分压等。

答案:A

38.**解** 好氧塘的深度较浅,阳光能透至塘底,全部塘水内都含有溶解氧,塘内菌藻共生,溶解氧主要是由藻类供给,好氧微生物起净化污水作用。

答案:C

39.**解** 兼性塘的深度较大,上层为好氧区,藻类的光合作用和大气复氧作用使其有较高的溶解氧,由好氧微生物起净化污水作用;中层的溶解氧逐渐减少,称兼性区(过渡区),由兼性微生物起净化作用;下层塘水无溶解氧,称厌氧区,沉淀污泥在塘底进行厌氧分解,塘处理负荷有一定限制。

答案:D

40.**解** 人工湿地根据自然湿地生态系统中物理、化学、生物的三重共同作用来实现对污水的净化作用,实现对污水的生态化处理。①直接净化作用:植物在生长过程中能吸收污水中的无机氮、磷等,供其生长发育,通过收割植物去除。②间接净化作用:生长在湿地中的挺水植物进行光合作用产生的氧向地下部运输，释放氧到根区，使水体中的溶解氧增加，在植物根区周围的微环境中依次形成好氧区、兼氧区和厌氧区，在缺氧的基质中创造氧化条件，能促进有机物的氧化分解和硝化细菌的生长，有利于硝化、反硝化反应和微生物对磷的过量积累作用，达到除氮、磷的效果；另一方面在厌氧条件下通过厌氧微生物对有机物的降解，或开环，或断键形成简单分子、小分子，提高对难降解有机物的去除效果，湿地微生物具有吸附作用。

答案：C

41.**解**　根据公式$\frac{V_1}{V_2}=\frac{100-p_2}{100-p_1}$，计算可得$V_2=50m^3$。

答案：A

42.**解**　总除尘效率$\eta=1-\frac{c_0}{c_1}=1-\frac{50\times10^{-3}}{25.0}=99.8\%$[$mg/(N\cdot m^3)$是标准状况下浓度，本题未给出实际温度和压强，故无法换算，将其按实际情况计算]；根据公式$\eta=1-(1-\eta_1)(1-\eta_2)=1-(1-75\%)\times(1-\eta_2)=99.8\%$，得$\eta_2=99.2\%$。

答案：C

43.**解**　分割粒径（半分离粒径）d_{50}：即分级效率为50%的颗粒直径。

答案：D

44.**解**　该系统除尘效率为：$\eta=1-(1-\eta_1)(1-\eta_2)=1-(1-85\%)\times(1-99\%)=99.85\%$。故系统透过率为0.15%。

答案：D

45.**解**　旋风除尘器是利用旋转气流产生的离心力使尘粒从气流中分离的装置。惯性除尘器是借助尘粒本身的惯性力作用，使其与气流分离，此外还利用了离心力和重力的作用。

答案：B

46.**解**　布袋除尘器清灰的作用：①电能消耗大，不经济；②阻力超过了通风系统设计所取的最大数值，通风不能满足需要；③粉尘堆积在滤袋上后，孔隙变小，空气通过的速度就要增加，当增加到一定程度时，会使粉尘层产生"针孔"，以致大量空气从阻力小的针孔中流过，形成所谓"漏气"现象，影响除尘效果；④阻力太大，滤料容易损坏。

答案：D

47.**解**　由$Q=\delta nq/1000=1.3\times10\times10^4\times1.1/1000=143t/d$，设计转运量为150t/d。

答案：B

48. **解**　低 NO_x 燃烧技术包括低氧燃烧、烟气循环燃烧、分段燃烧、浓淡燃烧技术等。炉膛喷射法是向炉膛喷射还原性物质，可在一定温度条件下还原已生成的 NO_x，从而降低 NO_x 的排放量，包括喷水法、二次燃烧法、喷氨法。

答案：B

49. **解**　固体废弃物经破碎机破碎和筛分，使其粒度均匀后送入分选机分选。

答案：D

50. **解**　含水率适宜值不受碳氮比的影响。

答案：B

51. **解**　垃圾渗滤液中 COD_{Cr} 最高可达 80000mg/L。BOD_5 最高可达 35000mg/L。一般而言，COD_{Cr}、BOD_5、BOD_5/COD_{Cr} 将随填埋场的年龄增长而降低，变化幅度较大。

答案：D

52. **解**　噪声级的叠加公式为 $L_{1+2}=10\lg(10^{\frac{L_1}{10}}+10^{\frac{L_2}{10}})$，代入数据计算得 66.8dB(A)。

答案：C

53. **解**　只有当频率比大于 $\sqrt{2}$ 时，传递率小，隔振效果好。

答案：B

54. **解**　对于外照射的防护措施包括距离防护、时间防护和屏蔽防护。

答案：B

55. **解**　见《中华人民共和国水污染防治法》。

第七十六条，有下列行为之一的，由县级以上地方人民政府环境保护主管部门责令停止违法行为，限期采取治理措施，消除污染，处以罚款；逾期不采取治理措施的，环境保护主管部门可以指定有治理能力的单位代为治理，所需费用由违法者承担：①向水体排放油类、酸液、碱液的；②向水体排放剧毒废液，或者将含有汞、镉、砷、铬、铅、氰化物、黄磷等的可溶性剧毒废渣向水体排放、倾倒或者直接埋入地下的；③在水体清洗装贮过油类、有毒污染物的车辆或者容器的；④向水体排放、倾倒工业废渣、城镇垃圾或者其他废弃物，或者在江河、湖泊、运河、渠道、水库最高水位线以下的滩地、岸坡堆放、存储固体废弃物或者其他污染物的；⑤向水体排放、倾倒放射性固体废物或者含有高放射性、中放射性物质的废水的；⑥违反国家有关规定或者标准，向水体排放含低放射性物质的废水、热废水或者含病原体的污水的；⑦利用渗井、渗坑、裂隙或者溶洞排放、倾倒含有毒污染物的废水、含病原体的污水或者其他废弃物的；⑧利用无防渗漏措施的沟渠、坑塘等输送或者存储含有毒污染物的废水、含病原体的污水或者其他废弃物的。有前款第三项、第六项行为之一的，处一万元以上十万元以下的罚款；有前款第一项、第四项、第八项行为之一的，处二万元以上二十万元以下的罚款；有前款第二项、第五项、第七项行为之一的，处五万元以上五十万元以下的罚款。

答案：A

56. **解** 《中华人民共和国固体废物污染防治法》第二条，本法适用于中华人民共和国境内固体废物污染环境的防治，固体废物污染海洋环境的防治和放射性固体废物污染环境的防治不适用本法。

答案：B

57. **解** 根据《中华人民共和国大气污染防治法》第三十六条、第三十八条、第四十条及第四十一条可知，选项A、选项B、选项C均正确。

答案：D

58. **解** 由解表可知，IV类地表水的COD应控制在30mg/L。

题58解表

序号	项目	I类	II类	III类	IV类	V类
1	水温(℃)	人为造成的环境水温变化应限制在：周平均最大温升≤1，周平均最大温降≤2				
2	pH值(无量纲)	6～9				
3	溶解氧(mg/L) ≥	饱和率90%时，7.5	6	5	3	2
4	高锰酸钾指数 ≤	2	4	6	10	15
5	化学需氧量(COD)(mg/L) ≤	15	15	20	30	40
6	五日生化需氧量(BOD_5)(mg/L)	3	3	4	6	10
7	氨氮(mg/L) ≤	0.15	0.5	1.0	1.5	2.0
8	总磷(以P计)(mg/L) ≤	0.02(湖、库0.01)	0.1(湖、库0.025)	0.2(湖、库0.05)	0.3(湖、库0.1)	0.4(湖、库0.2)
9	总氮(以N计)(mg/L) ≤	0.2	0.5	1.0	1.5	2.0

答案：C

59. **解** 根据《城镇污水处理厂排放标准》可知，氨氮、总氮、总磷标准分别为8mg/L、15mg/L、0.5mg/L。

答案：B

60. **解** 本标准适用于生活垃圾填埋场建设、运行和封场后的维护与管理过程中的污染控制和监督管理。本标准的部分规定也适用于与生活垃圾填埋场配套建设的生活垃圾转运站的建设、运行。

答案：D

2013年度全国勘察设计注册环保工程师执业资格考试试卷

基础考试

（下）

二〇一三年九月

应考人员注意事项

1. 本试卷科目代码为“2”，考生务必将此代码填涂在答题卡“科目代码”相应的栏目内，否则，无法评分。
2. 书写用笔：**黑色或蓝色钢笔、签字笔或圆珠笔**；
   填涂答题卡用笔：**黑色 2B 铅笔**。
3. 必须用书写用笔将工作单位、姓名、准考证号填写在答题卡和试卷相应的栏目内。
4. 本试卷由 60 题组成，每题 2 分，满分 120 分，本试卷全部为单项选择题，每小题的四个备选项中只有一个正确答案，错选、多选、不选均不得分。
5. 考生作答时，必须**按题号在答题卡上**将相应试题所选选项对应的**字母用 2B 铅笔涂黑**。
6. 在答题卡上书写与题意无关的语言，或在答题卡上作标记的，均按违纪试卷处理。
7. 考试结束时，由监考人员当面将试卷、答题卡一并收回。
8. 草稿纸由各地统一配发，考后收回。

单项选择题(共 60 题,每题 2 分。每题的备选项中只有一个最符合题意。)

1. 文丘里流量计如图所示,$\rho_1=\rho_2$,如果管道中通过的流量保持不变,管道轴线由原来的向下倾斜 45°变为水平,U 形测压计的读数为:

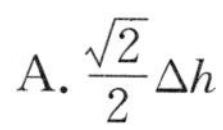

A. $\frac{\sqrt{2}}{2}\Delta h$

B. Δh

C. $\sqrt{2}\Delta h$

D. $2\Delta h$

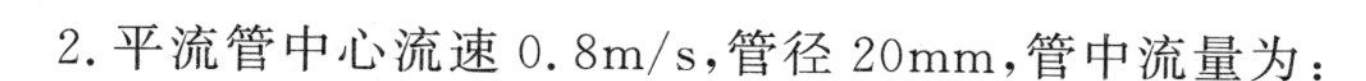

2. 平流管中心流速 0.8m/s,管径 20mm,管中流量为:

A. $1.156\times10^{-4}\text{m}^3/\text{s}$　　B. $2.51\times10^{-4}\text{m}^3/\text{s}$

C. $1\times10^{-3}\text{m}^3/\text{s}$　　D. $5.02\times10^{-4}\text{m}^3/\text{s}$

3. 图中穿孔板上各孔眼大小形状相同,每个孔口的出流速度关系为:

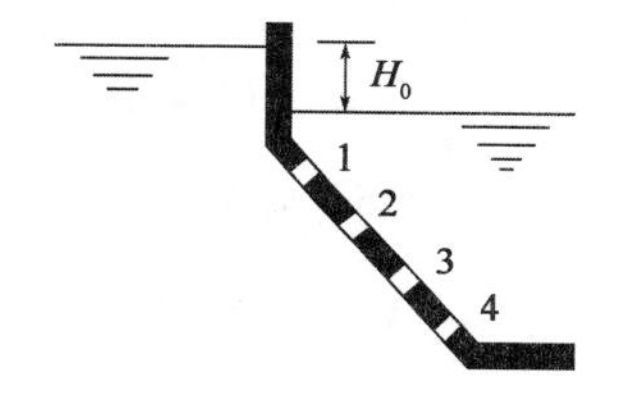

A. $v_1>v_2>v_3>v_4$

B. $v_1=v_2=v_3=v_4$

C. $v_1<v_2<v_3<v_4$

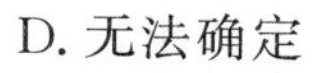

D. 无法确定

4. 水力最优的矩形明渠均匀流的水深增大一倍,渠宽缩小到原来的一半,其他条件不变,则渠道中的流量:

A. 变大　　B. 变小

C. 不变　　D. 随渠道具体尺寸的不同都有可能

5. 下列流动中,不可能存在的是:

A. 缓坡上的非均匀流　　B. 陡坡上的非均匀流

C. 逆坡上的非均匀流　　D. 平坡上的均匀缓流

6. 下列关于圆管层流速度分布的说法,正确的是:

A. 断面流量沿程逐渐增大　　B. 各断面动量守恒

C. 过水断面上切应力呈直线分布　　D. 管轴处速度最大,向边缘递减

7. 一维稳定等熵流动，流速与截面面积的关系为：

A. $\frac{dA}{A}=\frac{du}{u}(1-M^2)$

B. $\frac{dA}{A}=\frac{du}{u}(M^2-1)$

C. $\frac{dA}{A}=\frac{du}{u}(1-u^2)$

D. $\frac{dA}{A}=\frac{du}{u}(u^2-1)$

8. 明渠水流模型实验，长度比尺为 4，则原型流量为模型流量的：

A. 2 倍

B. 4 倍

C. 8 倍

D. 32 倍

9. 离心泵装置工况点是：

A. 效率最高点

B. 最大流量点

C. 离心泵的特性曲线与管路的特性曲线的相交点

D. 由泵的特性曲线决定

10. 如图所示，直径为 20mm、长 5m 的管道自水池取水并泄入大气中，出口比水池水面低 2m，已知沿程水头损失系数 $\lambda=0.02$，进口局部水头损失系数 $\xi=0.5$，则管嘴出口流速为：

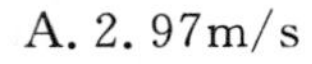

A. 2.97m/s

B. 3.12m/s

C. 6.79m/s

D. 4.34m/s

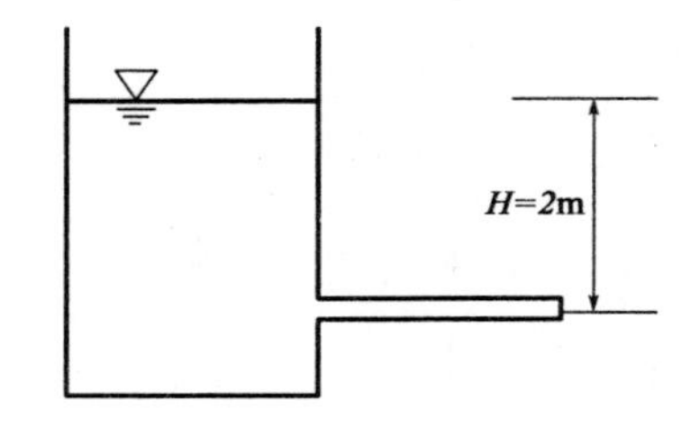

11. 细菌细胞的一般结构包括：

A. 细胞壁、细胞质、内含物、黏液层

B. 细胞壁、细胞质、内含物、细胞核

C. 细胞壁、细胞质、内含物、荚膜

D. 细胞壁、细胞质、内含物、微荚膜、黏液层、芽孢

12. 病毒由下列哪两种物质组成：

A. RNA 和 DNA

B. RNA 和多糖

C. 核酸和蛋白质外壳

D. 核酸和多糖外壳

13. 以下属于光能自养型微生物的是：

A. 硝化细菌

B. 铁细菌

C. 蓝藻

D. 硫化细菌

14. 在对数培养期 $t=0$ 时接种某种微生物 1 个，$t=1\text{h}$ 时测得微生物数量为 10^7 个，则该微生物世代时间为：

A. 30min　　B. 36min

C. 23min　　D. 60min

15. 测定水样中活细胞总数的测定方法是：

A. 显微镜直接观察法　　B. 平板菌落计数法

C. 染色涂片计数法　　D. 分光光度法

16. 木质素微生物分解过程中参与的酶是：

A. 真菌胞外酶　　B. 细菌表面酶

C. 细菌胞外酶　　D. 放线菌胞外酶

17. 用聚乙烯塑料瓶采集水样后加硝酸酸化至 $pH<2$ 保存，适用于测定下列哪种项目：

A. Hg　　B. 挥发酚

C. Cu　　D. Ag

18. 对于水面宽度大于 100m 且断面水质不均匀的大江大河，应至少设多少条采样垂线：

A. 1 条　　B. 2 条

C. 3 条　　D. 4 条

19. 关于石墨炉原子化器的特点，下列说法正确的是：

A. 操作简单，重现性好，有效光程大，对大多数元素有较高灵敏度

B. 原子化效率低，灵敏度不够，且一般不能直接分析固体样品

C. 原子化效率高，在可调的高温下试样利用率达 100%

D. 灵敏度低，试样用量多，不适用于难熔元素的测定

20. 下列关于含油水体监测采样的说法错误的是：

A. 采样时需选用特殊的专用采样器，单独采样

B. 采样时应采取过滤的方式去除水面的杂物、垃圾等漂浮物

C. 当水面有浮油时，应去除表面油膜

D. 采集到的样品必须全部用于测定

21. 用邻苯二甲酸氢钾配置 COD 为 1000mg/L 的溶液 1000mL，需要称取邻苯二甲酸氢钾：

A. 0.4251g　　B. 0.8508g

C. 1.1760g　　D. 1.7016g

22. 采用四氯化汞钾－盐酸副玫瑰苯胺光度法测定某采样点大气中 SO_2 时，用装有 5mL 吸收液的筛板式吸收管采样，采样体积 18L，采样点温度 5℃，大气压力 100kPa，采样吸收4.00mL，进行样品溶液测定，从标准曲线查得 1.00mL 样品中含 SO_2 0.25μg，气体样中的 SO_2 的含量为：

A. 0.05mg/m^3　　B. 0.25mg/m^3

C. 0.071mg/m^3　　D. 0.12mg/m^3

23. 城市生活垃圾可生物降解度的测定条件是：

A. 强酸条件下氧化剂氧化　　B. 弱酸条件下氧化剂氧化

C. 强碱条件下还原　　D. 高温灼烧

24. 下列哪一种计权声级是模拟人耳对 55dB 以下的低强度噪声的频率特性的：

A. A 计权声级　　B. B 计权声级

C. C 计权声级　　D. D 计权声级

25. 废水排入河流后反应溶解氧变化的曲线为：

A. 耗氧曲线　　B. 复氧曲线

C. 氧垂曲线　　D. BOD_5 变化曲线

26. 现行的《地表水环境质量标准》(GB 3838—2002)依据地表水域功能和保护目标，将地表水环境质量标准划分几类水体：

A. 三类　　B. 四类

C. 五类　　D. 六类

27. 已知河流某均匀段的流量为 1m/s，河段始端河水的 COD 浓度为 15mg/L，河段末端河水的 COD 浓度为 10mg/L，河流的功能区划分为三类水体，该河 COD 的静态环境容量为：

A. 0.43t/d　　B. 0.86t/d

C. 1.3t/d　　D. 1.73t/d

28. 某河段 BOD_5 浓度为 7mg/L，该河段为二类水域，BOD_5 的标准值≤6mg/L，采用单项指数评价，其指数为：

A. 1.17 B. 1.25

C. 2.17 D. 2.25

29. 在一自由声场中，距离面声源 5m 处的直达声压级为 70dB，则距离面声源 20m 处的直达声压级为：

A. 64dB B. 62dB

C. 60dB D. 58dB

30. 涉及水土保持的建设项目环境影响报告书必须有：

A. 水土保持方案

B. 经环境保护行政主管部门审查同意的水土保持方案

C. 经水行政主管部门审查同意的水土保持方案

D. 经国土资源行政主管部门审查同意的水土保持方案

31. 环境背景值的定义是：

A. 未受到人类活动影响的自然环境物质组成量

B. 未受到人类活动影响的社会环境组成

C. 任何时候环境质量的平均值

D. 一项活动开始前相对清洁区域的环境质量的平均值

32. 下列关于环境规划的表述错误的是：

A. 环境规划指为使环境与社会经济协调发展而对人类自身活动和环境所做的时间和空间的合理安排

B. 环境规划的目的就在于调控人类自身的活动，减少污染，防止资源破坏，协调人与自然的关系，从而保护人类生存、经济和社会持续稳定发展所依赖的环境

C. 环境规划的实质是一种克服人类经济社会活动和环境保护活动盲目和主观随意性而实施的科学决策活动，以保障整个人类社会的可持续发展

D. 环境规划的作用是提出合理和优化的环境保护方案，以实现规定的目标。因地制宜地找到或提出以最小的投入获取最佳的环境效益的方案，同时实现经济效益、社会效益和环境效益的三统一

33. 下列关于环境目标说法正确的是：

A. 环境目标值只可定性描述，不宜定量化说明

B. 通常所说的“碧水蓝天”就是人类追求的环境目标

C. 环境目标就是指基本能满足区域社会经济活动和人群健康要求的环境目标

D. 环境目标就是制定污染物排放标准的依据

34. 关于生物硝化反硝化过程说法错误的是：

A. 硝化过程是在好氧条件下，通过亚硝酸盐菌和硝酸盐菌的作用将氨氮氧化成亚硝酸盐氮和硝酸盐氮

B. 反硝化是在缺氧条件下，由于兼性脱氮菌（反硝化菌）的作用，将亚硝酸盐氮和硝酸盐氮还原成 N_2 的过程

C. 反硝化过程中的电子供体是各种各样的有机底物

D. 硝化过程产生碱度，pH 将上升；反硝化过程当废水碱度不足时，即需投加石灰，维持 pH 在 7.5 以上

35. 污泥脱水前常常需要进行加药调理，此项操作的目的是：

A. 去除污泥中毛细水和表面吸着水

B. 降低含水率，缩小污泥体积

C. 破坏污泥的胶态结构，改善污泥的脱水性能

D. 降解有机物，使污泥性质得到稳定

36. 废水处理最常用的气浮方法是：

A. 加压溶气气浮　　B. 分散空气气浮

C. 真空气浮　　D. 电解气浮

37. 密度 $2300kg/m^3$、斯托克斯直径 $2.5\mu m$ 的颗粒物其空气动力学直径是：

A. $5.75\mu m$　　B. $3.79\mu m$

C. $1.65\mu m$　　D. $1.09\mu m$

38. 硝化细菌属于哪一类微生物：

A. 好氧自养微生物　　B. 兼性自养微生物

C. 好氧异养微生物　　D. 兼性异养微生物

39. 污泥浓缩的目的是：

A. 降低含水率，缩小污泥体积

B. 降解有机物，使污泥性质得到稳定

C. 破坏污泥的胶态结构，改善污泥的脱水性能

D. 去除污泥中毛细水和表面吸附水

40. 曝气池混合液 SVI 指数是指：

A. 曝气池混合液悬浮污泥浓度

B. 曝气池混合液在 1000mL 量筒内静止 30min 后，活性污泥所占体积

C. 曝气池混合液静止沉淀 30min 后，每单位质量干泥所形成湿污泥的体积

D. 曝气池混合液中挥发型物质所占污泥量的比例

41. 下列关于阶段曝气活性污泥法的工艺流程中，不是其主要特点的是：

A. 废水沿池长分段注入曝气池，有机物负荷分布较均衡

B. 废水分段注入，提高了曝气池对冲击负荷的适应能力

C. 混合液中的活性污泥浓度沿池长逐步降低

D. 能耗较大，出流混合液的污泥浓度较高

42. 下列关于理想沉淀池的论述正确的是：

A. 当沉淀池容积为定值时，池子越深，沉淀效率越高

B. 沉降效率仅为沉淀池表面积的函数，只与表面积有关，而与水深无关

C. 表面积越大，去除率越高

D. 在层流假定的条件下，实际沉淀池效果比理想沉淀池好

43. 向燃料中添加下列哪种物质不能降低粉尘比阻：

A. CO_2 B. NH_3

C. SO_3 D. $(NH_4)_2SO_4$

44. 影响催化剂寿命的主要因素有：

A. 催化剂的热稳定性 B. 催化剂的机械强度

C. 催化剂的化学稳定性 D. 催化剂的老化和中毒

45. 下列关于物理吸附和化学吸附的描述错误的是：

A. 物理吸附过程较快，化学吸附过程较慢

B. 物理吸附是由分子间的范德华力引起的，化学吸附是由化学反应引起的

C. 物理吸附为放热反应，化学吸附需要一定的活化能

D. 物理吸附设备的投资比化学吸附设备要小

46. 活性炭吸附装置中，废水容积为100L，废水中吸附质浓度为0.8g/L，吸附平衡时水中剩余吸附质浓度为0.3g/L，活性炭投加量为5g，则其吸附容量为：

A. 8g/g　　B. 10g/g

C. 15g/g　　D. 20g/g

47. 某生活垃圾填埋场，平均日处置垃圾量为1500t/d，使用年限为20年，填埋垃圾密度为1t/m^3，覆土占填埋场容积的10%，填埋高度为30m，垃圾沉降系数为1.5，填埋堆积系数为0.5，占地面积利用系数为0.85，则填埋场规划占地面积应为：

A. 约130000m^2　　B. 约120000m^2

C. 约110000m^2　　D. 约100000m^2

48. 下列破碎机中何种较适合破碎腐蚀性废物：

A. 颚式破碎机　　B. 锤式破碎机

C. 球磨机　　D. 辊式破碎机

49. 下列重金属中，在焚烧烟气中浓度较低的为：

A. Hg　　B. Cd

C. Pb　　D. Cr

50. 危险废物是否可直接进入安全填埋场处置应以下列哪种方法确定：

A. 国家危险废物名录　　B. 浸出毒性分析

C. 污染物总含量分析　　D. 颗粒稳定性分析

51. 生物浸出方法处理含重金属废物的必要条件是：

A. 铜的存在　　B. 氮的存在

C. 还原性硫的存在　　D. Fe^{2+}的存在

52. 声压级为65dB的两个声场，叠加后的声压级为：

A. 65dB　　B. 68dB

C. 130dB　　D. 60dB

53. 简谐振动的加速度方程的表达式为：

A. $a=-\omega A\cos(\omega t+\varphi)$

B. $a=-\omega A\sin(\omega t+\varphi)$

C. $a=-\omega^2 A\cos(\omega t+\varphi)$

D. $a=-\omega^2 A\sin(\omega t+\varphi)$

54. 适合屏蔽低频磁场的金属材料是：

A. 铜

B. 铝

C. 铁

D. 镁

55. 下列说法不符合《中华人民共和国水污染防治法》的是：

A. 建设项目的水污染防治设施，应当与主体工程同时设计、同时施工、同时投入使用。水污染防治设施应当经过环境保护主管部门验收，验收不合格的，该建设项目不得投入生产或者使用

B. 国务院有关部门和县级以上地方人民政府应当合理规划工业布局，要求造成水污染的企业进行技术改造，采取综合防治措施，提高水的重复利用率，减少废水和污染物排放量

C. 城镇污水集中处理设施的设计单位，应当对城镇污水集中处理设施的出水水质负责

D. 禁止在饮用水水源一级保护区内新建、改建、扩建与供水设施和保护水源无关的建设项目；已建成的与供水设施和保护水源无关的建设项目，由县级以上人民政府责令拆除或者关闭

56. 下列哪种行为不符合《中华人民共和国固体废物污染环境防治法》的规定：

A. 收集、储存、运输、利用、处置固体废物的单位和个人，必须采取防扬散、防流失、防渗漏或者其他防止污染环境的措施；不得擅自倾倒、堆放、丢弃、遗撒固体废物

B. 收集、储存危险废物，必须按照危险废物特性分类进行。混合收集、储存、运输、处置性质不相容的危险废物必须采取防爆措施

C. 对危险废物的容器和包装物以及收集、储存、运输、处置危险废物的设施、场所，必须设置危险废物识别标志

D. 收集、储存、运输、处置危险废物的场所、设施、设备和容器、包装物及其他物品转作他用时，必须经过消除污染的处理，方可使用

57. 根据地表水水域功能和保护目标，地表水三类水适用于：

A. 集中式生活饮用水地表水源地

B. 工业水区及人类非直接接触的娱乐用水区

C. 鱼虾类越冬场、洄游通道、水产养殖区

D. 农业用水区及一般景观要求水域

58. 根据《污水综合排放标准》(GB 8978—1996)的标准分级，下列叙述正确的是：

A. 排入《地表水环境质量标准》(GB 3838—2002)中四、五类水域污水执行三级标准

B. 排入《地表水环境质量标准》(GB 3838—2002)中三类水域(划定的保护区和游泳区除外)污水执行二级标准

C. 排入《海水水质标准》(GB 3097—1997)中二类海域污水执行二级标准

D. 排入《海水水质标准》(GB 3097—1997)中三类海域污水执行二级标准

59. 某污水厂采用一级强化处理，平均进水 COD375mg/L，出水 COD 必须小于：

A. 120mg/L　　　　B. 150mg/L

C. 225mg/L　　　　D. 375mg/L

60. 生活垃圾填埋场的天然防渗层渗透系数必须满足：

A. $K_s \leqslant 10^{-8}$cm/s　　　　B. $K_s \leqslant 10^{-7}$cm/s

C. $K_s \leqslant 10^{-8}$mm/s　　　　D. $K_s \leqslant 10^{-7}$m/s

2013 年度全国勘察设计注册环保工程师执业资格考试基础考试(下)试题解析及参考答案

1. **解** 用文丘里流量计测流量，当流量一定时，测压计的读数为 Δh。

答案:B

2. **解** 由 $Q=\frac{\pi}{4}d^2v$，计算得 $Q=2.51\times10^{-4}\,\mathrm{m^3/s}$。

答案:B

3. **解** 淹没出流与孔口深度无关，当流速相等时，相应的孔口流量相等。

答案:B

4. **解** 由：$R=\frac{A}{\chi}$

$$C=\frac{1}{n}R^{\frac{1}{5}}$$

$$Q=\frac{1}{n}AR^{\frac{2}{3}}i^{\frac{1}{2}}=\frac{i^{\frac{1}{2}}}{n}\frac{A^{\frac{5}{3}}}{\chi^{\frac{2}{3}}}$$

可得：湿周增大，过流断面面积不变，水力半径减小，流量减小。

答案:B

5. **解** 形成均匀流的条件有：①长而直的棱柱形渠道；②底坡 $i>0$，且沿程保持不变；③渠道的粗糙情况沿程没有变化；④渠中水流为恒定流，且沿程流量保持不变。也即均匀流只能发生在顺坡渠道。

答案:D

6. **解** 圆管层流过水断面上流速呈抛物面分布；最大速度在管轴上；圆管层流的平均流速是最大流速的一半。

答案:D

7. **解** 记忆题。

答案:B

8. **解** 由弗劳德准则，可得：$\frac{V_n^2}{g_n l_n}=\frac{V_m^2}{g_m l_m}$，$\frac{V_m}{V_n}=\sqrt{\frac{L_m}{L_n}}=\frac{1}{4}$

则：$\lambda_Q=\lambda_V\lambda_L^2=4^{\frac{5}{2}}=32$

故原型流量为模型流量的 32 倍。

答案:D

9.**解** 因为水泵是与管路相连的,所以它要受管路的制约。水泵的特性曲线与管路的特性曲线的相交点,就是水泵的工作点,又叫作工况点。

答案:C

10.**解** 按长管计算:

$$v=\frac{Q}{A}=\frac{\sqrt{\frac{H}{S}}}{\pi\frac{d^2}{4}}=\sqrt{\frac{2gH}{\lambda\frac{l}{d}+\zeta}}=2.98\text{m/s}$$

答案:A

11.**解** 荚膜、黏液层、芽孢都属于特殊结构。

答案:B

12.**解** 记忆题。

答案:C

13.**解** 记忆题。

答案:C

14.**解** $G=\frac{\Delta t}{n}=\frac{14}{\frac{\lg N-\lg N_0}{\lg 2}}=0.6\text{h}=36\text{min}$

答案:B

15.**解** 记忆题。

答案:B

16.**解** 木质素降解的机理是:在适宜的条件下,白腐真菌的菌丝首先利用其分泌的超纤维素酶溶解表面的蜡质;然后菌丝进入秸秆内部,并产生纤维素酶、半纤维素酶、内切聚糖酶、外切聚糖酶,降解秸秆中的木质素和纤维素,使其成为含有酶的糖类。其中关键的两类过氧化物酶——木质素过氧化物酶和锰过氧化物酶,在分子氧的参与下,依靠自身形成的 H_2O_2,触发启动一系列自由基链反应,实现对木质素无特异性的彻底氧化和降解。

其中,起主要作用的纤维素酶大多为真菌胞外酶。

答案:A

17.**解** 记忆题。

答案:C

18.**解** 采样垂线数目见解表。

题 18 解表

<table>
<tr><td rowspan="2">河流</td><td rowspan="2">垂线</td><td colspan="4">取 样 个 数</td></tr>
<tr><td>水深>5m</td><td>水深 1～5m</td><td colspan="2">水深<5m</td></tr>
<tr><td colspan="2">小河</td><td>1 条，主流边上</td><td rowspan="4">2 个，水面下 0.5m，距河底 0.5m</td><td rowspan="4">1 个，水面下 0.5m</td><td rowspan="4">1 个，水面下距河底不小于 0.3m</td></tr>
<tr><td>大中河</td><td><50m</td><td>2 条，各距岸边 1/3 处</td></tr>
<tr><td></td><td>>50m</td><td>3 条，主流线及距岸不小于 0.5m</td></tr>
<tr><td colspan="2">特大河</td><td>多条</td></tr>
</table>

答案：C

19. **解**　石墨炉原子化器是非火焰原子化器应用最为广泛的一种，1959 年苏联物理学家 Б. В. 利沃夫首先将原子发射光谱法中石墨炉蒸发的原理用于原子吸收光谱法中，开创了无焰原子化方式。由于原子化效率高，石墨炉法的相对灵敏度可极高，最适合痕量分析。

答案：C

20. **解**　根据《地表水和污水监测技术规范》(HJ/T 91—2002)，测定油类水样部分，可知选项 D 错。

答案：D

21. **解**　邻苯二甲酸氢钾理论 COD 值为 1.176g，要配置成 COD 为 1000mg/L 的溶液 1000mL，需称取邻苯二甲酸氢钾 0.8508g 溶于重蒸馏水中配置。

答案：B

22. **解**　将采样体积换算为标准状态下的体积：

$$V_0=\frac{p}{p_0}\cdot\frac{T_0}{T}\cdot V=\frac{273}{273+5}\times 18=17.68\text{L}$$

标准状态下 5mL 吸收液中 SO_2 的含量为：5/4＝1.25μg

则标准状态样品 SO_2 的浓度 $c=m/V_0=1.25/17.68=0.071\text{mg/m}^3$

答案：C

23. **解**　《城市生活垃圾　有机质测定　灼烧法》(CJ/T 96—1999)中规定，生物可降解浓度的分析采用：先在强酸性条件下以重铬酸钾氧化其中有机质，然后以硫酸亚铁铵回滴过量重铬酸钾，根据所消耗氧化剂的含量计算其中有机质的量，再转化为生物可降解度。

答案：A

24. **解**　A 计权声级是模拟人耳对 55dB 以下低强度噪声的频率特性；B 计权声级是模拟 55dB 到 85dB 的中等强度噪声的频率特性；C 计权声级是模拟高强度噪声的频率特

性;D计权声级是对噪声参量的模拟,专用于飞机噪声的测量。

答案:A

25.**解**　本题考查氧垂曲线。氧垂曲线反映了DO的变化:在未污染前,河水中的氧一般是饱和的。污染之后,先是河水的耗氧速率大于复氧速率,溶解氧不断下降。随着有机物的减少,耗氧速率逐渐下降,而随着氧饱和不足量的增大,复氧速率逐渐上升。当两个速率相等时,溶解氧到达最低值。随后,复氧速率大于耗氧速率,溶解氧不断回升,最后又出现饱和状态,污染河段完成自净过程。

答案:C

26.**解**　记忆题。

答案:C

27.**解**　$E=\frac{1\times(20-10)}{1000\times1000}\times24\times3600=0.864\text{t/d}$

答案:B

28.**解**　$P_i=\frac{C_i}{S_i}=\frac{7}{6}=1.17$

答案:A

29.**解**　$\Delta L_{\text{P}}=10\lg\frac{r_2}{r_1}=6\text{dB}$

$L_{\text{P2}}=L_{\text{P1}}-\Delta L_{\text{P}}=70-6=64\text{dB}$

答案:A

30.**解**　涉及水土保持的建设项目,在报告书中还必须有经水行政主管部门审查同意的水土保持方案。

答案:C

31.**解**　环境背景值亦称自然本底值,是指在不受污染的情况下,环境组成的各要素,如大气、水体、岩石、土壤、植物、农作物、水生生物和人体组织中与环境污染有关的各种化学元素的含量及其基本的化学成分。它反映环境质量的原始状态。

答案:A

32.**解**　D项为环境规划的任务,不是环境规划的作用。

答案:D

33.**解**　环境目标也称为环境质量目标,指基本能满足区域社会经济活动和人群健康要求的环境目标;也是各级政府为改善辖区(或流域)内环境质量而规定的在一定阶段内必须达到的各种环境质量指标值的总称。

答案:C

34.**解** 硝化反应过程:在有氧条件下,氨氮被硝化细菌氧化成为亚硝酸盐和硝酸盐。包括两个基本反应:由亚硝酸菌将氨氮转化为亚硝酸盐;硝酸菌亚硝酸盐转化为硝酸盐。亚硝酸菌和硝酸菌利用 CO_2、CO_3^{2-}、HCO_3^- 等作为碳源,通过 NH_3、NH_4^+、NO_2^- 的氧化还原反应获得能量。硝化反应过程在好氧条件下进行,并以氧作为电子受体,氮元素作为电子供体。其相应的反应式如下。

亚硝化反应方程式:

$$55NH_4^+ + 76O_2 + 109HCO_3^- \rightarrow C_5H_7O_2N + 54NO_2^- + 57H_2O + 104H_2CO_3$$

硝化反应方程式:

$$400NO_2^- + 195O_2 + NH_4^+ + 4H_2CO_3 + HCO_3^- \rightarrow C_5H_7O_2N + 400NO_3^- + 3H_2O$$

硝化过程总反应式:

$$NH_4^+ + 1.83O_2 + 1.98HCO_3^- \rightarrow 0.021C_5H_7O_2N + 0.98NO_3^- + 1.04H_2O + 1.884H_2CO_3$$

在硝化反应过程中,将1g氨氮氧化为硝酸盐氮需耗氧4.57g,同时需耗7.14g重碳酸盐碱度(以 $CaCO_3$ 计)。

反硝化反应过程:在缺氧条件下,利用反硝化菌将亚硝酸盐和硝酸盐还原为氮气。缺氧条件下,反硝化细菌利用硝酸盐和亚硝酸盐中的 N^{3+} 和 N^{5+} 作为电子受体,O^{2-} 作为受氢体生成水和 OH^- 碱度,污水中含碳有机物则作为碳源提供电子供体,提供能量并得到氧化稳定。其反应过程可用下式表示:

$$NO_3^- + 4H(\text{电子供体有机物}) \rightarrow \frac{1}{2}N_2 + H_2O + 2OH^- + NO_2^- + 3H(\text{电子供体有机物}) \rightarrow \frac{1}{2}N_2 + H_2O + OH^-$$

由上式可知,每转化 $1gNO_2^-$ 为 N_2 时,需有机物(以BOD表示)1.71g;每转化 $1gNO_3^-$ 为 N_2 时,需有机物(以BOD表示)2.86g。同时产生3.57g重碳酸盐碱度(以 $CaCO_3$ 计)。

答案:D

35.**解** 污泥加药调理的目的即在污泥中加入带电荷的有机物或无机物,中和污泥胶体表面的电荷,破坏其胶体结构,从而改善污泥的脱水性能。

答案:C

36.**解** 记忆题。

答案:A

37. **解** 空气动力学直径与斯托克斯直径关系为：

$$d_{st}=\frac{d_D}{\rho_p/\rho_u}$$

式中：d_{st}——斯托克斯直径；

d_D——空气当量学直径；

ρ_p——颗粒物密度；

ρ_u——单位密度，其值为 $1000kg/m^3$。

将题中所给数值代入，可得 $d_D=d_{st}\left(\frac{\rho_p}{\rho_u}\right)=2.5\times\left(\frac{2300}{1000}\right)=5.75\mu m$。

答案：A

38. **解** 硝化细菌分类：硝化细菌属于自养型细菌，原核生物，包括两种完全不同的代谢群：亚硝酸菌属(nitrosomonas)及硝酸菌属(nitrobacter)，它们包括形态互异的杆菌、球菌和螺旋菌。亚硝酸菌包括亚硝化单胞菌属、亚硝化球菌属、亚硝化螺菌属和亚硝化叶菌属中的细菌。硝酸菌包括硝化杆菌属、硝化球菌属和硝化囊菌属中的细菌。两类菌均为专性好氧菌，在氧化过程中均以氧作为最终电子受体。

答案：A

39. **解** 污泥浓缩的目的在于去除污泥中大量的水分，缩小污泥体积，以利于后继处理，减小厌氧消化池的容积，降低消化耗药量和耗热量等。

答案：A

40. **解** 污泥体积指数 SVI，是衡量活性污泥沉降性能的指标，指曝气池混合液经 30min 静沉后，相应的 1g 干污泥所占的容积(以 mL 计)。

答案：C

41. **解** 阶段曝气活性污泥法的工艺流程主要特点：①废水沿池长分段注入曝气池，有机物负荷分布较均衡；②改善了供养速率与需氧速率间的矛盾，有利于降低能耗；③混合液中的活性污泥浓度沿池长逐步降低，出流混合液的污泥浓度较低；④曝气池出口混合液中活性污泥不易处于过氧化状态，二沉池内固液分离效果好。

答案：D

42. **解** 理想沉淀池的假设条件为：

(1)同一水平断面上各点都按水平流速 v 流动；

(2)整个水深颗粒分布均匀，按水平流速 v 流出，按 u 沉降速度下沉；

(3)颗粒一经沉底，即认为被去除，不再浮起。

理想沉淀池沉淀过程分析(见解图):

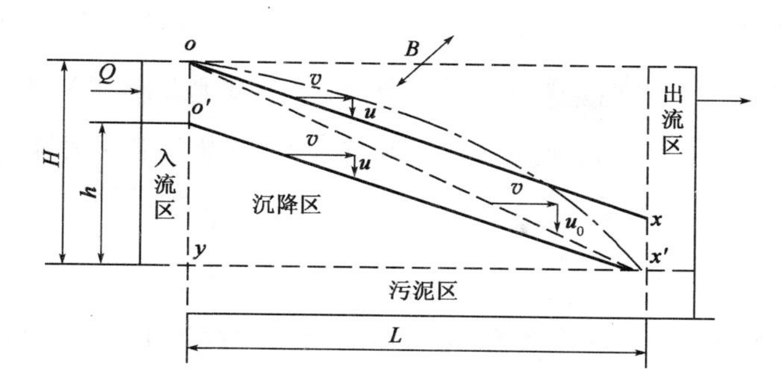

题 42 解图　理想沉淀池颗粒沉降示意图

颗粒下沉运动轨迹为 u 和 v 的矢量和,即斜率为 u/v 的斜线。下沉速度为 u,颗粒水平速度 v=水速。由此可得去除率 $u/v=h/H$(相似三角形)。设池宽为 B,长为 L,高为 H,对沉速=u_0 的颗粒,从 o 点进入沉淀区后,将沿着斜线 ox' 到达 x' 点而被除去。凡是具有沉速 $u \geqslant u_0$ 的颗粒在未到达 x' 点之前都能沉于池底而被除去。凡是速度 $u<u_0$ 的颗粒则不能一概而论:对于一部分靠近水面的颗粒将不能沉于池底,被水流带出池外;一部分靠近池底的颗粒能沉于池底而被除去。由图:$o'x'$ 以上具有 u_0 的颗粒随水流流出池外,$o'x'$ 以下具有 u_0 的颗粒则沉于池底。所以,对于水深为 H,宽为 B,沉降区池长 L,水平面积为 A,处理水量为 Q 的理想沉淀池,由图中相似三角形得出:$u_0/u=H/L$,去除率 $h/H=u/V$,则:

$$u_0=Q/A=q$$

其中,u 为颗粒下沉速度,V 为池的体积,q 为表面负荷。

由上可得:

(1)表面负荷(过流率)在数值上等于可从废水中全部分离的最小颗粒的沉速 u_0(u_0 为最小颗粒沉速)。

(2)q 越小,具有沉速 $u \geqslant u_0$ 的颗粒占悬浮固体总量的百分数越大,即去除率越高。

(3)沉降效率仅为沉淀池表面积的函数,与水深无关。当沉淀池容积为定值时,池子越浅,则 A 值越大,沉淀效率越高——浅池沉淀原理。

答案:B

43.**解**　电除尘器最适宜的粉尘比电阻是 $10^4 \sim 10^{10}\,\Omega \cdot \mathrm{cm}$ 之间。

降低粉尘比电阻的方法有:加入化学调质剂(硫酸、三氧化硫、氯化物、硫酸铵等);加入水基调质剂(加水);添加导电粒子等。

答案:A

44.**解** 引起催化剂效率衰减、缩短其寿命的原因主要有：高温时的热作用使催化剂中活性组分的晶粒增大，从而导致比表面积减少，或者引起催化剂变质；反应原料中的尘埃或反应过程中生成的碳沉积物覆盖了催化剂表面；催化剂中的有效成分在反应过程中流失；强烈的热冲击或压力起伏使催化剂颗粒破碎；反应物流体的冲刷使催化剂粉化吹失等。

答案：D

45.**解** 物理吸附也称范德华吸附，它是由吸附质和吸附剂分子间作用力所引起，此力也称作范德华力。由于范德华力存在于任何两分子间，所以物理吸附可以发生在任何固体表面上。物理吸附有以下特点：①气体的物理吸附类似于气体的液化和蒸汽的凝结，故物理吸附热较小，与相应气体的液化热相近。②气体或蒸汽的沸点越高或饱和蒸汽压越低，它们越容易液化或凝结，物理吸附量就越大。③物理吸附一般不需要活化能，故吸附和脱附速率都较快；任何气体在任何固体上只要温度适宜都可以发生物理吸附，没有选择性。④物理吸附可以是单分子层吸附，也可以是多分子层吸附。⑤被吸附分子的结构变化不大，不形成新的化学键，故红外、紫外光谱图上无新的吸收峰出现，但可有位移。⑥物理吸附是可逆的。⑦固体自溶液中的吸附多数是物理吸附。

化学吸附是吸附质分子与固体表面原子（或分子）发生电子的转移、交换或共有，形成吸附化学键的吸附。由于固体表面存在不均匀力场，表面上的原子往往还有剩余的成键能力，当气体分子碰撞到固体表面上时便与表面原子间发生电子的交换、转移或共有，形成吸附化学键的吸附作用。化学吸附主要有以下特点：①吸附所涉及的力与化学键力相当，比范德华力强得多。②吸附热近似等于反应热。③吸附是单分子层的。因此可用朗缪尔等温式描述，有时也可用弗罗因德利希公式描述。④有选择性。⑤对温度和压力具有不可逆性。另外，化学吸附还常常需要活化能。确定一种吸附是否是化学吸附，主要根据吸附热和不可逆性。

答案：D

46.**解** $q=\frac{v(C_0-C_e)}{w}=\frac{10\times(0.8-0.3)}{5}=10\text{g/g}$

答案：B

47.**解** 此题所给选项有误。

$$S=\frac{365\times20\times1500}{1}\times(1+10\%)\times\frac{1}{30\times1.5\times0.5\times0.85}=629804\text{m}^2$$

答案：无

48. **解** 颚式破碎机主要用于破碎高强度、高韧度高腐蚀性废物，广泛运用于矿山、冶炼、建材、公路、铁路、水利和化工等行业。锤式破碎机适用于在水泥、化工、电力、冶金等工业部门破碎中等硬度的物料，如石灰石、炉渣、焦炭、煤等物料的中碎和细碎作业。球磨机适用于粉磨各种矿石及其他物料，被广泛用于选矿，建材及化工等行业，可分为干式和湿式两种磨矿方式。辊式破碎机适用于冶金、建材、耐火材料等工业部门破碎中、高等硬度的物料。

答案:A

49. **解** 记忆题。

答案:C

50. **解** 根据《危险废物安全填埋处置工程建设技术要求》:危险废物浸出液中有害成分浓度低于控制限值的，允许直接进入安全填埋场处置。

答案:C

51. **解** 重金属要在酸性条件下浸出。硫能被氧化产生硫酸。

答案:C

52. **解** $L_T = L + 10\lg n = 65 + 3 = 68\text{dB}$

答案:B

53. **解** 简谐振动方程:$x = A\cos(\omega t + \varphi)$

简谐振动的加速度方程:$a = \frac{d^2 x}{dt^2} = -\omega^2 A\cos(\omega t + \varphi)$

答案:C

54. **解** 低频磁场需要使用高导磁率的材料，一般使用铁镍合金。

答案:C

55. **解** 城镇污水集中处理设施的运营单位，应当对城镇污水集中处理设施的出水水质负责。

答案:C

56. **解** 收集、储存危险废物，必须按照危险废物特性分类进行。禁止混合收集、储存、运输、处置性质不相容而未经安全性处置的危险废物。

答案:B

57. **解** 记忆题。

答案:C

58. **解** 排入《地表水环境质量标准》(GB 3838—2002)中 III 类水域(划定的保护区和游泳区除外)和排入《海水水质标准》(GB 3097—1997)中二类海域的污水,执行一级标准。《地表水环境质量标准》(GB 3838—2002)中 I、II 类水域和 III 类水域中划定的保护区,《海水水质标准》(GB 3097—1997)中一类海域,禁止新建排污口,现有排污口应按水体功能要求,实行污染物总量控制,以保证受纳水体水质符合规定用途的水质标准。排入《地表水环境质量标准》(GB 3838—2002)中 IV、V 类水域和排入《海水水质标准》(GB 3097—1997)中三类海域的污水,执行二级标准。

答案:D

59. **解** 根据《城镇污水处理厂污染物排放标准》(GB 18918—2002),采用一级强化处理时,执行三级标准。

答案:B

60. **解** 根据《生活垃圾填埋场污染控制标准》(GB 16889—2008):如果天然基础层饱和渗透系数小于 1.0×10^{-7}cm/s,且厚度不小于 2m,可采用天然黏土防渗衬层。采用天然黏土防渗衬层应满足以下基本条件:

(1)压实后的黏土防渗衬层饱和渗透系数应小于 1.0×10^{-7}cm/s;

(2)黏土防渗衬层的厚度应不小于 2m。

如果天然基础层饱和渗透系数小于 1.0×10^{-5}cm/s,且厚度不小于 2m,可采用单层人工合成材料防渗衬层。人工合成材料衬层下应具有厚度不小于 0.75m,且其被压实后的饱和渗透系数小于 1.0×10^{-7}cm/s 的天然黏土防渗衬层,或具有同等以上隔水效力的其他材料防渗衬层。人工合成材料防渗衬层应采用满足《垃圾填埋场用高密度聚乙烯土工膜》(CJ/T 234—2006)中规定技术要求的高密度聚乙烯或者其他具有同等效力的人工合成材料。

如果天然基础层饱和渗透系数不小于 1.0×10^{-5}cm/s,或者天然基础层厚度小于 2m,应采用双层人工合成材料防渗衬层。下层人工合成材料防衬层下应具有厚度不小于 0.75m,且其被压实后的饱和渗透系数小于 1.0×10^{-7}cm/s 的天然黏土衬层,或具有同等以上隔水效力的其他材料衬层;两层人工合成材料衬层之间应布设导水层及渗漏检测层。

答案:B

2014年度全国勘察设计注册环保工程师执业资格考试试卷

基础考试

(下)

二〇一四年九月

应考人员注意事项

1. 本试卷科目代码为“2”，考生务必将此代码填涂在答题卡“科目代码”相应的栏目内，否则，无法评分。
2. 书写用笔：**黑色或蓝色钢笔、签字笔或圆珠笔**；
   填涂答题卡用笔：**黑色 2B 铅笔**。
3. 必须用书写用笔将工作单位、姓名、准考证号填写在答题卡和试卷相应的栏目内。
4. 本试卷由 60 题组成，每题 2 分，满分 120 分，本试卷全部为单项选择题，每小题的四个备选项中只有一个正确答案，错选、多选、不选均不得分。
5. 考生作答时，必须**按题号在答题卡上**将相应试题所选选项对应的**字母用 2B 铅笔涂黑**。
6. 在答题卡上书写与题意无关的语言，或在答题卡上作标记的，均按违纪试卷处理。
7. 考试结束时，由监考人员当面将试卷、答题卡一并收回。
8. 草稿纸由各地统一配发，考后收回。

单项选择题(共 60 题,每题 2 分。每题的备选项中只有一个最符合题意。)

1. 理想流体流经管道突然扩大断面时,其测压管水头线:

A. 只可能上升

B. 只可能下降

C. 只可能水平

D. 以上三种情况均有可能

2. 管道直径 $d=200\text{mm}$,流量 $Q=90\text{L/s}$,水力坡度 $J=0.46$,则管道的沿程阻力系数值为:

A. 0.0219

B. 0.00219

C. 0.219

D. 2.19

3. 图示容器 A 中水面上压强 $p_1=9.8\times10^4\text{Pa}$,容器 B 中水面上压强 $p_2=19.6\times10^4\text{Pa}$,两水面高度差为 0.5m,隔板上有一直径 $d=20\text{mm}$ 的孔口,设两容器中的水位恒定,且水面上压强不变,若孔口的流量系数 $\mu=0.62$,则流经孔口的流量为:

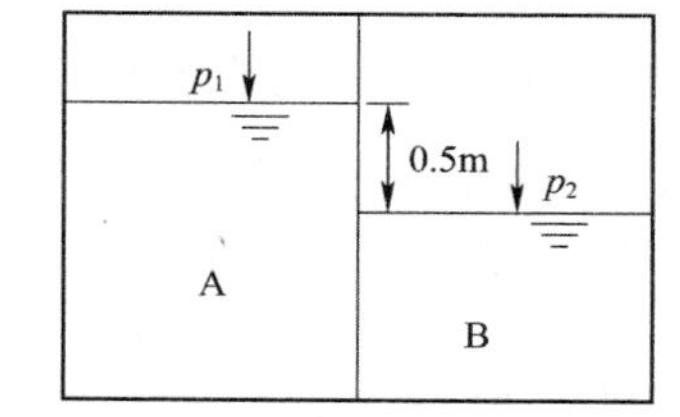

A. $2.66\times10^{-3}\text{m}^3/\text{s}$

B. $2.73\times10^{-3}\text{m}^3/\text{s}$

C. $6.09\times10^{-3}\text{m}^3/\text{s}$

D. $2.79\times10^{-3}\text{m}^3/\text{s}$

4. 坡度、边壁材料相同的渠道,当过水断面积相等时,明渠均匀流过水断面的平均流速最大的是:

A. 半圆形渠道

B. 正方形渠道

C. 宽深比为 3 的矩形渠道

D. 等边三角形渠道

5. 明渠流动为缓流时,下列关系正确的是:(v_k、h_k分别表示临界流速和临界水深)

A. $v>v_k$

B. $h<h_k$

C. $\text{Fr}<1$

D. $\text{d}e/\text{d}h<0$

6. 在紊流射流中，射流扩散角 α 取决于：

A. 喷嘴出口速度

B. 紊流强度，但与喷嘴出口特性无关

C. 喷嘴出口特性，但与紊流强度无关

D. 紊流强度和喷嘴出口特性

7. 可压缩流动中，欲使流速从超音速减小到音速，则断面必须：

A. 由大变到小

B. 由大变到小再由小变到大

C. 由小变到大

D. 由小变到大再由大变到小

8. 要保证两个流动问题的动力学相似，以下说法错误的是：

A. 应同时满足几何相似、运动相似、动力相似

B. 相应点的同名速度方向相同、大小成比例

C. 相应线段的长度和夹角均成同一比例

D. 相应点的同名力方向相同、大小成比例

9. 离心泵装置的工况就是装置的工作状况。工况点就是水泵装置在以下什么情况时的流量、扬程、轴功率、效率以及允许吸上真空度等？

A. 铭牌上的　　　　B. 实际运行

C. 理论上最大　　　　D. 启动

10. 图示为类似文丘里管路，当管中的流量为 Q 时，观察到 A 点处的玻璃管中水柱高度为 h。当改变阀门的开启度使管中的流量增大时，玻璃管中水位 h 会：

A. 变小

B. 不变

C. 变大

D. 无法判别

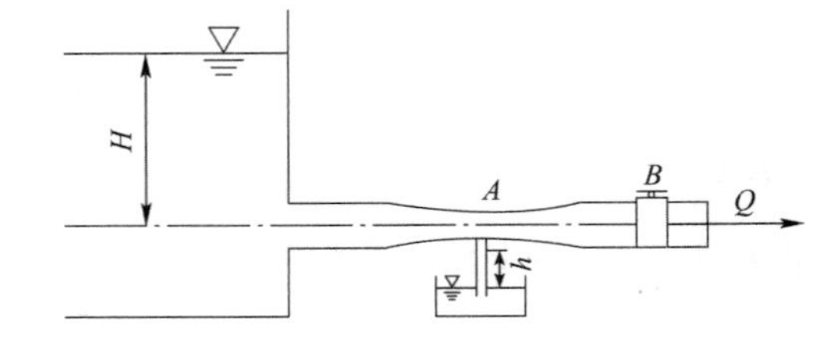

11. 蛋白质的合成场所是：

A. 细胞质　　B. 异染粒

C. 核糖体　　D. 气泡

12. 微生物呼吸作用的本质是：

A. 氧化与还原的统一

B. 有氧与无氧的统一

C. 有机物的彻底氧化

D. 二氧化碳的生成与消耗的统一

13. 以下有关微生物发酵过程的说法，错误的是：

A. 不需氧

B. 有机物彻底氧化

C. 能量释放不完全

D. 有机物被分解成酒精等小分子有机物

14. 可以用平皿沉降法检测其中细菌数量的环境介质的是：

A. 水体　　B. 土壤

C. 空气　　D. 动物表皮

15. 下列有关硫循环的描述，错误的是：

A. 自然界中的硫有三态：单质硫、无机硫和有机硫化合物

B. 在好氧条件下，会发生反硫化作用

C. 参与硫化作用的微生物是硫化细菌和硫磺细菌

D. 在一定的环境条件下，含硫有机物被微生物分解可产生硫化氢

16. 下列有关好氧活性污泥和生物膜的描述，正确的是：

A. 好氧活性污泥和生物膜的微生物组成不同

B. 好氧活性污泥和生物膜在构筑物内的存在状态不一样

C. 好氧活性污泥和生物膜所处理的污水性质不同

D. 好氧活性污泥和生物膜都会发生丝状膨胀现象

17.《水污染物排放总量监测技术规范》(HJ/T 92—2002)中规定实施的水污染物总量控制的监测项目不包括:

A. pH 值　　B. 悬浮物

C. 氨氮　　D. 总有机碳

18. 均数控制图中,上、下辅助线以何值绘制?

A. $\overline{x} \pm s$　　B. $\overline{x} \pm 2s$

C. $\overline{x} \pm 3s$　　D. $\overline{x}$

19. 测定 BOD_5 时,以下不适合作为接种用水的是:

A. 河水　　B. 表层土壤浸出液

C. 工业废水　　D. 生活污水

20. 通常认为挥发酚是指沸点在多少度以下的酚?

A. 100°C　　B. 180°C

C. 230°C　　D. 550°C

21. 现测一水样的悬浮物,取水样 100mL,过滤前后滤膜和称量瓶称重分别为 55.6275g 和 55.6506g,则该水样的悬浮物浓度为:

A. 0.231mg/L　　B. 2.31mg/L

C. 23.1mg/L　　D. 231mg/L

22. 进行大气污染检测时,采集空气体积 100L,测得采样点的温度为 20°C,大气压为 101.1kPa,标准状态下的采样体积为:

A. 90.3L　　B. 93.0L

C. 93.2L　　D. 99.8L

23. 用电位法测定废弃物浸出液的 pH 值,是为了鉴别其:

A. 易燃性　　B. 腐蚀性

C. 反应性　　D. 毒性

24. 某城市白天平均等效声级为 60dB(A),夜间平均等效声级为 50dB(A),该城市昼夜平均等效声级为:

A. 55dB(A)　　B. 57dB(A)

C. 60dB(A)　　D. 63dB(A)

25. 环境质量与环境价值的关系是：

A. 环境质量好的地方环境价值一定高

B. 环境质量等于环境价值

C. 环境质量好的地方环境价值不一定高

D. 环境质量的数值等于环境价值的数值

26. 下列符合环境背景值定义的是：

A. 一个地区环境质量日常监测值

B. 一个地区环境质量历史监测值

C. 一个地区相对清洁区域环境质量监测值

D. 一个地区环境质量监测的平均值

27. 已知河流的流量为 $1m^3/s$，河水的 BOD 浓度为 5mg/L，河流的功能区划为 IV 类水质，则该河流 BOD 静态容量为：

A. 0.52t/d　　　　B. 0.09t/d

C. 0.43t/d　　　　D. 0.04t/d

28. 对于所有建设项目的环境影响评价，工程分析都必须包括的环境影响阶段是：

A. 项目的准备阶段　　　　B. 建设工程阶段

C. 生产运行阶段　　　　D. 服役期满后阶段

29. 河流水质基本方程 $u\frac{\partial c}{\partial x}=-kc$ 适用于：

A. 溶解态污染物

B. 恒定均匀流

C. 混合过程段

D. 衰减符合一级动力学反应的污染物

30. 下列不适合用作环境规划决策方法的是：

A. 线性规划法　　　　B. 投入产出分析法

C. 多目标规划法　　　　D. 聚类分析法

31. 下列不属于环境规划中的环境功能区划目的的是：

A. 为了合理布局

B. 为了确定具体环境目标

C. 便于目标的管理和执行

D. 便于城市行政分区

32. 我国环境管理的“三大政策”不包括：

A. 预防为主，防治结合

B. 环境可持续发展

C. 强化环境管理

D. 谁污染谁治理

33. 关于污水中的氮、磷水质指标，下列说法错误的是：

A. 氮、磷为植物性营养元素，超标排放会导致水体富营养化

B. 氮、磷同时为微生物营养元素，如污水中含量不足，则应添加补充营养

C. 传统污水生物处理系统因为没有设置厌氧、缺氧单元，对污水中的氮、磷没有任何去除效果

D. 污水中的氮、磷除可采用生物法强化去除外，还可以运用其他方法，如化学法去除

34. 有机污染物的水体自净过程中氧垂曲线上最缺氧点发生在：

A. 有机污染物浓度最高的地点

B. 亏氧量最小的地点

C. 耗氧速率和复氧速率相等的地点

D. 水体刚好恢复清洁状态的地点

35. 关于污水处理厂使用的沉淀池，下列说法错误的是：

A. 一般情况下初沉池的表面负荷率比二沉池的大

B. 规范规定二沉池的出水堰口负荷比初沉池的大

C. 如都采用静压排泥，则初沉池需要的排泥静压比二沉池大

D. 初沉池的排泥含水率一般要低于二沉池的剩余污泥含水率

36. 平流式隔油池通常用于去除含油废水中的：

A. 可浮油

B. 细分散油、乳化油、溶解油

C. 可浮油、细分散油、乳化油

D. 可浮油、细分散油、乳化油和溶解油

37. A/A/O生物脱氮除磷处理系统中，关于好氧池曝气的主要作用，下列说法错误的是：

A. 保证足够的溶解氧，以防止发生反硝化反应

B. 保证足够的溶解氧，便于好氧自养硝化菌的生存以进行氨氮硝化

C. 保证好氧环境，便于在厌氧环境中释放磷的聚磷菌在好氧环境中充分吸磷

D. 起到对反应混合液充分混合搅拌的作用

38. 关于厌氧—好氧生物除磷工艺，下列说法错误的是：

A. 好氧池可采用较高污泥负荷，以控制硝化反应的进行

B. 如采用悬浮污泥生长方式，则该工艺需要污泥回流，但不需要混合液回流

C. 进水可生物降解的有机碳源越充足，除磷效果越好

D. 该工艺需要较长的污泥龄，以便聚磷菌有足够长的时间来摄取磷

39. 缺氧—好氧生物脱氮工艺与厌氧—好氧生物除磷工艺相比较，下列说法错误的是：

A. 前者污泥龄比后者长

B. 如采用悬浮生长活性污泥法，前者需要混合液回流，而后者仅需要污泥回流

C. 前者水力停留时间比后者长

D. 前者只能脱氮，没有任何除磷作用，而后者只能除磷，没有任何脱氮作用

40. 污水生物处理是在适宜的环境条件下，依靠生物的呼吸和代谢来降解污水中的污染物质，关于微生物营养，下列说法错误的是：

A. 微生物营养必须含有细胞组成的各种原料

B. 微生物的营养必须含有能够产生细胞生命活动能量的物质

C. 因为污水的组成复杂，所以各种污水中都含有微生物需要的营养物质

D. 微生物的营养元素必须满足一定的比例要求

41. 污泥处理过程中脱水的目的是：

A. 降低污泥比阻

B. 增加毛细吸水时间(CST)

C. 减少污泥体积

D. 降低污泥有机物含量以稳定污泥

42. 大气中的臭氧层主要集中在：

A. 对流层

B. 平流层

C. 中间层

D. 暖层

43. 下列大气污染物组项中全部是一次大气污染物的是：

A. SO_2,NO,臭氧,CO

B. H_2S,NO,氟氯烃,HCl

C. SO_2,CO,HF,硝酸盐颗粒

D. 酸雨,CO, HF,CO_2

44. 多数情况下,污染物在夜间的扩散作用主要受下列哪一类型逆温的影响?

A. 辐射逆温

B. 下沉逆温

C. 平流逆温

D. 湍流逆温

45. PM10 是指：

A. 几何当量直径小于 10μm 的颗粒物

B. 斯托克斯直径小于 10μm 的颗粒物

C. 空气动力学直径小于 10μm 的颗粒物

D. 筛分直径小于 10μm 的颗粒物

46. 某动力煤完全燃烧时的理论空气量为 $8.5Nm^3/kg$,现在加煤速率为 10.3t/h 的情况下,实际鼓入炉膛的空气量为 $1923Nm^3/min$,则该燃烧过程空气过剩系数为：

A. 0.318

B. 0.241

C. 1.318

D. 1.241

47. 某生活垃圾焚烧厂，在贮坑采用堆酵方法对垃圾进行预处理，经处理垃圾可燃分由 30%升至 35%，水分由 60%降至 50%，估计垃圾的低位发热量上升的百分比为：

A. 约 31%　　B. 约 29%

C. 约 27%　　D. 约 25%

48. 下列焚烧烟气处理手段对二噁英控制无效的是：

A. 降温　　B. 除酸

C. 微孔袋滤　　D. 活性炭吸附

49. 下列适合用于激发粉煤灰活性的是：

A. 石灰和石膏　　B. 石灰和水泥

C. 石灰和水泥熟料　　D. 石膏和水泥熟料

50. 下列适于堆肥后分选的方法是：

A. 筛分　　B. 风选

C. 弹道选　　D. 弹性选

51. 下列具有固体废弃物源头减量作用的是：

A. 设计使用寿命长的产品

B. 设计易于再利用的产品

C. 分类收集垃圾

D. 园林垃圾堆肥

52. 衡量噪声的指标是：

A. 声压级　　B. 声功率级

C. A 声级　　D. 声强级

53. 在《城市区域环境振动标准》(GB 10070—1988)中“居民、文教区”铅垂向 Z 振级的标准是：

A. 昼间：65dB，夜间：65dB

B. 昼间：70dB，夜间：67dB

C. 昼间：75dB，夜间：72dB

D. 昼间：80dB，夜间：80dB

54. 以下属于放射性废水处置技术的是：

A. 混凝　　B. 过滤

C. 封存　　D. 离子交换

55. 我国水污染事故频发，严重影响了人民生活和工业生产的安全，关于水污染事故的处置，下列描述不正确的是：

A. 可能发生水污染事故的企业事业单位，应当制订有关水污染事故的应急方案，做好应急准备，并定期进行演练

B. 储存危险化学品的企业事业单位，应当采取措施，防止在处理安全生产事故过程中产生的可能严重污染水体的消防废水、废液直接排入水体

C. 企业事业单位发生事故或者其他突发性事件，造成或者可能造成水污染事故的，应当立即启动本单位的应急方案，采取隔离等应急措施

D. 船舶造成水污染事故的，向事故发生地的环境保护机构报告，并接受调查处理

56. 下列不符合《中华人民共和国固体废物污染防治法》中生活垃圾污染环境防治规定的是：

A. 从生活垃圾中回收的物质必须按照国家规定的用途或者标准使用，不得用于生产可能危害人体健康的产品

B. 清扫、收集、运输、处置城市生活垃圾，必须采取措施防止污染环境

C. 生活垃圾不得随意倾倒、抛撒或者堆放

D. 工程施工单位生产的固体废物，因为主要为无机物质，所以可以随意堆放

57.《中华人民共和国建筑法》规定，建筑单位必须在条件具备时，按照国家有关规定向工程所在地县级以上人民政府建设行政主管部门申请领取施工许可证，建设行政主管部门应当自收到申请之日起多少天内，对符合条件的申请颁发施工许可证？

A. 7 日　　B. 15 日

C. 3 个月　　D. 6 个月

58. 地下水质量标准适用于：

A. 一般地下水　　B. 地下热水

C. 矿区矿水　　D. 地下盐卤水

59.《城市污水处理厂污染物排放标准》(GB 18918—2002)规定污水中总磷的测定方法采用：

A. 钼酸铵分光光度法

B. 二硫腙分光光度法

C. 亚甲基蓝分光光度法

D. 硝酸盐滴定法

60. 生活垃圾填埋场封场时，应做好地表面处理，下列处理方式符合规定要求的是：

A. 封场时做好地表面处理，并在其表面覆15cm厚的自然土，其上再覆15～20cm厚的黏土，并压实，防止降水渗入填体内

B. 封场时做好地表面处理，并在其表面覆20cm厚的自然土，其上再覆20cm厚的黏土，并压实，防止降水渗入填体内

C. 封场时做好地表面处理，表面覆15～20cm厚的黏土，并压实，防止降水渗入填体内

D. 封场时做好地表面处理，并在其表面覆30cm厚的自然土，其上再覆15～20cm厚的黏土，并压实，防止降水渗入填体内

2014年度全国勘察设计注册环保工程师执业资格考试基础考试(下)试题解析及参考答案

1.**解** 理想流体,没有能量损失。管道断面突然扩大,液体流速减小,动能转变为势能,势能增大。测压管水头即单位重量流体的势能(位能+压能),因此,测压管水头线上升。

答案:A

2.**解** $Q = v\dfrac{\pi d^2}{4}$,可得 $v=2.866\text{m/s}$

又 $h = \lambda \dfrac{l}{d} \cdot \dfrac{v^2}{2g}$,$J = \dfrac{h}{l}$

故 $J = \dfrac{\lambda}{d} \cdot \dfrac{v^2}{2g}$,代入数据可得 $\lambda = Jd \cdot \dfrac{2g}{v^2} = 0.46 \times 200 \times 10^{-3} \times \dfrac{2 \times 9.8}{2.866^2} = 0.219$

答案:C

3.**解** 水头 $H = \dfrac{p_2}{\rho g} - \left(0.5 + \dfrac{p_1}{\rho g}\right) = \dfrac{19.6 \times 10^4}{1000 \times 9.8} - \left(0.5 + \dfrac{9.8 \times 10^4}{1000 \times 9.8}\right)$

$= 20 - 10.5 = 9.5\text{m}$

$$Q = \mu A\sqrt{2gH} = 0.62 \times \frac{1}{4}\pi \times 0.02^2 \times \sqrt{2 \times 9.8 \times 9.5} = 0.00266\text{m}^3/\text{s}$$

其中 A 为孔口面积,$A = \pi d^2/4$;ρ 为液体密度,取 1000kg/m^3;g 为重力加速度,取 9.8m/s^2。

答案:A

4.**解** 根据明渠均匀流的基本公式 $Q = \dfrac{1}{n}AR^{\frac{2}{3}}i^{\frac{1}{2}}$ 可知,当过水断面面积、粗糙系数及渠道底坡一定时,湿周最小的情况下,即半圆形渠道时,渠道断面最优,流量最大,平均流速最大。

答案:A

5.**解** 当明渠流动为缓流时,$v < v_k$,$h > h_k$,$Fr < 1$,$de/dh > 1$。

答案:C

6.**解** 紊流射流中,射流扩散角 α 与紊流强度和喷嘴出口特性均有关。

答案:D

7. **解**　当气流速度大于音速时，速度会随断面的增大而增大、随断面的减小而减小。欲使流速从超音速减小到音速，则需收缩管径。

答案：A

8. **解**　要保证两个流动问题的动力学相似，则必须是两个流动几何相似、运动相似、动力相似，以及两个流动的边界条件和起始条件相似，相应线段的长度成比例，同名力、同名速度的方向相同、夹角相同。

答案：C

9. **解**　工况点就是水泵装置在实际运行时的流量、扬程、轴功率、效率以及允许吸上真空度等。铭牌上列出的是水泵在设计转速下的运转参数。

答案：B

10. **解**　文丘里效应表现在受限流动在通过缩小的过流断面时，流体出现流速或流量增大的现象。由伯努利方程 $z+\frac{v^2}{2g}+\frac{p}{\rho}=C$ 可知，流速的增大伴随流体压力的降低，从而 A 点处与外界大气压间的压差增大，h 变大。

答案：C

11. **解**　核糖体是各类细胞中普遍存在的颗粒状结构，是合成蛋白质的场所。

答案：C

12. **解**　微生物呼吸作用的本质是氧化与还原的统一过程，这过程中有能量的产生和转移。

答案：A

13. **解**　微生物发酵是以有机物为最终电子受体的生物氧化过程，基质氧化不彻底。

答案：B

14. **解**　平皿沉降法是从 1881 年延续至今的传统的空气微生物采样方法，因其简便、经济、易行而得到国内外的普遍应用。

答案：C

15. **解**　反硫化作用是土壤中的硫酸盐还原为 H_2S 的过程。在好氧条件下，发生硫化作用；氧气不足时，发生反硫化作用。

答案：B

16. **解**　好氧活性污泥与生物膜的微生物组成类似，可处理的污水性质相近，故选项 A、C 错误。好氧活性污泥在构筑物中处于悬浮状态，而生物膜在构筑物中处于附着状态，一般不会发生丝状膨胀现象，故选项B正确、选项D错误。

答案：B

17. **解** 规范中规定实施总量控制的监测项目包括COD_{Cr}、石油类、动植物油、氨氮、汞、砷、氰化物、六价铬、铅、镉、悬浮物、生化需氧量、总有机碳、挥发酚、硝基苯类、总氮、总磷、硫化物、铜、锌、阴离子表面活化剂，而pH值不在监测项目中。

答案：A

18. **解** 中心线按$\overline{x}$绘制，上、下辅助线按$\overline{x} \pm s$绘制，上、下警告线按$\overline{x} \pm 2s$绘制，上、下控制线按$\overline{x} \pm 3s$绘制。

答案：A

19. **解** 测定BOD_5时进行接种的目的是为了引进能分解废水中有机物的微生物，而工业废水中不含或含微生物少，不适合作为接种用水。

答案：C

20. **解** 挥发酚是指沸点在230℃以下的酚类。

答案：C

21. **解** 悬浮物浓度为：$\frac{m_1 - m_0}{V} = \frac{55.6506 - 55.6275}{0.1} \times 1000 = 231 \text{mg/L}$。

答案：D

22. **解** 理想气体状态方程 $pV = nRT \Rightarrow nR = \frac{p_1 V_1}{T_1} = \frac{p_2 V_2}{T_2}$

式中，p_1为采样点的大气压，本题为101.1kPa；p_2为标准状态下的气体压强，取101.325kPa；T_1为采样点的气体温度，本题为20+273.15=293.15K；T_2为标准状态下的气体温度，取273.15K；V_1为采集的空气体积，本题为100L；V_2为标准状态下的采样体积。

$$V_2 = \frac{p_1 \times T_2 \times V_1}{p_2 \times T_1} = \frac{101.1 \times 273.15 \times 100}{101.325 \times 293.15} \approx 93.0 \text{L}$$

答案：B

23. **解** 《固体废物 腐蚀性测定 玻璃电极法》(GB/T 15555.12—1995)规定了固体、半固体的浸出液的腐蚀性，可采用pH玻璃电极的试验方法。

答案：B

24. **解** 昼夜平均等效声级计算公式为$L_{dn} = 10\lg \frac{16 \times 10^{0.1L_d} + 8 \times 10^{0.1(L_n + 10)}}{24}$[dB(A)]

式中，L_d为白天的平均等效声级，本题为60dB(A)；L_n为夜间的平均等效声级，本题为50dB(A)。代入公式，即：

$$L_{dn}=10\lg\frac{16\times 10^{0.1\times 60}+8\times 10^{0.1(50+10)}}{24}=60\text{dB(A)}$$

答案:C

25.**解**　环境质量与环境价值不等价。环境质量是环境系统客观存在的一种本质属性,可以用定性和定量的方法加以描述环境系统所处的状态。环境价值源于环境的资源性,对人类的价值表现为对人类生存、生产和发展的需要等。

答案:C

26.**解**　环境背景值是指没有人为污染时,自然界各要素的有害物质浓度,反映环境质量的原始状态。对一个区域进行日常监测的环境质量参数称为现状基线值。

答案:C

27.**解**　Ⅳ类水 BOD≤6mg/L,则河流 BOD 静态容量:

$$M=(6-5)\times 10^{-6}\times 1\times 3600\times 24=0.0864\text{t/d}\approx 0.09\text{t/d}$$

答案:B

28.**解**　根据《环境影响评价技术导则 总纲》(HJ 2.1—2016)第 7 部分工程分析中第 7.4.2 条规定,所有建设项目均应分析生产运行阶段所带来的环境影响。生产运行阶段要分析正常排放和不正常排放两种情况。对随着时间的推移,环境影响有可能增加较大的建设项目,同时它的评价工作等级、环境保护要求均较高时,可将生产运行阶段分为运行初期和运行中后期,并分别按正常排放和不正常排放进行分析,运行初期和运行中后期的划分应视具体工程特性而定。

答案:C

29.**解**　题中方程适用于衰减一级动力学反应的污染物。

答案:D

30.**解**　常用的环境规划决策方法有线性规划法、动态规划法、投入产出分析法、多目标规划法、整数规划法。

聚类分析法是理想的多变量统计技术,主要有分层聚类法和迭代聚类法。聚类分析也称群分析、点群分析,是研究分类的一种多元统计方法。

答案:D

31.**解**　环境功能区划的目的:一是为了合理布局,二是为了确定具体的环境目标,三是为了便于目标的管理和执行。城市行政分区与环境功能区划没有关系。

答案:D

32. **解** 我国环境管理的“三大政策”:预防为主、谁污染谁治理、强化环境管理。

答案:B

33. **解** 传统污水生物处理系统虽然没有厌氧、缺氧单元,但污泥中微生物的同化作用可将一部分氮、磷去除。

答案:C

34. **解** 如解图所示,a 为有机物分解的耗氧曲线,b 为水体复氧曲线,c 为氧垂曲线,C_p为最缺氧点,可知其位于耗氧速率和复氧速率相等的位置。

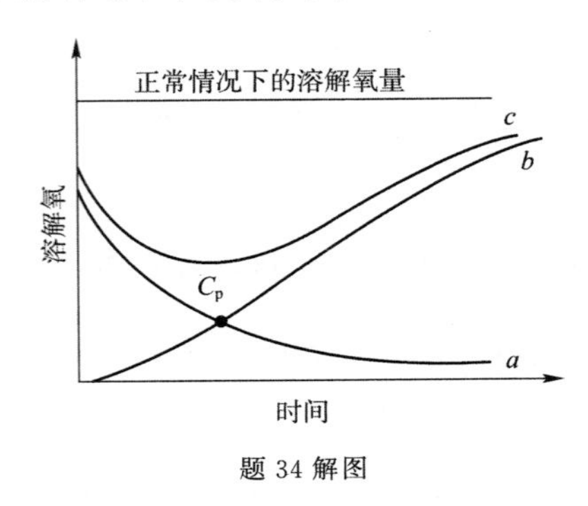

题 34 解图

答案:C

35. **解** 初沉池污泥密度比二沉池的大,前者排泥含水率一般低于后者,排泥静压、表面负荷、出水堰口负荷一般比后者大。

答案:B

36. **解** 隔油池能去除污水中的漂浮油类,而乳化、溶解及分散状态的油类则可采用气浮法、电解法和混凝法予以去除。

答案:A

37. **解** A/A/O 生物脱氮除磷处理系统中,好氧曝气池的主要作用是去除 BOD,硝化和吸收磷,混合液中含有NO_3^--N,污泥中含有过剩的磷,而污水中的 BOD(或 COD)得到去除。曝气的作用是提供充足的溶解氧以便于发生硝化反应和去除 BOD,而不是为了防止发生反硝化反应。

答案:A

38. **解** 生物除磷系统中,大部分磷是通过排泥去除的,因此在生物污泥含磷量一定时,污泥排放越多,系统去除磷的量就越多。剩余污泥的排放量直接与系统的泥龄相关,剩余污泥排泥量大,则泥龄就小。

答案:D

39. **解** 缺氧—好氧生物脱氮工艺与厌氧—好氧生物除磷工艺都有脱氮除磷的作用,

只是两者所培养的优势菌种不一样。缺氧—好氧生物脱氮工艺需要硝化菌作为优势菌种,厌氧一好氧生物除磷工艺需要聚磷菌作为优势菌种。

答案:D

40.**解** 有些工业废水不含微生物需要的营养物质,甚至会毒害或抑制微生物的生长。

答案:C

41.**解** 污泥的脱水与干化的目的是除去污泥中的大量水分,缩小其体积,减轻其重量;经过脱水、干化处理,污泥含水率从90%下降到60%~80%,其体积为原来的$\frac{1}{10}$~$\frac{1}{5}$。

答案:C

42.**解** 臭氧层是大气层的平流层中臭氧浓度高的层次。浓度最大的部分位于20~25km的高度处。

答案:B

43.**解** 从污染源直接排入大气的物质称为一次污染物,一次污染物自身或与大气中某成分发生反应的生成物为二次污染物,常见气态污染物的种类见解表。

常见气态污染物的种类 题43解表

污染物	一次污染物	二次污染物
含硫化合物	SO_2、H_2S	SO_3、H_2SO_4、$MnSO_4$
碳氧化合物	CO、CO_2	—
含氮化合物	NO、NH_3	NO_2、HNO_3、MNO_3
有机化合物	C_mH_n	醛、酮、过氧乙酰基硝酸酯
卤素化合物	HF、HCl	—

答案:B

44.**解** 辐射逆温是夜间因地面(雪面或冰面、云层顶部等)的强烈辐射而失去热量,使紧贴其上的气层比上层空气有较大的降温,而形成温度随高度递增的现象。地面失去的热量随着夜深逐渐增多,逆温层加厚,日出后地面逐渐增温,逆温层逐渐消失。辐射逆温在大陆常年可见,一般冬季最强,夏季较弱。

答案:A

45.**解** 我国《环境空气质量标准》规定了可吸入颗粒物(PM10)的浓度限值。其粒径为空气动力学当量直径。PM10——可吸入颗粒物,空气动力学当量直径≤10μm的颗粒物。

答案:C

46.**解** 空气过剩系数 $\alpha=\frac{实际空气量V_\alpha}{理论空气量V_\alpha^0}=\frac{1923\times60\text{Nm}^3/\text{h}}{10.3\times1000\times8.5\text{Nm}^3/\text{h}}=1.318$

答案:C

47.解　根据《中国部分城市生活垃圾热值的分析》一文给出的经验公式:

$$Q = 37.4V - 4.5W$$

式中,V 为干基中的可燃成分(%),W 为水分含量(%)。

代入数据,得 $Q_1 = 37.4 \times 0.3 - 4.5 \times 0.6 = 8.52$,$Q_2 = 37.4 \times 0.35 - 4.5 \times 0.5 = 10.84$

低位发热量上升的百分比为 $\frac{10.84 - 8.52}{8.52} \approx 0.2723$

答案:C

48.解　低温热脱氯工艺、碱性物质吸附、活性炭吸附,都是对二噁英有效控制的手段。

答案:C

49.解　粉煤灰的主要成分是酸性氧化物,呈弱酸性,因而在碱性环境中其活性较容易被激发。通常用石膏和水泥熟料作为粉煤灰的激发剂。

答案:D

50.解　生活垃圾经条形堆肥发酵腐熟后,产物粒度较小,质量较轻,常用筛分法分选。

答案:A

51.解　减少固体废物产量的根本途径是在保证产品产量的条件下最大限度地减少原材料消耗量。源头减量化可减少垃圾的产生量,即源头削减,废物预防。设计使用寿命长的产品,可从源头上进行数量的削减。

答案:A

52.解　声音的大小通常用声压级表示,单位为 dB。

答案:A

53.解　城市各类区域铅垂向 Z 振级标准值列于解表。

城市各类区域铅垂向Z振级标准值(单位:dB)　　题53解表

适用地带范围	昼间	夜间
特殊住宅区	65	65
居民、文教区	70	67
混合区、商业中心区	75	72
工业集中区	75	72
交通干线道路两侧	75	72
铁路干线两侧	80	80

答案:B

54. **解**　放射性废物处置的方法有储藏、封存等。

答案:C

55. **解**　根据《中华人民共和国水污染防治法》的规定,造成渔业污染事故或者渔业船舶造成水污染事故的,应当向事故发生地的渔业主管部门报告,接受调查处理。其他船舶造成水污染事故的,应当向事故发生地的海事管理机构报告,接受调查处理;给渔业造成损害的,海事管理机构应当通知渔业主管部门参与调查处理。

答案:D

56. **解**　工程施工单位应当及时清运工程施工过程中产生的固体废物,并按照环境卫生行政主管部门的规定进行利用或者处置。

答案:D

57. **解**　《中华人民共和国建筑法》(2019年版)第八条,建设行政主管部门应当自收到申请之日起7日内,对符合条件的申请颁发施工许可证。

注:旧版建筑法为15日,2019年版已改为7日。

答案:A

58. **解**　《地下水质量标准》(GB/T 14848—2017)适用于一般地下水质量的调查、监测、评价与管理,不适用于地下热水、矿水、盐卤水。

答案:A

59. **解**　《城镇污水处理厂污染物排放标准》(GB 18918—2002)规定污水中总磷采用钼酸铵分光光度法进行测定。

二硫腙分光光度法可用于测定镉、铅、锌、铜等重金属元素。亚甲基蓝分光光度法可用于测定硫化物。硝酸盐滴定法可用来测定总氯化物的含量。

答案:A

60. **解**　现行规范《生活垃圾填埋污染控制标准》(GB 16889—2008)没有该内容的相关要求,但旧版GB 16889—1997中有相应规定:填埋场封场时,应做好地表面处理,并在其表面覆30cm厚的自然土,其上再覆15～20cm厚的黏土,并压实,防止降水渗入填体内。

本题仅供了解,不作要求。

答案:D

2016年度全国勘察设计注册环保工程师

执业资格考试试卷

基础考试

（下）

二〇一六年九月

应考人员注意事项

1. 本试卷科目代码为“2”，考生务必将此代码填涂在答题卡“科目代码”相应的栏目内，否则，无法评分。

2. 书写用笔：**黑色或蓝色钢笔、签字笔或圆珠笔**；

   填涂答题卡用笔：**黑色 2B 铅笔**。

3. 必须用书写用笔将工作单位、姓名、准考证号填写在答题卡和试卷相应的栏目内。

4. 本试卷由 60 题组成，每题 2 分，满分 120 分，本试卷全部为单项选择题，每小题的四个备选项中只有一个正确答案，错选、多选、不选均不得分。

5. 考生作答时，必须**按题号在答题卡上**将相应试题所选选项对应的**字母用 2B 铅笔涂黑**。

6. 在答题卡上书写与题意无关的语言，或在答题卡上作标记的，均按违纪试卷处理。

7. 考试结束时，由监考人员当面将试卷、答题卡一并收回。

8. 草稿纸由各地统一配发，考后收回。

单项选择题(共 60 题,每题 2 分。每题的备选项中只有一个最符合题意。)

1. 一管流中 A、B 两点,已知 $z_A=1\text{m}$,$z_B=5\text{m}$,$p_A=80\text{kPa}$,$p_B=50\text{kPa}$,$v_A=1\text{m/s}$,$v_B=4\text{m/s}$,判断管流的流向,以下选项正确的是:

A. $z_A<z_B$,所以从 B 流向 A

B. $p_A>p_B$,所以从 A 流向 B

C. $v_B>v_A$,所以从 B 流向 A

D. $z_A+p_A/\rho g+v_A^2/2g<z_B+p_B/\rho g+v_B^2/2g$,所以从 B 流向 A

2. 如图所示,油管直径为 75mm,已知油的密度是 901kg/m^3,运动黏度为 $0.9\text{cm}^2/\text{s}$ 。在管轴位置安放连接水银压差计的皮托管,水银面高差 $h_p=20\text{mm}$,则通过的油流量 Q 为:

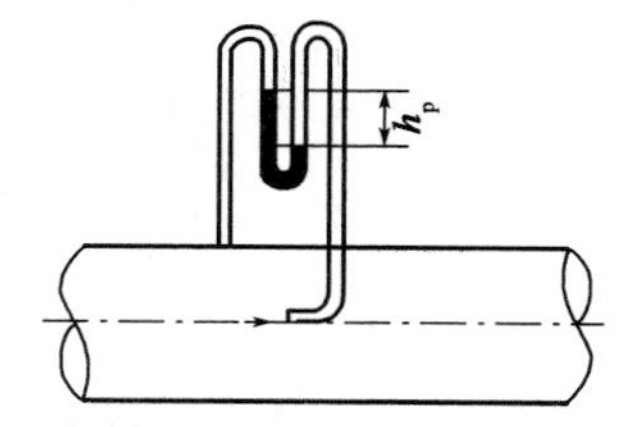

A. $1.04\times10^{-3}\text{m}^3/\text{s}$

B. $5.19\times10^{-3}\text{m}^3/\text{s}$

C. $1.04\times10^{-4}\text{m}^4/\text{s}$

D. $5.19\times10^{-4}\text{m}^3/\text{s}$

3. 对于一管路系统并联一条长度等于原管总长度一半的相同管段,如接长管计算,系统的总流量增加:

A. 15.4%　　B. 25%

C. 26.5%　　D. 33.3%

4. 在无压圆管均匀流中,如其他条件不变,正确的结论是:

A. 流量随满度的增大而增大

B. 流速随满度的增大而增大

C. 流量随水力坡度的增大而增大

D. 三种说法都对

5. 明渠流动为缓流,若其他条件不变,下游底坎增高时,水面会:

A. 抬高　　B. 降低

C. 不变　　D. 随机变化

6. 在射流主体段,各断面上流速分布是:

A. 抛物线分布　　B. 均匀分布

C. 线性分布(中心大,边界为零)　　D. 满足相似规律

7. 亚声速进入渐缩管后：

A. 可以获得超音速流　　B. 不能获得超音速流

C. 速度变化无法判断　　D. 三分段流速变小

8. 下列关于流动相似的条件中可以不满足的是：

A. 几何相似　　B. 运动相似

C. 动力相似　　D. 同一种流体介质

9. 两台同型号的风机单独工作时，流量均为 q，若其他条件不变，两台风机并联工作，则流量 Q 的范围是：

A. $q<Q<2q$　　B. $Q=2q$

C. $Q>2q$　　D. $Q<q$

10. 出水管直径 50mm，末端阀门关闭时表读数为 29.4kN/m^3，当打开阀门后，读数降为 4.9，则管道流量为：

A. $27.310\times10^{-3}m^3/s$　　B. $15\times10^{-3}m^3/s$

C. $6.14\times10^{-3}m^3/s$　　D. $13.7\times10^{-3}m^3/s$

11. 单个微生物细胞在固体培养基上生长，形成肉眼可见、具有一定特征形态的群体，称为：

A. 菌落　　B. 真菌

C. 芽孢　　D. 假根

12. 原生动物在外界环境恶劣时，为了抵抗不良环境影响形成的结构为：

A. 孢子　　B. 芽孢

C. 孢囊　　D. 伪足

13. 在营养物质进入细胞的四种方式中，需要载体蛋白的参与，消耗能量并且对溶质分子进行了改变的是：

A. 促进扩散　　B. 简单扩散

C. 基因转位　　D. 主动运输

14. 下列方式中，不是微生物 ATP 生成方式的是：

A. 底物磷酸化　　B. 光合磷酸化

C. 呼吸磷酸化　　D. 氧化磷酸化

15. 用 P/H 表示水体的受污染程度和自净程度，则当 P/H 降低时，下列说法正确的是：

A. 水体受污染严重，自净速率上升

B. 水体受污染不严重，自净速率上升

C. 水体受污染严重，自净速率下降

D. 水体受污染不严重，自净速率下降

16. 下列说法中，不是造成活性污泥膨胀的主要因素的是：

A. 对溶解氧的竞争

B. 温度变化的影响

C. 有机物负荷的冲击

D. 对可溶性有机物的竞争

17. 悬浮物分析方法是：

A. 容量法（滴定法）

B. 重量法

C. 分光光度法

D. 火焰光度法

18. 从小到大 5.22，5.25，5.29，5.33，5.41，$n=5$ 时，$Q_{0.05}=0.642$，$Q_{0.01}=0.780$，最大值 5.41 是：

A. 正常值

B. 异常值

C. 偏离值

D. 离散值

19. 原子吸收光谱仪的主要组成部分包括：

A. 光源，进样系统，原子化仪，检测系统

B. 光源，原子化仪，分光系统，检测系统

C. 气源（或者是载气），原子化仪，分光系统，检测系统

D. 气源（或者是载气），进样系统，原子化仪，检测系统

20. 用稀释法测定某造纸厂生化出水的 BOD_5 稀释水样总体积为 800mL，测定数据见下表，请选择合理的测定结果计算出 BOD 值为：

序　　号	水样体积(mL)	当天 DO(mg/L)	5d 后 DO(mg/L)
1	0	8.16	7.98
2	20	7.91	6.34
3	40	7.8	5.66
4	100	7.48	2.4

A. 55.8mg/L

B. 67.7mg/L

C. 39.4mg/L

D. 42.8mg/L

21. 能同时进行除尘和气体吸收的除尘器有：

A. 袋式除尘器　　B. 旋风除尘器

C. 电除尘器　　D. 湿式除尘器

22. 在进行固定污染源的烟道气监测时，一般原则是按废气流向，在烟道足够长的情况下，将采样断面设在阻力构建下游方向大于几倍管道直径处：

A. 1.5 倍　　B. 3 倍

C. 6 倍　　D. 10 倍

23. 以下固体废弃物不属于生活垃圾的是：

A. 剩余垃圾　　B. 医院垃圾

C. 废纸类　　D. 废饮料瓶

24. 下列哪个是用来模拟高强度噪声的频率特性的：

A. A 计权声级　　B. B 计权声级

C. C 计权声级　　D. D 计权声级

25. 以下不属于环境系统特性的是：

A. 系统整体性　　B. 系统的自我调节及有限性

C. 系统的稳定性与变动性　　D. 系统的独立性

26. 已知河流某均匀河段的流量为 $5m^3/s$，河段始端的河水 BOD 浓度为 25mg/L，河段末端的河水 BOS 浓度为 20mg/L，河水功能区划分为 IV 类水质，该河段 BOD 的环境容量为：

A. 13.0t/d　　B. 10.8t/d

C. 4.3t/d　　D. 2.2t/d

27. 在单项水质评价中，一般情况，某水质参数的数值可采用多次监测的平均值，但如该水质参数数值变化甚大，为了突出高值的影响可采用内梅罗平均值。下列为内梅罗平均值表达式的是：

A. $c=\sqrt{\dfrac{c_{\max}^2+\tau^2}{2}}$　　B. $c=\dfrac{c_{\max}^2+\tau^2}{2}$

C. $c=\dfrac{c_{\max}+\tau}{2}$　　D. $c=\sqrt{\dfrac{c_{\max}\times\tau}{2}}$

28. 环境影响识别方法不包括：

A. 经验法　　B. 核查表

C. 矩阵法　　D. 物料衡算法

29. 噪声户外传播衰减计算公式为 $L_{A(r)}=L_{Aref}(A_{div}+A_{bar}+A_{atm}+A_{exe})$，其中，$A_{div}$是：

A. 声波几何发散引起的 A 声级衰减量

B. 遮挡物引起的 A 声级衰减量

C. 空气吸收引起的 A 声级衰减量

D. 附加 A 声级衰减量

30. 建立环境规划指标体系的可行性原则指的是：

A. 指标体系可以被大家所接受

B. 在设计和实际规划方案时具有可行性

C. 在规划审批时具有可行性

D. 规划方案对社会经济发展的适应性

31. 以下不属于环境规划中的环境功能区划分使用方法是：

A. 图形叠置法　　B. 网格法

C. GIS 法　　D. 拓扑学方法

32. 我国环境管理的"三大政策"不包括：

A. 预防为主，防治结合　　B. 强化环境管理

C. 排污权有权转让　　D. 谁污染谁治理

33. 对污水有机组分总化学需氧量进一步细分，下列几组中，哪组不正确？

A. 可分为可生物降解化学需氧量和不可生物降解化学需氧量

B. 可分为溶解性生物降解化学需氧量、颗粒性慢速可生物降解化学需氧量和不可降解化学需氧量

C. 可分为生物降解化学需氧量、粗颗粒慢速生物降解化学需氧量、不可生物降解化学需氧量

D. 可分为溶解性物质化学需氧量、胶体物质化学需氧量、悬浮物质化学需氧量

34. 某污水厂排放流量为 $8\times10^4\ m^3$，尾水中含有某种难降解持久性有机污染物 50.00mg/L，排入河流的流量为 $14m^3/s$，河流中该物质本底浓度为 6.00mg/L，完全混合后，持久性有机污染物浓度为：

A. 9.31mg/L　　B. 8.13mg/L

C. 5.63mg/L　　D. 7.10mg/L

35. 沉砂池一般是所有污水处理厂都设置的一个处理构筑物，判定沉砂池性能的主要因素是：

A. 污水中无机性颗粒的去除率　　B. 沉砂中有机物的含量

C. 是否使用了沉砂设备　　D. 对胶体颗粒的去除率

36. 大型污水处理厂沉淀池宜采用：

A. 平流式沉淀池和竖流式沉淀池　　B. 斜板式沉淀池和竖流式沉淀池

C. 平流式沉淀池和辐流式沉淀池　　D. 斜板式沉淀池和辐流式沉淀池

37. 下列关于竖流式沉淀池说法错误的是：

A. 竖流式沉淀池一般用于小型处理厂

B. 竖流式沉淀池，从下边进水，水流方向和重力沉淀池方向相反，所以自由沉淀效果不好

C. 竖流式沉淀池一般为圆形或正多边形

D. 竖流式沉淀池深度一般大于公称直径或等效直径

38. 关于兼性生物氧化塘，下列说法错误的是：

A. 塘表面为好氧层

B. 塘中间层在昼夜间呈好氧或者缺氧状态

C. 塘底层为厌氧状态，对沉淀污泥和死亡藻类及微生物进行厌氧消化

D. 因为存在多种作用，塘处理负荷可以没有限制

39. 关于厌氧好氧处理，下列说法错误的是：

A. 好养条件下溶解氧要维持在 2～3mg/L

B. 厌氧消化如果在好养条件下，氧作为电子受体，使反硝化无法进行

C. 好氧池内聚磷菌分解体内的 PHb，同时吸收磷

D. 在厌氧条件下，微生物无法进行吸磷

40. 下列关于污泥脱水的说法，错误的是：

A. 污泥过滤脱水性能可以通过毛细管吸附时间（CST）表征，CST 越小，表明污泥脱水性能越好

B. 污泥中的毛细结合水约占污泥水分的 20%，无法通过机械脱水的方法脱除

C. 机械脱水与自然干化脱水相比，占地面积大，卫生条件不好，已很少采用

D. 在污泥处理中投加混凝剂、助凝剂等药剂进行化学调理，可有效降低其比阻，改善脱水性能

41. 污水处理站处理剩余污泥，下列说法不正确的是：

A. 脱氮除磷一般不采用重力浓缩池

B. 好氧比厌氧消耗更多能量

C. 污泥调节，增加脱水压力，但降低泥饼含水率

D. 污泥脱水设备好坏是具备高污泥回收，低泥饼含水率

42. 某燃煤锅炉烟气 SO_2 排放量 96g/s，烟气流量为 265m^3/s，烟气温度为 418K，大气温度为 293K，该地区的 SO_2 本地浓度为 0.5mg/m^3，设 $\sigma_z/\sigma_y=0.5$（取样时间为 24h），$u_0=0.5$m/s，$m=0.25$，该地区执行环境空气质量标准的二级标准，即 SO_2 浓度 0.15mg/m^3，按地面浓度计算方法，下列哪一个烟囱有效高度最合理：

A. 100m

B. 120m

C. 140m

D. 160m

43. 某电厂燃煤锅炉二氧化硫排放速率为 50g/s，烟囱高度 80m，抬升高度 45m，$u_0=2.7$m/s，$m=0.25$，当稳定度为 C 时，计算的 800m 处 $\sigma_y=80.9$m，$\sigma_z=50.7$m，则正下风向距离烟囱 800m 处地面上的 SO_2 浓度为：

A. 0.0689mg/m^3

B. 0.0366mg/m^3

C. 0.220mg/m^3

D. 0.0689μg/m^3

44. 关于袋式除尘器的过滤速度，不正确的是：

A. 又称为气布比

B. 过滤风速高，净化效率高，阻力也大

C. 过滤风速高，设备投资和占地面积相应较小

D. 过滤风速主要影响惯性碰撞和扩散作用

45. 关于电子布袋除尘器清灰的说法，不正确的是：

A. 每次清灰应尽量彻底

B. 在保证除尘效率的前提下，尽量减少清灰次数

C. 电子脉冲清灰采用压缩空气清灰

D. 逆气流清灰采用低压气流清灰

46. 在实际工作中，用来描述静电除尘净化性能最适当的参数是：

A. 理论驱进速度　　B. 有效驱进速度

C. 电厂风速　　D. 工作打压

47. 危险废弃物五联单管理是什么管理：

A. 摇篮到坟墓　　B. 摇篮到摇篮

C. 全过程管理　　D. 末端管理

48. 长时间连续运行的电磁式磁选机宜配套：

A. 稳压装置　　B. 恒流装置

C. 通风装置　　D. 除水装置

49. 餐厨垃圾饲料加工脱水技术中，能保持蛋白质不变性的为：

A. 干燥法　　B. 高压蒸煮法

C. 减压油温法　　D. 加压热爆法

50. 某填埋场垃圾填埋区覆盖达到最大面积时，总面积 $150000m^2$，其中已最终覆盖的为 20%，地区年均降雨量 800mm/年，最终覆盖区和其他区域的覆盖的浸出系数分别为 0.2 和0.5，则填埋场的年均最大渗滤液产生量为：

A. 约 $90m^3/d$　　B. 约 $120m^3/d$

C. 约 $150m^3/d$　　D. 约 $180m^3/d$

51. 固体废物厌氧消化器搅拌的主要作用是：

A. 利用沼气排出　　B. 破碎原料颗粒

C. 增加微生物与基质的接触　　D. 防止局部酸积累

52. 生产车间内最有效的噪声控制手段为：

A. 噪声声源控制　　B. 传播途径控制

C. 接受者的防护　　D. 调整生产时间

53. 在进行隔振系统设计时，一般设备最低扰动频率 f 与隔振系统固有频率 f_0 比值是：

A. 0.02～0.2　　B. 0.5～1

C. 2～5　　D. 50～100

54. 下列哪一个不能用来屏蔽高频磁场：

A. 铜　　B. 铝

C. 铁　　D. 镁

55. 根据《中华人民共和国水污染防治法》，对于以下违规行为处以 10 万元以上 50 万元以下罚款的是：

A. 在饮用水水源一级保护区，新建、改建、扩建供水设施和保护水资源无关的建设项目

B. 在饮用水水源二级保护区，新建、改建、扩建排放污染物建设项目

C. 在饮用水水源准保护区，组织旅游、游泳、垂钓

D. 在饮用水水源准保护区，新建、扩建水体污染严重项目，并增加改建项目排污量

56. 根据《中华人民共和国海洋环境保护法》，以下结论不正确的是：

A. 本法适用于中华人民共和国的内水、领海、毗邻区、专属经济区、大陆架以及中华人民共和国管辖的一切其他海域

B. 在中华人民共和国管辖海域内从事航行、勘探、开发、生产、科学研究及其他活动的任何船舶、平台、航空器、潜水器、企业事业单位和个人，都必须遵守本法

C. 在中华人民共和国管辖海域以外，排放有害物质、倾倒废弃物，造成中华人民共和国管辖海域污染损害的，也适用于本法

D. 军事管辖海域不适用于本法

57. 从事建筑活动的建设施工企业、勘察单位、设计单位和工程监理单位应具备的条件为：

A. 是具有国家规定的注册资本　　B. 是各工种工程技术人员

C. 具有生产建筑设备的能力　　D. 具有业绩

58. 我国地下水标准分 V 类，其中标准第 IV 类适用于：

A. 所有用途　　B. 生活用水水源保护地

C. 工业农业用水　　D. 晒盐

59. 根据《城镇污水处理厂污染物排放标准》(GB 18918—2002)，污水处理厂污泥采用厌氧消化或好氧消化稳定时有机物降解率必须大于：

A. 30%　　B. 40%　　C. 50%　　D. 65%

60. 下列关于《中华人民共和国固体废物污染环境防治法》中的要求，表述不正确的是：

A. 储存危险废物必须采取符合国家环境保护标准的防护措施，并不得超过三年

B. 禁止将危险废物混入非危险废物中储存

C. 禁止擅自关闭、闲置或者拆除工业固体废物污染环境防治设施、场所和生活垃圾处置设施、场所

D. 建设生活垃圾处置设施、场所，只需符合国务院环境保护行政主管部门和国务院建设行政主管部门规定的环境保护标准

2016年度全国勘察设计注册环保工程师执业资格考试基础考试(下)试题解析及参考答案

1.**解**　A点:$z_A+\frac{p_A}{\gamma}+\frac{v_A^2}{2g}=9.2$

B点:$z_B+\frac{p_B}{\gamma}+\frac{v_B^2}{2g}=10.9$

B点$>A$点,管流从B流向A。

答案:D

2.**解**　由毕托管原理:

轴线流速 $v_1=\sqrt{2g\frac{\rho_{Hg}-\rho}{\rho}\cdot h}=2.35\text{m/s}$

轴线处的雷诺数 $Re=\frac{v_1 d}{\nu}=1959<2000$,流态为层流。

断面平均流速 $v_2=\frac{v_1}{2}=1.175\text{m/s}$

流量 $Q=\frac{\pi}{4}d^2 v_2=5.19\times10^{-3}\text{m}^3/\text{s}$

答案:B

3.**解**　原管路系统阻抗为S_0,则并联管道的阻抗为$\frac{1}{2}S_0$。

并联部分总阻抗S':

$$\frac{1}{\sqrt{S'}}=\frac{1}{\sqrt{\frac{1}{2}S_0}}+\frac{1}{\sqrt{\frac{1}{2}S_0}}=2\ \sqrt{2}\frac{1}{\sqrt{S_0}}$$

$$S'=\frac{1}{8}S_0$$

并联后管路系统的总阻抗:$S=S'+\frac{1}{2}S_0=\frac{5}{8}S_0$

因为并管后管路系统的总损失不变,$S_0Q_0^2=SQ^2$,所以$Q=\sqrt{\frac{8}{5}}Q_0=1.265Q_0$

即并管后管路的总流量增加了:$(1.265-1)\times100\%=26.5\%$

答案:C

4. **解**　根据谢才公式，$Q=AC\sqrt{Ri}$，C 为谢才系数，可用曼宁公式 $C=\frac{1}{n}\sqrt[6]{R}$ 进行计算，R 为水力半径。流量随渠底坡度增大而增大。

答案：C

5. **解**　记忆题。缓流下游底坎增高，水面抬高。

答案：A

6. **解**　射流的运动特征为：在射流边界层内，断面纵向流速的分布具有相似性。

答案：D

7. **解**　要将亚音速加速到音速或小于音速，需采用渐缩喷管；要加速到超音速，需先经过收缩管加速到音速，再通过扩张管增速到超音速，这就是拉伐管（缩扩喷管）。

答案：B

8. **解**　流动相似条件：流动相似是图形相似的推广。流动相似具有三个特征，或者说要满足三个条件，即几何相似，运动相似，动力相似。其中几何相似是前提，动力相似是保证，才能实现运动相似这个目的。运动相似和动力相似是表示原型和模型两个流动对应的点速度、压强和所受的作用力都分别满足确定的比例关系。

答案：D

9. **解**　同型号的两台泵（或风机）并联时，单台泵出水量比单独一台泵时的出水量要小，并联时总出水量 $Q<Q_{1+2}<2Q$。

答案：A

10. **解**　如解图所示，基准面为 0-0，阀门打开时，从 1-1 到 2-2 列能量方程：

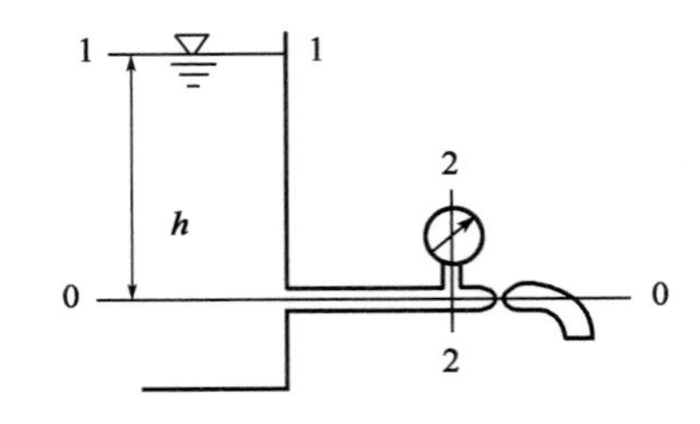

题 10 解图

$$z_1+\frac{p_1}{\gamma}+\frac{v_1^2}{2g}=z_2+\frac{p_2}{\gamma}+\frac{v_2^2}{2g}+h_{w1\text{-}2}$$

其中：$z_1=\frac{p_1}{\gamma}=\frac{29.4}{9.8}=3\text{m}$，$p_1=0$，$\frac{v_1^2}{2g}\approx0$，$z_2=0$，$p_2=4.9$，$h_{w1\text{-}2}=0$

所以 $v_2=7\text{m/s}$

$Q=v_2\frac{\pi}{4}d^2=7\times\frac{\pi}{4}\times0.05^2=0.01374\text{m}^3/\text{s}$

答案:D

11.**解** 记忆题。菌落(colony)是由单个细菌(或其他微生物)细胞或一堆同种细胞在适宜固体培养基表面或内部生长繁殖到一定程度,形成肉眼可见的子细胞群落。

答案:A

12.**解** 孢囊是有性生殖的产物,原生动物或低等后生动物在恶劣环境下分泌的坚固厚膜包于体表,使本身暂时处于休眠状态,又称为囊包。它是由膜包围一群精原细胞、精母细胞或早期精细胞形成的囊状结构。

芽孢是有些细菌(多为杆菌)在一定条件下,细胞质高度浓缩脱水所形成的一种抗逆性很强的球形或椭圆形的休眠体。也常称之为内生孢子,没有繁殖功能。

答案:C

13.**解** 物质进入细胞的方式及特点如下。

单纯扩散:由浓度高的地方向浓度低的地方扩散,不需要膜上载体蛋白和 ATP。

促进扩散:不受浓度的限制,需要载体蛋白不需要 ATP。

主动运送:不受浓度的限制,需要载体和 ATP。

基团位移:溶质在运送前后会发生分子结构的变化,需要载体和 ATP。

答案:C

14.**解** 微生物 ATP 生成有三种方式。①底物水平磷酸化(substrate level phosphorylation):底物分子中的能量直接以高能键形式转移给 ADP 生成 ATP,这个过程称为底物水平磷酸化,这一磷酸化过程在胞浆和线粒体中进行。②氧化磷酸化(oxidative phosphorylation):氧化和磷酸化是两个不同的概念。氧化是底物脱氢或失电子的过程,而磷酸化是指 ADP 与 Pi 合成 ATP 的过程。③光合磷酸化(photophosphorylation)是叶绿体的类囊体膜或光合细菌的载色体在光下催化 ADP 与 Pi 形成 ATP 的反应。

答案:C

15.**解** P/H 是水体中光合自养型微生物(P)与异养型微生物(H)密度的比值,反映水体有机污染和自净能力。水体有机浓度高时,异养型微生物大量繁殖,自净速率高,P/H指数低。在自净过程中有机物减少,异养型微生物减少,光合自养型微生物增多,P/H指数升高。

答案:C

16.**解** 活性污泥膨胀主要因素有 pH;溶解氧、营养物质、有机负荷、有毒物质等。

答案:B

17. **解**　容量法即滴定法，常用于测定酸度、碱度等；重量法常用于测定残渣、石油类、悬浮物、颗粒物、硫酸盐等；分光光度法常用于测定氨氮、硫化物、氰化物、氟化物及铜、锌、铅、镉、铬等；火焰光度法主要应用于用于碱金属和碱土金属元素（如钾、钠）的定量分析。

答案：B

18. **解**　考查狄克逊检验法。$n=5$，$Q=0.42 \ll Q_{0.05}$，最大值是正常值。

答案：A

19. **解**　原子吸收光谱仪是由光源、原子化系统（也即原子化仪）、分光系统和检测系统组成。

答案：B

20. **解**　水样在20℃的暗处培养5d后，培养前后溶解氧的质量浓度之差即BOD_5的值，测定所需样品体积应大于40mL，本题应选取稀释水样至40mL的数据计算。

答案：C

21. **解**　湿式除尘器可以同时吸收气体及粉尘。

答案：D

22. **解**　采样位置应优先选择在垂直管段，应避开烟道弯头和断面急剧变化的部位。采样位置应设置在距弯头、阀门、变径管下游方向不小于6倍直径，和距上述部件上游方向不小于3倍直径处。采样断面的气流速度最好在5m/s以上。

答案：C

23. **解**　医院垃圾属于危险固体废弃物。

答案：B

24. **解**　A计权声级模拟人耳对55dB以下低强度噪声的频率特性，B计权声级模拟55dB到85dB的中等强度噪声的频率特性，C计权声级模拟高强度噪声的频率特性，D计权声级是对噪声参量的模拟，专用于飞机噪声的测量。

答案：C

25. **解**　环境系统的基本特性包括整体性、区域性、变动性、稳定性、资源性与价值性。

答案：D

26. **解**　该河段环境容量为：$(25-20)\times10^{-6}\times5\times3600\times24=2.16\text{t/d}$

答案：D

27. **解**　内梅罗指数的基本计算式为：

$$I=\sqrt{\frac{\max_i^2+\text{ave}_i^2}{2}}$$

其中，$\max_i$ 为各单因子环境质量指数中最大者，ave_i 为各单因子环境质量指数的平均值。内梅罗指数特别考虑了污染最严重的因子，内梅罗环境质量指数在加权过程中避免了权系数中主观因素的影响，是目前仍然应用较多的一种环境质量指数。

答案：A

28. **解** 环境影响识别方法有经验判断法、查表法、图形叠置法、常量分析法、矩阵法等。

答案：D

29. **解** 根据《声学 户外声传播的衰减 第2部分：一般计算方法》(GB/T 17247.2—1998)，A_{div} 为几何发散引起的衰减，A_{atm} 为大气吸收引起的衰减，A_{bar} 为加屏障引起的衰减，A_{exe} 为其他多方面引起的衰减。

答案：A

30. **解** 环境规划指标体系可行性原则指的是环境规划指标体系必须根据环境规划的要求设置，根据具体的环境规划内容确定相应的环境规划指标体系，在设计和实施环境规划方案时具有可行性。

答案：B

31. **解** 环境功能区划方法有 GIS 法、网格法和图形叠置法。

答案：D

32. **解** 我国环境保护的三大政策是：①预防为主；②谁污染，谁治理；③强化环境管理。

答案：C

33. **解** 总 COD(化学需氧量)分为可生物降解 COD、不可生物降解 COD，其中可生物降解 COD 又分为易生物降解(溶解态)COD 与慢速生物降解(颗粒态)COD，不可生物降解 COD 又分为溶解态 COD 与颗粒态 COD。总 COD 还可以按有机组分在污水中的存在形式分为溶解性物质 COD、胶体物质 COD 和悬浮性物质 COD。

答案：C

34. **解** 完全混合模型：

$$c=\frac{c_p Q_p + c_h Q_h}{Q_p + Q_h}$$

式中：c——污水与河水混合后的浓度(mg/L)；

c_p——排放口处污染物的排放浓度(mg/L)；

Q_p——排放口处的废水排放量(m^3/s)；

c_h——河流上游某污染物的浓度(mg/L)；

Q_h——河流上游的流量(m^3/s)。

由题意得：$c_p=50mg/L$，$Q_p=8\times10000/(3600\times24)=0.926m^3/s$，$c_h=6mg/L$，$Q_h=14m^3/s$，代入得：$c=8.73mg/L$。

答案：B

35.**解** 沉砂池的性能指标是以无机颗粒的去除率来表现的。

答案：A

36.**解** 平流式与辐流式沉淀池适用于中、大型污水厂；竖流式沉淀池适用于水量小于 $20000m^2/d$ 的小型污水厂；斜板管沉淀池适用于中小型污水厂的二次沉淀池。

答案：C

37.**解** 竖流式沉淀池池体平面图形为圆形或方形，池中水流方向与颗粒沉淀方向相反，其截留速度与水流上升速度相等，上升速度等于沉降速度的颗粒将悬浮在混合液中形成一层悬浮层，对上升的颗粒进行拦截和过滤。其直径与有效水深之比一般不大于3。优点是占地面积小，排泥容易，缺点是深度大，施工困难，造价高。常用于处理水量小于 $20000m^2/d$ 的污水处理厂。

答案：D

38.**解** 兼性氧化塘上层是好氧性，下层是厌氧性，中层为好氧或缺氧，一般深0.6～1.5m。

答案：D

39.**解** 厌氧阶段聚磷菌释磷：在厌氧段，有机物通过微生物的发酵作用产生挥发性脂肪酸(VFAs)，聚磷菌(PAO)通过分解体内的聚磷和糖原产生能量，将VFAs摄入细胞，转化为内储物，如PHB。但并非厌氧条件下就不会发生吸磷现象，研究发现，在厌氧—好氧周期循环反应器中，稳定运行阶段会出现规律性的与生物除磷理论相悖的厌氧磷酸盐吸收现象。

答案：D

40.**解** 污泥脱水最常用的方法是过滤，脱水性能指标主要有两种：①毛细管吸附时间(CST)，CST时间愈短，污泥的脱水性能愈好；②污泥比阻抗值，比阻抗值越大，脱水性能也越差。选项A正确。

污泥中毛细水约占20%，选项B正确。

自然干化脱水与机械脱水相比，占地面积大，卫生条件不好，已很少采用，选项C错误。

在污泥处理中投加混凝剂、助凝剂等，可降低污泥比阻，改善脱水性能，选项D正确。

答案:C

41.**解**　处理剩余污泥，一般采用重力浓缩法、离心浓缩法、气浮浓缩法，其中重力浓缩法是最常用的污泥浓缩方法。

答案:A

42.**解**　该题有误，所给环境污染物本底浓度大于二级标准，无法计算。

答案:无

43.**解**　由高斯公式计算地面浓度：

$$c=\frac{Q}{2\pi\sigma_y\sigma_z\bar{u}}\exp\left(\frac{-y^2}{2\sigma_y^2}\right)\left\{\exp\left[-\frac{(z-H)^2}{2\sigma_z^2}\right]+\exp\left[-\frac{(z+H)^2}{2\sigma_z^2}\right]\right\}$$

由题意得：$Q=50\text{g/s}$，$\sigma_y=80.9\text{m}$，$\sigma_z=50.7\text{m}$，$H=H_s+\Delta H=125\text{m}$，$\bar{u}=u_0\left(\frac{z}{z_0}\right)^m=2.7\times\left(\frac{125}{10}\right)^{0.25}=50.77\text{m/s}$

代入得：

$$c=\frac{50}{2\pi 80.9\times50.7\times5.077}\exp\left(\frac{-0^2}{2\times80.9^2}\right)\left\{\exp\left[-\frac{(0-125)^2}{2\times50.7^2}\right]+\exp\left[-\frac{(0+125)^2}{2\times50.7^2}\right]\right\}$$

$$=3.6574\times10^{-5}\text{g/m}^3=0.03657\text{mg/m}^3$$

答案:B

44.**解**　过滤风速又称气布比，主要影响惯性碰撞及扩散作用。处理风量不变的前提下，提高过滤速度可节省滤料，提高过滤料的处理能力。过滤速度过高会把积聚在滤袋上的粉尘层压实，使过滤阻力增加，由于滤袋两侧压差大，会使微细粉尘渗入到滤料内部，甚至透过滤料，使出口含尘浓度增加，过滤效率低，还会导致滤料上迅速形成粉尘层，引起过于频繁的清灰，增加清灰能耗，缩短滤袋的使用寿命。低过滤速度下，压力损失少，效率高，但需要的滤袋面积也增加了，则除尘设备的体积、占地面积、投资费用也要相应增大。

答案:B

45.**解**　布袋除尘器常用的清灰方式主要有三种：机械清灰、脉冲喷吹清灰和反吹风清灰。由于清灰会对袋式除尘器造成磨损，在保证除尘效率的情况下，应尽量减少清灰次数；滤料上粉尘层可以提高除尘效率，因此清灰不用彻底；脉冲喷吹式清灰方式以压缩空气为动力，利用脉冲喷吹机构在瞬间释放压缩气流，诱导数倍的二次空气高速射入滤袋，使滤袋急剧膨胀，依靠冲击振动和反向气而清灰，属高动能清灰类型；逆气流吹灰采用低压气流。

答案：A

46. **解** 静电除尘性能以有效驱进速度表示。

答案：B

47. **解** 危险废物转移五联单通常是指危险固体废物转移的五联单，涉及危险废物产生单位、接受单位、运输单位、主管部门等五个单位，此单必须在五个单位有留档。该管理属于固体废弃物的全过程管理。

答案：C

48. **解** 电磁式磁选机的工作原理是利用电磁线圈使磁选机的铁芯和磁极磁化，在其周围产生磁场。磁极之间的磁场又使矿粒磁化，呈现磁性，进而产生磁力。因此，在长时间运行时，需配备稳流器。

答案：B

49. **解** 常识题，高温、高压都会导致蛋白质变性。

答案：A

50. **解** 采用经验公式法（浸出系数法）计算：

$$Q=1000^{-1}\times C\times I\times A$$

式中：Q——渗滤液产生量（m^3/d）；

I——年平均日降雨量（mm/d）；

A——填埋场面积（m^2）；

C——渗出系数。

计算得：$Q=800\times(150000\times0.2\times0.2+150000\times0.8\times0.5)/(1000\times365)=144.6m^3/d$

答案：C

51. **解** 混合搅拌是提高污泥厌氧消化效率的关键条件之一，通过搅拌可消除分层，增加污泥与微生物的接触，使进泥与池中原有料液迅速混匀，并促进沼气与消化液的分离，同时防止浮渣层结壳。最主要的作用是增加污泥与微生物的接触。

答案：C

52. **解** 最有效的噪声控制手段为声源控制。

答案：A

53. **解** 想得到好的隔振效果，在设计隔振系统时就必须使设备的整体振动频率 f_0

比设备干扰频率 f 小，从而得到好的隔振效果。从理论上讲，f/f_0 越大，隔振效果越好，但是在实际工程中必须兼顾系统稳定性和成本等因素，通常设计 $f/f_0=2.5\sim5$。

答案：C

54.**解** 高频磁场的屏蔽是利用高电导率的材料产生涡流的反向磁场来抵消干扰磁场而实现的。对于高频磁场（磁场频率高于100kHz）干扰源，因铁磁材料的磁导率随频率的升高而下降，从而使屏蔽效能下降，所以低频磁场屏蔽的方法不能用于高频磁场的屏蔽。目前高频磁场干扰源屏蔽材料广泛使用铜、铝等金属良导体。

答案：C

55.**解** 第八十一条 有下列行为之一的，由县级以上地方人民政府环境保护主管部门责令停止违法行为，处十万元以上五十万元以下的罚款；并报经有批准权的人民政府批准，责令拆除或者关闭：

（一）在饮用水水源一级保护区内新建、改建、扩建与供水设施和保护水源无关的建设项目的；

（二）在饮用水水源二级保护区内新建、改建、扩建排放污染物的建设项目的；

（三）在饮用水水源准保护区内新建、扩建对水体污染严重的建设项目，或者改建建设项目增加排污量的。

答案：C

56.**解** 本法适用于中华人民共和国内水、领海、毗连区、专属经济区、大陆架以及中华人民共和国管辖的其他海域。在中华人民共和国管辖海域内从事航行、勘探、开发、生产、旅游、科学研究及其他活动，或者在沿海陆域内从事影响海洋环境活动的任何单位和个人，都必须遵守本法。在中华人民共和国管辖海域以外，造成中华人民共和国管辖海域污染的，也适用本法。

答案：D

57.**解** 从事建筑活动的建筑施工企业、勘察单位、设计单位和工程监理单位，应当具备下列条件：

(1)有符合国家规定的注册资本；

(2)有与其从事的建筑活动相适应的具有法定执业资格的专业技术人员；

(3)有从事相关建筑活动所应有的技术装备；

(4)满足法律、行政法规规定的其他条件。

答案：A

58. **解** 依据我国地下水水质现状、人体健康基准值及地下水质量保护目标，并参照生活饮用水、工业、农业用水水质最高要求，将地下水质量划分为五类。

I类主要反映地下水化学组分的天然低背景含量。适用于各种用途。

II类主要反映地下水化学组分的天然背景含量。适用于各种用途。

III类以人体健康基准值为依据。主要适用于集中式生活饮用水水源及工、农业用水。

IV类以农业和工业用水要求为依据。除适用于农业和部分工业用水外，适当处理后可作生活饮用水。

V类不宜饮用，其他用水可根据使用目的选用。

答案：C

59. **解** 城镇污水厂污泥采用厌氧消化或好氧消化稳定时其有机物降解率需大于40%。

答案：B

60. **解** 《中华人民共和国固体废物污染环境防治法》规定：建设生活垃圾处置的设施、场所，必须符合国务院环境保护行政主管部门和国务院建设行政主管部门规定的环境保护和环境卫生标准。

答案：D

2017 年度全国勘察设计注册环保工程师

执业资格考试试卷

基础考试
(下)

二〇一七年九月

应考人员注意事项

1. 本试卷科目代码为“2”，考生务必将此代码填涂在答题卡“科目代码”相应的栏目内，否则，无法评分。

2. 书写用笔：**黑色或蓝色钢笔、签字笔或圆珠笔**；

   填涂答题卡用笔：**黑色 2B 铅笔**。

3. 必须用书写用笔将工作单位、姓名、准考证号填写在答题卡和试卷相应的栏目内。

4. 本试卷由 60 题组成，每题 2 分，满分 120 分，本试卷全部为单项选择题，每小题的四个备选项中只有一个正确答案，错选、多选、不选均不得分。

5. 考生作答时，必须**按题号在答题卡上**将相应试题所选选项对应的**字母用 2B 铅笔涂黑**。

6. 在答题卡上书写与题意无关的语言，或在答题卡上作标记的，均按违纪试卷处理。

7. 考试结束时，由监考人员当面将试卷、答题卡一并收回。

8. 草稿纸由各地统一配发，考后收回。

单项选择题(共 60 题,每题 2 分,每题的备选项中,只有一个最符合题意。)

1. 如图所示,一等直径水管,A-A 为过流断面,B-B 为水平面,1、2、3、4 为面上各点,关于各点的流动参数,以下关系中正确的是:

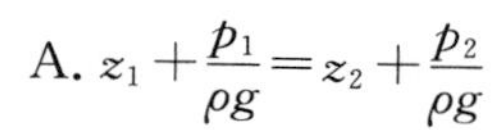

A. $z_1+\frac{p_1}{\rho g}=z_2+\frac{p_2}{\rho g}$

B. $z_3+\frac{p_3}{\rho g}=z_4+\frac{p_4}{\rho g}$

C. $p_1=p_2$

D. $p_3=p_4$

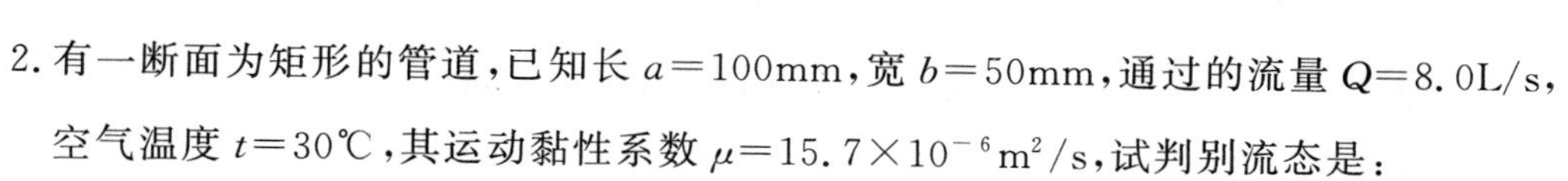

2. 有一断面为矩形的管道,已知长 a=100mm,宽 b=50mm,通过的流量 Q=8.0L/s,空气温度 t=30℃,其运动黏性系数 $\mu=15.7\times10^{-6}\text{m}^2/\text{s}$,试判别流态是:

A. 急流　　B. 缓流

C. 层流　　D. 紊流

3. 已知某管道的孔口出流为薄壁孔口出流,比较流速系数 φ、收缩系数 ε、流量系数 μ 的大小关系,以下正确的是:

A. $\varphi>\varepsilon>\mu$　　B. $\varepsilon>\mu>\varphi$

C. $\mu>\varepsilon>\varphi$　　D. $\varphi>\mu>\varepsilon$

4. 在紊流射流中,射流扩散角 α 取决于:

A. 喷嘴出口流速　　B. 紊流强度和喷嘴出口特性

C. 紊流强度,但与喷嘴出口特性无关　　D. 喷嘴出口特性,但与紊流强度无关

5. 宽浅的矩形断面渠道,随着流量的增大,临界底坡将:

A. 增大　　B. 减小

C. 不变　　D. 不一定

6. 有一条长直的棱柱形渠道,梯形断面,底宽 b=1.5m,水深为 1.5m,边坡系数 m=1.5,则在设计流量通过时,该渠道的正常水深为:

A. 2.5m　　B. 3.5m

C. 3.0m　　D. 2.0m

7. 等温有阻力的等截面气体流动时，当 $kMa^2<1$，其流动参数沿流动方向的变化是：

A. 速度变小、压强变小　　B. 速度变大、压强变小

C. 速度变小、压强变大　　D. 速度变大、压强变大

8. 有一流动，包括了压强 Δp、流体密度 ρ、速度 v、动力黏度 μ、管径 d、管长 l 和管壁粗糙度 K_s 等 7 个物理量，如采用 π 定理进行因次分析，应选出 3 个基本变量，正确的选择是：

A. ρ, v, d　　B. $\Delta p, \rho, \mu$

C. d, l, K_s　　D. $v, \Delta p, \mu$

9. 已知吸水池水面标高－8m，水泵轴线标高－5.5m，压水池水面标高＋105m，吸水管阻力 0.25m，压水管阻力 5.43m，则水泵的扬程为：

A. 113m　　B. 113.25m

C. 118.68m　　D. 102.68m

10. 某管道通过的风量为 $500m^3/h$，系统阻力损失为 300Pa，用此系统送入正压 $p=150Pa$ 的密封舱内，当风量 $Q=750m^3/h$ 时，其系统阻力为：

A. 800Pa　　B. 825Pa

C. 850Pa　　D. 875Pa

11. 细菌的细胞壁的主要成分是：

A. 肽聚糖　　B. 木质素

C. 纤维素　　D. 多聚糖

12. 下列有关微生物无氧呼吸，说法正确的是：

A. 有分子氧参与　　B. 电子和质子的最终受体是分子氧

C. 有机物氧化不彻底　　D. 获得的能量较少

13. 在细菌生长曲线的四个时期中，细菌的生长速率下降，活细胞数目减少，是处于细菌生长的哪个阶段？

A. 延滞期　　B. 对数期

C. 稳定期　　D. 衰亡期

14. 在酶与反应底物结合的过程中，酶分子上与底物相结合的部位是：

A. 酶的活性中心　　B. 酶的反应中心

C. 酶的共价中心　　D. 酶的催化中心

15. 关于 BIP，无叶绿素的微生物数量，下列水体污染说法中正确的是：

A. BIP 指数高，无叶绿素的微生物数量多，水体污染严重

B. BIP 指数高，无叶绿素的微生物数量少，水体污染严重

C. BIP 指数低，无叶绿素的微生物数量多，水体污染严重

D. BIP 指数低，无叶绿素的微生物数量少，水体污染不严重

16. 原生动物是水处理构筑物运行状况的指示性微生物，如钟虫的出现表明：

A. 钟虫的出现在污水处理前期，污水处理效果好

B. 钟虫的出现在污水处理中期，污水处理效果不好

C. 钟虫的出现在污水处理后期，污水处理效果不好

D. 钟虫的出现在污水处理后期，污水处理效果好

17. 依据 HJ/T 92—2002，总量控制包括：

A. TP　　B. SS

C. Cr^{6+}　　D. TCr

18. 盛水材质的化学稳定性按从好到坏排列，下列正确的是：

A. 聚乙烯＞聚四氟乙烯＞硼硅玻璃＞石英玻璃

B. 聚乙烯＞聚四氟乙烯＞石英玻璃＞硼硅玻璃

C. 石英玻璃＞聚四氟乙烯＞聚乙烯＞硼硅玻璃

D. 聚四氟乙烯＞聚乙烯＞石英玻璃＞硼硅玻璃

19. 采用 4－氨基安替比林分光光度法测定水中的挥发酚时，显色最佳的 pH 值范围是：

A. 9.0～9.5　　B. 9.8～10.2

C. 10.5～11.0　　D. 8.8～9.2

20. 用邻苯二甲酸氢钾配置 COD 为 500mg/L 的溶液 1000mL，需要称取邻苯二甲酸氢钾（$C_8H_5KO_4$ 分子量：204.23）的量为：

A. 0.4252g　　B. 0.8510g

C. 0.7978g　　D. 2.127g

21. S 型皮托管连接斜管式微压计可用于测定下列哪项压力？

A. 静压　　B. 动压

C. 压差　　D. 全压

22. 利用气相色谱法测定总烃时，可使用以下哪种检测器？

A. 热导　　B. 电子捕获

C. 质谱　　D. 氢火焰离子化检测器

23. 根据危险废物反应性鉴别标准，危险废物的反应特性不包括：

A. 爆炸性

B. 与水或酸反应产生易燃气体或有毒气体

C. 氧化性

D. 还原性

24. 某城市中测得某个交通路口的累计噪声 $L_{10}=73\text{dB}$，$L_{50}=68\text{dB}$，$L_{90}=61\text{dB}$，该路口的等效连续声级 L_{eq} 为：

A. 64.1dB　　B. 67.3dB

C. 70.4dB　　D. 76dB

25. 下列关于环境本底值，说法正确的是：

A. 未受到人类活动影响的自然环境物质组成量

B. 未受到人类活动影响的社会环境物质组成量

C. 任何时候环境质量的平均值

D. 一项活动开始前相对清洁区域的环境质量的平均值

26. 已知某河流监测断面的 COD 浓度为 35mg/L，该河流执行 IV 类水质标准（30mg/L），该河流 COD 的环境指数为：

A. 1.17　　B. 0.86

C. 0.63　　D. 0.17

27. 环境影响评价大纲编制阶段的工作任务是：

A. 进行环境质量现状监测

B. 向环保局申请评价标准的确认

C. 环境影响预测

D. 提出环境保护措施和建议

28. 在环境影响报告书的编制中，工程分析的作用是：

A. 确定建设项目的环境影响程度

B. 确定项目地块的环境质量

C. 确定建设项目的污染物排放规律

D. 确定项目建设的环保可行性

29. 根据《规划环境影响评价条例》的规定，审查小组应当提出不予通过环评报告书的意见的依据是：

A. 环境影响评价结论不明确、不合理或者错误的

B. 提出的预防措施存在严重缺陷的

C. 内容存在其他重大缺陷、遗漏的

D. 依据现有知识水平和技术条件，对规划实施可能产生的不良环境影响的程度或者范围不能做出科学判断的

30. 按规划目的环境规划目标可分为：

A. 社会经济发展目标、环境污染控制目标、生态保护目标

B. 环境污染控制目标、生态保护目标、环境管理体系目标

C. 环境污染控制目标、生态保护目标、环境建设目标

D. 社会经济发展目标、生态保护目标、环境管理体系目标

31. 某厂 2009 年燃煤量为 3000t，煤中含硫量为 3%，假设燃烧时燃料有 15%的硫最终残留在灰分中，根据当地二氧化硫总量控制的要求，该厂在 2014 年底前将 SO_2 排放总量减排至 90t，则预计平均每年的削减量为：

A. 4.5t　　B. 9t

C. 10.5t　　D. 15t

32. 环境管理制度中的八项制度包括：

A. 环境限期治理制度　　B. 预防为主的制度

C. 强化环境管理制度　　D. 谁污染谁治理制度

33. 已知测得某废水中总氮为 60mg/L，硝态氮和亚硝态氮为 10mg/L，有机氮为 15mg/L，则氨氮和凯氏氮分别为：

A. 15mg/L、45mg/L　　B. 15mg/L、50mg/L

C. 35mg/L、45mg/L　　D. 35mg/L、50mg/L

34. 下列哪项作用不属于河流的物理净化机理？

A. 稀释作用　　B. 混合作用

C. 沉淀与挥发　　D. 氧化还原作用

35. 某城市污水处理厂，污水自流进入，设计最大污水量 $Q_{max}=30000m^3/d$，设计采用一个普通圆形辐流式二沉池，若表面水力负荷 $q_0=0.8m^3/(m^2 \cdot h)$，则该沉淀池的直径为：

A. 38.0m　　B. 31.5m

C. 44.6m　　D. 53.7m

36. 二沉池是活性污泥系统的重要组成部分，其主要作用是：

A. 污水分离和污泥浓缩　　B. 泥水分离和混合液浓缩

C. 污泥浓缩和污泥消化　　D. 泥水分离和污泥消化

37. 关于生物脱氮除磷处理工艺，下列说法错误的是：

A. SBR 不具备脱氮除磷功能

B. A_2O 工艺是最基本的同步脱氮除磷工艺

C. 同等碳源条件下，改良 Bardenpho 工艺脱氮能力优于 A_2O 工艺

D. Phostrip 除磷工艺是将生物除磷与化学除磷相结合的一种工艺

38. SBR 反应器可以设置缺氧时段和厌氧时段使其具有脱氮除磷功能，对于脱氮除磷 SBR 反应器来说，下面哪个阶段不是必需的？

A. 好氧曝气反应阶段　　B. 厌氧/缺氧搅拌阶段

C. 滗水排放阶段　　D. 加药混合反应阶段

39. 下列关于完全混合污水处理系统的特点，说法错误的是：

A. 混合稀释能力强，耐冲击负荷能力高

B. 混合液需氧量均衡，动力消耗低于传统活性污泥法

C. 不易产生污泥膨胀

D. 比较适合于小型污水处理厂

40. 微生物分解相同量的物质，好氧、厌氧、缺氧产生的能量按大小顺序排列正确的是：

A. 好氧＞缺氧＞厌氧　　B. 厌氧＞缺氧＞好氧

C. 缺氧＞好氧＞厌氧　　D. 好氧＞厌氧＞缺氧

41. 袋式除尘器正常工作时起主要过滤作用的是：

A. 滤布　　B. 集尘层

C. 粉尘初层　　D. 不确定

42. 下列关于消化池加热，说法错误的是：

A. 消化池加热的目的是为了维持消化池的消化温度(中温或高温)

B. 消化池加热不可用热水或蒸汽直接通入消化池进行加热

C. 消化池加热可用热水或蒸汽直接通入消化池内的盘管进行加热

D. 消化池外间接加热，是将生污泥在池外加热后投入消化池

43. 除尘器 A 对 PM_{10} 的效率是 50%，而除尘器 B 对 $2300mg/m^3$ 的颗粒物的分割粒径是 7.5μm，比较两系统，下列正确的是：

A. 除尘器 A 性能优于除尘器 B

B. 除尘器 A 性能劣于除尘器 B

C. 除尘器 A 性能和除尘器 B 一样

D. 无法比较

44. 下列关于粉尘的比电阻的说法正确的是：

A. 含湿量增加，粉尘的比电阻增大

B. 粉尘的比电阻与温度成正相关关系

C. 加入 NH_3 可降低粉尘的比电阻

D. 低比电阻粉尘难以放电

45. 有一两级除尘系统，已知系统的流量为 $2.22m^3/s$，工艺设备产生的粉尘量为 22.2g/s，各级除尘效率分别为 80% 和 95%，试计算该除尘系统粉尘的排放浓度为：

A. $100mg/m^3$　　B. $200mg/m^3$

C. $500mg/m^3$　　D. $2000mg/m^3$

46. 下列关于气体吸收净化的有关描述错误的是：

A. 物理吸收利用的是废气中不同组分在一定吸收剂中溶解度不同

B. 气体吸收净化时，吸收质以分子扩散的方式通过气、液相界面

C. 气体吸收净化时，吸收和解吸过程总是同时进行的

D. 工业应用时，待吸收达到平衡时需对吸收剂进行解吸再生

47. 某固体废弃物堆肥仓，处理废物 100t，出料 60t，废物和出料的含水率分别为 65% 和 45%，有机物含量（干基）分别为 70% 和 50%，则经该仓处理的废物生物转化率为：

A. 25%　　B. 33%

C. 50%　　D. 66%

48. 城市或国家各类固体废弃物产生量的比例分配主要受：

A. 产业结构的影响　　B. 经济发展水平的影响

C. 产业结构和经济发展水平的影响　　D. 地理气候的影响

49. 废旧计算机填埋处置时的主要污染来源于：

A. 酸溶液和重金属的释放　　B. 重金属的释放

C. 有机溴的释放　　D. 有机溴和重金属的释放

50. 流化床焚烧炉基本不用于危险废物处理的主要原因是：

A. 不相溶于液体燃烧　　B. 最高温度受到限制

C. 停留时间太短　　D. 气体搅动过于强烈

51. 工业上常用氯化焙烧法处理硫铁矿烧渣的主要作用是：

A. 降低焙烧温度以节能

B. 提高有色金属的溶解率

C. 提高有色金属的挥发率

D. 提高有色金属的溶解或挥发率

52. 主要利用声能的反射和干涉原理，达到消声目的的消声器是：

A. 阻性消声器　　B. 抗性消声器

C. 宽频带型消声器　　D. 排气喷流消声器

53. 选择橡胶隔振器的优点是：

A. 有较低的固有频率　　B. 不会产生共振激增

C. 隔离地表面平面波　　D. 可以保持动平衡

54. 以下不属于电磁辐射治理技术的是：

A. 电磁屏蔽技术　　B. 吸收保护技术

C. 隔离与滤波防护　　D. 防护服

55. 为了防治大气污染，对于机动车船排放污染的防治，下列说法错误的是：

A. 机动车船、非道路移动机械不得超标排放大气污染物

B. 国家鼓励和支持高排放机动车船、非道路移动机械提前报废

C. 交通、渔政等有监督管理权的部门必须按照规范亲自对机动船舶排气污染进行年度检测

D. 国家建立机动车和非道路移动机械环境保护召回制度

56. 根据《中华人民共和国海洋污染防治法》，下列哪项不应该建立海洋自然保护区？

A. 海洋生物物种高度丰富的区域，或者珍稀、濒危海洋生物物种的天然集中分布区域

B. 具有特殊保护价值的海域、海岸、岛屿、滨海湿地、入海河口和海湾等

C. 珍贵海洋水产品养殖区域

D. 具有重大科学文化价值的海洋自然遗迹所在区域

57. 从事建设工程勘察、设计活动，应当坚持下列哪项原则？

A. 先设计、后勘察、再施工

B. 先设计、后施工、再保修

C. 先勘察、后设计、再施工

D. 先勘察、后施工、再保修

58. 利用污水回灌补充地下水施行时，必须经过环境地质可行性论证及及下列哪项工作，征得环境保护部门批准后方能施工？

A. 水文条件分析

B. 环境影响监测

C. 环境影响评价

D. 地质水文勘察

59. 总悬浮颗粒(TSP)是指环境空气中空气动力学当量直径小于或等于：

A. 1μm

B. 2.5μm

C. 10μm

D. 100μm

60. 注册环保工程师以个人名义承接工程，造成损失的应给予：

A. 吊销证书

B. 收回证书

C. 承担刑事责任

D. 罚款

2017 年度全国勘察设计注册环保工程师执业资格考试基础考试(下)试题解析及参考答案

1. **解**　均匀流过水断面上的动水压强分布规律与静水压强分布规律相同，即在同一过水断面上各点的测压管水头为一常数。图中过水断面 A-A 上的点 1、2 的测压管水头相等，即 $z_1+\frac{p_1}{\rho g}=z_2+\frac{p_2}{\rho g}$。

答案：A

2. **解**　该矩形非圆管道的雷诺系数为 $\mathrm{Re}=\frac{vR}{\nu}$

其中 $v=\frac{0.008}{0.1\times0.05}=1.6\mathrm{m/s}$ ，$R=\frac{0.1\times0.05}{0.1+0.05\times2}=0.025\mathrm{m}$

则 $\mathrm{Re}=\frac{vR}{\nu}=\frac{1.6\times0.025}{15.7\times10^{-6}}=2548>575$

注意：使用水力半径计算时，雷诺数标准为 575，所以该管道为紊流。

答案：D

3. **解**　收缩系数 $\varepsilon=\frac{A_C}{A}=0.63\sim0.64$，流速系数 $\varphi=\frac{1}{\sqrt{1+\zeta}}=0.97\sim0.98$，流量系数 $\mu=\varepsilon\varphi=0.60\sim0.62$，所以三者的大小关系为 $\varphi>\varepsilon>\mu$。

答案：A

4. **解**　根据 $\tan\alpha=a\cdot\varphi$，可知射流扩散角为 α 与 a、φ 有关。其中，a 为紊流系数，与紊流强度有关；φ 与喷嘴出口特性有关。

答案：B

5. **解**　本题考查临界底坡的算法 $i_C=\frac{g}{\alpha C_C^2}\frac{\chi_C}{B_C}$。对于宽浅的矩形断面而言，湿周 $\chi_C=B_C$，因此临界底坡 $i_C=\frac{g}{\alpha C_C^2}$，$C_C=\frac{1}{n}R^{\frac{1}{6}}$，$R=\frac{A}{\chi_C}\approx h$，随着流量的增大，临界水深 h 增大，水力半径不断增大，临界底坡有降低的趋势。

答案：B

6. **解**　湿周 $\chi=b+2h\sqrt{1+m^2}$

过水断面面积：$A=(b+mh)\times h=bh+mh^2$

令$\frac{dA}{dh}=b+mh+h\left(\frac{db}{dh}+m\right)=0,\frac{d\chi}{dh}=\frac{db}{dh}+2\sqrt{1+m^2}=0$

$\frac{b}{h}=2\sqrt{1+m^2}-m=2(\sqrt{1+1.5^2}-1.5)=\frac{1.5}{h}$

得 $h=2.5$m

答案:A

7.**解**　根据$\frac{dp}{p}=-\frac{du}{u}=\frac{kMa^2}{kMa^2-1}\cdot\frac{\lambda}{2D}dl$,即压强变小,速度变大。

答案:B

8.**解**　π定理可由三个基本因次L(长度)、T(时间)、m(质量)确定,可以由ρ,v,d作为基本变量计算出其他几个物理量。

答案:A

9.**解**　该水泵扬程为$H=105+8+0.25+5.43=118.68$m

答案:C

10.**解**　由$H=SQ^2$,代入数据$300=S\times500^2$,得$S=0.0012$

则系统总阻力:$p=SQ^2+150=0.0012\times750^2+150=825$Pa

答案:B

11.**解**　细菌的细胞壁的主要成分为肽聚糖。

答案:A

12.**解**　无氧呼吸没有分子氧参与,电子和质子的最终受体是无机氧化物,有机物氧化彻底,释放的能量比好氧呼吸少。

答案:D

13.**解**　衰亡期细菌进行内源呼吸,细菌死亡数远大于新生数,细菌数目不断减少,细菌呈畸形或多形态,细胞内产生液泡或空泡。

答案:D

14.**解**　酶的活性指酶催化一定化学反应的能力。底物在酶的活性中心处被催化形成产物。酶的活性中心指酶蛋白质分子中与底物结合,并起催化作用的小部分氨基酸区域。

答案:A

15.**解**　BIP指数是水中无叶绿素的微生物数占所有微生物(有叶绿素和无叶绿素微生物)数的百分比。BIP指数高,无叶绿素的微生物数量多,水体污染严重;BIP指数低,无叶绿素的微生物数量少，水体污染程度不确定。

答案：A

16. **解** 钟虫喜在寡污带生活，是水体自净程度高、污水处理效果好的指示生物。

答案：D

17. **解** 依据《水污染物排放总量监测技术规范》（HJ/T 92—2002），总量控制包括COD、石油类、氨氮、氰化物、As、Hg、Cr^{6+}、Pb和Cd。

答案：C

18. **解** 稳定性从好到坏排列为：聚四氟乙烯＞聚乙烯＞石英玻璃＞硼硅玻璃。

答案：D

19. **解** 酚类化合物在pH值为10.0±0.2的介质中，在铁氰化钾存在时，与4—氨基安替比林反应，生成橙红色染料，在510nm波长处有最大吸收。

答案：B

20. **解** 每克邻苯二甲酸的理论COD_{Cr}为1.176g，则邻苯二甲酸氢钾需要$500\times1\times10^{-3}/1.176=0.4252g$。

答案：A

21. **解** S型皮托管一般一个开口面向气流，接受气流的全压，另一个开口背向气流，接受气流的静压。所以当皮托管连接斜管式微压计后，可以测定动压。

答案：B

22. **解** 气相色谱法测定总烃，采样240℃加热解析，用载体将解析出来的非甲烷烃带入色谱仪的玻璃微球填充柱分离，进行FID（氢火焰离子化检测器）检测。

答案：D

23. **解** 根据《危险废物鉴别标准　反应性鉴别》（GB 5085.5—2007）可知反应性危险废物包括具有爆炸性质、与水或酸反应产生易燃气体或有毒气体、废弃氧化剂或有机过氧化物。

答案：D

24. **解** $d=L_{10}-L_{90}=73-61=12dB$

$L_{eq}\approx L_{50}+d^2/60=68+144/60=70.4dB$

答案：C

25. **解** 环境本底值指未受到人类活动影响的自然环境物质组成量。

答案：A

26. **解**　环境质量指数为某污染物的监测值与其评价标准值的比值，故本题中的环境指数为35/30＝1.17。

答案：A

27. **解**　环评第一阶段主要完成以下工作内容，首先是研究国家和地方相关环境保护的法律法规、政策标准及相关规划文件并向环保部门申请评价标准确认。

答案：B

28. **解**　在环境影响报告书的编制中，工程分析的作用有：①项目决策的主要依据之一；②弥补"可行性研究报告"对产污环节和源强估算的不足；③为环境管理提供建议指标和科学数据；④为生产工艺和环保设计提供优化建议。

答案：D

29. **解**　参见《规划环境影响评价条例》第二十一条。

有下列情形之一的，审查小组应当提出不予通过环境影响报告书的意见：

（一）依据现有知识水平和技术条件，对规划实施可能产生的不良环境影响的程度或者范围不能做出科学判断的；

（二）规划实施可能造成重大不良环境影响，并且无法提出切实可行的预防或者减轻对策和措施的。

答案：D

30. **解**　环境规划目标可分为环境质量目标、环境污染控制目标、生态保护目标、环境建设目标。

答案：C

31. **解**　平均每年的削减量为：

$$[3000\times3\%\times85\%\times(32+16\times2)/32-90]/6=10.5\text{t}$$

答案：C

32. **解**　我国环境管理的八项制度主要包括"老三项"制度和"新五项"制度。其中"老三项"制度包括环境影响评价制度、"三同时"制度、排污收费制度；"新五项"制度包括城市环境综合整治定量考核制度、环境保护目标责任制、排污申报登记与排污许可证制度、污染集中控制制度和污染限期治理制度。

答案：A

33. **解**　总氮包括污水中各种形式的氮，主要为有机氮、氨氮、硝酸盐氮、亚硝酸盐氮四部分。凯氏氮指有机氮和氨氮之和，这部分含氮量反映硝化耗氧量的大小。

即 TN＝凯氏氮＋硝酸盐氮＋亚硝酸盐氮

凯氏氮＝有机氮＋氨氮

代入公式得：凯氏氮＝60－10＝50mg/L，氨氮＝50－15＝35mg/L。

答案：D

34. **解**　河流的物理净化是指污染物质由于稀释、扩散、沉淀或挥发等作用而使河水污染物质浓度降低的过程。氧化还原作用属于河水的化学净化机理。

答案：D

35. **解**　本题考查辐流式沉淀池的尺寸计算方法。

$A=\frac{Q}{q_0}=\frac{30000}{24\times 0.8}=1562.5\ \mathrm{m}^2$，则 $D=\sqrt{\frac{4A}{3.14}}=44.61\ \mathrm{m}^2$。

答案：C

36. **解**　二沉池的主要作用是澄清混合液（泥水分离）和回流、浓缩活性污泥，二沉池沉淀性能的好坏直接影响出水水质和回流污泥浓度。

答案：B

37. **解**　SBR 工艺（序批式活性污泥法），通过对运行方式的调节，在单一的曝气池内能够进行厌氧、缺氧、好氧的交替运行，具有良好的脱氮除磷效果；运行灵活，可根据水质、水量对工艺过程中的各工序进行调整。

答案：A

38. **解**　要使得 SBR 反应器具有脱氮除磷功能，需要保证微生物处于好氧、厌氧、缺氧三个阶段。滗水排放阶段属于 SBR 工艺中的一个基本工序。加药混合反应阶段不属于 SBR 工艺的必需阶段。

答案：D

39. **解**　完全混合活性污泥法的主要问题有：①微生物对有机物的降解动力低，容易产生污泥膨胀；②处理水质较差。

答案：C

40. **解**　一般情况下，由于厌氧处理本身不需要曝气，其产物中有沼气，厌氧处理系统的整体能耗为好氧处理系统的 10％～15％。因此，厌氧产生的能量最大，好氧最少，缺氧位于两者之间。

答案：B

41. **解**　袋式除尘分为两个阶段：首先是含尘气体通过清洁滤布，这时起捕尘作用的主要是纤维,但清洁滤布由于孔隙远大于粉尘粒径,其除尘效率不高;当捕集的粉尘量不断增加,滤布表面形成一层粉尘层,这一阶段,含尘气体的过滤主要依靠粉尘初层进行,它起着比滤布更重要的作用,使得除尘效率大大提高。

答案:C

42. **解** 消化池加热的目的在于维持消化池的消化温度(中温或高温),使消化能够有效进行。加热方法有两种:①用热水或者蒸汽直接通入消化池进行直接加热或者通入设在消化池内的盘管进行间接加热。②池外间接加热,即把生污泥加热到足以达到消化温度,补偿消化池壳体及管道的热损失。

答案:B

43. **解** 除尘器A对PM_{10}的效率是50%,即其分割粒径为10μm,而除尘器B的分割粒径为7.5μm,因此,除尘器B的除尘性能好一些。

答案:B

44. **解** 提高粉尘的导电性,降低粉尘的比电阻有三种措施:①喷雾增湿,一方面可以降低烟气温度,另一方面增加粉尘的表面导电,从而降低比电阻值。②降低或提高气体温度;粉尘的比电阻通常是随着温度升高而增加,当达到某一极限时,随着温度升高而降低。③在烟气中加入导电添加剂;在烟气中加入三氧化硫、氨、水雾等添加剂,对提高粉尘的导电性,降低粉尘的比电阻均有明显的效果。

答案:C

45. **解** 总除尘效率:$\eta=1-(1-80\%)\times(1-95\%)=99\%$

排放浓度为:$c=\frac{22.2\times(1-99\%)}{2.22}=100\text{mg/m}^3$

答案:A

46. **解** 吸收达到平衡是一种理想的状态,工业应用中,不会等到吸收平衡时,才对吸收剂进行解吸再生。

答案:D

47. **解** 处理废物的有机物含量:$100\times(1-65\%)\times70\%=24.5\text{t}$

出料中的有机物含量:$60\times(1-45\%)\times50\%=16.5\text{t}$

生物处理的转化率:$1-16.5/24.5=33\%$

答案:B

48. **解** 产业结构影响国家行业的分布情况,从而影响工业废弃物的成分;经济发展水平对居民的生活条件有影响，也会对固体废弃物产生量的比例分配有影响。

答案：C

49. **解** 废旧计算机的主要污染来源于重金属、塑料、有机溴等污染物。

答案：D

50. **解** 流化床焚烧炉焚烧温度不能太高，否则床层材料容易出现黏结现象。而危险废物处理需要高温的条件。

答案：B

51. **解** 氯化焙烧法利用氯化剂与硫铁矿烧渣在一定温度下加热焙烧，使有色金属转化为氯化物而回收。一般来讲，金属氯化物的溶解率较高，还有一些反应目的是使氯化产物从废物中挥发出来。

答案：D

52. **解** 抗性消声器靠管道截面的突变或旁接共振腔等，在声传播过程中引起阻抗的改变而产生声能的反射、干涉，从而降低由消声器向外辐射的声能，达到消声目的。

答案：D

53. **解** 橡胶隔振器的优点是：①形状可以自由选择；②阻尼比 C/C_0 较大，不会产生共振激增现象；③弹性系数可以通过改变橡胶配方进行控制。

答案：B

54. **解** 电磁屏蔽技术、吸收保护技术、隔离与滤波防护均为主动对污染源的治理。穿防护服为加强个人防护，属于被动防护。

答案：D

55. **解** 《中华人民共和国大气污染防治法》（2015 年修订版）第五十三条规定，在用机动车应当按照国家或者地方的有关规定，由机动车排放检验机构定期对其进行排放检验。

答案：D

56. **解** 《中华人民共和国海洋污染防治法》（2016 年修订版）第二十九条规定，凡具有下列条件之一的，应该建立海洋自然保护区：

（一）典型的海洋自然地理区域、有代表性的自然生态区域，以及遭到破坏但经保护能恢复的海洋自然生态区域；

（二）海洋生物物种高度丰富的区域，或者珍稀、濒危海洋生物物种的天然集中分布区域；

(三)具有特殊保护价值的海域、海岸、岛屿、滨海湿地、入海河口和海湾等；

(四)具有重大科学文化价值的海洋自然遗迹所在区域；

(五)其他需要予以特殊保护的区域。

答案:C

57. **解** 《建设工程勘察设计管理条例》第四条，从事建设工程勘察、设计活动，应当坚持先勘察、后设计、再施工的原则。

答案:C

58. **解** 《地下水质量标准》(GB/T 14848—1993)第七条，地下水质量保护：为防止地下水污染和过量开采、人工回灌等引起的地下水质量恶化，保护地下水水源，必须按《中华人民共和国水污染污染防治法》和《中华人民共和国水法》有关规定执行。

利用污水灌溉、污水排放、有害废弃物(城市垃圾、工业废渣、核废料等)的堆放和地下处置，必须经过环境地质可行性论证及环境影响评价，征得环境保护部门批准后方能施行。

答案:C

59. **解** TSP，总悬浮颗粒物是指环境空气中空气当量直径小于或等于 100μm 的颗粒物。

答案:D

60. **解** 《勘察设计注册工程师管理规定》第三十条，注册工程师在执业活动中有下列行为之一的，由县级以上人民政府建设主管部门或者有关部门予以警告，责令其改正，没有违法所得的，处以 1 万元以下的罚款；有违法所得的，处以违法所得 3 倍以下且不超过 3 万元的罚款；造成损失的，应当承担赔偿责任；构成犯罪的，依法追究刑事责任：

(一)以个人名义承接业务的；

(二)涂改、出租、出借或者以形式非法转让注册证书或者执业印章的；

(三)泄露执业中应当保守的秘密并造成严重后果的；

(四)超出本专业规定范围或者聘用单位业务范围从事执业活动的；

(五)弄虚作假提供执业活动成果的；

(六)其他违反法律、法规、规章的行为。

答案:D

2018年度全国勘察设计注册环保工程师执业资格考试试卷

基础考试
（下）

二〇一八年十月

应考人员注意事项

1. 本试卷科目代码为“2”，考生务必将此代码填涂在答题卡“科目代码”相应的栏目内，否则，无法评分。
2. 书写用笔：**黑色或蓝色钢笔、签字笔或圆珠笔**；
   填涂答题卡用笔：**黑色 2B 铅笔**。
3. 必须用书写用笔将工作单位、姓名、准考证号填写在答题卡和试卷相应的栏目内。
4. 本试卷由 60 题组成，每题 2 分，满分 120 分，本试卷全部为单项选择题，每小题的四个备选项中只有一个正确答案，错选、多选、不选均不得分。
5. 考生作答时，必须**按题号在答题卡上**将相应试题所选选项对应的**字母用 2B 铅笔涂黑**。
6. 在答题卡上书写与题意无关的语言，或在答题卡上作标记的，均按违纪试卷处理。
7. 考试结束时，由监考人员当面将试卷、答题卡一并收回。
8. 草稿纸由各地统一配发，考后收回。

单项选择题(共 60 题,每题 2 分,每题的备选项中,只有一个最符合题意。)

1. 水平放置的渐扩管如图所示,如果忽略水头损失,下列断面形心处的压强关系正确的是:

A. $p_1 > p_2$

B. $p_1 = p_2$

C. $p_1 < p_2$

D. 不能确定

2. 管道直径 $d=200$mm,流量 $Q=90$L/s,水力坡度 $S=0.46$,管道的沿程阻力系数为:

A. 0.0219　　B. 0.00219

C. 0.219　　D. 2.19

3. 已知作用水头为 H,直径 d 相等,孔口出流流量 Q 与外伸管嘴流量 Q_m 比较:

A. $Q>Q_m$　　B. $Q=Q_m$

C. $Q<Q_m$　　D. 无法判断

4. 明渠流坡度、边坡材料相同、过流断面相等的情况下,下列哪个断面形状流速最大?

A. 半圆形　　B. 矩形

C. 梯形　　D. 三角形

5. 在宽 4.0m 的矩形渠道上,通过的流量 $Q=50\text{m}^3/\text{s}$。渠流作均匀流时,正常水深 $H_0=4$m,渠中水流的流态为:

A. 急流　　B. 缓流

C. 层流　　D. 临界流

6. 在射流全体段中,各断面上速度分布呈:

A. 抛物线　　B. 均匀

C. 线性(中心大,边缘为 0)　　D. 满足相似规律

7. 在亚音速前提下,绝热有阻力的等截面气体流动中,有关流动速度下列描述正确的是:

A. 速度保持不变

B. 速度变大,极限状态会达到超音速

C. 速度逐步变小

D. 速度变大,极限状态只能达到当地音速

8. 在力学范畴内，常用的基本因次有：

A. (M)1 个　　B. (M、T)2 个

C. (M、T、L)3 个　　D. (M、T、L、F)4 个

9. 离心泵的工作点是：

A. 铭牌上的流量和扬程

B. 水泵最大效率所对应的点

C. 最大扬程的点

D. 泵性能曲线与管道性能曲线的交点

10. 水流从具有固定水位 H 为 15m 的水箱，经管长 L 为 150m，管径 d 为 50mm 的输水管($\lambda=0.025$)流入大器，为使流量增加 20%，加一根长为 l 的输水管，其余条件不变，按长管计算，则增加的管长 l 为：

A. 75.2m　　B. 61.1m

C. 30.1m　　D. 119.8m

11. 染色体中的 DNA 双螺旋结构中与胸腺嘧啶碱基配对的碱基为：

A. 鸟嘌呤　　B. 尿嘧啶

C. 腺嘌呤　　D. 胞嘧啶

12. 革兰氏染色中，用于脱色和复染的染料分别为：

A. 酒精和蕃红　　B. 美蓝和刚果红

C. 美蓝和蕃红　　D. 结晶紫和蕃红

13. 在细菌的生长曲线各阶段中，细菌活数达到最大的时期是：

A. 停滞期　　B. 对数期

C. 静止期　　D. 衰亡期

14. 温度对酶促反应速率的影响表明，在适宜的温度范围内，温度每升高 10℃，反应速率可提高：

A. 1～2 倍　　B. 3 倍

C. 3～4 倍　　D. 5 倍

15. 当有机物排入河流后，寡污带系统的指示生物具有以下哪项特征？

A. 以厌氧菌和兼性厌氧菌为主

B. 细菌数量较多

C. 细菌数量少，藻类大量繁殖，水生植物出现

D. 有鱼腥草、硅藻等，钟虫、变形虫等原生动物，旋轮虫等微型后生动物

16. 生物固氮是固氮微生物的特殊生理功能。已知的固氮微生物均为：

A. 真核生物　　B. 原核生物

C. 真核生物与原核生物　　D. 真菌

17. 下列水质监测项目应现场测定的是：

A. 氨氮　　B. COD

C. 六价铬　　D. pH

18. 在同一个水样中，下列哪一项最能表现水中有机物总量？

A. COD_{Mn}　　B. BOD

C. TOC　　D. COD_{Cr}

19. 对于江、河水系来说，水面宽为 50～100m 时，应设几条垂线？

A. 1　　B. 2

C. 3　　D. 4

20. 常用作金属元素分析的方法是：

A. 气相色谱　　B. 离子色谱

C. 原子吸收法　　D. 电极法

21. 在均数质量控制图中，当测定值落在控制限以上时：

A. 正常　　B. 受控

C. 失控　　D. 可疑

22. 用冷原子测汞，将二价汞还原为单质汞采用的药品为：

A. 盐酸羟胺　　B. 氯化亚锡

C. 抗坏血酸　　D. $FeSO_4$

23. 碘量法中测 O_2，加 $MnSO_4$ 和碱性 KI 后生成白色沉淀，颠倒混合后仍是如此，原因是：

A. 水样中 O_2 饱和　　B. 水样中 O_2 为零

C. 水样中含 NO^-　　D. 水样中含 Ba^{2+}

24. 测定 BOD_5 时，要调节样品成稀释后样品的 pH 值范围是多少？使之适合微生物的活动。

A. 6.5～7.5　　B. 7.0～8.0

C. 6.0～8.0　　D. 6.5～8.5

25. 用溶液吸收法测定大气中SO_2，吸收液体积为10mL，采样流量为0.5L/min，采样时间为1h，采样时气温为30℃，大气压为100.5kPa，将吸收液稀释至20mL，用比色法测得SO_2的浓度为0.2mg/L，大气中SO_2在标准状态下的浓度为：

A. 0.15mg/m^3　　B. 0.075mg/m^3

C. 0.20mg/m^3　　D. 0.30mg/m^3

26. 垃圾的低热值指的是：

A. 垃圾中热值比较低的成分所具有的热量

B. 对某些垃圾热值比较低的特征的一种描述

C. 垃圾不完全燃烧时的热值

D. 由于垃圾中含有惰性物质和水要消耗热量使得测得的热值比实际低

27. 某工业区，只有一条河流，且只有一个排污口，若要测得该河流的背景值，则监测断面的位置应选在：

A. 排污出口　　B. 排污口下游

C. 排污口上游附近　　D. 进入工业区之前位置

28. 环境基础标准是下列哪一项标准制定的基础？

A. 环境质量标准　　B. 污染物排放标准

C. 环境样品标准　　D. 环境标准体系

29. 单项评价方法是以国家、地方的有关法规、标准为依据，评定与估价各评价项目的下列哪项的环境影响？

A. 多个质量参数　　B. 单个质量参数

C. 单个环境要素　　D. 多个环境要素

30. 海洋工程海洋环境影响评价的审批部门是：

A. 环境保护行政主管部门　　B. 渔业行政主管部门

C. 海事行政主管部门　　D. 海洋行政主管部门

31. 下列不属于环境规划原则的是：

A. 整体性原则　　B. 市场经济原则

C. 科学性原则　　D. 可行性原则

32. 大气环境质量现状监测，对于二级评价项目，监测点数不应少于：

A. 6个　　B. 8个

C. 10个　　D. 12个

33. 环保的八大制度不包括：

A. 环境规划制度　　B. 环境影响评价制度

C. “三同时”制度　　D. 排污收费制度

34. 关于污水水质指标类型的正确表述是：

A. 物理性指标、化学性指标

B. 物理性指标、化学性指标、生物学指标

C. 水温、色度、有机物

D. 水温、COD、BOD、SS

35. 河流水体净化中的化学净化指的是：

A. 污染物质因为稀释、沉淀、氧化还原、生物降解等作用，而使污染物质浓度降低的过程

B. 污染物质因为水中的生物活动，特别是微生物的氧化分解而使污染物质浓度降低的过程

C. 污染物质因为氧化、还原、分解等作用，而使污染物质浓度降低的过程

D. 污染物质由于稀释、扩散、沉淀或挥发等作用，而使污染物质浓度降低的过程

36. 污水处理构筑物中，下列哪一项是设置沉砂池的目的？

A. 去除污水中可沉固体颗粒

B. 去除污水中无机可沉固体颗粒

C. 去除污水中胶体可沉固体颗粒

D. 去除污水中有机可沉固体颗粒

37. 下列关于微生物在厌氧、缺氧、好氧池中，说法错误的是：

A. 反硝化菌在好氧池中进行反硝化作用

B. 聚磷菌厌氧释磷后，在好氧池中进行磷吸收

C. 硝化细菌在好氧条件下进行硝化作用

D. 普通异养菌在好氧条件下降解有机物

38. 关于曝气生物滤池，下列描述错误的是：

A. 生物量大，出水水质好，不仅可以用于污水深度处理，而且可以直接用于二级处理

B. 中氧传输效率高，动力消耗低

C. 水头损失较大，用于深度处理时通常需要再提升

D. 对进水的要求较高，一般要求悬浮物≤100mg/L

39. 生物降解有机物过程中，如果有机底物浓度较低，关于有机底物的降解速率、微生物比生长速率及有机底物浓度的关系，下列说法正确的是：

A. 有机底物降解速率与微生物浓度和剩余污泥浓度有关

B. 有机底物降解速率与微生物浓度有关，与剩余有机物浓度无关

C. 有机底物降解速率与有机底物浓度有关，与微生物浓度无关

D. 都无关

40. 关于纯氧曝气，下列说法正确的是：

A. 由于顶面密封，上层聚集二氧化碳，不利于氨化

B. 氧的传质效率比较高，但是氧的利用效率和传统曝气方式相同

C. 污泥浓度高，容易污泥膨胀

D. 污泥量大

41. 对于回用水的要求，下列说法错误的是：

A. 符合人体健康、环境质量、环境保护要求

B. 用于工艺回用水的符合工艺生产要求

C. 满足设备要求，保护设备不被腐蚀

D. 回用水有多种用途的，应优先满足用水量大的企业的要求

42. 下列不属于活性污泥去除水中有机物主要经历的阶段是：

A. 吸附阶段　　B. 氧化阶段

C. 水解阶段　　D. 絮凝体形成与凝聚沉降阶段

43. 根据我国相关固体废物管理办法，固体废物可分为城市垃圾和：

A. 工业固体废物(废渣)　　B. 农业固体废物

C. 餐厨垃圾　　D. 危险废物

44. 下列关于生物脱氮，说法错误的是：

A. 在氨化细菌的作用下，有机氮化合物被分解，转化为氨氮

B. 整个硝化过程是由两类细菌依次完成的，分别是氨氧化菌和亚硝酸盐氧化菌，统称为硝化细菌

C. 硝化细菌属于化能异养细菌

D. 好氧生物硝化过程只能将氨氮转化为硝酸盐，不能最终脱氮

45. 大气稳定度和烟流扩散的关系包含：

A. 波浪型、锥形、方形、屋脊型、熏烟型

B. 波浪型、锥形、扇形、屋脊型、熏烟型

C. 波浪型、锥形、扇形、山脊型、熏烟型

D. 波浪型、圆形、扇形、屋脊型、熏烟型

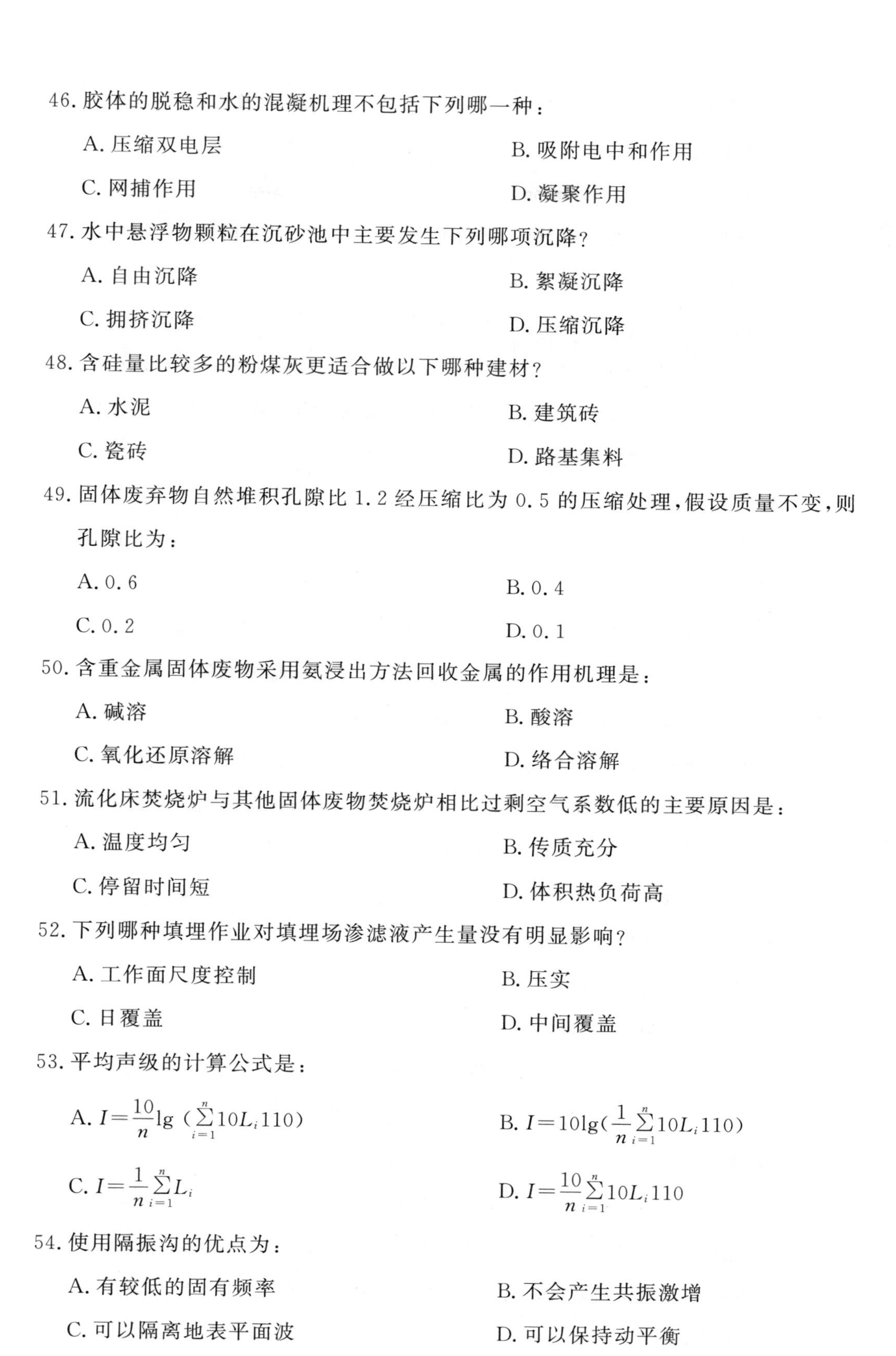

46. 胶体的脱稳和水的混凝机理不包括下列哪一种：

A. 压缩双电层　　B. 吸附电中和作用

C. 网捕作用　　D. 凝聚作用

47. 水中悬浮物颗粒在沉砂池中主要发生下列哪项沉降？

A. 自由沉降　　B. 絮凝沉降

C. 拥挤沉降　　D. 压缩沉降

48. 含硅量比较多的粉煤灰更适合做以下哪种建材？

A. 水泥　　B. 建筑砖

C. 瓷砖　　D. 路基集料

49. 固体废弃物自然堆积孔隙比1.2经压缩比为0.5的压缩处理，假设质量不变，则孔隙比为：

A. 0.6　　B. 0.4

C. 0.2　　D. 0.1

50. 含重金属固体废物采用氨浸出方法回收金属的作用机理是：

A. 碱溶　　B. 酸溶

C. 氧化还原溶解　　D. 络合溶解

51. 流化床焚烧炉与其他固体废物焚烧炉相比过剩空气系数低的主要原因是：

A. 温度均匀　　B. 传质充分

C. 停留时间短　　D. 体积热负荷高

52. 下列哪种填埋作业对填埋场渗滤液产生量没有明显影响？

A. 工作面尺度控制　　B. 压实

C. 日覆盖　　D. 中间覆盖

53. 平均声级的计算公式是：

A. $I=\frac{10}{n}\lg\left(\sum_{i=1}^{n}10L_i110\right)$　　B. $I=10\lg\left(\frac{1}{n}\sum_{i=1}^{n}10L_i110\right)$

C. $I=\frac{1}{n}\sum_{i=1}^{n}L_i$　　D. $I=\frac{10}{n}\sum_{i=1}^{n}10L_i110$

54. 使用隔振沟的优点为：

A. 有较低的固有频率　　B. 不会产生共振激增

C. 可以隔离地表平面波　　D. 可以保持动平衡

55. 处于激发状态不稳定的原子核自发衰变时，放出的射线称为：

A. γ 射线　　B. X 射线

C. 紫外线　　D. 红外线

56. 对于排放废气和恶臭的单位，下列不符合《中华人民共和国大气污染防治法》规定的是：

A. 向大气排放粉尘的排污单位，必须要求除尘措施

B. 向大气排放恶臭气体的排污单位，必须采取措施防止周围居民受污染

C. 企业生产排放含有硫化物气体，应配备脱硫装置或者采取其他脱硫措施

D. 只有在农作物收割季节，才能进行秸杆露天焚烧

57. 建设项目的环境影响评价是指：

A. 对规划和建设项目实施后可能造成的环境影响进行分析、预测和评估的方法和制度

B. 对规划和建设项目实施后可能造成的环境影响进行分析、预测和评估，提出预防或减轻不良环境影响的对策和措施，进行跟踪监测的方法和制度

C. 对规划和建设项目提出污水和废物的治理方案

D. 对规划和建设项目实施过程中可能造成的环境影响进行分析、预测和评估，提出预防或减轻不良环境影响的对策和措施，进行跟踪监测的方法和制度

58. 环境影响评价制定方案时，应采用的方法是：

A. 积极选用先进、成熟的工艺

B. 积极选用成熟、传统的工艺

C. 避免选用先进工艺

D. 应该选用先进、成熟的工艺

59. 环境空气质量标准中，可吸入颗粒物是指：

A. 能悬浮在空气中，空气动力学当量直径小于或等于 $10\mu m$ 的颗粒物

B. 能悬浮在空气中，空气动力学当量直径小于或等于 $50\mu m$ 的颗粒物

C. 能悬浮在空气中，空气动力学当量直径小于或等于 $100\mu m$ 的颗粒物

D. 能悬浮在空气中，空气动力学当量直径小于或等于 $150\mu m$ 的颗粒物

60. 根据污水综合排放标准，排入未设置二级污水处理厂的城外污水执行：

A. 一级标准　　B. 二级标准

C. 三级标准　　D. 根据受纳水体功能确定

2018 年度全国勘察设计注册环保工程师执业资格考试基础考试(下)试题解析及参考答案

1. **解** 在忽略水头损失的条件下，根据能量方程 $z_1+\frac{p_1}{\rho g}+\frac{u_1^2}{2g}=z_2+\frac{p_2}{\rho g}+\frac{u_2^2}{2g}$ 可知，流速小的地方测压管水头大，在水平管中测压管水头大的断面压强大，即 $p_1<p_2$。

答案:C

2. **解** 根据达西公式：$h_f=\lambda\frac{l}{d}\frac{v^2}{2g}$

水力坡度：$S=\frac{h_f}{l}=0.46$

两式联立：$0.46l=\lambda\frac{l}{d}\frac{v^2}{2g}$

其中 $d=200\text{mm}=0.2\text{m}$，$v=\frac{Q}{A}=\frac{Q}{\pi(d/2)^2}=\frac{0.09}{0.0314}=2.87\text{m/s}$

解得 $\lambda=0.219$

答案:C

3. **解** 在相同直径 D、相同作用水头 H 条件下，因外伸管嘴收缩断面处存在真空，使外伸管嘴比孔口的总水头增加了 75%，从而使出流流量增加，即 $Q<Q_m$。

答案:C

4. **解** 根据谢才公式：$v=C\sqrt{RJ}$，$R=\frac{A}{P_w}$ 可知，在过流面积相等时，半圆形的湿周最小，水力半径最大，故半圆形断面流速最大。

答案:A

5. **解** 由题中数据可知，该矩形明渠弗劳德数 $\text{Fr}=\sqrt{\frac{u^2}{gh}}=\sqrt{\frac{Q^2B}{gA^3}}\approx0.5<1$，故渠中水流流态为缓流。

答案:B

6. **解** 射流速度分布特点主要有以下几点：

①在射流任一断面上，中心处动压力最大，自中心向外，动压力急剧衰减，边界上动压力为 0；

②在射流等速核内各处的动压力相等；

③在射流中心线上，超过等速核以后，动压力急剧下降。

答案：D

7. **解**　对于等截面管中的定常绝热流动，气流与外界无任何热交换，速度不会发生变化。

答案：A

8. **解**　在力学范畴内，常用的基本因次有长度（L）、时间（T）、质量（M）3 个。

答案：C

9. **解**　泵性能曲线是指泵在一定转速下，运转时扬程、功率、效率、流量等重要性能参数值以及它们之间的相互关系常用性能曲线图表示；管路性能曲线是管路一定的情况下，单位重量的液体流经该系统时，需外界提供的能量即系统扬程 H 与流量 Q 之间的关系。两曲线的交点 M 就是泵运行时的工作点。

答案：D

10. **解**　根据题设，用管道分叉水力计算公式进行计算，按长管进行（忽略局部水头损失），由于流入大器，可忽略流速水头。

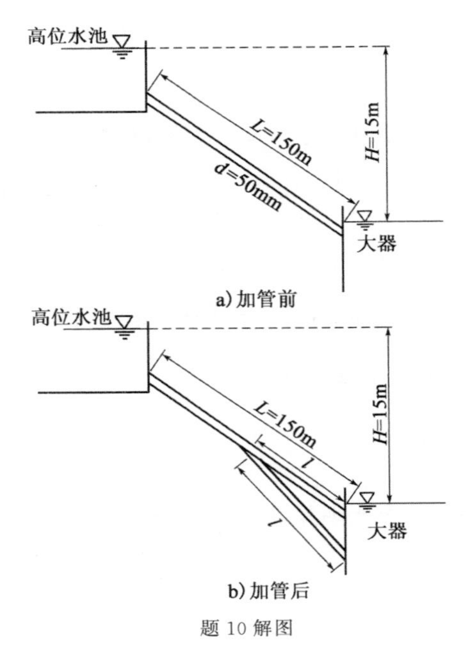

题 10 解图

加管前流量计为 Q，管道模数计为 K，管长计为 L；则加管后管道总流量为 1.2Q，增加的管段长度计为 l，加管后的支管流量分别为 0.6Q，模数仍为 K。

加管前有公式 $H=h_f=\frac{Q^2}{K^2}L$，即 $15=\frac{Q^2}{K^2}\times150$，则$\frac{Q^2}{K^2}=0.1$

加管后管道分叉，分叉前段管道长度为 $L-l$，增加的管段长度为 l。对于任一支管，都可得到以下公式：

$$15=\frac{(1.2Q)^2}{K^2}(L-l)+\frac{(0.6Q)^2}{K^2}l$$

化简，将 $\frac{Q^2}{K^2}=0.1$，$L=150$ 代入公式，得到 $l=61.11\text{m}$

答案：B

11. **解**　在 DNA 双螺旋结构中腺嘌呤与胸腺嘧啶配对，鸟嘌呤与胞嘧啶间形成配对。

答案：C

12. **解**　革兰氏染色中，脱色时使用酒精作为染料，复染时使用蕃红作为染料。

答案：A

13. **解**　细菌的生长曲线如解图所示。

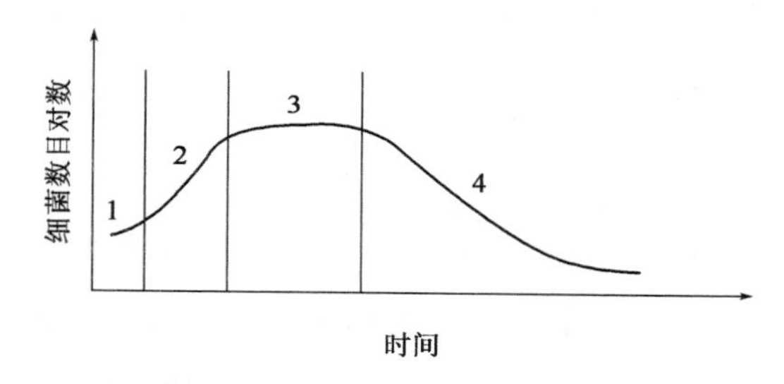

题 13 解图

1-停滞期；2-对数期；3-静止期；4-衰亡期

由此图可知细菌活数达到最大的时期是静止期。

答案：C

14. **解**　在适宜的温度范围内，温度每升高 10℃，酶促反应速度可以相应提高 1～2 倍。

答案：A

15. **解**　寡污带在 β—中污带之后，标志着河流自净过程已完成，有机物全部无机化，BOD 和悬浮物含量较低；细菌极少，溶解氧恢复到正常含量；寡污带生物种类很多，但细菌极少，有大量浮游生物，显花植物大量出现，鱼类种类也很多。具有代表性的指示生物有鱼腥草、硅藻、钟虫、变形虫、旋轮虫等。

答案：D

16. **解**　目前发现的固氮微生物都属于原核生物。

答案：B

17. **答案**:C

18. **解**　总有机碳(TOC)是指水体中溶解性和悬浮性有机物含碳的总量。由于TOC的测定采用燃烧法,因此能将有机物全部氧化,它比BOD或COD更能直接表示有机物的总量。

答案:C

19. **解**　对于江、河水系来说,水面宽为50～100m时,在左右近岸有明显水流处各设一条垂线。

答案:B

20. **解**　原子吸收法基于在蒸汽状态下对待测定元素基态原子共振辐射吸收进行定量分析,是金属元素分析的常用方法。

答案:C

21. **解**　对于均数质量控制图,应当根据下列规定检验分析过程是否处于控制状态。

(1)当测量值在上、下警告限之间的区域内,则测定过程处于控制状态,环境样品分析结果有效。

(2)当测量值超出上、下警告限,但仍在上、下控制限之间的区域内,提示分析质量开始变劣,可能存在"失控"倾向,应进行初步检查,并采取相应的校正措施。

(3)若此点落在上、下控制限之外,表示测定过程"失控",应立即检查原因,予以纠正。环境样品应重新测定。

(4)如遇到7点连续上升或下降时(虽然数值在控制范围之内),表示测定有失去控制倾向,应立即查明原因,予以纠正。

(5)即使过程处于控制状态,尚可根据相邻几次测定值的分布趋势,对分析质量可能发生的问题进行初步判断。当控制样品测定次数累积更多以后,这些结果可以和原始结果一起重新计算总均值、标准偏差,再校正原来的控制图。

答案:C

22. **解**　使用冷原子吸收光谱法测定汞含量时,常使用氯化亚锡与二价汞离子发生反应,反应式为$Hg^{2+}+Sn^{2+}\rightarrow Hg^{0}+Sn^{4+}$,将二价汞离子还原为单质汞,而后进行吸光度测定。

答案:B

23. **解**　使用碘量法测水中溶解氧时,当水样中加入$MnSO_4$和碱性KI溶液时,立即生成$Mn(OH)_2$沉淀。但$Mn(OH)_2$极不稳定,迅速于水中溶解氧化反应生成锰酸锰棕色沉淀。加$MnSO_4$和碱性KI后生成白色沉淀证明该水样中溶解氧为零。

答案:B

24.**解** 根据《水质 五日生化需氧量(BOD_5)的测定 稀释与接种法》(HJ 505—2009)第6.1条,测定BOD_5时,要调节样品成稀释后样品的pH值范围是6.5~7.5,以适合微生物的活动。水样的pH值若不在6.5~7.5这个范围,则可用盐酸或氢氧化钠稀溶液调节至7,但用量不要超过水样体积的0.5%。

答案:A

25.**解** 根据理想气体状态方程:

$$\frac{p_1V_1}{T_1}=\frac{p_2V_2}{T_2}$$

可得$V_2=\frac{p_1V_1T_2}{p_2T_1}=\frac{100.5\times0.5\times60\times273.15}{101.325\times303.15}=26.81\text{L}\approx0.0268\ \text{m}^3$

则大气中SO_2在标准状态下的浓度为$\frac{0.2\times10\times2\times10^{-3}}{0.0268}\approx0.15\text{mg/m}^3$。

答案:A

26.**解** 垃圾的低热值指高热值减去垃圾中含有不可燃烧的惰性物质升温和水气化吸收的热量。

答案:D

27.**解** 背景断面指为评价某一完整水系的污染程度,未受人类生活和生产活动影响,能够提供水环境背景值的断面。背景断面须能反映水系未受污染时的背景值,要求远离城市居民区、工业区、农药化肥施放区及主要交通路线。因此,本题中的背景断面须设置在进入工业区之前的位置。

答案:D

28.**解** 环境基础标准是环境标准体系的基础,是环境标准的"标准",它对统一、规范环境标准的制定、执行具有指导作用,是环境标准体系的基石。

答案:D

29.**解** 单项评价方法是以国家、地方的有关法规、标准为依据,评定与估价各评价项目单个质量参数的环境影响。预测值未包括环境质量现状值(即背景值)时,评价时应注意叠加环境质量现状值。在评价某个环境质量参数时,应对各预测点在不同情况下该参数的预测值进行评价。单项评价应有重点,对影响较重的环境质量参数,应尽量评定与估价影响的特性、范围、大小及重要程度。影响较轻的环境质量参数则可较为简略。

答案：B

30.**解** 海洋工程建设项目的海洋环境影响报告书的审批，应依照《中华人民共和国海洋环境保护法》的规定报有审批权的环境保护行政主管部门审批。

答案：A

31.**解** 环境规划指标体系必须遵循整体性、科学性、规范性、可行性和适应性原则。

答案：B

32.**解** 大气环境质量现状监测，一级评价项目，监测点数不应少于10个；二级评价项目，监测点数不应少于6个；三级评价项目，如果评价区内已有例行监测点，则可不再安排监督，否则，可布置2～4个点进行监测。

答案：A

33.**解** 环保的八大制度包括：①环境影响评价制度；②"三同时"制度；③排污收费制度；④环境保护目标责任制；⑤城市环境综合整治定量考核制度；⑥排污许可证制度；⑦污染期治理制度；⑧污染集中控制制度。

答案：A

34.**解** 污水水质指标，即各种受污染水中污染物质的最高容许浓度或限量阈值的具体限制和要求，是判断水污染程度的具体衡量尺度。国家对水质的分析和检测制定有许多标准，一般来说，其指标可分为物理、化学、生物三大类。

答案：B

35.**解** 河流水体净化中的化学净化指的是污染物质因为氧化、还原、分解等作用，而使污染物质浓度降低的过程。稀释、扩散、沉淀、挥发属于物理净化，微生物的氧化分解属于生物净化。

答案：C

36.**解** 沉砂池一般设在污水处理过程的一级处理阶段，用于去除污水中无机可沉固体颗粒。

答案：B

37.**解** 反硝化细菌在缺氧条件下进行反硝化作用。

答案：A

38.**解** 曝气生物滤池要求进水悬浮物不应高于100mg/L。

答案：D

39.**解** 根据细胞的生长速率与基质浓度关系公式（Monod方程）$\mu=\mu_{\max}\dfrac{S}{K_S+S}$，其

中 μ 为微生物的生长速率，μ_{max} 为微生物的最大比生长速率，S 为底物浓度，K_S 为饱和常数（$\mu=0.5\mu_{max}$ 时的底物浓度），当 S 较低时，$S \ll K_S$，$\mu \approx \mu_{max}\frac{S}{K_S}$，即有机底物的降解速率与底物浓度呈一级反应关系，微生物降解速率与剩余有机底物浓度有关，与微生物浓度无关。

答案:C

40. **解**　选项B氧的传质速率和利用效率都比传统曝气方式高；选项C纯氧曝气法污泥浓度高达4000～7000mg/L，但不容易发生污泥膨胀；选项D纯氧曝气法污泥量小。

答案:A

41. **解**　回用水有多种用途时，其水质标准应按最高要求确定。

答案:D

42. **解**　活性污泥去除水中有机物主要经历三个阶段：吸附阶段、氧化阶段和絮凝体形成与凝聚沉降阶段。

答案:C

43. **解**　根据我国相关固体废物管理办法，固体废物可分为工业固体废物（废渣）和城市垃圾。

答案:A

44. **解**　硝化细菌属于化能自养细菌。

答案:C

45. **解**　大气稳定度和烟流扩散的关系包含波浪型、锥形、扇形、屋脊型、熏烟型。

答案:B

46. **解**　胶体的脱稳和水的混凝机理包括压缩双电层、吸附电中和作用、吸附架桥作用、网捕作用。

答案:D

47. **解**　沉砂池中主要发生的是自由沉降。

答案:A

48. **解**　水泥中硅酸盐含量较多。在粉煤灰硅酸盐水泥生产中可加入一定比例的含硅量较多的粉煤灰，与其他物质混合生产。

答案:A

49. **解** 由题意知：

该固体废弃物原孔隙比为 $e=\frac{V_v}{V_s}=1.2$，其中V_v为孔隙体积，V_s为固体颗粒体积。

压缩比为 $r=\frac{V_f}{V_i}=0.5$，其中 V_i是压实前废物的体积，V_f为压实后废物的体积。

$(V_v+V_s)\times0.5=(1.2V_s+V_s)\times0.5=1.1V_s$

压缩后 V_s不变，$V'_v=0.1V_s$，所以压缩后孔隙比为 0.1。

答案：D

50. **解** 用氨液浸出含重金属固废，使重金属以重金属—氨配位离子形态转入溶液，再利用萃取、电积回收重金属，浸出渣用萃取残液洗涤后，用浮选法回收有价金属。作用机理是络合溶解。

答案：D

51. **解** 流化床焚烧炉与其他固体废物焚烧炉相比传质充分，所以过剩空气系数低。

答案：B

52. **解** 垃圾渗滤液主要由大气降水、垃圾自身水分和垃圾自身生化分解所产生，选项 A、C、D 均可以防止大气降水渗入垃圾，而压实只能减少垃圾体积，垃圾自身组成并没有发生变化，不会影响到渗滤液产生量。

答案：B

53. **解** 平均声级的计算公式为 $I=10\lg\left(\frac{1}{n}\sum_{i=1}^{n}10L_i110\right)$。

答案：B

54. **解** 隔振沟的减振作用主要通过振源和被保护物体间的间隙来实现。这一间隙垂直于地表，成为地表平面波的一道屏障，如解图所示。

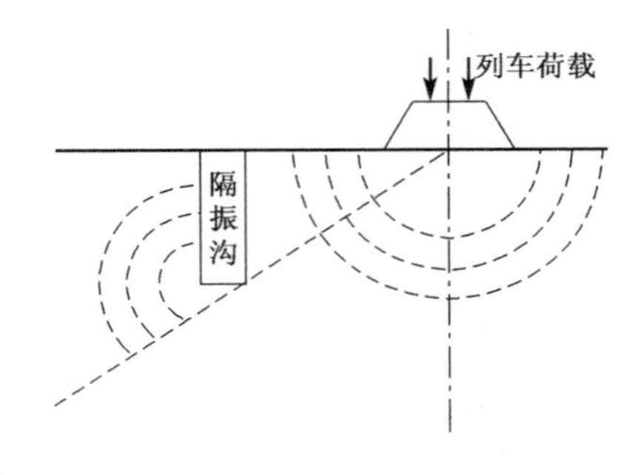

题 54 解图 隔振沟原理示意图

答案：C

55. 解　处于激发状态不稳定的原子核自发衰变时，放出的射线是 γ 射线。

答案：A

56. 解　《中华人民共和国大气污染防治法》（2018 修订版）第七十七条规定，省、自治区、直辖市人民政府应当划定区域，禁止露天焚烧秸秆、落叶等产生烟尘污染的物质。

答案：D

57. 解　建设项目的环境影响评价是指对规划和建设项目实施后可能造成的环境影响进行分析、预测和评估，提出预防或减轻不良环境影响的对策和措施，进行跟踪监测的方法和制度。

答案：B

58. 解　优先选用成熟的方法，鼓励使用先进的技术方法，慎用处于研究阶段尚没有定论的方法。

答案：A

59. 解　环境空气质量标准中，可吸入颗粒物是指能悬浮在空气中，空气动力学当量直径小于或等于 $10\mu m$ 的颗粒物。

答案：A

60. 解　《污水综合排放标准》（GB 8978—1996）的标准分级为：

①排入《地表水环境质量标准》（GB 3838—2002）中 III 类水域（划定的保护区和游泳区除外）和排入《海水水质标准》（GB 3097—1997）中二类海域的污水，执行一级标准；

②排入《地表水环境质量标准》（GB 3838—2002）中 IV、V 类水域和排入《海水水质标准》（GB 3097—1997）中三类海域的污水，执行二级标准；

③排入设置二级污水处理厂的城镇排水系统的污水，执行三级标准；

④排入未设置二级污水处理厂的城镇排水系统的污水，必须根据排水系统出水受纳水域的功能要求，分别执行"①"和"②"的规定。

答案：D

2019年度全国勘察设计注册环保工程师

执业资格考试试卷

基础考试
（下）

二〇一九年十月

应考人员注意事项

1. 本试卷科目代码为“2”，考生务必将此代码填涂在答题卡“科目代码”相应的栏目内，否则，无法评分。
2. 书写用笔：**黑色或蓝色钢笔、签字笔或圆珠笔**；
   填涂答题卡用笔：**黑色 2B 铅笔**。
3. 必须用书写用笔将工作单位、姓名、准考证号填写在答题卡和试卷相应的栏目内。
4. 本试卷由 60 题组成，每题 2 分，满分 120 分，本试卷全部为单项选择题，每小题的四个备选项中只有一个正确答案，错选、多选、不选均不得分。
5. 考生作答时，必须**按题号在答题卡上**将相应试题所选选项对应的**字母用 2B 铅笔涂黑**。
6. 在答题卡上书写与题意无关的语言，或在答题卡上作标记的，均按违纪试卷处理。
7. 考试结束时，由监考人员当面将试卷、答题卡一并收回。
8. 草稿纸由各地统一配发，考后收回。

单项选择题(共 60 题,每题 2 分。每题的备选项中,只有一个最符合题意。)

1. 一管流,A、B 两断面的数值分别是:$z_A=1\text{m}$,$z_B=5\text{m}$,$p_A=80\text{kPa}$,$p_B=50\text{kPa}$,$v_A=1\text{m/s}$,$v_B=4\text{m/s}$。判别管流流动方向的依据是:

A. $z_A<z_B$,流向 A

B. $p_A>p_B$,流向 B

C. $v_A<v_B$,流向 B

D. $z_A+\dfrac{p_A}{\gamma}+\dfrac{v_A^2}{2g}<z_B+\dfrac{p_B}{\gamma}+\dfrac{v_B^2}{2g}$,流向 A

2. 如图所示,输水管道中设有阀门,已知管道直径为 50mm,通过流量为 3.34L/s,水银压差计读数 $\Delta h=150\text{mm}$。水的密度为 1000kg/m^3,水银的密度为 13600kg/m^3,沿程水头损失不计,则阀门的局部水头损失系数 ζ 为:

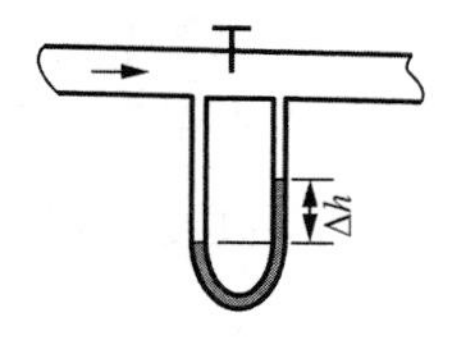

A. 12.8

B. 1.28

C. 13.8

D. 1.38

3. 长度相等、管道比阻分别为 S_{01} 和 $S_{02}=4S_{01}$ 的两条管段并联,如果用一条长度相同的管段替换并联管段,要保证总流量相等时水头损失相等,则等效管段的比阻等于:

A. $2.5S_{02}$　　B. $0.8S_{02}$

C. $0.44S_{01}$　　D. $0.56S_{01}$

4. 有三条矩形渠道,其中 A、n 和 i 都相同,但 b 和 h_0 各不相同,已知:$b_1=4\text{m}$,$h_{01}=1.5\text{m}$;$b_2=2\text{m}$,$h_{02}=3\text{m}$;$b_3=3\text{m}$,$h_{03}=2\text{m}$,比较这三条渠道流量大小为:

A. $Q_1>Q_2>Q_3$　　B. $Q_1<Q_2<Q_3$

C. $Q_1>Q_2=Q_3$　　D. $Q_1=Q_3>Q_2$

5. 流量一定,渠道断面的形状、尺寸和粗糙系数一定时,随坡底坡度的增大,临界水深将:

A. 不变　　B. 减少

C. 增大　　D. 不定

6. 在射流主体段中，下列关于速度的说法正确的是：

A. 距喷嘴距离愈远，轴心速度愈大

B. 轴心速度沿程不变

C. 同一截面上速度大小不变

D. 轴心速度最大，向边缘逐渐减小

7. 流体亚音速流动，当断面逐渐减小，下列说法正确的是：

A. 速度减小　　　　B. 速度不变

C. 压强减小　　　　D. 压强增大

8. 有一流动，包括压强差 Δp、流体密度 ρ、速度 v、动力黏度 μ、管径 d、管长 τ 和管壁粗糙度 k_s 等 7 个物理量。如采用 π 定理进行因次分析，则应有：

A. 2 个 π 数　　　　B. 3 个 π 数

C. 4 个 π 数　　　　D. 5 个 π 数

9. 水泵气穴和气蚀的主要危害是产生噪声震动、引起材料的破坏、缩短水泵使用寿命以及下列：

A. 流量增加　　　　B. 转速降低

C. 扬程降低　　　　D. 轴功率增加

10. 如图所示，水在变直径竖管中流动。已知粗管直径 $d_1=200\text{mm}$，流速 $v_1=1.5\text{m/s}$。为使两断面的压力表读值相同，则细管直径(水头损失不计)为：

A. 173.2mm

B. 87.6mm

C. 132.4mm

D. 78.9mm

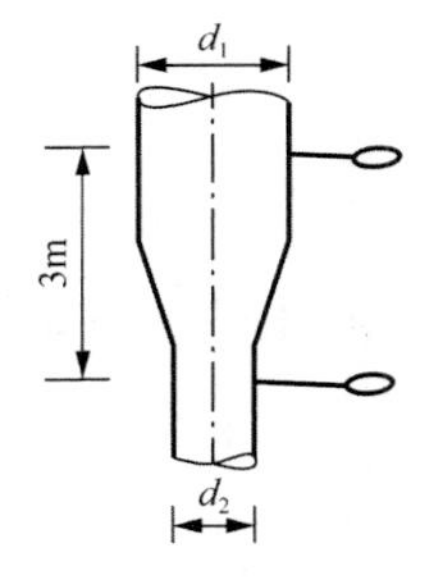

11. 对于原生动物中的某些无色鞭毛虫和寄生的种类，其营养类型属于：

A. 全动性　　　　B. 植物性

C. 腐生性　　　　D. 寄生性

12. 病毒区别于其他生物的特点，以下说法错误的是：

A. 超显微　　　　B. 没有细胞结构

C. 以二分裂法繁殖　　　　D. 专性活细胞寄生

13. 有关微生物无氧呼吸的特点，以下说法正确的是：

A. 有分子氧参与

B. 电子和质子的最终受体为分子氧

C. 有机物氧化彻底

D. 获得的能量比较少

14. 在酶的不可逆的抑制作用中，抑制剂与酶的结合方式是：

A. 水合　　B. 偶联

C. 离子键　　D. 共价键

15. 当有机物排入河流后，对于多污带系统中的指示生物，以下说法正确的是：

A. 以厌氧菌和兼性厌氧菌为主

B. 细菌数量较少

C. 藻类大量繁殖，水生植物出现

D. 有鱼腥草、硅藻等，钟虫、变形虫等原生动物，旋轮等微型后生动物

16. 在纤维素的微生物分解过程中，在被吸收进入细胞之前，纤维素依次被分解成：

A. 纤维二糖→果糖　　B. 纤维二糖→葡萄糖

C. 麦芽糖→果糖　　D. 麦芽糖→葡萄糖

17. 对于江、河水体，当水深为 3m 时，应该将采样点布设在：

A. 1/2 水深处　　B. 水面以下 0.5m 处

C. 河底以上 0.5m 处　　D. 水的表面

18. 欲测定某水体的石油类物质含量，应采集的水样为：

A. 等时混合水样　　B. 平均混合水样

C. 综合水样　　D. 单独水样

19. 残渣在 103～105℃烘干时，会损失：

A. 全部结晶水　　B. 全部吸着水

C. 碳酸盐　　D. 重碳酸盐

20. 测定高锰酸盐指数时，滴定终点时溶液颜色的变化为：

A. 由无色变为微红色　　B. 由微红色变为无色

C. 由黄色经蓝绿色变为红褐色　　D. 由酒红色变为亮蓝色

21. 配制含 0.50mg/mL 氨氮的标准溶液 1000mL，要称取干燥过的氯化铵（分子量为 53.45）为：

A. 1.5721g　　B. 1.9089g

C. 1572g　　D. 1909g

22. 用重量法测定大气中可吸入颗粒物的浓度时，采样流量为 13L/min，连续采样 24h，现场气温为 10℃，大气压力为 100.0kPa，采样前后滤膜增重 5.7mg。大气中可吸入颗粒物的浓度为：

A. 0.30mg/m^3　　B. 0.33mg/m^3

C. 20mg/m^3　　D. 18mg/m^3

23. 垃圾堆肥过程中会产生一定量的淀粉腆化络合物，这种络合物颜色的变化取决于堆肥的降解度，堆肥颜色的变化过程是：

A. 绿蓝黄灰　　B. 灰绿蓝黄

C. 黄绿灰蓝　　D. 蓝灰绿黄

24. 下列哪一种计权声级是对噪声参量的模拟，专用于飞机噪声的测量？

A. A 计权声级　　B. B 计权声级

C. C 计权声级　　D. D 计权声级

25.《地下水质量标准》(GB/T 14848—2017)将地下水划分为：

A. I 类　　B. II 类

C. IV 类　　D. V 类

26. 衡量环境背景值好坏通常用的标准是：

A. 国家环境质量标准

B. 国家污染物排放标准

C. 行业污染物排放标准

D. 地方环境质量标准

27. 已知河流的流量为 1m^3/s，河水的 BOD 浓度为 5mg/L，河流的功能区划为 IV 类水质。则该河流 BOD 的静态容量为：

A. 0.52t/d　　B. 0.09t/d

C. 0.43t/d　　D. 0.04t/d

28. 在进行建设项目的环境影响评价时，如有多个厂址的方案，则应：

A. 选择可行性研究报告最终确定的厂址进行预测和评价

B. 分别对各个厂址进行预测和评价

C. 按评价经费的许可，选择几个厂址的方案进行方案预测和评价

D. 任选其中一个方案进行预测和评价

29. 企业生产过程中 HCl 的使用量为 200kg/h，其中 90%进入产品，8%进入废液、2%进入废气。若废气处理设施 HCl 的去除率为 90%，则废气中 HCl 的排放速率是：

A. 0.2kg/h　　B. 0.4kg/h

C. 1.8kg/h　　D. 3.6kg/h

30. 根据《环境影响评价技术导则 大气环境》(HJ 2.2—2018)，不能用于预测评价等级三级以上的模式系统是：

A. 估算模式系统

B. AERMOD 模式系统

C. ADMS 模式系统

D. CALPUFF 模式系统

31. 在进行环境规划时，经济预测是其中内容之一。已知基准年某城市 GDP 为 20 亿元，预计未来 20 年经济平均年增长为 2%，请计算未来 20 年该城市的 GDP 为：

A. 24.5 亿元　　B. 28.0 亿元

C. 29.7 亿元　　D. 31.5 亿元

32. 我国环境管理的“八项制度”不包括：

A. 排污申报登记和排污许可证制度

B. 环境保护目标责任制度

C. 全流域整体治理制度

D. 城市环境综合整治定量考核制度

33. 关于污水中含氮污染物质，下列说法错误的是：

A. 不可生物降解的颗粒态有机氮无法从生物处理系统中去除

B. 总凯氏氮(TKN)包括氨氮和能在一定条件下可转化为氨氮的有机氮

C. 总氮(TN)包括有机氮、氨氮、亚硝酸盐氮和硝酸盐氮

D. 可生物降解有机氮在有氧和无氧条件下都可以转化为氨氮

34. 某河流径流量为 $3m^3/s$，特征污染物铅离子本底浓度为 0.020mg/L，河流流经开发区有两个金属材料加工厂，甲厂排放污水量 $8000m^3/d$，乙厂排放污水量 $12000m^3/d$，尾水中都含有铅离子，如果甲厂经处理后排放铅离子浓度为 0.1mg/L，乙厂经处理后排放铅离子浓度为 0.08mg/L，排放河流经完全混合，铅离子浓度在本底浓度的基础上增加了：

A. 0.025mg/L　　B. 0.005mg/L

C. 0.001mg/L　　D. 0.019mg/L

35. 气浮是工业污水处理系统中常用的处理单元，溶气气浮中最常用的形式为：

A. 全部加压溶气气浮

B. 部分加压溶气气浮

C. 部分回流加压溶气气浮

D. 使用自来水溶气气浮

36. 污水处理厂一级处理（或称为物理处理）的主要去除对象是：

A. 溶解性有机物

B. 呈胶体态有机物

C. 悬浮固体

D. 胶体和悬浮固体

37. 污水化学强化一级处理，需要投加混凝剂，关于混凝剂的作用，下列说法错误的是：

A. 可有效提高 SS 去除率

B. 可有效提高 TP 去除率

C. 可有效提高难降解溶解性有机物去除率

D. 可有效提高颗粒性有机氮去除率

38. 曝气池混合液 MLSS 经过 650℃高温灼烧的挥发性物质包括：

（注：Ma-活性微生物；Me-微生物自身氧化残留物；Mi-难生物降解的惰性有机物；Mii-无机物）

A. Ma＋Mii　　B. Me＋Mii

C. Mi＋Mii　　D. Ma＋Me＋Mi

39. 生物接触氧化池是常用的生物膜处理工艺，关于生物接触氧化池，下列说法错误的是：

A. 因为填料占用空间，所以单位体积的微生物量比活性污泥法要少

B. 生物接触氧化池不需要污泥回流，运行管理方便

C. 生物接触氧化池不易发生污泥膨胀，污泥产量较低

D. 生物接触氧化池有较强的耐冲击负荷能力

40. 污水中有机污染物的去除主要包括初期吸附去除和微生物代谢两个步骤，吸附—再生活性污泥法主要是根据初期吸附去除理论开创的，关于吸附—再生活性污泥法，下列说法错误的是：

A. 吸附池接触时间较短，一般在 45min 左右

B. 因为再生池仅对回流污泥进行再生，再生时间较短，一般在 30～60min

C. 吸附—再生活性污泥法不宜用于处理溶解性有机物浓度较高的污水

D. 因为吸附时间短，无法完成硝化过程，吸附—再生活性污泥法工艺对氨氮没有处理效果

41. 上流式厌氧污泥床（UASB）是常用的厌氧反应器，关于 UASB 工艺，下列说法错误的是：

A. 必须配置三相分离器进行气、液、固三相分离

B. 底部配水，污水自下而上通过反应器

C. 为了保证颗粒污泥呈悬浮状态，反应器中需要使用搅拌设备

D. 由于反应器中可以培养颗粒污泥，所以反应器有机负荷可以较高

42. 对空气颗粒物采样测定得到的空气动力学直径粒径分布情况如表所示，以下说法错误的是：

粒径 d_p(μm)	$d_p \leqslant 1$	$1 < d_p \leqslant 2.5$	$2.5 < d_p \leqslant 10$	$10 < d_p \leqslant 100$	$d_p > 100$
质量频率(%)	9	37	34	11	9

A. 中位径位于 2.5～10μm 区间

B. 2.5μm 的筛下累计频率为 54%

C. 中径值在 1～2.5μm 区间

D. $PM_{2.5}$ 占 PM_{10} 的比例为 57.5%

43. 下列对烟气抬升高度影响最小的因素是：

A. 烟气出口流速　　B. 烟气出口温度

C. 环境大气温度　　D. 环境大气湿度

44. A 除尘系统对 1μm 颗粒的透过率为 10%，B 除尘系统的分割粒径为 1μm，则：

A. A 除尘系统的性能要优于 B 除尘系统

B. A 除尘系统的性能要劣于 B 除尘系统

C. A 除尘系统的性能与 B 除尘系统相当

D. 两者无法比较

45. 电除尘与其他除尘过程的根本区别在于：

A. 采用高压电源，部分区域形成电晕放电

B. 是低阻力的高效除尘器

C. 作用力直接作用在待分离的颗粒物上而不是作用在整个气流上

D. 可在高温气体下操作

46. 气体过滤除尘过程中，下列有关动力捕集机理的描述错误的是：

A. 并非颗粒物越小越难捕集

B. 对于大颗粒的捕集，主要靠惯性碰撞作用，扩散沉积的作用很小

C. 对于小颗粒的捕集，主要靠扩散沉积作用，惯性碰撞的作用很小

D. 对于中等大小的颗粒（亚微米级），两者均起作用，去除率较高

47. 农业秸秆和厨余果皮分别适合采用下列哪种生物处理方法？

A. 厌氧消化和堆肥化　　B. 均适合厌氧消化

C. 堆肥化和厌氧消化　　D. 均适合堆肥化

48. 某固体废物的低位热值为 5400kJ/kg，则粗略估计其理论空气量为：

A. 1.5kg/kg　　B. 1.7kg/kg

C. 1.9kg/kg　　D. 2.1kg/kg

49. 生活垃圾填埋场的长填龄渗滤液适合采用：

A. 好氧生物方法处理 B. 厌氧生物方法处理

C. 厌氧与好氧结合方法处理 D. 物化处理

50. 对生活垃圾人均产生量影响最为显著的因素为：

A. 人均收入 B. 人均住房面积

C. 家庭人口数 D. 所在地年均气温

51. 水平分选机比垂直分选机更适合于分选：

A. 分类收集的容器类垃圾 B. 分类收集的纸和纸板

C. 分类收集的塑料类垃圾 D. 混合收集的垃圾

52. 在声屏障的声影区域内：

A. 噪声的频率越低，减噪效果越好

B. 屏障越低，减噪效果越好

C. 屏障越接近声源，减噪效果越好

D. 屏障离保护目标越远，减噪效果越好

53. 选用钢弹簧隔振器的优点是：

A. 有较低的固有频率 B. 不会产生共振激增

C. 隔离地表平面波 D. 可以保持动平衡

54. 通常快中子的能量(E)为：

A. $E<0.025\text{eV}$ B. $0.025\text{eV}<E<100\text{eV}$

C. $100\text{eV}<E<100\text{keV}$ D. $E>100\text{keV}$

55. 根据《中华人民共和国大气污染防治法》，企业超过大气污染物排放标准或超过重点大气污染物排放总量控制指标排放大气污染物的：

A. 由地方气象局责令改正或限制生产、停产整治，并处一定罚款

B. 由地方人民政府责令改正或限制生产、停产整治，并处一定罚款

C. 由县级以上人民政府责令改正或限制生产、停产整治，并处一定罚款

D. 由县级以上人民政府环境保护主管部门责令改正或限制生产、停产整治，并处一定罚款

56. 向海洋排放污废水，必须符合下列哪项规定？

A. 排放水质必须满足海水水质标准

B. 排放水质必须满足《城镇污水处理厂污染物排放标准》一级 A 标准

C. 排放水质必须满足《城镇污水处理厂污染物排放标准》一级 B 标准

D. 满足根据海洋环境质量标准和总量控制要求制定的国家或地方水污染排放标准

57. 关于建筑工程招标的开标、评标、定标，下列说法正确的是：

A. 建筑工程招标的开标、评标、定标，由施工单位依法组织实施，并接受有关行政主管部门的监督

B. 建筑工程招标的开标、评标、定标，由建设单位依法组织实施，并接受有关行政主管部门的监督

C. 建筑工程招标的开标、评标、定标，由地方政府部门依法组织实施，并接受有关行政主管部门的监督

D. 建筑工程招标的开标、评标、定标，由代理公司依法组织实施，并接受有关行政主管部门的监督

58. 对某地下水进行地下水质量单项组分评价时，检测出硒的含量等于 0.01mg/L，按照《地下水质量标准》对硒的标准值，I、II、III 类地下水均为 0.01mg/L，那么，该地下水类别应判定为：

A. III 类　　B. II 类

C. I 类　　D. 不能判定

59. 环境空气质量根据功能区划分为两类，其中一类区适用于：

A. 自然保护区、风景名胜区

B. 城镇规划中确定的居住区

C. 一般工业区和农村地区

D. 特定工业区

60. 注册工程师实行注册执业管理制度，以注册工程师名义执业，必须：

A. 取得相应专业资格证书

B. 取得相应专业资格证书，并经过注册

C. 通过有关部门的考试

D. 具有获奖工程业绩

2019 年度全国勘察设计注册环保工程师执业资格考试基础考试(下)试题解析及参考答案

1. **解** 已知流体的总水头公式为：$z+\frac{p}{\gamma}+\frac{v^2}{2g}$，可分别列出 A 断面与 B 断面的总水头，得：$z_A+\frac{p_A}{\gamma}+\frac{v_A^2}{2g}<z_B+\frac{p_B}{\gamma}+\frac{v_B^2}{2g}$，可知 A 断面的总水头小于 B 断面的总水头，即流体由 B 流向 A。

答案:D

2. **解** 由题意可知 $u=\frac{Q}{A}=\frac{3.34\times10^{-3}}{\frac{\pi\times0.05^2}{4}}=1.7\text{m/s}$

由
$$\frac{p_1}{\rho g}+z_1+\frac{u_1^2}{2g}=\frac{p_2}{\rho g}+z_2+\frac{u_2^2}{2g}+\zeta\frac{u_2^2}{2g}$$

化简得
$$\left(\frac{p_1}{\rho g}+z_1\right)-\left(\frac{p_2}{\rho g}+z_2\right)=\zeta\frac{1.7^2}{2g}$$

又由
$$\rho g\left[\left(\frac{p_1}{\rho g}+z_1\right)-\left(\frac{p_2}{\rho g}+z_2\right)\right]=(\rho_{水银}-\rho)g\Delta h$$

代入数据，即 $\left(\frac{p_1}{\rho g}+z_1\right)-\left(\frac{p_2}{\rho g}+z_2\right)=\frac{12600\times0.15}{1000}=1.89\text{m}$

得到 $\zeta\frac{1.7^2}{2g}=1.89$，解得 $\zeta=12.81$

答案:A

3. **解** 由 $\frac{1}{\sqrt{S}}=\frac{1}{\sqrt{S_{01}}}+\frac{1}{\sqrt{S_{02}}}=\frac{3}{2\sqrt{S_{01}}}$

可得到 $\frac{1}{\sqrt{S}}=\frac{1}{\sqrt{S_{01}}}+\frac{1}{\sqrt{4S_{01}}}=\frac{3}{2\sqrt{S_{01}}}$

即 $S=0.44S_{01}$

答案:C

4. **解** 已知 $Q=AC\sqrt{RJ}=A\frac{1}{n}R^{\frac{2}{3}}i^{\frac{1}{2}}$，在 A、n、i 都相同的条件下，比较水力半径 R，对于矩形渠道，$R=\frac{A}{\chi}=\frac{bh}{b+2h}$，计算可得 $R_1=R_3=\frac{6}{7}$，$R_2=\frac{6}{8}$，故 $R_1=R_3>R_2$，可判断出 $Q_1=Q_3>Q_2$。

答案:D

5. **解** 当断面形状和尺寸一定时,临界水深 $h_k=\sqrt[3]{\frac{Q^2}{gb^2}}$ 只与流量有关,即流量一定时,临界水深不变,与坡底无关。

答案:A

6. **解** 射流主体段中,轴心速度最大,向边缘逐渐减小。

答案:D

7. **解** $\frac{dA}{A}=(Ma^2-1)\frac{dv}{v}$,已知流体流速低于音速,即 Ma<1。过流断面面积减小,即 $\frac{dA}{A}<0$,则 $\frac{dv}{v}>0$,故速度增大。

又根据 $\frac{dp}{p}=-kMa^2\frac{dv}{v}=\frac{-kMa^2}{Ma^2-1}\frac{dA}{A}$,过流断面面积减小,即 $\frac{dA}{A}<0$,则 $\frac{dp}{p}<0$,故压强应当减小。

答案:C

8. **解** π 数=物理量数-基本量数

物理量数为 7 个,基本量数为 3 个,一般选取速度 v、管径 d、密度 ρ,即 π 数=7-3=4。

答案:C

9. **解** 水泵气穴和气蚀还会导致水泵扬程降低。

答案:C

10. **解** 由 $z_1+\frac{u_1^2}{2g}=z_2+\frac{u_2^2}{2g}$,代入数据,即 $3+\frac{1.5^2}{2g}=\frac{u_2^2}{2g}$,得 $u_2=7.81\text{m/s}$

$A_1u_1=A_2u_2$,则 $\frac{d_2^2}{d_1^2}=\frac{u_1}{u_2}=\frac{1.5}{7.81}=\frac{d_2^2}{200^2}$,得 $d_2=87.64\text{mm}$

答案:B

11. **解** 原生动物的营养类型分为三种:全动性营养,植物性营养,腐生性营养。腐生性营养即指某些无色鞭毛虫及寄生性原生动物,借助体表的原生质膜,依靠吸收环境或寄主中的可溶性有机物为生,故其营养类型为腐生性。

答案:C

12. **解** 病毒的特点是超显微,没有细胞结构,专性活细胞寄生。病毒的繁殖方式为自我复制,而非二分裂法。

答案:C

13. **解**　无氧呼吸的过程中没有分子氧参加反应；电子和质子的最终受体为无机氧化物；有机物不能够彻底氧化，只能够氧化为乳酸或酒精；过程中释放的能量远远低于好氧呼吸。

答案：D

14. **解**　不可逆性抑制剂与酶的结合方式是，与酶的某些必需基团以共价键的形式结合从而引起酶活性丧失。

答案：D

15. **解**　有机污染物排入河流后由于河流的自净过程会沿着河流方向形成一系列连续的污化带，如多污带、α-中污带、β-中污带、寡污带。其中，多污带位于排污口之后的区段，水呈暗灰色，很浑浊，含大量有机物，BOD高，溶解氧极低；水生物种类少，以厌氧菌和兼性厌氧菌为主，种类多，数量大，每毫升水中含有几亿个细菌。

答案：A

16. **解**　纤维素分解过程首先经过外切葡聚糖酶从纤维素分子的还原端开始，每次水解两个单体，产生纤维二糖，后者再被胞外酶或胞内酶继续水解转化成葡萄糖，即纤维素被水解成纤维二糖和葡萄糖后，才能被微生物吸收分解。

答案：B

17. **解**　当 $h_{水深} \leqslant 5\text{m}$ 时，只在水面下0.3～0.5m处设一个采样点。

答案：B

18. **解**　根据《水质 石油类和动植物油类的测定 红外分光光度法》(HJ 637—2012)，测定油类物质，应采集单独水样。

答案：D

19. **解**　残渣在103～105℃烘干时，会保留部分结晶水和部分吸着水，重碳酸盐会分解为碳酸盐，有机物挥发逸失甚少。

答案：D

20. **解**　测定高锰酸盐指数时用 $KMNO_4$ 溶液滴定标准 $Na_2C_2O_4$ 溶液，当瓶中颜色由无色变为微红色即停止。

答案：A

21. **解**　氨氮是指水中以游离氨(NH_3)和铵离子(NH_4^+)形式存在的氮元素，氯化铵中氨氮以铵离子(NH_4^+)形式存在，所以可以氨氮浓度计算氯化铵质量，即 $m = 0.50 \times 1000 \div 1000 \times \frac{53.45}{14} = 1.9089\text{g}$。

答案:B

22. **解** 工况下采样体积为 $13\times24\times60\div1000=18.72\text{m}^3$

换算成标况下体积:$V=\frac{100.0}{101.325}\times\frac{273}{273+10}\times18.72=17.82\text{m}^3$

则可吸入颗粒物浓度:$C=5.7\div17.82=0.32\text{mg/m}^3$

答案:B

23. **解** 垃圾堆肥处理过程中颜色的变化过程是深蓝→浅蓝→灰→绿→黄。

答案:D

24. **解** 考虑对不同频率声音敏感程度不同,分别对各个频程声级进行修正并按频程加法对各个声级进行叠加,称为计权声级。计权声级更符合人耳听觉习惯。国际电工委员会提出四种计权声级:A 计权声级按 40 方等响曲线倒置修正,是应用最广泛的评价量;B 计权声级按 70 方等响曲线倒置修正;C 计权声级按 100 方等响曲线倒置修正;D 计权声级专用于航空噪声的测量,常用“感觉噪声级”来评价。

答案:D

25. **解** 根据《地下水质量标准》(GB/T 14848—2017),根据我国地下水质量状况和人体健康风险,参照生活饮用水、工业、农业等用水质量要求,依据各组分含量高低,分为五类。

答案:D

26. **解** 环境质量标准是为了保护人类健康、维持生态良好平衡和保障社会物质财富,并考虑技术经济条件,对环境中有害物质和因素所作的限制性规定。环境质量标准是一定时期内衡量环境优劣程度的依据。

答案:A

27. **解** 依据《地表水环境质量标准》,IV 类水质 BOD 浓度限值为 6mg/L,静态容量为:$(6-5)\times1\times24\times3600\times10^{-6}=0.0864\text{t/d}$。

答案:B

28. **解** 依据《环境影响评价技术导则 总则》第 3.2 条,在进行建设项目的环境影响评价时,如需进行多个厂址的优选,则应对各个厂址分别进行预测和评价。

答案:B

29. **解** 根据物料守恒,废气中 HCl 的排放速率是:

$200\times0.02\times(1-0.9)=0.4\text{kg/h}$

答案:B

30. **解** 根据《环境影响评价技术导则 大气环境》(HJ 2.2—2018)附录,AERMOD、ADMS、CALPUFF 模式都属于进一步预测模式,可用于一级、二级评价项目,估算模式适用于评价等级及评价范围的确定。

答案:A

31. **解** $20\times(1+0.02)^{20}=29.7$ 亿元

答案:C

32. **解** 我国环境管理的八项制度主要包括环境影响评价制度、"三同时"制度、排污收费制度和城市环境综合整治定量考核制度、环境保护目标责任制度、排污申报登记与排污许可证制度、污染限期治理制度和污染集中控制制度。前三项又称"老三项"制度,后五项又称"新五项"制度。

答案:C

33. **解** 颗粒态有机氮可以通过沉淀等方式从生物系统中去除。

答案:A

34. **解** 混合后铅离子浓度为:

$$\frac{8000\times0.1+12000\times0.08+3\times86400\times0.02}{8000+12000+3\times86400}=\frac{6944}{279200}\approx0.025\text{mg/L}$$

相比原有本底浓度增加了:$0.025-0.02=0.005$mg/L

答案:B

35. **解** 部分加压溶气气浮用得比较多。

答案:B

36. **解** 污水处理厂一级处理(或物理处理)的主要去除对象是悬浮固体。

答案:C

37. **解** 混凝用以处理水中细小的悬浮物和胶体污染物质,还可用于除油和脱色。但对于难降解的溶解性有机物的去除率较低。

答案:C

38. **解** 用滤纸过滤污泥水样,经(105±5)℃烘干后得到污泥含量 MLSS,将 MLSS 减去经(600±25)℃灼烧后的灰量,得到可挥发的污泥含量 MLVSS,MLVSS=Ma+Me+Mi,因此选择 D。

答案:D

39. **解**　在曝气池中设置填料，将其作为生物膜的载体，应选择比表面积较大的载体，因此单位体积的微生物量比活性污泥法要多。

答案：A

40. **解**　再生池接纳的仅是浓度较高的回流污泥，因此再生池的容积较小。而在再生池中停留的时间应为 3～6h。

答案：B

41. **解**　UASB 污泥床反应器内没有填料，不设搅拌设备，上升的水流和产生的沼气可满足搅拌要求。

答案：C

42. **解**　2.5μm 的筛下累计频率为 9%+37%=46%，因此选项 B 错误。

答案：B

43. **解**　烟气抬升的原因有两个：一是烟囱出口处的烟流具有一初始动量（使它们继续垂直上升），二是因烟流温度高于环境温度产生的净浮力。因此，湿度对烟气抬升高度的影响较少。

答案：D

44. **解**　A 除尘系统对 1μm 颗粒的透过率为 10%，因此去除率=100%−10%=90%。

分割粒径即分级效率为 50%的颗粒直径，也即除尘器能捕集该粒子群一半的直径。因此，B 除尘系统对 1μm 颗粒的去除率为 50%。

所以 A 除尘系统的性能要优于 B 除尘系统。

答案：A

45. **解**　电除尘过程与其他除尘过程的根本区别在于，分离力（主要是静电力）直接作用在粒子上，而不是作用在整个气流上。

答案：C

46. **解**　气体过滤除尘过程中，颗粒物越小，越难捕集。

答案：A

47. **解**　农业废物沼气化是处理农业废物的有效途径，对农业秸秆进行厌氧处理产生沼气。厨余果皮含水率大，有机物含量高，适合采用好氧堆肥将有机物转化为简单而稳定的腐殖质。

答案：A

48. **解**　在缺乏燃料组成的元素分析数据时，可根据低位热值粗略估计理论空气量：

$L=0.2413Q/1000+0.5$，由题中所给的低位热值 5400kJ/kg，计算出理论空气量 L 为 0.1803。粗略估计，选择 C。

答案：C

49. **解** 长填龄渗滤液适合采用物化处理，因为渗滤液的成分比较复杂，COD 高达 40000～50000mg/L，而且可生化性较差，生物处理效果不明显。

好氧生物方法常用于处理溶解氧较高的污水；厌氧生物法常用于处理高浓度有机工业废水；好氧与厌氧结合方法常用于可生化性差、难降解的工业废水，先用厌氧法处理提高可生化性，然后用好氧法再处理。

答案：D

50. **解** 人均垃圾产生量与人均收入有关，可反映在居民生活水平、生活习惯上。

答案：A

51. **解** 水平分选机的精度低，适合于废物中轻、重组分均有的情况；垂直分选机精度高，适合于废物中全为轻组分且分选精度要求较高的情况。

答案：D

52. **解** 声屏障的降噪效果与声屏障高度以及声源、接收点和声屏障的相对位置有关。如解图所示，声屏障越高，减噪效果越好，声源与接收点相距越近越好；声波的波长越短越好，高频声声影区大，波长短，所以最容易被阻挡，其次是中频声，对于低频声的减噪效果最差。

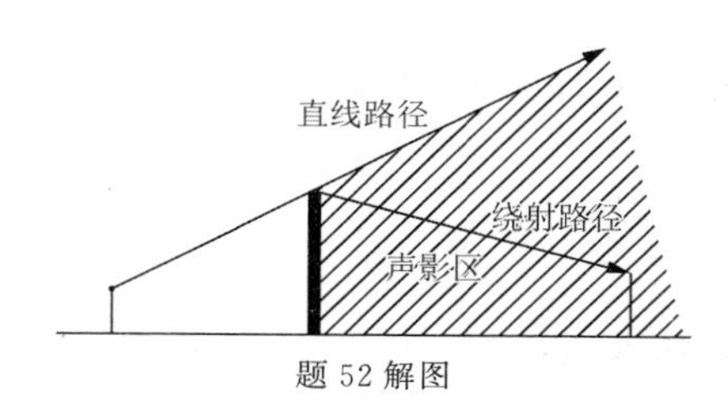

题 52 解图

答案：C

53. **解** 钢弹簧隔振器具有静态压缩量大、固有频率低、低频隔振性能好等优点。

答案：A

54. **解** 慢中子的 $E<5$keV，中能中子的 E 为 5～100keV，快中子的 E 为 0.1～500MeV。

答案：D

55. **解** 根据《中华人民共和国大气污染防治法》第九十九条，违反本法规定，有下列行为之一的，由县级以上人民政府生态环境主管部门责令改正或者限制生产、停产整治，并处十万元以上一百万元以下的罚款；情节严重的，报经有批准权的人民政府批准，责令停业、关闭;(一)未依法取得排污许可证排放大气污染物的;(二)超过大气污染物排放标准或者超过重点大气污染物排放总量控制指标排放大气污染物的;(三)通过逃避监管的方式排放大气污染物的。

答案:D

56. **解** 《中华人民共和国海洋环境保护法》(2017 年修订版)第十一条规定,国家和地方水污染物排放标准的制定,应当将国家和地方海洋环境质量标准作为重要依据之一。在国家建立并实施排污总量控制制度的重点海域,水污染物排放标准的制定,还应当将主要污染物排海总量控制指标作为重要依据。排污单位在执行国家和地方水污染物排放标准的同时,应当遵守分解落实到本单位的主要污染物排海总量控制指标。对超过主要污染物排海总量控制指标的重点海域和未完成海洋环境保护目标、任务的海域,省级以上人民政府环境保护行政主管部门、海洋行政主管部门,根据职责分工暂停审批新增相应种类污染物排放总量的建设项目环境影响报告书(表)。

答案:D

57. **解** 《中华人民共和国建筑法》第二十一条规定,建筑工程招标的开标、评标、定标由建设单位依法组织实施,并接受有关行政主管部门的监督。

答案:B

58. **解** 《地下水质量标准》(GB/T 4848—2017)第 6.2 条规定,地下水质量单指标评价,按指标值所在的限值范围确定地下水质量类别,指标限值相同时,从优不从劣。示例:挥发性酚类 I、II 类限值均为 0.001mg/L 时,若质量分析结果为 0.001mg/L,则应判定为 I 类,而非 II 类。

答案:C

59. **解** 《环境空气质量标准》(GB 3095—2012)规定,环境空气功能区分为两类:一类区为自然保护区、风景名胜区和其他需要特殊保护的区域;二类区为居住区、商业交通居民混合区、文化区、工业区和农村地区。

答案:A

60. **解** 《建设工程勘察设计管理条例》第九条规定,国家对从事建设工程勘察、设计活动的专业技术人员,实行执业资格注册管理制度。未经注册的建设工程勘察、设计人员,不得以注册执业人员的名义从事建设工程勘察、设计活动。

答案:B

2020年度全国勘察设计注册环保工程师

执业资格考试试卷

基础考试

（下）

二〇二〇年十月

应考人员注意事项

1. 本试卷科目代码为“2”，考生务必将此代码填涂在答题卡“科目代码”相应的栏目内，否则，无法评分。
2. 书写用笔：**黑色或蓝色钢笔、签字笔或圆珠笔；**
   填涂答题卡用笔：**黑色 2B 铅笔**。
3. 必须用书写用笔将工作单位、姓名、准考证号填写在答题卡和试卷相应的栏目内。
4. 本试卷由 60 题组成，每题 2 分，满分 120 分，本试卷全部为单项选择题，每小题的四个备选项中只有一个正确答案，错选、多选、不选均不得分。
5. 考生作答时，必须**按题号在答题卡上**将相应试题所选选项对应的**字母用 2B 铅笔涂黑**。
6. 在答题卡上书写与题意无关的语言，或在答题卡上作标记的，均按违纪试卷处理。
7. 考试结束时，由监考人员当面将试卷、答题卡一并收回。
8. 草稿纸由各地统一配发，考后收回。

单项选择题(共 60 题,每题 2 分。每题的备选项中只有一个最符合题意。)

1. 图示等直径弯管,水流通过弯管,从断面 $A \to B \to C$ 流出,则断面平均流速关系正确的是:

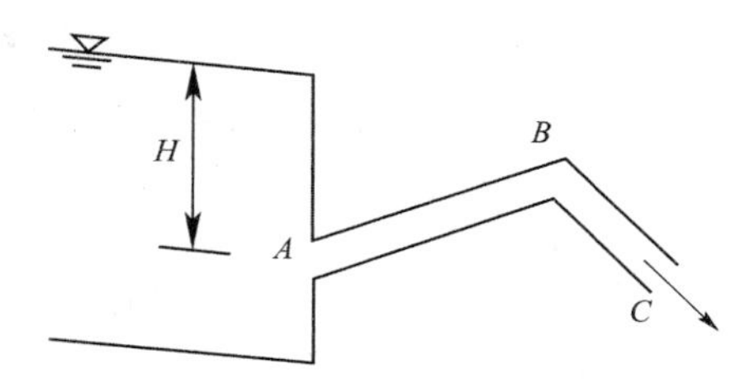

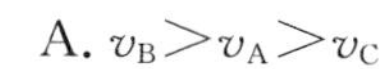

A. $v_B > v_A > v_C$

B. $v_B = v_A = v_C$

C. $v_B > v_A = v_C$

D. $v_B = v_A > v_C$

2. 圆管层流中,已知断面最大流速为 2m/s,则过流断面的平均流速为:

A. 1.41m/s　　B. 1m/s

C. 4m/s　　D. 2m/s

3. 圆柱形外伸管嘴的正常工作条件是:

A. $H_0 \geqslant 9$m,$I=(3\sim4)d$　　B. $H_0 \leqslant 9$m,$I=(3\sim4)d$

C. $H_0 \geqslant 9$m,$I>(3\sim4)d$　　D. $H_0 \leqslant 9$m,$I<(3\sim4)d$

4. 明渠均匀流只能出现在:

A. 平坡棱柱形渠道　　B. 顺坡棱柱形渠道

C. 逆坡棱柱形渠道　　D. 天然河道

5. 明渠恒定非均匀渐变流的基本微分方程涉及的是:

A. 水深与流程的关系　　B. 流量与流程的关系

C. 坡度与流程的关系　　D. 水深与宽度的关系

6. 按射流结构图,可把射流分为起始段和主体段两部分,下列说法正确的是:

A. 起始段中核心区内流速沿程变化

B. 主体段内轴线上的流速沿程不变

C. 起始段中核心区内流速沿程不变

D. 上述都不对

7. 一维稳定等熵流动，流速 u 与截面面积 A 的关系为（M 为马赫数，α 为音速）：

A. $\frac{\mathrm{d}A}{A}=\frac{\mathrm{d}u}{u}(1-M^2)$

B. $\frac{\mathrm{d}A}{A}=\frac{\mathrm{d}u}{u}(M^2-1)$

C. $\frac{\mathrm{d}A}{A}=\frac{\mathrm{d}u}{u}(1-u^2)$

D. $\frac{\mathrm{d}A}{A}=\frac{\mathrm{d}u}{u}(\alpha^2-1)$

8. 压强 p、密度 ρ、长度 l、流量 Q 的无因次集合是：

A. $\frac{pQ^2}{\rho l}$

B. $\frac{pQ}{\rho l}$

C. $\frac{pl^4}{\rho Q^2}$

D. $\frac{plQ}{\rho}$

9. 在系统内流量经常发生波动的情况下，应选用风机 Q～H 性能曲线的形式是：

A. 平坦型

B. 驼峰型

C. 陡降型

D. 上述皆可

10. 有一断面为矩形的管道，已知长和宽分别为 100mm 和 50mm，如水的运动黏度为 $15.7\times10^{-6}\mathrm{m}^2/\mathrm{s}$，通过的流量为 $Q=8\mathrm{L/s}$，判别该流体的流动状态是：

A. 急流

B. 缓流

C. 层流

D. 紊流

11. 按照传统的六界学说，生物分类系统中的六个界包括：

A. 病毒界、原核生物界、原生生物界、真核生物界、动物界和植物界

B. 病毒界、原核生物界、原生生物界、藻类界、动物界和植物界

C. 病毒界、原核生物界、原生生物界、真菌界、动物界和植物界

D. 病毒界、原核生物界、原生动物界、真菌界、动物界和植物界

12. 产甲烷菌属于：

A. 放线菌

B. 蓝细菌

C. 古细菌

D. 真细菌

13. 关于酶的催化作用，以下说法不正确的是：

A. 酶可缩短反应达到平衡的时间，同时改变反应的平衡点

B. 酶的催化具有专一性

C. 酶的催化作用条件温和

D. 酶的催化效率极高

14. 水体自净过程中，生物相会发生一系列变化，以下说法正确的是：

A. 首先出现异养型细菌，然后藻类大量繁殖，最后原生动物出现

B. 首先出现原生动物，然后出现异养型细菌，最后藻类大量繁殖

C. 首先出现原生动物，然后藻类大量繁殖，最后异养型细菌出现

D. 首先出现异养型细菌，然后原生动物出现，最后出现藻类

15. 1mol 的硬脂酸(18 碳)，氧化生成乙酰辅酶 A 所经历的途径和最后好氧分解产生的 ATP 摩尔数分别是：

A. 糖酵解途径和 120mol

B. β 氧化途径和 147mol

C. 糖酵解途径和 147mol

D. β 氧化途径和 120mol

16. 在污水生物处理系统中，出现纤毛虫多数为游泳性的时期为：

A. 活性污泥培养初期或在处理效果较差时

B. 活性污泥培养中期或在处理效果较差时

C. 活性污泥培养后期或在处理效果较差时

D. 活性污泥内源呼吸期，污水生物处理效果较好时

17. 以下水质监测项目，属于第一类污染物的是：

A. 悬浮物、化学需氧量

B. 总汞、总铬

C. 氨氮、生化需氧量

D. 总砷、氟化物

18. 将数字 26.5457 修约为两位有效数字，结果为：

A. 26.54　　B. 26.55

C. 26　　D. 27

19. 碘量法测定溶解氧所依据的反应类型是：

A. 中和反应　　B. 沉淀反应

C. 氧化还原反应　　D. 配位反应

20. 某生活污水 BOD_5 测定记录见表，请选择合理的测定结果计算其 BOD_5 值为：

序　号	稀释倍数	当天 DO(mg/L)	5d 后 DO(mg/L)
1	10	8.48	0.60
2	20	8.56	3.08
3	30	8.62	6.85
4	稀释水	8.83	8.73

A. 77.9mg/L　　B. 108mg/L

C. 50.2mg/L　　D. 78.7mg/L

21. 大气中的可吸入颗粒物是指：

A. PM10　　B. PM2.5

C. VOC_s　　D. TSP

22. 测定烟尘浓度必须采用的采样方法是：

A. 快速采样法　　B. 慢速采样法

C. 变速采样法　　D. 等速采样法

23. 我国新的《国家危险废物名录》确定危险废物的危险特性为五类，它们是：

A. 易燃性、腐蚀性、反应性、毒性、持久性

B. 易燃性、腐蚀性、反应性、毒性、迁移性

C. 易燃性、腐蚀性、反应性、毒性、感染性

D. 易燃性、腐蚀性、反应性、毒性、放射性

24. 某住宅小区白天平均等效声级为50dB(A)，夜间平均等效声级为40dB(A)，该小区昼夜平均等效声级为：

A. 45dB(A)　　B. 47dB(A)

C. 50dB(A)　　D. 53dB(A)

25. 环境质量的好坏是：

A. 独立于人们意志之外的　　B. 不变化的

C. 随人们的要求而变的　　D. 常数

26. 已知河流某均匀河段的流量为5m³/s，河段始端河水的COD浓度为25mg/L，河段末端河水的COD浓度为20mg/L，河流的功能区划为IV类水质，则该河段COD的动态环境容量为：

A. 13.0t/d　　B. 10.8t/d

C. 4.3t/d　　D. 2.2t/d

27. 噪声对人的影响表现为：

A. 感觉影响　　B. 急性中毒

C. 慢性中毒　　D. 累积中毒

28. 以下属于环境质量单项指数的是：

A. $S=\sum_{i=1}^{m}W_iS_i \quad \sum_{i=1}^{m}W_i=1$

B. $S_j=[\sum_{i=1}^{m}S_{i,j}^2]^2$

C. $S_{pH,j}=\frac{7.0-pH_j}{7.0-pH_{sd}}, pH_j\leqslant 7.0; S_{pH,j}=\frac{pH_j-7.0}{pH_{su}-7.0}, pH_j\geqslant 7.0$

D. $S_j=\frac{1}{m}\sum_{i=1}^{m}S_{i,j}$

29. 某企业新鲜水用量为900m³/d，间接冷却水循环量为7000m³/d，则该企业水的重复利用率为：

A. 11.4%　　B. 12.9%

C. 88.6%　　D. 777.8%

30. 环境影响报告书应附有的图件不包括：

A. 厂区平面布置图　　B. 生产工艺流程图

C. 建设项目地理位置图　　D. 监测设备图

31. 以下不属于环境规划编制原则的是：

A. 预防为主，防治结合原则

B. 遵循经济规律、符合国民经济计划总要求的原则

C. 计划经济原则

D. 遵循生态规律，合理利用环境资源的原则

32. 环境规划编制的程序是：

A. 确定目标、拟定方案、选择方案、实施反馈

B. 拟定方案、确定目标、选择方案、实施反馈

C. 拟定方案、选择方案、确定目标、实施反馈

D. 确定目标、拟定方案、实施反馈、选择方案

33. 污水所含的污染物质成分复杂，难以逐一进行分析，污水污染指标可总体分为下列三类：

A. 物理性指标，化学性指标，生物学指标

B. 有机物指标，无机物指标，生物学指标

C. 溶解性指标，悬浮性指标，胶体性指标

D. 感官性指标，物理性指标，化学性指标

34. 污水中的金属离子排入水体以后与水中存在的阴离子反应生成可沉淀固体沉淀，从而使离子浓度降低，这种水体的自然净化过程属于：

A. 物理净化　　B. 化学净化

C. 生物净化　　D. 物理净化和化学净化

35. 如果曝气池混合液 SVI 指数为 80mL/g，则二沉池回流污泥浓度大约为：

A. 8.0g/L　　B. 10.5g/L

C. 12.5g/L　　D. 15.0g/L

36. 确定污水处理厂的处理程度，不仅要考虑相关的排放标准，还要结合排放水体的水环境容量。所谓水环境容量，下列说法正确的是：

A. 在满足水环境质量标准的条件下，水体所能接纳的最大允许污染物负荷量

B. 使排放水体水质达到污水排放标准时，所能接纳的最大允许污染物负荷量

C. 能使排放水体满足《地表水环境质量标准》(GB 3838—2002) I 类标准时，所能接纳的最大允许污染物负荷量

D. 能使排放水体满足《地表水环境质量标准》(GB 3838—2002) IV 类标准时，所能接纳的最大允许污染物负荷量

37. 污水处理厂格栅的设置可以有效保护污水提升泵的运转，同时防止后续管道和设备的堵塞。关于格栅的设置，下列说法错误的是：

A. 设置格栅的主要作用是拦截污水中较大尺寸的悬浮物和漂浮物

B. 格栅截留的栅渣量与污水水质有关，与格栅的栅条间隙无关

C. 机械格栅一般根据栅前后的液位差自动清渣

D. 提升泵房前面的格栅间隙应考虑水泵的型号和单泵流量

38. 关于高负荷生物滤池处理系统中出水回流的作用，下列说法错误的是：

A. 提高滤率，增加冲刷，加速膜更新，减少堵塞

B. 稀释进水，调节水质波动，降低进水浓度

C. 防止滤池蝇产生，减少恶臭散发

D. 提供活性污泥，提高滤料间的污泥浓度

39. 某工业开发园区污水处理厂进水 COD_{cr} 400mg/L，TKN40mg/L，采用生物脱氮工艺，经过升级改造以后，出水 COD_{cr} 小于 50mg/L，SS 小于 10mgL，BOD_5 小于 10mg/L，NH_3-N 平均为 1.5mg/L，NO_x^--N 平均为 5mg/L，TN 平均为 18mg/L，对照《城镇污水处理厂污染物排放标准》(GB 18918—2002)出水一级 A 标准，仅出水 TN 大于要求的 15mg/L，从生物脱氮的氮素变化过程分析，该厂 TN 超标的主要原因是：

A. 硝化能力不足，导致出水 TN 超标

B. 进水不可生化的有机氨浓度偏高，导致出水 TN 超标

C. 反硝化效果较差，导致出水 TN 超标

D. 有机物浓度偏高，导致出水 TN 超标

40. Monod 公式表示微生物比增长速率与底物浓度的关系，根据 Monod 公式，微生物比增长速率何时与底物浓度呈一级反应？

A. 当底物浓度较高，且远大于半速率常数时

B. 当底物浓度与半速率常数相等时

C. 当底物浓度较低，且远小于半速率常数时

D. 当底物浓度为零时

41. 关于两相厌氧处理工艺，下列说法错误的是：

A. 酸化和甲烷化在两个独立反应器中进行，可以提供各自最佳的微生物生长繁殖条件

B. 酸化反应器反应速度较快，水力停留时间短

C. 甲烷化反应器反应速度较慢，对反应环境条件要求较高

D. 因为分为两个反应器，所以两相总容积大于普通单相厌氧反应器容积

42. 某燃煤电厂原有烟囱的有效高度为 137m，其 SO_2 排放量刚好满足当时当地的 SO_2 污染物容许排放控制系数 $P=34t/(m^2 \cdot h)$ 的要求，现欲新增一台发电机组，新增发电机组燃煤锅炉的 SO_2 排放量为 0.6t/h，则新建集合排烟烟囱的有效高度应为：

A. 274m　　　　B. 191m

C. 328m　　　　D. 137m

43. 某二类功能区电厂烟囱的烟尘排放率为 446kg/h，该地区的烟尘排放控制系数为 $7.5t/(m^2 \cdot h)$，经计算知正常情况下烟囱抬升高度不小于 102m，则按 P 值法，该电厂烟囱的实际高度应不小于：

A. 102m　　　　B. 142m

C. 244m　　　　D. 346m

44. 下列可造成烟气抬升高度增加的是：

A. 风速增加，排气速率增加，烟气温度增加

B. 风速减小，排气速率增加，烟气温度增加

C. 风速增加，排气速率减小，烟气温度增加

D. 风速减小，排气速率增加，烟气温度减小

45. 下列不是燃料完全燃烧的条件的是：

A. 供氧量

B. 燃烧温度

C. 燃料着火点

D. 燃烧时间

46. A 除尘系统对 1μm 颗粒的透过率为 50%，B 除尘系统的分割粒径为 1μm，则：

A. A 系统的性能要优于 B 系统

B. A 系统的性能要劣于 B 系统

C. A 系统的性能与 B 系统相当

D. 两者无法比较

47. 生活垃圾焚烧厂大气污染物 Hg 的排放限值，应按测定的何种均值计量？

A. 测定均值

B. 小时均值

C. 日均值

D. 周均值

48. 某固体废弃物筛分机，进料、筛下物和筛上物中小于筛孔径颗粒的质量百分数分别为 60%、100%和 30%，则该筛分机的效率为：

A. 约 65%

B. 约 70%

C. 约 75%

D. 约 80%

49. 生活垃圾按量付费属于哪类经济政策？

A. 庇古税

B. 费用—效益法

C. 价格补贴

D. 价格杠杆

50. 填埋场采用土工膜和黏土复合防渗结构的主要作用是：

A. 增加防渗结构的总体厚度

B. 减少防渗结构的渗透系数

C. 增加渗漏发生时的穿透时间

D. 减少渗漏发生时的渗透面积

51. 农业秸秆气化是：

A. 无氧热化学过程　　B. 缺氧热化学过程

C. 富氧热化学过程　　D. 热干燥过程

52. 微穿孔板吸声结构的缺点是：

A. 吸声效果一般　　B. 吸声频带窄

C. 易燃　　D. 易堵塞

53. 单自由度隔振系统的共振频率可以用式 $F_r=\frac{1}{\pi}\sqrt{\frac{k}{m}\left(1-\frac{R_m}{R_c}\right)}$ 表示，式中 R_m 是：

A. 隔振器的阻尼系数　　B. 隔振器的临界阻尼

C. 弹簧劲度系数　　D. 机器质量

54. 放射性废气处理后的最终出路是：

A. 烟囱排放　　B. 活性炭吸附后处置

C. 溶液吸收　　D. 土壤渗滤

55. 下列符合《中华人民共和国环境保护法》规定的是：

A. 建设项目中防治污染的设施，必须与主体工程同时设计、同时施工、同时投产使用

B. 新建工业企业应当采用资源利用率高、污染物排放量少的设备和工艺，采用经济合理的废弃物综合利用技术和污染物处理技术，而现有工业企业的技术改造可从宽要求

C. 排放污染物的企业事业单位，必须依照地方政府部门的要求申报登记

D. 引进不符合我国环境保护规定要求的技术和设备时，必须配套进行环保治理

56.《中华人民共和国环境噪声污染防治法》中的“工业噪声”是指：

A. 工业生产活动中使用固定设备时产生的声音

B. 工业生产活动中使用移动设备时产生的声音

C. 工业生产活动中使用固定设备时产生的干扰工人工作环境的声音

D. 工业生产活动中使用固定设备时产生的干扰周围生活环境的声音

57. 环境影响评价工作程序中不包括：

A. 建设项目的工程分析

B. 环境现状调查

C. 筛选重点评价项目

D. 进行项目的经济可行性分析

58. 根据地表水水域功能，将地表水环境质量标准基本项目标准值分为五类，不同功能类别分别执行相应类别的标准值，同一地表水域兼有多类使用功能的，执行：

A. 最高功能类别对应的标准值

B. 中间功能类别对应的标准值

C. III 类地表水标准值

D. IV 类地表水标准值

59. 根据《城镇污水处理厂污染物排放标准》(GB 18918—2002)，污水处理厂污泥采用厌氧消化或好氧消化稳定时，有机物降解率必须大于：

A. 30%　　　B. 40%

C. 50%　　　D. 65%

60. 各类声环境功能区夜间突发噪声，其最大声级超过环境噪声限值的幅度不得超过：

A. 10dB(A)　　　B. 20dB(A)

C. 15dB(A)　　　D. 25dB(A)

2020 年度全国勘察设计注册环保工程师执业资格考试基础考试(下)试题解析及参考答案

1. **解** 根据不可压缩恒定总流连续性方程可知，$Q_A = Q_B = Q_C$；又因题中为等直径弯管，因此 $v_A = v_B = v_C$。

答案：B

2. **解** 圆管层流过水断面上流速呈抛物面分布，圆管层流的平均流速是最大流速的一半，即 2/2=1m/s。

答案：B

3. **解** 管嘴出流在管口收缩断面会产生一定的真空度，真空度的大小约为 $0.75H_0$，考虑到水的汽化，H_0不可以无限制地加大，一般规定 $H_0 \leqslant 9$m。而管嘴长度规定为开口直径的 3～4 倍，过长或过短，均不合适。

答案：B

4. **解** 明渠均匀流条件是沿程减少的位能等于沿程水力损失。因此，明渠均匀流只能出现在底坡不变，断面形状尺寸、粗糙系数都不变的顺向坡长直渠道中。也即只有在顺坡棱柱形渠道中才能出现明渠均匀流。

答案：B

5. **解** 明渠恒定非均匀渐变流的基本微分方程为 $\frac{\mathrm{d}h}{\mathrm{d}s} = \frac{i - J}{1 - \mathrm{Fr}^2}$，即涉及水深与流程的关系。

答案：A

6. **解** 射流起始段中核心区内流速沿程不变，混合区内流速沿程变化；射流主体段内轴线上的流速沿程减小。

答案：C

7. **解** 两者关系满足：$\frac{\mathrm{d}A}{A} = \frac{\mathrm{d}u}{u}(M^2 - 1)$。

答案：B

8. **解** 已知压强 p 的单位为 kg/(m·s^2)，密度 ρ 的单位为 kg/m^3，长度 l 的单位为 m，流量 Q 的单位为 m^3/s。选项 C 的验证过程为：

$$\frac{pl^4}{\rho Q^2}=\frac{kg/(m\cdot s^2)\times m^4}{kg/m^3\times(m^3/s)^2}=\frac{kg\cdot m^3/s^2}{kg\cdot m^3/s^2}=1$$

故 $\frac{pl^4}{\rho Q^2}$ 为压强 p、密度 ρ、长度 l、流量 Q 的无因次集合。

答案:C

9.**解** 对于平坦型曲线的风机,在系统内流量经常发生波动的情况下,扬程变化比较小,有利于系统的正常工作。

答案:A

10.**解** 对于非圆管的运动,雷诺数 $Re=\frac{vR}{\mu}$,其中 v 为流速,R 为水力半径,μ 为运动黏度。

$$R=\frac{A}{\chi}=\frac{ab}{a+2b}=\frac{0.1\times0.05}{0.1+2\times0.05}=\frac{1}{40}m$$

$$v=\frac{Q}{ab}=\frac{8\times10^{-3}}{0.1\times0.05}=1.6m/s$$

雷诺数 $Re=\frac{vR}{\mu}=\frac{1.6\times1/40}{15.7\times10^{-6}}=2548>575$,故为紊流。

答案:D

11.**解** 六界学说是在五界学说的基础上将病毒单立为一界的学术理论。

答案:C

12.**解** 产甲烷菌是一类能够将无机或有机化合物厌氧发酵转化成甲烷和二氧化碳的古细菌。

答案:C

13.**解** 本题考查酶的催化特性。酶只加快反应速度,而不改变反应平衡点。

答案:A

14.**解** 水体自净过程中,首先微生物利用丰富的有机物为食料而迅速的繁殖。随着自净过程的进行,纤毛虫类原生动物开始取食细菌。有机物分解所生成的大量无机营养成分,如氮、磷等,使藻类生长旺盛。

答案:D

15.**解** 脂肪酸可在一系列酶的作用下,在 α 碳原子和 β 碳原子之间断裂,β 碳原子被氧化成羧基,生成含有两个碳原子的乙酰辅酶 A,和较原来少两个碳原子的脂肪酸,此过程称为 β 氧化。

1mol 硬脂酸经过 8 次 β 氧化,生成 8mol DADH $+H^+$、8mol $FADH_2$、9mol 乙酰

CoA，三者经过氧化可分别产生 1.5mol、2.5mol、10mol 的 ATP，由于硬脂酸活化需要消耗 2mol ATP，所以最后产生的 ATP 总数为：$8\times1.5+8\times2.5+9\times10-2=120$mol。

答案：D

16. **解** 污水生物处理系统运行初期以鞭毛虫和肉足虫为主，中期以动物性鞭毛虫和游泳型纤毛虫为主，后期以固着型纤毛虫为主。在处理过程中，若固着型纤毛虫减少，游泳型纤毛虫突然增加，则说明处理效果将变坏。

答案：B

17. **解** 《污水综合排放标准》(GB 8978—1996)规定的第一类污染物共有 13 种：总汞、烷基汞、总镉、总铬、六价铬、总砷、总铅、总镍、苯并(a)芘、总铍、总银、总 α 放射性、总 β 放射性。

答案：B

18. **解** 有效数字是指从第一个非零数到末尾数字止。保留两位有效数字，第三位数字=5 且后面还有不为 0 的数字，则第二位数字加 1；若 5 后为 0，则 5 前为偶数时应舍去，为奇数时则加 1。数字 26.5457 修约为两位有效数字为 26+1=27。

答案：D

19. **解** 碘量法测定溶解氧的方法是在水样中加入硫酸锰和碱性碘化钾，水中的溶解氧将二价锰氧化成四价锰，并生成氢氧化物沉淀。加酸后，沉淀溶解，四价锰又可氧化碘离子而释放出与溶解氧量相当的游离碘。以淀粉为指示剂，用硫代硫酸钠标准溶液滴定释放出的碘，可计算出溶解氧量。过程中的反应为氧化还原反应。

答案：C

20. **解** 根据公式$\text{BOD}_5=\dfrac{(\rho_1-\rho_2)-(B_1-B_2)f_1}{f_2}\left(\dfrac{\text{mg}}{\text{L}}\right)$，将稀释 10 倍的水样溶解氧数据代入，已知 $\rho_1=8.48\text{mg/L}$，$\rho_2=0.60\text{mg/L}$，$B_1=8.83\text{mg/L}$，$B_2=8.73\text{mg/L}$，$f_1=\dfrac{9}{10}$，$f_2=\dfrac{1}{10}$，得水样的$\text{BOD}_5=\dfrac{(8.48-0.60)-(8.83-8.73)\times\dfrac{9}{10}}{\dfrac{1}{10}}=77.9\text{mg/L}$。

同理，将稀释 20 倍、30 倍的水样溶解氧数据代入公式，分别得BOD_5为 108mg/L 和 50.2mg/L。水样的 BOD_5 取三者平均值，即$\text{BOD}_5=(77.9+108+50.2)\times\dfrac{1}{3}=78.7\text{mg/L}$。

答案：D

21. **解** PM10 是空气动力学直径小于或等于 10μm 的颗粒物，也称可吸入颗粒物或飘尘。但是PM10是可以到达咽喉的临界值，所以PM10以下的微粒被称为“可吸入颗粒物”。

$PM_{2.5}$是指大气中空气动力学当量直径小于或等于2.5μm的颗粒物，也称为可入肺颗粒物。

VOC_s挥发性有机物，是指常温下任何能挥发的有机固体或液体。

TSP是总悬浮微粒，又称总悬浮颗粒物，指用最新标准大容量颗粒采集器在滤膜上收集到的颗粒物的总质量。

答案：A

22.**解** 烟尘浓度的测定通常是用采样管从烟道中抽取一定体积的烟气，通过捕集装置捕集尘粒，然后根据捕集的尘粒量和抽取的烟气量，求出烟尘浓度。根据烟尘浓度和烟气的流量计算其排放量。为了从烟道中取得有代表性的烟尘样品，必须等速采样，即气体进入采样嘴的速度应与采样点的烟气速度相等。这样，样品浓度才与实际浓度相等。采样速度若大于或小于采样点的烟气速度，则都将使采样结果产生偏差。

答案：D

23.**解** 根据《国家危险废物名录》(2021年版)第二条确定危险废物的危险特性为毒性、腐蚀性、易燃性、反应性和感染性。

答案：C

24.**解** 昼夜平均等效声级计算公式为：

$$L_{dn} = 10\lg[(16 \times 10^{0.1 \times L_d} + 8 \times 10^{0.1 \times (L_n + 10)}) \div 24]$$

已知L_d为50dB，L_n为40dB，计算得出L_{dn}为50dB。

答案：C

25.**解** 环境质量的优劣是根据人类的某种要求而定的，如根据人体健康对空气的要求，大气污染严重的地方，环境质量就坏，空气清新的地方，环境质量就好；对经济开发来说，水热条件适宜、土地肥沃、资源丰富、交通方便的区域，环境质量就好，反之就差。

答案：C

26.**解** 动态环境容量计算公式为：

$$W = C - (C_1 - C_0)V$$

式中，C_1为污染物的环境质量标准[据《地表水环境质量标准》(GB 3838—2002)IV类水要求COD≤30mg/L]，C_1为河段始端河水中COD浓度，C_0为河段末端河水中COD浓度。

代入数据，$W = 30 - (25 - 20) \times 5 \times 10^{-6} \times 3600 \times 24 = 10.8$t/d。

答案：B

27. **解**　噪声主要对人的主观感觉造成影响，不会使人中毒。

答案：A

28. **解**　选项 C 为 pH 标准指数的表达式，属于单项指数。

答案：C

29. **解**　利用水的重复利用率计算公式：

重复利用水量÷(生产中取用的新水量＋重复利用水量)×100%

$=7000\div(900+7000)\times100\%=88.6\%$

答案：C

30. **解**　环境影响报告书应附有的图件包括地理位置图、水系概化图、区域规划图、厂区平面布置图、生产工艺流程图、周围 500m 环境状况图、开发区用地现状图以及区域供热管网、污水收集管网等。

答案：D

31. **解**　城镇环境规划编制的主要原则：

(1)坚持全面规划、合理布局、预防为主、保护优先、防治并重的原则。

(2)城镇生态环境质量改善与城镇社会发展相协调的原则。

(3)遵循经济效益、社会效益和环境效益相统一的原则。

(4)在工业污染防治上要坚持从"摇篮到坟墓"的系统控制原则。

(5)坚持实事求是的原则。

(6)坚持自然资源开发利用与保护增值并重的原则，以实现自然资源的永续利用和城镇的可持续发展为目标。

(7)注意与国民经济发展规划相协调的原则。

"计划经济为主，市场调节为辅"这是我国经济原则。

答案：C

32. **解**　环境规划的编制程序：编制环境规划的工作计划、环境现状调查和评价、环境预测分析、确定环境规划目标、进行环境规划方案的设计(拟定环境规划草案、优选环境规划草案、形成环境规划方案)、环境规划方案的申报与审批(进行实施反馈)、环境规划方案的实施(选择最终方案)。

答案：D

33. **解**　污水的污染指标一般可以分为物理性指标、化学性指标和生物学指标三类。其中物理性指标包括水温、外观、臭味、色度、浊度；生物学指标包括大肠菌类、菌落总数、水生生物、富营养生物;化学性指标包括pH值、酸度、碱度、氯化物、固体、化学需氧量、生化需氧量、溶解氧、氮、磷、硫化合物、重金属、放射性物质等。

答案:A

34.**解** 污水中的金属离子排入水体之后与水中存在的阴离子反应属于化学净化,反应后生成可沉淀的固体沉淀属于物理净化。因此,正确答案为物理净化和化学净化。

答案:D

35.**解** 回流污泥浓度与SVI之间有下列关系:

$$X_r = r \times 10^3 / \mathrm{SVI}$$

式中,r为考虑污泥在二沉池中的停留时间、池深、污泥层厚度等因素的系数,一般情况下可忽略不计。

故 $X_r = 10^3/80 = 12.5\text{g/L}$

答案:C

36.**解** 水环境容量的概念:一定水体在规定的环境目标下所能容纳污染物质的最大负荷量,称为水环境容量。不同的水体所规定的环境目标不同,因此水环境容量也不同。

答案:A

37.**解** 格栅截留的栅渣量不仅与污水水质有关,还与格栅的栅条间隙有关。当污水水质较差时,污水中大块的呈悬浮或漂浮状态的污染物较多,因此栅渣量就较大。而栅条间隙过大,则无法拦截细小栅渣,因此栅渣量就少。

答案:B

38.**解** 高负荷生物滤池出水回流的作用为:增大水力负荷,提高滤率,促进生物膜更新,防止滤池堵塞;稀释进水,降低有机负荷,防止浓度冲击;增加水中的溶解氧,减少臭味;防止滤池滋生蚊蝇。

高负荷生物滤池处理系统中的出水回流为回流处理之后的水,不能为该系统提供活性污泥。

答案:D

39.**解** TN是指水中各种形态无机氮和有机氮的总量。有机氮包括蛋白质、氨基酸和有机胺等,而无机氮包括氨态氮(NH_3-N)和硝态氮(NO_x^--N)。

由题可知该工业园区污水厂升级改造后氨态氮和硝态氮均可达到《城镇污水处理厂污染物排放标准》(GB 18918—2002)出水一级A标准,因此总氮超标的主要原因就在于有机氮,即进水不可生化的有机氮浓度偏高,导致出水TN超标。

答案:B

40. **解** Monod 公式：

$$\mu = \frac{\mu_{max} S}{k_s + S}$$

式中，μ_{max} 为微生物最大比增长速率（T^{-1}）；k_s 为饱和速率常数，即 $\mu = \frac{1}{2}\mu_{max}$ 时底物的浓度，又称为半速率常数；S 为有机底物浓度。

当 $S \geqslant k_s$ 时，k_s 可忽略不计，原式可简化为 $\mu = \mu_{max}$。此时，细菌增长速率与基质浓度无关，呈零级反应。当 $S \leqslant k_s$ 时，S 可忽略不计，原式可简化为 $\mu = \mu_{max}\frac{S}{k_s}$。此时，细菌增长速率遵循一级反应规律。

综上所述，当有机底物浓度较低，且远小于半速率常数时，微生物的生长受到营养物质的限制，处于静止生长期，微生物的增长速率与底物浓度呈一级反应。

答案:C

41. **解** 两相厌氧处理系统使酸性消化阶段和碱性消化阶段分别在两个反应器中完成，这样可分别保证产酸菌和产甲烷菌都处于生长最佳状态，从而可以大大提高有机物的分解速度和程度，提高消化气中的甲烷浓度，使整个系统设备容积较小。

答案:D

42. **解** 根据我国标准《制定地方大气污染物排放标准的技术方法》(GB/T 3840—1991)规定的气态污染物和电站烟尘排放源的允许排放率计算式：

$$Q = P \times H^2 \times 10^{-6}$$

式中，Q 为某种污染物的允许排放率限值，P 为污染物容许排放控制系数，H 为排气筒的有效高度。

扩建前该电厂 SO_2 容许排放量为：$Q_1 = P \times H^2 \times 10^{-6} = 34 \times 137^2 \times 10^{-6}$ t/h$=0.638$t/h

扩建后该电厂可能的 SO_2 排放量：$Q_2 = Q_1 + \Delta Q = 0.638 + 0.6 = 1.238$t/h

由 P 值法计算的烟囱的有效高度应为：

$$H = \sqrt{\frac{Q}{P \times 10^{-6}}} = \sqrt{\frac{1.238}{34 \times 10^{-6}}} = 191\text{m}$$

答案:B

43. **解** 根据我国标准《制定地方大气污染物排放标准的技术方法》(GB/T 3840—1991)规定的气态污染物和电站烟尘排放源的允许排放率计算式，烟囱的有效高度应为：

$$H' = \sqrt{\frac{Q}{P \times 10^{-6}}} - \Delta H = \sqrt{\frac{0.446}{7.5 \times 10^{-6}}} - 102 = 142\text{m}$$

答案:B

44. **解**　根据霍兰德烟气抬升高度计算公式,烟气抬升高度与烟囱出口流速和烟囱出口处的烟气温度成正比,与烟囱出口处的平均风速表成反比,故当风速减小,排气速率增加,烟气温度增加时,烟气抬升高度增加。

答案:B

45. **解**　燃料完全燃烧的条件包括:

(1)空气条件:燃料燃烧时必须保证供应与燃料燃烧相适应的氧量。

(2)温度条件:燃料只有达到着火温度,才能与氧作用而燃烧。

(3)时间条件:燃料在高温区的停留时间应超过燃料燃烧所需要的时间。

(4)燃料与空气的混合条件:燃料与空气中氧的充分混合是完全燃烧的必要条件。

答案:C

46. **解**　透过率为未被除尘器捕集的粉尘量与进入除尘器粉尘量的比值。A 除尘系统对 1μm 颗粒的透过率为 50%,意为 A 除尘系统对 1μm 颗粒的除尘效率为 50%。分割粒径为除尘器分级效率为 50%时的颗粒直径。B 除尘系统的分割粒径为 1μm,意为 B 除尘系统对 1μm 颗粒的除尘效率为 50%。

所以 A 系统的性能与 B 系统相当。

答案:C

47. **解**　《生活垃圾焚烧污染控制标准》(GB 18485—2014)第 8 条排放控制要求表 4 生活垃圾焚烧炉排放烟气中污染物限值规定,Hg 及其他化合物取值时间为测定均值。

答案:A

48. **解**　筛分效率是指实际得到的筛下产品质量与入筛废物中所含小于筛孔尺寸的细粒物料质量之比。

设入筛物料为 1kg,则入筛小于筛孔尺寸的颗粒为 0.6kg,设筛下物质量为 $x$kg,筛上物质量为$(1-x)$kg。

$$\frac{0.6-x}{1-x}=30\%, x=0.43\text{kg}$$

$$\text{筛分机效率}=\frac{\text{筛下量}}{\text{入筛小于筛孔尺寸的量}}\times 100\% =\frac{0.43}{0.6}\times 100\% = 71.6\%$$

答案:B

49. **解**　庇古税:根据污染所造成的危害程度对排污者征税,用税收来弥补排污者生产的私人成本和社会成本之间的差距,使两者相等。费用-效益法:对经济活动方案的得失、优劣进行评价、比较以供合理决策的一种经济数量分析方法。价格补贴：指政府为弥补因价格体制或政策原因造成价格过低给生产经营带来损失而进行的补贴，它是财政补贴的主要内容。价格杠杆：是指国家通过一定的政策和措施促使市场价格发生变化，来引导和控制国民经济运行的手段。价格变动不能增加或减少国民收入总量，但会改变国民收入在国民经济各部门和各阶层居民之间的分配。价格的调整和市场价格的变化，影响着交换双方的实际收入，引起国民收入的再分配。

答案：D

50.**解**　垃圾渗滤液的性质十分复杂，且浓度很高，如不加以控制，势必严重污染地下水。当前国内外对所有卫生填埋场，均要求底部与四周做密封衬层处理，不同厚度的黏土作防渗层，以防止对地下水的污染。

答案：B

51.**解**　农业秸秆气化是以农村丰富的秸秆为原料，通过密闭缺氧，采用干溜热解法及热化学氧化法后产生一种可燃气体，这种气体是一种混合燃气，含有一氧化碳、氢气、甲烷等，亦称生物质气。

答案：B

52.**解**　微穿孔板是以板厚小于1mm的薄金属板上钻以孔径为0.8～1mm的微孔，穿孔率p只需1%～5%。由于微孔的声阻很大，能代替吸声材料耗损声能。当板后留有一定厚度的空气层时，则能起到共振薄板的作用，因而是一种良好的宽频带吸声结构，特别适用于高速气流等特殊环境。但它有很大的吸声峰值，即吸声频带窄，为了适应吸收宽频带声能的要求，应做成双层或多层组合微孔板结构。

答案：B

53.**解**　R_m是隔振器的阻尼系数，R_c是隔振器的临界阻尼，m是机器质量，k是弹簧的劲度系数。

答案：A

54.**解**　活性炭吸附、溶液吸收是废气的处理方法，土壤渗滤是废水的处理方法，废气经处理后最终都要通过烟囱排放。

答案：A

55.**解**　《中华人民共和国环境保护法》第四十一条规定，建设项目中防治污染的设施，应当与主体工程同时设计、同时施工、同时投产使用。防治污染的设施应当符合经批准的环境影响评价文件的要求，不得擅自拆除或者闲置。

第四十条规定，国家促进清洁生产和资源循环利用。国务院有关部门和地方各级人民政府应当采取措施，推广清洁能源的生产和使用。企业应当优先使用清洁能源，采用资源利用率高、污染物排放量少的工艺、设备以及废弃物综合利用技术和污染物无害化处理技术，减少污染物的产生。

第四十二条规定，排放污染物的企业事业单位和其他生产经营者，应当采取措施，防治在生产建设或者其他活动中产生的废气、废水、废渣、医疗废物、粉尘、恶臭气体、放射性物质以及噪声、振动、光辐射、电磁辐射等对环境的污染和危害。排放污染物的企业事业单位，应当建立环境保护责任制度，明确单位负责人和相关人员的责任。重点排污单位应当按照国家有关规定和监测规范安装使用监测设备，保证监测设备正常运行，保存原始监测记录。严禁通过暗管、渗井、渗坑、灌注或者篡改、伪造监测数据，或者不正常运行防治污染设施等逃避监管的方式违法排放污染物。

第四十六条规定，国家对严重污染环境的工艺、设备和产品实行淘汰制度。任何单位和个人不得生产、销售或者转移、使用严重污染环境的工艺、设备和产品。禁止引进不符合我国环境保护规定的技术、设备、材料和产品。

答案：A

56.**解** 《中华人民共和国环境噪声污染防治法》第二十二条规定，本法所称工业噪声，是指在工业生产活动中使用固定设备时产生的干扰周围生活环境的声音。

答案：D

57.**解** 环境影响评价工作一般分为三个阶段，即前期准备、调研和工作方案阶段，分析论证和预测评价阶段，环境影响评价文件编制阶段。

第一阶段确定环境影响评价文件类型，在研究相关技术文件和其他有关文件的基础上，进行初步的工程分析。

第二阶段做进一步的工程分析，进行充分的环境现状调查、监测并开展环境质量现状评价，之后根据污染源强和环境现状资料进行建设项目的环境影响预测，评价建设项目的环境影响。

第三阶段是汇总、分析第二阶段工作所得的各种资料、数据，根据建设项目的环境影响、法律法规和标准等的要求以及公众的意愿，提出减少环境污染和生态影响的环境管理措施和工程措施。

以上未涉及经济可行性分析。

答案：D

58. **解** 《地表水环境质量标准》(GB 3838—2002)中"3. 水域功能和标准分类":对应地表水上述五类水域功能,将地表水环境质量标准基本项目标准值分为五类,不同功能类别分别执行相应类别的标准值。水域功能类别高的标准值严于水域功能类别低的标准值。同一水域兼有多类使用功能的,执行最高功能类别对应的标准值。

答案:A

59. **解** 《城镇污水处理厂污染物排放标准》(GB 18918—2002)第 4.3 条污泥控制标准规定厌氧消化、好氧消化的有机物降解率(%)要大于 40。

答案:B

60. **解** 《声环境质量标准》(GB 3096—2008)第 5.4 条规定,各类声环境功能区夜间突发噪声,其最大声级超过环境噪声限值的幅度不得高于 15dB(A)。

答案:C